U0103712

英国皇家海军战舰
设计发展史

卷2 1860—1905年
从"勇士"级到"无畏"级

[英] 大卫·K.布朗 著
李昊 译

江苏凤凰文艺出版社
JIANGSU PHOENIX LITERATURE AND
ART PUBLISHING, LTD.

图书在版编目（CIP）数据

英国皇家海军战舰设计发展史 . 卷二 , 1860—1905 年：
从 "勇士" 级到 "无畏" 级 /（英）大卫 · K. 布朗
(David K. Brown) 著；李昊译 . -- 南京：江苏凤凰文
艺出版社 , 2020.7
书名原文：Warrior to Dreadnought: Warship
Design and Development, 1860-1905
ISBN 978-7-5594-4605-3

Ⅰ . ①英… Ⅱ . ①大… ②李… Ⅲ . ①战舰 – 船舶设计 – 军
事史 – 英国 – 1860–1905 Ⅳ . ① TJ8 ② E925.6

中国版本图书馆 CIP 数据核字 (2020) 第 033278 号

WARRIOR to DREADNOUGHT: WARSHIP DESIGN AND DEVELOPMENT,
1860−1905 by David K.Brown
Copyright: © DAVID K BROWN 1997
This edition arranged with Seaforth Publishing
through BIG APPLE AGENCY, INC., LABUAN, MALAYSIA.
Simplified Chinese edition copyright:
2019 ChongQing Zven Culture communication Co., Ltd
All rights reserved.

版贸核渝字（2018）第 160 号

英国皇家海军战舰设计发展史 . 卷二，1860—1905年: 从"勇士"级到"无畏"级

[英] 大卫 · K. 布朗 著   李昊 译

责任编辑　　孙金荣

策划制作　　指文图书

特约编辑　　谭兵兵

装帧设计　　王涛

出版发行　　江苏凤凰文艺出版社

　　　　　　南京市中央路 165 号，邮编：210009

网　　址　　http://www.jswenyi.com

印　　刷　　重庆共创印务有限公司

开　　本　　787mm × 1092mm 1/16

印　　张　　38

字　　数　　700 千字

版　　次　　2020 年 7 月第 1 版

印　　次　　2020 年 7 月第 1 次印刷

书　　号　　ISBN 978-7-5594-4605-3

定　　价　　239.80 元

译者序

　　大卫·K. 布朗（1928—2008 年）先生属于英国在第二次世界大战结束以后培养出来的第一批专业战舰设计人才。先生在他 30 多年的职业设计生涯中，为英国皇家海军设计了大小多型作战舰艇，其中不乏 20 世纪中后期一些著名的英国战舰，比如"海洋"（Ocean）级直升机航空母舰。到 20 世纪 80 年代，布朗先生出任皇家海军造船部的副总设计师，实际上承担了英国战舰设计部门的日常最高管理职责。从 1988 年到 2008 年的这 20 年中，荣誉退休后的布朗先生依然笔耕不辍，致力于重振英伦的海洋文化自信。凭借自己一生专业设计工作积累起来的丰富经验，布朗先生厚积薄发，穷十年之功，写就一部 5 卷本大作《英国皇家海军战舰设计发展史》。这套书从一个专业船舶设计人员的角度，讲述了19 世纪初英国率先进入工业时代以来，直到 20 世纪末，随着英国国运的起伏、国际局势的风云际会，皇家海军战舰设计思路的发展演变。

　　从第 3 卷开始，那些时至今日仍然活跃在游戏的虚拟 3D 世界中的战舰，开始登上历史舞台：比如，一战时期的"伊丽莎白女王"级超无畏舰、"R"级超无畏舰；二战刚爆发没多久，便被"一发入魂"的"胡德"号战列巡洋舰；主炮塔布局极具特色的"纳尔逊"级战列舰；进入二战的海空立体战时代，大家也不会忘记生存能力拔群的"光辉"级装甲航母；到二战结束之后的头一个十年里，更是英国人最先完善了喷气式飞机在航母上的起降技术，今天称霸四海的美国核动力航母上，斜角甲板和光学助降系统都拥有纯粹的"英伦血统"。对于一名深度迷恋海洋和海战的铁杆粉丝而言，上文这些传奇战舰的名字传到耳边，心就会飞回那个激荡的蔚蓝世界。然而笔者有幸翻译的这套书的前两卷，跟活在军迷心中的这些明星战舰都没有太大的关系。

　　卷 1《铁甲舰之前》涉及的阶段，可以算是世界战舰发展史上最为暗淡的一段时期。比如笔者就是在已经对古埃及人、古腓尼基人的船都有了一定了解之后，才发现世界战舰发展史上还有 19 世纪上半叶这么一个回目。这不难理解。如果读者放眼全球，在国外的"战舰世界"（World of Warships）、"海军行动"（Naval Action）等游戏网站、论坛，以及各大战舰模型论坛闲逛一会，就会发现世界战舰爱好者们基本可以分成两大阵营：一是现代战舰爱好者组成的"现代科技派"，他们心中的世界永远停留在第一次世界大战到第二次世界大战期间，英、美、日、法、意、德、苏各国的战舰如同夜空中璀璨的恒星，在耀眼的爆炸火光中争斗不休——可以说大部分爱好者都属于这一派；二是风帆战舰爱好者组成的"古典唯美派"，他们心中的世界似乎永远定格在了大航海时代，那是一个雪白风帆、神秘藏宝船与朗姆酒构筑起来的魔幻世界，电影《加勒比海盗》《黑帆》代表着他们的心声。而《铁甲舰之前》跟这两大热门话题一个都不沾边，无怪乎国内外几乎没有非专业人士深入涉足这一阶段的历史。

从 1815—1860 年的这半个世纪里，英国是当之无愧的世界"一哥"。就像今天的美国一样，当年的大不列颠不仅仅有粗壮的胳膊——一支别无第二个国家可以望其项背的强大海军，而且在工业科技的几乎所有领域都站在全世界的最前列，因为工业革命就是从英国最先萌发的，这是当今的美国都难以做到的事情。正因为如此，19 世纪上半叶的英国享受了漫长的和平，无人敢于挑战其海上霸权，正是这种长期和平造就了世界战舰发展史上最为沉闷的一段历史：刀枪入库，马放南山了，国家决策者们怎么会着急去发展新技术和新战舰呢？英国早在 1805 年就凭借特拉法尔加一战，同时击败了当时第二、第三大海军，即法国和西班牙海军，在纯风帆木制炮舰时代的最后时光里，给将近 200 年的英国风帆海军画上了一个完美的句号。时至今日，特拉法尔加海战还作为盛大的节日活在英伦文化中，此战中为国捐躯的猛将纳尔逊中将则永远站立在伦敦特拉法尔加广场的罗马式纪功柱顶端，俯瞰着英伦三岛。既然霸主地位已经确立，海上的骁勇善战已经融入不列颠民族的血液，一丝傲慢便不由得升腾起来——19 世纪上半叶是属于英国的蒸汽时代，放眼全球，只有法国艰难地追随着英国的脚步，那么英国有这个自信让法国、美国等国家先做蒸汽海军时代第一个吃螃蟹的人，让他们先花钱"交学费"，等技术发展成熟了，资本雄厚又不缺创新人才的英国一定能在短时间内赶超。于是在《英国皇家海军战舰设计发展史》的第 1 卷中，我们就看到蒸汽机花了至少半个世纪的时间才变成了战舰的驱动力，而从哥伦布发现美洲的时候就一直恪尽职守的风帆，直到 19 世纪中叶仍然没能完全"退休"。可以说，卷 1《铁甲舰之前》就是一部机帆船的历史，而且这些机帆船大多还是用木头建造的，跟郑和下西洋那个时代的船没有本质区别。

这样看来，19 世纪上半叶的战舰发展似乎处于一种"停滞"状态。布朗先生为了在 20 世纪末、21 世纪初重振英伦雄心，他是不接受这种历史观的；但我们从客观角度来看，19 世纪上半叶的木制机帆船时代跟 19 世纪下半叶的铁甲舰时代相比，跟 20 世纪以来相比，确实显得技术进步缓慢——当时英国已经进入工业时代，各种新技术发明每天都在涌现，早已不是 17、18 世纪那种农耕时代的慢节奏国家了。这种停滞的主要原因就是上面说的长期和平。长期和平让船舶的蒸汽推进技术发展了 30 多年都达不到成熟和初步实用，结果英国海军和国家的决策者们不愿意拿这些耗费巨万的国之重器去冒险，宁愿因循守旧，也不愿因为在技术上冒险而成为国内党派斗争的众矢之的。经过 19 世纪上半叶漫长的积累后，到 19 世纪 50 年代，蒸汽螺旋桨推进技术、熟铁造船技术和熟铁装甲制作技术都初步达到了成熟。于是英国人就在 1859 年完全因循 1650 年以来便基本定型的风帆战舰那套总体设计，用蒸汽时代的这三项新技术打造了一艘"蒸汽版"旧式战舰，这便是仍然扛着三根桅杆、挂着十几面巨大白帆的"勇士"号铁甲舰，它至今仍然保存在朴次茅斯历史船坞。这艘船毫无 20 世纪现代装甲战舰的设计元素，甚至可以说，它出现在《加勒比海盗》里都一点也不显得突兀。然而，就是在这艘战舰诞生以后，英国和世界其他海上强国的战舰开始加速发展，每 10 年甚至每 5 年，战舰的外形就几乎完全变一个样，就这样快速技术迭代了 45 年以后，到 1905 年，现代装甲战舰的第一个"范本"——"无畏"号在朴次茅斯开工建造了。

　　"铁甲舰"（Ironclad）这个词儿几乎就可以概括本书，即《英国皇家海军战舰设计发展史》第 2 卷的内容了。铁甲舰对于中国的战舰爱好者来说可能不算太陌生，因为 1895 年，清朝跟日本在铁甲舰时代的黄昏打了一场大海战，日本用第一批现代巡洋舰压倒性地击败了大清国步履沉重的"铁乌龟"，即"定远"和"镇远"这"巍巍两大艘"铁甲舰，"铁甲舰"一词也是从当时的翻译中固定传承下来的。这样来看，铁甲舰似乎跟 20 世纪的现代战舰能沾上那么一点边，毕竟它是工业技术真正全方位应用于战舰开发以后，人类设计出来的第一种近现代战舰。然而，在大多数热爱现代战舰的同好眼中，铁甲舰仍然显得"不是亲生的"，对它的爱往往不那么浓烈，因为铁甲舰往往看起来身形臃肿，生存、机动和火力等性能跟 20 世纪现代战舰也完全无法相提并论。可以说，铁甲舰就像创造 20 世纪初那些雄伟的现代装甲战舰之前打的一个草稿，铁甲舰身上既没有无畏舰的洒脱帅气，也没有风帆木体炮舰的典雅古风，有的只是工业技术尚未发展完善就慌忙上舰堆砌出来的一种粗糙和不协调，活像"怪胎"。

　　比起 19 世纪上半叶那些根本进入不了战舰爱好者视野的机帆船，铁甲舰好歹让人有所耳闻，却是"缺爱"的板凳选手。其中最主要的原因就是铁甲舰身上有如上所述的不完美，代表了技术的不成熟，难免给人一种低劣的感觉。然而，如果带着对铁甲舰的这番"鄙视"来读，那便读不下去本书了。笔者之所以能乐此不疲地读完、翻译完这本书，可能是因为对铁甲舰有一份特殊的爱：犹记得 2002 年，《舰船知识》杂志第一次详细介绍了北洋水师的"定远"号、"镇远"号铁甲舰，那迥异于现代战舰的外貌、复古桅杆与蒸汽 - 装甲 - 大炮的混搭，都满足了笔者的猎奇心，久而久之，铁甲舰身上的不完美在笔者眼中反倒成了一种独特的美，好像时刻在预示着技术的进步必将产生更趋完美的作品，象征着技术的不断发展，代表着希望和未来。于是，笔者把自己对铁甲舰的这份爱融化在字里行间，希望在布朗先生的谆谆教诲下，向读者展示 19 世纪下半叶战舰的那番独特美感，向读者还原当年的技术历史，帮助读者理解当时的技术发展是怎样造出这些充满潜力同时又满身问题的奇特战舰的。

　　下面将对 19 世纪下半叶英国战舰的发展思路和各个发展阶段做一个简要概括，相当于本书的导读。布朗先生晚年著成此书，虽有一生积淀、千言万语，只叹垂暮之年，力不能支，深思熟虑过后，落于纸上往往显得言简意赅、点到为止。因此本书英文原版即使对于日常熟练使用英语的非船舶专业人士，也常常显得晦涩，频频出现的专业名词，布朗先生也没有时间和精力来详细解释，于是笔者在翻译过程中加入了不少注释，不让这些技术名词成为普通读者的拦路虎。而且布朗先生只是在本书最终章才简要总结了这 45 年的发展历程，因此特在开篇简单介绍一下全书的主线索以及章节构成，方便读者理解、接纳后续各章。

　　19 世纪下半叶，第一次工业革命在英国已告成，第二次工业革命在欧美各先进国家方兴未艾。日新月异的技术让这些国家开始有了现代快节奏社会的雏形，人类历史上第一个技术飞跃的时代已经到来。在这个时代，任何国家都不可能完全垄断某种技术，更何况 1865 年以后统一的美国、1870 年以后统一的德国正在一日千里地进步，到 20 世纪初实际上已经几乎全方位超越了英国。面对这"千年未有之变局"，英国在 1859 年便主动放下了对过去 200 年风帆时代那份荣光的迷恋，凭借当时仍然世界第一的工业和技术实力，率先敲开了铁甲舰时代的大门。世界第一的实力自然打造出世界第一流的铁甲舰："勇士"号横空出世的时候，法国、美国和沙俄这第二、第三和第四海军的那点家当根本没法打穿它的装甲，再说"勇士"号还搭载着数十门重型火炮——旧式战舰上只能够搭载一两门这种火炮，此外修长俊美的身形让它的航速世界第一，真可以说是攻击、防御和机动性能均位列世界第一的超凡战舰。

　　但是好景不长，"勇士"号开启了一个技术飞跃的时代，没过 10 年它就落伍了，比这个更可怕的是，铁甲舰时代仍然是一个英国稳稳占据海上霸权的时代，也就是说仍然是和平年代。和平年代的英国领导人们可不乐意承担"勇士"号这样一艘万吨巨轮的高昂建造和日常运营维护成本，实际上一直到 19 世纪 90 年代之前，整个铁甲舰时代再没有出现过比"勇士"号和它那寥寥几艘姊妹舰、准姊妹舰更长的战舰了。诚然，细长而且高速的"勇士"号在刚诞生的那不到 5 年里，凭借高得令人咋舌的成本门槛，让其他国家的海军不敢建造能与之匹敌的竞争对手，可是英国也不乐意再给这样高大全的战舰埋单了，而且一直建造这样巨大昂贵的"全能"战舰，也不符合英国的国家利益。

　　随着欧美其他国家奋起直追，英国不可能还指望在所有相关技术领域稳占鳌头，那么技术上的优势也就不可能长期保持下去。于是，新战舰总会过时。如果在每一级新战舰上浪费过多资源，那么等到它们 5 年后过时了，便会在议会中招来一片对海军的谩骂，其结果是海军经费进一步缩减，没法再建造过去那样豪华的"高配"战舰了。不仅如此，追求"全能"战舰还会给假想敌，比如法国和美国海军释放明确的信号，诱发军备竞赛，打乱世界力量平衡，破坏长期和平下英国稳居龙头老大的美好全球战略格局，其结果就是英国花了更多钱开发了称霸全球的超级战舰，其他强国却没有因此而臣服，反而斗志昂扬，甚至事与愿违地掀翻英国原有的技术霸权。

正是出于这样的考虑，当时英国领导层一贯主张控制战舰的建造经费，在"勇士"号之后理性地追求"中不溜"的战舰——不光造价便宜，而且也采用了一定的新技术新装备，虽性能没有全能战舰那么超群，但面对外国竞争者，它仍然能够占据优势，同时也不容易引发假想敌全面动员国力来跟英国海军死磕，避免军备竞赛。这对于国家和国内的升斗小民，何尝不是一件幸事，但对于战舰设计师来说，何尝不是一个灾难，一个至少要从 1860 年持续到 1889 年的灾难。做过任何一种设计的读者朋友恐怕都深有体会，甲方总是喜欢限定一个相对不高的预算，然后要求乙方设计师把各种高端大气上档次的性能和功能愣塞进这样一个"中不溜"，甚至是"寒酸"的预算框架中，可谓"又要马儿跑，又要马儿不吃草"。从 1860—1890 年这 30 年间，英国战舰设计师都戴着这样一个单艘铁甲舰吨位和预算上限的"紧箍咒"，于是这 30 年就是"狭义"的铁甲舰时代。这期间，皇家海军战舰设计部的一个突出特点就是，设计出来的每一艘主力舰，即便在刚建成的时候也不能让人满意，饱受议会和民间舆论的诟病、讥讽。

这便是贯穿本书的第一条主线索，即成本上限和技术快速发展之间的矛盾。这种矛盾全被甲方英国议会无情地扔给了乙方海军战舰设计部，其结果是，设计师们绞尽脑汁也设计不出以当年的标准来看勉强达到机动、防护和火力全优的经济适用型战舰。读过本书便能深刻体会设计师们设计铁甲舰时的左右为难：技术发展太快了，特别是装甲和火炮制造商们本着"道高一尺，魔高一丈"的职业钻研精神，不断制造出威力更大的火炮和防弹效果更强的装甲，可问题是战舰排水量不能同步增加。铁甲舰时代初期这种野蛮的技术进步，靠的是大炮越造越大、装甲越来越厚来实现的，显然，设计师们绝对没有可能在一个寒酸的排水量限额下设计出全能铁甲舰，只能在火力和机动性能甚至防护性能上做一些取舍。这样生产出来的铁甲舰必然会让议会的大老爷们火冒三丈：明明掏了那么多钱，却买回来一个瘸腿的残次品。殊不知他们的心理价位太低了，能买到这样的战舰已经是世界上最优秀的一群战舰设计师使出浑身解数得到的最优结果了。

解铃还须系铃人，30 年的技术积累终于在 1890 年结出了硕果，产生了工业时代第一级三方面性能都很优秀，同时成本又不高得令英国人无法接受的主力战舰，也就是第一型"前无畏舰"（Pre-dreadnought）"君权"级，自此铁甲舰时代告终，本书最后 15 年的时光就称为"前无畏舰时代"。可以说，不是铁甲舰时代的设计师无能，设计不出全能战舰，也不是前无畏舰时代的设计师水平突然变得很高，在整个 19 世纪第一次拿出让议会感觉比较满意的设计，这一切的原因都是技术成熟了。技术成熟的标志就是效率足够高：大炮威力很大，但是重量不很沉；装甲防弹性能很高，却很轻薄；发动机特别经济高效，烧一点燃料就可以让战舰连续高速航行很远，并且发动机组的重量也很轻。这也就是本书的第二条线索：19 世纪后半叶，钢铁、装甲、蒸汽机组和火炮技术的发展，如何让铁甲舰时代的设计师逐渐"松绑"，直到在 19 世纪最后 10 年拿出人类历史上第一种现代装甲主力舰"前无畏舰"。

笔者认为，铁甲舰时代最瞩目、影响最深远的一项技术进步，就是钢材的大规模工业生产。钢是人类掌握的第一种廉价、高性能的材料，没有钢，就没有后世的各种桥梁、铁路、战舰，更没有我们今天身边的很多东西。铁甲舰时代的头二十年，也就是 1860—1880 年，钢材技术刚刚起步，直到 19 世纪 80 年代，铁甲舰才逐渐转为全钢建造。英国第一艘可以算是全钢造的高性能"钢甲舰"是"定远""镇远"的英国表兄"爱丁堡"号。英语中把海军主力舰统称为"Battleship"（战舰），也是从这艘铁甲舰开始的。值得一提的是，钢材是 19 世纪 60 年代的法国痛感在熟铁制造业上跟英国差距过大，然后引进德国技术弯道超车，才开发出来的，到了 19 世纪 80 年代，英国反而在钢材制作技术上落后于德国和法国。在钢材工业生产技术开发成功以前，1860—1880 年间的英国铁甲舰均以熟铁（即锻铁）来制造，性能比 17、18 世纪的木制战舰，自然是有了飞跃，但跟钢材一比，熟铁就相形见绌了。钢材在英国造船业中取代熟铁只用了不到 10 年的时间。由于钢比熟铁更轻、更强韧，于是钢制船体比熟铁船体更轻，可以把更多的排水量配额使用在装甲和火炮上。同样的道理，火炮、装甲和发动机使用钢材建造，全部比以前轻，于是战舰就可以搭载威力更大、数量更多的火炮，搭载防弹性能更好的装甲，搭载更多的燃料用于远航。可以说，单纯是钢材这一项发明，就让铁甲舰时代的设计师的处境改善了不少。

跟钢材最密切相关的战舰工业技术就是装甲了。在钢材诞生之前的 19 世纪60、70 年代，设计师们只能靠增加熟铁板的厚度来提高装甲的防弹性能，可是战舰排水量受到严格限制，设计师不得已只能不停缩减装甲的覆盖面积，到了19 世纪 70 年代，"铁甲舰"虽然听起来好像全身覆盖甲胄，其实只有要害部位带有装甲防御，其他部位是"裸露"的。显然这种线性思维已经把设计师们逼入了死胡同，除非能够想办法制造出更轻但防弹效果没有变化的装甲，否则铁甲舰设计师就要被逼死了。好在尚未成熟的钢材工艺已经在 19 世纪 70 年代末、80 年代初的英国催生了一种新式装甲——"钢面复合装甲"，也就是把钢浇注在熟铁表面，从而让装甲前脸极其坚硬，同时后背有韧性，这样炮弹就会被装甲前脸撞变形，再被坚韧的背面挡住而无法击穿装甲板。英国这套正确的发展思路在 19 世纪 80 年代被美国和德国继承，它们运用自己在钢材领域的后发优势，在 80 年代末、90 年代初研发出通用于 20 世纪上半叶各种装甲战舰的轻质、高效钢装甲——表面硬化－渗碳－镍合金－钢装甲，即通常说的美国哈维钢和德国克虏伯钢。于是在 19 世纪最后十年里，主力舰披挂比铁甲舰薄得多的装甲板，却能抵御铁甲舰时代根本无法想象的大威力火炮的轰击，甚至巡洋舰都可以披挂装甲。

跟 1890 年前后"突然"成熟的装甲不同，战舰的蒸汽动力系统经过了三个阶段的渐次发展。动力系统包括蒸汽机和锅炉两个组成部分。在本书中，锅炉靠燃烧煤炭来加热炉中水，再产生高压蒸汽来驱动蒸汽机或蒸汽轮机带动螺旋桨。在铁甲舰时代的头二十年，钢材还没有大规模应用于锅炉和蒸汽机的制造，铁甲舰的锅炉主要是"火管锅炉"，搭配"复合蒸汽机"。火管锅炉在 19 世纪中叶取代了 19 世纪上半叶简单的烟道式锅炉，火管锅炉通过很多细管把炉膛中的火焰送到水池中加热，它的出现也是得益于熟铁材料性能的发展。复合蒸汽机同样是由于 19 世纪中叶熟铁材料性能的进步才发展到实用水平的。由于火管锅炉承受蒸汽压力的能力提高了，输出的蒸汽压也就跟着提高了，于是复合蒸汽机先让蒸汽在一个高压气缸中膨胀，再进入一个低压汽缸中膨胀，这样蒸汽利用更充分，更节省燃料。然而这种动力系统的效率还是不能满足越洋远航的需要，于是 1860—1880 年间的铁甲舰通常分为两大类：一是搭载较轻装甲和火炮，同时挂了风帆的远洋铁甲舰；二是只能在欧洲和地中海海域活动、披挂重甲、搭载重炮的近岸铁甲舰。这种为人诟病的鸡肋局面随着钢材的到来终于结束了：能够承受更高蒸汽压的钢材，一方面使得长期停留于理论和概念机阶段的"水管锅炉"成为现实，另一方面让复合蒸汽机又多出来一个压力更高的汽缸，成了"三胀式蒸汽机"。水管锅炉是直接把水管插在锅炉炉膛里燃烧，过去的熟铁材料无法承受这样高温高压的"摧残"。于是水管锅炉不仅比火管锅炉更省水，而且蒸汽压更高，耗煤量第一次让船舶可以抛弃风帆，直接靠着烧煤就能越洋远航。到 19 世纪 90 年代，英国又率先开发出蒸汽轮机，这种新式蒸汽动力机械让战舰加速到前所未有的高速度，从此，20 世纪我们习以为常的 25 节、30 节战斗航速才得以实现。

有了强劲的动力，战舰只是如虎添翼，所以动力系统渐进式的三次发展并没有给铁甲舰带来阶梯式的三次跳跃，因为还有另一项关键技术像装甲一样直到 1890 年前后仍然扼着战舰设计师们的脖子，这就是火炮技术。就英国的情况来看，1860—1880 年间，铁甲舰上搭载的火炮主要是在 19 世纪中叶锻铁炮技术的基础上逐渐提高，一点点耗尽了这种技术的潜力。在 17、18 世纪，人们手中没有巨大的蒸汽动力汽锤，只能满足于水力带动的火炮铸造、钻膛设备，铸铁炮是那个时候的标配。蒸汽革命让动力汽锤进入了各个火炮作坊，于是人们就开发出套管式锻铁炮，也就是把很多熟铁圆环趁热用汽锤砸到一根细管形熟铁内胆的外面，这样冷却后，炮管轻质，而且可以抵御大量黑火药突然引爆时强大的燃气压力。在英国，这种熟铁炮的性能在1860—1880年间被发挥到极致，但它的基本原理跟17、18世纪没有差别：炮管是一头开口、一头封闭的管子，而且不能做得非常细长。在英国人故步自封的同时，法国、德国和意大利没有闲着，特别是法国，历经这二十年的发展，它终于在19世纪70年代末研制成功了"后装炮"，也就是我们今天仍然在使用的火炮：一根细长的炮管两头都开口，后面那头依靠巧妙装置紧紧关闭，在大炮发射时不至于漏气。这种炮尾密封装置让英、法、德等国的火炮设计师忙活了将近二十年。

单纯有这样的新式大炮并不能改善铁甲舰的火炮威力，好的大炮需要好的火药来搭配。传统的黑火药在炮管内爆炸时太过剧烈，后装炮长长的炮管发挥不出全部功效，只有慢慢燃烧的火药才能真正配合后装炮。于是，到19世纪80年代，炸药大王诺贝尔以及法国的炸药专家们研制出硝化甘油、硝化纤维素等新型炸药，开发出"无烟火药"，这样到1890年前后，后装炮搭配无烟火药的新式大威力火炮武器平台，才告研发成功。

这些技术发展的历程决定了19世纪最后40年近代战舰的发展历程：如果火炮和装甲不是在1890年前后才完善起来，那么无畏舰的诞生可能就会早一些；反过来，如果钢材不是早在1880年前后就普及开来，那么我们就要忍受差强人意的铁甲舰更长时间。在这样一个技术历史中，可以看出来，每一项关键技术突破都跟船舶其他各个方面的性能休戚相关：譬如火炮发展进步了，装甲就必须相应提高设计指标，如果装甲本身防弹性能没有提高，就只能增加装甲厚度、缩减装甲覆盖范围，战舰的外观和作战时的战术应用特点必然随之改变。这便是本书的第三条线索：战舰设计的真正困难在于船体、装甲、火炮和动力系统这些子系统之间充满错综复杂的联系，每个细节的修改都必然伴随其他细节的相应调整。这就是说，设计师如果不能在刚开始做大体设计的时候找到一个大致正确的方向，合理分配战舰三方面性能的指标要求，到后来发现设计指标订得太高、不切实际的时候，便没有办法进行大规模的修改了。因此在铁甲舰时代，设计师们运用数学和物理学知识，结合大量的模型实验观察，逐渐总结出一套数学方法，保证设计初期就能够根据主要性能指标来确定设计的大方向，避免重大设计失误。

以上可能就是布朗先生想要通过本书向读者传达的信息：铁甲舰战舰设计师们非常不容易，在严格的限制下，绞尽脑汁地用不成熟的技术达成全能的设计标准，最终，随着技术的进步，他们的愿望才逐渐达成了。

本书各章节"译者注"的配图将放在指文图书微信公众号上，此外为配合本书内容，丰富读者阅读，笔者写了相关补充文章数篇，内容涵盖铁甲舰时代的技术历史和战事故事，亦将发布于微信公众号上。

公制—英制单位对照换算表

长度和距离

1 千米 =0.54 海里 =0.621 英里

1 米 =1.09 码 =3 英尺又 3/8 英寸

1 厘米 =0.329 英尺

1 毫米 =0.0329 英尺

1 海里 =1.852 千米

1 英里 =1.609 千米

1 码 =0.914 米

1 英尺 =0.3048 米 =30.48 厘米

1 英寸 =2.54 厘米 =25.4 毫米

压力

1 标准大气压 =14.69 磅 / 英寸 ^{2}

面积

1 米 ^{2}=10.76 英尺 ^{2}

1 千米 ^{2}=0.386 英里 ^{2}

1 英尺 ^{2}=0.092 米 ^{2}

1 英里 ^{2}=2.59 千米 ^{2}

容积

1 米 ^{3}=35.31 英尺 ^{3}

重量

1 公吨 =0.984 长吨

1 千克 =2 磅 3.27 盎司

1 长吨 =1.016 公吨

1 磅 =0.453 千克

目录 CONTENT

前言及致谢

　　"勇士"号代表了 1860 年海军的最高技术发展水平，不过在那之后的 45 年中，该舰那单螺旋桨、熟铁打造的船壳、薄而脆弱的装甲板，还有那效率差强人意的动力机组，就会完全被钢制船体、经过科学实验优化的船型、蒸汽轮机动力机组、表面硬化钢装甲，还有能够把炮弹打到海平线以外的大炮给取代了。到 1905 年的时候，船舶工程学已经发展到了船身上的每一个部件的形状和尺寸都有理有据的地步，并且常常是经过计算才确定下来的，而不是凭借设计师的主观判断。

　　这本书的内容紧紧承接上一本书《英国皇家海军战舰设计发展史.卷 1，铁甲舰之前》，主要介绍了这一时期战舰设计的发展，包括战舰装甲防护和动力机组的发展，不过这本书的重点并不在船用动力机械、舰载火炮、炮弹以及其他舰载武器这些方面的内容，在本书中主要是介绍它们的发展对船舶设计的影响。本书的重中之重乃是当时新的工业科技对于船舶的总体设计所造成的影响，而不在于罗列、描述各型战舰的具体设计性能。虽然本书中有一些用于比较的数据表，不过这些数据非常不完整，读者应该参考《康威世界战舰名录，1860—1905 年》（*Conway's All the World's Fighting Ships 1860–1905*）这样的数据汇编类材料来了解那些性能细节。本书主要介绍的对象是舰队中的那些主力战舰，因为它们往往代表了当时舰船的最高水平，不过书中也没有忽视那些较小型的作战舰艇，因为当时常常首先拿无关紧要的小型作战舰艇作为测试新式发动机组的实验平台。需要特别注意的是，图注中的年份都代表该舰下水[1]的时间，除非特别说明。

　　本书作者我当然是一名拥有实际船舶设计经验的设计师了，而且我们设计师对于设计过程中需要协调的各个人员和各个部门之间的关系与冲突，比起局外人来往往有着更深刻的体会。正是由于这一点，我觉得历史上那些伟大的战舰设计师都很不简单，所以我在本书中对他们的态度是理解和同情，只有在真正需要加以评判的地方，才做一点并不算特别出格的、实事求是的批评。对于何为"设计"，我觉得菲尔登（Fielden）在 1963 年的时候说得最好：

　　　　工程领域的"设计"，就是把科学原理、工程技术上的经验积累以及设计师的原创能力结合起来，构思出一个能够执行特定功能的结构、机械或者体系，而且最优秀的设计一定要能让这个体系发挥出最高效能，达到最高的经济性。

　　原创性的船舶设计要求设计师把许多项专业技术有机结合到一起，这就像一个杂技演员要保持多个抛到空中的球同时飞着，不落下来一样。一个舰船设计师经常要同时兼顾三个参数，脑子里还得想着五六个其他参数。这就像一项团体运动：

"设计"是一个不规则动词

我创造

你打岔

他跑过来碍事

我们大家一起合作

你们又反对

他们又背着咱们胡琢磨

（作者担任初期设计部负责人时写的）[2]

1544 年以来的海军部总设计师

海军巡视员（Surveyors of the Navy）			
威廉·布鲁克（William Brooke） 1544—1545		约翰·霍朗德（John Hollond） 1649—1652	
本杰明·龚森（Benjamin Gonson） 1545—1549		乔治·佩勒（George Payler） 1654—1660	
威廉·温特（William Wynter） 1549—1589		威廉·巴滕 1660—1667	
亨利·帕尔默（Henry Palmer） 1589—1598		托马斯·米德尔顿（Thomas Middleton） 1667—1672	
约翰·特雷弗（John Trevor） 1598—1611		约翰·蒂皮茨（John Tippetts） 1667—1686	
理查德·宾利（Richard Bingley） 1611—1618		安东尼·迪恩（Anthony Deane）[3] 1686—1688	
托马斯·诺利（Thomas Norrey） 1618—1625		约翰·蒂皮茨 1688—1692	
约书亚·唐宁（Joshua Downing） 1625—1628		埃德蒙·达默（Edmund Dummer） 1692—1699	
托马斯·艾尔斯伯里（Thomas Aylesbury） 1628—1632		丹尼尔·福泽尔（Daniel Furzer） 1699—1715	
垦利克·埃迪斯伯里（Kenrik Edisbury） 1632—1648		威廉·李（William Lee） 1708—1713	
威廉·巴滕（William Batten） 1638—1648		雅各布·E. 阿克沃思（Jacob E. Acworth） 1715—1749	
威廉·威洛比（William Willoughby） 1648—1649		约书亚·阿林（Joshua Allin） 1716—1755	

我的书不可能写得多么完美，因为需要挨个介绍整个战舰设计的各个方面，这样行文中也就免不了有些跳跃，时常在介绍一个主题的时候突然引述另一个主题的相关内容。这本书的各个章节基本上还是以时间为线索的，不过有些比较集中的内容就会在一个章节中从1860年一直介绍到19世纪末了。只要是合适的地方，会尽量给各个章节加上带时间的副标题。

这45年间，战舰设计的一个核心问题就是保证战舰的稳定性，其实这个问题时至今日也不能说得到了完全和深入的理解，所以我尽量在本书的正文中用比较好理解的语言对这个问题进行了归纳，并在附录中用稍微专业一点的词汇进行了较为详细的介绍。在本书涉及的历史时期内，英国皇家海军没有卷入任何一场主要的战争中，全世界也几乎没有发生有现代舰队正面交锋的大规模海战。不过皇家海军还是认真研究了当时屈指可数的实战案例，并用全尺寸的实船测试来补充和深化他们的研究。这些研究和实测对于当时战舰的设计产生了深刻的影响，书中会做详细的介绍。

1544年以来的海军部总设计师

海军巡视员		总造船师（Chief Constructors）	
威廉·贝特利（William Bately）1755—1765		伊萨克·瓦茨（Issac Watts）[9] 1860—1863	
托马斯·斯莱德（Thomas Slade）[4] 1755—1771		爱德华·J.里德（Edward J. Reed）1863—1870	
约翰·威廉姆斯（John Williams）1765—1784		战舰设计部主任（Directors of Naval Construction）	
爱德华·亨特（Edward Hunt）1778—1784		纳撒尼尔·巴纳比（Nathaniel Barnaby）1870—1885	
约翰·亨斯洛（John Henslow）1784—1806		威廉·H.怀特（William H. White）1885—1902	
威廉·鲁尔（William Rule）1793—1813		菲利普·瓦茨（Philip Watts）[10] 1902—1912	
亨利·皮克（Henry Peake）1806—1822		H. T. 英考特（H. T. d'Eyncourt）1912—1923	
约瑟夫·塔克（Joseph Tucker）1813—1831		威廉·J.伯里（William J. Berry）1924—1930	
罗伯特·瑟宾斯（Robert Seppings）[5] 1813—1832		阿瑟·W.约翰斯（Arthur W. Johns）1930—1936	
威廉·西蒙兹（William Symonds）[6] 1832—1848		斯坦利·V.古多尔（Stanley V. Goodall）1936—1944	
鲍德温·W.沃克（Baldwin W. Walker）1848—1860		查尔斯·S.利利克拉普（Charels S Lillicrap）1944—1951	
[7]		维克托·G.谢泼德（Victor G. Shepheard）[11] 1951—	

要让设计师最后做出来一个合格的设计，必须先告诉他这个战舰的设计意图是什么，要它去扮演什么样的战术角色，设计意图和设计本身是相辅相成的，就像鸡和鸡蛋那样——可惜在本书涵盖的这段历史时期内，海军部大部分时候对于战舰的战术角色缺乏一个明确的认识，同时海军经费又经常短缺。结果就像海军上将费希尔（Fisher，或译为"费舍尔"）[12] 曾经说的那样：

> 战略应用决定我们需要设计什么样的战舰，而战舰的样式决定了采用什么样的战术。最后，战术应用又决定了舰上武器的细节设计。

从 1889 年 [13] 开始，《海防法案》（*Naval Defence Act*）给海军发展注入了充足的经费，这一时期的总设计师怀特算是最杰出的设计师了，同时他也有高超的管理才能，在他的领导下，海军管理结构获得了重组和优化，并拿出了本书所涉历史时期内水平最高的战舰设计成果。他提出的第一型主力舰设计"君权"（Royal Sovereign）级，比之 1860 年以来铁甲舰的设计就是一个重大突破，接着又在二等主力舰"声望"号（Renown）上将设计进一步精炼。怀特后来设计出来的那一系列所谓"前无畏舰"都有一个固定的基本设计，使它们看起来似乎都差不多，其实各级前无畏舰的装甲、火炮和船体结构等方面，不断在改进。其设计的成功，在日俄战争中展现得淋漓尽致。[14] 同一时期，"维多利亚"号（Victoria）铁甲舰的沉没事故，让人们开始重视底舱水密性问题。

历史上，总设计师的实际职务名称更改了很多次，不过前文表中都是了不起的人。

除非需要特别说明的地方，我在本书中笼统地称其为"总设计师"（Director）。这些总设计师往往在四十来岁、还没有当上总设计师的时候，就已经声名显赫了，于是他们在当上总设计师之前设计的战舰，往往算作时任总设计师的功劳。不过一旦当上总设计师，就意味着对每个设计负最后的责任，这体现在他要在每张设计图纸上面署名。这些杰出的设计师能够设计出如此精良的战舰，其实都离不开他们手底下人的工作，不过他们常常不会公开承认这一点。只要有可能，我都尽量发掘出史料中这些幕后英雄的贡献，让他们在本书中重新展露于世人面前。本书对其他船舶相关领域的设计师和工程师们的贡献也尽量做了介绍。

今天，我们一般都把铁甲舰和前无畏舰时代的海军军官，尤其是海军部，描绘成陈腐守旧的模样——反对任何技术创新。本书最后一章探讨了当时的海军何以给我们留下这么一个印象，然后就会发现，就算当时的海军真是守旧、反对进步的，那也是在非常有限的几个方面上才这样。因为当时那些新技术的狂热支持者只要遇到别人一丁点儿的反对，甚至别人仅仅是停下来思考一下，他们就会视其为守旧和迂腐。我敢这样说是因为我当年在海军内力推水翼船（Hydrofoil）和气垫船（Hovercraft）的时候，也经历了类似的情形。

我自己根据个人职业生涯经验做的一些评论，大都放在注释中。战舰设计是非常有意思工作，书中的一些例子可以品味出其中的乐趣。

致谢

我要诚挚地感谢如下诸位向我提供的宝贵参考资料、建议以及批评指正。莫斯尔·J. 布鲁克斯（Messrs J. Brooks）、J. D. 布朗、J. 坎贝尔（Campbell）、A. 霍尔布鲁克（Holbrook）、W. J. 朱伦斯（Jurens）、A. 兰伯特（Lambert）博士、S. A. 利利曼（Lilliman）、A. R. J. M. 劳埃德（Lloyd）博士、D. 莱昂（Lyon）、G. 梅比（Maby）、I. 麦卡勒姆（McCallum）、G. 穆尔（Moore）、海军少将 R. 莫里斯（Morris）、J. R. 莱克纳（Reckoner）博士、J. 罗伯茨、A. 史密茨、J. 苏米达（Sumida）教授。巴斯公共图书馆（Bath Public Library）、皇家造船工程学会 [Royal Institution of Naval Architects，理事长 J. 罗斯旺（Rosewarn）]、巴斯大学图书馆、华盛顿海军船厂图书馆（Library of Washington Navy Yard）、国防部图书馆（Library of Ministry of Defence）也给予了我宝贵的帮助，这些机构的员工为我寻找资料，付出了宝贵的精力。已经辞世的大卫·托普利斯（David Topliss）、盖伊·罗宾斯（Guy Robbins）和格雷厄姆·斯拉特（Graham Slatter）对本书的帮助也非常大，他们在英国国家海事博物馆的战舰图纸档案处（Ships' Plans Department of the National Maritime Museum）工作，是他们的工作使得我能够看到当年战舰的存档文件以及设计图纸。

本书配图几乎完全是从作者我自己的收藏品中挑选出来的。我的收藏之所以能够如此丰富，完全离不开海军摄影俱乐部（Naval Photograph Club）的历任理事长，当然我也在俱乐部任副会长。每张照片的原始出处都在图注中分别注明；有些照片的原始出处似乎已经不可考证了，对这种照片的原作者如有冒犯，请海涵。

译者注

1. 下水指的是造好一个空空的船壳，里面的发动机组、外面的装甲以及所有舰载武器设备都还没有安装，甚至连一些甲板也为了后续栖装方便，而留着没有敷设上呢。

2. 原文为：

   The Irregular Verb － ' To Design ' .

   I create,

   You interfere,

   He gets in the way,

   We co－operate,

   You obstruct,

   They conspire－(written by the author whilst head of preliminary design)

   可能算是一首诗吧。

3. 原书中，迪恩的名字旁有一个对勾，可能是因为在表格末尾写了备注。他在历史上特别有名，查理二世的宠臣佩皮尔斯亲自提携他，说他是当时唯一能够准确计算排水量的设计师。他水平到底如何已经不可考证了，不过他设计的"皇家凯瑟琳"号等大型战舰确实因为排水量计算错误，下水后吃水过深，需要返修。

4. 18世纪最负盛名的设计师，他设计的"胜利"号风帆战列舰至今仍原船保存于朴次茅斯历史船坞。

5. 本书作者最推崇的19世纪初的设计师。

6. 19世纪以来所有英国战舰设计师心中地位最低的总设计师。

7. 原书中，后面巴纳比的名字旁有一个星号，此处可能是关于巴纳比的备注，可是字太小了，看不清。

8. 可能是关于迪恩的备注，同样看不清，无法翻译。

9. 从这里才进入本书所涉及的历史时期。

10. 本书涉及的最后一个总设计师。

11. 根据今天的资料，他只做到1966年,1966年后撤销了这一岗位，改成由国防部直接管辖的"Director Ships"。

12. 20世纪初的皇家海军首脑，"无畏舰之父"。

13. 原书此处作"1897年"，应有误，见本书第八章。

14. 此战日本获胜，而日本海军的前无畏舰都是在英国建造的，采用了怀特式设计。

导言

今天英国大众的脑海里，150 多年前的 19 世纪下半叶，在皇家海军统御之下，海上维持了长期的和平。当时英国世界领先的工业技术、与日俱增的国家财富，将皇家海军打造成这个地球上第一等的海军，没有任何其他国家的海军可以与之匹敌。这类观点当然有不少事实依据，但要从技术发展史的角度仔细审视，有一些说法就值得商榷了。首先，1889 年《海防法案》通过以前，皇家海军都没有大规模扩军，其整体规模一直和法国海军不相上下。技术水平上也是类似的，19 世纪上半叶的工业革命中一路领跑的英国，到了 1860 年就仿佛被一道高耸的分水岭阻隔，从此在许多工业技术上被其他国家赶超，比如冶铁技术一直处于落后地位的法国就在新兴的制钢领域超越了英国。充满宿命意味的是，1859—1860 年这道高耸的时间分水岭就像一道越不过去的坎，3 位曾在 19 世纪上半叶引领英国工业技术各领域的工程巨匠——布律内尔（Isambard Kingdom Brunel）、罗伯特·斯蒂芬森、约瑟夫·洛克（Locke），先后辞世。此外，19 世纪下半叶英国国运正可谓如日中天，但生育率的提高以及移民等因素造成了英国人口的激增，结果人均财富的提升速度要远远落后于社会财富的积累——可以说，心甘情愿为海军扩充埋单的纳税人恐怕并没有增加多少。而承平日久的世界头号

在哈特尔浦（Hartlepool）接受海军文物保护基金会（Marine Trust）为期 8 年的修复后，"勇士"号铁甲舰于 1987 年 6 月 16 日抵达朴次茅斯港。这是铁甲舰时代唯一一艘保留至今的主力舰。（作者收藏）

海军也缺乏一个明确的战略假想敌，这更让皇家海军的发展不容易博得英国大众的一致认同和支持。

本书记述了 1860 年到 1905 年这 45 年间，工业革命让技术突飞猛进的大形势下，英国皇家海军从世界第一艘铁甲舰到世界第一艘全大口径主炮战舰的技术发展历史。横亘在这 45 年发展背后的，是上面提及的这些技术与地缘背景。这 45 年间，英国在技术和地缘方面都经历了怎样的起起落落呢？下面简单列述。

对比与比较

本书会引用大量 19 世纪的数据，还要进行很多数据间的对比和比较。不过这里首先要说明的是，19 世纪后半叶是技术飞速迭代的时代，简单的数据比较几乎不可能准确反映当时海军的真正实力和实力对比。而且，当时的数据，如果拿今天的标准来衡量，也远远达不到准确、量化的程度。站在 1860 年往后看，19 世纪初各国海军主力战舰的技术面貌跟之前绵延 150 余年的"风帆战舰时代"相比，还没有任何实质性的改变，只是开始在大帆船上加装蒸汽推进系统。这些风帆战舰的火力与生存力的强弱对比，只需要数一数战舰搭载火炮的总数就基本能够把握了。也就是说，一支风帆海军的总体硬件实力，通过统计大小战舰的总数量和搭载火炮总数量便一望而知了。然而，进入 19 世纪后半叶，令人眼花缭乱的快速技术迭代让新战舰之间的战斗能力对比模糊了起来。另一方面，风帆时代继承下来的老旧战舰迅速落伍，包含这些"滥竽充数"战舰的海军名册体现的只能是"名义"实力。本书后面章节包含了不少技术数据的比较，但这些比较只展示了 19 世纪的人"认为的"技术实力对比，真正的实力对比恐怕已经不可考证了。譬如，比较两艘铁甲舰的装甲防护，装甲的最大厚度是核心数据，可是装甲覆盖船体的范围有多大？战舰的关键部位（这 45 年间战舰的造型、设计理念一变再变，果真有共通的标准来界定什么才是"关键部位"吗？）有没有都得到保护？装甲属于什么材质？当时战舰在海上训练、演习中的表现也为时人津津乐道，但留下来的这一类比较资料中，存在一个趋势，就是片面比较战舰在风平浪静情况下的性能，而严重忽视了大风大浪中战舰的稳定性、抗浪性、适航性。此外，当时海上测定的这些性能参数，受限于测量技术，以今天的标准来看，十分粗糙，有失准确，只能代表一种大致的趋势，不可穷究。最后，当时战舰的建造时间冗长，尤其是在法国，有的战舰甚至还在船台上就被技术迭代淘汰了，整个建造计划遭到取消，结果当时对于未来假想敌海军的威胁度就难以做出准确的判断，这更让当时战舰的设计建造情况变得复杂而混乱不清，为准确的比较带来了另一重困难。

国力与海军经费

庞大的海军需要雄厚的财力支撑。今天的一般印象是维多利亚时代的英国政府慷慨投入，斥巨资发展海军。不过，谈论海军经费投入的高低，特别是其中的大头——战舰建造费用的投入，需要以当时的国力总体水平为背景。表中列出本书所涉及的 45 年间的英国宏观经济情况，国民生产总值（GNP）一路飙升，不过直到 19 世纪 80 年代以后，随着生育率的下降、物价水平的回落，人均财富才真正开始快速增长。

表 0.1 国民生产总值和人口，1861—1901 年

年份	GNP（百万英镑，按照当时货币币值）	GNP（百万英镑，换算成统一币值）	人口（百万）	人均 GNP
1861	668	565	23.1	24.4
1871	917	782	26.1	29.9
1881	1051	1079	29.7	36.2
1891	1288	1608	33.0	48.5
1901	1643	1948	37.1	52.5

实际上，"政府慷慨解囊、海军经费充沛"这种留给今人的"印象"，只是到了 19 世纪最后几年里，特别是政府通过了《海防法案》后，才多少有点贴近现实情况。下面大段摘抄了怀特的一篇文章[1]，他在 19 世纪最后几年里担任海军总设计师，对当时海军经费的扩充做了详细记述：

> 议会的返回报告[1]，大家通常容易忽略，但这些材料里统计了 1869—1870 财年度以后历年的海军造舰支出。1870—1885 年间，平均每年造舰支出低于 175 万英镑；1885 年到 1902 年 4 月 1 日[2]的 17 年间，总造舰开销 8850 万英镑，平均每年造舰开支近 525 万英镑。其中最后 7 年，即我担任海军总设计师期间，造舰总支出超过 5000 万英镑，平均每年斥资 720 万英镑，并在 1900—1901 财年度达到顶峰——近 900 万英镑。
>
> 最近 17 年间猛增的造舰经费，部分投入了海军船厂（Royal Yard），更多的则投入到各大私营企业中了。海军船厂的主要花费在于战舰建造和组装时船厂工人的工时工资。而构成战舰的所有结构材料、装甲钢板以及其他物料均由民间企业负责。这 17 年间的 8850 万英镑，海军船厂约花费了其中的六分之一，剩下的 7400 万英镑都投给了各大冶炼、制钢、动力机械制造企业来生产船体结构材料、装甲、船舶推进动力机械及其他林林总

① 皇家海军造船部威廉·H. 怀特爵士撰《会长就职演说》（Presidential Address），刊载于《土木工程学会会志》[Proceedings of the Institute of Civil Engineering（Proc ICE）] 第 155 卷，1904 年出版于伦敦。（这是一份关键的参考资料，见本书末尾主要参考资料评述。）

总的辅助器材物料。从人力成本来看，8850 万英镑中恐怕有超过 6000 万英镑用于支付工人工资。

最近新造战舰的加入，让我国海军的总抵算资本价值猛增，这不仅是由于战舰的总数增加了不少，还因为单舰建造成本水涨船高。最近几年里，为了追求更高的机动和作战性能，战舰的主尺寸增大了很多。皇家海军全部作战舰艇的建造成本总和，在 1813 年是 1000 万英镑；1860 年，1700—1800 万英镑；1868 年，比前一个数字稍高；1878 年，约 2800 万英镑；1887 年，3700 万英镑；1902 年，1 亿英镑。武器弹药支出另计。同时期法国海军的，1870 年约 1850 万英镑，1898 年 4725 万英镑——法国海军规模确实膨胀了不少，但增长速度无法和英国相比。

怀特在下文中继续指出，这庞大的海军支出意味着后续更大规模的干船坞等基础设施的扩建。能够支撑怀特观点的数据明细，见附录 1，而对页图示则做了简单总结。因为本书所涉及的这 45 年内，英镑没有显著的增值、贬值，故图中直接用英镑币值进行比较，而没有换算。

当时和今天的人们普遍相信，战舰身型越大，造价就越昂贵。事实上，从技术角度看并不完全是这样。不过，当时主政英国的政治家们自然还是从成本方面的考虑出发，限定了战舰的最大尺寸。技术的快速进步也每每让成本低、性能高的"神"船显得呼之欲出，政治家们总是欢迎并支持这样的设计从绘图板走向实践，结果往往终结于"船长"号（Captain）这样的悲剧——1860 年，集风帆推进、旋转炮塔全方位火力输出以及重装甲防护于一身的"船长"号，因为重心过高、干舷[3] 太低而被强大的侧风掀翻倾覆。

铁甲舰出现前夕，皇家海军的构成和舰队部署

1860 年"勇士"号铁甲舰服役，翻开了世界海军历史的新篇章。在这变革的前夜，皇家海军处在什么状态呢？ 4 艘铁甲舰正在船厂里成形，象征着风帆时代的黄昏即将到来，而舰队的绝大部分战舰还是即将在一夜之间过时的纯风帆动力战舰。比如当时散布全球的几支舰队中，战略位置比较次要的好望角舰队、太平洋舰队，连旗舰都还是纯风帆动力"战列舰"（Line of Battle Ship）[4]。

1860 年，英国的国际战略形势颇为稳定，所以在海上值勤的主要是这些老掉牙的风帆战舰，比它们技术上更领先一些的蒸汽辅助动力战舰（在 19 世纪 50 年代加装了蒸汽螺旋桨推进系统，可以在无风甚至是逆风情况下前进），则封存在港内进行维护保养。当时，英国本土封存的蒸汽螺旋桨辅助动力风帆战列舰有 25 艘，蒸汽辅助动力的远洋巡航轻型主力舰"巡航舰"（Frigate）[5] 有 11

艘,此外还有 11 艘"封堵防御"船 (Blockship)[6]。还有大量蒸汽炮艇、拖船等等,大多是 1855 年克里米亚战争时临时大批量建造的。

表 0.2 1860 年英国海军全球部署情况 (不计纯风帆战舰)

部署海区	铁甲舰	巡航舰	明轮巡航舰	炮舰 (Corvette)	其他
地中海	13	3	1	2	18
英吉利海峡	10	3	–	–	1
好望角和西非	–	2	1	2	–
北美	1	–	1	2	12
南美	–	1	1	–	3
太平洋	–	4	–	3	8
东印度、远东	–	2	4	–	47
澳大利亚	–	–	–	1	3

　　皇家海军的主体地中海舰队,驻扎直布罗陀,直接和法国海军形成对峙之势。当时法国海军在地中海除了传统的纯风帆动力战列舰,还有 10 艘蒸汽螺旋桨辅助动力风帆战列舰、3 艘蒸汽辅助动力风帆巡航舰、2 艘蒸汽明轮巡航舰[7]。皇家海军东亚舰队主要由小型蒸汽炮艇组成,方便在内陆河流行动。从战舰搭载的火炮来看,绝大多数都是 32 磅[8] 海军加农炮,只有少数 68 磅重炮点缀主力舰的主炮位。除了地中海舰队,剩余活跃服役的舰只大部分集中在英吉利海峡,组成"海峡舰队"。海峡舰队总共搭载了 1055 门炮,地中海舰队共搭载了 1597门炮 (这些炮包括纯风帆战舰上搭载的火炮)。

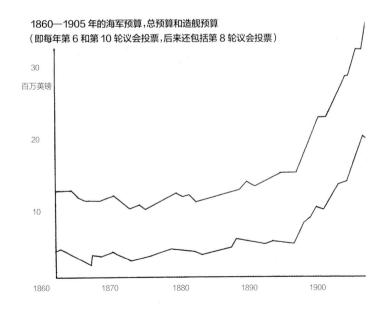

1860—1905 年的海军预算,总预算和造舰预算
(即每年第 6 和第 10 轮议会投票,后来还包括第 8 轮议会投票)

上面那根曲线代表海军总预算,单位是百万英镑。下面那根曲线代表新造战舰的预算。新造战舰预算到 1887 年的时候,一直都代表每年议会第 6 和第 10 轮表决通过的预算的和,后来还增加了第 8 轮表决。(1865 年,对第 6 轮表决的具体事项做了修改,结果 1865 年之后和之前的数字,严格来说不好直接比较。) 具体数字以及相关说明,见附录 1。

19世纪上半叶以来的技术发展

传统的木构造船技术，在1830—1850年[9]已经接近极限，但是1850年以来的蒸汽动力风帆舰队仍然主要以木制船舶为绝对主体：一是因为早期的熟铁船体材料非常脆，在传统实心球形熟铁炮弹（Shot）的轰击下，可能瞬间化为碎片，远没有木构材料抗弹性能强；二是因为熟铁船体非常易受海水腐蚀，一时没有良好的解决办法。最终，钢材料在19世纪70年代取代了熟铁和木料。与此同时，船体梁架结构的受力情况、这些结构在风浪中的应力载荷变化规律等关键的材料力学问题，得到船舶设计师的理解，并应用于船体结构材料尺寸、厚度的计算。铁甲舰登场后的20年里，直到19世纪80年代出现可靠的两次膨胀复合蒸汽机（Compound Engine）之前，锅炉产生的蒸汽只在蒸汽机的气缸内膨胀做功一次，非常浪费蒸汽压，结果这样的蒸汽机耗煤量惊人。于是，古风益然的风帆仍然保留在铁甲舰上，几乎是当时蒸汽船舶跨越大西洋不可缺少的辅助动力来源。即使复合蒸汽机出现以后，由于仅在主要海上航道交汇点的关键港口才有加煤站，那些需要远洋巡航、驻扎偏远港口的舰艇甚至直到19世纪90年代仍然保留风帆。战舰不仅要航行得远，还要航行得快。热带水域里存在大量的附生海洋生物，战舰要想长期保持高航速，如何阻止这些生物附着到船底就成了一大难题。18世纪70年代，英国开发了船底包铜技术。用数百片写字台大小的铜片覆盖一整艘船的船底，高昂的成本和复杂的操作都令人咋舌。不过这项传统工艺一直延续到19世纪末，因为这时候出现了可靠的防污底涂料，能有效防御海水腐蚀、防止海洋生物附着。

铁甲舰的技术发展过程类似于20世纪的坦克，核心问题便是"甲弹之争"。在19世纪70年代中期，钢材料实现工业规模生产以前，这种矛与盾的彼此攀长就是简单的战舰装甲越来越厚，同时锻铁火炮越来越重型。到了钢材料规模化生产以后，装甲、火炮炮管以及炮弹都可以用这种性能更加强劲的材料制造。材料的逐渐进步带来了铁甲舰装甲防护及火炮布局的变化，从火炮只能朝两舷射击的舷侧式布局（Broadside），到英美提出的新型360°全方位射界的旋转炮塔（Turret），再到法国人发明的露炮台炮座（Barbette）[10]，各种设计理念长期争执不下。铁甲舰装甲防护的布局也是困扰设计师的一大难题，随着火炮越来越重，装甲越来越厚，尺寸受到议会拨款严格限制的铁甲舰就显得越来越小，不足以披挂大量的装甲，搭载大量的火炮，于是铁甲舰的装甲虽然越来越厚，但得到防护的区域却逐渐收缩，防护外的区域只能以控制进水、控制战损为目标。从最初的"勇士"号开始，铁甲舰装甲防护的必备元素就是船体两舷侧、沿着水线的两道"装甲带"（Armor Belt）。同时代的主炮无法击穿厚重的装甲带，铁甲舰就不会因为进水而最终沉没。可是到了19世纪80年代，出现了第一代"巡洋舰"以及一些小型的铁甲舰，它们排水量太小，无法布置装甲带，就采用了一种复杂的"穹甲"（Sloped Armor Deck）防御。这层装甲甲板，中间部分高出水线，两侧部分倾斜延伸到水线以下，这样即使水线附近没有防护的船壳被击穿，进水也能得到控制，战舰也不至于倾覆沉没。铁甲舰时代几乎没有发生过实战，只是进行了大量的全尺寸打靶、装甲防护试验，试验结果往往得到时人的深度挖掘。在议会通过《保密法案》（Official Secrets Act）之前，很多试验的结果是公开发表、公开讨论的。尽管信息如此透明，但英、法、意这几个铁甲舰时代的主要海军，采用了设计思路几乎截然不同的装甲防护布局方案，让不同海军主力舰之间的比较非常困难，皇家海军总部"海军部"（Admiralty）的决策人员只能尽力而为了。

　　1870 年前后，全靠设计师个人经验积累甚至悟性的风帆时代两百多年"造船艺术"，几乎一夜之间变成了一门依靠科学的理论和实践方法不断发展完善的近现代工业科学技术。传统的估算方法被微积分计算和模型试验取代，建成下水的战舰都能达到设计吃水和载重，而没有工业时代以前那样夸张的设计误差。铁甲舰时代头 10 年的皇家海军总设计师爱德华·里德及其团队，对船舶设计的这一现代化进程可谓居功至伟。他们还得到当时海军内外多方面的帮助，海军之外的民间科学家和工程师中，最著名的是威廉·弗劳德（William Froude）[11]，通过他的蜡模水池试验，战舰的船体形态和螺旋桨形态都得到了优化。里德和弗劳德从理论和实验中发展完善了 18 世纪法国提出的船舶稳定性理论，1859，前文"船长"号倾覆的前一年，里德就用现代船舶稳定性理论预测和警告了这场悲剧可能发生。提到船舶的"稳定性"，直到今天，人们还没法准确理解，因为一个"稳定"可以包含几层意思，比如船舶不容易晃动，需要很大的风浪才能摇晃得动它，又比如船摇晃得很舒缓，人在船上不容易晕船，但具备这两种性能的船舶都仍有可能倾覆。实际上，摇晃得越舒缓的船，摇晃的角度也越大，越容易倾覆。皇家海军的设计师和工程师们能够从数学上严格、准确地把握这些复杂的物理现象，促成了船舶设计的现代化，这跟当时海军部重视设计师、工程师教育是分不开的。这些工程师将复合蒸汽机、三胀式蒸汽机、水管锅炉、蒸汽轮机等先进技术引入了战舰设计。钢材问世以后，冶金技术的新进展对装甲、火炮和蒸汽机都产生了深远的影响，皇家海军的工程学员的冶金类课程学时，是其他民用领域工程师的两倍。

　　突破了当时一个又一个技术发展现状的限制，皇家海军从"勇士"到"无畏"的发展，实现了领先世界其他任何国家的稳健大踏步前进。

译者注

1. Parliamentary return，财年结束后的决算报告。

2. 怀特这篇文章成文的日期。

3. 干舷是指船体侧面最高层水密甲板的高度。干舷过低，则大风吹得船体左右剧烈摇晃时，海水很容易大量从船体一侧不水密的甲板、舱盖漫进船体，迅速破坏船舶的稳定性，甚至造成倾覆。详见附录 6。

4. 风帆时代的舰队决战时，为了追求最大火力输出和决定性战果，敌我两支舰队各排成一字长蛇阵，彼此平行航行，以火炮近距离相互轰击，这种一字纵队便称为"战列线"(Line of Battle)，能够在战列线中抵御敌军炮火轰击的主力舰就称为"战列舰"。

5. 今天对应翻译为"护卫舰"，当时语境下完全不是这个含义，特翻译为"巡航舰"，它的战术角色对应 19 世纪后期出现的"巡洋舰"(Cruiser)。

6. 5 年前法国海军大规模膨胀时，英国因为战争恐慌而临时建造的重火力、航速较慢的近海防御轻型战舰。

7. 蒸汽动力用于船舶，最先发展出的就是 19 世纪 30 年代到 50 年代活跃于海上的蒸汽明轮船舶，直到 19 世纪 80 年代前，它们都是当时航速最快的船舶。

8. 这些磅数是火炮发射的球形炮弹的重量，所以大致代表了火炮口径。典型的 32 磅长身管加农炮，身管长不足 30 倍口径，炮身重接近 3 吨，以今天标准看确实是轻量级的小型火炮，最大有效射程在 1000 米上下。

9. 1840 年恰好没有什么大的技术进步。

10. 露炮台炮座从远处看跟罐头型的旋转炮塔有些类似，但"露炮台"是固定不能旋转的，也没有装甲防护的天盖，只有里面的火炮自己旋转，优点就是沉重的装甲防护不需要跟火炮一起旋转，大大减轻了旋转机械的负担，降低了事故率和战时损坏率。

11. 威廉·弗劳德是现代流体力学实验科学的开创者，是用船舶模型实验成功推算出实际船体航行阻力的第一人，发现了船舶和螺旋桨阻力的"相似定律"，并定量研究了船舶航行时的"兴波阻力"。

第一章
舷侧列炮式铁甲舰

从各个角度来看，"勇士"号几乎都体现了技术的循序渐进，而非跨越式的革新，[①] 该舰的船体形态、结构是那个时代传统造船工艺的优秀典型，其蒸汽发动机采用了已经充分得到实践检验的"约翰·宾空心活塞杆"（John Penn Trunk Engine）式设计，可该舰那为数众多的火炮大多还是滑膛前装炮（Smoothbore Muzzle-Loader），而且这些火炮排成的长长炮阵占据了船身全长的相当大一部分[1]。比起之前的战舰，只有该舰的装甲算取得了重大的新发展。该舰的真正创新性体现在这方方面面的设计元素是如何整合在一起的，从而令该舰成为 1860 年时世界上最大、最强的战舰。这样看来，甚至会觉得该舰最主要的成功是在心理上的：海军军官、设计师以及政治家和炮术专家们第一次意识到，新战舰不一定非要因循之前的战舰设计，不一定只能在之前的基础上做非常轻微的调整改进。从现在开始，变革会来得越来越快。

设计团队

"勇士"号的设计是成功的，尽管还有下文将要探讨的几点缺陷。这成功的设计主要归功于四人。

鲍德温·韦克·沃克爵士于 1848 年初成为海军总设计师[2]，1859 年这一职务更名为海军部审计长（Controller of the Navy）。他有丰富的海上服役经验，深受海军信任，而他的圆滑与善解人意也在很大程度上弥合了设计师们和前任总设计师西蒙兹之间的不睦[3]。他算是一位能干且讲求诚信的管理者，除了首相德比伯爵[4]以及财务大臣迪斯雷利[5]之外，他能得到当时多数政治家的信任，他和这位财务大臣在上一届政府中曾交锋过。他的职责和今天的海军部审计长大不一样，他主要负责为新战舰确定设计参数，如速度、火炮的数量和种类等，现在则由海军总参谋部（General Stuff）负责这项工作。对于技术问题，他是保守的改良派，当技术变革势在必行时，他能够认识到这一点并付诸实施。他已经带领海军经历了一次重大技术革新，那就是引入加装了螺旋桨推进的蒸汽动力传统木制战列舰，以及克里米亚战争中的许多技术新发展。[6]

"勇士"号的具体设计由伊萨克·瓦茨[7]负责，他在历史上没有留下太多痕迹。1797 年[②] 他生于普利茅斯（Plymouth），1814 年入读战舰设计学校（School of Naval Architecture）。他似乎是先在朴次茅斯港当了多年主任造船师（Foreman）

[①] D. K. 布朗著《英国皇家海军战舰设计发展史：铁甲舰之前》，1990 年出版于伦敦。

[②] 在此特别鸣谢 A. R. 亨伍德先生向我提供了一些有关伊萨克·瓦茨生平的口述资料。亨伍德先生的祖父当过海军船厂的厂长，并于 1862 年迎娶了埃米琳小姐，也就是伊萨克·瓦茨的女儿。据亨伍德先生介绍，伊萨克·瓦茨可能是当时官方档案中 1797 年 7 月 31 日在豪街洗礼堂（How Street Baptist Church）受洗的那名婴孩。1876 年 10 月 12 日，瓦茨在布罗德斯泰斯（Broadstairs）去世。

1987 年，"勇士"号经过复原后抵达朴次茅斯。["勇士"号（1860年）保护基金会供图] [HMS Warrior (1860) Trust][10]

① 瓦茨的刚愎自用，在卷1《铁甲舰之前》里列出了几个例子。
② 布朗著《铁甲舰之前》。
③ 约瑟夫·拉奇 1822 年入读海军的战舰设计学校，7 年后毕业。到 1834 年的时候，他已经是希尔内斯海军船厂的主任造船师了，这说明该校毕业生在船厂的晋升其实可以很快，因为海军船厂的技术主任比起商业船厂那些享受这个职务头衔的人，实际地位要高得多。到 1849 年的时候，他已经在希尔内斯船厂担任副厂长职务了，后来又到沃维奇担任同等职务，直到 1858 年进入海军部，担任副总设计师的职务，到 1859 年，这个职务更名为造船师，1864 年退休。1861 年他担任了当时刚成立的造船工程学会的副会长。1875 年 5 月 21 日去世。
④ A. 兰伯特著《"勇士"号》（Warrior），1987 年出版于伦敦。

（可能从 1833 年到 1847 年），直到 1847 年 5 月 12 日才成为希尔内斯（Sheerness）海军船厂厂长（Master Shipwright），1848 年 5 月 4 日升入海军部，成为副总设计师（Assistant Surveyor，即资深战舰设计师），任期和他出色的前任约翰·艾迪（Edye）[8] 有所重叠。1859 年海军部机构重组，他成为"海军总造船师"（Chief Constructor of the Navy）。他很明显比较刚愎自用 ①，不太听得进建议。技术上，他并非真的锐意创新，但在他的大型木造巡航舰 [9] 上，在"勇士"号上，以及后来的早期炮塔舰（第三章）上，他敢于并且能够将当时的技术发挥到极限。关于"勇士"号的设计，他也承认还有别人的贡献，比如鲍德温·沃克、托马斯·劳埃德 [Thomas Lloyd，总机械师（Chief Engineer）]，特别是他还很罕见地承认了他的助手约瑟夫·拉奇（Joseph Large）的贡献。劳埃德对机械和推进系统的卓越贡献已经在前一本书 ② 中介绍过了，后续章节对他后来的工作也将会有所涉及。

在"勇士"号的施工图纸上署名的是拉奇。当时就像今天一样，图纸的署名是件大事，代表着设计者正式确认他对这份设计负责。也许瓦茨病了，才只好让拉奇署名。不过如果将署名和瓦茨非常难得地提及了拉奇的贡献联系在一起看，也许这暗示拉奇对"勇士"号设计的贡献远比今天所承认的大。③ "勇士"号能诞生，第一海务大臣（First Sea Lord）[11] 帕金顿以及书记（Political Secretary）[12] 科里（Corry）在政策上的强力支持也是非常重要的，不应该被遗忘。④

"勇士"号的动力机组

1860 年，经 "船用蒸汽机委员会"（Committee on Marine Engines）调查，总机械师的合同往来和技术活动并无任何异常。[13] 当时有人抱怨海军发动机制造合同总是只授予泰晤士河上的少数几个厂家，但该委员会愿意相信海军部审计长和劳埃德的证词，即海军选择发动机制造商是依据厂商的报价、产品可靠性、该厂现有技术团队的业务素质和经验水平。"船用蒸汽机委员会"在报告中指出，海军用发动机对性能的要求不同于商船用发动机，具体如下：

> 动力机组要整个布置在水线以下[14]；
>
> 在不影响发动机效率的情况下，发动机的设计要尽量简单；
>
> 发动机各个部件都必须布置得容易拆装，方便按需拆卸、更换。

该委员会也认可高温高压蒸汽的应用价值，只是当时还没有使用高压蒸汽的可靠条件。[15] 委员会建议大功率发动机应采用约翰·宾空心活塞杆式设计，低功率发动机应采用 "回引连杆"（Return Piston Rod）式[16] 设计，这款发动机由汉弗莱斯发明①，而后约翰·宾和莫兹利（Maudslay）厂均能生产制造。

"勇士"号的动力机组代表了那个时代的最高工程技术水平。② 该舰有 10 座箱形烟管式锅炉（Smoke Tube Box Boiler）[17]，这些锅炉炉体以熟铁制成，内部火管则采用黄铜，因为经验表明，黄铜比铁更耐电化学腐蚀[18]。锅炉灌水测试的最高蒸汽压达到每平方英寸 40 磅，而平时使用时，锅炉安全阀的安全压力设定在每平方英寸 22 磅，不过实际服役过程中，这些锅炉一般只在每平方英寸 15 磅的蒸汽压下工作。③ 在正常工作状态下，每个锅炉可以容纳 17 吨海水。

锅炉产生的蒸汽通过一个冷凝分离器进入那台双缸双动式单次膨胀空心活塞杆式发动机，这台发动机通过一根驱动轴带动一具螺旋桨。汽缸的蒸汽断气阀可以通过阀门上的联动机械装置在很大范围内进行改变[19]。蒸汽冷凝器上方有一个总控制台（Starting Platform），除了可以控制发动机组的开机关机，还可以控制机组上所有阀门。船上还有一台小型的辅助发动机（'Donkey' Engine）[20]，用来驱动减摇水柜的水泵（Bilge Pump）[21]、灭火用的泵水喷水系统（Firemain），还用来带动煤灰卷扬机把煤灰提升到上甲板去好倒到舷外。这台辅助发动机还能带动一些通风风扇，这样火炮甲板就能维持比舷外稍高的气压，所有火炮发射时产生的烟雾就能够自己从炮门中跑出去，这算是这艘战舰上许多巧妙的创新点之一。

"勇士"号发动机舱定员 95 人，包括军官和水手。克服了刚开始遇到的一点技术问题后，该舰的发动机组就表现得非常稳定。该舰在海峡舰队服役期间，

① 就像大多数泰晤士河畔的动力机械制造商一样，他最开始也是在海军部的沃维奇蒸汽厂学习基本技术。至今仍然能够在沃维奇海军船厂火车站附近看到这个蒸汽厂。

② 海军少将 J. C. 瓦索普（Warsop）和 R. J. 汤姆林（Tomlin）合撰《1860 年 "勇士" 号的动力机组的安装、运行和性能》（HMS Warrior 1860-A Study of Machinery Installation, Operation and Performance），发表于 1991 年在伦敦出版的《船用机械工程学会会刊》[Trans I Mar E（Transactions of the Institute of Marine Engineering）]。这篇论文介绍了大量有关 "勇士" 号动力机组的信息，此文发表之前，这些信息没有公开。

③ 一般书籍资料上罗列的所谓锅炉蒸汽压都是锅炉安全阀设定的最大安全气压，实际工作蒸汽压要低得多。

总共航行了 51000 海里，退为"一级预备役"舰之后，又总共航行了 36000 海里。在海峡舰队服役期间，该舰在海上有 36% 的时间都是完全依靠蒸汽动力航行，还有 42% 的时间是机帆并用，只有 22% 的时间是完全依靠风帆航行。在一般巡航状态下，该舰的发动机以每分钟 25—30 转的速度运转，只用 4 个或者 6 个锅炉，大约能达到最高航速的一半[22]。

表 1.1 "勇士"号发动机详细参数

汽缸直径	112英寸	
空心活塞杆直径	41英寸	
活塞行程	48英寸	
全重	898 吨	每吨标定马力 5.67
每标定马力平均占地（平方英尺）[23]	0.78	每标定马力造价（英镑）13.6

表 1.2 "勇士"号的耗煤量

锅炉数	航速（节）	耗煤量（吨/小时）
4	11	3.5
6	12	4.5
10	14.5	9.0

"勇士"号修复完成后的锅炉舱。["勇士"号（1860 年）保护基金供图]

这段历史时期里，所有战舰的耗煤量记录，都随着煤的质量、测量方法、船底污损情况（Fouling）、海况而发生非常大的浮动，况且舰上机械师对发动机的调试使用经验是决定耗煤量的最关键因素，所以下表中的耗煤量数据也只是发动机操作水平不错时的一个平均值。

要注意，当时其实并不太在意耗煤量太大这个问题，因为在本土海域内活动的话，煤的价格只有每吨 0.8 英镑，而在地中海海域活动，煤的价格也只是每吨 1.5 英镑。就像斯考特·罗素[24] 评价（商船）时所说的那样："燃料成本很低，只要可以保证加煤这个活一个人就干得了，煤燃量这个事就不值得我操心。如果需要两个人才干得了，那我才要考虑省省煤。"[①][25] 当时这种巨大的耗煤量，使得跨越大洋的航行是完全离不开风帆的。

该舰 1874 年接受了改装，而且还修正了原始设计和建造中带有的缺陷、不足。蒸汽断气阀经过改装，能够更早地中断蒸汽供应，这样就能够更充分地利用蒸汽膨胀做功，而且该舰还安装了新式锅炉，带有过热器（Superheater），这样就能减少蒸汽中夹带的水分（Carry-Over of Water）。大概到 1870 年的时候，这种过热器已经非常常用了，它的功能更多的是为了减少蒸汽带水（Priming）引发的不良后果，[26] 而不是为了提高蒸汽机的效率。[②]

"勇士"号设计的不足

瓦茨和劳埃德虽然在"勇士"号的设计上没有弄出什么差错来，但这是一个全新的设计，完全可以囊括进来更多的改进提升。那个重量不小的"具肘艏"（Knee Bow）[27] 纯粹是为了外形美观才加上去的，平白给船体最前部增重 40 吨；而且当时相信，船头船尾如果重量过大，就会增加战舰在大浪中航行时的埋首（Pitching）[28]，因此"勇士"号上的装甲带没有一直延伸到船头船尾，[29] 这样看来保留"具肘艏"就显得非常奇怪。这种观点似乎是长久以来形成的一种固定认识，而且当时弗劳德关于船舶在海浪中航行的阻力理论也增强了这种认识，可是直到运算能力非常强的计算机出现以前，都无法定量分析这种效果。实际上，船体重量沿着全船的布局，只要是在现实情况允许的范围内，那么都基本不会对埋首有什么明显的影响。[③]

关于"勇士"号的高海况适航性（Seakeeping），当时留下了不太一致的记录，不过第一任舰长霍恩·A. A. 科克伦（Hon A. A. Cochrane）的记录应该是可靠的。他说[④] 该舰能够迎着 8 级大风开到 10—10.5 节，这时候的海况也已经相当于"强上帆'两次缩帆'风"（'Strong Double Reefed Topsail' Wind）[⑤][30]，而迎着高海况时的大浪航行，可以开到 3.25—4 节。顶着 8 级大风前进的时候，该舰几乎没有上浪，不过这时候海况和风势并不相称，而且浪花破碎拉成的飞沫（Spray）也不少。[31] 科克伦说该舰曾经在船体横摇（Rolling）达到 23°的情况下[⑥][32]，在海水从炮门涌进船体的时候，仍然能够进行瞄准演练（Target Practice）。海军上将 F. 沃登在他撰写的 1866 年演习报告中称，"勇士"号在 6 级强风（Strong Breeze）从船体侧后方吹来（On the Quarter）的时候，依靠风帆以 8 节的航速航行，螺旋桨处在降入水中的位置，就很容易船体失控侧转（Broach）[33]。

该舰头尾缺乏装甲防护，这可能并不像当时许多人理解的那样是非常严重

① A. 霍尔特（Holt）撰《19 世纪最后二十五年里蒸汽航运的发展历程》（A review of the progress of steam shipping during the last quarter of a century），发表于 1877 年在伦敦出版的《土木工程学会会刊》[Trans ICE（Transactions of the Institute of Civil Engineering）]，注意这篇文章末尾 J. 斯考特·罗素的评论。这篇文章也是关于当时商业航运的一篇经典论文。

② 这段话还有后面那些关于发动机组的内容，是根据下面一系列论文写成的：D. K. 布朗撰《英国皇家海军船用机械工程学，1860—1905》（Marine Engineering in the RN, 1860-1905），1993—1994 年陆续发表在《海军工程学杂志》（Journal of Naval Engineering）上。虽然这个杂志是内部刊物，但是可以通过英国国家图书馆和科学博物馆的图书馆借阅到。

③ D. K. 布朗和 A. R. J. M. 劳埃德合撰《船上的额外载重和适航性》（Seakeeping and Added Weight），刊载于 1993 年伦敦出版的《战舰》年刊（Warship 1993）。

④ 向 1871 年战舰设计委员会所做的报告。

⑤ 大约相当于风速 23—28 节，浪高 6.5—7.5 英尺。

⑥ 当时船舶横倾的角度一般指的是从一舷最大横倾位置到另一舷最大横倾位置的角度，而不是像现在这样只算一侧的倾斜角度。

的缺陷，因为该舰头尾做了细化分舱，而且就算船头船尾全部进水淹没，整艘船的吃水也只会增加 26 英寸（约 0.67 米）。操舵装置（Steering Geart）完全没有装甲防护，倒是一个比较严重的问题了，尽管舵机只是一个很小的目标，很难被命中。然而，在有装甲防护的舷侧炮阵之外，还有不带防护的暴露炮位，[34]这就是个很不好的设计了。

　　"勇士"号初次到海上试航的时候，大家觉得其风帆航行品质不错，但在后来的服役过程中似乎出现了一些问题。西蒙兹海军上将曾在 1871 年说，[①]"勇士"号和"黑王子"号（Black Prince）[35]单独行动时依靠风帆航行效果很好，但是它们没法依靠风帆编队航行，"它们迎风打舵（Put the Helm Up）[36]之后看不到效果，不会在两三分钟内转向下风（Go Off），它们会从一边直接转到另一边……它们不听话，没法操纵"。早期铁甲舰的风帆航行品质将在后文稍作概括，但西蒙兹的看法基本上适用于"勇士"号及其后续战舰。[37]

1859 年，经济型铁甲舰

　　在政府看来，"勇士"号最让人头疼的问题是高达 264664 英镑的合同造价，完工时它总共耗资 377292 英镑，当时木制的双层甲板蒸汽战列舰"邓肯"（Duncan）级[38]的造价为 13.5 万—17.6 万英镑，完全无法相提并论，而且沃克还觉得这些新战舰应该是旧舰队的补充，而不是其替代品，进一步夸大了这种造价的巨大落差。[②]"勇士"号下了建造订单后不久，1859 年 6 月，萨默塞特公爵出任第一海务大臣，克拉伦斯·佩吉特勋爵（Lord Clarence Paget）担任他的书记，他们决定建造更小型的经济型铁甲舰，于 1859 年 12 月安放龙骨开工建造（见表格）。

表 1.3 缩水型铁甲舰

舰名	造价（英镑）	航速（节）	排水量（吨）	火炮	平摊到每门炮的造价（英镑）
"勇士"	377292	14	9137	26×68磅炮，10×110磅炮	10.5
"防御"	252422	10.75	6070	10×68磅炮，8×110磅炮	14
"赫克托"	294000	12.6	6710	16×110磅炮，2×8英寸前装线膛炮	16

① 议会存档文件中的 1871 年战舰设计委员会报告，英吉利海峡舰队司令、海军中将托马斯·西蒙兹爵士 1868 年 12 月到 1870 年 6 月间对该委员会所做报告的记录。
② 兰伯特在《"勇士"号》一书中第 16 页引用的 1858 年 7 月 27 日提交给海军部委员会的方案。

　　"防御"号（Defence）及其姊妹舰"抵抗"号（Resistance），跟"勇士"号的装甲布局方案一致，船头和船尾的炮位和水线都没有任何防护。这两艘船最先采用了撞角艏（Ram Bow）[39]，于是在后来一段时间内就被大家叫作"蒸汽撞击舰"。这两艘船也配备了当时商船上已很常见的"双层上帆"，这样可以节约在桅杆上作业所需的人手，但在船上很高的位置增加了6吨的重量。[40]还尝试在这两艘船上安装"坎宁汉姆卷轴式缩帆器"（Cunningham Roller Reefing）[41]，但发现这种装置在被打湿的大片沉重帆布上很难用，不久后这两艘船就改回了传统的单层上帆的形式。"抵抗"号后来作为一艘试验船（见第六章）为海军的发展做出了重要的贡献，不过除此之外这两艘可以说都没什么建树。

"防御"级最大的问题是航速太慢，连当时一些木制的蒸汽风帆战列舰都赶不上，1861年建造的"赫克托"号（Hector）和"果敢"号（Valiant）在航速方面有了提升，而且这两艘战舰在炮位高度的舷侧装甲带从船头一直延伸到船尾，但是船头船尾仍然没有水线装甲带保护[42]。

这4艘铁甲舰性能都不怎么样，但海军部委员会（Board of Admiralty）[43]

1861年的"防御"号铁甲舰，一个不太成功的"勇士"号缩水版。[帝国战争博物馆（Imperial War Museum），编号 Q40591]

1863年的"果敢"号，比"防御"号稍微快了点，但是其性价比还是不高。（帝国战争博物馆，编号 Q40602）

也是力图把有限的经费发挥出最大的作用来，所以这一点上也应该对他们给予理解；武器的数量与质量的矛盾至今都没有办法解决，因此，这四艘铁甲舰当时绝对不应当蒙受斯考特·罗素[①]等人那劈头盖脸的嘲讽奚落。这四艘铁甲舰能够很轻松地击败没有装甲的木制蒸汽螺旋桨风帆战列舰，尽管头两艘速度较慢的铁甲舰很难强迫这些木制战列舰交战，当然了，这些铁甲舰没法对付"光荣"号（Gloire）铁甲舰。[44] 一艘战舰的总造价平摊到每门炮上的平均造价只是一种对成本的粗略评估，不过这也能明确显示出这几艘铁甲舰非常有限的作战性能是很昂贵的。应该没人会怀疑 2 艘"勇士"级能击败 3 艘"防御"级吧？等到 1872 年的时候，这些早期铁甲舰的活跃服役寿命就都接近尾声了，到这个时候，重 35 吨的 12 英寸炮已经列装，这种炮能够在 1000 码击穿 14 英寸厚的熟铁装甲板。

1861 年开工的"阿喀琉斯"号，改进型铁甲舰

"阿喀琉斯"号（Achilles）是在"勇士"号到海上试航之前开工建造的，但是"勇士"号身上的大部分缺点已经得到时人的认识，并在"阿喀琉斯"号上做了修正改良。该舰的舷侧大炮全部都位于厚 4.5 英寸的装甲带的保护范围内，水线装甲带不仅延伸到水线以下 13 英尺处[45]，还延伸到船头和船尾，只是厚度只有 2.5 英寸。该舰露天甲板搭载了 4 门不太令人满意的 110 磅后装炮[46]，火炮甲板上搭载了 16 门新型萨默塞特 100 磅前装滑膛炮[47]，1865 年时火炮甲板上又新增了 6 门 68 磅炮。该舰装备了钝圆形的撞角艏，船尾也是圆形尾，以保护船尾的操舵机构。

"阿喀琉斯"号是海军船厂[48]建造的第一艘铁船。[49] 当时建造该舰的查塔姆（Chatham）海军船厂的厂长是奥利弗·朗（Oliver Lang），其父老奥利弗·朗曾经设计出多型成功的早期蒸汽战舰，小奥利弗·朗为了完成建造工作，雇用了不少北郡（North Country）锅炉制造工来帮助解决那些海军船厂不熟悉的工作。这帮人后来觉得自己是不可替代的了，就罢工要求更高的薪水。朗把他们全开了，然后让造船技工（Shipwright）来干这些活，当时民间的商船厂都是雇用锅炉制造工来完成这些金属加工作业，而这些造船技工在海军船厂里却干过这些活。"阿喀琉斯"号直接在干船坞里建造，朗的这一决策也成了他的一项业绩。[②] 该舰花了 3 年才建造完成，但是也比当时那些更有铁船建造经验的商业船厂快得多了。

刚造好的时候，该舰采用了 4 根完全挂帆的桅杆，到 1865 年，该舰的前桅杆（Fore Mast）和首斜桁（Bowsprit）都被拿掉了，可是该舰的风帆航行品质仍然不能让人满意。于是把前桅杆往前挪动了 25 英尺，首斜桁也换了个新的，全

① J. 斯考特·罗素著《1862 年构想未来舰队的模样》（The Fleet of the Future in 1862），1862 年在伦敦出版。
② D. K. 布朗著《一个世纪的战舰设计发展历程》（A Century of Naval Construction），1983 年出版于伦敦。

"阿喀琉斯"号于查塔姆建造，大约1862年。海军船厂的造船技工们头一回建造铁船，就造得质量不错而且进度也很快。（作者收藏）

船挂帆面积达到30133平方英尺。1877年后该舰改为"巴克"（Barque）帆装[50]。海军对"阿喀琉斯"号评价很高，它一直到1885年才从外洋活跃服役上退下来，此时"勇士"号早就退役封存了。沃登上将在1867年8月针对最近演习活动所做的报告中，盛赞了"阿喀琉斯"号，斯潘塞·罗宾森（Spencer Robin-son）[51]在把这份报告呈送议会的

1863年的"阿喀琉斯"号[52]，正在使用风帆航行。（作者收藏）

时候，[①] 又不忘加上批注："在我的努力下，'阿喀琉斯'号才有了那许多优异的性能，从而让该舰受到了表扬。"

到1868年时英法的铁甲舰建造情况

表1.4 下水或者改装的铁甲舰（累计数量）

年份	英	法
1859	–	1
1860	1	1
1861	4	5
1862	9	5

①《1867年海军预算》（*Naval Estimates 1867*）。

① 英国当时有：1860年的"勇士"*，1861年的"黑王子"*、"防御"*、"抵抗"*，1862年的"赫克托"*、"王夫""喀里多尼亚"（Caledonia）、"海洋"（Ocean）、"皇家橡树"，1863年的"果敢"*、"阿喀琉斯"*、"米诺陶"*，1864年的"皇家阿尔弗雷德"（Royal Alfred）、"热诚"（Zealous）、"克莱德勋爵"（Lord Clyde），1865年的"沃登勋爵""阿金科特"*，1866年的"诺森伯兰"*号，1868年的"反击"*号。法国当时有：1859年的"光荣"，1860年的"诺曼底"（Normandie），1861年的"无敌"（Invincible）、"王冠"（Cournonne）*、"品红色"和"索尔伏里诺"，1863年的"普罗旺斯"（Provence）、"萨维奥"（Savio）、"女英雄"（Heroine）*，1864年的"佛兰德"（Flandre）、"果发"（Valeureuse）、"高尚"（Magnanime）、"典狱长"（Surveillance），1865年的"高卢人"（Gauloise）、"基恩"（Guyenne）、"复仇"（Revanche）*。带 * 标记的都是铁制船体。没有列入的铁甲舰还有英国的"研究"（Research）、"进取"（Enterprise）、"最爱"（Favourite）以及法国的"罗尚博"（Rochambeau），因为这些算不上主力战舰。

② 这些铁甲舰的船体在舷侧炮阵的高度，装甲只覆盖舯部的炮阵，两头没有，所以有时候也有人说这种铁甲舰是"中腰炮室"设计。这种说法不妥，因为它们的舷侧炮阵搭载了大量的火炮，设计意图显然是舷侧列炮式，而且由于舷侧炮阵前后都没有首尾装甲横隔壁，这种铁甲舰的首尾遭到敌人的扫射时，会很脆弱。

③ 据说造舰的装甲完全是用辊轧技术制作的，这是历史上的首例。更早期的铁甲舰的装甲是混合采用辊轧技术和汽锤捶打制成的。见C.E. 埃利斯（Ellis）撰《船用装甲》（Armour for Ships），刊载于1911年在伦敦出版的《造船工程学会会刊》[Trans INA（Transactions of the Institute of Naval Architecture）]。这篇文章后面的讨论部分记录了当时对这一点的深入探讨，总结如上。

年份	英	法
1863	12	8
1864	15	12
1865	17	15
1866	18	15
1867	18	15
1868	19	15[①]

这些法国铁甲舰全是从"光荣"号逐渐发展演变出来的，所以从技术上来看跟它没有什么太大的区别，但是其中的"品红色"号（Magenta）和"索尔伏里诺"号（Solferino）是世界上仅有的两艘装备了双层火炮甲板的舷侧列炮式铁甲舰[②][53]。这些木体铁甲舰大多数的服役寿命都不长，而且木结构的船体也没法做成有效的水密分舱结构[54]。M. 奥德内（Audenet）设计的"王冠"号（Courronne）是跟"光荣"号一起订造的，因此该舰可以算是历史上第一艘开工建造的铁制船体的铁甲舰，但是该舰造了很长时间，造好的时候已经是1862年了，远远落后于"勇士"号。[55]

英国新建的最后一批舷侧列炮式铁甲舰是"米诺陶"（Minotaur）级，它们是"阿喀琉斯"号的进一步放大版。[56]"米诺陶"级设计搭载50门火炮，舷侧列炮部分的装甲带厚达5.5英寸，船头船尾部分的装甲带则减至4.5英寸。[57]舷侧炮阵的前端安装了一道5.5英寸厚的装甲横隔壁（Bulkhead），这道隔壁从下面一直延伸到船帮（Bulwark）的高度，可以保护船头的追击炮（Chaser）。这型铁甲舰长400英尺，是有史以来最长的单螺旋桨战舰，所以操舵转向性能极差，其中1868年竣工的"诺森伯兰"号（Northumberland）上甚至安装了当时第一架蒸汽动力的操舵机械，但就算这样也不能挽救该型战舰糟糕的操纵性能。"米诺陶"号服役的头18个月尝试了各种的帆装形式[58]，都是5根桅杆，但是哪种都不是特别让人满意。

后来的新任总造船师里德在"诺森伯兰"号建造过程中修改了它的设计[③]。该舰完工时，舷侧炮阵的长度缩短了，而且安装了数量虽少但更加重型的火炮（4门9英寸炮、22门8英寸炮、2门7英寸前装线膛炮）[59]。这一改装预示着下一章将要介绍的中央炮廓（Centre Battery）式铁甲舰的到来。[60]"米诺陶"级这三艘铁甲舰非常成功，当然了，说它们的设计是一条发展不下去的死胡同，也未尝不可吧。

当时英国的木体铁甲舰主要都是改装的那些在建的"邓肯"级木体蒸汽风帆战列舰，改装好后跟那些法国铁甲舰的性能基本差不多。在征集"勇士"号的设计方案的时候，就已经认识到木制船体应该从头到尾全部覆盖装甲了，因

为木制船体结构太松散，不可能用横隔壁设置水密分舱，所以从英国的第一艘
木体铁甲舰"皇家橡树"号（Royal Oak）开始，就是这样全覆盖装甲的。^①最
后4艘改装木体铁甲舰，以及2艘新造木体铁甲舰，都是按照第二章将要介绍
的中央炮廓式设计完工的，所以这最后四艘改装舰的改装拖延了一阵才完工⁶¹。
这些木体改装舰的造价比新造战舰要便宜，而且也可以利用海军船厂⁶²的储备
资源进行快速建造，当时铁船还没有这样的便利条件。这些木体铁甲舰都是有
效的作战力量，只是它们的服役寿命都很短，一般只有7年左右。^②船体各处集
中布置的沉重部件（即大炮和装甲）、蒸汽机的震颤，还有丰满的船体后面螺旋

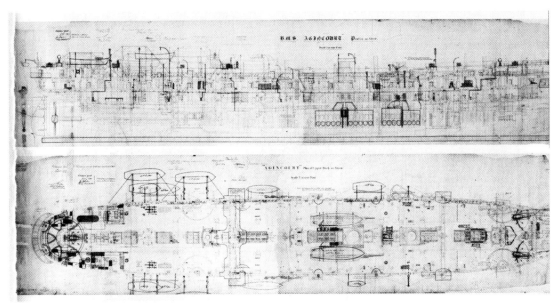

1865年的"阿金科特"号（Agincourt）的图纸。这些图纸清晰显示了该舰及其姊妹舰那史无前例的407英尺长的船体。为了能够放下4门9英寸炮和24门7英寸前装线膛炮组成的长长的舷侧炮阵，这种船长也是必需的。由于全船几乎整个舷侧都覆盖了装甲，所以装甲略显单薄（5.5英寸，船头船尾减至4.5英寸）。在平面图上可以清楚地看到供船头船尾的追击炮使用的滑轨（Racer）⁶³，在大浪中船体摇晃严重的情况下，很难有效操作使用。该舰数量众多的舰载艇也可以算作该舰武器的一部分，因为19世纪中叶的时候，登陆作战也是很频繁多见的作战形式，而且当时仍然觉得跳帮作战是可以实现的⁶⁴。[英国国家海事博物馆（National Maritime Museum），伦敦，编号7386、7387]

1862年的"皇家橡树"号，它在建造过程中改为木体铁甲舰。⁶⁵（帝国战争博物馆，编号Q41002）

① 较真的人说，"铁甲舰"狭义上只能代表那些木制船体上披挂铁板的战舰。
② 当时的技术进步如此迅速，海军部审计长甚至说战舰寿命短反而是一个优势。

桨的震颤，很快就让木船体结构的各个拼接处都松动了。当时有一种灌满熔融铁水的空心铁球，称为"马丁"弹（Martin's Shell），它对付各种木体铁甲舰上面那些没有装甲防护的露天木制结构都非常有效。

"王夫"号（Prince Consort）[66] 完工时船底像木船一样包裹了铜皮（Copper Sheathing），但很快发现电化学反应让装甲带的最底层快速腐蚀。于是把铜皮换成了芒兹铜锌合金（Muntz Metal），[①] 它的抗船底污损能力比铜皮差多了，但所有后来的木体铁甲舰都是用的这种材料。[67]

1861—1865 年美国内战的经验教训：海上商路保护

美国北方联邦的海军对南方邦联实行贸易制裁，即封锁南方各个海港，恐怕对美国内战的结果产生了决定性的作用。这场战争期间，北方海军总共俘虏了 1149 艘封锁突越船（其中 210 艘是汽船），另外还摧毁了 335 艘突越船（其中 85 艘为汽船）。很显然，成功的封锁肯定会让许多船东根本不敢冒险尝试突越封锁线和美国南方邦联做买卖。封锁也不是完完全全有效的，但是那为数不多的几个成功突破封锁的案例，尽管被媒体大肆渲染，对于改善南方的实际经济状况，却是杯水车薪的。[68]

当时南军用少量战舰搭配大量的私掠船（Privateer）[69]，给北方的海上贸易造成了相当严重的破坏，北方不仅损失了大量商船，而且有大量商船被迫改到了别国船东的名下。如果英国的海上商贸遭受类似的攻击，会变成什么样子呢？研究这场海上商路争夺战或许能获得一些启示。南方邦联总共抓获了 261 艘北方商船，其中只有 2 艘是汽船。[②] 不过这对北方的海上商贸造成的影响很大，因为很多船都封存下不了水了，其他的被北方海军征用了，还有不少船变卖给了别国的船东。卖给英国的有如下这些：

表 1.5 转手英国的美国北方商船

年份	船只数量	吨位
1861	126	71673
1862	135	74578
1863	348	252579
1864	106	92052

总共是 715 艘船，总吨位接近 50 万吨。

以上这些数字，是美国远洋商船规模从 1860 年的 240 万吨降低到 1870 年的 130 万吨的主要原因，这给同期英国的远洋商贸带来了甜头。造成这一局面

① G. A. 巴拉德（Ballard）著《一身黑漆的舰队》（The Black Battlefleet），1980 年出版于伦敦。
② H. W. 威尔逊著《铁甲舰战史》（Ironclads in Action），1896 年出版于伦敦。

的还有其他一些因素：美国在内战前建造的主要是软木（Soft Wood）[70] 制纯风帆船 。内战结束后，人们发现把炼铁厂（Iron Mill）和发动机制造商的产能用在西部大开发项目中，获利更丰，而且这时候帆船的市场需求量也下降了。

美国南军的远洋袭击舰（Cruiser）[71] 的行动有许多值得学习的地方。它们的活动范围遍及全世界，"阿拉巴马"号（Alabama）在大西洋和印度洋活动，"佛罗里达"号（Florida）出没于太平洋。煤的供应不成问题，因为它们可以从被俘的敌方商船上弄到，或者从那些名义上"中立"的港口买到。当时没几个国家真的想严守中立，交战国船舶不能在中立港停靠超过 24 小时的条款，更是难以落实。[72] 这场内战结束时，英国遭受了高达 1500 万英镑的损失，主要是"阿拉巴马"号 [73] 这艘在战时从英格兰订购的袭击舰造成的。

表 1.6 南方邦联的远洋袭击舰的成功 [①]

舰名	建造地	俘获战果（艘）	结局
"萨姆特"（Sumter）	费城	18	为避免被俘而变卖
"佛罗里达"	利物浦	37 + 21*	遭扣留，然后"意外"遭美国北方海军击沉
"阿拉巴马"	伯肯黑德（Birkenhead）	64	沉没
"佐治亚"（Georgia）	波尔多（Bordeux）	0	被俘
"拉帕汉诺克河"（Rappahannock）	伦敦	0	原本是英国海军的"维克特"号（Victor）
"塔拉哈西"（Tallahassee）	伦敦	39	在英国遭扣留然后移交给美国北方海军
"香农多"（Shanondoah）	格拉斯哥	30	战后被扣留

* 后面 21 艘是"佛罗里达"作为辅助船时抓获的，它作为私掠船时的战果没有完备记录。[②]

当时在海上很难搜索到这些袭击舰（Raider），因为跨海电报线还很少。据说美国北方海军从 1863 年 1 月 1 日起，先后使用了 77 艘战舰并征调了 23 艘其他船只来搜寻这些袭击舰。[③][74] 注意，美国当时没有签署 1856 年的巴黎条约，该条约意在给战时的海上航路争夺战制定一些规则（见附录 2）。

1866 年开工的"无常"号和海上商路保护

1863 年，美国海军订购了一级 6 艘 [④] 高速远洋袭击舰，海军部长（Secretary of the Navy）说这批战舰的作用是"扫海、追击和扑杀敌军的船只"。[⑤] 由于英国最可能成为美国的敌人，[75] 因此英国对这种潜在威胁就特别在意，甚至可能有点神经过敏了。美军的"瓦帕浓"号（Wampanoag）及其姊妹舰完全没能达到设计的性能标准。"瓦帕浓"号及它的一艘姊妹舰用了伊舍伍德（Isherwood）厂提供的发动机，在试航时航速非常高，达到了 17 节以上。[⑥] 然而，据说在该舰首航中，木制的传动轮就磨损掉了 5/8 英寸，全速航行的情况下，煤 [⑦] 只够用 3

① 托尼·吉本斯著《美国内战时期的战舰和水上战斗》（*Warships and Naval Battles of the US Civil War*），1989 年出版于林普斯菲尔德（Limpsfield）。

② H. P. 纳什（Nash）著《美国内战海军史》（*A Naval History of the Civil War*），1972 年出版于新泽西。他列出来的只有 8 个，不过他也承认不完整。

③ 吉本斯著《美国内战时期的战舰和水上战斗》。

④ 一艘就没有真正开工，一艘建好船体后没有下水，还有一艘没有完工。

⑤ N. A. M. 罗杰（Rodger）撰《"无常"号的设计》（*The Design of the Inconstant*），发表于《航海人之镜》（*Mariner's Mirror*）1975 年第 61 卷。这篇论文中对"瓦帕浓"号和"无常"号的设计初衷进行了介绍，是一份很重要的材料。

⑥ 关于这些测试的报道看起来并不大可靠。据报道说，该舰航速最高可达 17.75 节，而且还能连续保持高于 16 节的航速航行，不过这些结果是在看不见任何陆地参照物的情况下测量到的，所以很有可能是在海流的帮助下才达到的。可以参考罗杰撰《"无常"号的设计》。伊舍伍德的人缘不是特别好，所以时人对他的厂提供的发动机进行攻击，可能是出于政治因素。还可以参考 J. C. 布拉德福德（Bradford）著《旧蒸汽海军的舰长们》（*Captains of the Old Steam Navy*），1986 年美国安纳利斯海军学院出版社出版。

⑦ 设计的是 700 吨，不过从图纸上似乎看不出来有足够的空间存放这么多燃煤。"马达沃斯卡"号（Madawaska）替换成功率更小的发动机后，只搭载 380 吨燃煤。

1868 年的"无常"号
（Inconstant），一艘造
价特别昂贵的超大型
"巡航舰"，可能是当时
世界上最快的战舰了。
（帝国战争博物馆，编号
Q21380）

天，而且这些船的头尾太纤细了，以致船头船尾都没法安装追击炮，这对于设
计用来进行贸易袭击战的战舰来说，算是一项严重缺陷。

针对这一型战舰，英国做出了回应，制订这项回应计划的是海军部审计
长（1861—1871 年）、海军中将罗伯特·斯潘塞·罗宾森，他获得过二等巴
斯勋章（KCB）[76]，还是皇家学会会员（FRS）[①][77]，他可以算是整个维多利
亚时代的海军将官中头脑最清晰的了。在当时，只有包括他在内的少数几位
领导人能够认识到：应该先探讨一番战略局势和战术需要，然后从中推导出战舰
的战术角色和所需要的性能参数。他在给 1871 年战舰设计委员会（1871 Design
Committee）[78] 做的那个冗长报告里说道："在我得到明确的结论之前，我喜欢先
做一些测算和实验，然后从中尽量挖掘最好的结果。"他广阔的眼界和思维都不
太见容于当时的海军部，所以他的观点很难获得同事们的接受，特别是他的为
人让他的观点更难广泛传播开来，因为他忍受不了他觉得愚蠢的人，而除了总
造船师里德之外，[②] 在他看来当时没有几个同事不是傻子。

斯潘塞·罗宾森在向 1871 年战舰设计委员会做报告时，表达了他对海上商
贸保护的重视，强调需要大型、快速的"巡航舰"[79]。他认为威胁海上商路的主
要会有两种类型的战舰：一是正规战舰，它们可以驱散英国的远洋袭击舰；[80] 二
是私掠船，它们一路上遇到什么打得过的船就会收拾什么船。高航速并配备重
火力的正规战舰（即"无常"号）没法装备装甲，但是必须有很好的高海况适
航性。然而，这种战舰的造价会非常高昂，不是所有国家都造得起（法国造了
两艘），所以一般国家的海军会建造航速慢一些、便宜一些的战舰，比如"飞逝"
号（Volage）[81]。而像"德鲁伊"号（Druid）[82] 一样的"小型炮舰"（Sloop）的
航速，就足以拿捕任何私掠船了。斯潘塞·罗宾森的这番话是当时对海上商路
保护最明确的阐述了，但他也没说清楚这三种战舰[83] 具体应该如何部署和行动。
他的设想似乎是组成护航商队（Convoy），前方有"巡航舰"负责驱散来犯的

① N. A. M. 罗杰撰《"无常"
号的设计》《英国海军
部》（The Admiralty），这
本书是 1979 年在拉文纳
姆（Lavenham）出版的。
② 里德和罗宾森都是暴躁
易怒型的，他们相处得
这样好，也算很不容易了。

敌军正规战舰，炮舰则可以去对付敌方的私掠船，不过在报告的下文里，他又论述了很多，说蒸汽商船组成护航编队是不现实的。

"无常"号的设计方案于1866年4月26日通过了，这个设计让新任总造船师爱德华·里德[1]不得不面对几个不好解决的问题。该舰需要设计出很高的航速；如同里德向战舰设计委员会报告的那样："我们预期'无常'号能够达到15节，该舰实际上达到了16.5节，而我们的设计航速在这两个数值之间。"[2]可是当时，仍然还没较为准确的方法能够估计出达到设计航速所需的推进功率，唯一能用的就是"海军部系数"（Admiralty Coefficient）[3]，可是随着航速越来越高，这个系数也越来越不准确、不可靠了[84]。里德写道："我很不希望用木头来建造该舰[85]……这么巨大的发动机组和那些重炮，在大浪中航行时肯定会给船体带来很大的应力载荷"，该舰仅有的一根螺旋桨推进轴承受着不小的载荷，它的震颤也非常严重，如果用木头建造该舰，这就是一个非常严重的问题，而且高航速需要长而纤细的船型，这让问题更严重了，所以完全不可能用木头来建造该舰。而且，为了达到高航速，船体重量必须尽量小，所以根本就没有多余的重量能够分配给装甲，可是1850年的炮击测试[4]已经非常清晰地表明了，没有装甲的薄熟铁船体面对"实心弹"轰击时会多么脆弱。这其中最糟糕的问题就是，当炮弹打穿了交战那一舷的船壳后，它就会大大失速，于是当炮弹穿过船体击中另一舷的船壳板的时候，它的速度已经很慢了。在这种慢速击中的情况下，炮弹不能击穿船壳，而会把船壳撕破，让船壳板从接缝处裂开，从船体肋骨上脱落下来。里德最后决定把整个船体的外面都包裹上两层橡木外壳，[86]每层厚3英尺，里面那层橡木板垂直码放，外面那层水平码放。1850年测试虽然已经证明了这样做也不会有太大的帮助，但这是当时能够给一个无装甲的熟铁船体安装的最好防护了[87]。

当时里德一定也非常清楚，铁造船舶的船底抗污损问题还没有得到解决，而船体外表覆盖木板正好方便在船底上包裹铜皮，而包铜皮是当时防止船底污损的最有效措施。如果铁和铜材料有接触，它们就会构成一个"原电池"，结果铁就会快速

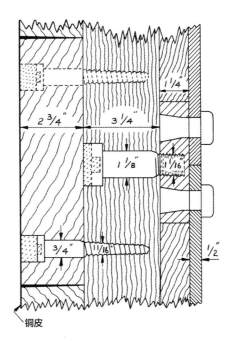

铜皮

"无常"号上安装的复杂外壳系统。安装了相互垂直的两层橡木板，以尽量减小实心弹对铁船体的冲击力[88]，同时也是为了不让铜制的防污损外皮接触到船壳。

[1] 第二章对里德辉煌的职业生涯和他的出身背景进行了详细介绍。

[2] 达到16.5节航速所需要的发动机输出功率，至少要比达到15节时的功率大出33%，可见在第四章将要介绍的弗劳德的研究成果出来之前，船舶功率的估算是多么不准确了。

[3] 对海军部系数的详细介绍见附录3。

[4] 布朗著《铁甲舰之前》。

地腐蚀掉。里德向 1871 年委员会报告说，虽然他对铁造商船上船底包铜的办法很熟悉，**但他和他的助手们商议并统一意见之后，**[①] 决定采用他自创的办法。"我的设计是这样，首先在铁船壳上使用新型接合片（Joint Strap）[89]，专门用来固定木料，然后把垂直排列的内层木板用电镀保护过的铁钉固定在这些接合片上，再把水平排列的外层木板用黄铜钉固定在内层木板上。"然后铜皮就可以钉在外层木板上了，但要注意别让这些黄铜钉子接触到把内层木板固定到铁船壳上的那些铁钉。贯穿船体的管道[90]也需要同样小心。巴纳比[91]向 1871 年委员会报告说，"无常"号进入干船坞养护时，曾经拆除过一小片船底包铜和木壳，发现背后的铁船体状态良好。[②] 当时对于"无常"号船体能否耐久的担忧也非常多余，该舰直到快一个世纪后的 1956 年才终于退役。[③] 纳博斯（Narbeth，或译为纳贝斯）曾提到[④] 在彭布罗克（Pembroke）给"无常"号船体使用了钢材的事情。

表 1.7 高速、无甲巡航舰

舰名	"瓦帕浓"	"无常"	"杜肯" （Duquesne）[92]	"罗利" （Raleigh）
排水量（吨）	4215	5780	5905	5200
航速（节）	17（存疑）	16	16.8	15
舰载武器	3×5.3 英寸前装线膛炮，10×9 英寸滑膛炮	10×9 英寸前装线膛炮，6×7 英寸前装线膛炮	7×7.6 英寸，14×5.5 英寸	2×9 英寸前装线膛炮，14×7 英寸前装线膛炮

"无常"号服役经历

"无常"号 1866 年 11 月 27 日在彭布罗克开工建造，1869 年 7 月 26 日在斯多克湾（Stoke Bay）海试，[⑤] 在 6 次往返试航中，平均航速达到 16.5 节，只用一半的推进功率时，航速就能达到 13.7 节，而且能够长时间维持高航速；携带着"船长"号遇难的消息返航时，该舰在 24 小时里维持了 15.75 节的航速。[⑥] 然而，该舰载煤量只够全速行驶 1170 海里，在 10 节航速时也只够行驶 2700 海里，最大续航力也只是 6.4 节航速下的 3020 海里，所以在长距离越洋航行时仍离不开风帆，[93] 尽管在单纯依靠蒸汽航行的时候，全帆装会让航速降低 1.5 节[94]。该舰风帆航行品质很不错，挂帆面积 26655 平方英尺，航速可达 13—13.5 节，在风力作用下船体平均横倾（Heel）10°—11°，最大横倾 15°，该舰配备了一具可以升降的螺旋桨[95] 和一具平衡舵[96]，不过这具平衡舵的舵轮需要两套三重滑轮组来人力操作，所以该舰单纯依靠风力航行时，操作性不怎么样[⑦]——"换舷的时候非常'垮'"（Very Slack in Stays）[97]。该舰就算是满载，尾部吃水也需要调整得更深一些，[98] 而存放在船体前部的补给品消耗掉之后，尾部吃水比船头深的情况，就显得更突出了。

① 里德往往是跟他的下属充分探讨之后才下决定的，而且里德和下属都很尊重对方的意见，此处便是例子。详见第二章。

② 这么做有风险：拿掉船底上某一块铜皮，检查船底情况后再把它补上，很有可能让这部分铜皮和船底之间无法紧密贴合，结果让铜皮和船底之间渗水，而这恰好是检查船底想要避免的问题！

③ 作者我还记得 1950 年上潜水课的时候，就在该舰的残骸上行走过，当时该舰的残骸隶属于"反抗"号（Defiance）潜水教学基地。

④ J. H. 纳博斯撰《五十年来海军的发展》（Fifty Years of Naval Progress），刊载于 1927 年 10 月在伦敦出版的《造船业主》（Shipbuilder）。

⑤ 该舰排水量 5328 吨，舯横剖面面积 900 平方英尺。像这样巨大、航速这样快的一艘船，就不应该在过于浅的水中航行，所以有理由推怀疑航那天斯多克斯湾对该舰造成了浅水效应，很可能造成了 0.25 节的航速损失。

⑥ E. C. 史密斯著《船用机械发展简史》（A Short History of Marine Engineering），1937 年出版于剑桥。该舰只需要 9 台锅炉就能维持这个航速。

⑦ 见第二章对平衡舵的介绍。里德原本计划给未来的许多设计都安装双轴双桨，而且螺旋桨还要设计成可升降式，不过还好他只是等到"珀涅罗珀"号（Penelope）按照这样设计有了实践经验后，才真正做决定，详见 1871 年战舰设计委员会报告中的海军部战舰设计团队报告。

"无常"号配备了非常强大的舰载武器（见上表），保证该舰能够在远距离击毁敌舰，这样该舰自身缺乏装甲的问题就显得不那么严重了，而且该舰完工的时候，皇家海军尚且只有2艘铁甲舰搭载了比它更强的火炮。这种设计时的战术意图从来没能让该舰的船员们买账，就连其首任舰长沃迪拉夫（Waddilove）也对1871年设计委员会报告称，他不知道该舰是设计用来执行什么任务的，[①]而且他自己认为应当选择在近距离交战。[99] 其他人还对该委员会报告称，该舰没法同时使用船头两舷的炮门。有一回，该舰在横倾5°—6°的情况下，舰载的12吨炮在8分48秒内发射了8发炮弹[100]。该舰有10个横隔壁，隔壁从船底一直延伸到火炮甲板（Main Deck）的高度，这层甲板以下都可以保证水密[101]。

该舰从技术上看可以算是非常成功了，不过很快就有人开始担心该舰的稳定性。1870年6月，海军上将托马斯·西蒙兹爵士[②]命令该舰在舰队顺次迎风调头机动（Tacking in Succession）[102]的时候，使用蒸汽动力来帮助完成，他"觉得该舰太'垮'（Cranky）了"。该舰于是安装了90吨的压舱物（Ballast），但是横倾实验[③]显示该舰的稳心高（GM，Metacentric Height）[103]在满载时为2.48英尺，轻载时只有1.29英尺，于是又加了90吨压舱物。这让该舰稳心高在满载时达到2.8英尺，轻载时达到1.66英尺。轻载时候的稳心高还是低了，于是该舰在风帆航行时也必须给锅炉和冷凝器里加满水，这样才能保证最小稳心高有2.05英尺。该舰的复原力臂GZ曲线（见附录4）看起来非常好，这是因为该舰干舷（Freeboard）[104]很高[④]，但是这个数据是在满载和关闭炮门并做了水密处理[105]的情况下测得的。[⑤]

巴纳比认为该舰的压载物是完全没有必要的，他描写该舰在大浪中的适航性的时候，[⑥]说"这艘船在我看来已经是尽善尽美了。大西洋上的大浪从船舷侧方向涌来的时候，会把该舰的船体垂直抬升，这个过程中该舰能够稳稳地保持正直的状态，而舰队中其他一些战舰横倾得厉害，旁边的编队都能看见它们

① 参考罗杰《"无常"号的设计》一文中当时的人对该舰设计理念茫然无知的其他几个例子。
② 1871 年 战 舰 设 计委员会报告。
③ 1870 年 2 月 22 日 做了横倾实验。
④ 详见 1871 年战舰设计委员会报告中的海军部战舰设计团队报告，关于"无常"号，特别提到了这一点。
⑤ 该舰在排水量 5782 吨的状态下，船体横倾达到50° 的时候才出现最大复原力臂 2.8 英尺，而船体横倾超过 90° 的时候，稳定性才消失。
⑥ 1871 年战舰设计委员会报告。

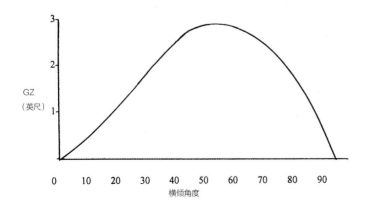

"无常"号力臂曲线图。"无常"号在炮门关闭情况下，复原力臂（GZ）看起来很不错。

的露天甲板了。令我极其遗憾的是，该舰后来（装了）180 吨重的压载物"。[①]该舰的姊妹舰"沙阿"号 [Shah，前"布朗德"号（Blonde）]，设计的最大船宽 50 英尺 8 英寸，90 吨压载物，后改为 52 英尺，不需要压载物。[106]"沙阿"号舰载武器有些不同，露天甲板搭载了 2 门 9 英寸炮和 2 门 64 磅炮，火炮甲板上则搭载了 16 门 7 英寸炮和 2 门 64 磅炮。[107]因为该舰宽度很大，故能够使用普通规格的滑块炮架（Slide）[108]。

"无常"号真正的问题在于造价高昂，里德说[②]船体造价 16 万英镑、发动机组造价 68000 英镑，[③]而且这还不包括"目前我们的战舰都要额外负担的 35% 的间接经费，在目前议会的返回报告里面，其名目是'偶发伴随费用'（Incidental Expense）"。该舰在船员为 550—600 人的情况下，运营成本也很高，结果仅制造了"沙阿"号这一艘姊妹舰。里德说当时测量的该舰的"制造商呈报吨位"（Builder's Measurement Tonnage）[109]夸大了该舰的尺寸，因为该舰的船型很瘦削。他还说他个人更倾向于建造"无常"号，哪怕同样多的钱能造更多的"飞逝"号，因为这样更能鼓舞舰队的士气——"海格力斯"号（Hercules）和"君主"号（Monarch）[110]是可以追上"飞逝"号的。在 1867—1868 年造舰计划中曾经批准了造第三艘"无常"型战舰，还打算后续建造更多的这种战舰，但第一海务大臣决定建造一艘廉价的缩水版战舰，即"罗利"号，尽管当时斯潘塞·罗宾森强烈反对这么做。斯潘塞指出，这样做能够节省下来的经费很有限，而且"罗利"号其实并不比便宜得多的"飞逝"号强多少。[111]

1873 年的"罗利"号，它是"无常"号的缩水版衍生战舰，而且性能上也要差得多。（帝国战争博物馆，编号 Q39909）

"沙阿"号对阵"胡阿斯卡"号

"沙阿"号是当时皇家海军中为数不多的有条件在实战中愤怒地倾泻火力的战舰。1877年5月29日，该舰对阵秘鲁叛军的炮塔式铁甲舰"胡阿斯卡"号（Huascar），这艘铁甲舰装备了一座科尔式旋转炮塔，里面有两门10英寸前装线膛炮，该舰的装甲带厚4.5英寸。[112] 交战中，"沙阿"号在1500—2500码距离发射了237炮[①]；在试验靶场上，该舰搭载的9英寸炮能从3000码处击穿"胡阿斯卡"号5.5英寸厚的炮塔装甲，该舰搭载的7英寸炮则能从1200码击穿这样的装甲，然而该舰和伴随作战的"紫水晶"号（Amethyst）搭载的那些64磅炮则只能"挠痒痒"，因为它们只能发射"通常弹"（Common Shell）[113]。当时留下来两份"胡阿斯卡"号的战损报告，一份是"沙阿"号上的炮术军官提供的，一份是秘鲁军官提供的更详细的报告。此战中"胡阿斯卡"号至少被弹50发，所以常常提到的所谓"该舰被弹70—80发"也不无可能。

大部分伤害都是皮外伤，虽然有一发9英寸的通常弹在"胡阿斯卡"号船头后方50英尺的右舷水线附近，击穿了3.5英寸装甲板，在装甲背衬里面爆炸，杀死了1名船员，使3人负伤。[114]"沙阿"号上的9英寸重炮从一舷转移到另一舷的时候，操作非常困难，[115] 而该舰上7英寸炮，如果单次发炮便使用4个发射药包，即所谓的"猛烈打击"（Battering），大炮的后坐力就会太大，会弄断炮架下的枢轴钉（Pivot Bolt），所以只好减少发射药量，采用"全装药"（Full）。从1700—1800码的距离上发射的一枚7英寸"实心弹"，能够穿入"胡阿斯卡"号那5.5英寸厚的炮塔装甲内深达3英寸。[116] 到了这场战斗接近尾声的时候，"胡阿斯卡"号上所有露天40磅炮的炮组成员，都被加特林机关枪的火力压制、驱散了。[117]"胡阿斯卡"号一发也没有打中英军战舰，但是近失弹（Near Miss）切断了英舰的一些缆绳。"胡阿斯卡"号可能总共用炮塔炮打了六七发炮弹，因为炮塔是依靠16个船员人力旋转的，旋转一整圈需要15分钟。"沙阿"号还发射了一枚鱼雷（Torpedo）[118]（见第五章）。[②] 这次缺乏决定性战果的交锋生动描绘出当时殖民地和海上商贸保卫战中的两难选择：如果使用高航速的无装甲战舰，那么就算面对的是小型铁甲舰，也不能真正击败它；如果使用小型铁甲舰的话，这种船又不适合海上商路保卫这一角色[119]。

1867年开工的"飞逝"号，二等巡洋舰

如同前文所说，斯潘塞·罗宾森也很明白，当时没有足够的经费来建造大量的"无常"号，于是就指令里德设计一种廉价型巡洋舰，即"飞逝"号和它的姊妹舰"活跃"号（Active）[③]。这两艘船排水量3080吨，航速15节，造价13英镑——还是不低。随着时人的巡洋舰战术运用思路的改变和火炮技术的提

① "沙阿"号的9英寸炮发射了32发（包括2发通常弹、19发帕里瑟实心弹、11发帕里瑟爆破弹），7英寸炮发射了149发（包括4发通常弹、145发帕里瑟实心弹），64磅炮发射了56发。"紫水晶"号发射了190发64磅通常弹。根据是安德鲁·史密斯的一份未发表稿件。目前能够查到的记录中，质量最高的是G.伍丹德（Woodand）和P.萨默维尔（Somervell）合撰《炮塔铁甲舰"胡阿斯卡"号》（The Iron Turret Ship Huascar），刊载于1986年在伦敦出版的《战舰》第38期。

② 1886年《布拉西海军年鉴》（Brassey's Naval Annual）。

③ 该舰后来在第四章将要介绍的弗劳德"灰猎犬"号（Greyhound）拖曳实验验中作为拖船，从而闻名于船舶设计师中间。

木制大型炮舰"飞逝"号挂帆航行的姿态，拍摄于约 1894 年[120]。该舰虽然比"无常"号小得多、慢得多，可造价也不便宜。（帝国战争博物馆，编号 Q38030）

升，该舰的武备经过了一些调整改进。

就像"无常"号一样，原本也希望该舰的火炮能够在远距离上开火，但当时完全没有任何火控设备，所以 7 英寸炮的有效射程到底能比那些 64 磅炮高多少，就很值得怀疑。

表 1.8 "飞逝"号武备

最初	6门7英寸前装线膛炮(6.5吨)，4门64磅前装线膛炮
1873年	18门64磅前装线膛炮
1880年	10门6英寸后装炮，2门64磅炮

这两艘巡洋舰的舰首都是飘逸美观的古风具肘艏，只是到了第三艘船"探路者"号（Rover）上才改用竖直艏（Vertical Bow）[121]。这两艘战舰头尾都非常瘦削，于是当时留下了记录称它们埋首都很严重，横摇也很剧烈，后来安装了非常宽的舭龙骨（Bilge Keel）[122]，情况才有所改善。1890 年，里德[①] 曾说："……我当时把这两艘船设计成艏楼（Forecastle）船型，也就是艏部没有露天甲板的船型，是一个错误；服役后没多久，我们就觉得如果当初把它们设计成艏部有甲板的大型炮舰（Corvette）[123]，会更好。"前两艘战舰的稳定性好像不大够，因为设计"探路者"号时将它的船宽增加了 18 英寸，而前两艘战舰也在"船长"号失事以后增加了压舱物。这些战舰都是铁造的船体，外面覆盖着单层橡木板[124]。"无常"号的沃迪拉夫舰长曾经表示，这些二等巡洋舰

① W. H. 怀特撰《关于最近几年的海军大演习》（*Notes on Recent Naval Manoeuvres*）中 E. J. 里德的讨论意见，该文刊载于 1890 年在伦敦出版的《造船工程学会会刊》。

单纯依靠风帆航行就几乎和他的船一样快。这些巡洋舰在全速状态下一天就要烧掉 200 吨煤，结果船上搭载的煤只够蒸汽航行 2.5 天的（9 节航速下每天耗煤 70 吨）。

当时，"防御"号这样的二等主力舰（Battleship）[125] 通常被视作一个失败，但是像"飞逝"号这样的二等巡洋舰却被视作相对成功，而且还建造了不少这样的战舰，这是一个有意思的现象。数量和质量之间的平衡永远是非常微妙的，而对于巡洋舰来说，数量是最关键的因素 [126]。

撞击战术

铁造船体的铁甲舰诞生，再次点燃了人们对"撞击"战术（Ramming）[127] 的热情。这一来是因为铁造船体的结构强度很高，发动机的马力也很足，看起来真正有能力实现有效撞击；二来是因为当时的火炮威力看起来是完全无法击沉这种战舰的 [128]。希望击沉敌舰这一想法，放到当时的历史背景下显得有点奇怪，毕竟风帆战舰很少能够击沉敌舰。[129] 时人对撞击战术的热衷也得到了一些实际战例的鼓舞和支撑，比如在汉普顿锚地（Hampton Road）之战 [130] 中，"弗吉尼亚"号（Virginia）[即"梅里麦克"号（Merrimac）] 撞沉了"坎伯兰"号（Cumberland），后来 1866 年那场打得很乱的利萨（Lissa）海战就更让人相信撞角的价值了，这场海战中双方一共实施了 8 次撞击，导致"意大利国王"号（Re d'Italia）沉没 [虽然"普莱斯特"号（Palestro）也在遭到撞击后沉没，但它主要是由于后续交火引发的火灾沉没的]。当时大量的意外撞击事故中也多有船舶沉没，这好像也在向人们彰显着撞角的威力。

今天我们明白，当时的这种观点是错误的，[①] 不过在那个时候它根深蒂固，而且对战术思想及船舶设计都产生了深刻的影响。碰撞事故的总量尤其说明了当时那些战舰多难操控，时人应该能够从中看明白要想用这些船完成有意撞击会有多么困难。详细总结过去的撞击战案例，[②] 可以看出来这种战术很难成功，除非撞击对象已经完全不能动弹了，而且主动撞击的一方遭受严重战损也是常有的事情。表格中总结了 74 个撞击案例。

表 1.9 撞击事件总结

撞击发生前被撞船只的状态	案例数	被撞船只的损伤			
		无损伤	轻微损伤	严重损伤	无法航行
在宽广水域蒸汽航行	32	26	5	1	–
在狭窄水道蒸汽航行	32	9	9	3	2
失控	4	1	–	1	–
下锚	6	–	4	–	–
主动撞击一方所受的损失	74	56	13	3	1

① D. K. 布朗和 P. 普夫（Pugh）合撰《撞击战》（Ramming），刊载于 1990 年在伦敦出版的《战舰》年刊。

② 威廉·莱尔德·克罗维斯（William Laird Clowes）爵士著《战斗和事故中的撞角》（The ram in action and in accident），刊载于 1894 年 3 月在伦敦出版的《联合防务杂志》[RUSI Journal（Royal United Service Journal）] 第 193 期。

　　这些案例中，即便是损毁最严重的那几个战例，直接由撞击造成的损伤，也仅限于船体上一个很小的局部，战舰最终沉没主要是由于底舱分舱不够密集，也包括底舱隔舱壁上的水密门没有关闭的情况。不仅遭撞击的战舰会受损，主动撞击的战舰也很有可能会受损。由于时人非常重视撞击战术，他们也就特别强调船头方向的火力。

特种撞击舰："热刺"号、"鲁伯特"号

　　当时所有带装甲的蒸汽战舰都算作可以执行撞击作战的船舶，就连"勇士"号、"防御"号在文牍材料中也常常被叫作"蒸汽撞击舰"（Steam Ram）。[131] 迪皮伊·德·洛梅（Dupuy de Lôme）[132] 设计的"金牛座"号（Taureau）于利萨海战之前的 1863 年开工建造，这是世界上第一艘作为专门的撞击舰来设计的战舰。这艘船的设计意图就是作为近海防御舰使用，设计航速 12.5 节，而且在外海上的适航性很差。1865 年以后又陆续建造了 4 艘更大一些的"赛贝尔"（Cerbere）级装甲铁甲舰。这 5 艘船都是木造的船体，所以肯定会在撞击的时候遭受严重的战损。

　　有关美国内战和利萨海战的报告盛赞了撞角的威力，这让海军部对撞角的价值更有信心，于是海军部在 1868 年决议也建造一艘特种撞击舰。不过这艘名叫"热刺"号（Hotspur）的战舰跟那些法国船不一样，准备把它设计成能够伴随舰队到外洋行动。

　　"热刺"号装甲带厚达 11 英寸（在船头船尾厚度减至 8 英寸），船体中段带有一座装甲厚达 8 英寸的里德式胸墙，① 保护着炮塔的基部和发动机组的进气口[133]。胸墙防御结构之外的无防护船体，干舷高约 12.5 英尺。大炮安装在一座固定的不能旋转的装甲炮室里，因为当时认为真正的旋转炮塔会承受不住撞击带来的冲击力[134]。这座装甲炮室开了 4 个炮门，理论上可以让大炮朝着船头左右各 135° 的射界射击，② 不过船头的卫生间[135]阻挡了朝向正前方的射界。

　　该舰干舷太低，所以遇到迎头浪的时候航速就会下降，[136] 而且该舰载煤量也太小了，不能单纯依靠蒸汽动力越洋远航。在 1881—1883 年斥资 116600 英镑进行现代化改装以前，该舰活跃服役的总时间只有两年。改装以后，该舰的总活跃服役时间也只能按月来计算。改装后用上层舷侧装甲（Upper Belt）带取代了胸墙装甲[137]。

　　"鲁伯特"号（Rupert）设计于 1870 年，当时"热刺"号还没有完工。这时候对炮塔的安装有了更高的信心，于是给该舰安装了一座典型的科尔式炮塔[138]，里面搭载两门 10 英寸火炮。该舰的装甲带厚 11 英寸（在船头船尾减薄到 9 英寸），胸墙装甲厚 12 英寸。不甚可靠的动力机组让它饱受折磨（这套不同寻常的动力

---

① 里德在《我国铁甲舰》（*Our Ironclad Ships*）（1869 年在伦敦出版）一书中评论了"热刺"号，从其评价来看，他似乎还挺看好这种设计的。

② 帕克斯和其他人都说这门主炮不能朝着正前方开炮，不过从该舰的设计图上可以看出来，这门炮是可以从朝向两舷回旋到朝着正前方的，只不过在这个极端的位置上开炮，炮口暴风恐怕会对艏楼造成很大的破坏，所以很有可能在日常训练中是不允许采用这个射击方位的。

机组是在朴次茅斯海军船厂建造的[139]），而且该舰在风浪中航行时摇晃很严重。这艘战舰在公海上活跃服役的时间也很有限，在1891—1893年也进行了大改装。虽然今天看来，这两艘船很显然根本就派不上任何用场，但当时有不少人坚信带有强大前向火力、可以在外海航行的专用撞击战舰是一种不错的设计。这些笃信者中就包括"鲁伯特"号的舰长，他曾在1878年2月建言对该舰进行一系列的升级改造。

表1.10 早期特种撞击舰

	"热刺"	"鲁伯特"	"征服者"（Conqueror）[140]	"赛贝尔"
排水量（吨）	4331	5440	6200	3532
垂线间长（英尺）	245	250	270	215
航速（节）	12.6	13.6	14.0	12.5
转弯半径（码）	400			310—360
主要舰载武器	1×12英寸前装线膛炮	2×10英寸前装线膛炮	2×12英寸后装炮	2×9.4英寸炮

船体稳定性

谈到19世纪60和70年代的战舰设计，一个绕不开的核心问题就是船舶稳定性理论，不过这对于许多读者而言，不大好理解，特别是当这个问题跟船体摇晃问题纠缠在一起的时候。所以本书把船体稳定性这个话题切分成了许多块，分散到几个章节中，分别结合具体的案例来探讨，而详细的理论解释请阅读附录4和5。[141]

船舶的稳定性理论，至少是小角度横倾时的稳定性原理，到18世纪末已经获得了充分发展，不过那时候还没有直接运用到船舶设计中来[142]。船舶稳定性

不怎么成功的"热刺"号，拍摄于1870年。（作者收藏）

跟"挂帆能力"[①] 密切相关，如果一艘船让人感觉"垮"，那么可以增加压舱物来改善稳定性，因为压舱物可以降低重心，也可以通过加宽船体（Girdling）来改善稳定性，[143] 因为增加船宽可增大船体倾斜时的复原力。

1855 年，泰晤士河上的梅尔（Mare）船厂正在对运兵船"坚毅"号（Perseverance）进行最后的栖装工作，结果这艘船翻沉了，这场事故促使英国人把稳定性原理应用到船舶设计当中去。[②] 这艘船打捞上来以后，伊萨克·瓦茨[144] 让他的一位副手巴恩斯（Barnes）对它进行了船体横倾实验，实验证明这艘船的稳定性相当欠缺。稳定性实验的具体操作方法见附录 4，简而言之就是把已知重量的重物从甲板的一边移动到另一边，移动的距离也是确定的，然后测量船体横倾的角度。从这个角度中可以计算出船体的稳定性，用稳心高来表示，它是船体的重心和稳心之间的距离，而且这道线必须通过倾斜状态下船体的浮心[145]。

瓦茨和巴恩斯觉得这个理论的问题就在于它不能告诉他们稳心高多高才算够用。于是他们对一大批战舰进行了横倾实验，希望能从实验中区分出来什么样的稳心高才能让人满意，什么样的会让性能差强人意（也包括那些过于稳定的[146]）。这套办法直到今天仍然是稳定性设计标准的出发点，尽管比起瓦茨他们，今天的船舶设计师拥有更多的样本可供参考——也包括当年意外事故酿成的悲剧。（附录 4 给出了一些典型的稳心高数值。）

在设计阶段，就可以从图纸上通过简单却烦琐的计算得到稳心的位置，不过在知道重心的位置以前，这个计算基本上毫无意义[147]。巴纳比为推动稳定性理论实际运用到船舶设计中做了很大的贡献，不过令人惊讶的是，直到 1865年的时候，他仍然向造船工程学会（INA, Institution of Naval Architects）说，直接计算船体重量和重心位置的计算量实在是太大了，简直就不可能。[148] 在讨论环节，威廉·弗劳德指出威廉·贝尔已经成功计算出"大东方"号（Great Eastern）的重量和重心位置，所以一个世纪以前[149] 就应该能够进行这样的计算了。可以确定，到 1870 年的时候，海军部已经在使用这种办法计算重心了，所以巴纳比的不情愿态度最可能出自他嫌人手不够，于是这年给设计部增设了3 名助理。[③] 从此，设计工作就成了一项团队工作，设计师再也无法一个人完成一项设计了。

巴恩斯对战舰设计的贡献简直不可估量，但现在对这个人所知甚少。他1842 年在彭布罗克从学徒干起，后来跟里德一起选入 1848 年在朴次茅斯成立的"中央数理与战舰设计学院"（Central School of Mathematics and Naval Architecture）学习。他不仅以船舶稳定性方面的理论研究及其设计实践应用而闻名，还主持了"尼罗河"号[150] 的设计，从 1876 年开始直到 1886 年退休的这段时间，他一直担任海军部的船厂部负责人。

① 挂帆能力指的是
　　船舶重量×稳心高
帆面积×所有帆上风力的合力作用点距离静水面的高度
详见附录4。
② "坚毅"号，原本是给沙俄建造的"苏布伦"号（Sobraon），1854 年 5月购买。1854 年 7月 13日正式下水，长 273 英尺，最大宽度 68 英尺。
③《1866 年海军预算》（Naval Estimates 1866）。

造船工程学会，1860 年

1859 年秋，约翰·斯考特·罗素[151]邀请了伍利（Wooley）、里德以及巴纳比到他家中洽谈，预备成立一个学会来推动战舰设计学的发展。里德提出他愿意分文不取，担任学会的理事长（Secretary），学会于 1860 年 1 月 16 日召开了一次正式会议。[①]与会的 18 人中有 11 人正在或曾经在海军部供职，还有几位先生也是跟海军部有合同的厂商。学会第一任会长是约翰·帕金顿爵士[152]。这时候的海军部官员们对这个学会给予了热诚的支持，但海军部对更早时候的"战舰设计促进会"（Society for the Improvement of Naval Architecture）[153]却态度冷淡，两者形成了奇妙的反差。[②]

这个新学会发表的第一篇论文就是威廉·弗劳德关于船体横摇的一项经典研究，这篇文章将对后世的战舰设计工作产生深远的影响，这篇文章的发表对于学会也算开门红。在学会成立的初期，许许多多海军军官都作为"干事"加入了学会，探讨海战战术和技术发展，这些想法提供了宝贵的海上实际经验，就是对战舰的设计缺少直接的帮助。在斯考特·罗素 1863 年发表的一篇文章中，造船工程学会力促海军部开设一座新的"战舰设计学院"[154]，议会也支持这个提案，于是新学校于 1864 年成立。[③]因为那时候英国还没有《保密法案》，造船工程学会的出版物上常常刊登着新战舰的详尽设计方案。

皇家造船与海事工程学校（Royal School of Naval Architecture and Marine Engineering），1864 年

学校的教导主任（Director of Studies）是伍利博士，他的职务名称很有意思，叫作"总监"（Inspector General），数学家 C. W. 梅里菲尔德（Merrifield）担任校长（Principal）。[④]冬天安排了课时漫长的理论学习，夏季的 6 个月里则在海军船厂里实地学习。除了上面两位教师，还有 6 位全职教师，并且学校还时常邀请外校的著名讲师前来上课。就像海军部之前设立的那个学校一样——当然也跟今天伦敦国王大学里的类似课程一样——这个学校的大部分课程都由从船厂短期借调来的经验丰富的设计师讲授，从而保证课堂知识都紧追行业的最前沿。

这所学校培养出许多杰出的战舰设计师，比如威廉·怀特[155]、菲利普·瓦茨[156]等等；还培养出一批杰出的船舶机械工程师，如德斯顿（Durston）；而其他的人则在海军之外大显身手，青史留名。学校还培养了一批杰出的留学生，其中俄国留学生最多。学校原址在南肯辛顿，但那里空间太小太拥挤了，住宿条件也很差，所以当学校迁入 1873 年新落成的格林尼治皇家海军学院（Royal Naval College at Greenwich）[157]的时候，大家都很乐意。

① 巴纳比著《造船工程学会，1860—1960 年》（The Institution of Naval Architects 1860-1960），1960 年出版于伦敦。
② 布朗著《铁甲舰之前》。
③ 有意思的是，造船工程学会的理事会成员其实主要就是海军部的一些官员，他们在海军部内部不方便直接说的话，现在以学会理事的身份来说，反而更方便。
④ 布朗著《一个世纪的战舰设计发展历程》。

火炮和装甲

"勇士"号的装甲在建成时是非常成功的；哪怕是在最近交战距离 200 码，海军列装的所有火炮都不能击穿该舰的装甲。《铁甲舰之前》一书已经详细介绍了这个装甲的测试研发过程，[1] 概括来说，就是把一块 20 英尺 × 10 英尺的装甲板作为靶子，拿 29 发大小不同的炮弹轰击它，这些炮弹的最大单枚重量达到 200 磅，总重量达 3229 磅，没有一枚击穿了这块装甲。"勇士"号的装甲防御体系是在伊萨克·瓦茨的领导下完成的，而他的继任者爱德华·里德后来也写道：

> 我必须说，我坚持认为，测试时使用的"勇士"号装甲靶子根本不像某些人臆测的那样是临时拼凑的，只是因为运气才没被击穿，只是用了铁材料对木船的船体结构进行了简单模仿；恰恰相反，这是一个科学设计，建造工艺水平很高而且始终紧抓抗弹性能要求。[158]

当时"勇士"号的装甲防御设计主要有三个不足之处。首先，各片装甲板之间使用舌片 – 沟槽连接在一起，这样就会让一片装甲板受到的炮弹冲击传递到相邻的装甲板上去，让战损装甲的维修替换变得困难，这个做法后来很快就淘汰了。其次，当时没能清楚地认识到一个问题，就是那些固定装甲用的、贯穿了整块装甲板的钉子，它们暴露的钉子头在被炮弹击中后会产生冲击波导致钉子断裂，不过当时装甲后面厚厚的木制背衬和钉子头下面的橡胶垫圈大体克服了这个问题，它们都能起缓冲作用。[2] 最后，英国开始使用钢面复合装甲的时候，不得不把钉子头埋进装甲板的背面，这个问题才彻底解决。[3]

接下来设计的"米诺陶"级一等铁甲舰，它们的水线和舷侧装甲带都从船头一直覆盖到船尾，装甲的厚度增到 5.5 英寸，同时装甲背衬减为单层的 9 英寸柚木。之前对"勇士"号装甲靶进行过炮击测试的"铁特别委员会"（Committee on Iron）[159]，这次又测试了"米诺陶"级装甲的复制品。最开始的测试中，一枚 150 磅的球形铸铁炮弹击穿了这块装甲，这让人们一时慌了神，后来发现这发炮弹用的是爆炸威力更猛的"2A"级发射药，炮弹击中目标时的速度从每秒 1620 英尺增加到了每秒 1744 英尺，于是这个测试结果就很难直接跟"勇士"号的结果相比较了。[4][160]

炮弹和膛线 [5]

火炮设计师们很快就发现，过去那种滑膛炮发射的球形实心炮弹，连中等厚度的装甲也无法击穿了。[161] 火炮的第一个主要进步就是陆军少将威廉·帕里瑟爵士（Sir William Palliser）发明的焠冷弹（Chilled Iron Shot），这种弹于

---

① 布朗著《铁甲舰之前》。
② 帕里瑟撰《如何固定装甲板》（Armour Fastenings），载于 1867 年在伦敦出版的《造船工程学会会刊》。
③ 帕克斯说，经过测试，发现当时法国"佛兰德"号的一个复制靶的防弹能力只有"勇士"号装甲的一半。
④ E.J.里德撰《"柏勒罗丰"号、"沃登勋爵"号和"海格力斯"号模拟靶》（The Bellerophon, Lord Warden and Hercules Targets），刊载于 1866 年伦敦出版的《造船工程学会会刊》。
⑤ 约翰·坎贝尔为 1992 年在伦敦出版的《蒸汽、钢材和爆破弹》（Steam, Steel and Shellfire）一书撰写的章节《舰载武器与装甲》（Naval Armaments and Armour）。

1863 年在舒伯里内斯（Shoeburyness）通过了测试。其外形呈拉长的圆柱形，外壳为厚厚的铸铁壁，内部是空心的，在预先冷却好的金属模具里浇注成形，因此外壳形成了硬化层。后来发现整个炮弹都焠冷处理的话外壳容易裂缝，于是改成只焠冷头部。里面空心部分可以装填一小包黑火药，当炮弹发射的时候，这包火药就会被巨大的冲击力挤压到空腔的后壁上，而等到炮弹击中目标的时候，这包火药又会被猛然甩向前方，于是引爆装药。这种引爆方法通常会让装药在炮弹贯穿装甲板之前起爆，结果只能造成非常有限的毁伤效果，所以英军实际列装该弹的时候一般不装填黑火药，直接当作"实心弹"[162] 用，对付装甲目标。后来发现这种炮弹对付熟铁装甲是非常管用的，但是击中硬化钢面装甲的前脸就会碎掉。这种炮弹非常廉价（3 英镑 10 便士一枚），英国海军一直到 20 世纪初还有库存，可以说早就过了它们的"有效期"了。[①]

　　早在克里米亚对俄作战期间，英国就已经尝试了线膛炮，不过用的是一种"兰开斯特前装线膛炮"，它的炮管内膛呈不断扭转的椭圆形，不是很成功。[163] 在"勇士"号建造期间，决定把原定搭载的 68 磅炮中的 10 尊，换成阿姆斯特朗 7 英寸 110 磅后装炮（Breech Loader）[164]，可是这种炮也不成功，炮口出膛速度仅达到每秒 1175 英尺，大大低于 68 磅前装炮（Muzzle Loader）的每秒 1580 英尺。阿姆斯特朗炮的后膛封闭装置设计得不大可靠，许多刚刚接收的大炮就在内膛发现了裂缝，在 1863 年炮轰日本鹿儿岛的时候，21 尊这样的大炮发射的 365 发炮弹中就有 28 发出了事故。这种炮准头也不高。英国最开始这种对后装炮的热情过了头，结果后来他们的态度来了个反转，在后面的年头里过分保守，死守着前装炮不放。

　　沃维奇皇家兵工厂（Woolwich Arsenal）的弗莱瑟（Fraser）在 1863—1865 年间进行了深入的研发工作，研制出前装线膛炮。这种炮的内膛是一根钢管，外面用熟铁管和环加固。炮膛内有 6—9 根螺旋形浅槽膛线，膛线的螺距越来越大，炮弹上的铜制导环（Stud）可以卡进膛线里。这种炮也很廉价，但是炮弹装进炮管里之后不能完全位于炮管正中线上，炮弹和管壁之间还存在游隙（Windage）会泄漏炮管中灼热的腐蚀性气体，造成内膛相当迅速地腐蚀。[②] 这种炮发射帕里瑟弹，可以在 1000 码击穿厚度跟炮弹直径差不多的无木制背衬熟铁装甲板，1000 码在铁甲舰时代早期基本上是最远交战距离。当时基本上没有记录过这种炮的射击速度，不过"海格力斯"号（Hercules）上经过充分训练的船员，据说可以每 70 秒就用该舰的 10 英寸前装线膛炮射击一发。[③]

　　后来发射火药的改进又让这种炮的穿甲深度增加了 10%。下表中的"出膛速度"（MV，Muzzle Velocity）一项，除了 12.5 英寸和 16 英寸炮之外，都是没有闭气片（Gas Check）[165] 的情况下测得的。当时对火炮的命名很混乱，有时

① W. 哈格（Hovgaard）著《现代战舰史》（Modern History of Warships），1971 年在伦敦重印；H. 加伯特（Garbett）著《海军炮术》（Naval Gunnery），1897 年第一版，1971 年在韦克菲尔德（Wakefield）再版。
② 兰伯特著《"勇士"号》。
③ 巴拉德著《一身黑漆的舰队》。

作为文物修复好的"勇士"号上的一尊110磅阿姆斯特朗炮（复制品）。["勇士"号（1860年）文物保护基金供图］

候用炮身的重量来命名，有时候又用炮管的直径，还有时候用炮弹的重量命名，这最后一种情况在这时候已经不那么常见了。本书一般会在首次提及一种火炮的时候给出其炮身重量和炮管直径，再次出现就只用直径来代表这种炮了。这一时期最开始的时候，火炮仍然安放在四轮的木制炮车上，跟纳尔逊的时代几乎没有区别，尽管托马斯·哈代爵士已经把炮车的一对后轮替换成了一块铁板，这样能够减少后坐力，但那个时候的炮车仍然几乎完全依靠一根制退索来吸收后坐力。[166] 哈代炮架后来发展成滑块式炮架，炮架本身没有了轮子，只是一个滑块，可以在一道木制基座上滑动。滑块上安装了"压擦器"（Compressor），可以吸收大部分的后坐力。[167] 到1864年，从这种炮架发展出"皇家炮架部"式铁制炮架（Royal Carriage Department Iron Mounting），使用的是设计更加精良的埃尔斯维克（Elswick）压擦器，海军的斯考特将军后来调研、改进了这种压擦器。[168] 当时美国海军（USN）在对抗装甲的时候采用了另一种战术思维，他们使用直径非常大——15英寸——的滑膛炮，发射一枚重量非常大的炮弹，希望直接把敌舰装甲板背后的肋骨砸变形，而不像英国一样使用直径小一些的炮弹击穿对方的装甲。有一门这种美国炮后来送到舒伯里内斯测试，发射的是一枚重达484磅的铸钢炮弹（美国人用的是铸铁），使用了50磅的发射药（相当于60磅的美国发射药）[①]。这枚炮弹没能击穿模仿"沃登勋爵"号（Lord Warden)[169] 装甲结构的靶子，而英国的9英寸炮就可以击穿。根据这个结果估算的话，这种美国炮在500码以外就无法击穿"勇士"号的装甲了。[170] 伊萨克·瓦茨用

① E. J. 里德著《我国铁甲舰》。这本书是无价之宝。

他的"勇士"号给铁甲舰时代开了个好头,他用"勇士"号带来了一场节奏越来越快的跨越式技术变革。很快,大炮和装甲间的角力就将迫使铁甲舰的总体设计发生巨大的变化。

表 1.11 帕里瑟弹 [171] 在 1000 码距离射击熟铁装甲板时贯穿深度

列装年份	炮膛内径（英寸）	炮身重量（吨）	炮弹重量（磅）	发射药重量（磅）	炮弹出膛速度（英尺/秒）	装甲穿深（英寸）
1865	7	6.5	115	2.5	1525	2.6
1866	8	9	180	4.5	1413	8.8
1866	9	12	256	5.5	1420	9.9
1868	10	18	410	6.8	1364	11.7
1875	11	25	536	6.5	1315	12.5
1869	12	25	614	14.0	1297	12.7
1871	12	35	820	9.8	1300	13.9
1874	12.5	38	820	11.75	1415	15.7
1879	16	80	1684	17.5	1604	22.5

译者注

1. 使用滑膛炮，并且火炮沿着船体两舷排列成长长的炮阵，这是风帆时代战舰的典型火炮样式和火炮布局形式。

2. 这个职务到此时只是荣誉职务，并不直接负责战舰的设计，设计工作具体由他的副手，即副总设计师来负责。

3. 前任总设计师威廉·西蒙兹也是海军行伍出身，缺乏设计专业知识，1830 年担任总设计后，他开始将游艇、快艇的设计理念导入战舰设计，造成了一系列设计问题，遭到他麾下专业人员的恶评和抵制，最后在 1848 年辞职。

4. 爱德华·史密斯－斯坦利（Edward Smith-Stanley），第 14 世德比伯爵（14th Earl of Derby）。

5. 本杰明·迪斯雷利（Disraeli），第一代比肯斯菲尔德伯爵（1st Earl of Beaconsfield），小说代表作有《迪斯雷利三部曲》《康宁斯比》。

6. 关于鲍德温·沃克、威廉·西蒙兹以及 19 世纪上半叶蒸汽风帆战舰的发展历程，见卷 1《铁甲舰之前》。

7. 这位就是鲍德温·沃克手下负责具体工作的副总设计师。

8. 这位艾迪是西蒙兹担任总设计师时负责具体工作的副总设计师，它在前人基础上进一步改良了传统木工造船技术，使超过 60 米甚至近百米的木船和铁木混合船舶成为可能。

9. "奥兰多"级木体巡航舰，长超过百米。

10. "HMS"代表"His/Her Majesty's Ship"，意为"国王 / 女王陛下的船"，是英国战舰名称惯常以它开头。特别注明 1860 年是因为"勇士"是英国的传统继承舰名，在历史上有过多艘同名舰。

11. 全称"First Lord of the Admiralty"，是海军部的首长。

12. 所谓"书记"是政府派驻海军部的文职官员，代表政府监督海军部的工作，又称为"海军部第二书记"（Second Secretary）。

13. 对受到坊间质疑的官方机构或人员，当时英国常组织第三方委员会进行调查。总机械师作为政府动力机械招投标的负责人，自然受到一些得不到订单的蒸汽机工厂家的质疑。

14. 不容易被近距离交火时飞行弹道比较平直的炮弹命中，提高生存性。

15. 高压蒸汽、复合蒸汽机这些"高科技"要到 20 年后的 19 世纪 80 年代，其可靠性才能达到海军的标准。

16. 回引连杆式类似于老式蒸汽火车上那样的。

17. 热气从大量细管道内流过，加热包裹管道的水。但炉体呈方形，不能承受太大的蒸汽压，在 1870 年前后逐渐被炉体呈筒形的火管锅炉取代。约 20 年后的 19 世纪 80 年代末研发出了技术革新产品——可以使用过热蒸汽的"水管锅炉"。

18. 当时船上锅炉直接用海水。

19. 如果在活塞运动时持续向汽缸内通入蒸汽的话，那么推动活塞运动的主要是新灌入的蒸汽，原有蒸汽的膨胀对活塞运动的贡献就不够了，这样就浪费了蒸汽中所蕴含的热能量，所以需要在蒸汽通入活塞一定时间后中断供应，才能更加充分地使用蒸汽膨胀来做功。

20. 直译是"驴机"。在当时机帆并用和纯风帆的大型船舶上，都开始出现这种低功率的小型发动机，用于船上各种作业，节省人力成本。

21. 直译是"舭泵"。船底和船侧面相接处称为"舭部"（Bilge），在左右两舷的舭部安装水柜可以让船在大浪中摇摆得更加舒缓。水柜的减摇效果可以通过向里面注排水来控制。

22. 即 6.5—7 节，节＝海里 / 小时。

23. 战舰底舱的空间非常紧张，因此统计了发动机每标定马力相当于占据了多少底舱面积。

24. 他是当时铁造船舶工业界的先驱，在"勇士"号出现之前的十几年里，他一直坚持不懈地向海军部上书，力推铁造战舰乃至装甲战舰，但海军部都从技术和战略构思角度加以驳斥，海军部尤其害怕新技术进步会让英国海军那些数量庞大的木体风帆战舰和木体蒸汽螺旋桨风帆战舰在一夜之间过时。可是最终英国不得不在 1859 年建造"勇士"号，因为法国已经率先制造出铁甲舰了"光荣"号。这样英国就"被迫"进入了铁甲舰时代。

25. 可见当时英国人力成本已经很高。

26. 蒸汽把液态水带入汽缸里面，就容易把汽缸里的润滑油冲走，如果水积存在汽缸里，还容易让活塞头产生裂纹。

27. 见上文照片，"勇士"号船头有漆成白色的舰首像，呈优美的外飘型。这部分结构就是从 17 世纪以来一直存在的"具肘艏"，探出船头以外，纯粹为了看起来飘逸优美。

28. 当海上浪高大于 2 米以后，船驶入一个大浪的浪头中，就会产生大量浪花和飞沫，降低航速；接着，当大浪的浪头到达舯部的时候，大浪的波谷就刚好在船头和船尾，船头下面就会没有水，结果船头就重重地砸在海面上，严重降低航速。

29. "勇士"号的舷侧和水线装甲带都只覆盖了舯部三分之二的长度，船头船尾完全没有装甲防护，装甲带的首尾两端则用横跨两舷的装甲横隔壁封闭起来。

30. "强上帆'两次缩帆'风"是当时描述风力和海况的一个行话，理解它首先要理解何为"上帆"，何为"缩帆"，何为"两次缩帆"。

    首先在本章和《导言》的"勇士"号照片上，都可以看到这艘机帆并用船有三根竖立的桅杆，前两根桅杆上有三道横杆（Yard）用来挂帆，其中中间那道桅杆上挂的帆就称为"上帆"（Topsail）。从 17 世纪中叶到 19 世纪中叶，西欧各国的所有战舰上都是按照"勇士"号这样挂三道帆，中间的"上帆"面积最大，提供最主要的推力。

    当时的帆是用亚麻纤维编制成的，远远不如今天化纤的结实；挂帆的横杆和桅杆也是木头制成的，也远远不如今天钢管制成的桅杆结实，牵拉桅杆用的斜拉索也是用亚麻纤维制成的，还是远远不如今天的钢缆结实。因此当时战舰在遇到 8 级以上大风的时候，就要把帆落下来，防止帆和桅杆被大风损坏。但是帆完全落下来就没法用帆航行了，所以从 17 世纪后期开始，发明了"缩帆"（Reef）这种办法，就是把"上帆"部分地收卷在横杆上，剩下的帆面积变小了，挂帆横杆在桅杆上也能降下来一些，这样帆就不容易被大风损坏了，同时还能继续依靠它航行。当时的"上帆"可以随着海况和风势的增强，这样缩帆三次，于是就用"一次缩帆""两次缩帆""三次缩帆"来代表海况和风势的大小。

31. 在海上，风力作用时间越长，就会吹起越来越高的浪。所以很多时候如果正好赶上大风初起，虽然风很大，但是海上浪头仍然不高，这时候帆船依靠大风航行就比较舒服，因为海况比较平静，不容易上浪。如果风很大，浪头砸在船头上产生的浪花就会被风吹得拉出很多飞沫。文中这里关于飞沫的描述就是证明此时海上风很大。

32. 当时测量横摇的单摆装置太不准确，实际上横摇很难超过 15°。

33. 帆船遇到强风和大浪的时候，操舵容易失控，船头容易乱摆，而让大风、大浪从舷侧涌来。这种情况很危险，很容易翻船。原文此处没有提及是使用风帆航行，还是使用螺旋桨航行，只是说"螺旋桨处在降入水中的位置"。"勇士"号的螺旋桨在单纯依靠风帆航行时，为了减少阻力，可以将螺旋桨提升到水线以上，让螺旋桨的上半部分完全位于水线以上。因此只有在打算完全依靠风帆航行，把螺旋桨和驱动轴解挂以后，才会说"螺旋桨处在降入水中的位置"。有时为了图省事，螺旋桨也可以不提升起来，因为"勇士"号上提升螺旋桨的装置是人力驱动的，需要数百人同时操作该舰起锚用的大型卷扬机（Capstan）来提供驱动力。因此推测这里是说"勇士"号是在完全依靠风力航行但螺旋桨不提升出水面的情况下，容易失控侧转。螺旋桨如果运作起来，则能够改善舵的操纵性。

34. "勇士"号最初建造时，船体每边有 19 个炮门，但是只有中间那 13 个在舷侧装甲带的后面，头 3 个、尾 3 个都在装甲带之外，完全没有防护。"勇士"号实际建成时，每边这 19 个炮位只搭载了 17 门炮，即装甲带防御区里面布置 13 门炮，没有防护的炮有 4 门——船头 2 门、船尾 2 门。

35. "黑王子"号是"勇士"号的姊妹舰。

36. 风帆船在侧风吹拂下，船体就会向下风侧微微倾斜，这样迎风一侧船舷就高，把舵杆向这一侧打，把舵轮向这一侧转动，就叫"迎风打舵"。帆船总是有船头自己朝下风偏的趋势，迎风打舵可以抵消这种趋势，让船的航向更稳定。

37. 铁甲舰发展的头 10 年，即 19 世纪 60 年代，英国为了追求铁甲舰的高航速，采用了非常瘦长的船体，和 1650—1850 年间的那些船体肥硕的木制主力舰截然不同。这样细长的船，本身转弯半径就大大高于旧式木制战列舰，再加上人们对铁甲舰这种新时代主力舰抱有巨大期望，它们笨拙的转向性能就为海军、政界以及社会公众所诟病。在 17、18 世纪的风帆时代，英国海上决战的主要方式就是用主力舰排成一条长长的单纵队，单纵队还要根据风向和敌舰队机动情况，及时做出回应，而且在机动过程中，仍然要尽量保持单纵队队形，不给敌人以可乘之机。于是，战舰的转向控制能力在 1860 年仍被视为主力舰的一项重要战术性能。然而以"勇士"号为代表的这些第一代"舷侧列炮"式铁甲舰却在这方面存在严重缺陷。这种缺陷既是由船体太长导致的，也是由"机帆并用"这一特殊情况导致的。在完全依靠风帆航行的时候，螺旋桨以及为了安装螺旋桨而在船尾开的那个大洞，都会干扰船尾舵的使用效果。船尾舵一侧的水流会通过那个大洞流到另一侧，在流经螺旋桨时还会产生涡流，这些让风帆航行时舵效果降低。这样一来，效果更差的尾舵加上更加细长的船体，都造成"勇士"号转弯缓慢、转弯半径很大，舵响应非常迟钝。

38. 英法从 1855 年前后开始，将大量已经服役和正在建造的风帆战舰进行了大改装，安装蒸汽机和螺旋桨。英国还批量建造了"阿伽门农"（Agamemnon）级大型双层甲板蒸汽螺旋桨风帆战列舰，邓肯级就是其晚期改进型。这些大型主力舰的火力已经大大超越 18 世纪末英国舰队中最大型的三层甲板风帆战舰，而且还具备 10—12 节的持续蒸汽航行能力，只是没有"勇士"号的装甲，可谓 17、18 世纪木制战舰的登峰造极之作。

39. 本书配图主要是当时战舰的各种黑白照片，没有模型。撞角艏只能在模型上看到，是位于水线以下不深处的一个尖角。

40. "双层上帆"其实就是把一道上帆拦腰裁成了两道，这样就不需要在风力增强的时候缩帆了，直接把上面那一道上帆降下来就行了，于是大大节约了商船上的人力成本，因为缩帆需要十几个甚至几十个熟练水手爬到挂帆的横杆上去，然后一起配合操作。多了一道上帆的横杆和相应的缆绳设备，当然就增加了额外的重量。

41. 在梯形上帆的中央竖直安装一道类似梯子的绳梯，然后用挂帆横杆上的一个转轴借助绳梯作为着力点把帆卷起来。当帆被雨水和海上的潮气打湿后，摩擦力不足，而且吸水的帆重量增加了很多，这种机械装置就难以发挥作用了。

42. 当时铁甲舰包括两部分防护装甲，一个是水线附近的"水线装甲带"，一个是覆盖舷侧炮位的"舷侧装甲带"，两道装甲带彼此相接，但水线装甲带常常比舷侧的要厚。

43. 本书后文将略称为"The Board"，是海军部内部的高层决策机构，由高年资的海军上将组成，其首长即第一海务大臣。

44. "光荣"号只是把木制船体包裹上了装甲，为什么"防御"号等能击败没有装甲的木船，就打不过"光荣"号这样有装甲的木船呢？到 1860 年，瓦特发明出蒸汽机已经 80 多年，为什么人们造船还在用木材？

45. 约是"勇士"号上两倍深度。

46. 即阿姆斯特朗 110 磅后装线膛炮（Armstrong 110 pdr Rifled Breech Loader）。阿姆斯特朗是当时一位刚刚进军火炮行业的液压和给排水专家，他的名字贯穿 19 世纪下半叶战舰发展史，将会在本书中多次出现。他的企业是当时英国在官方火炮武器研发系统之外发展起来的最重要的一家私人企业，而 1860 年的早期后装炮，就是他的早期成果之一。前文译注说了 1860 年的主流火炮仍然是前装炮，即一根尾端封闭、前头开口的铸铁管子，每次发射前都需要把发射药、炮弹等依次放进炮口，通过整个炮身推到火炮尾部压实，所以操作非常缓慢。如果能把炮尾打开，直接从炮尾装填，那么将会大大提高发炮速度。不过炮尾原本是铸造成一体的封闭端，还要在大炮发射时承受黑火药爆炸燃烧产生的高压燃气，若把炮尾做成可拆卸式，燃气的泄漏如何避免呢？阿姆斯特朗研制了螺纹式炮栓，把炮尾做成像一个酒瓶塞，而且带有螺纹，旋转进入尾部的炮管里面。但这种旋转拆装炮尾的操作，也不比原来前装炮的发射准备过程快多少，关键是炮尾仍然闭气不严，结果这种炮发射的实心炮弹的穿甲能力，竟然还不如"勇士"号上那 30 多门老式的重型滑膛炮发射的 68 磅球形实心弹丸呢。不过 1860 年的时候还没进行炮击测试，于是"勇士"号在船头船尾露天搭载了 2 门这样的火炮，火炮甲板上还有 8 门这样的火炮。

47. 100 pdr SB Somerset Gun（muzzle-loader），其中 SB=Smooth Bore。这种炮其实是海军部在发现阿姆斯特朗 110 磅后装线膛炮不成功后，设计并下令给阿姆斯特朗公司制造的。这种炮口径为 9.2 英寸，炮身重达 6.5 吨，发射一枚 100 磅重的钢制球形弹丸，若使用重达 33 磅的发射药，这枚钢制弹丸可以在 800 码外击穿 5.5 英寸厚的装甲。这种炮还是不成功，虽然大炮本身技术上很成熟，但是火炮的重量太大了，比"勇士"号上那 30 多门发射 68 磅球形炮弹的大炮还要重一吨半以上。如果安放在传统的四轮炮架上使用，这种大炮很容易在后坐力的影响下失控。当时在蒸汽风帆战列舰的露天甲板的船头上，68 磅炮采用了一种"回旋炮架"（Pivotal Mount），这种炮架的雏形早在 1830 年就已经提出来了，可以有效控制重型火炮的后坐。但在"勇士"号的舷侧炮位上，68 磅炮仍然采用了原始的四轮炮架（但没有后面一对轮，这样可以增加炮架后坐力和木制甲板的摩擦力，这种设计早在 16 世纪就已经存在了），到了"阿喀琉斯"号上，舷侧那些 6.5 吨萨默塞特炮仍然没有采用回旋炮架，造成这种炮服役之后很难控制，于是不久后又纷纷撤掉了。

48. Royal Dockyard，直译为"皇家船厂"。

49. "勇士"号是由泰晤士铁制铁公司（Thames Iron Works）合同建造的。

50. 见第二章 66 页 "柏勒罗丰" 号照片，即前面 3 根桅杆完全挂帆，最后 1 根桅杆挂简易帆，注意跟本章下文 23 页 "阿喀琉斯" 号、34 页 "飞逝" 号的照片对比。

51. 此人担任了两届海军部审计长，平时海军的文件由他直接呈送海军部内部的核心决策机构 "海军部委员会" 以及议会，向议会为新战舰争取经费也是直接通过他。

52. 即上文改装后的状态，只有 3 根桅杆，最开始有四根桅杆。

53. 这两艘船算同一级，相当于直接把 1855 年后英法大量建造和改装出来的大型双层炮甲板的木体蒸汽螺旋桨风帆战舰包裹上了装甲。"品红色" 级的船宽、吃水都跟 "勇士" 号很类似，即船体大约宽 17.5 米，吃水在 8.5 米多一些，但是 "品红色" 级船体长度短得多，只有 85 米，而 "勇士" 号船体长超过百米。然而 "品红色" 级的火炮的数量接近 "勇士" 号的两倍，布置于上下两层火炮甲板，而且这两层火炮甲板的舷侧全都安装了跟 "勇士" 号厚度相近的装甲板。这从船舶设计的基本原理上似乎就有点讲不通了。"勇士" 号之所以只设计了单层火炮甲板，就是因为重型 68 磅大炮和舷侧装甲板的重量都太大了：68 磅炮每门重 4.5 吨，而且位于海面以上 3 米高的地方；4.5 英寸厚的装甲板则从水线一直延伸到船舷侧面 5 米高的地方。如果再设计成双层火炮甲板的话，舷侧装甲就要延伸到 7—8 米高的地方，第二层重炮则位于海面以上 5 米高的地方。这样一来，仅仅 17.5 米宽的船体就不足以提供充分的稳定性，船的重炮和装甲会让船体的重心过高。而且这又是一艘完全挂帆的战舰，一旦遇到横风，就很有可能翻船。那么 "品红色" 级是如何塞进了两层火炮甲板的呢？必然做出了一些牺牲。

首先，在 "品红色" 级上，跟 "勇士" 号上的 68 磅炮同一量级的重炮只有 14 门，位于下层火炮甲板；其他都是法式 30 磅炮，大多位于上层火炮甲板。法式 30 磅炮基本相当于英式 32 磅炮，而英式 32 磅炮也主要布置在当时英国的木体蒸汽风帆战舰的上层火炮甲板。其次，根据 "品红色" 级的图纸判断，其下层重炮距离水面比 "勇士" 号要近，只有 2 米，这是当时木体蒸汽风帆战舰的一般规格，这样一来，"品红色" 级舷侧装甲带的高度也就只有 6 米，并不高得出奇。而且，不像 "光荣" 号从头到尾都覆盖着舷侧装甲带，"品红色" 级的舷侧装甲带只覆盖了船长的 50%。当然，为了保护木船的不沉性，其水线装甲带还是从头延伸到尾的。在这么短的艏部装甲带保护范围内，密集地塞进了两排火炮，每排 13 门大炮，两舷两层共有 52 个炮位在装甲保护之下，数量上达到 "勇士" 号的两倍。这 52 个炮位分布情况如下：下层火炮甲板的两舷布置了 7 门重型火炮（9.4 和 7.5 法寸炮），上下两层甲板的舷侧装甲保护范围内剩余 38 个炮位全部布置法式 30 磅炮。还有 12 门法式 30 磅炮位于装甲防护之外。本着降低重心的原则，这 12 门炮的布置方式可能是：下层火炮甲板每边前各 2 门无保护炮；上层每边前后各 1 门无保护炮。

这种设计的性能甚至赶不上 "光荣" 号，脆弱的木制船体暴露在外，而且下层重炮的炮门距离水面太近（当然 "光荣" 号也是这样，只有 2 米），炮口高度仅仅相当于那些马上就要过时的木体蒸汽风帆战舰，并且重炮的数量也不足。如果在高海况条件下遇到 "勇士" 号，"品红色" 级下层重炮无法使用，那么就只有挨打的份了，因为 30 磅炮的有效射程没有 68 磅炮远。

54. 木结构的强度远远赶不上熟铁。在 18 世纪，一艘木体大船在海上活跃服役半年到一年，就必须进入干船坞大修船体，替换朽坏的结构件。加装了蒸汽机和螺旋桨以后，这些机械的剧烈震颤更让木船体不堪重负。但当时法国熟铁工业水平不高，只能先以建造木体铁甲舰为主；而英国手里也保留有大批旧木体蒸汽风帆战舰，为了物尽其用，也只好将不少旧战舰改装成木体铁甲舰。木制的船体结构，在大浪的反复拍击下，结构件之间就会逐渐松动、彼此错动，英语称为 "Working"，结果让海水慢慢渗漏进船体里，造成木材慢慢腐朽。显然，木结构船体是没法做到铁和钢船体那样几乎完全不漏水的。

55. "王冠" 号相当于 "光荣" 号的铁制复刻版，炮门高度稍稍提升。"勇士" 号在 1859 年开工建造，"光荣" 号在 1858 年开工建造。

56. 除了 "新建" 之外，英国还改装了一些 1855 年以来在建的双层甲板木体蒸汽风帆战舰，把它们修改成单层甲板，加装舷侧和水线装甲带，成为改装型的舷侧列炮铁甲舰，详见下文。"米诺陶" 级带有 5 根桅杆，船长达到了史无前例的程度，比 "勇士" "阿喀琉斯" 的船体还要长，是针对上文的法国 "品红色" 级双层甲板铁甲舰而建造的。"米诺陶" 级原本的设计意图，就是要把 "品红色" 级那两层甲板上的 50 多门大炮，搬到一层长长的火炮甲板上来，因为双层甲板的炮门不如单层甲板的高。这样一来 "米诺陶" 级的舰体自然就非常长了，今天来看是很不科学的设计，所以下文才讲到了新的总设计师爱德华·里德对该型战舰的最后一艘 "诺森伯兰" 号进行了修改。

57. "米诺陶" 级整个舷侧从船头到船尾都用装甲板覆盖起来，只有船头一点点没有舷侧装甲带保护。而 "勇士" 号不是这样。

58. 例如在这 5 根桅杆上，让前 3 根全帆装，后 2 根简装；或者 4-1 组合；或者 2-3 组合，比较在这些情况下战舰的操舵性能是否有所改善。由于桅杆和上面的帆能够产生很大的空气阻力，因此帆船转向除了依靠船舵外，也有相当大一部分是依靠风力帮助实现的。最后该型战舰的帆装是前 3

根桅杆较高、全帆装，后 2 根桅杆较矮、简装。

59. 这是设计搭载的情况，实际搭载了 4 门 9 英寸炮和 24 门 7 英寸炮。

60. 这种发展方向的逻辑很简单。从"勇士"号发展到"米诺陶"级，船体尺寸已经接近当时成本的极限，装甲带覆盖船体全长，也接近了装甲带成本的极限，然而重型火炮正在迅猛发展，所以用不了几年，"米诺陶"级那覆盖全船的"薄"装甲带就不能抵挡新型重炮的轰击。这时候只能缩短船体和装甲带的长度，同时增加它们的厚度，才能有效对抗重炮的轰击。同时因为船体已经无法再增大，所以重炮的数量也会减少，但单门炮的重量会越来越大。

61. 当时英国海军除了保有大量的木制帆船，还保有大量库存木料，这些木料在木材资源日益枯竭的当时，都是花了大量经费购买的。可是木船正在过时，所以最好趁它们没完全过时，再建造几艘战舰出来，物尽其用，以免眼看着木料一点点朽坏。

62. 原书下文都将"海军船厂"略称为"Dockyard"，且该词首字母在句中大写，以示特指海军船厂。

63. 这种炮使用的回旋炮架，可以在滑轨上依靠人力借助撬杠和滑轮组实现旋转，把重炮的炮口指向不同的方位。由于完全依靠人力，这种炮在大浪中难以操作。

64. 跳帮即影视作品中表现的海盗船接近"猎物"后强行登船，然后经过手枪、步枪对射和残酷的白刃战占领敌舰。看起来已经工业化的 19 世纪中叶，面对新式战舰的大炮和步枪，人力划桨的小艇似乎难以再实现这样的跳帮战斗了，其实不然。在《译者序》中已经介绍了，直到 19 世纪中叶，炮弹都不能可靠地爆炸，高射速的加特林、诺登飞连发枪甚至机关枪也都还没有研制出来，所以实际上强行接近敌舰并登船白刃战，仍然可以实现。当时的大炮全靠人力装填及回旋俯仰，所以射速很低，准确性又差，根本不可能瞄准小艇这样的目标射击；使用撞针的线膛步枪虽然早就列装了，比如当时最成功、最著名的 1853 年式恩菲尔德步枪（Enfield Rifle），但这些步枪也不能连发射击，仍然跟 18 世纪一样只能依靠大量人员排枪射击，只是射击准确度比 18 世纪提高了不少，但还是无法抵挡近距离内大量敌人的猛烈冲锋。只有可靠的爆破弹施加的大范围伤害和高射速的加特林"炮"倾泻的弹雨，才能完全让跳帮人海战术退出历史舞台，这些基本都要到 1880 年以后才开始实现。

65. 注意，"勇士"号以后的所有铁甲舰都抛弃了飘逸的装饰艏，而采用了竖直艏。另外将本舰和上面"阿喀琉斯"号比较，可以看到"阿喀琉斯"舷侧是竖立的，而本舰舷侧朝内倾斜，这是因为本舰原本是无甲的蒸汽风帆战舰，而传统的木体风帆战舰都有明显的内倾，称为"舷墙内倾"（Tumblehome）。最后，本舰露天甲板以上那些烟囱一样的东西是用帆布临时搭建的，作用是帮助甲板下通风，称为"风旗"（Wind Sail）。

66. 因为当时英国是维多利亚女王，女王丈夫的正式称谓就是"王夫"。

67. 关于当时船底污损和船底包铜，这里简介如下：

海水中除了盐分可以腐蚀木料和钢铁之外，还有藤壶等附生海洋动物以及一些附生海草，这些生物可以附着在木头和钢铁制造的船底上；此外，在热带水域中，还存在一种双壳纲软体动物叫作"船蛆"，会在木中钻掘隧道，因此对木船船底的危害特别大。这几种海洋生物的附着和生长，就叫作"船底污损"，自古以来就是让人们头疼的问题。

16、17 世纪，为了对抗这些讨厌的生物，人们把鲸鱼和海豹脂肪提炼的油脂跟松树油、麻绳碎絮、马毛、纸、硫黄、石膏、铅、朱砂等物质混合在一起，制作成白色、棕色、黑色的涂料，刷在大型远洋帆船的船底上，形成保护层。航行 3 个月到半年之后，船底涂料上长满海洋生物，再放火把涂料层烧毁，同时杀死上面的海洋生物，并再次刷新保护层。可见，涂料并不能阻止海洋生物的附生，只能保护船底木料不直接被附着。

18 世纪 60、70 年代，英国人最先尝试用薄薄的铜皮覆盖木船的船底，发现铜竟然能够阻止海洋生物的附生。今天来看，铜皮中的铜会慢慢被海水中的盐分腐蚀，这个过程中会不断产生具有生物毒性的超氧化物、活性氧成分，这些化学活性物质可以杀死附生生物。铜皮本身制作成本高，安装到船体上的成本也很高，而且需要像涂料一样定期维护更换，可以说船底包铜是一种有效但极其昂贵的保护措施。

由于船底包铜能提供可靠保护，英国率先在 18 世纪 80 年代斥巨资给所有主力战舰都包上了铜皮，从此以后这个做法成了标准工序，世界其他大国海军争相采用。到铁甲舰时代，仍然是保护木船船底的不二法门。

但铜皮也有重要的技术困难要克服，那就是铜材料和铁材料在海水中会发生电化学腐蚀反应，会大大加速铁的腐蚀。在 18 世纪的风帆时代就已经遇到了这个问题了，因为当时固定木船船底用的是铁钉子，铜皮和铁钉接触，铁钉就会锈蚀，铜皮就会脱落。所以当时为了把铜皮安全固定在木船底上，只好使用铜钉。可是铜钉机械强度不足，铜皮还是容易脱落，最后终于在 18 世纪末研制出来铜锌合金钉。其结构强度足够高，又不会和铜皮发生电化学腐蚀反应。

到 19 世纪 30 年代后开始尝试建造铁船时，更严重的问题就出现了。铁本身就比木头更容易被海水锈蚀，但只要刷一层红铅（Red Lead）涂料就可以大大降低海水对船底铁皮的锈蚀。然而，红铅涂料不能阻止海洋生物的附着。如果把铜皮直接固定在铁船壳上，无疑将使铁船壳迅速锈蚀漏水。那么"勇士"号这样的铁船体的铁甲舰，船底该怎样保护呢？没有办法，只好在铁船底外面用铁钉固定一层木板，再在木板上用铜锌合金钉固定铜皮，操作时还要注意铜锌合金钉不要碰到木板里的铁钉。

除了铁制的船底，其他铁材料也不能和船底的铜皮接触，比如当时有所谓的"明轮汽船"（Paddle Steamer），虽然船体多为木制，但铁制的明轮和铜皮接近，也会加速腐蚀。铁甲舰上的水线装甲带延伸到水线以下 2 米左右的深度，再往下都是铜皮，显然装甲带的下边缘也会快速腐蚀，于是用铜锌合金皮代替了纯铜皮。不过，因为合金的铜含量更低，而且锌也能在一定程度上减弱铜的慢慢降解，所以铜锌合金皮没有纯铜皮的抗污损效果好。

68. 当时美国北方工业发展水平很高，当然跟英法还有一定距离，美国南方则几乎是农业种植园经济，完全依靠向欧洲出口棉花等经济作物为生。美国北方海军基本继承了原美国海军的实力，跟当时英法海军一样，数量最多的是纯风帆战舰，并有少量木体蒸汽风帆战舰。美国内战的海战主要发生在各条大河的河口水域，铁甲舰在这种简单的作战环境中更容易运用，不用像英国那样必须建造排水量上万吨、可以远航四海的大型铁甲舰。于是瑞典工程师埃里克森为美国北军建造了富有创意的旋转炮塔式铁甲舰"莫尼特"号，这将在后续章节涉及。当时南北双方的其他铁甲舰都类似于英法临时改装的木体铁甲舰，带有浓厚的临时凑数色彩。

69. 战时"官准持证上岗抢劫"的一种方式，只允许抢劫敌国商船，不允许抢劫本国商船。船由持证人自备，抢得物资大部分归私掠者，小部分上交。

70. 软木一般指松木、杉木，不是耐久的船体材料，寿命只有三五年。

71. 根据时代背景，这里的"Cruiser"不能对应"巡洋舰"。因为"巡洋舰"这个汉语名词固定指代近现代的一种战舰类型，而"Cruiser"这个英语名词的含义很广，在 19 世纪 80 年代开始出现近现代的"巡洋舰"以前，"Cruiser"可以指代任何在远洋漫游、伺机歼灭敌人小股辅助作战力量和商船的辅助战舰。从 18 世纪中叶到 1860 年以前，这样的战舰固定称为"巡航舰"（Frigate），但"勇士"号和其他舷侧列炮铁甲舰的出现破坏了这一个"巡航舰"定义：在铁甲舰出现以前，用于舰队决战的风帆"战列舰"（Ship-of-the-Line、Line-of-Battle Ship、Liner、Battleship）都带有两层或者三层连续布置火炮的甲板，用来远洋巡航的"巡航舰"只有一层这样的火炮甲板。然而铁甲舰明显是代替风帆"战列舰"的决战战舰，而不是拿来远洋巡航、伺机抓捕敌方商船的，那样太大材小用了；可是铁甲舰基本都只有一层火炮甲板，仅法国那两艘"品红色"级带有双层火炮甲板。所以在铁甲舰时代的初期，战舰的命名和等级划分都是比较混乱的。实际上"勇士"号刚开始就被官方称为"巡航舰"，但历史上还没有过这么巨大的万吨巡航舰，而且"勇士"号的火力和生存性能比过去的主力舰——风帆战列舰还要高。因此这时候就用"巡航舰""远洋袭击舰"这些词来不太严格地指代那些没有装甲保护的辅助战舰，它们主要是用来保护和破坏海上商路的。

72. 实际原因恐怕还是美国北方海军实力弱小，而且都忙着封锁南方海港，基本拨不出战舰来搜捕这些袭击舰，更派不出舰队到各个中立港来强迫它们严守中立。当时有实力能做到这一点的恐怕只有英法。

73. "阿拉巴马"号是美国内战期间南方最著名的贸易袭击舰，是那个时代常见的大中型机帆船（但登记吨位也只有两百多吨），搭载了几门重型火炮。该舰最后在法国的瑟堡港被美国北方派出的"奇尔沙治"号（Kearsarge）袭击舰击沉，双方当时仍然是通过古风盎然的决斗做了结，其他大小船只在旁围观。

74. 在无线电和飞机出现以前，在茫茫大洋上搜索一艘小船，非常困难。

75. 1812—1815 年英美就因为海上贸易冲突爆发过战争。

76. "Knight Commander of the Order of the Bath"，直译为"薰浴勋位"的"骑士指挥官"。"薰浴勋位"（Oder of the Bath）属于 1725 年英国制定的荣誉称号体系，古代受封骑士的人要先沐浴以示洗净身心，因此这种新创立的荣誉称号体系就叫作"薰浴勋位"，还可音译为"巴斯勋位"。受勋的人会被封为三个等级的"骑士"（Knight），其中第二等就叫"骑士指挥官"。

77. FRS=Fellow of the Royal Society，皇家学会的全称是"Royal Society of London for Improving Natural Knowledge"（伦敦自然科学促进会），1660 年由国王查理二世正式册封为皇家学会，以后也以"皇家学会"的简称为通称，是世界上最早的科研机构之一。

78. 这是议会成立的临时调研组织，由第三方专家组成委员会，评估海军的战舰设计。

79. 这里就是指没有装甲的远洋战舰，区别于"勇士"号等舷侧列炮铁甲舰，铁甲舰和巡航舰的舷侧都只有一排火炮。

80. 一般远洋袭击舰都像前文美国内战期间商船改装的载炮机帆船一样，火炮数很少，航速也不高，即使遇到"防御"号这样的小型铁甲舰也无法生存。

81. 该舰是 1870 年服役的"大型炮舰"（Corvette），火炮数量只有 10 门，但全是 7 英寸和 6.3 英寸重型前装线膛炮。该舰排水量 3000 吨，只有小型铁甲舰的一半，航速却达 15 节，10 节续航力 2000 海里，足够单程从英国本土部署进入地中海。"飞逝"号船体为熟铁制造。

82. "德鲁伊"号小型炮舰的武器装备几乎跟同时期的大型炮舰没有区别，也是 10 门重型前装线膛炮，但排水量只有不到 2000 吨，航速只能达到 13 节。另外"德鲁伊"号船体是木制的。

83. 即"无常"号代表的大型、高速、重火力的无装甲"巡航舰"，"飞逝"号代表的"大型炮舰"（航速适中，续航力较强），"德鲁伊"号代表的"小型炮舰"（航速较慢、续航不佳）。

84. "海军部系数"是从 19 世纪 40 年代以后，积累了近 20 年的螺旋桨船舶的排水量－推进功率－航速对应关系的档案参数，可以从中推算新船所需的发动机功率。"海军部系数"其实是设计"勇士"号时为了估算它所需的发动机功率而总结出来的。可是进入 19 世纪 60 年代以后，新战舰越造越瘦长，航速也越来越高，发动机马力也在提升，和老船舶的差异越来越大，所以"海军部系数"就越来越不准了。

85. 关于当时木造、熟铁造战舰的情况，以及木材和熟铁板、装甲板抵御炮击的性能，见《译者序》。

86. 当时铁造船体的铁甲舰只有安装装甲带的部位才这样处理，帮助熟铁装甲吸收炮弹的冲击力。

87. 可见"无常"号面对铁甲舰时，其表现并不会优于纯木体战舰。按照 1850 年测试的结果，"无常"号的生存性能甚至还要更差，因为纯木体的大型战舰的实木船壳厚半米以上，而"无常"号的"木甲"只有不到 20 厘米厚。

88. 铁船壳外两层彼此垂直的木板，由于木纹排列方式不同，可以耗散炮弹击中船壳时的能量。

89. 铁船壳是用很多片铁板连接成的，两片铁板接缝处可以采用各种办法彼此连接，比如用一个接合片覆盖在两片铁板的接缝上。

90. 主要是船内水泵的通海阀。

91. 纳撒尼尔·巴纳比的姐姐嫁给了里德。巴纳比的名字也会贯穿本书后文。1872 年至 1885 年，巴纳比任总设计师，正好是技术革新速度最快、最让战舰设计师无所适从的时期。

92. "杜肯"号是法国 1876 年建造的高速无装甲战舰，直到 1901 年才退役。

93. 2000 海里的续航力基本只够单程从泰晤士河行驶到地中海西部。

94. 全帆装风阻太大。

95. 在风帆航行时可以和驱动轴解挂，提升出水面，减少阻力。

96. 舵的转轴在舵叶中间，因此比较容易转动。过去传统风帆时代，西式尾舵都是非平衡舵，转轴在前方，中式的则更接近平衡舵。

97. 风帆船迎风调头称为"换舷"，因为完成调头之后风就从原下风船舷吹来。"埝"代表船不好操纵，不听话，经常完不成调头或重新摆转头回到原来的航向上。迎风调头的中文学名叫作"戗风"，是帆船操作中难度系数最高的，考验船的操纵品质、水手的素质和指挥官的当机立断。

98. 船尾调整得比船头吃水深，这是古代风帆船的一般情况。船舵位于船尾，船尾吃水深能够增强舵的效果。实际上古代西方风帆船船舵的舵叶的大部分面积都没什么用，因为船尾突然变细，造成船尾局部出现乱流，尾舵正好在这乱流当中。如果加深船尾的吃水，尾舵就会有一部分位于乱流的下方，这样尾舵的效果就能增强一些。

99. 该舰和铁甲舰相比确实比较鸡肋。该舰的熟铁船体外加薄木板，面对当时的主要武器（即实心弹）的轰击，生存性能是很差的，被击中后会在火炮甲板上形成大量杀伤性船体破片，损失大批操作人员，甚至让船员无法操作主炮。而且，当时火炮操作和瞄准控制系统都非常原始，虽然大炮最大射程也很远，可是有效射程很近，保持在远距离交战是基本不可能产生有效战果的。所以该舰的舰长只能想到近距离快速给敌人造成决定性打击，同时接受本舰的任何战损。下文强调主炮的高射速可能也是这种指导思想的产物。

100. 这种操作速度和 10 年前比起来非常迅速了，在 19 世纪 50 年代，一门 4—6 吨的重炮需要两分钟以上才能打出一发。而 19 世纪 60 年代也仍然没有液压辅助操作装置，恐怕是更多的人员操作一门火炮，再加上人员高强度的训练，才达到这样高的发炮速度。

101. 该舰舰体内有三层甲板——露天甲板、火炮甲板和最下甲板。最下甲板以下的底舱里是发动机组和补给品仓库，最下甲板在水线附近，这层甲板上主要存放常用的补给品和配件。底舱里从头到尾设置了 10 道横隔壁，这些隔壁穿过水线附近的最下甲板，一直达到火炮甲板的下面。这样可以有效控制进水，不让整个船体的一侧全部都因为局部船底破损而进水，因为那样将严重破坏船体的稳定性。

102. 这是风帆时代主力舰舰队的一种常用战术机动，可见铁甲舰时代初期，仍然用着风帆时代的战术。主力舰全部排列成一行纵队，以与风向呈 67° 角的航向前进，是当时风帆战舰能够跟风向夹的最小角度。如果风向突变或者敌人突然改变航向，为了保持队形，我方主力舰只好依次调头，每艘战舰都要等待前一艘完成调头后再调头跟上。因此一艘战舰转向太慢，就会破坏整个舰队机动的统一协调性。由于"无常"号稳定性不足，在转弯的时候会长时间船体侧倾无法回正，这种情况也称为"垮"。

103. "稳心高"是船舶稳定性的基本概念，稳心高越高，船在 5° 以内倾斜的情况下，就能越快回正。把 5° 以内小角度倾斜的船，想象成一个单摆，"稳心"就是悬挂单摆的位置，船体就是摆锤，摆线越长则回正速度越快。

104. 指能够阻挡海水漫进船体的船帮最高高度。譬如一艘长江客轮，露天甲板高 1—1.5 米，露天甲板以上有三层客房总高 10 米，则干舷不是客房高度而只是露天甲板高度，因为水可以从客房窗口里漫进去，露天甲板以下就没有开放的舷窗和舱门。

105. 炮门关闭后仍然能够从炮门盖子和船体的接缝处漏水，处理办法就是用油布和麻絮状物等把接缝暂时密封。

106. 船体稳定性随着船宽增大而以它的立方迅速增加。

107. 当时刚开始用口径命名火炮，而风帆时代的习惯是使用火炮所发射的球形实心铸铁弹丸的重量来命名，这里两种炮分别按照旧式和新式标准进行命名。

108. 这种炮架可以回旋，并分成上下两部分，上部分较短，称为"滑块"，它直接承载火炮，火炮发射产生的后坐力会让整个上半部分炮架在下半部分炮架上滑动后退。因此下半部分炮架必须足够长，才能满足重炮后坐时的需要。

109. 这是当年习惯采用的一种船体体积估算方法，从船的长宽高中估出一个数字来，叫作"吨位"，实际上代表了船的体积，估算所使用的经验公式都是从旧式风帆战舰中总结出来的，用于船体更加细长的新战舰，自然会偏差较大。

110. 这两艘船分别是接下来三章将要介绍的中腰炮室式铁甲舰和旋转炮塔式铁甲舰，可以说是里德的得意之作。

111. 到这里，虽然作者没有明确说明，但已经可以这样划分："无常"号和姊妹舰"沙阿"号，以及性能勉强跟它们接近的"罗利"号，可以算作"大型巡洋舰"，也就是近现代意义上的"Cruiser"这一舰种，而前面讲美国内战时期经验教训的部分，所提到的"Cruiser"则指代临时用机帆商船加装火炮改成的袭击舰，如"阿拉巴马"号。所以在那里把"Cruiser"翻译成"远洋袭击舰"，而这里翻译成"巡洋舰"，因为前者只是武装商船，后者才是真正的战舰，性能相去甚远，不宜混淆。按照当时的习惯，"无常"号称为"一等巡洋舰"（First-Class Cruiser），而"飞逝"号这种则称为"二等巡洋舰"（Second-Class Cruiser），这是在 19 世纪 60 年代、铁甲舰时代的头 10 年新形成的战舰分类办法——战舰分为铁甲舰、巡洋舰和更小的炮舰，铁甲舰也分成一等和二等，前文"勇士""阿喀琉斯""米诺陶"显然都是一等，而"防御"级四艘只能算作二等铁甲舰。

112. "胡阿斯卡"号是在英国订造的，属于只适合在近海活动的二等小型铁甲舰。科尔式旋转炮塔，就是把两门重炮并列安装在一座像扁罐头一样的装甲罩子里面，罩子连同底座都可以在露天甲板上旋转，详见第三章。在这艘铁甲舰上，炮塔只能依靠人力旋转。1877 年秘鲁爆发了内战，反抗军先发制人，在港内占领了该舰，之后就用它骚扰政府军的近海贸易活动，拿捕了外国商船。当时英国作为"世界警察"，派出了"沙阿"号一等巡洋舰和"紫水晶"号炮舰进行武装干涉，直接在帕科察（Pacocha）外海围堵该舰，这是历史上第一次铁甲舰在外海真刀真枪地发生冲突，证明了铁甲舰的生存能力确实很强，因为当时世界上火力最猛的巡洋舰都不能给铁甲舰造成任何致命伤害。

113. 按照铁甲舰时代以前的分类标准，"通常弹"和"穿甲弹"都有装药，都属于"爆破弹"，因此英文使用了"Shell"，"Shell"一词从此以后逐渐成了"炮弹"的统称；而在爆破弹还没有开始大规模使用的 18 世纪，"炮弹"的统称是"Shot"，也就是没有装药的实心弹。装药的"爆破弹"

的引信在 19 世纪末以前都不太实用，因此这时候要想打败铁甲舰，甚至击沉铁甲舰，就必须要有"穿甲弹"。穿甲弹的主要杀伤力仍然来自动能，这种炮弹的前半部分是用锻铁和钢经过焠冷处理制成的锥形硬质弹头，弹体底部装有引信，希望能够在炮弹击穿对方装甲后，让装药在船体内爆炸，因此穿甲弹虽然是"爆破弹"，装药量却并不多。

114. 可见当时装药量比较小，爆炸威力有限。

115. 9 英寸炮使用了上文介绍的分成上下两半的回旋炮架，炮架可以在战舰的左右两舷转移。下炮架为比较长的长方形，上炮架比较短，直接承载着火炮，并能在下炮架上滑动，因此也简称为"滑块"。上炮架带有"压擦器"（Compressor），大炮发射前，把压擦器的扳手扳下来，压擦器的摩擦片就紧紧地贴着下炮架的上表面，其摩擦力足以吸收发炮后巨大的后坐力。狭长的下炮架，其前后两端各有一个"枢轴"（Pivot），即一枚长钉（Bolt）。身强力壮的水手用撬杠把炮架微微抬起，其他炮组成员用撬杠、滑轮组微微挪动炮架，使枢轴落进甲板上特别挖出的凹槽（Socket）中，枢轴便会在大炮自重作用下紧紧扣进凹槽里，再人力拉动下炮架两侧固定的滑轮组（Tackle），下炮架便能绕着枢轴、沿着滑轨而左右旋转，从而调整水平射界（Training）。下炮架前端的枢轴用于大炮调整射界，后端的枢轴则用于大炮在两舷之间变换炮位。9 英寸重炮在不使用的时候，沿着船体纵中线（Centreline），即沿着船头—船尾（Fore-and-Aft）的方向安放妥当。需要进入一舷炮位时，把下炮架的后端枢轴卡进主滑轨后方、船体中间那一对小的圆形滑轨中的一个圆的圆心凹槽里；然后操作滑轮，让炮架前端绕着主滑轨旋转，炮架便运动到对准一舷的炮位；再把前枢轴对准一舷的凹槽卡进去，就做好这一舷战斗的准备了。由于炮很大、船很小，炮架前端要对准左舷炮位，炮架后端的枢轴就要卡在中央那一对小圆形滑轨中右舷那个的圆心凹槽里。这套复杂的变换炮位操作，单是拉动滑轮组，让大炮沿着滑轨转动，就需要近 20 人，而用撬杠抬起炮架，使枢轴卡入凹槽，更需要多名身强力壮而且手上很有分寸的水手和其他人灵活熟练地配合。

116. 但无法击穿。

117. 加特林速射枪 / 炮是一直使用到今天的速射武器，今天一般把口径大于 25 毫米的叫作炮。加特林机关枪是美国内战期间美国一名叫加特林的牙医发明的，原理是在外界动力的带动下，让六根枪管同时依次完成发射、退弹、装填、复位等动作，这样每根枪管击发的同时，其他枪管都处在击发的不同准备阶段，大大提高了射速。加特林他发明的这款机关枪称为"炮"（Gun），就是为了凸显它的火力密度和输出并不亚于当时的火炮。但是后来国内错误地把"Machine Gun"一词固定翻译为"机关枪"，结果目前国内一般英语教育中，都把"Gun"一词错误翻译成了"枪、炮"，实际上"Gun"这个词在英语中从来指的都是坦克、战舰上装备的那种大炮，口径至少在 76 毫米。今天战舰上用的近距离点防御系统（Point Defence System），一般都是用电机带动加特林炮，射速可到每分钟数千发。为什么强调是在"战斗接近末尾"的时候，才用加特林机关枪扫射"胡阿斯卡"号的甲板呢？因为这时候"胡阿斯卡"号的炮塔已经失去战斗力了，这样英国巡洋舰和炮舰才敢上前包围该舰。

118. 鱼雷这种新武器当时英国皇家海军刚刚开始尝试列装。

119. 小型铁甲舰的装甲和火炮都太沉重了，航速一定有很大牺牲，结果会大大慢于巡洋舰，巡洋舰完全可以在小型铁甲舰赶来保护商船之前，达成骚扰的战术目的，然后高速脱离。而航速也很高的铁甲舰必然是一等铁甲舰，是舰队中造价最高昂、地位最重要的战舰，用来和敌国军队进行决战，因此很难拿这样昂贵的军舰来执行贸易保卫和殖民地作战任务。

120. 注意本章前文所有战舰照片配图中的年份，代表的都是该舰下水（Launch）的年份。战舰先要设计出施工图纸，然后在船厂举行仪式，安放龙骨，开始建造（Lay Down），船体本身建好后就"下水"，然后把空船壳拉到舾装码头安装发动机、武器设备以及桅杆缆绳等等，这样才算最后完工（Complete）。人们一般把战舰"下水"当作战舰基本完成的时间，一艘重要战舰的下水仪式比开工建造仪式要盛大得多，如同节日，由跟战舰有一定渊源的著名人士手持香槟酒在战舰船头上砸碎，并释放气球彩带和平鸽等。而本图中的"飞逝"号是 1869 年下水的，这里的 1894 是照片拍摄时间，前文那些照片的拍摄时间就不知道了。

到 1894 年时，高效率的三胀式蒸汽机和水管锅炉已经问世，效率更高的蒸汽轮机也将会在不久后登场，这些机械足以保证一艘巡洋舰单纯依靠煤炭就可以越洋远航。然而图中这艘战舰挂帆航行的状态，仍然跟 1794 年的一艘军舰几乎没有两样。恐怕这是因为当时是和平时期，英国海军虽然家大业大，毕竟经费紧张，所以到了 19 世纪末，这样的二线预备役战舰不值得再给它安装新式蒸汽机，而只安装了新式锅炉。于是，该舰从 19 世纪 80 年代起就作为一艘"风帆训练舰"了，上面的风帆可以锻炼海员克服海上逆境的意志，这种传统也保持到今天的世界各国海军中。

121. 上文配图中，"勇士"和"飞逝"号为颇具古风的"具肘艏"，其他均为竖直艏。

122. 位于水下船体的两侧，可以大大减缓横摇的速度，但也能增加航行阻力。

123. 可见当时对这种战舰的等级划分，并没有一个明确的标准。今天看"巡洋舰"是很大的战舰了；着当时，可能在像里德这样成长于旧风帆时代的人看来，这种二等巡洋舰就只算是"炮舰"。因为风帆战列舰搭载上百门火炮，这种战舰只搭载 10 门，虽然每门炮已经大了很多。

124. "无常"号有双层橡木板覆盖在铁船体外。因为这几艘早期"巡洋舰"都在铁皮船体外覆盖了木板，所以在很长一段时间内，国内外都认为它们是铁做的肋骨，外面覆盖着木制的船壳，毕竟在 19 世纪 60 年代，商船中有不少都是铁骨木壳，譬如当时英国著名的茶叶飞剪船（Tea Clipper），从福州向伦敦运送茶叶。实际上从船体结构来看，薄薄的铁皮船壳确实能比厚重的木制船壳给船体结构增加更多的强度，因为全船的铁皮船壳是一个连贯的整体，而木制船板之间不管用什么样的扣榫和钉子连接在一起，也避免不了在海浪的不住拍击下逐渐松动。所以这几艘实际上是在完整的铁骨、铁皮船体结构的外面覆盖了橡木，把橡木作为一种差强人意的"装甲"，稍微增加一下薄熟铁船壳对抗动能弹的能力。因此从这个角度出发，不妨称为"铁皮木甲舰"，以区别于"勇士"号这样的"铁皮铁甲舰"、"皇家橡树"号这样的"木体铁甲舰"以及"铁骨木壳"商船。

125. 直译是"战舰"，放在这个语境里的意思则是跟巡洋舰相对，巡洋舰不是用来参加舰队决战的，而铁甲舰是用来舰队决战的，因此称为"主力舰"（直译：Capital Ship）。

126. 巡洋舰的战术角色是海上商贸线的保卫者，只有数量足够多，才能在战时应付得了那些临时拼凑出来的大量武装商船，同时，对付武装商船并不需要特别强大的火力和生存能力。铁甲舰作为当时的舰队决战武器，单舰生存力和火力是第一位的。

127. "撞击"是一种古老的战术。公元前 480 年，波斯大军入侵巴尔干半岛，由各个希腊城邦组成的松散联盟节节败退，不少被吞并的城邦纷纷倒戈，最后在巴尔干半岛南端的伯罗奔尼撒半岛，以雅典舰队为核心的希腊抵抗力量在萨拉米斯（Salamis）与波斯舰队展开了决战。轻盈的雅典战船利用撞击战术，大败波斯舰队，保护了西方文明的火种。此战中的雅典战舰"Trireme"，船体由轻盈的松杉木制成，船头装备一具青铜的撞角。它们是由数十人划桨推动的细长船只，长近 40 米，宽 6 米，吃水只有不到 1 米，10 个小时以上连续划桨可以保持航速在 5—7 节，这是蒸汽动力出现前风帆船也很难做到的。当两侧的桨朝相反方向划动时，可以在一两个船身长度的距离内完成转向。可见航速高和转向灵活都是完成撞击的关键。然而后来搭载了大量火炮的大型战舰只能依靠风力前进，为了保证木结构的船体强度，船型也很短粗。所以 17—18 世纪的风帆战舰不仅航速慢，转向也很缓慢，基本无法有意识地撞击，不过作战中因为来不及转向而误撞在一起的例子，倒是屡见不鲜。

128. 见《译者序》及上文注释。当时没有炮弹能够击穿敌舰舷侧装甲后，再一直飞进发动机舱和弹药库里引发大爆炸而直接把敌舰炸沉。实际上，从 19 世纪出现铁甲舰，一直到二战结束装甲战舰正式开始退出历史舞台，都几乎没有一艘装甲主力舰是因为厚厚的舷侧装甲被击穿而沉没的。两次世界大战中被炸沉的主力舰，有的是被鱼雷炸开船底进水沉没；有的是被飞机／制导炸弹炸穿甲板后，炸弹落入弹药库引发大爆炸；最不幸的就是英国于第一次世界大战前开发的那些"战列巡洋舰"（Battlecruiser），它们的甲板装甲非常薄弱，结果在两次世界大战中都被德国战舰从数千米甚至万米之外发射的炮弹直接砸穿了甲板，诱爆了弹药库而瞬间爆炸沉没。可以说，20 世纪的火炮威力也不足以通过"击穿舷侧装甲带"这样的"经典"方式来击沉一艘装甲战舰，20 世纪其实是依靠远距离火控、鱼雷、飞机、制导炸弹、导弹这些新技术，攻击装甲战舰的软肋来让它们沉没的。自然，19 世纪不存在能够直接击沉铁甲舰的火炮。

129. 从 17 世纪到 18 世纪的两百多年中，英、法、西、荷等国为了争夺海上贸易路线而屡次派出风帆舰队相互攻打征伐。到了 18 世纪末，大型风帆战舰排水量在 1500—3000 吨，装备 74—100 门火炮，船壳是厚达 0.5 米—1 米的致密橡木，可是其火炮能够发射的威力最大的炮弹，也只是 6 英寸直径、重 32 磅的铸铁球形实心弹丸，并不能爆炸，大炮有效射程也只有 300—1000 米。因此这时候的战舰常常在战斗了几个小时、发射了几百发炮弹以后，仍然没有进水沉没的危险，尽管船体已经满身破洞了。18 世纪末的风帆海战，首先通过漫长的炮击逐渐杀伤对方的船员，因为实心炮弹击中木制船壳后会在船壳背面崩落大量木片；等到敌舰船员死伤过半、渐渐偃旗息鼓的时候，再慢慢靠拢上去，强行登上敌舰，依靠短暂而残酷的白刃战最终迫使敌舰投降。敌舰投降后，英国海军会按照市场价收购或者拍卖这艘战利品，所得资金用于奖赏英勇的将士。如果从这种历史背景出发，19 世纪 60 年代刚刚进入铁甲舰时代，人们就开始追求击沉敌舰，似乎不符合时人固执守旧的惯性思维。

130. 汉普顿锚地之战是铁甲舰第一次投入实战。

1862 年 3 月 8 日，"弗吉尼亚"号沿着伊丽莎白河顺流而下抵达汉普顿锚地，直接就朝着停泊在那里的北军舰船冲了上去。北军舰队的主要作战力量是：2 艘纯风帆巡航舰"圣劳伦斯"号（St Lawrence）、"国会"号（Congress），2 艘蒸汽螺旋桨巡航舰"明尼苏达"号（Minnesota）、"罗阿诺克河"号（Roanoke），1 艘纯风帆分级外炮舰"坎伯兰"号。其中"坎伯兰"号和"国会"号这两艘纯风帆战舰下锚在航道里，而蒸汽战舰"明尼苏达""罗阿诺克河"以及纯风帆战舰"圣劳伦斯"号都下锚在海岸堡垒的附近。眼瞧着"弗吉尼亚"号冲了上来，海岸堡垒附近的 3 艘战舰紧急起航，结果全都搁浅了，只剩下纯风帆战舰来面对"弗吉尼亚"号了。

当"弗吉尼亚"号接近"坎伯兰"和"国会"号时，两艘船朝着"弗吉尼亚"号拼命开炮，但是炮弹大多数都打在装甲板上反弹掉了，于是"弗吉尼亚"号不予还击，一直接近到最近距离内才猛烈开炮。虽然"弗吉尼亚"号操纵性能差，但纯风帆战舰在它面前仍然是活靶子，它一头撞上"坎伯兰"号，该舰迅速进水侧翻，朝着"弗吉尼亚"号倾倒过来。

虽然现在的资料一般说"弗吉尼亚"号就这样很轻松地一击便撞沉了"坎伯兰"号，但当时"弗吉尼亚"号的船员恐怕心里捏着一把汗。"坎伯兰"号朝着"弗吉尼亚"号倾倒过来的时候，"弗吉尼亚"号船头撞角卡在了对方船身上抽不出来，而且"坎伯兰"号舷侧那数吨重的备用主锚也在"弗吉尼亚"号船头上空晃动着。还好"弗吉尼亚"号最终及时脱身。

目睹了"坎伯兰"号的下场，"国会"号的舰长下令船员赶紧把船开上附近的浅滩搁浅，不过"弗吉尼亚"号的炮火非常猛烈，最后"国会"号只得投降。就在南军监视着投降的北军船员撤离"国会"号的时候，附近的北军海岸炮台发难，打中了"弗吉尼亚"号。作为报复，"弗吉尼亚"号向"国会"号发射了红热弹，将该舰引燃焚毁。

整个 3 月 8 日的战斗结束后，"弗吉尼亚"号的损伤跟北军那些木制战舰比起来微乎其微，只有部分装甲板有些松动，有 2 门炮的缆绳和炮架损坏，暂时不能操作了。

"弗吉尼亚"号这场"首秀"的成功似乎让人们看到了撞角的用处。但了解了当时作战的详细经过后就会明白，这在更大程度上应归功于蒸汽动力战舰对纯风帆战舰的机动优势。如果当天美国北军的螺旋桨巡航舰不搁浅的话，尽管它们也没法击穿"弗吉尼亚"号的装甲，但至少它们不会被"弗吉尼亚"号撞沉。

131. 当时"勇士"和"防御"号是世界上火力数一数二的战舰，别国战舰似乎没有机会接近到撞击战的范围内。

132. 迪皮伊·德·洛梅是 19 世纪法国最杰出的船舶设计师，他于 1816 年出生于一个船舶设计师家庭，1842 年去英国访问学习，调研了英国先进的熟铁造船工艺，于 19 世纪 40 年代末主持建造了世界上第一艘蒸汽辅助动力战舰"拿破仑"号。从此，在迪皮伊的领导下，法国总是领先英国一步，在战舰设计中率先采用新技术。1855 年克里米亚战争期间，他为法国建造了世界上第一批铁甲舰，也就是航速缓慢的装甲浮动炮台船，专门用来炮击海岸要塞。此战结束之后，他为法国建造出世界上第一艘可以在远洋航行的铁甲舰"光荣"号。这里的特种撞击舰又是法国当时的创新。这种船的船头呈穿浪形，后来简直成了法国铁甲舰的标志性外观特征，一直延续到 19 世纪末。

133. 里德式胸墙防御见第三章，这是里德为小型炮塔式铁甲舰量身定做的一种防御结构。当时炮塔的外形就如同一座扁罐头，圆形的外壳用厚重的装甲板制成。这样的炮塔虽然防御能力非常棒，但代价是重量非常大。如果把炮塔安装在排水量三五千吨甚至更小的小型战舰上，炮塔的位置就必须非常低，否则战舰遇到外海的大风大浪就有重心过高而倾覆沉没的危险。可是炮塔的位置低了，船帮就只能跟着做得很低，不然就会挡住炮塔的射界，这样在外海航行的时候，就很容易上浪，影响航行安全。于是里德把船体中段的炮塔和发动机组部分都用一圈半人多高的矮墙围起来，这样既没有改变炮塔的安装高度，又稍稍防止了船上关键部位的上浪，而且矮墙也可以安装装甲，从而为炮塔基部和发动机组提供更好的保护——当时这种旋转炮塔最脆弱的部位就是它的基部，如果炮弹正好击中炮塔基部的旋转轨道，就会把炮塔卡死，炮塔随意改变射击方向的优势就无从发挥了。

134. 撞击可能会让炮塔跟基部的滑轨错位。

135. 船上普通海员的卫生间从 16 世纪开始就固定安装在船头，船头的上浪容易把便溺物冲刷干净。

136. 如果船头的船帮太矮，当大浪涌上船头的时候，航速就会大大降低。

137. 里德设计的这一圈装甲围墙要比船体窄一些，例如船宽 15 米的时候，被装甲胸墙围起来的甲板露天结构只有 10 米宽，海浪还是会漫上围墙外侧的露天甲板，这就不如直接把舷侧的船帮加高然后安上装甲板了。

138. 科尔式炮塔就是旋转炮塔的英国版本，此外还有旅美的瑞典裔工程师埃里克森设计的美国版旋转炮塔，都可参考第三章。

139. 当时的动力机组一般都是发动机厂家合同建造的。

140. "征服者"号是 1881 年建造的撞击铁甲舰，基本布局跟"鲁伯特"号一样：舰桥和动力舱位于船体后部，船体前部安装一座可以朝前方和两侧射击的旋转炮塔，舰首是一个撞角，算作专用的撞击舰，但排水量很大。该级共建造两艘，另一艘叫作"英雄"号（Hero），详见第五章 207 页。

141. 原著正文和附录都没有把这个问题讲得很充分，因为一般的教材上是用一大堆公式来解释稳定性的深层含义。附录 4、5 更像是工程师在充分理解这个问题后，做的一些讲评和推论。

142. 这里说的是英国，法国早在 18 世纪 80 年代就已经运用这个原理了，因为是法国人最先发现的。

143. 增加压舱物和增大船宽的方法都在上文对稳定性的注释中提到了，"Girdling"专门指在两舷水线位置加装更厚的木头船壳来加宽船体。到了 18 世纪末已经基本不需要再采用这种办法了。17 世纪，设计师经验不足的时候，还常常设计出残次品，需要用这个办法来补救。"垮"（Crank）就是指船体长时间倾斜不能回正，显示出稳定性不足，跟它相对的词是"僵"（Stiff），指船体稳定过了头，摇晃起来短促而剧烈，令人不适。

144. 时任副总设计师，实际承担具体设计任务，正总设计师只是名誉职位，由不懂船舶专业设计理论的海军军官鲍德温·沃克担任。

145. 也就是把试验结果代入附录 4 中的稳定性公式，反推出稳心高。如同附录 4 所说，这个公式只能用在小角度横倾的时候，只有这个时候稳心、重心和浮心才接近于三点一线。所谓"浮心"就是水下船体所受浮力的中心。当船舶发生 10° 以上的大角度横倾时，比如船舶朝着左舷倾倒，这时候显然左半边船体浸没在水中的部分要比右半边大得多，浮心就会朝左半边船体移动，不再位于船体正中线上，而重心和稳心始终位于船体正中线上，于是布盖的假设也就失效了。

146. 过于稳定的船摇晃太急促、不够舒缓。

147. 因为稳心高是两个点之间的距离。

148. 计算重心的方法就是所谓的"加权平均"。比如一门重达 80 吨的 16.5 英寸巨炮位于船底上方 15 米的地方，而一张重 1 吨的水密门板位于船底上方 2 米的位置。那么这两个物体合起来的重心高度，就位于距离船底 $\dfrac{80\times15+1\times2}{80+1}=14.84$ 米的地方。可见计算方法虽然简单，但需要把船上大小所有物件全计算在内，计算量在没有电脑的时代就显得非常大了。

149. 原文所谓的"一个世纪以前"，应当指的是 18 世纪中后期。"大东方"号是 1854 年开工、1858 年下水的一艘巨轮，比第一章的"勇士"号还要大，它是当时英国民间造船界最高工业发展水平的象征。威廉·弗劳德生于 1810 年，卒于 1879 年；纳撒尼尔·巴纳比生于 1829 年，卒于 1915 年。可见原文中弗劳德说的这句话应该是说早在 18 世纪中后期就应该能够没有困难地计算船体重心了。另外，1839 年版的《不列颠百科全书》造船篇已经给出了计算重心、浮心、稳心的详细方法。

150. 这艘"尼罗河"号指的是 1886 年开工建造的英国最后一代铁甲舰，之后的"君权"级就算作"前无畏舰"了。不过"尼罗河"号与"特拉法尔加"号这两艘船一般都认为是威廉·怀特的设计。之前的同名舰只有 1839 年下水的木制风帆战列舰。

151. 即前文的铁造船舶先驱斯考特·罗素。

152. 当时的保守党政治家。帕金顿"Packington"现在一般拼写成"Pakington"。

153. 战舰设计促进会于 1791 年成立，虽然召集这个学会的只是一个图书商人，但学会的成员同样声名显赫，例如后来的英国国王，还有当时英国皇家科学院的院长。

154. 第一个战舰设计学校于 1811 年成立，1832 年关闭。办学的目的不是培养里德这样的战舰设计精英，而是将理论与实践相结合，为各大海军船厂培养技术骨干。但由于早期的海军军官对造船专业技术人士充满误解和敌视，船厂的旧官僚也对学校毕业生缺乏善意，第一个战舰设计学校的毕业生没能像里德一样把他们的专业知识技能充分发挥出来，但在铁甲舰时代的前夕，该校毕业基本都在英国海军造船界占据了高级负责人的地位。

155. 19 世纪最后 10 年的总设计师，引领英国进入了前无畏舰时代。

156. 19、20 世纪之交的总设计师，引领英国进入了无畏舰时代。

157. 格林尼治海校是铁甲舰时代各国海军军官和设计师心中的一片圣地，不过今天这里已经十分没落。

158. 里德讲这番话的背景是，到了 19 世纪 70 年代，火炮技术的加速发展让"勇士"号等早期铁甲舰显得似乎没有装甲防御，于是议会和报界就质疑海军部的设计能力。

159. 铁特别委员会负责调研 19 世纪 40—50 年代进行过的铁、木船体以及装甲的毁伤实验结果，然后组织测试研发"勇士"号装甲。

160. 19 世纪中叶造炮技术的进步。

"勇士"号的装甲虽然在建成时是非常成功的，但是它搭载的火炮将比它的装甲更迅速地过时。"勇士"号搭载的 95 英担 68 磅炮是该舰建成时威力最大的舰载武器，但它的制作工艺仍然比较原始：

用铸铁浇注成形，然后用镗床钻出内膛。铸铁也就是锻造而成的铁材料，和熟铁比起来，是一种机械性能更加糟糕的材料，只不过人们早在工业革命之前就能够大量生产铸铁，所以在16—18世纪才大量使用比较廉价的铸铁来制作火炮。铸铁的"韧性"比熟铁还要差，在反复承受火药燃气压力的时候比熟铁更容易变形，所以铸铁炮管只能单纯依靠加厚管壁来承受火药的爆燃，可见效率非常低。要想让炮管承受更大威力的火药爆燃，同时炮管重量又不会变得太大，在19世纪中叶，最好的办法就是用熟铁代替铸铁来制作火炮。当时英国有大量的铸铁火炮，熟铁造炮是先从改造这些老旧火炮开始的，也就是在常温条件下用大号的蒸汽锤把熟铁圈硬生生套在铸铁炮管尾部的外面，这样火炮就能承受更大发射药爆燃威力，炮弹的出膛速度就增加了，火炮威力也就增加了。但改造铸铁炮的威力毕竟有限，很快专门的熟铁造炮工艺就开发出来了。这些炮的炮管最内层是在高温下用钢条紧密螺旋缠卷而成的一根"内膛"管，然后在高温下把多个熟铁圈热紧固在内膛的外面，越到炮尾部分套的熟铁圈越多。等大炮冷却下来之后，外面的熟铁圈就会朝内部挤压内膛，而内膛则对抗这种挤压形成一种预应力，这样内膛抵抗发射药爆燃的能力就提高了很多。19世纪60年代后期开始，铁甲舰上那些数十吨重的主炮都是采用这种方式制造的。

161. 当时能够击穿装甲板的大多是不能爆炸的实心铁弹。

162. 内部常常灌沙子作为配重。

163. 这种炮没有一般的膛线，而是把炮管内膛做成特殊的形态，发射不规则形状的炮弹。这种炮管壁各个位置的厚薄变化不均，不利于承受发射药爆燃的威力，所以常常炸膛。

164. 阿姆斯特朗炮是早期后装炮的一次尝试，不是特别成功。所谓"后装炮"，就是把炮尾打开，从尾部装填火药和炮弹，然后把炮尾封闭才能发炮。传统的海军炮都是"前装炮"，炮尾是封死的，只能从炮口装填。后装炮在黑火药时代其实相对于前装炮并没有什么特别大的优势。因为黑火药爆燃的速度特别快，只需要很短的炮管，就能让火药燃气把炮弹加速到当时能够达到的最大出膛速度。19世纪70年代开始采用的改良式黑火药"棱柱火药"，比传统黑火药威力大得多，但爆炸燃烧的速度也慢得多，所以要想充分发挥出烈性火药的威力，就需要一根长长的炮管，让炮弹在里面充分地得到烈性爆燃气体的加速，从而让炮弹出膛的时候达到黑火药难以企及的高速。这种长长的炮管再从炮口装填就会严重减慢射击速度。但后膛装填的问题就是炮尾无法封闭严密，容易导致火药气体泄漏，这样炮弹的速度就会大大降低。直到19世纪70年代后期，法国研制出软钢闭气环，炮尾才能完全封闭，在那之前，英、法、德的后装炮都存在后膛封闭不严、炮弹射速不高的问题。于是英国在整个19世纪70年代都坚定不移地继续使用前装炮，直到80年代新式发射药和可靠炮尾闭气装置出现以后，才换了后装炮。

165. 前文刚刚讲到前装炮的炮弹比内膛直径稍小，这样炮弹才容易从炮口装填进去。但炮弹和内壁之间的缝隙会泄漏火药燃气而腐蚀炮管。所以当时用铜锌合金制作了闭气片，放在炮弹的后面，可以改善这个问题。

166. 风帆时代旧式火炮的炮架只是一架简易的四轮小车。"纳尔逊的时代"指的是18世纪末到1805年，是英国海军历史上最辉煌的时期，当时欧美所有其他国家海军联合在一起也打不过英国海军。哈代在19世纪30年代出任海军部首长，改进了传统的四轮炮架，大大减少了后坐力。传统的四轮炮架主要靠绕过炮尾的那道"制退缆"来吸收大炮的后坐力，不让大炮在发炮之后后退太远。

167. 铁甲舰时代早期带有压擦器的木制炮架，上炮架（也就是滑块）跟基座之间有一块摩擦片，发炮之前用螺杆或扳手让摩擦片紧贴基座的上表面，就可以在开炮后大大增加滑块跟基座之间的摩擦力，从而让大炮在后坐很短的距离之后就停下来。

168. 撞击铁甲舰"热刺"号的船头炮室内，安装了一门25吨重的12英寸前装线膛炮，炮架虽然已经改成铁制，不过依然分成下面的基座和上面的滑块两部分。滑块和基座连接的部位有复杂的机械装置，也就是埃尔斯维克压擦器。基座可以绕着炮室的炮窗左右水平旋转。

169. 一艘木体铁甲舰。

170. 美国这种大口径火炮是1862—1865年内战期间为了对付南军那些临时改装的铁甲舰而发展出来的。这种重炮就是前文注释过的达尔格伦炮，采用水冷法铸造，发射一枚速度不快的大口径炮弹，可以直接给临时拼凑的南军军舰造成局部结构损伤，不过对英国斥巨资打造的大型远洋铁甲舰就没有用了。

171. 表格标题虽然说是"帕里瑟弹"，实际上代表了当时英国制式前装线膛炮的性能参数。其中1879年研发出来的80吨重的16英寸（一说16.5英寸）炮，是英国有史以来制造的最大的前装线膛炮，只搭载于"不屈"号这艘万吨铁甲舰上，后来英国就转用后装炮了。

第二章
爱德华·里德和中腰炮室铁甲舰

爱德华·里德爵士，1863 年至 1870 年任英国海军总设计师。[皇家海军造船部历史档案馆（RCNC[2] History Archive）]

　　舰载大炮威力和重量的不断提升意味着一艘船上能搭载的大炮越来越少，而且需要越来越厚的装甲加以保护。这样来看的话，所谓的"中腰炮室"（Central Battery）——舯部一段只能容纳寥寥几门大炮但装甲非常厚的舱室，其实是一种必然的发展趋势，虽然里德的功劳确实怎么说都不为过——他领先同时代的设计者很多年，让英国海军率先采用了中腰炮室这个设计。在中腰炮室以下的船体上，只有从船头延伸到船尾的一道很窄的水线装甲带。[1]这些中腰炮室铁甲舰中，除了早期的个别船只以外，船体上部结构的外形都做了特别设计，好让中腰炮室里的大炮能够在一定角度范围内大致朝着船头船尾的方向开炮（End-on Firing）。

爱德华·里德爵士，二等巴斯勋爵，皇家学会会员，1863—1870 年任英国海军总设计师 [1]

　　里德早年的成长历程跟 19 世纪中叶的其他战舰设计师没什么两样。他刚在希尔内斯成为设计学徒不久，就展露出才华，于是在 1849 年被选入朴次茅斯的中央数理与战舰设计学院，跟随伍利博士进行为期三年的深造。里德在这所学校里遇到了很多后来将会成为他助手的同学和后生，比如克罗斯兰（Crossland）、巴纳比、巴恩斯等等。毕业后他回到希尔内斯，作为编外绘图员（Supernumerary Draughtsman）在放样间（Mould Loft）[3]工作，不过他很快发现这份工作实在是波澜不惊，便在 1853 年辞职了。[2] 后来他把他那本能般的创造力灌注在了诗歌写作上，并于 1857 年出版了一本诗集。1853 年辞职后，他在《机械学杂志》（Mechanics Magazine）担任编辑，该刊对当时规模越来越庞大的工程师和技术员群体是最具影响力的，利用编辑的特殊身份，里德在这本刊物上攻击在他看来过分保守的海军部决策。这段经历让里德练就不错的文笔，他的文章思路清晰、方便阅读[4]，这对他后来宣传和推动自己的专业技术观点提供了很大的帮助。1854 年，他向海军部提交了一份自己设计的装甲巡航舰（Armoured Frigate）方

① 爱德华·詹姆斯·里德，1830 年 9 月 20 日生于希尔内斯，1906 年 11 月 30 日卒。
② 该校毕业生的职业生涯发展一直是一个问题，这个学校后来发展成皇家学校（The Royal School），同样也存在这个问题（见 D. K. 布朗著《一个世纪的战舰设计发展历程》）。另一方面，所谓"编外绘图员"可能在当时并不是今天听起来这么糟糕的一个职务。有一种说法是最后逼走里德的是强制要求他到民兵中服役。

案，不过时机还未到，这份设计方案遭到搁置[5]。

里德也是 1860 年创立造船工程学会的那个小圈子中的一员，他当时志愿担任学会的第一届理事长，这让他能够跟海军部内外的一些很有影响力的人建立直接的联系，包括约翰·帕金顿爵士，他曾担任第一海务大臣。1861 年他向海军部提交了一个 2250 吨装甲炮舰（Armoured Corvette）的设计方案，并肯定了他的内弟纳撒尼尔·巴纳比的贡献，巴纳比当时在总设计师手下干活。里德后来说，给伦利（Lungley）当助理，研发所谓的"不沉铁船"专利时的一些工作，也给了他这个设计一些帮助。里德愿意承认别人对他的帮助，而同时代的其他设计师远远不如他这样诚恳。[①]

1862 年，里德提交了一个设计草案——把木制炮舰（Sloop）[6]改装成铁甲舰，获得了海军部的资金支持，他可以为海军部进一步细化这个方案了。这份工作合同让他深化了做更大战舰的想法，这些想法后来就成了"帕拉斯"号（Pallas）和"柏勒罗丰"号（Bellerophon）铁甲舰，为此海军部还在 1868 年[7]补发给他5000 英镑[②]的抚恤报酬。伊萨克·瓦茨退休以后，第一海务大臣[③]便邀请里德担任总设计师，他于 1863 年 7 月 9 日走马上任。虽然他只能辞去造船工程学会理事长的职务，却担任学会理事会成员直到去世。海军部任命这么一个年轻又比较缺乏经验的人来担当总设计师的职务，议会里产生了一些反对的声音，里德严词为自己辩护，不过态度可能有些过激，结果议会裁判法庭（Bar of the House）传唤了他，控告他"侵犯了议会的权力"。[④]

里德是一位富有创造力的设计师，他先后设计出了中腰炮室铁甲舰和胸墙浅水重炮舰（Breastwork Monitor）[8]这两种新式铁甲舰，这两种设计后来都被广泛模仿。他在发展船舶设计学理论方面的成就今天已经不太为人所知，不过从长远来看，他在这方面的成果对战舰设计学的意义可能比他直接负责的设计工作更大。巴恩斯和其他人在瓦茨在任时就已经开始研究探索船舶稳定性理论，里德鼓励他们继续下去；后来他开拓出一种船体结构设计的新方法，而且认可了当时还很年轻的威廉·怀特在这项工作中的贡献。他采用了弗劳德提出的海浪中船体横摇的理论模型，后来还赞助弗劳德使用模型测试来改进船体形态、估算推进功率。在里德执掌设计大权的最后几年里，船舶设计已经演变成了一门实实在在的工程科学。他那些聪明的同学和学弟们，如巴纳比、巴恩斯、克罗斯兰、怀特以及其他人，都作为助手对他的工作给予了极大的帮助。[⑤]里德撰写了一系列的技术书籍和论文，本章大量引用了这些资料，此外他还写了一本小说，出了一部诗集。

当时的海军部审计长斯潘塞·罗宾森非常清楚海军需要什么样的战舰，于是在一切技术层面的问题上，他给了里德几乎完全的自主决定权。罗宾森对自

① 例如，可以参考他跟威廉·怀特之间就那篇发表在皇家学会的文章所进行的通信。
② 《1868—1869年海军预算》。
③ 萨默塞特公爵。
④ O. 帕克斯（Parkes）著《英国战舰》（British Battleships），1956 年于伦敦出版。
⑤ 帕克斯、罗杰等人都认为里德离开海军部以后，海军部内的人都觉得里德已经是一个局外人了，不应该在报刊上对海军部说三道四。对于这一点，目前找不到证据证明或者证伪，我觉得很有可能当时海军部的设计人员看了里德在《机械学杂志》上对海军部的这些抨击，也会觉得里德替他们说出了心里话。其实，从 1871 年战舰设计委员会的听证会存档记录中就可以看出来，当时大家至少非常尊敬里德，甚至是喜爱他的。

己手底下的这位总设计师评价非常高，当里德辞职以后，罗宾森向 1871 年的"里德委员会"[19] 说："……当今英国最杰出的战舰设计师，他的离职对国家完全是一个损失，如果不能跟他沟通交流，听取他的建议，那么我对任何具体设计上的问题都没法下结论了。"罗宾森对他的同僚鲜有好评，可见他这是对里德的真诚褒扬。里德口头阐述自己观点的时候技巧高超，而且落在文字上也非常清晰。

里德从海军部离职以后就对海军部一直呈批判态度，1874—1905 年（有短暂的间断）担任议员期间，更是尖锐地批判海军部，尤其是批判后来缺少装甲防御的裸露式船头船尾设计，直到怀特设计"君权"级（见第七章）的时候，怀特在造船工程学会彻底驳倒了里德的观点[10]。罗杰说[2] 最好里德是像跟着斯潘塞·罗宾森的时候那样受点约束，这样他的创造才能就可以结出最丰硕的果实，我觉得这种说法挺对的。[3]

小型铁甲舰

当"光荣"号和"勇士"号还处在构想阶段的时候，就有很多人觉得即使是最小号的战舰也应该安上装甲。里德 1861 年的那个提案后来让 3 艘正在建造的木制炮舰接受了铁甲舰改装，它们是小型炮舰"研究"号（Research）[4] 和"进取"号（Enterprise）[5]，大型炮舰"最爱"号（Favourite），此外还要加上一艘全新设计的大型木体铁甲炮舰"帕拉斯"号。

"研究"号于 1864 年 4 月完工，次月，海军上将弗里曼特尔（Fremantle）视察该舰，切中要害地指出了几点问题。[6] 烟囱直接从船体中段的炮室里穿过，虽然能让烟囱得到装甲保护，可是炮室里有 80 人、4 尊重炮、船的舵轮和主舱舱口，人员和装备全都挤在这么小的空间里面，这里很快就会变得非常闷热。[12] 于是就把烟囱挪到了炮室前面。这艘战舰还设计了"凹入壁龛式炮门"（Recess Port），好让大炮可以朝船头船尾方向射击，不过具体的设计不太令人满意[13]。海面上只要稍有波浪，就难以依靠人力把 100 磅重炮[14] 挪到壁龛炮位上，而且这里的射界（Arc）非常有限。据说壁龛式炮门只有 10°—12° 的射界，而且跟舷侧炮门的射界之间有 34° 的火力盲区[15]。把大炮挪动到某些位置的时候，炮管上的瞄准器（Sight）根本够不着。

弗里曼特尔将军又要求大炮从壁龛式炮门里使用空包弹（Blank Charge）[16] 开炮，并且炮管要尽量贴近船体的纵中线。当时的报纸报道这次试射中炮口暴风（Muzzle Blast）[17] 给船体造成的损伤时，做了很大的夸张，维修损伤的费用只有 20 英镑左右，不过如果采用实弹（Live Round）射击的话，船体受损情况肯定会更严重，而且再后来使用的那些重型火炮肯定也将会让这个问题更加突出，这一点留待本书后文探讨。

① 1871 年战舰设计委员会听证会存档记录，斯潘塞·罗宾森 1871 年 3 月 10 日报告。
② N. A. M. 罗杰撰《"无常"号的设计》，刊载于 1975 年 2 月出版的《航海人之镜》第 61 卷第 1 期。
③ 从 1865 年到 1905 年，里德都担任造船工程学会的副会长，1876 年他被选为皇家学会会员，1868 年获得三等巴斯勋章（CB）[11]，1880 年获得二等巴斯勋位。
④ 原"特仑特"号（Trent），属于"英仙座"（Peuseus）级炮舰。
⑤ 原"切尔卡西亚人"号（Circassian）。
⑥《1884 年海军预算》。

"研究"号是一艘小型
木体炮舰改装的铁甲
舰，1864 年完工。（帝
国战争博物馆，编号
Q39964）

在"进取"号上，为了能让大炮从炮室前后的炮门里向外射击，在船体上安装了可以放倒的船帮（Hinged Bulwark）[18]；当时没有留下关于炮口暴风对船体影响的记录，不过后来里德就建议 1871 年委员会不要采用这种可放倒式船帮设计。[①] 该舰水下船体采用木结构（方便包裹铜皮），水上船体则采用熟铁制造，真是一种奇特的组合。实际上，真正的问题在这 4 艘船的战术角色定位上。其中 3 艘船都在炮室的两舷各安装了 2 门重型火炮（"最爱"号炮室两舷各 4 门重炮），可是这点火力不足以直接跟一艘主力舰[19]对抗，但对抗无装甲战舰的时候，这几艘改装舰原本那些数量众多的轻型火炮可能更管用一些[20]。帕克斯说，当时造船部（Constructor's Department）曾声明：在排水量小于 4000 吨的限制下，根本就没法设计出顶用的铁甲舰来。他还表示，这样看来里德能够突破这一"下限"，肯定费了一番脑筋。这四艘船都不怎么顶用，而且"研究"号航海性能太差了，没法远航到离陆地 100 海里以外的地方去，这么看来造船部的意见是正确的。[21]

1864 年开工的装甲炮艇"水妖"号，以及泵喷推进[②]

海军部在 1864 年的时候订造了 3 艘小型的"装甲炮艇"（Armoured Gunboat）[22]，这是探索铁甲舰最小排水量的又一次尝试。这些船的排水量只有约 1230 吨，长 160 英尺，带有完整的水线装甲带，并且厚达 4.5 英寸。这条水线装甲带在船体中部稍稍抬高，就形成了一段炮廓（Casemate）[23]结构，在里面搭载 2 门 7 英寸前装线膛炮和 2 门 20 磅后装炮。"蝰蛇"号（Viper）和"雌狐"号（Vixen）装了一对螺旋桨，这在当时也是一种创新，不过每个螺旋桨前面都

① 见第三章，就"斯卡拉德"号（Scullard）的设计向 1866 年战舰设计委员会做的报告。
② 见《工程师》（Engineer）杂志 1866 年 10 月 26 日和 11 月 2 日的详细报告。

1866 年下水的"水妖"号装甲炮艇,采用不怎么成功的泵喷式推进。(作者收藏)

是一道导流呆木(Deadwood)[24],这让船体水下形态很糟糕,航行品质很差劲。"雌狐"号还是当时首批铁木复合结构的船舶之一,也就是在铁造船体骨架上敷设木制船壳[25]。

　　"水妖"号(Waterwitch)更具创新性,安装了鲁斯文(Ruthven)泵喷推进器(Jet Propulsion)[26],使用完全安装在船身内部的离心泵来驱动船只前进。J & N. W. 鲁斯文厂于 1839 年申请了专利,当时许多人都觉得这个推进器不错,因为不需要安装到船体外面,可以避免在搁浅的时候损坏推进器,而且在完全依靠风帆航行的时候也能改善航行品质,另外这种新式推进器还能提高船舶的转向操纵性[27]。舰上安装了一台 760 马力的三缸星型(Radial)蒸汽机,三个汽缸带动一根曲轴,汽缸水平安装,曲轴处在竖立位置。[①]曲轴下端带动一个水平安装的离心泵,泵直径 19 英尺,内部管道深 5 英尺。泵中的叶轮(Impeller)直径 14 英尺,带 12 片桨叶,重达 5 吨。水从船底一个直径 6 英尺的窟窿里抽上来,然后从一个"24 英寸 × 19 英寸"的喷口中喷出。[②][28]还可以用水阀把水流导引到舯部水线附近的喷嘴去,朝前方或者后方改变喷水方向,所以"水妖"号的船体也设计成"双头船"(Double-ended)的形式[29]。试航的时候,该舰能够在 760 标定马力(ihp)[30]的驱动下达到 9.3 节的航速,看起来只比另外两艘双螺旋桨推进的姊妹炮艇稍稍慢一点点。全速航行时,"水妖"号转向 360° 只需要 3 分 17 秒,而在静止时则需要 6 分半才能转完一周,但回转圆只有该舰一个船长那么大[31]。"蜂蛇"号全速转一圈需要 3 分 17 秒,静止时需要 3 分 6 秒。[③]

　　现在可以计算出来当时这种泵喷推进器的效率大约是 50%,当时的螺旋桨大约能到 65%。"水妖"的推进效率整体来看大约是 16%。[32]朗肯(Rankine)[33]

① 汽缸内直径 38 英寸,活塞行程 3 英尺 6 英寸。
② 如果战舰进水了,这个泵也可以直接从船体内抽水。
③ D. K. 布朗撰《皇家海军的泵喷推进》(Jet Propulsion in the RN),刊载于《船舶推进》(Marine Propulsion),1980 年 3 月出版。

在 1865 年提出了一个船舶推进器的理论简化模型，在这个模型里，他把各种推进器，包括明轮、螺旋桨（Screw）和泵喷推进器等等，都用一个数理模型来代表，他称之为"致动盘"（Actuator Disk）。虽然这套理论初创的时候还不能直接用来设计出一座推进装置，但它可以解释推进器的哪些技术参数能够影响推进效率，而且这个理论告诉人们，只有在航速和推进力全是零的时候推进效率才能达到 100%！对于实际的船舶而言，效率最高的推进器往往转速都很慢，缓缓搅动着船体周围大量的水体，使船前进。前文的 1871 年委员会有朗肯和威廉·弗劳德参与，可是令人惊讶的是，该委员会仍然下结论认为泵喷推进器有进一步测试和研发的价值[34]。

早期泵推器的故事要到 1905 年才最后完结，1883 年的时候建造了一艘"TB98"号实验船。[①] 设计该船的是桑尼克罗夫特厂（Thornycroft）的首席设计师巴纳比（巴纳比爵士[35]的儿子），试航航速达到了 12.6 节，不过类似的小艇，如果用螺旋桨驱动，可以达到 17.3 节。这艘船的全局推进效率只有 25%，虽然比"水妖"号好些，但也看不出太大前景。第一次世界大战快要结束的时候，建造了两艘使用泵推器的拖网船（Trawler）[36]，当时希望用这两艘船一边航行一边侦测海底的潜艇，因为泵推器工作时没有螺旋桨那样大的噪音，水下听音器（Hydrophone）能正常工作，两次世界大战之间还建造了一些带泵推器的登陆艇。泵推器的设计很不简单，不过现代流体力学已经让今天的泵推器比早期有了非常大的进步，所以今天航速非常高[37]的快艇上可以使用泵推器，这种情况下它的效率就跟螺旋桨差不多了。[②]

1863 年开工"帕拉斯"号和 1865 年开工的"珀涅罗珀"号[38]

"帕拉斯"是里德正式进入海军部担任总设计师以前设计的，当时他构思的是一艘专用的撞击铁甲舰，希望该舰的航速能够达到 14 节，不过最终只达到了约 12.5 节。该舰的中腰炮室里在两舷各安装了 2 门 7 英寸前装线膛炮，它们也可以挪到朝向船头船尾方向的壁龛式炮门里，这样就能朝着离船体纵中线只有15°的方向开炮，这艘船还在船头船尾的回旋炮架（Swivel）上各装 1 门 7 英寸后装炮。[39]水线装甲带和中腰炮室的熟铁装甲板的厚度都是 4.5 英寸。该舰的发动机是伍尔夫复合发动机，由汉弗莱斯-坦南特厂（Humphrys and Tennant）建造，这台发动机有两对高低压汽缸，每对汽缸串列成一组，一起驱动一根活塞杆和一根曲轴[40]。这台发动机高效而可靠。"帕拉斯"号设计不算成功，不过一直活跃服役到 1879 年。[41]

"珀涅罗珀"号（Penelope）[42]的设计初衷是适应浅水作战，该舰的吃水只有 17 英尺 6 英寸，而比它更小的"帕拉斯"号吃水深达 24 英尺 4 英寸。那时

① K. C. 巴纳比著《特种船舶百年史》（100 Years of Specialised Shipbuilding）。
② 我还记得我曾经非常愉快地参加了水翼船（Hydrofoil）"快速"号（Speedy）的试航，当时是在西雅图外海，航速可以飙升到约 45 节。

候认为单螺旋桨的战舰没法既设计得吃水这么浅，同时还能在螺旋桨转速比较低的时候，把 4700 标定马力的发动机输出功率高效地转化为推进力，于是就给该舰装了双螺旋桨[44]。里德为了让该舰尽量达到较高的风帆航行品质，徒劳地把后部船体设计成双体船型，双船尾最后收细成一对导流鳍（Skeg），结果该舰不论蒸汽动力航行，还是风帆航行，表现都很差。这种糟糕的性能让后来的技术人员在很长一段时间里都对双螺旋桨船抱有偏见。

　　该舰活跃服役的时间很短，主要是参加一些在近海举行的舰队演习，直到 1882 年，该舰迎来了一生中最闪耀的时刻——炮轰埃及的亚历山大港（见第四章），这种行动正好需要该舰这样的浅吃水。参加完炮击行动后，它就在苏伊士运河执行任务直到这场冲突结束。据说这艘船作为火炮平台是很"稳定"（Steady）的，这说明该舰的"稳定性"（Stability）不高，[45] 该舰的稳心高只有3 英尺，不过跟高干舷结合在一起也足够保证安全了。

1863 年开工的"柏勒罗丰"号

　　比起前文那些战舰来，"柏勒罗丰"号[46] 才是对里德设计才能的真正考验，而且它也让铁甲舰的设计向前迈进了一大步。这艘船是里德入职海军部之前构思的，主要性能参数也是在那之前选定的，里德入职以后，似乎该舰的具体设计主要由他的继任者、内弟纳撒尼尔·巴纳比主持进行。① 该舰的主炮是左右两舷各 5 门 9 英寸前装线膛炮，全部布置在只有 90 英尺长[47] 但装甲厚达 6 英寸的

"帕拉斯"号是里德入职海军部以前设计的，1863 年 开 工。[43]（帝国战争博物馆，编号 Q40608）

① 当时海军部设计团队里总工程师和他手底下人之间权责的分配不那么清楚，就像后面将会谈到的那样，但毫无疑问，"柏勒罗丰"号的基本设计是里德定下来的。

1867 年下水的"珀涅罗珀"号，尾部带两道导流鳍，用来支撑两根螺旋桨轴，结果极大增加了尾部的阻力。[海事摄影博物馆（Maritime Photo Library）]

中腰炮室里面。[48] 火炮甲板前端还布置了 2 门 7 英寸前装线膛炮 [49]，拥有 3 英寸厚的装甲防护 [50]。船尾还有 3 门 7 英寸炮，没有装甲防护。"柏勒罗丰"号船头形状太丰满了，产生了非常高的舰首波（Bow Wave），结果就算在风平浪静的天气里，航速稍高的时候就很难使用这些船头火炮了 [51]。

熟铁重达每立方英尺 480 磅，也就是说装甲板厚度每增加 1 英寸，就要增加每平方英尺 40 磅的重量，而一艘战舰舷侧覆盖的装甲板有很多很多平方英尺；另一方面，装甲板的柚木背衬也重达每立方英尺 48—60 磅，具体比重因为木料的产地和采伐后风干程度的不同而有所不同 [52]。由于"柏勒罗丰"号上厚重装甲的重量十分可观，已经不可能把整船的舷侧从头到尾都覆盖上装甲了，装甲防护只能局限于一条水线装甲带和船体中腰一座搭载了几门重炮的短炮室 [53]。水线装甲带仍然是"完全防御"的，从船头一直延伸到船尾，从水线以下 6 英尺处一直延伸到火炮甲板，在船体中段厚 6 英寸，朝向船头船尾方向减薄到 5 英寸，在船尾只有 4.5 英寸厚，船头只有 3 英寸厚。当时的装甲带防御当时炮弹的能力跟装甲带厚度的平方成正比，于是所有更早期的铁甲舰搭载的火炮都不能击穿"柏勒罗丰"号的装甲 [54]。

一艘单层火炮甲板的战舰，其船体长度是由大炮的数量和炮门的间距来决定的，[55] 因此"柏勒罗丰"号可以比更早的那些战舰短得多（"柏勒罗丰"只有 300 英尺长，而"阿喀琉斯"号长达 380 英尺）。船长缩短后就可以减少船体结构的载荷，于是船长的缩短就能够不成比例地大幅降低船体结构重量。[56]① 里德做出这个缩短船体的决定是需要很大勇气的，因为当时主流观点都认为，要达到高航速，船体必须很细长 [57]。虽然粗短的船体需要动力更加强劲的发动机才能达到细长战舰那样的航速，但里德觉得这个代价完全可以被短粗船体在船体结构和装甲重量上的节省给平衡掉，他在这个问题上的认识应该说是正确的 [58]。

用海军部系数 [59]（附录 3）作为相互比较的基准，可以算出来"柏勒罗丰"号需要额外增加大约为 36% 的动力，才能获得跟之前的战舰一样的航速。在迎

① 现代护卫舰（Frigate）的船船体结构重量大约是船体长度¹³，可能"柏勒罗丰"号也差不多吧。

头浪中需要增加的额外动力还会更大。较短的"柏勒罗丰"号的回转圆也更小。

这两幅横断面图展示了"勇士"号（左）和"柏勒罗丰"号（右）船体结构的不同。"柏勒罗丰"号船底有更多的纵向强度加强件，这一点画得很清楚。[60]

表 2.1 长船和短船的比较

船名	排水量（吨）	标定功率	航速（节）	回转圆（码）
"阿喀琉斯"	9280	5722	14.3	618
"柏勒罗丰"	7550	6521	14.1	401

　　"柏勒罗丰"号船体结构采用了框架肋板式设计（Bracket Frame System）。[①] 船底是双层底，在这内外两层铁皮船壳之间是许多纵贯船底的纵向结构件[61]。横向的骨架则采用了轻质的"框架"（Bracket），也就是图中纵向结构件之间插嵌的那些带有大型减重孔的框架状肋板。搁浅对于维多利亚时代的战舰来说是常有的事情，[62] 双层底就是应对这种情况下船体局部进水的应急措施。这种船底结构比之前那些战舰的船底结构，强度更大且重量更轻、更经济。船体上还少量使用了钢材，估计是采用贝塞麦（Bessemer）转炉法[63]炼制的，就像后文的"大胆"号（Audacious）一样，这样可以再稍微减轻一点船体重量。

① 哈格说这种框架肋板式设计是巴纳比提出来的，但没有提供证据，帕克斯也持同样的观点，不过他可能就是根据哈格的说法。其实，恐怕正是因为里德不那么善于把所有的成就都揽到自己名下，所以当今学者才有机会说这个设计可能源自巴纳比吧。

里德[①]曾说，"勇士"号的设计者们在该舰船底结构中使用了斯考特·罗素开发的纵向骨架（Longitudinal Framing），但从装甲带下边缘往上直到露天甲板，仍然保留了横向肋骨（Transverse Framing），因为这是支撑装甲板抵抗炮弹轰击的最好结构。[64]"勇士"号装甲带以下的船体结构具有宽条的纵向支撑梁，但没有使用当时商船上常常采用的那一道道彼此间距很大的不完全横隔壁[65]，转而采用了许许多多宽条的板状肋骨，每两个肋骨的间距只有4英尺。这种横向肋骨结构给了该舰船体远远大于实际需要的结构强度，代价就是船体结构超重。里德说他在"柏勒罗丰"号上采用的框架肋板以及相关结构具有以下优势：

> 这个设计之所以叫作"框架肋板"，就是因为它用轻质的框架代替了"勇士"号上那些横向肋骨片，[66]通过这种办法形成的横向骨架结构并不比罗素先生那种不完全横隔壁重多少，却可以同时起到支撑船体外壳和加强横向结构强度的作用。不过这还不是我们已经在最新式的铁甲舰上实现的全部结构改良。纵向承重梁的强度和梁的宽度都增大了，这样就可以安装一层完整的内船底，也就形成了双层水密船底；在装甲板的背面也增设了相当多的内船壳板（Inner Plating）和纵向过梁（Latitudinal Girder）结构，这样就可以增强战舰的防御性能。然而，尽管这些提升和改进让船体结构变得更强、更安全，新式船体的重量实际上比"勇士"号和其他早期铁甲舰减轻了。

虽然"柏勒罗丰"号上面每个具体的改进看起来都是渐进性的，但把它们

1865年下水的"柏勒罗丰"号，里德的第一艘大型铁甲舰，图中该舰在依靠风力航行。[67][R. 珀金斯（Perkins）供图]

① E. J. 里德撰《铁船的船体结构》（The Structure of Iron Ships），刊载于1871年在伦敦出版的《海军科学》（Naval Science）。

组合在一起的时候就能感觉出来，这艘船是里德带着对铁甲舰的全新认识而从整体上构思出来的，充分地展现了他的设计才能。后续的一系列战舰都以该舰的基本设计为出发点，这种基本设计似乎总是代表着成功[68]。里德对上述船体结构的改良还有其他相关工作，做了很有意思的点评①："我不会说我在这些工作中一点贡献都没有，因为我在这些工作上也没少费心思；但是我要说，能够取得这些成绩，更多要归功于我那些业务水平超群的同僚和助手，比如巴纳比先生、巴恩斯先生以及克罗斯兰先生，怎么才能用最少的材料建造出船体结构最强的战舰来，他们是这方面的专家。"

船体结构强度（见附录6）

虽然一艘船所受的总浮力（Buoyancy）必然等于它的总重量，但如果把一艘船从头到尾横向切成很多分段（Section），每个分段的浮力和重量之间可以存在很大的差别。对于这种情况，我们说每个分段的"载荷"（Load）不同，这种不同会让相邻分段的船体侧壁倾向于发生垂直方向的相互错动，这就叫作"剪应力"（Shearing Force），全船不同位置的剪应力合在一起的效果就是让船体纵向弯折，这种合力就称为"挠矩"（Bending Moment）[69]。就算战舰在静水中停止不动，这些力的作用仍然存在，而当战舰穿行在大浪中的时候，这些力的作用还会加剧。最可怕的情况就是涌来一道波长恰好跟战舰的长度一样的迎头浪；当波浪的波峰（Crest）位于舯部的时候，船头船尾就有下垂的趋势["龙骨上弯"（Hogging）]，而当前后两个波峰分别位于船头船尾的时候，波谷（Trough）正好在舯部，船体中段就有下垂的趋势["龙骨下弯"（Sagging）]。

怀特测算了"蹂躏"号（Devastation）船体各个分段的载荷，[70]可以清晰反映上述内容：

"蹂躏"号遇到跟它长度恰好一样的迎头浪（波长300英尺，浪高20英尺），而且波峰恰好在舯部的时候，该舰各个分段的重量和所受浮力的具体情况如下：船头最前面37英尺长的部分超重130吨；紧接着的34英尺船体，浮力富余90吨；后面的35英尺船体（承载着前旋转炮塔）超重580吨；再后面长达84英尺的船体恰好在大浪的波峰位置，浮力富余940吨；后面22英尺长的船体（搭载着后炮塔），超重160吨；这个分段后面37英尺的部分，富余浮力260吨；剩下的船尾部分超重420吨。

早在18世纪中叶，人们对船体结构在大浪中的载荷变化情况就已经有了大体的认识，正是从这种认识出发，19世纪初的瑟宾斯（Seppings）才发明了所

① E.J. 里德撰《论科学原理对造船的价值》（On the Value of Science to Shipbuilders），刊载于1871年在伦敦出版的《海军科学》。

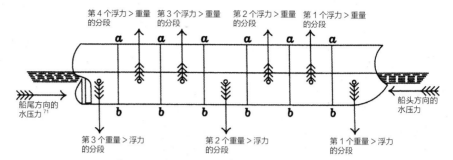

船体的某些分段，它的重量会超过它的浮力，其他分段的情况则正好相反。这样就在相邻两个分段之间产生了一种力，让相邻分段彼此上下错动，这个力就称为"剪应力"（SF），从船头到船尾都存在这种力，它们的总效果就是"挠矩"。

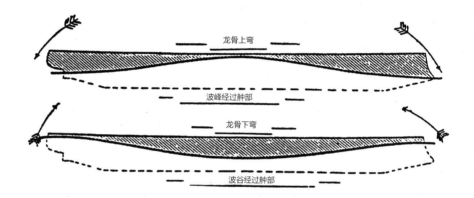

当大浪的波峰正好位于舯部时，首尾部下面的水就少了，造成局部浮力不足，这样首尾就有自然下垂的趋势。而当大浪的前后两个波峰分别位于首尾的时候，舯部下面的水又变少了，造成这里局部浮力不足，又使舯部倾向于下垂。

"蹂躏"号重量和浮力沿着船头—船尾方向分布示意图

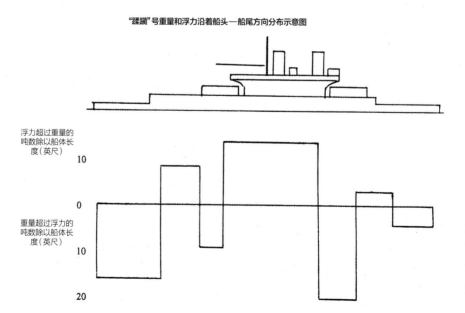

"蹂躏"号船体的某些分段重量超过了浮力，其他一些分段则反过来。这张示意图图示了怀特的那段描述。[72]

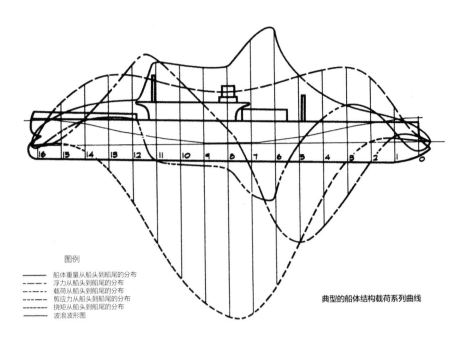

图示代表了一艘装有旋转炮塔的特种撞击铁甲舰。[73] 图中曲线代表了这艘船在遇到图上波形的大浪时(龙骨下弯)，船体各个分段的重量、浮力、载荷、剪应力和挠矩。

图例

—— 船体重量从船头到船尾的分布
- - - 浮力从船头到船尾的分布
— - — 载荷从船头到船尾的分布
- - - 剪应力从船头到船尾的分布
- - - 挠矩从船头到船尾的分布
—— 波浪波形图

典型的船体结构载荷系列曲线

谓的"对角线支撑材"（Diagonal Bracing），来加强木船的船体结构，[①74] 这种发明可以有效地抵抗剪应力。费尔贝恩（Fairbairn）[75] 建造不列颠大桥（Britannia Bridge）时，也遇到了类似于船体结构形变的问题，桥身和船身都可以看成一根巨大的管子，需要抵抗外力而不发生弯折（Buckling），他对这个问题的调研增加了当时的工程师对结构载荷的认识，不过直到 1866 年，朗肯才提出了第一个完整的理论模型来解释结构载荷。[②] 他的办法是绘制一条载荷分布曲线，把船舶从头到尾的载荷如何变化给表示出来，然后就可以把这条曲线下的面积进行积分运算，得出来的就是剪应力如何沿着船头—船尾方向变化，进而再把剪应力曲线下的面积进行积分，就得出了挠矩分布曲线[76]。

　　里德意识到了朗肯这个理论的重要实践意义，于是在总设计部里推广使用这种方法来提高船舶的设计水平。具体的计算工作由怀特和约翰做，总结成一篇论文由里德提交给了皇家学会。[③77] 怀特当时还只是一个刚刚毕业的学生，论文在致谢部分往往对各个参与者的贡献加以描述，而怀特对里德论文草稿的致谢部分不满意，经过一番争取后，里德同意加上一段话，说提出了这个研究课题并负责指导的是里德，而具体负责整个研究过程的是怀特。[78④] 要知道那个时代的项目负责人大多根本不会公开承认还有他的助手们给他帮忙，[⑤] 可见怀特向里德提出抗议也是很需要勇气的；[⑥] 这也说明他一定觉得里德为人十分宽厚。

　　里德这篇论文中提出的方法给设计人员带来了巨大的工作量。首先，必须精确计算船上各个部件的重量，然后还得计算这些重量在各个分段上的分布情

① 布朗著《铁甲舰之前》。

② W. J. M. 朗肯撰（瓦茨、巴恩斯、纳皮尔撰写部分内容）《造船学——理论与实践》（Shipbuilding-Theoretical and Practical），1866 年出版于伦敦。这本书属于当时最早一批介绍船体承重结构的"应力"（即单位面积上承受的载荷），以及承重结构的"受迫型变量"（即单位长度的形变量）的。

③ E. J. 里德撰写《船体在静水、波涛与极端条件下重量和浮力分布不均匀的情况及其产生的效果》（On the unequal distribution of weight and support in ships and its effects in still water, waves and exceptional positions），发表在 1866 年伦敦出版的《皇家学会哲学通讯》（Philosophy Transactions, Royal Society）上。后来又刊载于在《海军科学》。

④ F. 曼宁（Manning）著《威廉·怀特爵士生平》（The Life of Sir William White），1923 年出版于伦敦。

⑤ 怀特自己当上总设计师以后，几乎就不再向属下对自己工作的贡献表示任何感谢了。

⑥ 这件事更让我们感觉出来，里德在设计部是受到同僚的喜爱和信任的。

况。直到 1865 年的时候，巴纳比还对造船工程学会报告说，重量和重心位置的计算"太费事了，几乎就不可能实现"。[①] 讨论这篇论文的时候，[79]W. 弗劳德[80]指出威廉·贝尔已经在"大东方"号的设计中实践了这些计算过程，甚至还额外计算出了更难算的惯性矩（Moment of Inertia）[81]，用来了解船舶的横摇特性。到了 1869 年，海军部设计新战舰时已经在进行这些计算了。[②] 计算出重量沿着船头—船尾方向的分布情况以后，就需要确定海浪涌过船体时水线随着波形如何变化，主要计算龙骨上弯和龙骨下弯这两种最极端的情况下，船体各个分段处浮力的大小——这又是一串冗长枯燥的计算。有了经验以后，这种浮力计算可以用一些经验参数简化代表，即使如此，这种计算对于 20 世纪的设计师来说都是非常烦琐的。和重心、浮力的计算比起来，通过积分曲线下面积来得出剪应力和挠矩，反而显得很简单了[82]。

清楚了解船体载荷情况以后，就能够设计出一种"刚刚好"的船体结构，而不必再像早些年那样：由于设计师只能凭经验判断，保险起见，他不得不（或者是随便）让船体结构超重。这种新设计能节省下大量的重量份额来，用在大炮和装甲上。一般，我们在比较设计风格不同的战舰的船体结构重量时，[③] 习惯于比较船体重量和三个主尺寸乘积（L×B×D）[83]之比。

表 2.2 "勇士"和"柏勒罗丰"号船体重量的比较

舰名	船体重量 W（吨）	（L×B×D）/1000	W/（L×B×D）	造价（千英镑）
"勇士"	4969	908	5.47	380
"柏勒罗丰"	3652	714	5.11	356

如果我们把"柏勒罗丰"号的比例系数 5.11 套用到"勇士"号主尺寸乘积上，就可以得出来一个跟"勇士"号一样大的放大版"柏勒罗丰"号，它的船体结构重量只有 4640 吨，于是可以说里德通过改良结构设计，直接节省了大概 330 吨的重量，而表中船体重量的其他节约都是因为"柏勒罗丰"号的船体要短得多。是时候让英国的铁甲舰从瓦茨式瘦削船体（Fine Start）[84]设计再向前进一步了。

谁是真正的设计者？

当时，设计一艘新战舰完全算这个项目负责人自己的功劳，毕竟他对这个项目负总责。可是他很有可能同时负责好几个不同战舰的设计方案，这些方案可能分属几个不同的分部，每个分部的负责人在各个方案最终成型的过程里也常常起到重要甚至是决定性作用。"柏勒罗丰"号这种"短船"的总体设计理念毫无疑问是由里德提出来的，可是我们也很清楚，早在里德正式加入海军部以前，

① N. 巴纳比爵士撰《"阿喀琉斯"号船体稳定性调查》（*An Investigation into the Stability of HMS Achilles*），刊载于 1865 年伦敦出版的《造船工程学会会刊》。

② 最大的困难在于脑子不够使。1865 年以前，只有总设计师一个人来完成所有的计算，他根本没有时间精力把整个船舶全重量的计算独自完成。一旦人们发现原来可以给他安排一个助理设计师来帮助完成那些冗长的计算，设计团队未来的发展方向也就清楚了。1866 年的时候，总设计师麾下的设计助理增加到 3 人，这恐怕就说明当时人们已经认识到可以通过增加人手来完成计算了。

③ 注意，所谓"船体结构重量"难免要包含一些并不属于船体结构的东西。详见第八章。

巴纳比就在给他当助手，所以巴纳比在里德后续的设计中也有很大的影响。[①] 里德因为"设计"了这些战舰而成名，巴纳比也在里德辞职后得到了最高奖励——出任总设计师，而巴纳比自己成名靠的也是怀特给他担任第一助手时设计出来的那些战舰。怀特后来成名，又在很大程度上要归功于他那些能干的助手，如怀廷（Whiting）、戴德曼（Deadman）、史密斯等等。

　　战舰设计是一项需要团队合作，也应该由团队合作完成的工作，所以设计成功全算总设计师的功劳也没什么错，毕竟设计失败了肯定也完全由他负责。[②] 战舰设计的习惯就是总设计师在最后施工图纸上签字，便意味着他要负总责，这份设计也全算他的成绩。[③] 不过，总设计师的助手如果足够强势，他也能在一系列相似战舰的设计上留下自己设计风格的烙印。总设计师手下各个分部的负责人通常 40 岁出头，在 19 世纪 70 年代叫作"造船师"（Constructor）甚至"助理造船师"（Assistant Constructor），后来随着这类称呼越来越泛滥，他们直接获得了"总造船师"（Chief Constructor）的尊称。

　　外人很难知道一个设计团队里各人思路之间有多大的差异。不同思路的碰撞一般都是善意的，可以提高战舰的设计水平，不过有的时候也会失控，所以作为团队领导的总设计师需要明断而宽厚。[④]

后期中腰炮室铁甲舰——1866 年开工的"海格力斯"号

　　"海格力斯"号（Hercules）[86] 是"柏勒罗丰"号的改进提升版，1866 年在查塔姆海军船厂开工建造，这时候"柏勒罗丰"号下水已经快一年了。该舰中腰炮室的两舷各搭载了 4 门重达 18 吨的 10 英寸炮，炮室四角的 4 门炮可以"换门架炮"（Alternative Port），从炮室前后的凹入壁龛式炮门中伸出来朝接近船头船尾的方向射击。[87] 火炮甲板[88] 的首尾两端还各有 1 门 9 英寸炮，给它们供应弹药非常费劲。船体水下形态的修形和动力机组的改良，让这艘战舰航速稍快[89] 而且更经济实惠。该舰造价大体上跟"勇士"号持平。1868 年开工的"苏丹"号（Sultan）是对中腰炮室设计的进一步发展，增加了一个露天甲板炮室，让朝向船尾方向的火力更强。[90] 里德说有一块露天甲板上的钢板固定到位几天以后，就在一个寒冷的夜晚冻裂了。[⑤] 从这块板材上切割下来一小块送去检验[91]，结果发现这块材料的力学特性很不可靠。当时认为这块板材可能是在辊轧成形的时候意外降温，造成板材局部硬化而变脆了。

装甲越来越厚，覆甲区域越来越小

　　海军炮威力越来越大，发射的炮弹也越来越先进，[92] 战舰设计师面对这种局面，最开始不断增加熟铁装甲板的厚度来提升战舰的防御水平，虽然装甲板背后那些

① 经常有人问我，某设计中有多少是我的贡献，有多少是我助手的贡献。遇到这种问题，我和我的同僚都能接受的一种回答就是：我们各自独立贡献了四分之一，而剩下的一半是在我俩讨论过程中自然生发的。

② 第一次世界大战结束后，有人问霞飞（Joffre）马恩河奇迹[85] 是否该归功于他。他回答说他不知道胜利应该在多大程度上归功于他，不过他很清楚，要是这一场战役失败了，那就都是他的责任。

③ 所以拉奇在"勇士"号的图纸上签字，是意义非常大的一件事。

④ 宽厚与否全看个人选择。

⑤ 可能是通过贝塞麦转炉法生产的。

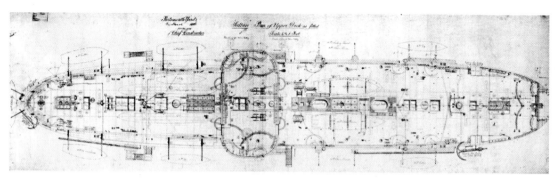

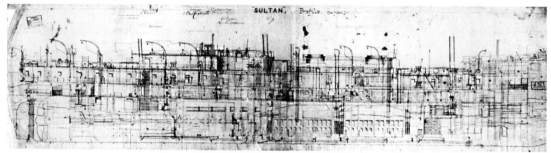

1870 年完工的"苏丹"号是里德"中腰炮室"式大型铁甲舰的典型代表。主炮室每边搭载了 4 门 10 英寸前装线膛炮，上层炮室每边搭载了 1 门 9 英寸前装线膛炮，这两门炮在名义上可以朝船尾方向开炮，虽然实际操作中，船在海上遇到一点颠簸，这些大炮就很难换门架炮了。船头一对 9 英寸前装线膛炮安装在一道装甲横隔壁的后面，平面图上可见供两门炮旋转用的滑轨[93]。（英国国家海事博物馆，伦敦，编号 18626、18630）

"海格力斯"号船体结构基本上跟"柏勒罗丰"号是一样的，不过装甲板的木制背衬里面增加了纵向加强筋（Longitudinal Stiffening）[94]。

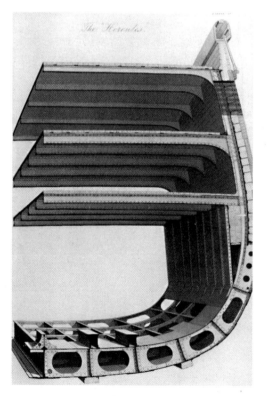

支撑结构的设计也得到了很大的改良。最早改装出来的那些木体铁甲舰没什么值得一提的，[①] 不过"沃登勋爵"号这艘 1863 年开工的木体铁甲舰，有几个值得一讲的特色设计。[95] 该舰原本只打算设计成一艘带有 4.5 英寸厚装甲防护的"巨型巡航舰"[96]，但里德做了两点改进。他首先把该舰木制肋骨之间的缝隙全用柚木块给填实了，这样装甲板的木制背衬就相当于 31 英寸厚，而不是仅仅 9 英寸。接着，里德发现，按照设计重量配额，还可以在船体侧面增加一道 10 英尺宽、1.5 英寸厚的铁板。这时候

① 第一艘姊妹舰为了能够塞下一座长长的舷侧炮阵，加长了船体，后来的一艘姊妹舰直接设计成中腰炮室式的，就不需要加长船体了。

1865 年下水的"沃登勋爵"号，英国第二艘新造的木体铁甲舰。(帝国战争博物馆，编号 Q39449)

该舰的装甲板已经制作完成了，就不能再让它们增厚了，于是，在考虑过几种方案后，里德决定在装甲带的背衬跟木船体的肋骨之间再安装一道 1.5 英寸厚的板材，阻挡那些侥幸击穿了装甲带并在背衬里爆炸的炮弹。[①][97] 帕克斯[②] 把里德论文里关于这个细节的文字给理解错了，结果他说"沃登勋爵"号和它的姊妹舰整个船体外面覆盖着一层铁皮，很多现代作家照抄了帕克斯的这个说法。[③] 虽然"沃登勋爵"号船体内确实安装了大量能够帮助木制肋骨分担剪应力的铁制结构，但时人送给该舰"世界最大木船"的美名可能比近年来我们理解的更符合历史事实[98]。

中腰炮室铁甲舰的改进式装甲防护

"柏勒罗丰"号的装甲防护有两点不大的改进，但也挺有意义。该舰的船壳改用两层 3/4 英寸厚的铁板铆成，另外还在装甲的柚木背衬里面安装了水平方向的纵向加强筋[99]。根据后来射击试验的结果，这些加强筋埋在木制背衬里比较深的位置，跟外面的装甲板之间留有一小段距离，就算装甲被炮弹击中的时候凹陷、变形，也不会顶在加强筋上，也就不会让加强筋刻进装甲板里了。[100]

当时依照这种设计建造了一个"柏勒罗丰"舷侧装甲结构复制品，作为抗弹测试的靶子，先后用各种形状（球形、带头锥的圆柱形）、各种材质（铸铁、钢）的共计 14 枚实心弹和爆破弹轰击靶子。结果没有一发炮弹完全击穿了这个防御结构，尽管有几枚炮弹侵彻到了最内层的薄铁船壳，在上面留下了一些刻齿状痕迹。有一枚 150 磅的爆破弹击穿了装甲板，然后在背衬里爆炸，把薄铁皮船

① E. J. 里德撰《"柏勒罗丰""沃登勋爵"和"海格力斯"号模拟靶》，刊载于 1866 年伦敦出版的《造船工程学会会刊》。
② 帕克斯著《英国战舰》。
③ 我也是！

早期铁甲舰[101] 的装甲剖面对比图，是里德当年出版的书里的插图。

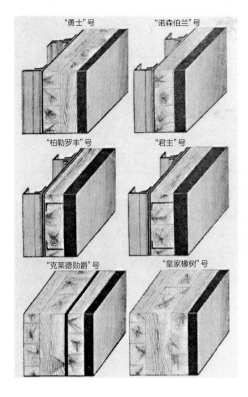

"勇士"号　　"诺森伯兰"号

"柏勒罗丰"号　　"君主"号

"克莱德勋爵"号　　"皇家橡树"号

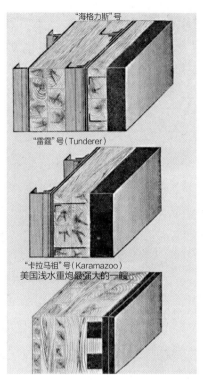

"海格力斯"号

"雷霆"号（Tunderer）

"卡拉马祖"号（Karamazoo）
美国浅水重炮最强大的一艘

壳炸得鼓了起来。这些炮弹击中目标时的速度区别很大，[①] 不过大多都在每秒1300—1500 英尺的范围内，尽管有一枚165 磅的钢制实心炮弹，命中时的速度达到每秒2000 英尺，击穿了装甲板，在内部船壳上留下了刻痕。这次成功的抗弹测试之后，这种设计被后续战舰继承。

"海格力斯"号的装甲防御布局跟"柏勒罗丰"号大体类似，水线装甲带在艏部厚9 英寸，中腰炮室舷侧装甲板厚8 英寸。不过，里德大幅度增厚了"海格力斯"号装甲板的木制背衬，实际上就是把更早期铁甲舰装甲支撑结构后面的走道给填实了[102]。"海格力斯"号水线处的装甲防御结构是，最外层9 英寸厚的熟铁装甲板，后面是12 英寸厚的柚木，柚木背衬里面埋入了许多道水平、纵向加强筋，背衬后面是两层3/4 英寸厚铁板铆成的薄铁皮船壳，船壳后面是船体的铁板肋骨结构，肋骨片宽10 英尺，肋骨之间全部用柚木填块填实。在肋骨后面，又是两层柚木板条叠成的总厚度18 英寸的背衬，也就是填实的"过道"。这层加厚背衬的后面是一层3/4 英寸的内船壳，内船壳里面是最后一道肋骨支撑结构，这层肋骨片宽7 英寸[103]。按照这个设计复制了一座装甲结构来当抗弹测试的靶子，靶子上一部分装甲有8 英寸厚，另一部分达9 英寸厚[104]，用13 枚钢制实心炮弹轰击了这块靶子，其中最大号的炮弹达600 磅，命中时的速度在每秒1300—1500 英尺之间。一枚600 磅重的实心炮弹击穿了装甲和后面的全部支

① 海军上将 H. S. 罗宾森撰《给战舰装上装甲》（*Armour Plating Ships of War*），刊载于1879 年伦敦出版的《造船工程学会会刊》。

撑结构，被击穿的是 8 英寸厚的装甲板，不过这块板材之前已经被一发炮弹击中过了。测试委员会于是下结论说，当时的任何火炮都无法击穿完好状态的这种装甲[105]。[①] 另外需要注意的是，在上述抗弹测试中，总是让炮弹以近乎垂直于装甲板平面的角度击中装甲板，可是在实战中，击中装甲板的角度常常要小得多[106]。

① 海军上将 H. S. 罗宾森撰《给战舰装上装甲》，刊载于 1879 年伦敦出版的《造船工程学会会刊》。

朝船头船尾方向开炮的能力

蒸汽战舰不用管风从什么方向吹来，可以随意地机动，而且，19 世纪以来，战舰船头船尾布置的"追击炮"火力也越来越强，于是越来越强调朝船头船尾方向的火力[107]。铁造船体的结构强度很高，而且还能保持水密，[108] 这就让撞击战术成为可能；于是就连"勇士"号在时人眼里也算具有撞击能力的战舰。

里德在他的早期设计，比如说"研究"号上，就已经力图把中腰炮室这一特色跟朝船头船尾方向开炮的能力结合在一起了，具体的办法就是让炮室前后的船舷侧壁凹入，从而形成壁龛式炮门，这样炮室里的火炮就可以换门架炮，朝着船头船尾方向开炮了。里德在"柏勒罗丰"号以后的铁甲舰上继续发扬了这种设计，巴纳比最后在"亚历山德拉"号（Alexandra）[109] 上把这种设计发挥到了极致。当时别国海军也对这种设计加以模仿。[110] 当年关于铁甲舰的图书都喜欢大肆宣扬这些中腰炮室设计让许多门大炮都能朝着船头船尾方向开炮，这种观点直至今日还在被许多作者沿用。"海格力斯"号中腰炮室的四角上开了 4 个壁龛炮门，意图让这 4 门 18 吨重的 10 英寸大炮可以大致上朝着船头船尾的

1868 年下水的"海格力斯"号是"柏勒罗丰"号的升级改进版。中腰炮室前后有壁龛式炮门，希望让大炮通过这些炮门朝船头船尾方向开炮。（帝国战争博物馆，编号 Q40610）

方向开炮。可是实际情况如何呢？海军中将 T. 西蒙兹爵士[1] 曾说这 4 个壁龛炮门根本没法使用，这艘船实际上只能用船头的 2 门 12 吨 9 英寸炮朝船头方向开炮。文献资料[2] 中能找到记录说该舰曾用 10 英寸炮从壁龛炮门开炮，使用的发射药还是最大装药量（Battering Charge），不过炮管和船体之间的夹角有多大却没有记录。

这些壁龛式炮门在实际使用中会遇到不少问题，它们最多只能算是设计者在炮室几何外形上玩出的花样，根本无法实际增加火炮的射界。首先需要指出的问题就是，换门架炮非常难进行，战舰在迎头浪中稍微一颠簸，就根本没法挪动大炮了。[111] 特别是"亚历山德拉"号双层中腰炮室的下层炮室朝前方开的壁龛炮门，遇到迎头浪的时候根本没法打开，[3] 而且这两个炮门附近特殊的船体外形，会让大浪经过这个部位的时候，拍出巨量飞沫[112]。最后要指出的问题，也是壁龛炮门最严重的问题，便是炮口暴风和火焰对旁边船体结构的损伤。这种损伤具体能有多么大，我们不好量化，不过可以肯定，这样的损伤一定存在，而且平时训练的时候人们是不愿让船体遭受这种损伤的，但若真遇上实战，人们或许能暂时接受船体被自舰火炮的风暴损伤，就像二战的时候"罗德尼"号（Rodney）轰击德国"俾斯麦"号（Bismarck）[113] 给自身带来战损一样。就算从贴近船体侧壁的壁龛炮门开炮给船体造成的损伤，能够在战时被人们接受，我们现在也很难相信"进取"号和"最爱"号那种可放倒式船帮设计能够承受主炮口暴风对船体的损伤。当时没有留下这两艘船朝船头方向射击的试验记录，而且后来里德再也没有使用这种超常规的设计，可见这种为了获得船头方向火力而不顾一切的设计，后来就消失了。后续章节中将会介绍"鲁莽"号（Temeraire）在炮击埃及亚历山大港时遭受的炮口暴风损伤，尽管大部分时候都是大致朝着舷侧方向开炮的。日常训练的时候，一般只让炮口朝着大体舷侧的方向开炮，很有可能当炮管跟它前后船体结构间的夹角小于 30° 的时候，开炮造成的损伤就无法令人接受了。[4]

1870 年左右的装甲制造工艺

从进入铁甲舰时代以后，不管什么时候，给主力舰制造和安装大块的装甲板都是一项了不起的技术成就，这里根据里德的著作[5] 简单介绍一下 1870 年时装甲板是怎么制作和安装的。按照当年的标准，一块大型"装甲板"大约有 15 英尺长、4 英尺宽、6 英寸厚[114]、约 6.5 吨重，当时能够制造的最大幅的装甲板大概就是这样的。这块装甲板的形状必须能够和安装部位的船体外壳严丝合缝地贴在一起，于是这块板并不是纯平的，它在长宽方向上都有弧度（Curved in All Directions）[115]，而且它跟前后两块相邻装甲板的接合面（Butt）也不是刚好

① 1871 年战舰设计委员会报告。
②《1870 年海军预算》。
③ 巴拉德著《一身黑漆的舰队》。
④ 到 19 世纪末，据说美国的"奥林匹亚"号（Olympia）可以朝着船头船尾左右各 10° 角的范围内用 8 英寸炮开炮，而不用担心炮口暴风的影响。
⑤ E.J. 里德著《钢铁造船技术》（Shipbuilding in Iron and Steel），1869 年出版于伦敦。

跟装甲板面垂直的，而是带有一定倾斜度，好让相邻两块装甲板之间也紧密贴合。

　　一块装甲板跟上下相邻装甲板的接合面（Edge），以及它跟前后相邻两块装甲板的接合面都要在半体模型（Half Block Model）上确定下来，以保证这些接合面不会正好跟甲板背衬后面那两层船壳的板材接缝相重合，当然这些装甲板的接缝位置也不能跟船体肋骨的位置相重合。[116] 这样就可以从模型上确定每块装甲板材的外形，制作出许多小样，然后把它们拿到放样间的地板上放大成一比一的图纸。接着根据图纸制作一比一的木制模具，再把模具送到装甲制作商那里，好告诉他们每块装甲板需要弯成什么样的弧度，有的装甲板可能还需要连续弯曲两次。不过即使如此，对于弧度不容易制作的装甲板，也允许在装甲板边缘保留 3/4 英寸的富余，以便安装到位后打磨修型。

　　船体建造到要在肋骨外面固定薄铁皮船壳的时候，就需要在船壳铁皮上明确标画出未来需要插入装甲钉的位置[117]，这些位置必须避开船壳薄铁板之间的接缝以及固定木制背衬的那些钉子，所以还要制作一堆新的木模具出来。装甲钉的位置当然也要避开未来在装甲的木制背衬里埋植的那些纵向加强筋。看看前文里德的各舰装甲比较剖视图，可以想象出给装甲钉找位置有多麻烦。船壳铁皮安装到位后就要先安装木制背衬，为了防腐，木制背衬内外两面都刷涂红铅涂料，然后用防水胶封闭[118]。

　　装甲板安装到位之前先要弯曲成所需的弧度，弯曲的办法就是把装甲板放在炉子中加热到红热发亮状态[119]并保持 3 到 5 个小时，然后就可以趁热将铁板弯曲到所需的弧度了：要么使用水压机（Hydraulic Press）锻压塑形；要么使用重型夹具把装甲板夹住，然后打入楔子迫使它弯曲成所需弧度。里德说当时采用这两种工序都能获得满意的弧度，所以具体用哪个办法主要考虑哪个更省钱，哪个使用经验更丰富、不容易出问题——不过他也曾一带而过，说当时工会给工厂施压，要求保留重型夹具工艺，好让更多的工人不至于失业，尽管夹具比起水压机更不经济。水力锻压锤需要 8 人操作 10 小时，而夹具需要先让 17 个人大致弯曲一下，这只需要 25 分钟，但之后还需要再在锻压机上修型大约 6 个小时。弯曲好的装甲板就可以打上未来要插入钉子的孔了，孔接近装甲板前脸的地方要开大一些，好安装奇头铆钉（Countersunk Bolt）[120]，接着要把装甲板的边缘打磨出合适的倾斜度，好让它跟相邻的装甲板严丝合缝地对接在一起。

　　英国固定装甲用的钉子头呈锥形，正好埋入装甲板的外表面而跟它齐平，里面的那头则在船壳板的内表面用螺帽固定住。[121]"海格力斯"号的 6 英寸厚装甲板用的是直径 2.75 英寸的铆钉，钉子头部分长 3.5 英寸，8 英寸和 9 英寸厚装甲板用的是 3 英寸直径的铆钉，钉子头长 4.25 英寸。木制背衬中也要事先打好孔，只是孔的直径要比钉子小，这样当钉子被汽锤砸进背衬里的时候，就能

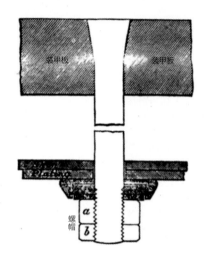

早期铁甲舰上固定装甲用的钉子。如果炮弹正好击中暴露的钉子头，钉子就会断掉。

够紧紧地固定住。铁皮船壳的内表面有两个螺帽，下面还有一块橡胶垫圈，这样如果炮弹刚好击中钉子头，就可以借助橡胶吸收一点冲击力。"海格力斯"号装甲板上的铆钉沿着装甲的四个边缘每隔 2 英尺就安装 1 个，装甲的中间部分没有钉子[122]。装甲钉的布局方式让设计、建造者动了不少脑子，尝试了许多不同的固定方法——甚至连螺帽上的螺纹都特意做得比较浅，以免让钉身太细，削弱钉体的强度。

　　法国人采用带螺纹的螺钉穿过装甲板，然后埋入后面的背衬里不露头，这样就能把装甲被弹时的冲击力传递到木料里面。1864 年在舒伯里内斯测试了两块采用这种固定方法的装甲板，每片板材的尺寸都是 5 英尺 9 英寸 ×2 英尺 6 英寸，一块厚约4.75 英寸，另一块厚约 5.9 英寸。[1] 虽然这次测试说明法式固定法非常奏效，但英国人没有采用这种方法，因为他们认为等到装甲板背衬木朽坏了，再想把这枚钉子抽出来就很难了[123]。英国人更喜欢直接把钉子固定在木制背衬后面的铁皮船壳上，因为法式固定法的钉子很容易被外力从背衬上拔下来，这种力比把钉子拉断所需的力可能要小得多。里德在《海军科学》里讲解如何造船时提到的那些细节非常值得读者亲自一阅，他当年简直是事无巨细，这一点令人叹服，显然这里简要的介绍无法囊括这些细节。可以说海军部在细致入微地保证铁甲舰防护每一处都不要出问题[124]。

"大胆"号和"铁公爵"号

　　这几艘船留下了特别完备的历史记录，主要是因为当时要向 1871 年委员会呈报其设计细节，所以这个部分有点长，可能显得跟这几艘船在铁甲舰发展史上应该占据的地位不大相配。不过，这些记录也反映了那时候战舰设计师和海军将领是怎么看待铁甲舰的。

　　"大胆"级设计时就是按照"二等铁甲舰"来设计的，因此首先考虑的是经济适用性，不过按照计划也只打算将它们派驻海外殖民地，预计它们在那里最多只需要对付带装甲的巡洋舰[125]。该级战舰原本的设计指标是吨位（bm）[126]达到 3000 吨，带 6 英寸厚的装甲，能搭载 8 英寸前装线膛炮，就足够了，后来是斯潘塞·罗宾森"拼上自己的老命恳请议会批准"给该舰安装 8 英寸厚装甲带，搭载 12 吨的 9 英寸炮[2]。里德最终在 1867 年 2 月 2 日提交了设计方案，造价预算达 22 万英镑，这个方案于 1867 年 2 月 8 日获得海军部通过。面对 1871 年委员会的质询，里德说[3] 当时对这个方案的设计要求是让它作为"海格力斯"号的缩水版，就像"防御"号之于"勇士"号一样，但相对于"防御"号，要有

① 海军上将 H. S. 罗宾森著《给战舰装上装甲》，刊载于 1879 年伦敦出版的《造船工程学会会刊》。
② 1871 年战舰设计委员会报告。
③ 1871 年战舰设计委员会报告中 1871 年 4 月 17 日里德向委员会所做报告。

"铁公爵"号(上图)和"前卫"号(Vanguard)(下图),都是1870年的。"前卫"号后来被"铁公爵"号意外撞沉了。[127](作者收藏)

很大的提升。这样一个设计思路之下,各项性能当然要有很大的牺牲,才能把造价压下来。设计要求该舰必须能够挂出大量的风帆,还要有露天甲板的第二层中腰炮室,船头船尾的炮位也必须有装甲防御。斯潘塞·罗宾森自夸说,这几艘战舰是"火炮主要架设在舷侧的铁甲舰中唯一一批能够朝着船头、船尾方向使用舰载的最大号重炮的"[128]。

该舰的设计还要求吃水不能太深,结果里德被迫使用了双螺旋桨,于是这种船型就很难具备优良的风帆航行性能了;虽然刚开始计划把这两具螺旋桨设计成可提升式的,但尝试了各种办法都不太满意。这一级4艘战舰[129]中有3艘都安装了平衡舵,平衡舵打到满舵40°的时候,战舰转一圈的直径只有318—423码,而安装了普通非平衡尾舵的"铁公爵"号(Iron Duke)转完一圈,回转圆已达505码。1871年,里德说"大胆"号的设计比旋转炮塔战舰更适合派驻海外[130]。

在"大胆"级以前，海军部递送给船厂的唯一结构施工图就是船体最大宽度处的"舯横剖面"图，船厂只能根据这一个船体分段的施工示意图来推测其他分段应该如何施工。里德认为，如果海军部要绘制出各个船体分段的具体施工图纸，那么就需要把绘图员的人数（当时只有 10 个人）翻 6 倍。[①] 他视察查塔姆船厂的时候惊恐地发现，船厂在施工的时候竟然把舯横剖面的复杂结构毫不打折扣地复制到了船头船尾上，造成"结构超重、造价超支"，于是他花了大功夫来督导"大胆"号的建造，尽可能地给船体减重，甚至在结构中采用了大量的钢造部件。不幸的是，这大部分的减重都是在船底部结构上，造成船的重心升高。该舰完工后重心高出计算位置 6—11 英寸，需要添加 170—320 吨的压舱物才能修正回来。[②]

里德说他设计该级战舰的时候，受到了弗劳德横摇理论[131]的影响（1861 年，见后文），于是他故意把稳心高设计得不高，可惜在后来建造施工过程中船底减重太多，造成了严重的问题。据说[③]"无敌"号（Invincible）有一次抵达朴次茅斯的时候横摇 16°，稳心高是负数。[132] 据说[④]该舰打舵转弯的时候船体倾斜可达 10°。"铁公爵"号在德文波特（Devonport）做了船体倾斜实验，然后在双层底里面灌了 300 吨海水作为压舱。"无敌"号也做了倾斜实验，在双层底里也加注了 300 吨压舱水。[⑤]312 吨压舱物让"无敌"号稳心高达到 3.43 英尺，"铁公爵"号的稳心高还要多 3 英寸。[⑥] 于是又在"无敌"号双层底里面装了 340 吨的水泥当压舱物。[⑦]

里德当时说他早就预料到了这级战舰可能得加压舱物，不过这种说法不大靠得住。"前卫"号的航海官说该舰在加上压舱物前非常"软"（Tender）[133]，不过加了之后就好了；这艘船"在恶劣天气里非常舒适"。[⑧] 压舱物令吃水增加了 15 英寸，把航速从 14.8 节降低到 14 节。该舰搭载的燃煤足够以满功率连续航行 3 天时间。该舰纯粹依靠风帆航行的时候几乎没法有效地转向，它的航海官觉得应该把平衡舵换掉。[134] 该舰风帆航行的速度最大只能达到 6.5 节。后桅杆用处很小，平时几乎不用它。

双层中腰炮室似乎是根据之前里德给奥斯曼土耳其设计的"法提赫"号（Fatikh）[135][⑨] 铁甲舰来的，这个设计也比较成功；上层炮室的大炮通过朝向船头船尾的炮门试射的时候，也只给船体造成了轻微的破坏，而且将来在细节设计上做一点改良就可以避免大部分破坏。上层炮室前面那一对炮甚至可以稍稍朝向船体后方开炮：它们的极限后射角是偏离船头 93°。试射主要损坏的是船帮边缘那些木制的吊铺存放槽（Wooden Hammock Stowage）[136]，以后只要换成铁的就好了。[⑩] 艏楼甲板[137]上面摆放了一个假人，它被炮口暴风破坏掉了。"前卫"号的舰长兰伯特说，他从不敢下令朝船头方向开炮，因为那样会震坏露天甲板

① 他没提的是每个造船厂也会相应地精简一批人员。
② 1871 年战舰设计委员会报告中的战舰设计师报告。
③ 1871 年战舰设计委员会报告，W. 皮尔斯（Pearce）报告。这个数据跟当时横somewhat倾实验的结果相对照，感觉不大可靠。
④ 海军总参谋部海军上校 W. W. 基德尔（Kiddle），1871 年向战舰设计委员会做的报告。
⑤ 如果船的双层底里面有任何可以自由流动的液体，那么这次横倾实验的结果就非常不准确的。
⑥ 报告中说这种差别可能源自船体型线的差别，或者是计算的和实际的压舱物重量有出入，其实这更有可能源自液体压舱物的自由流动。
⑦ 这些船增加了压舱物后，都超出了设计吃水深度："前卫"号吃水增加 6 英寸，"无敌"号吃水增加 5 英寸，"铁公爵"号 1 英寸，"大胆"号 6 英寸。这些压舱物可以让稳心高增加 1 英尺。
⑧ 1871 年战舰设计委员会报告，海军中校 D. 法拉特（Farrat）的证词。这艘船在恶劣天气时横摇仍然很舒缓，也许说明它的稳心高仍然不高。
⑨ 这艘船是里德在 1865 年左右给奥斯曼土耳其帝国设计的，在泰晤士制铁公司建造，但他们后来无力完工，就转卖给了普鲁士，改名为"康尼格·威廉"号（Konig Wilhelm）。
⑩ 1871 年战舰设计委员会报告，1871 年 5 月 6 日海军少将 W. H. 斯图尔特的报告。

上的天窗，而且在海浪中颠簸时很难挪动主炮实现换门架炮。他还说，实际使用中朝船头方向的射界很有限，特别是当船头左右摇摆（Yawing）的时候，基本上只能等待船头摇摆到特定方位的时候抓住时机开一炮。主甲板炮室的炮门下边框距离水线 8 英尺[138]，上层炮室的炮门下边框距离水线 16 英尺 6 英寸。当时还担心如果一发爆破弹在主炮甲板炮室内爆炸，会连带损伤上层炮室，但有些人觉得厚厚的上甲板应该能给上层炮室的人员提供一些保护。上层炮室的边缘是飘在下层炮室以外的，这个外飘部分的下面有粗壮的铁板作为支撑，铁板防火防爆，可以承受下层炮室主炮的炮口暴风。船体中腰的这个炮室内部非常拥挤，舰长在这里简直没法指挥。兰伯特舰长更愿意站在船头炮位之间指挥作战，他认为这些船头炮的射界也更广，[139] 左舷的可以朝右舷跟正前方夹 30° 角的方向开炮，反之亦然。

　　1871 年战舰设计委员会似乎特别在意战舰的"搁浅"，要求战舰搁浅的时候船底不容易受伤[140]；浅吃水的设计只能部分地满足这个要求。"大胆"级中有两艘都在施工建造期间底部受损："大胆"号在船体完工下水的时候，因为下水的坡道下面有一段缺少梁架的支撑，结果卡在了那里；"无敌"号下水后遇到低潮，结果搁浅在河底一块巨石上了。这两起事件都不能说明里德的结构设计有什么问题，该级舰在服役中照样没看出船体结构有什么问题。不过他还是表示若以后设计类似的战舰，他希望能把纵向梁排列得更加紧密一些。"大胆"号损伤报告中提到该舰的几根钢制纵向梁出现了裂缝，[①] 这算是明确提到战舰结构中采用了钢材的最早档案记录之一。

1870 年下水的"斯威夫彻"号（Swiftsure）是"铁公爵"号的单螺旋桨版本。（作者收藏）

① "大胆"号是 2 月份下水的，所以可以猜想，低温使得船体上质量不过关的钢材发生了脆变。

　　"大胆"级的前两艘[141]于 1867 年 4 月 29 日在纳皮尔厂（Napier）[142]下了订单。海军部在订造第二批次的两艘战舰之前，邀请了各个民间造船厂提出替代方案——既可以设计成舷侧载炮式，也可以设计成旋转炮塔式。排水量限定在 3500 到 3800 吨[143]，吃水不能超过 22 英尺 6 英寸。装甲带厚 8 英寸，旋转炮塔装甲厚 10 英寸。旋转炮塔应当搭载 18 或 23 吨重的大炮[144]，如果设计成舷侧载炮式，则两舷共需要搭载 10 门 9 英寸炮，船头船尾还要有 2 尊轻型火炮；10 门 9 寸炮中的 6 门应该在主甲板上，4 门在上甲板上。舷侧炮的炮门应当宽 8 英尺，间距 17 英尺。战舰航速应当能够达到 13.5 节，每吨位船体平均搭载 4.4 平方英尺的帆。船体用熟铁建造（适当搭配钢材），舵采用平衡舵。7 个厂家发来了设计方案，大多都是旋转炮塔式，不过没有一个方案明显优于里德之前的设计。海军部指出了这些方案的一些具体问题，罗列如下：①

　　伦敦工程设计公司（London Engineering Co.）——现在我们不再看好壁龛式炮门了，因为巴西的使用经验证明，这样的炮门容易让破片从炮门飞进船体里面来。船体设计得太窄了。

　　米尔瓦（Millwall）——重量超出规定至少 400 吨。

　　帕尔默（Palmer）——他们设计了一艘装甲浮动炮台，这种设计现在已经没有实用价值了。

　　纳皮尔——装甲带位置太低了。

　　泰晤士制铁公司——他们设计的舷侧载炮式方案，重量计算上似乎不准确。

　　萨姆达（Samuda）——吃水超出规定 6 英寸，即使如此，重量计算得似乎也不准确。

　　莱尔德（Laird）——简直就是"君主"号的翻版。他们说这个设计的后炮塔可以通过三足式桅杆（tripod mast）的立柱之间朝前方开炮。干舷只有 7 英尺 6 英寸，不足。

　　海军部自己也提交了一个炮塔舰的设计方案，不过在档案里找不到了，最后海军部还是选择了继续按照"大胆"级原来的设计建造。第三艘于 1867 年 9 月 26 日在彭布罗克下单，第四艘则于当年 10 月 21 日在莱尔德下单。平均合同造价为 220190 英镑（作为对照，"抵抗"号[145]是 223055 英镑）。

① 《1867 年海军预算》。帕克斯觉得让海军部自己选择要建造什么样的战舰，这种做法很不好，不过海军部选择的设计大都比较合理，而且议会也保留对这些设计仔细审查的权力。

舰名	船体重量（吨）	装甲重量（吨）	防御标准
"抵抗"	3750	697	4.5英寸装甲带，带18英寸背衬，0.5英寸船壳
"大胆"	2600	924	6—8英寸装甲带，带10英寸背衬，1.5英寸船壳

总设计部对 1871 年委员会提交的建议称："不过，我们现在从战舰设计师的角度出发，不希望再在蒸汽动力的战舰上张挂大面积的风帆了；高大的挂帆桅杆会干扰这些战舰发挥蒸汽航行能力和作战效能，而且这些战舰的额定载员数量也不足以在这些特殊设计的船舶上高效地操作风帆。所以我们要说，拆除风帆对于这些战舰整体而言将会是一个提升。"后来，"前卫"号的上段桅杆（Topmast）[146] 截短了 10 英尺，其他桅杆分段缩短了 6 英尺；跟当时其他的挂帆铁甲舰一样，后桅杆撤掉了横桁（Yard）。海军上将休斯敦·斯图尔特（Houston Stewart）总结说，这些简化过帆装的"大胆"级都非常"伶俐"，船体虽然不大，但是非常灵活，各方面性能俱佳。

1868 年 4 月 7 日，总设计师向海军部提交了一份修改方案，将"大胆"级加深了吃水而且改作单螺旋桨，一周以后方案获得通过。吃水从原先的 22 英尺增加到 24 英尺 9 英寸，排水量从 5900 吨增加到 6504 吨。多增加的 600 吨让航速稍有降低，不过单螺旋桨推进效率更高，很大程度上抵消了排水量的升高。

新战舰[147] 将在船底先包裹木皮，再在木皮上包裹铜皮，这让该船的登记吨位从 3774 吨增加到 3892 吨，因为包裹上铜皮后船宽就增加了。包裹了铜皮以后，这艘新战舰的船底就不会被海洋生物污损了，于是它航行"几个星期之后"仍然能够维持较高的航速。"大胆"级的船体包裹了锌皮，清理起来比较方便，但是对抗船体污损的效果并不好。斯潘塞·罗宾森谈到污损时曾说"从没见过比这个问题更复杂多变的了"，有时候一种防污损方法会比另一种更有效，有时候却又颠倒过来。热带海域中污损问题非常严重，4 个月后航速就能降低 3 节（推进功率翻倍才能抵消这样的航速损失）。

1868 年 7 月 28 日，海军部审计长希望设计部考虑设计一艘炮塔舰，干舷不能太低，要保证航行安全，好让它能远洋巡航，要搭载 2 座旋转炮塔，每座炮塔搭载 2 尊 25 吨火炮，这样就具有了全向火力。罗宾森接着批示道："我们在下议院和公众的压力下不得不设计这样一艘战舰，不过我觉得它对当前部队的战斗力也不会造成多大的损失。当然了，这艘船如果造出来，远洋航行的性能也不会很强，不过也可以确信，它的火力比'斯威夫彻'级要强。所以在综合考虑上述各种因素以后，我认为现在我们也可以做出一点小小的牺牲，让'斯威夫彻'级两艘舰中的第二艘采用这种新设计，为了提升火力和防御而在远洋航行性能方面有所取舍。"[148]1868 年 7 月 30 日，最终决定不对"斯威夫彻"级的第二艘做任何改动。重心高度仍然跟用双螺旋桨的情况类似，需要 360 吨压舱物。

平衡舵

当时发现蒸汽动力航行时，采用平衡舵要比传统尾舵效果好很多，但时人也一致同意，纯风帆船舶就不要用平衡舵了，效果会非常差。海军为了测试平衡舵的效果，给"大胆"级的"铁公爵"号安装了传统的铰链舵，其他3艘安装了平衡舵，结果"前卫"号在风帆航行时几乎"没法操控"，当时好几位军官都这样报告。[①] 这两艘战舰都是双螺旋桨设计（在风帆航行的时候，这些螺旋桨也无法升到水面以上）[149]，"前卫"号装的是曼金厂（Mangin）生产的共轴双桨叶螺旋桨——每根传动轴上都有前后两具双叶螺旋桨，当时认为这可以减少风帆航行时的阻力；而"铁公爵"号安装了"格里菲思"（Griffith）生产的普通双叶螺旋桨。

"君主"号也安装了一具平衡舵，据说依靠风帆航行的时候，顺风转弯（Wearing）需要20分钟才能完成，只是该舰没有姊妹舰可供对照。[②] 海军部审计长斯潘塞·罗宾森做了富于洞察力的评价，他觉得这些战舰的舵可能"太平衡"了，而平衡得不那么好的"海格力斯"号的尾舵，性能就好一些，虽然还是不令人满意。后来，荣誉博士科利特（Corlett）对"大不列颠"号（Great Britain）[150]的评价[③]，也提到该船纯风帆前进时尾舵感觉太过平衡了。

当时的人似乎还不理解为什么会出现这种问题，直到今天，其实我们理解得也不透彻。我跟科利特经过一番探讨，[151] 提出了下面的常识性解释。当时的战舰在纯风帆航行的时候，船头难免在风力作用下左右摇摆，而且船头的形状比现在战舰要丰满得多，所以水流到达船尾的时候往往会左右分离。到了浅水区，这个问题就更加严重；巴拉德说，19世纪在苏伊士运河里航行的时候，这些战舰要么需要拖船在前拖带，要么就必须在船尾拖一条缆绳以增加船尾的阻力。[152][④] 螺旋桨后面有螺旋桨工作时产生的滑流（Slipstream），平衡舵在滑流中可以高效发挥作用，因为它本身是独立于船体的一块升力面。而传统的铰链舵相当于一根机翼后面的襟翼（Trimming Tab），整艘船的船体就相当于那个机翼。帆船航行的时候，船头会轻轻地朝上风方向摆过来，而全船的风帆一般也会调整成需要稍微"迎风压舵"（Weather Helm）的状态，也就是说需要让舵叶朝下风方向偏转，好让船头稍稍朝上风方向摆。在这种情况下，只要把船舵稍稍偏转一下，就能在舵叶两侧的船尾产生非常大的水压差，船就能迅速转弯。纯风帆航行时，由于平衡舵跟船体之间存在一个安装螺旋桨的大洞，它就很难发挥出上述传统尾舵的作用了。[153]

1859年海岸防御工作委员会

1859年的时候，英国出现过一阵短暂的恐慌，人们害怕蒸汽战舰让法国人能够趁着英国舰队在其他地方作战的时候，突然搭载大规模陆军部队入侵。而且，

① 海军上校 E.H.G. 兰伯特、海军中校 D. 福里斯特（Forrest），海军中将斯潘塞·罗宾森（海军部审计长）、海军少将 W.H. 斯图尔特以及 E. J. 里德。
② 海军上校 E. 普赖斯（Price），海军候补上校 E.C. 柯蒂斯（Curtis）。
③ E.C.B. 科利特博士著《铁造船舶》（The Iron Ship），1974年太空城（Moonraker）出版社，第64页。
④ 巴拉德著《一身黑漆的舰队》。

英国海军的各个船厂在远距离对岸炮轰面前显得尤其脆弱。

本书这里只简要介绍下 1859 年"联合王国海岸防御委员会"（Royal Commission to consider the defences of the United Kingdom）的工作，详见桑德斯[①] 和霍格（Hogg）[②] 的书。鉴于当时火炮技术的进步，国家责成这个委员会调研"目前联合王国本土海岸炮台工事的状态，数量是否足够，有哪些工事仍在施工建造中"，然后给需要后续扩建增补的工事提一些建议。按照国家指令，委员会最先从朴次茅斯（含怀特岛和斯皮特黑德）开始调研，然后顺次调研普利茅斯、波特兰（Portland）、彭布罗克、多佛尔（Dover）、查塔姆，以及梅德韦河（Medway）、沃维奇，再就是昆士敦的豪尔博兰（Haulbowline at Queenstown）[154]。

该委员会的成员代表了当时各界的相关专业人士；[③] 最让人瞩目的成员有：陆军中校勒弗罗伊（Lieutenant Colonel Lefroy），他是皇家陆军炮兵学校（RA[155] Institution）的创立者；海军上校库珀·基（Captain Cooper Key），他当时就以技术修养深厚著称；[156] 詹姆斯·弗格森（James Ferguson），他虽不是行伍出身，[④] 但发表了一篇要塞堡垒方面的论文，驳斥了传统的设计观点，推崇大量建造土质工事。委员会于 1860 年 2 月 7 日发表了调研报告。报告开头的概述部分读起来好像有点超出了国家划定的权责范围，这里先不做讨论。报告最后的结论说，目前仅仅依靠战舰是没有办法保卫这个王国的，因为蒸汽战舰、能够发射爆破弹的大威力加农炮，将使敌人可以朝我们海岸线上任意一处投送一支压倒性的海上力量和人数众多的陆军部队。[157] 同时，他们指出，大海是阻挡这种入侵力量的唯一屏障，所以政府必须保障舰队的高效运转。保护海军的军械厂和造船厂是眼前最重要的目标。报告还下结论说："目前联合王国的海军、常备陆军、志愿陆军，甚至三者联合，也顶不住敌人的入侵。"海军是抵抗入侵的第一道防线，海岸堡垒则可以保护船厂、港区，进而拱卫伦敦的安全。考虑到像阿姆斯特朗炮这样的新式线膛炮[158] 展现出了巨大潜能，委员会认为未来敌军对岸轰击的距离可能会拉大到 8000 码，所以海岸防御工事的大炮也要达到这个射程，并且防御工事的位置要确保重要目标都处在它们大炮的保护下。在委员会展开调研工作以前，国家已经开展了一系列海岸炮台营造项目，只是规模不那么庞大，现在推荐的射程是根据已经建造好的要塞火炮的射程，合理拓展得出来的。这些要塞和炮台，按设计，应该只需要最低数量的人员就可以正常运行，而且就算在这最少量的人员里面，真正专业的炮手也应该占少数，剩下的缺额都用当地的志愿兵来填补。炮台还应该设计得能够快速建成，最好在全面开战后的 3—4 个月里面就能造好堡垒外围的护墙（Rampart）和堑壕。报告中提出的堡垒建造方案规模巨大。最开始计划在斯皮特黑德航道的浅滩上建造 5 座堡垒，后来削减到 3 座，怀特岛上也要建造堡垒和炮台来对抗可能的入侵势力，并控制尼德

① A. 桑德斯（Saunders）著《英国堡垒》（Fortress Britain），利普胡克（Liphook）的蒲福（Beaufort）出版社 1989 年出版。
② I. V. 霍格著《英格兰和威尔士地区的海岸防御》（Coast Defences of England and Wales），1974 年在牛顿阿伯特（Newton Abbott）出版。
③ 成员：H. D. 琼斯爵士、D. A. 卡梅伦和 F. 哈利特（Hallett）爵士三位陆军少将，G. 埃利奥特海军少将，A. 库珀·基海军上校，J. H. 勒弗罗伊和詹姆斯·弗格森两位陆军中校。
④ 一般都说弗格森代表政府财政部，不过根据穆尔的说法，没有直接的证据能够证明这一点。

斯航道（Needles Passage）[159]。计划将绵延7英里的朴次登山（Portsdown Hill）全部堡垒化，外加一些次要工事。普利茅斯港现有的海上防御工事需要加强，同时朝向陆地的那一面需要修筑更多的要塞。之前彭布罗克[也就是米尔福德港（Milford Haven）]的防御工事已经在加强了，现在要求再添加朝陆地方向的防御结构。波特兰已经有几座堡垒在修整中，还需要再增加2座；朝陆地方向的防御没有提及。将泰晤士河、梅德韦河堡垒化，看起来会非常艰难，不过委员会仍然对此提出了相当多的规划建议，如果实现的话，也可以保卫沃维奇，甚至在一定程度上保卫伦敦。这些工程的总经费按照当年的标准简直是天文数字。经过计算，这些工程将耗资700万英镑以上，给它们配备武器还需要花费50万英镑，加上委员会调研的时候已经获批通过的堡垒营造经费（146万英镑），就高达1185万英镑，而一艘"勇士"号才花了38万英镑。1860年7月，议会讨论了这份报告，此时法国入侵的危机已经消退了。不出意料，去年越是高调争取建造堡垒的议员，现在越是不乐意批准这项巨额经费。不过还是在当年8月批准了一项总计900万英镑的经费，用来营造这些堡垒，以及装备配套的火炮和浮动装甲炮台，而且这笔经费还是从议会的普通拨款中分拨出来的。时人不认为这是一笔多么出格的开支，因为法国光是建造瑟堡港（Cherbourg）就花了800万英镑。[160]到1867年的时候，在建的堡垒和炮台共有76座，比起委员会的原始提案已经做了一些削减。由于火炮的规格在这段时间内大幅度提升，这些要塞在施工过程中也做了相应的大幅度调整。1859年委员会认为未来只需要68磅炮和阿姆斯特朗的7英寸后装线膛炮，就可以保卫陆地要塞了，而海岸要塞的大炮口径应该再大一点。到了实际施工过程中，不少海岸炮台都修改了施工方案，好安装大得多的火炮，结果护墙上给火炮开的炮廓尺寸更大，而实际安装的火炮数量更少了。当时国家库存了一定数量的火炮，可以在局势紧张的时候让这些工事武装起来，[161]不过这些库存火炮的数量应该不太足。美国内战的实战经验证明了土制工事的防弹价值，而后来生活标准的提高让要塞工事的人均空间占有率，从每人400立方英尺增加到600立方英尺，可是要塞已经快要完工了，这就意味着要塞的额定人数需要缩减，至少和平时期只能如此。以上所有因素都意味着需要继续追加大笔投入，只有继续削减一些最开始计划建造的工事才能部分抵偿这种成本的水涨船高。今天我们已经很难说清楚这些要塞最后到底花了多少钱，因为19世纪的官方账目统计不仅复杂而且混乱（战舰和要塞都是这样）。这些要塞中有些是基本上按照最开始的规划建造完工的，这些要塞上报的成本说明委员会最开始的预期虽然在数量级上基本正确，但大大低于实际成本。比如，根据1868年委员会的统计，沃灵顿堡（Fort Wallington）实际造价103195英镑，而原本的预算只有75000英镑。海岸炮台基本都大幅度修改了施工方案，完工时几乎全部是铁造的装甲外壳，而不再是传统的石头护墙，施工过程中还发现 1859 年委员会大大低估了在海上修建堡垒的难度。议会在 1867 年和 1869 年两度成立委员会调研这些工事的施工进度。这两个委员会的报告整体上肯定了这些工事的施工质量，但提出了许多需要改进的细节。虽然当时法国确实没有对英国发动入侵的企图，但是法国人也在克里米亚战争期间建造了不少专用的对岸轰击炮艇，所以法国的威胁可以定性为真实存在的潜在威胁。[1] 用海岸要塞来对抗法国人的这种威胁，看起来相当奢侈，不过大量兴建防御工事在遇到战事的时候总不会是一件坏事。真正的困难是，没法在遇到紧急态势的时候迅速召集足够的人员进驻这些防御工事。1860 年制订作战计划的时候，预计需要共 72000 名具有一定训练基础的人员，外加 108000 名民兵，一旦开战，人员缺口至少达到 63000 人。特别是那些海岸堡垒都只够一小群守备部队居住，真到了战时，只能让额外的人员直接在大炮旁边露宿，而且卫生条件也会很差。在讨论联合王国国土防御问题的时候，我们不应该忘记，近岸轰击也是皇家海军的一项重要作战任务，而法国的瑟堡面对这样的进攻也是非常脆弱的。[2]

[1] 可以参考 1995 年 11 月在朴次茅斯皇家海军博物馆召开的"战舰对阵海岸防御工事"（Ships v Forts）会议的论文。

[2] 参考安德鲁·兰伯特博士的各种论文，并参考第七章关于伦道尔炮艇的介绍。

译者注

1. 第一章的舷侧列炮铁甲舰拥有水线和舷侧炮位装甲带，在舷侧列炮铁甲舰发展到极限的"米诺陶"级上，水线和舷侧装甲带都从船头连续不断地延伸到船尾。现在中腰炮室铁甲舰相当于用中腰炮室取代了舷侧装甲带，炮室装甲仅仅局限于船体中段水线以上一小段长度。

2. 全称为"Royal Corps of Naval Constructors"。

3. 在用木头造船的时代，需要把缩尺绘制的设计图纸放大成一比一的图样，然后根据图样用薄板制作样板，最后才能依照样板切割船体构件。放大图纸的厂房就叫作放样间。这是一座中间没有立柱的空房，宽阔的地板刷成黑色，可以直接用粉笔在上面放大图纸。

4. 有兴趣的读者可以阅读今天已经是免费网络资料的《我国铁甲舰》（Our Ironclads）一书，在这本1869年出版的非技术书籍中，里德的文字不仅逻辑清晰，而且情感丰富，读来如同聆听现场演讲和辩论，充满激情。

5. 1859年英国才下定决心建造第一艘"装甲巡航舰"——"勇士"号。

6. "Sloop-of-War"的简称，跟前文的"Corvette"一起，指的都是两三千吨的小型战舰。第一章的无装甲早期巡洋舰在当时称为"Frigate"，排水量达到五六千吨。带有装甲和重炮的"铁甲舰"（Ironclad）则在6000—10000吨。在"Sloop"和"Corvette"当中，后者又表示比较大的炮舰，因为"Corvette"一词来自法国，而在传统的木制帆船时代，法国战舰总是比英国的个头大，于是这个词就模糊地代表比较大的小型战舰。不过"Corvette"代表的炮舰总是比"Sloop"要大一点。

7. 因为1862年做这些设计的时候里德还不是海军部的正式员工。

8. "莫尼特"号（Monitor）是世界上第一艘搭载装甲旋转炮塔参加了实战的铁甲舰。这艘战舰的设计非常有特点：船身吃水很浅，好像一个木筏，在筏子上面搭载旋转炮塔。这样设计是因为旋转炮塔的重量太大，若搭载于"勇士"号这样的远洋铁甲舰那7—8米高的露天甲板上，就容易重心太高。从此人们就用"莫尼特"号的舰名来代表这种吃水浅、只适合在近海活动的旋转炮塔式铁甲舰。在中文语境里为了跟"莫尼特"号这艘特定的船相区别，特把此处的"Monitor"翻译为"浅水重炮舰"。

9. 这个委员会全称为"战舰设计调查委员会"（Committee on Designs of Ships of War）。具体内容将在第三章介绍。概括来说就是，在1870年，被公众寄予厚望的"船长"号铁甲舰带着该舰的设计者跟他的儿子，在西班牙外海被一阵大风给刮翻了，全船近500人只有17名普通海员和炮长幸存。这艘船的设计者是海军军官出身的业余设计师科尔上校（Captain Cole），他是旋转炮塔的英国发明人。由于早期舷侧列炮式铁甲舰看起来正在迅速过时，议会和公众舆论都对守旧落后的传统设计师产生了不信任，公众舆论都希望能将科尔的新设计搬到一艘挂满风帆的新主力舰上，给了海军部很大压力。为了顺应民意，里德不得不在1866年交出了"君主"号（Monarch）这个答卷。因为里德懂得船舶稳定性原理，"君主"号的炮塔防御并不算多强，但稳定性尚佳。为了增强航海性能，该舰的炮塔射界十分有限，于是科尔揪住这一点在舆论上大做文章，给里德造成巨大压力。海军部不得不同意科尔也造一艘他理想中的远洋挂帆炮塔铁甲舰。由于科尔上校没有专业的船舶稳定性知识，加上长期病休，承建的莱尔德厂在设计和建造上又很粗糙，结果造出了存在潜在安全风险的"船长"号。在该舰翻沉前几个月，里德发表的船舶稳定性论文里已经为它测算了稳定性，指出其不足。该舰发生悲剧之前，里德因不堪坊间的无端指责，愤而辞职。根据这番来龙去脉，原文这里把海军成立的调查"船长"号翻船事故的委员会称为"里德委员会"。

10. 里德在19世纪70年代、80年代对海军部新设计的批判，似乎主要是针对他的内弟巴纳比，集中在巴纳比设计的"不屈"号上。这艘船的舷侧装甲厚达半米以上，所以在船体重量限制之下，只能把防御设计得更加集中，完全收缩在舯部，造成首尾无防御。这种"中腰铁堡"（Central Citadel）式设计可以说也是里德"中腰炮室"设计的自然发展。里德的批驳引起了全国舆论讨伐巴纳比，后者因此神经衰弱，最后不堪重负而辞职。

11. CB=Companion。

12. 见插图"研究"号照片，船体中段开着炮门的一小段区域就是装甲炮室。烟囱中是锅炉排放的废气，温度相当高。烟囱通过炮室显然会把锅炉废热传到这个空间里。

13. 见插图"研究"号照片，可以看到装甲炮室前后的船体侧壁从船头和船尾到中腰炮室，逐渐朝船体纵中线收缩。这样装甲炮室不仅可以朝舷侧方位开两个炮门，还可以在炮室前后凸出船体侧壁的部分再朝船头船尾方向各开一个炮门。炮室里左右两舷各有两门大炮，可以用人力把它们拖进朝前朝后的所谓"壁龛式炮门"里，勉强朝着船头船尾方向射击。

14. 这种炮即第一章"阿喀琉斯"号上那差强人意的"萨默塞特"号。一门这样的9.2英寸炮就重达6.5吨。在甲板上人力挪动这种重炮的方法见第一章译者注释115。

15. 参照文中"研究"号照片，可以看到壁龛式炮门是朝前后的，舷侧炮门是朝一侧的，中间隔着一段炮室的外墙，于是在两个炮门之间形成一片火力盲区。

16. 大炮只装填发射药，不装填炮弹。

17. 发炮时炮管内的火药爆燃气体会跟在炮弹后面从炮口冲出来，形成一片爆破云。它的威力虽然不足以把船体侧壁的船壳板冲击得凹陷下去，但当时的铁甲舰都是挂帆的，船体侧壁上固定着牵拉桅杆用的缆绳，它们很容易被炮口暴风损毁。可见挂帆桅杆确实遮挡和阻碍大炮的射击，这将在下一章介绍旋转炮塔的时候看得非常清楚。17、18世纪的风帆木船时代之所以没有遇到这个问题，是因为那个时候只要求大炮能朝着舷侧方向射击。可是进入铁甲舰时代以来，尤其是美国内战和利萨海战之后，就特别强调船头船尾方向的火力。在"舷侧列炮"的传统帆船和第一代铁甲舰上，大炮的炮管跟船体呈90°，直接横着伸出船舷外，炮口跟船壳有一米以上的距离，炮口暴风和火焰就不会伤及船壳外面固定的缆绳了。可是当炮口指向大致朝着船头、船尾的方向，炮口就几乎紧贴着船体侧壁了，这些易燃的缆绳就容易损毁，不过19世纪60年代已经在尝试用锁链和钢缆来代替传统的麻绳了。

18. "胡阿斯卡"号露天甲板前部的船帮也可放倒，这样炮塔就能够获得很大的射界。而需要航行的时候，就把船帮升起来，这样虽然挡住了炮塔的大炮，让它们无法射击，但是也挡住了舷外的海水，让战舰能够在更高的浪头中安全航行。这样设计是因为那时候的旋转炮塔太沉重了，而"胡阿斯卡"号又是一艘不到2000吨的小船，比这里不到1400吨的"进取"号稍微大一点点。所以为了不让"胡阿斯卡"号在大浪中翻船沉没，炮塔的位置只能非常接近水线，好保持低重心。这样，为了兼顾远洋航行性能和作战时炮塔的射界，"胡阿斯卡"号就只能采用露天甲板可放倒式船帮。"进取"号中腰炮室的位置比"研究"号高一层甲板，在露天甲板／上甲板上，于是也就采用了类似于"胡阿斯卡"号的可放倒式船帮。

19. 指"勇士"号这样的大型铁甲舰。

20. 当时火炮的命中率太低，必须同一型号的8到10门大炮一起开炮，才能在短时间内多打中敌舰几炮。

21. 依据里夫·温菲尔（Rif Winfield）《机帆并用时代海军舰船录》（The Sail and Steam Navy List）一书简要罗列"研究""进取""最爱"三舰的性能诸元，以资跟其他战舰对照。

"研究"号：排水量1740吨，垂线间长195英尺。现有木制炮舰改装的铁甲舰，带有4.5英寸厚的全长水线装甲带，装甲带下边缘达水线以下3英尺处。中腰炮室在火炮甲板／主甲板（Main Deck）上，长34英尺，炮室两侧有装甲带，前后有装甲隔壁，厚度均为4.5英寸。装甲的柚木背衬厚19.5英寸。炮室搭载4门100磅萨默塞特前装线膛炮。蒸汽机是卧式单次膨胀式，标定功率927马力。动力航速10节，纯风帆航速只有6节。

当时单次膨胀式蒸汽机带动这样的小型舰，能达到的典型航速就是10节，6节也是风帆时代一般战舰的典型平均航速。

"进取"号：排水量1350吨，垂线间长180英尺。现有木制炮舰改装的铁甲舰。带有全长的水线装甲带，厚4.5英寸。中腰装甲炮室跟"研究"号的区别在于高一层甲板，在露天甲板上，炮室四面的装甲厚度也是4.5英寸。装甲带有19.5英寸厚的柚木背衬。混合搭载2门失败的阿姆斯特朗7英寸后装炮和2门100磅萨默塞特炮。蒸汽机尺寸比"研究"号略小，标定功率只有"研究"号的70%，但动力航速也接近10节，风帆航速高达9.75节。

当时战舰航速高于10节后，继续提高航速所需的推进功率就会不成比例地增加。该舰风帆航速似乎存在问题，按道理说，"进取"号中腰炮室的位置较高，会造成战舰重心过高，不敢挂出太多的风帆，以防被狂风刮翻船。

"最爱"号：排水量3169吨，垂线间长225英尺。现有木制炮舰改装而成。带有全长的水线装甲带，厚4.5英寸，装甲带从水线以下3英尺处一直延伸到上甲板高度。上甲板搭载一座中腰炮室，炮室长66英尺。炮室四面的装甲都是4.5英寸厚。水线装甲带的背衬为26英寸厚的柚木，炮室装甲带的背衬为19英寸厚的柚木。炮室两舷共搭载8门100磅萨默塞特炮。主机也是单次膨胀式蒸汽机，标定功率1773马力，动力航速接近12节，风帆航速10.5节。

22. 炮艇比上文的炮舰（Sloop及Corvette）还要小。

23. 炮廓装甲的高度不到炮门，只到火炮的基座，而中央炮室的整个舷侧都覆盖着一人多高的装甲。

24. 也叫"导流鳍"。

25. 当时的商船使用这种方法降低造价。

26. 泵喷推进器就是今天高速快艇和快船上的推进器。

27. 主要是跟螺旋桨比较：这种泵喷推进器不在船身外面，不会增加风帆航行时的阻力，泵的喷口可以朝各个方向偏转，从而兼具了一定的船舵功能。

28. 参考文献中的原始资料似乎已经存在谬误。

29. 艏艉形态比较接近。

30. 指理论上蒸汽机能够对外输出的最大功率，实际上还会在蒸汽机的各个零件以及推进器的驱动轴上消耗掉接近三分之一的功率，因为各个零件之间都存在摩擦。其实瓦特的蒸汽机厂在18世纪末可能就研发出来过一种小装置，可以直接测量蒸汽机工作时汽缸内压力的变化，从而测算出标定功率。

31. 算是非常小的回转圆。

32. 比较大的数字代表推进器能够把发动机输送功率的百分之多少转化成推力，这部分推力还会因为船体本身的干扰再耗损一些，就只剩下比较小的那个数字了，这种“全局推进效率”又叫作“船身效率”。

33. 他更著名的学术贡献是提出了发动机的热力学循环模型“朗肯循环”。

34. 当时泵推器效率太低了，而朗肯和弗劳德分别可以算是那时候理论和实验水动力学权威了。

35. 巴纳比爵士也就是里德的内弟纳撒尼尔·巴纳比，铁甲舰时代中期的海军总设计师。

36. 并不是拖网渔船，而是拖曳着扫雷具等水下清扫器械。

37. “航速非常高”在今天大约能达到40—45节，这样的船一般也不是排水型船体，船体水下形态往往十分特殊，比如“小水线面双体船”。

38. “帕拉斯”“珀涅罗珀”“柏勒罗丰”“海格力斯”，这些舰名都是取自希腊神话。

39. 7英寸前装线膛炮就是第一章最后介绍的沃维奇军工厂研发的、英国一直用到19世纪80年代初的锻铁前装炮。第一章文末的表格里列出了这种武器的各种规格，可见7英寸的是1865年列装部队的。7英寸后装炮也就是第一章介绍的阿姆斯特朗早期失败的后装炮。回旋炮架就是第一章最后部分讲的新式炮架，回旋操作的方法见第一章译者注释115。回旋炮架在英语里有两个俗名，一是“Pivot”，二是“Swivel”，用“Pivot”更好一些，因为“Swivel”在17、18世纪主要指射程只有几十米的反人员小炮，跟步枪和手枪差不多。

40. 从19世纪30年代开始用蒸汽机驱动船舶，直到19世纪中叶，船用蒸汽机中的蒸汽都只在汽缸中膨胀一次，然后带着大量的剩余热量和能量直接冷凝回流了。这显然是对蒸汽的能量的一种浪费，于是阿瑟·伍尔夫（Arthur Woolf）最先发明出“复合蒸汽机”，蒸汽先进入缸体比较瘦小的一级汽缸膨胀做功，然后进入缸体肥硕的二级汽缸发挥余热。一级汽缸就是高压汽缸，二级汽缸就是低压汽缸。伍尔夫蒸汽机的两个汽缸串在一起带动同一个活塞杆。这种技术含量较高的复杂设计在19世纪上半叶还很难实现，可靠性还达不到海军的要求，所以直到19世纪70年代才在海军中渐渐得到实验性的应用。本书第四章还会略有涉及。

41. “帕拉斯”号性能诸元：排水量3661吨，垂线间长225英尺。这艘新造战舰，里德本来是想设计成铁船的，但海军部批下来以后改成用木头来建造。当时还新造了两艘大型木体铁甲舰（见下文介绍），主要是为了让库存的木头在烂掉前物尽其用。海军部决定把“帕拉斯”号作为它们的缩水版。该舰带有4.5英寸厚的全长水线装甲带，柚木背衬厚22英寸。中腰炮室四面的装甲也是4.5英寸厚。炮室内两舷设计搭载4门7英寸前装线膛炮，在1866年服役后马上替换成了8英寸前装线膛炮。发动机是英国海军第一台复合蒸汽机，这个时候商船上采用复合蒸汽机已经比较普遍了。发动机标定功率达3581马力，动力航速13节，载煤260吨，风帆航速9.5节。

42. 注意，船体中腰主桅杆下方带两个炮门的部分是炮室，它前后的船体从照片上看像是凸出船体，实际上是凹陷下去的，以形成壁龛式炮门。

43. 名义上是里德设计，实际上完全由巴纳比提出方案。“珀涅罗珀”号性能诸元：排水量4368吨，垂线间长260英尺。带6英寸厚的全长水线装甲带，10—11英寸厚的柚木背衬。中腰炮室装甲带厚6英寸，前后装甲隔壁厚4.5英寸。炮室内两舷共搭载8门8英寸前装线膛炮。是皇家海军唯一一艘带一对可升降式螺旋桨的战舰，发动机仍然是单次膨胀蒸汽机。标定功率4703马力，动力航速12.8节，煤470吨，10节续航力1360海里，风帆航速8.5节，动力续航力只够从伦敦单趟开到西班牙。

44. 吃水浅了，螺旋桨的直径就要变小，桨叶面积也就变小了。螺旋桨靠桨叶划水来产生推力，所以桨叶面积小了就意味着螺旋桨旋转一圈产生的推力变小了，只好让螺旋桨转得更快。螺旋桨转速高，推进效率就会降低，而且更容易让传动和变速装置磨损。综合考虑还是用两副小一些的螺旋桨更好。

45. 船舶原理中的"稳定性"见第一章专门注释。船舶原理中的"稳定性"在现代英语中固定用"Stability"来表示，这种稳定性越好，也就是稳心越高，越不容易翻船沉没。但这种稳定性太好的船在风浪中左右摇晃起来也越快速、剧烈，让船上的大炮无法操作。所以 19 世纪不懂船舶原理的战舰军官们所说的"稳定"，其实指的是摇晃比较舒缓、平稳，这种船反而更容易翻沉，稳心更低。今天的英语中把 19 世纪战舰军官们指的这种"稳定性"用"Steady"来表示。对于稳定性概念，在 19 世纪，不论军官还是船舶设计师，在用词上都是比较混乱的。

46. "柏勒罗丰"号性能诸元：排水量 7551 吨，垂线间长 300 英尺。装甲和火炮布局如正文介绍。发动机也是单次膨胀式，标定功率 6521 马力，动力航速 14.2 节，煤 640 吨，8 节续航力 1500 海里，风帆航速 10 节，动力续航刚够从伦敦单越航行到直布罗陀。

47. 一说 98 英尺长。

48. 作为比较，"勇士"号舷侧炮位的装甲带长达 203 英尺，后面布置了 13 门 68 磅 8 英寸炮，每门重近 4 吨。"柏勒罗丰"号上的 9 英寸前装线膛炮设计于 1865 年，使用大量熟铁套筒套在钢制内膛的外面，炮重达 12 吨。开炮后，炮尾上方喷出一篷烟火的地方是炮壁上的一个细孔，用途是拿铁钎子顺着孔插进炮管里把发射药包刺破。因为当时的大炮是从炮管外面的撞击装置点火开炮的，必须把炮管内的发射药跟炮管外引火火药通过这个细孔连通起来。中腰炮室的侧面是舷侧装甲带，厚 6 英寸，炮室前后还有装甲横隔壁，厚 5 英寸，这样整个炮室的四面墙壁都是装甲板围成的。

49. 炮身重 6.5 吨。

50. 一说 4.5 英寸厚。

51. 船头太肥硕，水无法及时从船头两侧流走，就会堆积在船头形成很高的波浪，极大地增加航行阻力。从后文插图可见，船头炮门的位置太低了，很容易因上浪而无法操作大炮。

52. 如第一章的介绍和注释，那时候装甲板都有比自身还厚的木制背衬，可以在炮弹击中装甲时耗散冲击力，让装甲板不至于大范围变形。"柏勒罗丰"号的装甲带背后是 8—10 英寸厚的柚木。背衬最好是致密的木料，如橡木和柚木，也就是从 17、18 世纪直到 19 世纪中叶建造大型木制战舰所采用的木料。不过到了 19 世纪中叶，英国和欧陆的橡木资源已经因各国建造木制军舰而大量消耗，橡木价格变得非常高，迫使英国只能从非洲和印度进口柚木。

53. "柏勒罗丰"号虽然只有船体中段的 5 个炮门带有装甲防御，但观察后文插图，该舰舷侧似乎有许多"炮门"——其实那些都是舷窗。这 5 个炮门跟炮室前后的那些舷窗形状不一样：炮门呈竖立长方形，舷窗更接近正方形。

54. 当时大西洋彼岸的美国把多层薄铁板铆在一起，实际上防御能力远远不如一块均质的厚装甲板。这条平方规则是里德在 1869 年的《我国铁甲舰》一书中向公众介绍的，目的也是说明美国内战时期铁甲舰的工艺水平和防御性能是大大落后于英国的。

55. 这是从 17、18 世纪直到 19 世纪中叶建造木体风帆战舰和第一代舷侧列炮式铁甲舰时，使用的基本设计原则。因为这些战舰从船头到船尾均匀分布着许多炮门，按照这个规则就可以计算出中段大部分船体的长度，再加上两小段船头、船尾无炮门部分的长度，就得到全长。过去的木体风帆战舰不止一层火炮甲板，就按照最下层火炮甲板来计算。

56. 船在风浪中行进的时候船体结构会变形，正文下一节将会探讨船体结构强度和船底结构设计的问题，作为理解的基础，这里对船体结构的变形做个简介。在大浪中穿行的时候，整艘船就如同一根铁造的管子，有被海浪弯折的危险。抵抗海浪的这种摧残，有两种办法：一是把船壁造得更厚一些，这样自然就会更结实，只是船体结构的重量较大；二是像里德一样把船造得短一些，这样按照比例，管子就显得更粗了，也就更不容易被海浪弄弯。里德这种做法相对于"勇士"号那样细长而且"管壁"很厚的管子，就能大大降低船体结构重量。但这种做法也有代价，就是短粗的船体航行阻力更大，需要比细长的船大得多的发动机推力才能达到同样的航速。

57. 这也是船舶设计中的客观真理，不仅是设计师们的设计风格。

58. 里德面对的"长船与短船"问题，直到二战时期，战舰设计师们还会频繁遇到。为了达到设计航速，在没有大大增加发动机功率的前提下，只能拉长船体。但船体拉长之后，不仅船体结构需要增强，好抵御海浪的摧折，水线装甲带也要跟着加长，于是就增加了重量。有时候这种增重甚至能抵消加长船体带来的航速增加。退而求其次，可以只拉长船体，不拉长装甲带，结果船头船尾就没有水线装甲带保护了，战舰的防御和生存性能就降低了。因为没有装甲防护的船头船尾"裸露"区域增加了，这样的区域一旦在交战中大量进水，有装甲防护的那一小段艇部可能提供不了足够的浮力。所以一般设计指标中除了航速之外，还会限定水线装甲带必须达到船长的一定比例，如果没法保留从船头到船尾的全长水线装甲带的话。在这种情况下，有时选择短粗的船体反而能在达到各项设计指标的同时，降低整艘船的成本。短粗的船体更不容易在大浪中变形，就可以用较薄弱的船体结构，装甲带的长度也可以大大缩减，而船体受保护部分的比例可能还增加了。这些船体材料和装甲上面节省的重量和经费，也许能超过更大型发动机组的成本。

59. 海军部系数指的是一艘战舰的排水量跟发动机功率之间的比值，船体比例比较接近的战舰可以使用同一个海军部系数，这样就能从现有战舰的发动机推力中算出排水量更大的新战舰所需要的发动机功率。

60. 注意这里"勇士"号和"柏勒罗丰"号的船体内都有3层甲板，而第一章和本章只提到了两层甲板，即最上面的露天甲板／上甲板和搭载火炮的火炮甲板／主甲板，图中最下面一层甲板叫作"最下甲板"（Orloop），船体的水线位于这层甲板附近。

61. 这种纵向骨架就是现代钢铁船舶的结构基础，可以有效对抗大浪对船体结构的摧折，而16世纪到19世纪中叶的传统木制船舶只能依靠横向结构骨架，强度很差，船体在大浪中会明显变形。

62. 直到19世纪，导航技术还很落后，尤其是铁制的船体会干扰指南针的正常工作，所以导航失误造成的事故时有发生。不仅仅是19世纪，之前的几个世纪里，搁浅对于在海上行船的人都不算什么严重事故。所谓搁浅（Run Ashore/Run Aground）就是船舶不小心冲上了比船体吃水还浅的平坦浅滩，浅滩的泥沙不会划破船底造成大量进水。如果船舶不幸冲上了暗礁，锋利的岩石就会划破船底，最终造成船舶解体，这就叫作失事（Wrecked）。

63. 关于这种炼钢法以及后来更先进的"平炉"法，本书第五章还会简单提及。

64. 所谓的"纵向骨架"，可对照上文插图。"勇士"号舷侧船体骨架缺少类似船底的纵向长梁，只有横向的"肋骨"。船体在大浪中穿行的时候就如同一根要遭到弯折的管子，纵梁，尤其是船底的纵梁可以有效抵抗海浪的这种作用。炮弹击中舷侧的装甲板则是给船体某个肋骨附近的一小片区域施加了侧面冲击力，使用肋骨能够更好地支撑这里的装甲板。

65. 如果没有"勇士"号上的肋骨，这些不完全横隔壁就充当简易肋骨，可以大大降低造价。

66. 上文插图中"勇士"号肋骨的每一节板材上都有三个小的减重孔，而"柏勒罗丰"号的肋骨片尺寸要大很多，中间是一个大洞，这就是所谓的"框架肋板"。

67. "柏勒罗丰"号这张照片展现了16世纪以来西欧远洋大帆船航速最快的那种状态：风从船体后部的左舷或者右舷吹来，而不是从正后方吹来，此时航速能达到最高。第二章后部分会涉及战舰上风帆桅杆的问题，这里借助此图稍介绍。照片上，"柏勒罗丰"号烟囱前面的是前桅杆（Foremast），挂出了所有的风帆；后面的是主桅杆（Mainmast），跟前桅杆比起来，可见最下面那道帆没有挂出来，因为会挡住吹到前桅杆上的气流；后桅杆（Mizzenmast）没有挂帆。前桅杆之前还有一根斜伸的木杆称为"首斜桁"（Bowsprit）。挂在前桅杆和主桅杆前面的帆都呈梯形，这样的帆叫作"横帆"（Square Sail），是用一道横杆挂在桅杆上的，这道横杆叫作"横桁"（Yard）。挂在前桅杆和首斜桁之间的是三面三角形的帆，它们和横帆的位置大体垂直，称为"纵帆"（Fore-and-aft Sail）。前桅杆和主桅杆后面各有一道不规则四边形的帆，也跟横帆大体垂直，也算纵帆。在一艘西欧远洋大帆船上，横帆主要提供推进力，纵帆像几面空气中的舵叶一样，帮助船体稳定航向，让船头不容易被侧风吹偏。"柏"号前桅杆中间那道帆的左舷还多出来一面平行四边形的帆，称为"翼帆"（Studding Sail），好像是给横帆的两侧增加了一对翅膀，专门在顺风前进的时候临时挂出来提高航速。

68. 指里德和巴纳比后续设计的一系列带有三根桅杆、可以越洋远航的中腰炮室铁甲舰。它们在复合蒸汽机、水管锅炉技术尚不成熟的19世纪60—70年代，把重炮、重装甲、蒸汽动力高航速和三根高大桅杆上那数千平方米的风帆，相对协调地整合在了一起。比起"勇士"级、"米诺陶"级代表的第一代"舷侧列炮"铁甲舰，它们火力更强、装甲更厚、机动性没有降低，并且仍然保留风帆战舰的无限续航力。因此这第二代"中腰炮室"铁甲舰能够在19世纪70年代的英国海军中充当公海、远洋主力舰的角色。这一时期已经出现了搭载旋转炮塔的主力舰，将在第三、第四章介绍。旋转炮塔重量太大，很难把它安全地安装到带有三根高大桅杆的远洋主力舰上，桅杆和缆绳还会严重遮挡炮塔的射界。认清了这一点，里德在1869年力排众议，克服了海军部在过去两百多年间形成的对桅杆和风帆的深深迷恋，设计出"蹂躏"号无桅杆旋转炮塔式铁甲舰。但以当时的技术条件，这艘主力舰只能用它的重炮和重装甲在英国本土执行防御任务，它的蒸汽机刚够让它单纯靠烧煤低速往返大西洋两岸，它那搭载了两座沉重炮塔的船身，为了保证稳定性，也不得不比较低矮，因为在远洋上很容易因为上浪而根本无法使用炮塔中的主炮。

69. 原文此处比译者翻译的还要简略扼要。这是船体结构设计中最基本的原理。简单讲，也就是船头船尾比较纤细，那里的浮力不足，而船体中部比较肥硕，那里的浮力会有富余，这样就需要用结实的纵梁贯穿船身全长，好让船体中段"拽住"浮力不足的艏艉。其中"挠矩"就是船体每个分段受到的剪应力乘以这个分段到船长中点的距离，这就是把船体看成一根跷跷板，在离中间的支点越远的地方用力，产生的效果自然越大。

70. 1869 年设计"蹂躏"号的时候，怀特还是巴纳比手下的年轻助手，具体计算都由他直接负责。在第四章会详细介绍这艘船，但第四章缺少清晰的外观图。

71. 船头船尾水压之差即航行阻力。

72. 怀特直接记录了各个分段超重以及浮力富余的数据，此图则是将超出或者不足的重量用战舰的长度平均了一下。这样做是为了方便跟别的战舰进行比较，这种处理方式称为"归一化"（Normalization），也就是剔除了船体长度的不同对这种超重 / 浮力富余情况的影响，从而让两艘战舰之间的比较成为可能。

73. 所谓"带旋转炮塔的撞击铁甲舰"，就是第一章介绍的 1878 年和 1880 年陆续完工的"鲁伯特"和"征服者"号，它们的总体设计大同小异。"鲁伯特"号只有一个旋转炮塔，只能朝前方和两侧射击，船头是个撞角，而且比其他铁甲舰的撞角要稍微大一些。撞角后面的船头也经过了特别加固。

这里需要注意的是，整本书基本上是在按照时间顺序介绍从 19 世纪 60 年代到 1905 年的战舰发展历程。譬如第一章的"舷侧列炮"铁甲舰是 1859—1863 年间的设计；1863 年伊茨克·瓦茨退休，里德成为总设计师后，就开始建造他推崇的"中腰炮室"铁甲舰，也就是本章的内容，直到 1875 年服役的"亚历山德拉"号，带有三根高大桅杆、主炮基本上只能朝舷侧射击、没有旋转炮塔的"老式"铁甲舰才基本退出了历史；跟"老式"铁甲舰的发展同步，从 19 世纪 60 年代开始，陆续尝试把旋转炮塔安装在铁甲舰上，经历了一些挫折和风波，就像第三章、第四章将要描述的那样，最终在 19 世纪 60 年代末、70 年代初，设计出"蹂躏""鲁伯特"这样搭载重型炮塔的"浅水重炮"主力舰，它们暂时没有能力到远洋战斗；到 19 世纪 70 年代中期产生了第三章、第四章将会介绍的万吨巨轮"不屈"号——巴纳比给它安装了英国当时最重的大炮、最厚的装甲，该舰还安装了两座"辅助性"挂帆桅杆，但根本没法驱动那万吨身躯。可见，第一章介绍的"鲁伯特"和"征服者"号撞击舰并不属于"舷侧列炮"时期，而是属于第三、第四章介绍的"旋转炮塔"时期。

74. 传统木船结构就是在船底一根纵向的中轴"龙骨"上骑着许多许多排列非常紧密的"肋骨"。瑟宾斯的发明就是在传统木船船底的肋骨内面增加了大量的斜向加强件。到 19 世纪 30 年代后，瑟宾斯造船法已经成为英国和其他西欧海军的标准造船方法，它让木船的长度突破 18 世纪的 60 米极限，增加到 70、80 米。19 世纪中叶已可以用瑟宾斯法建造船体达百米的木体大船，使用的斜向加强件是铁造的。但百米已经是木船长度的极限，船体结构明显地开始遇到上文介绍的龙骨弯曲变形问题。虽然 19 世纪中叶的瑟宾斯式战舰也在船体内使用了铁制加固件，但它并不是第一章提到的、19 世纪六七十年代那种"铁肋木壳"（Composite Construction）商船，因为瑟宾斯式战舰的肋骨仍然使用木头来建造，只是把船底那些交织成一个个三角形框架状的加强件都换成了铁条。第一章已经讲到法国第一艘铁甲舰"光荣"号是木体铁甲舰，也就是在木制船体两舷包上熟铁板。为了承担装甲、重炮、蒸汽机和锅炉的重量，以及螺旋桨轴的震动，"光荣"号的船体是按照瑟宾斯法建造的。同样，当时英法其他的木体铁甲舰也全部是采用瑟宾斯加固法来建造的。尽管作者布朗先生对瑟宾斯法褒扬有加，但它终究只是对传统木构船体的改良，这种船体结构的最大问题就是缺少纵向结构梁，只有一根龙骨可以算作纵向梁，所以船体很容易因载荷情况变化而变形。17、18 世纪的人对木船的这种变形现象早已有明确的认识，把它叫作"船壳松动"（Working）。19 世纪曾测得，大型木构战舰在迎头浪中船体长度变形可达 2%。可惜那时候大部分的海军军官不仅不能像瑟宾斯一样对背后的结构载荷问题有所认识，还错误地认为这种船体变形能让木船更好地抵御大浪的冲击。从前文"勇士"号和"柏勒罗丰"号船体剖面结构可以看出来，跟综合采用纵向、横向梁架结构的铁造船舶相比，瑟宾斯法无疑是落后的，所以英国海军也曾在 19 世纪 40 年代打算彻底淘汰木船，转向铁造战舰。可惜 19 世纪 40 年代时，铁造船技术兴起才 10 年多，熟铁辊轧技术也不过关，生产的熟铁板性能欠佳，结果英法直到 19 世纪 50 年代还在用瑟宾斯法争相建造排水量五六千吨的巨型木船，它们中有不少都在 19 世纪 60 年代改装成了木体铁甲舰。

75. 他也是 19 世纪 40 年早期铁造船舶的先驱之一。他的厂财务状况不佳，所以造出来的铁船质量欠佳，当时出现问题乃至失事的两艘铁船都是他的船厂建造的。

76. 即上文以炮塔撞击舰为例所作的系列曲线。积分运算的含义：剪应力代表相邻两个船体分段之间彼此错动效果的大小，不仅跟分段上的"载荷"（即重量–浮力差）有关，也跟这个船体分段的粗细有关——越粗的分段越不容易发生错动，从载荷曲线积分求剪应力的过程就代表了把这两个因素都考虑在内。

77. 巴纳比和年龄更小的怀特不仅仅是里德的助手，也是他的学生和晚辈。里德作为一个团队的领导，只负责提出总体设计思路，然后巴纳比带领怀特等人具体实现这些设计，最后设计成果归里德所有。和时人相比，里德只是对他的学生和晚辈比较宽厚。

78. 按照今天的习惯，怀特会署名为第一个作者，而里德会署名为最后一个作者，又称为"通讯作者"。

79. 当时各种学会开会的时候，由作者现场宣读论文，然后与会诸君参与讨论，最后论文归档出版。今天的习惯是先出版论文，然后在会议上报告。

80. 里德采用短粗的船体不仅仅是因为可以大大减轻结构重量，弗劳德的研究成果也是驱使里德选择这样设计的关键动因。弗劳德研究船体阻力的时候发现，相当一部分阻力来自水下船体跟水体的摩擦，因此船底的表面积越小，阻力越小。同样排水量的战舰，船型越短粗，吃水就越浅，浸水的表面积越小，也可减小阻力。

81. "惯性矩"定量代表了惯性的大小，船的惯性越大越不易被风浪摇晃起来，可一旦摇晃起来又很难停下来。就像船上各种零件的重量可以找到一个重心一样，惯性也可以找到一个中心，船体摇晃可以看作是绕着这个中心进行的。如果一张重达 2 吨的门板安装在距离这个摇晃中心 6 米的地方，那么这块门板的惯性大小，也就是惯性矩，就是 2 吨 ×6 米 ×6 米。

82. 19 世纪后半叶已经流行使用一种可以直接从曲线图上测量出线下面积的"积分器"，大大简化了计算。

83. L=Length，代表长度，里德规范了船舶设计过程后，长度一般指"垂线间长"，也就是龙骨一头一尾两道立柱之间的长度；B=Beam，代表船体的最大宽度；D=Depth，代表船体深度，对于"勇士""柏勒罗丰"这样没有旋转炮塔的"老式"铁甲舰来说，就是舷侧搭载大炮的那层甲板到船底的距离。

84. 原文此处带有双关意味：既可以理解为良好的开始；从船体形态方面来理解，也代表船头比较瘦削。

85. 德军在西线疯狂进攻，法国奇迹般地顶住，还让德军损失惨重。

86. "海格力斯"号性能诸元：排水量 8680 吨，垂线间长 325 英尺。装甲和火炮布局见下条注释。发动机仍然是单次膨胀式，标定功率 8529 马力，航速 14.7 节，煤 610 吨，10 节续航力 1760 海里，风帆航速 11 节。动力续航力刚够从伦敦单趟开进地中海里，还没到法国地中海沿岸就没有煤了。

87. "海格力斯"号的火炮和装甲布局跟"柏勒罗丰"号大同小异，新特征就是把之前"研究"号等铁甲炮舰上的壁龛炮门搬到这艘一等铁甲舰上。火炮仍然是第一章介绍的沃维奇前装线膛炮，比"柏勒罗丰"号的 9 英寸炮大了一点。"柏勒罗丰"号是当时最先列装 9 英寸炮的战舰，而"海格力斯"号最先列装了 10 英寸炮。炮架仍然是第一章介绍的铁制滑块式炮架，炮架在炮门间变换炮位的办法也一样，使用撬杠和滑轮组，但此时的大炮重达 18 吨，变换起炮位来一定非常艰难。"壁龛式炮门"就是让舷侧的船体凹陷进去一块，从而获得大致朝着前方、后方的一点射界。腰部的水线装甲带厚 9 英寸，到首尾逐渐减薄到 6 英寸。中腰炮室的舷侧装甲厚 8 英寸，前后的装甲横隔壁厚 6 英寸。

88. 原著这里说该舰的"露天甲板"首尾各有一门 9 寸炮，有误，实际情况是像"柏勒罗丰"号一样，安装在火炮甲板上的。

89. "海格力斯"动力航速 14.7 节，"柏勒罗丰"14 节；"海格力斯"纯风帆航速 11 节，"柏勒罗丰"10 节。

90. 该舰的中腰炮室也跟"海格力斯"号一样，每边搭载了 4 门 10 英寸 18 吨前装线膛炮，但只有最前面一对炮设置了壁龛炮门，可以换门架炮，朝船头方向射击。创新之处在于"双层炮室"，也就是在原本炮室后部的露天甲板上搭载 2 门跟"海格力斯"号船头同样规格的 9 英寸炮，而且把炮室装甲带向上方延伸，围绕这 2 门炮形成了一圈露天装甲炮架。这就是"双层中腰炮室"的最初形态，上层炮室仍然是露天的。船头保留了"海格力斯"号的一对 9 英寸船头炮。水线装甲带类似"海格力斯"号，在腰部厚达 9 英寸，在船体首尾减薄到 6 英寸。中腰炮室舷侧装甲厚 9 英寸，前后隔壁厚 6 英寸；上层炮室舷侧装甲厚 8 英寸，前后隔壁厚 6 英寸。"苏丹"号排水量 9290 吨，垂线间长 325 英尺。发动机为单次膨胀式，标定功率 8629 马力。动力航速 14 节，风帆航速 6 节。由于增加了上层炮室，重心过高，结果该舰的稳心高度特别低，这有可能是风帆航速低的原因。

91. 一般是使用锻压机和冲头对材料进行压迫、击打，测试材料的结构强度和承受突然冲击的能力如何。

92. 第一章正文末的表格展示了 19 世纪 60 年代英国前装线膛炮口径逐年递增，直到 1879 年设计出 80 吨重的 16.5 寸巨炮。炮弹也从滑膛炮时代的球形实心弹发展成前端硬化的帕里瑟铸铁弹，带有锥形的头部，类似于今天的炮弹。除了铸铁弹之外，还开发出强度更高的锻铁和锻钢弹，它们的头部经过表面硬化后穿甲能力更强。所有这些炮弹在列装海军时都不装填火药，因此算作"实心弹"（Shot）。

93. 平面图上其他圆弧也是炮架旋转用的滑轨。

94. 这些加强筋在图上只显示了它们的断面，即装甲后面颜色较浅的木制部分里上下十几道黑色短横线。

95. 英国只新造了两艘木体铁甲舰，其他新造舰都是铁制船体，其他木体铁甲舰都是用现有木体战舰改装的。用来改装的现成木体战舰，就是 1855 年前后建造的带蒸汽螺旋桨推进系统的木制风帆战舰。这种战舰有上下两层火炮甲板，改装成铁甲舰就只保留下层火炮甲板，因为装甲带的重量太大，保留两层甲板则重心就会太高。当时英国新造"沃登勋爵"号这样的木体铁甲舰，主要是为了让库存的大量木料物尽其用。

"沃登勋爵"级新造木体铁甲舰性能诸元：排水量 7842 吨，垂线间长 280 英尺。全长的水线 - 舷侧炮位装甲带，在舯部厚 5.5 英寸，到首尾减薄至 4.5 英寸，带 6 英寸厚柚木背衬。露天甲板上的装甲指挥塔壁 4.5 英寸厚防护装甲。主甲板上两舷共搭载 14 门 9 吨重的 8 英寸前装线膛炮，主甲板船头一对 6.5 吨重的 7 英寸前装线膛炮。发动机也是单次膨胀式，标定功率 6706 马力，动力航速 13.5 节，煤 600 吨，风帆航速 10 节。"沃登勋爵"号采用了如插图所示的弧形上翘的飞剪艏（Clipper Bow），而姊妹舰"克莱德勋爵"号采用了竖直艏。

96. 从 17 世纪 80 年代一直到 1855 年前后，双层火炮甲板的战舰叫作"战列舰"（Ship-of-the-Line），像第一章舷侧炮铁甲舰一样只有一层炮甲板的战舰叫作"巡航舰"（Frigate）。战列舰用于舰队决战，巡航舰相当于一战、二战的轻型巡洋舰。"勇士"号的诞生打破了这一旧时代的惯例："勇士"号只有一层甲板，但搭载当时最大号的火炮，显然是用来决战的。可是海军部的领导层都是风帆时代成长起来的老古董，对旧时代多层甲板的战列舰怀有无限的感情，所以铁甲舰在他们口中仍然时常被称为"巡航舰"。

97. 见下文里德绘制的装甲和背衬结构剖视图，其中的"克莱德勋爵"号和本舰是姊妹舰，构造完全相同。从右侧数第一道较厚的黑色代表装甲带，第二道较薄的黑色代表新增的 1.5 英寸厚铁板，二者之间是当时装甲带必备的木制背衬，第二道铁板背后是船体的承重结构，也就是肋骨，所以肋骨比装甲的背衬还要厚。肋骨里面还有一层木料，是内船壳板。

98. 结合前面的译者注释和下文装甲结构剖视图来看，"沃登勋爵"号船体中最厚实的承重结构仍然是木制肋骨，虽然外有装甲带，内有瑟宾斯式铁制对角线加固件，但仍然是木船。

99. 对照下文各艘铁甲舰装甲剖面对比图来理解。

100. 对照下文"柏勒罗丰"号装甲剖视图：最外层很厚的黑色代表装甲板；后面（即往左）的木纹代表柚木背衬，背衬里面有断面为"L"型的水平、纵向长拐铁片，也就是加强筋；木纹后面是两层薄铁皮制成的船壳板；船壳板后面是垂直走向的"L"型长铁片拼成的船体肋骨结构。

101. "勇士"号是第一艘舷侧列炮铁甲舰，"诺森伯兰"号是最后一艘舷侧列炮铁甲舰。"皇家橡树"号是一艘现有的木船改装的木体铁甲舰。"克莱德勋爵"号和文中的"沃登勋爵"号是英国唯一的一对新造木体铁甲舰。"雷霆"号跟前文的"蹂躏"号是里德在 1869 年设计的一对炮塔式无桅杆浅水重炮主力舰，它们是英国第一级没有挂帆桅杆的主力舰，第三、第四章将会详细介绍。"君主"号是里德 1868 年设计的一艘带有三根挂帆桅杆的炮塔式铁甲舰，即在里德式中腰炮室里安装了两座炮塔，也将会在第三章详述。"卡拉马祖"号几乎没有干舷，似乎完全不能够在大洋上战斗。

102. 这里说的情况参考上文"海格力斯"号船体结构横剖图。将这个横剖图跟更前面的"勇士"号、"柏勒罗丰"号对照，可以发现这种大大增厚木头背衬的设计只存在于"海格力斯"号水线附近的地方——这三艘铁甲舰都有一种类似的设计：在"勇士"号和"柏勒罗丰"号上，中层的"火炮甲板"和下层的"最下甲板"之间、最下甲板和船底之间的两舷，各有一道纵贯船体全长的竖立隔壁，它可以增加舷侧装甲支撑结构的局部强度，这道竖墙和船外壳之间的空间也就是文中所谓的"过道"；到了"海格力斯"号上，只在最下甲板和底舱之间的两舷保留了这道竖墙和过道，但过道填充了木料，从而大大增加了水线附近木制背衬的厚度。由于当时交战距离只有千米左右，敌舰只能把炮口放平了轰击我舰，炮弹才不会从我舰桅杆顶端飞过去，所以当敌舰炮弹击中我舰的时候，重力已经让从海面以上 3 米处水平飞出炮口的敌弹降低到水线附近了。可见里德这一改进能够增强铁甲舰的生存性能，保护不沉性。

103. 参照上文的"海格力斯"号船体结构横剖图的水线部分和下文的各铁甲舰装甲结构横剖对比图。

104. 分别模拟水线和中腰炮室的舷侧装甲厚度。

105. 实战中，一块装甲的同一个位置被击中两次的概率非常低。因为那时候炮架非常原始，火炮会随着船体颠簸而摇晃不定，而且也没有任何火控观瞄仪器装置。

106. 炮弹越是接近垂直于装甲平面击中它，造成的损毁效果越好，也就是说实战中火炮往往难以发挥靶场上那样的威力。

107. 在17、18世纪，决战用的风帆战舰排成一字长蛇阵，用舷侧火炮相互对轰，这种情况下不需要强大的船头、船尾火力。当时只有两艘战舰相互追及的时候，才从舷侧炮位上临时挪动一两门炮到船头和船尾来，用它们朝前方或者后方的敌舰开炮。18世纪末的英法大战中，英国打破了一字长蛇阵的僵硬战术，改用船头对敌的冲锋突击战术，大获全胜。进入19世纪以后，各国战术专家都开始强调船头船尾方向的火力，蒸汽机的出现又让战舰可以随意把头尾对准敌舰。到铁甲舰时代，船头船尾方向的火力已经是战术专家认为不可缺少的一项能力。

108. 木船不具有水密的能力，因为木制船壳板会在海浪拍击下彼此错动，这种船体变形在上面"船体结构强度"部分已经讲过了。英国的李约瑟博士曾经宣称中国古代木船上就有水密隔舱壁，这说法显然是错误的。他可能不懂中西木船结构的区别，用西方木船的结构理念来理解中国古船。

109. 第四章166页的插图，是1875年竣工的中腰炮室铁甲舰"亚历山德拉"号从船头方向看的外观，下文谈到了该舰宏伟的双层中腰炮室在设计上的缺点，对照该图可以帮助理解。

110. 别国海军的铁甲舰也有很多是英国民间企业制造的。

111. 如同第一章译者注释115所说，需要人力用撬杠和滑轮组来完成这个作业，18吨重的大炮一旦在颠簸的甲板上失控，就像一辆重型载货卡车直接冲进人群中，后果不堪设想。

112. 见第四章166页"亚历山德拉"号照片，可以想象当海浪涌过船头，涌到舷侧阶梯形的上下炮室前脸的时候，就像突然撞上一道海中的礁石，撞出一阵白浪。海浪无法流畅地从舷侧涌过，就会大大增加航行阻力，大大降低战舰在迎头浪中前进的速度。如果炮室前脸的炮门打开，那么大浪就会从这些炮门扑进船身里，让炮管灌满海水，根本无法开炮。

113. 这是二战时期最著名的一场对决。德国计划用新造的主力舰"俾斯麦"号突破英国舰队的封锁，到德国占领下的法国大西洋沿岸去，然后伺机出动，骚扰英国的海上补给线。刚一开战，"俾斯麦"号就用精准的远距离吊射一炮击穿了当时英国最大的战舰"胡德"号脆弱的装甲甲板，引起甲板下船体深处存放的弹药殉爆，"胡德"号瞬间爆炸沉没。伴随"胡德"号参战的"威尔士亲王"号，炮塔出现机械故障，无法有效输出火力。于是英国舰队倾巢出动，先用航母上起飞的"剑鱼"式双翼鱼雷攻击机对付"俾斯麦"号，由于这艘雄伟的德国战舰只有寥寥几座敞开炮架式远距离高炮，英国鱼雷成功投下鱼雷，打坏了该舰的尾舵。这艘跛脚的巨舰接下来遭到英国多艘"纳尔逊"级和"乔治五世"级的抵近轰击。其中，"纳尔逊"级"罗德尼"号抵近朝"俾斯麦"号发射了鱼雷。"俾斯麦"号船尾被"罗德尼"号的炮火整个炸掉，一座炮塔被"罗德尼"号炸烂，该舰所受的主要损伤都是"罗德尼"号造成的。"俾斯麦"号最终带着大量水手沉入海底。

"罗德尼"是为了纪念18世纪中叶的一位英国海军上将，他第一个敢于打破僵硬的战列线队形、尝试采用突击战法。

"罗德尼"号在这场作战中到底因自己主炮受到多大的损伤，英国海军部避而不提，没有出版官方记录。今天关于"罗德尼"号自损的报告，是当时该舰上一名美军观察员留下的战场记录。当时他并不在露天甲板上——当"罗德尼"号的主炮开炮的时候，没有人敢站在露天甲板上。"纳尔逊"级条约型战舰（两艘，"纳尔逊"号和"罗德尼"号）的外形，跟第一章和本章提到的"炮塔撞击舰"大体类似：全部主炮都位于船头，舰桥和动力机组位于船体中后部。3座高低错落的三联装主炮塔搭载了9门16英寸巨炮，除了日本"大和"级的18英寸炮之外，是当时最大号的海军炮。这些大炮发射时，整个露天甲板都笼罩在炮口暴风下，所以"纳尔逊"级舰桥设计成可以抵御暴风的全封闭式。于是这位美国观察员记录的并不是本章此处谈到的炮口暴风对舰面结构的破坏，而是甲板下的情况。根据这位观察员的记录，由于这9尊巨炮连续开炮长达几个小时，船体内各种管线和木制甲板全都被震松了，主甲板上水泵管路的铸铁接头处爆开，水漫整个甲板。不管这种目击记录的真实性如何，"纳尔逊"级出现这样的问题其实是可以理解的。因为这两艘船是"条约型战舰"，它们的排水量在名义上不能大大超过1921年《华盛顿海军条约》限定的35000吨。在这个限定下设计出搭载16寸炮和14寸舷侧装甲带的战舰，本身就是非常困难的事情，所以设计和施工中不得不绞尽脑汁采用各种减重的办法，只要船体主承重结构不会被主炮震塌，其他都可以减重：次要承重梁做得比较细弱，甲板上的木条用最薄的型号，内部舱室大量采用铝合金隔壁。结果就是大炮连续开炮时会把船体内外各种零件震松。无独有偶，后来美国的条约型战舰"南达科他"级也报告了类似的问题。这些问题并不影响战舰的战斗力。

20世纪进入无畏舰时代以来，对露天甲板和舰面设施遭受主炮风暴损害的问题，各国也做过大量实验，用小动物做了测试，发现放在炮塔顶盖上的笼子里的啮齿动物和羊都在暴风作用下受了伤，甚至死亡。所以二战时一般在主炮预备开炮前，先让舰桥上所有露天高射炮和高射机枪炮位上的战士全部进入船舱内躲避，来不及躲避的就地卧倒。高平两用副炮则尽量装备防破片、防暴风的轻装甲炮罩。

114. 注意，装甲板的厚度可以达到 9 英寸，因为 1868 年的"海格力斯"号上已经采用了这种厚度的装甲板，而里德的著作中并没有说这样的装甲是一层 6 英寸和一层 3 英寸叠加在一起的，里德还特别说了这种叠层装甲的防弹性能大大弱于一整块厚装甲板。

115. 艏部粗，船头船尾比较细，为了让水流畅地流过舷侧，船体的外壳在水平方向上必然是弧形的流线型；从水线高度到露天甲板，船体也并不是垂直的，而是稍稍朝舷内倾倒，称为"舷墙内倾"（Tumblehome），所以船壳在垂直方向上也是弧形的。

116. "半体模型"就是代表一侧船身形状的木块，在上面可以描画各块船壳板材的具体位置，确定它们的接缝不跟板材后面的肋骨刚好重合，不然就会让局部结构比较脆弱。里德设计的铁甲舰，看起来需要确定三层板材的接缝位置：装甲板、背衬木板、船壳板。

117. 英国固定装甲的时候要求钉子连续打穿装甲板、木制背衬以及船壳，然后用橡胶垫圈和螺帽固定在船壳板的内表面上；法国只要求钉子打穿装甲板，钉子头埋入木制背衬的里面不露出来。

118. 即使这样也没法保证水线以下的背衬完全不被海水浸泡，里德说"勇士"号等第一代铁甲舰都出现了背衬木料朽坏的问题，所以他才特别强调要刷涂红铅和防水胶。

119. 大约 900 摄氏度以上。

120. 见上文装甲钉插图。

121. 见上文装甲钉插图。

122. 第一章已经讲到，这样暴露的钉子头如果恰好被炮弹击中，钉体就会断裂，本章也再次提及。即使后来钉头埋入装甲板内部而不再暴露在外，装甲板四个边缘的抗弹性能仍然是低于装甲板中心部位的。这也是不可避免的情况，除了使用铆钉之外，没有其他办法固定装甲板。

123. 木材和铁接触的地方，如果渗入海水，就很容易把木料和铁材朽烂在一起。特别是英国过去建造木制战舰时使用的橡木富含大量鞣酸，可以加速铁钉的锈蚀。

124. 但是暴露的钉子头仍然是个严重问题。

125. 法国、俄国的二等铁甲舰，而不是他们用来决战的一等铁甲舰。

126. 这是古代估算船舶大小的一种方法：用船体长度、最大宽度和船体深度三个尺寸乘起来再除以一些经验系数，得出来的数值冠以"吨"的单位。不过显然是估计的船舱内的容积。由于铁甲舰时代战舰的形态比古时候的木船要纤瘦得多，这种估算常常存在很大偏差，一般都是吨位大大小于战舰的实际排水量。人们直到 18 世纪末才找到测算排水量的办法，直到 19 世纪 30 年代才逐渐实际应用起来。计算排水量的困难之处是船体水下部分是曲线形的，而不是四方盒子，所以即使从实际的船舶上测得了水线的位置，面对曲线描绘成的船体图纸，设计师也不会计算曲线下的面积。直到 18 世纪末，一个法国数学家才从数学上严格地证明，可以用 17 世纪英国数学家迈克劳林发明的级数展开法，把任意曲线用立方曲线近似表示出来，从此人们才学会了使用数值计算的方法求积分。在此之前，牛顿在 17 世纪开发出来的积分这个数学工具只有理论意义，无法直接拿到工程设计中去对付各种曲面和曲线。可是船体水下曲面面积的手工计算量仍然是很大的，所以直到 19 世纪中后期开发出一种可以自己求积分的机械式计算机之前，船体排水量的计算仍然是一项庞大烦琐的工作。

127. 在 1875 年 8 月的一天，已经退居二线的"勇士"号携一众舷侧列炮式和中腰炮室式的"老式"铁甲舰组成"预备舰队"，开始夏季的海上训练巡航，舰队中就包括"前卫"和"铁公爵"号。离开港口不久，一阵浓雾突然笼罩了舰队，能见度瞬间降至不到一个船长的距离。此时，"铁公爵"号发现自己偏离了罗盘指示的预定航向，于是自顾自地开始机械故障，返回预定阵位。机动过程中，"铁公爵"号没有鸣响雾号，因为这个蒸汽驱动的号角出了机械故障。大约 12 点 50 分，"前卫"号突然发现前方雾中隐约闪现出一个模糊的舰影，赶快紧急转向避让。但这个时候两舰的距离已经不足 40 米了，撞击不可避免。"铁公爵"号船头的撞角结结实实地撞上了"前卫"号艏部锅炉舱和发动机舱的位置。该舰倒退着从"前卫"号上脱身出来，并没有受到多大的损伤，可是"前卫"号因为动力舱进水，动力水泵仅工作了不到 10 分钟就停止了，最终无助地进水失控至沉没。还好训练有素的舰上官兵有序地进入了舰载艇里，只有舰长的宠物狗在混乱中找不到了，成了"前卫"号上唯一失踪的乘员。这起事故既凸显了撞角可怕的战斗力，也凸显了当时操作笨拙的战舰稍微疏忽就会从主动撞击的一方变成挨撞的一方。20 世纪以后，战舰水下船体的舷侧内部有大量的防鱼雷隔舱结构，而当时的战舰没有，故进水总是非常迅速，遭受撞击就会立刻沉没。这两艘船都属于"大胆"级，前文已经提到"大胆"级内部使用了部分钢材来建造，下文将专门介绍"大胆"级。

128. 罗宾森这样说是因为"大胆"级使用了后来巴纳比在"亚历山德拉"号上沿用的那种船体外形设计。本书对"大胆"级的炮室布局和性能诸元没有介绍，这里补充一下。

"大胆"号的双层中腰炮室里容纳了10门9英寸前装线膛炮。下层炮室为规矩的四方盒子，两侧各开3个炮门，3门9英寸炮只能朝舷侧开炮。上层炮室位于露天甲板，但顶部不再敞开。这个炮室的炮位在四角上，火炮在理论上可以沿着跟龙骨平行的方向朝正前方和正后方射击，这也就是罗宾森吹嘘的地方。怎么做到这样的呢？从船头到船尾，露天甲板以上的船体侧壁处处都比上层炮室宽度还要窄，而且从船头到船尾全一样宽，也就是形成了窄而长的首尾甲板室结构。这应该是巴纳比的原创，他70年代设计的"亚历山德拉"和"不屈"号都继承这一设计，当时中国在德国订造的"定远""镇远"两艘铁甲舰也模仿了这种设计。而且，露天甲板以上，除了上层炮室带有顶盖之外，前后的整条窄长甲板室都是露天的，只在甲板室船头部分增加了一段不长的艏楼甲板（Topgallant Forecastle）作为顶盖。"大胆"级除了中腰炮室里的10门9英寸炮之外，还在船头露天甲板上布置了4门发射64磅炮弹的前装线膛炮。其中最前面的一对炮可以换门架炮，通过船头最前面的两个炮门射击；后面一对64磅则只能朝舷侧方向射击。这些露天甲板上的船头炮可能是完全没有装甲防护的，因为位置太高、太靠近船头，增加局部装甲重量会让船头更容易在大浪中埋首。"大胆"级的船头跟之前的铁甲舰相比有了进步，采用了弧形外飘的飞剪艏，有利于阻挡大浪涌上甲板，船头那一小截艏楼甲板的作用也是给船头炮遮挡冲上来的大浪。跟"大胆"级相比，里德之前设计的所有铁甲舰都是竖直艏，而且船头炮都安装在主火炮甲板上，位置太低，稍有风浪就没法使用。"大胆"级的装甲带在船体中段厚8英寸，到首尾减至6英寸，满载时装甲带露出水面只有1米，水下部分1.5米。中腰炮室两侧装甲板厚度也是8英寸，前装甲隔壁厚5英寸，后装甲隔壁厚8英寸。该级舰火力和防护似乎都不比5年前的"柏勒罗丰"号差，而且上层主炮射界更广，所做的牺牲就在动力机组上，该舰的动力航速只能达到13节，风帆航速10节，排水量只有6000吨（比"柏勒罗丰"小1000多吨）。该级舰的上层炮室恐怕也会导致重心过高的问题。下文将介绍到该级战舰确实存在这一问题。

129. "大胆"级4艘船即"大胆"号、"无敌"号、"前卫"号、"铁公爵"号。铁甲舰时代几乎只有这一级主力舰是批量建造的，每个其他的设计最多建造2艘。

130. 如前面注释可放倒式船帆时介绍过的那样，派驻海外的小型战舰如果要搭载旋转炮塔，船体必然就要很低矮以免重心过高，在风浪中容易上浪，难以高速前进。但海外派驻舰主要就是用来保护本国商船、抓捕外国海盗和武装商船用的，这时候一定的速度优势往往比火炮威力更具有实际意义。"胡阿斯卡"号那样的近海防御型炮塔舰并不可怕，因为轻快的小船打不过它却可以躲得过它，而且小型铁甲舰动力不足，旋转炮塔难以快速旋转，甚至像"胡阿斯卡"号一样需要人力旋转，这更让实际战斗力的发挥大受局限。

131. 即第一章注释讲的稳定性越差，船摇晃起来越舒缓，在船上越容易操作火炮。

132. 当时在海上测量的角度非常不准确。

133. 指长时间倾斜不能回正。

134. 平衡舵在风帆航行时效果很差，见后文介绍和译者注释。

135. "Fatikh"这个单词如今英语拼写为"Fatih"。这艘船的设计介于舷侧列炮和中腰炮室之间，还在露天甲板添加了第二层炮室。

136. 吊铺是水手睡觉用的，白色帆布制成，白天必须打好包，搬运到甲板上来堆码在船帮里面的存放槽内，可以帮助抵御步枪子弹的射击。

137. 即船头露天甲板以上加盖的一小段顶盖甲板。

138. 下层炮门距离海面不足3米，并不高，单层甲板的"勇士"号炮门下边框距离海面3米。

139. 因为船头越来越细，不会遮挡大炮的射界。

140. 维多利亚时代的蒸汽战舰虽然已经有了自航能力，但如同前文的相撞事故展现的一样，转弯调头很不灵活，搁浅仍然是常有的事情。搁浅在之前的风帆时代更是家常便饭。

141. "大胆"和"无敌"号。

142. 两艘船在施工中受伤，似乎说明该厂管理有问题。

143. 似乎不是排水量，而是"吨位"限制，"大胆"级的排水量均达到6000吨，但按照主尺寸估算"吨位"，则只有3774吨。

144. 18吨重的炮即沃维奇10英寸前装线膛炮，23吨的炮是哪种不明确，当时有12英寸口径的25吨前装线膛炮。

145. 第一章的"防御"号的姊妹舰。

146. 上段桅杆即上文插图"斯威夫彻"号前两根桅杆上挂着第二道横木的那一截桅杆，可见桅杆分三节。

147. 这种加深了吃水的改进型"大胆"级包括"斯威夫彻"号和"凯旋"号（Triumph）两艘。

148. 见第三、第四章。美国内战中涌现的新式旋转炮塔战舰让英国上下鼓噪，同时，军官出身的业余
设计师科尔上校的旋转炮塔也告研制成功，因此公众迫不及待地希望看到一艘搭载新式炮塔的大
型远洋战舰，最终诞生了1868年的"君主"号。

149. 双螺旋桨的战舰只有"珀涅罗珀"号带有可升降螺旋桨。

150. 这是19世纪40年代英国民间第一艘大型的铁造船体螺旋桨汽船。

151. 科利特生于1921年，卒于2005年，跟本书作者布朗是同一时代的人，也是当时英国著名的
船舶设计师。

152. 第二种做法是17、18世纪以来的常例。那时候的大船在海上遭到意外、被海浪打掉尾舵以后，
紧急补救措施就是往海里投掷一根缆绳拖曳在船尾后面，这根缆绳能增加船尾的阻力，暂时代替
船舵发挥一点作用。

153. 原书此处比翻译的更加简短，没有解释迎风压舵的含义。实际上需要深入了解风帆船三根桅杆
上几面帆如何平衡，才能理解这里作者介绍的帆－舵协同转弯的道理。但帆船离我们的时代太
久远了，译者推荐约翰·哈兰（John Harland）的《风帆时代船艺大全》（Seamanship in the Age of
Sail）这本现当代经典著作。要想让传统尾舵发挥作用，船体左侧的水不能流到船体右侧。可是
螺旋桨的存在偏偏让两侧的水流相互交叉，传统"襟翼"式尾舵就大大失效了。可是螺旋桨如果
工作起来，即使船本身航速还是零，螺旋桨的尾流也可以让平衡舵像一面单独的机翼一样产生朝
左或者朝右的升力。可见螺旋桨动力船舶的转弯性能是大大强于帆船的，因为按照帆船舵的原理，
船体静止不动的时候完全无法转弯。平衡舵转轴在中间，这样的舵更容易转动，如果转轴稍微偏
前方一些，就叫作半平衡舵，而转轴在全部舵叶前面的就是传统的不平衡舵。上一段说的"过于
平衡"就是转轴太靠中间、特别容易转动的船舵。

154. 这些地点位置从泰晤士河口沿着英格兰岛东南海岸向西直到大西洋沿岸。

155. RA=Royal Artillery。

156. 后来担任海军军械处处长。

157. 作者主要在卷1《铁甲舰之前》中驳斥了这个观点。1855年克里米亚战争期间，英法联合舰队曾
为了入侵克里米亚半岛而组织大规模登陆行动，实践表明，那个时候的英法都没有能力在几天之
内装卸数万人。

158. 1860年装备到"勇士"号上完全失败。

159. 这个航道的地标是三根像针一样竖立的白垩石巨岩。

160. 这样对比也许不合理，因为法国在19世纪中叶之前，从来没有经营过这个港口，整个军港相当
于从零开始，所以短时间内的投资十分可观，而英国各地的主要军港大多经营了一百年以上，正
常追加投资不会那么庞大。

161. 平时不需要让这些火炮在工事里栉风沐雨，加快老化。

第三章
安了炮塔就会翻船

克里米亚战争中，英国的一位炮术军官，也就是后来的科尔上校，在黑海地区作战表现突出。[1] 这段经历让他确信，重型海军炮就应该安装在可以旋转的炮座里，这也就是"炮塔"（Turret），当时他称之为"旋转穹顶"（Cupola），[①]并在 1859 年 3 月给自己的设计申请了专利。[②] 在申请专利以前，他这个合理的设计提案已经在坊间广为传播，得到了公众的支持（由于科尔并不是战舰设计师，海军设计部门一直不大买账，于是他求助于议会和公众），于是在专利申请下来之后的 6 个月内，海军部就在斯考特·罗素厂订造了一座科尔炮塔的原型，[③] 内装一门 40 磅后装炮。这个炮塔的建造进度有点缓慢，说明在施工过程中有一些改进，最终可能是在沃维奇海军船厂完工的。1861 年 9 月，把这座炮塔安装在浮动装甲炮台船（Armoured Battery）"可信"号（Trusty）[2] 上，进行测试。[④]

1861 年"可信"号测试

海军上校 A. 鲍威尔（Powell）于 1866 年发表了该舰对科尔炮塔进行测试的详细结果。[⑤] 总体来看，这次涵盖了多方面的测试是非常成功的；火炮在炮塔里能够比在战舰的舷侧炮位上，以更快的速度开炮，射击也更加准确，并且这座装甲炮塔承受住了 35 发炮弹的轰击，而没有受到明显的破坏。鲍威尔说，炮塔中那尊 40 磅后装炮在发炮并后坐之后，自己就能复位，令炮口伸出炮塔的炮门，而不需要人力操作滑轮组来完成，船体左右摇晃达 2° 的情况下，大炮仍然能够实现这种自动复位。[3] 炮塔内的空间也足够操作火炮，而且虽然开炮时的后坐很剧烈，不过炮组成员都能够躲到不会被撞到的地方。开炮后的烟雾比在火炮甲板上更容易散去，[4] 炮塔内的温度在开炮期间只上升了 2 华氏度。开炮时的震动特别剧烈，炮组成员必须在耳朵里塞棉花才受得了这种巨响，就算把炮塔顶盖的天窗开大一些也不管用。[5]

在各种情况下，旋转炮塔里的火炮都比舷侧炮位上的开炮更快，尤其是靶舰在移动以及行进间射击的时候，炮塔炮更能保持射速。[6] 炮塔连续开炮 12 发，达到了破纪录的射速，弹药供应也比较流畅、充足。瞄准的时候也可以使用炮身上的瞄准器，不过这样操作比较费劲，因为炮门太小了，瞄准完毕后还得等到瞄准手（Aimer）闪躲到安全位置后才能开炮。炮塔顶盖上还有一个处在暴露位置的瞄准具，它很难用，因为很难向炮塔内的炮组成员传递俯仰角（Elevation）

① 科尔最初设计的炮塔安装在"可信"号上，这个炮塔的装甲围壁是斜坡形的，后来的设计改成了竖立式的围壁。于是在后来一段时间里，人们习惯用"Cupola"这个词代表围壁是斜坡形的炮塔，而用"Turret"指代围壁是竖立式的炮塔。
② J. P. 巴克斯特（Baxter）著《铁甲舰的诞生》（The Introduction of the Ironclad Warship），1933年在哈佛大学初次出版，1968 年在阿克隆（Archon）再版。
③ 1861 年 8 月 2 日出版的《工程师》杂志记载，最开始是由战争部（War Office）下的订单，后来海军部接手。这个"战争部"可能就是指武器局（Ordance Board）。
④《铁甲舰》（Iron Cased Shield Ships），刊载于《工程学》（Engineering）杂志 1861 年 8 月 2 日。
⑤ 议会存档中的《1866—1867 海军预算》。

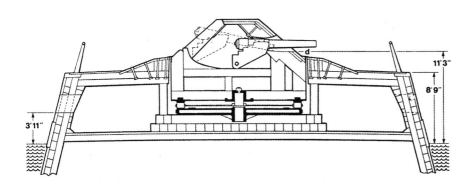

1861 年在"可信"号上测试的斯考特·罗素造科尔式试验炮塔。炮塔侧壁是倾斜的，后来的设计没有延续这个特色[8]。

信息[7]。显然，这些都是小问题，在后续的改进版上很容易改良和提升。炮塔需要的炮组成员也比操作舷侧炮要少：一门40磅炮塔炮只需要9人操作，在舷侧炮位上需要11人。[1]

这门炮塔炮总共开了88炮，没有出现任何机械故障。炮塔的水平回旋（Training）非常流畅，不管快速还是缓缓旋转，都可以在1分半内保持瞄准一个小型移动靶，靶在这段时间内绕过了8个罗经点（Point）[9]。炮塔靠人力转动，8个人操作2具绞车（Winch）[10]，可以在船体左右摇晃2°的情况下实现以下的回旋速度：

55.5秒转过180°；

22秒转过90°；

12.5秒转过45°。[11]

增加了第三个绞车以后，大体上能让炮塔回旋耗时缩短约一半。炮塔炮的俯仰范围：最大仰角10°，最大俯角6°。

炮塔防弹测试用的主要是一门阿姆斯特朗100磅炮，不过科尔指出他原本的设计只是用来抵挡跟炮塔里一样的40磅炮的，[2]鉴于此，100磅炮最初开的那几炮都是用的5磅发射药，结果几乎没造成任何毁伤；然后用12磅的发射药打了34发，其中有26发命中——这是在静水中射击固定靶，竟然还能有8发脱靶[12]！这26发炮弹也只造成了非常轻微的破坏，让一块炮塔装甲板裂了缝，炮塔内的大炮仍然能够战斗。有2发炮弹击中炮门的时候变形破碎了，如果是在实战中，就会严重杀伤炮塔内的人员。最终还用一门68磅炮开了4炮，发射药达到16磅，不过这座炮塔也承受住了这个严峻的考验。

鲍威尔上校把这次测试的结果总结如下：

1. 炮塔相对于舷侧炮位的优势

（1）射击更准确——更容易瞄到目标。

（2）瞄准速度快——能够快速瞄准和追踪移动目标。

① 一门100磅炮，在炮塔里只需要11人就能操作，如果安装在舷侧炮位上就需要19人才能操作。

② 这个炮塔的围壁带有4.5英寸厚的装甲板，在炮门附近是双倍厚度，而且装甲板还有木制背衬，难怪这个炮塔能够经受住炮弹的轰击。

（3）两次开炮间隔短——开炮后硝烟能快速散尽，保持清晰的视野。

（4）水平回旋角度范围很大——10—11个罗经点。

（5）无与伦比的集火射击能力。

（6）除了3个例外情况，[13]炮塔炮所需人员更少，需要的培训也比较少。

（7）作战时更不容易出现人员伤亡。

2. 炮塔相对于舷侧炮位的劣势

（1）旋转炮塔的下面还有大量从属于它的结构。

（2）开炮时震动非常剧烈。

（3）炮塔炮战损后很难移除、替换。

（4）俯仰角的控制很复杂。[14]

鲍威尔的报告里接着记录了在各种作战条件下操作火炮需要的时间。从他公布的数据来看，其中可能有一些错误，下面表格总结了当时旋转炮塔和舷侧炮位两次开炮的最短间隔（单位：秒）。

	旋转炮塔	舷侧炮位
炮管放平、无瞄准快速连射	31.5	41
600到800码距离上单瞄单射	34	44
在600、800、1000码距离上对多个目标单瞄单射，这些目标偏离最初的瞄准线9°，每两个目标大约间隔20° [15]	45	73

随着炮战距离的拉大，作战条件变得更加困难复杂，炮塔越发展现出它的优势，这也是意料之中的。

在这次测试的基础上，海军部于1862年2月让时任总设计师伊萨克·瓦茨新设计一艘铁制船体的近岸防御铁甲舰"阿尔伯特亲王"号（Prince Albert），又在1862年4月决定把带有蒸汽螺旋桨推进系统的旧式三层甲板风帆战列舰

"阿尔伯特亲王"号模型，展示了全船炮塔布局。[作者收藏，感谢科学博物馆库房（Science Museum Reserve Collection）]

1864 年下水的"阿尔伯特亲王"号，这是一艘新造的近海防防御炮塔舰。[16]（帝国战争博物馆，编号 Q21640）

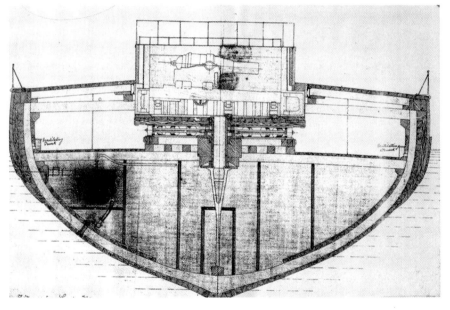

"皇家主权"号上搭载的科尔式炮塔。[17] 炮塔下面是排列成一圈的许多辊轴（Roller），用来帮助炮塔旋转，再下面是堆码了两层的木制底座，让炮塔总高适应该舰原本甲板间的层高。科尔式炮塔总体上来看设计得不错，唯一的缺点就是在炮塔边缘和露天甲板之间有一道缝隙，容易让涌上甲板的海浪漏进船舱里。"皇家主权"号的炮塔，建造之初搭载的是 1 尊 10.5 英寸口径滑膛炮。（约翰·罗伯茨供图）

"皇家主权"号（Royal Sovereign），改装成一艘低干舷的炮塔舰，也用于近海防御。这两艘船可以算作英国第一批没有高大挂帆桅杆的主力舰艇。① 排水量 3880 吨的"阿尔伯特亲王"号，建造成本 208345 英镑；"皇家主权"号改装成本 180572 英镑，改装完成后排水量 5080 吨。[18]

鲍威尔上校上述报告中有些细节初看起来似乎无足轻重，甚至有点吹毛求疵的意思。不过，对史上第一座旋转炮塔进行测试，就是为了改进所有可能出问题的地方，不管是多么细微的问题，都不能让它们保留到以后列装部队的时候，后续的测试也是本着这个目的开展的。

① "阿尔伯特亲王"号安装了两根比较低矮的简易桅杆，只张挂纵帆，这些帆的主要作用是在船体横摇时让摇晃更加舒缓，而不是为了推进。

"世界第一"

技术上的所谓"世界第一"一般来说都没有什么实际意义，因为在别的地方、别的国家总是会有几拨人在同时、独立地研发着类似的东西，最后谁能第一个搞成这项发明，攫取名誉跟财富，几乎完全看运气。就像发明螺旋桨的佩提特·史密斯（Petit Smith）跟埃里克森（Ericsson）[19]，到了炮塔的发明上，同一个埃里克森又跟科尔"同台竞技"了。[①]19 世纪的英国海军部常常被扣上技术落后的大帽子，今天的不少著作批判海军部直到汉普顿锚地之战[20]以后才"被迫"采用旋转炮塔，并且把这个案例作为海军部守旧和失败的"证据"，可是我要说，至少在旋转炮塔这项"新技术"上，英国海军部确实"一反常态"。事实上，建造测试炮塔的决议在科尔申请了专利仅仅几个月之后就下达了，而且早在埃里克森的设计方案公布之前，科尔炮塔的原型就已经在接受测试了，此外，"莫尼特"号跟美国南军的"弗吉尼亚"号交战的消息尚未传到伦敦，海军部便已经订造了"阿尔伯特亲王"号，"皇家主权"号可能也是如此。埃里克森大概从 1854 年开始琢磨旋转炮塔，只是到了 1861 年 8 月末的时候（恰好在"可信"号开始测试科尔炮塔之前），才将他的设计公开发表，这是为了回应美国海军邀请他参与设计新型铁甲舰。

就算英国的科尔式炮塔事实上领先一步进入建造和测试阶段，也一点不能遮掩埃里克森在炮塔设计方面的贡献；历史证据明白无误地表明，科尔和埃里克森是各自独立发明出炮塔来的，于是二人的最终设计存在相当大的差异。科尔炮塔在甲板下面的一圈辊道上旋转，炮塔只有部分暴露在甲板以上，高出露天甲板仅仅约 4 英尺。[21]科尔炮塔的这种设计会在炮塔的边缘跟露天甲板之间留下一道缝隙，在外海航行的时候，虽然可以用帆布把这道缝隙暂时堵上，但这个小问题一直无法完全克服。而埃里克森的炮塔完全在露天甲板以上，所以它那带装甲板防护的围壁就高出甲板 8—9 英尺来。整个旋转炮塔依靠底座中央的一根转轴（Spindle）来旋转，这根转轴也承担着整个炮塔以及里面大炮、炮架的重量，转轴在底舱（Hold）里的一个基座上旋转。不用的时候，整个炮塔就沉坐在露天甲板上，无法转动；参加作战的时候，必须先在底舱里往转轴和基座之间砸进楔块，把转轴和整个炮塔稍稍抬高，这样炮塔围壁的下边缘才能离开露天甲板，炮塔才能转动。这种设计存在一个弱点：如果恰好有一枚炮弹击中炮塔围壁的下边缘，那么它就会卡在那里，炮塔就会无法转动。后来美国内战中在查尔斯顿（Charleston）确实发生了这种情况。另外，埃里克森炮塔还不能像科尔炮塔那样随时都可以战斗。[②]其他的早期炮塔舰有 1863 年开工的丹麦"洛夫·卡莱克"号（Rolf Krake）、1863 年开工的意大利"撞击者"号（Affondatore）、1865 年开工的秘鲁"胡阿斯卡"号[22]，均为在英国建造的科尔式炮塔舰[23]。

① 炮塔也有埃里克森的贡献，此外他还跟罗伯特·史蒂芬森竞相研制过最早的实用火车头。
② 哈格著《现代战舰史》。

"皇家主权"号

"皇家主权"号的舰长谢拉德·奥斯本（Sherard Osborne）上校对它的火炮测试写了详尽的书面报告，[①] 他在刚过去的克里米亚战争中突袭亚速海地区，[24]表现突出。1864 年 7 月 26 日，"皇家主权"号的水兵清理甲板，准备战斗，[25]该舰的火力测试就这样小心翼翼地开始了。首先用一号炮塔中的那门炮朝舷侧发射空包弹，炮口暴风扫过 18 英尺宽的甲板。接着，二号炮塔用一门炮朝舷侧后方（Abaft the Beam）[26]20° 的方位放了一次空炮。甲板下的船舱里特意摆开了水手饭桌，在上面摆放了餐具和玻璃杯，这些器具都没有因为开炮而翻倒、移位，炮塔顶盖上放的满满几桶[27]水也没有洒出来。在甲板下几乎感觉不出来开炮时的震动，炮口火焰也没有把露天甲板引燃，尽管特意没有打湿露天甲板[28]。

第二天，首先朝船体侧前方 66.5° 的方位发射实弹，不过减少了发射药的量，然后又用 35 磅全装药量发射了实弹，弹种均为没有装药的实心弹。总共打了 22 炮，火炮的最大俯角达 3° 。没有对船体造成任何的损伤，蒸汽动力机组全程保持运转，没有受到影响。7 月 27 日又用一座 1000 码外的靶子进行了射击测试，使用的发射药量分别是 35 磅和 20 磅，命中率很低，说明这种射击距离已经需要测距仪[29]了。[②] 全船唯一受损的部件就是鸡笼，笼子上的钉子被震松了，不过里面的母鸡都安然无恙！总共发射了 57 发炮弹，其中 42 发都是用的 35 磅发射药。该舰第二天开到海上，船体在外海的浪涌中缓缓摇晃，又发射了 103 炮。还用舰上的几门炮相互对射，让炮弹刚刚擦着炮塔边缘掠过，没有造成什么破坏。各个炮塔可用的水平射界是：

"皇家主权"号原本是一艘三层甲板的战列舰，后来改装成了一艘近海防御型炮塔舰，1864 年完工。（作者收藏）

① 议会存档中 1864 年 8 月 1 日和 10 月 15 日的书信，在 1866—1867 年海军预算文档中留了一份副本。
② 奥斯本说他自费购买了一套艾迪"遥测计"（Adie Telemometer）。

一号炮塔（两门炮）	右侧炮能从侧前方78°到侧后方52°内开炮，左侧炮能从侧前方78°到侧后方57°开炮（都是从正对舷侧的方向朝船头、船尾计算的角度）
二号炮塔	侧前方47°到侧后方40°
三号炮塔	侧前方50°到侧后方40°
四号炮塔	侧前方40°到侧后方75°

最后方的一座炮塔还朝着接近正后方的方位开炮，跟船尾方向只有5°夹角，结果把军官厕所（Officers' Heads）[30]给轰跑了。

奥斯本在10月15日的一封信中说，他觉得该舰在风浪中的摇摆性能不错，左右摇摆的最大幅度是10°，一分钟来回摇晃10次（也可能是来回摇晃5次，见附录5）[31]。到这个时候，该舰已经总共试射了177发炮弹，只给船体造成了非常轻微的破坏。唯一没有解决的问题，就是炮塔边缘跟露天甲板之间的那一圈缝隙没有办法完全封闭起来。奥斯本认为他麾下的这艘战舰可以击毁海军中服役的任何一艘铁甲舰[32]，因为他的战舰更加灵活、航速更快、单次舷侧齐射投射的炮弹重量也最大，而且这艘战舰行动灵活很难被对方命中。他甚至觉得该舰在夜间作战也能打出同样的命中率来。[33]

法国的第一座旋转炮塔是纳皮尔厂按照科尔式设计来建造的，安装在1865年下水的"赛贝尔"号[35]上。

瑞典的"约翰·埃里克森"级铁甲舰上搭载的埃里克森式炮塔。这座炮塔最初搭载着2门15英寸口径滑膛炮。炮塔顶盖上安装着一座跟炮塔一起转动的指挥塔（Conning Tower）。炮塔下面的转轴要承担这些结构的所有重量。[34]（约翰·罗伯茨供图）

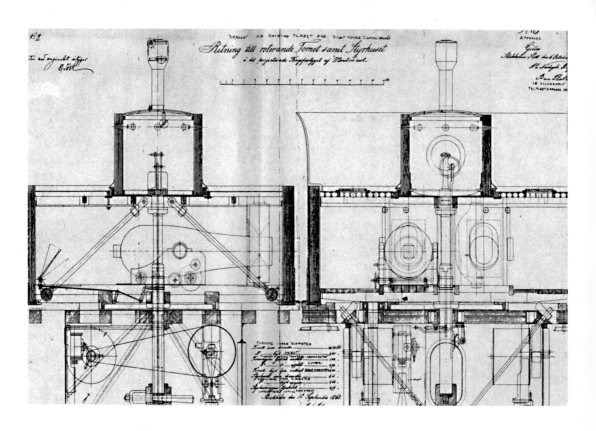

再进一步

英国旋转炮塔的下一步发展就是在废旧仓库船[36]"危险"号（Hazard）上临时搭建一座旋转炮塔的 1：1 模型，在里面搭载 2 门 100 磅炮[37]，好设计一下如何给双联装炮塔供应弹药。同时，"阿尔伯特亲王"和"皇家主权"号的工程进度暂时放缓，因为在建造过程中修改了炮塔的设计，以给它们安装更大号的火炮。"阿尔伯特亲王"号建成时搭载了 4 个单装炮塔，每个炮塔搭载 12 吨重的 9 英寸前装线膛炮，船身上从头到尾有完整的 4.5 英寸厚装甲带。"皇家主权"号搭载了 4 座炮塔，船头一座为双联装，其他为单装，安装了共计 5 门 12.5 吨重的 10.5 英寸前装线膛炮，船体装甲带厚 5.5 英寸。两艘船的炮塔顶盖都是敞开式，应该可以让开炮后的硝烟快速散尽。[38] 用 100 磅炮弹对两艘战舰搭载的炮塔进行了射击测试。[①] 这两艘船都只安装了简易桅杆（Jury Rig），而且露天甲板是平甲板（Flush Deck）[39]，所以最靠近船头船尾的那两座炮塔可以有很宽的水平射界。这两艘船作为近海防御铁甲舰可以说是非常成功的。[40]

如果要建造能到外海远航的炮塔式铁甲舰，就必须面对许多科尔没有考虑的问题了。当时的耗煤速度太快了，蒸汽战舰还没法完全依靠蒸汽动力横跨大西洋，此外，里德还非常精辟地评述道：挂帆战舰的露天甲板就不是能安装炮塔的地方[41]。可是科尔上校一定要海军拿出一个挂帆铁甲舰的设计，搭载他的炮塔。1859 年的时候他还自己提出了一个搭载 10 座炮塔的战舰设计草案，这个设计实在是太荒谬了，虽然在外行那里赢得了不少喝彩，实际上却让海军部审计长[42] 和他手下的总设计部门产生了反感。[43]1862 年的时候，科尔又向国防研究所（RUSI）[44] 提出了一个更加现实的设计，海军部于 1863 年初同意让巴纳比协助科尔把这个设计变成一艘真正的战舰。巴纳比在 1863 年内完成了这个设计[45]，计划搭载两座双联装炮塔，桅杆采用三足杆，挂全帆（Full Rig）。[②] 设计工作进行到当年 6 月份的时候，海军部决定暂缓手头关于炮塔的各项工作，先等待"皇家主权"号完成测试，这样才能够充分肯定地下结论说"海军部决议继续发展旋转炮塔"[③]。1863 年的春天，科尔和里德在造船工程学会展开过一场火药味十足的争论，今天来看，双方都有点为了盖过对方而过分强调自己的观点。

1865 年委员会

1864 年科尔再次挑战，提出要以"帕拉斯"号为基础设计一艘炮塔舰，并再次要求海军部提供帮助。这次海军部也同意了，并把朴次茅斯海军船厂的首席绘图师（Chief Draughtsman）约瑟夫·斯卡拉德（Joseph Scullard）借调给他。1865 年初，他们提出了一个只搭载一座炮塔的设计，炮塔内安装一对 25 吨重的 12 英寸炮，发射 600 磅炮弹。对于这个方案，海军部决议成立一个评估委员会[④]，

① 巴拉德著《一身黑漆的舰队》。
② 帕克斯著《英国战舰》。
③ 1863 年 6 月 30 日海军部致科尔的信。
④ 委员会成员包括：海军中将劳德戴尔（Lauderdale）伯爵（主席）、海军少将耶尔弗顿（Yelverton）、海军上校考德维尔（Caldwell）、海军上校肯尼迪、海军上校菲利莫尔（Phillimore）以及秘书 A. 普赖斯。

好得到"拥有海上服役经验的战舰军官从实际出发、不失客观的评价"；[46] 科尔要求由自己来指定该委员会的半数成员，可以想象得到，海军部无视了这个要求。海军部还邀请科尔向委员会做陈述，不过他以病重为由婉拒了，于是海军部要求科尔指定一个代理人出席，不过当年 6 月份他致信海军部，表示既不会亲自出席会议，也不会接受委员会的书面问讯。

海军部要求该委员会"调研科尔提交的远洋炮塔舰设计方案"，并列出了一长串委员会需要问询的具体问题。从委员会后来整理的报告中，可以把其中的关键点总结如下。

炮塔式布局的优势

炮塔式布局是战舰在大浪中搭载和操作重型火炮的最有效布局。[47] 炮塔舰在大浪中的稳定性[48] 比舷侧炮门式战舰更好，而且因为火炮是布置在炮塔里的，位置更高，而且位于船体中线上，能在更大的浪中有效使用。火炮的水平射界只受那 3 座三足杆的干扰，射界非常广阔。在装填大炮的时候，可以把炮塔旋转一下，让炮门背向敌人，这样就可以保护炮塔里的水手不被敌舰上瞄着炮门打的狙击手暗算。[49] 射击间隔会缩短很多，因为瞄准手（Layer）[50]总能够让敌舰保持在自己的视野之内[51]，发炮准备完毕后总能立刻开炮。大炮的俯仰范围更大，而且炮塔也能给里面的人员提供比舷侧炮门式铁甲舰更好的防御[52]：12 吨以下的大炮几乎无法击穿这个设计中的 6 英寸装甲。①

一艘搭载了**两座**[53]炮塔的战舰，可以把全船的火力在很大的水平射界内集中到某个方向上去，这种集火能力是任何其他设计都无可比拟的，集火发射的炮弹的总重量也能达到前所未有的水平。炮塔舰能够在作战的时候总是保持船头迎着海浪。[54]② 如果一艘炮塔舰的桅杆被对手轰塌了，同时螺旋桨也失灵了，那么搭载了两座炮塔的战舰肯定能够继续作战，只搭载一座炮塔的战舰就不一定了，[55] 不过两者在这种情况下保存战斗力的情况都好过其他如任何一种设计。跟上面的情况类似，当一艘炮塔舰穿越多风的海峡时，船体不断转向、机动，炮塔炮却始终能瞄准敌舰。

缺点和问题

炮弹有可能从炮塔顶部敞开的通气口飞进来，因为当炮塔舰在大浪中横摇的时候，炮塔顶部就会暴露给敌人，而当炮塔舰要对抗海岸炮台的时候，[56] 炮台居高临下的大炮也有可能击中炮塔的顶盖。科尔上校的这个设计方案中，炮塔的装甲可以被 12 吨炮击穿，就算炮弹没击穿炮塔装甲，也有可能产生破片，如果破片恰好卡进炮塔的底座，就会让炮塔的旋转机构无法工作。敌军的近战跳

① 委员会这种说法挺有意思的。第一章已经介绍过，12 吨炮在 1000 码的穿甲深度可达 11.7 英寸。或许委员会也相信装甲在实战中会比在靶场上发挥出更好的防弹性能来吧。

② 不清楚委员会这样说到底是什么意思。可能是说炮塔舰的水平射界更广，不仅限于两舷吧。

帮部队也可能手持楔子来把炮塔给卡住。[57][①] 委员会报告也指出，炮口暴风和火焰可能会损伤露天甲板和甲板上的舱口。交战中，露天甲板四周的船帮板必须放倒，可这样就让甲板上操作风帆的人员没有任何保护了。[58]

委员会的专家都认为，要想设计出一艘干舷足够高的远洋炮塔舰很困难，设计出高海况航行性能极佳、足以应付迎头浪的炮塔舰，尤为困难。露天甲板周围的可放倒式船帮板以及可放倒式吊锚架，[59] 都是可靠性值得商榷的地方。委员会完全认可炮塔式布局在浮动装甲炮台船和近海防御铁甲舰上的巨大优势，但在远洋铁甲舰上，这种优势就会打不小的折扣。委员会认为，所有需要远洋航行的战舰都必须带有高干舷，美国的"莫尼特"号根本算不上一艘"海船"[60]。

委员会报告的结论中指出，"如果要给远洋炮塔铁甲舰这种设计下一个明确的结论，那就必须建造出一艘这样的战舰来进行实际的测试，这艘战舰必须搭载 2 座炮塔，每座炮塔搭载一对 12 吨炮，如果条件允许，最好每座炮塔搭载一门 22 吨炮"。炮塔多于两座的话就会带来很多设计上的劣势，而只有一座炮塔的设计是完全不可取的，如果两座炮塔中的火力还不足够，那就应当在两座炮塔之间设置一段舷侧炮阵。[61] 委员会否决科尔这个设计方案的几乎唯一一个依据，就是它只有一座炮塔，不能同时对付两舷的敌人，而且一旦这座炮塔意外卡死，战舰的战斗力就无法发挥了。不过委员会特别指出，近海防御型铁甲舰可以只有一座炮塔。[62] 此外，这个设计方案的一些具体细节也受到委员会的批评，不过这些细节问题都很容易改进，总体上委员会对这个设计方案还是持褒扬态度的。

后来的一些作者，比如帕克斯，批判这个委员会，不过我觉得这个委员会干得不错，办事效率很高，而且很快提出了一项建设性的建议。海军部指派委员会问询的这些问题也都提得比较合理，且委员会问询的对象都是一些亲身参与了炮塔测试、拥有第一手经验的人，委员会也保持了不偏不倚的态度。

委员会问询记录

委员会对大部分问询对象提出的问题都大同小异，这里也没有必要把回答一一重复一遍，不过有几个点值得提出来说一说。委员会详细问了约瑟夫·斯卡拉德这个设计的各种细节，他的回答也非常完备，令人印象深刻。委员会的一些专家怀疑新设计的炮塔重量是不是估算得偏轻了，比"皇家主权"号上的双联装炮塔还轻，不过斯卡拉德给出了解释："皇家主权"号炮塔的重量还把炮塔下面的垫木也算进去了，这些垫木是改装时迫不得已才安装的，好让炮塔下面的高度能跟这艘船甲板间原有的高度相匹配。托马斯·劳埃德向委员会保证，锅炉进气口缺少防护不是什么大问题，但他自己觉得这个设计将进气道的管线布置得太复杂了，恐怕会成问题。里德和劳埃德都觉得这个设计中蒸汽动

① 当时人们觉得很有可能发动这样的攻击，特别是因为战舰的干舷很低，如果趁黑夜乘坐小艇出击，是有可能实现这种攻击的。

力航速的估算太乐观了。斯潘塞·罗宾森和里德都极力反对采用可放倒式船帮板，里德指出，若是这种船帮板达到不会被大浪拍坏的强度，那它们的重量会让它们很难放倒。有趣的是，里德还承认自己之前设计的小型铁甲炮舰存在类似的问题[63]。里德尤为关注这个设计方案中的双层底。总而言之，所有接受问询的专业技术人士都没有发现这个设计方案有任何在后续细化阶段无法改良和排除的问题。

接受问询的许多人都参与了"皇家主权"号的炮塔炮试射，有几个军官提到该舰的双联装炮塔交替发射两门前装炮的时候很麻烦。装填手（Loading Number）要预备好 40 到 60 磅重的黑火药，到距离没开火的那尊大炮的炮口 6 英尺远的地方待命，以后多进行训练，或者直接改为两炮同时开火，也许就能解决这个问题[64]。大多数人都认为操作重量超过 12 吨的大炮时，炮塔是唯一一种可行的火炮安装样式，但当时负责设计炮架的斯考特[65]和里德不同意这一点，他们都认为不久以后就能开发出机械辅助的舷侧炮架。里德指出，需要在海军部成立一个专门设计大炮炮架的部门[66]。

问询中还提到了一些关于火炮射速的数据。库珀·基说，在一次演练中，一门 9 英寸前装线膛炮以平均 75 秒的间隔连续发炮 25 发。他觉得舷侧炮位上的 12 吨炮，每门之间的距离应有 20 英尺。一门舷侧炮的炮组成员是 24 人，不过未来可以减少到 6 人——斯考特觉得他设计的新式炮架需要 9 人操作。[67]"皇家主权"号的炮长（Gunner）[68]唐诺休（Donohue）认为，在一艘左右摇晃不超过 5° 的铁甲舰上，一座单装炮塔的炮组成员，如果训练有素的话，可以瞄准 1000 码外的目标在 5 分钟内开 3 炮。斯考特还指出，如果发炮时装填的发射药非常多的话，那么就不能使用爆破弹，因为这时候引信就很不可靠了[69]。

斯潘塞·罗宾森指出，炮塔舰的装甲防御应该跟舷侧炮门式铁甲舰一样强。他非常反对单炮塔的设计，而且说迪皮伊·德·洛梅[70]这个"本世纪全球范围内无可置疑的最杰出战舰设计师，不认同带旋转炮塔的远洋铁甲舰"①。里德怀疑这个设计中仅仅 10 英尺的干舷在面对迎头浪的时候是否够用，不过他特别明确地指出，他说的不是船舶稳定性和安全性的问题——"只有最最粗糙和心不在焉的设计才能让这种低干舷的船，在遭遇大浪冲刷过露天甲板的时候，有翻船的危险"[71]。里德表示自己很愿意亲自设计一艘远洋炮塔舰，但前提是必须先在他和科尔之间把各自对这个设计的责任划分清楚。里德当时已经注意到，科尔在目前这个设计中似乎想把战舰总体概念设计的责任全盘推给斯卡拉德，而不是仅仅让斯卡拉德负责细节的设计。"安全性"和"设计师的责任划分"这两个悬而未决的问题直接导致了后来的悲剧。

① 可以饶有兴趣地把这个评价跟 6 年后斯潘塞·罗宾森到 1871 年战舰设计委员会作证时给里德的评语相对比，那时罗宾森说里德是全英国最杰出的战舰设计师。两个评语恐怕都没错，1865 年的里德火候还未到。

1868 年下水的"君主"号，里德一个还算成功的全帆装炮塔舰设计。该舰蒸汽动力航行是当时铁甲舰中最快的(14 节)，不过依靠风帆航行时难以操舵转向[72]。(帝国战争博物馆，编号 Q21535)

1866 年开工的"君主"号

　　海军部委员会决定，大致上按照 1865 年委员会的建议建造一艘新铁甲舰。在斯潘塞·罗宾森的力促下，海军部委员会同意给该舰安装两座双联炮塔，每塔搭载一对 25 吨炮，装甲厚度也增到 7 英寸。海军部委员会要求这艘战舰必须带有艏楼，可是这样一来必然会遮挡炮塔的射界，让它们不能朝前方射击，于是这个艏楼必须有装甲防护并且搭载 2 门 6.5 吨炮，后来改为 2 门 9 吨炮[73]。斯潘塞·罗宾森还建议，艏部的干舷在可放倒式船帮板竖立起来以后，要达到 14 英尺。

　　这就是后来里德设计来的"君主"号，该舰在海军中评价非常高，服役了很多年。[①] 该舰是当时蒸汽动力航速最快的；风帆航行时速度很快，但是转弯困难。炮塔依靠一台蒸汽辅机来旋转，不过回旋控制装置有点问题，后来在炮击埃及亚历山大港的时候，该舰的两座炮塔只好一直不停地回旋，等到炮门转到朝向目标的时候再开炮。

　　里德自己对这个设计评价不高，他写道[②]："……迄今为止还没有造出来一艘满意的挂帆炮塔舰，不，何止没有造出来过，根本还没开始建造这样一艘战舰。"里德接着写道：

　　　……一艘全帆装战舰的露天甲板根本就不是可以安装和使用重型火炮的地方。任何人只要到过一艘巡航舰的露天甲板，置身于各种粗细和型号的缆绳组成的迷宫时，他必然就会明白，哪怕是把一尊中等口径的火炮从舷侧的炮门后面挪到这些缆绳的中间来，让它从缆绳之间的空隙开炮，也是根本不可能的事情[74]。

① 名义上该舰一直服役到 1902 年，只不过 1885 年后主要留在港内服役。
② 里德著《我国铁甲舰》。

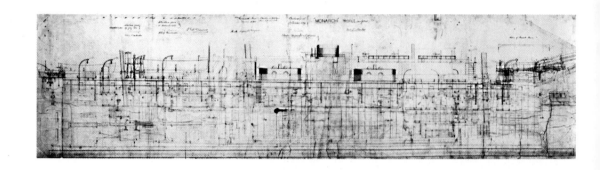

"君主"号是当时最成功的挂帆炮塔舰设计，不过其炮塔中大炮的射界非常有限，受到船头的艏楼和艉部甲板室的遮挡。该舰干舷足够高，可以在高海况下航行。注意图纸上的平衡舵，它在舰只依靠风帆航行而不使用螺旋桨的时候，效果很差。[76]（英国国家海事博物馆，伦敦，编号 7426）

里德为了给炮塔一个清爽的射界，费尽了心思，比如在两座炮塔上方设计了一道飞桥（Flying Deck）来布置吊铺储存槽[75]。里德还设想在清理甲板和缆绳准备作战的时候，可以把上段的桅杆（即"上桅"）和帆桁降到甲板上来，这样风力和船体摇晃对下段桅杆 [即"底桅"（Lower Mast）] 造成的张力就减小了，于是侧支索（Shroud）就可以临时拆掉一些，每根桅杆左右只保留一个即可，这样就可以增大炮塔的射界。[①] 后文比较"君主"和"船长"号的时候还会再提到"君主"号。到时候可以看出来，里德的论断——当时全帆装战舰不适合安装炮塔——确实是对的。

不出意料，科尔对这艘"君主"号的设计并不满意。他觉得应该把装甲带的宽度减小 2 英尺，也就是让船体的型深减少一些，这样就能让炮塔的位置降低 2 英尺，而且还应该把那座带有装甲防护和火炮的艏楼整个拿掉。1 月份，科尔带着他的这套看法，在大造舆论声势，结果海军部终止了科尔作为"顾问"的合同，因为科尔"反复中伤设计部门的公务人员，如果再不处理这种行为，就会干扰到海军部正常办公"。科尔 1 月 30 日回复称海军部误解了自己，于是 1866 年 3 月 1 日开始海军部又续聘他为顾问。此后科尔继续攻击"君主"号的设计，4 月 24 日，海军部委员会对此忍无可忍，告知科尔停止这样没有意义的攻击，因为"君主"号的艏楼等设计特点都是海军部委员会指令加上去的[77]。但当时科尔已经掀起了一场声势浩大的公众舆论战，要求海军部一点不打折扣地采用科尔式炮塔来建造一艘新战舰，而政客也趁机推波助澜。科尔借助舆论的力量压迫海军部，[78] 这也许是历史上头一次把这种力量用在了具体的技术性事务上。

"船长"号

"船长"号的设计和建造过程刚好赶上海军部频繁地更换第一海务大臣，也就是海军部的首脑，正是这种情况造成了海军部上下都对这艘战舰的潜在问题缺少认识，而且也没能对这艘战舰的建造过程给予有效管控。

① 海军上校 H. 梅（May）对 1871 年战舰设计委员会提供的证词，他此前担任"君主"号的舰长。之前的所有图书都没有把这段材料包含在里面，这有点奇怪，因为英国国家海事物馆馆藏照片 HBR/1 中清晰显示了"君主"号进入作战状态时，前桅没有侧支索，主桅杆和后桅杆各只保留两对侧支索。《一身黑漆的舰队》一书中收录了这张照片。

第一海务大臣	上任日期	跟"船长"号有关的动作
萨默塞特公爵	1859年6月28日	批准科尔联系民间厂家建造"船长"号。
帕金顿	1866年7月13日	批准了莱尔德厂的设计方案。
科里（Corry）	1867年3月8日	
奇尔德斯（Childers）	1868年12月18日	1869年3月，"船长"号下水，1870年3月完工。把斯潘塞·罗宾森赶下台。

　　在公众和政界的压力下，帕金顿函告科尔："海军部批准你自行设计一艘你认为最理想的远洋炮塔舰，信末附上了一份厂家名录[①]，你可以从中自由挑选你认为合适的厂家，然后跟他们合作提交一份战舰设计方案，这艘战舰需要具备远洋航行能力，需要搭载不少于两座炮塔；海军部将视情况选择批准这个方案，并视情况选择接受该厂家的投标，而后会将该项目上报议会，议会将在次年的海军预算中为这艘合同建造战舰留出相应的经费。"[79] 这封信还总结道："该舰必须为关键的动力机械、火炮等部位提供防御，还要能够搭载足够多的人员来操作火炮和战舰本身，要给这些人提供适当的生活起居条件，船体的宽度和相关设计都要达到远洋巡航的要求。"

　　科尔决定跟莱尔德厂合作，并于 1866 年 5 月 8 日上报海军部。莱尔德在 7 月 14 日提交了两个设计方案，一个采用了双螺旋桨，另一个采用单螺旋桨，莱尔德比较倾向选择双螺旋桨。里德于 7 月 20 日对这两个方案进行了评估；[②] 他的发言笔录包含以下一些关键点：

　　　　我刚刚粗略地翻看了一下这两个设计，**如果他们能够保证设计出足够高的干舷的话**，那么这两个设计大体上还不错，完全能够搭载科尔上校设计的那种重炮炮塔，[③]……如果接下来需要我们设计部门来负责该舰施工建

① 泰晤士制铁厂、萨姆达、米尔瓦、维格拉姆（Wigram）、莱尔德、帕默以及纳皮尔厂。
② 见 D. K. 布朗撰《"船长"号的设计和失事》（*The design and loss of HMS Captain*），刊载于 1989 年伦敦出版的《战舰技术》（*Warship Technology*），里面总结了这次军事法庭庭审的过程。我在这本书里对里德的介绍可能有失公允。
③ 注意粗体字。

"船长"号，由莱尔德厂按照科尔的具体要求设计完成。[80] 该舰在第三次外海航行中倾覆沉没，科尔也随舰沉没。（英国国家海事博物馆，伦敦，编号 B33）

造和栖装过程的质量控制，那么我们必须更加完整、细致地考察这份设计。

里德还表示：

> 我认为这艘船的尺寸和比例都很合适，相对于该舰需要搭载的装备和需要达到的航速而言，并不显得大而无当。如果要我们的设计部门来设计这样一艘战舰，可能也会得出一个差不多的方案，如果海军部真能够允许我们也设计出高于水面仅仅 8 英尺[①]的露天甲板的话。[81]

在稳定性方面，里德说："毫无疑问，这两个设计在这方面令人满意。"[②][82]海军部审计长斯潘塞·罗宾森把里德的评估报告上交给海军部委员会，并附嘱说他很怀疑 8 英尺的干舷是否真的足够，他觉得最好在下定论之前再深入核验一下这份设计方案。可是，7 月 23 日第一海务大臣帕金顿直接函告科尔，说海军部批准通过了这份方案，"该设计完全由你跟莱尔德先生负责，但海军部将持续监督你们的具体设计和建造工作，以保证船材的品质和施工的质量"。海军部也在 8 月 9 日致函莱尔德厂，通告了同样的信息，莱尔德于 8 月 15 日提交了回复，科尔早在 7 月 24 日已经提交了回复，从两方的回复来看，他们似乎接受了海军部让他们两方全权负责的决定。11 月份做的正式合同上原本要求科尔负责监督施工建造的质量，但由于他此时已经病重，遂把出现科尔名字的地方全都替换成了"海军部审计长"字样。里德很清楚实际上这艘战舰的设计施工完全由莱尔德厂负责，同时海军部高层也指令里德和他手底下的人不得在莱尔德厂提交给海军部评估论证的图纸上批示"通过"，实在需要批示的时候，只能酌情批示"没有需要改进之处"。这是当时海军部犯下的第一个错误（如果不算那个更基本的错误的话——认为低干舷挂帆铁甲舰有可能实现，这本身就大错特错）；斯潘塞·罗宾森肯定也明白，不论怎么说，海军部的设计团队对莱尔德的这艘船都负有不可推卸的责任。像战舰这样用国家经费建造的、庞大复杂的战争机器，国家的行政管理部门根本不可能对它不闻不问，而让民间的合同建造商全权负责。如果是某型坦克或者战斗机的话，当然可以先任由研发单位制造出一个"原型机"来，等原型完全通过测试以后，再指令建造商"100% 按照原型样机来生产"就可以了，可是战舰只有一艘，没有所谓的"设计原型"，不能放任建造商随意而为。

到这个时候，里德已经对这个设计的具体技术细节深感疑虑和不安了。早在 1866 年 7 月 24 日的时候，他就曾致函罗宾森，说"仔细调研了该舰的设计之后，我发现这艘船搭载武备和装甲板之后，重心恐怕要比之前我们初步评估

① 军事法庭问里德为什么会同意通过这个设计，还留下这样的评语，里德说他后来曾反复强调他反对低于 12 英尺的干舷。

② 里德这里只是指初稳性，也就是稳心高，当时人们还没充分认识到巴纳比和巴恩斯的研究及大角度稳定性的重要意义。

的高出很多，我觉得我们有必要要求莱尔德先生再细致核算一次重心，直到得到满意的结果为止，考虑到'船长'号需要张挂大面积的风帆，这个问题就更是亟待解决了"。8月10日,海军部把里德这封信的具体技术细节抄送莱尔德厂,结果该厂8月15日回信说他们自认对这个问题的处理已经很仔细而且令人满意了。在"船长"号失事后召集的军事法庭上，威廉·莱尔德向法庭出具的证据清晰表明，他设计"船长"号的时候，即便是进行过任何重心计算的话，也是非常走形式和敷衍的 [1]——莱尔德声称"1866年对重心进行了粗略估算，该舰完工后又在本年（1870年）的1月或2月对战舰的重心进行了比较完整的测算"。具体数值是：

日期	装载状态下的重心高[83]（英尺）
1866年估算	21.5
1870年测算	22.24
横倾试验测得	22.2

　　1870年该舰完工后的测算和横倾试验的结果吻合度很高，可见，如果莱尔德1866年的时候认真对待里德的警告，也许悲剧就不会上演。这是当时犯下的第二个错误，这个错误对该舰稳定性和安全性能的影响留待后文讨论。1866年8月2日，里德开始担心莱尔德最开始划拨的船体重量份额是否足够，会不会在施工过程中船体超重，从而造成该舰完工后吃水超出设计预期。巴纳比在该舰施工过程中多次造访莱尔德厂，1867年9月的时候他警告说施工正在让船体结构超重。帕克斯的书里面抄录了当时发布的一份清单，里面列出了总重量约860吨的各项部件，不过很难说清楚实际建成的战舰超重是由于设计失误，还是施工时添加了超重的配件。设计失误的可能性更高，而且不管超重的原因是什么，都完全归结于莱尔德厂的设计师和建造者不负责任。这是时人犯下的第三个错误。该舰直接在干船坞（Dry Dock）里建造，然后往船坞里注水使船体漂起来。[84]1869年3月27日把建造好的船体浮起来，检查其状况，发现空船体的吃水已经超出设计预期了。当时估计，该舰完工后至少会超重427吨，吃水会超出设计水线13英寸。实际上，该舰完工的时候超重735吨，吃水超标22英寸。该舰原本就不够高的8英尺干舷这下就会再降低22英寸，但这还不算完，由于施工时质控很松懈，结果船体深度也比设计图上加深了5英寸，最终该舰在装载状态下，干舷高度只有6英尺7英寸。这多出来的5英寸船底结构本身，肯定也大大加剧了船体超重的问题！

　　虽然施工中一些船体部件超重肯定是造成最终超重的一部分原因，但里德担心最开始设计的时候测算就有错误，也是不无道理的。[2]1870年2月24日，

[1] 这样评价莱尔德好像有点太严格了，毕竟海军部的设计部门也是一年多一点之前才开始测算重心位置。不过海军部8月10日的信函已经要求莱尔德厂要特别考虑这个问题，而且也据莱尔德要提出可行的解决办法，至少当时该厂还没有提出这样的办法来。这些都恰恰是莱尔德做得不够的地方。

[2] 帕克斯说，这个事件中，设计师其实是被造船厂给耽误了，是造船品控不严造成了悲剧。我认为这样说不对，对于"船长"号而言，莱尔德厂的设计师完全有责任保证设计时的计算足够准确，而且施工时严格按照图纸来进行。

莱尔德厂向海军部申请进行一次横倾试验。已经到这时候了，[85] 似乎海军部和莱尔德厂对这艘船的安全性能都还没有一点警觉；当时他们都觉得这艘新造战舰进行横倾试验，是为了给后续的类似舰只提供数据参考。

爱德华·里德辞职，1870 年

"船长"号完工的时候，里德已经辞职了，因为他受不了坊间的无端指责——罗宾森说里德辞职简直是国家的重大损失。供职于海军部期间，里德共设计出 25 艘铁甲舰、2 艘装甲炮艇、20 艘巡洋舰、28 艘炮艇和 20 艘岸防炮艇，这些舰艇总耗资约 1000 万英镑。就像上一章总结的那样，在里德的鼓励、引发和指引下，当时船舶设计流程的方方面面都大踏步向前迈进。辞职以后，他先短暂地为惠特沃思（Whitworth）厂工作，然后担任了位于赫尔（Hull）的厄尔（Earle）厂的负责人兼船舶设计顾问。在这些厂家，他先后为德国、巴西、智利和其他一些国家设计了一系列战舰，这些战舰大体来说也挺成功的，却体现不出他早年那些创造力[86]。罗杰评论说里德在适当约束下最能出成果，此言不虚。后来他到议会当了议员，利用这个新阵地，不断批判他在海军部里的继任者[87]。他是造船工程学会的活跃分子，1865 年他成为学会副会长，一直到 1906 年 11 月 30 日去世。

"船长"号和"君主"号的比较[88]

所有的设计都只是一种折中；每艘战舰的设计必然会同时有它的优点和缺点，不过在"船长"号和"君主"号的比较当中，我们应该首先明确的是，这两艘船实际上根本就不可比——"船长"号根本无法在外海安全航行。"船长"号入役之后，海军部指派赖斯中校（Lieutenant Rice）详细比较"君主"号和"船长"号的优劣，撰写出一份报告来。"船长"号遇难后成立的 1871 年调查委员会也把这份冗长的"赖斯报告"作为证据的一部分，可见大家都认为赖斯的调研结果秉承了客观公允的原则；下面简要概括一下赖斯报告的基本内容。

武备

两舰都搭载了两座双联装 12 英寸炮塔。炮塔的设计细节并不完全一致，可能"君主"号的更容易操作一点。下文的表格比较了两舰炮塔的射界，可见差异并不大，这点区别可能并不会在实战中产生任何有意义的影响，不过"船长"号在这方面确实占微弱优势。当时基本上都觉得两座炮塔靠得太近了，尤其是"君主"号的设计。[89] 在"君主"号上，炮塔炮从最大仰角降到最大俯角需要 5 分半，在"船长"号上只需要 4 分钟。两舰都不能让炮塔朝靠近船头—船尾的方向开炮。

"君主"号船头有一对 7 英寸炮，船尾还有一门 7 英寸炮，船头那对炮有 5 英寸厚装甲板保护，船尾的有 4.5 英寸装甲防护。"船长"号船头船尾各有一门无装甲防护的 7 英寸炮。两舰都可以在 5 分钟之内进入作战状态，这可不包括降下上段桅杆和帆桁的时间，对于"君主"号，还不包括临时拆除侧支索的时间。

"君主"号 1880 年"准备作战"状态的留影。上段桅杆已经降下，这样就可以把桅杆两侧大部分的侧支索都拆掉。注意剩余侧支索的状态跟向 1870 年设计委员会报告的不大一致（见正文）。这种状态下该舰炮塔的射界几乎跟"船长"号的完全相同，虽然"船长"号用三足杆取代了侧支索。（英国国家海事博物馆，伦敦，编号 HBR1）

表 3.1 "君主"号和"船长"号炮塔射界比较

	射界（°）			炮门下边框距离水线的高度（英尺－英寸）	最大仰角（°）	最大俯角（°）
	前炮塔	后炮塔	两座炮塔共享的角度范围			
"君主"号	122	127	108	16–2	15	7
"船长"号	138	131	129	8–0	13.5	5.5

装甲防护

　　装甲防护不好比较。两艘船舯部的大部分长度上都有 7 英寸厚的装甲带，到船头船尾减薄至 4.5 英寸，不过"船长"号两座炮塔之间的那部分水线装甲带厚度增至 8 英寸，长 40 英尺。"船长"号舯部的舷侧装甲带，也就是从水线装甲带上方到炮塔基座之间的船体侧面装甲，厚达 8 英寸，"君主"号只有 7 英寸。"君主"号舷侧装甲带前后还各有一道 4.5 英寸厚的装甲横隔壁（此外如前所说，船头船尾的炮位也有装甲防护），而"船长"号船头、船尾没有装甲。[90] 当时一般认为"君主"号的锅炉进气道防护得更好一些。下文表格比较了当时 10 英寸和 12 英寸炮的穿深，显然至少在火力测试的条件下，两艘船的装甲都没法抵御它们搭载的火炮的轰击。

蒸汽动力航速和风帆航速

"君主"号在蒸汽动力下航速可达 14.9 节，而"船长"号只能达到 14.25 节，这些航速都是在 10 小时试航中测得的[91]。动力航速 5.25 节时，两艘船在这 10 个小时内都差不多消耗了 17.5 吨的煤。两艘船在风帆航行时都很快——"君主"号比"船长"号还要快得多，不过在单纯依靠风帆时都很难转向。"船长"号的飞桥上非常拥挤，在这里操作帆装上的缆绳很不方便。机帆并用的时候，"君主"号的性能突然提高了很多，赖斯中校说这一点他得回去好好检查检查自己的观测数据，看是不是有错误。

回转圆

"君主"号舵叶摆过 35° 的时候回转圆达 639 码，舵叶摆过 43° 时可以缩减至 579 码。"船长"号舵叶打到 30° 时回转圆达 700—800 码。

居住条件

"君主"号干舷更高，多一层甲板，[92] 所以居住条件有明显的优势。据说，海上稍微有一点浪的时候，通往"船长"号艏楼和露天甲板烟道外壳的门就需要关紧，不能打开；船上厕所的条件很差；海员和军官居住区照明都不好，显得陈旧、昏暗。

造价

"君主"号总造价 371274 英镑，如果平摊到该舰的"吨位"[93] 上，每"吨"平均造价 72.8 英镑；"船长"号总造价 345515 英镑，平均每"吨"86 英镑。不过这些数字其实没什么比较的意义，因为当时私企跟海军船厂对造船的间接经费（Overhead）处理方法不同。[94]① 很有可能两舰单位造价没什么实际差别，而"船长"号要便宜一些，因为船体小一些。

跟中腰炮室铁甲舰的比较

里德和其他一些人提倡，可以把炮塔中主炮的数量翻番，然后搭载到舷侧的炮位上，这样做的好处就是可以同时跟两舷的敌人作战，还能把露天甲板空出来操作风帆。从来就没有建造过足以搭载 12 英寸炮的中腰炮室铁甲舰，[95] 不过造船界的专业人士也认为，在舷侧炮位上操作这样的火炮没有什么太大的困

---

① 见本书关于间接经费的介绍，"君主"号的间接经费大约达到直接经费的 45%。

难。下文只能把这两艘船跟同时代的、搭载 10 英寸炮的大型中腰炮室铁甲舰"海格力斯"号加以比较。

表 3.2 挂帆炮塔舰和中腰炮室舰的比较

	"海格力斯"	"君主"	"船长"
装载排水量（吨）	8677	8322	7767
主炮	8门10英寸炮	4门12英寸炮	4门12英寸炮
单舷主炮	4门10英寸炮	4门12英寸炮	4门12英寸炮
1000码外可击穿均质熟铁装甲的厚度（英寸）	11.7	12.7	12.7
装甲最大厚度（英寸）	9	7	8
定员	638	575	500

这张表格比较了"海格力斯"号与"君主"号、"船长"号的性能诸元，它们的主尺寸差不多。"君主"号的主炮是4门12英寸炮塔炮，每门炮重25吨，而"海格力斯"号朝单舷齐射时可以使用该舰那8门10英寸18吨炮中的4门，这样"海格力斯"号在被敌舰包围，需要两舷同时作战时，就有了一点优势，尽管这种情况实属罕见。另一方面，"君主"号的600磅实心炮弹要比"海格力斯"号的410磅炮弹威力大得多。

舰队司令（Commander-in-Chief）[96] 指令这三艘战舰在西班牙西北海岸的维哥湾（Vigo），炮击一块 200 码长、60 英尺高的礁岩，以测试它们的射击精度和射击速度。射程大约是 1000 码，使用的炮弹是带有装药的帕里瑟弹 [97]，发射药采用最大装药量。每艘战舰用 4 门主炮炮击目标 5 分钟，各舰的主炮在开第一炮之前，都已经装填好，并仔细瞄准和调整了左右射界。航速约 4—5 节（有些资料说船体完全静止不动），能见度非常好，海面平静。射击结果是：

战舰	开炮次数	命中次数	命中炮弹的总重（磅）
"海格力斯"	17	10	4000
"君主"	12	5	3000
"船长"	11	4	2400

大部分命中都是第一轮齐射时取得的，这轮齐射之前已经仔细瞄准过目标，比如"船长"号的 4 次命中里面 3 发来首轮齐射。首轮齐射让船体剧烈摇晃，据说"船长"号左右摇晃各达 20°，齐射后的硝烟也让瞄准非常困难。炮塔炮依靠间接瞄准，命中率大大不如"海格力斯"号的简易瞄准器。[98] "大部分帕里瑟弹都能成功引爆，没有花岗岩要塞能够在这样的炮轰面前屹立不倒。"[1] 梅舰

① 海军上校 H. 梅对 1871 年战舰设计委员会所做的报告。

长的这番话可能夸大了爆破弹对花岗岩要塞的毁伤效果[99]，不过上表中他给出的数据也明白无误地向我们展示了当时战舰行进间射击是多么困难，就算打的是静止目标也很难命中。"君主"号和"船长"号是新造好的战舰，上面搭载的炮塔也是缺少使用经验的新装备，今后多加训练，对炮塔进行升级改造，应该能够提高命中率。[①]"海格力斯"号用4门大炮在5分钟以内发射了17炮，虽然首轮齐射的时候事先装填好了，但这可能已经是实现动力装填之前所能做到的最好水平了。三艘战舰都有大约一半的炮弹击中了远处一座巨大的静止目标。[100]

预警

亨伍德是科尔的支持者，他提出应该把那些"邓肯"级旧式木体风帆战列舰的上层甲板也拆除，改装成挂帆炮塔舰，干舷只要3.5英尺就够了。里德的设计团队评估了这项提案后，将结果整理成一篇论文，由里德在造船工程学会宣读。[②] 这篇论文第一次公开展示了复原力臂曲线[101]对船舶设计的重要意义，经过计算可以发现，亨伍德的这个提案在船体倾斜仅仅6.5°的时候，复原力臂就达到最大，然后开始变小，而这艘船横倾还不到20°的时候，复原力臂就会变成负数，船体开始加快倾覆，这个角度就叫作"稳性消失角"（Vanishing Angle）。[102] 里德宣读完论文后，与会众人争吵地非常激烈，而且言辞辛辣，亨伍德说他"觉得"20°左右的时候这种船的稳定性应该最大，而且这艘船在侧风作用下最多也只会横倾5°，所以他的提案是安全的！这场激烈的交锋似乎没有让在场的任何海军军官改变他们固有的认识，不过悲剧马上就要上演，以残酷的方式证明里德团队的正确。[103]

"船长"号失事

"船长"号加入舰队的时候获得了海军内外的广泛赞许，报界尤其关注该舰。它于1870年7月29日结束了第二次海上航行，回到朴次茅斯港，巴恩斯当天对它再次进行了横倾实验。[③] 巴恩斯把试验结果整理成一条稳定性曲线，也就是复原力臂曲线，8月23日公布出来，但这个时候"船长"号已经在海上了。后来，有些作者说巴恩斯太不会挑日子了，为什么没能赶在该舰出港之前完成曲线呢？我觉得这种批评有失公允，因为一众批评者都没有亲自用巴恩斯使用的方法计算过复原力臂曲线，而我亲自手工计算过[104]。该计算结果及其意义将在下一个部分探讨。"船长"号8月4日就离港起航了。

1870年9月6日，包括"船长"号在内的地中海舰队正在西班牙外海的菲尼斯特雷角（Cape Finisterre）附近训练，正好遭遇恶劣天气。这天下午，当舰队司令、海军中将[105]米尔恩（Milne）登临"船长"号的时候[106]，该舰正在完

① 不清楚为什么炮塔炮的射击速度会更慢一些，"可信"号测试中炮塔炮的射速更快。也许是因为"船长"号用的前装炮，而"可信"号用的后装炮吧。

② E. J. 里德撰《挂帆浅水重炮舰的稳定性》（The Stability of Monitors under Canvas），刊载于1868年在伦敦出版的《造船工程学会会刊》。

③ 为了保证船体横倾实验能够产生具有实际指导意义的数据，在做实验之前，必须将船上所有消耗品和可以移位的部件的重量拉出一份大清单，特别要关注那些未来可能搭载到船上的额外物资（燃料、后勤物资等）的重量。同时，还需要检查整艘船，保证所有液体舱和空舱没有存放可以自由流动（带有自由液面）的液体。作者我亲自做过好几次这种实验，还核对过许多次别人的实验结果，就我的经验来看，如果想在"船长"号这种个头的船得到有用的实验数据，真正开始实验之前，至少需要做两天的准备工作。所以巴恩斯那些实验结果不是一种比较真实的近似数据罢了。

全依靠风帆航行，5 级风力（Fresh Breeze），航速达到 9.5 节，随着风势越来越大，航速增加到 11 节。这时候海浪已经冲刷过该舰下风那一侧的露天甲板了，船体横摇达到约 14°，下风侧的甲板边缘开始没入水面以下。夜间风力又增大了很多，全舰队开始把"极顶帆桁"（Royal Yard）[107] 顺着桅杆降下来，并且只能悬挂"两次缩帆的上帆""前上桅－前支索帆"（Fore Topmast Staysail）以及"前主帆"（Fore Course）这三面帆来航行。[108] 不久后风势进一步增强，估计达到蒲福风级（Beaufort Force）6—7 级①。子夜时分，夜班值勤准备交班，新的一班（Watch）水手跑上露天甲板，这时候风力再次增强，"船长"号横倾达到 18°。伯戈因（Burgoyne）舰长当即下令割断上帆的升降索（Topsail Halliard）[109]，可是在他们割断这道缆绳之前，船瞬间倾覆沉没了。全船 490 人只有 17 人幸存[110]，遇难者中就包括科尔。②

质询、"军事法庭"及"船长"号的稳定性

按照当年的习惯，"船长"号沉没事件的调查质询以召开"军事法庭"[111] 的形式来进行，法庭会指控该舰的幸存者要对这艘船失事负责任。当然了，大家很清楚，真正需要接受审判的是那些位高权重的人。于是全部被告都被宣判无罪，不过法庭在他们的判决书里还是写道："我们认定，海军部是受到来自议会和其他渠道的舆论压力才同意建造'船长'号的，而海军部审计长跟他麾下的海军设计团队都反对当时的舆论观点，目前的证据也都证明，这些专业人士基本上对该舰的建造持反对态度。"军事法庭的法官们进一步批评了莱尔德厂，该厂造好这艘船的时候，它的干舷比原来方案中矮了近 2 英尺。

第一海务大臣奇尔德斯发表了一篇声明，撇清了自己的责任，给其他人造成很大的压力，最后迫使斯潘塞·罗宾森辞职。纳撒尼尔·巴纳比暂时负责整个设计部的工作，奇尔德斯想让莱尔德担任海军部审计长的职务，而正是莱尔德一手酿成了"船长"号的悲剧。③

"君主"号和"船长"号这两艘船的稳定性曲线是最无可辩驳的证据了。"君主"号的最大复原力臂出现在 38°，而"船长"号在 20°。④"船长"号的稳心高还稍稍比"君主"号高一点，⑤ 但是"船长"号只要倾斜到 20°，那低矮露天甲板的边缘就会没入水下，导致复原力臂迅速缩短。

"船长"号的设计误区

1. "全帆装、低干舷"的炮塔式铁甲舰这个概念本身就不成立。斯潘塞·罗宾森和里德曾多次指出这个问题。但是公众舆论，甚至是政府的高层决策者在科尔那暴躁且近乎不理智的呐喊面前，失去了自己的判断能力，这让海军部跟

① 根据当时的定义，这相当于 20—23 节的风速。
② 关于这个事件最基本的资料是当时军事法庭的庭审档案，任何负责任的学者都应该首先参考这个资料。而我撰写这部分参考的其他资料则是按照我自己的看法来挑选的。我觉得最准确的记述是 K. C. 巴纳比（纳撒尼尔·巴纳比爵士的孙子）著《船舶失事案例与成因分析》（Some Ship Disasters and their Causes），1968 年出版于伦敦。
③ 听起来有点像在现代国防部里私底下流传的项目会经历的几个阶段：显示热情阶段，然后是大家幻灭，接着人们开始恐慌，恐慌促使人们寻找替罪羊，最后让无辜的人受罚，而没有直接参与项目的某些人得到称赞和荣誉。
④ 这里的曲线是 1989 年用现代计算机程序模拟出来的稳定性曲线。虽然这个现代的结果跟巴恩斯计算的"君主"号的结果基本吻合，但跟当年"船长"号实验测算的结果不吻合，根据今天的计算，"船长"号的最大复原力臂在船体横倾仅仅到 18°的时候，就出现了。
⑤ "船长"号的稳心高是 2.8 英尺，"君主"号 2.8 英尺。这些数据是推测的，因为当年测量数据已经找不到了。

科尔之间没法建立理性沟通的渠道。

2. 没能在莱尔德厂跟海军设计部门之间明确权责的划分，特别是后来科尔因病没法直接监督"船长"号的建造。

3. 里德早已警告莱尔德，实际的重心高于该厂当时粗略估计的，但莱尔德没有认真对待。

4. 莱尔德在设计中错误估算了船上各种配件的重量，结果完工后该舰的吃水比原来深了。

从此以后的 100 多年里，再也没人敢质疑战舰设计师对船舶稳定和安全性的判断 [112]。

"君主"号的改进型设计和"船长"号的修正版设计

1871 年设计委员会的听证会上，很多与会人士都对"君主"号评价很高，并且希望继续提高和改进这个设计。实际上，就在"船长"号失事的时候，设计部正在调研"君主"号改进型，只是因为这起事件才突然叫停了所有类似的设计。改进型"君主"号将具有更厚的装甲，还要有水线下装甲甲板以及"自支撑"式桅杆 [113]。船尾不再设置副炮，炮塔设计成可以朝船尾方向射击。船头准备在艏楼里安装一门 18 吨炮，炮前面带有 9 英寸的装甲隔壁，或者把艏楼设计成左右两半，然后让前炮塔从两半之间的空当朝前方射击！[114] 这种艏楼将会让船的最大宽度达到 60 英尺，并且稍稍提高造价。

当时大部分人都觉得"君主"号最大的优点就是，它是一艘可以安全挂帆的炮塔舰，可是也有几个人观点独到，希望"君主"号舍弃桅杆。还是海军部审计长的斯潘塞·罗宾森在 1871 年的时候曾这样说："'君主'号是我们建造的第一艘远洋炮塔舰，如果你问我它算不算是我军第一流的战舰，在 1866 年的时

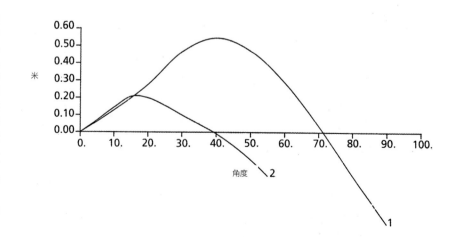

"君主"号（曲线 1）和"船长"号（曲线 2）的复原力臂曲线。这两条曲线是用计算机程序算出来的。"君主"号的曲线跟当年的计算结果几乎一致，不过"船长"号的曲线看起来比当年推算的还要稍稍糟糕一些。我们对"船长"号完工时的外形和尺寸拿捏得不太准确，这可能是我们的计算跟当年的结果有些差异的原因，不过该舰的吃水肯定比原设计多 5 英寸。[115]

候我会说'是'，可是如果现在问我'君主'号这种战舰算不算 1871 年的一等战舰，我想我会说'不再是了'……"

罗宾森认为，一艘 1871 年的改进型"君主"号应该具有更厚的装甲，因为在这 5 年里火炮的威力又有了很大的提升，火炮和装甲的水涨船高都意味着战舰的身材又要膨胀了。作为一艘远洋铁甲舰，该舰的装甲必然要有一些牺牲 [116]。罗宾森希望新战舰桅杆的最下面一段用铁造 [117]，这样就不需要支撑缆了，该舰也应该具有水线下装甲甲板。在设计"君主"号的时候，按照科尔的要求，两座炮塔靠得很近 [118]。罗宾森希望新战舰只安装轻盈的简易桅杆："在我看来，全帆装虽然能让战舰在轻风当中获得更好的机动能力，但作战或者遭遇强风的时候，这些高大的缆绳风帆很有可能损坏、坠落下来，不是砸伤船体，就是落入水中缠住螺旋桨，所以高大挂帆桅杆带来的任何一点点机动优势，很容易被它的安全隐患完全抵消掉。"海军上将西德尼·科博伊·达克莱斯爵士（Sir Sydney Colpoys Dacres）认为"君主"号应该拆掉所有的风帆、桅杆，当时海峡舰队的司令、海军中将托马斯·西蒙兹爵士也表示应该拆掉该舰的后桅杆，前桅杆和主桅杆的高度也可以降低。西蒙兹还希望不要保留没有装甲防护的艏楼。他说，他可不敢让"君主"号的炮塔炮朝前方射击，这样开炮，就是让炮弹从船头炮的上方擦过去，而不论是实心弹还是爆破弹，常常一出膛就会变形破碎！[119] 可以说当时的海军确实没有人再固执地坚持保留风帆了。

里德怀疑"君主"号这样的"挂帆炮塔舰"概念在火炮威力日益增长的时代，

丹麦战舰"洛夫·卡莱克"号是世界上第一艘搭载科尔式炮塔的战舰，于 1863 年下水。该舰的两座炮塔当时各搭载一对 68 磅滑膛炮。（英国国家海事博物馆，伦敦，编号 PAD 6236）

还能不能延续下去。他强调说，如果需要战舰搭载全帆装的话，那么就应该设计成中腰炮室型铁甲舰。如果非要设计一个改进型"君主"号的话，里德建议舷侧和水线装甲带要达到 12 英寸厚，并延伸到水线以下 5 英尺处，这样会稍稍降低干舷到大约 12 英尺。他也希望舍弃艉楼，这样炮塔就能朝前方射击，也能自由地朝后方射击。他认为，挂帆铁甲舰应当具备不错的向风航行能力，为此应当配备单个可升降螺旋桨。[120] 在船体结构设计方面，里德希望让横向肋骨排列得更加稀疏，数量更少，而增加纵向加强梁的数量和密度。[121]

当时设计部研究了"船长"号的稳定性，经过计算发现，如果要让"船长"号达到安全标准，也就是最大复原力臂不能在船体横倾达到 29.5° 之前就出现，那么该舰的稳心高至少应该达到 5 英尺 3 英寸。这就需要把该舰的最大宽度增加 5 英尺，达到 60 英尺；从这里可以看出莱尔德的设计到底错得多么离谱。

铁甲舰的风帆航行能力

到 1871 年海军部召集设计委员的时候，所有人都知道当时没有一艘铁甲舰能够单纯依靠风帆实现灵活的操控。这些战舰各自风帆航行的时候显得都很错，[①] 但就像海军上将西德尼·科博伊·达克莱斯爵士说的那样，[②] "要让这些战舰编队航行，各舰之间必须保持至少 4 链 [Cable，1 "链" =100 英寻（Fathom），接近 200 米][122] 的距离，当海上能见度不高的时候，这个距离就太远了"——其他在海上目睹过铁甲舰训练的海军军官也做出了类似的评价，譬如海军中将卫斯理（Wellesley）就曾说："我们没法完全凭借风帆来让一支铁甲舰分队实现编队航行。"最主要的问题出在顺风调头上，铁甲舰顺风调头的速度太慢了；[123] 当时典型的顺风转向（Wear）[③] 时间如下：

"船长"号	10 分钟
"飞逝"号	13 分钟
"君主"号	33 分钟

当时不少军官都用了"无法操控"这个词，特别是那些安装了平衡舵的战舰。这种糟糕的操舵性能，一部分是因为风帆航行时一般会把螺旋桨锁死，这时候水流从螺旋桨的一侧流到对侧，就会破坏舵响应，于是有人问海军部审计长可不可以安装一台辅助发动机，用来在风帆航行的时候缓缓转动螺旋桨。审计长答复说"君主"号上现在安装的水压机可以带动螺旋桨缓缓旋转，还可以利用船上的辅助蒸汽机把螺旋桨周围的水抽走——主要驱动力仍然来自水头（Head of Water）[124] 的静压力。

铁甲舰依靠风帆向风机动（Beat to Windward）[125] 的能力非常差；当时的报

① "海格力斯"号的舰长、吉法德（Giffard）男爵说："该舰的风帆航行性能虽然赶不上过去的木体战舰，但还算可以。比如从圣·凯瑟琳角（St Katherine Point）到艾迪岩（Eddy Stone）海外 5 海里处，该舰完全依靠风帆进行了一段逆风航行，从下午 5 点一直航行到第二点早上 7 点，顶着风势强劲的西南风，总共航行了 116 海里，当然还要算上涨潮对船舶的助力。别的船可以在 21—22 分钟内把所有可能在战斗中受损落入海中或者缠上螺旋桨的帆装、缆绳和桁材，收拾干净，而我们船只需要 18 分钟就可以搞定。我觉得我的船能比'君主'号更快做好战斗准备。"
② 1871 年战舰设计委员会听证会档案材料。
③ 所谓"顺风转向"就是转向过程中让风一直保持从船尾方向吹来，转向完成后，风就从转向之前的另一舷吹来了。详见 J. 哈兰（Harland）著《风帆时代的船舶操纵技术》（Seamanship in the Age of Sail），1984 年出版于伦敦。

告称铁甲舰最多能依靠风帆朝着风吹来的方向每小时前进 1 海里，而旧时代的风帆巡航舰可以达到每小时 3 海里。这一点也不意外，因为这些新战舰的风帆面积跟船体主尺寸的比值只有旧式风帆战舰的一半。

舰名	帆面积（平方英尺）除以	
	舯横剖面面积（平方英尺）	排水量（吨）
"女王"号三层甲板状态	26.29	5.94
"女王"号改为两层甲板、安装蒸汽螺旋桨推进系统后	26.66	6.03
纯风帆"前卫"号	30.99	7.47
"战神马尔斯"号（Mars）	27.68	6.67
纯风帆"利安德"号（Leander）	38.01	9.99
螺旋桨"香农"号（Shannon）	33.22	6.82
纯风帆"奈奥比"号（Niohe）	44.38	15.42
螺旋桨"奈奥比"号[126]	28.52	8.06

设计部报告说，除了"海格力斯"号之外，如果要达到满意的风帆航行性能，每吨排水量的风帆面积就得加倍，而每平方英尺舯横剖面面积对应的帆面积也需要增加，只是没到加倍的程度。在计算上述比值的时候，设计部喜欢用排水量的三分之二次幂来代替原本的排水量吨数，这样测算出来，旧风帆战列舰"前卫"号的帆面积也不够，应当从 28882 平方英尺增加到 49740 平方英尺。如果把这些新增的帆分散到三根桅杆上，所有帆的合力作用点的高度就会升高 50%，由于帆面积已经加倍，为了不让船体在侧风中倾覆，复原力矩（Righting Moment）就要变成原来的三倍——也就是需要让船体最大宽度从 59 英尺增加到 66 英尺，这样战舰就会摇晃得特别快速、剧烈，令人不适。设计部画了一幅草图，说明根本不可能在铁甲舰上搭载这么高大的桅杆，而且这样的桅杆需要很多人才能操作。

接受设计委员会问询的不少人跟海军中将托马斯·西蒙兹一样，希望拆掉后桅杆——"后桅杆没有实际作用"——并相应地改变前桅杆和主桅杆的位置，"让战舰遇到迎头浪的时候更不容易左右摇晃，迎风的时候船头更容易朝下风转向，风向合适的时候还能省煤；不过在向风航行的时候根本不能指望这些战舰能靠风帆前进"。也有人建议只保留两根低矮的简易桅杆，帮助甲板下通风，[127] 桅杆上段也可以很低矮，这样准备作战的时候很容易降下来存放好。① 还有人表示还是应当保留后桅杆，但不再挂帆，只用来吊放舰载艇。

海军部审计长斯潘塞·罗宾森说："在我看来，全帆装虽然能让战舰在轻风中获得更好的机动能力，但作战或者遭遇强风的时候，这些高大的缆绳风帆很有可能损坏、坠落下来，结果不是砸伤船体，就是落入水中缠住螺旋桨，所以

---

① 这是不是后来"鲁莽"号双桅杆帆装的起源呢？

高大挂帆桅杆带来的任何一点点机动优势，很容易被它的安全隐患完全抵消掉。"这些战舰能否在海面平静的情况下挂出常用帆（Plain Sail）[128] 实现向风机动，被问及这个问题时，他说"不能"。罗宾森认为一艘战舰的定员数是由舰载火炮的型号和数量来决定的，所以他不认为挂帆战舰的定员就一定比无桅杆战舰要大得多。下文表格中的数据表明罗宾森在这一点上大错特错。

表格说明挂帆的中腰炮室铁甲舰和炮塔式铁甲舰的定员差不多，都不少，但"蹂躏"号取消了桅杆和风帆就大大减少了定员数量。

西蒙兹建议采用的简易帆装[①] 获得不少人支持。有人建议应该给战舰加装辅助机械来减轻风帆操作的劳动量，或者把上桅和顶桅（Topgallant）合并成一根，或者像商船一样采用分割开的上下两道上帆[132]，等等。没有人把这些铁甲舰当作真正的纯风帆战舰；风帆只是一种辅助。没过几年，复合蒸汽机的燃料效率大大提高，就算在远离英国本土的海外派驻地，那里的小型战舰也能够舍弃风帆了[133]。

表 3.3 挂帆战舰和"蹂躏"号之间的比较

	"海格力斯"	"君主"	"船长"	"蹂躏"
开工年份	1866	1866	1867	1869
装载排水量（吨）	8677	8322	7767	9300
主炮	8门10寸炮	4门12寸炮	4门12寸炮	4门12寸炮
单舷可用主炮	4门10寸炮	4门12寸炮	4门12寸炮	4门12寸炮
定员	638	575	500	358

战舰设计委员会的一般议题

"船长"号失事之后，海军部成立了一个战舰设计委员会[134]，除了调查该舰为何失事，还负责调研当时的一些战舰设计，[②] 是否设计得安全而有效。该委员会对各类战舰的评价见本书各型铁甲舰的相关章节，同时委员会还从整体上做了一些评价，在此略作探讨。在成立该委员会的声明中，海军部写明："委员会的目的是让专家就目前和未来的一些战舰设计发表专业和科学的评价。"海军部还要求委员会"评价目前战舰设计学在科学性上发展到了何种程度，未来的海战将对战舰的设计提出怎样的要求"，当前的战舰设计能否满足这些要求，如果不满足应该怎样加以改进。

委员会由一群杰出的海军将领、科学家和工程师组成。[③] 委员会选择的工程师既涵盖了最高水平的工程理论家，也包括船厂实际负责船舶施工的技术人员。像弗劳德这样的在某一个领域里面具有高深造诣的专家（弗劳德是水动力学领域）也受邀进入该委员会，并作为委员会成员就相关专业问题接受了委员会的问询。委员会问询了大量人员，他们的答复都体现出他们在自己的专业方

① 装备精良的"全帆装"[129] 船舶挂出所有的常用帆时，可以在航速只有每小时 1 海里的情况下实现顶风转向，而风帆时代的巡航舰需要让航速达到每小时 3 海里才能顶风掉头。"有限帆装"则意味着它们只能在顺风航行的时候帮助增加船速，战舰编队航行的时候还可以依靠它们保持各舰间距。有限帆装的标准是平均每"道"帆只有 20 平方英尺[130]。"简易帆装"只能帮助战舰"迎风停航"（Heave）[131]，装备简易帆装的帆船只有在风速达到强风的条件下，才有希望完成顺风转向操作。三道缩帆后的上帆和一道缩帆后的主帆的有效面积是每一道帆只有 11 平方英尺。

② 需要审查的战舰设计方案有："船长""君主""无敌""蹂躏""独眼巨人"（Cyclops）、"格拉顿"（Glatton）以及"无常"号。

③ 达弗林（Dufferin）侯爵和克兰德博伊（Clandeboye）共同担任委员会主席职务，其他成员有威廉·汤普森[135]、G. 菲普斯·霍恩比（G. Phipps Hornby）、W. 休斯敦·斯图尔特、J. 伍利、W. J. M. 朗肯、W. 弗劳德、A. W. A. 胡德、J. G. 古迪纳夫（Goodenough）、G. W. 伦道尔（Rendel）、P. 丹尼、G. P. 比德（Bidder）、T. 劳埃德、C. 帕斯利（Pasley）、G. 埃利奥特以及 A. P. 赖德（Ryder）。最后两位后来没在委员会报告上签字，发布了他俩自己的少数派报告（见后文）。

面颇有造诣。令人玩味的是，战舰军官在回答问询时最常说的一句话就是"这个我们已经试过了"。[136]①

委员会的报告中，前言之后是一段概述，强调战舰设计总会存在一种折中。"所谓'完美的战舰'只是我们追求的理想，过去从来没能达到过，而且这种'完美'在今天比过去的任何时代都离我们更远。我们每想到一种新的设计，想要朝着这个方向让战舰更加'完美'的时候，就必然会让战舰在其他方面做出牺牲。"委员会接着说，在海军炮没有达到1871年的威力和重量之前，"如何让一艘战舰同时具备挂帆、蒸汽动力、搭载重炮和披挂重甲这个问题，虽然说解决起来比较困难，但看起来还没有到无法解决的地步，于是海军部的设计人员能够比较好地解决这个问题，设计出的战舰在当时看来也是相当成功的"[137]。委员会特别强调了无桅杆的"蹂躏"号和没有装甲的"无常"号，似乎是认为未来的战舰将会采用这两种最极端的设计。很奇怪的是，委员会没有考虑"最强战舰"这个问题，也就是没有考虑如果让四种设计元素集成在一艘比实际服役的战舰大得多的战舰上，成本会飙升到什么地步，而面对委员会的问询，斯潘塞·罗宾森指出，早在1866年里德就调研过一个"最大战舰"的设计，把炮塔和中腰炮室集成在一艘22000吨的战舰上，计划搭载1万吨的煤[138]。恐怕委员会是觉得根本不可能让与会的所有人都接受这样一种提案吧，所以提出这种方案可能就显得走得太远，太过了吧！

委员会报告接着指出，根据火炮制造商提供的情报，② 他们很快就能制造出能够在1000码的距离上击穿24英寸均质熟铁装甲的大炮[139]。委员会很明智地指出这不会是火炮发展的终点，很快，24英寸的装甲板也将不再不可击穿了。委员会觉得，不如改用薄装甲板来防御装填了大量火药的普通爆破弹，同时采用其他防护措施，比如将甲板下的空间细密分舱，来控制进水。

委员会还强烈推荐海军的舰艇也换装复合蒸汽机，不过委员会好像没有意识到，这些经济性能更好、更加轻便的蒸汽机能够让战舰直接舍弃风帆[140]。弗劳德当时研究了船舶的摇晃，指出摇晃会大大降低炮击的准头，委员会对这个研究工作也进行了强调。针对这个问题，委员会说应该加装大型舭龙骨。③ 委员会还对许许多多细节给出了重要建议，其中有不少在当时已经被海军采纳了，能够大大提升战舰的效能。下面对这些建议稍作总结：

1. 需要防火材料。

2. 不要继续使用"吨位"，应该使用排水量；不要继续使用"标称功率"（nhp），而应该使用"标定功率"（ihp）[141]。

3. 船底铜皮一定要跟船上的铁部件隔绝开。

4. 需要安装船头、船尾吃水深度的遥示装置，这样从总控位置就能知道船

① 需要特别关注的是"君主"号的炮长、海军中校麦克尼尔（McNeile）的说法。委员会问他，人能不能安全地站在一门炮的炮口旁边，等到大炮开炮并后坐之后，跑到大炮后面去装填呢，而且趁着一门炮装填的时候，旁边的炮就开炮。这位炮长回答说他自己就这么干过，而且这样操作，让人难受！
② 阿姆斯特朗厂和惠特沃思厂。
③ 弗劳德觉得，他当时强调的舭龙骨尺寸往往都不够大的问题没被人们重视。这个问题其实一直持续到第二次世界大战之后很多年。

体浮态的改变。[1]

5. 应该继续测试泵喷推进器。[142]

6. 大角度横倾时船体的稳定性非常重要，新造好的战舰都应该进行这个测试[143]。

委员会报告的最后，向巴纳比和他的设计团队致谢。弗劳德在报告[2]中写道："……委员会的专家人数不少、背景各异，大家有各种各样的问题要问海军部的设计团队，他们只好费尽心思来回复这些问题，大量占用了他们的工作时间，我觉得这些问题中有不少都是没必要问的。"委员会成员虽多，但基本都在相关领域有丰富的经验，这让这个委员会整体上素质很高，但是"很容易让海军部的设计部门疲于应付，而设计部的时间精力本应该放到更需要他们的地方去"。这种大型委员会的问题就是，花了很长时间才让所有人都明白一件事情及其相关背景，就像弗劳德说的"做梦和解梦"。亨利·布律内尔（Henry Brunel）下了类似的评语，但他觉得不应该像弗劳德一样公开这样讲。设计部门回复委员会的工作，主要是由怀特和约翰这两名助理设计师完成的，回复中的主要计算工作都由他俩承担。委员会中还有两名海军上将撰写了一份少数派报告，最终的委员会报告没有包括他们的这份报告，委员会认为这份少数派报告不符合现实形势，有些"倒退"。这两位海军上将首先希望用水线下装甲甲板和密集分舱的船体，取代装甲带防御。这并非什么不可理喻的建议，后来"意大利"（Italia）级铁甲舰就采用了这种防御，而且"不屈"号（Inflexible）的船头船尾也使用了这种防御，另外后来的"防护巡洋舰"（Protected Cruiser）[144]也采用了这种防御。这两位将军还希望在未来的战舰上保留有限的挂帆能力，他们给出了一张世界地图，标明了太平洋上加煤站的数量多么少，两个煤站之间的距离多么遥远。[145]他们还希望能够舍弃炮塔，而将可以旋转的火炮炮架安装在固定的装甲露炮台里面。这更不是所谓的"倒退"提议；很快，科尔炮塔就会被"装甲露炮台"（Barbette）所取代，这种炮座跟两位将军的提案非常类似。[146]两位将军赞同使用复原力臂曲线来保证战舰的稳定性，不过他们很好奇这种曲线究竟能在多大程度上代表高海况航行时的真实情况（即便到了120多年后的今天[147]，船舶设计师仍然在争论这个问题），两位还指出，所谓的"稳性消失角"并不重要，重要的是船体倾斜到什么角度，露天甲板上那些大舱口，比如说通风井的开口，就会开始没入水面以下了。两位将军认为委员会主席太着急、太自作主张了，起草委员会报告的时候没有把他俩的意见包括在内，于是他们就补充了这样一份少数派报告。总的来说，1871年战舰设计委员会的报告内容翔实、分析透彻、结论很有价值——而且当时所有国家的海军，只花几个先令就可以购买这份充满了英国海军前瞻性思维的报告[148]！

---

[1] 这一点很难办到，1995 年的时候仍然需要继续努力。

[2] 《1872 年 5 月 29 日向德文郡公爵的皇家科学促进委员会所做的报告》（*Evidence to the Duke of Devonshire's Royal Commission on the Advancement of Science 29 May 1872*）。

译者注

1. 考珀·科尔，1819 年生人，他父亲也是海军军官。1855 年克里米亚战争之前，他已经成为一位少将的女婿。克里米亚战争期间，官至准舰长（Commander），指挥一艘明轮炮舰。在围攻塞瓦斯托波尔要塞期间，他指挥手下官兵用盛放后勤物资的大木筒拼成一支大木筏，在木筏上摆放火炮，然后他指挥着这座吃水极浅的大炮木筏进入浅滩区域，近距离炮击俄军要塞。科尔在战后不仅因为这勇敢的表现升任上校舰长，而且在木筏的基础上构思出了旋转炮塔这一设计。

2. 克里米亚战争期间，为了攻克黑海的俄军要塞，英国设计建造了历史上第一批铁甲舰"装甲炮台船"，"可信"号便是其中之一。由于当时的蒸汽风帆战列舰都没有装甲，而且吃水很深，无法安全地抵近炮击俄军的海岸炮台，因此法王路易三世倡议法国应该给战舰的外壳加装铁制防御，然后就可以近距离跟炮台对抗了。但法国产能不足，路易三世便建议他的盟友英国人应该尽早开始建造这种"铁甲浮动炮台"。于是英国建造了"安泰"（Aenta）级木体铁甲炮台船。"可信"号属于"安泰"级炮台船的第二批次，长 40 余米，宽近 14 米，吃水 2.5 米，整个船体呈箱形（不利于快速航行），蒸汽动力航速只有 5 节左右，被时人称为"装甲炮台"，而不是"船"，配备三根简易桅杆，依靠风力可以从英国航行到黑海。两舷各开了 7 个炮门，搭载 14 尊 68 磅炮，也就是当时最大的海军炮。装甲从水线以下一直延伸到露天甲板，覆盖了整个船体侧面，厚 3.5 到 4 英寸，虽然设计要求达到 4 英寸，但由于辊轧技术不成熟，船体上部的许多装甲都不慎做得薄了一点。由于当时英国海军部首长坚持要对这些炮台的装甲进一步测试调研，造成进度延误，所有英国炮台船都没有赶上实战，但最早的几艘炮台船自航到克里米亚半岛并在那里越冬。法国炮台船赶上了实战，炮击了黑海北岸的金伯恩要塞，其装甲防御完全足以近距离抵抗要塞炮的轰击。这些 19 世纪 50 年代的近岸铁甲炮台船可以说是，19 世纪 60 年代装备了旋转炮塔的浅水重炮舰的雏形。它们的战术角色也一样：攻击敌人的海军基地和海岸防御工事。这也是蒸汽时代海军的一项重要作战目标。

3. 鲍威尔舰长说的这种情况可以从下文"可信"号上炮塔原型的横剖面图上看出来。注意图中大炮的左方用虚线画出了开炮后的情况。科尔在大炮的后方设计了一道缓坡，也就是"制退坡"。开炮后，大炮可以借助后坐力退上斜坡，然后落进坡上一个卡榫里而暂时停留在坡顶。这时候的炮口也在炮塔内，便于装填下一发炮弹。准备停当之后，打开卡榫，大炮便在自身重力的驱动下稳稳地沿着斜坡滑下来，炮口慢慢从炮门伸出来，也就实现了自动复位。在操作传统炮架的时候，需要十几个人在大炮两边分别拉动滑轮组，才能让退进船舱里的炮管重新伸出舷外。舷侧列炮和中腰炮室铁甲舰的舷侧炮位上，装备了第一章介绍的 1864 年以后的新式炮架，这种炮架也有制退坡，就不需要人力拉动滑轮了。

4. 炮塔的顶盖是隔栅窗，很容易让硝烟升腾散尽。

5. 由于炮塔是个封闭的小空间，开炮时炮口的冲击波传到炮塔内部，就会让封闭空间里的空气剧烈震动，也就是让人突然听到一声巨响。如果不保护鼓膜，鼓膜就可能破裂。把天窗开大一点无助于改善这个情况，因为这种空气的剧烈震动只是一瞬间的，而不像硝烟一样是开炮后残留在炮身周围的。

6. 炮塔总能指向敌舰，大炮每次完成发射准备都可以立刻开炮，而舷侧炮是没法做到这一点的，因为只能大体朝两舷方向射击，必须等待敌舰进入一门炮的水平界内才好再次开炮。

7. 开炮后炮塔内硝烟弥漫，伴着轰鸣声，根本无法让炮组成员看到或者听见炮塔顶盖观测者提供的瞄准参数。

8. 倾斜侧壁让炮塔内空间过于狭窄。

9. 传统西方罗盘把一个圆周分成 32 份，8 个罗经点正好是 90°。

10. 类似井口提水的装置。

11. 由于船体在左右摇晃，转过半圈的时间就要比转过 90° 的两倍更长，因为转半圈会让炮塔炮指向另一舷，可能炮塔的重心会跟着发生移动。

12. 即使是在静水中开炮，船体也免不了受到大炮后坐力的影响而微微晃动，这种晃动反过来传递到炮管里的炮弹上，就会给它一个干扰。要是炮塔炮，这种干扰还会更大，因为炮塔不可能跟船体严丝合缝地紧贴在一起，炮塔相对于船体也在晃动。

13. 原文没有指出具体哪三个。

14. 指上文不方便从炮管上直接瞄准。

15. 炮战时两舰由远及近，逐渐接近。刚开始在远距离上"单瞄单射"，因为每次炮击的命中率都不高，而且敌我位置在不断改变，需要不断瞄准并不断根据命中情况修正火炮的俯仰和回旋角。等双方接近到数百米以内，命中率开始提高以后，就可以改用快速射击了，也就是在大致保证射击精度的条件下，不再瞄准而连续开炮。这套战术一直用到20世纪的无畏舰时代。所谓"瞄准线"（Light of Sight）就是炮管的延长线，9° 即指目标最初在炮管左边或右边 9° 的方向上。两个目标间隔20° 就是指目标 A、战舰、目标 B 三者呈20° 夹角。

16. 该舰用维多利亚女王丈夫的名字命名。露天甲板两侧的所有船帮板都可以放倒。两根低矮的桅杆称为"简易桅杆"，本章后文会多次提到。

17. 改装前的"皇家主权"号共有 5 层从船头到船尾的连续甲板，改装后只保留了最下面的两层。最下面一层甲板靠近水线，在原本的设计中，这层甲板用来存放各种备用物资，而不搭载火炮，所以这层甲板没法完全承担炮塔的重量，于是本图中展示了炮塔底座中央粗壮的转轴下面，有一根直插内龙骨的"Y"型铁架来帮助分担重量。另外的重量则靠辊轴和水线附近的这道甲板来承担。

18. "皇家主权"号、"阿尔伯特"号两舰，跟 1869 年里德设计建造的英国第一艘无桅杆炮塔式一等铁甲舰、9000 吨的"蹂躏"号比起来，要小得多，所以一般只算小型、二等铁甲舰。"蹂躏"号算是第一艘能够跟第一、第二章那些带舷侧炮门的"老式"铁甲舰相提并论的炮塔主力舰。

19. 螺旋桨是 19 世纪 30 年代发明出来的，首先试验成功的人是埃里克森。可惜他性格直率，不懂得与海军部的官员商谈，结果他虽然在海军部诸位大员面前成功演示了螺旋桨推进系统的功效，却被海军部婉拒。美国驻英国的外交人员及时注意到了埃里克森的发明，于是这个瑞典人从此辗转到大洋彼岸发展，于 1862 年建造出世界上第一艘参加了实战的炮塔式铁甲舰"莫尼特"号，该舰的具体情况见第四章。在埃里克森展示了他的发明不到半年后，史密斯的螺旋桨得到了海军部的支持。这是因为当时史密斯在今天的伦敦科学博物馆参加了一个科技新发明展览会，他的模型螺旋桨船恰好被海军部第二秘书给看到了，这位政治能量很大的官员力推史密斯，使他成了螺旋桨的英国发明人。

20. 第一章已经注释了在这场海战前半部分，带舷侧炮门的"弗吉尼亚"号如何大开杀戒。第四章将介绍"莫尼特"号如何对抗"弗吉尼亚"号。

21. 注意此处的"露天甲板"原书用了"Main Deck"一词，这个词直译是"主甲板"。"Main Deck"在第一章、第二章的老式挂帆铁甲舰中翻译作"火炮甲板"，而这些挂帆铁甲舰在火炮甲板之上还有一层露天甲板，作者叫作"Upper Deck"，直译是"上甲板"。作者这样命名是为了说明炮塔式铁甲舰的船体整个比挂帆铁甲舰少一层甲板，因此才叫作"低干舷""近岸防御"铁甲舰。可是不熟悉甲板命名的读者，读来可能易感迷惑，所以这里就不再特别区分翻译了。把上文"皇家主权"号的横剖图跟第二章"勇士""柏勒罗丰"和"海格力斯"号的横剖图比较，就会清楚地看到后三艘挂帆铁甲舰船体内有三层甲板，而"皇家主权"号只有两层。再对照第四章 148 页的"雷霆"号（"蹂躏"号的同级姊妹舰）炮塔主力舰的内部结构图纸，就会发现"蹂躏"号虽然比"皇家主权"号大得多，但也是"低干舷"设计：船体内也只有两层甲板，主甲板直接露天，这就是"低干舷"这个词的具体含义。原书此处把露天的主甲板下面的那层甲板叫作"下甲板"（Lower Deck），这属于名词误用，因此翻译中没有体现出来。不论在炮塔式铁甲舰还是挂帆铁甲舰上，这层甲板都在搭载火炮的主甲板下面，在本书这些战舰的时代，仍然遵照风帆时代的惯例，这层甲板应当称为"最下甲板"（Orloop）。

22. 见第一章译者注释112。

23. 均为英格兰和苏格兰的厂家为外国建造的。可见当时英国的工业实力确实是世界第一。

24. 1855 年冬天，英法联军组织了一支吃水很浅的炮艇和炮舰组成的远征军，深入克里米亚半岛后方的腹地，袭击了亚速海沿岸的几乎所有仓库据点，烧毁大量存粮和后勤物资。这场行动让已经陷入英法包围的塞瓦斯托波尔要塞举步维艰，最终导致它投降。这次行动的原指挥官病故后，奥斯本上校接替他继续完成了整个敌后破坏行动。

25. 当时从战舰的桅杆上可以眺望到 20 海里以外的敌舰桅杆，而战舰的航速最高只有 14 节，战舰上大炮的有效射程，由上文的表格可以看出来，只有 1000 米左右。因此，两艘战舰从相互发现到接近至交战距离，有一两个小时的时间。这段时间足够做好战斗准备。在半个世纪以前的 1805 年，当纳尔逊舰队准备跟法西联军决战的时候，受天气条件的限制，风帆木体战舰的航速只有 2 节，早上发现对手，中午才开始交战。从 18 世纪到 1860 年铁甲舰的时代，战舰上的作战准备工作都差不多：首先清理干净甲板下的障碍物，如军官住舱的临时性木板隔断墙，这些轻木结构容易在被弹的时候迸射出杀人的碎木片，军官的各种起居用品也跟临时木板一并搬到底舱里存放；各层甲板都撒上沙子并泼水打湿，这是防火措施，同时还能防滑，因为习惯上要求水手赤脚在船上活动，至少到 19 世纪中叶仍然是这样；船上平时会饲养禽、畜，给军官提供鲜肉和蛋，这时候要把它们全部宰杀，给全体官兵做一顿好饭；挂帆战舰的露天甲板上方还会挂上一张防护网，防止桅杆和风帆上的缆绳、滑轮等配件在交战中坠落到甲板砸伤人员；风帆也要收起来一些，减慢航速，因为当战舰航速高于 5 节，火炮就基本上很难瞄准对手了。

26. "Beam"代表正朝舷侧的方向，跟船头—船尾方向呈90°。

27. Bucket，敞口的桶；底舱存放各种物资的大酒桶称为"Cask"。

28. 原书这里用了"Upper Deck"一词，根据前文译注，属于误用，因为低干舷的炮塔舰没有上甲板，这里按照甲板实际位置称之为露天甲板，也就是搭载了火炮的"主甲板"。

29. 在二战后发明出实用的激光器以前，测距仪都是利用三角函数原理的"合像式测距仪"。测距仪的两个"物镜"分别在一根长杆的两端，观测员的左右两只眼睛分别借助一道折光系统，通过这两个物镜观察远方的敌舰。调节测距仪使左右眼看到的像重合并且清晰的时候，就代表敌舰跟测距仪的长杆"基线"呈一个等腰三角形（基线是底边，敌舰是顶点），此时读出的示数就是距离。

30. 由于普通水手的厕所在船头，海军行话中以"船头"（Head）指代厕所。

31. 该舰摇晃幅度较大但是摇晃频率较低，比较舒缓，这都是由于炮塔位置较高，造成重心较高、稳定性较差，这样的战舰更适合操作火炮。

32. 这时候的铁甲舰主要是"勇士""阿喀琉斯""米诺陶"这三型——船体很长、转向很不灵活的舷侧列式铁甲舰。

33. 舰长对自己指挥的战舰常常怀有特殊的感情，有时候难以客观评价。

34. 炮塔里面和下面斜行的杆子是对角线承重结构。

35. 即第一章介绍的特种撞击铁甲舰，船头安装一座炮塔。

36. 一般是18世纪末的风帆战舰，因为船体长年承受风浪的摧残，已经无法出海航行，就改成仓库、监狱或者医院来继续为港口服务，称为"Hulk"。

37. 萨默塞特前装炮。

38. 炮管内的火药燃气会从炮尾背部的孔里散出来一些。开炮后大炮退进炮塔内部，炮口的火焰和燃气也会有一部分释放在炮塔内。

39. 从船头到船尾的露天直通甲板以上，没有再搭建覆盖部分船长的"艏楼""艉楼"甲板。

40. 两舰的露天甲板很低矮，也没有在这层甲板以上添加新的甲板，因此无法在外海航行，因为大浪会完全埋住低矮的舰首，让战舰无法前进。

　　"阿尔伯特亲王"号于1864年完工，性能诸元：排水量3745吨，垂线间长240英尺。全长的水线装甲带在舯部厚4.5英寸，在船头船尾削减到3.5英寸。炮塔装甲正面厚10英寸，两侧和背面厚5英寸。动力航速11.26节。

　　"皇家主权"号的改装工作在1864年完成，性能诸元：排水量5160吨，垂线间长240英尺。水线装甲带在舯部附近厚5.5英寸，船头船尾减薄至4.5英寸。炮塔装甲正面厚10英寸，侧面和背面厚5.5英寸。露天甲板上有装甲指挥塔，装甲厚5.5英寸。

41. 挂帆战舰的露天甲板四周全是稳定桅杆用的缆绳，如果在这种甲板的中央布置一座炮塔，炮塔的射界内就会充满己舰的缆绳和帆布，严重遮挡射界。舯部炮室四角上的4个露天炮座，可以部分地解决这个问题。这些"露炮台"（Barbette）本身不能旋转，但火炮可以在露炮台内旋转，从而获得很大射界。露炮台的尺寸和重量都可以比旋转炮塔小很多，于是就可以高高地安装在挂帆战舰的露天甲板上了。英国第一艘采用这种设计的铁甲舰"鲁莽"号见第四章166页。

42. 即斯潘塞·罗宾森。

43. 科尔的所谓"设计"，也就是在一艘型深很浅的大船上沿着船体纵中线密集排列10座炮塔。根据第二章介绍的船体结构问题，可以知道沉重的旋转炮塔肯定会让这么长、这么浅的船在大浪中拦腰折断。

44. RUSI=Royal United Service Institute，世界上最早的国防智库之一。可见当时海军部已经在某种程度上不愿意接受科尔那异想天开的业余"设计"了。他的创造力虽然在提出炮塔概念的时候起到过重大作用，但要把概念化为实用、安全、可靠的物件，完全离不开专业设计人员。

45. 该设计的外观类似下文的"船长"号。高大桅杆的最下面一截叫"底桅"，在它的两侧后方安上细一些的斜柱，这就是三足杆。这样就可以大大减少桅杆周围那些斜拉的"侧支索"，炮塔的射界就能开阔不少。图中可见"船长"号炮塔下的露天甲板距离水面之近，最后发生那样的悲剧也并非完全不可想象。

46. 显而易见，海军部成立专家组就是要用合法的办事程序否决掉科尔的设计，让他知难而退，不要再向海军部建言了。

47. 虽然炮塔舰的干舷很低，但从整艘船来看，为了发挥炮塔的射界优势，炮塔几乎必然在露天甲板上，也就是整艘船位置最高的地方，这是整艘船最不容易被大浪打到的地方。如果以后能够建造高干舷的炮塔舰，它的干舷跟中腰炮室铁甲舰一样高，那么炮塔里的大炮就比舷侧炮室里的大炮更不容易受大浪的干扰。

48. 这里的"稳定"是 Steady，表示炮塔舰的重心更高，在大浪中摇晃更加舒缓，故而更方便操作火炮。

49. 这句话显示了当时人们在有效交战距离这个概念上认识混乱。海上的步枪最远只能打 200 米，一般在 100 米以内才能比较准确地射击。到了铁甲舰时代，船体舷侧和炮塔上的装甲已经无法在这么近的距离内抵御炮弹的轰击了，最少也要跟敌舰保持 400 米的距离才能保证装甲不被对方击穿。可是委员会的一些成员显然还沉浸在 18 世纪末纳尔逊时代风帆炮舰的辉煌大梦当中。在纳尔逊时代，落后的技术条件要求两艘船必须接近到几十米的距离才能够产生决定性的战果，战舰上的海军陆战队狙击手是露天甲板上的军官和海员们需要面对的实在威胁。

50. 相比前文的"Aimer"，"Layer"属于更专业的火炮操作术语。

51. 因为大炮已经重达十几吨，没有办法在敌我两舰都机动的时候，连续保持炮口一直指向敌人，这种能力要到 20 世纪初无畏舰时代才能获得。大炮实在太重了，又全靠人力操作，不使劲的话大炮纹丝不动，一下使劲太过又让大炮错过了最佳瞄准角度。可见当时的大炮是难以精确控制炮口指向的。要想精确控制，得等到开发出蒸汽驱动的液压辅助操作装置以后，也就是 19 世纪 70 年代以后。

52. 舷侧炮门式远洋铁甲舰必须把装甲、重炮、大功率发动机跟桅杆，全挤进一座不大的船体里，这最终造成舷侧炮位装甲的厚度赶不上没有桅杆的炮塔铁甲舰。

53. 原书对"两座"特别做了强调，因为下文会讲到，这是委员会否决科尔这个设计的关键依据。

54. 因为炮塔的旋转和船体的前进方向是彼此独立的，保持船头迎浪可以最大限度地减少船体的摇晃和船体极端载荷的情况。

55. 炮塔可以旋转，朝任意方向开炮，即使船体完全丧失机动能力，仍能瞄准敌舰射击。舷侧炮门式战舰无法机动之后，敌舰就可以躲到炮门的火力盲区里了。

56. 当时旋转炮塔舰的主要目标就是敌军港口的海岸要塞。

57. 这在今天听起来有点不可思议，但就像第一章注释过的一样，当时还没有速射枪械，大炮威力虽然大，但除了轻型火炮齐射，织成十分密集的火力网，就无法有效压制大量跳帮人员的冲锋。譬如第一章介绍的英国"无常"号和秘鲁"胡阿斯卡"号之战。如果要俘获"胡阿斯卡"号，可以让"无常"号保持对"胡阿斯卡"号的火力压制，同时让伴随"无常"号的轻巧炮舰从"胡阿斯卡"号的另一舷接近，实施撞击和接舷跳帮作战。由于"胡阿斯卡"号只有一座主炮，它便无法兼顾两艘敌军巡洋舰。这个例子也说明了单炮塔战舰的战术脆弱性。

58. 参考前文"阿尔伯特亲王"号模型照片，实际上"皇家主权"号也是类似的设计，这是提高炮塔舰远洋航行性能的必要设计。

59. 此外还有可放倒式吊艇架。参考下文"君主"号放倒船帮、整理好缆绳进入作战状态的照片，该舰桅杆前后的黑色船体上可见折倒的弧形吊艇架。这些结构跟船体连接的关节部位能否经受住大浪的考验，是高海况航行时的重要问题。

60. 见第四章。"莫尼特"一共在近海航行过两次，第一次差点沉没，第二次船身解体而沉没。

61. 前后主炮塔加上舯部舷侧副炮炮阵，其实已经比较接近 19 世纪 80 年代中后期"前无畏舰"的基本布局了。

62. 按照当时的技术条件，一艘带前后主炮塔、舯部副炮、高大挂帆桅杆的高干舷"远洋炮塔铁甲舰"，如果建造出来，排水量必然超过 1 万吨很多，是全英国乃至全世界最瞩目的一艘军舰，比几年前的"勇士"号还要惹人眼目，会长期占据主流报纸的头条。这样一艘"国之重器"怎么能因为无法同时朝两舷开炮或者炮塔意外被卡死而落败于敌军呢？因此委员会绝不同意在一艘远洋一等铁甲舰上出现明显的简化设计和功能不完备之处。

63. 即第二章"研究"号改装木体铁甲炮舰。

64. 炮塔里空间狭窄，可能没有装填手闪避炮口火焰的充足空间。

65. 即斯考特·罗素。

66. 第一章已讲到，这个部门后来设计的铁制炮架，用到了 19 世纪 60 年代后期里德设计的一批中腰炮室铁甲舰上。

67. 旧式炮架主要需要大量人力操作滑轮组和撬杠去旋转整个炮架，如果能够以机械辅助旋转，哪怕是人力驱动的机械，操作员的数量就能大大减少。

68. 负责火炮配件和弹药等的整备与维护。

69. 引信可能会被炮管内大量的发射药提前引燃，甚至造成爆破弹在炮管内提前爆炸。

70. 19世纪上半叶直到铁甲舰时代初期的法国海军总设计师，详见第一章注释。

71. 见第四章，当时美国设计的船体宽扁的近海防御铁甲舰稳定性非常棒，可以横跨大西洋，但前提是不能竖立高大的挂帆桅杆。悲哀的是，科尔的"船长"号既带有高大的桅杆，设计和建造的质量又很粗糙，设计时根本没有像里德设计团队那样严格计算稳定性。里德说这句话的背景是，大多数人并不懂得里德他们刚刚建立起来的实用船舶稳性设计原理，大部分人还以为远洋战舰需要高干舷是因为干舷高就更稳定，更不容易翻船。于是里德特意指出，如果设计得法，低干舷的战舰同样不容易翻船。而他的言外之意就是：高干舷的作用是让船头总能保持在浪头之上，这样遇到迎头浪的时候，船才能继续前进，否则船头直接被大浪埋住，航速就突然降低，船就几乎无法前进了。

72. 蒸汽机动性越好，往往风帆操纵性越差。见第二章最后部分。

73. 艏楼就是上文和下文两幅"君主"号的照片里，前桅杆前方舷墙较高的部分。在这两张照片中，艏楼部分的船帮上都画了两道白线，而只有下面那一道较细的白线才向后一直延伸到船尾。艏楼增加了船头的干舷高度，这样就更容易在大浪中航行，不会被大浪埋住。

74. 从高空的桅杆和帆上拉到露天甲板四周的缆绳，数量庞大而且规格不一，很难从它们之间找到清晰无遮拦的射界。

75. 露天甲板周围的这些槽子可以堆放船员的吊铺，战时帮助露天甲板上的战斗人员挡子弹。

76. 注意图纸上前桅杆前方高一截的船头"艏楼"。还可以看到两座炮塔的下半部分颜色较浅，代表露天甲板周围的船帮板竖立起来以后，就会遮挡炮塔的射界。

77. 科尔在海军内部和在报纸上主要攻击里德及"君主"号遮挡炮塔射界的艏楼。艏楼确实是海军部委员会为了提高船头的干舷而要求里德加上去的，里德曾表示他对这个设计特点很不满意，这是他一直不看好"君主"号的主要因素。海军部委员会这里其实是在保护里德。

78. 讽刺的是，里德被科尔逼迫辞职以后，也成了政客和社会活动家，他就像科尔一样，利用舆论胁迫海军部，以及他的内弟、继任总设计师的巴纳比。

79. 海军部充分明白科尔可能建造不出实用且能令海军满意的战舰，因此海军部决定采用民间船厂合同建造的方法来撇清责任，以表示：由于科尔这个门外汉一意孤行，用民意绑架海军部，海军部没有有效的手段对科尔的设计进行合理的约束，最后可能出现的任何问题都完全是科尔自己的责任。

80. 外形上跟"君主"号的最主要区别就是炮塔的位置要低得多。此外两座炮塔之间的距离也更大，主桅杆在炮塔之间，这样的布局比"君主"号更合理。

81. 这里显然是一个讽刺。即海军部的专业人士不可能接受仅仅2米的干舷，这样低的干舷不能和挂帆桅杆结合在一起，没有挂帆桅杆当然就没有问题。只有科尔这样的业余人士才敢要求厂商在预备远洋航行的挂帆铁甲舰上设计仅仅2米高的干舷。

82. 这时候莱尔德可能只在大体设计方案中列出了预期的稳心高和复原力臂等参数，在后续细化过程中还需要莱尔德仔细计算重心、浮心来达到这些预期的指标。

83. 从船底算起的高度，不是从水线算起。

84. 船舶一般是在岸边的船台上建造的，然后拖进水里，也就是"下水"。干船坞一般用来维修保养船舶，如果在干船坞里建造，那么就耽误了正常的维修保养作业，特别是在战时。但在干船坞里建造大型船舶，就不用面临船体太重、不好下水的技术难题了。一般在建造大型船舶经验不足的时候，选择在干船坞里直接建造。

85. 距离"船长"号倾覆仅半年多的时间。

86. 因为这些船往往要比英国海军部的小得多，要求也不那么复杂苛刻，不再需要创造性地寻找新的解决方案。

87. 先是巴纳比，巴纳比不堪重负抱病辞职后，接着是怀特，最后怀特击败了里德。

88. "君主"号性能诸元：排水量8322吨，垂线间长330英尺。全长水线装甲带，在舯部厚7英寸，在首尾厚4.5英寸，背衬是10—12英寸厚柚木。炮塔前脸厚10英寸，侧面和背面厚8英寸。指挥塔装甲厚 8 英寸。炮塔位于舯部的一个装甲"盒子"里，侧面是舷侧装甲带，前后有 4—4.5 英寸厚的装甲横隔壁。2 座炮塔各搭载 2 尊 25 吨重的 12 英寸前装线膛炮，此外艏楼甲板上有 2 门 6.5 吨重的 7 英寸炮，船尾露天甲板上也有 1 门相同的炮。蒸汽机标定功率 7842 马力，航速接近 15 节，载煤 600 吨，相当于 2000 海里的低速续航能力，可以从伦敦单程航行到法国地中海沿岸。风帆航速 13 节。注意上文中说"君主"号动力航速"14 节"，是舰队中最快的船，而第一、第二章大部分一等铁甲舰都能达到这样的航速。

"船长"号性能诸元：排水量 7767 吨，垂线间长 320 英尺。全长水线装甲带，在舯部厚 8 英寸，在船头船尾厚 4 英寸。炮塔装甲前脸厚 10 英寸，侧面和背面厚 9 英寸。指挥塔装甲厚 7 英寸。炮塔武器同"君主"号，船头船尾露天甲板各安装 1 门 6.5 吨炮。发动机标定功率 5400 马力，动力航速 14.3 节，载煤 600 吨。风帆航速 13 节。

89. 炮塔最好搭载于船体最宽、浮力最足的舯部，因此就容易出现靠得太近这个问题。

90. 相当于"船长"号把"君主"号装甲隔壁和首尾副炮防御的配额，用来加厚炮塔防御和舷侧装甲防御。

91. 这种试航是在事先测量过航程的标准航道内进行的，航道有许多浮标组成的标线。试航时先由海军部指派的专业锅炉工和引擎工程师让发动机组达到稳定的工作状态，然后进入测速段。在测速段内跑直线，驶出测速段后再调头返回，调整好发动机工作状态后，再次逆向通过测速段。将往返的两个航速平均后，就可以排除海潮和风向对航速的干扰，这样的结果算一个试航速度。取得 N 个这样的试航速度，再取平均值，称为"二次平均"法（Mean of Means）。

92. "君主"号是唯一一艘"高干舷"炮塔铁甲舰，船体内有三层甲板，最上层露天的"上甲板"安装炮塔，船头还有第四层即一小段艏楼甲板。一般低干舷铁甲舰是在露天的"主甲板"安装炮塔。

93. 吨位（bm）是旧时代估算方法，"君主"号的吨位是 5102 吨，远远小于排水量。"船长"号的吨位略超 4000 吨，也远小于实际排水量。"吨位"估算是当时的落后习惯。

94. 民间船厂会把厂房和各种机械设备的折旧等"间接成本"平摊到每艘船的报价上，这样才能保证盈利。可是海军船厂不以营利为目的，而且在和平时期海军船厂实际上还供养和维持了一批技术劳动力以及大量闲置和封存的战舰。这些"固定资产"通常都是事先发行海军国债来垫付的，如果把这些资产的利息也计算到战舰"间接经费"中，那么战舰的造价就会变得特别高，很难获得议会批准了。于是当时海军船厂建造战舰时只预算和上报直接用于建造战舰的材料成本和人工成本，即"直接经费"。

95. 排水量将会超过万吨红线：为了让每门重达 25 吨的 12 英寸大炮都至少能够高出海面 2 米、甚至 3 米，战舰的体积必须足够大，排水量将达到万吨以上。例如，巴纳比时代中腰炮室铁甲舰的"终极形态""亚历山德拉"号搭载 10 门 10 英寸炮、2 门 11 英寸炮，排水量 9400 多吨。

96. 原文没说是哪个舰队的司令，应当是地中海舰队，当时的司令是亚历山大·米尔恩。

97. 19 世纪后期把装药换成了沙子配重。

98. 这些问题都说明新发明的炮塔比较复杂，还有很多问题没有解决，跟传统舷侧列炮的简易操作相比，效率还有待提高。简易瞄准器就是炮尾和炮口上的两个凸起，让它们跟目标三点一线就实现了瞄准。

99. 1855 年克里米亚战争中发现爆破弹对海岸堡垒几乎完全无效。即便如此，猛轰和海陆包围也能让孤立的要塞军心不稳后投降。特别是蒸汽战舰可以从要塞缺少防御的火力盲区突然发起进攻，这对要塞守军的心理可以产生强烈压迫。

100. 可见当时战舰航速在 10 节以上的时候，在千米以外相互炮击几个小时，都无法获得决定性战果。而人力装填的大炮肯定没法在几个小时里保持 5 分钟 3 发的开炮速度。

101. 曲线图见下文插图。参考附录 4，代表战舰在大浪中大角度横倾时的稳定性。

102. 当时美国的"莫尼特"号等浅水重炮舰比这个设计提案的干舷还低，但因为船体非常宽扁，稳定性很好。最重要的是这些船不挂帆，所以它们宽扁的船身很难在大浪中左右横摇达到这个角度。挂帆时，高大的桅杆就像一根撬杠，在侧风作用下有把船体掀翻的趋势。

103. 里德这篇论文是 1868 年 4 月 4 日在造船工程学会宣读的。有趣的是，当时"坐镇"学会的"学术权威"正是在朴次茅斯教导过里德等人的约瑟夫·伍利博士，见第一章。里德的主要结论见下文叙述和上一条注释。第一章介绍过，当时许多拥有海上服役经验的军官也加入了学会，里德宣读这篇论文可能就是希望他们能够明白，低干舷和高耸的挂帆桅杆不能共存于一艘战舰，但没有产生作用。这条经验最终以科尔等 470 多人的生命为代价让海军军官和公众接受了。

104. 当时还不存在第二章注释中提过的机械式积分计算尺，只能在船体的每个分段上都根据横倾试验大致推测出战舰大角度倾斜时的水线位置，然后手工计算船体每个分段在每个倾斜角度上的排水量及浮心、重心的位置。最后把各个分段累积起来，才能得出全船的复原力臂如何随着倾斜角度的增加而增减。而且每一步计算至少要两个人同时进行，好相互验证，防止算错。二十几天完成计算，恐怕巴恩斯及助手们都在废寝忘食地算。计算机时代没法想象那工作量。

105. 当时英国海军军官一旦达到相当于今天上校军衔的"舰长"（Captain）这个军阶以后，就不再根据战功来提升军阶。"将"级军衔的累进完全看资历，也就是年龄，只要活得够久，总能成为上将。

106. 司令想要亲身体验一下这个与众不同的新战舰遇到大风天气到底是怎样的。舰队司令的旗舰是第二章介绍的英国新造木体铁甲舰"沃登勋爵"号，也是一艘舷侧列炮式"第一代"铁甲舰。

107. 这是桅杆最高处的第四道桁，在风力太大的时候就无法使用，因为高处的桅杆、风帆和缆绳都比较纤细，容易被大风扯断或者直接刮走。

108. 这里讲到的是遭遇大风的时候，传统的西欧帆船为了避免被大风刮翻、避免桅杆缆绳和风帆损坏而采取的标准做法。其中上帆的"缩帆"见第一章译者注释30。这几面帆编织得最厚重，配套的缆绳也比较结实。有时候这几处还用特制的"风暴"帆来替代平常挂的那几面。作者是现代船舶设计师，可能对古代帆船不甚了解，用词可能存在错误。例如此处原书把"Fore Course"错写成了"Fore Sail"，虽然也能够明白指的是哪面帆，但不够确切。

109. 承担上帆和帆桁重量的一对重型滑轮，从帆桁上沿着桅杆一直拉到甲板上固定结实。这样看，如果割断这对缆绳后似乎上帆就会坠落到甲板上，将造成更大的险情。实际上在风帆时代，遇到这种危急时刻根本不需要，也来不及割断升降索。因为升降索要承担帆和帆桁的大部分重量，于是这对缆绳一般都很粗壮，紧急情况下根本割不断。不管割断什么缆绳，意图都一样，就是要让风帆上的风力卸掉。在危急时刻快速让风帆失去作用的方法，是放开或者割断"帆脚索"（Sheet）。这时船上会大喊"Let go the Sheets！"（放开帆脚索！）帆脚索的作用就是让帆兜住风，如果没有帆脚索，帆就会像窗帘一样随风飘起来，就能把帆上的风力给卸掉。这是风帆时代风力突然增加，船体突然严重横倾时的紧急处理方法。

110. 直到今天，船员的后人还在纪念这场意外事故。根据他们最新的资料，该舰的幸存者一共有18人，其中17人是普通水手，1人是炮长。舰长并不是军官，而是士官。在19世纪的英文中，以"The People"来指代船上的普通水手、海员，以"Officer"指代士官和军官。军官称为"Commissioned Officer"，持有国王署名的委任状；士官称为"Warrant Officer"，只持有海军部印发的委任状。

可能有的读者关心当天下午曾登临"船长"号的舰队司令米尔恩的命运。这位中将时年64岁，他视察完"船长"号后就准备返回旗舰"沃登勋爵"号。但此时海况已经比较高了，浪高可能达到1米以上，乘坐舰载艇已经比较勉强了。伯戈因舰长建议他在"船长"号上过夜，等待次日海况转好。但米尔恩是个倔强的苏格兰人，他偏要在大浪中返回旗舰。在高海况的情况下乘坐没有甲板的舰载艇是很危险的，一个浪头就有可能把整艘小艇拍进海底。但米尔恩似有天助，当天的执拗救了他一命，后来他平安活到90岁才去世。

111. 军事法庭由海军自行组织，充当法官和审判长的人都是海军的将领。

112. 实际上并不需要100年，这起事件不到10年之后，已经在议会充当议员的里德就在《泰晤士报》上误导全国舆论，抨击巴纳比设计的"不屈"号，说船头船尾没有任何防护，艏艉战损进水之后，该舰会失去稳定性进而翻沉。斯潘塞·罗宾森等人也站在里德身边发声，这让《泰晤士报》直言，海军部已经失去公众的信任，政府必须召集海军部之外的技术专家组成审查委员会，调查"不屈"号是否确有里德所说的问题。里德在他的选区搞演讲的时候，更把自己粉饰成为追求真理而遭到海军部强权压迫的殉道者。审查委员会虽然最终做出了公正客观的判断，指出里德抨击"不屈"号的这些理由实属荒谬，但海军部和巴纳比的公众形象严重受损，更重要的是让"不屈"号的建造进度平白无故推迟了一年，待到该舰服役的时候，它已经彻底落后于时代了。

113. 要么是"船长"号那样不需要斜拉缆绳的三足桅，要么是沿着桅杆设置一些横撑和支撑缆绳。

114. 根据第二章关于炮口暴风的介绍，这根本不可能实现。

115. 横坐标是船体横向倾斜的角度，纵坐标是复原力臂的长度。简单来说，随着船体朝一侧倾斜的角度越来越大，这一侧船体没入水下的部分越来越多，这一侧船体受到的浮力就越来越大，对侧船体受到的浮力也越来越小，整艘船所受浮力的合力作用点"浮心"也就越来越偏向倾斜的这一侧的水下船体。于是浮心和重心之间的距离越来越远，也就是所谓的"复原力臂"越来越长，也就意味着船体自发返回竖立状态的趋势越来越强。但当船体倾斜达到一定角度以后，露天甲板开始没入水面以下，通常此时复原力臂就到了最大值。此后，越来越多的露天甲板倾斜入水，虽然倾斜这一侧的浸水体积仍然在增大，但因为船体形态的特点，浮心和重心的距离却在变小，直到图中曲线跟横坐标的交点处，复原力臂变为0，这就是"稳性消失角"。更大角度的横倾将会让复原力臂变为负值，代表它将促使船体更快地翻过来、底朝天。详见附录5。

116. 装甲厚度比不上跟1871年前后的"蹂躏""雷霆""无畏"这些没有桅杆、低干舷的"近海防御"炮塔舰。这些战舰详见第四章。

117. 用铁皮铆成的圆筒。

118. 这句话看起来跟上下文没有联系，作者可能的意思可以参照上文"君主"和"船长"号的照片来推测："君主"号两座炮塔挨得比较近，方便在炮塔前后设置高大的前桅杆和主桅杆，因为桅杆最好也要安装在尽量靠舯部、浮力比较充足的部分。

119. 他的意思是艏楼甲板是露天的，炮塔炮开炮时的暴风可能会损伤船头炮，炮弹从艏楼和前桅杆的各种缆绳和辅助设备之间飞过，也可能让炮弹提前引爆、受损。

120. 实际上无法实现，第二章介绍了螺旋桨和平衡舵对风帆航行时操纵性的破坏，下一个部分也将介绍当时铁甲舰糟糕的风帆转向控制能力。

121. 根据第二章的介绍，这样可以减轻船体结构重量，同时增强船体抵御大浪的结构强度。

122. 作者把"链"和"英寻"放在一起比较，在19世纪会显得比较不同寻常，在18世纪的职业海军军官听来就会非常奇怪——虽然都代表距离的远近，但英寻一般表示船体下面海水有多深，而表示海面上两个物体之间的距离时才用"链"。英寻通常是往海底抛铅锤测量出来的，而"链"就是代表战舰主锚锚缆的长度，一根主锚锚缆长约180米。

123. 当时铁甲舰的舵响应性能太差了，以至于它们早就放弃了"迎风调头"（Tacking）这种更高难度的动作，而迎风调头直到19世纪中叶仍然是军官实习生（Midshipman）晋升上尉时的必考内容。

124. "水头"是流体力学的名词，指水不能流畅流动而停留在某处，造成局部水面升高的情况。这种局部升高的水体自然有流到别处的趋势。对于船舶来说就是船头的水不能及时从船身两侧流走，这样螺旋桨前的水就有赶紧流走的趋势，利用这个趋势可以把水抽走，不让它流到螺旋桨对侧来破坏舵的操控性能。

125. 向风机动即不断迎风调头，划着之字朝风吹来的方向前进。

126. "女王"号是纯风帆战列舰，19世纪30年代设计，1839年下水，装备110门炮，有三层甲板；1859年拆除一层甲板，加装螺旋桨推进装置。"前卫"号是1835年下水的双层甲板纯风帆战列舰，第二章介绍了1869年的"大胆"级二等铁甲舰"前卫"号，此时原"前卫"号已经改名。"战神马尔斯"号是1848年下水的80炮双层甲板纯风帆战列舰，后来加装了蒸汽螺旋桨系统。"利安德"号是1848年下水的50炮单层甲板风帆战舰，1861年改装蒸汽螺旋桨推进。本书涉及的时期有两艘安装了螺旋桨的"香农"号，一个是1855年建造的带有螺旋桨的风帆巡航舰（类似改装后的"利安德"号），另一个是1875年的英国第一艘现代意义上的巡洋舰"香农"号。纯风帆"奈奥比"号是1849年完工的28炮巡航舰，卖给了普鲁士海军。带螺旋桨的"奈奥比"可能是1866年的蒸汽炮舰，1874年失事。

127. 指可以张挂"风旗"，见第一章"皇家橡树"号照片。

128. 如第一章"阿喀琉斯"号航行时的照片所示，这种状态就是挂出了常用帆。

129. 所谓"全帆装"，就是只能够顶风进行转向机动，不断迎风转向，靠风力实现逆风航行。

130. 帆都是用固定宽度的许多道麻布条并排拼在一起连缀成的，帆挂起来的时候每道麻布条一定是垂直的，每道麻布条的面积就可以平均代表帆面积的大小了。

131. 即用几根桅杆上的帆的推力彼此相互抵消，从而迎风实现"刹车"。

132. 见第一章译者注释40。

133. 1871年距离这种情形还有将近20年。远离英国本土的印度、北美驻地缺少完备的维修保养设施，锅炉不能及时维修。

134. 这就是贯穿本章的所谓"委员会"，其实在第二章开头就曾提到，见该处的译者注释。

135. 开尔文勋爵，热力学之父。

136. 作者作为设计师，受到设计师这个群体的影响。设计师从19世纪上半叶以来跟军官就是彼此敌视的。作者曾说20世纪中叶他在朴次茅斯念书的时候，教师仍然在宣讲100多年前、19世纪30年代军官和设计师之间的矛盾。

137. 指1866—1870年间里德的中腰炮室挂帆铁甲舰。见第二章。

138. 这样就不需要风帆了。这种设计上限研究在后来英美的战舰设计中成了一种惯例。

139. 到1874年，英国国有的沃维奇兵工厂就造出了重达80吨的16.25英寸炮，阿姆斯特朗厂则开始为意大利客户研制100吨的17英寸炮。

140. 按照1871年的实际技术情况，还不能舍弃风帆。

141. 标称功率类似于"吨位"，是把蒸汽机汽缸直径和活塞行程相乘后估算出来的一个数，虽然代表"功率""马力"，实际上直接表示汽缸的尺寸。随着蒸汽机性能的提升，标称功率越来越小于实际功率，到铁甲舰时代，标称功率只能代表蒸汽机的尺寸，基本上跟一套发动机的成本直接挂钩。标定功率见第二章注释，也是一个理论估算值，但要准确得多。

142. 见第二章，实际上以当时的技术水平没必要再深入研究发展这种推进器了。

143. 这也成为以后战舰甚至商船验收时的惯例。

144. 意大利在19世纪70年代建造了4艘铁甲舰，比英国"不屈"号搭载更重型的火炮。前两艘"杜伊里奥"（Duirio）级启发了"不屈"号的设计，后两艘"意大利"级完全摒弃了舷侧装甲带，全船在水线以下不远的地方有一层装甲甲板，这层甲板以上只有主炮"露炮台"的基部有装甲防御。英国不敢在一等铁甲舰上用这种防御方式取代舷侧装甲带，但从"不屈"号开始，英国最大型的铁甲舰不再像第一章、第二章介绍的铁甲舰那样有从船头一直延续到船尾的水线装甲带，装甲带仅仅覆盖舯部，艏艉完全没有装甲带的保护，这些部位也依靠水线下装甲甲板来防止水下船体进水，并在甲板上方的区域密集分舱来控制船头船尾水上部分战损后的进水。到19世纪80年代后，钢材的应用使蒸汽机和锅炉效率提高，这就让19世纪60、70年代那些中等排水量的所谓"二等铁甲舰"也能搭载像样的火炮和防护，达到一定的航速，从而更好地在海外驻地长期执行任务，这就是"巡洋舰"。最开始出现的巡洋舰仍然像一等铁甲舰那样，保留比较薄的舷侧装甲带，这样的巡洋舰称为"装甲巡洋舰"（Armoured Cruiser）。后来又出现了这种巡洋舰的缩水简化版，即舍弃装甲带、只有装甲甲板的"防护巡洋舰"。

145. 完全符合1870年蒸汽技术现状的要求。

146. 前无畏舰时代以后，战舰的"炮塔"（Turret）虽然也叫作"炮塔"，但从发展过程来看，其实跟本章的科尔式炮塔、美国的埃里克森式炮塔没有直接联系，而是从"露炮台"（Barbette）发展而来的。科尔式和埃里克森式炮塔外面带有一个罐头状的装甲外壳，转动起来十分费力，很难小型化，于是法国人提出了不能旋转的装甲露炮台，让炮和炮架在里面旋转。这样的露炮台就不再需要科尔和埃里克森式炮塔那样庞大的、能够承担炮塔重量的旋转支撑结构，就可以安装在水线以上很高的地方，战舰干舷就可以升高，远洋适航性就得到了提升。到19世纪80年代，开始在这样的露炮台的下方设置弹药提升机械，并在露炮台的后半部分设置火炮装填机械。19世纪90年代的设计中，开始让这些伺服机械全都跟露炮台内的大炮一同旋转，大大提高了发炮速度。这时候固定露炮台就发展成一道竖井，里面装有火炮、装填装置以及待用的弹药。露炮台里面的火炮刚开始是露天的，到19世纪70年代中后期，中小口径速射火炮和加特林、诺登飞连发枪列装，露炮台很容易被这些速射武器压制，于是开始给露炮台上方加装可以跟大炮一起旋转或者固定式的轻装甲罩。到19世纪90年代，装甲制作工艺的进步让炮罩变成真正可以防御主炮轰击的装甲外壳。所以20世纪现代火炮主力舰上的主炮炮塔，是从铁甲舰时代的固定式露炮台加装炮罩发展而来的。

147. 指作者写作此书时的20世纪90年代。

148. 当时没有保密法案，内参报告随便在大街上就可以购买，各种半官方学会刊行的杂志上常常自由讨论火炮、装甲和战舰设计的各类细节。

第四章
战舰是一头蒸汽巨兽

1862年3月9日，美国北方联邦海军"莫尼特"号对阵美国南方邦联海军"弗吉尼亚"号（即原"梅里梅克"号）。这时候英国皇家海军已经订造了第一艘炮塔舰，不过里德了解了这艘"莫尼特"号后，还是觉得它的设计可圈可点，他后来设计的战舰便借鉴了这艘船的好几个设计特点。（英国国家海事博物馆，伦敦，编号1037）

里德在1877年1月1日给《泰晤士报》[1]的一封信中，是这样介绍"不屈"号的："……一架完全而且仅仅靠蒸汽来驱动的庞大战争机器，蒸汽将生命赋予它浑身上下的所有零部件。蒸汽是这艘战舰主机的工作介质，一台独立的蒸汽辅机负责主机的起动和停止；蒸汽动力风扇给甲板下通风，蒸汽动力卷扬机负责起锚，蒸汽动力舵机负责调头转向，蒸汽水泵应对船体进水，蒸汽装弹机装填大炮，蒸汽齿条机带动炮塔旋转，蒸汽千斤顶带动炮管俯仰。'不屈'号是一头蒸汽巨兽……"[2]

本章主要介绍19世纪70年代的英国主力铁甲舰是如何逐渐舍弃风帆的，以及蒸汽动力的辅助机械[3]怎样在战舰上逐渐增多，代替人力执行各种日常作业。

"莫尼特"号

如果想要了解"莫尼特"号（Moniter）的设计建造及短暂的服役历程，可以参考巴克斯特的书[①]；这里主要探讨它对英国铁甲舰设计的影响。"莫尼特"号是埃里克森1861年的时候给美国海军设计的，据传当时美国邦联海军正在建造、改装铁甲舰，美国北方必须迅速回应。"莫尼特"号的船体分成上下两部分，下半部分是一个吃水很浅的铁皮盒子，上半部分像一个重装甲的筏子，扣在下半部分船体的上面。上半部分船体在两舷有4层1英寸厚

① 巴克斯特著《铁甲舰的诞生》。

的装甲板^①，甲板则是 2 层 0.5 英寸厚的铁板。由于两舷的装甲板有厚厚的背衬，因此上船体在两舷超出下船体多达 3 英尺 9 英寸。设计干舷应达到 2 英尺，不过该舰满载状态下干舷只有大约 14 英寸高。上船体突出部分可以在遭受撞击的时候保护下船体，还可以在船体左右摇晃的时候增加侧向阻力，对抗摇晃⁴。

甲板上搭载了一座炮塔，内装 2 门 11 英寸达尔格伦（Dahlgren）滑膛炮，炮塔外面是多层 1 英寸厚装甲板组成的防护，在炮塔前脸一共有 9 层这样的铁板。除了炮塔之外，露天甲板上的突起物很少，只在炮塔前面有一个低矮的指挥塔⁵，在炮塔后面有一座烟囱和一个给甲板下船体通风用的通风口，于是炮塔几乎获得了 360° 无死角射界。不过实际服役的经验表明，炮塔炮不能朝船头两侧各 30° 角的范围内射击，也不能朝船尾两侧各 50° 角的范围内射击，因为炮口暴风会对指挥塔和锅炉造成伤害。该舰设计航速 8 节，实际服役当中只能达到大约 6 节。

该舰跟美国南军的"弗吉尼亚"号（即前"梅里美克"号）过招的时候，大炮发射的是铸铁实心炮弹，但是减少了发射药量，即没有使用全装药，结果没有一发炮弹能击穿"弗吉尼亚"号那总共 4 英寸厚的叠层板装甲。"弗吉尼亚"号当天只装备了爆破弹，这对装甲是完全不起作用的，虽然爆破弹击中炮塔时仍然会造成强烈震动，让炮塔内的人员负伤。

"莫尼特"号的排水量仅有 1200 吨，却可以搭载重型火力，装甲防御也属上乘^②，同时造价还非常低廉，英国的选民和政客立刻对它产生了浓厚的兴趣。原本就计划把它当作浅水炮舰，从这个角度来看，该舰的设计是非常成功的，但它完全不适合到外海上航行。该舰第一次从纽约航行到汉普顿锚地的过程中，海水就通过船上的各个舱口、缝隙涌进来，费了很大劲才免于失事。同年晚些时候，即 1862 年的 12 月份，该舰在哈提拉斯角（Cape Hatteras）外海沉没，可能是因为上下两部分船体撕裂了。^③该舰的通风很成问题，而且只要海上稍有波浪，炮塔就无法使用了。当时"莫尼特"式浅水重炮舰在英国有一批狂热追捧者，他们都忽视了该舰的上述问题。里德对"莫尼特"号这种"浅水重炮舰"的概念也很中意，不过他很明白"莫尼特"号的问题出在哪里，并找到了应对之法。

"米安托诺莫"号的跨大西洋航行

1866 年，美国的木体浅水重炮舰"米安托诺莫"号（Miantonomoh）⁶成功实现了跨大西洋航行，航程中约 1100 海里是在"奥古斯塔"号（Augusta）拖船的拖带下完成的，⁷剩余航程依靠自身动力完成。除此之外，它的同级姊妹舰"蒙纳诺克"号（Monadnock）也成功穿越了麦哲伦海峡，抵达北美大陆太平洋沿岸

① 如果交战距离比较近的话，这种程度的防护或许连"勇士"号的火力都抵挡不住。
② 多层装甲板构成的层板式装甲的防弹效果，远比不上同样厚度的单层厚装甲板。
③ 考古活动已经找到了"莫尼特"号的残骸，《世界战舰》（*Warship International*）杂志第 3 卷第 90 期刊登了一幅残骸照片。

的圣弗朗西斯科，[8] 这两条新闻在英国人中引发了强烈反响，因为它们的干舷仅2英尺7英寸，这种低干舷船舶历来让人觉得不足以远涉重洋。"米安托诺莫"号从纽芬兰航行到昆士敦，[9] 英国皇家海军上校、"维多利亚十字"勋章获得者约翰·比思西（John Bythesea VC RN）[10] 作为观察员，就在舰上，他向1871年战舰设计委员会提交的报告中对这趟航程做了如下描述。

在外海航行的时候，全部舱口盖都要关闭，盖子周围的围板（Coaming）高达2英尺。发动机运转的时候通风很不错，不过只要发动机停机10分钟，船舱内就会变得非常闷热。[11] 炮塔的天盖是隔栅结构，便于开炮产生的硝烟快速散去，在航行的时候需要把它用帆布盖上，防止上浪。战舰搭载的埃里克森式炮塔在使用时必须先整体抬高1英寸，否则炮塔无法转动，比思西上校觉得，只要两个人拿着锤子和楔子跳帮上舰就可以让炮塔丧失战斗力[12]。要把炮塔抬起或者落下来需要5分钟的时间，而且美国人说炮塔一分钟内可以旋转90°，比思西上校对此表示怀疑。炮塔可以毫无困难地朝船尾和背风一舷开炮，但无法朝向风的那一侧开炮，因为这时候炮门打不开，[13] 炮门控制机构似乎有点问题。对这种低干舷的战舰，也不必要求大炮的炮管一定能俯下来朝下方射击[14]。"米安托诺莫"号的木制船体寿命很短，[15]1874年就被拆毁了。

"米安托诺莫"号稳心高15英尺，稳性消失角高达73°。结果该舰左右摇晃一次只需要5秒钟，而且海军的设计部门向1871年设计委员会提交的报告说，在横渡大西洋期间，该舰摇摆的幅度只有向左或向右最多4°，而随行的其他船只可以朝一侧最大摇摆到20°。像该舰这样稳心非常高的船舶，就跟一支木筏差不多，不管海面如何起伏，船体都会时刻贴着海面一同起伏，[16] 摇摆的幅度非常小，摇摆时侧向的加速度却非常大，让人难以忍受（见附录5）。

表 4.1 浅水重炮舰性能对比

	"米安托诺莫"	"地狱犬"	"独眼巨人"	"格拉顿"
排水量（吨）	3400	3344	3480	4910
长（英尺–英寸）	258-6	225	225	245
武备	4门15英寸前装滑膛炮	4门10英寸前装线膛炮	4门10英寸前装线膛炮	2门12.5英寸[17]前装线膛炮
水线装甲（英寸）	5	8	8	12
炮塔装甲（英寸）	10	10	10	14

1867年开工的"地狱犬"[18]日，胸墙浅水重炮舰

一位"弗登先生"（Mr Verdon）向海军部申请，给澳大利亚的维多利亚州建造一艘价格不要太贵的浅水重炮舰，安装科尔式炮塔，用来保卫菲利普港湾。

1868 年下水的"地狱犬"号（Cerberus）。该舰是澳大利亚的维多利亚州订造的岸防铁甲舰，也是里德的第一个"胸墙"浅水重炮舰。[海事摄影社（Nautical Photo Agency）供图]

里德很清楚，在外海航行的时候，科尔式旋转炮塔会比埃里克森的设计更容易上浪，从而让船体大量进水，而埃里克森式炮塔造成的船体进水可能是第一艘浅水重炮舰"莫尼特"号失事的原因之一。[19]"威霍肯"号（Weehawken）[20]下锚停泊期间，从敞开的舱口进水而沉没，这起意外更提醒了里德低干舷设计面临的危险。

为了保留浅水重炮舰的"低干舷"特色，同时避开它的种种潜在危险，里德提出了胸墙式浅水重炮舰，他自己是这样介绍的[①]："我这个设计跟美国的浅水重炮舰很类似，露天甲板也只高出水面很少的距离；但美国浅水重炮舰的露天甲板是直通的平甲板，只有炮塔、烟囱、通气道、舱口盖的围板高出甲板，我的设计不是平甲板，而是在舯部有一圈装甲胸墙[21]高出露天甲板几英尺，在胸墙里面布置炮塔、烟囱、通气道和主舱口。"上一页的表格对比了美国的"米安托诺莫"号和里德这一系列胸墙浅水重炮舰，包括"地狱犬"号。

"地狱犬"号的 10 英寸前装线膛炮比"米安托诺莫"号的滑膛炮，拥有更强的穿甲能力，而且"地狱犬"号的装甲更厚[22]，还能更好地在外海大浪中航行。不过这种"胸墙"设计仍然有两个缺点：其一，并没有改变浅水重炮舰低干舷的事实，所以这样的船基本上没法顶着浪头前进；其二，装甲胸墙在船体大角度横摇的时候，对于提高稳定性没有什么贡献[23]。不过"胸墙"这个设计理念仍然是很重要的，因为里德后来从这一理念出发，设计出好几艘当时评价很高的一等炮塔铁甲舰[24]。很有意思的是，当时公众及不少水手对美国的"米安托诺莫"号评价颇高，[25]而实际上各方面性能都大大超越该舰的"地狱犬"号却被视为二等铁甲舰。

1866 年 7 月，印度殖民政府向海军部申请建造两艘"浮动炮台"来保卫孟买。海军部审计长提议说，一艘搭载着目前最重型火炮、炮塔装甲 15 英寸厚、水线装甲 12 英寸厚的浅水重炮舰，"更适合"这个任务，造价是 22 万英镑。印度殖

① 里德著《我国铁甲舰》。

民政府希望报价可以更低一些，最后订造了"苏丹红"号（Magdala），这几乎是"地狱犬"号的复制品，同时还在达金（Dudgeon）厂订购了相似但更小、更便宜的"阿比西尼亚"号（Abyssinia），是该厂自行设计的。

1870 年开工的"独眼巨人"[26]级

1870 年，英国和沙俄之间的冲突再次变得表面化[27]，于是英国决定建造 4 艘岸防铁甲舰[28]。里德提交了一个 1866 年就准备好的设计，这个设计非常像"地狱犬"号。海军部审计长斯潘塞·罗宾森对 1871 年设计委员会说："这个设计非常优秀，可以充分完成它计划中的作战任务，也就是跟其他作战舰艇一道防御我国各条大河的入海口、航道和各个商贸港口。"委员会问罗宾森这艘船是否是纯粹防御性质的，他回答说："……当然可以让这艘船跟其他战舰协同进攻敌人的浅水港湾，这种地方水太浅了，大型战舰进不来……很多时候凶猛的进攻就是最好的防御。"他还说这种船可以在有护航舰只帮衬[29]的情况下，开进波罗的海里。

在一等铁甲舰无法进入的浅水区，这些浅水重炮舰就横行无阻了，它们搭载的重炮足以摧毁一般的海岸要塞。就像其他浅水重炮舰一样，里德的胸墙式设计仍然存在稳定性问题，1871 年设计委员会在这一点上也显得非同一般地较真，委员会报告特别说，这种船只有遇到周期超过 10.5 秒的大浪时船体稳定性才会成问题。[30]①委员会建议把舭龙骨的宽度增加到 15—22 英寸，好减摇，不过舭龙骨只应该保留在舯部，"以免大大增加航行阻力……干扰船舶转向能力"。②后来，这几艘浅水重炮舰在胸墙的两翼加装了轻露天甲板，这样就相当于把位于胸墙高度的这层甲板延伸到船的两舷。[31]委员会认为这些常常出入

"百头蛇怪"号（Hydra），这是它 1885—1889 年现代化改装后的状态。刚建成时，该舰跟"地狱犬"号非常类似。图中可以看见，胸墙的两翼延伸到舷侧以提高稳定性。不过，延伸出来的只是轻甲板结构，作战的时候很快就会被炮火摧毁。（作者收藏）

浅水区的战舰肯定会时常搁浅（这种担心可能有点夸张了），故在报告里面对这些战舰船底的结构强度非常担心。

"格拉顿"号

1868 年初，设计部就开始着手此舰的设计，并于当年 4 月提交了几份备选方案，海军部最终决定采用只搭载一座双联装炮塔的设计，否决了搭载两座炮塔但安装较轻型主炮的备选方案。[①]一直以来我们都搞不大明白这艘船设计时的战术定位；里德曾说"没有一艘战舰能像'格拉顿'号这样让我摸不着头脑"，这句话今天常常被作者们引述，不过看起来里德当时是故意不讲实话。斯潘塞·罗宾森就说得很直接："'格拉顿'号是用来突击敌人戒备森严的第一等军港的，这种军港里通常吃水也比较深。"几乎可以肯定，罗宾森这么说的时候，脑子里想的一定是法国的布雷斯特和瑟堡[②]——他还说"格拉顿"号"是对付瑟堡和其他法国军港的'大杀器'"——该舰搭载了两尊当时世界上最大号的重炮，而且装甲特别厚，它到了战场上一定非常凶悍。该舰的船头还特别设置了一道 12 英寸厚的装甲横隔壁，这在以船头对敌的姿态冲击敌军火力猛烈的海岸要塞时特别有用。[③]25

可是该舰的干舷太低了，几乎无法在外海航行；里德假想了这艘船遇到恶浪会迎来怎样的结局，这里简单总结：倒没有翻船的危险，就是没法顶着迎头浪前进。海浪很高的时候，"格拉顿"号的露天甲板上不能站人，甚至连飞桥也会被大浪扫过，这些大浪冲上舰面后就会从各种通风道灌进船体里，让船里积水越来越深，渐渐地锅炉和发动机就会进水熄火，该舰失去自航能力，被大浪推搡到海浪的波谷里，然后被大浪埋住，终因进水失控而沉没。不过这艘船的设

① 海军部委员会这样选择可能也从侧面证明了准备拿这艘船执行对岸攻击任务。

② 里德在对 1871 年战舰设计委员会做报告的时候指出，该舰的吃水太深，没法自由在波罗的海区域活动。该舰的燃煤搭载量也满足不了这个要求。

③ A. 兰伯特撰写的会议论文《英国皇家海军的"瑟堡攻略"》（*The Royal Navy and the Cherbourg Strategy, 1840-1890*），提交给 1995 年在朴次茅斯举办的"战舰对阵海岸炮台"（Ships v Forts）会议。

1871 年下水的"格拉顿"号[33]，好像是专门设计用来突击法国瑟堡港和港内舰队的对岸突袭舰。可是该舰的干舷太低了，几乎无法在外海航行。（帝国战争博物馆，编号 Q21289）

计也说明，19 世纪中叶的海军高层一直念念不忘对岸攻击的重要性。

"格拉顿"号防弹测试

1872 年，"热刺"号撞击舰用船头的 25 吨 12 英寸前装线膛炮，对岸防炮塔舰"格拉顿"号的炮塔进行了试验射击。射击时两舰都停泊不动，相距 200 码，可是头 4 发竟然还是没打中。[①][34] 第 5 发 600 磅重的实心炮弹使用棱柱火药（Pebble Powder）[35] 来发射，击中炮塔的弹着点跟瞄准位置偏离约 28 英寸。弹着点是一块 14 英寸装甲板和一块 12 英寸装甲板相接处，炮弹击中装甲板时跟装甲平面的垂线（即"法线"）呈 41° 的夹角，这枚炮弹击穿了这块 14 英寸装甲板，停在 15 英寸厚的橡木背衬里，离背衬内侧那两层 5/8 英寸铁皮还剩不足 2 英寸的距离，结果这两层铁皮都向内膨出、变形开裂了。[36] 还有一发炮弹先击穿了"炮塔前破浪斜板"（Glacis Plate）[37]，然后击中一块 14 英寸厚炮塔装甲，最终没能击穿而是停在了里面。炮塔装甲防御结构的重量是每平方英尺重 726 磅。[②] 炮塔被弹没有对内部的炮塔旋转机构、大炮以及"活物"造成任何损害。这些"活物"恐怕算是很幸运的了，因为其他炮塔防弹测试报告曾提过，炮塔被弹后，固定装甲材料的钉子被震掉，然后像子弹一样在炮塔内来回反弹、乱飞。在使用装甲战舰的漫长岁月里，一直有种说法，说装甲安装到战舰上的实际效果应该比在试验靶场上要好。[38] 虽然后续章节还要给这种说法提供一点证据[39]，不过这里这场实舰测试中装甲的防弹效果很接近试验场中的情形。

苏伊士运河

苏伊士运河于 1869 年 11 月开通，它的开通让东方贸易的格局发生了巨大变化，于是也影响到了战舰的设计。刚开通的时候，运河很窄、很浅、没有照明。只能白天通航，一般来说通过运河需要 54 个小时。后来运河逐渐加宽、加深，1885 年还有了照明设备，第二年"迦太基"号（Carthage）邮轮通过运河的时间就缩短到了 18 个小时，其中一段航行还是在夜间实现的。1887 年开始在夜间使用移动式探照灯。

年份	可通航船舶的吃水深（英尺 - 英寸）
1870	24-4
1890	25-4
1902	26-4
1906	27-0

① 关于这一点的记述有好几个不同的版本，这里依照的是《1892 年炮术手册》（Gunnery Manual, 1892）和《海军科学》杂志的第 2 卷第 35 页。

② R. S. 罗宾森爵士撰《装甲战舰》（On Armour Plating Ships of War），刊载于 1879 年在伦敦出版的《造船工程学会会刊》。

运河地中海入口这头的煤炭价格要比南边出口的低得多，于是许多船只都希望在通过运河前先加满煤，可是运河的吃水限制常常让船长们不能如愿。运河开通后，通航量稳步增长，因为走运河可以大大缩短航程，航行费用大致上可以减半。比如到孟买的航程可以减少 4500 海里，到横滨可以少跑 3000 海里[40]。

年份	通航船舶数	净通航吨位
1870	486	654914
1875	1494	294008[41]
1880	2026	4344520
1885	3264	8985412
1890	3389	9749129
1895	3434	11833637
1900	3441	13699328

上表这段时期里，英国航运占全球的比重，从 1880 年巅峰时的 80% 逐渐降低到 1900 年时的 63%。不过英国依靠苏伊士运河赚到的钱却越来越多，因为 1875 年迪斯雷利（Disraeli）购买了苏伊士运河的股权。[42]

1871 年开工的"蹂躏"号[43]

1869 年初，第一海务大臣（奇尔德斯）让里德构思设计一艘炮塔式战舰，能够单纯依靠蒸汽动力以经济航速从昆士敦 [今天的科夫（Còbh）] 一气航行到加拿大哈利法克斯（Halifax），搭载 2 门非常重型的在研火炮（重量预计为 40—45 吨），装甲厚度要足，还要能张挂简易的风帆，最后，所有这些要求都必须在 3000 吨的"吨位"（Builder's Measurement）[44] 限制下达到。里德想尽一切办法，最后只能说："限制在 3000 吨，根本设计不出一艘战舰来。"1869 年 2 月，里德致函海军部审计长①，希望能把吨位限制放宽到 4400 吨，并提交了这个设计方案的具体细节，已经能够看出来这就是后来的"蹂躏"号。

于是这个设计进入了下一个关键阶段，就是召开海军部委员会全体会议，第一海务大臣作为主席主持了会议，还邀请了里德以及其他一些享有盛名的青年海军军官和民间工程师参加了讨论。② 海军部审计长大致介绍了里德的设计，同时指出有一款发射 600 磅炮弹的 12 英寸 25 吨炮正在研制，但已经研制 4 年之久了，还是不能完全让人满意；所以别指望很快就能有更大的火炮可用，先将就用现成的火炮[45]。会议同时决定，该舰水线装甲带厚度要达到 12 英寸，炮塔装甲则要厚 14 英寸。该舰的定位主要是用于本土舰队和地中海舰队，但需要搭载足够的燃煤，保证光靠烧煤就可以航行到哈利法克斯和百慕大。第一海务大臣

① 这部分主要是根据 1871 年战舰设计委员会的报告来撰写的，这份报告中直接保留了听证会现场记录的一些对话。
② 该子委员会成员包括：海军上将劳德戴尔伯爵、耶尔弗顿、A. G. 基以及 W. 费尔贝恩、J. 惠特沃思、伍利博士还有海军上校考珀·科尔（Cowper Coles）。

1871年下水的"蹂躏"号[50]，里德终于在一艘主力舰上实践了他的"胸墙"设计。（帝国战争博物馆，编号Q21155）

① 1869年的时候，人们觉得完全不张挂风帆的战舰必须搭载双轴双螺桨，以免机械故障让战舰完全丧失机动能力。现代油轮的船东们注意啦！

② 就像在别处也讨论过的那样，当时总设计师和他下属之间的权责划分非常不清晰。1873年，巴纳比在造船工程学会的会议上讲："（'蹂躏'和'雷霆'）这两艘船到底算是谁负责设计的呢？别的人到底要不要对这两艘战舰的设计负责，我不知道，反正我得负责，因为设计这两艘战舰的时候，我是一名助理设计师，在这两艘战舰设计的早期阶段，我就深入参与到设计工作中去了，而且我现在也是海军部委员会的技术顾问。"

③ 第二次世界大战的时候，设计师认为战舰船头处的干舷高度至少也得有19英尺。

要求与会诸位"畅所欲言"，对该舰的4个关键点[46]提出自己的意见。在座所有人一致同意该舰需要采用低干舷，而且里德设计的4英尺6英寸干舷已经足够高了（只有科尔上校表示还是太高了）[47]。由于与会众人对舍弃挂帆桅杆存在"强烈共识"，所以该舰必须采用双轴双螺旋桨[48]推进。① 只有一两人觉得应该给该舰加装简易的纵帆（light fore-and-aft rig）[49]，让它遇到迎头浪的时候横摇得更加舒缓一些。

今天都把"蹂躏"号看成是里德的"杰作"，② 不过他答复1871年设计委员会的话，清楚地表明了该舰跟他心目中的"完美设计"还有很远的距离。里德的设计受到海军部委员会对一些主尺寸的严格限定，他当时表示"我最开始设计的战舰比实际建造的要大得多，它也能比实际建造的战舰快得多。快到什么地步呢？假想敌能够派到海上来的任何一艘战舰都逃脱不了它的攻击。"这种高航速和高干舷应该说是对"蹂躏"号的一个很大的提升。实际建成的"蹂躏"号干舷很低，据说这样可以缩小目标，不容易被敌人击中，还可以缩减装甲带的宽度，节约装甲带的成本，而且炮塔炮可以更方便地俯射，更容易击中敌舰的甲板和水线。里德想要增加干舷不是为了稳当、不翻船，而是为了提高该舰的舒适性。他觉得干舷最低不得低于6英尺，即便如此，遇到高海况的时候还是会大量上浪。③ 后来，委员会问斯潘塞·罗宾森是否同意里德升高干舷的建议时，罗宾森这样回复："不管里德先生说什么，我肯定都完全同意，因为我觉得他设计战舰的水平世界第一。没有谁有他那么多经验、那么丰富的知识，也没人下过他那么多功夫，更没人有他的天分。"罗宾森算是那个时代最富思想的海军军官了，很少能认同谁，可见他这番话是对里德的真心赞许[51]。

比德[①]对里德提到的"设计上受海军部委员会严格限制"这个问题，很感兴趣，于是他问审计长："你决定要设计'蹂躏'的时候，为什么不简单地告诉船厂你想要干什么用的船，然后让船厂自己决定船的主尺寸呢？我感觉就最后的效果来看，这和你现在的做法没什么两样吧？"罗宾森回答道："我也是这样认为的。我认为每回设计战舰之前海军部委员会都要先厘定战舰的主尺寸和吨位上限，是犯了一个非常大的错误。我可以负责任地告诉你，我在这间会议室里已经为了这个问题不知道向领导层争取多少遍了。我一贯认为不应该在吨位或者排水量上对设计师有任何限制。我几乎想不起来有哪一次是我们把一艘船最后真的建造成了理想的那般模样。"

里德对"蹂躏"号的设计还有几点值得一述的评价。他觉得"蹂躏"号的低干舷一点也不能缩小、降低这艘战舰的可见目标，因为它的上层甲板依然非常高大。再让他设计一次的话，他肯定要把装甲胸墙直接延拓到两舷，变成舷侧装甲带，只要炮塔高度也相应提高，炮管依然能保留俯视射界。里德这番表态很有意思，当他的后继者要把他离职前设计的"暴怒"号（Fury）按照类似的思路改造时，他却表示反对，这个设计经修改后最终成为"无畏"号（Dread-nought）[52]。"蹂躏"号的水线装甲带在船头部分减薄了，里德认为这样可以减少船头负重和埋首。该舰的甲板从船头到船尾高低起伏、不连贯，结果水线装甲带的上边缘总会抵在一道甲板上。里德当时并不认为这样会在撞击敌舰时损伤到己舰。[53]底舱比较难以密集分舱，该舰的设计最多能保证一个水密舱进水的时候稳定性不受影响，这还不足以承受鱼雷的攻击。[②]里德还是非常担心低干舷铁甲舰船体上浪和进水的问题。他辞职之前没来得及对"蹂躏"号的密集分舱做最后的把关，这项设计最终由巴纳比领导完成。里德认为只有在密集切分后的小舱室里才可以使用纵向隔壁，而不应该在船体纵中线上使用纵向隔壁，特别是在船体最宽大的部位要避免这样的设计，因为容易导致两舷不对称进水，进而让船身严重侧倾。里德这个观点非常关键，因为后来很多英军和外军的战舰都在动力机舱里面设置了长长的纵中线隔壁，很多战舰因此倾覆损失掉了（参见第十章）。

1872 年 5 月[③]在舒伯里内斯对"蹂躏"号炮塔防御结构的复制品（"第34 日靶"），进行了防弹试验，使用一门 25 吨 12 英寸炮发射帕里瑟弹，发射药是 85 磅的棱柱火药。该舰炮塔的防护结构是最外层 11 英寸厚的装甲板，中间 15 英寸厚的柚木背衬，最内层 1.25 英寸厚的铁皮。射击距离是 200 码，炮弹出膛速度达每秒钟 1270 英尺。没有一发炮弹能够击穿这个靶子，实心炮弹

① 他是 1871 年战舰设计委员会的一员，后来还曾出任土木工程学会的会长，也是一位杰出的数学家。

② 不论是早期的鱼雷击中战舰，还是战舰遭遇撞击事故，都有大约 25% 的概率让某道底舱隔壁恰好损坏，造成相邻的两个隔舱同时进水。

③ 基于海军上校 W. A. 胡德 [后来的海军军械处处长（DNO, Director of Naval Ordnance）] 和英国皇家炮兵诺贝尔上校向 1871 年战舰设计委员会所做的报告。

的毁伤效果比爆破弹更好。一枚实心弹击中了两块装甲板的接缝，把两块装甲板向两侧冲开约 7 英寸。虽然这样的防御能够抵挡当时海上列装的最重型火炮，即 25 吨炮，但是很快就要研制出能够在 1000 码击穿这种装甲的 35 吨火炮了，而 25 吨火炮发射的炮弹只能在刚出膛的时候击穿这样的装甲[54]。

"蹂躏"号设计之初就计划采用动力风扇通风，不过里德觉得这种机械还需要在建成后进一步做实际试验才能让人满意。（下文会提到亨利·布律内尔说船上的厕所非常臭！）1871 年的里德觉得"蹂躏"建成后应当能够超过设计航速，因为取消了挂帆桅杆，战舰就没有那么大的风阻了，而且也没有把富余出来的重量配额补贴其他部位。从 1871 年的技术情况来看，里德还认为该舰应该换装复合蒸汽机[55]。

1877 年实现蒸汽辅助动力操作

随着舰炮及其弹药的个头、重量越来越大，人力装填就越来越困难了。英国海军的第一个全蒸汽动力自动操作炮塔，是阿姆斯特朗厂的工程师伦道尔

1872 年下水的"雷霆"号图纸。平面图上可以看到胸墙装甲的位置并不在两舷，而是更靠里一些，胸墙两侧是延伸到两舷船体侧壁的轻结构。这种结构在作战时会很快战损，然后就无法保持水密了，这样便会严重削弱该舰在大角度横摇时的稳定性。船尾"凹"字形（cul-de-sac，直译为"死胡同"）轻结构，凹入部分全是各种栖装品，比如楼梯和天窗等等——很有可能里德这样设计就是为了让后甲板（Quarterdeck）[56] 上的部件不被后炮塔的暴风损伤到。（英国国家海事博物馆，伦敦，编号 7472A、7474A）

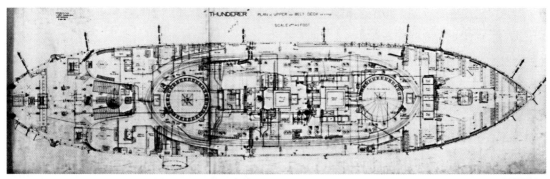

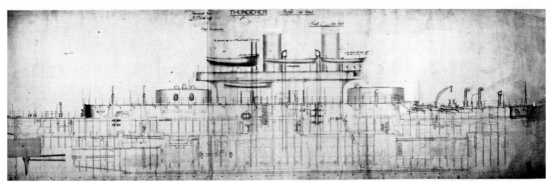

（Rendel）设计的，并于 1877 年安装至"雷霆"号（Thunderer）的前主炮炮位，这座炮塔安装一对 12 英寸的 38 吨主炮。开炮后，吸收后坐力的是装在一根液压缸里的冲头（Ram）：大炮后坐会让冲头后退，把冲头后面的水压进炮塔后部的蓄水管里，让管中液面越来越高；同时，冲头后退压缩一根弹簧，等大炮停止后坐，这根弹簧就会带动蓄水管回流阀打开，蓄水管中的水依靠自身重力回流到液压缸中，推动冲头和大炮缓缓复位，回到待开炮位置。[57] 炮管的俯仰依靠一台液压千斤顶来完成，炮管俯仰的旋转轴选在比较靠近炮尾的位置，这样炮塔上的炮门就可以开得小一点。整座炮塔直径为 31.25 英尺，重达 406 吨，在许多辊轴上旋转。炮塔下面有一台蒸汽辅机，它带动一个位置固定的小驱动齿轮（Pinion）在炮塔底部的一圈齿条（Rack）轨道上不停滚动，这样炮塔就能水平旋转了。

　　炮塔装填的时候需要把炮管俯下，让炮口伸到胸墙甲板以下的位置，这时候就可以用液压装填杆依次把发射药和炮弹装填进炮管里。[58] 如果发生意外，也可以在炮管扬起的位置装填，这样炮管就能远离水线了。炮塔成员包括一名炮塔军官和炮塔下面的一名操作员[59]，另有 8 人负责把炮弹和装着发射药的圆桶滚到待装填位置，这样"雷霆"号前炮塔总共只要 10 人，比后炮塔的 22 人少了。据说岸上安装的这种炮塔的设计原型可以每 45 秒开一炮[60]。

　　1879 年，"雷霆"号的一尊主炮在实弹射击演练时炸膛了，调查结果认为起因是误操作，装填了两发炮弹。这种事情是绝对不会在后装炮上发生的，于是这起事故成了钉死前装炮的棺材板的最后一根钉子。[61] "雷霆"号看起来运气一直很差，1876 年的时候就因为锅炉爆炸杀死了 40 人。这起事故也主要是因为误操作，当时锅炉的压力计和安全阀都因为不同原因失灵了，可是这个时候没有打开锅炉的止汽阀，结果爆炸。这起事件的调查结果说，这些锅炉在建造的时候缺少海军部的监管，虽然这并不是事故的原因，当时如果真存在这种情况，还是很不寻常的。时人迟迟不情愿采用高压锅炉和蒸汽机，就是担心会发生这样的事故，不过这起事故也告诉人们，即便低压锅炉爆炸也会很致命，高压蒸汽锅炉的问题也不会比低压锅炉严重到哪里去。

干舷、稳定性、横摇和高海况适航性

　　这部分主要讲船舶在大角度横倾时的稳定性，也就是附录 4 所谓的 GZ（复原力臂）曲线。历史上的第一条这种曲线是在建造"船长"号时绘出的。作者我曾长期负责审查新战舰的这类曲线，然后告知总设计师这个设计的稳定性是否符合标准。判断一个新设计的大角度横摇稳定性是否满足设计需要，关键是跟或优或劣的现役战舰的此类特性进行比较。这一节对里德等人做了很多评价，不过这些都是从客观结果上来说的，不是特意要批评他们当时怎么没能搞清楚这些技术问题。里德、巴纳比和巴恩斯开创了一种运用至今[62]的好方法，可以充分考察一艘船的稳定性，这是他们的一大功劳，怎么夸都不为过的。

"船长"号的失事让时人对所有低干舷战舰的安全性能都产生了无端的担忧，这其实是促使海军部成立1871年设计委员会的主要动因。委员会在调查过程中动作很快，不久就刊发了一份中期报告，是委员会中专门负责"理论研究"的成员关于"蹂躏"号稳定性的报告。朗肯是这些理论科学家组成的"子委员会"的主席，不过这篇报告显而易见是根据弗劳德的横摇研究写成的。报告指出，战舰横摇角度过大就可能翻船，特别是当战舰处在一波大浪的波谷位置，而且海浪又刚好从舷侧方向涌来的时候。如果这种波浪的周期恰好又跟战舰横摇的"固有频率"（Natural period of roll）[63]一致，那么海浪就会跟固有横摇叠加在一起，每次海浪拍击船舷侧面的时候都会增加横摇的幅度，直到最后翻船，这称为共振现象。报告接着说，当海浪漫上露天甲板的时候，由于船体承载的重量发生了变化，固有横摇频率就会发生变化，这样战舰固有横摇就不再跟海浪共振了。这种想法确实非常巧妙，这样解释也能说得通，不过就像任何现代的"理论解释"一样，忽略了很多实际情况，比如很多时候战舰是因为舱口盖、隔舱门和通风道没有关闭，结果慢慢进水，才最终倾覆的[64]。

里德设计的浅水重炮舰，最关键的缺陷是胸墙没有延伸到船体两舷侧壁，结果它们在大角度横倾时提供不了多少复原力矩。在胸墙两侧加装延伸到船体侧壁的轻结构之前，"蹂躏"号的稳定性曲线十分糟糕，就算是在船体没有战损、

1890—1892年现代化改装后的"雷霆"号，此时该舰已经换装后装炮，还换装了三胀式蒸汽机[65]。（帝国战争博物馆，编号Q40330）

天气良好的时候，其大角度稳定性也几乎没法让人接受，根本没有给战损导致的船体进水或者渗漏留下一点富余的稳定性。

针对这个缺陷，海军的设计部向委员会建议的补救办法就是在胸墙两侧安装轻结构，一直延伸到船体两舷侧壁，这样的轻结构还可以向船体后部多延伸出一段来。设计师们宣称，加装这种结构不是为了提高安全性，而是为了改善舰上的居住条件，特别是改善厕所的环境。这些轻结构大大提高了"蹂躏"号和"独眼巨人"级的大角度稳定性，不过这部分结构在作战中很快就会被敌军炮火打成筛子。设计师们说这些结构不是为了增强安全性能，不知道他们是故意欺骗委员会呢，还是真的这样认为。[①] 委员会原本只建议让"蹂躏"级的一艘这样改装，[66] 后来把两艘都改了。

这种轻结构甲板向船体后部延伸的部分，在两舷都是舷侧舱室，在船体纵中线上则特意没有设计任何甲板室，于是形成了一个在平面图上呈凹入状的空间——当时都叫作"凹"字形设计。巴纳比对为什么这样做解释得不大清楚，不过从他的话中可以推测也许是为了让后甲板的设备位置更低，避开后炮塔的炮口暴风。很多现在的作者说这样设计可以让后炮塔的大炮俯下炮管朝下方射击，也有这种可能，因为当时英国特别强调这种战术能力。不过，这样开炮显然会严重损伤后甲板上的设备和轻结构甲板，所以更有可能是留出这部分空间来给下面的军官舱开天窗。

横摇实验研究

威廉·弗劳德入选 1871 年委员会的一个重要因素，是他曾在之前 10 年里对船舶横摇开展过研究，他将继续为委员会开展一系列这样的研究。弗劳德首先在"格拉顿"号上展开横摇研究，让船上的水手们一起从船的一舷跑到另一舷，逐渐让船体的横摇增大到 12°。后来他对"蹂躏"号模型和实船做了长期的试验及实验研究，[②] 研究结果特别有意义。

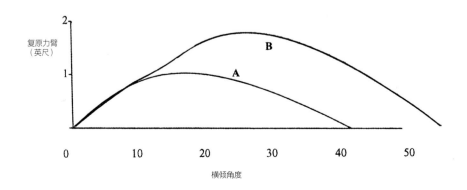

① "暴怒"号后来改进设计，把里德式胸墙延伸拓展到战舰的两舷，这个事实足以证明，当时的战舰设计师已经注意到提高干舷是保证战舰高海况稳定性和航行安全的必要举措。

② 海军部实验室有一个叙述习惯，是弗劳德自己固定下来的，那就是"试验"（Test）专指水池模型测试，而"实验"（Trial）则专指战舰的实船测试，本书也遵守这个叙述习惯。

"蹂躏"号复原力臂曲线[67]，A 是只有胸墙的原始状态，B 是在胸墙两侧用轻结构延伸到船体两舷侧壁后的状态。在原始状态下该舰的稳定性相当成问题，不过在作战的时候，这些轻结构很容易就会被破坏掉，该舰的稳定性又会倒退回状态 A 了。"独眼巨人"级也是类似的情况，而"格拉顿"号则更加糟糕。

1871 年春天，弗劳德测试了一架长达 9 英尺的"蹂躏"号大比例模型，先在静水中测试，然后到朴次茅斯港内的波浪中测试。模型用不同宽度的舭龙骨对应实船上不安装舭龙骨，以及安装的舭龙骨宽度从很窄到 6 英尺范围。在静水中，先把模型朝一侧往下拉，直到这一侧的装甲胸墙没入水中，然后把模型放开。没有舭龙骨的情况下，模型要摇摆 30 下[68]才能停止，装了相当于实船上 6 英尺宽的舭龙骨之后，只摇晃 4 下就能停止。[①] 在海上开展的试验中，战舰模型经受了更严酷的考验，波浪的波峰到波谷垂直落差达 15—18 英寸，相当于实际战舰遭遇到浪高 45—54 英尺，甚至是 70 英尺的大浪。没有舭龙骨的模型左右摇晃幅度可各达到 20°，有时还会翻船，而 6 英尺宽的舭龙骨可以把这个幅度减小到 1°—2°。然后又拿一个 18 英尺长的大模型重复了上述试验，由于这个模型很大，可以在里面安装一台横摇角自动记录仪（automatic roll recorder）。里德说他想给"蹂躏"号装上 6 英尺舭龙骨，不过在战舰停靠栈桥、岸壁的时候容易碰伤。现存的档案不全，不过从线图来看，应该是给"蹂躏"号安装了 21 英寸宽的舭龙骨，可能是该舰 1880 年现代化改装时安装的。弗劳德接着又在朴次茅斯用小型炮舰"灰猎犬"号和"珀尔修斯"号（Perseus）进行了更多组试验，前者安装了舭龙骨，后者没有，这些试验让弗劳德对舭龙骨工作原理有了更深的理解[69]，在处理测试结果时他还发展出一套干净利落的分析流程。

1872 年 4 月，弗劳德第一次对"蹂躏"号实船进行实验，仍然是让水手们从甲板的一舷跑到另一舷。400 人[②]来回跑了 18 次终于让该舰左右摇摆最大达到了 7°。[70]当月晚些时候，弗劳德和亨利·布律内尔[71]跟随"蹂躏"号出海进行实验，亨利留下了很有意思的相关记述。[③] 弗劳德可以享用舰长的备用住舱，不过是在装甲后面，所以照明很昏暗。布律内尔和菲利普·瓦茨[④][72]两人共享胸墙轻甲板下面的一个住舱，位置在后主炮塔下方。[73] 弗劳德说该舰的军官们"人很好，支持我们的工作，态度很热忱，而且对我们的工作充满好奇"，所以他们非常配合这项非同寻常的研究工作。整个实验期间都没有怎么赶上坏天气，于是他们三人 8 月份和 9 月份又再次跟随战舰出航。[⑤] 有一回出航碰到一阵波长 450—600 英尺、浪高 20—26 英尺的巨浪。这时，"蹂躏"号纵摇（Pitching）角度达 5°—8°，最大艏纵倾达 11.75°，当大浪从船尾两侧涌来的时候，该舰朝左右横摇最大可达 14° 左右。布律内尔写道："昨天战舰埋首非常严重，船头重重地砸进大浪里，大浪整个灌进船身里来（take in green seas）。"当时别的记录还写道：

船头前方好像耸立起一道水墙，水墙以排山倒海之势猛扑到船身上，似乎要把挡在它面前的一切全都卷走。这道波浪穿过船头后，重重地拍上

① 该舰实际安装的 21 英寸宽的舭龙骨可以让战舰横摇 9 次后就停下来。
② 这样一艘舰面空间非常有限的战舰，如何跑得开 400 日人呢？不过当时留下的实验记录写得非常清楚，就是 400 人在跑。
③ 《亨利·布律内尔书信集》（Henry Brunel Correspondence），保存于布里斯托大学图书馆。我要诚挚地感谢该图书馆的前图书管理员 G. 梅比先生，在他的协助下我才看到了这份材料。
④ 他曾在 20 世纪初出任海军部总设计师。
⑤ 这次海上实验留下了一段佳话：当"蹂躏"号结束了实验归航的时候，编队中的铁甲舰"苏丹"号上的军乐队奏响了一首当时的流行歌曲《我们想你，威利》（Willy, we've missed you）。威廉·弗劳德之前在"苏丹"号上进行过实验，他总有办法跟所有人都相处得很融洽。

前炮塔，向空中迸溅出一阵厚厚的白浪和飞沫，再才左右分开，从两舷的露天甲板上扫过去。

11 月份弗劳德和布律内尔再次出航，这回布律内尔觉得他的舱室还挺舒服的，不过就是冷，而且"厕所又很臭"。这次巡航，他们计划前往比斯开湾，这样更容易碰上坏天气，不过时任第一海务大臣米尔恩[74]仍然在担心"蹂躏"号的安全性，结果就把实验推迟到了 1875 年的 4 月，即便如此，海军也不放心该舰单独航行，必须搭配一艘船照应。就跟当时常见的远洋适航性测试一样，海面还算是比较平静的，不过浪涌的高度也不小，恰好足够让弗劳德的仪器记录下数据来验证他的计算。完成实验，抵达葡萄牙里斯本之后，该国国王和一名海军将领登舰访问，他俩都阅读过弗劳德的论文，想看看他那座精巧的横摇角记录仪到底是如何工作的。[①] 于是英国人又让水手们登上甲板，然后在甲板上来回跑，制造横摇，好让国王观摩记录仪的运作。[②]

"蹂躏"号长期保持活跃服役，所以可以毫无疑问地说它是安全的，至少在露天甲板轻结构保持完整的情况下，不过恶劣天气下，该舰遇到战损时就会变得非常危险了。里德设计胸墙的本来意图就是当大浪漫过低矮的露天甲板时，它能够缓冲左右横摇，在胸墙两侧添加轻结构就剥夺了这种设计性能。里德还让水线装甲带突出在船壳的外面，这样装甲带的下边缘就能起到舭龙骨的作用，这算是借鉴了埃里克森的"莫尼特"号设计，但海浪冲击装甲带下缘会在船体内造成轰鸣，于是不久后就让装甲带下边缘逐渐减薄，最后跟船壳齐平了[75]。

从"暴怒"号到 1870 年开工的"无畏"号

议会决定在 1870 年 9 月按照里德的设计开工建造一艘改良型"蹂躏"号，称之为"暴怒"号。该舰要比"蹂躏"号长 35 英尺，安装马力更足的发动机，使航速提高 0.5 节。装甲防御布局大体相似，不过船头的装甲防护更加完善。"船长"号翻船的时候，这艘船已经搭建好了骨架结构，从船底到水线装甲带下边缘的船壳也已经铺好了，这时候工程被叫停了，1871 年委员会要重新考虑这个设计。

在回复委员会质询的时候，巴纳比罗列了几点还可以改进的地方，委员会提交了报告后，海军部批准设计师们对该舰进行一个彻底的重新设计。设计师们很清楚，没达到船体两舷的胸墙没法提高船舶在大角度横倾时的稳定性，"蹂躏"号上胸墙两侧添加的轻结构治标不治本。于是巴纳比决定把胸墙装甲直接挪到船体两舷的侧壁去，同时增加它的厚度。最开始巴纳比好像准备在船头船尾仍然保留"蹂躏"号那样非常低的干舷[③]（只有 4 英尺 6 英寸），但

① 使用了一个摇摆周期特别长（长达 68 秒）的单摆，这个单摆现在保存在伦敦的科学博物馆（Science Museum）。
② 这就证明当时船员都是在战舰露天甲板上来回跑动的，而不是像后来的实验，让船员们在露天甲板上临时搭载的台子上跑。
③ N. 巴纳比爵士撰《"蹂躏""雷霆""暴怒"和"彼得大帝"号——无桅杆远洋铁甲舰》（On the Unmasted Seagoing Ships, Devastation, Thunderer, Fury and Peter the Great），刊载于 1873 年在伦敦出版的《造船工程学会会刊》。

① 威廉·H.怀特爵士撰《现代战舰装甲防护的原理与设计方法》(The Principles and Methods of Armour Protection in Modern Warships)，见1905年伦敦出版的《布拉西海军年鉴》第110页。怀特恐怕对这艘"无畏"号有非常深刻的印象：正是由于1873年他老要跑到彭布罗克查看该舰的进度，他才有机会认识该舰厂总工程师的女儿爱丽丝·马丁，并最后跟她走到一起。

造好后船尾干舷高达 10 英尺，船头还稍微高一些，并且干舷完全具有装甲保护。船上安装了下文将要讲到的最新型复合蒸汽机；该舰的发动机舱增加了一道纵中线隔壁。

这个全新的设计重命名为"无畏"号，海军在很多年里都对它评价很高，特别是因为该舰保留着从船头到船尾的完整水线装甲带[76]，尽管船头船尾的装甲带要比舯部的更窄、更薄一些。该舰的成功让好几个人都站出来说这是自己的功劳。[77] 不过，毫无疑问这个设计是由巴纳比确定的总体方案，然后由怀特具体细化的。怀特不大喜欢提及别人给他的帮助，但他后来也正面表示了[①] 这个设计应该归功于巴纳比。里德老说是他设计了"无畏"号，不过这种说法明显就站不住脚，虽然当时的种种迹象表明，如果能给里德放宽一点造价和主尺寸的限制，那么"地狱犬"和"蹂躏"号肯定能更接近"无畏"号一些。[78]

新"暴怒"号——1873 年开工的"不屈"号

议会制订 1873 财年预算时，计划再单独建造一艘改进型"暴怒"号（当时存档文件中这里确实写的"暴怒"号，因为这个时候"暴怒"号还没经过彻底再设计而更名成"无畏"号呢）。这个新设计向巴纳比提出了前所未见的严峻挑战，到这个时候，已经研发出了可以在 1000 码击穿 15.7 英寸均质熟铁装甲板的 12.5 英寸大炮[79]，炮重 38 吨，发射一枚 820 磅的炮弹。"暴怒"号舯部那 14 英寸厚的水线装甲带已经不够了，而且沃维奇和埃尔斯维克都宣称他们目前的研发能力完全足够开发出 50 吨重的大炮来，恐怕不远的未来还能够打造更重型的火炮。

对这个新设计，巴纳比的几个早期预研方案，基本都保留了"无畏"号那

1875 年下水的"无畏"号，本来是里德设计的一艘改进型"蹂躏"号，后来巴纳比对它进行了修改，把装甲胸墙往两舷拓展，形成了舷侧装甲带，增加了舯部装甲干舷的高度。这幅照片是该舰在马耳他演练清理甲板、准备作战的情景[80]。（作者收藏）

2 座双联装 38 吨主炮炮塔，然后在舯部的露炮台里安装了一些更轻型的火炮。其中一个设计方案，在舯部愣塞进了一座搭载 50 吨炮的单装炮塔。在这些方案中，"无畏"号舯部 14 英寸厚的水线装甲带得以保留，但较薄的船头船尾水线装甲被直接取消了，并在装甲带的前后各设置了一道厚厚的装甲横隔壁。在海军中评价很高的、从"蹂躏"号开始就采用的、从船头到船尾的全长水线装甲带，就此被舍弃了，[81] 可惜因此节约下来的重量应该非常少。

到巴纳比提交预研方案的时候，沃维奇兵工厂说他们已经有充分的信心研制出一款 60 吨重的主炮了，为了搭载这款主炮，巴纳比不得不采用更加不同寻常的船体设计[82]。新设计的基本参数似乎是巴纳比自己提出的，不过确定前应该也跟海军部委员会的领导以及其他相关人士商议过。主炮将安装在两座双联装炮塔内，炮塔不仅要能容纳 60 吨的主炮，还要为容纳未来的 80 吨主炮留出富余。怀特对这件事是这么说的：[①] "刚开始上头让我们琢磨搭载 60 吨主炮，然后我们就按照这个标准来设计这艘战舰。结果到了 1874 年，上头又决定要改用 80 吨主炮，这样船体上部就多出来 200 吨额外重量，而且炮塔等部位的设计也要大加修改，最后排水量和吃水都增加了。过去也出现过在决定好要主炮的型号之前先开始设计战舰的例子，不过造成的问题都没有'不屈'号这么严重。对我们来说不幸的是，这才只是个开始，以后多的是这种不好对付的事情……"装甲将完全集中于舯部比较短的一小段上，形成装甲非常厚的一座"中腰铁甲堡"，装甲最大总厚度达 24 英寸。该舰航速必须要快，要达到 14 节，轻载状态下，也就是吃水 24 英尺 4 英寸的时候，应该能够通过苏伊士运河。海军部高层大都对巴纳比的这个设计比较满意，在这个基本设计上又加入了一些细节改进，主要是海军军械处[83] 处长亚瑟·胡德上校提出的，另外还包括巴纳比后来提出的一些改进。下段描述了这个设计最终过审时的状态。

这个设计的基本构思[84] 是在舯部搭建一座重装甲的"浮筏"，在这个区域里面布置所有的动力机组、弹药库和两座主炮。没有侧面装甲防御的船头船尾部分，则在水线以下安装一层装甲甲板，并在甲板上下方的空间里密集分舱，还在装甲甲板上方的舷侧水线部位充填大量的泡沫增浮材料，最后，在露天甲板以上的船体纵中线上，设置轻结构建造的狭长形的船头—船尾甲板室，供人员居住，还能提高适航性。就算作战中整个船头和船尾区域全部被击毁而大量进水，舯部的铁甲堡也设计得可以提供足够的浮力让船不至于沉没，并能提供足够的稳定性，让船不至于倾覆。为了把全船的浮力和稳定性都集中到舯部，舯部的最大宽度非常宽，这样一来，两座呈对角线布局安装在两舷的炮塔就都可以沿着狭长形的甲板室两边，朝船头船尾方向开炮了，虽然甲板室肯定会受到一点炮口暴风带来的损伤。该舰两舷水下还安装了减摇水柜，好让它的横摇

① 威廉·H.怀特爵士撰《会长就职演说》，刊载于 1904 年伦敦出版的《土木工程学会会志》。

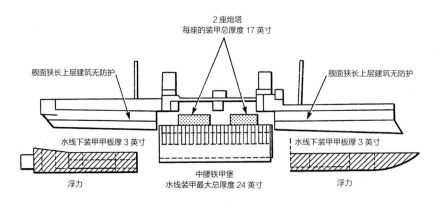

2 座炮塔
每座的装甲总厚度 17 英寸

舰面狭长上层建筑无防护

舰面狭长上层建筑无防护

水线下装甲甲板厚 3 英寸

水线下装甲甲板厚 3 英寸

浮力

中腰铁甲堡
水线装甲最大总厚度 24 英寸

浮力

"不屈"号的整体设计是让舯部的铁甲堡构成一座浮筏，即使船头船尾遭破坏、大量进水，舯部的浮筏仍然能漂浮。船头船尾密集分舱，还带有一层比较厚的装甲甲板。露天甲板以上有一道狭长的上层建筑，没有装甲防御，可供人员居住。[88]

不那么快速、剧烈，不过效果不怎么样[85]。

巴纳比最开始带领设计师们细化"不屈"号的最终设计时，是按照 60 吨主炮来考虑的，但也为未来可能安装的 100 吨主炮预留了一些空间[86]。1875 年 9 月，沃维奇造好了一门 80 吨前装线膛炮的测试版，口径 14.5 英寸。测试后，把这门炮的炮膛镗大到 15 英寸，在 1876 年的 3 月进一步测试后，把炮膛镗大到 16 英寸，而炮尾部分的内腔（Chamber）则增加到 18 英寸，可以装下多达 370 磅的发射药。研制和测试期间，总共用这门炮发射了 140 发炮弹，这些炮弹总重 215855 磅，总共消耗了 42203 磅黑火药，炮击的靶子基本上都是那座"41 日靶"[①]，这块靶子是 4 层 8 英寸装甲板与 5 英寸柚木板交替层叠制成的。当时英军大炮的标准膛线搭配的是炮弹弹体后部特制的铜环导带（Stud），可以卡进膛线里让炮弹在膛内旋转，这种 16 英寸新炮的导带闭气不严，引出很多麻烦，所以最后炮膛内采用了 39 根比较浅的膛线，即所谓"多沟"（Polygroove）式膛线，炮弹上搭配使用铅制闭气片，安装在炮弹底部使用。[87]

"不屈"号上最后实际安装的主炮塔外径 33 英尺 10 英寸，每座重达 750 吨，里面安装 2 尊 80 吨 I 型炮。炮塔的围壁是内外两层，外层是 9—10 英寸厚的钢面复合装甲（详见第五章介绍），复合装甲后面是 18 英寸厚的柚木，内层是 7 英寸的熟铁装甲，没有木制背衬。炮塔内的主炮可以发射一枚重达 1684 磅的炮弹，发射这枚炮弹时采用最大发射药量 450 磅，并采用棕色棱柱火药，这样可以让炮弹的出膛速度达到每秒 1560 英尺。在靶场上，这门炮可以击穿单层厚度达到 23 英寸的均质熟铁装甲板，两层总厚度达到 23 英寸的间隔熟铁装甲也不能幸免。发射间隔据说能够达到 2.5 到 4 分钟[89]。大炮无法在炮塔内装填，需要让炮塔旋转到对准铁甲堡内甲板下装填机的位置，然后让炮管俯下来，炮口对准装填机的开口，

① R. S. 罗宾森爵士撰《给战舰装上装甲》（On Armour Plating Ships of War），刊载于 1879 年伦敦出版的《造船工程学会会刊》。

然后液压装填杆填弹药。多佛尔的火车渡轮码头还有一对这样的巨炮幸存至今，虽然炮塔结构已经大为不同了[①]，戈斯波特（Gosport）的舰载武器博物馆（Naval Armament Museum）还能看到一枚当时那种带铜环导带的炮弹。

　　"不屈"号的中腰铁甲堡部位在水线的装甲带是由内外两层组成的，外面一层是 4 英尺宽、12 英寸厚的装甲板，背后带有 11 英寸厚的柚木，这层背衬内部埋有许多竖立的支撑肋。这层装甲结构后面是内层的 12 英寸厚的装甲板，装甲板后面是 6 英寸厚的柚木，这层背衬内部则埋有许多水平排列的支撑肋，这第二层装甲结构再往里是 2 层厚八分之五英寸的薄铁皮船壳[90]。这道水线装甲带总厚度是 41 英寸（其中熟铁装甲板的总厚度是 24 英寸），重达每平方英尺 1100 磅，水线装甲带上方的舷侧装甲和下方的水下装甲，它们的总厚度仍然跟水线装甲带保持一致，只是柚木背衬更厚，而熟铁板更薄。水线装甲带上方的舷侧装甲板，外层那道熟铁板仍然是 12 英寸厚，但内层熟铁板只有 8 英寸厚；而水线以下的装甲，外层熟铁板厚 12 英寸，内层熟铁板厚 4 英寸。

　　尚不清楚当时为什么要把装甲带设计成内外两层，因为 1877 年的时候已经能够制造 22 英寸厚的整块装甲板了，而且时人也已经清楚地认识到，两层装甲板叠加在一起的防弹性能比不了总厚度相同的单层厚装甲板。1877 年的一场实验[②]说明，一块 17—17.5 英寸厚的装甲板的防弹性能跟三块 6.5 英寸厚装甲板叠加在一起的防弹性能，一样高。在当时服役的铁甲舰上，总厚度 24 英寸的水线装甲带可以说是史无前例了，不过只有 4 英尺宽，所以它的防御性能可以说非常有限了。当时似乎也没有对最后敲定的这种设计进行任何防弹测试。巴纳

"不屈"号 1876 年完工状态的照片，挂帆，但这点帆完全推动不了万吨的身躯，只能用来训练水手。船头翘起来的弧形滑轨用来发射鱼雷。（英国国家海事博物馆，伦敦，编号 HBU 1）

① D. 伯里奇（Burridge）撰《皮尔海军上将堡的多佛尔炮塔》（The Dover Turret, Admiralty Pier Fort），1987 年在罗切斯特出版。

② C. E. 埃利斯撰《船用装甲》，刊登于 1911 年伦敦出版的《造船工程学会会刊》。

比他们宣称这种装甲防御不仅可以有效抵挡"不屈"号搭载的主炮的轰击，甚至还能抵挡埃尔斯维克给意大利铁甲舰研制的 17.7 英寸 100 吨巨炮[91]。不论这种说法是否可靠，可以肯定的是，均质熟铁装甲在"不屈"号上算是达到极限了，因为它的装甲重量几乎是一艘船上能够搭载的最大重量了。

船头船尾部位的防御是好几种防护措施精妙地结合在一起形成的。第一道防御是 3 英寸厚的熟铁装甲甲板，一般安装在水线以下 6—8 英尺处。[①] 这道防御甲板和它上方那道稍稍高出水线的中甲板（Middle Deck）[92] 之间，做了密集分舱，其中比较靠中间的舱室里还堆满了燃煤和各种后勤物资，这样可以在舷侧破洞后控制进水。此外，水下装甲甲板和中甲板之间这层密集分舱的区域，舷侧的那些舱室还特别建造了宽 4 英尺的封闭箱体结构，里面填满了软木（Cork）[93]，中甲板以上的舷侧也是这种填充了软木的箱体结构，高也是 4 英尺。在每个这种填满了软木的舷侧封闭空间内，还设置了一道隔水墙（Coffer dam），这种隔水墙是用帆布将麻绳碎絮打包再堆码而成的。上述所有填充物都用氯化钙浸透过，可以降低它们的易燃性，尽管当时的测试似乎说明这种防火措施其实效果欠佳。整个这套船头船尾防御结构跟之前里德向 1871 年委员会提交的设计，有大量共通之处[94]。

1877 年，里德先是私下攻击巴纳比，后来直接致信《泰晤士报》，声称他和埃尔加（Elgar）计算后发现"不屈"号中腰铁甲堡不具有足够的稳定性，如果船头船尾进水，该舰就会翻沉。针对里德的来信，巴纳比逐条反驳，但最后海军部还是被迫成立了调查委员会，海军上将候普（Hope）担任主席，委员是当时享有盛名的三位杰出民间工程师——伍利、朗肯和 W. 弗劳德[95]。委员会的调查事无巨细，探讨了很多之前从来没有探讨过的战舰设计问题。

委员会报告最终下的结论是，在实战中，"不屈"号的船头船尾无装甲防护部分几乎不可能完全进水，就算"不屈"号落到了这种极端险情里，从复原力臂曲线图来看，它此时仍然保留着一点点刚刚够用的船体稳定性而不至于翻沉。委员会特别指出，以当时的炮术水平，连真正击中敌舰都不是一件容易的事情——前文提到过"热刺"号隔着仅仅 200 码瞄准"格拉顿"号炮塔，静对静射击时，头 4 炮全都打偏了！委员会指出，之所以很难击中，主要原因包括：敌我两舰都在机动中，于是彼此存在相对运动；开炮后有大量硝烟（因为每发炮弹要消耗 470 磅发射药）；战舰开炮时，船体的左右横摇以及舰首的垂荡；再就是当时没有任何测距和纠正横风偏差（deflection due to wind）[96] 的手段。委员会特别注意到，在摇晃的战舰上操作火炮，总是习惯等到甲板似乎达到水平位置的时候才开炮，可是实际上这个时候船体摇晃的角速度是最大的，会对大炮产生很大的干扰。（弗劳德还证明，人类的平衡觉器官在感知战舰的实际横摇状态

---

① 注意，在后来防护巡洋舰的设计中，这种水下防御装甲甲板变成了所谓的"穹甲"，也就是甲板中间部分位于水面以上，两舷形成斜坡。在各级战舰上，这个水下防御甲板的厚度越来越大，重量越来越可观，可是一般的数据表格都很少比较这个装甲甲板的重量。

1885年,"不屈"号那两根没用的挂帆桅杆替换成了两根军杆。(帝国战争博物馆,编号Q39234)

时非常不准确,会造成误判。[97])总之,实战中能够真正打中敌舰的炮弹肯定很少,而能够正好打中船头船尾薄弱位置、造成进水的炮弹就更少了。

如果一枚爆破弹击中软木填料的话,爆炸当然能够把附近的船体结构和填料都炸烂,不过测试表明,爆破弹击中没有装甲的船体轻结构后不会立刻爆炸,差不多要在击中后的一百五十分之一秒才能炸开,这一瞬间也足够这枚炮弹击穿船壳和软木,向船舱内飞进6—10英尺,这样爆炸就几乎不会波及软木填料了。这样,炮弹只是在船壳上钻了个洞,而隔水墙的帆布和麻绳碎絮能够有效地堵塞和缩小这个破洞。当时用软木和隔水墙制作了一个靶子,然后让"荨麻"号(Nettle)炮艇拿64磅爆破弹轰击了它。委员会还指出,炮弹不大可能正好飞进水线和水下装甲甲板之间的这块区域,除非炮战距离很远,[98]那时候命中率就更低了。

委员会认为,在实战条件下,"不屈"号的船头船尾部分很难被敌舰的炮火给轰成筛子,灌满海水,更不可能像里德坚称的那样被轰得"开膛破肚"(Gutted),也就是船头船尾填充的软木、物资、燃煤等等全都被爆破弹给炸烂了,然后这些空间也全部灌满海水。尽管如此,委员会仍然非常仔细地计算了里德说的这些极端情况下,"不屈"号的稳定性会出现什么问题。设计师们计算了它的稳定性曲线,弗劳德还在他位于托基(Torquay)的水池用一个重达1吨的大比例模型进行了横摇测试,然后还把这个模型带到海上进行了抗浪实验。实验发现,船体内进水后,这些水会让横摇减小,[99]就像船舷水线下安装的减摇水柜一样。弗劳德还研究了模型船进水后,航速对船体浮态的影响[100]。委员会最终下结论:"不屈"号即便落到这步田地,仍然能够保持稳定不翻沉,但除了马上返港维修之外,没法继续遂行其他任务了。

上述船体进水后稳定性变化的研究,比历来的这类研究都要充分和透彻得多,在理论方面这要归功于怀特领导的计算工作,实验方面要归功于弗劳德。

这张稳定性曲线图代表的是"不屈"号在各种条件下的稳定性，曲线1和2分别是该舰船体完好时的装载和轻载稳定性[101]，曲线3和4反映船头船尾被打成筛子而大量进水后的稳定性，其中3代表装载情况，4代表轻载情况。在打成筛子而大量进水的状态下，如果海上的浪高不是很大，该舰也许还能返回港口，否则就会在海浪中进水失控而翻沉的危险。

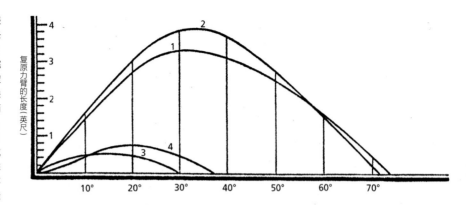

这是史上首次给船体破损、舱室进水的战舰绘制复原力臂曲线，根据计算结果，委员会第一次提出了战舰设计必须重视"装甲干舷"（Armoured freeboard）这个问题，可惜的是，后续主力舰的设计中并没有把这类计算囊括进去。如果站在今天丰富经验积累的基础上来看，其实委员会还是忽视了两个重要的问题。首先，"不屈"号中腰铁甲堡并不是绝对不可能被炮弹击穿的，因为水线装甲带很窄，虽然装甲总厚度达到24英寸，却是内外两层装甲板层叠而成的，而且当时火炮的威力正在迅速提升。其次，委员会还认为中腰铁甲堡能够在船头船尾无防护区间被打成筛子后，继续维持水密，但第六章将要介绍的"维多利亚"号误撞沉没事件表明，撞击使船体破损进水后，船身内的舱门、通风口和管路阀门常常无法继续保持水密状态，这时候即使"不屈"号中腰铁甲堡的装甲没有被击穿、水线没有进水，船头船尾区域的进水也会缓缓侵入铁甲堡区域，最终导致该舰翻沉。巴纳比[①]声称他设计的"不屈"号可以抵抗一枚鱼雷的水下爆炸，而且发动机舱的纵向隔壁会让船体进水造成的横倾很小——可是巴纳比这个结论的前提是鱼雷爆炸只让单舷的一个水密隔舱进水，他没有考虑相邻两个水密隔舱都进水的情况。

　　尽管"不屈"号的设计还不算完美，但是在当时排水量的限制下，为了达到设计指标，只能把主炮和发动机组都集中在舯部一小段铁甲堡里，没有更好的解决方案了。1894年9月17日在黄海上爆发的中日大东沟海战似乎对巴纳比的这个设计给予了肯定，这天，两艘中国铁甲舰——"定远"号和"镇远"号遭受了日军火炮的猛烈轰击，但从战场上幸存下来，而两舰都沿袭了巴纳比中腰铁甲堡的基本设计，并且体型还更小一些。[102]1913年用已经淘汰的"爱丁堡"号（Edinburgh）[103]进行了一场打靶和防弹测试，测试的结果也能从一定程度上证明"不屈"号中腰铁甲堡设计是靠得住的。当时除了里德，反对"不屈"号的那帮人主要是希望直接舍弃掉舷侧垂直安装的装甲板，整艘船只保留水下装甲甲板，这种战舰实际上就成了当时的防护巡洋舰，而这种防御方式正是这帮

① N.巴纳比爵士撰《战舰》（Ships of War），刊载于1876年在伦敦出版的《造船工程学会会刊》。

人反对的"不屈"号在船头船尾采用的防御方法。[104]怀特测算"不屈"号的造价是 812000 镑，现在一些资料里面引用的数据都太低了。"不屈"号之后又建造了两艘不甚令人满意的缩水版[105]，这里没有必要提及了。

"战舰是一头蒸汽巨兽"

本章开头引用的里德的这句话，其实是讲当时的战舰越来越依靠各式蒸汽辅助机械来操作。在"不屈"号之前，许多战舰都安装了一些蒸汽辅助机械，比如 1866 年设计的"海格力斯"号上有蒸汽卷扬机[106]，1870 年的时候率先安装在"勇士"号上的液压舵机，"诺森伯兰"号上也有蒸汽动力的舵机，而"雷霆"号和后来那些战舰的炮塔都是全蒸汽动力的。此后，战舰上蒸汽辅助机械的数量越来越多，到 1881 年"不屈"号完工的时候，它确实是一头"蒸汽巨兽"。该舰的辅机如下[107]：

1 台蒸汽舵机（Steering engine）；

2 台倒进用蒸汽机（Reversing engine）[108]；

2 台竖立式蒸汽机，用于灭火（Vertical direct fire engine）[109]；

2 对蒸汽 – 液压动力机械（Steam/hydraulic engine），用来操作那 2 座 750 吨重的炮塔[110]；

1 台蒸汽卷扬机（capstan engine）；

4 个锅炉灰卷扬机[111]；

1 台竖立式蒸汽机，用来启动主发动机（Vertical direct turning engine）[112]；

2 台 40 马力的蒸汽动力水泵，总抽水能力达每小时 4800 吨[113]；

2 台辅助发动机用来给船底抽水；[114]

2 台蒸汽动力提弹机（Steam shot hoist）[115]；

4 台锅炉辅助给水泵（Auxiliary feed）[116]，跟上述辅助发动机类似；

2 台"兄弟"牌（Brotherhood）专利 3 缸引擎[117]，用来吊放舰载艇；

4 台"兄弟"牌专利 3 缸引擎，用来带动风扇；

4 台弗里德曼蒸汽预混器（Friedman ejector）；

2 台卧式蒸汽机，用来带动蒸汽冷凝器的离心循环水泵（centrifugal circulating pump）[118]。

上面这个列表没有提到通风扇，不过几乎可以肯定"不屈"号安装了通风扇。通风扇一开始不大完善，经过一段时间的改进，性能才达到了满意的程度。1874 年在"彗星"号（Comet）上试验了一架电力探照灯，1876 年在"米诺陶"号上第一次架设了一台永久性的电力探照灯。"不屈"号上安装了几台美国电刷公司（US Brush company）生产的 800 伏特直流发电机，发出来的电供给发动机舱的电弧灯，船舱其他地方则使用斯旺（Swan）和爱迪生刚刚发明出来的电灯泡（'Glow' lamp）[119]。斯旺－爱迪生电灯泡一般串成一长串使用，使用一年后，船上的 800 伏特供电系统漏电，杀死了一名不幸的船员。甚至连"不屈"号下水的时候都是通过电力驱动的：路易丝公主（Princess Louise）按动一个电钮，让一根电线短路熔断，于是一瓶红葡萄酒掉下来砸在船头上，同时一些重物砸在船排上支撑船头的临时支架（Dog shore）上，从而让船头缓缓进入水中。[①]

蒸汽艇

大概 1850 年以后，人们就开始尝试制造蒸汽动力的小艇。1861 年，J. S. 怀特厂给"森林少女"号（Sylvia）[120] 水文勘探船制造的 27 英尺长的舰载大艇（Launch）[121]，算是第一个真正成功的设计。1864 年，J. S. 怀特跟贝利斯（Bellis）合作研制出一台重量仅有 4 吨的艇用蒸汽机，接着他们成功开发出一款 36 英尺长的蒸汽小艇，它每小时产生每标定马力需要耗煤 6 磅。到 19 世纪 70 年代初的时候，大号的舰载大艇已经可以搭载、使用杆雷（Spar torpedo）或怀特海德（Whitehead）鱼雷 [122] 了。"不屈"号上面搭载了一艘设计精良的 42 英尺长交通艇（Pinnace）[123]，怀特管这种艇型叫"周转艇"（Turnabout boat）[124]。后来怀特在此基础上开发出了 56 英尺长的交通艇，航速可达 15 节，发动机重量只有 6.5 吨，标定功率可达 150 马力。

复合发动机

直到 1860 年的时候，人们基本上只让蒸汽在汽缸中膨胀一次做功，但此时这种单次膨胀的简单蒸汽机 [②] 所能提供的最大输出功率，已经接近极限。蒸汽在汽缸中膨胀的时候，不仅它的压力在降低，温度也随之降低，造成汽缸反复升温和冷却，这样就会造成很大的能量损失。[③] 不仅如此，在蒸汽膨胀做功从而推动活塞运动的时候，这种蒸汽压的大幅度变化会让蒸汽传递到曲轴上的力发生大幅度的变化，造成曲轴和轴承震颤、磨损。如果能让蒸汽分别在压力不同的几个汽缸内分阶段依次膨胀，每个阶段都更接近于等压膨胀，那么就可以避免以上问题，而且蒸汽做功更充分，蒸汽机利用效率更高。其实早在 1803 年的时候伍尔夫就申请了复合蒸汽机的专利，说明那个时候人们就已经认识到了多级膨胀的上述优势，但在实际运用中就会发现，当蒸汽压低于每平方英寸 60—70 磅这个范围的时候，多级膨胀没法带来多大实质上的好处。而在每平方英寸 60—70 磅这么高的蒸汽压下，根本没法直接烧海水来产生蒸汽了，[125] 所以高压蒸汽必须使用非常纯净的淡水来产生，而且还要和可靠耐用的冷凝器搭配使用。许多早期的发明家都制造出了复合蒸汽机，并演示证明了它们确实能够大大节

① B. 帕特森笔记档案第 4 日，1996 年由朴次茅斯海军船厂历史文物保护基金会（Portsmouth Royal Dockyard Historical Trust）出版。
② 这部分基于作者撰写的系列论文《英国皇家海军船用机械工程学，1860—1905》，1993—1994 年陆续刊载于《海军工程学杂志》。
③ R. 森尼特（Sennett）撰《论复合蒸汽机》（On Compound Engine），刊载于 1875 年伦敦出版的《造船工程学会会刊》。

约燃煤，可惜这些早期复合蒸汽机的可靠性太差了，最主要的问题是蒸汽压太高导致蒸汽管线常常漏气。

埃尔德（Elder）1853 年申请的专利算是史上第一台达到实用标准的复合蒸汽机。自 1855 年起，一小部分商船开始陆续搭载这种蒸汽机，据说最大可以减少 50% 的煤耗，而这种蒸汽机的重量只比单级简单蒸汽机大 5%—10%。1860 年，海军部在木体螺旋桨巡航舰"恒定"号（Constance）上安装了一台埃尔德复合蒸汽机，1865 年的时候，这艘船跟安装了简单蒸汽机的两艘姊妹舰来了一场别开生面的竞速测试，两艘姊妹舰中的"阿瑞托萨"号（Arethusa）安装的是约翰·宾厂的蒸汽机，"奥克塔维娅"号（Octavia）安装的是莫兹利厂的产品。[126] 三艘船都只使用每平方英寸 25—30 磅的低压蒸汽。[127]1865 年 9 月 30 日，三艘战舰从普利茅斯起航，驶往马德拉（Madeira）群岛[128]，10 月 6 日比赛结束，因为三艘船的煤都烧完了（耗煤情况见下文表格）。

这次测试其实没什么说服力，因为每艘船都在航程中借助了风帆，而且风帆航行的时间还不一样长，最重要的是，蒸汽压太低了，没法让复合蒸汽机发挥出最大功效来。尽管如此，"恒定"号仍然展现出非常大的优势，不过海军部后来还是下结论说该舰的发动机结构复杂，难以操作，不可靠。[①]1863 年，又在"帕拉斯"号上安装了一台汉弗莱斯复合蒸汽机，虽然这台机子又省煤又可靠，但海军部并没有继续推广使用这款复合蒸汽机。19 世纪 60 年代晚期，海军部又给一批小型战舰装上了复合蒸汽机，这些战舰主要是"大型炮舰"，用来测试各个厂家的产品，它们的工作蒸汽压都达到了每平方英寸 60 磅，而且都很省煤，只有"斯巴达人"号（Spartan）的发动机据说不大可靠[②]。"英国人"号（Briton）安装的伦尼（Rennie）发动机在全速前进时，每小时产生每标定马力需要耗煤 1.3 磅，巡航速度前进时，每小时产生每标定马力需要耗煤 1.983 磅。"斯巴达人"号、"君主"号、"忒提斯"号（Thetis）每小时产生每标定马力需要耗煤 2.5 磅。

表 4.2 "阿瑞托萨" "奥克达维亚" 和 "恒定" 号 1865 年 9 月 30 日—10 月 6 日航行耗煤情况

	距离马德拉群岛（海里）	耗煤速率（每小时产生每标定马力耗煤磅数）	航行小时数	耗煤总吨数	平均每小时耗煤吨数
"艾里苏萨"	200	3.64	134	224	1.7
"奥克达维亚"	160	3.17	140	277	2.0
"恒定"	30	2.51	124	243	2.0

1871 年委员会在复合蒸汽机这个问题上十分肯定地说："它们可以大大节省燃煤的用量，这一点已经积累了非常充足的证据，可以下定论了……节省下

① E. C. 史密斯著《船用机械发展简史》，1937 年出版于剑桥。
② 据说是因为轮机兵使用经验不足，以及有一根蒸汽管道太长了。

① 后来成为海军部总机械师的 J. 赖特说，通常进行的 6 小时海上连续航行测试主要是为了检验发动机组的可靠性，而不是为了测量耗煤量。因为每一袋子煤的重量都不能保证差不多一样，而且一般一袋子煤的重量中大约会有 13% 最后变成"煤渣"，直接倒掉不用。

② 赖特说高压锅炉的寿命比较短，一般只够服役两届就需要大修了。

③ 请参考本书作者之前的《铁甲舰》来具体了解这位伟大的战舰设计师和船舶机械师早年取得的那些成就。

④ 前水文测绘员、后来的海军上将罗杰·莫里斯认为当时的战舰老是搁浅主要是因为罗盘不准确。虽然整艘船的总罗盘肯定是校准好的，但是舰桥上导航接替位置的那些罗盘就很难讲了。

来的燃煤重量可以用来加厚装甲，提高航速，或者让船体更小、造价更低，当然还可以让战舰的蒸汽续航能力大大延长。"① 当时的海军没有留下多少早期复合蒸汽机的实际服役记录，不过似乎军舰比商船遇到的问题更多一些，结果海军转向采用复合蒸汽机的步伐就比商业航运要稍稍慢半拍。② 战舰使用发动机的节奏跟商船完全不一样。商船一出航，它的发动机就一直保持最高功率运转，可是战舰很少会在平时使用发动机的最高功率，而且战舰的装载情况也经常在短时间内发生很大的变化 [129]。

19 世纪 60 年代，表面冷凝器（Surface condenser）[130] 逐渐普及，但是直到第二次世界大战的时候，冷凝器管路的腐蚀 [131]（Erosion and corrosion）仍然是个技术难题。海军部于 1874 年成立了一个锅炉调查委员会，委员会的调研结果写进了 1879 年的海军蒸汽机组使用手册（Steam Manual）。委员会指出的很多问题都切中要害，比如说建议不要再使用动物油脂和植物油脂来润滑机械，而要改用矿物油；应该中和锅炉给水中的酸性成分；锅炉里还应该安装锌块来减少腐蚀。[132] 为了承受每平方英寸 60 磅的高蒸汽压，活塞跟汽缸接触部位的密封圈以及管路接头处的密封垫，都需要采用新材料。委员会提出的这些建议虽然都着眼于一些细节，却能让机械的效能大幅提升，这不是第一次也不是最后一次由细节决定成败了。

战舰换装复合蒸汽机，是托马斯·劳埃德③ 担任总机械师期间海军经历的最后一次技术革新，劳埃德于 1869 年退休。斯潘塞·罗宾森担任海军部审计长的时候曾经写道："蒸汽战舰采用螺旋桨推进系统 [133]，这个成就应该主要归功于劳埃德先生。皇家海军在这个方面能够走在世界的最前沿，要感谢劳埃德先生的远见卓识和身体力行。"劳埃德的继任者、同样是文职工程师的詹姆斯·赖特（James Wright），也同样优秀，后来受封骑士。

"无畏"号和"亚历山德拉"号是第一批装备复合蒸汽机的主力舰，现在稍微仔细看一下"亚历山德拉"号的复合蒸汽机。该舰是双轴推进的，每个推进轴依靠一台汉弗莱斯－坦南特三缸复合蒸汽机驱动，3 个汽缸的中间那个是高压汽缸，直径只有 70 英寸，两边是低压汽缸，直径各为 90 英寸，3 个汽缸都包裹在精心设计的蒸汽套（Steam jacket）中，以把能量损失降到最低 [134]。在"亚历山德拉"号以前，战舰的蒸汽机一律采用卧式设计，这样蒸汽机就位于水线以下，敌舰的炮弹几乎打不到，不过"亚历山德拉"号采用了竖立式蒸汽机，似乎当时觉得它那 12 英寸厚的水线装甲带足够提供有效的防护，而竖立式蒸汽机的结构更加简单。蒸汽机组各个部分都安装在厚厚的减震垫上，以防战舰搁浅的时候损伤机组，搁浅对 19 世纪的战舰是家常便饭 [135]④。对蒸汽机也进行了加固，好让它们能够承受撞击敌舰带来的冲击。该舰总共有 12 台锅炉，分成 4

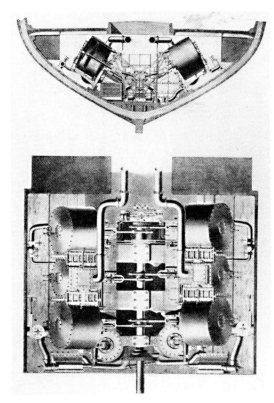

詹姆斯·赖特爵士，1869—1887 年任总机械师。[皇家海军工程学院（RNEC，Royal Naval Engineering College）]

"恒定"号的 6 缸复合蒸汽机。（作者收藏）

组，每组之间用一道横向和一道纵向隔壁隔开；可产生每平方英寸 60 磅的高压蒸汽，12 个锅炉的总加热面积是 21900 平方英尺。每舷一台锅炉，两舷的台锅炉背对背安装，这样锅炉正面的炉门就都朝着两舷，方便从两舷的煤舱给锅炉添煤，而锅炉的背面就朝着纵隔壁。每个锅炉里面都安装了一块 200 磅的锌块作为阳极[136]，以抵抗腐蚀，这个办法似乎很有效，毕竟这批锅炉用了 16 年才更换。[137]

　　"亚历山德拉"号上的蒸汽冷凝器用大量导热性很好的八分之五英寸铜制管道作为蒸汽冷却和散热的界面，整个冷凝器的铜管总面积达到 16500 平方英尺，冷凝器的离心泵由单独的蒸汽机带动。"亚历山德拉"号还拥有一套精细复杂的通风系统，带蒸汽动力风扇，而且第一次在通风道各"隔壁"处安装了气阀，这样起火时就可以有效地阻止火焰和烟雾的蔓延。可是该舰三根桅杆的最下面一段，即所谓"底桅"，是用铁皮铆成的空心管道，这是个非常危险的火灾隐患，因为这种竖立的管道能够产生很强的向上抽吸气流。发动机舱定员包括 1 名主机械师、10 名助手和 80 名司炉工。

"亚历山德拉"号服役多年后的照片，此时，该舰那基本派不上用场的挂帆桅杆终于拆除了。图上可以清晰地看到右舷那双层壁龛式炮门，当大浪涌过船身的时候，这种炮门会造成大量的飞沫和白浪，而且就算有了这种炮门，实际上也并不能让炮管太靠近船头—船尾方向射击。（帝国战争博物馆，编号Q38109）

1873年开工的"亚历山德拉"号

巴纳比领导设计的"亚历山德拉"号是里德式中腰炮室挂帆铁甲舰的登峰造极之作，可惜它在开工建造前就已经过时了。该舰带有全帆装，但据说除了用来操练水兵之外，从来没用过。[1] 不过该舰在海上仍然算是一艘令人生畏的战舰，活跃服役了23年，主要作为舰队旗舰。该舰带有壁龛炮门的上下双层炮室里总共搭载了2门11英寸炮和10门10英寸炮[138]。在高速航行时，双层炮室的壁龛炮门很容易把舰首扬起的大浪撞碎成大量飞溅的白沫，大大影响航速，而且通过这些壁龛炮门朝船头射击，只是一种纸面上的理论，实际上根本就难以实现。该舰的水线装甲带厚达12英寸，背衬12英寸厚的柚木板。

1873年开工的"鲁莽"号

"鲁莽"号最开始的设计目标是要对"斯威夫彻"号进行升级改造，最后实际建成的"鲁莽"号虽然已经跟"斯威夫彻"号大为不同，但仍然可以从这个角度来理解它的设计[139]。1872年6月22日巴纳比提交给审计长一系列的备选方案，其中多数都保留了"斯威夫彻"号中腰炮室的设计。[2] 在这堆方案中，还有一个炮塔式设计——一座双联装炮塔，带25吨11英寸炮。该炮塔直径达39英尺，两门炮之间的距离拉得很开，有19英尺，这样在炮塔朝正前方的时候两门炮都可以朝船头方向开炮，两根炮管中间夹着一道狭窄的艏楼，艏楼上可以竖立前桅杆，

① G.A.巴拉德著《一身黑漆的舰队》，伦敦，1980年版。
② 该舰的存档文件。

1876 年下水的“鲁莽”号。艏艉露天甲板的 2 座 25 吨主炮安装在地阱炮座（Disappearing mounting）上，虽然火力很猛，但是炮座过于沉重了。（作者收藏）

这根桅杆可采用三足杆或者四足杆。海军部委员会一贯不喜欢单个炮塔。这个炮塔设计还在船尾搭载 1 门 6.5 吨炮，舷侧搭载 4 门 64 磅炮。

相对于原来的“大胆”级，该舰的最大宽度放宽到 58 英尺，这样船底就不需要压舱物了，[140] 省下来的重量让水线装甲带可以增厚至 9 英寸。各个中腰炮室方案在火炮的具体安排上各不相同，不过大都在主甲板上搭载 18 吨 10 英寸炮，而在上甲板混合搭载 18 吨炮和 25 吨 11 英寸炮。1872 年 7 月的一个方案在主甲板上搭载 6 门 18 吨炮，在上甲板炮室搭载 4 门 12 吨 9 英寸炮及 4 门 64 磅副炮。1872 年 12 月份，海军部最后决定在主甲板上的中腰炮室内混搭 2 门 25 吨 11 英寸炮和 6 门 18 吨 10 英寸炮，船头还要搭载 1 门 18 吨炮作为追击炮，此外还有 4 门 20 磅礼炮。

火炮重量	吨－英担－夸脱－盎司
2门12英寸[141]炮（带炮架）①	78-4-2-0
7门10英寸炮（带炮架）	196-14-0-0

1873 年 2 月 3 日，当年的文档中第一次提及要给该舰搭载露炮台，文档中说“考虑露炮台设计”。这个设计中，露天的上甲板搭载 2 座直径 28 英尺的露炮台，前炮台容纳 1 门 25 吨 11 英寸炮，后炮台容纳 1 门 18 吨 10 英寸炮，也

① 该 12 英寸炮的备弹情况如下：填好装药的炮弹有 20 发通常弹、4 发破片弹、50 发淬冷弹；待填装药的炮弹有 30 发通常弹；实心弹有 6 发散弹、60 发淬冷弹。

就是说，用露炮台取代了先前一些备选方案中搭载 2 两门 18 吨炮、带 8 英寸装甲的上层装甲炮室。后来，又修改成前后两个炮台都搭载 25 吨炮。这两座伦道尔露炮台是当时英国战舰上独一无二的。露炮台就是上甲板上一头一尾的两座陷坑，每个坑里面都安装着 1 门 25 吨 11 英寸炮，采用液压动力的地阱式炮架。大炮可在放倒的状态下用液压装填杆来装填，然后用液压动力冲头举起来回到待开炮位置，从装填到待发的全过程，炮管划过一段固定的角度，然后需人力调节炮管俯仰角。一门地阱炮通常需要 6 人操作，不过紧急情况下 3 人就能操作，另外 3 人主要负责搬运弹药，类似的 25 吨炮如果安装在舷侧炮位上往往需要 19 人操作，可见地阱炮架的优势。每 105 秒可以开一炮。

据说，后炮台的大炮不论朝哪个角度射击，其炮口暴风都会损坏周围的舰面设施和隔壁，所以每年四个季度的操练大会中会有三次都会让水兵们只操作前炮台，每年的海军维修预算只能承担一次后炮台开炮造成的损坏。[①] 从各个角度来看，这种地阱炮架是比较成功的：可以快速地装填、回旋，开炮也很快、很准确，所需的操作员数量也很少。可是这种炮架体积太大、重量超标，以后再也没有应用在战舰上。甚至有人说，"鲁莽"号的单装地阱露炮台的重量和尺寸，其实已经接近一座双联装的科尔式露炮台了。[142] 注意，帕克斯和巴拉德二人各有一个版本的"鲁莽"号设计历程，他们的都不对，资料来源没有我这里的可靠、翔实。这艘"鲁莽"号跟 1871 年设计委员会的少数派报告推荐的设计样式，似乎没有一丁点类似，[143] 当然跟多数派报告好像也没有太多的联系。

1873 年开工的"香农"号

海军的官方报告称"香农"号是一艘舷侧列炮、有水线装甲带的巡洋舰，也可以把它视为二等主力舰，今天来看还勉强可以把它算作皇家海军的第一艘装甲巡洋舰[144]。时人觉得该舰不成功，后人也是，该舰 21 年的舰龄中只有 3 年在海上活跃服役。不过该舰的设计确实有几个新特征值得在这里说一下。

9 英寸厚的水线装甲带一直延伸到船尾，不过在尾部减薄到了 6 英寸，这条水线装甲带没有一直延伸到船头，而是终止在船体前部一道 9 英寸厚的装甲横隔壁的后面，这道横隔壁距离舰首还有 60 英尺远。装甲横隔壁前方无防护的船头，就像在"不屈"号上一样，用 3 英寸厚的水线下装甲甲板进行防护，甲板以上的空间密集分舱，这道船头装甲甲板向前方朝下倾斜，好支撑住舰首撞角[②][145]。"香农"号是第一艘采用这种装甲防护模式的战舰[146]。该舰在上甲板装备了 2 门 18 吨 10 英寸主炮，它们在船体前部的横隔壁后面，通过壁龛炮门可以朝前方射击，这道横隔壁的两侧边还带有拐弯，这样这两座主炮的舷侧方向也可以获得保护。剩下的 7 门 12 吨 9 英寸炮完全没有防护，也安装在上甲板上——舷侧 3 对、6 门，

① 帕克斯著《英国战舰》。书中讲到当时海军愿意接受这艘战舰每年一次因为实弹射击而对船体设备造成的损毁，而今天流传的一些纯属虚构的故事则说当时操练的时候甚至会为了避免弄坏船身上的漆皮而直接不进行实弹射击。

② 铁甲舰的撞角可以拆下来，平时存放在岸上，这样可以避免不慎撞击到友舰！

1875 年下水的"香农"号是皇家海军第一艘装甲巡洋舰。[147]（英国国家海事博物馆，伦敦，编号 BKS/1）

1876 年下水的装甲巡洋舰"纳尔逊"号。（英国国家海事博物馆，伦敦，编号 BAA/1）

船尾 1 门[148]。据说巴纳比计划让水兵们事先装填好这些大炮，战舰接敌前瞄准后，就让水兵们躲到甲板下面去，通过电击发来遥控开炮。[149]

1874 年开工的"纳尔逊"号和"北安普顿"号

　　"香农"号下水之前，海军部已经感觉到该舰战斗力非常有限，于是又订造了两艘大一些的巡洋舰。这两艘船的装甲防护进一步削弱，水线装甲带不仅没延伸到船头，也没延伸到船尾，像"不屈"号一样，船头船尾都依靠水下装甲甲板和密集分舱来提供保护。两舰的船尾跟"香农"号的船头一样设置了一道装甲横隔壁，隔壁后面顺势增添了一对 10 英寸主炮，隔壁也像"香农"号的船头隔壁那样在两侧拐弯，可以给船尾 10 英寸主炮提供两舷防护，船身舷侧保留 4 对、8 门无装甲防护的 9 英寸副炮。[150]"纳尔逊"号水线装甲带以上的船体全部用 1 英寸厚的钢板建造，这样可以在一定程度上克服薄熟铁皮面对实心弹轰击时非常赢弱的问题[151]。可是这些钢板是用贝塞麦转炉法[152]生产的，很有可能最后钢板抗弹能力还不如熟铁皮。

表 4.3 "大胆""香农"以及"纳尔逊"性能比较

	"大胆"	"香农"	"纳尔逊"
排水量（吨）	6010	5390	7473
武备	10门9英寸炮	2门10英寸炮，7门9英寸炮	4门10英寸炮，8门9英寸炮
水线装甲带	8英寸全长装甲带+副炮炮阵装甲	9英寸炮，船头没有	9英寸炮，船头船尾没有
装甲总重（吨）	924	1060	1720
航速（节）	12.5	12.25	14

上表把巴纳比的"巡洋舰"跟更早些时候的二等挂帆铁甲舰"大胆"级作了对比，挺有意思。

"香农""纳尔逊""北安普顿"这三艘船都计划派驻海外殖民地，它们的潜在敌人是二等铁甲舰，没打算让它们加入主力舰编队进行舰队决战。就算是按照这种战术定位，"大胆"级的中腰装甲炮室也要比这三艘船的首尾横隔壁有价值得多。可以说，巴纳比的大型"巡洋舰"太昂贵了，不可能建造大批这样的战舰来保护海上贸易路线，[153]可是它们的装甲防护又太弱，根本没法像真正的主力舰一样参加决战。

威廉·弗劳德的模型水池测试

直到 19 世纪 60、70 年代，设计一艘新战舰时，都只能借助海军部系数来跟之前的战舰进行比较，然后估算出来它所需要的发动机功率。[①]如果新战舰和之前的战舰船体水下形态非常接近，新战舰打算安装的动力机组也非常接近老战舰的话，那么这种估算的准确性就还凑合，当然了，新战舰的设计航速也不能比老战舰快太多。即便如此，商业航运界用这个系数估算还是造成了很大的设计误差，建造出来的商船要么根本达不到设计航速，要么发动机过于昂贵、沉重，这都给船东带来损失。1865 年下水的"亚马孙"号（Amazon）小型炮舰就是一个很好的例子，当时不少船都像它一样，发动机功率估算得特别离谱，需要频频更换螺旋桨来寻找最好的组合。

① 参考附录 3，海军部系数有两个公式，
其一是
$$海军部系数 = \frac{标定马力}{静横剖面积 \times 航速}$$
其二是
$$海军部系数 = \frac{标定功率}{排水量^{\frac{2}{3}} \times 航速}$$

表 4.4 "亚马孙"号使用各种螺旋桨的试航结果

桨叶数	螺距[155]（英尺－英寸）	每分钟转数	标定功率	航速（节）
4	15	75	1528	11.49
4	12-6	86	1941	12.08
2（格里菲思式[156]）	15	88.7	1808	12.17
2	13-9	94	1663	12.4

"亚马孙"号设计航速 13 节，根据海军部系数推算出船长应当达到 212 英尺。为了减小船舶转弯半径，让它转弯更灵活，把船长减到 187 英尺。结果该舰首次试航时就没有达到设计航速，这样又用各种螺旋桨进行了许多次试航。

最后，双桨叶的格里菲思螺旋桨不仅推进效率高，而且在船舶单纯依靠风帆航行的时候也显得没其他螺旋桨那么碍事[157]，于是就挑选了这个螺旋桨。有意思的是，这几组试验中，获得最高航速时的标定功率反而接近倒数。根据这些试验，决定把这一级的最后两艘姊妹舰 ["布兰奇"号（Blanche）和"达娜厄"号（Danae）] 加长到最初设计的 212 英尺，并升格为大型炮舰[158]。

对于怎样找到最合适的螺旋桨和船体形态这个问题，英国科学协会（British Association）[159] 在 1838 年到 1870 年间组织了许多优秀的科学家和工程师开展研究，希望找到一个解决的办法。根据协会多年的研究，人们大都认为模型测试非常不准确，很容易误导，应该用全尺寸的实船测试来不断修正海军部系数，这是眼下唯一可行的办法。弗劳德[①]不同意这种观点，因为他从 1867 年开始在达特（Dart）开展了一系列的模型试验，很好地证明了模型可以代表实船的航行阻力，只是其他人没有发现内在的规律，才觉得模型试验的结果非常离谱。

弗劳德做了三组试验，使用的缩比模型分别是 3 英尺、6 英尺和 12 英尺长的，每组试验使用的模型都是两个，构成对照，弗劳德管这两个模型叫"天鹅"和"乌鸦"。"乌鸦"号的船头、船尾瘦削，是人们都觉得航速会很快的形态，它的造型受到斯考特·罗素的波线理论（Wave Line Theory）[160][②]的一点影响。"天鹅"号的水下船体形态则模仿天鹅那肥硕的胸脯，船头船尾都很丰满。弗劳德的试验首先证明了，在不同的航速范围中根本不存在固定不变的最小阻力船体形态，自牛顿以来所有科学家的认识都是错误的[161]；"乌鸦"在低航速的情况下表现更好，而"天鹅"在航速较高的时候表现更突出。这是弗劳德发现的最重要的一个事实，因为前人全都想通过全尺寸船舶实验来寻找所谓的"最优"船体形态。[162]现在已经证明不存在唯一的最优船体了，那么再进行全尺寸实验，成本就显得有点太高了，于是凸显出模型测试的重要价值。弗劳德还发现，三组模型船的长度虽然不一样，但因为它们的形态都一样，只是比例不同，于是

威廉·弗劳德，海军文职工程师[154]。1860 年的时候，他对船舶在海浪中的摇晃已经建立了一套初步的理论解释，到 1870 年，他通过实验证明了模型水池测试在改良船体水下形态方面有重要的价值，可以降低船舶达到设计航速所需的发动机功率。（皇家造船工程学会）

① 弗劳德刚开始给 I. K. 布律内尔当工程师，在铁路工程方面表现突出，后来他成功解释了"大东方"号横摇的秘密，并于 1860 年写出了那份经典的船体横摇论文，从此进入船舶水动力学研究领域。本书作者于 1991 年提交给德文郡协会（Devonshire Association）的论文《威廉·弗劳德和船舶在海中航行时的行为》（*William Froude and the Way of a Ship in the Sea*），详细介绍了这位杰出的工程师。
② 所谓的"波线理论"，是完全错误的，不过这个理论强调船头船尾要瘦削，恰好跟 19 世纪 70 年代需要的高速船型非常契合。

三组模型船的航速和阻力之间存在一种确定的比例关系，由此他提出了"弗劳德定律"：①

> 只要保持船体形态不变，不管船舶的尺寸等比例放大或缩小，实际受到的阻力都跟"航速／（船体长度的平方根）"成正比。[163]

有了这条规律 [164] 就意味着可以用模型测试来检验新船体水下形态，如果它确实能带来提高，弗劳德也能 100% 保证把这样的改良重现在全尺寸实船上。1868 年 2 月，里德拜会了弗劳德，观摩了弗劳德的研究成果后建议他正式向海军部提出申请，要求海军部提供经费赞助后续研究。1868 年 12 月海军部接受了弗劳德的正式申请，在申请书中，弗劳德提到修建一座全封闭式带天棚的试验水池，可以在里面通过拖航试验测量模型的航行阻力 [165]。建造这个水池并在里面开展两年的试验研究，弗劳德预计共需花费 2000 英镑②，而他表示愿意在此期间义务劳动，不用额外给他支付薪酬。议会已经通过 1869 年的预算了，所以 1868 年 12 月的时候无法在 1869 年预算里拨出这笔钱来，不过 1870 年 2 月，议会表决通过了弗劳德的申请，将在 1870 年预算中拨出这笔钱来，这主要归功于里德的大力支持。

试验水池直到 1872 年 5 月才正式落成运行，在这之前遇到了很多需要一一解决的实际问题③。到这个时候，弗劳德已经优化了他的试验方法，而且开始通过等效平板法单独测量一艘船模的摩擦阻力，用这种方法可以分别测量出抹了不同涂料的船舶在各个航速的摩擦阻力。为了验证弗劳德的研究结果能不能真的在实船上完美复制出来，用"活跃"号 [166] 大型炮舰拖带"灰猎犬"号（Greyhound）小型炮舰进行了一系列严格的拖航测速实验，实验结果跟弗劳德的模型试验预测非常相符。1873 年，弗劳德的水池不仅测试船体形态，还测试螺旋桨的设计，不仅进行敞水试验，还要测量螺旋桨位于船体后面时，船体跟螺旋桨之间的相互干扰作用。弗劳德还发明了一个可以测量螺旋桨轴输出推力的仪器，这个仪器用皮带带动铜轮在一个木制框架中工作，这种测力计 [167] 最晚一直用到 20 世纪 30 年代的快速布雷舰"神仆"（Abdiel）级上。

1873 年开始，弗劳德的水池主要用来为新设计的战舰寻找最匹配的船体形态和发动机功率，而不再是一味寻找可以降低阻力、提高航速的船型。弗劳德的水池不是用来寻找"流体力学上最优设计"的，比如他最开始测试的那批新设计中就包括"不屈"号，该舰短粗的船体非常不利于提高航速，但为了让中腰铁甲堡具有足够的稳定性，不得不这样设计 [168]。弗劳德最具创新性的主意就是用蜡倒模来制作船模，这样就可以在一天之内造好一艘船模，第二天就能下

① 法国数学家里什（Reech）早前已经导出了这条规律，可惜当时人们没能意识到这个规律的重要性，也没想到怎么把这个规律运用到实际的船舶设计中去。
② 实际花费要高得多，全是弗劳德自掏腰包。
③ 水池围壁侧面都被虫子蛀出洞来了！

1872 年威廉·弗劳德在托基建立的第一个模型测试水池,[171] 得到了爱德华·里德的鼎力支持。(作者收藏)

小型炮舰"灰猎犬"号唯一存世的照片。"飞逝"级炮舰"活跃"号拖带该舰进行了一次全尺寸实船航行阻力测试,证实了弗劳德的模型测试结果。弗劳德还用该舰进行了舭龙骨实验。(帝国战争博物馆,编号A159)

水池测试,而且测试结束后还可以把模型修改成其他船所需的形状,或者直接融化掉重复使用。弗劳德的研究和试验成果让彼时英国皇家海军在船体和螺旋桨修形方面领先别国海军[①] 很多年。再没有第二笔 2000 英镑能花得这么值了;后来,巴纳比写道[②],在这个科学技术日新月异的神奇世纪里,如果要选出对船舶发展贡献最大的人,那么他选威廉·弗劳德,全世界的船舶设计师和船东恐怕都不会有意见。[169] 威廉·弗劳德于 1879 年过世,他的儿子埃德蒙继承了他的工作,继续主持水池运营了 40 年,1887 年的时候,水池转让给了哈什拉尔(Haslar,或译为海斯拉)水池测试与船舶设计顾问咨询公司[170]。弗劳德的水池研究室能够成立,里德也功不可没,这也说明里德非常乐意采纳和支持有用的

① 荷兰的太德曼(Tideman)也在开发类似的方法,但由于缺少经费支持,他的工作进展缓慢。详见 J. M. 德尔茨威格(Dirzwager)向"航海科学 500 年"(Five Hundred Years of Nautical Science)会议提交的论文《太德曼博士对现代造船发展的贡献》(Contribution of Dr Tideman to the Development of Modern Shipbuilding),这次会议于 1981 年在格林尼治的英国国家海事博物馆召开。
② N. 巴纳比爵士著《19 世纪战舰设计发展史》,1904 年伦敦。

新想法，不管是海军内、设计部的下属提出来的，还是外部人士提出来的。

1882年炮击亚历山大港[172]

英国炮击亚历山大港，旨在镇压港内的民族主义起义军，起义军控制了该港的海岸防御，他们试图让埃及摆脱英法两国的"保护"。据说，海军部"征用了亚历山大港的一艘商用电缆敷设船，在港外4海里的地方截断了该港的电报电缆，然后接到战舰上，用这艘船当作战时浮动电报站，[173] 于是海军部一直掌控着舰队的行动，直到下令炮击港口和炮击完成后的两个星期"。[①] 这是这次行动中一个颇具意义的细节。整个港口防御大约有8个主要的堡垒工事，总共安装了37门线膛炮、182门滑膛炮，这182门老式火炮中包括10门可发射500磅球形炮弹的大炮以及31门臼炮。这些海岸防御工事总体上可以分成三组：最北边的阵线是几座古代堡垒用临时修筑的土制工事连接在一起，总共安装了26门现代火炮；内港入口处有一条绵延很长但火力比较弱的防线，同样由古代堡垒和临时修筑的土制工事连缀而成；整个防御体系的最西端是马拉布特炮台（Marabout Fort），有7门线膛炮，是火力最强的单个工事。炮击该港的舰队一共有8艘铁甲舰[②]（一共搭载了80门主炮，其中只有43门可以朝单舷射击），以及6艘炮艇。

表 4.5 亚历山大港口炮台和英舰搭载的线膛炮力量对比（不含滑膛炮）

大炮	英国舰队	亚历山大港口炮台
16英寸前装线膛炮（下同）	4	
12	4	
11	6	
10	38	5
9	16	18
8	8	12
7	4	2
共计	80	37

① J. D. 布朗撰《1814—1899 年远洋通讯》（Overseas and oversea Communications 1814-1899），刊载于《19世纪海洋事业与技术发展》（Marine & Technique au XIX Siecle），1987 年在巴黎出版。
② 参加这次行动的战舰是"无敌""不屈""君主""鲁莽""亚历山德拉""苏丹""壮丽"和"珀涅罗珀"号。

此外，这些战舰还总共搭载了16门64磅和40磅副炮、49门20磅后装线膛副炮、13门9.7英寸前装线膛炮和71门1英寸口径的诺登飞（Nordenfelt）手摇机关枪。岸上的防御工事里还安装了204座旧式滑膛炮和36门滑膛臼炮（包括6门15英寸口径的和10门20英寸口径的臼炮），不过交战时这些旧式火炮很多都没有启用。

这些防御工事的情况非常糟糕：防护胸墙（Parapet）既不够高，也不够结实，各个火炮群之间几乎没有交通沟（Traverse），火炮群也没有临时的分支弹药库

1882 年亚历山大港炮击战后"亚历山德拉"号的受损情况。第一幅照片清晰展示了双层炮室前部的壁龛式炮门。[174]（海军摄影俱乐部供图）

（Expense magazine）[175]，因此英军炮火即便打中了附近的石制工事，造成的破坏可能也比直接打中火炮还要大。各个工事之间要想传送命令、弹药，只能露天进行，没有带掩护的交通沟。可以说埃及人除了士气高之外别无长处，而且他们还不习惯操作线膛炮。[1]战场条件对英军舰艇来说，有利有弊：

优势：风很轻；港内海面平静；埃及人没有布雷，也没有鱼雷艇；埃及人也没机会拆除港内导航浮标，这让主力舰不容易搁浅[176]。

潜在问题：海岸炮台开炮的硝烟全都朝着战舰飘来，而且海上还起了雾。

让人颇感意外的是，舰队司令竟然没有集中兵力依次轰击每座炮台，而是分兵同时攻击前两个主要炮台群，结果马拉布特炮台刚开始没有遭到炮击，该

①《1892 年炮术手册》。

炮台准确的炮火很快给英军造成了麻烦，后来"康铎"号（Condor）炮艇带领其他炮艇从该炮台的火力盲区发起炮击，才压制了这个火力点。炮击是从1882年7月11日早上7点7分开始的，埃及人的还击非常准确，火力也很猛。[①] 刚开始的时候，各舰一边机动一边射击，不久便下锚停泊以提高射击精度，只是战舰开炮后黑火药形成的硝烟让视野变得很差。

"亚历山德拉"号、"壮丽"号（Superb）、"苏丹"号、"不屈"号和"鲁莽"号组成的外港分队，开始时边机动边射击，炮击距离在1600—3000码，不过上午9点半以后就下锚了，炮击距离拉近到1100码左右。内港分队最开始在1100—1300码的距离上炮击马科斯（Mex）炮台[177]，后来拉近到400码。到上午10点半，马科斯炮台已被打哑，下午1点到2点之间登陆队上岸破坏了这座炮台。阿达（Ada）炮台[178]下午1点35分火药库爆炸。法罗斯（Pharos）炮台到下午3点也沉寂下来。到5点的时候所有炮台的大炮都被压制了，英军登陆队占领了这些炮台。

表 4.6 英军发射的炮弹统计

前装线膛炮主炮	1746
64和40磅副炮	556
20磅副炮	627
9磅和7磅副炮	282
诺登飞机关枪	16200
.65和.45口径加特林机关枪	71000
马蒂尼－亨利（Martini Henry）步枪[179]	10160

战后英国人视察遭到破坏的海岸防御工事，结果发现虽然大炮的准头可圈可点，但是造成的战损却不尽人意。拉斯廷（Ras-el-Tin）炮阵[180]的26门线膛炮中，只有7门遭到破坏，无法继续战斗，而南方的炮阵[181]中，7门炮里只有1门遭到破坏。英军爆破弹的引信非常不靠谱，战后在防御工事中发现了大量的未爆弹——"珀涅罗珀"号8英寸主炮发射的一枚爆破弹[182]落在了一堆火药里面，却没有起爆，这堆火药足足有400吨重！有的炮弹穿进石头堡垒外墙中深达8—9英尺，可是没有爆炸，没能给埃及人造成任何实质伤害。一共有11发爆破弹击中了"最强"（Superior）炮阵[183]，把这个炮阵打出一道深4英尺6英寸、长18英尺的塌陷。埃及人的37门线膛重炮中，只有8门被英军炮弹直接命中，还有4门被炮弹命中周围结构产生的破片给擦伤了；另有五六门被自己的后坐力震坏了，无法使用。朝马科斯炮台发射了约7000发诺登飞机关枪弹，结果只有3发打在了炮台的13门火炮上。总体来说，英军炮火非常猛烈，就是实际的威力很有限，不过最后还是逼得对手弃守了，这在当时是很典型的情况[184]。

① C. S. 怀特撰《1882年亚历山大港炮击战》（*The Bombardment of Alexandria 1882*），刊载于《航海人之镜》第66卷，1980年于伦敦出版。

表 4.7 各舰被弹情况

战舰	无装甲的船壳中弹	装甲中弹
"亚历山德拉"	31	6
"不屈"	2	0
"壮丽"	7	3
"苏丹"	12	5
"鲁莽"	0	0
"无敌"	15	0
"君主"	0	0
"珀涅罗珀"	8	3
共计	75	17

"苏丹"号战损情况最为严重：一块装甲被炮弹冲击得局部凹陷下去，形成了3英寸深的刻痕，还有两片装甲板松动了。一枚11英寸炮弹从炮门飞进了"珀涅罗珀"号体内，打中了一尊8英寸炮的炮管，把炮管外面的B套管[185]扯掉了6英寸长的一截，10人负伤[186]。怀特谈到"不屈"号的受损情况时曾说："该舰巨大的主炮开炮时的炮口暴风造成严重伤害，把周围的甲板室和舰载艇都震烂了。"[187]

机枪[188]

世界上第一种实用的机关枪是法国的米特雷斯（Mitrailleuse）手摇机关枪，1870—1871年普法战争时法军使用了这种武器，射速可达每分钟约250发[189]。后来各国的发明家陆续研制出各种各样性能日益提升的机关枪，1870年这些武器一起竞标英国的武器换装项目，美国加特林手摇机关枪（Gatling gun）胜出，皇家海军很快列装了这种武器。加特林机关枪是一挺10根枪管的转轮枪，每根枪管的内腔是0.56英寸口径，每分钟可以发射500发子弹，不过这种枪在连续手摇击发的时候容易卡壳，没法保持稳定的火力输出。

到1880年，加德纳手摇机枪（Gardner gun）通过了英军的测试，取代了加特林机枪成为新一代制式装备，在英军中一直用到1884年。加德纳手摇机枪有一根枪管或并排的2根、5根枪管，每根枪管每分钟可以发射120发子弹。很快，诺登飞手摇机枪又取代了加德纳机枪，诺登飞机枪有5根并排的枪管，都刻了膛线，每分钟一共可以发射600发子弹。英国海军主要列装的是.45口径的5管诺登飞，也有少量4管、1英寸口径的型号。1882年亚历山大港炮击战中，英军就广泛使用了诺登飞机枪。到了1888年的时候，每分钟可以发射600—650发子弹的马克沁（Maxim）单管自动机枪终于开发出来了，英国军火巨头维克斯（Vickers）获得专利授权，生产了很多这种机枪，在后来的两次世界大战中广泛使用。最开始的马克沁机枪使用.45马蒂尼-亨利步枪子弹，后来0.303英寸和0.5英寸成了马克沁机枪的标准口径。[190]

19 世纪 70、80 年代，战舰主炮的有效射程只有约 1000 码[191]，在这种交火距离上，在战舰桅盘（Fighting Top）[192] 里架设的机枪就可以有效压制敌舰露炮台中暴露的炮手[193]。时人认为大口径机关枪，比如 1 英寸诺登飞机关枪，可以有效对付上前偷袭的鱼雷艇[194]，甚至把它击沉。

战舰的"作战效率系数"

里德和巴纳比觉得铁甲舰的哪些性能参数对作战最为关键呢？在本章的末尾提出这样一个问题似乎挺合适的。这个问题可以用下面这个公式来回答，这是里德和巴纳比为了比较那些设计各不相同的战舰的作战效能而拟出来的一个公式。[①]

$$作战效率系数 = \frac{A \times G \times H \times S^3}{100L}，其中$$

A 代表装甲总重量除以排水量；

G 代表所有位于装甲防护后面的火炮的重量，以及它们的弹药重量[②]；

H 代表炮门下边框（Port sill）距离水线的高度[195]；

S 代表试航速度，单位是节；

L 代表船体长度，单位是英尺（船长能代表船头转向调头的灵敏性）[196]。

利用这个公式，设计者们比较了几艘军舰的吨位、造价和作战效率系数。[③]

表 4.8 吨位、造价、作战效率系数 [197]

舰名	吨位（bm）	造价（千英镑）	作战效率系数
"君主"	5102	346	149.8
"海格力斯"	5234	360	113.4
"船长"	4272	330	83.3
"前卫"	3774	255	83.0
"米诺陶"	6621	430	61.1
"柏勒罗丰"	4270	343	58.6
"阿喀琉斯"	?	458	42.9
注意：			
"勇士"			44.5
"防御"			10.9

① 这个可能是巴纳比在里德手底下干活的时候搞出来的。

② 这里完全是按照 1871 年战舰设计委员会报告原文写的。可以想见，G 项就跟 A 项一样，是每吨排水量的平均值。

③ 海军部战舰设计部门就"大胆"号的设计向 1871 年战舰设计委员会提交的报告。

构成"作战效率系数"的各个参数代表了当时的设计者对它们的重视。既然里德和巴纳比用了航速的三次幂，就说明他们很重视航速，那为什么他们不把战舰设计得航速更高一点呢？表中数据也说明，当时就没法让造价较低的"经济实用型"战舰获得很高的作战效能，今天更是如此。

译者注

1. 18 世纪后期创刊的英国国民日报，今天仍是英国主流媒体之一。

2. 这封信的主题并不是赞美"不屈"号，而是当时担任议员的里德准备把他私底下对巴纳比和海军部的攻击，表面化、公开化。见下文。

3. 在铁甲舰时代以前，人们用蒸汽动力驱动船舶前进已经有将近半个世纪的历史了，但是大家仍然觉得船上的其他日常事务都可以而且应该完全由人力来完成。这是因为蒸汽时代前的两个世纪里，西欧各国完全依靠人力来驾驶千吨的大船已经很久了，形成了思维定式。譬如在 1860 年的"勇士"号铁甲舰上，它的舵机需要 400 人同时操作才能比较快速地左右转动，即便这样，这个舵的面积也比同样排水量的现代船舶小不少，造成"勇士"号转向性能很糟糕，可时人觉得 400 人同时操舵好像并没有什么不对的。

4. 超出下船体两侧的上船体就像一对减摇板。里德最欣赏这个设计，后来也把战舰水线装甲带的下边缘设计成突出船体之外、缺少平滑过渡的形状。见下文。

5. 第一至四章多数的铁甲舰都舍弃了这个特征。这是一个圆筒形、一人多高的甲板室，一般很小，只能容纳三五人在里面站立，四周都是装甲板。在大约人眼高度处有一圈缝隙观察孔，有传声筒通过地板伸到船体里面去。指挥塔的作用就是让舰长站在里面指挥战斗，不过大多数舰长和舰队司令都更喜欢站在指挥塔上方的露天"舰桥"上，因为那里的视野要强得多，而且当时火炮的精度也很难瞄准和击中战舰上的某一个人。

6. 在"莫尼特"号之后，美国海军先后建造了四级类似的浅水重炮舰，身形越来越庞大。"米安托诺莫"级只有一艘赶上参战，而后来的"卡拉马祖"级一艘都没有赶上参战。跟"莫尼特"号不同，这些双炮塔的大型浅水炮舰都是木制船体。船身一前一后各有一座闷罐式圆形炮塔，炮塔上方都搭建了航海工作台，因为船体太低矮了，从那里驾驶战舰非常不方便。两座炮塔之间是烟囱和通风道，它们的高度明显高于"莫尼特"号，以改善机舱的通风。炮塔和烟囱之间搭建了简易的飞桥，可获得良好的视野，供指挥官观察敌情。这两级炮塔舰的名字都是取自北美印第安部落。

   "米安托诺莫"级性能诸元：排水量 3455 吨，长 258 英尺，宽 52 英尺 9 英寸，吃水 12 英尺 8 英寸，双轴推进，航速 9—10 节，干舷高 3.1 英尺。水线装甲带总厚度 4.5 英寸，炮塔装甲总厚度 11 英寸，跟"莫尼特"号类似，是层板式装甲。每座炮塔搭载一对 15 英寸达尔格伦炮。

   "卡拉马祖"级的装甲、武备、航速跟"米安托诺莫"级类似，只是船体更大，长了 33 英尺左右，排水量接近 6000 吨，干舷高度接近 3.3 英尺。

7. 拖航大约占整个航程的四分之一。

8. 当时美国的工业基地集中在东海岸北部地区，战舰大多是在这里建造的。"蒙纳诺克"号展示的是对美国来说非常重要的"两大洋"转移部署能力。麦哲伦海峡是南美洲最南端的一个海峡，常年风大浪高，从 16—19 世纪，在这里失事的帆船不在少数。

9. 1866 年 5 月 6 日，该舰从纽约港开始了这趟越洋远航。出发后，该舰并没有直接开进大西洋，因为从那里横渡大西洋航程太远了，容易出状况。它先沿着北美大陆东岸北上，抵达英国控制下的加拿大哈利法克斯港，然后从这里开往纽芬兰，最后在远洋拖船的陪伴下，从纽芬兰横渡大西洋。从这里横渡大西洋的航程要比当年哥伦布横渡大西洋近多了，8—11 世纪之间，"北欧海盗"维京人就是沿着这条比较近的高纬度航线发现冰岛、格陵兰岛和北美大陆的。"米安托诺莫"号一行只经过 11 天的航行就完成了横跨大西洋。抵达英士敦后，短暂停靠朴次茅斯，接着跨英吉利海峡访问法国瑟堡。之后它又返回英国，从普通市民到皇室成员都有机会近距离观摩，一时间变成英国全国舆论的焦点。此后的半年里，该舰先进入波罗的海访问沙俄，后南下地中海访问西班牙和意大利，最终于 1867 年 7 月返航费城，完成了总共 17700 多海里的远航。

10. "VC"代表"Victoria Cross"，是 19 世纪维多利亚女王在位时期，英国军人能够获得的最高荣誉。这位比思西上校因为在克里米亚战争期间的英勇行为获得了这枚勋章。他生于 1827 年，1854 年时的军阶相当于今天的中校。当时他随同英法联军的波罗的海舰队进入芬兰湾，准备夺取港湾湾深处那座沙俄控制下的战略要冲——"博马顺"要塞群。要塞群分布在一串罗棋布的群岛上，为了及时向要塞通报敌情，有许多沙俄的送信小队活跃在小岛之间。比思西的战功就是伏击了一队俄国送信员，截获了俄军送往博马顺要塞的一份情报。当时他只有一柄手枪，随他一起战斗的只有一名会说芬兰语的士兵。他们选择了一条沙俄送信员常常走的小道，在旁边埋伏了 3 天，终于在 1854 年 8 月 12 日遇到了 5 名送信员。中校用手枪为这名部属提供掩护，部属抛出绳子拦倒了两名信使，中校则用手枪威慑另外三人投降并迫使他们返回了自己的小船，划离了小岛。这场行动之后，比思西先后获得了指挥几艘小型炮舰的机会，于 1856 年升为准舰长，1861 年升为舰长，也就是海军上校（Captain）。1866 年至 1867 年，比思西上校任皇家海军驻华盛顿武官。比思西上校看似顺风顺水的职业生涯最终毁于一场意外。1871 年 9 月，他被委派为"克莱德勋爵"号的舰长。他率领该舰南下直布罗陀，加入地中海舰队。1872 年 3 月的一天，在地中海巡航的"克莱德勋爵"号收到地中海舰队总部和母港马耳他岛送来的一封电报，要求该舰紧急驶往意大利西西里海峡去解救一艘搁浅受困的英国籍汽船。结果该舰自己也在货船受困处搁浅了，为了让它重新漂浮起来，就像过去几百年间人们遇到这种情况都要做的那样，官兵们把船上一切可以拿掉的重物都拿掉了：主锚抛进海里，上面拴着浮标方便日后打捞；煤直接扔掉；大炮、弹药和补给物资吊放进在当地雇用的小船里。但该舰还是卡在浅滩上动弹不得，在浪涌中无助地来回扭动身体，结果把尾柱和尾舵全都扭坏了。无奈，只能派遣一名下级军官设法到马耳他送信，让地中海舰队旗舰、它的姊妹舰"沃登勋爵"号前来救助。"沃登勋爵"号强劲的动力终于把该舰从浅滩上拽了下来，不过失去了船舵的该舰即使在被拖回马耳他的过程中也在不断地摆头，很难控制。返航花了整整 3 天，以往一般最多只需要一天的时间。整个返航过程中，"克莱德公爵"号每小时进水 2 英尺，只能靠不断排水勉力维持。比思西上校和他的航海长接受了军事法庭的审判，比思西上校永远无法再获得指挥英国海军战舰的机会，但保留级别和待遇。当 1877 年他年过半百、获得晋升机会的时候，由于没有办法积累出总共 6 年的战舰指挥经验，只能享受少将待遇退休。

11. 因为采用的是蒸汽动力通风扇。美国浅水重炮舰都存在这个问题。

12. 用楔子把炮塔的下边缘跟甲板之间的缝隙卡住，使它无法转动。

13. 当海上风浪较大的时候，船体会明显左右摇晃，并朝背风的一侧倾斜。于是炮塔不再是水平的，也跟着船体倾斜。这样当炮塔旋转到炮口朝上风一侧的时候，炮塔内的大炮和炮门盖等部件都会在自身重量作用下，朝背风一侧滑移。这时候的炮门盖比炮塔水平的时候更有自己往下坠的趋势，水手就要花更大的力气拉动滑轮才能把沉重的炮门盖吊起来。

14. 这是当时英国海军部顽固要求的战术指标，即炮塔和中腰炮室里的大炮必须要有几度的俯角，让大炮能够低下头朝比船体还矮的地方射击。这样要求是因为当时大家对有效炮战距离的认识非常混乱，很多人都觉得两舰接近到百米甚至相互撞击都仍然是有可能的，这么近的距离上主炮必须能够俯射，才能击中对方的甲板和水线装甲带。

15. 美国最后建造的两级浅水重炮舰都存在这个问题，因为它们都是战时建造的，时间紧迫，木料刚刚采伐就用来造船，没能充分自然风干。这些含水量过高的木料打进不见天日的船舱里以后，就会逐渐发霉腐烂。

16. 见本书附录 4、5。

17. 作者这里似乎犯了一个错误，"格拉顿"号不是装的 12.5 英寸 38 吨炮，而是 12 英寸 25 吨炮。

18. 跟第一到三章类似，许多拗口的英国铁甲舰名字来自希腊、罗马神话。地狱犬就是地狱入口处有 3 个头的犬。

19. 见第三章 103 页和 106 页两种炮塔的图片。埃里克森式炮塔只有底座中心 20 厘米粗的转轴通过甲板，也就是说露天甲板上只有一个直径 20 厘米的洞。而直径数米的科尔式炮塔需要半埋在露天甲板下面，也就是说露天甲板上有一个直径几米的大洞，在炮塔和洞口边缘之间是一圈可以进水的缝隙。

20. 该舰属于美国在"莫尼特"号之后建造的第一级改进型浅水重炮舰"帕塞伊克"（Passaic）级，仍然只有一座炮塔，大大加高了烟囱。该舰在舰首的舱室里临时存放了大量弹药，结果前部吃水过深，又恰好遭遇强风，于是水从锚链孔和舰面的舱口涌了进来，造成船头迅速进水，沉入约 9 米深的港湾里。

21. 胸墙的具体位置参照下文 148 页"雷霆"号图纸中的水平面图。

22. "米安托诺莫"号是层板装甲，防弹能力和同样厚度的单块装甲板没法相提并论。

23. 参照下文 148 页"雷霆"号图纸。可见胸墙的宽度比船体要窄，这样胸墙并不能在大角度横倾的时候有效阻挡海浪漫进船体里，也不能在漫没到水面以下后提供足够的额外浮力来帮助船体回正。

24. 原书此处用了"战舰"（Battleship）这个词，实际上这个词在 19 世纪 60 年代末的时候还没有出现，英国第一艘日常就被通称为"战舰"的主力舰是 19 世纪 80 年代完工的"爱丁堡"号，见第五章。为了还原当时的情景，这里仍然称为铁甲舰。

25. 主要是由于媒体的渲染。当"米安托诺莫"号接受皇室、政府和海军部大员以及记者参观后，英国主流媒体就着力渲染一种恐慌感。《泰晤士报》就曾发文说"狼进了羊窝，还在羊中间窜来窜去"，把它形容成一种严重的威胁，这可能是海军部为了向议会要经费而刻意纵容甚至鼓励的。

26. 这个名字出自荷马史诗《奥德赛》。所谓"独眼"是指在鼻子上方只有一只眼，而不是两只眼中的一只瞎掉了。这不是古人异想天开的创造，而是动物和人在孕期错吃了某些天然药草之后生出来的一种畸形儿。

27. 1854—1855 年，英法联军在黑海和波罗的海大败沙俄，让沙俄被迫议和，双方签订了《巴黎和约》，沙俄暂时放弃了控制亚欧大陆的海上分界线——土耳其海峡。这样英国就把沙俄黑海舰队堵在了黑海里，使它不能进入地中海，也就无法威胁到英国与印度之间的联系。1870—1871 年，法兰西第二帝国在色当大败于普鲁士陆军，拿破仑三世被俘，流亡英国，普鲁士实现了德国统一，法国上下一时间沉浸在挫败和沉沦中。借此机会，沙俄于 1871 年宣布撕毁《巴黎和约》，重整黑海舰队，再次把黑海纳入军事控制范围。英国虽然于 1871 年在伦敦召开会议承认了沙俄的这一举动，但也宣布再次在东地中海跟沙俄进入对峙状态。

28. 这四艘"独眼巨人"级包括"独眼巨人"号、"蛇发女妖"号（Gorgon）、"冥界女神"号（Hecate）以及本页插图中的"百头蛇怪"号，命名均取自希腊神话。

29. "莫尼特"号和前文的"米安托诺莫"号在公海航行时都需要远洋拖船陪护，否则船体遇到大浪进水时就容易遭遇不测。

30. 周期越长的大浪，浪高越大，对船体稳定性的挑战越严峻。

31. 见下文"蹂躏"号详述，这样改装可以大大提高大角度横摇时的稳定性。

32. "格拉顿"号有三点特征：一是炮塔装甲实际上是内外两层"装甲板＋木制背衬"叠加在一起形成的，内层装甲板厚 8 英寸，外层装甲板厚 6 英寸，这么做可能是因为当时辊轧工艺制作不出来总厚度 14 英寸的圆弧形装甲；二是胸墙左右两翼轻结构延伸到舷侧，可以大大加强大角度横摇稳定性，但没有装甲，在作战的时候肯定很快就会被敌军炮火破坏而进水；三是水线装甲带不再像"地狱犬"号那样跟船体外壳齐平，而是模仿美国的"莫尼特"号那样突出在船壳外面，里德希望这样可以让横摇更加舒缓，有利于火炮的操作。

33. 照片中左侧为船尾，右侧有炮塔的是船头。船尾两个带头锥的圆柱是楼梯井。船尾最后部分的干舷突然升高，这段结构称为"艉楼"，可以防止尾追浪损伤船体。

34. "热刺"号船体太小，25 吨重炮开炮会造成船体晃动比较严重，炮弹在炮膛内飞行时就会受到船体摇晃的干扰，结果出膛后飞行方向很不准确。

35. 这是 19 世纪 70 年代开始采用的改良版黑火药，可以更缓慢地爆燃，让炮弹在越来越长的炮管中得到充分加速。这种火药最明显的外形特征就是用液压装置把每颗火药团块挤压成六边形的"蜂窝煤"状——六角砖的中心呈空心圆柱状，这样火药块就只能从外皮和孔中开始燃烧，爆燃速率降低。因为六角的外形，这种火药得名"棱柱火药"（Prismatic Powder）。此外，这种火药的化学成分跟普通黑火药"一硫二硝三木炭"的配比也不同，几乎取消了硫黄这种反应太剧烈的成分，木炭也不再是完全黑色、充分碳化的木炭，只是部分碳化，呈棕色，燃烧更缓慢。这种六角形棕色"蜂窝煤"在 1887 年又得到进一步改良提高，被时人戏称为"慢燃咖啡"。棱柱火药还将在第五章再次略微提到，介绍 1887 年"慢燃咖啡"的化学配方。

36. 根据巴纳比当年公开出版的海军年鉴上的"格拉顿"号装甲布局，所谓"14 英寸"炮塔装甲板就是内外两层 6—8 英寸厚的装甲，难怪会被能够在 1000 码击穿 12.7 英寸装甲的 12 英寸 25 吨炮给击穿。

37. 作用是减少炮塔上浪。

38. 因为实战中炮弹很难正好垂直击中装甲板。

39. 详见第十章 449 页。

40. 都指的是从英国本土出发。

41. 原文此处为"2,940,08"。明显数据有误。

42. 迪斯雷利是英国犹太政治家。苏伊士运河原本是 19 世纪 50 年代法国驻埃及领事跟控制埃及的奥斯曼土耳其政府商洽开凿的。商洽和开凿过程中困难重重，这位雷赛布（Ferdinand Marie de Lesseps）领事最终克服了困难使运河得以开通，可是奥斯曼政府控制下的运河公司经营效率低下，贪污盛行，最终不得不在 1875 年将股权卖给英国。英国可谓坐收渔翁之利。

43. "蹂躏"级性能诸元：排水量 9390 吨，垂线间长 285 英尺。从船头到船尾有完整的水线装甲带，在艜部厚 12 英寸，到船头船尾减至 8 英寸，背衬 16—18 英寸厚的柚木。胸墙装甲厚 10—12 英寸。炮塔装甲在前脸总共厚 14 英寸，在侧面只有 10 英寸。两炮塔间上层建筑中的指挥塔装甲厚 6—9 英寸。船体内那层甲板在艜部带有装甲，厚 2—3 英寸。船体内在前炮塔前方有一道装甲横隔壁，厚 5—6 英寸。单次膨胀式发动机，标定功率 6640 马力，蒸汽动力航速 13.8 节，载煤 1600 吨，10 节续航力 4700 海里。火炮搭载情况见下文介绍。

44. 详见第三章译者注释 93。

45. 这种 25 吨炮就是上文"热刺"号的主炮。1866 年试制了 4 门"Ⅰ型"，软钢内膛外面套着复杂的熟铁圈。为了方便大规模生产，又设计了"Ⅱ型"，采用少数更加粗大的熟铁套管。这种 25 吨的 12 英寸炮，性能不让人满意，于是 1871 年开发了炮管更长的 35 吨 12 英寸炮。这种炮最开始镗成 11.7 英寸，但是效果不满意，于是镗大到 12 英寸，发射一枚 700 多磅的炮弹。"蹂躏"号的前后炮塔 4 门都是这一型号。"蹂躏"号的姊妹舰"雷霆"号情况比较特殊：它后炮塔仍是两门 35 吨 12 英寸前装线膛炮，但前炮塔两门炮有点不伦不类——它们是把当时最新开发的 38 吨 12.5 英寸炮替换成 12 寸内膛的"杂交"炮——这样就免去了前后炮塔使用两种炮弹的麻烦。12.5 英寸 38 吨炮是 1874 年研发的，比 12 寸 25 吨炮长 3 英尺，发射一枚 800 磅炮弹。

46. 原著没有说明具体是哪四个，恐怕应当是火炮、装甲、动力航速、要不要挂帆这四个问题。

47. 科尔主要考虑低干舷可以让船体显得目标低矮，不容易被对方击中。

48. 防止一侧发动机机械故障让战舰完全失去行动能力。

49. 见第三章 123 页丹麦战舰"洛夫·卡莱克"号插图。

50. 图中左侧是船尾，右侧是船头。注意，本图船尾右舷有一艘蒸汽交通艇，遮挡了船尾的船体，容易让人感觉船尾在描有白线的船帮处结束，实际上那是独具特色的"凹"字形胸墙甲板，见下文 148 页图纸。

51. 这种赞许或者可以看成两个年资较浅的少数派在暂时掌握设计权时抱团取暖。

52. "无畏"是风帆术船时代传下来的舰名，早在 17 世纪就已经存在，这里是 1870 年的炮塔铁甲舰"无畏"号，而本书第十一章的 1905 年"无畏"号则成了两次世界大战中现代装甲火炮主力舰的代名词。

53. 实际上，撞击时的冲击力会让装甲带切进甲板里去。

54. 即 200 码的至近距离炮轰。

55. 实际上，在后续的"蹂躏"级改进型"无畏"号上采用了复合蒸汽机，见下文。

56. 船尾低矮的露天甲板。

57. 原文行文秉承作者一贯的简略风格，比这里的翻译要简略很多，对早期复进机缺少了解的读者可能不容易理解，故这里略作扩写。

58. 炮塔下、主甲板上安装的液压装填机，液压活塞仍然是靠蒸汽推动的。前炮塔的炮管需要转到右舷略朝后方才能装填，后炮塔的炮管需要转到右舷略朝前方才能装填。

59. 控制炮管俯仰和炮塔回旋。

60. 可能原型炮塔是单装一门大炮。

61. 英国最终在法、德都选择后装海军炮 19 年以后，才"被迫"转向了后装炮，可谓守旧至极。

62. 指作者布朗生活的时期。事实上，这个办法 21 世纪仍然在用，以后也会继续应用下去。

63. 船在静水中小角度横摇的频率，跟稳心高、船体各个部件惯性中心的位置等因素相关。

64. 见第六章 240 页及第十章 464 页。

65. 见第六章 253 页。

66. 改装一艘，两相对照。

67. 可见"蹂躏"号的"带装甲防御的稳定性"（Armoured stability）比"船长"号还差，横倾只有 12°、13° 就达到了最大复原力臂。只是它没有桅杆，很难横倾到那么大的角度。

68. 左右来回摇晃一次算一下。

69. 就是极大增加侧向摇晃时，水体对船体的阻力让侧向摇晃很难发生。

70. 说明船大、惯性大，摇摆起来需要很大的驱动力。

71. 祖孙三代布律内尔都是英国蒸汽革命时代享有盛名的民间工程师。爷爷马克·布律内尔本是法国人，在 18 世纪末的法国大革命时期移民英国，他的主要成就是用最早的蒸汽机带动港口的挖泥船，以及用蒸汽机带动机械加工木材，大批量生产风帆战舰上用量很大的各种滑轮套壳，大大节约了人力和时间成本；他还尝试者泰晤士河底挖掘隧道，但未能成功。父亲伊桑巴德·布律内尔在 BBC 于 2002 年举行的"英国百位历史名人"公众投票中位居第二，他在船舶设计、桥梁和建筑设计方面颇有成就，他设计建造的"大西方"号、"大不列颠"号和"大东方"号三艘大汽船成了工业革命上升阶段的英国的标签。亨利是他的二儿子。

72. 菲利普·瓦茨是本书最后一部分，即无畏舰时代的总设计师，领导了一战时期大部分军舰的设计。对本书涉及时期内英国皇家海军总设计师，简单总结如下：1860—1863 年，伊萨克·瓦茨，风帆时代的旧人物，高龄退休。1863—1872 年，爱德华·里德，因为"船长"号的争议遭受舆论压力而辞职。1872—1885 年，纳撒尼尔·巴纳比，作为里德曾经的助手和他的内弟，住得离里德家不远，结果长期遭受里德各式各样的明暗指责，1877 年里德更在报纸上和议会中公开指责巴纳比设计的"不屈"号存在安全隐患（见本章 158 页），巴纳比于 1885 年病逝。1885—1901 年，威廉·怀特，里德最年轻的助手，领导设计了 1890 年的"君权"级，战舰设计从此进入了前无畏舰时代（见第八章），最终因为他负责期间皇家游艇差点翻沉，受到议会的极大压力，精神几近崩溃而病退。菲利普·瓦茨于 1902 年接任总设计师。

"总设计师"一词只是中文的对应翻译，这个职位的具体英文在本书涉及的这段历史里两次更换。当 1860 年"勇士"号刚服役的时候，伊萨克·瓦茨的职位刚刚在 1859 年从 "Assistant Surveyor of the Navy"（直译：海军副巡视员）更换成 "Chief Constructor"（直译：首席建造师），而 "Surveyor of the Navy"（海军巡视员）也在这一年更名为 "Controller of the Navy"（海军部审计长）。这种看似冗余的二元格局是因为 1830 年一位并非科班出身的、科尔式的战舰军官威廉·西蒙兹受高层提携担任"正巡视员"，并实际上拥有总设计师的权责。西蒙兹不懂数学计算，设计出的战舰性能不太平衡，让设计师和战舰军官之间长期不睦。1848 年西蒙兹最终被逼辞职后，海军部指定同样是战舰军官的鲍德温·沃克担任"正巡视员"，但剥夺了他作为总设计师的权利，实际的总设计师是他的助手"副巡视员"伊萨克·瓦茨。斯潘塞·罗宾森任审计长、里德任总设计师期间，总设计师的职位名称就叫作"首席建造师"。在巴纳比担任总设计师的 1875 年，这个职位正式更名为 "Director of Naval Construction"（战舰设计部主任），简称 D.N.C.，沿用至今。

73. 毕竟弗劳德此时已经是一位 62 岁的老人了，比 20 多岁的飞利浦和布律内尔大 30 多岁。

74. 米尔恩就是第三章"船长"号翻船时的地中海舰队司令，他视察完该舰后坚持在大浪中离开，捡回一条命。

75. 如何加工装甲带边缘厚度逐渐变薄的部位？首先用锻压装置制作成台阶状，然后逐渐修出坡形。

76. 从下一节的"不屈"号开始舍弃了这个设计。

77. 指里德。

78. 这一节虽然对"无畏"号本身的设计着墨不多，但巴纳比和怀特将这个设计提升改良不少，让这艘铁甲舰第一次具有了 19 世纪最后 10 年开始出现的那些现代火炮战舰的装甲防御系统的雏形。该舰防护性能比"蹂躏"号提高了很多。

"无畏"号的性能诸元：排水量 10820 吨，全长 343 英尺。2 座双联装炮塔中搭载 4 尊 12.5 英寸的 38 吨前装线膛炮，6 座速射炮，2 具 14 英寸鱼雷发射管。该舰在第一次服役时就装备了速射炮和鱼雷发射管这种 19 世纪 70、80 年代的"新式武器"。发动机为复合蒸汽机，标定功率 8206 马力，动力航速 14.5 节，载煤 1800 吨，相当于 10 节航速下 5700 海里的续航力。

79. 这种火炮已经略作改装列装在"雷霆"号上了。

80. 注意该舰舰尾拖带的 3 艘舰载艇，这是从 17 世纪流传下来的习惯。平时舰载艇储存在两座炮塔中间的上层建筑上。

81. "不屈"号像一道分水岭，在它以前的所有铁甲舰都有全长水线装甲带，它之后的所有铁甲舰都只在艇部有水线装甲带。直到第九章的"老人星"级前无畏舰才再次出现从船头至船尾的水线装甲带。

82. 巴纳比其实是受意大利人影响，"借鉴"了他们的设计，只是他自己一直不愿承认这种抄袭。

83. 铁甲舰时代以前，海军对战舰上的装备没有自主决定权，随着铁甲舰上的主炮越来越大，这些主炮需要单独开发和制造，于是成立了海军军械处。

84. 原著本段对"不屈"号整体设计的介绍太过简单，连"不屈"号最有特色的、两舷对角线布局的主炮塔都没有介绍；与此同时，原著虽然给"不屈"号安排了两张照片和一张装甲布局示意图，可都是侧视图，几乎看不出对角线双炮塔、炮塔前后的狭长甲板室等特征。故译文略做扩写。

85. 该舰船体过于宽扁才导致横摇不够舒缓。

86. 这个说法错误。

87. 原著介绍膛线非常简略，不甚明了，略作扩写。

88. 注意：铁甲堡前后的装甲横隔壁只在 3 英寸水下装甲甲板的上方存在，水线装甲带的下边缘也只大致延伸到 3 英寸水下装甲甲板的位置。

89. 炮击埃及亚历山大港的时候 11 分钟才能发射一次，尽管原著本章最后讲到这次作战的时候没有提及这个看起来不值得称道的细节。

90. 铁皮船壳的后面才是船体的肋骨。

91. "不屈"号最终采用 80 吨主炮，主要就是为了对抗这款英制意大利炮。

92. 原著这里虽然叫"中甲板"，但实际上"不屈"号船体内部甲板结构跟本章前文的"地狱犬""蹂躏""无畏"完全一样。前文的这些"浅水重炮舰"船体都很浅，船身内只能够分隔出上下两层空间，下层空间是容纳发动机的底舱。分隔这两层空间的甲板，按照风帆时代以来的习惯，应当叫作"最下甲板"，从"蹂躏"号开始，它演变成水下装甲甲板。露天甲板则是"主甲板／火炮甲板"，搭载主炮塔。露天的主甲板以上是里德发明的"胸墙甲板"，装甲胸墙把主炮塔没有装甲防护的下半部分保护起来。从"无畏"号开始，巴纳比和怀特把胸墙甲板拓展到覆盖住整个船体。从此，胸墙甲板就成了新的露天甲板，于是，"不屈"号上搭载主炮塔基座的主甲板，就被作者称为"中甲板"了。这种命名是铁甲舰时代后期形成的新习惯，从此以后的"前无畏舰"（第八章）、"无畏舰"（第十二章）都遵循这一新命名习惯：把水下装甲甲板称为"下甲板"，上方的两道甲板依次称为"中甲板""上甲板"。可见，从"无畏"号、"不屈"号到"海军上将"级（第六章），"上甲板"都是露天甲板，也就是说，从水线下装甲甲板往上，直到露天甲板，这部分船体一共有大约两层楼高。而之前的"地狱犬""格拉顿""蹂躏"等浅水重炮舰的水上船体只有一层楼高，里德只是在舯部设计了升高一层的胸墙甲板。跟这种情况类似，第六章将要介绍的 19 世纪 80 年代的"海军上将"级又在两层楼高的水上船体的舯部升高一层，布置主炮露炮台。最后，在 1890 年的"君权"级前无畏舰上，又把舯部新升高的这层甲板扩展到整艘船，水上船体就成了三层楼高，甲板的命名只好再次跟着变更。

93. 葡萄酒瓶塞木。

94. 实际上，"不屈"号船头船尾无防护的设计根植于里德 1870 年前后的一些基本思路。

95. 实际上三人都给海军部干活，但没有军籍。

96. 炮弹飞行时被侧风刮偏。

97. 弗劳德研制的仪器能够准确测定船体摇晃时跟海平面的夹角，也能测定船体与船身下海浪波面所成夹角。

98. 千米左右的距离炮击，炮弹主要落在水线附近两三英尺高的位置，要想击中露天甲板或者水下船体，需要在数千米外开炮，让炮弹飞出抛物线弹道，这样炮弹落下来的时候头朝下，就容易打中露天甲板或者穿到海面以下去了。

99. 进水后惯性变大，摇晃更慢，但是对稳定性仍然是一个破坏。

100. 比如航速加快后容易让船头进水加快，结果船头逐渐下沉。

101. 轻载时吃水浅、干舷高，大角度稳定性更好，见附录 4。

102. "定远"级的主炮采用了"不屈"号这种对角线布局，只是主炮的位置更靠前一点。但"定远"级没有采用从"蹂躏"号到"不屈"号都有的老式炮塔，而是使用了法国人发明的露炮台——装甲炮台不能旋转，大炮的炮架在炮台内旋转。"定远"级这样设计是因为排水量太小，需要尽量节约重量，而露炮台不需要老式旋转炮塔那样粗壮的旋转结构，可以大大节约重量。露炮台的上面可以安装伴随炮身一同转动的轻装甲穹盖，能够防御机关枪扫射和轻型副炮的轰击。

103. "爱丁堡"号见第五章，它跟"定远""镇远"一样，也是"不屈"号的缩水版，但当时已经是 19 世纪 80 年代初，钢材的运用让"爱丁堡"号具有了比"不屈"号更加优异的性能，从这个角度看，基本上用钢材建造的"定远""镇远"舰也比 19 世纪 70 年代的"不屈"号性价比更高。"定远"级排水量不到 8000 吨，"爱丁堡"级比它大 1000 多吨，但"定远"级装备了"爱丁堡"级一样尺寸的 4 门 12 英寸主炮，付出的代价就是"定远"级铁甲堡的厚度只有 12 英寸，而"爱丁堡"级达到 16—18 英寸，另外，"定远"级的航速也比"爱丁堡"级慢 0.5 节，只能达到 15.5 节。"定远"级的续航力为 4500 海里，这是受船身小、底舱空间不足的限制，不过对于当时只在东亚活动的北洋水师完全够用了。"定远"级吃水不足 6 米，非常适合当时东亚缺少深水良港的客观条件。同样是 19 世纪 80 年代初完工的铁甲舰，"定远"级的技术性能跟英国的主力舰"爱丁堡"级比，并没有大幅度的落差。可 19 世纪 80 年代跟 70 年代一样，仍然是一个技术飞速进步的时代。到 1890 年日本开始斥巨资打造联合舰队的时候，英国海军刚刚进入"前无畏舰"时代，代表性主力舰就是第八章的"君权"级。"君权"级搭载 4 门 13.5 英寸主炮，披挂着跟"爱丁堡"级一样的钢面复合装甲，厚度达 14—18 英寸。可见"君权"级的火力和防御相对于"爱丁堡"级并没有什么翻天覆地的变化，但该级舰的主炮位于海面以上三层楼的高度，"定远"级跟"爱丁堡"级的主炮只位于海面以上两层楼的高度。此外，"君权"级的航速达到了17.5节。这些战术性能在当时的人们看来，和1883年的"爱丁堡""定远"、1884年完工的"不屈"相比，意味着更高的综合作战实力，可以在更恶劣的海况下持续使用主炮作战。付出的代价就是排水量达到了15000吨，造价非常昂贵。1894年，在"君权"级的基础上，日本在英国订造了"富士"级前无畏舰，采用防御能力更强的美式哈维表面硬化钢装甲，航速达到18节。19世纪最后10年的"前无畏舰"已经在航速、防御这两方面完全超越10年前的"定远""爱丁堡"级铁甲舰，"君权"和"富士"级完全可以击败"定远"级，连续炮击甚至可以让其沉没。但1984年的日本舰队连一艘铁甲舰也没有，只有轻型的防护巡洋舰。例如1893年完工的"吉野"号，只有水下装甲甲板，但主炮和副炮都安装了新式管退式炮架，所以射速非常快，虽然4门主炮的口径只有6英寸。这艘巡洋舰的航速高达23节，但6英寸主炮完全无法击穿"定远"级的露炮台、水线和铁甲堡装甲。它是黄海海战时日本联合舰队性能最高的巡洋舰。黄海海战时日本旗舰是"松岛"号，这是日本在"定远"级建成后为了击穿其装甲而在法国建造的一型重炮防护巡洋舰。由于日本财力匮乏，这是日本当时唯一能够采取的对抗方法。这艘船跟"吉野""浪速"等一样，也是连水线装甲带都没有的防护巡洋舰，"松岛"号排水量不到5000吨，搭载1门12.6英尺重炮，理论上是可以击穿"定远"级的水线装甲带了。日本倾力打造了3艘这样的重炮巡洋舰，都参加了黄海的战斗。但就像本书一直在强调的那样，大炮不一定总能发挥出功能，因为炮大，船也得大，否则小船扛大炮，大炮在大浪中剧烈摇晃，根本无法有效操作。这是个时常被纸面数据所掩盖的客观问题。果不其然，三艘船炮击"定远""镇远"的命中率惨不忍睹，而且炮弹击中甲板时的角度也很不合适，根本没能伤及两艘铁甲舰的要害，更没有击穿两舰的水线装甲带。尽管如此，由于日本装备了多艘刚刚建成不久的巡洋舰，它们大都装备了中小口径的管退式速射炮，其火力和航速都足以令它们压制缺少速射副炮的北洋舰队，最后北洋舰队的新锐巡洋舰"致远"号被击沉，舰队整个阵形被冲散，虽然两艘铁甲舰在巡洋舰的炮火中岿然不动，但也不能改变战场形势。

104. 当时敢在主力舰上舍弃舷侧装甲带的只有意大利人标新立异的"意大利"级，见第六章介绍。

105. 在建造了"不屈"号之后，又在19世纪70年代末陆续建造了两批次四艘缩水版。前两艘"阿贾克斯"号、"阿伽门农"号仍用生铁制造，搭载前炮，性能非常糟糕；后两艘"爱丁堡"号、"巨像"号采用钢制造，搭载后装炮，被时人认为非常成功。

106. 本章的"地狱犬"号、"蹂躏"号等浅水炮舰也是在这个时候列装了这种机械。

107. 以下的清单是根据当时《泰晤士报》上的一则报告总结出来的，但原文行文过于简略，让人弄不清楚各个辅机的具体作用，因此翻译时略作扩写。

108. 船体倒进时的动力来源。

109. 带动抽水泵的活塞。从19世纪50年代开始，战舰上统一规定使用"卧式"蒸汽机，让蒸汽机整个位于水线以下，这样即使装甲被击穿，炮弹也很难直接命中发动机。所以这里强调"竖立"式，与一般战舰上的主机不同。

110. 用蒸汽驱动液压缸里的活塞前后运动，从而实现装填和炮管俯仰。

111. 炉膛朝两舷开口，锅炉工把烧尽的煤灰铲进卷扬机的抓斗里，卷扬机把抓斗提升到海面以上的高度，然后从舷侧倒进海里。

112. 用来带动主发动机的汽缸先运转起来，今天的汽车一般用电动机实现这个功能。

113. 这两台大功率水泵负责从船上的总排水池（Main Drainage）排水，总排水池位于发动机舱里面，收集发动机、锅炉和炮塔等其他部位废水。

114. 当时对辅助发动机的一般称呼是"Donkey engine"。船底的积水一般是从舷外上浪涌入的海水。

115. 从底舱里的弹药库向炮塔供弹。

116. "不屈"号的锅炉一共分成四组，每组一个炉门，每个炉门设置一个辅助给水泵，一旦锅炉水位过低就可以加水。

117. 是一种星型发动机。

118. 弗里德曼蒸汽预混器和离心泵都是"表面冷凝器"的重要组件。何谓"表面冷凝器"？弗里德曼蒸汽预混器和离心泵的作用各是什么呢？详见下文译者注释130。

119. 电灯泡在19世纪70年代末先后由英国的斯旺和美国的爱迪生独立发明出来，两家公司于1883年合并，共同研发和推广电灯，品牌名就叫作"艾迪斯旺"（Ediswan）。

120. "森林少女"这个名字是英国海军的继承舰名，一直用作水文勘探船的名字。有两艘"森林少女"

号可能符合这里的描述。第一艘是1827年建造的单桅杆炮艇（Cutter），它可能太小了，没法搭载舰载艇，这艘船于1859年变卖；再就是1866年建造的木体螺旋桨小型炮舰，搭载4座火炮，1889年变卖。

121. 主要用来搭载货物和武器，大型战舰的大艇可以乘坐百人。

122. 又称为"白头鱼雷"，即今天海军使用的鱼雷。杆雷和现代鱼雷的发展过程见第六章，这部分还有两张杆雷艇的图片。

123. 主要用于搭载军官从一艘战舰转移到另一艘上。

124. 指吃水浅、转弯快。

125. 盐分将快速析出，形成盐壳，堵塞管路，腐蚀锅炉。

126. 这两家是当时英国海军的主要供应商，所有大小战舰的蒸汽机大部分都是这两个厂制造的。

127. 因为"恒定"号没有换装高压锅炉。

128. 在非洲西北部外海。准备从欧洲跨越大西洋的船舶，往往先南下到达此地再向西越洋远航。

129. 吃水加深，航行阻力增加，发动机的负担变大。

130. "冷凝器"是1775年瓦特发明出实用蒸汽机时的一项关键技术。瓦特让汽缸中膨胀完的蒸汽涌入一个被大量冷水包裹的腔体中，然后向腔体中喷淋凉水，这样蒸汽就能够快速冷凝成水，结果就在汽缸中造成了一点负压，这样能让汽缸中的蒸汽膨胀得更充分，活塞能更流畅地完成往复运动，从而提高蒸汽机的能量效率，达到实用的程度。这个被凉水包裹的腔体和里面的凉水喷头就是"冷凝器"，有了它，水就可以在锅炉和蒸汽机之间不断循环利用了。

为什么到了19世纪60年代这种冷凝器开始被"表面冷凝器"取代呢？因为这种简单冷凝器会加剧锅炉结水垢的问题。19世纪30年代，锅炉和蒸汽机开始安装到船上，依靠明轮前进。船在海上航行，直接使用海水来烧锅炉产生蒸汽是最方便的了，冷凝器中喷淋的凉水也是从舷外放进来的海水。不过就算是淡水，烧的时间长了也会结出水垢，日常生活中用自来水烧开水就会发现这个问题。海水的含盐量比淡水高得多，所以很快就会让炉膛内结一层水垢。一锅炉海水反复加热一段时间后，盐度会越来越高，也就越来越容易结水垢。蒸汽冷凝后不是得到循环利用的吗？为什么盐度会越来越高呢？因为冷凝蒸汽的时候直接朝它喷射海水，相当于不断往锅炉水里添加盐分了。刚开始通行的做法是，每当锅炉水含盐量达到海水的150%，就用放水阀吹除掉很大一部分锅炉水，结果一下就损失了20%以上的锅炉水——这可是用燃煤辛辛苦苦烧热的水呀！后来人们发现就算锅炉的含盐量达到海水的三倍以上，锅炉还能凑合用，于是减少了吹除量，提高了能量效率。

到了19世纪60年代时候，再用这么咸的海水烧锅炉就不行了，因为复合蒸汽机需要每平方英寸60磅的高蒸汽压，在高蒸汽压作用下，锅炉水里所含的盐分会比过去每平方英寸30磅蒸汽压的时候更快析出，结在锅炉的火管管壁外面，可是火管锅炉为了保证"火密性"，组装好后就最好不要拆解了。于是逐渐改用淡水烧锅炉，并配套使用"表面冷凝器"——不让冷却用的海水直接跟蒸汽接触，而是把海水放在铜管子里面，用离心泵让这些海水不断循环流动，从而让蒸汽隔着铜管子把废热交给海水，并让蒸汽重新液化成淡水。19世纪末发明出来的汽轮机也保留了表面冷凝器这个关键部件。今天的发电站一般都是用汽轮机把煤、石油甚至核反应堆放出的热转变成电力，所以表面冷凝器对它们也必不可少。

弗里德曼蒸汽预混器是干什么用的呢？当时发现，如果让大量蒸汽突然接触大量冷却水，即使隔着铜管，蒸汽也会迅速液化，也就是说大量水分子一瞬间从空气中转移到了液化而成的水中，便造成气压突然降低，这样负压就会猛然抽吸周围的水体，给冷凝管带来巨大的应力，甚至让管路爆裂。为了避免发生这种情况，在打开冷凝器的主蒸汽阀之前，先行开弗里德曼预混合器，让少量蒸汽持续喷入混合室中，这些蒸汽高速喷出时造成的负压又会抽吸少量冷却好的淡水进入混合室，这样蒸汽就一点点逐渐液化。经过预混合后再打开主蒸汽阀，就不会发生压力突变的有害情况了。

131. 腐蚀就是指两种不同的金属管路借助水中的盐分间接接触，从而发生原电池反应的现象。

132. 动物油、植物油中的杂质比矿物油要多，更容易引发腐蚀。锅炉水酸性太强，可以直接腐蚀金属管路。以锌块作为"牺牲"材料，可以保护管路不腐蚀，钢铁的船体浸泡在海水中也会面临类似的腐蚀问题，也会安装锌块来减少腐蚀。

133. 最早的蒸汽战舰采用"明轮"推进。

134. 汽缸反复受热、冷却，则汽缸本身的吸热放热就会消耗掉蒸汽中蕴含的许多能量，瓦特在18世纪后期开发出实用的蒸汽机，最重要的发明之一就是给汽缸外面包上蒸汽套，这样汽缸温度就稳定了，能量损失就相应降低了。

135. 对 19 世纪之前的也是。

136. 当锅炉水腐蚀锅炉和锌块的时候，发生电化学反应，锌块被氧化掉，在电化学上叫作阳极，锅炉铁板得到保护，叫作阴极。

137. 跟复合蒸汽机配套的高压锅炉是"筒式锅炉"，即"筒式火管锅炉"。原著讲了这么多跟这种锅炉有关的管路腐蚀问题、冷凝器问题，却没有对这种锅炉做基本的介绍，在此补充。"无畏"和"亚历山德拉"号上安装的就是这种锅炉，它的外形呈圆筒形，便于承受更高的压力。更早期那些压力只有每平方英寸 30 磅的锅炉是方形的，称为"箱式火管锅炉"。箱式锅炉中，燃煤产生的火焰通过许多细管来加热包围细管的锅炉水，这些细管称为"火管"。第五章 206 页"爱丁堡"号的图纸上也可以看到截面呈圆形的"筒式锅炉"。

138. 鱼鹰（Osprey）出版社 2018 年出版的《英国铁甲舰：1860—1875》(British Ironclad : 1860-1875) 宣称"亚历山德拉"号下层炮室搭载 10 门 11 英寸炮，实属误导读者，实际上该舰的 2 门 11 英寸炮搭载在上层炮室里。

139. 即"鲁莽"号的防御只是二流，火力则超一流，是一艘重炮铁甲巡洋舰。

140. "斯威夫彻"号的母型"大胆"级设计失误，重心过高，不得不安装底舱压载铁，浪费了两三百吨的重量，见第二章 80 页。

141. 原著作者在这里犯了一个错误，错把"鲁莽"号、"亚历山德拉"号的 25 吨炮写成 12 英寸口径，实际应为 11 英寸；而第一章的"热刺"、第三章的"君主""船长"、第四章中的"格拉顿"号上的 25 吨炮口径是 12 英寸。两种炮其实完全一样，只是口径大小不同。

142. 当然不可能，要不然"鲁莽"号早翻船了。

143. 其实"鲁莽"号的露炮台和全帆装比较符合少数派报告的要求，巴纳比解读多数派报告得出了那个炮塔在船头的奇葩设计。

144. 见第三章译者注释 144，装甲巡洋舰就是带有水线装甲带的巡洋舰。

145. 从"无畏"号开始，后来的"鲁莽""亚历山德拉""不屈"都传承了这一特色。

146. 也就是说除了这段介绍的装甲以外，再无其他装甲防护。

147. 跟上文"亚历山德拉"号一样，这也是该级拆除了大型挂帆桅杆、改成简易帆装后的外观，刚开始服役时的外观类似下文"纳尔逊"号。

148. 船尾那门可以换门架炮，或朝左舷，或朝右舷。

149. "香农"号这种羸弱的防护设计体现了巴纳比牺牲装甲换取重炮的基本思路，跟里德截然不同。"香农"号垂线间长 260 英尺，船头装甲横隔壁虽然厚 9 英寸，它的两侧拐弯厚度只有 8 英寸。发动机也是复合蒸汽机，但跟"鲁莽"号和"亚历山德拉"号的竖立式不同，是全部位于水线以下的卧式，可能是考虑到该舰羸弱的防护。载煤 580 吨，10 节续航力 2260 海里。该舰的铁船底包裹了锌皮，但抗污损的效果不佳。

150. "纳尔逊"级垂线间长 280 英尺。水线装甲带只在舯部厚 9 英寸，到船头船尾附近仍然只有 6 英寸，虽然装甲带没有延伸到船头船尾。前后装甲横隔壁厚 9 英寸，隔壁的侧拐只有 6 英寸厚。水线下装甲甲板厚 2—3 英寸。采用复合蒸汽机，载煤 1150 吨，10.5 节航速时续航力 5000 海里。船体包裹锌皮。

151. 早在 19 世纪 40、50 年代，英国人经过多次实验，发现用来建造船壳的不足 1 英寸厚的熟铁皮，强度太差，在遭受实心弹轰击的时候会瞬间破碎，产生大量杀伤性破片，而且一侧的熟铁皮根本挡不住炮弹，炮弹横穿船体后还会击中对侧船壳的熟铁皮。已经失速的炮弹会在对侧熟铁皮上打出更大的、边缘呈不规则锯齿状的破洞，并迸射出更加致命的杀人破片。但熟铁皮跟木材相比，有重量轻、强度高、极其耐久的优点，比如 1860 年的"勇士"号基本未经修复就保存至 20 世纪 70 年代。在 1860 年以后，英国的铁甲舰都采用厚度在 1 英寸以下的熟铁皮作为船壳，因为跟当时即将过时的木造大船相比，熟铁皮船壳的性价比极高。同样排水量的铁造铁甲舰可以比木体铁甲舰搭载更重型的火炮，披挂更厚的装甲。

152. 贝塞麦法和更实用的法式平炉炼钢法，第六章也将简单介绍。贝塞麦法化学反应的速度太快，不好控制碳含量，容易产生熟铁，甚至像玻璃一样脆的废钢。

153. 需要更小、没有装甲的炮舰，见第七章 303 页。

154. 里德、巴纳比、怀特等人也没有军籍，但在海军部工作就被时人视为海军的人，弗劳德一直相当于外聘专家。

155. 螺距（lift）指螺旋桨旋转一周，船在水中前进的理论距离。因为水对螺旋桨和船体都有阻力，船体还会干扰螺旋桨的水流，所以船体实际前进距离总是小于螺距。

156. 格里菲思螺旋桨就是现代螺旋桨的雏形，1855 年由罗伯特·格里菲思申请专利。

157. 机帆船的螺旋桨让风帆航行时的航速降低、操纵性更差，详见第二章。

158. 这种分级不仅仅是纸面上的，会影响该舰建成后的运营成本，大型炮舰分配的水手数量和日常维修养护资源都会比小型炮舰更多一些。

159. 全称"British Science Association"。1831 年成立，我国目前也仿照它在全国成立各省市"科协"。2009 年，英国科协更名为"英国科学促进会"（British Association for the Advancement of Science）。

160. 罗素早先想要发现阻力最小、航速最快的快艇艇体形状。他在运河上观察快艇运动时，发现了一种今天称为"孤波"（Soliton）的现象，即一种似乎永远不会被其他波融合的独立波形，这种现象在整个 19 世纪都无法用经典的波动理论解释，直到 1965 年，两位美国科学家用计算机数值模拟，重现了这一自然存在的现象，其复杂的成因才得以阐明。19 世纪，罗素提出了所谓"波线"学说，该理论预测，船体线型呈正矢（Versine=1−Cosine）函数曲线型时，遇到孤波时的阻力最小。该学说当然是不正确的，但在当时客观上促进了流线型船头船尾的推广，因为西欧在漫长的 3 个航海世纪（16、17、18 世纪）里，大小木船的船头都呈丰满钝圆形，非常不利于航速的提高。

161. 牛顿研究阻力时提出了没有黏性的"理想流体"假设，因为这个假设和水的实际情况相去甚远，所以按照牛顿的方法计算不出阻力最小的船体形态。

162. 这是弗劳德发现的当时船舶最大的一个阻力来源——船体和水体的摩擦。

163. 这是弗劳德发现的兴波阻力"相似定律"。

164. 其实摩擦阻力也存在相似定律，称为"雷诺定律"。

165. 用下落的重物作为动力拖曳战舰模型做匀速运动，改变重物重量让模型达到不同的航速，重物的重量就代表模型的阻力。

166. 见第一章 33 页，属于无装甲的大型炮舰"飞逝"级。

167. 测力计测量的实际上是螺旋桨轴的转动力矩，测量原理跟目前一般刚体力学的基础试验"恒力矩法测量转动惯量"没什么区别，就是让旋转的螺旋桨轴带动一个天平的一端上升或者下降，从而带动天平另一端的砝码摆过一定的角度。螺旋桨输出推进力和转速两者越高，显然桨轴转得就越猛，砝码摆过的角度就越大。

168. 如第二章译者注释 83，弗劳德证明摩擦阻力跟船体表面积成正比后，里德和巴纳比就更有理由推崇中腰铁甲堡布局和短粗船体，因为同样体积的战舰，短粗的船体表面积更小。

169. 弗劳德在船体稳定性、船在风浪中的摇晃、航行的阻力、螺旋桨的设计等方面都做出了突出贡献。

170. 承接海军部和各种私人船东的水池测试订单，直到今天这个公司还在做水池测试，更名为"QinetiQ Haslar"。

171. 图中展示的是水池上方的斜坡屋顶内的空间，从过道中间可以看到下方的水面。

172. 这是铁甲舰时代英国主力舰的唯一一次实战。

173. 当时的跨海有线电报都依靠特种电报船铺设的海底电缆来传送，电报船通常都带有特殊的锚和拖缆，用这种拖缆扫海，就像拖网渔船在海底拖网一样，可以把电报电缆从海底打捞起来。

174. 下图右边的"丫"形架是安放小艇用的，水兵前方空着的架子安放艇首，水兵们坐着的架子安放艇尾。

175. 整个要塞应该有一个总弹药库，然后通过埋在地下的隧道和交通沟，把主弹药库和各个炮群联系起来，这样就可以把少量备用弹药存放在炮群后方的分支弹药库里，快消耗完的时候再从主弹药库输送。整个体系都埋在地下，故军炮弹无法直接打击到。

176. 但"鲁莽"号在这种情况下还是搁浅了。

177. 也就是前文内港入口的羸弱炮阵。

178. 即上文港口北部的第一组火力点中的一座古代炮台。

179. 马蒂尼−亨利步枪广泛用于 19 世纪后期，是美国人亨利·皮博迪（Henry Peabody）于 1862 年开发出来的。这种采用起落式枪机（lever-actuated）的单发步枪可以在抛壳的同时让下一发子弹上膛，所以发射速度比过去的单发步枪快了很多。1866 年，瑞典的设计师马蒂尼把撞针改良成弹簧击发，更加方便安全。1867 年该枪参与了英国新式步枪项目的竞标，技压群雄，最后于 1871 年正式列装英军。欧洲各国也纷纷效仿。可以说这款步枪为英国殖民扩张立下了汗马功劳。

180. 即上文港口北部的第一组火力点中的"临时修筑的土制工事"。

181. 可能指的是马科斯炮台。

182. 参战的英国战舰中只有"珀涅罗珀"号使用 8 英寸主炮，因此可以辨别出来。该舰的性能参数见第二章译者注释 45。

183. 该炮阵属于前文提及的、弹药库爆炸的阿达炮台。这种细节过于琐碎，具体图示可见当年英国人战后发表的作战报告"Report of the British Naval and Military Operations in Egypt, 1882"最后的图版 15 和图版 16、图版 17，这本书目前是网络免费资源。

184. 19 世纪中期的美国内战、克里米亚战争中，这样的例子屡见不鲜。

185. 当时的大炮都是软钢内膛外面包裹多层熟铁套管制成的。

186. 这枚炮弹应该是实心弹，不能爆炸，否则大炮周围的 10 个炮组成员会当场殉职。

187. 一年以后的 1883 年，怀特挡不住阿姆斯特朗公司的高薪诱惑，从海军部辞职，进入阿姆斯特朗公司，设计了后来评价很高的一批巡洋舰，详见第七章。

188. 这个词是晚清以来最常见的一个误导性翻译。"机枪"直接对应"Machine gun"，结果现代一般英汉词典中都简单地把"Gun"解释为"枪、炮"，且"枪"字常常在"炮"字的前面，似乎暗示"Gun"一词的基本意思是"枪"而不是"炮"，百度、有道、沪江、金山词霸等在线词典皆如此。可以说现代英汉词典对"Gun"一词的解释是完全错误的。

"Gun"在时至今日的英语中，基本意思仍然是"海军炮"，比如上文亚历山大港炮击战中双方使用的内径 8—11 英寸、重达数吨甚至几十吨的大炮。"Gun"这个词下面又分成两个大类：第一是"加农炮"（Cannon），炮管倍径较大，一般把炮管放平了使用，当时的海军炮都属于这个类别，因此时人把海军炮称为"Great gun"（大炮）或者"Cannon"（加农炮）；第二类是"榴弹炮"（Howitzer），炮管倍径较小，炮管较短，一般打抛物线弹道，这样就没法直接瞄准，在颠簸的海上基本无法使用，当时主要由陆军装备这类火炮（本书第十章将提到 1905 日俄战争中日本陆军在旅顺用榴弹炮轰击俄军巡洋舰）。

当时的机关枪口径都在 1 英寸以下，今天一般习惯称为"点 xx"口径，比如 .45 口径就是 1 英寸的 0.45 倍。口径这么小的武器为什么会被它们的发明者冠以"Machine gun"的名字呢？因为发明者想通过这个名字显出这种新式武器威力巨大——虽然口径跟步枪一样，但是射速非常快，杀伤力和每秒攻击输出（Damage per second）不逊于口径几英寸的大炮。不幸的是，这个名字并没有迷惑住晚清的杰出翻译家们，他们秉承翻译者应有的严谨态度，具体考察了这个词代表的实物到底长啥样，结果发现这些"Machine gun"的口径跟步兵手持武器是一样的，于是就在翻译成中文的时候把它们"打回了原型"，称为"机关枪"。只可惜后来不求甚解的现代英语教育者不负责任地想当然，把"Gun"和"枪"对应了起来，就大错特错了。

实际上现代汉语对步兵手持火器的称呼"枪"，也是对古代汉语的一个误用。"枪"字在古代指的是"长矛"等长杆戳刺类冷兵器，例如"红缨枪"，对应英文"Lance""Spear""Spike"。清代习惯把长杆火器称为"火枪"，这才让"枪"字的含义发生了偏移。再看"炮"字，上古时代就已经出现了"炮"字，有两个字形——"炮"和"砲"，今天的中国象棋棋子上楚汉两军的"炮"分别是这两个字形。在宋元时期发展出最原始的火炮之前，只有"砲"字代表武器，指可以投射巨石的投石机，用来攻城池堡垒。所以这个"砲"字从先秦时代到宋元之际都是古人对远程投射兵器的称呼。"炮"字在甲骨文中就已经出现了，但是它一直不代表兵器，而是代表一种烹饪、加工药材及刑罚的方式：用布把食材或者犯人包起来，然后放到火上烤。作为烹饪加工技术，今天仍然会讲到中药的"炮制"；作为刑罚，《史记》上说商纣王暴虐无道，对忠臣施以"炮烙之刑"，其中"炮"就是把人架到火上烤，"烙"就是把人固定在烧热的铁柱子上烤。到宋元以后，随着火器的发展，逐渐产生了两种火器：一种是大型火器，于是"炮"就成了它们的名字，因为这些火器不再像投石机一样是冷兵器了；另外一种就是手持火器，元明时期中国对手持火器的称呼是"铳"，到清代，"铳"逐渐被"枪"字的误用所取代。

189. 这个说法错误，见下文译者注释。

190. 简单介绍一下以上 5 种机关枪。

世界上最早发明出来的"机关枪"是法国的"米特雷斯"枪。不像另外四种机关枪，这个词并不是发明者的姓氏，只是法语"葡萄弹"（Mitraille）这个词的转用。这种枪最开始是在19世纪50年代由比利时人研发出来的，1859年的时候这名比利时人把研究成果献给了法兰西第二帝国皇帝拿破仑三世，于是拿破仑三世把它当作秘密武器进行开发。普法战争中法国使用了两三百架这种武器，不过战术上有点问题，给普军造成的伤亡还不如步兵手中的步枪。这种枪的外形完全像一门当时的野战炮，法国人也是把它当野战炮用的。其圆筒形炮管里实际上是排列成方形的25根枪管，枪管的后方有一块方形金属尾板，尾板上可以安装25枚子弹。开火前，先把尾板填好子弹，然后将尾板固定在25根枪膛的后面锁死。"开炮"时枪手摇动尾板背后的一根曲柄，依次连续快速击发25根枪膛，摇动曲柄的速度越快，这25发子弹就发射得越快。25发全打完后，需要把尾板整个拆下来再次装填才能使用。可见"米特雷斯"枪的装填和发射全靠手动，所以它不大符合今天"机关枪"的定义，更适合称为"连发枪"（Volley gun）。由于每次打完25发都要拆卸、更换尾板，原著所谓的每分钟250发根本不可能。当时训练有素的操作手在紧急情况下短时间内能维持每分钟100—125发的射速，这时需要同时准备3个尾板，一个在枪上，一个在装弹，一个在退弹壳，其中装弹的那个也不可能在战时一发一发地装弹，而是一下装进去事先排列好的25发子弹。由于这种枪重达半吨多，25发根本不能让它后坐，这样便不需要像当时的野战炮一样每打完一发就重新瞄准一次。可是这种枪还是太重了，实际上相当于当时的"大炮"，没法快速瞄准奔跑中的步兵进行扫射，所以法军在普法战争中把它当大炮使用，而不是伴随步兵压制对手的机关枪，结果效果很差。

大名鼎鼎的加特林转轮枪是美国人加特林于1863年发明出来的。当时美国内战还在进行中，加特林不愿意看到无谓的流血与痛苦，想要构思出一种杀伤效率更高的武器：更快地杀死敌方士兵，从而让政府缩减军队的规模，继而让未来战争的规模不像眼前的这场这么庞大、死伤巨万。加特林转轮枪是用2根、5根甚至10根枪管排列成圆筒形，每一时刻都只有一根枪管击发，其他枪管在后坐、退壳或者上膛。所有枪管的枪机都在一根手摇曲柄提供的动力下工作，只是各个枪机的"节拍"相互错开。这样设计能够避免所有枪管一起过热的情况，而且也比单用一根枪管更不容易过热、卡壳，这是加特林枪的核心设计。自发明出来，加特林枪在欧美大行其道，到19世纪80年代，最初的纸壳子弹也被铜壳子弹代替，到19世纪90年代，弧形的弹夹和圆筒形的弹鼓以及弹带也发明了出来。19世纪末的电动加特林"炮"已经能一分钟发射1500发了。时至今日，加特林"炮"仍然没有被导气式机关枪完全取代，因为马克沁机关枪没法达到加特林"炮"这样的高射速。例如，二战以后，喷气式飞机的飞行速度非常快，必须使用射速非常高的武器才能在两架飞机接近的瞬间造成足够的伤害，这时候电动加特林"炮"就派上了用场。另外，现代军舰的近程点防御武器也使用射速极高的加特林"炮"，比如美国的"密集阵"。

加德纳和诺登飞枪原理差不多，其机械机构比"加特林"还要复杂。"加德纳"类似"加特林"，靠不断转动一根曲柄来射击，不过曲柄控制许多根枪管同时完成退壳、上膛、击发的动作。"诺登飞"的控制机械设计有所不同，需要来回扳动一根手柄来控制多根枪管同时完成退壳、上膛、击发的动作。每向后扳动一次手柄，"诺登飞"的枪机就在曲柄带动下退掉上一排子弹的弹壳，然后装填下一排子弹，最后击发。这三个动作都是在扳动一次手柄提供的动力下由枪机自己连续完成的。"加德纳"和"诺登飞"还有一个共同的设计，就是并排的多根枪管上方安装了能并排存放多排子弹的弹夹，子弹完全靠自身重量落入枪膛中。"诺登飞"原本是一个瑞典工程师发明的，他到英国寻找市场时被一个名叫诺登飞的投资人看重，从此这个枪就叫作"诺登飞"。这种枪的供弹方式简单，可靠性很高，向英军展示的时候连续3分钟发射了3000发子弹没有卡壳，获得了英军的青睐。

以上三种"机关枪"都需要手摇曲柄、杠杆来提供动力，让枪机实现抛壳、装弹、击发，它们都不能算真正的"自动武器"。马克沁发明的机关枪只需要扣动一下扳机，就可以自动连续射击，直到过热卡死为止。至此，现代自动武器就算诞生了。这种"自动武器"的动力来自子弹发射时的火药气体本身：马克沁让枪管内火药的后坐力压缩一根弹簧，然后通过弹簧驱动枪机完成抛壳和下一发子弹的装填、击发。现代自动步枪和手枪都是在这种原理的基础上开发出来的。这种高速自动动作自然会产生大量的热，单纯靠抛出导热性很好的铜制子弹壳已经不能及时带走枪膛内的热量了，于是马克沁机枪的枪管外面一般都套着装满冷却液的粗大冷却管。

191. 如果炮管水平开炮，炮弹从海面以上3米多的地方飞出炮口，飞行1000—1500米就会降落到接近水面的位置。如果把炮管仰起来5°至10°，炮弹就会飞出一条抛物线弹道，射程就拉长到3000—6000米。但当时没有测距仪，单凭目测没法准确估计那么远的距离，一般也不用大炮打抛物线，因为平射的准确率就非常低，本章前文也有具体例子。

192. 见本章前文所有照片，最明显的是166页"亚历山德拉"号照片。

193. 于是露炮台都安装了轻装甲炮罩。

194. 鱼雷和鱼雷艇将在下一章介绍。

195. 越高则大炮越能在风大浪高的海面上使用，越有利于发挥战斗力，所以H在分子上。

196. 船越长转向越不灵活，越妨碍有效战斗力的发挥，所以 L 在分母上。

197. 表中全部都是第一到三章介绍的 19 世纪 60 年代的铁甲舰，第四章介绍的 19 世纪 70 年代的铁甲舰"亚历山德拉""鲁莽""不屈"，作战效率系数应该比"君主"高得多。

第五章
船体、装甲、蒸汽机、火炮都用钢来制造

纳撒尼尔·巴纳比爵士，退休后留影。（皇家海军造船部档案馆）

要达到同样的结构强度，钢结构的重量可以比熟铁轻得多。船体和蒸汽机械如果用钢来建造，就可以节省下来一大块重量配额，而且等到平炉炼钢法（open-hearth）普及之后，钢就比熟铁更加可靠了。钢这种铁－碳合金的成分配比可以在很大的范围内调节，从而产生各种各样性能不同的钢材，分别适应装甲和炮弹的需要。在船体、装甲、蒸汽机械、火炮和炮弹等应用领域中，当时法国制钢工业的总体水平几乎总是高于英国同类企业。

纳撒尼尔·巴纳比爵士，1870—1885 年任总设计师

巴纳比出身于一个造船世家，1842 年时进入希尔内斯船厂当造船学徒。他展露出才能，被中央战舰设计学校录取，到 1855 年的时候，他已经在伊萨克·瓦茨手下工作了，工作地点就在萨默塞特宫的海军部总部。此后，他担任总设计师里德的首席助理，在此期间，就像前面章节介绍的那样，他对里德领导设计的一批铁甲舰做出了许多具体的贡献，并在设计这些战舰的过程中丰富了船舶稳定性理论。里德辞职之后，海军部的设计团队实际上由巴纳比全权负责，但在"船长"号倾覆事件造成的混乱中，第一海务大臣奇尔德斯一度想要让莱尔德充任总设计师，于是他只给了巴纳比一个"设计顾问团主席"（President of the Council of Construction）的虚名，实际待遇仍然按助理设计师（Assistant Constructor）来。1872 年 9 月，海军部正式将他的职位定为"总设计师"（Chief Naval Architect），1875 年 4 月正式更名为"战舰设计部主任"（Director of Naval Construction）。

巴纳比作为总设计师，遇到的挑战要比里德遇到的大得多：其一，里德在斯潘塞·罗宾森担任审计长时有较大自主权，巴纳比没有那么大的自主权；其二，海军预算捉襟见肘，导致战舰设计上的限制特别严格；其三，这个时候关于未来海战的战略和战术，海军高层更加缺乏思考，没有形成统一的认识。即便在这

种情况下，巴纳比仍然拿出来不少杰出的设计方案。巴纳比如何看待他的职业生涯和职业成就？他似乎把这些技术层面的问题上升至道德和价值观的高度；[①]他的个人见解很难用几句话就概括出来，下面引用他讲过的两句话，也许能从中感受到一点他的内心。"在这个世界上，经得住时间考验的真理，是从冲突甚至流血中获得的"，还有"身正不怕影子斜"。[2]据说巴纳比还写过一首礼赞圣歌。1885 年 7 月，巴纳比因健康原因辞职，不过他的孙子后来写道，实际原因是娶了巴纳比姐姐的里德就住在巴纳比家附近，所以里德老是毫无顾忌地批评巴纳比，给他带来巨大的压力。

钢制船体

巴纳比[②]不是不知道用钢代替熟铁造船能够带来多么大的进步，但也只能等待英国的钢铁工业可以生产性能稳定的钢材后才能迈出这一步。19 世纪中叶的时候，一块铁 – 碳合金，到底应该叫作"铁"还是"钢"，人们往往难以确定，而且当时的"铁"和"钢"，性能都很不稳定。"铁"和"钢"的关键区别是含碳量不同：熟铁在 19 世纪中叶是一般船舶的结构支撑材料，含碳量相当低，只有大概 0.3%，而铸铁的含碳量很高，可达 6%，因此铸铁不需要很高的温度就可以熔化成自由流动的液态。"钢"这个词在当时代表了含碳量变化范围很大的一大类铁 – 碳合金；用作船体结构件的钢，其碳含量最低 0.3%，最高 2%。总的来说，钢中碳元素含量越高，钢材的抗张强度（Tensile strength）就越高，不过也会变得越来越脆，容易开裂。

早在工业革命之前的许多个世纪里，人们已经用钢来制作武器和其他工具了，但那时候钢的制造成本太高了，无法大规模使用。直到贝塞麦于 1856 年发明转炉，钢才开始工业规模生产。到 1864 年的时候，英国战舰船身结构中一些不太要紧的构件，已经有不少用钢来建造了，只是贝塞麦法技术不过关，生产的钢性能不稳定，容易开裂。[③]同一批次生产出来的贝塞麦转炉钢性能不稳定，但总能从中挑出性能过关的通过海军的验收测试。

在低温下，所有金属都可能出现"脆变"现象，变得很容易开裂。当时一般的制钢和造船工艺会不可避免地对铁材和钢材造成很多冲击，因而最后安装到船上的铁板和钢板免不了会有许多细小的裂缝，[3]但只要铁板和钢板处在脆变临界温度（Transition temperature）之上，板材的强度（Tough）就有保证，这些小裂缝就不会蔓延、连接起来。一旦环境温度低于这个临界值，裂缝就会迅速扩张；这种裂缝甚至可以跨过两片铁板铆接的接缝，蔓延到相邻的另一片铁板上去，[4]虽然这种现象实属罕见。脆变临界温度直到第二次世界大战末才被人们充分认识和重视，因为当时很多完全采用焊接法建造的船舶身上爬满了长长的裂

① 见 N. 巴纳比著《19 世纪战舰设计发展史》（Naval Developments of the Century）[1]，第一章《战舰设计发展历程中的道德伦理》（Ethics of Naval Development）。

② 好几位现代学者直接说巴纳比当年阻挠钢材应用于战舰建造，这恐怕偏离历史真相十万八千里吧。下面这段文字仅限于早期钢材确实存在品质不良这个问题，对巴纳比的评价不多做讨论。

③ D. K. 布朗撰《英国皇家海军对钢材的应用》（The Introduction of Steel into the Royal Navy），刊载于 1995 年的《海军科学杂志》（Journal of Naval Science）第 20 卷第 4 期。注意本书第二章曾经介绍过早期在铁甲舰"大胆"号和"海格力斯"号上尝试使用钢材，但是不成功。

缝。下表是用现代材料力学方法测定的 19 世纪和 20 世纪初一些铁合金材料的脆变温度，这些都是从沉船或者 19 世纪的文物船上采集下来的样品。

船名	脆变温度（摄氏度）
"大不列颠"[5]	50（熟铁）
"勇士"[6]	20（熟铁）
"泰坦尼克"	20（钢）

1857 年，一位在伦敦工作德国工程师——西门子（Siemens）发明出一种烧玻璃用的新式反射炉（reverberatory furnace）。1863 年，法国工程师皮埃尔 – 埃米尔·马丁（Pierre-Émile Martin）[7] 把西门子反射炉发展成了马丁平炉[8]，可用于大规模炼钢。平炉法炼出一炉钢需要 6—15 个小时，而贝塞麦转炉法只需要 30 分钟，但更长的反应时间就让化学反应的进程得到更加精确的人为控制，生产出的钢材，含碳量和性能就会更稳定。恰在此时，卢瓦尔河谷（Loire valley）的法国传统制铁中心因为当地矿脉枯竭而日益萎缩。[①] 于是法国人决定放弃熟铁制造业，全面转向采用西门子 – 马丁平炉炼钢法（Siemens-Martin, open-hearth process）来给法国海军提供大量性能可靠的钢材。

洛里昂的总设计师德布西（de Bussy）决定，新锐战舰"可怖"号（Redoutable）将基本用钢来建造，而且将采用一系列的新工具和新工艺流程。[9] 1874 年 10 月，巴纳比及其助理威廉·怀特造访了法国洛里昂港和相关的制铁企业。[②] 二人倍感压力，回到英国后，巴纳比在造船工程学会宣读了一篇论文[③]，号召英国制钢工业界也生产出类似质量的钢材。马上，西门子在威尔士创办的兰多尔（Landore）制钢工业集团的总经理赖利（Riley）出面声明，他们正在使用平炉炼钢法，生产的产品可以满足建造战舰的需要。

1875 年开工的"鸢尾"号和"墨丘利"号

1875 年在彭布罗克订造的"鸢尾"（Iris）号和"墨丘利"号（Mercury），在当时称为"通信船"（Despatch Vessel）[10]。本章只介绍这两艘战舰身上的多处技术创新，而它们作为"巡洋舰"的战术价值将留到第七章讨论。海军部决定在彭布罗克建造这两艘船，可能是因为这个船厂距离兰多尔钢铁厂比较近，当然也可能是因为该船厂铁造船舶的经验还不是很丰富。[④] 包括洛里昂的船厂在内的大多数船厂都发现，如果一个船厂的工人之前不熟悉熟铁造船工艺的话，那么他们学习新的钢材造船工艺时会快一些。

早期钢材的强度比熟铁大约要强 30%，所以在理论上可以按照这个比例削减船材的宽度、厚度等尺寸（Scantling）。怀特后来写道，当时决定"鸢尾"级

① T. 罗普（Ropp）著，S. 罗伯茨编《一支现代海军是如何发展起来的 》（Development of a Modern Navy），美国安纳波利斯海军学院出版社，1987 年出版。
② 可能正是这次访问的机缘，让怀特和德布西成了好朋友。详见 D. K. 布朗撰写的会议论文《互动式船舶设计》（Interactive Design），提交给 1996 年在埃克塞特举办的"英法海军史学"（Anglo-French Naval History）大会。
③ N. 巴纳比爵士撰《船舶建造中钢铁材料的运用》（Iron and Steel for Shipbuilding），刊载于 1875 年在伦敦出版的《造船工程学会会刊》。
④ 主要是在建造"无常"号时积累的一点经验，这艘船也用了一点钢材。

1877 年下水的"鸢尾"号，这是兰多尔制钢厂成功采用平炉炼钢法之后英国海军的第一艘钢造战舰。（作者收藏）

巡洋舰上钢材的尺寸削减不得超过原来熟铁造船尺寸的 15%，而且船上还有很多地方所用材料的厚度并不取决于结构强度，而是要保证足够耐用、经久不坏。即便如此，减重也相当可观，可以用来增强战舰的火力或装甲，而在"鸢尾"级上，则用来让战舰达到更高的航速。

　　刚开始的时候，钢材的采购价格远远高于熟铁——怀特说，1877 年钢的价格是熟铁的两倍。造成这种价格差异的主要原因在于，海军部接收钢材的时候每回都坚持检验质量是否合格，而购买熟铁的时候一般都不会主动检验质量。[11] 海军部只是在每回采购熟铁的时候要求供应商参加质量检验，如果合格，那么海军部愿意以每吨 20 英镑的价格成交，而未经检验的只能以每吨 9 英镑的价格成交。1874 年的一次采购中，虽然供应商通过了检验，但是发现实际购得的熟铁板中有三分之二都不合格，这部分只能以低价认购。后来，钢材的价格快速下跌，而且钢造船的船身重量比熟铁船轻，这就意味着每艘船所需的钢也要比相应的熟铁用量小，于是英国民间造船业在海军部开造钢制战舰后迅速跟进，到 1888 年的时候，熟铁造船业就消失了。[①]

钢造蒸汽机械

　　差不多自 1870 年起，就开始用钢材建造战舰锅炉的炉膛，不过在"鸢尾"和"墨丘利"号的发动机组中，钢材的使用更加广泛。两舰分别装备了 2 台莫兹利四缸复合蒸汽机，可以产生 3500 马力的标定功率，高压汽缸直径 41 英寸，低压气缸直径 75 英寸，两个汽缸排成一列，共同驱动一根行程是 2 英尺 9 英寸的活塞。蒸汽机呈卧式排列，但船体太窄了，没法并排安装两台发动机，于是就把它们安装在前后串列的两间发动机舱里面，前后两个舱室之间有一道横隔壁，前面一台发动机驱动右舷的螺旋桨轴。锅炉舱也有两间，整个锅炉和发动

① J. F. 克拉克（Clarke）与 F. 施托尔（Storr）合著《造船业和船用机械中软钢的应用》（*The Introduction of the Use of Mild Steel into the Shipbuilding and Marine Engineering Industries*），1983 年出版于纽卡斯尔（Newcastle）。

机舱的全长就占据了船身 300 英尺总长的一半。这两艘船没有装甲防御，发动机和锅炉舱的两舷都是煤舱[12]，可以给发动机组提供一些保护，[①] 这样该级战舰就有 4 间独立的机舱，两组锅炉和两台发动机两两交叉串联，这种单元化设计让战舰抗战损能力变得很强。

这两艘战舰的螺旋桨轴在船体内的部分，是用惠特沃思"锻钢"[13]制造的，这段桨轴直径 17 英寸。就像当时所有双轴战舰一样，桨轴在船体外面的部分并不是直接暴露在海水中的，而是套在一根炮管钢做成的轴隧里面，轴隧里跟桨轴直接接触的轴承是铁力木（Lignum vitae）[14] 做的，轴隧里的这段桨轴是熟铁制作的，直径 16.5 英寸。

该级舰安装有 12 台锅炉，8 台截面为椭圆形，4 台为圆筒形，[15] 可以产生每平方英寸 60 磅的蒸汽压，锅炉的炉排（Grate）[16] 总面积达到 69 平方英尺，对锅炉水的总加热面积达到 15900 平方英尺，所有锅炉都是完全用钢建造的，比起熟铁来节约了 10% 的重量。时任海军总机械师森尼特于 1888 年在造船工程学会[②] 宣读了一篇论文，讲到他觉得商船上用来测试蒸汽压的办法很不科学，甚至会损害锅炉[17]。他在文中提出，测试锅炉外壳承压能力时采用的压强，不应当超过制作它的钢材的极限屈服强度的九分之四，那么这种测试最好不要使用高于每平方英寸 90 磅的蒸汽压。森尼特提出的这种海军部测试规则可以在保证跟商船同等甚至更高的安全性的前提下，再让锅炉减重 18%。虽然当时很多人都不敢采纳他这种标准，但后来的实际使用经验说明他是正确的，按照这种标准建造的锅炉也没有出现过安全问题。锅炉改用钢材建造后，就可以把锅炉内胆，即"燃烧管"制作成波纹管形了，这种波纹内胆（Corrugated furnace）[18] 是福克斯于 1874 年提出来的，1881 年后逐渐获得广泛应用。波纹能增强燃烧管的径向强度，增大过火面积，还能让燃烧管受到加热时纵向膨胀延长。1882年起，火管锅炉内的黄铜加热管陆续被熟铁管和搭焊（lap-welded）而成的钢管[19]取代了。

理查德·森尼特是第一位从战舰基层机械技术岗位走上来的总机械师。他最开始在基汉姆（Keyham）船厂的蒸汽机械维修车间（Steam Factory）接受了基本培训，然后进入南肯辛顿的海军学院（Royal School）学习，1870 年毕业。他在海军内享誉很高，他在皇家海军学院任教的讲义编成的教材《船用蒸汽机》（*The Marine Steam Engine*），在当时广泛发行。他升任总机械师的时候才 40 岁，不过两年后就辞职，去了莫兹利的公司。后来他的健康状况很快恶化，1891 年就过世了。怀特评价他"敢作敢当，大大推进了船用蒸汽机械的进步，他的很多成就尚未被人们充分认识到"。

---

① 实验证明，厚达 2 英尺的堆煤层，防弹效果差不多相当于 1 英寸厚的钢装甲。

② R. 森尼特撰《船用锅炉的工作压强和测试压强》（*Working and Test Pressure of Marine Boiler*），刊载于 1879 年在伦敦出版的《造船工程学会会刊》。

测速试航

从开始使用蒸汽船舶的那一天起，就要对蒸汽船的航速进行测试，看一看发动机组能否在额定功率下可靠地运转，并记录船舶在这种条件下所能达到的航速。[20] 早年间很多人都会作弊，[①] 不过到 1860 年的时候基本没法再作弊了。[21] 新造的船舶在试航的时候，发动机一般正处在最优状态，于是试航航速总能比投入运营或者服役之后通常可以维持的航速高不少，里德说试航航速可以高出大约 1.5 节。海军部采用的标准一海里航道试航也受到不少人批评，他们觉得应该取战舰日常服役的状态在外海连续航行数小时甚至数天，以此算作试航，这种建议也有道理。可是海军部的标准一海里试航也有它的意义，那些支持海军部这种做法的人认为，这种试航让各种外部条件（包括风势和海况）都达到最好的情况，这时候战舰能稳定地发挥出最高航行水平，这种试航结果才真正能在不同级战舰之间进行比较；在人们严重依赖海军部系数[②] 估算新一级战舰的发动机功率时，这种试航显得尤为重要。除了这种标准试航外，还要对发动机组工作时的负荷进行测试，一般是进行 6 个小时的全速航行，看一看发动机组能否承担。由于战舰的船体形态是海军部设计的，战舰的建造合同中对发动机制造商的要求只是他们生产的机组

理查德·森尼特，1887—1889 年担任总机械师。（皇家海军工程学院）

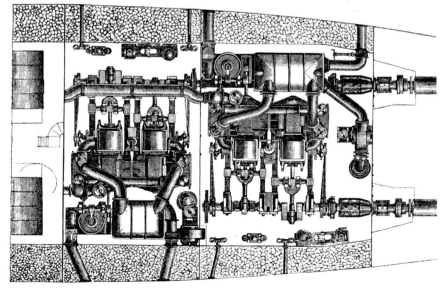

"鸢尾"号两个发动机舱的俯视平面图。该舰宽度不足以并排放下两台蒸汽机。（作者收藏）

① D. K. 布朗撰《试航航速》（*Speed on Trial*），刊载于 1977 年在伦敦出版的《战舰》第 3 期。
② 附录 3。

能够达到预定的马力，而不要求这些发动机让战舰达到某一设计航速[22]。

1877 年 12 月，"鸢尾"号第一次试航，结果令人失望：该舰只达到 16.4 节的航速，而设计者曾信心满满地预估该舰能跑到 17.5 节。[①]1878 年 2 月在一海里标准测速航道内，该舰进行了多组逐渐提高发动机功率的变速试航，这种试航方法是 1875 年威廉·丹尼向英国科协提出来的。[23] 这次试航之后就把原本的四叶螺旋桨拆掉了左右两叶，变成了双叶螺旋桨，再试航时发现，在 0—50% 推进功率的范围内，这种新螺旋桨的推进效率都比之前大大提高了。更高的发动机功率没有进行试验，因为担心这个动过刀的螺旋桨无法承受。然后又给该舰定做了一套新的四叶螺旋桨，增加了螺距[②]，减小了直径和桨叶面积，这副新螺旋桨在当年 8 月试航的时候，让"鸢尾"号跑到了 18.6 节，一时间该舰成了世界上航速最高的船。另外生产了一副新的双叶螺旋桨，可以让航速再提高 0.014 节，但造成很大的震动[24]，所以没有使用。

经过这一系列充分的试航，发现在螺旋桨轴和发动机解挂的情况下，把发动机开到相当于最高航速的输出功率时，发动机内部配件之间的摩擦大约能够消耗掉 400 马力的标定功率，而螺旋桨轴上的摩擦会再消耗掉 170 马力的标定功率。弗劳德制作了大比例战舰模型，对模型上的螺旋桨轴和螺旋桨轴支架进行了测试，并把测得的桨轴和支架摩擦造成的马力损失总结成了经验公式。这个公式直到二战以后许多年都一直还在用。

彭布罗克海军船厂[③]

今天鲜有人知的彭布罗克海军船厂是 1815 年 10 月 31 日通过国王特许令（Order of Council）正式建立的。当时这个船厂被当地人称为"佩特船厂"（Pater Yard），正式成立那天，该厂最开始建造的两艘船已经造得差不多了。成为新海军船厂后，为了加强建造能力，从附近的普利茅斯海军船厂调拨了很多造船技工过来。这个船厂是专门作为单纯的造船厂来运营的，没有什么船舶维修设备，[25]不过就算如此，这里的设施也非常简陋。该船厂一共有 13 个船台，绝大部分都带有巨大的木制天棚，[26][④]但是厂里只有一座干船坞，根本没有栖装用的港池[27]（Basin），只在霍布斯角（Hobbs' Point）有一座栖装岸壁[28]（Berth）。[⑤]有时候需要让战舰在远离海岸的地方下锚停泊，然后在那里栖装，[29]这非常耗时耗力。1864 年彭布罗克通了铁路，不过在海军部眼里此地仍然只是个次要的造船基地。当时，造船木工一般都自己建造住房，[30]到 20 世纪初的时候，该厂的助理设计师尼科尔斯（Nicholls）还能以每年 20 镑在当地租到一套带花园的二层小楼，里面还有浴室（尽管只有凉水）。很多造船工都在船厂附近的村庄居住，每天驾着自己的小船来上班。

① 看起来，在"鸢尾"号完工之前，不曾进行过水池试验。

② 巴纳比的孙子后来研究发现，要想控制这种问题，关键不是螺旋桨的桨叶面积，而是桨叶的螺距和直径等尺寸。详见 K. C. 巴纳比著《造船工程学会，1860—1960》（The Institution of Naval Architects 1860-1960），伦敦，1960 年出版。

③ L·菲利普斯（Phillips）著《彭布罗克郡志》（Pembrokeshire County History），1993 年由当地历史学会出版。该书第六章详细介绍了在该船厂建造的战舰。

④ A. 尼科尔斯撰写的《他们建造了战列舰》（They built ships of the line），这是一份未能发表的手稿，存档于 MoD 图书馆。

⑤ 20 世纪初建成了卡尔突堤码头（Carr Jetty）。

19 世纪上半叶建造木体风帆战舰的时候，这些船完工了以后会先安装简易桅杆和风帆，勉强自航到普利茅斯去栖装配套的高大桅杆和风帆、缆绳，偶尔还去朴次茅斯进行栖装。[31] 19 世纪 30 年代，出现了明轮蒸汽船之后，在彭布罗克建造的船一般会到沃维奇去安装蒸汽机，不过后来的主力舰和巡洋舰都能在彭布罗克栖装炮塔和发动机组了。巅峰时期的彭布罗克船厂拥有各种人员 3600 名。

彭布罗克是继查塔姆船厂之后第二个具备熟铁造船能力的海军船厂，[32] 1867 年该厂下水了"珀涅罗珀"号，次年又下水了"无常"号①。该厂总共没造过几艘熟铁船，于是 1875 年海军部决定率先在该厂的 2 日船台建造英国的第一艘钢造战舰"鸢尾"号。进入钢造船舶时代以后，该厂陆续建造了不少大型战舰，该厂建造的最后一艘主力舰是"庄严"（Majestic）级的"汉尼拔"号（Hannibal），建造的最后一艘大型巡洋舰是"防御"号。第一次世界大战之后，彭布罗克船厂的业务日益萎缩，[33] 最终于 1925 年关闭。

1876 年拉斯佩齐亚装甲防弹测试② 和钢装甲

到 19 世纪 70 年代中期，法国的克勒索（Creusot）制钢集团已经能用平炉炼钢法制作厚度很大的钢装甲了。该厂可以浇铸出重达 110 吨的单块钢坯，还有一台用来锻炼钢坯的 100 吨水压机。这种钢装甲和熟铁装甲哪一个的防弹能力更强呢？ 1876 年 10 月，意大利不知道该给"杜伊里奥"（Duilo）级铁甲舰安装钢装甲还是熟铁装甲，就在拉斯佩齐亚（La Spezia）的一个靶场对这两种装甲制成的一系列靶子进行了实弹射击测试。那个年代根本没有所谓的"保密法案"，各国的测试都有许多别国观察员在场，还会在报纸上报道，真是一个幸福的时代。接受实弹轰击的靶子是：

英国谢菲尔德的凯莫尔（Cammell，或译为卡默尔）制铁公司[34] 生产的 22 英寸厚熟铁装甲板；

法国马赛的马雷尔（Marrel）制铁公司生产的 22 英寸厚熟铁装甲板；

来自上述两个厂家的 12 英寸 + 10 英寸"三明治夹心"式装甲板；

22 英寸的法国克勒索钢装甲板。[35]

这些装甲靶先后遭受了 10 英寸炮、11 英寸炮的轰击，最后则直接用"杜伊里奥"级计划安装的阿姆斯特 100 吨 17.7 英寸炮打了靶，使用的炮弹都是帕里瑟淬冷熟铁弹[36]。根据这次测试的结果，意大利海军决定给"杜伊里奥"级安装钢装甲，尽管反复炮轰之后，那座钢装甲靶上的钢板都变形脱落了，但是炮

① 彭布罗克船厂关门很多年以后，该舰仍然在役，该舰总共服役 88 年。

② 1876 年 12 月 29 日出版的《工程师》杂志非常细致地介绍了这次实验，后来 J. W. 金又在 1878 年在朴次茅斯出版的《欧洲战舰》（The Warships of Europe）一书中大篇幅引用了这篇文章。W. 哈格著《现代战舰史》也介绍了这次实验。

弹打在钢板上也变形破碎了，一枚也没有击穿钢板的木制背衬，而所有熟铁装甲靶整个被击穿了。单块厚熟铁板的防弹效果要优于夹心式设计。英国凯莫尔和法国马雷尔厂生产的熟铁装甲板，性能差别不大，马雷尔厂的硬度似乎高一些，更容易让弹头击中它的时候变形破碎，但它自身也更脆、更容易开裂。[37]

英国海军的钢面复合装甲，约从 1880 年到 1890 年

差不多跟拉斯佩齐亚测试同一时期，英国谢菲尔德的两家钢铁厂分别研制出了钢面复合装甲（Compound armour）[38]，这两家分别是约翰·布朗厂和凯莫尔厂，[①] 两家负责这个项目的技术带头人分别是 J. D. 埃利斯和 A. 威尔逊。这种装甲板的前脸是硬度非常高的钢板，钢板被整个焊在一块强度很高的熟铁背衬板上，这样一来，高硬度的前脸可以让击中它的炮弹瞬间破碎变形，而强度很高的熟铁背板又可以给钢板有效的支撑，不让它像那些早期钢装甲一样发生大范围开裂，此外，这种韧性不错的熟铁背板还可以把任何穿透了钢前脸的炮弹破片拦截下来。[39]

这两位谢菲尔德发明者制备钢面复合装甲的具体工艺不同。两个技术路线中使用的熟铁背板都采用一般工艺来制作[40]，然后都要先加热到红热状态[41]。接下来，布朗厂的埃利斯把一块熟铁背板和一张同样大小的硬钢板间隔一段很小的距离平行夹固，然后往它们之间倒入熔融的钢水。钢水会把两侧钢板和熟铁板的表面熔化掉，当钢水完全冷却下来后，它就把钢板和熟铁背板整体焊接到了一块，而且形成了一种从硬钢到软钢再到熟铁的强度和硬度渐变。威尔逊不使用钢板，而是直接把熔融钢水倒在一块熟铁背板上面。两种方法制备出来的装甲粗坯都大约是最终成品厚度的两倍，还需要通过辊轧机来加工到最终厚度。成品装甲板三分之一的厚度都是钢。刚开始制作出来的钢面复合装甲，钢和熟铁这两种材料焊得不是特别可靠，装甲板前脸容易剥落，不过很快就解决了这个技术问题。用淬冷铸铁弹[42]进行的防弹测试表明，钢面复合装甲的防弹能力要比同样厚度的均质熟铁板强 50%，我们称钢面复合装甲的"防弹品质因数"（figure of merit）为 1.5。但如果使用锻钢弹来测试，其防弹能力就显得差一些，防弹品质因数只能达到 1.25。最先采用这种装甲的英国战舰是"不屈"号，使用在炮塔围壁装甲上。很快，1885 年 10 月竣工的"巨像"号（Colossus）不仅在炮塔上用了，在水线装甲带上也用了。1884 年 2 月完工的"里亚切罗"号（Riachuelo），[43] 是英国萨姆达兄弟公司为巴西建造的铁甲舰，是第一艘安装了钢面复合装甲做的水线装甲带的战舰。

整个 19 世纪 80 年代，英国的钢面复合装甲和法德的钢装甲都在不断改良，一种装甲暂时获得一点微弱的优势，又很快被另一种超越。所以这段时期内到

---

① 注意，当时这两家工厂都还仅仅是钢铁冶炼和制造厂，不过这两家厂后来都并购了造船厂。

底是英国优于法德，还是法德优于英国，很难下结论。1880 年，法国在勒加夫尔（le Gâvre）靶场进行了一场装甲防弹测试，既使用了英国的钢面复合装甲，也使用了德国施奈德（Scheinder）和法国特雷诺尔（Terre Noire）的全钢装甲。测试的结果说明这时候的钢面复合装甲占有一些优势，于是法国海军决定在新战舰上采用钢面复合装甲，但克勒索集团拒绝引进英国的钢面复合装甲生产工艺，继续坚持研发全钢装甲。

1882 年，意大利海军又在拉斯佩齐亚靶场进行了一次测试，这次是为了决定新造铁甲舰"意大利"号的露炮台装甲应当采用什么材质。[44] 靶场上将英国凯莫尔和布朗两家的钢面复合装甲与法国克勒索的钢装甲进行了比较。所有装甲靶都是 19 英寸厚的装甲板背衬 20 英寸厚木料。用 17.7 英寸的 100 吨炮对每个靶子进行两次射击，使用的炮弹是格雷戈里尼（Gregorini）淬冷[45]铸铁实心弹（Projectile）。结果钢面复合装甲直接被轰碎了，但钢装甲几乎没受到破坏。[46]然后用锻钢弹轰击了钢装甲，发现杀伤力比淬冷铸铁弹强。

英国人认为这次测试中固定钢面复合装甲用的钉子大大少于全钢装甲，[47]这很可能是实验结果出现巨大反差的原因。于是意大利人在 1884 年再次进行了测试，这回是为了给"意大利"级的二号舰"勒班陀"号（Lepanto）选择装甲。这次测试使用的还是原来三家英法钢铁厂提供的 19 英寸装甲板，但固定用的钉子都只用了 20 枚。意大利人本来计划着朝每个靶子的中心用 100 吨炮开一炮，然后朝每个靶子的一角用 10 英寸炮开一炮，结果只有法国克勒索钢装甲能够挺过来。英国钢面复合装甲虽然承受住了 100 吨炮的轰击，但是受损严重，在接下来遭受了 10 英寸炮两次轰击之后，钢面和背板剥离了，整个变形脱落。挨完了 100 吨炮攻击的法国克勒索钢装甲，它的四角依然能够让打在上面的 10 英寸炮弹变形破碎掉。三个装甲靶都抵挡不住 100 吨炮的轰击，装甲板和背后的木制背衬全都被击穿了，但是炮弹在击穿整个结构后，也变形破碎成很多片。[48]

1884 年，丹麦又在哥本哈根附近的阿迈厄岛（Amager）靶场进行了一次测试。[①] 比较了法国克勒索的全钢装甲和许多厂家的钢面复合装甲。据说测试结果没有什么结论价值，最后丹麦人选择了凯莫尔的产品，可能是因为报价比较低。

1886 年，含铬锻钢[49]炮弹（Forge Chrome Steel Shot）的广泛应用让装甲和炮弹的"力量对比"又出现了新的变化，这种新式炮弹是由法国奥策尔厂（Holtzer）最先发展出来的。1888 年，海军部又在朴次茅斯对凯莫尔厂提供的两块装甲板进行了比较测试：3 月份打了一张钢面复合装甲，5 月份轰了一张全钢装甲。两块装甲板都只有 10.5 英寸厚，轰击目标用的都是一门 6 英寸炮，既使用了 100 磅重的奥策尔锻钢弹，也使用了帕里瑟弹，炮弹出膛初速都是每秒钟 1976 英尺。凯莫尔的技术带头人威尔逊宣称他们厂研制的全钢装甲板比法国

① 哈格著《现代战舰史》。

克勒索厂的任何同类产品都要好，因为这次测试显示，凯莫尔的全钢装甲怎样反复轰击都不会碎裂。[①] 可是当时没有把英法两国的全钢装甲产品放到一起同台竞技过。据说，1888 年 5 月的这次测试是世界上首次出现既阻止锻钢炮弹击穿整个装甲靶，装甲板又没有破裂。[50] 巴纳比留下来的照片存档却似乎说明，钢面复合装甲比英制钢装甲防弹性能更好一些。巴纳比的文章中还提到，如果炮弹不是刚好跟装甲表面呈 90° 击中的话，那么复合装甲相对于钢装甲的优势还更明显一些。

特莱西德尔（Tressider）上校的发明专利让钢面复合装甲的性能进一步提高，他用冷水对装甲的前脸进行淬冷处理。[51][②] 很多人说英国坚持使用钢面复合装甲是因为英国制钢工业水平落后于法国，生产不出质量上乘的钢装甲，另外就是英国人习惯性地保守。其实从现在来看，19 世纪 80 年代后期以前，法德的钢装甲和英国的钢面复合装甲不存在明显的性能差异，钢装甲的性能是在 19世纪 80 年代最后几年里迅速提高起来的。[52]1890 年的时候，美国在安纳波利斯（Annapolis）海军学院的靶场比较了各种 10 英寸厚装甲板的防弹能力，包括法国克勒索厂的镍合金钢和软钢装甲，以及凯莫尔厂的钢面复合装甲。[③] 朝每个装甲靶都打了 4 发 6 英寸直径的奥策尔含铬锻钢弹以及 1 发 8 英寸的弗思钢弹（Firth Steel Shot）。结果所有钢弹都无法击穿克勒索钢装甲，而每发钢弹都击穿了钢面复合装甲。炮弹在镍钢中的穿深比在软钢中要深一些，但是镍钢不容易像软钢那样开裂。1890 年晚些时候，沙俄在奥查（Ochta）举行了类似的测试，结果也差不多。[53]

1870—1882 年，黑火药的改进以及前膛炮的淘汰

直到 19 世纪 70 年代末，英国皇家海军还在抱残守缺地抓着前装炮不放，而这个时候欧洲大部分国家的海军都已经转向后装炮了。实际上英国海军这种表面上的守旧落后有很多现实原因：前装线膛炮更便宜、更可靠；由于前装炮的炮管比较短，可以用直径更小的旋转炮塔装下它；阿姆斯特朗厂开发出伦道尔式液压装填机以后，后装炮方便装填的这点小小优势就不明显了。当然啦，当时英国国有军工厂，如武器局（Ordnance Board）[54] 下面的沃维奇皇家兵工厂，也并没有紧跟火炮发展的前沿，结果兵工厂缺少生产长炮管的配套设备。可是，晚至 1867 年，为了测试将要安装到普鲁士"威廉国王"号（König Wilhelm）中腰炮室铁甲舰上的装甲板的性能，用克虏伯（Krupp）[55]9.4 英寸口径的后装炮、沃维奇的 9 英寸前装线膛炮轰击一块 8 英寸装甲板，仍然发现英式前装炮在穿甲能力上大大优于德国产品。[56]

19 世纪 60 年代末、70 年代初，许多造炮工程技术人员已经意识到，慢燃

① N. 巴纳比爵士撰《战舰的装甲》（*Armour for Ships*），刊载于《土木工程学会会志》，1889 年在伦敦出版。
② 不知道当时英国的钢面复合装甲在多大程度上也运用了这种工艺。
③ 哈格著《现代战舰史》。

火药比速燃的传统黑火药更有效，能让炮弹出膛的速度更高[57]。刚开始是加大了火药颗粒的尺寸[58]，人们继续朝着这个方向努力，终于在19世纪70年代，美国陆军的一位罗德曼少将（Major Rodman）研发出一款颗粒大而且压缩成六边形、中心带孔的火药块，人们都叫它"棱柱火药"（prismatic powder）。1882年，德国的罗特韦尔（Rottweil）公司进一步改良了棱柱火药，生产出所谓的"棕色棱柱火药"，英国海军自1884年开始应用这种火药。1887年人们进一步改良了棕色棱柱火药的化学配方，让它的燃烧更加稳定而缓慢，由于它的颜色，大家戏称它为"慢燃咖啡"（'slow burning cocoa', SBC）。这种"慢燃咖啡"的化学成分是79%的氯化钾，18%的黑麦秸秆（Rye straw），只不过这种"木炭"没有完全碳化，故呈现棕色，另外还有3%的硫黄。据说这种火药只有43%的部分可以充分燃烧，剩下的东西，一部分变成了浓浓的黑色硝烟（参考第六章"维多利亚"号开炮时的照片）[59]，一部分在炮管内形成厚厚的积碳。

从1885年开始，英国海军也转而采用后装炮

要想充分发挥这些慢燃火药的威力，就需要更长的炮管，倍径达到25—30这个范围[60]，自此，从后膛装填变成一种必然。1879年，"雷霆"号的前装线膛主炮因为误操作——连续装填了两发炮弹、两包发射药，结果发生了炸膛事故，这客观上加快了英国淘汰前装炮的步伐，因为后装炮不可能发生这种事故。经过好几年的实验和摸索，沃维奇皇家兵工厂在1885年研制出一款12英寸的后装炮，安装在"巨像"号上。这款炮是25倍径的，用熟铁和钢混合打造而成。该舰列装的这种炮，按照研发时的代号，已经是II型了，可性能还是不大令人满意，后来"科林伍德"号（Collingwood）[61]于1886年5月份试射一门类似的火炮，仅仅装填了四分之三的发射药，就发生了事故[62]，于是所有I型12英寸后装炮全从战舰上召回了。[①]1887年7月，全钢打造的IV型列装"爱丁堡"号，接着又发展出V、VI、VII三型，直到1888年6月给"罗德尼"号[63]换装

[①] 12英寸后装炮的早期发展历程一波三折，约翰·坎贝尔罗列了早期各种型号的情况。

I型	带有耳轴，用来装备霍斯沙洲海岸炮台（Horse Sand Fort）。
II型	不带耳轴的海军型，装备到"科林伍德"号上结果炸膛了，被皇家海军退回，经过整修后，装备到霍斯沙洲海岸炮台和无人之地（No Man's Land）海岸炮台上，叫作I*型。
III型	由阿姆斯特朗旗下埃尔斯维克军工厂设计，最开始带耳轴，sAUn装备炮台，后来改装，装备"巨像"号和"征服者"号。
IV型	由皇家军工厂（Royal Ordance Factory）设计，列装在"爱丁堡"号上。
V型	由皇家军工厂设计，列装在"英雄"号上。
V*型	由惠特沃思厂设计，列装在"科林伍德"号等"海军上将"级上。
VI型	带耳轴版的V型，用来装备海岸炮台。与之类似的VII型也安装了耳轴，装备海岸炮台。

（V型和V*型当时区分不那么严格，有些战舰上可能混合搭载。）

了 13.5 英寸的 30 倍径主炮。这些 12 英寸炮一般两炮的发射间隔是 2 分钟。

在开发后装炮的过程中，一点一点地发现问题并加以修正，结果列装到战舰上的大炮彼此都存在这样那样的差异，并非完全一样，不少战舰都因为它们的主炮没法按时列装所以推迟入役。沃维奇皇家兵工厂生产的这些后装炮全都采用了间断螺纹式炮闩（interrupted screw breech-block），炮闩上带有法国德邦热闭锁装置（de Bange obturator）。但是当时炮闩并不像现代火炮一样是安在炮尾上的，故装填时需把炮闩整个拆下来。阿姆斯特朗给意大利生产了类似结构的后装炮，但是型号都很大，最大的达 17 英寸[64]。不过这些阿姆斯特朗炮的问题也不少，常常推迟交付，总共造了 12 门[65]，其中没有哪两门是完全一样的。后来，阿姆斯特朗厂给"本鲍将军"号（Benbow）专门打造了 2 门 16.25 英寸主炮，就是以这种 17 英寸炮为蓝本，还给"维多利亚"号和"桑斯·帕雷尔"号（Sans Pareil）也制造了类似的主炮。[66] 这些巨炮使用的发射药多达 960 磅，是当时战舰上使用的最大装药量。两次开炮的间隔据说只有两分半钟，炮管寿命是 75—80 发炮弹[67] 主要海军国家没有在 19 世纪 80 年代爆发冲突，似乎也是因为各国的新式弹药和火炮还存在种种问题。法国老早以前就改用后装炮了，在全钢造战舰领域也是先驱者，不过他们的战舰看起来好像也没多么高的威力。[68] 到 1869 年的时候，克虏伯研发出一种可以很好地封闭火药燃气的炮尾闭锁结构，但是德国海军一直执着地将主炮口径上限固定在 9.4 英寸，直到 1902 年[69]。

19 世纪 80 年代中期开发出锻钢炮弹

像帕里瑟弹这样的淬冷铸铁弹打在钢面复合装甲或钢装甲坚硬的前脸上，炮弹往往会直接变形破碎。到 19 世纪 70 年代中期的时候，法国的特雷诺尔厂已经研制出性能满足要求的钢制炮弹了，刚开始这种炮弹是用钢水浇铸成的，后来直接用钢坯锻压成形。接着，圣沙蒙（St Chamond）、菲尔米尼（Firminy）和雅各布·奥策尔（Jakob Holtzer）等法国厂家进一步改良了这种锻钢炮弹。当意大利于 1879 年在拉斯佩齐亚进行防弹测试的时候，惠特沃思厂已经能够生产质量上乘的锻钢炮弹了，但英国海军直到 1886 年才列装锻钢炮弹，不过是直接从法国奥策尔采购了 400 枚锻钢炮弹，用来装备新式后装主炮。

在有关装甲、火炮和炮弹这部分内容的最后，让我引用一段纳撒尼尔·巴纳比爵士对装甲和炮弹测试的叙述，字里行间可以看出来他本人和海军部的所有工作人员曾经下过多大的功夫。[1]

① N. 巴纳比爵士对 W. H. 怀特作为下属给自己工作所做的贡献表示了感谢，详见 1889 年出版的《造船工程学会会刊》第 200 页巴纳比的文章《论新战列舰的设计》（On the Designs for the New Battleships）。

那些年在舒伯里内斯进行的装甲防弹测试，我没有漏掉过一回，每次

测试结束后，我总忍不住跑到靶子后面看看这里到底遭受了什么样的毁伤。我敢说，在那些年里，世界上没有任何一国海军的任何一位海军军官能够比我更深刻地体会到火炮与装甲的"矛与盾"之争。我还要说，我在这些被弹的装甲靶背后看到的情景，有时候甚至让我不寒而栗。这些装甲靶通常都是按照我领导设计的战舰的船体结构来建造的。靶子需要安装多厚的装甲才能抵挡住大炮的轰击，这也是由我来负责测算和决定的，所以每当我亲眼看见这些装甲靶被轰得碎成许多片、四处飞散，还有的装甲块整个脱落下来，被炮弹轰飞到靶子后面很远去的时候，我总是更加坚定地认为：战舰上的装甲一定要厚一些，再厚一些。

1882 年下水的"爱丁堡"号，性能方面比外观相似的"阿贾克斯"号（Ajax）有了很大的提升。（帝国战争博物馆，编号 Q21209）

"巨像"号和"爱丁堡"号[70]

这两艘 1879 年开工的铁甲舰，外形特别像 3 年前开工建造的"阿贾克斯"级[71]，但是这最新的两艘缩水版"不屈"号应用了前文介绍的船体、发动机、装甲、火炮和炮弹等方面的新技术。"巨像"和"爱丁堡"号的船体使用平炉炼钢法生产的优质钢建造，炮塔装甲和装甲带等都采用了钢面复合装甲，主炮也是沃维奇 12 英寸后装炮，刚开始是性能欠佳的 II 型，在"科林伍德"号后主炮炸膛后，又先后换装了 III 型、IV 型。两舰设计时只预期达到 14 节航速，[①] 但在试航时都超过了 16 节[72]。它们比前一级"阿贾克斯"级船体更长一些，但是最大宽度稍有减小。尽管如此，两舰的稳心高仍然达到 9 英尺，所以就算船体严重受损，两舰的稳定性仍然充足，但这也让两舰的横摇特别快，让人不适。曾经在两舷舯部安装减摇水柜，但是水柜太小了，作用不明显（见附录 5）。

[①] 帕克斯的书里面说，所谓"弗劳德比值"就是船体长度除以最大船宽。这错误也太离谱了。弗劳德当时是用 $\dfrac{\text{船体长度}}{\sqrt{\text{水下体积}}}$ 作为衡量船舶高速航行性能的一个参数，今天还是这样，或者用它的倒数 $\dfrac{\text{水下体积}}{(\text{船体长度})^3}$ 也行。

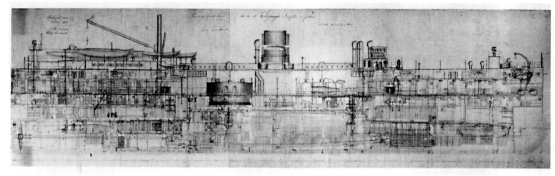

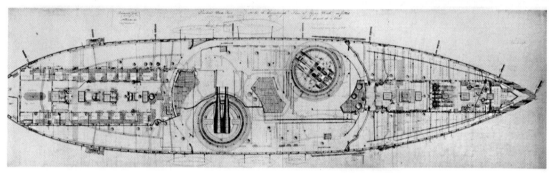

"爱丁堡"级的新特征包括：全钢船体、后装主炮、改进型船体形态。[73] 船头船尾架设了巨大的探照灯，昭示了战舰上已经有电力供应。(英国国家海事博物馆，伦敦，编号 9886、9889)

怀特后来写过[1] 他们是怎么改进"爱丁堡"号的船体形态的。巴纳比要求他们在长度不超过 325 英尺的船体上达到 14.5 节航速，但是所需的发动机功率不能超过长达 360 英尺的"勇士"号的发动机功率。于是设计团队根据之前的战舰测速试航结果，估算出一个合理的船体形态，接着送到托基，去弗劳德[74] 的水池进行了验证。试验发现这个船型的实际效果比预期的还要好一些，于是就没有再做什么改动。后来，所有"海军上将"(Admirals) 级铁甲舰都照搬了这个船型，"爱丁堡"号建成后于 1883 年 9 月进行了测速试航，确证了这个船型的优势。

怀特 1878 年的时候调研了双轴双桨推进这个课题，然后写了一份汇报材料，[2] 里面提到的两艘新战舰可能就是指这两艘"爱丁堡"级。长期以来，人们都固执地认为双轴推进的效率比单轴推进要低，所以只在需要浅吃水的战舰上采用，或者是在舍弃了风帆的战舰上使用，以防止一根驱动轴出了故障后让战舰彻底失去机动能力。[3] 怀特仔细研究了过去"大胆"级和"独眼巨人"级的试航结果，得出的结论是双轴推进比单轴的效率更高。[75] 快 10 年以后，托马斯·伊斯梅 (Thomas Ismay) 让他旗下的白星游轮公司 (White Star Liners)[76] 根据怀特的研究结果，设计出了"条顿人"号 (Teutonic) 和"庄严"号 (Majestic)，它们是世界上头两艘运营航速达到 20 节的游轮。差不多同时期，英曼 (Inman) 航运公司也用了双轴设计。

① W. H. 怀特撰《近年来战舰的测速试航》(On the Speed Trials of Recent War Ships)，刊载于 1886 年的《造船工程学会会刊》上。
② W. H. 怀特《会长就职演说》，见 1903 年伦敦出版的《土木工程学会会志》第 45 页。
③ 很遗憾，现代油轮的船东们都没有意识到这种船采用双轴双桨和双舵会多么有优势。

1879 年开工的"征服者"号、1884 年开工的"英雄"号，单炮塔撞击铁甲舰

"鲁伯特"号的舰长戈登（Gordon）于 1878 年 2 月份提交了一份报告，对该舰的设计提出了一些改进建议。他觉得船尾的干舷需要升高，还应该在船体后部的上层建筑上安装一根桅杆，还要搭载 6 英寸副炮，这样的话，"'鲁伯特'号就能在海军军官们面前表现得像是一艘灵活、听话的船了"。于是，1878 年海军预算中就包括一艘新战舰，作为"鲁伯特"号的改进型。这艘"征服者"号（以及它的半姊妹舰"英雄"号）[77] 水线装甲带厚 12 英寸。[78]12 英寸主炮的炮管距离露天甲板太近了，所以不能在船头两侧 45° 角的范围内开炮，不然炮口暴风就会损坏艏楼甲板；也不能朝侧后方开炮，不然炮口暴风会损坏舰桥！[79] 这一时期战舰的建造进度非常缓慢，"征服者"号足足花了 7 年才完工，不过"英雄"号只花了 4 年就竣工了。船头的干舷仍然只有 9.5 英尺，所以遇到大浪时会严重上浪，而且由于船体宽扁，横摇非常快速、令人不适。这两艘船一共参加过六七次外海演习，除此之外，就再也没有远航到看不见陆地的地方过。尽管它们的设计如此糟糕，后来又建造了一艘"维多利亚"号单炮塔撞击舰（见第六章）。1888 年大演习的总结报告指出，这艘"维多利亚"号在外海上适航性很差，它的主炮同样距离露天甲板太近了，炮口暴风很容易损伤甲板。

鱼雷，以及其他当时称作"Torpedo"的水下武器

鱼雷的发展历程，相关历史资料已经很丰富了，① 水雷（Mine）的也差不多，所以这里只讲一个大概[81]，我们关注的重点是如何设计战舰的水下防御结构，使它能够抵抗水下武器爆炸的威力。首先需要注意的是，在铁甲舰时代，"Torpedo"

① G. J. 柯比（Kirby）撰《鱼雷发展史》（A History of Torpedo），刊载于《皇家海军科技局报告》（Journal of the RNSS[80]）第 27 卷第 1、2 期，目前可以到帝国战争博物馆的图书馆查阅；并见 J. 坎贝尔为康威海事出版社的"战舰历史"丛书中的《蒸汽、钢材和爆破弹》（Steam, Steel and Shellfire）一书撰写的章节《1860—1905 年间的舰载武器》（Naval Armaments 1860-1905）。

1885 年的"英雄"号，一艘单炮塔撞击舰，从"鲁伯特"号衍生而来，跟"鲁伯特"号一样性能糟糕。（帝国战争博物馆，编号 Q21343）

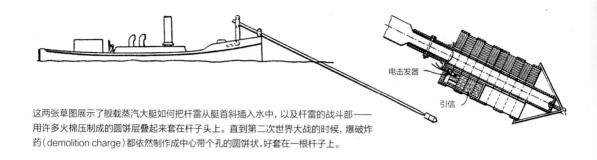

这两张草图展示了舰载蒸汽大艇如何把杆雷从艇首斜插入水中，以及杆雷的战斗部——用许多火棉压制成的圆饼层叠起来套在杆子头上。直到第二次世界大战的时候，爆破炸药（demolition charge）都依然制作成中心带个孔的圆饼状，好套在一根杆子上。

这个词不专指今天为我们所熟知的"鱼雷"，而是模糊地代表水下武器，海军上将法拉格特（Farragut）的那句名言[82]——"Damn the Torpedo"指的不是"鱼雷"，他骂的这种武器今天来看应该叫作"锚雷"（Moored mine）[83]。

杆雷

最早具有实战价值的进攻型水下武器是所谓的"杆雷"（Spar Torpedo），也就是让一条舰载蒸汽大艇在船头固定一根可以斜插进水中的长杆，杆子头上绑着可以爆炸的战斗部，然后这条大艇就朝着敌舰冲过去，进行近乎自杀式的攻击。到19世纪80年代的时候，杆雷的长杆长达42英尺，从艇头朝前伸出去33英尺，杆子头伸到水下10英尺深的地方，上面安装着两个战斗部，[①] 每个战斗部都是用总重16.25磅的湿火棉（Wet Guncotton）[84]制作的。在杆雷大艇朝目标突击冲刺期间，杆子是没有斜插进水中的，直到杆雷艇成功接近目标后，才把杆子插入水中，让战斗部在水下大约6英尺深的地方贴着敌舰水下船壳起爆，具体是通过电打火来起爆的。美国内战期间尝试过许多次使用这种武器，甚至还成功了那么几次。其他国家也有几次成功运用的战例：1877—1878年俄土交战期间，1877年5月26日，一艘沙俄杆雷大艇在多瑙河上击沉了奥斯曼土耳其内河小炮舰"赛伊费"号（Seife）[85]，但后来再尝试这样进攻则未能取得战果[②]；1883—1885年中法战争期间，法国于1884年在马江用杆雷艇"46"号击沉了铁骨木壳的巡洋舰"扬武"号，1885年又在浙江石浦夜间作战，用杆雷艇击沉了小小的炮舰"驭远"号和"澄庆"号。[87]英国海军对这种武器不大感兴趣，据说是因为英国人觉得这样作战等同于偷袭，没有绅士应有的堂堂正正之风。实际上更可能是因为英国人确实觉得这种武器的成功率不会太高。

哈维拖雷 [③]

这种武器长得就像可以在水下飞行的小飞机，类似后来一战中开始使用的扫雷具（Paravane），可以让一艘战舰把它拖带在侧后方。只要战舰拖带时的航

① P. 贝瑟尔（Bethell）撰系列文章《鱼雷发展历程》（*The Development of the Torpedo*），1945年5月至1946年3月刊载于在伦敦出版的《工程学》杂志上。这位作者注意到，直到第二次世界大战的时候，硝化棉战斗部的中间仍然保留了一个孔。
② 指挥第二次鱼雷攻击的人是海军中校马卡罗夫（Makrov）和罗日捷文斯基（Rosjestvensky），二人夸大战果于是获得提升，他们最后作为舰队指挥官败于太平洋[86]。
③ 发明者是海军上校J.哈维和海军候补上校（Commander）F.哈维-贝瑟尔。

速超过 6 节，而且这枚拖雷的缆绳没有绞缠在战舰的螺旋桨上，那么它就会跑到船体侧后方 45° 的方位，距离战舰大约 150 码。哈维拖雷的战斗部刚开始用黑火药装填，后来改用湿火棉，装药量是 33 磅或 66 磅。这种武器自 1870 年列装英国海军，10 年以后正式废弃，这真令官兵们感到释然[88]。

杆雷试爆时的实拍。很显然，杆雷对搭载它的大艇也能造成很大的伤害。（作者收藏）

怀特海德鱼雷

19 世纪 60 年代早期，奥匈帝国海军上校卢皮什（Luppis）找到一位在奥地利工作的英国工程师罗伯特·怀特海德，希望他帮助研制一种可以在远处安全遥控的、自动对敌发动攻击的杆雷艇。后来他们建造了一艘样艇，但测试之后发现达不到实战要求。怀特海德在阜姆（Fiume）经营着一家工程公司，他让公司继续开发自航式水下武器，于 1866 年研制出世界上第一条原型鱼雷。这条鱼雷使用压力高达每平方英寸 370 磅的压缩空气来带动一台转子发动机（rotary engine），驱动螺旋桨达到每分钟约 100 转的转速。这条原型鱼雷能以 6.5 节的航速自航 200 码，如果航速更慢，最远可以跑 300 码。

在这条原型鱼雷上，航行的深度是依靠静水压来控制的，静水压的改变会触发鱼雷的水平尾舵转动，从而让鱼雷抬头或者深潜，但依靠静水压控制会导致鱼雷大幅度地改变潜深，航行深度不稳定。[89] 怀特海德很快就注意到了这个问题，于是又在静水压控制机构上，补充安装了纵倾角（Pitch）控制机构，这样就对静水压控制实现了反馈式的缓冲[90]。据说这种双重控制能让定深误差从仅有静水压控制时的正负 40 英尺缩小到正负 6 英寸。这种定深控制原理，把静水压代表的水深参数和纵倾角代表的深度变化率参数同时考虑了进去，在当时被称为"怀特海德的机密"，一直到二战后，鱼雷都是用这个办法来定深的。

1868 年，怀特海德展示了一种改良设计，有直径 14 英寸和 16 英寸两个型号，能以 7 节的航速自航 700 码，携带一个装填了湿火棉的战斗部。奥匈帝国海军对这种新式武器展现出很高的兴趣，可惜怀特海德开价太高，他们无法承担买断专利的天价。很快，1869 年秋天，英国皇家海军的炮术军官观摩了一次怀特海德的鱼雷测试，根据这些军官提交的报告，海军部于 1869 年 10 月邀请怀特海德带着两条鱼雷前往英国。这再次体现了 19 世纪海军部紧跟技术前沿、随时准备测试和列装新武器的开明作风。[91]

1870 年、1874 年用"奥伯伦"号进行鱼雷测试

1870 年，怀特海德带着两条鱼雷来访：其中一条直径 16 英寸、长 14 英尺，战斗部是 67 磅重的湿火棉；另一条鱼雷直径 14 英寸、长 14 英尺，总重 300 磅，战斗部是 18 磅重的硝酸甘油炸药（Dynamite）[92]。两条鱼雷的航速还是只有 6 节，有效射程才 200 码。最开始的测试结果非常有说服力，于是 1870 年 8 月海军部购买了 2 条 14 英寸鱼雷、2 条 16 英寸鱼雷，好开展进一步的测试。当年的 9 月份和 10 月份，英国海军在梅德韦河上用老旧过时的明轮炮舰"奥伯伦"号（Oberon）[93]，对这 4 条试验鱼雷进行了 100 多次发射，既尝试了从水面以上的发射导轨发射，也尝试了从水下发射管发射。试射中，这些鱼雷能以 7 节的航速自航 600 码。其中最后一次测试时给 16 英寸鱼雷装上了炸药战斗部，让它们去攻击一艘老旧过时的木体炮舰"艾格尔"号（Aigle），攻击距离 134 码。鱼雷的炸药战斗部在"艾格尔"号舷侧炸开一个 20 英尺 ×10 英尺的大洞，该舰即刻沉没：证明了鱼雷这种武器具备可靠的杀伤力。于是海军部付给怀特海德 15000 英镑，但没能买断鱼雷和"怀特海德机密"，只是取得授权生产而已。沃维奇兵工厂从 1872 年开始生产鱼雷。很快，法国、德国和中国都跟上了英国的步伐。[94]

1874 年，准备用"奥伯伦"号开展一系列深入测试研究，不过这回它成了靶船。该舰的船体进行了特别改装，建成了类似第二章"柏勒罗丰"号、"海格力斯"号那样的双层船底结构。该舰原本的十六分之七英寸厚的船壳保留了下来，代表"海格力斯"号的内船壳，在它外面包裹了一层八分之七到十六分之十三英寸厚的铁皮，代表外船壳，内外船壳之间是十六分之七英寸厚的肋板支撑结构。用该舰来代表"海格力斯"号的船体结构，只是很粗略的，因为"奥伯伦"

号原来的船底里有比"海格力斯"号更宽、强度更大的支撑结构，而且这些肋骨结构的间距也更小，同时，它也没有"海格力斯"号的铁造甲板。[95]

测试主要是为了了解发生在船体旁边不同距离的水中爆炸，会给船体带来怎样的毁伤效果。具体操作是把许多装填 500 磅湿火棉的地雷放在水下 47 英尺的地方，然后按照一定的间距，由远及近依次起爆。第一枚地雷在距离靶船的外船壳 100 英尺的地方起爆，后面的 3 枚依次在距离靶船外船壳 80 英尺、60 英尺、50 英尺处起爆。这 4 次水下爆炸都没有将靶船"奥伯伦"号的外壳撕开裂口，但船体内部"严重损毁"，[96] 这是非致命、非接触式水下爆炸的典型毁伤效果。① 最后一次爆炸几乎给"奥伯伦"号造成了致命伤，这次爆炸直接发生在龙骨正下方 38.5 英尺的地方。"起爆的那一刻，靶船好像整个从水里往上拱了起来；爆炸正好伤到了船体中腰，事后发现该舰的龙骨被炸断了。"但由于该船安装了水密隔舱壁，它没有沉没，现场抢修后，就把它拖回了朴次茅斯军港。

根据这项测试的结果，海军部得出的结论是：如果 500 磅的火棉装药水雷在"海格力斯"号船底正下方 40 英尺处爆炸，那么将给该舰造成致命伤，如果在舷侧 30—40 英尺的地方爆炸，仍然会对船体造成严重破坏。当时的怀特海德鱼雷装药只有 75 磅火棉，因此，理论上只要在舷侧架设一道距离船体 15 英尺的防鱼雷网，让鱼雷提前引爆，那么就可以有效保护船体，而 33 磅火棉的那种怀特海德鱼雷如果在距离船体外壳不到 4 英尺的地方爆炸，而且爆炸完全发生在水线装甲带下缘以下的深度，那么仍然会造成严重的甚至是致命的毁伤。② 巴纳比正是根据这些测试的结果，宣称他给"不屈"号设计的水下船体能够抵御一枚鱼雷的爆炸，可是他当时没有意识到，如果一枚鱼雷正好在一道水密横隔壁的外面爆炸，那么就会让相邻的两个舱室都进水，这时的毁伤效果就大得多了。

鱼雷发射平台的发展

1872 年成立了一个"鱼雷委员会"，经过调研，他们认为有 4 种平台可以用来发射鱼雷：主力舰本身、主力舰的舰载艇、专门建造的鱼雷艇以及专门建造的以鱼雷为主要武器的特种战舰。③ 之后的几年里对四种发射平台都进行了测试，所有主力舰都安装了发射滑轨（Chute）[97]。英国海军第一艘专门建造的鱼雷艇是"维苏威"号（Vesuvius）[98]④，战术定位是鱼雷偷袭。锅炉经过特别设计，可以烧焦煤（Coke），燃烧很充分、烟很少，并且不直接排放到空气中，而是跟海水混合后排放到海里。该舰的航速只有 9.8 节，并不显得突出，所以后来从没有让该舰演练过高速鱼雷突袭。该艇的武器是船头一具直径 2 英尺的水下发射管，管长 19 英尺，管口最前端向里 4 英尺处有一个闸阀（Sluice valve）[99]。管内的上方和下方管壁上各有 10 个滚轮排成一列，左右管壁上则有导轨。该艇能搭载

① 1885 年《布拉西海军年鉴》，出版于朴次茅斯。

② J. 坎贝尔跟本书作者我的书信，基本上介绍了 1877 年鱼雷操作手册上的内容。

③ D. 莱昂著《英国皇家海军与鱼雷》（The RN and the Torpedo），1987 年出版于巴黎。

④ 1872 年 2 月 12 日正式下订单，1873 年 3 月 16 日在彭布罗克海军船厂开工建造，1874 年 9 月 11 日完工。

1874 年下水的"维苏威"号。设计意图是作为一艘鱼雷"偷袭"艇，可是该艇似乎从来没有按照这种战术目标进行过演练。照片中高高的烟囱不是原本的设计。（作者收藏）

1873 年开工建造的"维苏威"号鱼雷"偷袭"艇的总体设计图。

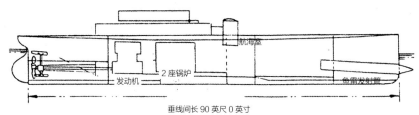

巴纳比和邓恩为 1881 年下水的"百眼巨人"号所作的设计草图。

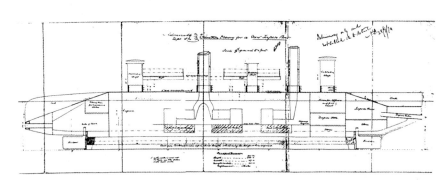

10 枚 16 英寸直径的鱼雷，每枚大约长 14 英尺，带有 67 磅的火棉战斗部。[1] 该艇唯一一次"成功发射"是在后续章节将要介绍的"抵抗"号鱼雷测试中担任鱼雷发射船，虽然该艇一直服役到 1923 年。从那以后直到第二次世界大战结束，各种各样的测试和实战经验都表明，鱼雷攻击只有在夜间敌舰航速较低的时候才容易成功。"维苏威"号的发展方向毫无疑问是正确的。

"百眼巨人"号

19 世纪 70 年代中期，巴纳比和他的首席助理邓恩（Dunn）提出了一系列以鱼雷为主要武器的特种战舰设计草图，这些战舰呈细长雪茄形，航速很快，主要武器是几根（通常 5 根）水下鱼雷管。战舰计划搭载的鱼雷在 25 枚到 40

① A. W. 约翰斯（Johns）爵士撰《战舰建造的发展与进步》（Progress in Naval Construction），刊载于 1934—1935 年间在纽卡斯尔出版的《国际船舶工程大会会志》（Trans NECI）[100]。

枚之间。船体水上部分非常低矮，采用 2 英寸厚的钢板作为防护，后面是八分之三英寸厚的薄船壳外皮。最开始的设计草图中，露天甲板上的飞桥分成前后两部分，都可以脱离船体自己漂起来，就像救生筏一样，但在实际建造出来的"百眼巨人"号（Polyphemus）上，则换成了真的救生艇，平时架在高高的支架上，支架可以朝一侧倾斜，从而让救生艇滑进海里。

1875 年 12 月 13 日，巴纳比的总体思路有了很大调整，他致函邓恩，指示道：[1]"我们现在准备把这种小鱼雷舰大型化，设计成高速的撞击舰，不过原来的船型和装甲布局维持不变。"后来似乎让菲利普·瓦茨来具体设计这个方案。

1876 年 1 月 8 日，巴纳比向海军部审计长提交了一份长长的备忘录，记录了他跟海军上将萨托利斯（Sartorious）之间不愉快的讨论。萨托利斯是撞击战术的铁杆拥护者，他希望直接不要装甲防护，把航速提高到 15—16 节，当然还需要简易的风帆。如果是跟"探路者"号（Rover）差不多的战舰，则需耗资 17 万英镑。（实际上，巴纳比认为"探路者"号[101][2] 就是萨托利斯想要的那种战舰。）巴纳比向萨托利斯展示了一台"前段时间制作的模型"，模型带有装甲和水下鱼雷管（计划搭载 40 条鱼雷，不过最终的"百眼巨人"号只搭载了 18 条）。到这个阶段，"百眼巨人"的具体设计参数是：长 250 英尺 × 最大宽 37 英尺 × 船体深 24 英尺 =2340 "吨位"；设计标定功率 5000 马力，预计航速达到 17 节；报价 142000 英镑。

后来，又准备给暴露的钢外壳加上 2 或 3 英寸厚的惠特沃思钢面复合装甲。经过反复的防弹测试后，最终决定该舰的装甲防御如下：内层是厚 1 英寸的大片船壳板，这种钢板的极限屈服强度达到每平方英寸 45 吨；外面则是一层边长只有 10 英寸的方形装甲板，[102] 但极限屈服强度高达每平方英寸 60 吨[3]，这种装甲板还在冷油中淬冷硬化过。舱口盖围板带 4 英寸厚复合装甲，指挥塔装甲厚 8 英寸。该舰有 2 座锅炉舱、2 座发动机舱，呈单元化布局。船底安装了一道总重达 250 吨的铸铁打造的龙骨插板（Drop Keel）[103]，不过并不是从船头到船尾的一整根，而是做成一截一截的，这样可以在遇到大浪等紧急情况的时候把所有分节一齐迅速放下去。每一节龙骨插板都用贯通这一节全长的两根钢闩固定，其中一根需要液压动力来控制它放开，另一根可以手动放开，两个固定闩都放开了，插板就在自身重力作用下落入水中。该舰服役期间，每两个星期就要检查一下龙骨插板是否能正常工作。该舰耗资 226000 英镑，不过算下来每吨造价才 30 英镑，对于这样一艘集成了高新技术的战舰，也算是比较低廉的造价了。

"百眼巨人"号装备的鱼雷是怀特海德 14 英寸 II 型鱼雷，带一个 26 磅火棉装药的战斗部，最高航速 18 节，此时射程 600 码——最高航速竟然跟"百眼巨人"号本身一样快！"百眼巨人"船头是一具撞角，撞角的头其实是舰首鱼雷发射

[1] 见海事博物馆该舰的存档文件。我要感谢大卫·莱昂让我注意到这个材料。后来巴纳比在《19 世纪战舰设计发展史》中的叙述跟这份文档的内容相矛盾。

[2] 跟"飞逝"号比较类似，排水量 3460 吨，航速 14.5 节。

[3] C. E. 埃利斯撰《船用装甲》，刊载于 1911 年在伦敦出版的《造船工程学会会刊》。

管的铸钢管口盖，通过摇动一个手轮来带动一根转轴，就可以朝上方开启管口盖。为了找到这艘"撞击舰"的最优船体形态，威廉·弗劳德[①]在试验水池中做了大量的模型测试。这个撞角能够在一定程度上起到 20 世纪"球鼻艏"（bulbous bow）[104] 的作用，因而它的形状和位置可以对战舰的航速等性能产生很大影响。船头下方安装了一具前后都带舵叶的平衡舵，不使用的时候可以缩回船体里面去。试航时发现这具船头舵在战舰前进的时候可以减少"战斗转弯直径"（Tactical diameter）[105]，并让转过半圈的时间缩短大约 12%。当该舰以 11 节航速倒进的时候，只用尾舵会发现该舰"难以操控"[②]，如果用舰首舵辅助，发现此时该舰操纵性良好，转弯 360° 时划出的回转圆只比 11 节航速前进时的回转圆稍大一点点。

表 5.1 早期鱼雷艇、鱼雷舰性能参数

	"维苏威"号	"闪电"号（Lightning）	"百眼巨人"号
开工年份	1873	1876	1881
排水量（吨）	245	32.5	2640
垂线间长（英尺）	90	84.5	240
标定马力/航速（节）	380/9.8	460/19	7000/18
鱼雷	1 根 16 英寸的船头水下鱼雷管	2 个水上鱼雷发射架	5 个 14 英寸的水下鱼雷发射管（带 18 枚鱼雷）
其他武备			6 挺诺登飞手摇机关枪

据说，该舰在迎头浪中航行能力还不错，但遇到从舷侧或者船尾侧后方涌来的浪头时，船体就不大听话了，左右乱摆。理论上，战舰在海浪中左右、前后摇晃，既取决于来浪的周期，也取决于战舰自身横摇和纵摇的稳心高。就算该舰在外海连续航行几天，期间甲板上的舱口盖全部关闭，凭借船体内的通风系统高效运作，该舰内部环境仍然可以忍受。"百眼巨人"号率先安装了西门子80 伏特带接地线的直流发电机，这种发电机供应的照明电更安全，不容易漏电。该舰是当时唯一一把船体刷涂成灰色的战舰[106]。上面提到过，这艘船的鱼雷航速只能达到跟战舰本身一样快，使用这种性能很差的鱼雷攻击敌人，可能还不如第一章介绍的撞击战术管用呢。第十章会介绍到日俄战争期间用性能高得多的鱼雷发起了大量攻击，基本上都失败了，可见"百眼巨人"号有效发挥战斗力的可能性很低很低。当时可能是计划让该舰偷偷摸摸进防御森严的敌军军港，比如法国的瑟堡和沙俄的喀琅施塔得（Kronstadt），然后突袭锚泊的敌舰。

1885 年比尔黑文军演——舰队协同攻击防御森严的锚地[③]

由海军上将杰弗里·霍恩比（Geoffrey Hornby）爵士担任总指挥的这场1885 年大规模军演，是为了做好对俄开战[107]的准备，英军战舰编成"特任舰

① 这次测试的结果报告直到 1877 年 4 月和 1888年 8 月才撰写出两份。一般测试的报告都要在测试结束后一段时间才能撰写出来，测试的最初结果是由电报或者送信员来报送的。

② W. H. 怀特著《战舰设计手册》（A Manual of Naval Architecture），1900 年伦敦出版，第 700 页。

③ 这里几乎完全是根据1886 年《布拉西海军年鉴》（出版于朴次茅斯）来写的。

队"（Particular Service Squadron），在比尔黑文（Berehaven）[108] 模拟攻击一座像沙俄军港喀琅施塔得那样高度设防的军港，检验战舰及其发动机、鱼雷艇及攻防水雷战术，以及在雷场和其他敌方防御设施面前，攻击军港内敌方舰队的战术。演习中，"百眼巨人"号出人意料地成功摧毁了"敌军"重重设防的航道封锁线（'Breaking the boom'），结果这场军演的真正战术价值完全被这"意外成功"掩盖掉了。

　　演示时，在比尔黑文港内的小岛两侧各设置了一道航道封锁线，东边的航道封锁线足足有 1 海里长。6 月 18 日、19 日和 20 日的大浪拍坏了这道封锁线，不过到 22 日的时候已经完全修复了。封锁线分为内外两道，外线用 5 英寸直径的钢制粗锚缆把粗木杆彼此相连而成，内线则只是把一些轻木杆彼此相连，内外两道封锁线相隔 5 码。两道封锁线之间有轻木杆彼此相连，还在木杆上挂了很多绳编的网子，用来缠住敢于突破封锁线的战舰的螺旋桨。在封锁线以外布设了 4 道演习用的水雷，每道水雷彼此间隔 10 码，位于水面以下 14 英尺的深处。4 道水雷阵位于航道正中，在水雷阵两侧，是许多电击发的接触式（electric contact）演习用水雷，也布置在水下 14 英尺处，而在这些接触雷的两侧，近岸的水中布放了机电式触发（electro-mechanic）水雷，专门用来对付吃水浅的鱼雷艇。岸上架设了 24 门野战炮和 24 挺机枪，它们的火力足以覆盖整个封锁线和雷场。可是这些演习用水雷中有不少都被之前的暴风损坏了。"总共布放了上百枚水雷，有代表 500 磅装药的，有代表 72 磅装药的，不过很大一部分都已经失效了。"

　　6 月 23 日，"海员"号（Mariner）小型炮舰[109] 按照命令驶入雷场。雷场中的演习用水雷减少了装药量，当战舰触雷后水雷仍然会起爆，但造不成什么伤

1881 年下水的"百眼巨人"号，海军官方文件中称这艘船是"鱼雷撞击舰"，不过一般都把该舰看作一艘低干舷的装甲鱼雷艇。该舰是最早刷成灰色的英国战舰，可能是为了降低目标可见度。（作者收藏）

害，不过可以从岸上观察到触雷。虽然该舰吃水很浅，但它仅仅躲过了一枚水雷，于是该舰被判定为触雷沉没。当天下午，又有一艘鱼雷艇（Torpedo Boat）被判定为触雷沉没。夜间，岸上架起探照灯照射着封锁线和雷场。"香农"号上安装了照度相当于同时点亮 25000 根蜡烛的探照灯，可让人惊异的是，这么亮的探照灯竟然不能照亮 12 海里以外的地方，可能是有月光干扰。6 月 26 日，武装商船（AMC）[110] "俄勒冈"号（Oregon）[111] 和小型炮舰"迅速"号（Express）[112] 也加入了战斗。第二天，远洋拖船"海马"号（Seahorse）护卫着 4 艘小炮艇加入了战斗。这 4 艘炮艇是"麦地那"号（Medina）、"梅德韦"号（Medway）、"斯耐普"号（Snap）和"狗鱼"号（Pike）。[113] 它们在大浪中靠自身动力航行只能达到 3 节航速。在静水中，"海马"号同时拖带这 4 艘船都能开到 7 节。

6 月 29 日月亮落山以后开始了第一波攻击。参加攻击的是 3 艘一等鱼雷艇、4 艘二等鱼雷艇、4 艘武装舰载蒸汽大艇、5 艘舰载蒸汽交通艇、2 艘舰载蒸汽小艇（Cutter）和 8 艘其他小艇。蒸汽交通艇成功地在封锁线上安装了 5 个演习用爆破装置（虽然演习的规则说只要能够在封锁线上安装 2 个假爆破装置，就可以判定封锁线被突破了，不过裁判当场改了主意，他认为现场岸上的"火力很重"，实战中这些交通艇根本不可能在封锁线上安装炸药，所以判定它们放置的爆破装置无效）。鱼雷艇群接着用鱼雷攻击了封锁线；鱼雷里面装填了福尔摩斯发光粉（Holmes light）[114]，可以从岸上观测到鱼雷的航迹，辅助鱼雷艇群的其他蒸汽艇也使用它们的杆雷对封锁线进行了攻击。演习规则说：一艘作战舰艇若被一枚怀特海德鱼雷击中，则判为"丧失战斗力"；如果有一枚演习水雷在舰艇正下方引爆，也判定该舰"无法继续战斗"[115]。

6 月 30 日，"百眼巨人"号对封锁线发动了攻击，这次攻击总共以 17 节的航速连续机动了 2 海里，途中躲过了 6 艘鱼雷艇发射的 10 条鱼雷，雷场到这个时候已经判定为完全扫除干净了。最后该舰突破了内外两重封锁线，封锁线上那些 5 英寸直径的粗钢缆就像"棉线一样"被撞断了，在"百眼巨人"号上感觉不到一丝撼动，但演习报告中没有说清楚该舰通过封锁线造成的缺口是不是大到足以让鱼雷艇群通过。然后又在封锁线上引爆了一颗实弹水雷，可是炸开的缺口不足以让鱼雷艇群突防。"百眼巨人"号突防后就拆除了封锁线，然后演习继续进行——这一时期的演习中，操作风帆相关的科目已经大大减少了，不过还没完全消失。

作者对这次演习的看法

演习的时间点显然是故意选取的，当时英国和沙俄的矛盾一触即发，这场演习甚至可以看作是未来攻打喀琅施塔得的预演。时人的注意力大都被"百眼巨人"号突破封锁线的精彩表演吸引了，但是不要忘了，封锁线周围的岸上炮台和水中雷场结合在一起，能够发挥非同寻常的战斗力。如果是在实战中，舰队的火炮能否压制住岸上的野战炮和机关枪，同时完成扫雷作业呢？到这个时代，木杆子连接成的封锁线可能依然有价值，[116] 因为它仍然能够阻挡鱼雷艇这样的浅吃水小船进入港内，不过"百眼巨人"号的突防已经向人们清楚展示了在没有雷场保护的情况下，大型作战舰艇多么容易突破这种封锁线。这场演习构思严谨、计划周密，不过在这场演习之后，似乎战术专家和将领们开始对攻击堡垒港口失去了兴趣。

① 参考《康威世界战舰名录，1860—1905 年》中大卫·莱昂撰写的鱼雷艇部分。

"闪电"号和早期鱼雷艇

从 1874 年开始，著名的蒸汽快艇制造商约翰·桑尼克罗夫特动用各种手段向海军部推销他的蒸汽大艇，希望海军部用它们制造鱼雷艇。1876 年海军部订购了 1 号鱼雷艇"闪电"号，可以携带两条鱼雷，安装在发射架上，发射架可以伸入水中释放鱼雷。1879 年，将发射架替换成在船头安装一根发射管，艇体舯部两舷各有一条待装填鱼雷，安放在四轮储存架上。"闪电"号的服役经历波澜不惊，长期作为鱼雷战术学校船"维农"号（Vernon）的辅助艇，学员和老师用该艇做过很多很多实验。① 以"闪电"号为原型的快艇被视为鱼雷艇发展的正确方向，因此被各国大量建造。

从 1878 年到 19 世纪 80 年代的头几年，英国海军建造了不少类似"闪电"号的一等鱼雷艇，也建造了一些其他设计样式的实验艇。这些艇的艇体结构强度都不怎么样，没法长久维持它们的设计航速；到 1886 年的时候，大部分都改作其他次要角色了。还建造了一些 10—12 吨的二等鱼雷艇，它们可以携带两条鱼雷，刚开始用发射架来安装，后来用发射滑轨。这种二等鱼雷艇的设计定位

1878 年前后的 3 号鱼雷艇，跟最初的"闪电"号外观应该非常类似。（作者收藏）

是作为主力舰上的舰载鱼雷艇，但是它们的艇体强度比一等鱼雷艇还不可靠，主力舰基本没有携带过这种鱼雷艇，仍然是携带各种可以临时当作鱼雷艇使用的哨戒艇。[①]

"赫克拉"号鱼雷艇母舰

"赫克拉"号（Hecla）本来是一艘在建的商船，名叫"英国皇冠"号（British Crown），但刚好赶上 1878 年俄土爆发武装冲突，英国可能会干涉，于是海军部征购了这艘商船，改装后用作鱼雷艇母舰和补给船。该舰可以携带 6 艘二等鱼雷艇，后来的数次演习中，都操练了用该舰释放鱼雷艇突袭敌军港口。看起来，海军部对该舰比较满意，他们又按照这种设计理念，在 1888 年建造了一艘扮演同样战术角色的替代舰"伏尔甘"号（Vulcan，或译为"火神"号）。

该舰的海上服役生涯，绝大部分时候都是作为一艘海上浮动的鱼雷和水雷学校，夏季在爱尔兰的比尔黑文，冬季在地中海的马耳他。每年一度在"大港湾"（Grand Harbour）里布雷和扫雷大会操，是地中海舰队母港马耳他岛上的一项重要活动。[②]

早期鱼雷

沃维奇兵工厂早期生产的鱼雷，直径 16 英寸，长 14 英尺，战斗部是 106 磅的湿火棉。用每平方英寸 800 磅的高压压缩空气驱动一台双缸 V 型发动机，可以让鱼雷以 9.5 节的航速航行 250 码，或者以 7 节航速航行 800 码。不过慢速长射程基本没有实战意义，因为若鱼雷航速太慢，则敌舰有充足的时间机动避让，命中的机会很小很小。后来，换成了兄弟牌 3 缸星型发动机，并采用了前后两具共轴反转的螺旋桨，提高了性能，能以 12.25 节的航速航行 300 码，9 节航速下射程可达 1200 码。共轴反转的螺旋桨可以抵消彼此的扭矩，[117] 所以鱼雷长长的尾鳍就可以取消掉了。1883 年，R. E. 弗劳德用水池试验证明，鲸鱼头形的钝圆艏比尖锥形艏更能降低航行阻力，[118] 可以在发动机功率不变的情况下提高 1 节的航速，而且钝圆艏的装药量还可以更大。

1872 年，罗伯特·怀特海德并购了阜姆工业集团，以"西鲁瑞菲科·怀特海德"（Silurifico Whitehead）的品牌名活跃在国际军火市场上。他首次公开展示原型鱼雷仅仅是 6 年前的事，而他现在坐拥一个蓬勃发展的对外贸易公司。[③] 虽然沃维奇兵工厂也能生产鱼雷，但是英国皇家海军的需求量太大，他们一直持续从阜姆工业集团购买鱼雷，每条 14 英寸鱼雷售价 320 英镑（1877 年一次性购买了 225 条）。这些仍满足不了英国海军的需求，1886 年，英军从德国施瓦茨科普夫（Schwarzkopff）购买了 50 条鱼雷，从沃维奇购买了 200 条，还从奥

---

① N. B. J. 斯特普尔顿（Stapleton）著《蒸汽哨戒艇》（Steam Picket Boats），1980 年在拉文纳姆出版。

② 《巴拉德海军上将回忆录（第四部分）》，刊载于 1976 年在伦敦出版的《航海人之镜》第 62 卷第 3 期。巴拉德说，在他已经当上少将的时候，该舰仍然能够像他刚当上海军官实习生时那样出海巡逻。

③ 1912 年，怀特海德的孙女应邀主持了奥地利海军的一艘潜艇的下水仪式，不久她就跟这艘潜艇的艇长冯·特拉普（von Trapp）上校结婚了，他们俩的孩子因电影《音乐之声》中的"冯·特拉普上校"而闻名。

地利阜姆购买了 200 条。到这个时候，沃维奇兵工厂已经在生产 14 英寸 VIII 型鱼雷了，其战斗部是 78 磅湿火棉，使用每平方英寸 1350 磅的高压压缩空气驱动，航速可达 22 节，射程可达 1000 码。（这型鱼雷以这种航速航行时具有的动能大约是 17000—18000 英尺·吨，几乎跟当时主力舰上 45 吨重的 12 英寸后装炮的炮口动能一样高。）沃维奇鱼雷的垂直和水平尾舵安装在螺旋桨前方的锥形尾部；怀特海德（阜姆兵工厂）的鱼雷，舵叶则安装在推进器的后面。

武装商船

19 世纪 30 年代开始出现的第一批蒸汽船舶都是用木头建造的，当时的蒸汽机都很沉重，结果在舯部集中了很大的局部重量，蒸汽机工作时的震动也特别剧烈，为了承受这些额外的载荷，早期的蒸汽木体商船结构跟木体风帆战舰没有什么区别，都非常厚重、结实。19 世纪 40 年代出现螺旋桨推进器之后，螺旋桨的震动问题比过去的明轮更严重，于是木制蒸汽商船船体就更加坚固了。由于这些商船结实耐用，19 世纪上半叶，军方便想到要用武装商船来保护海上贸易路线，还制定了大体的改装方案。[1] 到了 19 世纪中叶，商船和战舰的设计逐渐分道扬镳，比如，当时的商船一般都用熟铁建造[119]，发动机也是竖立式的，上半部分暴露在水线以上，因此汽缸容易遭到敌军炮火的伤害。从 1850 年开始，海军部不再允许民间的铁造商船承担海军的跨海邮政业务，而是建造专门的木体通信船。海军认为在遇到战争时这些通报舰将会是第一批改装成辅助巡洋舰的船舶，所以它们不能用熟铁建造，因为熟铁面对炮轰时生存性很差。1853 年，财政部特别成立了一个邮政业务委员会，经调研，委员会跟海军部的意见是类似的，都认为这个时候战舰和商船的设计已经大为不同，所以"不应该在民间邮船上浪费优惠和补贴，战时不可能把它们改装成辅助战舰"。

美国内战中的海上交通战

第一章介绍的美国内战中，北军封锁南军港口，南方派出袭击舰袭扰北方海上贸易，这些都凸显了战时保护海上交通线的重要性。鉴于这些实战经验，英国从 19 世纪 60 年代开始建造没有装甲的高速巡航舰和炮舰，好追击和扑杀这种远洋贸易袭击舰，不过这些高速巡航舰和炮舰太昂贵了，所以建造数量严重不足，结果到了 19 世纪 70 年代，海军部再次提出用商船改装成辅助巡洋舰来进行海上交通战。时任总设计师纳撒尼尔·巴纳比就非常推崇这种改装，尽管他也非常清楚武装商船自身的局限性。[2]

---

① 布朗著《铁甲舰之前》。
② N. 巴纳比爵士《19 世纪战舰设计发展史》。

武装商船的战术定位

巴纳比 1877 年在造船工程学会发表的一篇论文 [1] 罗列了海军需要执行的各种任务，指出武装商船可以独立完成某些任务，还可以协助正规战舰遂行其他一些任务。巴纳比认为武装商船应该主要用来巡逻争议海区、封锁敌港、保护本国商船、击退对方辅助巡洋舰。巴纳比和那个时代的很多人一样，都相信"大型蒸汽船航速高，还可以不受天气条件约束，自由机动，在夜间可以从任何方向对航速缓慢的小汽船和帆船发动攻击，这些武装汽船的炮弹、撞角和杆雷等武器可以对手无寸铁的商船造成严重破坏，所以即使面对敌人连装甲防护都没有的袭击舰，这些商船也极为脆弱，护航行动根本不可能成功"。不过巴纳比接着说道："要是护航编队都没法保护商船，那么没有护航编队的商船就更加无法自保了。"

当时通行的战术是用战舰巡逻关键的贸易路线和路线的交汇点，并追击、扑杀敌军的袭击舰。由于这些袭击舰肯定也需要大量燃煤供应，要常常加煤，因此只要攻占或者封锁了敌军的加煤站，这些袭击舰就几乎没法继续战斗了。人们似乎忘记了 1854—1855 年克里米亚战争期间，掌握了制海权的英法联合舰队在波罗的海对俄作战的时候，只要随便找一个风浪相对平静的港湾就可以完成燃煤补给。

要想有效地保护贸易路线，工作量真的非常大：巴纳比说，到 1875 年底的时候，英国登记在册的、吨位超过 50 吨的商船已经多达 18696 艘风帆货船和 3436 艘蒸汽货船。[120] 巴纳比认为这 3000 多艘汽船中有大约 300 艘能达到 12 节以上的航速。

① N. 巴纳比爵士撰《商船在海上冲突中的作用》（*On the Fighting Power of Merchant Ship in Naval Warfare*），刊载于 1877 年在伦敦出版的《造船工程学会会刊》。

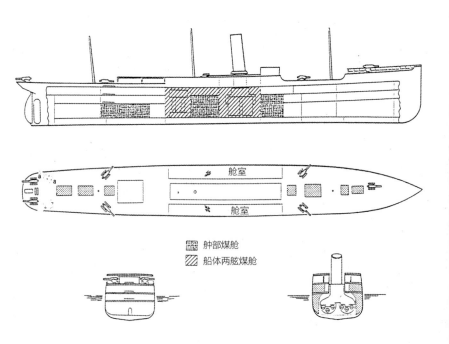

贝茨（Bates）1883 年发行的一套"自己动手改装指南"中建议的武装商船改装方案。

巴纳比设想在适合改装的商船船头两舷安装一对 64 磅炮，船头改造成撞角艏，发动机舱前方设置一道防弹装甲隔壁，这样的商船就可以安全地船头对敌发动攻击了[121]。船尾也可以采用类似的火炮和防御布局。如果愿意大费一番周折，还可以在一些商船的舷侧安装 6 英寸厚的装甲，并安装 64 磅炮组成的舷侧炮阵。

技术问题

到 19 世纪 70 年代，海军仍然觉得没有装甲的铁皮船壳是很要命的东西，因为飞行速度较低的炮弹在击穿了一舷的船壳后还能横穿船体击穿另一舷的船壳，此时就会把这一舷的船壳大片大片地撕扯下来，形成致命的破片。因此，巴纳比特别推崇建造铁骨木壳的无装甲战舰，船体承重结构以熟铁建造，外面覆盖木板，即使需要在铁骨外面包裹铁皮来增强船体结构，也应该在铁皮外面再包上一层木头。[122]19 世纪 40 年代的"西蒙风"号（Simoom）[123] 防弹测试，证明了巴纳比的这种担忧不是毫无根据的，尽管给这样的铁船包裹上木制外壳并不能解决这个问题。那个时代的熟铁船保存至今的只有邮船"大不列颠"号[①] 和 1860 年铁甲舰"勇士"号[②]，对提取自两船的样品进行力学测试，发现前者采样熟铁的防弹性能比后者要差得多。19 世纪 80 年代，优质钢材的普及基本上克服了熟铁的这一问题[124]。巴纳比希望在这些武装商船的发动机舱上方设置一道装甲甲板，这样做的代价太高昂了，于是只储存了一层厚约 12 英尺的燃煤来作为防御措施，抵得上 6 英寸熟铁装甲的防弹效果。

商船的底舱分舱情况详见附录 8，海军部当时希望商船都能在底舱做水密分舱，至少保证一个大舱进水也不至于影响船舶的稳定性和储备浮力，这大大提高了当时商船的安全性。邓恩在他的一篇造船工程学会论文[③] 中特别指出：要想有效控制进水，底舱的水密分舱横隔壁的高度必须大大高出水线附近可能进水的位置，[125] 最好达到上甲板高度。这项技术要求跟海军部的运兵船设计指标存在矛盾，因为一般要求运兵船上横隔壁最高达到上甲板下面的那层中甲板高度，这样士兵才容易在船体内快速移动，通风也能更好！后来似乎巴纳比和邓恩的建议占了上风。巴纳比提出的商船改装方案，也在他宣读完那篇论文后的讨论环节里，受到一些人的质疑，他们觉得商船的船体结构和稳定性可能都不足以进行那些改装，所以应该再加装一些结构补强材料，不过巴纳比认为在这些商船上安装任何补强件都只能增强船体的局部结构，而且一门 64 磅炮算上炮架的全重也才 5 吨，底舱里还可以存放 10 吨的弹药，能让重心保持足够低了，至少可以保持到交火以前吧。

① J. E. 摩根（Morgan）撰《"大不列颠"号蒸汽商船上的熟铁船材》（*The Wrought Iron of SS Great Britain*），提交给 1996 年在伦敦举办的皇家造船工程学会"船舶史学大会"（Historic Ships Conference）。
② D. K. 布朗与 J. 韦尔斯（Wells）合撰《"勇士"号设计的方方面面》（*HMS Warrior, the Design Aspects*），刊载于 1986 年在伦敦出版的《皇家造船工程学会会刊》。
③ J. 邓恩撰《水密隔壁》（*Bulkheads*），刊载于 1883 年伦敦出版的《造船工程学会会刊》。

海外军事基地的商船改装项目

1883 年，海军部让邓恩和贝茨制作了一份"自己动手改装指南"[①]，方便海外军事基地自行改装商船。海军部发给各个海外派驻舰队的舰队司令一份名单，列出了最可能途经他们驻地的、适合改装的商船，只要参考这份指南来改装，就可以在战时需要征用这些商船时快速实现改装。指南中建议的武备是 1878 年武装商船委员会指定的 4 门 64 磅炮、1 门 71 英担前装线膛炮和 1 门发射 40 磅炮弹的 35 英担后装炮。舰面上安装火炮的位置应当能让火炮拥有最广的方位射界，安装方式还应该能够让这些火炮快速地从一舷转移到另一舷，能朝船头船尾方向开火仍然是强调的重点，最后，只要有可能，就应该把武器安装在现成的舷侧货舱口里，货舱口当炮门使用。只要条件允许，就应当在发动机和舵头的上方堆码袋装燃煤，总厚度需要达到 10—12 英尺。海军部名单上的那些船应该都是真正符合"一个分舱进水也不至于沉没或倾覆"这个标准的，不过还是要求各个海外派驻舰队在改装前仔细检查商船的实际状况，要确认隔壁没有偷工减料，水密门和阀门仍然可以快速、有效地工作。这份指南还事无巨细地列出了改装商船需要搭载的各种物资，改装船的整体设计上需要做一些修改，好让它们存放得下整套整套的火炮配套物资[126]。指南还提供了几张草图，展示了几种建议的改装方案，上面一般都画了 7 门主炮和 2 门副炮，可以跟下面的"俄勒冈"号相对照。

1885 年，英国和沙俄的冲突开始表面化，于是海军部征购了 16 艘远洋客轮，开始按照上文介绍的方式进行改装。[②] 贝茨亲自负责在利物浦改装"俄勒冈"号，[③] 该舰最后安装了 8 座 9 英寸前装线膛炮和 8 挺 1 英寸诺登飞手摇机关枪。这些商船中，似乎实际上只有"俄勒冈"号及"赫克拉"号（即原来的"英国皇冠"号）真正完成了改装。

重开军民两用船舶补贴

1878 年，白星游轮公司的伊斯梅勋爵向政府提出，如果政府能够每年给他的公司提供一笔补贴，他的公司会建造航速足够快、煤舱足够大的快速汽船来方便战时改装，而且一半的船员都会采用海军的预备役人员。他这个提案需要一段时间的运作才能获批，最后政府在 1887 年同意给丘纳德（Cunard）公司的 3 艘游轮和白星公司的 2 艘游轮加上这种补贴。这几艘游轮需要保证火炮的炮座和相关设备安装到位。到 1901 年的时候，总共有 28 艘远洋大汽船享受这种补贴，分别是丘纳德的 6 艘、铁行（P&O）的 14 艘、白星的 5 艘、加拿大 – 太平洋公司（Canadian Pacific）的 3 艘。著名的邮轮"卢西塔尼亚"号（Lusitania）和"毛里塔尼亚"号（Mauritania），是后来加进补贴名单里的。1914 年开战的时候，

① 英国国家海事博物馆的 E. R. 贝茨收藏集中有这个文件的一份副本。
② R. 奥斯本著《战时改装》（Conversion for War），世界船舶学会（World Ship Society）1983 年在亚顿（Yatton）出版。
③ 布朗著《一个世纪的战舰设计发展历程》。

这种事先做好的改装准备让这些大船能够迅速改装成辅助巡洋舰，但人们发现这种高航速的越洋大汽船作为辅助巡洋舰其实不大现实，[127] 还是那些更小、续航力更好的民船更合适一些。

哈什拉尔的海军部实验室

威廉·弗劳德于 1879 年辞世，他的儿子埃德蒙接替了他的工作，领导托基的试验研究工作直到 1887 年，该年在朴次茅斯港对面的哈什拉尔修建了一座新的试验水池。[①] 水池研究在船体形态和螺旋桨形态方面积累了越来越多的数据，现在可以把这些数据总结起来，给未来的新设计提供一些参考。最早出现的这种数据汇编册是 1888 年出版的"等'K'[128] 曲线图册"。[②] 数据以曲线图的形式给出来，每张图都代表某一个航速与排水量的比值。然后可以按照图中横坐标的船长与排水量比值，从曲线上找到对应纵坐标的无量纲阻力。只要设计者对他要设计的船舶的排水量和航速有一个大体的估计，他就能从图册中对应的那一页的曲线上选出一个合适的参数区间来，以这个已经得到弗劳德试验验证的船体主尺寸作为设计母型，来初步估算船舶所需的发动机功率，并设计出新船舶的船体形态。这套数据汇编图册最后出版了整整 10 卷。就算设计上的限制不允许设计师选择最优的小阻力船型，他需要设计的这艘船跟弗劳德试验给出的小阻力理想船型之间有多大的差距，也可以定量地看出来。

弗劳德的"圆圈记号"[129]

这套参数中最基本的量是水下船体体积的立方根，记作 U，则

无量纲船长	圈 M	$\dfrac{船长 L}{U}$
无量纲航速	圈 K	$\dfrac{航速 V}{波长恰好相当于\frac{U}{2}的海浪的速度}$
无量纲阻力	圈 C	$1000 \times \dfrac{阻力}{排水量 \times (圈K)^2}$

这些符号看着就很复杂，实际上确实很烦琐，但这样就不要求使用者必须弄明白弗劳德发现的一些比较抽象的船舶阻力规律了。埃德蒙·弗劳德为了方便用户计算这三个参数，专门推出了一套计算尺（Slide rule）[130]。"等 K 图册"中每一页都对应某个选定的圈 K，以圈 M 为横坐标，纵坐标画出对应的圈 C，就呈现出一些曲线来。位于整个图上最下面的曲线肯定代表阻力最小的船型，不过进一步细化设计时可能会发现不能选取这样的船型，因为该型船身后部螺

① 为了保证数据的可靠和一致性，设备搬到哈什拉尔之后，又把在托基测试过的"鸢尾"号模型在哈什拉尔重测了一遍，看数据是否一致。后来每个月都要用同一个黄铜模型重复测试，作为整个水池设备的数据基准。这个模型从此以后就被实验人员叫作"鸢尾"号，虽然跟那艘巡洋舰没有什么联系了。

② R.E. 弗劳德撰《海军部实验室水池模型测试结果中总结出来的等参数曲线中的物理量的命名规则》（The 'constant' system of notation of results on models used at AEW），刊载于 1888 年伦敦出版的《造船工程学会会刊》。这篇文章发表出来以前，这种方法已经在海军内部通行一段时间了。

埃德蒙·弗劳德的等K曲线图册中的一页(有所简化)。这一页代表的圈K值是2.5，圈K是无量纲速度参数。纵坐标代表阻力，而横坐标代表船长和排水量之比。图上各段曲线代表不同船型的船在微小的船体形态变化下，阻力会发生怎样的变化。标着"HA"的船似乎阻力最小，不过很可能新设计的船舶无法使用这个船型。

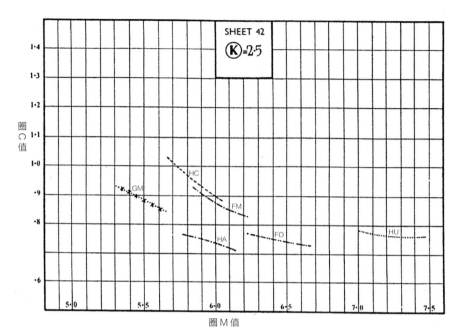

埃德蒙·弗劳德在哈什拉尔的实验水池，1887年开始运行，这是二战后的照片，但跟1887年几乎没什么变化。(皇家造船工程学会)

旋桨轴穿出船体的地方太瘦了，以至于左右两根螺旋桨轴之间宽度太小，又或者宽度小到布置不下前后主炮塔下方的底舱弹药库。每条曲线上所有数据点对应的那个船体的主尺寸，也全都以表格的形式列出来了[131]，于是在找到合适的数据点后就可以立刻绘制出新设计的基本船型来。

威廉·怀特谈到埃德蒙·弗劳德的论文时，曾经说："我常常会遇到自己的

工作经验无法解决的问题，这时候我就先给埃德蒙打一通电报，然后到下游去拜访他；到他那里查阅半个小时的曲线图后，我心里就对这个新设计有谱了，除此之外没有其他的办法能让我对我这个新设计放心。"曲线图上的基本船型还可以通过简单数学运算产生衍生船型，这让这本图册的价值更大了，毕竟图册中许多基本船型的数据都是根据"伏尔甘"号的船体形态来确定的。这本图册上的数据可以让设计者快速找到一个设计母型，但是新设计的船舶还是离不开模型水池测试，这样不仅能确保不会出现意外的大错误，还能进一步优化船型。水池测试可以在母型基础上再让航行阻力降低3%—5%，而母型本身已经很优秀了，这样在燃料上带来的节省大大超过了测试所需费用。所以当时和今天的船东都非常愿意为模型测试买单。

　　1883年，埃德蒙·弗劳德出版了一套数据汇编，[1]展示了螺旋桨的直径、螺距、前进速度和转速等基本参数如果发生改变，那么螺旋桨的推力、推力螺距和推进系数会怎样随之而变。有了这些数据，就可以根据船体形态和发动机的功率来选择最合适的螺旋桨了。这套资料太完备了，终于不需要像从前那样在每艘船造好后挨个试验不同形状的螺旋桨了。到此，英国人终于能够通过数据资料来较为准确地预测新战舰的船体形态、螺旋桨形态和所需的发动机功率

为了在1887年的"美狄亚"号（Medea）小型巡洋舰的基础上设计一款改进型，在哈什拉尔做了试验，留下了如图这些文档。最下面是船体型线图纸，上面叠放着实验报告和分析，然后据此绘制出一些航速和所需功率的关系曲线，这些文档中还包括最后向总设计师提交的报告。（作者收藏）

① R. E. 弗劳德撰《研究螺旋桨推进效率的方法》（A description of a method of investigations of screw propeller efficiency），刊载于1883年伦敦出版的《造船工程学会会刊》。

① 布朗著《一个世纪的战舰设计发展历程》。1973 年作者我还去参加了该校百年纪念庆典。

了，基本不会再出现代价高昂的设计失误了。已经更名为海军部实验室的弗劳德试验水池，逐渐把研究方向转到了船舶设计相关的其他流体力学问题。1903年，为了研究 20 世纪初期颇具争议的船头型线问题，实验室安装了一台造波器，时人不知道凹形（Hollow）船头水线和凸形（Full）船头水线的兴波阻力到底哪个更小。[132] 实验室对船舵、螺旋桨引发的船体震动都进行过测试，1904 年还开始对潜艇做测试。到 1919 年埃德蒙退休的时候，实验室已经为 154 级战舰测试过 500 种船型，共完成约 235000 次水池测试。弗劳德父子的工作让英国皇家海军在战舰设计上面独占先机。1873 年，雷恩（Wren）设计的那座宏伟的海军医院改作海军学院，于是在读的船舶设计和海军工程师学员从南肯辛顿搬到了格林尼治。① 威廉·怀特和森尼特分别在海军学院担任战舰设计和船用蒸汽机械学的教学任务，真是一对绝配。刚开始，设计师和机械师没有制服，不过他们很快就有了制服。

1877 年，怀特出版了《战舰设计手册》，这本书简明扼要地总结了船舶设计领域的主要知识积累。这本书既涵盖基本物理原理，又囊括了设计流程和各种经验参数，但内容编排合理，查阅起来很方便。这本书翻译成多国语言，再版了数不清多少次。在后来的版本中，怀特向他的助手 W. E. 史密斯致谢。

译者注

1. 这本书的书名，作者似乎搞错了，应该是 *Naval Development in the Century*。

2. 这两句话都出自巴纳比在 20 世纪初留下的《19 世纪战舰发展史》。第一句话代表他感到设计出一艘有口皆碑的战舰非常难，不扒层皮根本不可能。第二句话是把《圣经·新约·希伯来书》里的一句话跟当时的一句英文俗语合到了一起：《希伯来书》说的是"不做亏心事，不怕鬼敲门"（Righteousness first, then peace），那句俗语是"和平是打出来的"（War must come before peace），而巴纳比把它们合在一起，成了"Righteousness must come before clean hearted peace"（行得正，便能心安）。原著此处省略了"clean hearted"，结果让巴纳比的意思更加难以把握了。巴纳比的原意还是说他设计的战舰饱受争议，但他有理由相信自己的判断是正确的，在种种客观条件的限制下他交上了最好的答卷，因此不论坊间对他的批判多么嘈杂，他内心都能有一片安宁。

3. 今天仍然是如此。

4. "泰坦尼克"号沉没的时候就出现了这种现象。

5. "大不列颠"号是英国第一艘螺旋桨推进的铁造远洋客船，后来卖给了某个南美洲国家，再后来搁浅在南美洲海边的一座小岛上，二战后被英国人重新找到，请回布里斯托尔，成了代表工业革命的文物。

6. "勇士"号退役后一直闲置，二战后修复作为纪念舰保留在朴次茅斯港历史船坞。

7. 原著错写成"Pierre and Emile Martin"，成了两个人，还想当然地说这是"father and son"，特此更正。

8. 反射炉的"反射"就是指先用煤气、石油等燃料把炉子的顶和侧壁都烧热，然后这些地方都可以朝炉子中心的原料"反射"高温燃气的热量，让高温燃气的热量无法跑散，把原料加热到很高很高的温度。马丁平炉在炉膛上方安装了一座燃气回收室，可以让燃气的加热作用更充分。

9. 洛里昂是 17、18 世纪法国四大军港之一，加上 19 世纪新建的瑟堡，法国一共有 5 个军港：地中海沿岸的土伦，大西洋沿岸的洛里昂、布雷斯特和罗什福尔（Rochefort），以及英吉利海峡沿岸的瑟堡。这些军港的总设计师从 17 世纪开始就拥有很大的行政管理权力，完全不是英国皇家造船厂厂长和海军部总设计师可以相比的。"可怖"号算是世界上第一艘钢造战舰，采用类似第四章"鲁莽"号的中腰炮室＋露炮台设计，法国铁甲舰招牌式的舷墙内倾和左右凸出式中腰炮室也在该舰上第一次得到了 100% 诠释。

10. 向海外基地送信的快船。

11. 按照当时的次品率，质检就意味着每批供应的钢都会出现不少废钢，它们的成本会添加到最终成交的钢材上去。

12. 见下一页图。

13. 是当时英国制作大炮和枪械炮管的最上乘钢材。惠特沃思发现用平炉法制成的钢坯在冷却下来后表面和内部有很多气泡，会影响强度，于是他发明了热锻压工艺，让钢坯在熔融半液态时接受水压机的锻压，这样就能把气泡挤出去，大大提高钢的性能，锻压后的钢坯厚度变成原来的八分之七，锻压时所用的压力高达每平方英寸 6 吨。

14. 早在风帆时代，人们已经发现这种热带硬木比金属要耐磨得多，19 世纪 50 年代的早期螺旋桨战舰曾用它做轴承，结果磨损速度太快，战舰险些从轴隧进水失事。

15. 圆筒形和卵圆筒形的都是"火管锅炉"：锅炉内下部是火塘，上部是装水加热的区域，炉火从火塘跑进加热区的许多细管里加热外面包裹的淡水。根据当时使用高压蒸汽锅炉的经验，如果能适当减小锅炉炉膛的直径，就可以让锅炉外壳更好地承受高压。可是不能简单地把整个锅炉的外径变小，那样一来锅炉的高度和宽度就同时变小了。锅炉的宽度变小不会带来什么问题，但是锅炉的高度不能变小，因为锅炉上部烧水的区域必须足够高，这样水面上方才能有足够的空间容纳蒸汽。如果水面上方高度不足，那么蒸汽就会"受到压迫"而跟水面"过于亲密"，造成大量小水滴进入到蒸汽里面，也就是第一章译者注释 26 介绍的"蒸汽带水"问题。于是只能让炉体变窄，高度不变，这样就出现了卵圆筒形锅炉。但蒸汽作用在椭圆形横截面上，总有把它撑圆的趋势，长此以往，锅炉就容易在外壳铆接处变形开裂。

16. 锅炉中堆放燃煤的地方。

17. 过高的测试压力可能会让锅炉尚未正式使用就局部受损。

18. 锅炉下半部分烧火的"火塘"，并不是让外壳直接受到炉火的加热，而是在里面安装了一根内胆，炉火在内胆中燃烧。波纹内胆更结实、耐加热膨胀。

19. 把一片或多片钢板卷成筒形，接缝处为搭接，两边的两片有点重叠。

20. 上一章后半部分介绍过，当时人们只能通过海军部系数来估算达到预定航速所需发动机功率，但估算时常失误，所以战舰实际能达到的航速需要从试航中测得。

21. 刚开始，试航的距离测量非常不准确，测量方法是对岸上地标进行三角函数测距，只要角度测量上有一点误差，就可以放大成航程上很大的差别，于是作弊者可以瞄准地标建筑上的不同位置，故意把航程测得偏大。试航的完成时间用秒表来测量，而且试航时间往往很短，作弊者只要稍微提前按下秒表，测量的时间就变短了一点，让航速看起来更高。作弊者还可以有意等待退潮的时候朝着外海方向开船，这时战舰相对于岸上地标移动的速度其实是自身航速和退潮速度之和。1860 年以后，海军部为试航选定了专门的航道，用浮标标记清楚航道的起止位置，战舰试航时会在航道内来回航行几次，求平均后就能排除海潮的影响。

22. 航速是发动机功率、螺旋桨形态和船体形态共同决定的。

23. 丹尼建议的方法有两个优势：一可以排除偶然误差，因为发动机的功率是不断提高的，航速也应该跟着出现连续变化，而不应该突变；二可以研究发动机功率的增大是否总能带来航速的提高，某个航速范围如果特别消耗发动机功率，可以跟威廉·弗劳德父子商讨，从而明确在每个航速范围内最消耗发动机功率的阻力是哪种。

24. 可能是因为当时的双叶螺旋桨容易和尾部支撑螺旋桨轴的呆木发生共振。

25. 因为此地距离大河的入海口太远了，战舰一旦栖装完毕，吃水太深，就不容易上溯到这个地方来，所以这里单纯用来造船。

26. 可以让 19 世纪上半叶的木造大船充分风干，风干后船体木料就不容易朽坏，而且木料可以逐渐释放应力，下水以后在风浪中更不容易彼此错动。

27. 也就是港内用防波堤围成的一大片静水区，战舰造好后从船台的斜坡滑入港池，一般是多个船台通向一个港池。战舰在风平浪静的港池内安装完各种舰上设备（如大炮、发动机等）。

28. 战舰停靠在岸壁边上，岸壁上是各种起重机，帮忙吊装各种舰上设备。

29. 因为船厂里水深不足，战舰只能到外港深水区去栖装。

30. 当然，造房子用的木材是明目张胆地从船厂工地上"捡的下脚料"。

31. 参考第一、二章的挂帆铁甲舰。实际上，排水量 4000—6000 吨的风帆木体战舰一直大规模建到 1860 年才被"勇士"号铁甲舰一夜之间淘汰了。

32. 铁甲舰时代早期，海军船厂还执着于旧时代的木船制造工艺，详见第一章译者注释 52。

33. 自然条件太受限制了，没法建造吃水更深的 20 世纪无畏舰。

34. 凯莫尔跟第三章和本章提及的当时铁造船舶龙头企业莱尔德是一家公司。

35. 要充分理解这种防弹测试的结果，只知道装甲的厚度还不够，以下根据同页正文脚注提到的 19 世纪原始文献，简介一下拉斯佩齐亚测试使用的装甲靶的结构。

首先，靶子并不是单纯的一块装甲板，而是要模拟"杜伊里奥"级船体侧面的结构，这样打靶实验才能真正反映战舰的整个装甲防御体系能否防止船体本身遭受炮火的破坏。

克勒索钢装甲靶，钢板厚 21.75 英寸，后面是两层橡木。橡木背衬由很多方木条排列而成，外层背衬的木条水平排列，内层背衬的木条竖直排列，两层木条总厚度达 28 英寸。在外层水平排列的木条之间，有许多 0.5 英寸厚的薄铁片，在装甲板背后给予直接的支撑。内层橡木背衬的后面，是两层 0.75 英寸厚的薄铁皮，代表船体的外壳。薄铁皮船壳往里是代表船体肋骨结构的工字铁。联系第二章的介绍，可见这就是当时铁甲舰装甲防御的一般结构，特色是内外两层互相垂直排列的方木条。由于它们的木纹彼此垂直，可快速耗散掉炮弹在装甲板中激起的冲击波，防止装甲板大范围变形、脱落。

凯莫尔或马雷尔厂生产的熟铁板制作的装甲靶，结构跟克勒索钢装甲靶基本一致，但熟铁板是用贯通铆钉来固定在薄铁皮船壳上的，而钢装甲板是用埋头铆钉固定在薄铁皮船壳上的。据第二章的介绍，如果炮弹刚好击中熟铁板表面暴露的钉子头，钉子就会当场断掉，使熟铁板脱落。算是这个测试的一个不完美之处。

除了上述三个常规设计的靶子，还有"三明治夹心"靶。这场测试分别用凯莫尔厂和马雷尔厂的两种熟铁制作夹心靶，一共是 4 个夹心靶。这两种夹心靶都可以分成上下两部分，上半部分的结构都是一样的：外层熟铁板厚 11.8 英寸，内层熟铁板厚 9.8 英寸，两层熟铁板之间的"夹心"是 12 英寸厚的橡木背衬，这层背衬的方木是水平排列的。内层熟铁板背后还有一层竖直排列的方木，厚 16 英寸。联系第四章的介绍，拉斯佩齐亚测试的同时，英国在建的"不屈"号铁甲舰的炮塔装甲和水线装甲带采用了相似的设计，这种设计到底性能如何，可见下文介绍。两种夹心靶的下半部分是不一样的：一种的下半部分，外层熟铁板只有 7.8 英寸厚，内层熟铁厚达 13.75 英寸，呈砖块状，每个外层熟铁板背后都有四块这样的熟铁砖，内外层熟铁之间仍然夹着厚 12 英寸的水平橡木方条；另一种的下半部分把两层背衬木条紧挨着，7.8 英寸熟铁板和 13.75 英寸熟铁砖相互紧挨着，具有类似常规靶的结构。

所谓"熟铁砖"和一般熟铁板的区别在于"熟铁砖"经过淬冷处理，硬度更大。应该把这种硬度更大的材料放在外面，通过"硬碰硬"的方式直接把来弹的弹头撞碎掉。可是这个测试却颠倒了，结果来弹的弹头从外面压迫 7.8 英寸厚的装甲板，硬熟铁砖从内向外压迫这层装甲板，装甲板不坏掉才怪呢。

从 1859 年研制"勇士"号的装甲开始，就在使用这种模拟靶来验证防御结构的有效性了，模拟靶的结构也一直跟这里的大同小异。

36. 19 世纪 70、80 年代，铁甲舰上常用的炮弹可以分成三种——"帕里瑟弹""通常弹"和"破片弹"。注意："帕里瑟弹"的"弹"用"Shot"一词，而"通常弹""破片弹"的"弹"对应"Shell"一词。这说明铁甲舰时代仍然像 17、18 世纪一样，区分实心弹（Shot）和可以爆炸的"爆破弹"（Shell），很快，"Shell"将代替"Shot"，成为所有炮弹的统称。

这些炮弹的弹体主要是由铸铁制成的，帕里瑟"实心弹"的底部用了一点熟铁。由于帕里瑟弹的黑火药装药量很小，在弹重 410 磅的 10 英寸弹中，也只有 3 磅 7 盎司，当时人把它看作一种"穿甲弹"（Armour Piercer，简称"AP"，后续章节将再次出现），因此 1876 年拉斯佩齐亚测试时只用帕里瑟弹。帕里瑟弹底部有一个底塞，用质量上乘的红铜（Gun Metal）制成，它的作用是填进装药后结结实实地封住炮弹的底部，使这部分结构可以承受火药燃气，否则火药燃气可能提前引爆炮弹内的装药。帕里瑟"穿甲弹"的头部经过淬冷硬化。"通常弹"内装大量的黑火药，弹底也有红铜底塞，弹头则有红铜制的引信管，可以在里面插入引信，引信撞击目标就会猛然爆炸、引爆装药。这种引信属于受到剧烈震动就会起爆的"碰炸引信"，铁甲舰时代还没有开发出来可靠的延时引信。"破片弹"（"散弹"或"榴弹"），内部装满铸造而成的小铁珠，炮弹的头部外包铅皮，头部内部是一个木制的圆锥，圆锥中心同样是红铜制的引信管，引信向下通到弹体内的一根"树脂"，今天一般叫作"塑胶炸药"，是 1875 年由瑞典炸药大王诺贝尔发明出来的。

拉斯佩齐亚测试中使用的 10 英寸、11 英寸和 17.7 英寸帕里瑟弹中没有装药，而是装填了沙子作为配重。这时的 10 英寸弹重 397 磅，使用 77.2 磅的发射药；11 英寸弹重 531 磅，发射药重 94.6 磅；17.7 英寸弹重 2000 磅，发射药重 374 磅。19 世纪 70 年代的炮弹在尾部有一圈铜制的导引环，可以帮助炮弹卡进膛线里面，到了 19 世纪 80 年代，如同第四章介绍"不屈"号的时候曾经讲到的，用"闭气片"代替了导引环，"闭气片"即第一章提到的炮弹尾部闭气装置，既能够封闭炮弹后方的火药燃气，又可以把炮弹卡进膛线里。

37. 首先对克勒索软钢装甲靶进行射击，10 英寸、11 英寸炮弹击中钢板时，钢板内产生了强烈的冲击波，甚至震动了周围的空气，于是人们听到一声尖啸，同时钢板上出现锥形弹坑；遭到 17.7 英寸炮弹轰击后，钢装甲板全毁、开裂、脱落，但炮弹没能穿透最后一层木制背衬。熟铁靶在遭受头几发炮弹轰击后，也只是出现了弹坑，而没有被击穿，但之后反复炮击同一个位置让熟铁板和后面的背衬都被击穿了。钢装甲板比熟铁板硬度高，更容易让击中它的炮弹变形，因此 10 英寸和 11 英寸炮弹的反复轰击没有把钢装甲击穿，但已经把这块装甲削弱到足够的程度了，最后一发 17.7 英寸炮弹把钢板整个轰得开裂脱落——这反映出当时即便是软钢，强度也不足，太脆，容易在炮弹穿过钢板的同时产生长长的裂缝而裂成两块。这种近距离反复轰击一个部位的情况很难在海上实战中出现，因为实战距离远远得多，而且炮弹命中率很低，命中敌舰同一位置的机会更低。金属材料的硬度和强度不可兼得，所以当时法国克勒索装甲和德国施耐德装甲都是软钢，以提高强度，不至于开裂。

38. 虽然直译是"复合装甲"，但今天陆地装甲载具上使用的"Composite armour"已经占据这个中文名字，所以这里特意翻译成"钢面复合装甲"，也可以叫作"钢面熟铁装甲"。今天的"复合装甲"是多层夹心结构，在特殊合金钢之间插入高硬度陶瓷颗粒或者气凝胶等材料，防御性能不是 19 世纪的产品可以比拟的，所以名字上必须有所区别，以免混乱。其他国家则采用软钢装甲。

39. 钢面复合装甲跟当时法德的钢装甲比起来优势很明显，因为钢面复合装甲的钢面不是软钢，而是"硬钢"，破坏来弹弹头的能力更强。

40. 制作熟铁板的方法：首先把生铁条和废铁用高温加热到红热状态，然后用锻压机反复锻炼，于是各块原料逐渐融合在一起，形成一块大铁坯。达到所需大小后，继续反复锻压，就可以给它足够的强度和韧性。

41. 900—950 摄氏度左右。

42. 即上文帕里瑟弹。

43. "里亚切罗"级跟第四章译者注释102提到的"定远""镇远"一样，也是"不屈"号的海外缩水版。该级两艘铁甲舰上，两座对角线布置的主炮塔也不位于舯部，而是偏向船头。"里亚切罗"级比"定远"级还小，排水量只有5000吨，主炮也只有234毫米，尽管如此，这两艘战舰却是当时美洲新大陆实力最强的战舰。当时英国海军自己的4艘缩水版"不屈"号详见下文和译者注释。

44. "意大利"级的水线装甲带使用哪种装甲呢？如第三章译者注释144简单提到过的，"意大利"级没有水线装甲带。这里对"意大利"级的基本情况进行介绍。"意大利"级是"杜伊里奥"级的跟进设计，也建造了两艘——"意大利"号和"勒班陀"号，其中"意大利"号1876年开工，1880年船体下水，1885年才完工。该级战舰宽度接近"不屈"号，但是长得多，满载排水量接近15000吨，比"不屈"大2000—3000吨。这让该级铁甲舰的航速接近18节，在面对航速15节的"不屈"时拥有明显的优势。该级舰的10节续航能力达5000海里，对意大利海军来说完全足够了，加满一次煤可以在地中海里自由航行，完全不需要风帆。"意大利"级搭载了阿姆斯特朗公司最新制造的4门口径17英寸、炮身长达27倍口径的后装炮，每门重达111吨，比前一级"杜伊里奥"级搭载的17.7英寸阿姆斯特朗100吨前装炮威力更大、性能更佳。为了让该级战舰带着4门巨炮还能达到17节以上的航速，意大利设计师大胆地牺牲了舰的防御。该级战舰没有舷侧装甲带，按照一般标准来看，都不能算"铁甲舰"，只是一艘重炮"巡洋舰"。该级舰整个船体完全依靠水线下装甲甲板和密集分舱来控制进水，装甲甲板厚3英寸。对角线布局的主炮露炮台装有19英寸厚的装甲，露炮台下面的弹药提升井也有装甲防御。此外，在水线下锅炉舱的上方还罩有装甲穹盖，可能是由于锅炉舱比较高，超出了水线下装甲甲板的高度。这种极端的防御方法从未得到实战的充分检验，但理论上，只要是跟水面的主力舰对抗，在1000—3000米的交火距离，该级战舰船体的不沉性和主炮的战斗力都可以得到很好的保护。这种防御方式可以看作法国"包丁上将"级铁甲舰防御方式的进一步发展。第六章还会简单提到"意大利"级的这种防御设计。

45. 实际上前面译者注释中13.75英寸熟铁砖也是通过这种"格雷戈里尼"法来淬冷的，目前找不到具体的技术资料，但应该也是把铁放进冷油或者冷水中淬冷硬化。

46. 可能是因为钢面复合装甲的前脸太硬、太脆了。于是英国厂家失去了"意大利"号铁甲舰装甲的订单。

47. 如第二章译者注释124，钢面复合装甲只能采用埋头铆钉固定，因为钢面很脆，不能打孔。

48. 作者上面两段关于意大利防弹测试的叙述似乎存在一个逻辑矛盾：如果1882、1884年两次测试使用的新式装甲都抵挡不住阿姆斯特朗17.7英寸100吨炮的轰击，那么为什么1876年的老式装甲不会被击穿呢？仅仅因为老式钢装甲厚度达到了22英寸吗？那么作者说的"19世纪80年代钢面复合装甲和全钢装甲都在不断提高"又如何谈起呢？一种可能是作者弄错了，1882年和1884年意大利测试用的火炮不是阿姆斯特朗公司在19世纪70年代为"杜伊里奥"级研制的17.7英寸100磅炮，而是最新的"意大利"级将要搭载的阿姆斯特朗17英寸27倍径111吨后装线膛炮，由于它的炮管比100吨炮要长得多，对炮弹的加速效果也要好得多，炮弹穿甲能力也就强得多。译者做出这个假设的依据是后来战舰设计的基本思路——本舰的装甲应该能够抵挡本舰主炮的轰击，尽管有时受到经费条件限制，有时刻意追求航速而牺牲装甲，不是每次都能做到这一点。上文提到1880年法国进行了防弹测试，发现英国钢面装甲效果较好。这次法国需要挑选装甲的新战舰是新造露炮台主力舰"玛索"号（Marseau），它的水线装甲带厚18英寸，也许我们可以假设当时英国钢面复合装甲在达到18英寸厚的时候，可以有效抵抗340毫米法式长身管后装炮的轰击。这样看，只有19英寸厚的钢面装甲面对432毫米（即17英寸）的长身管后装炮，自然就显得无力了。装甲厚度至少要稍稍超过炮弹的口径，装甲才不会被击穿：对于340毫米（约13.5英寸）直径的穿甲弹，18英寸厚的装甲仍然感觉像一块有点厚度的砖；而对于17英寸直径的穿甲弹而言，19英寸厚的装甲就变得像纸一样薄了。"玛索"级的具体参数见第六章译者注释。

49. 这种钢已经很接近今天的不锈钢了，不锈钢的含铬量比这种钢高。

50. 之前尽管炮弹没能击穿，但是装甲板也破裂、变形、脱落了。

51. 上校的这个发明是在1887年申请的专利。主要技术工艺是把辊轧好的钢面复合装甲喷凉水。过去淬冷的办法是把红热的钢铁材料突然泡进凉水里，这样材料表面的水层就会沸腾，从而让材料表面形成一层吸热、隔热的蒸汽层。过去一般只能把炮弹整个浸没到水池中淬冷，装甲板无法直接淬冷，于是上校发明了喷水淬冷法。这个方法不会形成浸泡法中的蒸汽层，从而让钢面装甲的前脸变得更硬。

52. 特莱西德尔上校后来还改用镍钢代替熟铁背板，制作出来的复合装甲也能够让含铬锻钢炮弹在前脸破碎变形，而装甲本身不被击穿。但复合装甲本身最致命的缺陷依然无法克服：两种不同的钢铁材料之间再怎么整体焊接，也仍然存在机械性能不能连续过渡的"界面"，所以复合装甲在遭受重炮轰击时总是容易出现前脸和背板剥离的现象。最终，美国人哈维在 1891 年将特莱西德尔喷水淬冷法应用于全钢装甲，钢装甲就具有了钢面复合装甲一样的高硬度前脸，详见第八章。

53. 总之，19 世纪 80 年代的英国是在本国制钢工业水平不如法国的情况下用钢面复合装甲凑合了一段时间。这种装甲虽然存在表层容易剥落的致命问题，但是其设计思路是正确的，即高硬度的表层＋高韧性的背板，这种设计后来也催生了美国哈维表面硬化钢装甲。

54. 在 17、18 世纪，陆海两军的大炮都归武器局统一管理、统一采办，到了铁甲舰时代，海军才成立了独立的军械处。

55. 这个德国 19 世纪军火巨头的名字在我国恐怕比英国的阿姆斯特朗、惠特沃思和维克斯更加如雷贯耳。

56. 大约 1875 年之前，法国、德国以及英国阿姆斯特朗尝试研制的各种后装炮威力，都大大逊色于英国的前装线膛炮。这主要是因为早期后装炮没有找到一个办法密封炮尾，从而不让火药燃气泄漏。而结构简单的英式前装炮可以放心地采用更多的黑火药来发射炮弹，不怕火药燃气泄漏造成的各种事故，因为炮尾是封死的、没有炮闩的。这样，至少铁甲舰时代的头 15 年，也就是从 1860—1875 年，英国大炮的穿甲能力都超越法、德的后装炮。19 世纪 70 年代中后期，法国和德国后装炮的性能开始大大提高，其中的原因，本书没有专门讲，恐怕又是因为这项关键技术仍然来自法国。早期的后装炮为了让后膛严严实实地封闭好，只能把炮闩像拧螺丝一样拧进炮管里，这样装填火药时操作就特别复杂，反而比英国前装炮操作起来还慢。前装炮必须从炮口装进炮弹和火药，已经算不方便装填的。1875 年，法国推出了一款 95 毫米口径的野战炮，首次采用了间断螺纹式炮闩，这样就可以通过没有螺纹的部位，把炮闩快速插进炮尾里，然后把炮闩旋转一定角度，让炮闩和炮尾的螺纹彼此卡紧，炮尾的快速开拴得以实现。同时，这样的闭锁结构也比较紧，部分地解决了炮尾漏气的问题。后膛不严、炮尾和炮闩之间漏气的问题得以充分解决，是在 1877 年。那年，一位名叫德邦热的炮术军官发明了炮尾的闭气炮闩。这种炮闩的头部呈蘑菇形，钢造的蘑菇头实际上插在带螺纹的圆筒形炮闩里面。蘑菇头的基部是三层结构：前后两片铜－锡合金环，中间夹着石棉环，石棉环浸透了油脂。火药点燃之后产生的高压燃气会把石棉环形闭气垫以及它前后的铜－锡软金属环紧压在炮闩和周围的炮尾结构上，这样火药燃气就无法从炮尾泄漏了。火药威力散尽后，石棉闭气垫又可以依靠自己的弹性回缩，炮闩就仍然可以打开。从此，就像法国的钢注定会决定性地超越英国的熟铁一样，法国的后装炮也会决定性地超越英国的前装炮。

57. 随着火炮的大型化，英国和欧陆大炮的炮管越来越长，如果仍然使用传统的黑火药，它只在刚点燃的时候猛然爆炸一下，从而在一瞬间内加速炮弹，但当炮弹继续在炮管内高速前进的时候，传统黑火药就"后劲不足"了。这也是 19 世纪 60 年代的英式前装炮比法国后装炮威力大的原因，因为前装炮厚实的炮尾可以更好地承受大量传统黑火药突然起爆产生的巨大压力。可是这种猛然爆炸也让英式前装炮的炮膛腐蚀非常严重，影响使用寿命。随着炮管越来越长，如何让火药燃烧更加柔和、让炮弹在通过炮管的整个过程中均匀地受到火药燃气的加速，就成了法德那些推崇长管后装炮的火炮工程师时常思考的问题。

58. 19 世纪制作火药的工艺直接传承自 17、18 世纪的手工工艺，只是增加了机械辅助，总体流程是一样的：首先把原料——木炭、硫黄和从粪土中蒸馏提炼出来的硝，粉碎成末，再加水混合在一起，然后加入黏土，像摇元宵一样把这些原料摇成许多颗粒，最后把颗粒充分风干。产生的像煤球一样的小颗粒就是大炮的火药，步枪火药颗粒则要细小得多。所以原文说"增大火药颗粒"，也就是制作火药的时候摇的时间长一些。大颗粒火药燃烧更加缓慢，只能从颗粒外面向里面燃烧，不像火药粉末会一下爆燃。

59. 从照片上看明明是白色硝烟。

60. 沃维奇前装线膛炮的炮管一般只有口径的十几倍，阿姆斯特朗为"杜伊里奥"级定做的 100 吨 17.7 英寸炮很长，也才达到 20.5 倍径。

61. 属于"海军上将"级，见第六章。

62. 据说 1886 年 5 月 4 日试射后装双联装主炮时，左炮的炮管直接炸成了碎片。

63. 也属于"海军上将"级，见第六章。

64. 这可能正是前文 1882 年和 1884 年"意大利"号和"勒班陀"号进行装甲测试时使用的炮。

65. 意大利的两艘"意大利"级只需要 8 门，剩下的 4 门是干什么用的呢？要安装在马耳他的地中海舰队基地里，作为"反制措施"。"杜伊里奥"级也只需要 8 门 100 吨炮，但是阿姆斯特朗制造了 15 门，剩下的也安装到了马耳他基地。

66. 这 3 艘船都见第六章，"本鲍将军"号是"海军上将"级的最后一艘，前面三艘都在船头船尾各安装了 2 门 13.5 英寸炮，"本鲍将军"号单装了两座 16.25 英寸巨炮。

67. 然后内膛就会因为磨损过度而报废，必须把内膛管抽出来换新的。

68. 法国 19 世纪 70 年代末、80 年代初的铁甲舰"蹂躏"级、"迪佩雷海军上将"级和"包丁上将"级，采用无防护的高干舷和舷墙内倾设计，这两个设计特点让英国人觉得它们生存能力堪忧。第十章介绍的 1905 年对马海战中，日本的英式战舰对阵沙俄的法式战舰，最后日本取得了一边倒的胜利，似乎也能在一定程度上证明英国人的认识，即法国在 19 世纪 70、80、90 年代设计的战舰都不怎么样。

69. 德国的习惯做法是主炮口径较小，进入无畏舰时代以后仍然是如此。

70. "爱丁堡"级（"巨像"号、"爱丁堡"号）性能诸元：

装载排水量 9400 吨，垂线间长 325 英尺。水线装甲带厚度不明，水线以上的舷侧装甲带 14—18 英寸厚，铁甲堡前后的装甲横隔壁厚 13—16 英寸，炮塔围壁装甲厚 14—16 英寸，指挥塔装甲厚 14 英寸，水下装甲甲板厚 2.5—3 英寸，全部都是钢面复合装甲。主炮为 4 门 45 吨的 12 英寸后装炮，安装在 2 座双联装炮塔里面。10 台卵圆筒形火管锅炉，复合蒸汽机，标定功率 6000 马力，锅炉自然通风状态下航速 14 节，强制通风时航速可以达到 16.5 节。载煤 970 吨，10 节续航力 6200 海里。在 19 世纪 80 年代中叶看来，两舰的性能比 70 年代的"不屈"号和"阿贾克斯"级有了质的飞跃，性价比极高。

从"爱丁堡"级开始，英国官方文件正式用"Battleship"一词来指代主力舰。日本把这个词严格对应翻译为汉字词"战舰"，即一支舰队的主力舰，中国则松垮地对应翻译成"战列舰"，但可惜"战列舰"的严格对应英文应该是"Liner""Ship-of-the-line"以及"Line-of-the-battle-ship"。这三个词从 17 世纪末开始，直到 19 世纪 60 年代"勇士"号铁甲舰出现之前，都一直指代有两层甚至三层主炮甲板的旧式主力舰，因为这些风帆主力舰要排成单纵队即"战列线"（Line of the battle）进行决战，"列"字即严格对应这种战术阵形。到 19 世纪后期，"Liner"转而指代越洋豪华游轮，"Line-of-the-battle-ship"缩减为"Battleship"，"Ship-of-the-line"则成了风帆时代的"死词"。根据第二章的介绍，铁甲舰时代放弃了战列线战术，推崇船头对敌冲击战术，所以为了严谨，本书不把主力舰称为"战列舰"，本书凡提到"战列舰"，均指 1750—1860 年间带有三根桅杆的大型木体炮舰。本书将"Battleship"一词对应翻译为"主力舰"，如需具体细化的场合，则 1860—1890 年间的主力舰称为"铁甲舰"，1890—1905 年间的主力舰称为"前无畏舰"，1905 年以后的主力舰称为"无畏舰"。

"巨像"和"爱丁堡"号代表了一道分水岭，"铁甲舰"这个技术过渡的时代已经结束，现代战舰可以说是从这两艘开始的。

71. "阿贾克斯"级（"阿贾克斯"号、"阿伽门农"号）性能诸元：

装载排水量 8500 多吨，垂线间长 280 英尺。水线装甲带是 18 英寸厚的熟铁，带 18 英寸厚柚木背衬，炮塔围壁装甲是 16 英寸厚的钢面复合装甲。主炮安装在 2 座双联装炮塔里面，跟"无畏"号（1870 年）一样，是 12.5 英寸的 38 吨炮。10 座筒形火管锅炉，复合蒸汽机，标定功率 6000 马力，航速只能达到 13 节，通常携带 700 吨煤，10 节续航力只有 4100 海里。两舰设计得特别宽短肥胖，据说能够省煤，结果不仅航速低，而且转向操作极其笨拙。当两舰于 1883 年入役的时候，以 19 世纪 80 年代的标准来看，它们的航速、武器都不尽如人意，甚至不如排水量 7000 吨级的"定远""镇远"。

72. 注意是强制通风后达到的。

73. 其内外结构、布局跟"不屈"号完全一样，只是稍微瘦长一些。从平面图和侧视图上分别可见中腰铁甲堡和铁甲堡前后的水线下防御甲板。弹药库似乎不在中腰铁甲堡里面，而是在铁甲堡前后的水下防御甲板的下面。这种设计其实是从第二章里德式中腰炮室战舰一脉相传下来的，其缺点就是弹药输送的距离太长了，实际使用中容易把弹药堆码在过道上，形成巨大的安全隐患。"爱丁堡"级在细节上跟"不屈"号的区别有：烟囱位于两座炮塔之间，装甲指挥塔位于前炮塔前方。平面图上左舷朝外伸出的杆子代表鱼雷防护网，详见下文和后续章节介绍。

74. 此时威廉·弗劳德已经过世，埃德蒙·弗劳德接替运营。

75. 双轴为什么推进效率更高？首先，要产生同样的推进力，单个螺旋桨就要比一对螺旋桨的直径更大、螺距更大，甚至转速也要更快。螺旋桨转速越快，螺旋桨跟水体摩擦浪费的功率越大，同时螺旋桨轴系上摩擦浪费掉的功率也越大，而且螺旋桨在船尾搅动造成的涡流也越明显，结果增大尾涡阻力。这三点主要原因再加上其他一些因素，让人们明白：推进效率最高的螺旋桨是慢速转动的螺旋桨，而两支螺旋桨可以比单桨转速慢一些。此外，两支螺旋桨的直径小于单桨，于是船体可以按照比例设计得吃水更浅一些。因为越往深处去，水压越高，所以吃水浅的船航行阻力就会小一些，这样又减小了双轴推进所需输出功率。综合来看，同样排水量的船，达到同等航速，如果改成双轴推进，所需的轴马力要小一些。1975 年对各种船型丰满的货船和油船进行了研究，发现第二章 64 页 "珀涅罗珀" 号那样的双呆木双轴设计可以减少 5% 的轴马力。铁甲舰的船体都相当丰满，类似这些油船和货船。

76. 1912 年撞击冰山沉没的 "泰坦尼克" 号就是该公司的汽船。

77. 两舰外形基本上跟 "鲁伯特" 号一样，见下文 "英雄" 号照片。

78. "征服者" 号性能诸元：全长 288 英尺，装载排水量 6000 多吨。仍然装备了全长水线装甲带，在舯部厚达 12 英寸，到船头船尾则减为 8 英寸，水线装甲带以上的中腰铁甲堡部分，舷侧装甲厚 10.5—12 英寸，前后装甲隔壁厚 10.5—11 英寸，单炮塔的围壁厚 14—16 英寸，装甲指挥塔厚 6—12 英寸，水下防御甲板厚 1.25—2.5 英寸，全部都是钢面复合装甲。主炮为一对 45 吨 12 英寸后装炮。

79. 于是只能朝两舷开炮，船头单炮塔的设计完全发挥不出作用。

80. RNSS 即 Royal Navy Scientific Service。

81. 实际上作者对这些水下武器的介绍相当详细，比前面所有章节对装甲、火炮、火药、炮弹、船体装甲布局、总体设计思路等等跟 "战舰设计" 直接相关的内容介绍得都详细。

82. 法拉格特将军的名言出自 1864 年 8 月 5 日他指挥的莫比尔湾之战（Battle of Mobile Bay）。这场战斗跟第四章开头介绍的 1862 年汉普顿锚地之战，都是美国内战期间著名的海上交锋，莫比尔湾之战以法拉格特将军勇闯雷区而著名。这场战斗发生在美国南方亚拉巴马州朝向墨西哥湾的一条大河的入海口，北方的美国联邦军准备使用几艘浅水重炮舰和风帆螺旋桨战舰突入莫比尔湾内，但海湾入口很窄，"摩根堡"（Fort Morgan）镇守在那里，而且南军还在入口处布雷。当天天气晴好，法拉格特把他的战舰排成并排的两列纵队前进，左手边是风帆蒸汽螺旋桨巡航舰纵队，右手边是浅水重炮舰纵队。两列纵队接近港湾入口后，开始和摩根堡交火。摩根堡位于右侧纵队的右舷，即法拉格特安排这些铁甲舰挡在木制巡航舰的前面。而南军没有来得及拆除的航道浮标则告诉北军舰队，雷区就在左侧巡航舰纵队的左舷——北军两列纵队在堡垒火炮和雷区的夹击下小心翼翼地前进。就在这时，打头的浅水重炮舰 "特库姆塞" 号（Tecumseh）望见了从摩根堡身后闪出的南军铁甲舰，打头的是 1862 年 "弗吉尼亚" 号之后战斗力最强劲的铁甲舰 "田纳西" 号（Tennessee）。于是 "特库姆塞" 号朝左舷转弯，准备掩护木体巡航舰纵队，结果让巡航舰纵队受到压迫，只能减速、停船，否则就要开进左舷的雷区里了。此时，法拉格特军的旗舰位于巡航舰纵队的第二位，打头阵的是 "布鲁克林" 号，该舰为了避让 "特库姆塞"，逐渐减速停船。此时已经 63 岁的法拉格特军见首舰航速越来越慢，赶紧爬上一根桅杆瞭望，可是各舰的船体周围早已被硝烟笼罩，啥也看不见。副官赶忙让通信兵爬上桅杆把舰队司令用缆绳绑在桅杆上，保护他的安全。从桅杆上，他看到 "特库姆塞" 号正向左舷转弯，"布鲁克林" 号停船避让。但这样一来就会让整个巡航舰编队停在摩根堡的大炮炮口前遭受无情的轰击。于是法拉格特用旗语通知 "布鲁克林" 号 "继续前进"。可 "布鲁克林" 号的左舷前就是雷区呀！所以该舰的舰长停船，并用当时陆军的一种旗语传递复杂的信息：前方雷区，我舰只得停船。就在此时，一声闷响，"特库姆塞" 号突然侧倾，船头没入水下，25 秒之内就从水面上整个消失了——原来是触雷。这样一来，两个纵队都无法前进了，因为 "特库姆塞" 号已经成为危险的水下障碍物。别无办法，法拉格特将军喊出了那句著名的命令："管它什么雷！冲啊！"接着他的旗舰 "哈特福德" 号（Hartford）从已经停船的 "布鲁克林" 号左舷绕过去，开进了雷区。古人自有天相，"哈特福德" 号自始至终没有引爆一颗雷，紧紧跟在后面的其他战舰都沿着该舰的尾迹航行，也都没有触雷。据说，有的水兵听到水下传来了船体碰撞锚雷表面触发杆的声音，但是似乎引信故障，没有爆炸。此战最后也以北方胜利告终，结果北方对南军各个港口的封锁更加严密了，掐断了南方赖以生存的商品海上出口通道，最终让南方投降。

83. 靠锚系泊在水面以下一定深度的水雷，位置比较固定，与此相对的是 "漂雷"。

84. 火棉就是硝化纤维素，非常易燃易爆。湿火棉即酒精浸泡的火棉，不那么易燃易爆，储存起来比较安全，但触发后仍然会强烈爆炸。使用两个战斗部也是为了预防一个战斗部引信失效，不能让自杀杆雷艇的乘员白白牺牲。

85. 属于土耳其 "Hizber" 级多瑙河炮舰，船名在今天一般拼写成 "Seyfi"。该级两艘小炮舰专门用来在多瑙河上战斗，排水量只有 400 吨，这么小的船显然无法安装美国 "莫尼特" 号那样沉重的旋转炮塔，所以今天的资料说它们只是中腰炮室钢铁甲炮舰，尽管原著称它是 "Monitor"（浅水重炮舰）。该级炮舰舯部的水线装甲带厚 76 毫米，船头船尾水线装甲带厚 51 毫米，炮室装甲厚 76 毫米，主炮为 120 毫米后装线膛炮。

86. 1904—1905 年的日俄海战中在远东被日本人打败。

87. 不论中法战争还是俄土战争，双方在战斗力上存在巨大的差距，所以这种攻击才能成功的。

88. 其攻击方式跟杆雷一样接近自杀攻击，要求战舰从敌舰附近只有 100 码的距离超过去，这样拖雷就会撞在敌舰船体上爆炸。

89. 静水压控制存在滞后性，刚开始水压改变得太小的时候，不足以触发鱼雷尾舵的动作，等到尾舵开始动作后，水压（也就是航行深度）的改变已经过大，而且尾舵动作也无法及时停止，结果让鱼雷在水中上下翻腾。

90. 当"落后半拍"的静水压控制机构让水平尾舵大角度转动，导致鱼雷大角度抬头或者下潜的时候，纵倾角控制机构便反馈控制水平尾舵减小转动角，这样鱼雷就能缓缓地小角度抬头或者下潜了。

91. 实际上完全不是这么一回事：下文讲到两次鱼雷测试时隔 4 年，期间赶上政府换届，海军部高层人事变动很大，结果跟怀特海德的交涉就一度搁浅，怀特海德跑到法国继续贩卖他的新武器，英国这才真正警觉起来，认真对待鱼雷。

92. 即诺贝尔发明的大威力炸药。

93. 1847 年建造的"羚羊"级铁造明轮炮舰中的一艘。

94. 这些国家都希望用低成本的高科技出其不意地击沉敌方主力舰，但鱼雷距离实战还有很远的路要走。

95. 如第二章介绍，里德在材料力学估算的基础上，合理地削弱了中腰炮室铁甲舰的船体结构强度，以减轻船体重量。但鱼雷爆炸考验的是船体局部的结构强度，这时，19 世纪 40、50 年代的早期铁船上冗余的结构强度就体现出优势来了。"奥伯伦"号缺少铁造甲板，这样它的整体结构强度就不如"海格力斯"号，但这在抵御鱼雷爆炸时影响不大。

96. 液体不可压缩，可以把爆炸冲击波完美地传入船体内去。

97. 见第四章"不屈"号的图。

98. 1873—1874 年建造于彭布罗克船厂，排水量近 250 吨。

99. 阀门像一道吊闸，需要从上方拽起来。这种阀门不会因为两侧水压的差别打不开。

100. 即 Transactions of the International Naval Engineering Conference。

101. 1874 年建造的"探路者"号无甲炮舰，排水量 3000 多吨，蒸汽航速 14.5 节，全帆装，搭载 2 门 7 英寸主炮、16 门 64 磅副炮，10 节续航力 1800 海里。

102. 这种 10 英尺见方的复合装甲板只在该舰水上部分安装，厚 2 英寸。

103. 从船底垂直伸进海里的薄板，可以让小船在遇到大浪的时候大大减小横摇角度，预防翻船。

104. 球鼻可以在船头前方产生额外的波浪，这个波浪正好和船头本身的"舰首波"在相位上相差半个周期，结果球鼻波和舰首波波峰、波谷相互抵消，减少了船头的兴波阻力。进入 20 世纪，人们开始有意识地利用这种现象，但最开始观察到球鼻艏可以减阻，都是在像弗劳德这样测试铁甲舰"撞角"的时候发现的，这也算是铁甲舰那百无一用的撞角对船舶设计唯一的一点贡献吧。

105. "战斗转弯直径"就是指转过 180° 半圆时形成的直径，一般要比最后转完 360° 时测量的"回转圆直径"大一些，因为战舰刚开始转弯时速度还没有达到稳定。

106. 这样可以最大限度地让战舰从远处不容易被敌人发现。当时其他战舰的标准涂装是"维多利亚涂装"：水上船体涂成黑色，船帮和上层建筑涂成白色，桅杆和烟囱涂成黄色。这样涂装的目的跟 17、18 世纪风帆时代一样：展示战舰威严的外形，从心理上压迫敌人。

107. 1885 年，英国和沙俄之间爆发了"潘贾德事件"（Panjdeh Incident），双方互不相让，差点宣战。沙俄当时在中亚大举扩张，最后攻下了阿富汗东南边境上的一座堡垒，英国觉得，沙俄已经威胁到英属印度的北方边界了，要求沙俄停止南进。最后双方各让一步，冲突终于没有升级成战争。

108. 这个地方位于爱尔兰岛的南端，17、18 世纪法国尝试入侵英国的时候常常从这一区域登陆。

109. 1883—1888 年间建造的 4 艘铁骨木壳炮舰之一，巴纳比 1883 年设计，排水量接近 1000 吨，航速 11.2 节，挂帆，10 节续航力 2100 海里，装备 8 门 5 英寸后装炮、8 挺机关枪。

110. Armoured Merchant Cruiser，见下文介绍。

111. 该舰因为 1885 年英俄交恶而被海军部紧急征用作为武装商船，是英国第一艘接受战时改装的商船。该舰原本是一艘客轮，个头比当时一般的主力舰都大，服役半年后因为冲突和平解决，又回到了利物浦的船东手中。

112. 1874 年建造的铁骨木壳炮舰，排水量不到 450 吨。

113. 除了"梅德韦"号之外，其他三艘都是"伦道尔式炮艇"，典型的小船扛大炮，基本没有外海行动能力。这类炮艇在晚清的中国被通称为"蚊子船"，详见第七章312页。

114. 即磷化钙，遇水产生磷烷而剧烈自燃，发光发热。

115. 原文此处是一个法语惯用语"hors de combat"，就是"丧失战斗力"的意思。

116. 从16、17世纪开始，这种封锁线就是战时港口的重要防御设施。

117. 螺旋桨都会产生扭矩，船舶本身身体庞大，所以可以完全吸收这种扭矩，不需要共轴反转螺旋桨。鱼雷会在单螺旋桨的扭矩下翻滚，所以需要水平和垂直安定面来防止翻滚，结果增大了航行阻力。

118. 早期鱼雷航速太慢，而且完全在水下航行，没有兴波阻力，其阻力主要来自水体和雷体的摩擦，以及水流不能流畅地流过雷体而在鱼雷尾部产生的涡流。在这种缓慢的航速下，尖锥形雷头后面的雷体因为突然加粗，反而容易制造涡流，不如钝圆艏只在头部分开水流。

119. 19世纪40年代的试验证明薄熟铁皮面对炮弹轰击时非常脆弱，于是19世纪50年代的战舰继续用木料建造。

120. 其中大多数都是吨位200左右的风帆货船，只需要不到10个人就可以操作，不过它们的生意正被通过苏伊士运河来往于欧亚之间的大型蒸汽货船所取代。到19世纪80年代，在两大洋活跃了近300年的小型风帆货船逐渐绝迹，钢造的大型风帆货船仍然承运远洋大宗廉价货物的运输，其他的都逐渐被蒸汽货船取代。

121. 注意，巴纳比推崇防护薄弱的战舰采用船头对敌的姿态，这样可以大大减小可见目标，因为它们薄弱的舷侧是完全无法提供足够保护的。第四章"香农""纳尔逊"级巡洋舰就是按照这种思路设计的。

122. "无常"级就是这样的，详见第一章。

123. 当时海军部头脑一热上马的大型无装甲熟铁巡航舰项目，后来经测试发现薄熟铁板防弹性能太差，只能降格为运兵船。

124. 钢的硬度和强度都更高，穿甲弹通常能"无害通过"两舷的薄钢船壳，打出边缘整齐的洞，而没有破片产生。

125. "泰坦尼克"号的水密隔舱壁高度就没有达到这个要求，结果当船头水下船体被冰山撞破之后，船头吃水越来越深，进水漫过这些舱壁的顶端，从一个隔舱涌入另一个隔舱，最后造成沉没。

126. 如弹药库和炮架的配件。

127. 这些高速游轮耗煤量太大了，很快就需要加煤。

128. "K"是弗劳德为了方便计算而设计的一个无量纲参数，见下文。

129. 这三个参数都是"无量纲"量，也就是说都是比值，比如最简单的圈 M：船长单位是英尺，水下船体体积的单位是立方英尺，则它的立方根 U 的单位也是英尺，于是 L 除以 U 就得到一个比值。这样处理的目的是让大小不同但形态相同的船舶能够共用一套曲线图。航速参数圈 K 的分母即第四章介绍的弗劳德发现兴波阻力的相似定律，而且他预测说一艘船的最快航速很难超过波长跟船长相当的海浪的传播速度，因此选择 U/2 作为分母。无量纲阻力中的圈 K 的平方也是没有单位的：阻力的单位是牛顿，排水量是排开的水的重量，也就是浮力，单位也是牛顿。

130. 计算机出现以前的计算设备，把计算结果事先存在尺子上，把一个滑块拨到船舶某个参数对应的位置，就可以找到这个参数对应的计算结果。

131. 一般是一堆坐标数据，代表把船体线形画在网格纸上后，用坐标记录下来的船体曲线。

132. 现代军舰的船头水线形态一般是凹形曲线，本书的铁甲舰一般是凸形。

第六章
"海军上将"级

1878 年到 1887 年间，海军的日子不大好过。这一时期国际局势稳定，而且每一届政府都把削减公共开支作为执政的大方针来抓。可是这一时期的技术仍然在突飞猛进，直接对未来海战的战略、战术产生了深刻影响，同时，这些战略战术还受到蒸汽商业航运蓬勃发展带来的方方面面的影响。在所有这些不确定性面前，海军和政府对建造新战舰缺乏热情。[1]

1879 年 9 月 9 日，巴纳比写了一份材料，里面比较了英法两国的海军实力，他希望海军高层注意到英吉利海峡对岸正在建造一型据说实力非常强劲的岸防主力舰[2]，也许这就是海军部决定建造"海军上将"级的动机。巴纳比提出，他可以设计一型战舰对抗这些法国铁甲舰，该型战舰将会是"阿伽门农"号（缩水版"不屈"）的改良型，新设计会努力让这么小的战舰也能搭载 2 门 80 吨 16 英寸炮，为了不超重，只能采用露炮台，航速预计达 14 节，装甲防护接近"阿伽门农"号。如果海军船厂需要增加就业岗位来维持专业造船技工队伍，[1] 那么这型新战舰可以提供这样的机会，不过不应该让这型新战舰的建造耽误在建的"不屈"号及其 4 艘缩水版的进度。（这 5 艘战舰最后从 1881 年 10 月到 1887 年 7 月才陆续完工！）

1879 年里，巴纳比的设计团队根据海军部领导以及其他专业人士对未来战舰的各种观点，准备了 4 个设计草图。第一个类似意大利的"意大利"级铁甲舰，完全没有装甲带，只有水线下防御甲板，当时的军火巨头阿姆斯特朗先生特别推崇这种设计，但海军部没人敢推荐这种极端设计[3]。还有两个是"不屈"号的变体，一个仍然保留着挂帆能力，另一个跟 1871 年里德理想中的"不屈"号比较类似，[4] 这两个设计都不大受人欢迎。最后一个是 1870 年"无畏"号的变体，取消了船头—船尾的全长装甲带。[2]

1879 年 10 月，海军部审计长写了一份材料，提出要让过时的旧战舰全都退役，海军需要现代化的战舰。几天后，第一海务大臣 W. H. 史密斯说，他怀疑装甲这种防御结构还有没有继续存在下去的价值，小型、高速、无装甲并且装备一门巨炮的"小船扛大炮"概念是不是能带来更高的性价比。[6][3] 同年 12 月，海军上将胡德把英军的"巨像"号和法军的"迪佩雷海军上将"号（Admiral Duperré）放在一起比较，法舰的 3 门单装主炮对阵英舰的 2 座双联装炮塔。[7] 胡德认为，未来的海战仍然会在相对比较近距离的炮战中最终决出胜负，炮塔

① 看起来，当时海军船厂建造新战舰的首要动机是给船厂的专业技工提供工作岗位，而不是应对假想敌的威胁，这一点很有意思。

② 现在很多学者［帕克斯、伯特（Burt）］都说巴纳比因为这些设计草案遭到海军部委员会拒绝而很不高兴，其实这些设计草案更有可能是巴纳比想要不动声色地告诉委员会，如果他们一意孤行，不听从专业人士的建议，会有什么样的结果。这 4 个设计草案各不相同，说明其中恐怕没有哪个是巴纳比真心特别推崇的。当然了，目前找不到任何证据能够正面佐证我的说法或那两位的说法，不过巴纳比知道这些草案被拒后，可能会很高兴，就像我被海军总参要求设计长达 630 英尺的"圆桌"（Round Table）级两栖登陆舰（LSL）[5] 时，拿出的设计被他们拒掉，我也很高兴，这样就可以让他们认识到他们的想法是多么荒谬、不切实际。

③ 史密斯的这些想法跟后来法国海军的所谓"绿水学派"（Jeune École）可谓不谋而合。可以参考 1987 年在巴黎举行的"19 世纪法国海军和技术发展"（Marine et Technique au XIXe Siècle）大会的会议论文集。史密斯很可能受到了阿姆斯特朗和伦道尔的影响。

将会战胜露炮台，因为炮塔能够更好地保护炮组成员。胡德认为新战舰的主炮应当是双联装 40 吨炮，因为它们比单装 80 吨炮操作更快、射速更高。[8] 海军上将基斯（Keys）同意胡德的认识，并进一步提出最好安装 3 座双联装露炮台，每个装 2 尊 43 吨炮，两门炮之间距离 14.75 英尺。如果能安装 4 座炮塔，每个炮塔单装一尊 60 吨炮，那就更好了。[9] 海军军械处处长指出，法国、德国和意大利海军都更推崇露炮台，[10] 因为能让炮组人员亲眼看到敌舰，这有利于提高士气。巴纳比提出一个折中设计：把搭载舰载艇的飞桥甲板延伸到露炮台的上空，保护炮组成员。

1880 年，巴纳比再次要求海军部注意法国的"鲨鱼"（Requin）级 [11] 铁甲舰，它们虽然被法国官方文件称为近岸防御铁甲舰，但实际上完全具有在英吉利海峡战斗的能力，地中海和波罗的海同样是它们能够部署的海区。巴纳比提出一款排水量 7000 吨级、航速 14 节、搭载 2 尊 80 吨主炮及 4 门 6 英寸副炮的战舰，水线装甲带厚达 18 英寸 [12]。也是在这一年，阿姆斯特朗厂的工程师伦道尔写了一篇文章，尽可能客观地比较了英式闷罐旋转炮塔和欧陆式露炮台。露炮台在各个方面都展现出优势，主要的不足就是对炮组人员缺乏保护，巴纳比建议给炮台外面安装一具能跟着大炮一起旋转的轻装甲防盾，可是这项建议在很久以后才被践行。

"海军上将"级的档案（Ship's Cover）里可以找到一份大约是 1880 年留下的设计草图，总体布局跟最后建成的"海军上将"级基本类似，但船头、船尾的主炮都是 1 门 80 吨炮，舯部两舷侧安装了 4 门小口径副炮，也许是能在 1000 码距离上击穿 6 英寸装甲的 6 英寸炮 [13]；水线装甲带厚 12 英寸，延伸到水线以下 6 英尺，带 2 英寸厚的装甲甲板，这些装甲都是惠特沃思钢面复合装甲。① "海军上将"级档案中的这个备选方案暂定名"百眼巨人"，排水量 7000—7500 吨，长 325 英尺。

从文档中看，总设计师的设计团队接着又提出了一个加长版的设计，排水量控制在 7000 吨，预期航速 15 节，造价预估在 43 万到 50 万英镑之间。船头露炮台的位置要比船尾的升高一些 [15]，船头船尾的露炮台都搭载 2 门 40 吨炮。虽然巴纳比承认他设计"海军上将"级的时候满脑子都装着法国的"鲨鱼""凯门鳄"（Caïman）这些战舰，但他最后拿出来的防御布局跟法国"可怕"级很不一样："可怕"级仍然保留了全长水线装甲带，而"海军上将"级采用从"不屈"号开始的中腰铁甲堡。巴纳比设计团队的指导思路如此混乱，排水量和主尺寸的限制又非常严格，可最后建造出来的"科林伍德"号竟受到海军的好评，这真要归功于巴纳比和他的助手怀特在具体细节设计上高超的才能。大约在 1880 年，似乎海军部放宽了排水量限制，说"不超过一万吨"即可，但还是比当时法国一等铁甲舰"可畏"号（Formidable）要小得多。海军部最终确定主炮是前

① 很可能甲板是上下两层结构，上层是小块的高强度钢板（单位面积 [14] 的重量是 60 吨），而下层是大块的、柔韧性更好的材料（单位面积的重量是 45 吨）。

1882 年下水的"科林伍德"号[19]，巴纳比在军中广受好评的"海军上将"级的首制舰。(作者收藏)

后两对 12 英寸 43 吨炮[16]。

　　跟法国的"可怕"级比起来，英国"海军上将"级航速略高，而且英制 12 英寸炮克服了早期型号不稳定、不可靠的问题后，也比"可怕"级的主炮性能更佳[17]，只是由于排水量的限制，"海军上将"级只能采用集中防御，装甲厚度也略薄。英法的这两型设计，主要毛病都是水线装甲带太窄了，装载状态下，装甲带几乎全部没入水下，从这个角度来看的话，很难说两型战舰之间哪个性能更好。

表 6.1 "科林伍德"号、"凯门鳄"号、"可畏"号的参数比较

	"科林伍德"	"凯门鳄"	"可畏"（法国）[18]
排水量（吨）	9500	7530	11720
主炮	4门12英寸后装炮	2门16.5英寸后装炮	3门14.6英寸后装炮
副炮	6门6英寸后装炮	4门3.9英寸后装炮	4门6.4英寸后装炮
水线装甲带最大厚度（英寸）	18英寸钢面复合装甲	20英寸钢装甲	22英寸钢装甲
航速（节）	16.8	14.5	15.0

"科林伍德"号

　　开始具体设计之前，各方的争吵似乎让大家统一了思路，于是该级战舰的具体设计过程体现出一种清晰明确的总体思路。

总体布局

"科林伍德"号退回到 1869 年"蹂躏"号的主炮布局模式，船头船尾各有一座双联装炮座，这种基本设计从此固定下来，到 1905 年的"无畏"号之前，几乎所有的主力舰都在船头船尾各布置一个主炮炮座。不过，该舰的防御方式跟"蹂躏"号不同，该舰采用集中防御，只在前后主炮炮座之间有水线装甲带，船头船尾没有装甲，而采用水下防御甲板和密集分舱相结合的方式进行防御。此时的第一海务大臣库珀·基已经舍弃了对船头船尾方向火力的过分强调[20]，重新将战舰火力设计的重点落到舷侧火力上来，"海军上将"级的主炮布局可能反映了他的这种观点，海军部高层应该基本都认同他这个认识。

火炮

第五章"巨像"号那一部分已经介绍了沃维奇兵工厂早期不甚成功的 12 英寸后装炮，后来"科林伍德"号的主炮在试射时还炸膛了，克服了这些早期困难后，这种 12 英寸炮的后期型号就可靠了，威力也不错（可以在 1000 码距离上击穿 20.5 英寸厚的均质熟铁板）。训练有素的炮组人员可以每 2 分钟就开一炮。实际列装部队的每一门 12 英寸主炮之间都有细微的差别，因为细节问题在不断得到改进和提高。"海军上将"级各舰在下水后又拖了好几年才纷纷完工服役，主要原因正是主炮推迟交付。

"海军上将"级的露炮台是阿姆斯特朗厂的伦道尔新设计出来的一种样式，比起"不屈"号等舰上面沉重的旋转炮塔，重量大大减轻，因为装甲围壁不需要转动，只要让炮架在围壁内带着大炮旋转就可以了。由于露炮台的重量比旋转炮塔小得多，因此露炮台可以安装到更高的位置[21]，这不仅提高了大炮的抗浪性，还让大炮可以更好地朝下方射击，当时的英国海军仍然觉得铁甲舰会接近到非常近的距离，朝下方射击才能击中敌舰的露天甲板。[①] 大炮离海面很高，所以不再像过去的旋转炮塔那样容易上浪，这让火炮俯仰控制员和瞄准手的工作轻松了不少，整个炮组基本上只有两三名瞄准手需要暴露在露炮台上，面临敌舰机关枪扫射的风险，此外，用露炮台代替闷罐式旋转炮塔，也就不需要在炮塔围壁上开缝隙式观察孔了，炮手的视野大大改善，而且闷罐式科尔炮塔的围壁跟露天甲板之间那种容易上浪的缝隙也随之不复存在了。炮管的俯仰范围不再受限于炮塔围壁上的炮门尺寸和炮塔顶盖的高度，而且露天的炮座在开炮后，硝烟会很快散尽。早期露炮台有两个问题：其一，装填操作人员是暴露的；其二，露炮台底板没有装甲防御。针对第一个问题，伦道尔让炮管扬起来装填，这样装填人员可以全部藏在露炮台围壁的下面；针对第二个问题，伦道尔给露炮台的底板加了 3 英寸装甲防御，这样就不怕炮弹在露炮台底板下面爆炸了[22]。

① W. H. 怀特撰《现代战舰装甲防护的原理与设计方法》（*The Principles and Methods of Armour Protection in Modern Warships*），刊载于 1905 年伦敦出版的《布拉西海军年鉴》第 5 章。怀特说"海军上将"级之所以采用这种位置很高的露炮台，是因为这种设计在"鲁莽"级上很成功，可是设计"海军上将"级的时候还没有设计"鲁莽"级，所以这种说法是站不住脚的。

副炮是 6 英寸后装炮 [23]，其战术定位是在中近距离上快速摧毁敌舰没有装甲防御的部位，每舷 3 门，每门炮装备了 1 英寸厚、只能防御炮弹破片的轻装甲防盾，此外还从露炮台的后腰部朝两舷呈"八字"形展开两道装甲横隔壁，厚 6 英寸，可以帮助 6 英寸副炮炮位抵御敌舰从船头—船尾方向发动的扫射。既然设计师们给 6 英寸副炮赋予了如此关键的战术角色，为什么又只给它如此薄弱的装甲防护呢？就算是排水量限制也不能替这个设计缺陷开脱。[24] 用来防御鱼雷艇的轻武器是 12 门 6 磅炮和 10 门 3 磅炮。该舰也有 4 具水线上鱼雷发射管。[25]

装甲防护

钢面复合装甲制作的水线装甲带仅限于前后两座露炮台之间，共 140 英尺长，宽 7.5 英尺。其中 4 英尺宽的上半部分厚度有 18 英寸，足以在一般炮战距离 [26] 上抵御绝大多数炮弹了，3.5 英尺宽的下半部分装甲带厚度逐渐减薄，到下边缘处仅有 8 英寸厚，装甲带背衬厚 15 英寸的木料。在计划吃水条件下，这道水线装甲带会有 2.5 英尺位于水面以上，可是"科林伍德"号建成后超重了，吃水比计划加深了足足 1 英尺，结果水线装甲带一遇到大浪，就几乎完全没入水下了。水线装甲带的前后各有一道 16 英寸厚的装甲横隔壁，水线装甲带和横隔壁的上面，像一个盒盖一样扣着 3 英寸厚的装甲甲板 [27]。在这层 3 英寸防御甲板以上，两舷煤舱里都是厚厚的堆煤，可以提供不少防护，[28]① 如果水线装甲带和主甲板以上的无装甲船壳战损进水，这些煤也可以限制进水、保存稳定性。露炮台围壁前脸和侧面厚 11 英寸，后脸厚 10 英寸，露炮台下方的弹药提升井围壁 [29] 厚 10—12 英寸。

船头船尾全靠 2.5 英寸厚的水下装甲甲板以及它上面密集分舱的煤舱来提供防护。这种防御体系设计得很完备，只是没有经受过实战的严格检验。② "海军上将"级当时遭受的批判大多针对船头船尾缺少防护这一点，下文将从当时和今天的视角分别探讨一下这个问题。水下装甲甲板以下的底舱空间里也做了密集分舱，但是这些隔舱壁上开了很多流水阀，这是当时的一种造船习惯，结果这些流水阀往往没有不漏水的，还常被灰渣等堵塞了，这些问题会破坏各个隔舱的水密性。可能最开始选择"海军上将"级船型的时候，就已经把弗劳德船型优化实验的结果考虑进去了，不过直到 1884 年才对"科林伍德"号的船体形态进行详细实验研究。这些实验证明，长度仅有 325 英尺的船体要达到 17 节的航速，船头船尾必须做得比较纤细，这样一来，船头船尾就算完全进水，对船体稳定性和船舶浮态的影响也会很小 [30]。

---

① 2 英尺厚的煤层就相当于 1 英寸厚的均质钢装甲。
② 见第十章。

表 6.2 假设船头船尾被打成筛子后船体吃水加深的情况

（船体损坏情况按最糟糕的程度来算，但各个舱室内所有的堆煤和储藏物资都还在，在这种条件下计算进水后比船体完好时吃水加深了多少英寸）[①]

战舰	吃水加深英寸数
"不屈"	23
"阿伽门农"	22
"巨像"	18
"科林伍德"	17.5
"坎伯当"	14

当年的文档资料似乎暗示，"科林伍德"号还真的进行过船头船尾部分加注海水的海试。1889 年，威廉·怀特在造船工程学会宣读了一篇关于"君权"级设计的论文，在讨论环节中，[②] 里德以他一贯的做派，质疑船头船尾部分没有装甲防御，还对该级舰首尾进水后的情况做出了非常灰暗的预言。[32] 怀特答复说："……我们把战舰的底舱里灌了压舱水，不仅仅是船头船尾的空舱里，舯部机舱下面的双层底里也灌了海水。战舰就这样开到外海去，仍然能够令人满意地完成各种机动，充分证明了我们设计时所作的计算是正确的。船头船尾灌了海水导致的航速降低仅 0.25 节。"查尔斯·贝雷斯福德（Charles Beresford）勋爵询问到底灌了多少水，怀特说在船头船尾的水下装甲甲板以上总共灌了 80 吨[33] 的海水。

在"科林伍德"号的档案册中，可以找到一份 W. R. 佩雷特（Perrett）计算"罗德尼"号船体进水后吃水线变化的材料，当该舰在"战斗吃水"情况下遭受战损，船头船尾的水下装甲甲板以上进水失控，则吃水会增大到 27.18 英尺，排水量会增加 214 吨，达到 9939 吨，稳心高从 5.5 英尺降低到 4.8 英尺。1886 年 4 月 5 日，怀特又指示摩根计算以下四种条件下进水的情况：

1. 所有堆煤都还在，底舱里进水 400 吨，船头船尾进水 408 吨，主甲板和上甲板之间的两舷进水 92 吨。

2. 船头船尾的堆煤都用掉了，进水吨数同上。

3. 底舱两舷堆煤都用掉了，进水情况同上。

4. 底舱和主甲板以上两舷的堆煤都消耗掉了，进水同上。

条件	平均吃水（英尺）	水线装甲带露出水面的高度（英尺）	稳心高（英尺）
1	28.92	0.33	0.63
2	28.67	0.58	-0.4
3	27.78	1.47	1.13
4	27.56	1.69	0.56

① W. E. 史密斯著《战舰装甲防护的布局》（*Distribution of Armour in Ships of War*），1885 年出版于伦敦。这个著作是根据他在皇家海军学院授课的讲义整理而成的。

② W. H. 怀特撰《论新战舰的设计》（*On the Designs for the New Battleships*），刊载于 1889 年出版于伦敦的《造船工程学会会刊》第 213 页（这篇文章的讨论部分是创刊以来最长的讨论[31]）。这篇文章的讨论部分看起来很奇怪：我们在别的资料中根本找不到关于这次实验的任何记录，而且与会诸位听了怀特的介绍，似乎都感到有些惊讶。怀特在这种针锋相对的辩驳中向来寸步不让，可是他也从来没有为了赢得争论而伪造证据。（注意，这次讨论让怀特火冒三丈，他的论辩已经失去了往日那种清晰的条理。从他介绍的这个实验来看，弄不清楚到底把战舰内部哪些舱室注水了，但注水实验涉及的舱室应该分布在战舰上很大的范围里。）虽然不大可能，但或许怀特是把某一次海试之后的预估计算数据错误地当成了一次实际的注水实验。

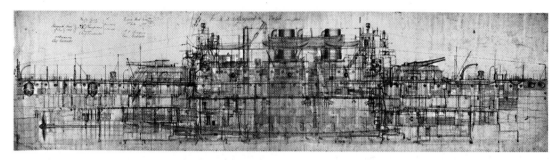

1882 年下水的"科林伍德"号的图纸。该舰两对 12 英寸后装主炮高高地安装在伦道尔式露炮台当中。即使海上浪高很大，这些主炮仍然能够使用，不过在这种海况下，船体剧烈颠簸，主炮还能不能打中任何目标就不得而知了。"海军上将"级船头船尾的干舷都不够高，所以在高海况下上浪仍然很严重，当时人们刻意保留低干舷，是觉得海浪漫上露天的上甲板后，就可以减小纵摇幅度。[34]（英国国家海事博物馆，伦敦，编号 8003）

1885 年下水的"豪"号（Howe）。露炮台让主炮安装位置比过去的英舰高了，但是船头船尾的低干舷让这些战舰的高海况适航性不怎么样。（帝国战争博物馆，编号 Q21362）

"科林伍德"号在类似条件下的计算结果：

条件	平均吃水（英尺）	水线装甲带露出水面的高度（英尺）	稳心高（英尺）
1	27.8	0.58	2.15
2	27.4	0.85	1.19

① 一艘船的"操作手册"（Ship's Book）跟"档案册"（Ship's Cover）是两回事，前者要在战舰服役期间一直存放在战舰上，包含事关这艘船安全运行的各种机要文件，比如这里说的船舶稳定性信息，船舶在使用和搬运燃煤时有哪些限制条件等等。

得出的结论就是，应该先使用底舱里的存煤，然后从船头船尾装甲防御甲板上面的船体中央煤舱开始消耗。船头船尾的装甲防御甲板上面的两舷煤舱里的煤，根本就不能动用。这条训令写进了该舰的操作手册 ① 中，出海时随舰携带。

上表中计算的都是非常严峻的情况,实战中很难遭遇这么严重的战损,即便如此,计算结果仍然显得还不错,说明"海军上将"级的设计抗损性非常过硬[35]。

巴纳比对自己在严格的预算和尺寸限定下达到的这种防护非常满意,怀特于 1883 年离开海军部去阿姆斯特朗公司工作后,也在驳斥批评者时表达过类似的观点。巴纳比说,该型战舰尽管放弃了全长的水线装甲带,但是舯部装甲带已经可以给动力机械、锅炉进气道以及烟囱提供足够的保护了。主炮及其相关伺服机械、操作人员都能得到较好的保护,水下的弹药库和舵机也能得到不错的保护,而外军水线装甲带在船头船尾部分往往不得不减薄,它能给水下弹药库和舵机提供的保护还真不一定强过现在这种水下装甲甲板、密集分舱和堆煤提供的防御。比如,法国"鲨鱼"级的船头船尾也在主甲板设置了防御装甲,可是装甲带在船头船尾减薄了,这种防御其实比不上水下装甲甲板和密集分舱加堆煤所能提供的保护。既然我们怎么都不可能让船头船尾也跟舯部一样安装厚度足以不被穿甲弹击穿的装甲带,那么密集分舱防御就是更好的选择了。[36]

航速和强制通风

对于当年的设计师来说,强制通风(forced draught)简直就像空手套白狼,根本不需要升级任何机械设备,就能在短时间内让航速飙升。[37]① 让锅炉炉膛内涌入更多的新鲜空气,就能让每平方英尺的炉排过火面积上燃烧掉更多的煤,于是锅炉产生蒸汽的速率就提高了。一般来说,在日常巡航的时候采用自然通风,而只在需要的时候用强制通风保持几个小时的连续高航速。一班司炉工只能满足自然通风时锅炉加煤的要求,强制通风的时候就需要另一班司炉工派几个人来加班[38]。从 1877 年下水的"闪电"号(第一艘鱼雷艇)开始,所有的鱼雷艇都有强制通风设备;1878 年下水的"百眼巨人"号是可以强制通风的第一艘大型作战舰艇。

"科林伍德"号是安装了强制通风设备的第一艘主力舰,服役后,海军中普遍认为它比更早的那些主力舰——航速通常只有 14 节——明显快一些。该舰在刚服役时进行的 6 小时自然通风试航中,可以在标定功率 8369 马力的情况下维持 16.6 节的航速,但是强制通风只能让标定功率达到 9573 马力,航速也只能提高到 16.8 节,因为该舰的蒸汽机没法接纳更多蒸汽了。本来强制通风就只是想要短时间内提高航速才使用的,但即便如此,使用强制通风也"常常让人不安"[39]。战舰的合同验收试航分为两部分:先是 4 小时的强制通风试航,其中要测量 1 小时强制通风的锅炉水消耗速率;接着是 8 小时自然通风试航,发动机要一直保持最大输出功率,同样需要测量这种条件下半小时的锅炉水消耗速率。怀特曾在1890 年② 给了一份战舰和巡洋舰机动性能的比较,如下页表格所示。

① 这段内容是根据 D. K. 布朗撰《英国皇家海军船用机械工程学》系列文章写成的,这些论文刊载于 1993—1994 年陆续出版的《海军工程学杂志》。

② W. H. 怀特撰《关于最近几年的海军大演习》,刊载于 1890 年伦敦出版的《造船工程学会会刊》。

① W. H. 怀特撰《关于最近
几年的海军大演习》。

表 6.3 "豪"和"美狄亚"号[40] 的机动性能比较

条件	"豪"		"美狄亚"（二等巡洋舰）	
	标定马力	航速（节）	标定马力	航速（节）
强制通风，试航速度	11600	16.9	10000	19.9
自然通风，试航速度	8200	15.9	6300	18.0
服役中连续航行能够维持的速度	4500	13.5	3500	15.75

　　尽管"科林伍德"号比 1860 年的"勇士"号短 55 英尺、宽 10 英尺、排水量大 800 吨，但是该舰达到 14 节航速所需发动机功率，不比"勇士"号多，这又一次体现了弗劳德的工作对船型优化的重要价值。

　　然而，"科林伍德"号船头船尾的干舷太低了，尤其是船头的，直接导致该舰只能在海面平滑如镜的时候才可以发挥出最高航速来，只要海面浪高稍微一高，航速就会迅速下降。怀特于 1890 年在造船工程学会宣读的论文中，提到不少有关"海军上将"级海上航行性能的问题。① 1889 年大演习的时候，怀特随"豪"号出海，在相对较高的海况下（比如浪高 12—15 英尺，相当于蒲福风级 5—6 级），该舰的航行性能还是让怀特非常满意的。虽然船头船尾已经被上浪埋入水下，但是操作主炮基本没什么困难，只是没有实际开炮。演习中故意让该舰的舷侧正对着汹涌而来的海浪，这时候该舰会在 5.25 秒内完成一次左右摇晃，两侧摇晃加起来的幅度是 35°—40°，并且主炮仍然能够操作。

1884 年下水的"罗德尼"号。该舰的 6 英寸副炮火力比之前的同级战舰大大增强了。（帝国战争博物馆，编号Q40000）

在这种情况下，"英雄"号[41]位置低矮的主炮塔将完全被上浪埋没，无法使用，"英雄"号的舰长也证实了这一点。怀特读完论文后的讨论环节中，海军上将莫兰特（Morant）证实了怀特的观测结果，演习中，莫兰特就在与"科林伍德"号结伴航行的"安森"号（Anson）上，两舰可以顶着比较高的迎头浪，以8—9节的航速航行，尽管上浪会冲过整个上甲板，但是两舰的主炮仍然可以使用。借着讨论这篇论文的机会，怀特驳斥了所谓"海军上将"级船体内通风很糟糕的传闻；水兵住舱的条件完全达标，军官住舱仅需要稍稍提高[①]。

① 舰上给他安排的是最靠近船尾的那个舱室，也是船上最糟糕的军官舱，正好在螺旋桨上方，算是提醒提醒设计师，叫他们不要忘了螺旋桨震动噪音的问题！

1882—1883 年间陆续开工的姊妹舰

1880 年，法国一下订造了 4 艘战舰[42]，所以海军部委员会得商讨如何对抗它们。尽管这时候"科林伍德"号才刚刚开工建造，而且里德等人在坊间大造声势，对其进行尖刻的批判，但海军部委员会明白，战略形势跟当初设计"科林伍德"号时相比，并没有太大变化，所以委员会决定继续建造"科林伍德"号的姊妹舰，好让性能类似的多艘战舰组成一个能够协调配合的编队。

首批建造了两艘姊妹舰——"豪"号和"罗德尼"号，它们的主尺寸与"科林伍德"号一样，但是武器增强了，带来了额外的 800 吨重量，让这两艘船的吃水又增加了 18 英寸[43]。第二对姊妹舰"安森"号和"坎伯当"号把主炮露炮台围壁的装甲厚度增加到 12—14 英寸，水线装甲带延长到 150 英尺。为了承载这些额外的重量，船体延长了 5 英尺，最大船宽增加了 6 英寸。这 4 艘战舰都不可避免地超重了，结果吃水过深，装甲带基本完全没入水下，船头船尾的露天甲板也更容易上浪了。"安森"号的造价是 662000 英镑，比"不屈"号少 15 万英镑。

这 4 艘"科林伍德"号的姊妹舰[44]安装的主炮，都是沃维奇兵工厂最新研制的 67 吨 13.5 英寸炮，比之前的 12 英寸炮威力强大得多，可以在通常的海上交战距离击穿现役战舰上安装的最厚的装甲。可是这种火炮的性能仍然不可靠，最突出的问题就是内膛容易承受不住火药爆燃的压力而开裂，这导致大炮延迟交付，进而导致了新战舰迟迟不能入役。

表 6.4 早期后装炮

口径（英寸）	炮身重（吨）	型号	倍径	发射药重量（磅）	炮弹重量（磅）	出膛初速（英尺/秒）	1000 码对均质熟铁装甲的穿深（英寸）
12	45	III	25.25	259，棱柱火药	714	1914	20.6
13.5	67	II	30	630，"慢燃咖啡"	1250	2016	28
16.25	110	I	30	960，"慢燃咖啡"	1800	1914	32

这一时期英国主力舰的建造速度比较拖沓，但法国还要慢得多。

表 6.5 建造时间（年－月）比较

英国战舰	从开工到入役耗时
"不屈"（Inflexible）	7-8
"阿伽门农"（Agamemnon）	6-10
"阿贾克斯"（Ajax）	7-0
"巨像"（Colossus）	7-4
"爱丁堡"（Edinburgh）	8-4
"征服者"（Conqueror）	7-4
"英雄"（Hero）	4-1
"科林伍德"（Collingwood）	7-0
"安森"（Anson）	6-1
"坎伯当"（Camperdown）	6-8
"豪"（Howe）	7-0
"罗德尼"（Rodney）	6-4
"本鲍将军"（Benbow）	5-7
"维多利亚"（Victoria）	4-11
"桑斯·帕雷尔"（Sans Pareil）	6-3
"特拉法尔加"（Trafalgar）	4-3
"尼罗河"（Nile）	5-3
法国军舰	**从开工到入役耗时**
"凯门鳄"（Caïman）	10-0
"不驯"（Indomptable）	8-8
"鲨鱼"（Requin）	10-0
"可怕"（Terrible）	9-1
"包丁上将"（Amiral Baudin）	9-2
"可畏"（Formidable）	9-5

1883 年开工[45] 的"本鲍将军"号

"海军上将"级的这最后一艘战舰为什么跟前 5 艘不一样，搭载了 2 门 16.25 英寸的巨炮呢？有几个原因。首先，当时在建的战舰把全国所有海军船厂的船台都占满了，海军部只能找一家民间造船厂签合同建造，由于工期签的是 3 年，所以最关键的是战舰造好的时候，主炮也好了，这样才能不耽误战舰入役。可是沃维奇兵工厂在给前 4 艘战舰制造 16 门 13.5 英寸炮，无法保证能在 3 年后拿出额外的火炮，于是海军部只能转而向民间军火巨头阿姆斯特朗公司寻求货源，而阿姆斯特朗旗下的埃尔斯维克兵工厂正好有 110 吨炮，可以把它们镗成 16.25 英寸口径，给"本鲍将军"号船头船尾各安装一台。阿姆斯特朗公司已经给意大利的"安德烈亚·多里亚"（Andrea Doria）级[46] 供应了类似规格的火炮，那些巨炮狂热崇拜者觉得 12 英寸炮和 13.5 英寸炮口径还不够大，尽管 13.5 英寸炮已经能够击穿任何在役战舰的装甲了。实际服役期间，这型 16.25 英寸巨炮的性能非常令人失望，内膛寿命只有 75 发炮弹，每开一炮需要 4—5 分钟的装

填和准备时间，而且炮管太沉了，结构强度则不足，结果炮管容易被自己的重量压弯（Droop），让炮弹没法笔直地在炮管内飞行。

"海军上将"级的优缺点以及它与同时期外军主力舰的比较

以里德为代表的批评者主要着眼于该级舰船头船尾缺乏装甲带防护。前面部分介绍过巴纳比和怀特提供的证据，从今天来看似乎已经足够驳倒里德等人的批评了。[1] 当时基本上不存在所谓的"保密法案"，所以巴纳比反驳里德时并没有拿出"海军上将"级进行过船体注水实验来作为证据（怀特很久以后才提到这个实验），就更显得有点奇怪了。

该级战舰真正的防御缺陷是那道宽度非常有限的水线装甲带，而且在装载状态下，装甲带几乎没入水中，后来的那5艘姊妹舰大都超重，让这个问题尤为明显。水线装甲带上边缘只到主甲板，这层装甲甲板以上没有舷侧装甲带，只有两舷厚厚的堆煤，它们可以针对小口径副炮的射击和主炮炮弹的破片提供一点防护，在水线装甲带以上的舷侧破损进水的时候，堆煤还能控制进水，保存船舶的稳定性。巴纳比对这些问题都很清楚，但他表示，就算海军部放宽限制，允许更大的船体、更多的装甲重量配额，他也不会采用从船头到船尾的全长水线装甲带，而会加宽、加厚已有的舯部水线装甲带，同时加厚水线装甲带上面盖着的装甲主甲板[47]。

政府和海军的各个职能部门都不愿意考虑建造个头更大的战舰；政客们可没打算为耗资更巨大的战舰买单，海军部委员会在预算捉襟见肘的状况下也很清楚，如果战舰的身形更庞大，那么就只能削减建造的数量了。就连战舰设计师也不愿意为战舰的体量买账。W. E. 史密斯在皇家海军学院讲课的时候，曾经在讲义中写道[2]："假设我们要设计的战舰需要在舯部配备24英寸厚的水线装甲带，船头船尾带有18英寸厚的水线装甲带，这种厚度可是没法保证完全不被敌舰主炮给击穿的，然后这艘超级战舰还要搭载史无前例的4门150吨主炮、

一幅罕见的从上方俯视拍摄的"本鲍将军"号照片，可以看到船头船尾露炮台里面2门16.25英寸的巨炮，还能看到烟囱两侧堆码了大量易燃的桅材，如果真遇到实战，会在开战前的准备阶段把这些桅材扔到海里去。[美国海军历史中心（US Naval Historical Center）供图]

[1] 今天的战舰设计师要想办法让排水量只有当时的战舰三分之一的护卫舰（Frigate），能够抵抗威力大得多的炮弹的攻击，而且现代战舰还完全没有装甲。充分地密集分舱可能是一种保证生存能力的好办法，不过当年战舰的底舱分舱非常不充分，参考"维多利亚"号和"坎伯当"号的撞击事故。现在军舰上如果能够安装1—2英寸厚的薄装甲带来抵挡机枪子弹和炸弹破片，就很不错了。

[2] W. E. 史密斯著《战舰装甲防护的布局》，1885年出版于伦敦。

12 门 6 英寸副炮，副炮要带有 3 英寸厚的轻装甲炮罩，船底要有 4 英寸厚的内层船壳，好防御鱼雷，内船壳还要在外船壳以内 10 英尺的地方，战舰的航速必须达到 20 节，那么这样算下来，这艘战舰的排水量必须达到 2 万甚至 2.5 万吨，造价不会低于 200 万英镑。这么一艘庞大、昂贵的战舰仍然不能说是'完美'的，因为它水线装甲带的宽度还是不够大，随着战舰左右横摇，装甲带将一会儿完全没入水下，一会儿把装甲带下边缘没有防护的船底露出来。而且这艘战舰的船底没有任何防御水雷的设计，特别是船头船尾的船体太瘦削了，防御水下爆炸的纵深不足，所以仍然是非常脆弱的。该舰的长度必须达到 500—550 英尺，船宽约 75 英尺，平均吃水约 28 英尺，这样估算下来，该舰的标定功率大概是 3 万马力。"史密斯认为，这么大一艘船，只有一名舰长的话，会指挥不过来！而且该舰太长了，转向不灵活，没法进行撞击作战。

这种船体尺寸上的限制在外军设计师眼中也是一清二楚的，所以他们也想了各种各样的折中方案来尽量满足设计指标，不过从今天来看的话，这些奇巧的设计都算不上让人满意。在这些设计中，最为极端的当属意大利海军的贝内代托·布林（Benedetto Brin）设计的"意大利"级铁甲舰（13850 吨），该级抛弃了水线装甲带，只有一道位于水线以下 6 英尺处的 3 英寸厚装甲防护甲板，在这层装甲甲板和它上方的主甲板之间的空间里密集分舱，舷侧的舱室设置成水密舱，里面充填软木并设置挡水坝，基本上跟"不屈"号船头船尾采用的防御体系是一样的。该级舰的主炮是两对 17 英寸的阿姆斯特朗后装炮，呈对角线布置在两座巨大的露炮台里，露炮台有 17 英寸钢面复合装甲防护[48]。该舰的副炮火力也很强劲，是 6 英寸后装炮，只是完全没有装甲防护。"意大利"级铁甲舰航速高达 18 节，比当时英军在役的航速最高的铁甲舰还要快 3 节左右，还能搭载大量的陆军部队。露炮台的下面有一根带有重装甲防御的弹药提升井，一直通到底舱弹药库，可是露炮台的底板没有装甲防御，如果炮弹飞进露炮台下方的船体内爆炸，那么露炮台一下就变得很脆弱了，当然了，这也是当时各国露炮台的一个通病。

"意大利"级采用的这种防御体系是 19 世纪 80 年代大行其道的"防护巡洋舰"最常用的防御方式，军火巨头阿姆斯特朗男爵特别推崇这种要重炮不要装甲的设计。[①49]"意大利"级几乎不可能在长时间持续炮击战中幸存下来。毫无防护的副炮很快就会被轰飞，而飞进主炮露炮台下方船体内的炮弹也很快就会把主炮炸飞。等到水线以上没有装甲的船体全部被打成筛子以后，水就会从船体两侧的破洞涌进来，造成船体横摇加剧，露出没有保护的水下船体，这部分船体遭炮击也会产生破洞，装甲防御甲板以下开始缓缓进水，该舰的动力舱很快会停摆，最终导致该舰沉没。

---

① 现在我们只能猜测阿姆斯特朗和意大利设计师布林他俩到底是谁先影响了谁。

19 世纪 80 年代的法国远洋铁甲舰一般都设计成无装甲防护的高干舷，只在水线包裹着一圈从船头到船尾的厚厚装甲带（两头还是略薄一点的），就是这个装甲带也很窄，4 门主炮安装在 4 个露炮台里，其中 2 个露炮台分别在船头、船尾，还有 2 个分别在两侧舯部。副炮火力同样不可小觑，是 5.5 英寸的后装炮，同样没有任何装甲防御。[50] 要想让这么窄的水线装甲带发挥出该有的作用，设计战舰的时候各种重量的核算一定要非常准确，这样才能保证战舰造好后达到设计水线位置，而且在服役过程中，新添加的各种设备必须严格控制重量，不让战舰的吃水增加过多（实际上，战舰增加 30 吨的重量，吃水就会增加 1 英寸；而当时法国主力舰的装甲带最宽才 8 英尺，其中只有 18 英寸在水线以上）[51]。水线装甲带的顶盖同样是一层装甲防御甲板，一般厚 2.25 英寸。由于法舰在水线装甲带以上就没有任何舷侧装甲了，这部分舷侧船体在交战中破洞进水，就会严重破坏该舰的稳定性，最终导致倾覆[52]，此外，法国战舰的水上船体坚持设计成夸张的舷墙内倾外形，在大角度横倾的时候，这种外形非常不利于船体的稳定，会加快倾覆，就像 1987 年翻船的"自由事业开拓者"号[53]（Herald of Free Enterprise）一样。[1] 怀特觉得法国战舰的底舱分舱不够充分。

预算

19 世纪 80 年代的造舰成本又涨了，而且对海军经费支出的监管也越来越严，这就意味着总共造不了几艘战舰。建造成本上涨，一方面是因为战舰越造越大了，另一方面是因为新战舰越来越复杂，每吨的造价上去了（详见第十一章的案例）。虽然海军的总预算比最高的时候少不了多少，但是大部分钱都花在了一些不能削减的固定资产上，结果造舰预算遭到不成比例的削减。战舰的建造速度特别拖沓，最后核算下来，建造成本肯定超支，因为造船劳力和机械都没有得到充分的使用。这种建造进度的一拖再拖也让议会做账的时候有点头疼，因为议会要求每年批准的款项要在当年花完，这样才能封账然后投票表决下一年的预算。

新式岸防工事和雷场 [2]

从 19 世纪 70 年代末开始，陆续发展出一些新式岸防技术，让战舰的对陆攻击不那么容易成功了。比如，就算是在演习中，也没有一支舰队能在岸上火力的威胁下成功扫清一片雷场。下文介绍的主要是英国岸防战技术的发展，不过当时皇家海军的假想敌也经历了类似的发展。各种新技术的"引进"和"大规模列装"之间通常有一段很长的延迟，这一点一定不要忘记。

海岸炮台安装的火炮跟战舰上的火炮往往差不多，就是炮架和装填设备可能不大一样。[54] 19 世纪 60、70 年代，海岸炮台也安装过铁制装甲，其发展跟战

① 后来沙俄战舰在对马（Tsushima）海战中就发生了类似的情况。见第十章。
② 这一部分主要根据安东尼·坎特韦尔（Anthony Cantwell）的一篇论文。这篇论文在 1995 年 11 月朴次茅斯召开的"战舰对阵海岸防御工事"会议上宣读，题为《19 世纪后期英国海岸防御工事的发展》（Later Developments in British Coastal Defence）。

舰装甲的发展有平行性。[55] 开始换装后装炮以前，首先是增加了那些老式前装线膛海岸炮的仰角，从而增加它们的射程。1884 年以后，给一批 9 英寸、10 英寸前装线膛炮换装了具有大仰角射击功能的新式炮架[56]。

1888 年 3 月，在沃登角（Warden Point）举行了一次演习，测试海岸炮使用大仰角抛物线弹道能否击中海上的移动目标。[①] 靶子是一个 100 英尺 × 40 英尺的筏子，安装了简易的风帆，可以在海潮中随波漂流。这种漂流速度不快，而且方向飘忽不定，人们觉得正好可以模拟那些执行对岸轰击任务的战舰。测试用的海岸炮是一门 9 英寸前装线膛炮，使用的炮架是临时改装的高仰角炮架，可以让炮管扬起到 35°，该炮可以发射一枚 265 磅重的炮弹，使用 25 磅和 50 磅的 SP 火药[57]，操作这些海岸炮的是 2000 码外的一台"沃特金斯"（Watkins）测距仪[58]，这台测距仪高于海平面 300 英尺。测试期间虽然有一天刮起了大风，但整场测试还是在浮筏跟海岸炮之间相距 2500—9900 码范围开了 41 炮，其中有 28 炮都是浮筏距离海岸炮台 6000 码以外，这些炮弹中总共有 7 发命中。（如果按照这个命中率来估算的话，像"不屈"号这样一个 300 英尺长的目标应该会被击中 11 弹。）从测试结果看，打远距离抛物线弹道，炮弹飞行时间太长，从瞄准到炮弹飞到目标区域这个时间内，敌舰可以移动很远的一段距离，这种情况下，想通过直接瞄准来命中移动目标，非常困难。（第十章将会介绍的日俄战争实例里，使用了跟这种实验炮类似的、可以曲射的榴弹炮轰击港内锚泊的战舰，攻击效果非常不错。）

大约在 1893 年，英国海军开始列装"无烟线装火药"（Cordite）[59]，实施对岸攻击的战舰就很难发现岸上的炮台了，因为开炮后不再像黑火药一样产生大量硝烟。后来研制出"液气式"（hydropneumatic）[60]复进地阱炮架后，就更难从战舰上直接观察到海岸炮台了。使用这种炮架的主要是海外基地，英国本土也有一些。这种炮架把炮管的最大仰角限制在大约 20°，而且开炮间隔也变长了。既然从海面上很难直接观测到高高在上的海岸炮台，更难准确瞄准和击中炮台中某一门炮，那地阱炮架其实就没有必要了。

1885 年，在波特兰岛（Portland Bill）的岬头上挖了一个坑，在里面安装了一台地阱炮架，炮架上架了一尊 6 英寸炮的模型。通过机械装置，让这个炮架每隔 2 分钟就把大炮抬出地坑，维持 20 秒，放出一团模拟的硝烟，然后落回到地坑里。同时，叫"海格力斯"号[61]中腰炮室铁甲舰开上前来，想尽一切办法摧毁这门地阱炮。该舰先用加德纳和诺登飞手摇机关枪射击，打了几百发，结果根本就没有击中火炮，也没有一发子弹飞进地坑里。接着它用船体一侧的 4 门 10 英寸主炮对目标齐射，虽然有几发炮弹的落点跟地坑非常靠近，但也没能命中。然后让各门主炮的炮手分别瞄准地坑射击，结果表现更加糟糕。在主炮

① 《1892 年炮术手册》

开炮期间，所有 6 磅副炮都可以随便开炮，只要模型炮从地坑里一露头，6 磅炮就会射击一阵，结果同样没有一发击中模型炮或者伤到地阱炮架。霍格[①]说采用什么样的炮架都一样，因为"海格力斯"号根本就没能击中那个目标炮位。必须指出，实战条件下就更不可能命中了，因为海岸炮一定会还击的。

到 19 世纪末的时候，英国的制式海岸炮是 9.2 英寸后装炮，一般是安装在露炮台里，时人觉得这种口径完全足够叫主力舰丧失战斗力了。不过，一战期间达达尼尔（Dardenelles）海峡战役中，土耳其的这种海岸炮只能给英法的无畏舰和前无畏舰带来轻微的损伤，也是在一战期间，装甲防御非常薄弱的"无敌"号战列巡洋舰在福克兰群岛（Falklands）被击中 22 发，大多来自 8.2 英寸炮，也只受到了轻微损伤，这说明上述观点是错的。[62]H. S. 沃特金斯上校于 1879 年发明了海岸炮台专用的测距仪，测距仪的镜筒安装在很高的位置，镜筒俯角就可以代表火炮和目标之间的距离。然后再用一台设计类似的测角仪来测量方位角。尽管还需对射击诸元进行不少修正才可能击中运动目标，但这些仪器毕竟大大改善了海岸炮的射击精度。这一时期，由于鱼雷艇的活跃，海岸防御也必须配备小口径速射炮，而且大概从 1889 年开始，探照灯陆续列装，它们一般都有专用的、带装甲防御的底座。

1863 年约翰·伯戈因（John Burgoyne）[63] 写了一份备忘录，强调应该用雷场来保护重要港口，很快，海陆军联合成立了委员会来讨论他这个提案。[②]1867 年开始组建和训练相关的部队，到了 1871 年，水雷场由皇家工程兵部队下辖的水雷连（Royal Engineers mining company）负责，他们每年都会布置一次可以实战的水雷场。当时一般是在水深 60 英尺的海底布放装填了 500 磅炸药的遥控水雷，后来，这些水雷还可以依靠沃特金斯测距仪的观测来遥控起爆。还有电遥控起爆的锚雷，它们被过往的船舶撞上后就会向岸上控制台发送信号，由控制台决定是否起爆。这种锚雷也可以设置成自动起爆。接着进行了一系列军演，发现这些受岸防火炮保护的水雷场是很难清理的。1879 年在朴次茅斯海军船厂入口处举行了这样一次扫雷演习，裁判判定虽然作战舰艇最终清除了水雷，但参战船只全都战沉了。1886 年在米尔福德港（Milford Haven）举行的扫雷演习，攻击方也以失败告终。1887 年兰斯通港（Langstone Harbour）的类似演习同样以攻击方失败告终。

1885 年，海军开始列装布伦南（Brennan）鱼雷。这种"线导鱼雷"的螺旋桨直接靠连接到岸上卷扬机的长钢缆来驱动，通过从岸上调整钢缆的张力，便能够让鱼雷灵敏地转向。这种鱼雷可以在短距离内达到 22 节的冲刺速度，能以 19 节航速航行 1000 码，最远能以 17 节的航速航行 1600 码。[64]

进入 19 世纪 80 年代以后，海军又陆续开展过几次小规模的舰队对陆攻击

① I. V. 霍格著《英格兰和威尔士地区的海岸防御》，1974 年出版于牛顿阿伯特。

② A. 坎特韦尔和 D. 穆尔合撰《澳大利亚陆军和海军的潜艇布雷活动》（*The Victorian Army and Submarine Minelaying*），刊载于 1993 年 8 月的《堡垒》（*Fortress*）第 18 期第 32—47 页。

演习，说明海军还没有完全放弃对陆攻击的设想，下面简单介绍一下这些演习的结果。"苏丹"号 [65] 在因奇基斯（Inchkeith）对一座位于海拔 90 英尺处的露炮台进行了射击。[①] 结果炮弹引信失效，攻击失败。在 850—3500 码对这个露炮台开炮 3 次，每次发射了 10 发散弹，都没有任何杀伤效果。而且

4门1英寸口径诺登飞	5分钟打了580发子弹	4发命中
2门加德纳	5分钟打了650发子弹	12发命中
13门马克沁 [66]	5分钟打了3874发子弹	27发命中

全都是在 800—1100 码的距离上射击的。

1898 年，"傲慢"号（Arrogant）[67][②] 在斯蒂普霍姆（Steepholm）朝一座安装了 9.2 英寸模型炮的炮架开火，以测试炮架上安装的装甲炮罩，结果这种炮罩没被该舰的 6 英寸速射炮击穿。1895 年 10 月[③]，用装填了"立德"（Lyddite）高爆炸药[68] 的 9.2 英寸炮弹轰击了一座土制工事。结果发现高爆炸药对土制工事轰击的效果完全赶不上对战舰的毁伤效果，简直就跟没有装填炸药的空弹壳无甚区别。装填了黑火药的通常弹同样轰不动厚厚的土层。

1913 年，在奥龙赛岛（Oronsay）靶场设置了一座模拟靶，代表 2 门 6 英寸速射炮组成的炮阵，然后让"可畏"号[69] 用 12 英寸主炮轰击这个靶。[④] 从战舰上观察这个靶，它位置低矮，在天际线以下，面朝着海岸，像一道缓缓的矮坡。这天天朗气清，柔和的微风（风力 2—3 级）横穿靶场，明亮的太阳从战舰后方照向靶标炮台。"伦敦"号（London）[70] 前无畏舰在一旁观测弹着情况，该舰船头的指向几乎跟"可畏"号炮管指向完全垂直。

一共进行了两组炮击，共开炮 20 发，第一组炮击在 20 分钟内打出了 11 炮。开头两炮的时候，"可畏"号在大约 9000 码的距离上先停船，然后以 6 节的速度缓缓航行，由于在 8000 码以外根本就看不见目标，只能选择参照物大致瞄准一下，即所谓"间接瞄准"（Indirect aiming），选取的是炮台前面海滩上黑色岩石和白色沙滩的交界线。就算接近到 8000 码以内，目标看起来仍然是一个模糊的小点，只能让"可畏"号上的炮组人员大致上不要弄错开炮的方位，而无法从"可畏"号上直接观测弹着点，因为目标本来就很不清晰，炮弹落在目标区域后又会掀起大量的沙尘和烟雾。第二组炮击时，"可畏"号停在 6000 码的距离，在 6 分钟内开了 9 炮，这个距离是能够看清楚目标轮廓的最远距离。根据炮击结果，可以得出如下结论：

1. 只要炮手能瞄准，那么 19 世纪末的 12 英寸主炮就可以很快摧毁一座孤立的海岸炮台；

2. 实施这种炮击战时，毁伤效率最高的作战模式就是让一艘战舰停船开炮，

① 《1881 年炮术手册》。
② 《1901 年炮术手册》。
③ 《1901 年炮术手册》。
④ 《1916 年炮术手册》。

并让另一艘战舰沿着跟炮管指向垂直的方位机动，观测弹着点；[71]

3. 如果海岸炮台的还击火力没法对战舰造成像样的伤害，那么战舰可以更加接近目标，这样能观察得更清楚；

4. 除非炮台的外形轮廓非常清晰，否则还是应该在找到大致方位后瞄准附近的参照物。[72]

看起来，一战中制订达达尼尔海峡突防计划的将领和参谋们，对 1913 年以及更早期的那些演练都不大清楚，这些演习明确揭示出海军炮对海岸炮台实际杀伤力有限，也说明了在岸防炮火下扫雷是多么困难。由于 19 世纪最后 20 年英国仅仅进行过几次规模不大的对岸攻击演习，看起来当时他们没有对敌国海岸堡垒发动进攻的作战计划。[73]

1885 年开工的"桑斯·帕雷尔"和"维多利亚"号[74]

当时为什么要设计这两艘船，今天已经搞不清楚了。这两艘船似乎是"征服者"号的放大版，主炮塔中的火炮准备升级成 13.5 英寸的 63 吨后装炮。在设计这两艘船时，第一海务大臣仍然是库珀·基，为什么没能贯彻他的露炮台和强调舷侧方向火力的基本思路呢？为什么反而倒退回铁甲舰时代的船头对敌突击的基本思路了呢？目前尚不清楚。设计团队研究了一系列的备选方案，最终选中了在船头安装一座双联装主炮塔。后来实际建成的战舰直接搭载了 2 门 110 吨重的 16.25 英寸巨炮在主炮塔里面，跟"本鲍将军"号一样，这似乎是因为供应问题。两舰几乎完美地保留了"海军上将"级的主要缺陷，也就是非常窄的水线装甲带，因为它们的吃水更深了。不过它们的发动机是一个重要的进步。

1881—1885 年海军也开始列装三胀式蒸汽机

19 世纪 60 年代中期，圆筒式火管锅炉取代了方形火管锅炉[75]，由于圆筒结构的承压能力更强，蒸汽机的蒸汽压也就提高了，这样一来，人们自然想要让压力更高的蒸汽进行三级膨胀，使蒸汽利用效率更高。埃尔德厂的 A. C. 柯克（Kirk）博士在 1874 年为"普路旁蒂斯"号（SS Propontis）[76]商船研发出第一台实用的三胀式蒸汽机，但是这艘船的水管锅炉[77]不太可靠，结果整个动力机组没能发挥出应有的高效能来。1881 年的汽船"阿伯丁"号（Aberdeen）在试航的时候，燃煤消耗率低到每小时产生单位标定马力只需要烧掉 1.28 磅的煤，彰显了柯克的成功。1885 年的鱼雷炮艇[78]"响尾蛇"号（Rattlesnake）是皇家海军中第一艘装备三胀式蒸汽机的，它的发动机很成功，于是海军部决定在"桑斯·帕雷尔"号及其姊妹舰上采用这种新式发动机。"桑斯·帕雷尔"号的姊妹舰原本命名为"声望"号，后来改成"维多利亚"号。

1887 年下水的"维多利亚"号。该舰的干舷很低，船头太容易上浪，导致船头两门威力巨大的主炮常常无法使用。(作者收藏)

"维多利亚"号其中一门 16.25 英寸主炮开炮时的场景。炮口喷出大量的硝烟，而且炮口下方的海面都被炮口暴风搅动了[81]。船尾的 10 英寸炮和船身后部的 6 英寸副炮炮群也可以清晰地看到。[纽卡斯尔大学(University of Newcastle)供图]

最能够展现三胀式蒸汽机巨大性能优势的例子，恐怕出自"雷霆"号[79]于 1889—1890 年接受现代化改装。该舰那陈旧的箱式火管锅炉和约翰·宾空心活塞杆式发动机[80]被替换成了筒式火管锅炉和三胀式蒸汽机。

怀特说，[①]该舰改装后先进行了一趟海试，从斯皮特黑德开到马德拉群岛，全程使用 8 成的发动机标定总功率，也就是约 4500 马力，此时每小时产生每标定马力所耗燃煤仅 1.67 磅，是原来的老式发动机和锅炉的一半左右。怀特说，该舰原来的蒸汽机组根本就不可能在长达 2600 海里的漫长航程中一直维持这么高的发动机输出功率，就算它们能维持，耗煤量也将达到 1350 吨，而现在的三胀式蒸汽机和筒式锅炉只需 650 吨燃煤。但也要注意，有一个让设计师头疼的问题：燃煤减少了 400 吨，发动机减重 250 吨，这都是在底舱里的减重，会让战

① W. H. 怀特著《战舰设计手册》。

舰重心升高，破坏了原来设计时算好的稳定性。

表 6.6 "雷霆"号新旧发动机对比

	旧	三胀式蒸汽机
标定马力功率	6270	5500（7000强制通风）
航速（节）	13.4	13.25
机组重量（吨）	1050	800
载煤量 / 续航力 / 该续航力所需航速	1350/4500/10	950/4500/10
工作蒸汽压（磅 / 平方英寸）	30	145

直到有了三胀式蒸汽机，蒸汽航运的经济性才真正全面超越已经有两三百年历史的风帆航运，风帆航运的市场份额开始遭到蒸汽航运的快速侵蚀。第二次世界大战结束后许多年，还有不少商船在使用三胀式蒸汽机。在英国海军中，作为本卷最终章的 1905 年 "无畏"号见证了战舰从三胀式蒸汽机升级成蒸汽轮机（steam turbine）[82]。巧合的是，"维多利亚"号不仅是英国海军第一艘使用三胀式蒸汽机的主力舰，也是第一艘安装了蒸汽轮机的主力舰，[①] 只不过这台蒸汽轮机是一台辅机，用来驱动发电机[83]。[②]

"维多利亚"号与 "坎伯当"号误撞惨案[85]

1893 年 6 月 22 日，地中海舰队正准备进入黎巴嫩的的黎波里 [Tripoli (Lebanon)][86] 下锚。此时，11 艘主力舰排成两列纵队：旗舰 "维多利亚"号带领 5 艘主力舰组成右侧的一列纵队，"坎伯当"号带领 4 艘主力舰组成左侧纵队。坐镇 "维多利亚"号的舰队司令、海军上将特赖恩（Tryon）突然下了一道奇怪的命令，要求两列纵队同时朝彼此依次转向，也就是纵队中的每艘战舰都要等待前方战舰完成转向再顺次转向。本来两支纵队间隔 1200 码平行前进，现在，排在右侧纵队首位的 "维多利亚"号开始转弯，它在打舵 35° 角的情况下回转圆是 600 码[87]，而另一支纵队首位的 "坎伯当"号也同时朝着旗舰转向，可是 "坎伯当"号只打舵到 28°，回转圆即达到 800 码。[③] 两舰不可避免地撞到了一起，相撞时航速大约为 6 节。[④] "坎伯当"号船头撞在了 "维多利亚"号船头往后大约 65 英尺处的右舷上，撞击时 "坎伯当"号船头的指向跟 "维多利亚"号的船体几乎相垂直[88]："坎伯当"号沿着 "维多利亚"号右舷侧方位稍稍向后偏 5°的方向，结结实实地撞进了 "维多利亚"号里。船头卡进对方船身动弹不得，而后 "坎伯当"号的船身又整体向左舷旋转了大约 70 英尺，这也算稍微分散了撞击的力道，没有让撞击的破坏力完全作用在 "维多利亚"号船体结构上。（撞击释放出的能量据估算达到 17000—18000 英尺·吨，跟一门 12 英寸 45 吨炮的炮口动能相当。）由于这两艘船都打着满舵，相撞后暂时分不开，一起继续完成

① 时任海军部总机械师德斯顿（和怀特）对帕森斯的工作一直保持着密切关注，所以一些学者常常提到的 "透平尼亚"号（Turbinia）在 1897 年阅舰式上横空出世令海军部大为震惊，纯粹是一派胡言。

② 造船工程兵少将 R. W. 斯凯尔顿爵士（Eng Rear-Admiral Sir R. W. Skelton）撰《船舶机械工程学进展》（*Progress in Marine Engineering*），刊载于 1930 年在伦敦出版的《机械工程学会会刊》（Trans Inst Mech Eng）[84]。

③ 作者我庆幸现在没有人来问我这起事故何以就这样发生了。

④《海军部审计长助理和海军部总设计师威廉·怀特关于 "维多利亚"号军事法庭庭审情况的报告》[*Report by the Assistant Controller and Director of Naval Construction (William White) based on the minute of proceedings of the court martial appointed to inquire into the cause of the loss of Her Majesty's ship Victoria*]，1893 年出版于伦敦。

了大约 20° 角的转向才分开。"坎伯当"号的船头首柱直接切进了"维多利亚"号右舷的露天上甲板里，进深达 5—6 英尺，切开的大口子从这层甲板向下，撕开了 4—5 英尺高的一大段船壳。更可怕的是"坎伯当"号船头的水下撞角，本来就从首柱往前伸出来 7 英尺长，现在它插进了"维多利亚"号的水下船壳里，在水线以下 12 英尺处深深刺入 9 英尺。

"坎伯当"号赶紧倒进，好把首柱和撞角从"维多利亚"号身上拔出来，结果在"维多利亚"号右舷前部形成了一个高 28 英尺的船壳裂口，这个裂口在船头露天上甲板处宽达 12 英尺，在水线处仍然有 11 英尺宽，越往水下越窄，总开放面积达到 100—110 平方英尺。这么大的一片裂口，如果自由涌入海水的话，那么一分钟就可以进水 3000 吨，不过"维多利亚"号船头做了水密分舱，在撞击前后这一段时间里，船体内能够直接进水的空间非常有限。水下船体内所有用来存放各种物资的舱室都达到了水密标准，很可能直接被撞得进了水的那些舱室统共只能进水约 500 吨。

接下来进水速度有所减缓，但仍然快得相当危险，海水从船头水下船体没能及时关闭的舱门逐渐漫到船体的其他部位。怀特援引马耳他港总设计师的说法——这些舱门"状态良好，关闭后完全能够保持水密"，作为证据；这场惨剧的幸存者也认可这一说法。一些当代学者声称这些舱门的橡胶密封圈当时都已经被拆除了，为的是让战舰看起来"干净利落"（spit and polish）。[89] 就算怀特的调查结果有失公允，当代学者的这种说法也站不住脚，因为水下储物舱正常情况下就不会有军官和其他人士来访和参观，根本没必要弄得那么整洁。况且，1885 年设计"维多利亚"号时，怀特已经从海军部离职，加盟阿姆斯特朗公司两年多了，他没有直接参与这艘战舰的设计，不用为它的失事负责，他的调查应该是秉承了公允公正原则的。如果水兵都在各自的战斗准备位置待命，那么只要一下命令，这些舱门就能在 3 分钟内关闭。具体到这次事故，关闭舱门的命令是在撞击发生前 1 分钟下达的，但大多数水兵当时都没在战斗岗位上，而是在餐厅里歇着呢。尽管如此，据说只有一扇滑动门没法关闭。这道水密门距离撞击点只有 35 英尺，而且这道门非常结实，很有可能是被撞击时飞出来的门窗碎片卡住了，因为撞击不见得能够把这么结实的门给震得扭曲变形。撞击点 35 英尺范围内的其他舱门也大都轻松关上了。

在正常吃水情况下，该舰舰首的露天甲板[90] 距离水面也只有 10 英尺高，进水在大约 4 分钟之内就让船头没到水下了；撞击仅仅 2 分钟后，船头露天甲板上的人就不得不撤离。撞击后约 9 分钟内，水已经没到主炮塔一半的高度了，水开始从炮门往炮塔里面灌，6 英寸副炮炮室最前方的舱门开着，也开始进水了[91]。在这样快速进水一段时间后，该舰突然猛地一颤，瞬间朝右舷倾倒下来。

下表说明当水线面进水以后，稳定性丧失得多么迅速。

条件	稳心高（英尺）
完好	5.05
船头没入水下	0.8
船头沉没、主炮塔和副炮炮室进水	−1.8

为了这次事故专门制作的官方图示，展示了"维多利亚"号即将沉没时的场面。船头已经沉入水中，可见"坎伯当"号撞出来的大洞[92]。主炮塔和副炮炮群也即将进水，这些部位进水后该舰的稳定性就会迅速损失，导致战舰立刻翻沉。

　　副炮炮室进水后，稳心高突然丧失掉 2.6 英尺，这造成了船体猛然一哆嗦，许多幸存者都对这一幕印象深刻。[93]

　　"坎伯当"号船头也在撞击中受损，具体说是该舰的船头撞进"维多利亚"号船身后朝后方旋转的时候，被"维多利亚"号船头水下装甲甲板给卡伤了，裂开一个洞，进了点水。"坎伯当"号船头旋转的同时，大水肆无忌惮地涌进"维多利亚"号船头底舱，只有主甲板上有一道该舰木匠事先带人构筑的挡水坝。[①] 据说此时该舰的稳心高接近 0。两艘船的横隔壁和甲板其实都不水密，都带有流水孔，虽然流水孔带有阀门，但是常常在人很难够到的地方，还有不少被污物堵塞了。[②][94]

　　怀特调查的结论就是，造成"维多利亚"号沉没的首要因素是撞击后没有足够的时间关闭隔壁上的舱门和甲板上的舱口盖。结果水通过这些未关闭的舱门和舱盖迅速涌进整个船头，水兵虽然竭力去关闭这些开口，但船头还是迅速没入水下，最终造成稳定性迅速丧失。假如能够在撞击发生前关紧这些舱门和

① 帕克斯著《英国战舰》。
② 当时对战舰的整洁太吹毛求疵啦！

舱盖，该舰恐怕没有倾覆的危险。进港的时候各舰距离过近，本来就是很危险的时刻，所以如今英国海军战舰进港之前都要先关闭所有水密门。[①] 如果底舱的水密门都关闭了，主炮炮塔和副炮炮室的炮门也都做成水密，那么"维多利亚"号不至于倾覆，顶多会随着缓慢进水而缓缓坐沉。怀特在调查报告的最后，特别强调单纯保证船体的水密是不够的，还必须让上层建筑也可以关闭水密门而保持水密，否则干舷就只有副炮炮门下边缘那么高。

对怀特总结出来的两点经验教训，我们可以说再提不出任何异议了。后续章节将介绍整合了这些经验教训的新战舰，它们遭遇这种情况后，能沉没得稍微慢一些。怀特的报告发表于 1893 年 9 月，3 个月后，第一艘"庄严"级前无畏舰开始建造[95]。

"维多利亚"号事故最主要的教训就是底舱隔壁上最好不要留门，[②] 因为它们在真正遇到战斗或者意外时很难保证一定能够关闭。隔壁上的阀门也应该减到最少，最好让每个隔舱内的管路都朝上穿透甲板，然后在水线上的甲板上安装和操作阀门。时人多怪罪该舰的底舱中央纵隔壁，但怀特经过仔细的问询和调查，发现纵隔壁在这场事故中不是关键因素，[③] 不过"桑斯·帕雷尔"号主机和锅炉舱的中央纵隔壁还是拆除了。不幸的是，后续的战舰在设计和建造过程中并没有很快地把这些经验教训整合进来，因为如果要把底舱完全分成几个互不相干、不能连通的空间，会加大战舰的操作难度，直到 1905 年"无畏"号之前的最后一级前无畏舰，也就是 1906 年才完工的"纳尔逊勋爵"（Lord Nelson）级，才开始安装无舱门、无穿孔的水密横隔壁。[96]

1885—1889 年，"抵抗"号的毁伤实验

1861 年下水的"抵抗"号是"防御"级铁甲舰的第二艘，两舰是 1860 年"勇士"号的缩水版，到 1885 年时已经完全过时，于是从 1885 年到 1889 年拿"抵抗"号进行了一系列测试。第一轮测试主要是测装甲的防御效果，特别是对副炮火力的防御能力，后来的一系列测试重点在研究对抗鱼雷的水下防御体系。这些测试是在保密状态下进行的，这在 19 世纪非常不多见；怀特曾多次提及这些测试，说他后来那些前无畏战舰的一些设计特点都建立在这些测试结果的基础之上，但每一回他都接着说不方便透露更多细节。1888 年海军部的一封信[④]中写道："……必须用尽一切办法保证任何没有相应密级的人员都不能在现场观看这些测试，靶舰测试后被拖回港内时，也绝不能让这些无关人员看见受损情况。"

1885 年测试的结果发表在《泰晤士报》上，布拉西年鉴做了总结。[⑤] 第一项测试是看一看小口径火炮把没有装甲防御的船壳打出破洞后，橡胶层或者填充了石棉的船壳后面的空间，会不会把破洞封闭起来。[97] 首先让"蚂蚁"（Ant）

① 滚装船"欧洲门户"号（European Gateway）进入哈里奇（Harwich）港的时候，因为发动机舱里几道本该关闭的舱门没有关闭，被撞沉了。

② 见查尔斯·贝雷斯福德勋爵撰文《水密门及其对现代战舰安全的威胁》（Watertight Doors, and Their Danger to Modern Fighting Ships），刊载于 1896 年伦敦出版的《造船工程学会会刊》。

③ 第三章介绍里德在回应 1871 年战舰设计委员会时，曾经提到战舰底舱纵中线隔壁只有在船体宽度不大的时候才是安全的，这个事故用事实证明了里德的正确。

④ 武器局存档（Ordnance Board Minutes）中 1888 年 6 月 16 日海军部给朴次茅斯港的警备舰队司令的信。

⑤ 1885 年《布拉西海军年鉴》，伦敦出版，见第 237 页。

级"伦道尔式炮艇"（Flatiron gunboat）[98]"钳子"号（Pincher），用6磅副炮轰击靶舰上一个事先改装好的舱室，这个舱室外壁的船壳背面粘贴了最大厚度达1.5英寸的橡胶，接着让同一级的"夹克"号（Blazer）用5英寸炮对这个舱室进行轰击。结果发现橡胶完全没有堵塞破洞的作用，炮弹装填的黑火药起爆后完全把橡胶炸碎了。接着，又使用6磅小炮轰击靶舰上一个填满石棉纤维的水下舷侧舱室[①]，"但是测试结果涉密，不便继续透露"。[100]石棉获得了部分成功，因为石棉纤维遇到进水后形成了糨糊一样的东西，可以减少进水。这些测试其实做得非常详细，但因为它们都失败了，所以这里只做简单介绍，详情见参考文献。

接着进行了鱼雷毁伤测试，这个放到下文介绍，先暂不提。该舰接受鱼雷测试后经过修理，又准备于1888年接受高爆弹毁伤效果测试。该舰的舷侧炮室进行了改装：每门炮都带一个独立小装甲炮廓，炮廓前脸是3英寸厚钢板安装在1英寸厚熟铁框架上的，每两个小炮廓之间有1—1.5英寸厚的钢板制成的横隔壁，炮廓和隔壁装甲的背面还有旧麻绳编织成的防弹层。[101]炮位周围摆上假人，而且"炮室里还在有必要的地方放了活体动物"。炮室里还放了几门老式前装炮、一条鱼雷和一些装满发射药的火药筒。用来射击靶舰的主要是6英寸和4.7英寸钢制通常弹，里面装填了传统的黑火药，或者火棉，或者英式"立德"高爆炸药，另外还有几发铸铁通常弹，里面装填了黑火药。

1889年4月3日，海军军械处处长对这次测试的结果做了如下总结。[②]该舰原本安装的4.5英寸厚熟铁装甲就足够让所有装填了高爆炸药的通常弹无法击穿，而新安装的3英寸钢制炮廓能够抵挡最大6英寸口径的高爆炸药通常弹。测试中，用一门4.7英寸速射炮（QF）[102]发射弹头经过淬冷处理的特殊"硬头"4.7

1887年用旧铁甲舰"抵抗"号测试水下爆炸的威力，让炸药挨着船体侧面爆炸。[© 美国密尔沃基公共图书馆（Milwaukee Public Library）供图]

① 这些石棉纤维对使用仪器的观测员的健康肯定是一大伤害[99]。
② 武器局存档第611条。

英寸炮弹，能够击穿靶舰那 4.5 英寸厚熟铁装甲，不论炮弹有没有装药，前提是炮弹击中装甲板时大体上与之垂直，炮弹跟装甲板平面的法线所成的角度不能大于 25°。该舰原本的舷侧装甲也能让所有高爆弹的引信在击中装甲时起爆，没有一发高爆弹能够在船体内引爆。火炮炮廓的前脸是 3 英寸厚钢板，两侧减薄到 2 英寸，但即使 2 英寸厚钢板也足以阻挡 6 英寸炮弹在附近引爆后产生的破片，各个炮廓之间的船体内横隔壁同样能起到这样的阻挡作用。这次测试的结果充分证明了副炮都需要炮廓来提供真正有效的防护，即使炮廓会添加额外的重量。装满燃煤的煤舱跟陆地上的土制工事差不多，也可以有效限制高爆弹的爆炸波及范围。

1892 年的炮术手册曾提到使用 6 英寸后装炮在 120 码的近距离上对一座维瓦瑟尔炮架（Vavasseur mounting）[103] 进行了试射。虽然参加这次射击的战舰在海浪中颠簸严重，但 14 发中有 12 发都击中了目标。后来又用 9.2 英寸炮开了 7 炮，命中 5 弹。[104] 这些炮弹中有的是帕里瑟淬冷铸铁弹，有的是法国奥策尔含铬锻钢弹，前者在穿透炮架防盾装甲的时候变形破碎了，后者则能击穿装甲而不变形。注意，采购 1 发 10 英寸的帕里瑟弹才需要花费 3 英镑 10 先令，而采购 1 发锻钢穿甲弹需要 30 英镑。① 当时海军内部对于还要不要继续保留帕里瑟弹，展开了漫长的争论，赞成保留的人认为用昂贵的新式锻钢穿甲弹来对付那些老旧的、装备熟铁装甲的敌舰实在太浪费了，这时候用帕里瑟弹就足够了。最后，海军部决定战舰的弹药库里应当保留 80% 的帕里瑟弹，同时装备 20% 的锻钢穿甲弹。

高爆炸药展现出巨大的发展潜力，但当时对它的安全性能还没有进行过深入的研究，很多人担心它会不会在炮膛内提前起爆，② 如果在底舱弹药库存放时间过长，会不会失去化学稳定性而自发起爆。高爆弹爆炸后，会把炮弹外壳炸成很多细小的破片，这些破片对船体结构和人员的杀伤力比不上装填黑火药的通常弹爆炸后形成的少量、大块破片，尽管这些高爆弹如果贴着没有装甲的船壳爆炸，可以直接把船壳板炸出大洞来。正是因为明确了高爆弹的毁伤效果，19 世纪末、20 世纪初的英国主力舰都坚持在水线装甲带以上的船头、船尾、舷侧船壳外面保留根本没法抵挡主炮炮弹侵彻的薄装甲板。

"抵抗"号鱼雷毁伤效果测试

如前文介绍，从 1885 年开始，准备用"抵抗"号作为靶舰来测试火炮和鱼雷的毁伤效果，于是开展了一系列的试验，并寻找抵抗这些毁伤的最有效防御体系。为了测试鱼雷的毁伤效果和防御结构，在靶舰左舷水线装甲带下边缘以下、长 29 英尺的一段水下船体里，设置了类似"海军上将"级和"维多利亚"级舯部那样的舷侧底舱堆煤和空舱防御结构，这些结构是用来给战舰的锅炉和发动机

① 今天可以找到一个表格，罗列了从 6 英寸到 13.5 英寸各种口径的帕里瑟弹和钢制穿甲弹的价格，当时 6 英寸帕里瑟弹采购价 1 英镑 15 先令，穿甲弹要 8 英镑；13.5 英寸帕里瑟弹价格 12 英镑 8 先令，而 13.5 英寸穿甲弹要 97 英镑。
② 第十章介绍了日俄战争中日舰也遇到了炮弹提前起爆的问题。

舱提供侧向防御用的。在德文波特给靶舰底舱两舷安装了纵向铁隔壁，然后在隔壁和船壳之间填满燃煤。接着将靶舰拖到波特切斯特湖（Portchester Lake）[105]里，船头、船尾下锚[106]。1886年9月21日，在靶舰舷外30英尺的地方试爆了一颗80磅装药的炸弹，震动了靶舰，但对船体防鱼雷结构没有造成损伤。这枚炸弹可能算是正式测试前的校准弹，证明靶舰一切正常，可以开始测试了。

这次测试的一个关键目标是看一看防鱼雷网的效果到底如何，以及在距离船体舷外多近的位置张挂鱼雷网才能起到有效的防御作用。9月22日，"维苏威"号鱼雷艇朝靶舰发射一枚老式的怀特海德16英寸鱼雷，这条鱼雷安装了91磅的战斗部。它从"维苏威"号船头的水下发射管窜出来以后，朝着靶舰舷侧的鱼雷网冲去，鱼雷网距靶舰舷侧30英尺。这条鱼雷射程仅100码，这么设定，一是保证鱼雷能够刚好击中靶舰舷侧经过特殊改装的水下舱段，二是保证鱼雷能以足够高的航速命中鱼雷网。鱼雷起爆的场面非常壮观，不过对鱼雷网整体上没有什么破坏，只是在局部炸出了一个破洞，这附近的一支挂网杆被震掉了，船体本身毫发无损。

这样就证实了鱼雷网确实可以有效防御鱼雷，那么后面的实验就不需要消耗"昂贵"的鱼雷了，直接用杆子吊着水下炸弹起爆就可以模拟鱼雷的毁伤效果。1886年9月24日，在靶舰舷外20英尺处引爆了一枚炸弹[107]，没有造成损伤。接着在距离靶舰舷外15英尺处引爆了一颗水下炸弹，仅造成船壳板之间轻微漏水。可是底舱通海阀的管道被爆炸震断了，结果从通海阀大量进水，需要200人在船上链泵[108]那里拼命人力提水，才能控制住进水。接着对靶舰进行了维修和检查，在1886年10月18日继续进行鱼雷毁伤测试。这次把鱼雷网挂在靶舰舷外25英尺处，"维苏威"号鱼雷艇在涨大潮的时候朝着靶舰射出一条6英寸鱼雷，鱼雷从该艇艇首的水下发射管窜出，航行200码后击中鱼雷网。实验结束后派潜水员检查靶舰水下船体，发现毫发无损。

1886年11月2日，把"抵抗"号拖到朴次茅斯内港深处的费勒姆溪（Fareham Creek），锚泊在这里的浅水中，然后直接把一条带有93磅装药的16英寸鱼雷绑在该舰左舷舯部，在水线以下8英尺处（刚刚在舭龙骨的上方）。鱼雷起爆后，该舰稍稍有点侧倾，但仍然能漂浮着。经检查，发现舭龙骨有20英尺长的部分整个被炸掉了，舭龙骨周围很多船壳板被炸得凹陷进去。在舭龙骨以上的地方，有三到四条船壳铁皮板都被炸凹陷下去了，变形的船壳板之间形成了2—3英寸的裂缝。从内部检查发现，甲板上的天窗都被震碎了，煤舱里的内容物被震得飞了出来，散落一地。不过，横隔舱壁仍然能保持水密，于是底舱只有一个分舱进水，这是"抵抗"号能保持不翻船、不沉没、"继续战斗"的原因。

接着对该舰的结构进行改装，直到1887年6月才开展下一步测试。这次测试仍然计划对靶舰左舷进行攻击，不过鱼雷引爆点要正对着发动机舱的侧面。在新改装出来的舷侧煤舱的外面，仍然保留了舷侧过道，[109] 过道上半部分最宽处有 3 英尺，下半部分逐渐变窄直至消失。然后在距离船体外壳 8 英尺的舷内竖立第二道纵向隔壁，用八分之三英寸厚的钢板制成，前后长 61 英尺。在过道纵隔壁和新隔壁之间就是改装出来的舷侧新煤舱了，在这个煤舱还有内船壳下面的双层底里都堆满了燃煤，从船底算起，堆煤总高度达到 20 英尺。双层底结构也经过了改装，好模拟"海军上将"级、"维多利亚"级的船底结构。最后，在水线装甲带下边缘的船壳外面又增加了一层约 1.5 英寸厚的外船壳，盖住了舷侧过道的上半部分。

1887 年 6 月 9 日开始进行新一轮防鱼雷测试，目的是测试新设计出来的"布利万特"（Bullivant）式鱼雷网的效果。这种新式鱼雷网使用钢制的挂网杆，重量只有之前惯用的木制挂网杆的一半，而且挂网杆跟船舷连接部位的结构更结实。有了这些新设计，新型鱼雷网可以比旧式鱼雷网更快地张挂和收纳。这次还是"维苏威"号鱼雷艇发射 16 英寸鱼雷，爆炸把鱼雷网撕开了一个洞，不过没有伤到船体。6 月 10 日，在靶舰左舷外 30 英尺处，引爆了一发位于水面以下 20 英尺处的 220 磅炸弹。不知情的围观人员担心这么大的炸弹会把该舰炸沉，"从前还没有哪艘铁甲舰遭受过这么巨大的冲击呢……"（！）不过主持这次测试的长官朗（Long）上校对该舰的水下防御结构很有信心，已经在安排下一次测试的日期了。这枚炸弹造成的唯一损伤就是有几根挂网杆弯曲变形了。

6 月 13 日，95 号鱼雷艇通过电线遥控一枚 95 磅火棉装药的炸弹贴着靶舰的双层底起爆，起爆位置在水下 20 英尺处。前一年的测试结果说明，如果紧挨着外船壳的空间填满燃煤，那么它会把爆炸冲击波传递到内船壳上。所以这回测试的时候，特意让内外船壳之间高 2.5 英尺的双层底空间保持空置，但两舷堆煤舱仍然填满了燃煤。这枚炸弹安装在右舷锅炉舱下方的船底，当它爆炸的时候，整艘船都被撼动得从水中一下耸起来，接着横倾 8°—10°，最终坐到海底泥沙里。该舰成为一座破破烂烂的废船壳，安眠在海底。爆炸的冲击波把内、外船壳都击穿了，就连舷侧煤舱的内侧纵隔壁也没能幸免。隔壁和隔壁上舱门也被震变形了，无法再保持水密，于是进水失控了。

这一年的海军年鉴收录了从测试结果中总结出来的经验教训，罗列如下：

> 海军现已列装的防鱼雷网就能够有效阻拦怀特海德鱼雷，只要鱼雷网挂在最少离舷侧 25 英尺的地方，船体就能毫发无损；
>
> 布利万特新式鱼雷网同样有效，而且收放更加方便快捷；
>
> 19 世纪 80 年代主力舰的舯部舷侧防鱼雷结构设计非常有效；

内外船壳之间的空间最好填满燃煤，这样会比空置的双层底的防鱼雷效果好。

还应该注意到，时人再次忽视了鱼雷命中底舱水密横隔壁，造成相邻两个隔舱同时进水的这种可能性。时人觉得这些系列测试十分重要，并且证明了从 19 世纪 80 年代一直用到 1905 年 "无畏" 号上的舷侧防鱼雷结构设计，是充分有效的。

1886 年开工的 "尼罗河" 号和 "特拉法尔加" 号[110]

这两艘战舰基本没有任何技术上的新意，它们倒退回了过去的低干舷闷罐炮塔式设计。这是怎么回事呢？这背后的政治交锋和折冲对未来新战舰的设计有关键意义。1885 年 6 月 9 日，格拉德斯通（Gladstone）辞去首相一职，由保守党党魁第三代索尔兹伯里勋爵（Lord Salisbury）继任，他的党在议会内不占多数席位，故组成了一个少数派内阁，内阁中的第一海务大臣一职留给了他的保守党盟友乔治·汉弥尔顿勋爵（Lord George Hamilton），结果阿瑟·胡德当上了海军部总参谋长（Senior Naval Lord to the Board of Admiralty）[111]。这是政府高层变动最后一次直接影响海军部决策层的人事构成，从此以后，政党上台组阁的时候，就再也没法按照自己的意愿改变海军部委员会已有的人员组成了，更无法随意任命海军部总参谋长。同时，巴纳比也借身体健康缘故辞职。①

胡德狂热推崇拥有低干舷、闷罐炮塔和单一中腰铁甲堡的过时铁甲舰②，他一上台就要求海军部设计两艘改进型的 1870 年老 "无畏" 号，并把这两艘战舰硬塞进已经获得议会通过的诺斯布鲁克（Northbrook）造舰计划里，赶紧去执行，算作计划外增补战舰。1885 年 7 月，新海军部委员会似乎通过了一个低干舷炮塔舰设计，但炮塔和动力机舱分别在两个铁甲堡里面，看起来明显是基于巴纳比在任时提出的 "维多利亚" 级的备选方案 C。巴纳比辞职后，海军部还没来得及把正在阿姆斯特朗厂大展宏图的威廉·怀特重新硬拉回来，趁着这个空窗期，胡德指示摩根和克罗斯兰两位团队首席设计师，重新提出一个单铁甲堡的设计。

巴纳比听说之后就找到怀特，两人一起向海军部提交了一份合写的备忘录，其中表达了他们的不满：不仅这个新设计令人不满，而且海军部的新总参谋长下指示的方式也令人不满——团队首席设计师怎么能够在仅仅接受了总参谋长的指示后，就进入正式设计环节呢？难道不应该召开海军部委员会全体会议吗？巴纳比和怀特希望海军部召集成立一个设计委员会③，让委员会来深入探讨露炮台和闷罐式旋转炮塔两种设计的利弊，寻找舷侧装甲的最佳方案，研究新式速

---

① 当时巴纳比是真的病了，不过病因是里德就住在他家附近，而巴纳比的姐姐是里德的夫人，所以里德常常来家跟巴纳比论战，搞得巴纳比疲惫不堪（此处根据帕克斯的著作，他在书中引用了巴纳比的孙子 K.C. 巴纳比提供的信息）。

② 兰伯特认为当时胡德和其他一些人之所以仍然支持旧式闷罐式旋转炮塔和低干舷，就是因为这种设计在攻击海岸堡垒的时候很有优势。这种低干舷战舰的炮塔能够给炮组成员提供更好的保护，舷侧的装甲带可能也能做得更厚一些，这样一来，其糟糕的适航性也可以容忍了。见 A. 兰伯特撰写的会议论文《英国皇家海军的 "瑟堡战略"》（*The RN and the "Cherbourg's Strategy"*），提交给 1995 年 11 月在朴次茅斯举办的 "战舰对阵海岸防御工事" 会议。

③ 曼宁《威廉·怀特爵士生平》，第 185 页。

射副炮对战舰设计的影响，最后还应该审查一下海军部设计工作的流程是不是需要改一改了。巴纳比和怀特觉得，胡德粗暴地给既定的总规模 650 万英镑的造舰计划加上 200 万英镑的经费，不符合程序规定。他俩反对单一铁甲堡式设计，如果海军部最后要通过这个设计，应该让团队首席设计师共同署名，并特别注明这是在"海军部委员会命令"下提出的设计，跟缺位的总设计师一点关系都没有。第一海务大臣乔治·汉弥尔顿勋爵对这些不请自来的建议非常不悦，亲自签署批准了单一铁甲堡设计方案。

"尼罗河"号及其姊妹舰，船头船尾各有一座双联装主炮塔，里面是 2 尊 13.5 英寸主炮，水线装甲带在舯部厚达 20 英寸。水线装甲带前后部分适当减薄，而水线装甲带的水下部分则减薄到 16 英寸，水线装甲带以上还有舷侧装甲带，厚度也是 16 英寸，两舰装甲重量占战舰全重的比例在所有英国铁甲舰中达到最高。副炮原计划安装 8 门 5 英寸后装炮，总重量 135 吨，1890 年 1 月替换成 6 门 4.7 英寸的速射炮，总重量 185 吨，[112] 因为速射炮的弹药消耗速度快，必须带更多的炮弹。[113]

副炮更改和建造中的其他一些修改导致该级舰建成后超重 600 吨，吃水整整多出来 1 英尺。于是，海军部决定以后所有新造的战舰，设计排水量都需要有 4% 的"海军部委员会冗余"，以供在建造过程中增加新设备。①

再下一级主力舰就是在海军内外得到高度赞誉的"君权"级高干舷露炮台战舰，结果这两艘"特拉法尔加"级就成了衬托"君权"级的反面案例，显得愈加失败，不过其实这两艘"特拉法尔加"级也代表了 19 世纪 80 年代后期不少现役军官的一种认识：低矮的干舷可以让战舰的可见目标变小，不容易被弹，厚厚的舷侧装甲带和炮塔装甲围壁可以给炮组成员提供上乘的防护。这两艘战舰建成后就送到地中海舰队服役，在地中海，它们不高的干舷就不成大问题了。在 1886 年海军预算的动议中，议会驻海军部财务干事（Financial Secretary）[114] 希伯特（Hibbert）说："我可以很有把握地说，这两艘块头很大的铁甲舰恐怕是英国及世界上其他任何国家最后建造的低干舷、闷罐炮塔式主力舰了。"

① 实际上，设计时保留重量配额冗余的实际意义非常有限，因为没有保留相应的空间配额冗余。这种空间冗余几乎不可能办到，因为不是说给舰上某某设备留出多少立方英尺的空间就行了，这几个立方英尺的冗余空间还必须留在正确的位置上，跟周围其他空间的关系也要处理得当才行。

1887 年下水的"特拉法尔加"号（上）和 1888 年下水的"尼罗河"号（左），最后的低干舷、闷罐炮塔式主力舰。（帝国战争博物馆，编号 Q40357、Q39715）

译者注

1. 根据第五章的介绍，这段时期钢材代替熟铁，让战舰在火炮、炮弹、装甲、锅炉、蒸汽机等各个方面的性能大幅度提升，人们期望的高航速、重装甲、重火力、高干舷"全能"战舰看似呼之欲出，但似乎又很难实现——说不定今天设计出了"准全能战舰"，明天就会被技术进步击败，没人愿意重蹈"不屈"号的覆辙了。所以决策层上下一致打算观望。这一时期也大体上是蒸汽商业航运大规模取代传统风帆航运的阶段，如何保护这些严重依赖加煤站的商业汽船，也成了海上交通战的新课题。

2. 应当是指 1878 年开工建造的"可怕"（Terrible）级岸防铁甲舰。这一级共建造了 4 艘，分别是"凯门鳄""不驯"（Indomptable）、"可怕"和"鲨鱼"（Requin），所以为了对抗它们，"海军上将"级建造了 6 艘。正文接下来不点名地跟"可怕"级进行对比，所以这里先介绍一下"可怕"级的设计和性能参数。

   总的来说，设计中规中矩。在船头和船尾各有一个露炮台，前后露炮台之间是烟囱和低矮的上层建筑。该级舰的排水量在 7500 吨左右，这对于 19 世纪 70 年代末的主力舰而言，算是很小的排水量了。再看一下该级的防护。从船头到船尾有全长的水线装甲带，采用第五章介绍的软钢装甲，装甲带厚达 500 毫米（合 19.6 英寸），装甲带的下边缘减薄到 400 毫米，装甲带到船头减薄到 250—300 毫米，船尾减薄到 200—300 毫米。两个露炮台里面各搭载一尊 1875 年开发的 420 毫米（约合 16.5 英寸）炮，炮管为 19 倍径。露炮台的围壁带有一圈 450 毫米（合 17.7 英寸）厚的软钢装甲。露炮台的底板没有任何防护，露炮台和水线装甲带有厚度差不多的木制背衬。露炮台呈梨形，也就是说炮台后部梨尖部分是弹药提升井，大炮只能回旋到船头—船尾方向才能装填。露炮台底座中央是弹药提升井，它带有 200 毫米（合 7.87 英寸）厚的装甲围壁。弹药提升井的装甲圆筒一直伸到底舱弹药库中，装甲圆筒的下边缘终止在跟水线装甲带下边缘齐平的下甲板上。水线装甲带上边缘位于主甲板，主甲板是装甲甲板，80 毫米厚的钢板安装在 25 毫米厚的钢皮上，总共厚 105 毫米（合 4.1 英寸）。主甲板以上的上甲板和露天甲板，以及其舷侧，都没有任何防护。艏部上层建筑四角有 4 门副炮，是 1881 年式 26 倍径 100 毫米炮（口径合 4 英寸）。主炮后部带有一个防盾，可以帮助炮组人员抵御机关枪扫射，防盾很薄，厚度只有 30 毫米（合 1.2 英寸）。最后用来补充防御体系的是两舷的煤舱，船体中腰的动力机舱和船头船尾的弹药舱两侧全是厚厚的堆煤。该级舰搭载当时通用的圆筒式火管锅炉和竖立式复合蒸汽机，航速 15 节，载煤 500 吨，10 节续航力最多 2000 海里。

   有的资料说这一级战舰是"包丁上将"级的缩小版，这一级舰的干舷的确不高，按照法国的设计意图，它们就是用来在波罗的海活动的，主要对抗假想敌德国的铁甲舰。这型战舰的露炮台位置仍然很高，比露天的上甲板还高出半层甲板来；而当时英式的"不屈"号和 4 艘缩水版，它们的炮塔底座位于主甲板高度，大炮位于上甲板高度。这样设计的结果是，法国这种近岸铁甲舰主甲板以上完全没有舷侧装甲防护；而英国的"不屈"号和 4 艘缩水版的中腰炮室，在水线装甲带以上还有舷侧装甲，尽管水线和舷侧装甲都不覆盖船头船尾。可以说英法防御方式各有利弊。"海军上将"级的总体设计似乎照抄了"可怕"级，简直就是把"巨像"号这种缩水"不屈"号的露天上甲板以上的部分整个拆掉，然后按照"可怕"级重建，所以防御方式仍然是英式的。"可怕"级和"海军上将"级还有一处类似，就是排水量设计配额都不足，造好后全都船体超重，装载状态下，水线装甲带都快入水了。

3. 巴纳比也是这种设计的推崇者，他的基本设计理念就是要火力不要防御。

4. 里德设想的其实也类似下面即将谈到的第四个设计，就是中腰铁甲堡带船头船尾主炮，跟最后敲定的"海军上将"级基本设计也没有矛盾。

5. LSL=Landing Ship Logistics。

6. 当然不可能带来高性价比，巨炮必须搭在巨舰上。这不是生存性决定的，而是因为小船抗浪性太差，会让巨炮无法使用。

7. 法舰一共 4 门 13.5 英寸炮，但是只有 3 门炮朝单舷开炮，而英舰 4 门 12 英寸炮。前述都是后装炮。

8. 胡德的认识非常正确，在 1905 年对马海战中得到了验证，但是 19 世纪 60 年代开发出来的科尔式闷罐旋转炮塔重量太大、离海面太近，不容易在大浪中发挥火力，比如对马海战中那种高海况，沙俄参战的旧式炮塔战舰表现就很差劲。

9. 基斯要求双联装炮彼此远远分开，还要求单装炮，是考虑到尽量降低一发炮弹让多门主炮同时丧失战斗力的概率。

10. 法国设计的铁甲舰，除了严格的"岸防"舰，一贯采用露炮台设计。意大利的"意大利"级也从"杜伊里奥"级的英式旋转炮塔换成了法式露炮台。那么当时德国的露炮台船是哪一型铁甲舰呢？

这就是德国 1875 年开始设计建造的"萨克森"级铁甲舰。德意志第二帝国成立不到 3 年，就于 1871、1872 年在伦敦订造了 2 艘"国王"级中腰炮室铁甲舰，这 2 艘船建好后不到 3 年，他们就开始设计建造 4 艘"萨克森"级了。为了不让相对弱小的德国海军在英法眼中成为假想敌，德国官方文档宣称它们是"岸防炮舰"。

"萨克森"级采用了类似英式"中腰铁甲堡"的集中防御设计。水线装甲带只有舯部一段，用熟铁建造，这可能是因为当时德国工业基础还比较薄弱；装甲带里的熟铁板总厚度达 14 英寸，但是分成内外两层，外层熟铁板厚 8 英寸，背衬近 8 英寸的柚木，内层熟铁板厚 6 英寸，背衬 9.1 英寸厚的柚木。可见，当时人们还不确定这种铁甲间隔装甲是否优于同等总厚度的单层装甲板，所以 1876 年意大利在拉斯佩齐亚防弹测试中安排了这种"三明治"装甲靶。得到中腰装甲带保护的是前后两座露炮台。前露炮台在船头加高的艏楼上，呈圆形，里面搭载两门 10 英寸 22 倍径后装炮。后露炮台在露天甲板上，呈四方形，四角各有一门 10 英寸后装炮。露炮台装甲厚度也是 10 英寸。露炮台下面的主甲板带有 2—3 英寸厚的装甲防御。"萨克森"级跟同时期的英法铁甲舰比起来，技术上的落后不仅体现在熟铁装甲上，它的蒸汽机也依然是单次膨胀的，所以该型续航力有限，载煤 500—700 吨，10 节续航力不到 2000 海里，只能在北海、波罗的海活动。动力航速 14 节。如果把"定远"级跟"萨克森"级对照，可以发现"定远"级的船体跟"萨克森"级是非常类似的，其实就是在"萨克森"级船体上安装了"不屈"式对角线双联装主炮。4 艘"萨克森"级到 1883 年陆续完工，德国海军对它们的评价不高，4 根烟囱的外形让海军给了它们"水泥厂"的昵称。

11. 即"可怕""凯门鳄""鲨鱼"和"不驯"号。

12. 跟"可怕"级不分伯仲。

13. 能击穿 6 英寸厚的什么材质的装甲呢？原著没有明说，但按照当时的习惯是指均质熟铁，如第五章"防弹品质因数"部分的介绍。

14. 单位面积是多大，原文没有提及。

15. 也就是船头露炮台达到"可怕"级的高度——高于上甲板，而船尾露炮台仍然跟"不屈"号及其 4 艘缩水版一样，位于露天的上甲板高度。两个露炮台的高低关系如"萨克森"级船头炮台和主炮台那样。

16. 即第五章介绍的沃维奇 12 英寸 25 倍径 45 吨后装炮。大炮和船身的重量都可能采用"公吨"和"长吨"（Long ton）这两种习惯单位，因此具体数字有一些出入。

17. "可怕"级搭载了 16.5 英寸巨炮，"海军上将"级中只有最后一艘"本鲍将军"号采用了类似的两门主炮，但当时有识之士指出，这种重炮在高海况时无法快速操作，火力输出并不实际。

18. 注意，此时法国已经采用公制单位，所以火炮口径和装甲厚度都是换算成英制单位的，多不呈整数。

19. 照片中离桅杆远的这一头是船头。

20. 19 世纪 70 年代后期的法国"迪佩雷海军上将"级设计就是强调船头火力的典型，一共 4 门主炮，有 2 门在左右两舷并列布局，它们虽然能一起朝船头射击，却不能同时朝同一舷射击。

21. 很多读者是从两次世界大战中的"大舰巨炮"开始认识装甲火炮战舰的，所以往往会对这里的描述感到困惑。20 世纪的战舰上难道安装的不是"旋转炮塔"吗？这个问题，第三章译者注释 41 已经介绍过一遍，但这里才正面遇到，所以再次强调。20 世纪上半叶的现代火炮装甲战舰上，主炮的"旋转炮塔"其实是从"海军上将"级的这种露炮台直接发展来的，第八章的"君权"级、第九章的"庄严"级等前无畏舰将会展现出露炮台发展成现代"旋转炮塔"的过程。也就是给露炮台上的主炮加装一个跟主炮一起旋转的装甲炮罩。露炮台装甲围壁本身仍然是固定不动的圆筒。这种结构跟 19 世纪 60 年代发明的科尔式炮塔——从"蹂躏"号到"巨像"号的闷罐式炮塔，是不同的。

22. 由于露炮台比闷罐式炮塔高一层甲板，就需要思考敌弹钻入露炮台下面的船身然后爆炸的问题了。伦道尔露炮台的装填机构是在炮台后方的装甲围壁下面，大炮只能先水平旋转到船头——船尾方向，然后把炮管仰起来装填，也就是固定回旋角、固定俯仰角装填。炮架、制退和俯仰装置都跟"巨像"号主炮塔里面的完全一样。

23. 这种炮并不是 1892 年后列装的、因对马海战里日军的出色运用而声名鹊起的"6 英寸速射炮"，而是它的原型，也就是英国第一种后装 6 英寸炮。它跟 12 英寸主炮一样，先后研制了很多型号。它装备了早期的"速射炮架"，即所谓"维瓦瑟尔炮架"。这种原始的速射炮架也分成上下两个部分，上炮架仍然跟着炮管一起后坐和复进，尽管复进动作筒已经采用弹簧汽缸式，类似汽车和自行车的减震汽缸，远比主炮炮架的纯液压式响应更加快速。

24. 根据1905年对马海战的实战经验，6英寸速射炮可以把敌舰主甲板以上没有装甲防御的部分轰得稀烂，因为6英寸速射炮可以在12英寸主炮开一炮的时间里打出8—12炮，而且在4000码上仍然能够击穿接近6英寸厚的均质熟铁，无装甲的钢船壳更不在话下。可见，从19世纪70年代中叶的"不屈"，再到80年代的"巨像""爱丁堡"以及"海军上将"级，乃至90年代的前无畏舰，它们的战术运用跟1905年以后隔着数千米乃至万米就可以相互主炮齐射的"无畏舰"是完全不同的："海军上将"级4门主炮操作缓慢、炮架笨拙、命中率不高，因此火力输出十分抱歉，但如果侥幸在4000—6000米击中敌舰一发，就可以对它造成严重伤害，能大大加快敌舰沉没；主要用来摧毁敌舰战斗力的武器其实是这些6英寸副炮，特别是1892年它们换装定式炮弹（见本章下文介绍）、具有速射功能以后。这些副炮可以把敌舰副炮和露炮台炮罩打成筛子，让敌军官兵无法在舰面上操作火炮，也无法有效地管制各种损坏。19世纪90年代发明的苦味酸高爆炸药更让这些6英寸炮如虎添翼（详见第八、九、十章的介绍）。可见，要想在敌舰副炮扫射下生存，副炮座至少也要有6英寸厚的防盾和炮廓（见本章下文介绍）。副炮还应该使用带有装甲防护的弹药提升井，可惜就连英国的前无畏舰都没有做到这一点。

25. 随着鱼雷艇的个头越来越大，到19世纪90年代就出现了"鱼雷艇驱逐舰"，今天简称"驱逐舰"，所以进入1905年无畏舰时代以后，以6寸副炮对付这些驱逐舰和鱼雷艇，以最小号的副炮和高射机枪来驱逐炸机。这是前无畏舰时代和许多读者可能比较熟悉的20世纪之间的一个区别，6寸副炮不是用来打击驱逐舰的，而是真正的"大杀器"。

26. 1000—3000码。

27. 装甲甲板下面是锅炉和蒸汽机，这个设计延续自之前的"不屈"号及其缩水版。

28. 因为水线装甲带终止于3英寸厚的主甲板，主甲板以上没有舷侧装甲，这就比"不屈"和四艘缩水版的防御弱了很多，所以才在舯部主甲板以上、上甲板以下的两舷空间里也堆煤。主甲板以下"中腰铁甲堡"里，当然也在动力机械舱两侧堆煤。

29. 也是前方和侧方厚，后背薄。

30. 详见第四章。

31. 当时的论文都是在学会开会的时候现场宣读，然后大家讨论，再把讨论意见记录在论文的后面。

32. 联系前面第三章，里德这种长达20年的质疑和批判终于被怀特完全驳倒了。早在里德生前，就有评论家这样评论里德这些专业背景非常深厚的批评："不管是中腰炮室舰还是炮塔舰，不论是全长水线装甲带还是中腰铁甲堡，我们发现，里德爵士都批评过它们。什么该挨批？什么不该？似乎挨批的都是海军部设计的战舰，甚至包括里德自己设计的那些战舰。"

33. 这个量根本不算多，一艘排水量近万吨的大船，进水1000吨才能产生明显的航速降低、船体倾斜等效果。

34. 详见第四章页，时人认为海浪漫上甲板后，就会改变船体纵横摇晃的固有频率，则海浪的周期就不再跟船体摇晃的周期产生"共鸣""共振"了。从图中可见一共12台卵圆筒式火管锅炉，分成四组，每舷前后3＋3排列，中间以隔舱壁分开，这是增强抗战损能力的单元化布局。弹药库直接在前后露炮台下方，再也没有19世纪60年代的中腰炮室铁甲舰以及"不屈"和它的四艘缩水版那样的弹药运送路径过长的问题。弹药库本身没有装甲防御，全靠两舷的堆煤和上方的水下装甲甲板以及这层甲板上的堆煤来提供防护。

35. 1905年对马海战的实战经验表明，就算是保留全长水线装甲带的战舰，从水线以上不停进水，几个小时后也会突然失去稳定性而倾覆沉没。所以战损的战舰根本不需要等到船头船尾全部被毁、进水才能沉没，有效的损害管制和底舱水密措施才是最重要的。

36. 如果"海军上将"级真的需要保存船头船尾两舷的堆煤来控制进水，才能保证船体不倾覆的话，那么似乎稳定性有问题。比如上表中"豪"号船头船尾没有煤的时候稳心高已经变成负数了，这可能跟建造中超重不无关系。对照第四章的"不屈"，就算船头船尾完全灌满水，稳定性仍然存在，尽管稳定性已经不太高了，但不会突然倾覆沉没。

37. 就是在烟囱里面安装一台动力鼓风风扇，可以加快锅炉煤烟从烟囱中排走，从而让锅炉进气道产生更强的进气气流，单位时间内让锅炉"吸入"更多的氧气。整个锅炉通风体系内的气压稍高于大气压。

38. 17、18世纪，传统英国海军的水手都是两班倒，19世纪引入了三班倒作为表现好的时候的奖励机制，机械化程度的提高也不再需要总是两班倒了，海军开始关注水兵的健康和几个月持续服役能力。

39. 1876年"雷霆"号锅炉爆炸造成了心理阴影。

40. "美狄亚"号见第七章。

41. 见第五章。

42. 到底是哪四艘战舰呢? "包丁上将"号和"可怖"号均在 1880 年前开工了,本章前文介绍的 4 艘"可怖"级均在 1878、1879 年开工建造了。1880 年新订造的战舰最可能的是 3 艘"玛索"(Marseau)级露炮台铁甲舰。"玛索"级铁甲舰保持了"包丁上将"级的高干舷露炮台设计,排水量近 11000 吨,水线围绕着一圈完整的、接近 18 英寸厚的装甲带,采用了英式钢面复合装甲,露炮台围壁的钢面复合装甲也接近 18 英寸厚,防御装甲甲板厚 3 英寸多。其 4 门主炮都是 340 毫米炮,合 13.4 英寸口径。每门主炮在一座露炮台中,4 座露炮台呈菱形布局,即船头船尾各一个炮座,中腰两舷各一个炮座,这样可以朝各个方向开炮的主炮数量都是一样多的。主炮露炮台下方没有防御的船体上开着炮门,每舷安装 6 门 5.5 英寸速射炮。跟"海军上将"级一样,这 3 艘战舰完工后,19 世纪 80 年代就快要结束了。

43. 约相当于 1.5 英尺。这下水线装甲带完全没入水下了。

44. "罗德尼""安森""本鲍""豪""科林伍德"都是 18、19 世纪英国跟法国、西班牙在海上决战时涌现出来的名将。"坎伯当"是 18 世纪英国海军与法国海军交战时取得辉煌胜利的海区的名字。

45. 原文写的是"ld 1887",即 1887 年开工,实际是 1883 年开工,1885 年下水,1888 年入役,特此更正。

46. 这一级一共建造了 3 艘,基本设计跟 1872 年开工的"杜伊里奥"级、1876 年开工的"意大利"级(详见第五章译者注释 44)一样,也就是被"不屈"号模仿的中腰对角线双主炮炮位布局。"安德烈亚·多里亚"级集早期这两级四艘铁甲舰的长处于一身:"安德烈亚·多里亚"级用露炮台搭载了 4 门跟"意大利"级一样的阿姆斯特朗 17 英寸 111 吨后装炮,同时采用了"杜伊里奥"和"不屈"号那样的舷侧和水线装甲带。排水量 11000 吨级,水线装甲带厚 17.75 英寸,露炮台围壁装甲厚 14.2 英寸,水下防御甲板厚 3 英寸,这些装甲都是英式钢面复合装甲。采用圆筒式火管锅炉、复合蒸汽机,单轴推进,航速 16—17 节,10 节续航力 2800 海里。该级 3 艘战舰从 1881 年开始陆续开工,到 1891 年才建成。从远处看,"杜伊里奥"级、"意大利"级和"安德烈亚·多利安"级特别相似。

47. 艏部没有水下防御装甲,水线装甲带的顶盖主甲板是装甲甲板。

48. 这个描述恐怕跟第五章自相矛盾,当时进行的火力测试发现法德的软钢装甲要比英式钢面复合装甲效果好得多,今天一般认为"意大利"级战舰安装了全钢装甲,而且第五章提到意大利要求的装甲厚度是 19 英寸,不是 17 英寸。

49. 因为 19 世纪 80 年代的软钢装甲和钢面复合装甲仍然太重,如果一定要安装到巡洋舰上,就只能是艏部非常窄的一小条,比上文"海军上将"级的还可怜,那不如不要装了,航速还能快一些。直到 19 世纪 90 年代研发出美国哈维表面硬化钢装甲和德国克虏伯渗碳表面硬化钢装甲,装甲才真正具备了"又轻又防弹"的特性,这时候才给巡洋舰安装了统一的 6 英寸舷侧装甲带,也就诞生出所谓的"装甲巡洋舰",详见第八、九章。

50. 显然这里说的是 1880 年开工建造的 3 艘"玛索"级,见本章译者注释 42。

51. 实际上这个水线装甲带比"海军上将"级的 7.5 英尺还要宽,只是仅有 1.5 英尺露出水面。不过"海军上将"级也好不到哪去,"科林伍德"号实际上也只有这么高的一小截露出水面,都可以称为"水下装甲带"了。

52. 法舰当然也可以在装甲主甲板以上的两舷堆煤防护,起到限制进水、保存稳定性的作用,这一点上"海军上将"级和"玛索"级没有差别。

53. 这是一艘滚装客货轮,跑英吉利海峡跨海航线。1987 年 3 月 6 日晚,该船从比利时刚一起航就立刻翻沉在港内,淹死了近 200 人。该船的底舱没有分舱,底舱上方就是巨大的直通式汽车滚装大舱,事故的直接原因是负责关闭船头闸门的人员打盹,结果迅速从船头进水了。

54. 炮台炮通常使用第四章"鲁莽"号的地阱炮架。

55. 在软钢和钢面复合装甲开发出来以前,海岸炮台使用一种独具特色的"淬冷铸铁装甲",就是把大炮整个罩在活像一顶钢盔的半球形铸铁顶盖下面。这种经过淬冷处理的铸铁硬度非常高,同时也像玻璃一样脆,所以它们只能整体铸造,一打孔就会出现裂纹。战舰以及陆地要塞的炮塔都不敢使用这种装甲,因为战舰和陆地堡垒都有可能遭受敌军中小口径炮弹的反复轰击,淬冷铸铁板会在这样的反复冲击下碎裂掉。海岸炮塔使用这种装甲是根据 19 世纪上半叶"炮舰外交"的经验,认为战舰和海岸炮台交火时双方命中率都不高,短时间内很难有大量炮弹连续击中一座炮台的某一个炮位,而且炮台各个炮位本身就比战舰上的炮群和炮塔目标分散得多。

56. 这种炮架用来在近距离上打高抛物线弹道,让炮弹直接砸穿战舰的甲板。

57. 慢燃火药? 未能查到全名。

58. 沃特金斯测距仪就是一个量角器。首先用测距仪的单筒望远镜对准海上的目标，这样镜筒水平回旋的角度就代表目标的方位。而根据测距仪镜筒对准目标时上下俯仰的角度，再借助简单直角三角函数，就可以导出测距仪与目标之间的水平距离，因为镜筒距海面的高度是固定的、已知的。然后便可以根据大炮的"炮表"来确定大炮的仰角了。"炮表"即事先通过试射确定下来的大炮射程与仰角的一一对应关系，譬如目标和大炮的水平距离为1000码，则炮管需要扬起2°，当然这考虑到了海岸大炮在海面以上的高度：大炮位置越高，达到同样水平射程所需的炮管仰角越小。

59. 这种火药是19世纪70—80年代研发出来的足以代替传统黑火药的现代发射药。第五章已经介绍了19世纪70—80年代对火药的改良：一是美国的罗德曼把传统的大颗粒黑火药挤压成中央带圆洞的棱柱药，并且德国还改良了这种火药的化学配方，研制出"慢燃咖啡"，于是19世纪80年代的英军主要列装这种发射药；二是早期的鱼雷、杆雷和水雷都采用的新式火药"火棉"。慢燃棱柱火药只是对传统黑火药的改良，仍然存在燃烧不充分、硝烟很多的缺点，于是以诺贝尔为代表的各国化学家分别寻找性能更好的新配方。炸药大王们的思路都差不多，就是用硝酸和各种有机物反应，产生易燃易爆物。经过广泛尝试，最后找到两种最合适的新型爆炸物：一是硝酸纤维素，也就是火棉；二是硝酸甘油，也就是诺贝尔的炸药。把这两种成分按照差不多1∶1的比例混合在一起，然后浸泡在酒精或者乙醚中，使其不那么易燃易爆，再晒干切成丝状，就得到了"Cordite"。跟苦味酸高爆炸药（见本章下文介绍）相比，这种线状无烟火药爆燃比较稳定、温和，类似于黑火药，但是燃烧充分，几乎不产生硝烟。"线状无烟火药"的发明是推动19世纪90年代产生"6英寸速射炮"的关键因素，这种火炮采用的炮弹跟之前的炮弹在结构上有很大区别。这种炮弹结构在今天称为"定装式"，因为炮弹后面直接安装着一段装满线装无烟火药的铜制"弹壳"，炮弹本身开始被称为"弹头"。大口径主炮的炮弹无法做成这种像步枪和手枪子弹一样的"定装式"，而需要将炮弹本体和4个用丝绸布包裹的发射药包分开来依次装填，直到二战时都是这样操作的。这样的传统炮弹就称为"分装式"。显然定装式比分装式装填速度要快得多，这是后装6英寸炮实现"速射"的最关键原因，当然前文注释的弹簧汽缸式复进机也是重要因素。6英寸是当时能够制作出定装式炮弹的最大口径了，再大一号的火炮是8英寸后装炮，它需要装填两个发射药包来发射炮弹，所以不是定装式。

60. 液压－压缩空气式，详见第八章介绍6英寸速射炮时的注释。

61. 见第二章。

62. 达达尼尔战役将在第九章最后介绍，战列巡洋舰将在第十一章介绍。

63. 美国独立战争中在萨拉托加投降的同名英国陆军上将的儿子，小伯戈因18世纪末参加了法国大革命战争，19世纪中叶参加了克里米亚战争，官至陆军元帅。

64. 这是世界上第一种简单、可靠、达到实用标准的"制导"武器。在它之前已经有很多发明家提出和试验过遥控鱼雷，但都不成功。这种鱼雷横截面不是圆形，而是卵圆形。雷体艏部是两卷上千码长的钢缆，作用类似发条，每卷钢缆驱动一支螺旋桨，两支螺旋桨共轴反转。每卷钢缆发条的一头连着螺旋桨，另一头连着岸上的蒸汽动力卷扬机。鱼雷行驶过程中，通过卷扬机把一卷钢缆绕紧，就可以提高一支螺旋桨的转速，这样就会触发垂直尾舵朝某一方向摆动，从而灵活细致地控制鱼雷转向。为了让岸上控制人员看到鱼雷所在位置，鱼雷背部竖立着一根指示杆，杆头刚刚露出海面，夜间还可以在杆头点一盏小电灯，电灯前面是遮光板，只能从后方看到光亮。

65. 见第二章。

66. 原著此处仅有"MG"的缩写，估计代表"Machine Gun"，现代意义上全自动的"机关枪"就是马克沁机枪。可是根据原著注释，这是1881年的演习，此时还没有马克沁机关枪，因为它是1884年发明出来的。但"苏丹"号1889年进行过改装，1893—1896年换装过三胀式蒸汽机，说明仍然在活跃服役，因此可能搭载马克沁机枪。

67. 1896年建造的4艘防护巡洋舰之一，见第八章、第九章。

68. 19世纪80年代中叶在法国诞生了最初的"高爆炸药"。跟无烟火药使用的硝化纤维素、硝酸甘油不同，高爆炸药的主要成分是"苦味酸"，即三硝基苯酚。顾名思义，高爆炸药爆炸时的威力要比黑火药和无烟火药大得多。不管它是贴着炮膛内壁爆炸，还是贴着敌舰船壳、装甲爆炸，都会把爆炸的能量瞬间传递给这些材料，让这些钢铁中产生"冲击波"。黑火药和无烟火药爆炸时产生的冲击波，速度较慢，达不到声音在钢铁内传递的速度，换句话说，材料还来得及在爆炸冲击波穿过的那个瞬间，像水面一样随着冲击波起伏、变形，这样材料本身就不一定会坏掉，等冲击波走掉以后，材料内部又会"风平浪静"。这样的亚音速冲击波称为"爆炸波"（Deflagradtion Wave）。而苦味酸爆炸时瞬间产生的冲击波，能量太强了，材料跟着冲击波起伏波动时，波动速度太快、幅度太大，也就是说材料瞬间形变的能力根本跟不上这种冲击波的节奏，那么材料就被冲击波撕成碎片。这种冲击波在钢铁中的传播速度大于声音在其中传播的速度，于是人们通常管这种超音速冲击波叫"爆震波"（Detonation wave）。19世纪80年代末，各国开始改进配方，研制安全可靠的高爆炸药，英国的苦味酸炸药俗称"立德"炸药，日本的俗称"下濑火药"（Shimose）。显然，大炮的炮膛是无法承受高爆炸药威力的，所以它只能用来当作炮弹的战斗部装药。它的威力在第十章介绍对马海战时有生动描述。

69. 不是前文的法国"可畏"号，而是英国1898年下水的"可畏"级前无畏舰"可畏"号，详见第九章。

70. 详见第九章。

71. 此处原文为"The most practical way of carrying out such firing is for the ship to be underway but stopped (?) with another ship at right-angles spotting for range"。原著引用了1913年的原文，其中包含一个文字错误，说"战舰在机动的同时停船开炮"，作者不解，故打了一个问号。译文是译者的第一种理解，第二种理解是两舰都走走停停，开炮和观测弹着点的时候停船，然后机动躲避海岸炮台的还击。

72. 按照当时火炮糟糕的圆概率误差，炮弹仍有很大机会正好击中炮台。

73. 结果一战中在达达尼尔海峡吃了大亏，详见第九章。

74. 两舰的性能诸元：

装载排水量1万吨多一点，垂线间长340英尺。所有装甲都是英式钢面复合装甲。水线装甲带以下的船体跟"海军上将"级看起来一模一样。水线装甲带长162英尺，只存在于舯部，厚16—18英寸，背衬7英寸厚的柚木。水线装甲带前后是装甲横隔壁，厚16英寸，于是整个舯部形成一座四边带装甲的"盒子"，盒盖是3英寸厚的装甲主甲板。在这个装甲"盒子"前后，船头船尾没有水线装甲带，主甲板也没有装甲。这两个部位的水线以下有防御甲板，防御甲板呈所谓的"穹甲"形：中间部分较高，两侧形成朝向两舷的斜坡。这样，当炮弹击穿舷侧的水下船壳，再击中水下甲板的倾斜部分时，倾斜使得3英寸甲板的实际防弹厚度大于3英寸，提高了防弹效果。"海军上将"级是否采用了这种早期的"穹甲"，不得而知。舯部装甲"盒子"盖是动力机舱和主炮塔的弹药库。弹药库部分位于"盒子"下面，这相对于"海军上将"级是一个提高。舯部装甲"盒子"以上是上甲板和露天甲板。上甲板和装甲主甲板之间的舷侧带有堆煤，这跟上文"海军上将"级的设计完全一样。舯部装甲"盒子"下面的水下船体，也有了现代装甲战舰水下防护的雏形：动力舱两侧是船底两舷煤舱，这两道煤舱的外面又是空舱，空舱外面是双层底，可以灌海水。这种空舱-充填舱交替的模式是防御鱼雷最好的设计。"海军上将"级是否已经有这种设计，不得而知，但更早的一级主力舰，即"巨像"号，似乎是不存在这种设计的。无装甲的主甲板以只有露天的上甲板，水下防御甲板以下则是布置弹药库的底舱平台。平台以下也有水密舱，但缺少堆煤。主甲板和水下防御甲板之间用两舷煤舱和中央煤舱作为附加防御，这也是上文"海军上将"级已经具有的设计，从"不屈"号以来一脉相承。舯部装甲"盒子"最前面部分是一座装甲炮座，其实跟"海军上将"级的露炮台是类同的设计，在平面图上也呈梨形，但炮塔后面不是装填机，而是装甲指挥塔。装填机位于装甲指挥塔下方的炮座围壁里。炮塔炮也只能以固定的俯仰角和水平方位角装填，必须让炮管旋转到船头—船尾方向，然后扬起到最大仰角。梨形炮座装甲厚18英寸，炮塔围壁装甲厚17英寸，指挥塔装甲厚14英寸。2门16.25英寸主炮实际上只能朝舷侧射击，如同第五章的"征服者"号、"英雄"号。为了弥补主炮不能朝后方射击的缺点，船尾露天甲板上搭载一门只有轻装甲防盾的10英寸后装炮。这门炮的基座、弹药提升井等等完全没有防御，生存性能堪忧。本级舰相对于"海军上将"级最突出的设计进步是副炮带有装甲防御：船体后部的上甲板和露天甲板之间安装了12门6英寸副炮，其中有10门都在一座轻装甲上层炮室里面。炮室侧壁带有6英寸厚的装甲，至少在4000—6000码的距离上无法被6英寸副炮击穿。炮室的地板虽然没有装甲，但炮室下面那层空间的两舷舷侧都有堆煤，也可以阻挡敌弹飞进炮室下面的空间里爆炸。假如敌舰主炮炮弹击穿炮室装甲而在炮室内爆炸，炮室内还有一道3英寸的装甲横隔壁，可以限制毁伤范围。这样一来，副炮才有了真正的战场生存性，它们那种在前无畏舰时代算得上"恐怖"的火力输出才真正能发挥出来。该级舰列装了三胀式蒸汽机，燃煤经济性特别好，1200吨的煤可以让10节续航力达到7000海里。自然通风最高航速16节，强制通风可接近18节。总体来看，这是一级采用了"现代"技术的过时"铁甲舰"，副炮炮室的设计尤为出色，并将在后续主力舰的设计中得到延续。

75. 见第一章译者注释17，第四章译者注释137。

76. SS代表"汽船"（Steam Ship），因为当时商船中鱼龙混杂，还有不少帆船。

77. 跟当时的"火管锅炉"相反，水管锅炉是水在管道中流动，火在管道外加热，详见第八章介绍。1874年的时候英国还没有可靠的钢材，熟铁或者铜制的水管没法长期承受炉火从四面八方炙烤，尤其是在水管的接头处，水垢容易聚集，让管道局部导热性能变差，局部温度过高，甚至烧穿水管。

78. 19世纪80年代专门用来歼灭鱼雷艇的"炮艇"，比19世纪90年代盛行的"（鱼雷艇）驱逐舰"

（Gunboat Destroyer）要大很多，航速也不够快，性能差强人意，详见第七章。

79. 该舰在19世纪70、80年代先后发生锅炉爆炸和主炮炸膛后，就被当时迷信的海军认为受到了诅咒，暂时退役封存在马耳他，直到进行现代化改装。

80. 这是1873年海军换装复合蒸汽机之前比较常见的一种单次膨胀简单蒸汽机。这型机器在今天看来，大体上属于19世纪50年代的设计，对它的介绍在卷1《铁甲舰之前》中，译者也做了详细的注释，详见该书第十一章。

81. 可见如果朝着船头方向开炮，就会严重损坏炮口下方的露天上甲板

82. 也是各种现代火力和核能发电站的主机，详见第十一章。

83. 原著此处写的是"Dynamo"，即电动机，但电动机是把电用掉，这里使用蒸汽轮机，显然是像发电站一样带动发电机发电。

84. Transactions of the Institute of Mechanics and Engineering.

85. 更早的一起类似悲剧可回顾第二章介绍的"铁公爵"号在浓雾中撞沉"前卫"号。

86. 不是利比亚的的黎波里。

87. 接近船长的6倍，以今天的标准看非常糟糕，19世纪60、70年代的那些铁甲舰的回转圆，往往也是船长的3—6倍。

88. 这种角度撞击，毁伤效果最好。

89. 除了保守落后，铁甲舰时代的皇家海军为当代英国历史学者诟病的另一点，是对军容和战舰内外环境近乎执念的讲究，肮脏的煤渣绝对不允许出现在军官活动的露天甲板上。

90. 原文说的是"艏楼甲板"，但显然该舰的船头没有艏楼甲板，只有露天上甲板，特此更正。

91. 参考沉没图示上以及上文"维多利亚"号的第一幅照片，可以看到"维多利亚"号延续了"海军上将"级的一个设计特点，就是从主炮炮位朝向后方两舷延伸的"八"字形装甲斜隔壁。这个斜隔壁上有个舱门，方便人员从副炮炮室直接走到船头露天甲板上，但这道门显然削弱了副炮炮室的防御，"海军上将"级也存在这个弊端。同时，这个舱门在"维多利亚"号出事时也没有关闭，是严重失误。

92. 特意画成白色。图中可见该舰也安装了舰首舵，但显然转弯半径还是过大。

93. 这是抗沉性的基本原理之一。初稳性严重依赖水面附近那"一薄层"吃水，即"水线面"。只要水线装甲带保住"水线面"位置不进水，即使水下船体在持续高烈度战斗中大量进水，战舰也能够在很长时间内保持正浮，不会翻沉，比如二战时的德国"俾斯麦"号。而"维多利亚"号就是从水线以上进水，破坏了水线面，结果浮力和重心之间的力矩关系突然改变，使得船身突然朝一侧扬起、颤动。

94. 首先，"维多利亚"号水线装甲"盒子"的"前脸"，也就是厚16英寸的水线装甲横隔壁，位于主甲板和水下装甲防御甲板之间。文中提到的挡水坝在露天上甲板和主甲板之间，如果主炮炮管朝船头平伸，则挡水坝几乎正好位于炮口的正下方位置。挡水坝前方是大舱，大舱前面的船已经非常纤细了，而主甲板和露天上甲板之间也只在船头这个最前端部分里才有两道横隔壁。两道横隔壁之间是士官长的住舱，他是日常生活中可以直接命令和训斥水兵的人，船上的少校、中校以及上校舰长都是通过他向水兵传达命令的。船头最前端、在主甲板和露天上甲板之间是舰首鱼雷管舱，可见是水上鱼雷发射管。船头大舱是干什么用的呢？应该是水兵住舱，因为大舱最前面左舷处划分出一个区域是水兵餐厅，事故发生的时候，水兵们正在餐厅休息。可见大舱里平时都是水兵的吊铺和双层、三层床。总结一下，主甲板和露天上甲板之间的空间，主要是水兵住舱，缺少密集分舱，只是把水兵住舱的后墙做成了挡水坝，但是挡水坝上开了一对两舷水密门——不然水兵怎么从住舱进入舯部的战斗位置呢？结果这两个水密门破坏了挡水坝的水密性。而且，"坎伯当"号撞击位置就在挡水坝附近，不知道挡水坝上的水密门在撞击前是否已经关闭。主甲板上有4个可以通到水下装甲甲板的竖井口。不管水下装甲甲板还是主甲板进水，只要竖井侧面上的水密门保持关闭，两层甲板上的水就不能相互流通。这四个竖井分别是，主甲板上船头鱼雷舱一个；水兵住舱里一个，而且这个竖井的地板上还有从水下装甲甲板通到底舱的水密舱门盖；还有一对竖井贴着舯部装甲"盒子"的前脸在它前面。加上水下装甲甲板和主甲板之间的其他舱室，这两层甲板之间就有了许多道横隔壁，很多隔壁上没有水密门，应该说水密性是过硬的。主甲板上水兵大舱正下方的空间被两道水密门分成前、中、后三个舱：最前面的舱中央是通向主甲板的水密竖井，两侧分别是水手长和木匠的储藏室，这两位也是船上的士官；中间的舱是饮用淡水的储存舱；后面的舱是煤球和缆绳储藏室。在16英寸装甲横隔壁和煤球、缆绳储藏室之间，是两舷和中央煤舱，它们是前文介绍的水下装甲甲板－密集分舱－堆煤防御体系的关键组成部分。船头的

三角形部分在主甲板和水下装甲甲板之间已经灌满压载水了，这样可以增大船头的配重，让纵摇更加舒缓。"坎伯当"号撞击后，海水是先从"维多利亚"号主甲板和水下装甲甲板之间的空间灌入船体的，但撞击部位周围根本没有大量可供海水涌入的空舱，全是煤球和堆煤，煤本身可以占据一个舱室内大于50%的容积，而船头的淡水舱、储物舱和压载水舱应该都能够保持水密。这样看，撞击刚发生后，至少主甲板和水下装甲甲板之间进水应该非常有限。再看底舱。底舱内的平台甲板上也做了相当细密的分舱，平台甲板在水兵大舱正上方是起锚机的蒸汽辅机舱，这个机舱的两舷和前后都有隔舱壁，但隔舱壁上都是水密门。船头底舱的后部已经是水下鱼雷发射管舱了，里面有备用鱼雷和鱼雷的弹头。可见，辛亏"坎伯当"号撞击的是主绞盘动力机械舱（这个舱从1869年设计的"蹂躏"号开始就在这个位置了）的后部，如果直接撞到水下鱼雷发射管舱，会不会让鱼雷殉爆就不得而知了。"坎伯当"号撞角应该正好撕裂了底舱平台上的隔舱壁，而且这些隔舱壁上面众多的水密门没有及时关闭。可以说，"维多利亚"号的船身水下结构是从"不屈"号开始逐渐发展形成的，对于火炮的轰击应该有很强的防御能力，火炮轰击几乎不可能造成主甲板和水下防御甲板之间大量进水。但是撞角的撞击可以伤害底舱，鱼雷也可能在底舱位置爆炸，这时缺少舷侧堆煤保护的底舱就很脆弱了，再加上底舱隔壁保留了没法及时关闭的水密门，这恐怕就是该舰迅速进水的原因了。第五章曾讲到"不屈"号调查委员会计算了船头船尾全部进水时的稳定性，发现舯部"铁甲堡"还能保存足够的稳定性。现在"维多利亚"号事故用血的事实证明了这种计算多么自欺欺人："不屈"号的中腰铁甲堡，就是"维多利亚"号的舯部装甲"盒子"，只向下延伸到船头船尾的水下装甲甲板的深度，水下装甲甲板以下的底舱，并不自然分成船头、船尾、舯部这三部分，船头一进水，舯部鱼雷舱和弹药库会跟着进水。要想真正实现"不屈"号调查委员会计算的那种情况，必须把"维多利亚"号装甲"盒子"前后的16英寸装甲横隔壁一直延伸到内船壳上，它可以没有装甲，但绝对不能留任何水密门。可能这才是"维多利亚"号以及之前的所有战舰真正的设计缺陷——底舱没有分成三部分，船头船尾被水下攻击撕破后，整艘船的底舱容易不受控制地进水，除非人员早在底舱水密门处待命，随时准备关闭舱门。

95. 见第九章。

96. 由于特赖恩的一道奇怪命令，"维多利亚"号顷刻间船头朝下直插海底。最后，船尾10英寸炮管几乎呈90°从海底直指海面，"维多利亚"号成了为数不多的船体呈竖立姿态沉没的战舰。据说，随舰同沉的特赖恩说的最后一句话是"全怪我"。他的这个错误命令当然是最直接的原因，怀特的分析也给出了底舱应当完全水密分舱、上层建筑应当带有水密门这两条宝贵的经验，同时，这起事故还说明了一个问题，那就是"转向不灵活的战舰安装撞角，对友军的潜在危险比对敌军要大得多"。只有友军才能这么听话地等着撞击，敌军只会不顾一切赶紧躲避。这说明在当时的技术条件下，第一章介绍的铁甲舰时代倍受推崇的撞击战术根本就是不切合实际的。

97. 首先需要注意，"抵抗"号的船体是第五章批判过的薄熟铁船壳，对小口径炮弹的抵抗能力不如19世纪80年代的钢板。

98. 详见第七章。

99. 吸入肺部造成阻塞和纤维化。

109. 说明石棉是管用的，真是"此地无银三百两"。

101. 这种防御结构比"海军上将"级的副炮炮室更优秀，应该是准备用在后续的新型主力舰上的。后续的"君权"级最先安装了这种炮廓，就是在船体侧面突出来的罐头型装甲结构。见第八章。

102. quick firing gun，见本章译者注释23，并见第八章。

103. 即本章注释23介绍的6英寸速射炮的炮架，虽然也有上下炮架之分，但安装有弹簧汽缸复进机。这种炮架是19世纪最后10年里6英寸炮、8英寸炮和9.2英寸炮等"大口径速射炮"最常用的炮架，到20世纪初逐渐被现代管退式炮架取代。维瓦瑟尔是铁甲舰时代的军火商之一，发明了第一章、第四章和第五章介绍过的炮弹尾部铜制导引带，后来该公司并入阿姆斯特朗。

104. 100多米都不能100%命中！

105. 即朴次茅斯的内港。

106. 参照什么地标？原著没有提及。参照上文插图，也许是船尾正对着岸上的波特切斯特城堡吧。

107. 也没有说炸药量有多少。默认跟16英寸鱼雷的91磅装药一样多吧。

108. 如同一条竖立安装的自行车链，上端在主甲板上，下端在底舱里，链条上挂着许多可以提水的小桶，通过曲柄人力带动，这是18世纪英国战舰就开始采用的"老爷"式装备，在风帆时代挽救了不知道多少遭遇风暴的海船。

109. 详见第二章"勇士"号和"柏勒罗丰"号船体结构横剖图及相关介绍，在装甲带后面本来就有纵向隔壁，隔壁和船壳之间形成舷侧过道，只是过道很窄，不够用来装煤的。

110. 这两个名字代表了18世纪末、19世纪初纳尔逊勋爵在对法国和西班牙作战中取得的辉煌胜利，也是现代蒸汽装甲时代以前、世界海战史上最具压倒性的胜利。"尼罗河"代表1798年纳尔逊舰队在尼罗河河口全歼拿破仑埃及远征军的护航主力舰编队。"特拉法尔加"代表1805年纳尔逊舰队在西班牙特拉法尔加角外海全歼法国和西班牙联合舰队，从此直到1905年，可以说再没有国家认真考虑过要挑战英国的海上霸权。1905年的对马海战是现代海战史上最具压倒性的胜利，堪比纳尔逊取得的战果，将在第十章详细介绍。

111. 原文中他的头衔是"First Sea Lord"，跟海军部的政治首长"First Lord of Admiralty"（"第一海务大臣"）非常类似，但原文此处用"First Sea Lord"是错误的，因为1886年的时候，这个职位的名称仍然是"Senior Naval Lord to the Board of Admiralty"，特别长，所以1904年的时候变成了"First Sea Lord"。不论这个职位的英文名称叫啥，它的实际作用就相当于总参谋长，也就是海军中最德高望重的智囊，负责统一海军部委员会中各位将领的意见，然后向第一海务大臣做汇报，帮助他拿主意。

112. 这种硬塞火炮、造成吃水过深的毛病是英国海军从17世纪就开始的"优良传统"，而法国海军也是从17世纪开始就习惯于建造比英国更大型的战舰，搭载较少、较轻的火炮，一定要保证干舷高度。

113. "特拉法尔加"级舰的低干舷和旋转炮塔为后人诟病，但装甲布局实际上比之前的所有战舰都大为提高，防御简直面面俱到。所有侧面的垂直装甲板都用钢面复合装甲制作，而甲板上的水平装甲都用钢制作（可能是因为甲板面积太大，用复合装甲会重量超标）。舯部的"铁甲堡"分成上中下三层装甲"盒子"，其防御完备程度超越了之前的所有铁甲舰。而且舯部铁甲堡占据了船体全长70%的长度，非常接近里德在1869年提出的基本设计理念。而从"不屈"到"海军上将"级，中腰铁甲堡都不超过全长的一半；"维多利亚"级才稍稍超过全长的一半，不到60%。中腰铁甲堡前后，船头船尾具有斜坡状的钢制水下防御甲板，船头水下钢制装甲甲板支撑着铸钢撞角，撞角内的三角形空间填满柚木背衬。再看分成三层的中腰铁甲堡。下层装甲"盒子"两侧是水线装甲带，前后是水线装甲横隔壁，顶盖是钢装甲主甲板。水线装甲带在舯部厚20英寸，靠近船头船尾则减薄至16英寸。水线前装甲横隔壁厚16英寸，水线后装甲横隔壁厚14英寸，钢装甲主甲板厚度未知，估计应当比船头船尾的水下装甲甲板薄一些，不足3英寸。下层装甲"盒子"长230英尺。中层装甲"盒子"两侧是舷侧装甲带，前后是尖劈形的装甲胸墙，顶盖是钢装甲上甲板。舷侧装甲带在舯部厚18英寸，靠近船头船尾减薄至14英寸。前后尖劈形装甲胸墙厚16英寸。钢装甲上甲板厚度未知，恐怕会比装甲主甲板薄一些，因为这层装甲甲板高度太高，太厚了容易让战舰重心过高。装甲上甲板首尾是主炮塔，炮塔围壁厚18英寸。中层装甲"盒子"长188英尺。上层装甲"盒子"就是副炮炮室，呈八角形，壁厚5英寸，可以抵挡该舰搭载的4.7英寸副炮的侵彻。副炮炮室顶盖也是钢装甲露天甲板，这在当时可以算非比寻常的设计了，估计它的装甲厚度非常薄，因为位置太高。上层装甲"盒子"长110英尺。"特拉法尔加"级完备的防御是在低干舷的基础才达成的，高干舷战舰高高的舷侧船壳根本不可能安装舷侧装甲带，更不可能给每层甲板都安装装甲，否则重心会过高。

114. Parliamentary and Financial Secretary to the Admiralty。

第七章
所谓"巡洋舰"以及更小型
的作战舰艇

什么样的战舰是"巡洋舰"呢？在 19 世纪 70 年代，这个问题很难回答，不论从当时的视角还是今天的视角来看，那个时代的情况都是如此。在"拿破仑战争"时期，风帆海战的巅峰时代，所谓"巡洋舰"，或者说"巡洋作战"，更多是指战舰执行的任务类型、扮演的战术角色，而不是固定的舰种。例如，英、法和西班牙的舰队中，数量最多的决战战舰就是有两层连续火炮甲板的"74 炮三等战列舰"（74-gun third rate）[1]，它们一般是用来决战的，但也可以执行单舰巡逻任务，此时官方文档中就会把这艘船叫作"巡洋舰"，而不是"战列舰"。船舶进入蒸汽时代以后，人们才开始用"巡洋舰"一词来专门指代一类战舰，只是执行的任务的范畴仍然很宽，相应地，战舰的体型、造价和战斗力都有很大的差异，实际上囊括了类似于 20 世纪的巡洋舰、护卫舰甚至小型炮艇等各种作战舰艇。

所谓"巡洋作战"，一般包括这样一些战术任务：前出并为主力舰编队侦察；保护贸易路线和本国商船；到殖民地和势力范围"展示肌肉"。[①] 罗杰的书里提到，19 世纪时布拉西认为"巡洋作战"包括以下几种任务："训练水兵……在外国港口展示英国舰队的存在，特别是那些还没有脱离野蛮状态的殖民地的港口……打击海盗以及海上贩奴，必要的时候教训殖民地那些野蛮部落"。其实，能够遂行这些"巡洋作战"任务的战舰往往还有一个当时的英国人不喜欢明说的角色，那就是在海外"展示肌肉"，形成一种威慑力。比如，"香农"号和"纳尔逊"号这样个头较大的巡洋舰，显然是专门建造出来用于在殖民地展示实力的，不过比它们个头更小的巡洋舰在遇到敌人的类似舰船或小型炮舰时，也可以形成有效的威慑[3]。

比"巡洋舰"更小的战舰——"大型炮舰"（Corvette）、"小型炮舰"（Sloop）及"炮艇"（Gunboat/Gun vessel），[4] 更难进行角色划分、定义。当今皇家海军总参谋部会在设计新战舰的时候明确指定其战术定位和战术角色，19 世纪的海军部还没有这个习惯。他们当时觉得，只需看看战舰的武备和防御等方面，便能知道其战术角色，而平时从战舰的部署和运用方式也可以清楚地看出其战术定位。这些炮舰和炮艇的主要任务是作为日不落帝国的"警察"，平时在殖民地

① 这部分内容主要根据 N. A. M. 罗杰博士在《航海人之镜》[2] 上发表的系列文章，不过细节上不完全一致。参考 N.A. M. 罗杰撰《早期轻型巡洋舰》（*The First Light Cruisers*），刊载于《航海人之镜》卷 65, 1979 年出版于伦敦。

① 这个委员会叫作"国王特派保卫不列颠海外权益与贸易调查委员会"（The Royal Commissioners appointed to inquire into the Defence of British Possessions and Commerce Abroad）。委员会一共撰写出三份调查报告，分别在 1881 年 9 月、1882 年 3 月和 1882 年 7 月发布，另外于 1883 年 2 月撰写了一份总结报告。该委员会的报告收录于国家档案馆，归档条目号：PRO30/6/131。

和势力范围展示英国的实力，给殖民政府助威，保护贸易路线；战时围绕关键海岸打攻防战，以及拦截和破坏敌方的海上航运。

　　除此之外，由于这些炮舰和炮艇比巡洋舰和主力舰要小得多、便宜得多、数量多得多，所以还会征调它们去执行其他一些任务。包括：作为炮术训练船来培训水兵；勘测新海区、新航道和新殖民地沿海；海军部在准备大规模推广新式蒸汽机械之前，往往会拿这些小型作战舰艇先实验验证。总之一句话，"巡洋舰"和这些炮舰炮艇的首要职责是在平时和战时保护海上交通线，随着 19 世纪后期蒸汽航运的蓬勃发展，这种巡洋作战舰艇显得越发重要，所以先来看一看蒸汽远洋航运业的发展情况。

1879 年卡那封委员会

　　1878 年，英国和沙俄的关系紧张化，战争的阴云一时笼罩在英国人头上，于是保守党政治家第四代卡那封勋爵（Lord Carnarvon）[5] 于 1879 年召集了一个委员会，来商讨战时如何保护大英帝国及其海上贸易路线。① 委员会当作内部参考资料发布的第一份报告指出，当时英国航运业所有商船和它们一年的总货运量，加起来的总价值可达 9 亿英镑，一年到头任何时间，总会有价值 1.44 亿英镑的船舶和货品在海上运输途中。实际上，英国航运业的总规模应该大大高于这个估算，因为很多外国商船承运了英国公司的货品。当时，全世界三分之二的海上贸易都直接在为英国服务，英国有大约一半的食品要从海外进口，英国工业和制造业需要的原料也大量依靠进口。所以委员会尤其担心战争对航运贸易的打击，让整个海损保险金融体系直接崩溃。不过，委员会也指出，当时世界上大部分的海底电报电缆都在英国的控制下。

1878 年下水的"墨丘利"号[6]，它和它的姊妹舰"鸢尾"号是现代"巡洋舰"的鼻祖，也是英国第一批钢造作战舰艇。（作者收藏）

① 这些只是试航航速,实际服役中可以达到的航速要比这个低得多。商船一般都不会在船底包裹铜皮,而且直到 1890 年之前,市场上现成的防污损涂料的效果都不是太好。

1860 年时,全世界一半的商船吨位都属于英国,而且英国商船中汽船所占比例更高,这让英国商船的总资本占全世界商船总资本的一半以上。当时全世界的商船中,航速能够超过 14 节的寥寥无几,基本都是英国船;大多数商船的航速都在 8—12 节这个范围内。①

商船的航速和吨位

下表统计了各个给定航速和登记吨位范围内的英国商船的数量。

节	千吨				
	5	4	3	2	1
16	1				
15	3				
14	2	2	15		
13		4	9		1
12	2		2	25	6
11		19	56	86	8
10		9	33	138	75
9			4	126	256
8		1		4	172

可以看出来,又大又快的商船是非常稀少的,但卡那封委员会认为只有这些商船才适合改装成武装辅助巡洋作战舰艇;像法国等其他国家,这种大型高速汽船的数量就更加稀少了。大部分商业汽船的吨位在 2000 吨及以下,试航速度只能达到 9 节左右,实际运营航速往往还要再低大概 2 节。

委员会报告接着指出:"当前的贸易环境下,就算能够调拨出来正规战舰,它们也不能组成护航编队给商船队提供有效的保护"。[7] 可惜委员会报告没有对这个结论做任何解释,可能是觉得这是不言自明的。委员会甚至建议商船最好在日常运营的时候就在货舱里存放一些火炮,这样开战之后就能把火炮迅速安装到位了。商业汽船和战舰的机动力都严重依赖加煤站,除了马耳他、直布罗陀、百慕大、哈利法克斯这些英军主要海外基地之外,委员会认为下列战略据点在战时也是非常重要的。

南非开普敦和西蒙斯敦(Simon's Town)	新加坡
毛里求斯路易港 [Port Louis (Mauritius)]	香港
索马里亚丁湾(Aden)	牙买加罗亚尔港(Port Royal)
斯里兰卡科伦坡(Colombo)	加勒比海圣卢西亚岛卡斯特里港 [Port Castries (St Lucia)]

委员会建议，为了防守上述所有战略要冲，应该投入 250 万英镑来升级各地的海岸防御，并把驻防部队的总规模从 1 万人增加到 18600 人。委员会报告中还有一份相当珍贵的数据，比较了 1882 年世界各主要贸易路线上蒸汽航运和风帆航运的规模：[8]

航路（从英国本土出发）	商船类型
到北太平洋	几乎全部是帆船
到南美洲西海岸	大部分都是帆船，汽船在增多
到南美洲东海岸	几乎全部是汽船
到加勒比	几乎全部是汽船
跨大西洋	汽船占绝大多数
到印度	各一半
到中国	八分之七是汽船
到好望角	几乎全部是汽船
到澳洲	各一半
到地中海	几乎全部是汽船
到非洲西海岸	几乎全部是汽船

卡那封委员会报告一直处在保密状态，直到 1887 年殖民地大会（the Colonial Conference）才公之于众。虽然卡那封委员会清晰地指出了英国海军在海上交通战方面的赢弱，但是当时执政的自由党政府狠抓削减公共开支，所以他们没有立即采取任何应对措施。1887 年这些报告终于在社会舆论中掀起轩然大波，最终导致了 1889 年《海防法案》的出台。整个 19 世纪 80 年代，新技术的进步让岸上的船东能够对海上航行的商船施加更及时的控制，而且海运商品的种类和航运的具体形式也更加丰富了。

电报和航运联合会

从 1865 年到 1880 年，所有主要海上航运中心都建立了有线电报联系。这样船东就能够提前了解哪些港口能提供货源，或者至少可以确定自己的商船抵达该港时，附近哪里最有可能提供合适的货源，然后安排商船的船期。船东还可以让商船在中转港卖掉一些货物，然后改变预定的航线，去往更加有利可图的港口。这些都让远洋航运公司的运营效率大大提高了。

这种快速跨海信息流的产生，让各大航运公司开始自发组织成立航运联合会，一些主要运营航线有所重叠的公司汇聚在一起，商讨一个最低运费协议，避免两败俱伤的恶性价格战。1875 年，从欧洲本土到印度加尔各答的航路最先成立了这样的航运联合会。英国政府很快对这种民间自发成立的协会进行了调查，发现这种价格同盟对公众和大局利益来说并没构成多大的侵害，尽管政府对这种协会的态度有一定的保留。当今大名鼎鼎的"波罗的海航运交易所"（Baltic Exchange）也在伦敦成立，取代不那么正式的"咖啡馆"[9]，这里每天都展示着全球各条航线上各种货品的运费信息，船东还可以在这里登记注册新的商船。劳埃德建立了一张遍及全球的商船信息网，《劳氏情报》（Lloyd's List）在当时和今天都是全球领先的综合性船舶跟踪和海运情报服务网，可以让船东和货运商人知道哪个时间在哪条航线上能够找到承运某种货物的某艘商船。

这样一张全球通信网络，它的军事价值很快就得到了海军部的认可，海军部制订了具体的作战计划，以备在开战伊始就先发制人地破坏敌军的通信线路。第一次世界大战开场阶段，巡洋舰执行了很多打击敌军海外电报站的任务。当时和后来的海上交通战在很大程度上都依靠有线和无线电报来及时通知战舰需要保护的商船和需要驱逐的敌舰的位置及行动方向。

海上新航运

1881 年，从澳洲抵达英国的客轮"东方"号（Orient）上运载了 400 头屠宰好的牲畜——第一宗冷藏肉，到港时发现其中三分之二已经没法食用了。仅仅过了一年，首次从新西兰运回英国本土的一批生肉，保存状态全部都能达标。到 1900 年的时候，英国每年需要从海外输入 700 万头屠宰好的肉用牲畜。下表反映了 19 世纪 80 年代到 90 年代初生肉进口量的递增情况：

年份	1880	1882	1886	1893
屠宰好的肉用牲畜（千头）	0.4	66	1187	3889

传统上，海上运输油类货品一般是用桶装，每一吨油需要盛放在容积大约 80 立方英尺的桶中，在船舶的"登记吨位"中，这样的桶一般能占 2 吨的运载能力[10]。后来改用锡制的方形油罐来盛放油类货物，每个油罐容积 4 加仑，每 2—3 个油罐放在一个钢铁制的承重箱内。世界上第一艘专门设计的散货船（Bulk Carrier）[11] 是 1886 年投入运营的"格鲁克福"号（Gluckauf），其毛登记吨位是 2300 吨，其实际运载能力可达 2600 吨油类货品。1885 年的时候，位于南希尔兹（South Shields）的一家公司改装了一艘散货船"希克卢纳侯爵"号（Marquis Scicluna），并投入运营，运力达 1655 吨。

刚开始不允许油轮使用苏伊士运河，1902 年才解禁，不过对准予通过的油轮的尺寸和吃水仍然有严格限制，直到 1907 年，这些限制才进一步放宽。到 1911 年的时候，已经有 234 艘汽船和 48 艘帆船专门承运油类货品，而且这些油轮的数量还在快速攀升。

跨大西洋客轮

当时跨大西洋客轮的发展至少在两方面具有重要意义：一方面，它们是民间船舶设计师和船用机械工程师的最高成就，而且往往在采用新技术方面领先海军的战舰一步；另一方面，英国海军部和其他国家海军的决策层往往把这些远洋高速大汽船看作是最适合改装成辅助巡洋舰的商船。这种大汽船中有不少都公开或者私下里接受了政府的补贴，并在建造过程中给未来可能施加的改装做好了准备，比如安装可以承载火炮的船体结构加强件。可是，第一次世界大战早期的实战经验证明，当时人们这种期望是错误的；到那时，技术的进步已经让跨大西洋不算是什么越洋远程航行了，结果这些跨大西洋客轮搭载燃煤、淡水和其他物资的能力大大逊色于同时期的战舰和一些商船，因此由跨大西洋客轮改装的辅助巡洋舰在外海待上几天就得返回港口补给。这些客轮的干舷非常高，以致侧影过于高大，容易遭受敌军的炮击，而那些比它们更小、航速更慢的货船，因为跑的是远程航运路线，自持力要比这些大西洋客轮强得多，拿来当辅助巡洋舰的话能更好地保护己方航运、破坏敌方航运。下文的表格列出了欧美大西洋客轮近70年的发展历程中代表性的客轮的性能，展示出19世纪跨大西洋蒸汽快船客轮的整个发展历程。

这些船造型优美，是所属国的骄傲。

表 7.1 1838—1907 年间大西洋蒸汽客轮的发展 [12]

船名	下水年份	吨位	航速（节）	跨大西洋航行最短耗时（天－小时）	每日耗煤量（吨）	详情
"大西方"号（Great Western）	1838	1340	9.0	14	28	木制船体、明轮推进
"不列颠尼亚"号（Britannia）	1840	1156	8.5	14-8	31	木制船体、明轮推进
"大不列颠"号（Great Britain）	1843	3270			35—50	铁制船体，螺旋桨推进
"美国"号（America）	1848	1825	10.25		60	木制船体、明轮推进
"波罗的海"号（Baltic）	1850	3000		9-13		木制船体、明轮推进
"亚洲"号（Asia）	1850	2226	12.5	10		木制船体、明轮推进
"波斯"号（Persia）	1855	3300	13.8	9-12	150	铁制船体、明轮推进
"大东方"号（Great Estern）	1858	18914	13-14	10	280	铁制船体，螺旋桨和明轮并用
"爪哇"号（Java）	1865	2697	14	8-22		铁制船体，螺旋桨推进
"俄罗斯"号（Russia）	1867	2959	14.4	8-20	90	铁制船体，螺旋桨推进

船名	下水年份	吨位	航速（节）	跨大西洋航行最短耗时（天－小时）	每日耗煤量（吨）	详情
"海洋尼克"号（Oceanic）	1871	3808	14.75	9－11		铁制船体，螺旋桨推进
"不列颠尼克"号（Britannic）	1874	5004	16	8－20	75	铁制船体，螺旋桨推进
"柏林城"号（City of Berlin）	1875	5490	16	7－15	120	铁制船体，螺旋桨推进
"塞尔维亚"号（Servia）	1881	7391	16.7		200	钢制船体，螺旋桨推进
"翁布里亚"号（Umbria）	1884	8127	19.5			钢制船体，螺旋桨推进
"巴黎城"号（City of Paris）	1888	10669	19	5－20	328	钢制船体，螺旋桨推进
"条顿人"号（Teutonic）	1888	9984	21	5－16		钢制船体，螺旋桨推进
"坎帕尼亚"号（Campania）	1893	12500	22	5－9	485	钢制船体，螺旋桨推进
"威廉皇帝"号（Kaiser Wilhelm）	1901	19361	23.5	5－8	700	钢制船体，螺旋桨推进
"凯尔特人"号（Celtic）	1901	20904				钢制船体，螺旋桨推进
"毛里塔尼亚"号（Mauritania）	1907	31938	25	4－11	1000	钢制船体，螺旋桨推进

运费和利润

运费和利润浮动都很大。战争，比如克里米亚战争、美西战争、布尔战争，会在短时间内突然提高对海上航运的需求，使运费和利润突然升高。主要港口大罢工则会让大量货船暂时无法使用，也会产生类似的效果。流年不利的时候只好延缓新货船的建造，一定程度上缓和这种浮动，挺过一时的困难，柯卡尔迪（Kirkaldy）[1] 说，在 20 世纪初期，其实不少航运公司是在亏本运营，如果把它们的船舶等资产的折旧率和损耗算进去的话。

表 7.2 以 1900 年的运费为基准，比较各年从海外输入英国的货物的平均运费浮动情况

年份	相当于1900年的百分之几	年份	相当于1900年的百分之几
1884	95	1897	75
1887	95	1899	85
1889	125	1901	90
1891	95	1903	65
1893	85	1905	70
1895	80		

到 1904 年时，各个远洋航运公司运营资本的股息分红平均为 3.6%，到 1912 年增长到 6.8%。当时英国一共有 24 家公司经营远洋客轮业务，1912 年它

[1] A. W. 柯卡尔迪著《不列颠航运：发展历程、组织结构、历史意义》（*British Shipping, its History, Organization and Importance*），1919 年出版于伦敦。

们的股息分红平均为 6%，但是这些公司业绩差异很大，有一家公司的股息分红高达 50%，还有 5 家未能盈利，支付不出分红。

加煤站

各地产出的煤，重量、热值、价格各不相同，而且不是在任何地方都能随随便便采购到燃煤的。对于蒸汽航运业的正常运营而言，在各个港口维持一定量的燃煤储备是最关键的事情，比如，19 世纪 70 年代铁行轮船公司旗下就有多达 170 艘风帆运煤船（Collier），这些船负责为该公司跑英国本土—苏伊士运河—印度航线的蒸汽船提供燃煤。下面的地图上都是当时一些重要的加煤站，在平时用来维持远洋蒸汽航运，在战时是大英帝国控制海上通路的关键点。

表 7.3 一些典型燃煤的性能比较

产地和品级	燃烧热 / 英制热容单位 （Heat of combustion BTU）[13]	每吨煤体积（立方英尺）
威尔士优级煤	15788	–
威尔士普通煤	14858	42.7
德比郡煤	13860	47.4
苏格兰煤	14164	42.0
美国烟煤（Bitum）	13861	42.4

全世界各地燃煤价格不一，以 1912 年上好的威尔士无烟煤的价格为例：在直布罗陀每吨 23 英镑，在埃及塞得港（Port Said）每吨 26 英镑，在苏伊士每吨 36 英镑，到新加坡则是每吨 35 英镑。同样在新加坡，苏格兰邓迪（Dundee）的纳塔尔煤（Natal Coal）每吨只要 25 英镑，澳洲煤每吨只能卖

这张地图反映了 19 世纪后期主要的蒸汽和风帆商运航路，也标注了主要加煤站的位置。

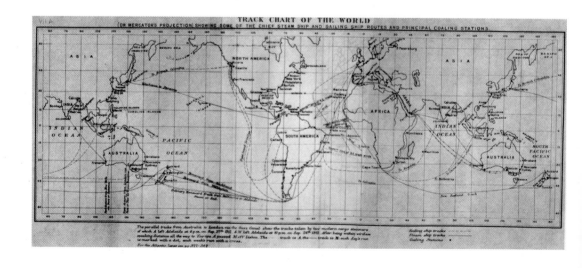

到 24 英镑。作为比较，1910 年时，各种煤刚从矿井挖出来的现场收购价格是，澳洲煤每 6 吨 7 英镑，印度煤每吨 5 英镑，加拿大煤每 5 吨 10 英镑，南非煤每 10 吨 5 英镑。

虽然商船都喜欢烧质量最好的威尔士无烟煤，但是苏伊士运河以东的加煤站里，这种优级煤的价格差异太大了，只有战舰才用得起。[①] 更便宜的那些煤，品质就要差很多了，常常含有很多不能燃尽的杂质，燃烧后变成大量煤灰，结果这些煤单位重量的热值低，不经烧，而且占的储藏空间很大。整个太平洋地区都缺少加煤站（连美国西海岸也不例外），所以当时在太平洋地区活动的船舶，不论是战舰还是商船，都必须保留风帆作为备用推进装置。

贸易路线的保护

19 世纪 60—80 年代，那些没有装甲防护或者装甲防护很薄弱的"巡洋舰"、炮舰和炮艇，它们最首要的任务就是海上交通战，这些战舰要完成这项任务，从当时的技术条件来看，面临几个现实存在的问题，还有些当时人认为需要克服的困难，从今天来看，是当时人多虑了。《巴黎条约》（见附录 2）是英法为了约束交战国的海上贸易行为而勉强制订出来的，如果严格遵守这个条约，交战国根本就不能罚没敌国的商品了，但是美国拒绝签署这个条约，因为美国人认为他们对抗英国的最有效手段就是海上交通战。美国内战时期南军的贸易袭击战清楚地表明，只需要少量远洋袭击舰就可以给敌方海上贸易造成严重的损失，而且敌方往往需要派出一大群巡洋作战舰艇来追击和扑杀这些袭击舰。随着蒸汽推进技术的日益发展，人们常常觉得越来越多的蒸汽商船开始拥有比大多数战舰还高的最高航速，而且高速续航时间也比战舰长 [14]。上文卡那封委员会列出的统计数据表明，时人这种认识是错误的，或者至少是过分夸大的。

英国远洋巡航作战舰艇的巡航速度不太高，一个很重要的原因是这些船都安装了好几根高大的挂帆桅杆，所以蒸汽航行时风阻很大 [15]。战舰保留风帆，不能说完全是由于将领们守旧、落后，[②] 其实也反映出当时远东和美洲地区缺少加煤站，特别是太平洋地区。在复合蒸汽机和三胀式蒸汽机普及以前，[16] 远洋巡航的战舰携带的燃煤，往往只能保证在某个海区执行完巡航任务，剩余存煤无法保证战舰完全依靠蒸汽航行抵达下一个加煤站。[17] 19 世纪 80 年代中后期，三胀式蒸汽机的采用对蒸汽航运和战舰的性能都产生了积极作用：首先，三胀式蒸汽机如同上一章的介绍，可以让战舰的续航力翻倍；其次，它让以往很多耗煤量过高的远距离航运路线变得有利可图，这反过来让远离主要贸易路线的偏远支线上也建立起加煤站。在三胀式蒸汽机实用化以前，挂帆桅杆都是远洋巡航作战舰艇的一种必需品，可代价就是在蒸汽航行时会损失大约 1.5 节的航速，而且战

① 这可不仅仅是史学家关心的问题，比如 1904 年日俄战争期间，日本舰队尽可能先使用当地的燃煤来满足日常活动的需要，而把有限的威尔士无烟煤用在决定性的作战行动中。

② 比如，1871 年战舰设计委员会就不同意继续保留风帆。

舰的尺寸也不得不增大，因为需要很大一群技术娴熟的水手才能真正高效地操作，得给他们留出住舱空间[18]。

所以第三章中提到，19 世纪 60 年代任海军部审计长的斯潘塞·罗宾森对 1871 年的设计委员会说，蒸汽时代已经没法有效地利用护航编队来保护风帆货船了；巴纳比在这种认识上走得更远：**"委员会各位尊敬的委员，我敢打赌"**，假如敌军使用快速的武装袭击舰趁夜对航速缓慢的风帆货船和机帆船发动反复袭击的话，那么不可能用类似的战舰给这些商船提供有效防护。（巴纳比原话用粗体表示。）[①] 当时许许多多海军军官和相关技术人士都持类似的观点。

时人为什么会这样想呢？他们没有留下任何解释。今人来猜一猜的话，也许他们最主要的担心就是，敌方用来袭击我方商船的快速袭击舰，不管它是海军的正规巡洋舰还是临时改装的武装货船，只要航速足够快，就可以速战速决，还没等我方护航舰艇驶抵遇袭商船的位置，袭击者就扬长而去了。[②] 几乎可以肯定，这种认识是错误的；后来的实战经验表明，在海上使用火炮攻击对方船舶，哪怕对方只是一艘商船，也需要花很长时间才能把它给击沉。[③] 巴纳比设想让袭击舰使用撞角直接撞沉商船，但铁甲舰时代的多起撞击事故和实战案例表明，撞击对实施撞击的一方也会带来不小的伤害，甚至大过被撞的一方。[19][④] 19 世纪 60—80 年代的英国海军部几乎没有战略战术智囊的功能，[⑤] 特别是奇尔德斯的改革[20] 几乎实质上取缔了海军部委员会，让海军部在很多年里都没有任何当今海军总参谋部的功能。1870 年发生里德辞职和"船长"号沉没事件以后，海军部的一系列改革旨在削弱总设计师（也就是后来的战舰设计部主任）巴纳比的自主决策权，因此后人不应该批判巴纳比在海军部委员会负不起应承担的职责时，没有自己担当起责任，没有确立一套稳定的战舰设计思路。[21][⑥]

巴纳比意识到，他担任总设计师的这段时间里，海军预算根本就不够建造足够数量的巡洋舰来保护商业航运，所以他提出保护商业航运的任务应该主要落在改装的武装商船身上[22]。巴纳比这个提议的分量应该说很重，因为 19 世纪 70 和 80 年代，世界上大多数商船都是英国在运营，一旦开战，只有英国有这么多的"瓶瓶罐罐"要保护。但是商船改装成辅助巡洋舰又谈何容易？以战舰的生存力标准来看，商船显得太脆弱了：底舱缺少水密分舱；蒸汽机也是竖立式的，上半部分暴露在水线以上，舷侧又没有足以保护这些机械的水线装甲带；而且要安装武器，还必须考虑会不会让重心过高导致船体失稳，以及船体结构的局部强度够不够支撑火炮的重量等等问题。不过，所有这些工程技术问题都可以找到克服的办法，巴纳比和他的助手们（尤其是邓恩在这方面取得不少进展）还意外地提高了商船在平时扮演商业航运角色的航行安全标准[23]。

① N. 巴纳比爵士撰《商船在海上冲突中的作用》，刊载于 1877 年在伦敦出版的《造船工程学会会刊》。
② 这个观点就跟我们现代比较流行的所谓"面对核潜艇的打击，无法给海上商船队进行有效的护航"差不多，根据这种观点，应该派武装力量保护"海上交通要道"（Sea Lanes of Communication）。甚至有人错误地认为，保护这些交通要道所需战舰肯定会少于给各个商船队护航所需的战舰。
③ 可以参考符拉迪沃斯托克分遣舰队在日俄战争中的行动。
④ D.K. 布朗和 P. 皮尤合撰《撞击战》，刊载于 1990 年在伦敦出版的《战舰》杂志 1990 年刊。文章内容在本书第一章做了一些总结。
⑤ N. A. M. 罗杰撰《英国海军部的黑暗年代》（The Dark Ages of the Admiralty），刊载于《航海人之镜》第 62 卷，1976 年出版于伦敦。
⑥ 我们甚至可以说，当时对远设计师权责的种种限制正是因为认识到巴纳比实际上在这些方面受到很多约束，所以才这样设计的。

19 世纪 80 年代以后，“巡洋舰”这一舰种正式诞生

第五章介绍的“鸢尾”级拥有轻质的钢制船体、改良的流线船形，其螺旋桨经过一系列测试后也最终设计成功，于是这型战舰达到了当时世界上大型战舰所能达到的最高航速，成了第一种性能令人满意的“巡洋舰”。海军部决定设计建造这两艘巡洋舰的原因好像是 1874 年审计长 H. 斯图尔特和总设计师巴纳比到法国访问了一圈[①]，他俩认为法国作为英国的假想敌，将来如果开战，可能会以海上交通战为主要战略，扼杀英国的海上生命线。[24] 从法国回来一个月后，巴纳比就着手设计这一级“巡洋舰”，但刚开始给它的定位是“高速大型炮舰”，后来改为“通信船”。设计思路也比较清晰，就是专门用来远程猎杀法国贸易袭击舰的，[②] 毕竟该舰搭载了很多中口径火炮（10 门 64 磅炮[③]）[25]，而且载煤量非常大[26]。它的早期复合蒸汽机可以将耗煤速率降低到每小时产生每标定马力只需燃烧约 2.2 磅的煤，而 19 世纪 60 年代的单次膨胀蒸汽机每小时产生每标定马力需要燃烧 3 磅多的煤。该级战舰造价 225000 英镑。“鸢尾”号和“墨丘利”号刚完工时都栖装了简易挂帆桅杆，不过很快就撤掉了。

该型战舰没有装甲防护，但是发动机等重要部位仍然得到了以巡洋舰的标准来看还不错的防护。如第五章介绍，它有前后串列的双发动机舱和双锅炉舱，锅炉和蒸汽机都完全位于水线以下，而且这些蒸汽机械的两舷都有燃煤储备，既可以给动力机械提供保护，又可以在底舱破损后限制进水，保存浮力和船体稳定性。这种串列式机械舱的设计原本是迫不得已，因为船体太狭窄了，巴纳比手下的团队领头人怀特无法像通常那样把卧式蒸汽机并排布置，再则两舷还必须要有一定的煤层，因此将这两个发动机和两个锅炉两两交叉串联。这种冗余式设计大大提高了安全系数，使该舰的机动能力不会因为一点战损就轻易丧失。[④][27]

1876—1881 年陆续开工的“酒神”级大型炮舰
（共造了 9 艘[28]，另造了 2 艘差不多的）

“酒神”（Comus）级[29] 炮舰虽然建造于“鸢尾”级之后，但看起来性能上有很大的倒退——它的全帆装不仅沉重而且效果不佳。这些炮舰是专门设计的殖民地“警察”炮舰，所以尽管复合蒸汽机已经改善了耗煤速率，但还是完全离不开风帆，因为服役海域的加煤站数量稀少，而且相邻两个加煤站之间远隔万里。该级炮舰基本上是用钢建造的，不过这时候英国优质钢的供应量仍然不足，所以这些船的肋骨上仍然使用了一些熟铁材料。为了对付太平洋和热带殖民地海水腐蚀和污损船体，这些殖民地炮舰船底都包裹了木皮和铜皮，船头还有一根红铜（Gun metal）制作的撞角。[⑤] 设计搭载的武器是 2 门 4.5 吨重的 7 英寸炮和 12 门 64 磅炮，全都是前装线膛炮。[30] 这么多中口径火炮是为了增加短时间内

① 国家档案馆归档条目 ADM 1/6329，介绍了 H. 斯图尔特爵士和巴纳比先生访问法国布雷斯特、洛里昂和土伦港的情况，罗杰的文章中引用了这条信息。
② 我甚至觉得“通信船”这个名字是专门用来糊弄议会和法国人的，这艘船无论从吨位还是武器装备看，都不会单纯用于通风报信。
③ 罗杰说这是根据当时用 64 磅炮轰击一座“香农”号的模拟靶来确定的。
④ 这种冗余式动力机组布局的战术价值在当年是否得到了充分的认可？
⑤ 一艘船到底要不要船底包铜，这是在刚开始设计的时候就需要确定下来的事情。一旦需要包铜，那么船底表面就不能有任何暴露的钢件，包括撞角和尾舵的铰链在内的许多零部件都要用铜来制作。

的火力输出，这样才能迅速击溃体量相似的敌军炮舰。这一级炮舰的平均造价约 19 万英镑。试航航速达到 13 节，不过日常服役航速约为 8 节。[31]

为了改善操纵性能，尝试安装了各种辅助舵。前 7 艘在船尾呆木里安装了第二支尾舵，如果主尾舵损坏了，就可以把这个呆木尾舵解锁然后代替主尾舵使用。剩下 2 艘保留了安装呆木尾舵的船尾结构，不过好像最后并没有真的安装呆木尾舵进去。这两艘中的一艘——"加拿大"号，还安装了一个舰首辅助舵，用不着的时候可以缩回船底里面去，不过服役后不久就拆除了。虽然所有这些辅助舵都不怎么成功，这至少表明海军部勇于尝试各种新设备。

"酒神"级设计中最具创新性的一个亮点就是首次在小型巡洋舰上采用水下装甲甲板（protective deck）。这个水下装甲甲板式**防御体系**发展成熟之后的样子将在下一章介绍，但它最基本的组成元素在"酒神"级身上凑齐了。必须再次强调，它是由水下防御甲板、密集分舱和堆煤组成的一个"体系"，不仅仅是一层 1.5 英寸厚的甲板。这种防御结构其实跟第四、五、六章所有主力舰的船头船尾防御结构是类似的：水线附近是巡洋舰的主甲板，在它以下大约 3 英尺处就是这层水下装甲防御甲板。在正常海上交战状态下，敌方战舰发射的弹道平直的炮弹是不大可能直接击中水下装甲防御甲板的，哪怕是直接击中，炮弹入射角也很小，几乎只能从这道甲板表面擦掠而过，而甲板的韧性和强度足以抵抗这样的擦掠弹而不被击穿。同样，这道水下甲板还可以阻挡炮弹在水上船体爆炸后产生的大部分破片。当然，设置这道水下防御甲板完全是基于正常舰对舰交战的基本假设，如果让巡洋舰面对第六章介绍的海岸炮台炮大仰角、抛物线弹道射击，炮弹直接从高空飞落，砸穿各层甲板，毁伤和防御效果就另当别论了。除了这道水下装甲甲板，从船底到主甲板高度，船体两舷都是煤舱，从船体侧壁到舷内，堆煤的总厚度接近 9 英尺，防弹效果据说顶得上 4.5 英寸厚的熟铁装甲。[①]

这些舷侧煤舱是船体破损后保存浮力和船体稳定性的第一道防线；如果一座填满燃煤的水密煤舱完全进水，它仍然能够保存相当于原来无水状态的约 63% 的浮力，并能够限制进水，从而保存水线面的完整，也就是保存了船体稳定性。[②] 在水下装甲甲板和主甲板之间 3 英尺高的空间里，也做了密集分舱，两舷堆煤，中央作为储物舱，进一步限制水线进水和水线面（即稳定性）的丧失。这种水下装甲甲板式防御结构占据了舯部 100 英尺长的范围，把锅炉舱、蒸汽机和发射药库直接盖在下面。这种防御结构对水线进水的控制，对战舰稳定性的保护，可能比很多人认为的大得多，因为从船舶原理上来看，稳定性，也就是稳心高，是随着水线面的惯性矩而改变的，而这种惯性矩是随着船体宽度的三次幂来改变的。[③] 所以，带有这种水下装甲甲板防御体系的舯部，对维

① 这些煤舱的顶部正好当作水兵居住舱内靠近两舷的那些水兵的饭桌座椅 [根据 G. A. 奥斯本（Osbon）给海军摄影俱乐部提供的资料注释]。
② E. L. 阿特伍德（Attwood）著《战舰设计学》（Warships, a Text Book），1910 年出版于伦敦。同时参考附录 4。
③ 惯性矩（面积二次矩）$= \int y^2 dx$ [32]。详见附录 4。

持整艘船的稳定性贡献最大，这 100 英尺艏部差不多可以提供整艘船 75% 的惯性矩。[33]

"卡利俄珀"号[34] 和萨摩亚飓风

1889 年，"卡利俄珀"号在外海的巨浪中英勇地挺过了萨摩亚（Samoa）飓风，这成了维多利亚时代皇家海军最具英雄主义色彩的时刻。当时，美国和德国围绕南太平洋萨摩亚群岛闹出了一些"争议"，两国各出动了 3 艘战舰到岛附近海域相互示威，为了保护英国在当地的利益，英军派出了"卡利俄珀"号。[①] 3 月 15 日，种种迹象表明一场大风暴正在酝酿，但当地的领航员认为，看情况这场风暴应该不会演变成飓风那种狂烈的程度，于是这 7 艘军舰连同许多商船都决定就地在阿皮亚（Appia）湾内挺过这场风暴，只要把桅杆高处的那两节和它们上面挂帆的横杆都拿下来放到甲板上，再多下几个锚，应该就能安全挺过大风暴了。这个决定看起来没什么问题，因为 1888 年的时候就靠这种办法挺过了一场大风暴。[②] 到日落时分，风暴越来越强，而且是从阿皮亚湾比较暴露的北方朝着港内陆地方向吹，港内的战舰和商船有被大风裹挟着推上沿岸海滩和礁石的危险，于是，"卡利俄珀"号的舰长凯恩（Kane）决定让该舰生火起锚，顶着大风航行 8000 多码，开到外海去躲避。[35]"卡利俄珀"号使用了静水中可以让航速达到 15 节的发动机功率和螺旋桨转速，可就算这样，顶风迎浪前进的航速平均只有 2 节，最夸张的时候甚至只有 0.5 节。最后，该舰成功远离了危险的下风海岸，4 天后该舰返回，发现剩下的 6 艘战舰都被大风大浪卷到岸上搁浅了，而且搁浅过程中撞上了礁岩，严重受损，另外还有 7 艘商船也受损严重。

"卡利俄珀"号这次漂亮的顶风行动，充分彰显了皇家海军高超的船艺操作（Seamanship）水平和素养，而且英国战舰在狂风大浪中的适航性和抗浪性也完全经得住考验，不过，最让人振奋的，则是英国战舰的动力机械可靠性非常高，能够在大浪中连续全功率工作几个

1884 年下水的"卡利俄珀"号（Calliope，或译为"史诗女神"号）大型炮舰，这是满帆航行时的姿态，[36] 该舰是 1889 年萨摩亚飓风的唯一幸存者。（作者收藏）

① D. K. 布朗撰《航海技艺、蒸汽动力与风帆》（*Seamanship, Steam and Sail*），刊载于 1988 年在伦敦出版的《战舰》杂志第 48 期。
② N. F. 迪克逊（Dixon）著《战场上发挥失误背后的心理学分析》（*On the Psychology of Military Incompetence*），1976 年出版于伦敦。这本书可以说是非常优秀、无可挑剔的，但是作者把当时派遣到萨摩亚的各国军舰决定留在港内挺过飓风，跟克里米亚战争中英国轻骑兵因为接收到错误的信号而发起死亡冲锋的战例摆在一起。我觉得这位作者这样说是不对的，因为当时各国战舰上的军官都已经充分了解当地的一般气候规律，认为在那个月份不大可能再遇到那么强烈的大风暴。

1875 年下水的"博阿迪西亚"号（Boadicea）[39]是巴纳比 1873 年设计的熟铁造大型炮舰，安装了 14 门 7 英寸和 2 门 6 英寸前装线膛炮。（作者收藏）

小时 [37]，当然这也体现出船上机械师跟他手下班组人员坚韧不拔的工作精神。事后撰写报告的时候，舰长凯恩向海军部点名赞扬了七人，其中就包括两名机械师。凯恩在报告中还特别指出，应对这次危机的过程中，机械师见到风势骤增，便想尽一切办法以最快的速度让发动机达到全功率输出，而不是像一般测速试航时那样渐渐提高发动机功率到全输出，所以这次事件对发动机是一个比平时大得多的考验，因为突然增大输出功率让还没有充分预热的发动机承受了很大的热应力 [38]。凯恩还说，甚至当大浪经过船尾、螺旋桨已经部分露出水面的时候，发动机仍然能保持全功率运转，让战舰连续几个小时保持所能维持的最高航速。

要水线装甲带，还是要水下防御甲板

巴纳比 1889 年写的一篇文章表述了他对战舰装甲防护的观点，[1] 虽然实际上他对装甲的认识也是随着装甲技术的进步在不断调整的。巴纳比明确指出，正是由于火炮威力的不断增加，装甲才会应运而生，而且装甲防御的形式必须随着现实状况的要求不断调整。刚开始，装甲只是用来保护舷侧炮阵中的炮组成员的，很快就延伸到船体水线的保护上来，用来保存船体的浮力和稳定性。到 19 世纪 70 年代的时候，火炮的威力足以击穿一切实际使用的装甲——能够安装到铁甲舰上，又不至于让铁甲舰被它压沉的、最大厚度的装甲，就像第四章介绍的那样，"不屈"号等铁甲舰只能把最大厚度的装甲防御收缩在舯部不足全长一半长度的"中腰铁甲堡"里面了。船头船尾保留厚度不足的薄水线装甲带，完全不可能抵挡主炮炮弹的侵彻，甚至还会产生破片造成二次杀伤，这种保护远远不如上文以及前面第四到六章介绍的水下防御甲板有用，水下装甲甲

① N. 巴纳比爵士撰《战舰的装甲》，刊载于《土木工程学会会志》，1889 年在伦敦出版。

板防御体系至少可以限制炮弹在船体内爆炸时的杀伤范围。不过对于巡洋舰而言，到底该选择装甲带，还是水线下防御体系呢？这两个备选方案各有利弊，所以同时比较这两种方案是一种合乎逻辑的自然选择，并不是什么所谓设计思路混乱的表现。

① 罗杰，引用该舰的档案。

下表就是 1877 年初以 1875 年下水的"博阿迪西亚"号为设计母型，为新巡洋舰比较了水线装甲带和水下防御甲板两种防御方式。

	水线装甲带		水下防御甲板	
	吨	百分比	吨	百分比
排水量	6160		5660	
武备	245	4.0	245	4.5
动力机械	1040	16.9	1000	17.7
载煤	520	8.4	500	8.8
装甲	795	12.9	350	6.2
船体	3050	49.6	2910	51.4
造价（英镑）	301500		270000	

两个方案都被海军部否决，因为海军部委员会需要更小型、更便宜的炮舰，虽然在 1887 年 8 月决定建造这样一艘炮舰，命名为"高飞"号（Highflyer），但很快就取消了。①

1880—1882 年间开工的二等巡洋舰"利安德"与"默西河"级

"利安德"（Leander）级巡洋舰是 1880 年设计出来的，当时海军部委员会的各个成员对到底需要一款什么样的战舰，争执不休；库珀·基想要放大版的"酒

"利安德"级炮舰"辉腾"号（Phaeton），[40]1883年下水，"利安德"级是"鸢尾"级的改良型。（作者收藏）

神"级，航速要达到 15 节，而其他人想要一艘改良版的"鸢尾"级；最后，第一海务大臣史密斯赞同大多数人的要求，于是选择了设计建造"鸢尾"级的改良型。可是，为了在该型战舰那长达 165 英尺的舯部动力舱段的上方加盖一道 1.5 英寸厚的水下装甲甲板，新设计出来的"利安德"级比"鸢尾"级慢 0.5—1 节，而且个头也稍微大一点。新舰的武备换装了性能要比前装炮强得多的 6 英寸后装炮，一共搭载了 10 门，其中有 4 门安装在靠近船头船尾的两舷耳台上，使这些火炮可以旋转到大致朝船头、船尾的方向射击，剩下 6 门安装在前后耳台之间的舷侧炮门里。该舰还搭载了大量的手摇机枪，共 16 挺，包括 2 挺加特林、4 挺加德纳、10 挺诺登飞。该舰的水下防御装甲甲板采用后来巡洋舰上标准的"穹甲"样式，即水下装甲甲板的两舷部分成斜坡状，而中间平坦部分基本上稍稍高于正常装载状态下的水线，[41] 这样一来，从水线处击穿外船壳的炮弹就会击中水下装甲甲板的两侧倾斜部位。该舰的复合蒸汽机性能也比 70 年代的"鸢尾"级有了改善，再把载煤量增加到将近 1100 吨，终于使"利安德"级的 10 节续航力增加到 8000 海里[42]。该舰刚建成时也保留了挂帆桅杆，类似"墨丘利"号，采用"巴克"帆装[43]，其干舷也足够高，可以在大浪中航行。

"利安德"号及 3 艘姊妹舰的性能很好地满足了海上巡航和交通战的战术定位，颇受时人赞许，几乎就成了整个 19 世纪 90 年代以及 20 世纪初期所有巡洋舰的设计原型。将其总体结构布局直接放大，就成了 19 世纪 90 年代的一等巡洋舰，直接缩小，就成了鱼雷巡洋舰[44]，甚至就连底舱深度不足、没法安装完整穹甲体系的小型炮舰，也拿"利安德"级当范本缩小而成，在这些炮舰上还能品出一点穹甲防御的味道来。1888 年大演习的报告中批评说，"利安德"级的"阿瑞托萨"号（Arethusa）横摇太严重，建议把帆装进一步简化，不要挂那么多横帆[45]，好减轻船上高处的重量。

接下来的发展自然是把"利安德"级的穹甲从舯部延伸到船头船尾了，这样就产生出 3 艘"默西河"（Mersey）级，不过该级的具体参数也是经历了一场漫长的争论后才最终敲定的。库珀·基想要一艘鱼雷巡洋舰，于是巴纳比的设计团队在 1882 年 4/5 月拿出了这样一个设计，其排水量为 2800 吨，带 2 英寸厚防御甲板，搭载 4 门 6 英寸炮和 10 根水下鱼雷发射管。不过专门负责这个项目的怀特担心这个设计的可靠性，因为这些水下发射管还没有实际列装，[1] 要等到同年晚些时候"百眼巨人"号测试以后才能下结论。备选方案是搭载 2 门 9.2 英寸主炮和 6 门 6 英寸副炮，或者搭载一共 16 门 6 英寸炮。鱼雷发射装置的设计就这样静悄悄地流产了（如下文将要介绍的那样）。直到 1883 年春天决定开始建造两艘时，海军部高层还是没能统一意见，各个将领想要的武器配置不尽相同。各个备选方案都有船头船尾一对口径较大的火炮作为主炮（要么是 9.2 英寸，

[1] 他这里说的一定是舷侧水下鱼雷发射管，因为 1874 年完工的"维苏威"号就安装了舰首水下鱼雷发射管，而"奥伯伦"号也已经装备舰首鱼雷发射管。

要么是 8 英寸，要么是刚开发出来的 7 英寸炮），并搭配一堆 6 英寸副炮；最终，两舰以 2 门 8 英寸炮搭配 10 门 6 英寸炮的形式完工，耗资 21 万英镑。[①] 防御穹甲中央水平部位厚度增加到 2 英寸，两舷斜坡的厚度更增加到 3 英寸；整个穹甲纵贯艏艉；在船头，像当时的主力舰一样，穹甲甲板朝舰首形成斜坡，支撑着水下的撞角。1888 年舰队演习报告称两舰性能优异，但建议把 8 英寸主炮也替换成 6 英寸炮，这样就不至于重心过高，在风浪中横摇角度过大了。[46]

① 这些 8 英寸炮是计划用来对付类似"胡阿斯卡"号这样的小型铁甲舰的吗？

"埃斯梅拉达"，世界上第一艘防护巡洋舰

阿姆斯特朗勋爵早就希望能推出一款高速的小型战舰来搭载大口径火炮，阿姆斯特朗旗下埃尔斯维克厂的设计师伦道尔设计出来的"埃斯梅拉达"号（Esmeralda），完成了勋爵的心愿。该舰 1881 年开工，1884 年下水，比英国海军的"默西河"号早一年，于是成了世界上第一艘带有纵贯艏艉的穹甲防御体系的巡洋舰。此后埃尔斯维克厂为好几个国家建造了这种类型的防护巡洋舰，号称"埃尔斯维克"巡洋舰。"埃斯梅拉达"号的横空出世在坊间引起了轩然大波，舆论纷纷把它跟 4 年前建成的"酒神"号炮舰相比，凸显出"酒神"号的性能低劣，可是"酒神"号的设计定位就是殖民地"警察"炮舰，排水量也要小得多。我觉得应该把"埃斯梅拉达"号跟二等巡洋舰"利安德"号相比，那样就看得出来英国海军的装备还是占上风。

"埃斯梅拉达"号搭载的 10 英寸主炮让前来采访的记者尤为印象深刻，不

"默西河"级"塞文河"号（Severn），1885 年下水。"默西河"级是"利安德"级的改进型，主要是让穹甲防御体系纵贯艏艉，还增加了 2 门 8 英寸主炮。（作者收藏）

过这样小的一艘船搭载这种大炮，其实是很不实用的，只有在风平浪静的情况下才能快速、有效地在这种小船上操作重型火炮，海面上稍有风浪，船体就会猛烈颠簸，而且船头的干舷也不够高，仅 11 英尺，很容易上浪，这都让主炮无法操作。阿姆斯特朗厂推销该舰的广告词是“主力舰杀手”——好吧，也许阿姆斯特朗所说的“主力舰”是指类似“胡阿斯卡”号的岸防炮塔舰吧。[47] 尽管这种营销说辞言过其实，但大部分人眼中该舰仍然是一艘战斗力颇为强大的巡洋舰。总之，“埃斯梅拉达”号那 2 门 10 英寸大炮在公众眼里就是一种实力的象征，而一年后英国海军的“默西河”号上的 8 英寸炮就好像是在刻意模仿“埃斯梅拉达”号，也给自己贴上这种实力的标签。那些不了解海上实际情况的人常说，这种大炮巡洋舰可以利用它们的高速来跟行动缓慢的重炮重甲主力舰保持距离，然后从远距离用大炮攻击敌军主力舰，直至击沉。可实际上，19 世纪 80 年代的火炮操练基本还是 800 码的距离，超过 1000 码后主炮的命中率会大幅下跌，惨不忍睹。1888 年大演习的报告指出，不少巡洋舰的纸面火力都太重了，应该把大于 6 英寸的火炮全部撤掉，因为都不实用。[48]

表 7.5“酒神”“埃斯梅拉达”“利安德”“默西河”号性能比较

		“酒神”	“埃斯梅拉达”	“利安德”	“默西河”
排水量（吨）		2383	3050	3800	4050
武备重量占排水量百分比		6.4	7.6	4.4	
装甲重量占排水量百分比		5.8	3.5	5.3	
动力机械重量占排水量百分比		16.0	20.8	20.5	
载煤量占排水量百分比	标准载煤	11.3	19.7	19.4	
	最大载煤	14.9		24.5	
船体重量占排水量百分比		55.8	42.6	41.6	
试航航速（节）		13.0	18.3	17.0	18
10节续航力		3600	6000	8000	
武备	主炮	2门7英寸炮[49]	2门10英寸炮	10门6英寸炮	2门8英寸炮
	副炮	12门64磅炮[50]	6门6英寸炮		10门6英寸炮
装甲防护		舯部1.5英寸厚甲板	纵贯艏艉的1英寸厚穹甲甲板[51]	舯部1.5英寸厚穹甲甲板	纵贯艏艉的穹甲甲板，斜坡厚3英寸，水平部分厚2英寸

注：这样比较都是很勉强的。因为载煤量和搭载弹药量很难准确统计是满载还是轻载；穹甲的甲板和甲板下支撑结构是怎么样分开计入装甲和船体重量这两部分当中的，也非常模糊不清。

1881 年开工的一等巡洋舰“厌战”号和“专横”号

1878 年，英国和沙俄交恶，一度剑拔弩张[52]，海军部担心沙俄会动用他们的大型装甲巡洋舰来袭扰英国的海上贸易。而就在前一年，代表 19 世纪 60 年代技术水平的“无常”级无装甲巡洋舰“沙阿”号对阵炮塔铁甲舰“胡阿斯卡”

号时，虽然"沙阿"号不落下风，但也占不到什么便宜，[53] 可见英军需要火力更加猛烈的大型巡洋舰。1880 年 8 月，巴纳比的设计团队拿出了两个设计预案，一个是"纳尔逊"号的改进型，一个是"鲁莽"号的缩小版。[①] 到当年 11 月，海军部委员会指令巴纳比提出两个可以相互对照的大型巡洋舰设计预案，一个带有水线装甲带防护，另一个依靠穿甲防御，两个设计都要在露天甲板露炮台搭载重炮。11 月 29 日，巴纳比的首席助理怀特完成了这两个设计，巴纳比遂把这两个预案上交海军部委员会，不过巴纳比对这种露炮台设计不满意[54]。12 月 1 日，海军部委员会决定建造一艘航速 16 节、带 10 英寸厚水线装甲带的巡洋舰。最后，海军部于 12 月 10 日决定主炮为 4 门 9.2 英寸后装炮，模仿所谓的法式"钻石形"布局，安装在船头、船尾和两舷的 4 个单装露炮台中。这两艘巡洋舰建造速度太过缓慢，直到 1886 年才首次试航。

不幸的是，这么长的建造时间意味着建造过程中多次修改和调整最初的设计方案，好让战舰能够搭载更重型的新式火炮和更多的煤，相应的，舰员人数也就更多了，所有这些后期增重都让该型战舰本就不太宽的水线装甲带越来越多地没入水线以下。不同寻常的是，怀特带领的设计小组似乎把重量测算错了，最终完工时，超重问题变得更加严重了。这型战舰完工时，吃水比设计足足多了 25 英寸，水线装甲带几乎完全没入水下，不得已，原本计划搭载的 10 门 6 英寸副炮在服役之初只搭载了 6 门。鱼雷发射管的安装位置比前一级高了 2 英尺，这样即便船体左右摇晃，鱼雷发射管仍然能维持在水面以上。

还好，1886 年 10 月"专横"号（Imperieuse）刚一试航就发现，设计时海军部要求两舰必须安装的纵横帆双桅杆帆装（brig rig）完全无法起到节省燃煤的作用；使用蒸汽动力航行时，如果再加挂风帆，每小时也就最多节省 2.6 英担的燃煤。该型战舰单纯依靠风帆很难迅速完成迎风转向[55] 机动，迎风转向一次需要花费足足 16 分钟。于是很快就把两根挂帆桅杆都拆掉了，替换成前后两根烟囱之间竖一根军杆，这样一共节约下来 100 吨的上部重量，于是又能再安装 2 门 6 英寸副炮上去，达到 8 门副炮的水准。"厌战"号（Warspite）当时还没完工，也直接做了类似的改装。左右两舷露炮台中的 9.2 英寸炮在实际使用中没法旋转到船头船尾左右 20° 的范围内开炮，因为炮口暴风会损坏船舷结构，除此之外，这两艘船的性能总体来看还算不错。[②] 上述这些问题都让两舰在海军中的名声不太好，不过它们至少跟当时外军的类似战舰性能相当，而且两舰活跃服役的时间不算短，大多数时候都作为派驻远东和美洲的海外舰队的旗舰，这正是设计时给它们划定的战术角色。怀特觉得高干舷让两舰在高海况的条件下仍能有效使用露炮台里的主炮，进而在这种环境下击败主力舰。[③56]

① "纳尔逊"号原本是从"大胆"级中腰炮室铁甲舰发展而来的一型二等主力舰。

② 这里提到的水平界范围是仅限于和平时期日常训练不得超出这个范围，交战时可以破例，还是在任何条件下都只能严格控制在这个水平射界范围内？很有可能是因为火炮的炮口暴风会影响到船头船尾炮位里炮手的安全，所以才限制了水平射界范围。

③ W. H. 怀特撰《现代战舰装甲防护的原理与设计方法》，刊载于 1905 年伦敦出版的《布拉西海军年鉴》。他在文中说这级装甲巡洋舰那位置很高的露炮塔让海军部决定给"海军上将"级也采用类似的设计，不过由于这一级装甲巡洋舰是在"海军上将"级之后设计的，所以怀特这种说法不成立。

1883 年下水的"专横"号，4 门主炮呈菱形布局的大型装甲巡洋舰。该级舰的高干舷可以在高海况条件下依然保证主炮的战斗力。（帝国战争博物馆，编号 Q39201）

"奥兰多"级

1884 年 9 月 15 日，记者 W. T. 斯特德（Stead）在《帕尔默报》（*Pall Mall Gazette*）刊登了题为《海军实力大揭秘》（*The Truth about the Navy*）的系列报道的第一篇，这一系列报道迅速在坊间引起了轩然大波，公众要求增强海军的实力。时任第一海务大臣诺斯布鲁克正在国外访问，于是议会在他缺席的情况下，批准为海军增加一笔 300 万英镑的临时经费，诺斯布鲁克于 12 月 4 日在议会正式宣布这一决议。[①] 就在半年前，他曾亲口说就算突然得到议会的追加拨款，他也不知道该拿这笔款项来干什么。

令人玩味的是，诺斯布鲁克这个说法也有一定道理，因为当时海军部确实不清楚，他们该拿这笔款项来建造哪种类型的巡洋舰。总设计师团队[57]正在设计"默西河"级的放大改进型，给新设计提出了两个常规备选方案，一个带有水线装甲带，一个带有穹甲防御体系。令人意外的是，阿姆斯特朗的伦道尔竟然特别青睐水线装甲带的设计，此时他作为民间企业的技术专家被征召到海军部委员会给海军部的设计提意见，而伦道尔之前设计"埃斯梅拉达"号的时候，是第一个践行穹甲巡洋舰的设计师。这个新的设计就是"奥兰多"（Orlandos）级，对它的战术定位一直不大清楚，不过它的主要任务就是打击假想敌法国的那些小型装甲巡洋舰，防止它们骚扰英国的海上贸易线。

"奥兰多"级一等巡洋舰性价比极高，批量建造了 7 艘之多，排水量只有 5600 吨，但装甲防御和火力都相当不错：2 门 9.2 英寸主炮和 10 门 6 英寸副炮，水线装甲带是厚达 10 英寸的钢面复合装甲，水下装甲横隔壁则厚达 16 英寸，试航航速曾经达到 19 节左右。就像"专横"级一样，该级在建造过程中几经修改，比如安装了广受好评的三胀式蒸汽机，似乎设计时重量计算再次失误，造成该

① N. A. M. 罗杰撰《英国海军部的黑暗年代》，刊载于《航海人之镜》第 62 卷，1976 年出版于伦敦。

级战舰完工时吃水增加了 18 英寸，结果水线装甲带的上边缘正好沉到水线。

尽管如此，该级舰的性能跟当时外军的同类战舰相比，仍然全面占优，舯部装甲带无法被大多数现役巡洋舰主炮击穿，它们搭载的主炮和副炮还能够迅速摧毁外军的小型巡洋舰，而且该级的续航力也很不错。不过，这一级一等巡洋舰陆续服役后，已经是 19 世纪 90 年代了，新式速射武器和硬化钢装甲的出现让该级舰迅速过时，致使它们的性能没能得到时人的客观评价。[58]

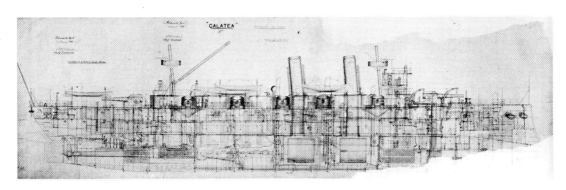

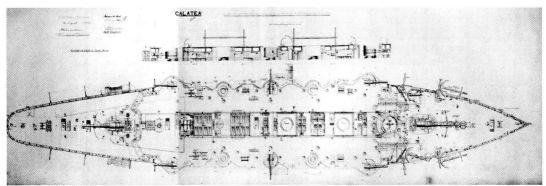

1887 年下水的"奥兰多"级"格拉提亚"号（Galatea）巡洋舰的设计图纸。该级舰排水量虽然只有 5600 吨，却搭载了 2 门 9.2 英寸炮和 10 门 6 英寸副炮，拥有 10 英寸厚的钢面复合水线装甲。该级战舰服役时在军中评价颇高，不过可能是小船扛大炮的极限典型了。（英国国家海事博物馆，伦敦：17825，17827）

"奥兰多"级"顽强"号（Undaunted）1897 年后的姿态。注意烟囱升高了。（作者收藏）

① 罗杰在《早期轻型巡洋舰》一书中认为，工业技术时代以来，一些海军军官对新技术产生浓厚兴趣，然后愿意推动新技术发展，库珀·基就是早期的典型例子，但也也有一个前提，那就是新技术的发展不能让老事物完全被淘汰掉。

② 所谓"标准排水量"听起来非常令人迷惑；这个提法是想代表一艘船在通常出海活动的条件下的排水量，战舰作战时的排水量应该也跟这种状态接近。所以，标准排水量一般搭载最大燃煤量的一半到三分之二。至少到"无畏"号之前，这个提法没有在排水量上钻空子的意思。

③ 测量该舰的照片可以估算出来，干舷高度大约是 14 英尺，而船舶应当达到的干舷高度可以用"船体长度的平方根"×1.1 计算出来，约 16.5 英尺，两者相差不大，可以说该型战舰的干舷高于当时一般战舰的标准了。

1885 年下水的"侦察"号鱼雷巡洋舰，它和它的姊妹舰原本是要作为能够伴随舰队在公海巡航的鱼雷艇来使用的，可是它们在强制通风条件下也只有 17 节航速，难当此任 66。（帝国战争博物馆，编号 Q40129）

"鱼雷巡洋舰"："侦察"级

库珀·基上将一直坚持海军需要"鱼雷巡洋舰" 59 这一舰种，① 特别是 1883 年 3 月亚罗（Yarrow）厂推出了大型装甲鱼雷艇之后，库珀·基的这一观点就有了更重的分量。巴纳比则希望把现有的"百眼巨人"号进一步改良，同时他比较推崇当时法国的小型鱼雷巡洋舰，而快艇专家桑尼克罗夫特 60 则建议建造带轻装甲的 600 吨级大型鱼雷艇 61。

于是海军部委员会指令巴纳比提出一款带有 2 门 5 英寸火炮和 3 具鱼雷发射管的小型巡洋舰，后来还把火炮搭载要求提高到 4 座 5 英寸炮。巴纳比最终拿出了一个标准排水量 1596 吨 ②、航速 16.7 节的方案，这就是后来建造的"侦察"（Scout）级鱼雷巡洋舰 62。这级战舰带有 1 具船头鱼雷发射管，船舱内纵中线上还有 2 具鱼雷架，分别位于靠近船头船尾的位置，通过两舷船体上的舱门朝舷侧方向发射鱼雷。这型鱼雷巡洋舰很不成功——重心太高、稳定性太差、干舷太低 ③、航速太慢，根本没法作为舰队鱼雷艇 63 来使用，也追不上敌军的舰队鱼雷艇。按照这个设计，还建造了 2 艘非常类似的通信船，即"海军部公务艇"（Admiralty Yacht）64，本来是不准备搭载武器的，建成时搭载了 4 门 5 英寸炮。

接着，从 1885 年开始，又陆续建造了 8 艘体型更大的鱼雷巡洋舰"弓箭手"（Archer）级 65，搭载了 6 门 6 英寸炮，结果同样被视为不成功，1888 年大演习报告指出，这些"三等巡洋舰"属于小船扛大炮，在风浪和颠簸中根本不是稳定的火炮平台。这级三等巡洋舰是英国最后一批仍然搭载卧式蒸汽机的战舰，而且像"鸢尾"号一样，两个发动机舱室呈前后串列布局。这两级战舰以后，海军部不再建造这种糟糕的鱼雷巡洋舰，后续的三等巡洋舰是二等巡洋舰"美

狄亚"号的缩小版，见第九章介绍。19世纪80年代后期，接替"鱼雷巡洋舰"这一舰种的新概念是"鱼雷炮艇"（Torpedo Gunboat/TBG），炮艇自然要比巡洋舰小得多，但仍然可以看作是从"侦察"级巡洋舰发展而来的。[①]

什么是"巡洋舰"？19世纪70年代的海军部没有给巴纳比和怀特一个清晰的思路，但他们还是设计出了"鸢尾"号，并把它作为设计基础，沿着这条路走下去，在19世纪80和90年代设计出一系列非常成功的巡洋舰。在这条巡洋舰的设计思路上，"鸢尾"号是第一艘原型，而"利安德"级是第一个基本发展成熟的设计。[67]

鱼雷炮艇

巴纳比早就提出，与其给主力舰的船底施加复杂的防鱼雷设计，还不如部署一些专门用来对抗鱼雷艇的小型作战舰艇，比如炮艇，作为主力舰的保镖。到巴纳比1885年辞职的时候，这种炮艇已开始设计，称为"鱼雷炮艇"；这些鱼雷炮艇从外观上看跟"侦察"号非常类似，可排水量只有"侦察"号的三分之一。在巴纳比看来，这是能够安全地在外海上伴随主力舰编队航行的最小号战舰了。第一艘鱼雷炮艇是"响尾蛇"号（Rattlesnake），它的水下船体甚至安装了一道穿甲，只是厚度才0.75英寸，这也暗示着这些炮艇是从巡洋舰发展而来的。由于这种"缩水战舰"是从较大的巡洋舰缩小而来的，重量计算常常不甚准确，完工时容易超重，这算是鱼雷炮艇的一个麻烦。鱼雷炮艇的长度虽然跟"侦察"号差不多，但是船宽小得多，船体吃水也小一些，这个船型也是埃德蒙·弗劳德在哈什拉尔试验水池屡次测试和优化过的。

1885年下水的"弓箭手"号鱼雷巡洋舰，后来也算作"三等巡洋舰"。该级共建造8艘，这是首制舰。（作者收藏）

① 当时的战舰设计师们都相信，如果硬要把一个大型船舶的设计小型化，最终得到的很可能是一个失败的设计。这一点虽然没法直接从理论上加以证实，但是有一些实例可以佐证。

"响尾蛇"号于 1885 年开工，刚服役的时候，海军对它评价颇高。[1] 后来，在使用中发现问题越来越多，1888 年大演习报告认为，该舰船体结构不够强、干舷太低，尤其是船头干舷太低了，最好安装龟背式艏楼甲板[68]。演习中发现，海上稍有风浪和颠簸，船头火炮就无法使用了，可是也没法换装刚开发出来的 4.7 英寸速射炮，因为速射炮消耗弹药太快，必须携带更多的弹药，反而会增重 8.5 吨。[69]

下一级鱼雷炮艇是"狙击手"（Sharpshooter，或译为"神枪手"）级，其中除了"海鸥"号（Seagull）之外，全都安装了"机车头"式锅炉（'locomotive' boiler）[70]，结果这种锅炉很不可靠，试航航速只能达到约 19 节，达不到计划的 21 节。后来，大部分鱼雷炮艇都换装了新型锅炉，航速就达到了 21 节。这一级炮艇刚一服役，海军就批评它们航速太慢，跟一般鱼雷艇试航航速差不多，甚至不如那些最新服役的大型鱼雷艇的航速。在那个年代，试航航速跟日常服役航速相差很大，而且服役时强制通风只能保持很短的一段时间，最高航速难以长时间维持，当然，鱼雷艇在服役时基本不会使用强制通风，因为只要稍微上浪，鱼雷艇的航速就会大大下降。

表 7.6 鱼雷炮艇性能参数

级别	"响尾蛇"	"狙击手"	"警戒"	"翡翠鸟"
开工年份	1885	1888	1890	1892
该级舰数	4	13	11	5
排水量（吨）	550	735	810	1070
垂线间长（L）（英尺）	200	230	230	250
干舷（F）高约（英尺）	13	14.5	14.5	16.5
$F/\sqrt{L}$	0.91	0.96	0.96	1.04
标定马力/航速（节）	2700/19.2	3500/19	3500/18.7	3500/18.2
武备	1门5英寸炮，4具鱼雷发射管	2门4.7英寸炮，5具鱼雷发射管	2门4.7英寸炮，5具鱼雷发射管	2门4.7英寸炮，5具鱼雷发射管

"狙击手"级之后又建造了"警戒"（Alarm）级，然后又建造了"翡翠鸟"（Halcyon）级，该级成了最后一级鱼雷炮艇。"翡翠鸟"级不仅排水量更大，船头干舷也更高了，而且添加了艉楼，变成艏艉楼船型，这样有利于在尾追浪前头保持高速航行。"翡翠鸟"级发动机组重量更大，但是为了提高机组可靠性，发挥不出前几级那么大的功率来。"翡翠鸟"级自然通风情况下航速 17—17.5 节，强制通风航速可达 19 节。除了可以伴随主力舰编队，保护主力舰不受敌方鱼雷艇袭扰之外，时人还觉得可以把它们当炮舰用，在殖民地和敌港封锁港口时组成近岸封锁线。

跟鱼雷巡洋舰一样，时人眼中鱼雷炮艇的问题也是个头太大、造价太昂贵。后来到了 19 世纪 90 年代，开始出现比鱼雷炮艇还小的"鱼雷艇驱逐舰"，也就

---

[1]《1888 年海军预算》。

1886 年下水的"响尾蛇"号，第一艘鱼雷炮艇，刚完工时性能广受好评，到 19 世纪 80 年代末，该舰和后续舰的航速显得非常不足。（作者收藏）

1893 年下水的"快速"号（Speedy），搭载了桑尼克罗夫特厂研发的水管锅炉[71]，于是该舰比它的姊妹舰航速更高、动力机械更可靠。该舰是所有鱼雷炮艇中唯一一艘带 3 个烟囱的。这张照片里，其后甲板上好像携带了扫雷具。（作者收藏）

1894 年下水的"翡翠鸟"号，属于最后一级鱼雷炮艇，干舷更高，船尾添加了高起来一层的艉楼甲板，以提高抗浪性。（作者收藏）

是现代驱逐舰的"直系祖先"。可是早期的"鱼雷艇驱逐舰"统统太小了，并不算成功，[72] 第一级差不多算是成功的驱逐舰"成熟设计"，是 1903—1905 年间建造的"河"（River）级[73]。"河"级驱逐舰的体型已经接近 19 世纪 80 年代的这些鱼雷炮艇了，而且由于鱼雷炮艇的干舷很高，19 世纪 90 年代的驱逐舰根本没法在高海况条件下跑得比这些鱼雷炮艇还快。这些鱼雷炮艇的实际性能远好过它们当时在英国海军中的名声，我们甚至可以认为，它们才是现代驱逐舰的直系祖先，而不是大型鱼雷艇。整个 19 世纪，唯一一次成功的鱼雷攻击就是一艘鱼雷炮艇实施的！[74]1906 年里，还没有退役的鱼雷炮艇都改装成了扫雷舰。

一等鱼雷艇

从 1876—1880 年，模仿第五章介绍的第一艘鱼雷艇"闪电"号，一共建造出 19 艘鱼雷艇[①]。1884 年，又建造了 4 艘全长约 113 英尺的放大版，而 1885—1887 年，随着英俄两国战云密布，建造了约 50 艘船长 125 英尺的大型鱼雷艇。这些批量建造订单主要落到了桑尼克罗夫特厂和亚罗厂，亚罗厂的订单中有 5 艘是从 J. S. 怀特那里转包的。建造这些大型鱼雷艇的初衷就是作为鱼雷艇驱逐舰，拿捕沙俄的鱼雷艇。为此，这些大型鱼雷艇都搭载了 2 门 3 磅炮和 2 挺双联装诺登飞手摇机关枪，船头还有一具不能转动的 14 英寸艏鱼雷管。3 磅炮还可以撤掉，换成两舷 2 具 14 英寸鱼雷发射管。这一大批大型鱼雷艇中，有不少都同时搭载了 1 门 3 磅炮和 2 具鱼雷管。因为很快发现艏鱼雷管会造成船头严重上浪，大大降低航速，所以这批鱼雷艇中，最早完成的后来都拆掉了艏鱼雷管，后来完工的直接没有安装。这批鱼雷艇的试航航速可达 20 节左右，艇员 16 人。其中不少一直到第一次世界大战时仍然在服役，这时候就只能执行海岸巡逻任务了。到一战的时候，这批鱼雷艇中的绝大部分甚至都换装了水管锅炉。

表 7.7 各个时期一等鱼雷艇建造情况

类型	时期	建造数量
"闪电"号和类似的早期鱼雷艇	1876—1880	19
"113 英尺"型	1884—1886	4
"125 英尺"型	1885—1886	53
更大型	1882—1885	16
"140 英尺"型	1892—1894	12（同一时期，出现了第一批鱼雷驱逐舰）
印度殖民地订造型	1887—1889	7
"160 英尺"型	1901—1905	12

① 这部分参考了《康威世界战舰名录，1860—1905 年》，具体数据可以参考该书。

1887—1889 年，给印度殖民地建造了 7 艘稍长一些（达到约 135 英尺）的鱼雷艇，但建成后没有交付，1892 年被皇家海军接管，1901 年对它们重新编号。

19 世纪 80 年代中叶，海军部订造了少量大型鱼雷艇，还通过其他渠道购买了一些。1884 年，J. S. 怀特的厂开始建造一型长达 153 英尺 8 英寸、排水量 137 吨的鱼雷艇，比当时海军部的设计要大得多。建成后海军部把它购入，命名为"雨燕"号（Swift），后来重新编号为 81 号鱼雷艇，该艇搭载了 4 门 3 磅炮、3 具鱼雷管，航速接近 24 节，差不多有了 19 世纪 90 年代所谓"鱼雷艇驱逐舰"的雏形。而上表中"140 英尺"型鱼雷艇是批量建造的 125 英尺型鱼雷艇的放大版，武器装备情况相同，但试航航速可达大约 24 节。再后来的鱼雷艇个头更大了，可以搭载 3 门 3 磅炮和 3 具 18 英寸鱼雷管。

所有这些早期的大型鱼雷艇船型都过于短粗，干舷太低，只能在天气晴好的时候出海活动。这些鱼雷艇船体结构强度不足，而且主机仍然是往复式蒸汽机，并没有像 19 世纪 90 年代的鱼雷艇一样采用蒸汽轮机，这就造成主机震颤非常严重，纤细的船体结构件根本无法长时间承受这样的机械震动，结果这些鱼雷艇中有不少都因为发动机组和船体不堪重负提前退役了。

二等鱼雷艇

这些鱼雷艇比一等大型鱼雷艇要小得多，计划用来放在主力舰上，当然还可以搭载在鱼雷艇母舰"赫克拉"号和"伏尔甘"号上。1878 年时，这种鱼雷艇排水量只有 11 吨，到 1889 年增加到约 16 吨，此后，就停止建造这种舰载小鱼雷艇了。这种小鱼雷艇一般搭载一两条 14 英寸鱼雷，吊装在鱼雷架下面，松开保险机关就可以发射入水，此外还带一挺机枪，航速则在 15—16 节。J. S. 怀特 1883—1888 年间研发的快艇（'Turnabout' boat）在时人眼中性能很不错，于是怀特把它发展成一型多用途舰载艇，长 56 英尺，可以作为人员过驳艇，也可以用来发射鱼雷。从 1878—1889 年，英国海军一共建造了 64 艘这种二等舰载鱼雷艇，英国殖民地则总共建造、装备了约 9 艘。

技术创新点

下文即将介绍进入铁甲舰时代以来的所有小型炮舰和炮艇，这些是英国海军最廉价、技术上最乏善可陈的一批作战舰艇了，而这里的鱼雷艇跟它们不一样，有相当一部分鱼雷艇建造出来就是为了进行各种实验的，比如测试一些新式装备。由于这些创新往往不大成功，故这里不多费笔墨，仅仅简单总结。

一等鱼雷艇

13 号鱼雷艇船体为黄铜制，据说可以减轻船底的污损和腐蚀，因为其他鱼雷艇用薄钢皮制作的船壳都显示出了严重的船底腐蚀问题。

1885 年时一具典型的圆筒式火管锅炉的剖视图。锅炉下部燃烧室是波纹钢制作的，可以提供强大的径向结构强度，波纹钢内胆受热后还会自己伸长[75]。（作者收藏）

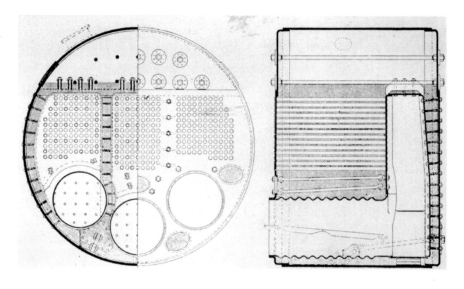

桑尼克罗夫特厂 1885 年建造的 25 号鱼雷艇，长 125 英尺，混合搭载鱼雷管和火炮，船身前部搭载一左一右两具鱼雷管，船身后部搭载火炮。（作者收藏）

亚罗厂 1887 年建造的 75 号鱼雷艇，也属于"125 英尺"型，1892 年在撞击事故中沉没。该艇的一些姊妹艇一直服役到第一次世界大战，作为海岸巡防艇。（帝国战争博物馆，编号 Q41445）

34 号鱼雷艇是按照 J. S. 怀特的快艇形态来设计的，带有长长的、圆滑过渡的斜削艉（long rounded cut-up）[76]，还带前后串列式双舵，以大大改善转向性能。

79 号鱼雷艇是第一艘安装三胀式蒸汽机的鱼雷艇。

90 号鱼雷艇安装了水管锅炉和一台试验型 4 缸发动机，93 号鱼雷艇也是这样的动力机组，而且 93 号还是唯一安装了双螺旋桨的鱼雷艇。

二等鱼雷艇

73 号鱼雷艇是当时英国唯一一艘外国厂家——美国罗德岛布里斯托市的赫雷斯霍夫（Herreschoff）[77] 厂——建造的作战舰艇。该艇水下船体为木制，水上船体为钢制。其螺旋桨非常靠前，而且从船底朝斜下方伸出去很远。该艇还安装了盘管式水管锅炉（coil boiler）[78]，这种锅炉偶尔能够正常工作，正常工作时效率很高。76 号和 77 号鱼雷艇也曾短暂试验过盘管锅炉，不过很快就被机车头式锅炉取代了。

98 号鱼雷艇使用了鲁斯文泵喷推进，如第二章所述。

虽然所有这些技术创新都不大成功，但海军部觉得都至少有试一试的必要，这再次体现了海军部乐于并善于接受、采纳技术创新。

1860—1905 年间的所有小型、无防护作战舰艇

比上文三等巡洋舰和鱼雷巡洋舰还小的作战舰艇往往在技术上乏善可陈，所以把全书 45 年里所有小型作战舰艇都集中到这一部分来概括讲解一下[79]。这

1868 年开工建造的、里德领导设计的炮舰"天狼星"号（Sirius），刚开始划分为"小型炮舰"，后来重新划分为"大型炮舰"。（帝国战争博物馆，编号 Q40635）

些不同类别的小型作战舰艇，无论平时、战时的主要作战任务，都要求它们的数量要足够，而铁甲舰和前无畏舰时代漫长的和平又让海军经费捉襟见肘，所以这些小型作战舰艇必须造价低廉，而且运营费用也不能太高。我们当然可以说它们的性能不怎么样，从技术条件上看，海军完全能建造性能更好的战舰出来，不过在比较的时候，千万不要忘了数量才是最关键的，性能更好的替代品必然更加昂贵，那么数量就会不够。战舰的数量和单舰性能不可兼得，而且常常让设计师和决策者找不到可以两全的解决办法。不过，就算决策者愿意牺牲性能品质来换取数量，作战舰艇的质量也不能太差，至少要顶用才行。结果，除了极个别的被挑选出来测试新发动机和锅炉等动力机械之外，这些廉价而简易的小型作战舰艇往往都没有技术创新性，这其实一点也不奇怪，更不值得加以批判。

表 7.8 1860—1904 年间建造的所有小型作战舰艇数量统计 [80]

级别	1860—1864	1865—1869	1870—1874	1875—1879	1880—1884	1885—1889	1890—1894	1895—1899	1900—1904	总计
大型炮舰	5	14	12	12	12	–	–	–	–	55
小型炮舰	14	7	6	11	9	8	3	4	10	72
大型炮艇	29	17	18	6	4	2	–	–	–	76
小型炮艇	–	20	9	2	14	10	9	4	–	68
伦道尔式炮艇	–	4	21	15	2	–	–	–	–	42

由于它们常常在远离加煤站的殖民地活动，在三胀式蒸汽机和水管锅炉大范围使用以前，它们非常有必要保留全套的挂帆桅杆和缆绳设备。在钢出现以前，这些炮舰和炮艇的船体最好也安装木制外壳，这样它们对炮弹的抵抗能力更强些，而且木船底还能包裹铜皮，从而更好地抵御海水对船底的污损。这两点下文会详细介绍。

数量

本部分将简略概括 1860—1905 年间所有的炮舰、炮艇，总共包括 55 艘大型炮舰、72 艘小型炮舰、76 艘大型炮艇、68 艘小型炮艇、42 艘标新立异的伦道尔式炮艇，以及少量其他别出心裁的设计。此外，在 1860 年的时候，英国海军还保留着大量克里米亚战争期间紧急赶造的旧式战舰、炮舰和炮艇。这些包括：[①]28 艘螺旋桨推进 [81] 的巡航舰、18 艘在建的同类战舰、22 艘螺旋桨推进的大型炮舰、26 艘螺旋桨推进的小型炮舰、16 艘明轮巡航舰以及 36 艘明轮小型炮舰 [82]。还有 5 艘纯风帆动力的巡航舰、5 艘小型风帆炮舰和数量众多 [②] 的小型炮艇，都是克里米亚战争期间赶造的。

上表所列的大部分炮舰和炮艇都是在 1860—1880 年建造出来的，1880 以后，从"鸢尾"级发展出来的二等和三等巡洋舰逐渐接管了这些炮舰炮艇的任务。

① 这个表是根据《康威世界战舰名录，1860—1905 年》书中 H. C. 泰姆韦尔（Timewell）绘制的挂帆巡洋舰的横剖面图来的。

② 这些炮舰中不少都是用未能充分风干的木料建造的，结果很多炮艇的船体早早地烂掉了，到 1860 年的时候还有多少适合服役，这一点尚不清楚；据说当时有 169 艘尚且能够使用，可要是让这 169 艘接受质检的话，有几艘能够通过，就不得而知了。

分类

舰种分类很模糊，大型炮舰“corvette”和小型炮舰“sloop”之间没有明确的划分，同样，小型炮舰“sloop”和大型炮艇“gun vessel”之间也没有明确的划分；其实，1860—1880 年间新建造的大型炮舰“Coverte”已经比当时仍然在服役的旧式巡航舰要大了，不止一级战舰后来不得不重新分级。从外观、总体设计和技术特点上来看，“Sloop”就是“Corvette”的缩小版。不同的是，大型炮舰“Corvette”是上校舰长（Captain）才能指挥的，而小型炮舰“Sloop”以及大型炮艇“gun vessel”可以由候补的准舰长（Master&commander）指挥，小型炮艇“gunboat”只能由中校（Lieutenant）指挥。[83]

船体

按照建造所用的船材和建造方法，可以分成下面这些：

类型	木制	铁制	铁骨木壳	钢制
巡航舰	18（旧式）	3	–	–
大型炮舰	23	6	13	11
小型炮舰	21	–	32	18
大型炮艇	45	–	27	2
小型炮艇	20	–	44	4

19 世纪 60、70 年代，反对使用薄熟铁皮造船的主要理由，就是炮弹击穿一侧船体外壳后，会接着击穿另一侧的外壳，因为此时炮弹的飞行速度不够高，无法在对侧船壳上打出一个边缘整齐的圆洞，而是会把很大一片范围内的船壳板之间的接缝全都扯开。[1] 上表中那 3 艘铁皮巡航舰都在铁皮外面包裹了木皮，以降低发生上述毁伤效果的概率，即便发生这种毁伤，修复起来也能更简单一些。[2]

如果这些炮舰和炮艇到远洋殖民地去执行任务，那么它们很少有机会进入干船坞清理船体，然而在热带水域中，熟铁船底的污损是非常迅速的。所以，像第一章介绍的“无常”号一样，在铁船底的外面覆盖一层木壳再包铜皮，是非常有必要的。既然熟铁船壳的外面总是需要覆盖一层木壳，那么不如直接用木头作为船壳，然后在里面埋植铁制的加强筋和肋骨。由于这些炮舰炮艇普遍船型粗短，即使没有熟铁外壳，木制船壳中的加强筋和肋骨也能给船体提供足够大的结构强度，还能承受螺旋桨造成的震颤。很多这种铁骨木壳的炮舰炮艇寿命都很长很长，说明它们的结构强度是足够大的，完全可以阻止各个船壳木板条相互错动，这样船壳板就不会霉烂朽坏了。[3]

时人还认为木制船壳可以更有效地抵抗搁浅时海底对船底的冲击，甚至比

[1] 巴纳比在他的几篇论文中表明他反对使用薄铁皮做船壳主要是就顾忌防弹性能太糟糕这一问题。有不少学者都说反对薄铁皮船壳主要是嫌这种材料在低温下会脆变开裂，但其实当时的设计师还没有认识到这个问题，他们不知道熟铁会在冬天低温条件下发生脆裂。钢制船壳也存在类似问题，不过没熟铁那么严重。

[2] 1850—1851 年在朴次茅斯海军船厂对“西蒙风”号铁皮巡航舰的复制靶进行射击实验，结果表明，这样一层木制外壳对于船体基本提供不了什么有效的保护作用。

[3] 1878 年的“塘鹅”号（Gannet）正在查塔姆缓缓复原整修。

熟铁船底更好。怀特撰文探讨过这个问题[1]，费尔贝恩专门做过对比测试，虽然这套测试确实局限性比较大，但他仍然发现3英寸厚橡木船壳等效于0.25英寸厚的熟铁外皮，而6英寸厚的橡木板相当于1英寸厚的熟铁外皮。（这似乎说明橡木板的抗冲击能力跟它厚度的平方成正比，而熟铁皮的抗冲击能力只随着厚度增强而线性增加。）大型战舰拥有熟铁造的双层底，遇到搁浅的时候，底舱不会进水，性能让人非常满意。可是小型战舰底舱空间不足，只能安装单层熟铁船底，遇到搁浅的时候很有可能赶不上木制船壳的小型战舰。除了上述这些特点之外，木制船壳最显而易见的优势就是，它比铁制船壳更好维修，特别是没有干船坞和港口维修设备的时候。当然了，木船和铁骨木壳船会比熟铁船的船体更重。

直到1873年，船型的优化设计都只能靠经验，但这一年，威廉·弗劳德完成了前一年开始的那一系列模型水池测试。弗劳德把英国的"遭遇"号（Encounter）和法国的"冥府"号（Infernet）拿到一起比较，发现后者瘦长的船型在航速较高的时候可以在发动机功率不变的情况下带来1—1.5节的航速优势。在这一系列测试中，弗劳德最先使用了他发明出来的螺旋桨推进力力矩测量仪，从此，人们能够把螺旋桨的形态尺寸设计得符合船体和发动机的需求。[2] 这些史实说明，尽管这些只是又简易又廉价的小型舰艇，海军部也没有随意决定它们的参数，而是在各方面都给予了足够的重视。发动机和锅炉占用了底舱里很大的空间，结果船头的水兵住舱和船尾的军官住舱都非常小。

这些小型作战舰艇的干舷都尚且足够，在各种天候下可以保证航行安全。只有1898下水年的"康铎"号（Condor）于1901年因为天气原因失事。当代学者认为该舰失事主要是因为操作使用风帆的时候缺少经验。

"康铎"号失事[3]

那个时代的小型战舰在时人的笔下通常都被说成适航性和抗浪性非常好，很多当代作家也引用和复述了这种观点，不过，J. 福克纳（Faulkner）先生的一篇文章暗示，当时有些战舰能够挺过恶劣的天候纯粹是一种幸运，而不是本身设计的安全系数很高。1898年查塔姆港建造了一艘钢制炮舰"康铎"号，排水量980吨，船长180英尺，船宽33英尺3英寸。它装备了一座三胀式蒸汽机，标定功率1400马力，航速可达13.5节，带有"巴克"式帆装。1900年11月，福克纳夫人的叔祖父、史克莱特（Sclater）准舰长指挥该舰从英国本土出发，准备加入停靠在不列颠哥伦比亚的维多利亚港内的太平洋舰队。这趟远洋航行过程中，史克莱特准舰长发现该舰稳定性很差，横摇非常剧烈，高高的船帮板上没有足够多的流水孔，使得上浪无法及时流走，准舰长把这些问题全都向上反

---

① W. H. 怀特著《战舰设计手册》第336页。
② 这个测力计一直用到20世纪30年代后期设计快速布雷舰的时候。后来这个测力计一直在哈什拉尔展出，跟它一起展出的还有"遭遇"号螺旋桨的最初设计模型，直到1995年，国防研究所（Defence Research Agency）关闭了哈什拉尔的展览馆。于是这个设备就转移到科学博物馆的库房里存放了。要发展出一套准确的设计流程来，是很需要花费一段时间的。
③ J. 福克纳撰《"康铎"号失事事件》（HMS Condor is Missing），刊载于《航海人之镜》第67卷，1981年出版于伦敦。

映给了总设计师。时任助理设计师的莫里什（Morrish）先生做了一番简单的估算，下结论说"康铎"号的舰长夸大其词了。

于是，1901 年 12 月 2 日"康铎"号从加拿大埃斯奎莫尔特（Esquimault）[84] 起航，接着就失去联系了。12 月 3 日，刮起了一阵非常狂

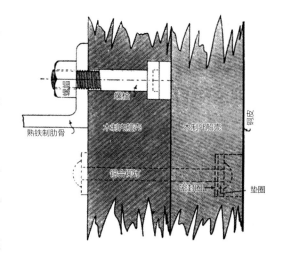

这张简图展示了铁骨木壳船是如何建造的，就是把内外两层木制船壳铆到铁造的肋骨上面。这样的船体结构易于维修，外面还可以包裹铜皮，这样的船体结构耐久度也往往非常高。比如，本书成书的 1996 年，查塔姆的历史船坞正在修复"塘鹅"号炮舰[85]。

暴的风暴；渥太华岛上的灯塔瞭望员报告风力达到 10—11 级，风向快速地逆着盛行风的风向改变。后来发现了该舰的残骸，散布于数海里的海岸边。

福克纳教授的这篇论文的附录中提到，在格拉斯哥大学对"康铎"号的一具现代模型进行了一些实验。首先是计算其稳定性参数，而且是按照当时"康铎"号出航时的状态，即在露天甲板上多搭载了 48 吨煤。

表 7.9 船体稳定性和倾覆危险

船名	最大复原力臂出现的横倾角	复原力臂变成 0 的横倾角	结局
"康铎"	26°	60°	1901 年失联
"黄蜂"（Wasp，大型炮艇）	30°	63°	1887 年失联
"船长"	23°	54°	1870 年倾覆
"君主"	40°	70°	
"无常"	50°	大于 90°	

失事的这 3 艘船，它们在达到最大复原力臂时，横倾角度都比较小（然后，随着船体横倾加大，复原力臂越来越小），这应该不是一个偶然。[①]

经现代测算发现，"康铎"号露天甲板周围高高的船帮至少可以拦阻 100 吨的上浪，使它们不能及时流走，或许 200 吨的上浪也会这样被拦在船帮里。"康铎"号船帮板上，每一舷只有 18 平方英尺的流水孔，而露天甲板面积跟该舰差不多的"短衬衫"号（Cutty Sark）飞剪商船[86]，则带有 33.3 平方英尺的流水孔。现代技术人员对这个 5 英尺长的模型进行了测试，模拟了海浪从船尾正后方和船尾两侧后方涌来的情况，模拟海浪的高度在 15—25 英尺的范围内。又模拟了一阵时速 50—60 节的大风，风向跟海浪涌来的方向一样。因为大多数人都认为该舰是被舷侧涌来的大浪给推搡得左右乱摆，造成舷侧朝着大风才被大风和大浪一起推翻的，于是进行了上述试验，结果发现该舰实际上是在短促的尾

① 1944 年太平洋大台风中，3 艘美国驱逐舰失事沉没，它们的复原力臂也非常糟糕，跟这里的情况很类似。

1868 年下水的"英国人"号是里德设计的一艘木体大型炮舰。(帝国战争博物馆，编号 Q40814)

追浪不停拍击下才进入最危险的航行状态的。一波尾追浪会直接涌上舰楼，然后从舰楼上整个漫过去，最后砸在舯部露天甲板上。这波上浪的重量会让船头失控，朝海浪涌来的方向乱摆，结果船帮板的流水孔完全没入大浪中。紧接着的两波大浪则让情况更加糟糕，该舰的模型在遭到第四波上浪埋尾的时候便会倾覆沉没。

福克纳教授觉得有两种情况能够导致这种悲剧发生。一种可能是，史克莱特准舰长可能会时刻让该舰保持船头对着波浪，因为他已经非常担心该舰的船体稳定性了，等到遇上那场严酷风暴时，该舰顶着波浪前进，航速就会大大降低，结果尾追浪从后方追上这艘炮舰，拍击到船体上使船身乱摆，使舷侧对着大浪涌来的方向，结果该舰就被大浪和大风一起掀翻了。另一种可能是，该舰驶往胡安·德富卡（Juan de Fuca）湾寻找避风港，结果像上面试验中再现的那样翻沉。另外，史克莱特准舰长当时已经近 20 年没有指挥过风帆船舶了[87]。

这次事件过后，现有战舰的帆装全部大大简化，而且决定不再建造挂帆战舰了。1933 年，海军名誉总司令（Admiral of the Fleet）查特菲尔德（Chatfield）勋爵在他的就职声明中留下了长长的一段文字，说计划要恢复风帆训练。由于此时已经缺少熟悉风帆的军官和士官了，重新进行风帆训练对海军来说是一个危险，而所得益处其实很少。[①88]

发动机和锅炉

除了少数几艘特意被拿来做实验，测试新式发动机和锅炉，这些小型作战舰艇几乎都安装了它们服役的时候最普遍、最常见的那些机型。泰姆韦尔做了如下统计：

① 查特菲尔德勋爵著《这种情况还可能再次发生》（It might Happen Again），1947 年出版于伦敦。

发动机类型	巡航舰	大型炮舰	小型炮舰
单次膨胀简单发动机	20	16	22
复合蒸汽机	1	37	24
三胀式蒸汽机	–	–	25

当时的评论家指摘这些炮舰和炮艇航速过慢，不少当今的学者也继承了这类观点。尤其是它们竟然比那个时候的快速邮轮还要慢，这是需要专门拿出来批判一番的。19世纪60、70年代的大型炮舰试航航速达13—14节，小型炮舰可以达到12节左右，直到19世纪80年代晚期，航速才提升到大约14节。大型炮艇的航速通常在10节左右，大部分小型炮艇也只能达到这个速度，伦道尔式炮艇例外，只有8.5节。

然而，当时承担海上航运的货船很少有试航航速超过9节的，而且这些货船不可能安装作战舰艇那种昂贵的水下包铜，所以它们的航速肯定会在运营起来之后因为船底污损而迅速降低，这样一来，炮艇和炮舰实际上对大部分货船都能形成很大的航速优势（可以参考前文卡那封委员会的报告）。当然了，这些炮舰和炮艇确实不适合用来追击专门的远洋袭击舰；时人认为高速远洋邮轮可以在战时改装成这样的远洋袭击舰，不过第一次世界大战中的实战经验告诉人们，这些高速邮轮既不适合用来当作远洋袭击舰，也不适合用来给商船队护航，因为它们的耗煤量太大了。同样，铁甲舰时代的法国巡洋舰也不可能长时间依靠蒸汽动力全速航行，尽管它们由于船体比英国炮舰要细长，所以航速往往占有一点优势。尽管英国这些炮舰和炮艇从战术性能上看特别适合作为商船的护航编队，而不是远涉重洋追击和扑杀少数远洋袭击舰，可是当时英国人却从来没有考虑过要用它们来给商船护航，甚至还强烈反对组成护航编队。

航速如果能够快一点，总是有好处的，不过高航速的代价通常都很大。"遭遇"号的发动机标定功率只有2000马力，可以达到约13节的航速，弗劳德水池测试证明，如果不增大该舰尺寸，而只是让发动机功率翻倍的话，航速也只能够增加到14.5节。实际上，为了安装马力更大的发动机，船体就必须增大，也就增加了航行阻力，于是只得让发动机功率更大，最终结果是造价迅速攀升。应付一般的敌军势力，两艘航速13节的战舰肯定比一艘航速15节的战舰更有用。铁甲舰时代早期更是如此；等到后来构建起完整的有线电报网络，就可以把少量高速战舰在各个需要它们的位置来回调动了。

一艘全帆装战舰，蒸汽自航时航速会损失1.5节，因为桅杆、风帆和缆绳的风阻很大，可是由于远洋殖民地沿岸缺少加煤站，不得不保留全套风帆。可惜，这些挂帆炮舰和炮艇单纯依靠风帆航行时，操纵性能也不怎么样，为了减少风帆航行阻力，一般会采用单螺旋桨，这样的螺旋桨可以从船尾水下呆木里提升起来，部分露出水面，减少风帆航行的阻力，可是这样一来，船体一侧的水流就会通过呆木上的螺旋桨升降口流到船体另一侧，大大破坏船舵的效果，而如果采用双螺旋桨，两个螺旋桨就无法在风帆航行的时候提升出水面了，反而让此时的航行阻力更大[89]。刚开始，只是在"珀涅罗珀"号这样吃水不太深的战舰上才用双螺旋桨，1854—1855 年的克里米亚战争期间，建造的大量浅吃水炮艇也采用了这种设计，好让它们能够靠近海岸堡垒对其进行轰击，这种宽扁的船体形态就决定了这些战舰不论依靠蒸汽还是风力，航行的品质都不怎么样[90]。可是时人并不理解个中原委，反而认为是双螺旋桨导致航行性能低劣，结果让这种设计受到歧视。实际上，单螺旋桨和双螺旋桨这两种设计单纯从它们的水动力学特性和效率上看并不能区分出优劣，不过双轴推进时的发动机组肯定要比单轴推进的大很多。同时，单轴推进会带来更加严重的螺旋桨 - 船体谐振问题。[①]

续航力

这些炮舰和炮艇的蒸汽续航力在当时不算什么特别关键的战术性能指标，下表列出了一些典型的续航力数据。

表 7.10 大型和小型炮舰的续航力

舰名	类别	开工年份	发动机类型	10 节续航力（海里）
"紫水晶"	大型炮舰	1873	复合蒸汽机	2000—2500
"祖母绿"（Emerald）	大型炮舰	1876	复合蒸汽机	2000—2500
"巴香特"（Bacchante）	大型炮舰	1876	复合蒸汽机	3000
"卫星"（Satellite）	大型炮舰	1881	复合蒸汽机	6000
"卡利普索"（Calypso）	大型炮舰	1881	复合蒸汽机	4000
"沐浴女神"（Nymphe）	小型炮舰	1873	复合蒸汽机	1000
"海员"（Mariner）	小型炮舰	1884	复合蒸汽机	1900—2300
"沐浴女神"	小型炮舰	1887	三胀式蒸汽机	3000
"康铎"	小型炮舰	1898	三胀式蒸汽机	3000

武备

19 世纪 60 年代早期开始，大型及小型炮舰一般都搭载制式前装线膛炮，主要是 64 磅炮，并混合搭载少量更大型的 7 英寸炮，还有少数大型炮舰搭载了 9 英寸前装线膛炮。到大约 1873 年的时候，大部分现役炮舰和炮艇都换成了全 64 磅炮。到 19 世纪 80 年代后期，新设计建造的巡洋舰纷纷装备了后装炮，于是那些 19 世纪 60 和 70 年代遗留下来的炮舰和炮艇中，状况尚且不错的，也都换装了后装炮。只有很少的 19 世纪 90 年代建造的小型炮舰安装了速射火炮。

① 时人并不觉得这是不能忍受的问题。人们习惯于忍受船上机械的各种震动，直到第二次世界大战之后，更加精密的电子设备需要减震，震动问题才开始得到重视。

"幻影"号（Fantome）钢制小型炮舰，1901年下水。[92]（帝国战争博物馆，编号 Q21244）

炮舰和炮艇上的这些 64 磅炮在 20 多年的活跃服役期内，几乎是一成不变地安装在简易四轮炮架上，只能从船身侧面的炮门朝舷侧开炮[91]。而那些更大号的前装线膛炮安装在回旋炮架上，带有复杂的滑轨，通过换门架炮，可以让炮口对准两舷和船头船尾的炮门。在这么小的战舰上，这种重型火炮估计只能在静水中实现换门架炮操作，稍有海浪和颠簸，便无法有效使用了。这些小型战舰会不会遇到需要两舷同时跟敌舰交战的情况呢？时人进行过一番争论，不过美国内战期间南方袭击舰"阿拉巴马"号被北方"奇尔沙治"号（Kearsage）歼灭的过程可以说明，在这种炮舰可能会遇到的双舰对决中，双方会一直绕着对方转圈，也就会一直让一舷对敌。

当时美国联邦军为了拿捕"亚拉巴马"号，特别派出了比它火力强大得多的"奇尔沙治"号。虽然有很多人都围观了两舰的捉对厮杀，但他们留下的报告都不怎么可靠，其中，威尔逊[①]的记载大体上是这样的：两舰远隔 900 码开始相互炮击，"奇尔沙治"号首轮齐射便有命中；两舰接近到 500 码后火力全开，"奇尔沙治"号总共开了 173 炮，炮弹都带有 5 秒的延时引信，"奇尔沙治"号声称命中了 40 炮，"阿拉巴马"号总共开了 370 炮，其中有 14 发击中了"奇尔沙治"号的船体，差不多有 28 发击中了"奇尔沙治"号的桅杆和帆缆。两舰对决当天天气晴好，海面平静，交战距离只有数百米，就算是这样良好的条件，想在小型炮舰上操作重炮击中彼此，也不容易。

造价

这些小型作战舰艇都很廉价；比如 1888 年的"迈利泰"号（Melita）小型

① 同本章第一条脚注。

炮舰造价 65619 英镑，"雉鸡"号（Pheasant）小型炮艇造价 40951 英镑。各种类型的炮舰和炮艇每吨船体的平均造价比较如下：[1]

类型	每吨造价（英镑）
大型炮舰	32
小型炮舰	32
铁骨木壳炮艇	31
铁制炮艇	46
钢制炮艇	47

测试新式动力机械和武器装备

由于这些小型作战舰艇造价低廉、运营维护费用低，所以经常被海军拿来测试新式动力机械，比如复合蒸汽机，以及用来试射新式武器。比如，曾经用这些小型作战舰艇测试拉姆利舵（Lumley Rudder）[93]，这种舵的舵叶分成前后两部分，后半部分可以随着前半部分一起转动，但转动的角度范围可达前半部分的两倍，从而大大提高舵效果。1862 年先在"红腹灰雀"号（Bullfinch）炮艇[94]上测试，1863 年又在"蝗虫"号（Locust）炮艇[95]上测试，后来又在小型炮舰"哥伦拜恩"号（Columbine）上进行了测试，发现可以把回转圆直径从 818 码减小到 625 码。类似这种带有附加折叶的新式舵后来又进行过很多很多次尝试，但几乎每次海军部都会回绝，因为像舵这样决定战舰机动能力的关键部件，必须简单、可靠，虽然船体上的其他稳流板，比如舭龙骨，可以带有折叶。

伦道尔式炮艇——"蚊子船"[96]

1865 年，阿姆斯特朗厂觉得他们在惠特利湾（Whitley Bay）的试验靶场不够大，于是直接在一艘驳船上安装了他们刚生产出来的大炮进行试射。这让该厂的技术骨干乔治·伦道尔工程师萌发了让小小的炮艇身扛巨炮的想法。在伦道尔的游说下，海军部购买了第一艘"蚊子船""斯汤奇"号（Staunch）。该艇排水量 200 吨，搭载 1 门 9 英寸口径 12.5 吨重的前装线膛炮，并且是皇家海军第一艘没有桅杆和风帆的作战舰艇，1867 年下水。这门主炮直接安装在船头一座矩形平台上，整个平台都可以用液压缸降到船底舱里，这样炮艇就能安全地在外海航行了，主炮和炮架、平台的总重量达 22 吨。就算炮艇朝左右两边横摇各达到最大 11° 角，液压缸也能把降到底舱里的主炮在 6—8 分钟内升起到露天甲板上来。[2]装填同样使用液压装填杆，所以只需要 6 个人就可以操作，而这种炮在主力舰舷侧炮位上往往需要 16 个人才能操作。

①《1888 年海军预算》
② R. A. 安德森撰《伦道尔炮艇》（The Rendel Gunboat），刊载于 1976 年在托莱多（Toledo）出版的《世界战舰》1976 年第 1 期。

1867 年下水的"斯汤奇"号是第一艘伦道尔式"蚊子船",也是英国海军第一艘没有挂帆樯杆的作战舰艇。[国家港务局(NPA)[97]供图]

这门主炮可以朝船头正前方开炮,当然也可以使用滑轮组拉动炮架,让大炮稍稍朝左右两边转动,角度只能控制在左右 5° 以内,否则大炮的后坐力会让艇身剧烈左右摇晃;要想让大炮的水平射界得到更大范围的改变,就要直接转动整艘小艇了;这艘炮艇左右各装备了一具螺旋桨,静止时,只要让两具螺旋桨反转,就可以在 2 分 45 秒内让艇身旋转 360° ,而且回转圆的直径等于艇身长度(75 英尺),当该艇缓缓前进时,它可以在 2 分 15 秒内回旋 360° ,回转圆相当于艇长的三倍。

伦道尔原本的设想是把这种吃水只有 6 英尺 6 英寸的小型炮艇部署在主力舰无法接近、无法通航的岸边浅水区,伺机对来犯的敌主力舰实施近距离轰击,也就是作为岸防武器。伦道尔的这种设想存在一个明显的缺陷:排水量如此小、吃水如此浅的平底船,只要稍稍遇到海浪,就会明显地颠簸起来。这时,敌军的主力舰"岿然不动",其主炮仍然能够正常操作,而伦道尔式炮艇的主炮已经无法有效使用了,可以说,这种时候,更容易从大船上用主炮击中这样一艘小船,而从"蚊子船"上根本就很难击中大船。[98]由于在炮艇上操作重炮非常费时费力,开炮间隔就会比较长,这时候甚至可以让蒸汽舰载小艇满载武器和突击队来突袭这样的"蚊子船","蚊子船"面对这种突袭时也很脆弱。伦道尔式炮艇唯一的亮点恐怕就是造价非常低廉——"斯汤奇"号才花了 6719 英镑,结果英国海军从 1870—1881 年一共建造了大概 27 艘类似的小炮艇,每艘搭载 1 门 10 英寸 18 吨前装线膛炮,1881 年后甚至又建造了 2 艘。这些炮艇的船身必须能够承载沉重的主炮,并吸收主炮巨大的后坐力,所以船体结构件特别粗壮,于是这些炮艇的寿命往往都很长,甚至有不少都在 1914—1915 年到英吉利海峡对岸被德国人占领的比利时海岸参加了作战行动,甚至还有少数作为港务驳船一直服役到大概 1960 年。①

① 直到 1993 年的时候,仍然能在朴次茅斯附近一座拆船厂看见"苦力"号(Drudge),还有一艘类似的货轮卖给了挪威,直到 20 世纪 80 年代还作为汽车过驳船运营着。

① R. W. L. 高恩（Gawn）撰《托基的海军部实验室的研究工作》（*Historical note on the investigations at the Admiralty Experiment Works, Torquay*），刊载于 1941 年出版于伦敦的《造船工程学会会刊》。

斯潘塞·罗宾森告诉 1871 年战舰设计委员会，这种伦道尔式炮艇也可以参加对岸攻击行动，而威廉·弗劳德在托基开展的水池测试似乎也能证明这种小炮艇具有安全航行的能力。海军部当时要求威廉·弗劳德优化这种炮艇的船型，使其可以在静水中依靠自身动力达到 8.5 节的航速，并且能在外海依靠远洋拖船的拖曳，达到最高 15 节的航速。弗劳德最开始优化船型时使用的设计母型是克里米亚战争时期的炮艇"蛇"号（Snake），该舰在 9 节航速时船身阻力可达 1.98 吨。弗劳德首先根据他丰富的经验进行预优化，初次优化就把阻力降低到了 1.5 吨，之后反复试验、改良，到第 13 次时阻力已经下降到 1.28 吨。他认为这时的船型应该可以安全地在外海上拖航达到 15 节了。[①] 在这些廉价但不大实用的伦道尔式炮艇之后，英军还建造过"麦地那"（Medina）级小型炮艇，搭载 3 门 64 磅炮，这种火力就实用得多了。此外，第二章还介绍过人们曾经设想并试验过给炮艇安上装甲防御。

译者注

1. 这是风帆海战时代最有名的战舰类型，英、法和西班牙总共建造过三四百艘这样的战舰。74 炮战列舰是法国于 18 世纪中叶开发出来的决战用战舰，集火力、机动性、生存性、自持力于一身，长 50 多米，排水量不到 2000 吨，定员 300—500 人，性价比极高，英国很快加以仿造。最后 2 艘参加实战的 74 炮三等战列舰是 1840 年鸦片战争中英军的"卫斯里"号和"皋华丽"号，都是 1810 年前后建造的。比 74 炮三等战列舰更大的战列舰自然称为"二等"和"一等"战列舰，有 3 层火炮甲板，搭载火炮 98—100 门。虽然这些炮跟铁甲舰时代动辄数十吨的主炮不能相提并论，但是一等和二等战列舰仍然价格昂贵、数量稀少，一般都是舰队和分舰队的旗舰。所以需要执行巡逻任务时一般只会派遣 74 炮战列舰。但这种战列舰同样不便宜，更多的时候使用排水量只有 1000 吨甚至更小的"巡航舰"来执行这种任务，"巡航舰"只有一层火炮甲板，基本上可以看作风帆时代的"巡洋舰"。

2. 迄今为止最权威的海军技术史学期刊。

3. 进入铁甲舰时代以来，19 世纪 60 年代的"巡洋舰"，包括大型的"无常"级和小型的"罗利"级，都没有装甲，见第一章的介绍。19 世纪 70 年代的"巡洋舰"则是第四章介绍的巴纳比设计的"香农""纳尔逊"和"北安普顿"号。这些巴纳比巡洋舰大而昂贵，带有水线装甲带，火力强劲，却没有主力舰的生存能力，性能差强人意。

4. 这些名词在前面章节都已经出现过，但还没有同时放到一起来比较和加以明确，所以这里把它们的中英文再列一遍。

5. 他的独子，即第五代卡那封伯爵，就是赞助埃及帝王谷考古发掘法老图坦卡蒙墓的那位著名英国贵族。由于第五代伯爵不幸于 1923 年染病去世，坊间便把他以及科考队中其他成员的死亡跟这次发掘联系起来，产生了著名传说"法老的诅咒"。

6. 三根桅杆都简装，只能挂纵帆，称为"斯库纳"（Schooner）帆装。

7. 见第五章"武装商船战术定位"一节巴纳比的类似叙述。

8. 从表中数据可以看出来：从英国本土到地中海，再通过苏伊士运河到达印度洋和中国，沿途加煤站很多，高价值货品的来往基本上全靠汽船；同样，从英国跨大西洋到达美洲东海岸和加勒比地区也主要依靠汽船；但太平洋上的加煤站非常稀少，所以太平洋上的航运仍然严重依赖帆船。另外需要注意的是，1882 年汽船的燃煤消耗量还是太大，三胀式蒸汽机还没有普及，所以像大米、面粉等食品的大宗运输，还是使用远洋大帆船更便宜。于是表中到印度和澳洲的航运都是汽船和帆船对半开：高价值货品和人员搭乘汽船，大宗生活物资搭乘帆船。到中国跟到印度的航路实际情况差不多，但是因为中国既没有殖民地人口需要英国供养，也没有富余的粮食向英国出口，所以主要是汽船承运从中国输入的高价值东方货品，比如茶叶、丝绸和瓷器等等，结果到中国的航运几乎全是汽船，而到印度的航运则是风帆船与蒸汽船对半开。

9. "弗吉尼亚 & 波罗地咖啡馆"（Virginia & Baltic Coffee），1744 年成立，位于伦敦"穿针引线街"（Threadneedle street）。

10. 风帆时代，人们还不会计算排水量时，就用船舶底舱体积的估算来代表船舶的重量，实际上直接代表了船舶的运载能力，把船舶的长、宽、深乘起来所得的体积就是商船的"登记吨位"，跟前面章节中战舰的"bm"吨位是一个道理。

11. 承运不加包扎的货物，如煤炭、矿石、木材、牲畜、谷物等等。

12. 注意下表中客轮的实际排水量往往达到登记吨位的 1.5 倍甚至更多。这张表中的客轮，除了一艘美国客轮"波罗的海"号、一艘德国客轮"威廉皇帝"号之外，其他都是英国的，因为英国的航运业最发达。这些客轮的名字都很有规律，19 世纪 40—50 年代的 3 艘以"大"（Great）字开头的蒸汽船，是伊桑巴德·布鲁诺"第一个吃螃蟹"的产物，技术在当时最为先进，风险较高，所以商业运作上并不成功。剩下的英国客轮分属 3 家公司，3 家的客轮名字各有自己的一贯风格：以"-ic"结尾的属于白星公司，"泰坦尼克"就是该公司的客轮；以"-ia"结尾的属于丘纳德公司；在这两个巨头身边，还有一个小兄弟英曼公司，该公司的客轮都叫"某某城"。1884 年的"翁布里亚"号是最后保留简易辅助风帆的客轮，因为三胀式蒸汽机开始普及了。在这之前，大西洋客轮通常挂满辅助风帆。1881 年的"塞尔维亚"号是英国第一艘钢制客轮。英曼公司的那几艘船在最初运营的时候几乎总是跨越大西洋航速最快的客轮，蝉联"蓝绶带"奖。

13. "英制热容单位"（British Thermal Unit，简写作 BTU），代表把一磅的水加热升温一华氏度所需要的热量。表中可能是一吨煤充分燃烧后能够放出的热量按照这个单位计算下来有多少单位的热量。

14. 战舰就像待机的猛兽，通常情况下不会发挥全速，除非遇到实战。

15. 这个问题在第三章已经有过讲解。

16. 英国的主力舰从 1873 年设计的战舰开始采用复合蒸汽机，从 1885 年设计的"维多利亚"级开始采用三胀式蒸汽机。

17. 第二、三、四章的战舰续航力数据后面简单写了这种续航能够从英国本土航行到哪里，可以作为参考。至少 10 节续航力 5000 海里才足够往返地中海航，在大西洋中往返巡航则需要 10 节续航力上万海里。至于太平洋，不是单次加煤就可以依靠蒸汽动力往返的。

18. 见第三章。

19. 参考第一章的利萨海战、第二章的"铁公爵"号撞沉"前卫"号事件、第六章的"坎伯当"号撞沉"维多利亚"号事件。

20. 1880 年，自由党上台，自由党政治家奇尔德斯任战争部长（Secretary for war），开始厉行改革，削减军队的开支。

21. 巴纳比只是一个按照海军部委员会的要求来提出具体设计的秘书，跟里德的自主权不可同日而语。

22. 详见第五章。

23. 详见第五章。

24. 当时大陆国家制衡岛国通常只能以这种方式。大陆国家必须在海陆军之间分散使用有限的国防资源，而岛国为了保卫自己的海上生命线，必然会全盘向海军倾斜，这就导致岛国的主力舰即使在性能上无法全面凌驾于大陆国家主力舰之上，数量上也要占有相当大的优势，结果大陆国家往往会在开战后不久便丧失制海权。此时，大陆国家唯一能做的事情就是用大量巡洋舰和武装商船、潜艇等等，想方设法地袭击岛国贸易线。从 17 世纪到两次世界大战，法、德等国对英国的作战无不遵循这种基本战略来展开。

25. 这种炮管内径 160 毫米的炮在当时算作中口径火炮，其中，船头船尾露天甲板纵中线上各搭载 1 门，两舷的 4 个耳台（Sponson）总共搭载 8 门。

26. 3700 吨的总排水量，就搭载了 780 吨的煤，10 节续航力接近 5000 海里。

27. 今天一般认为，"鸢尾"级是从这往后 70 年里直到二战时期英国所有巡洋舰的设计原型。"鸢尾"级的基本特征在以后的巡洋舰中都得到了继承：其一是细长、狭窄的船型；其二是漫长的锅炉和动力机械舱段，完全占据了舯部；其三是武器的布局——一头一尾各一门主炮，动力舱段两舷再均匀分布一些副炮，主炮和副炮的口径可以相同也可以不同。可以参考第八、九章的 19 世纪 90 年代的巡洋舰。

28. 这 9 艘炮舰的名字均以"C"开头。

29. 跟上文的第一级现代"巡洋舰""鸢尾"级不同，"酒神"级排水量在 3000 吨以下，航速也较慢，按照 19 世纪 70 年代以前的标准，应当算作"大型炮舰"。按照 1880 年以后的新划分标准，整个 19 世纪 70、80 年代英国的巡洋舰可以分成三等：一等巡洋舰，巴纳比设计的带水线装甲带的大型巡洋战舰，按照时间先后顺序，包括第四章介绍的"香农""纳尔逊"级和下文将要介绍的"专横"级和"奥兰多"级，性能上跟 19 世纪 90 年代怀特设计的装甲巡洋舰没法相提并论，今天一般认为是一系列失败的设计，实际上是受装甲技术水平的限制；二等巡洋舰，巴纳比设计的排水量在 3000—5000 吨的巡海快船，没有装甲防护，按照时间先后顺序，包括 1872 年设计的 4 艘"酒神女祭司"（Bacchante）级熟铁船、上文"鸢尾"级钢船，以及下文将要介绍的"利安德"级和"默西河"级钢船；排水量 3000 吨以下的三等巡洋舰造了包括"酒神"级在内的一大堆，它们才是当时大英帝国的殖民地"警察"。下文提到属于"三等巡洋舰"这一区间的战舰时再单独注明。

30. 船头船尾各 1 门 7 英寸主炮，两舷各 6 门 6 英寸副炮。7 英寸主炮采用换门架炮式回旋炮座，可以分别对准两舷的炮门朝两舷开炮，但基本上没有朝船头、船尾方向开炮的实际作战能力。

31. 加勒比和东南亚海水中海草和附生动物太多，若不能及时清理船底，则航速会大大降低。

32. 不正确，应为 $\iint y^2 dxdy$。

33. 19 世纪 70、80 年代的其他二等、三等巡洋舰很少有设计示意图留存至今，"酒神"级是例外。该级舰是"艏艉楼"船型，也就是船头船尾各稍微高一点，这样可以改善小船在大浪中航行时的抗浪性和适航性。船身里面一共只有 2 层全通甲板：一是搭载着所有火炮的露天上甲板，二是只比水线稍高的主甲板。不像第六章的"维多利亚"和"海军上将"级主力舰，这两层甲板之间的两舷不能堆煤，因为这艘炮舰实在是太小了，堆煤都可能造成重心过高。所以在舯部，两舷煤舱的顶盖稍稍高于主甲板，勉强能够再多提供一点舷侧防护。主甲板和上甲板之间的广大空间可以用于水兵居住和休息，以及一些储藏室，这种布局几乎跟 18 世纪风帆巡航舰一模一样。上甲板船头加盖了艏楼甲板。艏楼甲板和船头上甲板之间的空间里就是前主炮，这样它就不用暴露在船头上浪中了，提高了全天候战斗能力。船尾有类似的艉楼甲板覆盖着后主炮。舷侧的 12 门 6 英寸副炮也可以绕着滑轨旋转，拥有左右各 40°的水平射界。艉楼甲板和尾部上甲板之间有一对舱房，是军官舱。船尾有一个仿古的艉楼游廊，它完全是一个中空的装饰结构，和里面的船体完全不相通，可见直到 19 世纪 70 年代，人们仍然像 17、18 世纪一样，情愿为了让战舰外观漂亮而多花钱装点门面，没有像我们今天一样把审美和实用完全割裂开。主甲板下方实际上就是底舱了，在舯部的底舱里是蒸汽机、火药库和锅炉，它们的头顶是水下装甲板。这样的布局虽然让火药库得到了装甲甲板和堆煤的保护，但是锅炉和蒸汽机的废热一定在不停加热这些发射药，容易让它们性能变差，甚至自燃、自爆。一战时期就发现一些无畏舰的弹药被蒸汽管道夹着，受热过度，导致各个炮塔的主炮虽然型号一样，炮弹的弹道性能却出现差异。其防御体系是由底舱舷侧堆煤、主甲板与装甲甲板之间舷侧堆煤和水下装甲板组成。带有这种防御体系的只有舯部不到一半的船体。船头船尾的炮弹库还是裸露的。类似于"鸢尾"级，"酒神"级安装了卧式复合蒸汽机，排水量 2500 吨级，载煤 470 吨，10 节续航力接近 3300 海里，一次加煤也不够从英国往返马耳他的。

34. "卡利俄珀"号是"卡利普索"（Calypso）级炮艇，1887 年后算作"三等巡洋舰"。该舰的火炮布局：舷侧有前后 2 个耳台，两舷耳台共安装 4 门 6 英寸后装炮，每舷两个耳台之间有 6 个炮门，两舷共 12 门 5 英寸后装炮。1881 年建造，1883 年下水，内部防御结构延续了"酒神"级，在动力舱段带有水下防御甲板。排水量不到 3000 吨。卧式复合蒸汽机，航速近 14 节，强制通风航速近 16 节，载煤 550 吨，10 节航速续航力达 4000 海里。其实就是 9 艘"酒神"级的放大版，升级使用了后装炮，它也是英国最后一级保留全帆装的炮舰。

35. 没有航海经历的读者可能不容易理解，为什么躲避大风需要到大海上去。其实直到今天，遇到台风和飓风，最好的办法依然是开到广阔的洋面上去，然后飓风把船舶推向哪个方向，就可以顺着飓风的威力，朝那个方向行驶，而不害怕撞到陆地和浅滩、暗礁。这在陆地附近或港口内是无法实现的。遇到一般的影响航行安全的大风暴，确实可以回到避风港内躲避，但是当风力太大，风又从外海吹向陆地时，再在港内死守就很不明智了，有被大风吹上岸搁浅的危险。

36. 这张照片拍摄于 19 世纪 90 年代，此时这种风帆已经是老古董中的老古董了。整个 18、19 世纪，这种挂帆航行的雄壮姿态俘虏了不知道多少英、法、美、西等海上强国的海军将领的心，以至于这些人直到 19 世纪末对风帆还有一种深深的迷恋与浓浓的情怀。这恐怕是留下这张照片的心理动机。照片中这艘船的姿态展示的是 18 世纪风帆战舰顺风航行时典型的挂帆：一共 3 根竖立桅杆，最后一根（也就是"后桅杆"）不挂帆；第一根（也就是"前桅杆"）挂满帆，不仅要挂满上中下三道帆，还要在三道帆两侧各挂一面"翼帆"（Studdingsail），这样前桅杆就有左中右、上中下 9 道主要的帆，在最上方还有一面轻巧的"极顶帆"（Royal）；主桅杆从下到上挂 4 道帆，只在从下往上数第三道（也就是"顶帆"）两侧挂翼帆，而且主桅杆最下面那一道帆（即"主帆"）没有挂出来，因为它会挡住吹到前桅杆主帆上的风。即便如此，从照片上也可以看出来，前桅杆最底层中间的那道"主帆"，也不如周围其他帆看起来那样饱满，因为主桅杆挡风了。船头三角帆完全没有受风，像窗帘一样静静挂在那里，它倒不是完全为了美观才挂出来"摆拍"：如果风向突然改变，它就会受风，从而让船头及时转向下风方向，可以算作一种自反馈式补偿控制装置。这样水手就不必时刻准备着收帆、挂帆，不怕风力突变而前桅杆的帆突然全部失控了。

37. 大浪经过船身，会让螺旋桨附近的吃水在短时间内连续变化，造成螺旋桨载荷变化很大，也就让发动机推动船体前进时需要克服的水体阻力大起大落，这对发动机是一个折磨。

38. 热传导需要一定的时间，若各个部件还没有均匀受热，甚至一个旋转部件的各个部分受热膨胀率还不一样，则此时旋转零件的重心就不在中心转轴上，于是产生一个偏心的应力，想要把旋转部件从转轴上扯下来。

39. "酒神女祭司"级二等巡洋舰，排水量 4100 吨级，卧式复合蒸汽机，航速接近 15 节，载煤 550—570 吨，10 节续航力 3000 海里。

40. 前桅杆挂许多道横帆，而主桅杆和后桅杆简装，只挂纵帆，这是铁甲舰时期巡洋舰比较常见的"巴肯亭"（Barquentine）帆装。

41. 1885 年的"维多利亚"级的穹甲，中间平坦部分没有位于水线以上。

42. 单次加煤仍然不够往返大西洋两岸。本书作者的一个待改进之处就是许多地方缺少必要的铺垫，比如没有介绍"鸢尾"级载煤量，还有其他主力舰、巡洋舰和炮舰的载煤量及 10 节续航力，就突然在这里冒出续航力和载煤量，令人无从比较，因此译者在前面章节给每一级战舰都尽量加上了当年留下的这些数据，以资读者比较。

43. 三根桅杆中的前两根（即前桅杆和主桅杆）都挂满风帆，而最后一根（即后桅杆）只挂简易帆，形如第二章的"海格力斯"号照片，并参考照片对应的译者注释。

44. 顾名思义，特别强调鱼雷武器的巡洋舰。见下文。

45. 什么叫横帆，见第二章译者注释67。

46. 从"莺尾"级到"利安德"级再到"默西河"级，现代巡洋舰的基本设计这才完全确定下来，从此以后将保留这个基本设计不再改变。原著此处对于"默西河"级缺少细致的介绍，令人遗憾，补充如下。

该舰的外形可以算艏艉楼船型：船头船尾有露天甲板，而舯部的上甲板直接露天，没有顶盖，从而形成两头高、中间低的舰面景观。而且船头和船尾略微翘起，尤其是船头上翘很明显，即它"带有明显的艏艉舷弧"，可以提高首尾的抗浪性。船体内共有2层甲板。最上层的是露天甲板，露天甲板以上的上层建筑只有烟囱和前桅杆前面的装甲指挥塔，再就是两根桅杆前后的8英寸主炮。需要指出的是，实际上舯部并没有露天甲板。露天甲板下面是上甲板，搭载着除了8英寸主炮以外的所有武器，包括6英寸副炮和各种手摇机关枪。上甲板以下就是穹甲了，如果和"酒神"级结构比较，就可以发现它的穹甲实际上是"酒神"级船体内水线上的主甲板和水线下的防御甲板这二者的自然结合，于是形成了中间部分高于水线、两舷部分变为斜坡的状态。穹甲和上甲板之间的空间里，两舷都是煤舱，这些煤舱的横剖面大致呈梯形。穹甲下面是前后弹药库和舯部的发动机、锅炉舱，前弹药库和锅炉舱之间还有横跨两舷的煤舱把它们分隔开来，这可以算是船对敌战术的最后一点残留了。动力机械舱两舷的底舱也有堆煤。舯部动力舱段前后的火药库和弹药库两舷还是缺少堆煤，因为这里船体太细了，倘若安排了足够厚度的堆煤，便没有足够的容积来存放弹药了，今天看起来这种防御能力堪忧。穹甲在船头船尾三角形的部位朝前、朝后形成斜坡，可以有效增强艏艉的强度，有利于提高船体的抗浪性。船头船尾的8英寸主炮所在的甲板称为"露天甲板"，露天甲板只存在于船头船尾，船头露天甲板就称为艏楼甲板，船尾露天甲板就称为艉楼甲板。舯部搭载6英寸副炮的上甲板完全敞开，头顶没有天花板。10门6英寸副炮的安装方式跟那些三等巡洋舰（即大型炮舰）的类似：两舷前后4座平台安装4门可以大角度回旋的6英寸副炮，耳台之间的两舷6个舷侧炮门安装6门6英寸副炮。在后部的6英寸副炮之间，还架设了加纳纳和诺登飞手摇机关枪。最有意思的设计是船头船尾8英寸炮炮位的前后、船体侧壁上还有安装诺斯飞机枪的小平台，它们位置过低、太靠近舷舷，在风浪中很难使用，而且会上浪，造成额外的航行阻力。8英寸主炮带有2英寸厚轻装甲炮盾，艏楼甲板后部的装甲指挥台是全船装甲最厚的部位，带9英寸厚装甲围壁。桅杆上面桅盘里搭载的是6磅和3磅速射小炮。装载排水量4000吨级；卧式复合蒸汽机，强制通风航速可达17、18节；载煤900吨，10节续航力8750海里。

47. "胡阿斯卡"号见第一章相关介绍。"埃斯梅拉达"号就是要卖给智利的，智利买它的目的就是对抗秘鲁的"胡阿斯卡"号等舰，因此阿姆斯特朗厂才量身定做了这样的广告。

48. "埃斯梅拉达"号建成时装载排水量接近3000吨，艏艉各搭载1门10英寸大炮，舯部每舷3座耳台上共搭载6门6英寸副炮，航速高达18节，载煤600多吨。该舰1884年交付智利使用，1894年智利与阿姆斯特朗厂交涉，准备进行现代化改造。此时正值中日甲午战争，日本通过中间人购买了这艘巡洋舰，因为舰名"埃斯梅拉达"中"埃斯美"三字的发音类似于日语"泉"的发音"Izumi"，于是购入后更名为"和泉"号。"和泉"号没有赶上甲午海战中的任何主要作战，到1905年日俄战争时已经彻底落伍，编入旧式巡洋舰和铁甲舰组成的预备第三舰队。

49. 旧式7英寸前装炮。

50. 旧式6英寸前装炮。

51. 实际上只有两舷斜坡接近1英寸厚，中间水平部分只有0.5英寸厚。

52. 详见第五章译者注释107。

53. 见第一章。

54. 可能是觉得主力舰上的露炮台移植到巡洋舰上容易让最终的设计超重。

55. 第一章译者注释97。

56. "专横"级设计方案和性能诸元。

该级舰的整体设计显然是19世纪70年代"鲁莽"号的改进型，而且完全放弃了"鲁莽"号的舷侧装甲炮室，从而能够把主炮全部集中到露天甲板上的露炮台里。这样设计出来的"专横"级实际上完全跟当时法国主力舰"玛索"级、"包丁上将"级一模一样，即作者在第六章批驳的所谓"狭窄的水线装甲带＋无装甲的高干舷"设计。19世纪80年代的英国海军部不能容忍在主力舰上有这种看起来生存性很差的设计，所以稍后设计出来的"海军上将"级、"维多利亚"级都比"专横"级的船体矮一层甲板，"尼罗河"级更是矮两层甲板。该级战舰的外形属于平甲板船型，没有任何甲板室的露天甲板从船头直通到船尾。除了烟囱和桅杆之外，露天甲板上唯一的突起就是前主炮后面小小的装甲指挥塔了，装甲指挥塔呈五边形，两边有朝两舷后侧延伸的"人"字形结构，可能代表航海室。"人"字形的指挥塔和航海室后面、纵中线上，是前桅杆、两座烟囱、主桅杆。两根桅杆和船头斜伸的首斜桁共同构成纵横帆双桅杆式帆装，这也是延续"鲁莽"号上的设计。露天甲板上呈菱形分布着4座露炮台，跟差不多同时开工的法国"玛索"级完全一样。露天甲板的两舷搭载主炮，这带来一个问题：主炮炮身重达18吨，露炮台的围壁同样厚达8英寸，也就是说，在高高的露天甲板的两舷安装了很大的上部重量，当船体左右摇晃的时候，船体的转动惯量就会很大，容易让船体一直摇晃，停不下来。补救的办法就是继续抄袭法国的设计，让水上船体"舷墙内倾"。这样，露炮台基本上不外飘到水线船体侧壁的外面，大炮和炮台装甲围壁的重心就位于舷内了，于是船体就不会长时间大角度横摇停不下来。既然舯部两舷露炮台附近的水上船体收细了，那么船头船尾的水上船体也必须舷墙内倾，否则两舷主炮就无法具有朝向船头船尾的理论射界。此外，为了增强船头和船尾的抗浪性，减少埋首和埋尾，"专横"级舰艇还设计成外飘形，露天甲板比舰艇水线处的船体更宽。这意味着当舯部被大浪托底、船头砸进大浪的波谷里时，随着船头越埋越深，船头浸水的体积会越来越快地增加，使得船身浮力在短时间内快速超过船头自身的重量，也就产生了对抗埋头的浮力补充。同样的道理，如果船体两舷也设计成现代战舰那样的外飘形船体侧壁，那么也可以有效对抗横摇，但是因为两舷带有沉重的舷侧主炮，只好采用舷墙内倾设计。4门露炮台主炮都带有可以抵挡机枪扫射的防盾，实际建成时形如20世纪现代战舰的炮座。露炮台的底板有没有像"海军上将"级一样安装装甲，不得而知，可能没有安装。该舰的防御体系就是主力舰的缩水版，而不是二等、三等巡洋舰那样纵贯舰艇的穹甲。舯部的锅炉和蒸汽机舱上面扣着主力舰那样的装甲"盒子"："盒子"两舷是总长140英尺的水线装甲带，厚10英寸，背衬10英寸柚木；"盒子"前脸后脸是水线装甲横隔壁，厚9英寸；"盒子"盖是1.5英寸厚的装甲主甲板。装甲"盒子"顶盖使用钢制成，四边采用钢面复合装甲。装甲"盒子"部分的防御设计：装甲主甲板还是高于水线，因为发动机和锅炉需要足够的高度；上甲板和装甲主甲板之间的空间密集分舱，两舷堆煤，这样就可以保护上甲板副炮的底座了；底舱动力舱段两舷也有堆煤，煤舱中还有两舷过道（过道肯定会在底舱横隔壁上开舱门，否则过道的存在便毫无意义，但这样做无疑会破坏底舱横隔壁的水密性）。装甲"盒子"前后的船体依靠"不屈"号上开始的"水下装甲甲板+密集分舱+堆煤"的防御体系。这个体系是巡洋舰穹甲的前身，在"专横"号上得到了跟主力舰上一样的复现：无装甲的主甲板稍稍高于水线，穹甲则整体位于水线以下，而没有像二等巡洋舰上一样把两者合二为一。两道甲板之间是堆煤，穹甲以下的底舱两舷应该类似于当时的主力舰，也没有堆煤，可是这里是弹药库，显然构成一个防御上的缺陷，会像"维多利亚"号一样面对水下攻击非常脆弱，因为舯部底舱两舷堆煤中有前后贯通的两舷过道，一旦船头船尾进水，整个底舱容易进水失控。露天甲板和主甲板之间的副炮没有采用炮廓，所以是非常脆弱的，但当时的法舰同样脆弱。唯一残存着英式设计"遗风"的地方就是副炮甲板式前后的壁龛炮门，这在下文的照片中看得不算太清楚。对照该照片，可见该舰实际建成时，也在前后主炮之间添加了大量的上层建筑，主要是因为撤掉了前后桅杆，在这两个位置安装了前后航海和指挥空间。该舰装甲、火力都跟"鲁莽"级相仿，排水量也达8500吨级，安装了卵圆筒式锅炉和12缸复合蒸汽机，自然通风时航速可达16节，强制通风航速可接近17节，载煤1130吨，10节续航力7000海里。总体来看，比19世纪70年代的"香农"级、"纳尔逊"级性能强得多，但钢材的使用又使之比"鲁莽"级稍小一些，于是让时人感觉它们性价比提高了。设计团队在设计时为了限制这两艘船的造价，让它们超重了，可能并非重量计算失误，实际上是不得已而为之。

57. 注意巴纳比马上就要辞职了。

58. "奥兰多"级外形和设计可以从设计图纸和照片一窥究竟，这里也借助设计简图上的标注详细介绍一下。该级舰的总体设计跟伦道尔设计的"埃斯梅拉达"号完全一样——副炮和主炮全都位于露天甲板，而海军部的传统设计中，副炮要比主炮矮一层甲板，位于上甲板上。这种伦道尔式设计显然可以提高副炮的抗浪性，炮管距离水面更高，更不容易在船体大角度横摇时插进海里。但这样的设计造成副炮底座下面缺少防御。如果仔细把"奥兰多"级的设计跟"专横"级对比，可见水线装甲带的位置升高了，位于上甲板和水线穹甲甲板之间，而传统式主力舰装甲"盒子"的顶盖才比水线稍高的主甲板，这应该又是伦道尔的一个独创。这样一来，舯部装甲"盒子"就不复存在了：穹甲上方只有两舷两道水线装甲带，装甲带前后不再有装甲横隔壁，装甲横隔壁挪到了穹甲以下，因为它们位置很低，所以可以做得非常厚而不用担心重心过高。穹甲在舯部动力机舱上面，是水平的，两舷不带斜坡，厚2英寸，为钢制，在船头船尾形成向两舷和前后的斜坡，在斜坡上厚3英寸。没有了装甲"盒子"，在水线装甲带以上，除了船头主炮正后方带12英寸装甲围壁的指挥塔之外，不再有任何可以抵御6英寸炮以上的主炮轰击的装甲，因为主炮和副炮都在露天甲板上，位置太高了，只要安装装甲就会重心过高。主炮为18吨9.2英寸后装炮，带有可以防御6英寸副炮轰击的防盾。一前一后两尊主炮之间是露天甲板副炮炮室，为了避免重心过高，副炮炮室连顶盖都没有，只有舷侧围壁。副炮全都采用了炮廓式布局，生存能力较强，但是炮廓之间没法安装轻装甲横隔壁，其生存能力不如第六章"抵抗"号防弹测试时临时改装的"炮廓+轻装甲横隔壁"布局。带炮廓的炮室副炮同样可以分成前后四角上可以朝船头船尾方向射击的回旋副炮和舷侧6门大体上只能朝单舷射击的舷侧副炮。露天甲板和上甲板之间的空间显得尤为脆弱，这里舷侧船体上没有装甲防护，也没有两舷堆煤，都是因为位置太高了，怕增加上部重量。水线装甲带舷内的两舱空间里堆煤。该级舰的三胀式蒸汽机让自然通风时航速达 17 节，强制通风时达 18 节，载煤虽只有 900 吨，10 节续航力可达 8000 海里。帆装是全纵帆简装，称为"斯库纳，如照片所示：两根桅杆都有朝前方斜拉的缆绳，可以挂一面三角帆，形如本章上文"卡利俄珀"号照片的舰首帆。这种三角形纵帆能够在船体横摇的时候减缓横摇的速度，使摇晃更加舒缓。该级舰设计时，巴纳比已经离职，怀特已经回到海军部，因此该级有时候也被视为怀特 19 世纪 90 年代设计的一系列大型防护巡洋舰和装甲巡洋舰的鼻祖，这些 19 世纪 90 年代防护和装甲巡洋舰可以看作是 20 世纪现代巡洋舰的直系祖先。但实际上，"奥兰多"级相对粗短的船体和伦道尔式副炮布局让它更像 19 世纪 80 年代的老式设计。

59. 也就是以鱼雷和火炮为武器的小型战舰，专门用来打击敌方的鱼雷艇，这种"鱼雷巡洋舰"是第一种专门用来对付鱼雷艇的战舰，后来又出现了"鱼雷炮艇"，最后到 19 世纪末，出现了"鱼雷艇驱逐舰"。

60. 见第五章。

61. 即 19 世纪 90 年代所谓的"鱼雷艇驱逐舰"。

62. "侦察"级共造了 2 艘，安装复合蒸汽机，自然通风航速 16 节，强制通风航速 17 节，载煤 450 吨，10 节续航力 6900 海里。

63. 可以伴随舰队在公海航行的大型鱼雷艇。

64. "Yacht"这个词在 20 世纪以前并不专门指富豪的私人玩具"游艇"，当然也包括这些奢侈玩具，这个词还指代海军部和皇室参加一些日常事务时使用的交通船，类似于政府的专车。

65. 排水量接近 2000 吨，航速比"侦察"级还慢 1 节，安装复合蒸汽机，续航力跟"侦察"级类似。舯部副炮炮室的前端有一对可以回旋的水上鱼雷发射管，船头船尾各有一具可以朝两舷换门架炮的水上鱼雷发射管。

66. 舰队鱼雷艇航速必须大大超过主力舰编队，随时准备前出，去驱赶敌方鱼雷艇，或对敌方主力舰发动鱼雷攻击。

67. 这里指的"巡洋舰"是所谓的"二等巡洋舰"。到 19 世纪 90 年代，实际上是这些带穹甲的二等巡洋舰大型化从而产生带水线装甲带的"装甲巡洋舰"。19 世纪 70、80 年代的"一等巡洋舰"，即"香农"级、"纳尔逊"级、"专横"级以及"奥兰多"级，代表了把主力舰缩小就变成巡洋舰的设计思路，这一条思路到 19 世纪 80 年代末也断绝了。

68. 参考第八章"成功"号照片，此即龟背式艏楼。

69. 结果船头炮位只能撤掉。

70. 本书第四到六章介绍的 19 世纪 70 和 80 年代的主力舰，使用的火管锅炉称为"苏格兰锅炉"（Scotch Boiler）。这种性能可靠的圆筒或者卵圆筒式锅炉没法安装在鱼雷炮艇上，因为这种锅炉从下到上分别是燃烧室、火管加热室和通往烟囱的"烟箱"（Smoke box），摞在一起太高了，而炮艇舰体型深不够。"机车头"式锅炉相当于把苏格兰式锅炉的这三个组件放下来前后连接在一起，所以高度降低了，可以安装在炮艇上。

71. 见第八章介绍。

72. 详见第九和第十一章。

73. 舰名都是河流的名字。

74. 1891 年智利内战期间，智利政府刚好在开战前从英国买了两艘鱼雷炮艇，跟"狙击手"级和"警戒"级差不多，这两艘小炮艇一起对阵叛军手中的一艘 3500 吨的炮舰，该舰设计建造于 1875 年，搭载 6 门 9 英寸主炮，缺少水下装甲甲板、堆煤和分舱形成的水下防御体系。结果智利鱼雷炮艇在距离对手只有几十米处连续射出两枚鱼雷，头一发还没打中，第二发命中后在几分钟内就让叛军炮舰沉入了海底。

75. 详见第五章。下面是燃烧室，中间是火管加热区，上部是蒸汽富集区，所有零部件都处在同样的蒸汽压作用下。

76. 斜削艉就是尾部龙骨和船体全部朝水面收缩，不仅龙骨上翘，而且船体跟着变形，好让船底保持圆滑和流线型。这样可以大大改善转向操纵性。

77. 这个词现代一般拼写为"Herreshoff"。

78. 原文此处的简称过于简略，几乎已经无法代表作者想要指代的具体设备了。这种锅炉通常简称为

"coil type boiler"，全称"coil type water tube boiler"，具体见第八章介绍。盘管式水管锅炉外形也呈圆筒状，不过跟躺倒的圆筒式火管锅炉不同，盘管锅炉是竖立的圆筒，沿着圆筒的内壁，盘绕着一圈又一圈水管，火焰则在炉膛中间燃烧。具体来说，火焰在炉膛顶部燃烧，然后逐渐延伸到炉膛底部，再向上反射，圆筒外壳内壁上的螺旋盘管就可以得到两次加热。正文中说它偶尔能正常工作，可能是因为 19 世纪的材料性能不够好，承受不了这样的来回加热。

79. 上文鱼雷炮艇也属于这一类小型作战舰艇，但因为是驱逐舰的原型，所以单独拿出来讲。

80. 大型炮舰 =corvette，小型炮舰 =sloop，大型炮艇 =gun vessel，小型炮艇 =gunboat，伦道尔式炮艇 =flatiron（直译是"熨斗"）。这些词语在今天的海军中要么已经消失，要么对应完全不同的作战舰艇。这里根据当时的实际情况做对应翻译，而且时人对这些小型作战舰艇的划分本身就很混乱，往往随着技术的进步，每 5—10 年就需要重新划分一遍。本章介绍的一等、二等和三等巡洋舰也是这种情况。特别要说明的是，"Gunboat"一词根据上下文，既可以作为各种比炮舰还小的武装炮艇的总称，也可以代表表中狭义的小型炮艇，不必对此咬文嚼字。表中左侧舰艇的级别显然是从大型到小型的这么一个顺序，最下面的伦道尔式炮艇便是最小号的炮艇，详见下文介绍。

81. 因为当时尚有相当数量的明轮战舰，见下文。

82. 所有这些旧式作战舰艇，几乎可以肯定都是木制船体。

83. 这些军阶军衔是根据英国 18 世纪以来的海军军阶体系对应翻译的，但比按照字面直译更不容易误导读者。英国海军在 18 世纪和 19 世纪大部分时间，只在将（Admiral）级以上分为今天我们熟知的少将（Rear Admiral）、中将（Vice Admiral）、上将（Full Admiral），根本不存在校级和尉级的明确划分。直到 19 世纪上半叶，军官的职业生涯依然如下面这段简介：12 岁时报考军校，但军校并不存在于陆地上，而就是一艘艘战舰——12 岁的军校生（Midshipman）直接到海上实习，实习 6 年，期间学习航海知识和文化课；到 18 岁时由一些舰长组成委员会进行考试，考试通过便从此可以被称为"Lieutenant"，算是正式成了国家的军官；从这一步再往上晋升，在"Lieutenant"和舰长"Captain"之间，便不存在明确的划分。今天我们可以把 18 岁刚通过考试的"Lieutenant"算作上尉、少校。18 岁就能通过考试的只是少数，很多人到了 20 多岁还没能成为正式的军官。成为少校之后，就需要不停地服役来积攒资历，最后在主力舰、巡洋舰和大型炮舰上充当实际的副舰长，职位上称为第一舰副"First Lieutenant"，此时便可以作为中校了。这时候，他离上校舰长只有一步之遥，只要他有足够的背景和能量，总能在几年之后找到空缺的位置补上去，成为"Captain"。但大部分人是没有背景和裙带关系的，他们在第一舰副的位置上又熬了几年，为了给他们晋升的机会，海军部会让他们暂时指挥小型炮舰和大型炮舰，此时他们的职位就叫作"准舰长"，待遇上仍然跟第一舰副没有区别。一旦评选上上校舰长"captain"，只要不出现第四章开头比思西上校那样把主力舰开搁浅了的重大事故，从此便不再需要依靠实力晋升了，只要健康地活着，活得够久，总有一天能够当上上将，因为将级军官的晋升完全依靠资历一点点顺调。为了不让太多人一下就顺调到上将，英国的将级军阶实际上分成 9 等，少将、中将和上将都再细分成"蓝旗""白旗""红旗"这三个亚类。这三种颜色的旗帜最开始是 17 世纪时英国海军编队中前卫、主队、后卫三个分队的队旗。

84. 这个词当今一般拼写成 Esquimault。

85. 今天已经修复完成，对外开放了。

86. 这艘铁骨木壳的商船也是当时英国非常有名的海船，同样作为文物保存至今。

87. 从 19 世纪中叶往后，日益进步的动力推进技术让水手对风帆的操作使用越来越生疏，可是海军的炮舰和炮艇大多还保留了风帆，这就造成所有舰上人员在需要使用风帆的时候，对它都不像 18 世纪的人员那样熟悉，操作素养不高。20 世纪初，一艘丹麦的大型风帆训练舰也在风暴中遭遇了类似的命运。

88. 当代世界各大国海军都有风帆训练舰。

89. 见第二章。

90. 因为在大海中摇晃太剧烈了。

91. 跟 18 世纪的旧式火炮一样。

92. 该舰仍然带有"巴肯亭"帆装，此时已经是 20 世纪第二年了。

93. 前后两半舵叶是联动的，利用舵叶上方的一截杠杆，可以让外舵叶比内舵叶转过更大的距离。这个专利似乎是 1870 年正式申请下来的。

94. 1856 年建造的"信天翁"级炮艇，属于 1855 年克里米亚战争临时扩军计划，1864 年拆毁。

95. 1840 年下水的明轮炮舰，属于"蜥蜴"级，1895 年变卖。

96. 这种炮艇在英语中的绰号直译是"熨斗"，因为船体宽扁如同熨斗。它在洋务运动时期引入中国后的绰号是"蚊子船""蚊炮船"，所以做习惯翻译。

97. NPA=National Port Authority。

98. 中法战争中马江海战法国炮舰对阵福建船政局的"蚊子船"，"蚊子船"基本没有招架之力，充分说明了作者这种客观认识的正确性。

第八章
威廉·怀特和"君权"级战舰

威廉·亨利·怀特 1845 年 2 月 2 日出生于德文波特，1859 年 3 月在德文波特海军船厂当上了学徒。1864 年，他以全英国 8 座海军船厂学徒考生中第一名的好成绩，考入了位于南肯辛顿的皇家战舰设计学院。三年后怀特毕业的时候，仍然是全年级第一名，只不过第二名 W. G. 约翰和、第三名 F. 艾尔加的成绩追得很近。怀特毕业后直接进入海军部的设计部门供职，他早年取得的业绩已经在前面各个章节中多有提及，这里我们只稍加概括就可以了。怀特是个全才，在船舶设计相关的各个领域都干得

威廉·怀特爵士，他既是英国历史上最杰出的战舰设计师，同时也是一位出色的经理人。（作者收藏）

相当出色：在理论研究方面，怀特对里德领导的船体结构强度研究做出了具体的贡献，对船舶稳定性的计算也出力很多；在船舶设计的具体工作中，他的才思同样得到充分展现；他还拥有过人的管理才能；除此之外，他还在一个不大为后人所知的方面颇有建树——一名优秀的教师，他在海军学院授课的讲义后来整理成《战舰设计手册》一书，这是那个时代价值最高而且拥有广泛读者的一套造船工程学教材。

1883 年 1 月，这位才华横溢的副总设计师从海军部离职，被军火巨头阿姆斯特朗勋爵高薪延聘至他的企业，作为战舰设计总工程师和战舰设计部门的总经理。在海军部，怀特一年的薪水是 651 英镑，而阿姆斯特朗厂给他开出的薪水是 2000 英镑一年，而且他每给阿姆斯特朗厂设计一艘战舰，就按照每吨 2 英镑的价格拿一份提成，每艘商船则按照每吨 1 英镑提成。在接下来的两年里，怀特给阿姆斯特朗遍及全球的客户设计出好几艘令时人瞩目的战舰，比如给日本设计的"浪速"（Naniwa）级二等巡洋舰、给奥地利设计的"黑豹"（Panther）号鱼雷巡洋舰[1]。

1885 年海军部战舰设计部门的机构重组

巴纳比 1885 年辞职后，时任第一海务大臣乔治·汉弥尔顿勋爵决定重组海军部的战舰设计部门，并争取让威廉·怀特重回海军部任职，出任总设计师。

这需要跟怀特本人和阿姆斯特朗厂进行一番复杂的交涉。怀特最终同意接受收入上的大幅落差，而海军部也同意，让菲利普·瓦茨代替怀特进入阿姆斯特朗供职。由于怀特原本跟阿姆斯特朗厂签了5年的合同，所以在剩余的3年里，怀特之前给阿姆斯特朗厂设计的那些战舰、商船如果有任何设计问题，他仍然必须提供咨询和顾问服务。

1885年8月1日，怀特正式就职担任总设计师，首先开始重新审视总设计师和总机械师二者在战舰设计上的权责关系，同时对全国各个海军船厂进行机构重组。[①] 进入铁甲舰时代以来，不论在地方的各个船厂，还是在中央的海军部，机构都经常进行调整，但这回海军部希望怀特能够改出一个效率更高的长效机制来。怀特明确指出，海军船厂跟民间造船厂截然不同，民间船厂只管造船和维修，海军船厂在此基础上，还兼有海军军械和弹药库的功能，也就是说，海军船厂是战舰的行动基地，而且海军船厂的财务处在议会的控制下。所以，海军船厂的军事功能和造船功能应该尽量分开，应该给每个海军船厂指派一名船厂总工程师（Chief Constructor），所有造船相关的非军事职能部门都归他统一管理。怀特还新设立了海军船厂总监（Director of Dockyards）一职，负责领导各个船厂的总工程师，并向海军部的总设计师负责。怀特还提出要把船厂的造船和管理这两块的花销分开核算，各自做账。

下文的表格罗列了当时全英国主要海军船厂里造船工人和全部劳动力的数量，可以对各个海军船厂的规模有个大体的概念。这些船厂中除了造船工人外，还有其他许多不可或缺的技术和非技术工种，包括：捻缝匠（Caulker）[2]、室内装潢木工（Joiner）[3]、非技术劳力（Labourer）、桅桁帆索栖装技工（Rigger）[4]、制绳匠（Ropemaker）[5]、制帆匠（Sailmaker）[6]、锯木工（Sawyer）、水轮维护工（Millwright）[7]、滑轮匠（Blockmaker）[8]、锅炉制造工（Boilermaker）、钎焊匠（Brazer）[9]、砖瓦匠（Bricklayer）、手工工具制作匠（Toolmaker）、铜匠（Coppersmith）、蒸汽机机械师（Engine keeper）、栖装工（Fitter）、铸造工（Founder）[10]、煤气工（Gas maker）、软管工（hosemaker）[11]、锁匠（locksmith）、送信员（messenger）、划桨制作工（oarmaker）、模子制作工（pattern maker）[12]、桅杆制作工（mast maker）、粉刷匠（painter）、铺路工（paviour）、水管工（plumber）、司炉工（stoker）。[13]

表 8.1 各海军船厂人员规模

	查塔姆	希尔内斯	朴次茅斯	德文波特	彭布罗克	共计
造船技工	618	367	831	749	373	4839
总劳动力规模	1428	858	1973	1810	735	6370

① 布朗著《一个世纪的战舰设计发展历程》。

早在蒸汽工业时代以前，海军船厂就是英国规模最大、机构最复杂的工业

"公司"了，而且最大的那几家海军船厂本身占地面积和规模在那个时代也都显得非常惊人。

　　海军部设立了里奇（Ritchie）委员会来监管这次机构改革，委员会很快通过了怀特的改革提案并上报给财政部，财政部核准通过后，从 1886 年 2 月 1 日开始，以海军部审计长令的形式正式开始实施改革。为了增加怀特的权威，方便改革顺利进行，海军部给总设计师怀特又加上了副审计长的头衔，这样他的地位就比总机械师高了，总机械师要向他汇报工作。就在审计长令正式生效的同一天，现任政府在议会中落了马，换上格拉德斯通担任首相，里彭侯爵（Marquess of Ripon）出任第一海务大臣。里彭侯爵指定埃尔加博士担任船厂总监，并让他直接向海军部负责，不用通过怀特了。怀特对此非常不满，他觉得海军部这样做是出尔反尔，违反了当时海军部从阿姆斯特朗召回他时所做的承诺，也就是让怀特单独领导海军部的设计部门，但机构改革的工作量太大，已经远远不是怀特一人能够承担的了，这种分权的人事布局也不能说不合理。埃尔加是怀特的竞争对手，里德在职时他也曾经担任里德的助手，所以他这些年来一直跟里德一起在海军部外攻击海军部和怀特，现在让他重回海军部，直接让他跟怀特的矛盾表面化。

　　从克里米亚战争开始，海陆军的火炮都由政府的战争部统一采购，[14] 这种做法表面上似乎也看不出毛病，毕竟海陆军依赖的是同一拨供应商。不过，在经费非常紧张的时期，海陆军为了武器采购起摩擦就往往不可避免了，虽然 1879 年成立了海陆军联合的武器委员会（Ordnance committee），仍然无法协调

某海军船厂的船坞，里面是一艘 19 世纪 90 年代的早期鱼雷艇。（皇家海军造船部档案馆）

化解这种矛盾。于是，1882年，政府决定以后直接从海军预算里给海军武备的采购买单，同时把相应的舰载武器设计任务移交给海军部负责。1886年海军部机构重组，于是设立了一个海军军械处，由约翰·费希尔[15]上校领导，这样就最终让海军掌控舰载武器的设计和制造了，虽然最开始的时候，海军部向战争部沟通经费转移的时候碰到过很多困难，1889年的《海防法案》终于让海军军械处的经费到位了。

怀特改革中产生的大部分新机制都保留了下来，让19世纪90年代以后的大规模新造舰计划能够快速付诸实施，因为这些改革让英国的海军船厂成了当时整个英国、整个世界上效率最高的造船厂，这淋漓尽致地展现了怀特高超的管理才能。

1889年《海防法案》①

上一章介绍的1884年开始刊登的系列报道《海军实力大揭秘》，让社会公众开始担忧英国海军的实力，②小小的诺斯布鲁克造舰计划没能够打消公众的这种担忧。1884年末、1885年初，英国和沙俄在阿富汗爆发了严重的摩擦，局势一度紧张到开战的边缘，于是海军部在1885年成立了一直"特役编队"，由霍恩比海军上将指挥，战争一旦爆发，便派这支舰队远征波罗的海。第五章介绍了这支舰队在比尔黑文进行军事演习，对戒备森严的敌方军港展开了模拟攻击，虽然展示了当时一些很重要的战术和技术发展，但也进一步暴露出皇家海军的弱点。

1886年7月，格拉德斯通政府下台，第三代索尔兹伯里勋爵担任首相，保守党政治家乔治·汉弥尔顿再次成为第一海务大臣。这一届海军部委员会，以阿瑟·胡德海军上将领衔，W.格雷厄姆担任审计长，海军上校贝雷斯福德勋爵也进入了委员会。这届海军部委员会上任后，首先考虑的是继续对海军部进行机构重组；贝雷斯福德的作用是尝试以"情报处"（Intelligence Department）的名义组建切实所需的海军总参谋部（Naval Staff），他努力一番之后没能取得太多的实际效果，就辞职了，接着他进入议会，努力想办法在议会中争取让国家建设一支更加强大的海军。到这个时候，怀特对海军船厂组织机构的改革，以及他对管理和施工建造两方面成本核算的改进，都让大家觉得，议会新增的任何海军经费都能被及时地、高效地、经济地使用。

1887年6月，怀特才42岁，担任海军部总设计师已经1年，他撰写了一份备忘录，上交给海军部委员会，提醒海军部注意有大量现役战舰已经在技术上大大落后于时代，而且不少战舰将在未来的5年内完全过时。这份备忘录包含非常详细的替换计划，将新战舰的数量、舰种以及造舰计划全部一一罗列出

① 这里是根据苏米达、帕克斯以及曼宁的材料综合而成，并且重新对照审阅了保存在国家档案馆中的怀特文档原始史料。
② 见第七章介绍"奥兰多"级巡洋舰那部分。

来，最后还细致估算了所需花费。怀特希望总共能报废 72 艘过时的战舰，代之以总价 900 万英镑的新式战舰。[①] 接到怀特的这份备忘录后，海军部委员会中各位海军将领的反应不一。第一海务大臣向议会特别委员会报告说："我也不敢肯定审计长和海军部总参谋长（First Naval Lord）[16] 会同意总设计师的这个提案。"审计长和海军部总参谋长确实提出了自己对未来海军新造舰计划的提案，于是海军部委员会把这两个提案都进行了考察。

1888 年 6 月，海军部的一份报告说海军部委员都认为目前英国海军的实力已经足够强大了，无须开展新的大规模造舰计划，这有点奇怪。也许这只是海军部为了让第一海务大臣向议会呈报未来工作计划时少遭受压力而给出的一份惯例报告，不过在 1888 年海军预算的声明中，第一海务大臣道出了海军部提出这份"无须扩军"报告的真实原因。第一海务大臣说，到目前为止，还没有对大英帝国未来真正需要的海军实力做一个全方位的调查研究；历来都是第一海务大臣向议会争取尽量多的经费，然后海军部委员会尽他们最大的努力让这些经费发挥最大的用处。而怀特的扩军提案让第一海务大臣汉弥尔顿勋爵不得不认真对待这么一大笔经费开销，汉弥尔顿不能轻易向议会狮子大张口，他必须对整个海军的现状和未来发展方向做一个更加深入根本、触及基本面的调查研究。海军部总参谋长胡德之所以反对怀特提案，则可能完全源于技术层面的因素，谁都知道胡德是闷罐式旋转炮塔的拥趸，怀特倾向于把主炮安装在露炮台上的高干舷设计[17]。

海军部经过进一步考量之后正式给出的提案，其实跟怀特原本的提案并没有本质的区别，但规模比怀特的提案还要大一些。海军部委员会提出要在未来的 5 年中建造 10 艘主力舰、37 艘巡洋舰和 18 艘鱼雷炮艇。1888 年 12 月 1 日，第一海务大臣把这个提案以备忘录的形式提交给了内阁。[②] 财务大臣（Chancellor）乔治·戈申（George Goschen）上个月才刚刚反对进一步增加海军经费，理由是目前英国并不需要建造更多的战舰。不过我们今天有理由推测，戈申这样说同样是做一个样子来让议会满意；戈申曾担任第一海务大臣，他非常清楚英国海军的实力远远不够，他对经费预算的高明运作也是后来《海防法案》得以通过的重要原因。

1888 年 12 月中旬，满怀激情的贝雷斯福德议员在下议院做了一场演说，呼吁建设一支更加强大的海军。1889 年 2 月，关于 1888 年大演习的报告[③] 正式提交给了议会上院和下院。报告说这场大演习暴露出英国海军"就算只跟一个强国展开全面战争，凭现在的实力也应付不过来……万一有两个海军强国联合，同时对抗英国，英国海军可就要落于下风了"。这份报告把 19 世纪上半叶曾经提出的基本国策"两强标准"（Tow Power Standard）抬出来，这让

① 如果把那 5 艘残存的"大胆"级挂帆铁甲舰也算是顶用的主力舰，那么这个数字就会下降到 750 万英镑。
②《1888—1889 年海军预算》。乔治·汉弥尔顿勋爵，国家档案馆归档条目 CAB 37/22。
③ 这份报告的署名人是道尔（Dowell）、维西·汉弥尔顿（Vesey Hamilton）和理查兹（Richards）三位海军将领。

这份报告显得非常有分量，虽然海军部仍然在努力地粉饰，让一切看起来都没什么问题。

终于，第一海务大臣在 1889 年 3 月 7 日正式在议会通过了《海防法案》，批准在 1889 年到 1894 年间建造出 70 艘新战舰，预计耗资 2150 万英镑。汉弥尔顿也再次强调了"两强标准"，并指出这个基本国策正被人们有意无意地忽略着，他甚至提出，英国的战舰都应比外国的同级别战舰体型更大一些，因为英国战舰要在海上活动更长的时间，自持力必须更久一些[18]。汉弥尔顿还自信地指出："以后要是有哪个国家敢正面挑战英国的海上霸权，我觉得只要给他们看一看这个扩军计划，他们就能直接打消跟我们军备竞赛的念头了。"可惜，后来其他海军强国并没有被这个庞大的计划吓倒。《海防法案》预备建造的新战舰有：

> 7 艘"君权"级高干舷露炮台主力舰，外加 1 艘"胡德"号闷罐炮塔式准"君权"级主力舰；
>
> 2 艘"百夫长"（Centurion）级二等主力舰；
>
> 9 艘"埃德加"（Edgar）级一等巡洋舰；
>
> 8 艘"正义女神"（Astraea）级二等巡洋舰；
>
> 21 艘"阿波罗"（Apollo）级二等巡洋舰；
>
> 4 艘"帕拉斯"级三等巡洋舰；
>
> 18 艘"狙击手"级鱼雷炮艇。[19]

19 世纪 80 年代末主要海军强国的实力很难做一个客观、有意义的比较。下文的表格比较了英、法和沙俄各主要舰种有多少艘尚且"没过时"的战舰，不过表格里把 1860 年的"勇士"号和"黑王子"号都算作是"巡洋舰"，可见表中数据代表的很多战舰到 1890 年的时候还算不算能战之舰，非常值得怀疑，与"勇士"级的例子类似，下表也把许多法国建造于 19 世纪 60 年代的木体铁甲舰包括进去了，到 1890 年时，它们毫无疑问会完全过时。而且，当时法国造舰速度比英国还慢，所以 1890 年时法国到底有多少新式战舰确确实实建造好并加入舰队了，也未可知。再说了，单纯的战舰数量并不能真正反映各国海军的实际战斗力，很多具体的战舰技术性能不是数字可以代表的：比如，当时英国的战舰和法国的一些战舰都装备了英式钢面复合装甲，它的防弹性能在 19 世纪 80 年代到底和全钢装甲孰优孰劣，这很难讲；再比如，新出现的铸钢穿甲弹的性能就不是传统帕里瑟弹能够相比的；此外，外国发动机和锅炉的可靠性能够保障多长时间的高速航行，也不知道[20]；等等。没有纳入表中的战舰只有 30 艘，大多是过时的小型炮舰、炮艇，所以新造战舰看起来是额外补充的。[21]海军中大量过时和无用的老旧战舰，还需要等到 1904 年的时候才能在费希尔的力推下退役报废。

表 8.2 1889 年英、法和沙俄三国海军对比 [1]

	英国	法国	沙俄
主力舰	22	14	7
二等主力舰	15	6	1
装甲巡洋舰	13	7	8
岸防炮塔铁甲舰	11	6	7

　　怀特这一整套扩军方案是根据当时英国已有的造船船台和其他基础设施条件提出来的，可以说他的计划非常缜密、可行性很高。可是，由于计划建造的新战舰比过去的老战舰要长得多，缺少足够长的船台，结果很多海军船厂只能直接占用干船坞来建造新主力舰。彭布罗克的起重机需要升级成更重型的龙门吊，好给战舰安装新式发动机组以及其他设备。怀特在战舰设计上的造诣在当时是享有盛名的，而他在管理和规划方面的能力似乎更出色。在铁甲舰和前无畏舰时期，主力舰大部分是在皇家海军自己的船厂建造的。从 1860 年的"勇士"级到 1887 年的"特拉法尔加"级，总共有 27 艘主力舰都是在海军船厂建造的，只有 18 艘是在民间造船厂订造的，而且主要是在铁甲舰时代的早期，那时候海军船厂还不熟悉熟铁造船工艺；前面这几个数字没有算上从私人厂家征购的在建外军主力舰。从 1890 年的"君权"到 1905 年的"无畏"号，海军船厂建造了 32 艘主力舰，民间船厂建造了 18 艘。19 世纪 60 年代的头几年里，海军船厂快速适应了熟铁造船的新工艺，[22] 此后它建造新式钢铁船舶的速度通常比民间船厂快得多。怀特实行的改革无疑让海军船厂的管理水平提高了，而且船厂也投入更多的经费升级机械设备，这是前无畏舰和无畏舰时代海军船厂取得巨大成功的原因之一。[2]

　　在《海防法案》中，关于这笔巨额造船经费应该怎样使用，有很多附加条款，这些都是动了不少脑筋的，而且突破了当时惯例；我们甚至可以说，《海防法案》一下就批准通过了未来 5 年的海军造船经费，这本身就突破了英国议会200 年的传统[23]。根据《海防法案》，将会在未来 5 年内，从每年的海军预算拨款，建造 6 艘主力舰、20 艘巡洋舰和 12 艘鱼雷炮艇，全都由海军船厂建造，总预算1150 万英镑。此外，追加 475 万英镑的资金，用于让这些海军船厂赶紧把在建的战舰完工，好腾出船台和船坞来。这笔总共 1675 万英镑的经费将会分 5 年逐次划拨到位，但一年中没有花完的经费不会像过去一样还给国库，而是单独划入一个节余账户，供下面的年份继续用。如果某一年超支了，超支部分由国库通过统筹公债（Consolidated Fund）[24] 来补贴。

　　为了在短时间内拥有大量新战舰，除了海军船厂的建造计划，民间造船厂的产能也要调动起来，于是有 4 艘主力舰、22 艘巡洋舰和 6 艘鱼雷炮艇要在民

① 帕克斯著《英国战舰》
　第 353 页。
② B. 纽曼（Newman）论文
　集 1 和 3，格拉斯哥大
　学出版社，"英国造船
　史"系列丛书。

间船厂建造，《海防法案》对这些民间造舰合同的经费运作规定，也大大突破议会的惯例。这些民间造舰合同的总价值预计达1000万英镑，它们先全部一次性打入上面提及的特殊事项账目中，然后分7次划拨下来，用于支付民间企业，可是这些战舰需要在5年之内建造完成，这就意味着第6、第7次放款前，海军部都会出现赤字，那么就全靠向国库的统筹公债来借款了。这一时期还引入了其他一些现代财税和金融机制，一定程度上对冲了包括海军预算在内的所有公共开支的大幅度上涨。[①]

《海防法案》通过以后，造舰预算相当于每年增加了250万英镑，而且能够在未来的数年内让船厂的管理和建造人员处于饱满的工作状态，这非常有助于提高他们的工作效率。就像之前和之后许多重大变革一样，1889年《海防法案》的通过不单纯是技术方面的进步，而是多因素凑在一起产生了合力：贝雷斯福德奔走呼吁建设一支更强大的海军，政府更乐意为增强国防实力买单，戈申对资金的巧妙运作，怀特对未来新式海军的规划，以及他对海军船厂的改革、对经费核算体系的改良，有了这些，怀特设计出来的新式战舰才能真正从绘图板走向现实。不过，整个1889年扩军计划在具体实施的过程中也碰到过一些问题（见后文介绍），这些问题最终导致追加了135万英镑的经费，而且直到1895年才完成整个大规模新造舰计划，比预期整整晚了1年。总的来说，这个计划还是实施得非常成功的。

"君权"级

1888年8月，海军部委员会在德文波特召开了一次特殊会议，病休中的怀特也被召回出席，会议由海军部总参谋长胡德主持，主题是探讨未来新式主力舰的基本设计。胡德是旧式闷罐式炮台的顽固拥趸，所以他指令怀特以1887年的"特拉法尔加"级为蓝本，看看在放宽船体尺寸限制和预算限制的条件下，可以对它进行怎样的提升改进。改进结果如下，连胡德自己都感到有些超出意料。

"特拉法尔加"级的改进型

动力机械的总重量增加560吨，也就是增重50%，可以让战舰的发动机功率提升70%，从而使自然通风时的航速增加到17节。

载煤增加300吨，从而提升续航能力。

由于动力机组更大了，动力舱段也就更长了，所以水线装甲带和装甲甲板都需要延长，增加了240吨的装甲重量。

主炮位置升高2英尺，炮塔装甲的重量要增加120吨。

增强副炮火力，增重270吨。

① J. 苏米达著《拱卫英伦海上霸权》(In Defence of Naval Supremacy)，1989年出版于伦敦，以及马萨诸塞的温彻斯特[Winchester(Mass)]。

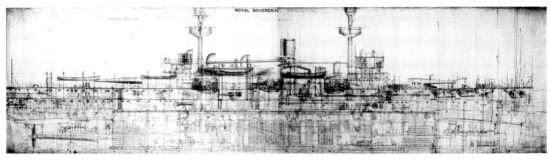

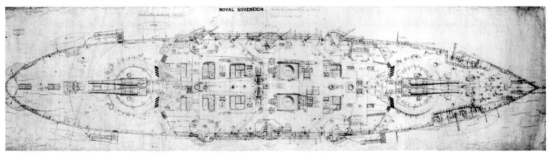

1891 年下水的"君权"号设计图纸,这是怀特作为总设计师负责设计的第一艘主力舰。这一级战舰比之前的铁甲舰都大得多,干舷也更高,时人对其高海况适航性和抗浪性评价也很高。副炮是新研发出来的 6 英寸速射炮,不像后来的无畏舰,这些副炮是"君权"级火力输出的一个重要组成部分,专门用来摧毁敌舰上没有装甲防御的部分。一共搭载了 10 门这样的速射炮,而且它们弹药消耗量很大,结果副炮本身的重量加上相应的防护炮廓、弹药的总重量,跟铁甲舰比起来就显得特别大了。(英国国家海事博物馆,伦敦,20010,20012)

一艘"君权"级战舰上的 13.5 英寸露炮台。主炮必须水平回旋到船头—船尾的方位才能装填。(作者收藏)

　　为了承载上述重量,船体本身也要变大,船体结构增重 1000 吨。

　　定员从 540 人增加到 700 人,也就需要相应地增加起居空间和后勤物资储备空间。

　　这艘改进型"特拉法尔加"号排水量将达到 16000 吨,耗资约 100 万英镑,比实际建成的"特拉法尔加"号贵 25%。船上各种武备和防御设施的增强如何相互影响？又如何导致最终排水量和尺寸的增大呢？海军上将 R. 培根爵士后来在介绍 1905 年的"无畏"号时阐释得非常清楚：[①]"我认为火炮重量增加 350 吨，不能简单地等同于会让整艘战舰增重超过 1000 吨；比如，单纯增加 350 吨的武备，肯定会让战舰吃水加深，为了让炮管距离海面的高度跟原来一样，船身就要加长，船体的加长便意味着需要更大马力的动力机组才能让战舰保持原来的航速，不仅如此，装甲甲板和装甲带的长度也都跟着拉长了，结果排水量肯定要大大增加。"[②]

怀特还提出了其他一些备选方案，用来跟改进型"特拉法尔加"进行对照，这些设计中排水量最小的只有 11700 吨，用来跟法国正在洛里昂建造的"布伦努斯"号（Brennus）[25]进行对比，怀特的备选方案中包括他推崇的露炮台设计。1888 年 11 月 16 日，海军部委员会再次召开了设计会议，力图让各位将领和技术专家统一意见，好最终敲定新主力舰的基本特征。这次会议就几个关键点展开了激烈的讨论：

1. 是应该采用英式闷罐旋转炮塔，还是应该采用法式露炮台？

2. 主炮和副炮各应该采用什么口径？主炮和副炮的数量各是多少？如何在舰面上布局？

3. 干舷高度应该达到多高？注意，闷罐旋转炮塔巨大的重量让它们只能安装在低干舷战舰上，否则重心过高，不安全。

4. 主炮可以和动力机组共享一个单独的舯部装甲"盒子"，也可以给每个主炮炮位设置一个独立的装甲围壁，采用哪种设计更合适呢？[26]

5. 航速需要达到什么水平？

不论战舰设计师还是海军军官，在上述重点问题上，意见都很不统一，而且就算把这些基本问题敲定，设计过程中还会遇到更多存在争议的具体问题，它们的重要性同样不容忽视。虽然这时候《海防法案》还没有通过，但与会诸位似乎都明白海军即将获得议会的大规模经费支持，所以会议结束时，大家都希望未来能够建造更大型、更昂贵的战舰。

这场设计会议最终决定建造 7 艘高干舷的露炮台主力舰，在船头船尾的独立露天装甲炮座中各安装一对主炮。与会的专家和将领更倾向于让新战舰搭载新式 12 英寸主炮，不过从这种主炮的研发进度来看，它很可能跟不上船体的建造，所以只能继续使用"海军上将"级上面那种 67 吨的 13.5 英寸主炮。副炮是 10 门 6 英寸速射炮，在两座主炮炮位之间分散布局，[27]而且分成上下两排布置。

钢面复合装甲制作的水线装甲带厚 18 英寸，水线装甲带和副炮炮廓之间还带有 4 英寸厚的舷侧装甲带（Upper Belt），采用钢装甲，后面有舷侧堆煤防护。这种防御体系就可以保证没有高爆弹能击穿舷侧装甲带，于是水下那 3 英寸厚

[①] 海军上将 R. 培根爵士著《1900 年以后》（From 1900 Onwards），1940 年出版于伦敦。

[②] 我们当年学习船舶工程学的时候，曾经学过所谓的"重量估算公式"：这是一个简单的数学估算方法，假设在保持战舰的其他性能（如航速、续航力等等）不变的条件下，单纯增加某个重量，会对排水量产生怎样的影响。对于设计航速各不相同的各型战舰而言，一般某个重量添加到船上，造成的排水量增加通常会达到这个重量的 3—5 倍之多。这个估算方法算然粗陋，但也可以算是今天计算机设计算法的前身了。

的防御甲板应该不会遭到任何完好炮弹的直接轰击[28]。

纳博斯后来回忆了设计"君权"级等战舰时恶劣的工作条件：[①]"我们只能在旧海军部大楼的阁楼里绘制设计图纸，阁楼根本不够我们工作用的，于是就把装不下的人暂时安置在从海军部大楼到查令十字街（Charing Cross）之间的一排旧作坊里。制图员们挤在糟糕的、不健康的环境里面工作，饶是如此，人手依然满足不了当时的设计需要——《海防法案》后来通过的、怀特那整个细密复杂的造舰方案。比如，海军部大楼阁楼里的第86和87日房间供 W. H. 怀廷先生和理查兹先生使用，他俩负责给'君权'级绘制设计图纸，同时还要负责设计三等巡洋舰'巴勒姆'号（Barham）[29]……而负责绘制'胡德'号图纸的 E. 比顿（Beaton）先生，被安置在一家旧马具作坊的一楼，挨着通往春园（Spring Gardens）的那条过道，这个作坊现在早就关门了。"1889 年时，总设计师设计团队的人员组成如下：

1 位团队总监（Director）；

1 位团队监理（Surveyor）；

2 位团队首席设计师（Chief Constructor）；

3 位设计师（Constructor）；

9 位一级助理设计师 [Asst Constructors (1st class)][②]；

6 位二级助理设计师 [Asst Constructors (2nd class)]；

8 名绘图员（Draughtsman）；

1 位总机械师（Engineer–in–Chief）；

2 位机械巡检（Inspector）；

4 位助理机械师（Asst Engineer）；

1 位首席木料鉴定师（Chief Inspector of Timber）[30]；

1 名档案资料保管员（Curator）。

大约到1894 年，设计团队终于搬到了圣·詹姆斯公园（St James' Park）的海军部新大楼[31]。

"君权"级这个设计刚提出来的时候，时人大多认为它是一个相当成功的全新设计，不过，旧式闷罐炮塔的拥趸以及那些崇尚厚、长装甲的人强烈反对这个新设计。1889 年 4 月 10 日，怀特在造船工程学会宣读了一篇论文[③]，相当详细地介绍了"君权"级的各种设计，并向与会诸位解释了决定一些设计特征时主要考虑了哪些因素。里德和其他反对人士也在场，不过怀特拿出了在"海军上将"级上获得的实测数据，把他们的质疑驳倒了。[32] 该级战舰建成服役后，海军评价很高，觉得它们非常成功，只有一些小问题还可以进一步改良。到第一次世界大战以前，7 艘战舰中的大多数已经退役报废了，所以它们的设计没有得

① J. H. 纳博斯撰《五十年来海军的发展》，刊载于 1927 年 11 月在伦敦出版的《造船业主》。

② 外加一名在托基工作的工程师，算作弗劳德先生的助手。

③ W. H. 怀特撰《论新战舰的设计》（On the Design of the New Battleships），刊载于 1889 年在伦敦出版的《造船工程学会会刊》。不久之前，第一海务大臣公布了 1889—1890 年的海军预算。

到实战的检验。[①] 关于这一级战舰的性能参数[33]，可以很方便地在各种资料中寻找到，这里就不赘述了。下文将点评"君权"级这个设计。怀特在后续的前无畏舰上对"君权"级这个基本设计进行了一些修改，那么，"君权"级设计有哪些成功和尚待改进的地方呢？让我们从当代战舰设计师的角度来看一看。

"君权"级设计点评

"君权"级比 19 世纪 80 年代的主力舰显得性能更加优异，首要原因是"君权"级要大得多，也昂贵得多。所有设计都是在一定的限制条件下做一些折中，如果能放宽这些限制，允许建造更大型的战舰，那么设计时的折中，甚至性能上的一些牺牲就能少很多，最后设计出性能更加均衡、综合评分更高的战舰来。体型越大的战舰，在火炮口径、航速和装甲防御项目，通常都会明显优于外军排水量比较寒酸的同类战舰。当然，光靠战舰的大型化不见得就能设计出成功的战舰，设计师还需要有丰富的经验，不会在一些关键点上出现重大失误，海军部的设计团队通过 30 年的经验积累，已经是一支高度专业化的设计力量了。正是在这 30 年经验积累的基础上，怀特最终用事实证据压倒了里德等人的反对声音；怀特在"君权"级设计上的每一个决定都有可靠的理论基础，以及模型试验甚至实船实验的支持。

很多人都不喜欢大型化的主力舰，包括一直倾向于舍弃装甲防御的纳撒尼尔·巴纳比爵士。他退休后提出一种排水量只有 3200 吨、搭载 2 门 9.2 英寸炮、防御简陋的小型装甲舰，而且他认为建造 1 艘"海军上将"级所需的经费就可以买 5 艘这样的装甲舰。[②] 但这种如同儿戏一样的"主力舰"到底能拿来干什么呢？怀特 1895 年向内阁提交了一份声明，驳斥了当时许多类似提案，下文的点评包含了怀特的一些观点。[③]

里德批评说，这型新战舰的设计目标是航速要大大超过"特拉法尔加"级，船体也要大一些，但是新设计的发动机组没有按比例增加输出功率。怀特回应说，新设计的输出功率是按照埃德蒙·弗劳德的模型测试来推算的，[④] 而这种新方法接受了充分的实践检验，非常可靠。还需要认识到的一点是，到设计"君权"级的时候，设计师送去测试的初始船型就已经算是改良版了，因为它是在以往测试结论基础上提出来的。[34] 具体来说，"君权"级的船体比例要比"特拉法尔加"级更瘦长一些。[35] 战舰的快速取决于船型多方面的特征，但最关键的因素是船身长度和"船体排水体积的立方根"的比值。[36⑤] 里德曾是弗劳德水池研究工作的主要推手，可是他竟然不了解弗劳德水池试验发现的这一重要结果。

"君权"级船身上最主要的装甲防御就是那道钢面复合装甲制作的水线装甲带，宽 8.5 英尺，厚 18 英寸，覆盖前后露炮台之间的舯部，在下边缘和前后部

① 日俄战争中的"富士"（Fuji）级"富士"号和"八岛"号（Yashima）跟"君权"级的设计非常类似。
② N. 巴纳比爵士撰《如何保护船舶的浮力和稳定性》（*The Protection of Buoyancy and Stability in Ships*），刊载于 1889 年在伦敦出版的《造船工程学会会刊》。
③ W. H. 怀特爵士撰《战舰的性能和尺寸》（*The Characteristic and Dimensions of Battleships*），国家档案馆归档条目 CAB 1/2。
④ 从 1888 年 11 月到 1889 年 2 月之间，弗劳德提交了一系列测试报告。本书写作期间，我没能查到这些报告的原件，据说正在把国家档案馆归档文件转移到英国国家海事博物馆，而哈什尔特的弗劳德博物馆中的复本应该存放在科学博物馆的库房里。
⑤ 弗劳德把这个参数叫作圈 M，等于 $\dfrac{船体长度（英尺）}{\sqrt[3]{35 \cdot 排水量（吨）}}$。直接计算船体长度和最大宽度之比，对于大多数船型来说都没有什么用处。

减薄至 14 英寸，水线装甲带的顶盖是 3 英寸厚的钢制装甲主甲板，水线装甲带前后带有厚厚的装甲横隔壁。虽然当时各国现役战舰的主炮，包括"君权"级自己的主炮，都可以击穿这种厚度的装甲带，但只有炮弹完全垂直地击中装甲板时，才能保证击穿，在实战条件下这基本是不可能的[37]，所以这种厚度的装甲带足够了。可是，英式钢面复合装甲过了几年就要全面淘汰了，当时海军部仍然保留这种材质，而没有转用全钢装甲，这一点也许让人觉得有点不可理解，不过其实直到 1891 年，钢装甲的性能和钢面复合装甲相比，并没有多大实质性的提升。[38]

露炮台周围的装甲围壁厚达 16—17 英寸，而且从露天甲板一直延伸到装甲主甲板上，跨过两层甲板的高度，这个围壁把操作露炮台回旋、炮管俯仰和供应弹药的所有机械装置全都围了进去，就算敌舰发射的炮弹在露炮台底板以下的船体内爆炸，装甲围壁也能对露炮台以及附带的机械装置提供保护。这个设计跟既往的战舰比起来，是一个显著的提升，让露炮台设计的战场生存性能提高了很多。不过仍然有不少人反对露炮台，推崇闷罐式旋转炮塔，因为露炮台里的炮组成员都处在暴露位置，缺少保护。然而，"君权"级的露炮台设计几乎完全克服了这个问题：主炮的装填装置受到装甲围壁的保护，也没暴露在露天甲板上，所以每对主炮的 11 名炮组成员大多能得到装甲的保护。只有火炮瞄准手暴露在露炮台上，不过后来也为他给主炮安装了可以防御机枪扫射的轻装甲防盾。还训练了那些在装甲围壁下面的水下弹药库里作业的发射药搬运手（20 名）和炮弹搬运手（12 名），学会主炮的瞄准和俯仰控制，一旦露炮台上出现伤亡，可以让他们顶替，从而继续作战。即便如此，怀特在后续几级战舰的设计中，还是给露炮台安装了轻装甲防盾。主炮必须回旋到船头—船尾的方向才能装填，有的人认为转到这个方位，主炮的炮管本身会形成一个很大的目标，更容易被对方瞄准和击中。不过，当时的炮手就连瞄准并击中一艘战舰都很成问题，实战中瞄准并刚好击中主炮炮管的概率应该也高不了。

在前后主炮塔之间、装甲主甲板和上甲板之间，还有一道 4 英寸厚的钢制舷侧装甲带。① 这是批评者攻击"君权"级的一个关键问题，他们觉得这么薄的舷侧装甲带还不如不要，但是若把这道装甲带也增加到 18 英寸厚，就会在船身上部直接增加 500 吨的重量，而且会牵一发动全身，让整艘战舰增大不少。第六章曾提到"抵抗"号实验，怀特非常清楚，测试结果表明，只要 4 英寸厚的装甲，基本上就可以防御任何口径的高爆弹了，而且在这道舷侧装甲带的后面设置了厚厚的两舷堆煤——从船壳到舷内足足有 10.5 英尺，这样就算被穿甲弹击穿，堆煤层也能控制水线以上的进水，保存战舰的浮力和稳定性。怀特表态说："如果允许船体造得更大一些，我愿意把富余的重量配额用在加厚这道舷侧装甲

① 当怀特在造船工程学会宣读他的论文时，海军部还没有决定舷侧装甲带到底该采用 4 英还是 5 英寸的厚度，所以在怀特这篇论文的不同位置，出现了这两种尺寸。看起来这是皇家海军头一回大范围使用钢制装甲。

1892 年下水的"决心"号（Resolution），舯部上层建筑前后都安装了原始的舰桥，可以看到舰桥朝两舷外飘出来的部分。后来，7 艘"君权"级的露天甲板上的 6 英寸副炮的轻装甲防盾，都替换成了跟上甲板上的副炮一样的装甲炮廓。（帝国战争博物馆，编号 Q39971）

带上，不过现在它们的设计已经足够好了。"[①] 船头船尾没有舷侧装甲带的部位照例使用 2.5 英寸厚的水下防御甲板保护起来，防御甲板在船头朝舰首形成一道斜坡，以支撑舰首的撞角[39]，水下防御甲板的上方进行密集分舱并堆煤。里德等人像过去一样，坚决反对这种船头船尾缺少水线装甲带防护的设计，不过怀特指出，"科林伍德"号证明船头船尾进水对浮力和稳定性的影响很小，就像第六章介绍的那样。

副炮是"君权"级一个非常关键的设计，当然代价也非常昂贵。在"君权"级建造的时候，6 英寸速射炮还在开发过程中，不过人们已经认识到了它的战术价值。1905 年的"无畏"号上，这种 6 英寸副炮是用来对付 20 世纪大型的鱼雷艇驱逐舰的，[②] 但"君权"级前无畏舰上的 6 英寸副炮扮演着重要得多的战术角色——专门扫荡敌舰没有装甲防御的部位，这也是"君权"级带有 4 英寸舷侧装甲带、副炮要尽量带有装甲炮廓的原因。"特拉法尔加"级的 6 门 4.7 英寸速射副炮设计总重量只有 140 吨（建成时有 185 吨），而"君权"级的 10 门 6 英寸速射副炮和相关的炮架、装甲防护、弹药加在一起足有 500 吨。[③] 每门速射副炮需要 8 人来人力装填，舰上共有 2 座副炮发射药库，每个发射药库里面有 8 人作业，此外，每个副炮炮弹库需要 7 人操作，所有副炮总共需要 110 人操作。[40] 还有约 30 名弹药搬运手[41]，负责给 6 英寸炮、6 磅炮和 3 磅炮搬运弹药。

为了防止一发敌军炮弹就让多门副炮一起瘫痪，这些副炮在舰上排布得间距很大，而且搭载于上下两层甲板上。设计时也曾经考虑过使用旋转炮塔来搭载副炮，不过旋转炮塔的装甲防护没法达到固定装甲炮廓那么厚，[42] 而且一旦战损而丧失蒸汽动力供应，旋转炮塔就无法旋转了，副炮也就无法继续战斗了，

① 海军部设计部门流传着一句"谚语"："过犹不及，刚刚好就是最好"（The best is the enemy of the good-enough）。

② 该舰总共搭载了 16 门 6 磅炮和 12 门 3 磅炮来对付鱼雷艇。

③ 怀特指出，这个重量非常接近"暴怒"号全船舰载武器的总重量。

固定炮廓里的副炮还可以继续靠人力回旋俯仰，继续战斗。上甲板上安装的那4门副炮在战舰建成时全都带有装甲炮廓，这也是从"抵抗"号实验中获得的经验教训。炮廓前脸厚6英寸，两侧、后方减薄至2英寸；每个装甲炮廓重20吨左右。上甲板距离海面的高度还是不够，这个问题留待后文巡洋舰的部分再来探讨。上甲板两舷还各安装了6门更轻型的火炮。刚建成时，露天甲板的6门6英寸副炮都没有装甲防御，只有可以抵挡机枪扫射的轻防盾，1902—1905年的现代化改装给它们都安装了装甲炮廓。

　　船体深处有一条弹药通道，从前装甲炮座下面通到后装甲炮座下面，在船体纵中线上，位置刚好在装甲主甲板的下方。站在今天的角度上看，这才是"君权"级设计的最大缺陷，后来的一系列前无畏舰竟然忠实地延续了下来[43]。如果敌舰炮弹在一个炮座下面爆炸，这个纵中线弹药通道就可能把爆炸传到另一个主炮炮座下面去，[①]而且一旦底舱某个舱室进水，这个弹药通道也可以让水肆无忌惮地灌入其他舱室里。"君权"级的这条纵中线过道还把蒸汽机舱和锅炉舱全都分成了左右两部分，这样一旦单舷进水，就会导致大角度的横倾，甚至倾覆。[②]设计团队对这个问题并不是毫无察觉，可他们仅仅计算了一个底舱水密分舱进水后，船体横倾的情况，至于水密隔舱壁受损后，相邻两个水密舱进水导致船体横倾的问题，却没有加以计算。原因是这种大范围的不对称舷进水在那个没有电子计算机的时代，计算量太庞大了。当时只能假设两个水密舱都进水的效果相当于两个水密舱单独进水效果的总和，不过实际情况常常要严重得多。第一次世界大战中前无畏舰的战损情况详见第十章的介绍；英法等许多国家的前无畏舰都因为水下船体受损而翻沉，而且通常在很短的时间内就翻沉了。

① 多格尔沙洲（Dogger Bank）之战中的德国装甲巡洋舰"布吕歇尔"号（Blücher）和日德兰海战中的英国装甲巡洋舰"防御"号的下场[44]，都是弹药输送通道缺少防护的典型例子。

② 例如跟"君权"级类似的日本战舰"八岛"号在日俄战争期间触雷而迅速沉没。

1891年下水的"胡德"号。海军上将胡德是旧式闷罐旋转炮塔的顽固拥趸，在他的强迫下，最后一艘"君权"级战舰以低干舷炮塔舰的样式完工。"胡德"号的横摇性能和高海况适航性都很糟糕。1914年，将该舰放水自沉在波特兰港朝向南面的航道内以堵塞航道，时至今日，无风天气里仍然能够看到该舰的残骸。（帝国战争博物馆，编号Q21356）

采用露炮台让直接主持"君权"级设计的怀廷得以选择非常高的干舷，在船头差不多能达到 19 英尺 6 英寸，即 19.5 英尺，只比现代船舶的设计标准低 10% 左右。可是《海防法案》扩军计划的第八艘"君权"级——"胡德"号，是低干舷炮塔舰，船头干舷仅能达到 11 英尺 3 英寸，这便意味着该舰就算是在静水里也很难高速航行[45]，而且随着海浪升高，其航速会快速降低。低干舷设计还意味着"胡德"号的稳心高必须设计得比其他"君权"级姊妹舰更高才行，这样才能部分地抵消掉干舷不足带来的稳定性不足，因为战舰在大浪中大角度横摇时的稳定性，是由干舷高度来决定的。

就像下文表格数据显示出来的那样，尽管提高了稳心高，"胡德"号在大角度横摇时的稳定性还是赶不上露炮台样式的姊妹舰，所以当其他"君权"级先后在 1902—1905 年给露天甲板的 6 英寸副炮全都安上装甲炮廓的时候，海军决定不给"胡德"号进行类似的改装，因为该舰的稳定性不足。战舰横摇的周期大体上是跟最大船宽 /$\sqrt{\text{稳心高}}$ 成正比的，这样算下来，"胡德"号的横摇周期比它那 7 艘"半姊妹舰"要短 7% 左右。这反过来导致该舰横摇过快，让该舰火炮更难准确射击。

"君权"级的第八号舰"胡德"号最终向时人清楚地证明，铁甲舰时代所谓的"炮塔"，即闷罐式舰面旋转炮塔，是一个彻底的失败。1913—1914 年，该舰被拿来测试防鱼雷突出部（Anti-torpedo Bulge）[46]，效果很成功。战争即将爆发之际，该舰放水自沉，堵塞了波特兰港的南入口，风平浪静的时候，直到今天仍然能看见它的残骸。

表 8.3 "君权"号和"胡德"号稳定性比较

	排水量（吨）	稳心高	最大复原力臂（英尺）	最大复原力臂对应横倾角（°）	稳性消失角（°）
"君权"	14262	3.6	2.3	37	63
"胡德"	14532	4.1	?	34	57

"君权"级建造和服役情况

所有的"君权"级都应该在开工后 3 年内完成建造，最后几乎都按计划完工，这部分归功于怀特对海军船厂的机构进行了改革重组。首制舰"君权"号的建造进度被官方逼得很紧，造得特别快，在朴次茅斯海军船厂经过 2 年 8 个月的建造就完工了，这个船厂恐怕是当时全英国和全世界造船速度最快的船厂了。

怀特后来发表过一篇论文[1]，文中下结论说，原本的设计意图在建造中基本上都实现了。建成后的实际排水量跟设计时计算的排水量没有什么出入，只超重了 250 吨，但这 250 吨在设计的时候已经包括在重量计算里了，也就是该

① W. H. 怀特撰《近年来主力舰的战术性能与作战表现》（The Qualities and Performances of Recent First-Class Battleships），刊载于 1894 年在伦敦出版的《造船工程学会会刊》。

级战舰的设计延续了 1885 年设计"特拉法尔加"级的时候新增的"海军部委员会冗余排水量",这就意味着剩余的冗余排水量可以在需要的时候增加载煤量了。在首制舰"君权"号上,重心的高度比设计时估算的低了 1.75 英寸 [而"拉米利"号(Ramillies)由于采用更沉的发动机组,重心高度比设计的低了 4 英寸],煤舱的布局也尽量做到让稳心高在轻载和装载状态下不会发生太大的改变:轻载稳心高 3.55 英尺,装载稳心高 3.6 英尺。

怀特当初希望这些战舰的稳心高能够达到 3.5 英尺,因为经验表明这个高度比较合适:既能够保证足够的横倾安全性,又不至于让横摇太过于迅速,而横摇周期比较长,有利于精准射击。"君权"级实际的横摇周期没有留下测量数据,不过怀特曾说该级舰的一个完整横摇周期大约是 14—16 秒。就像附录 5 介绍的那样,当船舶固有横摇周期恰好跟海浪的周期一样的时候,波浪拍打在舷侧,便会让横摇幅度变得越来越大,这就是所谓的"共振"。由于"君权"级的固有横摇周期长,只有波长超过 1000 英尺[47] 的巨浪才能够跟"君权"级的横摇"共振"起来,虽然这样子的巨浪通常罕见,但根据长年观测的结果,北大西洋每年有 1% 的概率出现这样的巨浪。怀特根据这些数据,认为没有必要给"君权"级安装舭部减摇龙骨,因为能够跟"君权"级共振的大浪太少见了,而且该舰水下船体船型丰满,舭部是直角拐弯,这样的造型本身已经能够起到很好的减摇作用了。

可是,这一级战舰刚刚服役,军中就传来了横摇过于严重的抱怨,看起来这种罕见的大浪还真让"君权"级给遇上了。1893 年 12 月,"决心"号遭遇了特别严重的海情。事后,海军军官们提交了非常言过其实的报告,把该舰在恶浪中的航行性能和所遭受的损伤描述得非常糟糕,甚至宣称该舰确实有翻沉的危险。根据这份报告,该舰朝一舷横摇的最大幅度可达 30° —40°,因为遇到的海浪从波谷到波峰足足有 42 英尺高。就像附录 5 提到的那样,当时测算横摇的仪器非常不准确,而怀特也在 1894 年的一篇论文中提到,"决心"号舰桥上悬挂的单摆可以记录到两倍于实际横摇角度的数值[48]。就跟单摆一样,我们人类的平衡觉器官[49] 也会不停受到横摇加速度的干扰,就算是平衡觉最灵敏、最准确的人也往往大大高估了横摇的角度[50]。一句话,不论是单摆还是人类的平衡器官,在横摇的战舰上都不能准确地感知和测量真正和波面垂直的那个方向,所以也就很难准确估计出浪高。

尽管如此,"决心"号无疑遇到了大浪,而且横摇非常严重,虽然该舰的军官估算当时那几波大浪波长达 300 英尺[51],但根据船舶大角度横摇的原理,几乎可以肯定,是潜伏在这些海浪下面的、波长非常非常长的浪涌导致了"决心"号横摇加剧。实际造成的损伤都是皮外伤,事后维修只花费了 440 英镑,当然,确实有上浪涌进了船体里面,不过这主要是因为军官们对恶劣的海况估计不足,

① 我上大学的时候，也就是 1949 年的时候，教材和讲义仍然提到了这次实验。
② R. A. 布坎南（Buchanan）编《工程师和工程学》（*Engineers and Engineering*）一书中 D.K. 布朗所撰文章，1996 年在巴斯出版。
③ W. H. 怀特撰《近年来主力舰的战术性能与作战表现》，刊载于 1894 年在伦敦出版的《造船工程学会会刊》。怀特此文中所谓"舰载设备"的定义不大清晰，不过大约应该包括舰载武器、装甲、燃煤、弹药、后勤物资以及其他舰载设备。该文同样归档于国家档案馆，归档号 CAB/1。

露天甲板上和舷侧的一些舱口没有及时关闭。

于是给同期完工的"却敌"号（Repulse）安装了长 200 英尺、宽 3 英尺的舭龙骨，然后把它和没有舭龙骨的"决心"号进行了比较实验，发现在后者横摇了 23° 的这段时间内，前者只横摇了 11°，也就是说舭龙骨确实让横摇变得更加舒缓了。后来又在给"复仇"号（Revenge）安装舭龙骨的时候，进行了更加科学的实验，发现没有舭龙骨的时候，"复仇"号需要左右摇晃 45 至 50 次，横摇幅度才能够从 6° 减小到 2°，而安装上舭龙骨以后，只需要左右摇晃 8 次。舭龙骨的安装对于航速并没有什么影响，甚至还让回转圆变小了不少，[52] 真是意外之喜。①

怀特在设计的时候决定不给"君权"级安装舭龙骨，这一点让我们感到有点不可理解，因为从 1860 年开始，威廉·弗劳德就陆续发表了一系列论文，研究了船舶在海浪中的摇晃行为，到后来，这些论文甚至还大篇幅介绍了他的模型测试的结果，展示了怎么通过对这些模型测试结果进行巧妙、复杂的图形分析，来预测船舶在海浪中的行为以及舭龙骨的效果。怀特自己编写的教材《战舰设计手册》中也清晰描述了弗劳德的研究方法，这更让怀特不采用舭龙骨这一决定无法理解。早在 1872 年的时候，弗劳德就曾对"科教委员会"（Committee on Scientific Education）说，就算是最新型的船舶也没有把他阐明的船舶横摇原理科学地应用起来。②

"君权"级的身形比之前的战舰都要庞大，对这一点，怀特的解释是该级战舰需要具有更大的装载能力。他举出跟"君权"级长度相同的外军战舰，排水量在 12000 吨 [53]，而排水量 16000 吨的"君权"级可以多搭载 1600 吨的物资和设备。③怀特说"君权"级虽然造价昂贵，但还不是贵得离谱，因为英国船舶制造工业的效率比别国更高。这几艘"君权"级里面，海军船厂建造的，船体本

"君权"号在海上航行的照片。虽然该舰干舷已经相当高，上浪还是比较严重。（英国国家海事博物馆，伦敦）

身平均耗资 77 万英镑，而外军建造的同类战舰，如果也只计算船体本身造价的话，则平均相当于 95 万到 100 万英镑。在船体本身的造价之外，还有武备等舰载设备的造价，以及所谓的"间接经费"，如果把间接经费也计算在内的话，那么"君权"级船体的造价大约是 90 万英镑。即便怀特估算的外军新式战舰的造价，也比 19 世纪 70 年代后期开工建造的"不屈"号稍微便宜一点[54]。

"君权"级服役后，海军的接受度非常高，只是在进入 19 世纪 90 年代以后，随着技术突破式进步，"君权"级不可避免地快速过时了，19 世纪 90 年代的技术进步将在下一章介绍。当时的海军对"君权"级的外观非常满意，觉得非常洒脱飘逸，大多数现代学者也这么觉得。设计师常说的一句话就是："看起来漂亮，性能就会很好。"要让作者我来说，这句话应该倒过来："要是一艘战舰性能优异，很快大家就会在审美上接纳它，甚至觉得它的外观很漂亮。"无疑，"君权"级是一型优秀的现代战舰，这都要归功于怀特和他培养出来的怀廷，也就是直接负责"君权"级设计的那位团队首席设计师，而可怜的比顿[①] 只能用尽办法让"胡德"号跟 7 艘"半姊妹舰"相差不那么悬殊。

二等主力舰：1890 年开工的"百夫长"号和"巴弗勒尔"（Barfleur）号

1889 年《海防法案》扩军计划中还包括 2 艘"二等"主力舰，尽管怀特非常明白这种"二等主力舰"看似经济节约，实际上性价比很低，不过它们是计划建造出来到远东和太平洋作为海外派驻舰队的旗舰用的，主要作用就是在那里显示英国的军事存在，所以这种低价、低性能的战舰也有一定存在的价值。它们在海外最有可能遭遇的假想敌就是沙俄的大型巡洋舰了，而这种二等主力舰的浅吃水（26 英尺）也是保证它们能在远东江河里活动的关键。它们的船底

① 怀廷于 1876 年从英国皇家海军学院毕业，比顿于 1878 年毕业，都获得了二等毕业证书。怀特作为战舰设计学的教师一直在学院任教到 1877 年。

第一次世界大战时，"可怖"号 [（Redoubtable），原"复仇"号] 在比利时沿岸活动。照片中该舰有一些朝左舷横倾，可能是故意这样做的，好增加主炮仰角、增大主炮射程。原来的 13.5 英寸主炮替换成了 12 英寸主炮。（帝国战争博物馆：SP1912）

1892 年下水的"百夫长"号二等主力舰，总体布局跟"君权"级类同。（作者收藏）

都包裹了铜皮，抵御温暖海域中海洋生物对船底的污损。一艘船需不需要船底包铜，在设计阶段就要决定下来。如果一艘战舰决定要包铜，那么船上所有暴露的金属部件必须是青铜的，包括船头的撞角和尾舵的铰链在内的主要部件。

这两艘二等主力舰几乎就是"君权"级的缩水版，主炮是 4 门 10 英寸口径的火炮，水线装甲带的最大厚度是 12 英寸。设计指标要求这两艘战舰能够比"君权"级快 0.5 节左右，这让设计师在选择船型和主尺寸比例时颇费了一番功夫。[1] 10 英寸主炮的俯仰角非常大，最大可达 30°，虽然当仰角大于 15° 时，得把发射药装药量减少一半；采用这种高仰角炮可能是为了对付海岸目标。由于 10 英寸主炮不算非常重，所以仍然人力装填，主炮炮座的回旋依靠蒸汽动力，但也带有应急人力回旋手柄。人力装填便意味着如果继续采用"君权"级那种完全暴露的露炮台，就会有大量的装填手无防护，所以这两艘二等主力舰给每个露炮台加装了一座厚 6 英寸的装甲炮罩，炮罩的后部敞开，可能觉得这样有利于硝烟迅速散尽，这种炮罩将在下一章介绍的 19 世纪 90 年代的前无畏舰上逐渐发展成 20 世纪的现代"炮塔"。

1890 年海军预算的说明材料中详细讨论了人力装填火炮的优缺点。如果是在舷侧炮位，人力装填的大炮的炮管在炮座上需要安装得更靠后，炮耳在炮管上更靠前的位置，这样才能有更长的一段炮管位于船体内部，方便多人同时操作炮尾，进行装填，这样一来，炮门就要开得大一些，大炮暴露的部分就更多一些。不仅如此，为了让人操作得动沉重的炮管和炮弹，必须有一些额外的精细结构来辅助，相应地，比动力装填的大炮更容易出机械故障。不过，这一时期的主炮还是能够人力操作的，比如"特拉法尔加"号的一门主炮，使用人力操作，在 9 分半的时间里开了 4 炮。

① R.A. 伯特著《英国战舰，1889—1904 年》（British Battleships, 1889-1904）第 91 页，1988 年出版于伦敦。

关于"百夫长"级的装甲防御设计，怀特提出了3种备选方案：

（a）基本同"君权"级，水线装甲带厚12英寸，舯部装甲主甲板厚2.5英寸，不带穹甲式设计，舷侧装甲带厚4英寸；

（b）从水线以下5英尺处直到水线以上10英尺处，统一的5英寸厚装甲，配套采用巡洋舰那样的穹甲防御体系，穹甲厚2.5英寸；

（c）较厚的水线装甲带、较薄的舷侧装甲带，并搭配穹甲，这样一来，会比（a）和（b）方案多出来300吨的装甲重量。

其实怀特在设计"君权"级的时候，就曾提出上文的（b）方案，也就是用从水下到水上的大面积薄装甲代替原来厚薄不同的水线和舷侧装甲带，并搭配下文将要介绍的"布莱克"（Blake）级巡洋舰那样的穹甲防御体系，不过海军部委员会不论是给"君权"级还是给"百夫长"级，都选择了方案（a）。[55] 尽管这两艘"百夫长"级在1901—1904年进行了昂贵的现代化改装，它们活跃服役的时间仍然很短。总之，二等主力舰的角色如果叫即将过时淘汰的老旧一等主力舰来担当，那就再好不过了，本来就不需要专门建造这种战舰。

20世纪现代巡洋舰的鼻祖：19世纪90年代的威廉·怀特巡洋舰

本书拿不出大量篇幅来专门介绍怀特设计的这些非常成功的巡洋舰，但它们的设计的确非常有意思，所以下面这个部分集中介绍这些新式巡洋舰的技术创新。[56]

水线装甲带和水下防御甲板

早在1871年召集战舰设计委员会[57]的时候，就有人呼吁用水下防御甲板代替水线装甲带，至少要在巡洋舰上实践这种设计。而且，1871年委员会的少数派报告[58]还建议所有的战舰，无论大小，都只采用水下防御甲板，舍弃水线装甲带。意大利设计师布林在主力舰"意大利"级上就采用了这种防御。怀特后来也提出要在英国的主力舰上采用类似的激进设计。① 我们今天谈到水下防御甲板的时候，常常没能充分认识到这种防御体系绝不仅仅指一层防御甲板，而是由防御甲板、密集分舱和堆煤组成的一个完整系统，防御甲板只是这个防御系统的一个方面，尽管是其中最为关键的一方面。这种水下甲板防御体系到19世纪80年代的"默西河"级战舰上已经发展成熟了，此时的防御甲板呈"穹甲"状，也就是说甲板纵中线上平坦的部分刚刚位于装载水线以上不高的位置，而甲板两舷则向水下形成一个斜坡，下文将要介绍的1889年开始建造的"埃德加"级是这种样式的典型代表。而在1896年开工的"王冠"（Diadem）级上，穹甲两舷的斜坡一直延伸到装载水线以下大约4英尺的位置。大部分巡洋舰的穹甲

① 当时有很多人声称是自己"发明"了这种水下防御甲板防护体系，包括里德、阿姆斯特朗勋爵、布林以及伯廷（Bertin）（1872-SPHAX1884）。头两位对于这种防御体系的贡献可以算是有目共睹了，而意大利设计师布林可以算独立发明出这种防御方式。不过布林也可能是在阅读了1871年战舰设计委员会报告后受到了启发。

1890 年下水的"布伦海姆"号（Blenheim）。"布莱克"号和"布伦海姆"号是最早的没有舷侧装甲的"一等防护巡洋舰"，完全依靠复杂的穹甲系统来提供防护。（作者收藏）

都是两舷斜坡部分的装甲较厚，而中间平坦部分的装甲较薄。[59][①] 而在舯部动力舱段，穹甲中间平坦部分留有一个大洞，这个大洞差不多占到船宽的三分之一，依靠带有装甲的隔栅舱门提供一些保护。在这个隔栅舱门的底面，常常还要悬挂绳编的网兜状防擦片（Mantlet）[61]，如果敌舰发射的炮弹在动力舱段上方爆炸，这些绳网可以兜住爆炸产生的破片。一般来说，蒸汽机往往比穹甲甲板高一些，所以蒸汽机那高高架起来的汽缸的头部要穿过穹甲甲板水平部分开的那个大舱口，为了给汽缸的头部提供保护，当时常常把围绕汽缸头部的穹甲设计成一圈厚厚的装甲斜坡，于是这种倾斜装甲就和汽缸头部一起露在穹甲的上方[62]。

穹甲主甲板和它上方的上甲板之间的空间，在两舷密集分舱，用来堆煤。水线上的两舷堆煤是穹甲防御系统的一个不可或缺的组成部分，所以设计这些巡洋舰的时候，特别计算了底舱两舷煤舱的燃煤全部耗尽，而水线上两舷堆煤没有动用的时候，船舶稳定性将如何变化。水线以上两舷堆煤可以给船体提供额外的防御：2 英尺厚的堆煤抵得上 1 英寸厚的钢装甲。防弹测试还证明，当炮弹在煤舱里爆炸的时候，堆煤可以吸收炮弹爆炸的部分威力、限制爆炸波及的范围。更重要的是，水线上下两舷的堆煤可以限制进水：填满燃煤的煤舱中，八分之五的容积被煤占据，这就意味着进水只能填满一座仍然保持水密的煤舱八分之三的容积。[②] 同样的，由于进水受到部分控制，水线面附近的进水就不大严重，这样船体水线面的惯性矩得以保全，也就保全了战舰的稳心高，所以**两舷堆煤可以大大减少进水造成的稳定性丧失**，不论古今，大部分非专业人士都常

① 这个穹甲在接近双层船壳的地方也会较薄，以方便船体肋骨从那里通过——见图 22[60]。
② E. L. 阿特伍德著《战舰设计学》，1904 年出版于伦敦。

穹甲防御体系图解

图 A 是一艘 19 世纪 90 年代典型的一等巡洋舰水密分舱示意图，展示了很多上文介绍过的防御元素。从穹甲主甲板[63] 的平面图上可以看到，穹甲甲板和上甲板之间的两舷堆煤舱中也有纵向装甲隔壁，把两舷堆煤分割成内外两层。堆煤不仅能够直接抵御炮弹的轰击，在舷侧船壳被炮弹击穿后，还能够限制进水，保存浮力和稳定性。底舱平台甲板两舷的弹药输送通道是防御上的一个弱点，这样的通道可以让进水和炮弹爆炸产生的火焰从一处瞬间蔓延到另一处。蒸汽机舱和锅炉舱里面都还有纵向中央隔壁。一旦隔壁一侧的发动机和锅炉舱进水，船体就会大角度横倾，为了避免这种情况，只好打开另一舷的通海阀，让另一侧的蒸汽机和锅炉舱进水，以配平不对称舷进水。

图 B 是一等巡洋舰各个位置的横剖图，展示了穹甲体系的具体布局。

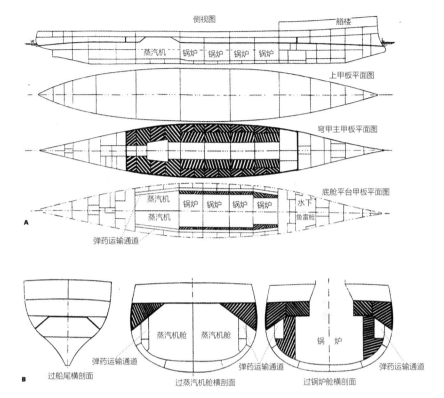

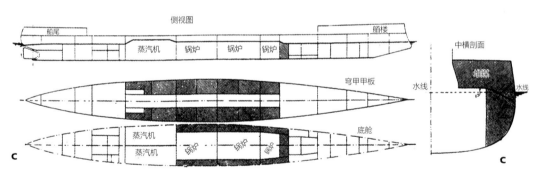

图 C 是三等巡洋舰的穹甲防御体系，相对于一等巡洋舰，有很多简化。

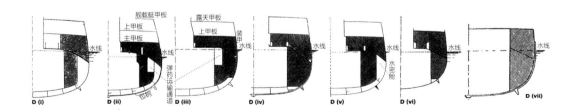

图 D 是当时各种类型的巡洋舰和炮舰的穹甲横剖面结构对比。（阴影部分为堆煤）

i 一等防护巡洋舰"埃德加"号

ii 一等防护巡洋舰"王冠"号，船底包裹铜皮，有水密隔壁

iii 一等装甲巡洋舰，有水线装甲带、水密隔壁

iv 船底包铜的二等防护巡洋舰，有水密隔壁

v 一等防护巡洋舰"傲慢"号，有水密隔壁

vi 三等巡洋舰

vii 船底包铜的小型炮舰

常忽视堆煤的这一重要防御功能。二等和三等巡洋舰内部的穹甲防御设计跟一等巡洋舰几乎一样，就连19世纪90年代新造的小型炮舰都采用了穹甲防御体系，其堆煤可以给船体提供一些防御，并且能够在船身破损时帮助保存稳定性和浮力。有些巡洋舰的穹甲只存在于舯部，但是由于船头船尾比较瘦削，就算它们都进水，对整艘船的浮力和稳定性也不会产生太大的影响。穹甲和上甲板之间的煤舱里的存煤不大容易转移到底舱两舷那些更靠近锅炉的煤舱里面去，为了让水线以上煤舱的存煤转移起来更方便，花了不少心思。到20世纪以后，一些人反对用石油代替煤作为战舰燃料，其中一个关键的原因就是堆煤在铁甲舰和前无畏舰时代的大小战舰上都是防御体系中不可或缺的成员。

穹甲主甲板和上甲板之间的这些两舷煤舱还进行了相当细密的分舱，它们分别被纵隔壁分成内外两层，而且所有水密隔舱都从船底一直延伸到上甲板的底面，于是就把水线以上的两舷堆煤也划分成了很多独立的小煤舱[64]。通常，这些独立的小煤舱里靠下的3—4英尺高的部分，在堆煤中安装了一道12英寸宽的挡水坝，挡水坝就是薄板制成的箱子，里面充填由麻绳碎絮和帆布构成的防水材料，如果炮弹击穿了挡水坝舷外的船壳、煤层和隔壁，挡水坝可以阻挡舷侧进水进一步朝舷内漫延。也有些煤舱没有挡水坝，而是换成18英寸宽的箱子，里面存放水手的吊铺[65]。这些水线上两舷煤舱的地板上都有舱口，这些舱口穿过穹甲甲板，连通下方的底舱两舷煤舱，其舱口盖周围都安装了很高的围栏板，一旦这些煤舱进水，围栏板可以把水挡在外面，不让它们漫进底舱的煤舱。如果遇到水下武器的攻击，这种密集分舱的水线上两舷堆煤也可以控制进一步的进水，让战舰不容易沉没。

在防护甲板以下，舯部动力舱段的两舷还有更多厚度很大的底舱堆煤舱，由于19世纪的鱼雷的战斗部装药量都还不算太大，这样的底舱堆煤能够在战舰遭遇水下武器袭击时提供一些保护，控制进水从而保存浮力，此外，当战舰面对海岸堡垒居高临下的轰击时，这些堆煤能够保护发动机组不受沿着高抛弹道飞落下来的炮弹的直接轰击。底舱两舷的煤舱存放着锅炉日常需要消耗的燃煤，所以这些煤舱的水密性往往存在一些不可避免的弱点；在使用中，船底煤舱朝锅炉舱开的那些舱门必须一直保持敞开，如果战舰突遭不测，这些滑动门就很难立刻关闭，因为容易有碎煤块卡在滑动门的滑轨里面。时人已经意识到这个问题，[66]于是专门把这些船底煤舱供煤口设计成可以从上方的甲板上面控制关闭，有时候甚至还是依靠动力关闭的，不过一旦这些船底煤舱受到了水下爆炸的波及，供煤口很有可能因为煤舱结构变形而无法严丝合缝地关闭。这些底舱两舷煤舱中还带有从船头到船尾的纵向弹药输送通道，用来给水线上的各个炮位供应弹药。这种设计无疑将会在底舱进水或者炮弹在底舱爆炸时，瞬间就让水和火焰从一处扩散到另一处，这是当时所有战舰设计中最严重的一个弱点。

19 世纪 80 年代开始采用这种穹甲防御体系的时候，战舰需要面对的炮弹主要是两种，即装满黑火药的"通常弹"以及可以穿甲的帕里瑟弹（虽然帕里瑟弹也可以装填黑火药，但大多数情况下都灌满沙子配重，而不再装填火药使用），高爆炸药和高爆弹这个时候才刚刚开始列装。当时设想的一般交战距离都较近（小于 6000 码），要想击中敌舰，必须把炮管放平了开炮，于是炮弹一般沿着平直的弹道飞行，所以这样的炮弹几乎不可能以很大的角度直接命中防御甲板。最大的威胁就是装填了黑火药的通常弹爆炸后产生的尺寸不小的破片，拦阻这样的破片，只需要 3 英寸厚的钢装甲或者等效防弹能力的厚实堆煤层。然而，19 世纪 90 年代开始普及的高爆弹，可以把水线以上没有装甲防御的薄船壳直接轰成齑粉，再搭配速射副炮，就会形成可怕的火力输出[67]。自从"抵抗"号防弹测试以后，时人大多认为这些防护巡洋舰的所有炮位都必须安装装甲炮廓，只有这样才能给炮组成员提供像样的保护。（第十章中也提到了几例 19 世纪的防护巡洋舰遭受火炮轰击时的战损情况。）

1888 年开工的"布莱克"和"布伦海姆"

这两艘巡洋舰①是怀特从阿姆斯特朗厂重返海军部担任总设计师以后，设计的第一型巡洋舰，而阿姆斯特朗厂当时推出的"埃尔斯维克"巡洋舰在坊间享有盛名。这两艘巡洋舰也是世界上第一型"一等防护巡洋舰"，摒弃了舷侧装甲带，完全依靠穹甲体系来提供防御②，上文已经详细介绍了这种穹甲体系在一等防御巡洋舰船体内的具体布局，这种穹甲体系也是从第七章介绍的巴纳比时期的"酒神"和"默西河"等巡洋舰上一步步发展起来的。

这两艘巡洋舰设计时的战术定位是进行海上交通战，所以最初预定搭载的副炮[68]是 8 门 6 英寸普通后装炮，完工时实际安装的是 6 英寸速射炮，航速高达 20—22 节[69]。载煤量[70]足够以 20 节航速连续航行 6.5 天，或者 10 节航速连续航行 80 天，③这比上一级一等巡洋舰"奥兰多"级的载煤量要大得多[72]。和 19 世纪 80 年代的巡洋舰相比，因为"抵抗"号的实验结果，上甲板上的 4 门 6 英寸副炮全部安装在厚达 6 英寸的装甲炮廓④里面，副炮炮廓和装甲指挥塔的重量总共达 276 吨[73]，露天甲板的副炮没有装甲炮廓，可能是因为这样做容易导致重心过高。在两舰刚刚服役时，海军对它们的性能评价很高，除了造价太昂贵[74]——"布莱克"号耗资 440701 英镑⑤。由于技术快速进步，两舰活跃服役的时间很短："布莱克"号 1898 年就退役除籍了，"布伦海姆"号 1901 年退役除籍。怀特接下来领导设计了一艘大型"巡洋舰"，也就是鱼雷艇母舰"伏尔甘"号。在该舰的设计中，他把自己对大型防护巡洋舰的理解进一步完善和发展，

① "布莱克"号和"布伦海姆"号。

② 这两艘巡洋舰是不是从一开始就不打算安装装甲带，这一点目前存疑，因为装甲带处的 1 英寸厚船体外壳也加工成了跟其他部位的船壳一样的状态，并没有凹陷进去，如果后面想要再安装装甲带，也完全可以安装在船体外壳的外面。[根据英国国家海事博物馆收藏的当年 D. 托普利斯（Topliss）的演讲稿有此猜测。]

③ 怀特，第 224 页[71]。

④ 英国海军最早是在"埃德加"级巡洋舰的设计中给副炮配炮廓的，后来"布莱克"级在改装时也加装了装甲炮廓。

⑤ C. C. 赖特撰《明星舰》（Impressive Ships），刊载于 1970 年在托莱多出版的《世界战舰》杂志 1970 年第 1 期。

1889 年下水的"伏尔甘"号是一艘鱼雷艇母舰，可见船上搭载了巨大的液压起重机，用来吊放和回收鱼雷艇。（作者收藏）

然后将新的经验用于设计下一级一等防护巡洋舰，即比"伏尔甘"号稍微小一点的"埃德加"级。

1889 年开工的"埃德加"级

这几艘战舰的基本布局跟"布莱克"级完全一样，不过造价更低廉，航速稍稍降低，穹甲的厚度也加以削减。[75] 最开始建成的"埃德加"号及几艘姊妹舰，船头也像"布莱克"级一样，是平甲板，可是它们的上浪比较严重，所以后来该级有两艘船[①] 在建造中直接添加了艏楼甲板，以改善高海况适航性，虽然官方解释是给水手提供更多的居住空间，而且在"埃德加"级的档案文件中，即使对头几艘平甲板的姊妹舰，仍然说它们"是非常棒的海船"。后来实际服役中，这种艏楼的抗浪性能非常出色，所以怀特希望给后续的所有巡洋舰都添加类似

1892 年下水的"埃德加"级"直布罗陀"号，"埃德加"级是"布莱克"级的缩小型。（作者收藏）

① "新月"号（Crescent）和"皇家阿瑟"号（Royal Arthur）。

这是1890年下水的"拉托那"号(Latona)[77]的船厂模型。模型上展示了当时巡洋舰上常见的舰面设备,可见舰桥几乎完全露天,两舷有大量舰载艇。(作者收藏)

的艉楼。直到第一次世界大战初期,这一级巡洋舰中有几艘仍然在苏格兰以北海域执行封锁任务,这种任务需要在北海巡航,实践表明这一级巡洋舰的干舷是完全不够高的;就连带有艉楼的"新月"号也在大浪中严重上浪,让舰桥严重受损。[①]上甲板上的副炮距离水线只有10英尺高[76]。

表8.4 干舷高度比较

舰名	干舷(F)(英尺)	$F/\sqrt{L}$
"埃德加"	17.4	0.9
"新月"	26.1	1.3

① D.K. 布朗撰写的会议论文《海上航行时可以长时间维持的巡航速度》(*Sustained Speed at Sea*),提交至第100届"国际船舶工程大会"[NEC(International Naval Engineering Conference)],1984年举办于纽卡斯尔。

1897 年，怀特将"埃德加"级跟法国的"迪皮伊·德·洛梅"号（Dupuy de Lôme）巡洋舰做比较，这艘法国巡洋舰造价合 416000 英镑，而"埃德加"级平均每艘耗资 367000。"埃德加"级的火炮可以很轻松地击穿"迪皮伊·德·洛梅"号薄薄的大面积舷侧装甲，而且"埃德加"级的航速和火力等性能全面超越"迪皮伊·德·洛梅"号 [78]。

1894 年开工的"强大"号（Powerful）和"可怕"号（Terrible）

这两艘体型硕大的巡洋舰是为了对抗沙俄的"留里克"号（Rurik）巡洋舰 [79] 才建造的，① 不过就像从前遇到这种情况的时候一样，这一回，英国再次神经过敏、反应过头了，而且怀特自己也严重夸大了"留里克"级的威胁。怀特最初提出的方案是给这型巡洋舰搭载纯 6 英寸速射火炮，总共 20 门，但海军军械处处长希望搭载 4 门 8 英寸炮和 14 门 6 英寸炮 ②，然后产生了一系列备选方案，最后，海军部委员会决定在船头船尾搭载 2 门 VIII 型 ③ 9.2 英寸炮 [80]，两舷搭载 12 门 6 英寸炮。④ 从这一级巡洋舰开始，怀特就喜欢让最靠近船头船尾主炮的 6 英寸副炮炮位使用上下两层的装甲炮室，这成了后来怀特式巡洋舰的招牌布局。[81] 这种装甲炮廓实际上提供的防护可能没有怀特等人相信的那样大，第十章将介绍日俄战争中"岩手"号（Iwate）中了一颗沙俄炮弹，一次报销了邻近的 3 座装甲炮廓。

时人多批评"强大"号及其姊妹舰火力不足，怀特则指出，实际上这一级巡洋舰的武备和装甲的重量比前一级一等巡洋舰（即"埃德加"级）要多出来 10%，两舰身形巨大是因为同时追求高航速和很大的载煤量。要是再搭载更多的大炮，就得配套更多的弹药储藏空间，现有的船体里已经安排不下更多的弹药库了。[82] 怀特说，按照他们当时核算的船体稳定性，不可能再多安装装甲炮廓了，但是 1902 年的现代化改装给两舷加装了总共 4 门 6 英寸副炮，而且带装甲炮廓。[83]"强大"级的穹甲在两舷斜坡部分厚 4 英寸，但斜坡最靠近船壳的部分正好有船体肋骨穿过，于是左右船壳往里各 1 英尺宽的穹甲倾斜部分，只有 2.5 英寸厚（不过，任何幸运地击穿这道 2.5 英寸倾斜装甲的炮弹，都会撞上厚厚的底舱两舷堆煤层）。[84]"强大"级的弹药输送通道比之前那些巡洋舰都要高一些，刚好位于穹甲甲板下面，这样就不用在副炮炮廓里面存放一些待发的炮弹了（在炮廓里存放弹药是"岩手"号副炮炮廓被弹后殉爆的原因）。刚开始，海军部坚持要求给该级舰安装传统的圆筒式火管锅炉，不过怀特鼓动总机械师德斯顿向海军部委员会争取，最后该舰安装了下文将要介绍的法国贝勒维尔式水管锅炉（water tube, Belleville boiler）。

① 曼宁著《威廉·怀特爵士生平》，第 306 页。
② R. 伯特撰《"强大"级巡洋舰》（Powerful），刊载于 1988 年 10 月在伦敦出版的《战舰》第 48 期。
③ 关于这些火炮的具体性能参数，可以参考《战舰》杂志第 23 期对 9.2 英寸炮和该杂志第 28 期对 6 英寸炮的介绍。
④ 那些 9.2 英寸炮带有 6 英寸的炮塔装甲，而且还带有高度有限的炮塔围壁装甲。9.2 英寸炮的射速达每分钟 2 发，6 英寸炮则达到每分钟 4 发，这都是实战中能够达到的射速。

1896 年开工的"王冠"级

这 8 艘"王冠"级战舰是"强大"级的缩水版。它们航速稍低，穹甲略薄，而且船头船尾的那 2 门 9.2 英寸主炮各替换成了一对带防盾的 6 英寸炮。[85] 这 8 艘巡洋舰属于 1895—1896 年造舰计划，在 1894 年第一季度里设计出来。它们的战术定位仍然是在远洋殖民地保护英国的海外贸易，所以火力必须强大到足以对抗任何现役的和即将服役的巡洋舰。所有巡洋舰都追求高航速，所以使用的蒸汽机都是大功率机型，而大功率的往复式发动机总是由于这种往复运动而产生剧烈的震颤，结果 8 艘"王冠"级的前 4 艘都存在严重的发动机震颤问题，这可能跟它们的三胀式蒸汽机的高低压汽缸的串行排列顺序有关，这 4 艘的各种汽缸的排列顺序是高压汽缸（H）串中压汽缸（I）再串两个低压汽缸（L），于是在第二批次的 4 艘战舰上，汽缸排列顺序改为 LHIL，结果不仅让标定功率提高了 1000 马力，[86] 还提高了 0.25 节的航速。

法国贝勒维尔式水管锅炉[①]

19 世纪上半叶就已经有很多人在尝试研制一款实用的水管锅炉了。1844 年，让"雅努斯"号（Janus）在建造时安装了由科克伦勋爵（Lord Cochrane）[87] 设计的一台水管锅炉；1865—1870 年间，又有 4 艘船舶[②] 试验安装了科克伦勋爵的儿子设计的此类锅炉。到 1875 年时，一艘叫"鹈鹕"（Pelican）的船在珀金斯厂（Perkins）订购了一台工作蒸汽压力特别高的锅炉，不过由于合同上的问题，这台锅炉没有完工。[③] 所有这些早期水管锅炉都不可靠，英国第一台真正达到实用水平的水管锅炉是桑尼克罗夫特制造的，安装在 1886 年完工的第 100 号鱼雷艇上。

对于战舰来说，水管锅炉最突出、最有吸引力的优势就是它的灵活性，能够快速地调大或者调小蒸汽发生量，从而迅速改变蒸汽输出速率。水管锅炉跟之前的火管锅炉相比个头小了很多，而且水管锅炉还可以在使用中按照需求随时拆解成零件，这样也就不需要为了安装和维修锅炉而在甲板上切割大型开口了。"快速"号鱼雷炮艇于 1891 年换装了桑尼克罗夫特厂设计的水管锅炉，接着展开了一长串实验，展现了这款锅炉的灵活性，并且证明了它的可靠性。桑尼克罗夫特对这种新式锅炉在节约重量方面的优势，给出了如下具体数据。[88][④]

水管锅炉，包括各种辅机设备	68
鱼雷艇的机车头式锅炉[89]	48
最新型鱼雷炮艇的机车头式锅炉	43
"安森"号战舰的圆筒式火管锅炉	21.3
铁行公司的游轮	16.6

① D. K. 布朗撰《英国皇家海军船用机械工程学》（Marine Engineering in the RN），刊载于 1993—1994 年陆续出版的《海军工程学杂志》，见该文的第三部分。
② "奥伯龙"号、"强啼克利尔"号（Chanticleer，或译为"雄鸡"号）、"大胆"号以及"珀涅罗珀"号。
③ E. C. 史密斯著《船用机械发展简史》，1937 年出版于剑桥。
④ J. I. 桑尼克罗夫特撰《战舰用水管锅炉》（Water Tube Boilers for Warships），刊载于 1889 年在伦敦出版的《造船工程学会会刊》。

① 这趟任务在 1985 年伦敦
出版的《海军工程学杂
志》上刊登的斯科特·希
尔（Scott Hill）撰写的
《锅炉之战》（*The Battle
of the Boilers*）中有提及，
在 W. H. 怀特 1903 年出
任土木工程学会会长的
就职演说中也有提及。
两份资料都说他这趟是
秘密旅行，故很有可能
他是乔装成一名法国人，
甚至可能在那艘法国战
舰上当过机械师。

1892 年，海军部派怀特到法国进行了一次学习访问，然后海军部就决定使用法国的贝勒维尔式水管锅炉，首先要给"狙击手"号鱼雷炮艇换装这种锅炉，替换掉原来那种不可靠的机车头式锅炉，这种新式水管锅炉的工作蒸汽压高达每平方英寸 245 磅。换好水管锅炉后，"狙击手"号进行了一系列长时间测试，就跟前面"快速"号的测试差不多，结果证明法式贝勒维尔水管锅炉性能灵活、稳定，能够满足长时间大功率工作的要求。贝勒维尔在 1850 年左右就造出了自己发明的第一台水管锅炉，大概到 1880 年的时候，法国"海上邮政"（Messageries Maritime）邮船公司的所有汽船全都安装了贝勒维尔式锅炉，法国海军也从 1889 年开始采用这款锅炉[90]。为了调研法国远洋邮轮上使用的水管锅炉的性能，海军部特意指派一名叫作爱德华·高丁（Eduard Gaudin）的皇家海军工程兵军官前往澳洲再乘坐法国邮轮回来，① 生于泽西（Jersey）的高丁，法语发音特别地道，常常会被误认为是法国人，他之后发给海军部的报告肯定了贝勒维尔式锅炉的优点，这是海军部后来选择这种锅炉的重要原因。

1892 年，[91]决定给"强大"级直接安装贝勒维尔式水管锅炉，而不再等待"狙击手"号的测试结束了，为了能够在短时间内强制通风产生 25000 标定马力的输出功率，或者在自然通风条件下持续产生 18000 标定马力的输出功率"直到燃煤耗尽"，该级战舰总共安装了 48 台贝勒维尔水管锅炉。在每台贝勒维尔锅炉中，都有 8 组水管并列安装在一起，在炉体内来回盘绕 10 次，就像一个被压扁的螺旋一样。[92]这些水管的直径都是 4.5 英寸，下半部分的水管壁厚 0.38 英寸，上半部分的水管壁厚 0.19 英寸。贝勒维尔水管锅炉采用的水管管径较大，就叫作"大管锅炉"，而还有一种水管锅炉采用小直径的水管，叫"小管锅炉"，这种小管锅炉使用的水管是所谓的"无缝钢管"[93]，自从 1894 年自行车开始流行，这种无缝钢管在

贝勒维尔锅炉。（作者
收藏）

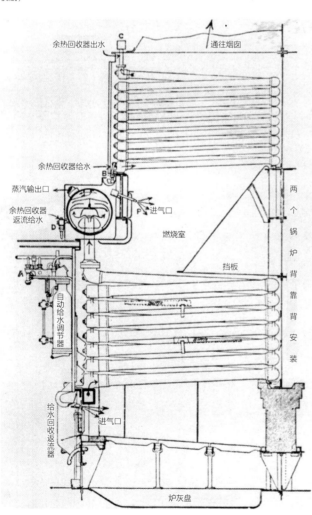

水管锅炉中就日益普及起来。两艘"强大"级于1900年给船上的贝勒维尔大管锅炉更换了水管，换成无缝钢管。可见，战舰上动力机械的发展越来越依赖于其他领域的进步了；见第九章"声望"号的脚注。

"强大"号上的贝勒维尔水管锅炉，经测试发现性能特别优良，以72%的全功率运转时，每小时产生每标定马力消耗的煤炭是1.83吨，而以20%的全功率运转时，每小时产生每标定马力的耗煤量也只有2.06吨，[94]而且能够输出同样功率的圆筒式火管锅炉和贝勒维尔锅炉相比，前者的重量也要整体比后者多出来20%。由于采用的蒸汽压较高，配套的蒸汽机重量也可以减轻[95]。很快，皇家海军就给所有的19世纪90年代新主力舰和巡洋舰都安装了贝勒维尔水管锅炉，同时在一些鱼雷炮艇上继续实验其他厂家的大管锅炉，比如在"海鸥"号上测试了尼克劳斯厂（Niclausse）的产品，还在"麻鸭"号（Sheldrake）上测试了巴布科克和威尔科克厂（Babcock and Wilcock）的产品。后面章节还将会讲到当时贝勒维尔水管锅炉遭受的一些有失公允的批评。

鱼雷艇驱逐舰

到1892年的时候，人们觉得19世纪80年代出现的所谓"鱼雷炮艇"这一舰种体型太大、造价太昂贵，而且航速太慢，不足以有效防御鱼雷艇。像81号鱼雷艇"雨燕"号这样的大型鱼雷艇似乎可以用来执行反鱼雷艇作战，但是它的个头仍然太小了。时任海军部审计长费希尔在跟亚罗厂和桑尼克罗夫特厂洽谈一番之后，[①]觉得找到了适合反鱼雷艇作战的新舰种，于是订购了英国海军的第一批"鱼雷艇驱逐舰"。这些"驱逐舰"其实就是鱼雷艇的放大版，排水量只有275—280吨，试航航速可以达到26节，一般配备的武器是1门12磅3英寸速射炮、2门6磅副炮和3具18英寸鱼雷发射管。最开始生产了6艘这样的新式轻型作战舰艇，之后把航速标准提高到27节，并撤掉了舰首鱼雷管，添加了2门6磅炮。这些早期鱼雷艇驱逐舰长约200英尺，船头带有龟背式艏楼[96]。

19世纪90年代，英国海军总共建造了多达111艘这样的鱼雷艇驱逐舰，它们个头都很小，其中包括6艘最初建造的"26节"型，接着是36艘"27节"型和66艘"30节"型，最后还有3艘特殊的"33节"型（实际建成后航速没能达到33节）。同时代的其他海军也紧跟英军步伐，建造了数量相当庞大的类似舰艇。这一时期还有3艘驱逐舰安装了蒸汽轮机（Turbine），到第十一章再介绍。那些"30节"型驱逐舰的武备跟前面介绍的"27节"型是一样的，只是船体长度延长到215—220英尺，排水量达到350—380吨，试航航速可达30节。下面两个表分别是按照建造时间和建造厂家统计的这些驱逐舰的建造明细。

① D. 莱昂给《康威世界战舰名录，1860—1905年》撰写的条目；另参见他的《早期驱逐舰》（*The First Destroyers*）一书，1996年出版于伦敦。

1901 年的"成功"号。可见艏楼上安装了各种舰面设备，每当舰首埋进迎头浪中，这些舰面设备便会撞击海浪，产生大量飞沫。（作者收藏）

表 8.5 驱逐舰，按照建造时间统计

26节	1892	4
	1893	2
27节	1893年第一批次	6
	1893年后续批次	30
30节	1894–5	8
	1895–6	21
	1896–7	16 + 3艘"33节"特殊巡洋舰
	1897–8	6
	1899	9 + 1900年征购的6艘

表 8.6 驱逐舰，按生产厂家统计

制造商	26 节型	27 节型	30 节型
亚罗	2	3	0
桑尼克罗夫特	2	3	10
莱尔德	2	3	13
多克斯福德（Doxford）		2	4
帕尔默		3	13
厄尔		2	2
怀特（White）		3	–
汉娜·唐纳德（Hanna Donald）		2	–
费尔菲尔德（Fairfield）		3	6
霍索恩·莱斯利（Hawthorn Leslie）		3	5
J. G. 汤普森–J. 布朗（J G Thompson-J Brown）		3	8
维克斯造船 & 舰载武器（Naval Construction & Armament Works-Vickers）		3	5
阿姆斯特朗		2	–
汤姆森（Thomson）		1	–

注：桑尼克罗夫特厂、莱尔德厂和 J. 布朗厂各建造了一艘"33 节"特殊型驱逐舰。

　　根据以上这些数据，显然亚罗厂和桑尼克罗夫特厂根本没有像我们今天以为的那样垄断了当时驱逐舰的建造。实际上，亚罗厂在刚开始建造了几艘之后，就跟海军部[1]发生合同纠纷，后来那些年，亚罗厂就很少建造驱逐舰了，而莱尔德厂和帕尔默厂包揽了大部分的驱逐舰订单，帕尔默厂生产的驱逐舰服役后看起来特别受舰长好评。

　　在时人眼里，这些小型高速战舰笼罩着一层光环，可是实际上，它们在外海的适航性非常糟糕，发动机组的机械也常常不可靠，船体结构的强度只是刚刚够用。这些驱逐舰在外海的大浪中航行时，实际上能够达到的航速要远远低于试航航速，它们在实战中也鲜有成功。这里对它们的评价看起来非常差，不过下文将从各个方面看一看这些早期驱逐舰的真正性能。

高海况适航性

　　从 1860 年[2]开始，威廉·弗劳德就发表了一系列论文，逐渐阐明了船舶在风浪中摇晃的运动规律，不过直到计算能力非常强大的现代计算机普及，这些理论才能直接应用在船舶设计当中。[3]1901 年，"眼镜蛇"号（Cobra）在海上失事之后，海军部照例专门成立了一个委员会[4]来调查驱逐舰这一舰种的航行安全性能。这个委员会的调查将在第十一章详细介绍，当时该委员会为了收集证据，给舰队中所有驱逐舰的舰长都发去了一份详细的有关高海况适航性的调查问卷，下面将用现代船舶理论来解读这些调查问卷的结果。

[1] 亚罗厂设计的锅炉更加轻便，所以比其他大多数厂家的产品震动都小很多，于是海军部就把亚罗厂的设计图纸派发给了其他厂家来生产亚罗锅炉。由于当时亚罗厂已经能够在外销订单中赚足利润，他们厂就没有竞标英国皇家海军的订单。

[2] 威廉·弗劳德文档，1810—1879 年，1955 年在伦敦由造船工程学会集结出版。

[3] D. K. 布朗撰《不良天候中的战舰，昨天、今天、明天》（Weather and Warships, Past, Present and Future），提交给皇家造船学院 1995 年在伦敦举办的"海上天候和高海况适航性"（Seakeeping and Weather）会议。

[4] 《1901—1903 年鱼雷艇驱逐舰委员会报告》（The Torpedo Boat Destroyer Committee, 1901-03）。

恶劣天气可以直接损坏一艘作战舰艇的船体，也可以让舰上的船长、军官和水手等感到身体不适，从而不能正常履行他们的职责，这两方面的影响都会让一艘战舰的作战表现下滑。当一波大浪的波峰恰好经过一艘战舰的舯部时，船头下面就是大浪的波谷，失去浮力支撑的船头就会猛然下坠，重重地砸在凹陷下去的海面上，这是大浪对船体结构造成直接损害的最常见场合。船头跌至海面那一瞬间的猛烈冲击，可以直接把船头附近的船壳板甚至肋骨都撞出裂纹来。除了这种明显伤害之外，整艘船的船体纵向结构件也会跟着发生翘曲，进而让舯部的甲板和船底板开裂或者侧弯变形。如果船体结构反复遭受这种翘曲变形的折磨，就会形成比较显著的裂纹，说明结构因为疲劳而受到了不可逆的损伤。除此之外，如果一波大浪整个冲过全甲板，大浪拍击在舰桥等上层结构上，也会对这些轻结构造成损伤。

人在恶浪中最容易出现的问题是晕船。[1] 人的体质存在很大的个体差异，所以面对同样的海情，各人晕船的程度不一样，就算是同一个人，在不同时间，身体状况不同，可能晕船反应也不一样，所以很难总结出来有实际意义的指标和规律，不过晕船最可能的原因是船体在垂直方向上的加速，也就是船体垂荡运动造成的那种加速度，一旦这个加速超过 0.8 米/秒^2，也就是垂荡运动的频率达到 0.18—0.3 赫兹（赫兹即每秒会完成多少个周期的运动）。如果一个人正处在疲劳状态，那么他就更容易因为这种垂直加速度而晕船；如果一个人处在精神紧张的戒备状态，他就不容易晕船，虽然船体左右横摇容易让人感到疲劳，不过这种横摇直接导致的"晕"很轻微。大多数人登上海船后，经过几天就能够基本适应船身的这种运动，不过几乎所有人都会偶尔遭遇晕船。[2] 船体垂荡运动主要取决于船身的长度，而早期驱逐舰船身不太长。今天已经证明，战舰上军官的思维和决策也会受到船身摇晃运动的影响，垂直方向上的加速度对大脑思维活动的影响尤其大，虽然目前还没有量化地测评过具体能有多大影响。除此之外，船身里面动力机械的震动也会传到甲板上来，海浪拍击船体还会产生巨大的噪音，再加上寒冷和大风，连续在这样的环境中值班，人很容易感到筋疲力尽，也就不容易对事态做出正确的决策了，这些早期驱逐舰刚好给军官提供了这样一种恶劣的工作环境，二战时期的那些轻型岸防战舰也是如此。[3] 当然，像给大炮装填以及操作大炮回旋等体力活，主要受到船体横摇造成的横向加速度的干扰。

1901 年驱逐舰委员会向各个驱逐舰舰长问的最关键的一个问题就是："当你的驱逐舰遇到**非常恶劣的海况**，假设你分别让它以 17 节、15 节、10 节和 8 节的航速航行，请描述它的航行状态。"回答了这个问题的驱逐舰舰长中，基本上没有人敢于在恶浪中尝试让航速增加到 17 节。这个问题的第一个难点，其实

---

[1] "想吐"（Nausea）这个词的词根是希腊语"船"，看起来不是个偶然的巧合。

[2] 作者我根据过去在海上实习的经历以及开拉力赛赛车时的经历，可以自信地说我对于晕船的抵抗力高于平均水平。

[3] D. K. 布朗撰《快速战舰及其船员》（*Fast Warships and Their Crews*），刊载于皇家造船学院主办的《小型作战舰艇》（*Small Craft*）1984 年第 6 期。

是每位舰长对"非常恶劣的海况"都自己的理解，不过从各位舰长对其他问题的答复来看，大多数舰长都认为蒲幅风级 8 级的大风（也就是风速 23—28 节），算是非常恶劣的海况了。实际上，某一海区风速的高低和这一时刻海浪的高度并没有直接的联系，[97] 不过当时这些驱逐舰主要在地中海和英吉利海峡[①]活动，这次问卷调查的参与者自然大多来自这两个海区，这两个海区典型的大浪浪高都在 6.5—7.5 英尺，一年中会有大半年的时间遇到这样的浪高。[②]

这些驱逐舰舰长的答复中，有一份可以算比较典型，是这样说的："如果一艘鱼雷艇驱逐舰顶着恶浪前进，航速达到 15 或 17 节，那么船体结构和动力机械周围所有的减震填料都会震掉下来，恶浪将从船头到船尾扫过整个露天上甲板，把所有的舰面设备，包括轻上层建筑和舰桥上的围栏等等，全都冲走，甚至有可能卷走一两人。这艘驱逐舰的船头会先被大浪高高抬起来，接着整个船身仿佛要蹦到海浪上面去，随后再重重砸在海面上，然后严重失速，勉强向前航行，最后，该舰会因为大量上浪灌入船体内，动力机舱进水，无法再产生蒸汽，很快，该舰浑身上下就满是损坏的船体结构和失灵的机器零件了。只以 10 节航速航行的时候上浪严重，只以 8 节航行的时候体验还不错。"近年来用计算机模拟了"星星"号（Star）遭遇恶浪时的行为，[③] 证实了这番绘声绘色的描述。下面引用驱逐舰委员会问卷调查的结果，来一一介绍上文提到的大浪对船体和人员的种种影响。

船体损伤

恶浪会无情地扫过驱逐舰的舰桥，很多舰长都报告了这种情况。年轻的罗杰·凯斯（Roger Keyes）当时还是准舰长[98]，他报告说，高航速的时候，他只能在船身后部的预备指挥所指挥驱逐舰，因为大量上浪把舰桥完全埋住。这些驱逐舰上，所谓的"舰桥"只是在 12 磅速射炮炮位周围用帆布围起来的一圈轻结构，距离船头 40 英尺，距离静水水线只有 15 英尺高 [可以参考"女妖"号（Banshee）的照片]。除了舰桥被大浪损毁之外，船身上出现小问题也是家常便饭。水下船体上，连接船壳和肋骨的铆钉经常断掉，"翰迪"号（Handy）的准

① 好几位指挥官都说他们能在大西洋那种波长更长的大浪中航行得更快。
② 在风区（Wind Fetch）[99] 有限的航道区域里，一般适用"海岸规则"（Coastal Code）来估算一定风速的风能够产生的海浪的高度。这里就是套用了这个规则。
③ D. K. 布朗撰《海上航行时可以长时间维持的巡航速度》，提交至第 100 届"国际船舶工程大会"，1984 年举办于纽卡斯尔。

"女妖"号在海上行驶，照片中的海况等级是 5—6 级，浪高大约 4 米。风速将达到 35 节左右，对应 8 级的蒲幅风级。舰桥上只有帆布提供一点完全不够用的遮挡。（世界船舶学会供图）

舰长报告说："我曾到甲板下的船头水兵餐厅视察过几次，发现船头的肋骨已经变形而且朝舷内弯曲、凹陷了，结果连接在肋骨上的船壳随着海浪的拍击而不停地起伏，起伏的幅度竟然达到 2 英寸。"

这些驱逐舰的船体结构过于薄弱，它们会在大浪托底的时候发生肉眼可见的船体变形。"驱逐舰一出海，我们几乎就像在爬山一样，不断从一个大浪的波峰爬到另一个波峰（always on the wave），就这样勉强前进。"这种情况必然让船体上的铆钉松动，导致进水，海军船厂就不得不一直忙于维修这些战舰。"海豹"号（Seal）上报了该舰遇到的一次非常严重的险情：露天上甲板和左舷船壳侧壁之间裂开了一道 5 英尺 6 英寸宽的口子，而且在这道口子处，左舷船壳侧壁也裂开了，从舷缘向下一直延伸了 11 英寸，这个裂缝每小时增长 3 英寸。左右两舷船体侧壁上，"目力所及尽是"弯曲变形而鼓出来或者凹进去的船壳板。尽管这些驱逐舰的船头在船身被大浪托底后往往会重重地砸在海面上而受到结构性损伤，船尾却很少遇到这种情况，因为多数驱逐舰的船尾水下形态都还比较丰满，只有桑尼克罗夫特厂的驱逐舰采用了半轴隧式艉（semi-tunnel stern）[100]，导致船尾也出现了托底砸落现象。

船体颠簸摇晃

这些早期驱逐舰刚建成的时候全都没安装舭龙骨，[①] 使用报告中充满了关于它们横摇非常剧烈的记载。1901 年给"星星"号安装了舭龙骨，耗资 250 英镑，然后让该舰和"森林少女"号结伴航行，以资比较，"星星"号横摇的幅度减小到 25°，而姊妹舰"塞尔维亚"号横摇幅度达到 30°。很多人对这次比较航行的实验结果[②] 持保留态度，不过最终所有驱逐舰都安装了舭龙骨。还有一点值得注意，"星星"号龟背式艏楼的高度更高，舰首也带有更明显的外飘，于是它的上浪比"森林少女"号少得多。[101] 当时留下了很多类似这种的报告，对帕尔默厂制造的驱逐舰非常满意，但是现在看来很难确定这种性能差异是否真的存在，因为各个厂家制造的战舰实际上差别甚微，而且所有这些驱逐舰船头干舷的高度都偏低，第二次世界大战时的驱逐舰往往拥有两倍于这些早期驱逐舰的舰首干舷高度。

不过，当时竟然没怎么留下关于航向突然失控的记载，像这种轻型的高速舰艇，在大浪中特别容易失控，被大浪推搡得船头乱摆，让舷侧朝着大浪涌来的方向。有一份报告提到："我觉得这种驱逐舰在很高的尾追浪前面行驶时面临着严峻的危险，因为常常有一半的船身会腾空[102]……当很高的浪从船尾两舷拍击船身的时候，船身就会被推搡得左右乱摆，有时候根本不听船舵的话。"驱逐舰委员的调查问卷收到了丰富、有趣的回复，但限于篇幅，我们用下面这段话

① 舭龙骨也可以增加航行阻力，虽然增加得并不多。由于驱逐舰的建造合同中明确规定了试航时需要达到的航速，如果达不到就会遭到处罚，因此建造商都选择不给驱逐舰安装舭龙骨，这样更省事。直到最近，如果建造合同中规定达不到设计航速就有罚款的话，设计出来的舭龙骨往往也都偏小。

② D. K. 布朗撰《海上航行时可以长时间维持的巡航速度》，提交至第 100 届"国际船舶工程大会"，1984 年举办于纽卡斯尔。

为这一时期的驱逐舰的实际海上航行能力做一个概括。

> 当驱逐舰刚好顶着恶浪前进的时候，航速不能超过 10 或 12 节，否则
> 还没连续航行超过 50 海里，这艘驱逐舰的受损情况就会让它必须进港维修
> 了……1901 年 10 月 10 日和 11 日，"鹤"号（Crane）等 8 艘鱼雷驱逐舰顶
> 着还不算太大的大浪以 10 节速度连续航行了 200 海里，其他 7 艘都失事了，
> 只有"鹤"号幸存下来，即使如此，该舰也必须寻找避风港进行维修，其
> 损伤主要源于尝试顶着大浪开到 15 节。

就算是在静水中，这些早期驱逐舰高速航行时，船体本身也会产生很高的
舰首和舰尾波浪，这些波浪的形状会让舯部的吃水大大减小，从而严重破坏船
体的稳定性。这是一个复杂的现象，在现代高速巡逻艇的设计中，这个现象也
是一个关键的行业机密。

这些早期驱逐舰上，船员居住条件十分可怕，所以海军会给水兵发放可观
的"恶劣睡眠条件"补助金。船舷之外就是猛烈拍击着船壳的海浪，可是船体
内没有任何消音、隔音措施，而水兵住舱甲板在夏天会热得像蒸笼，冬天冷得
如冰窟。在这种居住条件下，肺结核传播非常猖獗。这些驱逐舰的作战表现非
常低劣，不能不说舰上恶劣的生活条件是重要原因，水兵在这种条件下连续在
海上服役，很容易陷入精疲力竭的状态。

动力机组的机械故障

这些 19 世纪 90 年代的驱逐舰中，最开始的那些"26 节"和"27 节"型，
都各自尝试了不同类型的锅炉。比如，第一艘驱逐舰"哈沃克"号（Havock）为
了赶进度，安装了性能不怎么样的机车头式锅炉，试航时航速达到 26.1 节，但很快，
桑尼克罗夫特厂生产的"勇敢"号（Daring）就在试航中达到 28 节，因为它安装
了水管锅炉。这些早期驱逐舰中，头 42 艘的锅炉情况统计如下，可见是五花八门。

锅炉类型	安装了该型锅炉的驱逐舰数量
机车头式火管锅炉	6
亚罗厂水管锅炉	10
桑尼克罗夫特厂水管锅炉	8
布莱钦登（Blechynden）厂水管锅炉	3
怀特厂水管锅炉	4
诺曼德（Normand）厂水管锅炉	8
里德（Reed）厂水管锅炉	3
天普（Du Temple）厂水管锅炉	1

这些驱逐舰已经逼近当时技术条件的极限，甚至有时候突破了这个极限。桑尼克罗夫特厂的"拳击手"号（Boxer）曾短时间保持驱逐舰最高航速世界纪录，试航时达到过 29.7 节，但是很快，亚罗厂给沙俄建造的"索科尔"号（Sokol）就打破了这个纪录——该舰航速全球率先超过 30 节。法国当时在驱逐舰方向的领军企业诺曼德公司，宣称它建造的"福尔班"号（Forban）航速达到 31 节，不过该舰后续的所有姊妹舰都没能接近这一航速。[103] 诺曼德甚至直白地讲："很多鱼雷艇驱逐舰的设计，其实就是为了跑出一趟漂亮的试航来。"制造商想尽一切办法，不管这些办法合不合规定，也要让试航航速尽量高，哪怕比别人的驱逐舰的最高航速仅仅高出一点点。因为如果试航航速比建造合同上规定的低 1 节，厂商就要损失 1000 英镑，这相当于一艘驱逐舰造价的 2.5%[104]；如果试航航速高于合同航速，有时还会有额外的奖金。不过试航航速几乎没有任何实际意义，一篇 1900 年的报告[①] 指出，那些"27 节"型驱逐舰就算在静水中航行，日常服役时也只能达到 19—22 节的航速，而那些"30 节"型驱逐舰在同样条件下只能达到 26—27 节。一旦到了高海况的条件下，19 世纪 80 年代的鱼雷炮艇往往都能比这些驱逐舰开得快，尽管这些鱼雷炮艇到了 90 年代已经遭海军抛弃了。

驱逐舰的蒸汽机全速运转时，活塞杆往复运动的速度达到每分钟 1100 英尺，曲轴一分钟要旋转 400 次，汽缸里面的蒸汽压高达每平方英寸 250 磅，而且高压蒸汽随着活塞的往复运动，不住地从汽缸里泄漏出来，看着一台机器在这样疯狂地运转，你不得不佩服。曾有一位匿名驱逐舰机械师这样写道："整个发动机舱里到处都是高热、噪音和震动，高速转动的曲轴把轴上面涂抹的机油和凝结的水滴甩向四面八方，大家就在这种环境中工作。我们常说的一句话就是'给机器上足润滑油，然后就听天由命吧'（pour on oil and trust in Providence）。"

有时候老天爷也不怎么可靠。"泡沫"号（Foam）的汽缸 1898 年出故障，活塞的连杆飞出来砸穿了船底。"蝙蝠"号（Bat）活塞连杆下端的一根螺丝钉断掉了，结果活塞从汽缸里飞出来，击穿露天上甲板，飞到空中，掉进了海里。"红腹灰雀"号 1899 年试航的时候，当航速达到近 30 节时，活塞连杆突然断裂，造成一座汽缸爆裂，瞬间泄出的蒸汽烫死了 11 人。

这些驱逐舰的蒸汽机里面，各个零件往复运动的速度太快，不可避免地会造成严重的震动，而且螺旋桨转速也过快，容易造成空泡现象（cavitation）[105]。不过，造成震颤的主要原因是蒸汽机本身，亚罗厂曾经于 1884 年用一艘鱼雷艇做过实验，拆掉螺旋桨后让发动机开到最大转速，结果发现震颤依然很严重。后来，亚罗厂又在 1892 年展示了一种能够大大减小发动机震颤的方法，就是让曲轴利用偏心轮带动一个配重来跟汽缸一起做往复运动，从而平衡汽缸往复运动时重心的改变。通过这种方法，一艘发动机输出轴的转速达到每分钟 248 转

① 战舰的存档文件。

的一等鱼雷艇，最多能把它的发动机震颤幅度从六十四分之二十七英寸减小到六十四分之七英寸。

这些早期驱逐舰中有不少都没能在试航中达到设计航速，这是因为它们螺旋桨的转速太快了，出现了空泡现象。水的沸点会随着压力的降低而降低，最好的例子就是如果到高山上烧水，水会在不太高的温度就沸腾，结果连茶都泡不好。这些早期驱逐舰的螺旋桨背面的压力太低了，导致水在这里能够直接在海水温度就气化掉，瞬间造成推力大大下降。第十一章将

要介绍的第一艘蒸汽轮机实验艇"透平尼亚"号，在试航中就曾遇到这个问题，它的制造者、蒸汽轮机的发明人查尔斯·帕森斯（Charles Parsons）调研了这个问题后得出结论，显然需要通过增大螺旋桨的桨叶面积来减少空泡的产生，可惜当时在这方面缺少足够的实验数据和理论研究来指导螺旋桨设计师。[106] 有些当代学者似乎在这个问题上暗示埃德蒙·弗劳德和帕森斯之间闹过不愉快，这种推测是站不住脚的。① 这两位当时大量通信②，从信中我们可以看出来，二人对空泡问题没有什么分歧，但就是谁都没能完全、透彻地认识这个问题，更别提找出管用的解决办法了。这些 19 世纪 90 年代驱逐舰中，有好些在头一次试航时达不到设计航速，就接着试航，直到达到设计航速为止，结果发动机就这样早早地磨损了。这还不算最糟糕的事情。1904 年，"岩羚羊"号（Chamois）在高速航行时，螺旋桨的一片桨叶突然断裂脱落了，结果螺旋桨受力不均，开始偏心转动，让螺旋桨轴像圆锥摆一样胡乱转起来，这直接导致螺旋桨轴把轴承捣烂了，接着螺旋桨轴一阵乱捣，把船底整个撕开，最终导致该舰沉没。这起事故之后，设计战舰的时候开始采用一个半经验的方法来计算螺旋桨轴需要达到的结构强度，直到第二次世界大战后很久，[107] 海军的战舰设计学院考试的时候还在考查学生对这个公式的掌握情况。

"33 节"特型驱逐舰

1896 年订造的这 3 艘驱逐舰的合同航速要求达到 33 节，但是建好后，没有一艘的航速能接近这个指标。这 3 艘驱逐舰可以算是代表了往复式蒸汽机的技术极限，正因为这一点，才在本书留出篇幅介绍它们（性能见下表）。

皇家海军造船部的设计师亨利·戴德曼实际上对早期驱逐舰的设计做出

① 弗劳德早先的研究工作表明，那些低转速、不容易产生空泡的螺旋桨，可以把桨叶面积弄小一点，这样就可以增加推进效率。但是对于那些会产生空泡现象的螺旋桨，桨叶面积必须大一些，至于到底多大，则很难讲。

② 现在存放在科学博物馆库房内。

① 莱昂著《早期驱逐舰》。

了很大的贡献，只是鲜为人知罢了。[①] 戴德曼，1843 年生人，先后在德特福德（Deptford）和查塔姆海军船厂当过学徒，1864 年进入皇家战舰设计学校，属于第一批学生。毕业后，他开始了作为设计师的职业生涯，早期主要是负责监督那些在民间船厂建造的海军合同战舰，确保施工质量，不过后来，他有很长一段时间在各个海军船厂任职。到 1886 年时，他升任朴次茅斯海军船厂的总设计师，该船厂迅捷的造船速度跟他的精明管理是分不开的。

1892 年，他进入海军部总部大楼工作；1906 年，最终以海军部总设计师助理（Assistant Director）的职级退休。他负责领导过多型战舰的设计，但其中最重要的就是驱逐舰了。他厘定了后续驱逐舰船体结构件的具体尺寸，保证上文提及的诸多问题不会在这些轻型舰上造成致命的后果。"眼镜蛇"号失事后成立的驱逐舰委员会，他是关键成员（详见第十一章）。

表 8.7 1896 年"33 节"特型驱逐舰的性能参数

	"阿拉伯"（Arab）	"迅速"	"信天翁"（Albatross）
制造商	汤普森	莱尔德	桑尼克罗夫特
排水量（吨）	470	465	430
锅炉	4 台诺曼德	4 台诺曼德	4 台桑尼克罗夫特
蒸汽压（磅 / 平方英寸）	250	240	250
活塞行程（英寸）	18	21	20
螺旋桨轴转速（转 / 分钟）	390	400	380
标定马力	8600	9250	7500
动力机组总重（吨）	208	208	190
试航航速（节）	30.9	30.9	31.5

译者注

1. 这两级巡洋舰对应第七章介绍的一等、二等、三等和鱼雷巡洋舰。"浪速"级巡洋舰是第七章介绍的阿姆斯特朗"埃尔斯维克巡洋舰"这个外销巡洋舰品牌的第二批次产品，是第一批次（卖给智利的"埃斯梅拉达"号）的放大改进版。为了品牌形象，阿姆斯特朗对这款巡洋舰大加吹捧，1885 年建成时，声称它是当时世界上航速最快、火力最猛、防御性能最好的巡洋舰。当然，这里的"巡洋舰"就不包括第七章介绍的英国海军一等巡洋舰"专横"级和"奥兰多"级了，它们在时人眼里更像是小号的主力舰。这里的"巡洋舰"专指排水量 3000—5000 吨的"二等巡洋舰"，如第七章的"利安德"级和"默西河"级。"浪速"级的性能跟它们比起来，确实不相上下。"浪速"号和"高千穗"号（Takachiho）属于日本 1883 财年批准的外购计划，为了对抗北洋水师的"定远""镇远"等铁甲舰。但日本财力非常匮乏，只买得起巡洋舰。"浪速"级排水量 3700 吨，长 91.4 米，宽 14 米，平均吃水 6.4 米，复合蒸汽机，航速 18 节，载媒 800 吨，13 节续航力 9000 海里。船体内部布局类似于同时代的"默西河"级，采用了纵贯艏艉的穹甲防御体系，是一艘当时典型的防护巡洋舰，即二等巡洋舰。建成时艏艉各搭载 1 门 10 英寸炮，舯部两舷各搭载 3 门 6 英寸炮，这些火炮均为德国克虏伯产品。根据英国 1888 年大演习的经验，10 英寸炮对于这样的战舰来说太大了——不实用，到 1894 年甲午战争开始之前，两舰全部换装了 8 门 6 英寸埃尔斯维克速射炮。

2. 给木船做防水的技术工人。首先，木构船体中所有木料榫卯接头的接触面都要刷涂松树油类，可以防止腐朽和海水侵蚀。木船船底外壳木板之间的接缝，则需要"捻缝"，也就是把烧热的松树胶、松树油跟马毛、麻绳碎絮等一起填进木板之间的缝隙中，冷却后就形成了坚硬的沥青状物质，把相邻的木板紧紧粘在一起。

3. 造船厂供养和维持造船木工的一种办法，就是在缺乏战舰订单的时候，让他们作为普通木工，这样可以防止技术工人流失。

4. 风帆船上装有复杂的风帆缆绳体系，需要按照固定的顺序依次安装，懂得这种安装工序的现场指导人员就是桅桁帆索栖装技工。由他指挥临时招募的水手和非技术劳力来完成桅杆风帆体系的安装。

5. 这里的"绳"是指碗口粗的缆绳，用来操作风帆。

6. 有点类似裁缝，只是用的针线和缝的布料都很大：针像铁杆一样，顶针有巴掌一样大，线是比手指头还粗的细缆绳，布料是一英尺宽、许多米长的厚重帆布。

7. 水轮是蒸汽机出现以前使用的研磨和切割动力机构，用来锯木头和把金属延展、抽成金属丝。

8. 风帆船上需要把缆绳绕过滑轮引导到甲板上，方便许多人一起抓住缆绳发力。滑轮安装在一个外壳里，这个外壳称为"Block"。

9. 钎焊是用熔化的焊料填入金属板接缝的焊接方法。

10. 铸造铜、铁件。

11. 软管用帆布制作，如消防车上盘卷的那种消防水管。船上常用这种管道从底舱泵取液态物资，不用时很方便储存。

12. 铸造时使用的模子。

13. 这些工种和下文的表格数据看起来都不是 1885 年左右的情况，更像是 1845 年左右的情况，可以对照本丛书卷 1《铁甲舰之前》。

14. 在克里米亚战争以前，从 17、18 世纪开始，海陆军的火炮也是同一个管理机构负责采办的。

15. 1905 年让无畏舰得以诞生的人，详见第十一章。

16. 等同于"Senior Naval Lord to the Board of Admiralty"，详见第六章译者注释 xx。

17. 见第六章。

18. 所以每艘英国战舰必须高于外国具有类似武备和防御水平的战舰，所以汉弥尔顿告诉议会的先生们，将来不要在这一点上再做过多无谓的争执了，大型战舰是捍卫殖民帝国的基本要求。

19. 这些巡洋舰见下一章介绍。

20. 英国发动机经受住了萨摩亚飓风的考验，见第七章。

21. 英国从 17 世纪中叶开始，有继承舰名的习惯，一艘战舰退役后，新造的战舰沿用老的舰名，也就是在舰队名录上"顶替"退役的战舰。而不愿意在短时间内大规模新造战舰，是因为 17 世纪中后期实行君主立宪的议会审批制度以来，议会通常都不情愿突然增加海军预算。了解了这个历史背景，才能充分理解 1889 年《海防法案》的意义：它突破了历史上的惯例，以后海军可以大规模扩军，建造昂贵的无畏舰了。

22. 此时私人船厂已经有 20 多年的铁造船实践基础了。

23. 海军预算都是一年一年批准的，通常也不会批准短时间内大规模建造新战舰，新战舰名义上都应该是顶替老战舰，退役一艘老战舰，就顶上一艘新战舰。

24. 即国家的一般税务收入。

25. 如果说"君权"级是英国的第一级前无畏舰，那么"布伦努斯"号就是法国的第一艘前无畏舰，后续 5 艘法国前无畏舰都延续了"布伦努斯"号船体的基本设计，尽管又退回到第六章介绍的"玛索"级和第七章介绍的"专横"级那样的主炮布局了。从 1885 年开始，经过 3 年曲折的高层政治折冲，"布伦努斯"号终于在 1888 年开工。从 19 世纪 80 年代初的"玛索"级到 1888 年的"布伦努斯"号，这期间法国没有新设计建造一艘主力舰，船厂都还在建造 19 世纪 70 年代末就已经开工的"包丁上将"级和"踩蹦"级。

"布伦努斯"号装载排水量近 13000 吨，长 110 米，宽 20.4 米，平均吃水 8.28 米。该级舰放弃了法国人钟爱的法式露炮台，转而使用英国人在铁甲舰时代推崇的闷罐式旋转炮塔来安装主炮和副炮。主炮炮塔位置比以往的法国高干舷露炮台铁甲舰稍低，但比英国的"特拉法尔加"级高。前后两座主炮塔位于船体纵中线上，前主炮塔搭载双联装 340 毫米主炮（口径略小于 13.5 英寸，可以看作英国 13.5 英寸的同级别主炮），后主炮塔单装一门 340 毫米主炮。前后主炮塔之间的舯部布置副炮。副炮是 10 门 164 毫米（约 6.4 英寸）炮，其中 4 门安装在跟主炮塔同一高度的、露天甲板上的旋转炮塔里，剩下 6 门则安装在比主炮塔矮一层甲板的舷侧炮廓里面。再看该舰的防御方式。全长的水线装甲带在前后主炮塔之间的部分厚 18 英寸（即 460 毫米），装甲带伸入水线以下的下边缘减薄到 12 英寸（即 305 毫米），主炮塔前后的船头船尾部分的水线装甲带减薄到 12 英寸，船头船尾水线装甲带下边缘减薄到 9.8 英寸（即 250 毫米）。副炮旋转炮塔和炮廓的装甲厚度是 3.9 英寸（即 100 毫米）。该舰最不同于以往法式铁甲舰的防护设计就是在水线装甲带以上、副炮炮廓之间，拥有舷侧装甲带，可以更好地保护副炮。主炮旋转炮塔围壁厚 18 英寸（即 406 毫米）；主炮只能旋转到船尾—船尾方位后进行装填，因为主炮塔内的弹药提升井位于炮塔的后部而不是中心，弹药提升井也有装甲围壁。船体内带有水下穿甲装甲防御体系。装甲既有钢面复合装甲，也有钢装甲。发动机为三胀式蒸汽机，锅炉是贝勒维尔（Bellevile）水管锅炉，这是水管锅炉第一次安装在主力舰上。航速 18 节，载煤 600 吨。该舰建成后性能令人十分失望，主要是设计的时候把太多的副炮和带有闷罐式炮塔的主炮塞进了 1 万多吨的船体里，结果试航时的吃水就要比设计吃水深了近 40 厘米，水线装甲带基本上没入下（这还是在轻载状态下）。除了武器和防御太过于沉重，该舰上层建筑过高大也是吃水超标的原因。

26. 类似"特拉法尔加"级那样前后主炮塔分别带有自己的围壁，固然能够提升生存能力，但也拉长了前后主炮塔之间的距离，使得舯部带有垂直装甲防护的部分变长，这样会大大提高造价，尤其是高干舷的船体，将需要更大面积的装甲防护，装甲的厚度难以保证，干舷高度也受到限制。

27. 分散布局的多门副炮不容易被敌舰一炮打瘫。

28. 18 英寸水线装甲带可以防御穿甲弹和高爆弹的轰击，4 英寸舷侧装甲带可以防御高爆弹的轰击，即使穿甲弹能够击穿这两层装甲带，它碰到水下装甲甲板的时候，也已经是变形的破片了。

29. 1889 年建成下水。

30. 木造船时代的遗留。

31. 旧大楼是萨姆赛特宫，第一章介绍的一种火炮就以这个大楼命名。

32. 见第六章。

33. "君权"级装载排水量有 15500 多吨，垂线间长 380 英尺（合 115.8 米），最大宽 75 英尺（合 22.9 米），平均吃水将近 8 米半。船头干舷高度接近 6 米，达到现代船舶设计标准的 90%。将"君权"级和第六章的"海军上将"级对照，可以发现"君权"级的船体就相当于把"海军上将"级舯部的露天甲板拓展到船头船尾部分，整艘船体内从船头到船尾都有露天甲板、上甲板和主甲板三层水线以上甲板。19 世纪 70 年代的"不屈"等中腰炮塔铁甲舰整个船身内，只有上甲板和主甲板两层甲板，上甲板直接露天。19 世纪 80 年代的"海军上将"级相当于在舯部的上甲板以上增添了露天甲板，而"君权"级整个船体都拥有露天甲板。同时，"君权"级前后主炮的位置也比"海军上将"级高。"君权"级的 13.5 英寸主炮可以在使用 640 磅"慢燃咖啡"的条件下，在 1000 码击穿 28 英寸厚的均质热铁装甲。这型火炮的最大仰角是 13.5°，可以打出 11950 码（即 10930 米）的最大射程。副炮是 10 门 6 英寸速射炮，采用定装式炮弹，每门配备 200 发。这些副炮及其炮弹的重量很大，而且位于海面以上很高的位置，这是"君权"级排水量大增的主要原因。这些 6 英寸副炮最大仰角 20°，最远射程也达到万米。"君权"级两舷有一对水下鱼雷发射管和两对水上鱼雷发射管，朝船尾方向还有一根鱼雷发射管。防御方式跟"特拉法尔加"级差不多，只是整个船体升高了一层甲板，所以升高的这层甲板的两舷没有装甲防御。水线装甲带、水线装甲横隔壁和艇部装甲主甲板组成装甲"盒子"。水线装甲带长 250 英尺，宽 8.5 英尺，厚 18 英寸，伸入水下 5 英尺，下边缘减薄至 14 英寸。水线装甲带前后带有装甲横隔壁，前隔壁厚 16 英寸，后隔壁厚 14 英寸。水线装甲带的顶盖是 3 英寸厚的装甲主甲板。水线装甲带是钢面复合装甲，装甲甲板是软钢。水线装甲"盒子"以外的船头船尾采用水下装甲甲板＋两舷堆煤＋密集分舱的防御体系，其中，船头船尾的水下装甲甲板厚 2.5 英寸。水线装甲"盒子"以上的防护分为装甲露炮台和副炮防御两部分。前后主炮安装在巨大的梨形装甲露炮台里面，露炮台前脸厚 17 英寸，侧面和后部厚 16 英寸，采用钢面复合装甲制作。副炮分别安装在上甲板和露天甲板上面，这里位置太高，不能设置舷侧装甲带，所以 6 英寸副炮都尽量采用了炮廓设计，上甲板 4 门副炮采用了厚达 6 英寸的装甲炮廓，露天甲板上的 6 英寸炮位置太高，无法安装装甲炮廓，只安装了可以防御机枪扫射的轻装甲防盾。在艇部装甲主甲板和没有装甲的上甲板之间，前后露炮台底座间，两舷各有 4 英寸舷侧装甲带，它们在"君权"号上采用美国哈维硬化钢装甲制造，在后续姊妹舰上则采用镍合金钢装甲制作。"君权"级的露炮台下方不需要筒状的弹药提升井，因为露炮台装甲围壁的高度很大，从穹甲主甲板一直延伸到露天甲板以上。"君权"级副炮的弹药提升井带有装甲防护：上甲板上 4 门副炮的弹药提升井带有 2 英寸厚的装甲，露天甲板上的 6 门副炮的弹药提升井则带有 4 英寸厚的装甲，这是一个明显的设计改良。前后指挥塔安装在艇部上层建筑甲板上，在露天甲板和上层建筑甲板之间有细细的人员通道可以让军官爬进指挥塔里。主炮炮座后方的前装甲指挥塔，它的围壁装甲在前脸厚 14 英寸，在两侧和后脸减至 12 英寸厚，前指挥塔下面的圆筒形通道带有 8 英寸厚装甲围壁。后指挥塔围壁厚 3 英寸，下方通道围壁也厚 3 英寸。装甲炮座、副炮炮廓、指挥塔防护使用的也仍然都是钢面复合装甲。"君权"级的发动机是一对三胀式蒸汽机，每个蒸汽机带有高中低压 3 个汽缸。提供蒸汽的是 8 台圆筒式火管锅炉。锅炉工作蒸汽压每平方英寸 155 磅，几乎是 19 世纪 70 年代早期复合蒸汽机工作蒸汽压的两倍半。设计时，蒸汽机标定输出功率达 9000 马力，自然通风条件下航速可达 16 节，而强制通风时航速可以在短时间内维持在 17.5 节。实际服役中，所有 7 艘"君权"级都轻松超过了设计标准，"君权"号自然通风航速接近 16.5 节，强制通风可将航速飙至 18 节。这级战舰的耗煤量较大，搭载 1400 多吨煤，10 节续航力只有 4700 多海里。

34. 见第五章，设计师先查阅埃德蒙·弗劳德编制的等 K 曲线手册，也就是在大量水池试验的基础上，提出已经相当优秀的设计草案。

35. 所以按照比例，不需要增加太多的发动机功率，便能让航速提高不少。

36. 即越细长的战舰航速越快。

37. 战舰在不停地左右横摇，所以水平飞行的炮弹击中水线装甲带时也常常是倾斜着命中装甲板。

38. 可以隐约感觉出来，"君权"级的设计就是防御上稍稍削弱而强调高航速、高干舷的大型战舰设计。其防御能力其实跟前文 1888 年法国建造的"布伦努斯"号差不多，虽然"布伦努斯"号装载排水量只有 13000 吨。

39. 法国从 1888 年的"布伦努斯"号开始放弃了这个显然已经毫无意义的撞角舰设计。

40. 副炮确实有分开的炮弹库和发射药库，但今天一般认为当时所谓的"速射"副炮采用了定装式炮弹，也就是发射药直接安装在炮弹尾部。这是"速射"得以实现的关键。看起来似乎"君权"级上的 6 英寸副炮还没有使用定装式炮弹，只是炮架采用了能够快速复进的弹簧汽缸式炮架。

41. 6 英寸副炮的炮弹存放于底舱，需要先提升到主甲板上，再搬运到各个炮位下方的弹药提升井。

42. 因为副炮炮塔的重量严格受限，炮塔旋转机构就要占很大一部分重量，采用固定炮廓就可以把这部分重量用在装甲上。

43. 后来的弹药输送通道挪到了底舱两舷。

44. 弹药殉爆沉没。

45. 高速航行时的舰首兴波会造成上浪。

46. 进入 20 世纪以后新出现的防鱼雷装置，在两舷舯部。突出部的内部分舱，部分填满燃油，部分空置，位于水下船体结构本身的外面，用于改装老式战舰，提高其防鱼雷性能，新造的战舰往往直接包括了这种突出部。

47. 浪高 50 英尺，约合 15 米。

48. 这是因为悬挂单摆的摆心也在受到横摇加速度的影响，所以单摆会整体移动。

49. 耳蜗半规管，即"前庭器官"。

50. 我们日常爬坡的时候也常常高估陡坡的角度。

51. 300 英尺波长不足以跟"君权"级固有横摇周期产生共振。

52. 相当于增加了舵面积。

53. 19 世纪 80 年代后期，除了上文"布伦努斯"号之外，还有一型类似于"君权"级的战舰，也就是意大利的 3 艘"翁贝托国王"（Re Umberto）级，它们的性能似乎介于第六章的"海军上将"级和本章的"君权"级之间。该级战舰一般不算作前无畏舰。其整体布局跟"海军上将"级一样，干舷比较低，艏艉上甲板直接露天，而不像"君权"级那样加盖了露天甲板。这型战舰的前后主炮是跟"君权"级一样的 13.5 英寸炮，但亮点在于其露天炮座是可以实现 360° 角装填的，装填装置跟火炮一起在底座上回旋。这样的任意回旋角装填必然造成露炮直径更大，也就意味着露炮台装甲防御结构的重量更大。"翁贝托国王"级的露炮台装甲围壁也像"君权"级一样，一直延伸到装甲主甲板上，这是因为该级舰的露炮台高度比"海军上将"级还要低矮，几乎跟"特拉法尔加"级的闷罐旋转炮塔差不多，这样看，这一级的设计似乎没有发挥出露炮台的优势来。这一级战舰还特别巨大，装载排水量近 16000 吨，航速可达 18.5 节，但水线装甲带只有 4 英寸厚，露炮台围壁不到 14 英寸厚，虽然露炮台围壁采用了可以增强防弹性能的倾斜样式。副炮是 8 门 6 英寸炮。不过，这型战舰是 1884 年的产物，比"君权"级的设计要早 5 年，因此还保留了低干舷铁甲舰的一些特色。整体来看，这型主力舰航速高、火力猛，但经济性太差、防御非常脆弱。

54. 因为"不屈"号建造时间太长，造价自然上涨。

55. "百夫长"号露炮台围壁厚 8—9 英寸，水线装甲带采用钢面复合装甲，露炮台围壁也是，装甲防御甲板采用软钢，而主炮 6 英寸装甲炮罩则是镍合金钢装甲。副炮是 10 门 4.7 英寸速射炮，布局同"君权"级的上 6 下 4，下层副炮带炮廓防御，上层副炮只有轻防盾。

56. 这一部分承接第七章关于 19 世纪 80 年代巡洋舰的内容，而第一章和第四章分别介绍过 19 世纪 60 和 70 年代的巡洋舰。在此简单概括一下。19 世纪 60 年代的巡洋舰是没有装甲防御的"无常"级大型巡洋舰和"罗利"级小型巡洋舰，以及众多炮舰炮艇。19 世纪 70 年代的大型巡洋舰是"香农""纳尔逊"和"北安普顿"号巡洋舰，它们带有水线装甲带，但跟 19 世纪末出现的装甲巡洋舰完全不是一个概念。19 世纪 70 年代还有一艘准主力舰"鲁莽"号可以当作重巡洋舰使用。在 19 世纪 70 年代后期，出现了"鸢尾"级小型巡洋舰，这是现代巡洋舰的开始。到 19 世纪 80 年代，在"鸢尾"级的基础上又设计出"利安德"级和"默西河"级小型巡洋舰，至此，现代巡洋舰的雏形基本确定，都有带有招牌式"穹甲"防御体系，19 世纪 90 年代的怀特巡洋舰就是这种巡洋舰的直系后裔。同时，19 世纪 80 年代还建造了"专横"级和"奥兰多"级大型巡洋舰，它们是 19 世纪 70 年代"鲁莽"号的直系后裔，因为性价比太差，到 80 年代末不再建造这种类型了。到 1887 年，把"专横"级、"奥兰多"级、"香农"级、"纳尔逊"级都算作"一等巡洋舰"，而把"鸢尾"级、"利安德"级和"默西河"级算作二等巡洋舰，数量众多的炮舰算作三等巡洋舰，主要是按照排水量进行划分的。

57. 详见第二、第三、第四章，是 1870 年"船长"号翻沉后成立的事故调查委员会。

58. 见第三章。

59. 因为当时海战中水平飞行的炮弹大角度命中穹甲水平部分的机会太小了。

60. 原文如此，可是本书的插图并没有序号。

61. 原本是风帆战舰上垫在缆绳和桅杆容易相互摩擦的地方用来减小磨损的，这里已经改作他用，但英文名词没变。

62. 见后面的示意图。

63. 原文为"上甲板"，错误，已更正。从侧视图上可以看到船身在水线以上一共有 3 层甲板，最下层是穹甲主甲板，中间一层是上甲板，直接露天的是露天甲板，船头露天甲板上方还加盖了艏楼甲板。译者采用的这套甲板命名跟原著各个章节并不完全字面对应，因为原著各个章节给各种不同类型的战舰使用了不同的命名规则，甚至 19 世纪 60 年代和 70 年代的铁甲舰都使用了不同的甲板命名方法，不熟悉的读者无法明确每种战舰船体内到底有几层甲板。译者则给全书所有战舰都使用了统一的甲板命名方法。这样，从 19 世纪 60 年代的铁甲舰到 19 世纪 90 年代前无畏舰，它们船体内的甲板都能一一对应起来，便于读者明确船体结构发展的线索和脉络。

64. 参照上图 A 中侧视图和穹甲甲板平面图。

65. 捆扎好的吊铺直接扔进海里，几个小时都不会被海水浸透而沉下去，可以当救生圈用，可见吊铺箱也可以充当挡水坝。

66. 特别是在第六章介绍的"维多利亚"号沉没事故以后。

67. 见第六章。

68. 主炮、副炮和装甲的布局跟"埃德加"级没有什么不同，可以对照参考：主炮是露天甲板上前后2门9.2英寸炮，副炮是"上6下4"分布的10门6英寸速射炮。见上文"布伦海姆"号照片。

69. 4台三胀式蒸汽机，8台形式不明的锅炉，自然通风时航速20节，强制通风时航速22节。

70. 高达1800吨。

71. 原文如此，不知道具体指怀特哪篇材料。

72. "奥兰多"级的10节续航力为1万海里，这里80天×24小时×10节则接近19000海里。

73. 装甲指挥塔围壁厚12英寸，露天甲板前后主炮带有4.5英寸厚的装甲炮罩。露天甲板上6门6英寸副炮仍然只有轻防盾，这种"上6下4"的副炮布局也跟同时期的"君权"级一样。穿甲甲板中间的平坦部分厚度只有3英寸，两舷斜坡则厚达6英寸。

74. 两艘"布莱克"级排水量超过9000吨，长近122米，宽近20米，吃水超过7.3米，在排水量和主尺寸上都可比肩19世纪80年代的主力舰了。

75. "埃德加"级就是两艘"布莱克"级的缩小版，就像前文"百夫长"级是"君权"级的缩小版一样。因为巡洋舰需要足够的数量，才能各个关键贸易路线都部署上，所以"布莱克"级巨大的排水量和造价就是一个问题。而"埃德加"级就个很好的"经济适用"舰，一下建造了9艘。"埃德加"级排水量7700吨，长和宽比"布莱克"级稍小些。主要武器装备跟前一级完全一样。航速即使在强制通风时也只能达到20节，载煤量大大削减，10节续航力只有1万海里。根据上文对穿甲防御体系的介绍，这种载煤量的削减对于没有装甲带的防护巡洋舰意味着防护能力大打折扣，航速和火力都没有降低太多的情况下，排水量减少1000多吨，主要就减少在载煤量上。

76. 所以在大浪中根本没法使用。

77. 这是一艘二等防护巡洋舰，属于"阿波罗"级，该级将在下一章介绍。

78. 如果单纯比较数据的话，"迪皮伊·德·洛梅"号在排水量和续航力上比"埃德加"级有很大差距，但在火力和防护方面，很难通过简单的数据比较得出作者这样一边倒的结论。"迪皮伊·德·洛梅"号1888年开工建造，1890年下水，因为发动机和锅炉的问题，直到1895年才正式服役。一般认为，该舰是世界上第一艘装甲巡洋舰，它的装甲防御方式是前文怀特在"君权"级和"百夫长"级上都曾竭力推荐过的：从水下的装甲防御甲板直到露天甲板的整个舷侧，都被3.9英寸（约100毫米）厚的钢装甲包裹着。怀特在"君权"级上采用4英寸厚的舷侧装甲带，也可以看作是他不能在"君权"级上实现这种完全防护而寻找的一点自我安慰。怀特会钟爱这种大面积的薄装甲防御，是因为本章和第六、七章屡次提到的一点：4英寸钢装甲完全足以让6英寸速射副炮发射的高爆弹无法击穿。显然，法国人在1888年已经认识到了速射炮和高爆弹结合的巨大潜在威力，怀特也意识到了，但可惜英国海军部的决策层仍然不明白。虽然6英寸和更大的9.2英寸穿甲弹肯定都能击穿"迪皮伊·德·洛梅"号的装甲，但当时穿甲弹的引信不可靠，主要是依靠动能来杀伤敌舰，譬如前文提到此时的帕里瑟弹虽然能装填黑火药，通常也不装填，完全当作动能弹使用。所以穿甲弹就算击穿4英寸装甲，也只能造成局部小范围伤害，远远不如高爆弹在船体内爆炸的威力大。可见，4英寸装甲的完全防御可以让"迪皮伊·德·洛梅"号在19世纪80年代到90年代，享有相当高的战场生存能力。该舰本身是一艘造型奇特、火力布局也很奇特的战舰，外形令人印象深刻。船体长度比"埃德加"级略短，船体最大宽度却小很多，只有18米，所以它的吃水比上文的英国巡洋舰要多几十厘米，装载情况下的排水量也只稍稍高于6500吨。该舰船头船尾各有3座炮塔，两舷舯部各有1座炮塔。舯部炮塔安装的2门炮口径较大，约7.6英寸（合194毫米），也就是主炮。船头船尾的6座炮塔安装的是口径约6.4英寸（合164毫米）的副炮。船头的3座副炮在艏楼上方和两侧呈"品"字形排列。舰首呈法国铁甲舰时代招牌式的"撞角艏"，比较接近今天美国的"朱诺·沃尔特"级的穿浪艏。实际上这既不是用来撞击的撞角艏，也不是减少兴波阻力的穿浪艏，这样设计单纯是为了减小3门副炮同时朝前方开炮时炮口暴风的损害。该舰是长艏楼船型，长长的艏楼从船头一直延伸到船尾那3座副炮炮塔的前面，艏楼下面那层甲板就是露天甲板，4英寸厚的钢装甲从水下大约1.4米的地方一直延伸到露天甲板。艏楼甲板两舷侧没有装甲防护，但是所有主炮和副炮炮塔都带有4英寸的钢装甲。船尾这3座副炮全安装在露天甲板高度，而且彼此距离很近，显然它们开炮时会受到彼此炮口暴风的影响。主炮布置在舷侧可能是"玛索"级菱形主炮布局造成的一种设计惯性，可是船尾紧紧挨在一起的3座主炮显然是一个设计败笔，没有考虑炮口暴风的问题。完全可以把船尾那一对副炮往前挪一下，变成类似船头副炮那样的平面布局。该舰主炮口径没有"埃德加"级大，但越大型的主炮，在排水量不足万吨的战舰上，越难以在高海况的时候发挥出应有的战斗力来，正如本书前面章节一直强调的那样。"迪皮伊·德·洛梅"号朝单舷射击的火力是1门7.6英寸主炮和4门6.4英寸副炮，跟"埃德加"级的2门9.2英寸主炮、5门6英寸副炮比起来，显得相当贫弱。这恐怕是安装大面积4

英寸装甲必须付出的代价之一，因为装甲的重量相当可观。另一个必须付出的代价就是干舷不会很高，否则露天甲板的高度太大会导致这整幅舷侧装甲的重量太大、重心过高，为了保持稳定性，战舰的宽度和排水量便会飙升。它的水下防御装甲没有采用英国式的"穹甲"，而是仍然像铁甲舰时代的主力舰一样，把水下防御装甲整个布置在水线以下 1.4 米的位置。这个防御甲板也只有1.2 英寸厚。该舰三轴推进，依靠 3 台三胀式蒸汽机来驱动，其中两翼轴的三胀式蒸汽机是卧式的，可以整个布置在水线以下，而英国的上述巡洋舰采用的立式三胀式蒸汽机，它的上部位于穹甲以上，周围只好安装一圈倾斜装甲。"迪皮伊·德·洛梅"号航速可达 20 节，比"埃德加"级更快，载煤 1000 吨，12.5 节续航力 4000 海里，似乎续航力要比"埃德加"级差不少。比较起来，从实际战斗力来看，高干舷的英式巡洋舰肯定能更好地发挥火炮的威力，而且英式巡洋舰火炮数量更多、主炮口径更大，但"埃德加"级等英式巡洋舰的露天甲板副炮都没有装甲炮廓，很难扛过高爆弹的轰击，而"迪皮伊·德·洛梅"号的 4 英寸钢装甲旋转炮塔则能让它的所有主炮副炮都具有很高的战场生存能力，同时它露天甲板以下的船体侧面是整幅装甲，无惧高爆弹。其水上船体带有明显的舷墙内倾，也是说，船体侧面的 4 英寸装甲是倾斜安装的，所以它的实际防弹性能在当时流行的中、近距离炮战中，大大高于 4 英寸装甲。虽然穹甲弹一定能把舷侧船壳打出许多洞，但由于没有高爆弹的爆炸，船体内的弹药输送和损坏管制等行动还可以几乎不受干扰。可见"迪皮伊·德·洛梅"号不会落到 1905 年对马海战时沙俄前无畏舰那样的惨状：大量 6 英寸速射炮发射的高爆弹和通常弹将无装甲的舷侧船壳撕碎，让里面的弹药输送和损坏管制无法进行，最后因为风浪较大，战舰从水线以上不断缓缓进水，最终沉没。英国当时的"埃德加"级等防护巡洋舰恐怕就会落到这个下场——火炮下方的船体内会变成一片火海，既无法从底舱向火炮供应弹药，也无法在上甲板和穹甲主甲板之间进行有效的损管作业。这样的战舰只能沉没。可见，其实这些英式防护巡洋舰的生存性能是完全没法跟"迪皮伊·德·洛梅"号相比的。看来，在提到英国传统竞争对手法国的时候，英国作者往往很难保持客观。

79. 该舰 1890 年开工，1892 年下水，沙俄宣称是专门用来袭击英国商船的。当时英国忙于建造 1889 年《海防法案》计划的战舰，没有富余的产能来应付了，所以直到 1894 年才开始设计建造"强大"级，建造这两艘巡洋舰的目的就是在大海上寻找、追击、歼灭"留里克"号。为了保证歼灭，"强大"级的性能就要大大优于"留里克"号才行。所以"留里克"号的性能指标是怀特设计"强大"级的一个基准。"留里克"号造型非常复古，火炮全部布局在两舷，颇有 19 世纪 60 年代第一代英国铁甲舰的韵味，保留了全帆装，好在全世界自由航行。它的排水量高达 1 万吨，船体长 125 米，最大宽 20.4 米，装载吃水 9 米，2 台三胀式蒸汽机使航速达到 18 节，载煤 2000 吨，10 节续航力 19000 海里。其水线装甲带覆盖了舯部大约 80% 的长度，实际上跟全长的装甲带没有太大区别。水线装甲带在舯部最厚处达 12 英寸，到靠近船头船尾部位减薄到 8 英寸。水线装甲带的下边缘是水下防御甲板，厚 2—3 英寸。该舰的火力十分强大，舷侧火炮分成上下两层，下层火炮位于上甲板，上层火炮位于露天甲板。下层火炮为两舷 16 门 6 英寸炮，单舷 8 门，靠近船头船尾的壁龛炮门各有 1 门，中间的舷侧炮门平均分配 6 门。这些 6 英寸副炮无防护。露天甲板火炮都安装了轻防盾，最靠近船头和船尾的防盾较大，里面安装着 8 英寸炮，全船一共 4 门 8 英寸炮。前后 8 英寸炮之间的 3 个带防盾炮位，安装 4.7 英寸炮，全船一共 6 门 4.7 英寸炮。从装甲防护和火力两方面看，怀特上任后建造的"布莱克"级和"埃德加"级一等巡洋舰都根本不是"留里克"号的对手，而巴纳比时期建造的"专横"级和"奥兰多"级一等巡洋舰又没有"留里克"号这样的航速和续航力，火力也没有它这样凶猛——19 世纪末是 6 英寸速射副炮的天下，沙俄也很敏锐地把握了这一时代脉搏，单舷 6 英寸炮的数量是当时各国巡洋舰中最多的；而"留里克"号每舷 2 门 8 英寸主炮跟"奥兰多"级船头船尾可以回旋的 9.2 英寸主炮不会有本质上的区别。其他英国的二等和三等巡洋舰就更不用提了。可见，"留里克"号的综合性能打败了当时英国所有的巡洋舰，只有"君权"级前无畏舰的航速才勉强能追上它，其他主力舰都望尘莫及。可以说，英国彼时所有战舰中，追得上的打不过"留里克"号，打得过的追不上，它成了完美的"打带跑"（Hit-and-run）式战舰，一时间在理论上对英国的海上商贸造成严重的威胁。

80. 这是专门为这一级巡洋舰研制的一型主炮，也是英国第一种专为无烟线状发射药研发的 9.2 英寸炮，这说明这种火炮可能用的是定装式炮弹，具有一定的速射能力。

81. "强大"级的武器装备足以对抗"留里克"级了。在"强大"级高高的露天"最上甲板"（即从船头一直延伸到船尾的艉楼甲板）上，前后各搭载 1 门 9.2 英寸主炮。每侧船体上都搭载了 6 门 12 英寸速射副炮。靠近船头船尾主炮位置的 6 英寸副炮安装在双层装甲炮廓里，可以朝靠近船头—船尾的方向射击。前后双层炮廓之间，下层有类似"君权"级和"埃德加"级那样的 4 座单装装甲炮廓，也搭载 6 英寸炮；上层有 4 个简易炮窗，里面安装 3 英寸速射炮。此外，舰首主锚前方、锚链孔后方也有上下两个壁龛式炮门，里面分上下两层安装了 2 门 3 英寸速射炮，船尾也有类似布局的上下两层壁龛式炮门，也安装了 2 门 3 英寸速射副炮。全船每舷合计有 3 英寸速射炮8 门、6 英寸速射炮 6 门。当然，船头船尾的 3 英寸速射炮只能在天气好的时候使用，高海况下会因为上浪无法使用。不过，"强大"级的船体非常巨大，高海况时多数副炮都能继续发挥战斗力。为什么要建造这么大的船体呢？怀特研究了"留里克"号的性能参数后，得出结论：如果要在公海上追到这艘战舰，并最终逼迫它跟英国战舰交战，那么英国巡洋舰就必须具有比"留里克"号更大的续航能力，也就是载煤量要非常大。既然"留里克"号可以载煤 2000 吨，那么新设计的"强大"级就必须能够载煤 3000 吨，这也将是有史以来载煤量最大的战舰。载煤量大也就意味着船体宽大、吃水深，为了让吃水这样深的战舰仍然能够相对于"留里克"号拥有明显的航速优势，达到"布莱克"级自然通风 20 节、强制通风 22 节的标准，该级舰的锅炉和发动机舱非常庞大，而且为了让 3000 吨载煤发挥出最大的经济效能，怀特力排众难，让保守的英国海军部批准给"强大"级安装当时还在小型战舰上不紧不慢地做着技术验证的法国贝勒维尔式水管锅炉。这大量的锅炉占据了舯部很长一段空间，而且又要达到高航速，所以该级舰的船身十分细长，最大宽 21.6 米，却长达 164 米，比第十章介绍的同时期的前无畏舰"庄严"级长出来整整 30 米。长长的船身、48 座贝勒维尔水管锅炉的 4 根大烟囱，让人从很远的地方就能够辨认出该舰来：当时英国海军唯一一艘四烟囱战舰。船体这么长，吃水又深达 8.2 米，"强大"级的排水量也很大，达到 14400 吨，已经比"君权"级小不了多少了。怀特设计这样巨大的船体也是为了保证足够高的干舷，因为在远洋的大浪中追击敌军巡洋舰，高干舷至关重要。其干舷高度明显超过"君权"级的 6 米，这是因为"强大"级的船体又比"君权"级前无畏舰和"埃德加"级巡洋舰升高了。"君权""埃德加"和"强大"的船体在水线附近都有一层装甲主甲板，主甲板上方都是上甲板，"君权"和"埃德加"级那 4 门带有装甲炮廓的 6 英寸炮就在上甲板上，而"强大"级下层排副炮也在上甲板上。主甲板和上甲板之间就是上文详细介绍的水线上两舷密集煤舱。"君权""埃德加"和"强大"级的上甲板和露天甲板之间既然是下层副炮，那么露天甲板上自然就是上层副炮了。这是"强大"级开始跟"君权"和"埃德加"级不一样的地方：参照前文插图，可见"君权"和"埃德加"级的上层副炮都直接露天安装，露天甲板四周的船帮也不太高，只是比人的身高稍高；在"强大"级上，原来的"露天甲板"不再露天，而是在它上方加盖了一层"最上甲板"，水手们在露天的"最上甲板"上活动。于是，"强大"级的主炮就比"君权"级和"埃德加"级升高了一层甲板，直接安装在"最上甲板"上，而"君权"级和"埃德加"级的主炮仍然安装在露天甲板上，跟上层副炮一样高。这种比主力舰多出一层甲板的设计延续到了后来所有的怀特式巡洋舰上，直到 20 世纪初。干舷这么高的战舰，稳心高却比"君权"级还高，达到 2.6 英尺。高干舷、高稳心，也就保证了该级战舰在恶劣天候中顶着大浪高速前进的能力。这艘庞大的战舰，不仅可以在高海况条件下高速航行和使用 9.2 英寸主炮来战斗，而且续航力十分惊人：载煤 3000 吨时可以以 14 节的航速续航 14000 海里。尽管实际服役后，该舰通常只载煤 1500 吨。

82. 海军部对这一级非常不满意："强大"级定员近 900 人，比"埃德加"级多出来 60% 以上，造价也比"埃德加"级高出来 60% 多，但每舷的 6 英寸炮只比"埃德加"级多 1 门。实际上，"埃德加"级和"君权"级主力舰一样，露天甲板的 6 门 6 英寸炮根本没有像样的防护，而"强大"级的都有炮廓装甲防护。

83. 也就是把舯部那两个下层炮廓上面各加盖了一个上层炮廓，这样每舷侧有 4 个上下双层式 6 英寸装甲炮廓。不过底舱没法增添新的弹药库了，所以 6 英寸炮弹的数量没有相应增加。

84. 排水量 14000 多吨的"强大"级仍然只是一艘防护巡洋舰，完全没有水线装甲带或者类似前文"迪皮伊·德·洛梅"号那样的大面积薄装甲防御。穹甲中间平坦部分厚 2.5 英寸，位于水线以上 3.5 英尺处，两舷斜坡从这个高度开始，朝两侧倾斜，一直到水线以下 6.5 英尺到船壳。斜坡在舯部动力舱段厚 6 英寸，在靠近船头船尾的弹药库上方则减薄至 4 英寸。9.2 英寸主炮配备了类似"迪皮伊·德·洛梅"号那样的现代旋转炮塔，炮塔围壁厚 6 英寸，顶盖厚 1 英寸，炮塔下方带有装甲炮座，保护着弹药提升井，装甲炮座和副炮炮廓跟主炮炮塔一样厚 6 英寸。舰桥下面的装甲指挥塔围壁厚达 12 英寸。这些装甲都是美式哈维表面硬化钢装甲。

85. "王冠"级排水量 11000 吨，长 130 多米，最大宽 21 米，平均吃水 8 米，自然通风和强制通风航速都比"强大"级慢 1—2 节，强制通风可能也只能达到 20 节左右，载煤量将近 2000 吨。采用三胀式蒸汽机和水管锅炉的组合，同样拥有傲人的续航力。穹甲两舷斜坡全部都是 4 英寸厚，不像"强大"级一样在舯部增加到 6 英寸厚。所有 16 门炮的防盾和炮廓厚度都是 4.5 英寸。船头船尾的"主炮"炮位分别是 2 门并列安装的 6 英寸炮，各自带有防盾。尚不清楚这样设计意义何在——这样两门并列安装的 6 英寸炮无法同时朝一侧开炮。所有的弹药提升井都有防护。该级舰和"强大"级船型的一个区别是，"强大"级的"最上甲板"从船头一直延续到船尾，而"王冠"级的这层甲板只延续到后"主炮"的前面。于是在"王冠"级上，这个"最上甲板"就称为"艏楼甲板"，这种船型就称为"长艏楼"船型，船尾"主炮"炮位就比"强大"级矮一层甲板。这种长艏楼船型可以降低尾部的重心高度，节约船体结构重量，这种设计特色也延伸到后续的怀特式巡洋舰上，见第九章介绍。

86. 发动机震动就是以震动的形式耗散了部分发动机功率，减少震动就可以提高输出功率。刚开始把震动强烈的高压汽缸全放在一起，把震动不那么强烈的低压汽缸全放在一起，结果 4 个汽缸组合在一起，造成驱动轴明显震动。

87. 托马斯·科科伦，第 10 代邓唐纳德伯爵（10th Earl of Dundonald），在 18 世纪末的战争中表现出色，后来累官至海军上校，关注技术的进步，1830 年便申请了一个锅炉相关的专利。

88. 作者没有解释这些数字的含义，可能是一种重量节省的百分比。

89. 这种锅炉见第七章。

90. 即前文的"迪皮伊·德·洛梅"号。

91. "强大"级 1892 年展开设计工作，1894 年开始建造，1898 年入役。

92. 对照正文中的插图大致介绍一下贝勒维尔水管锅炉的结构和工作原理。

"水管锅炉"，顾名思义就是水在管内流动，而火焰在管子外面加热。图中最明显的结构是上下两串来回盘绕的水管。下面的那串水管是产生蒸汽用的，也就是水管锅炉的"水管"，上面那水管可以用煤炭燃烧后的废热把管路中的水稍稍预热一下，但还无法把水加热到沸腾而产生蒸汽，可见上面那串水管的作用就是尽量利用锅炉排气中的余热，因此上部水管就称为"余热回收器"（Economizer），这是当时战舰上的贝勒维尔锅炉中必不可少的一个省煤装置。图中所示的锅炉水管和余热回收管都只代表原文中"8 组水管"中的一组，整个贝勒维尔锅炉呈竖立的长方形，打开后可以看到里面并排安装着 8 组这样的上下两套水管。每组来回盘绕的水管都是直管和管接头拼接成的。8 组水管在每个曲折拐弯处共用一个横行的管接头，这个扁长方形的管接头就叫作"管接盒"（Junction Box）。这种组装方法就能让每段直管都独立于其他直管，于是每个直管在受到火焰炙烤时发生热胀冷缩都不会影响到其他直管，而只是影响到这一个直管和管接盒的连接。于是，水管锅炉的每一段直管和每一个管接盒就可以在需要检修的时候单独拆卸下来，这是贝勒维尔式水管锅炉较之 19 世纪 70、80 年代的苏格兰圆筒式火管锅炉的一个重要优势。一座在整体上呈竖立长方"盒子"形的贝勒维尔锅炉，它的整个底座都是可以过火的炉膛炉箅，水管架在炉箅的上方，就像篝火上的烤肉。插图中最下面就是炉灰盘，上方是堆煤的炉箅。这种上下式设计非常适合安装在战舰上，因为占地面积小，整个底座全是炉膛。可以想象，当火焰燃烧起来之后，火苗从炉底朝上方窜，便能够一次次把那些来回曲折流动的锅炉水加热产生蒸汽。在这个过程中，水基本上是水平左右流动的，稍稍带一点倾斜，而火苗则垂直朝上方延伸。可以说火苗和燃气的方向跟水流方向彼此垂直，而经验证明，这种垂直加热的效率最高。于是，贝勒维尔锅炉比起过去苏格兰火管锅炉，产生同样多的蒸汽所需的加热面积更小，也就更省煤。但贝勒维尔式锅炉之所以可靠耐用，还能灵活调节蒸汽发生速率，就在于水管组成了一套循环加热、循环给水系统，水在里面不停地朝一个方向循环流动，就像人身体内的血液一样，这样就不容易产生水垢了。下面结合插图看一看水在水管内如何流动。

首先，会有一个给水泵（图中没有画出）把常温的给水通过图中"余热回收器给水"口，注到余热回收器里面，整个余热回收器里面是充满水的，于是，煤炭燃烧后产生的废气首先对常温的给水进行了预热，相当于回收了废气中的部分废热，节约了煤炭。这些经过预热的给水从图中"余热回收器出水"口通过一条管路，灌注到图中"余热回收器反流给水"这个口，然后就进入图中没有标注的球形腔体。这个球形腔叫作"蒸汽分离器"（Steam Separator），后面再介绍它的重要功能。经过预热的给水从分离器里面直接依靠自身的重力往下流，流到图中左侧最下面的"给水回收返流器"里面，这里是所有经过火焰加热后的锅炉水回流的地方，水流速度最低，最容易积存水垢，而其他部位的水管几乎不会产生水垢。所以这个回收返流器又叫作"水垢盒"（Mud box）。经过预热的新鲜给水就在水垢盒里跟反复循环的给水混合在一起，涌入炉体下部的锅炉水管中。锅炉水管跟上方余热回收水管的不同之处在于，锅炉水管只需要注水到一半的高度，锅炉就可以点火燃烧了，锅炉水管的上半部分里面全是热水蒸发形成的蒸汽。这意味着贝勒维尔锅炉工作时，需要加热的水量比火管锅炉少得多，因为水在许多水管中蒸发，蒸发面积大、蒸发效率高。于是，贝勒维尔锅炉的重量要比火管锅炉轻不少，主要就轻在装水少上。但这些蒸汽里面也夹带了大量的小水滴，这是火管锅炉不会遇到的问题——火管锅炉是大量的水体包裹着充满火焰的细管，虽然水体上方的蒸汽也会带有小水滴，但水蒸气是从大面积的水体表面蒸发，而在贝勒维尔锅炉中，水是在细细的管道中蒸发。大量的小水滴如果进入蒸汽机，很快就会导致各种问题，必须要把这些水滴和蒸汽分离开来，于是带水的蒸汽就涌入了"蒸汽分离器"。这个腔体制成球形是为了承受蒸汽压力。腔体里面如插图绘制的那样，像迷宫一样曲折，这座钢片拼接成的迷宫，每座"墙"的拐角处，边缘都不是整齐的，而是刻满了细细密密的小齿，这样就能让小水滴逐渐在小齿上凝结成大水滴，最后汇集成水流，靠自身重力汇聚到分离器的底部，然后和经过预热的新鲜给水一起，向下流入"水垢盒"，再次开始循环——炉火加热下部水管，自然让水管中的水朝上方升腾、蒸发，从而把水垢盒里的水抽吸进水管里去。由于贝勒维尔锅炉中水蒸发的效率非常高，所以时刻需要把刚刚预热好的新鲜给水注入分离器里面，好补充锅炉水的蒸发。每一个时刻需要给水管体系中加注多少新鲜给水，就不可能再依靠人力随时调节了，必须要有一套自动控制的阀门装置，这样才能随时根据水管中水量的多少，来开关新鲜给水的阀门。这个装置就是插图中的"自动给水调节器"。这是一个密闭的水桶，上端连着一根管子，下端也连着一根管子，上端通到蒸汽分离器附近，下端通到水垢盒附近。短时间内蒸汽发生量增多，桶内液面就会下降，这样桶内液面上漂着的一个浮筏就会下沉，浮筏通过一套杠杆装置打开阀门，让更多的新鲜给水进入蒸汽分离器。

总结起来，贝勒维尔式水管锅炉有以下几点优势：一是蒸发效率高，用水量少，锅炉总重量更轻；二是占地面积小，燃烧面积大，更加紧凑；三是水流永远朝一个方向循环流动，不容易产生水垢；四是一旦出现故障，每个水管可以单独拆开来维修；五是可靠，因为直接承受蒸汽压力的结构只有那些水管、管接头和球形分离器，而以往的锅炉必须依靠庞大的外壳结构来直接承担蒸汽压力。

93. 用整根钢棒镗钻而成。

94. 全功率时效率最高、最经济，但战舰通常很少全速航行。

95. 高压汽缸尺寸更小，因为尺寸越小，越容易承受高压。

96. 见"成功"号插图。

97. 还要看大风吹了多久，大风虽然大，若只吹了一刻钟，浪高就不如中强风连续吹了几个小时。

98. 估算海岸风力时的一个重要参数，是指风能够不受海岸线地形限制，连续吹拂的一片海面的大小。

99. 也叫候补上校，说明驱逐舰舰长都不是上校，而是比中校官阶稍高的准舰长。

100. 尾部在螺旋桨轴周围形成一个凹陷，水流就像进入一条隧道一样，涌入螺旋桨，有点泵推器的意思。

101. "星星"号是帕尔默厂生产的，"森林少女"号是多克斯福德厂生产的。

102. 就像现代的滑行式快艇，船身会从水面上飞起来，再砸落回水面上。

103. 英国作者对法国的负面表述都应该谨慎看待，可能并不客观。

104. 利润率可能也只有百分之几。

105. 当螺旋桨转转太快时，水流来不及填充螺旋桨转过后瞬间形成的空腔，结果空腔内压力骤然降低，而水的沸点会随着压力一并降低，于是水在这种瞬时空腔中变成水蒸气，也就是形成了气泡，气泡会腐蚀螺旋桨表面，加剧螺旋桨的震颤。

106. 今天一般采用桨叶面积很大的大侧斜慢速螺旋桨来克服这个问题。

107. 也就是作者布朗先生上学的时候。

第九章
1893—1904年，"威风堂堂"[1]的舰队

1895年下水的"声望"号，这是一艘"二等主力舰"，装甲甲板布局形式跟之前的所有主力舰都不一样，从此之后，所有怀特设计的主力舰都采用这种新的装甲甲板布局。[2] 从照片上可以看出来，该舰的艏舷弧要比当时其他的主力舰明显许多，这让该舰的高海况适航性能提高了，而且外形更加俊美。这张照片中该舰通体涂装成白色，因为它正在参加一场皇室海上大阅兵（Royal Cruise）[3]。（作者收藏）

这一章将要介绍的主力舰，通常会被人们笼统地划分到"前无畏舰"这个不怎么严格的类别下面来。所谓"前无畏舰"，顾名思义，就是从19世纪90年代开始直到1905年，它们是海上的霸主，等1905年出现了"无畏"号之后，无畏舰才逐渐取代"前无畏舰"加冕为新的海上霸主。实际上，直到1916年日德兰（Jutland）海战的时候，参战的德国公海舰队里仍然有几艘前无畏舰组成的一支"老爷编队"。[1] 虽然19世纪90年代诞生的这群主力舰存在相似之处，被笼统地叫作"前无畏舰"，可是各级前无畏舰在战术性能和技术发展水平上其实相差很大，反映出这10年里装甲、火炮、其他舰载设备以及船体本身的设计所经历的快速技术进步。

狭义的"前无畏舰"可以从"声望"号开始算起，它的装甲防御模式给后来整个10年里的主力舰定下一个范式，不过这种设计模式具体到每一级主力舰的设计中又确实各不相同，因为每一级主力舰的设计目标并不一样。所以，为了解释前无畏舰设计的演化过程，下面将对各级前无畏舰的设计都略做介绍，然后再把前无畏舰这种武器平台的设计中最为关键的装甲、火炮、炮术、船体

① 1941年德国的"俾斯麦"号击沉英国的"胡德"号时，英考特[4]是这样评价"胡德"号的：该舰已经过时了，就如同把怀特的"庄严"级放到日德兰的战场上一样。作者我觉得这是一个绝妙的比喻，时间上非常恰如其分。

设计、动力机械、建造耗时等方面拿出来一一探讨一下。

1893 年开工的"声望"号

"声望"号是 1892 年造舰计划中的一艘二等主力舰，该造舰计划还包括"庄严"（Majestic）级的前 3 艘，"声望"号是围绕着英国新开发出来的 50 吨 12 英寸主炮[5]来设计的。这型主炮虽然是在 19 世纪 90 年代初开始开发的，但很快就发现它需要好几年才能定型量产，所以海军部决定造第三艘"百夫长"级二等主力舰，好让彭布罗克海军船厂持续有订单，这样船厂的技术工人才不会闲下来，甚至流失掉。新任海军部审计长是 J. A. 费希尔，他当时推崇的设计理念是"最轻型的主炮搭配最大号的副炮"[6]，于是他指令怀特在"百夫长"级的基础上，拿出一个比之强得多的新设计来。这就是"声望"号二等主力舰。该舰在首尾主炮炮位共搭载 4 门 10 英寸炮，主炮塔的回旋采用液压驱动，俯仰采用电力驱动，可是装填炮弹和发射药仍然依靠人力。值得一提的是，主炮炮位早已不再是"君权"级那样的露天炮座了，一对双联装主炮的前方、顶盖和两侧在"百夫长"级上就安装了装甲防盾，而在"声望"号上，主炮后方也加装了防盾，[7]跟现代的炮塔没有什么实质区别了。该舰的副炮火力十分强大，是 10 门 6 英寸速射副炮，全部安装在装甲炮廓里。[8]

"声望"号设计上最具创新性的特点是它的装甲防御布局。水线装甲带厚达 8 英寸，使用下文将要介绍的美国哈维渗碳钢制作，性能比之前的装甲有大幅度提升。这条水线装甲带覆盖了舯部 210 英尺长，全宽 7.5 英尺，在它的上方，还有一条 6 英寸厚的舷侧装甲带[9]，也是用哈维钢制作的。水线装甲带的上边缘跟战舰的主甲板位置齐平，[10]主甲板构成了类似巡洋舰的"穹甲"：中间平坦部分位于水线以上，带有 2 英寸厚的装甲；两舷形成斜坡，带有 3 英寸厚的装甲，45°角向下一直延伸到水线装甲带的下边缘。这种穹甲式设计的两舷斜坡可以给水线装甲带很强的支撑力，不过更重要的是，假使敌军炮弹真的击穿水线装甲带，完好地打进船体里面来，它在这个过程中会大大失速，然后再击中这道呈 45°角倾斜的 3 英寸穹甲，就很难击穿这道装甲斜坡了[11]。这种穹甲式设计从此在英式主力舰上固定下来，一直用到"胡德"号战列巡洋舰上，德国二战前新造的主力舰"俾斯麦"号也沿用了这种设计，在该舰最后被英国主力舰近距离围殴的时候，这种穹甲表现得非常不错。[①][12]当时，怀特指示具体负责该舰设计的邓恩和比顿说，[②]6 英寸副炮即使在 1000 码的射程上，也最多只能击穿 10 英寸的均质钢板（约合 8 英寸厚的美国哈维渗碳钢装甲），所以"声望"号在这个距离以外，可以抵抗一切 6 英寸穿甲弹的轰击，而主炮发射的口径更大的高爆弹同样在这个距离以外无法击穿"声望"号的装甲。[③][13]

① W. H. 嘉克（Garzke）、R. O. 杜林（Dulin）以及 D. K. 布朗合撰《"俾斯麦"号的沉没》（*Sinking of the Bismarck*），刊载于 1994 年在伦敦出版的《战舰》杂志 1994 年刊。
② 见该舰的档案册。
③ 怀特这种说法并不是完全站得住脚，就算考虑到当时装甲材质的改进已经提高了装甲的防弹性能。

表 9.1 各级"前无畏舰"的主要性能参数

级名（开工年份）	同级姊妹舰数量	水线装甲带		约等于多厚的钢面复合装甲	航速（节）	排水量（吨）	备注
		材质	厚度（英寸）				
"君权"（1889）	7	钢面复合装甲	18	18	16.5	14150	
"胡德"（1889）	1	钢面复合装甲	18	18	16.5	14150	低干舷闷罐式炮塔舰
"百夫长"（1890）	2	钢面复合装甲	12	12	18.5	10500	二等主力舰
"声望"（1893）	1	哈维渗碳钢装甲	8	12.8	18	12350	二等主力舰
"庄严"（93）	9	哈维渗碳钢装甲	9	14.4	17	14560	
"老人星"[14]（Canopus）（1896）	6	克虏伯渗碳表面硬化钢装甲	6	12.5	18	13150	
"可畏"（Formidable）（1898）	3	克虏伯渗碳表面硬化钢装甲	9	18.8	18	14500	
"伦敦"（1899）	3	克虏伯渗碳表面硬化钢装甲	9	18.8	18	14500	
"邓肯"（1899）	6	克虏伯渗碳表面硬化钢装甲	7	14.6	19	13270	
"英王爱德华七世"（King Edward VII）（1902）	8	克虏伯渗碳表面硬化钢装甲	9	18.8	18.5	15585	
"纳尔逊勋爵"（1905）	2	克虏伯渗碳表面硬化钢装甲	12	25	18	16090	

当时，船身一般设计成平直、不带舷弧的，但"声望"号带有明显的艏舷弧，这不仅让该舰的外形看起来非常俊美飘逸，而且可以让该舰在大浪中航行的时候不那么容易上浪。而且舰首的船身侧面不再布置轻型副炮的炮廓，这就让舰首的舷侧船壳更加顺滑、连贯，大浪冲过这个部位的时候，就不容易撞碎产生飞沫了。[①]该舰服役后深得费希尔青睐，他在好几个舰队担任舰队司令的时候都曾指定它作为自己的旗舰。由于技术飞速进步，该舰很快就落后过时了，它在短暂的活跃服役期内，基本上作为阅兵时的观礼游艇使用，该舰那舰首上翘的俊美外形非常适合这一角色。

"声望"号的动力机组是莫兹利厂制造的，[16]该厂又把发动机组的不少配件转包给30家其他的企业。这些转包的配件包括：舵机（steering gear）、发动机的空气压缩机（air compressor）、发电机（dynamo）、蒸发器（evaporator）、主锚锚缆绞盘（capstan）、各种液压管路配件（hydraulic equipment）、液压泵（pump）、吊放舰载艇的绞盘和吊架（boat hoist）、发动机曲轴（crank shaft）、活塞和活塞杆（pistons and piston rod）、活塞杆和曲轴的连接杆（connecting rod）、压缩机和液压泵上的十字头（cross head）、汽缸外罩（cylinder cover）、弹簧（spring）、

① 该舰干舷高度跟"船体长度的平方根"的比在当时看来非常高，达到了 1.1[15]。

冷凝器管（condenser tube）、锅炉的外壳钢板（boiler plate）、锅炉里的炉膛板（furnace）和火管（boiler tube）。可以说，到这个时候，船舶制造业已经变成一种组装工业了，[17] 其发展必须依托广泛且高度发达的工业基础。令人疑惑不解的是，当时明明已经有了可以有效对抗海水污损的防护涂料，"声望"号船底还是包裹了铜皮。

① 国家档案馆归档条目 ADM 116/878。此档案包含怀特当时提交的战舰设计方案。

1893—1895 年间陆续开工的"庄严"级

"庄严"级一共建造了 8 艘姊妹舰[18]，它们可以看作是"声望"号的放大版。"庄严"级的水线装甲带和舷侧装甲带都统一增加到 9 英寸厚，在过去主力舰上厚度不同的水线和舷侧装甲带至此合二为一，总宽度 16 英尺[19]，长 220 英尺。这道装甲带只存在于舯部，也就是首尾主炮炮座之间，装甲带和装甲炮座之间借助厚厚的装甲隔壁连接在一起[20]。舯艉还是缺少水线装甲带，下文将针对这一点展开探讨。"庄严"级跟之前的"君权"级一等主力舰比起来，个头又增大了一些[21]，怀特说英国战舰必须比同级别的外军战舰更大，因为英国战舰要花更多的时间在外海巡航。怀特声称①，之前设计的主力舰，比如"君权"级，在 14200吨的排水量中，武器、装甲、舰载设备和燃煤这些"载荷"的重量总共达 3500 吨，而同时期的法国前无畏舰，排水量 12000 吨[22]，搭载能力只有 2300 吨，细算下来，

1895 年下水的"庄严"号，是"庄严"级的首制舰。"庄严"级属于一等主力舰，可以看作是"声望"号二等主力舰的放大版。（作者收藏）

1898 年下水的"歌利亚"号（Goliath）[23]，属于"老人星"级，1915 年战沉于达达尼尔海峡。（帝国战争博物馆，编号 Q43322）

大概相当于"君权"级装甲和舰载设备搭载能力的 80%、武器搭载能力的 62% 和燃煤搭载能力的 64%。

"庄严"级采用了新型 12 英寸主炮，并搭配了改良版火炮装填装置，后文将做专门探讨。这种新式 12 英寸主炮拥有前后左右和顶盖都带装甲的炮罩，从此以后人们就把这种炮罩称为"炮塔"[24]。"庄严"级的副炮是 12 门 6 英寸速射炮，全部安装在装甲炮廓中，上甲板上每舷安装了 4 座，露天甲板上每舷安装了 2 座。

当时，民间造船工程师爱德华·哈兰（Edward Harland）[25] 爵士提出了一个不同寻常的建议：战舰应当采用类似远洋客轮那样的细长船型。这位哈兰议员提出这样一个建议后，海军部的设计部门就指派贝茨① 对此进行核算，以"庄严"级为母本②。

	"庄严"级	"哈兰"提案
主尺寸 = 长 × 最大宽 × 型深（英尺）	390 × 75 × 45	450 × 70 × 42
装载排水量（吨）	14900	15330
稳心高（英尺）	2.75	2.1

可见，哈兰提案中的稳定性实在是难以满足战舰的需要，只能继续增大排水量[26]。

1896—1898 年陆续开工的"老人星"级

日本在甲午战争中击败了中国，俘获了一些中国战舰，这让日本在 1895 年后成为英国眼中东亚最新崛起的战略威胁。于是英国便设计了"老人星"级主力舰[27]，要求它们的排水量要小，这样吃水才足够浅，好通过苏伊士运河，③

① E.R. 贝茨文档，现存于英国国家海事博物馆。
② "强大"级的主尺寸是 500 英尺 ×71.5 英尺 ×45 英尺，哈兰提出的替代主尺寸是 530 英尺 ×68 英尺 ×43 英尺。
③ 苏伊士运河的最大深度是 25 英尺 4 英寸，直到 1902 年才加深了 1 英尺。"老人星"级的装载吃水是 26 英尺 2 英寸（比"庄严"级大约少了 18 英寸），要想通过运河，就得处在轻载状态。

并能够在远东的内河中作战。让人困惑的是，海军部决定不给该级战舰的船底包裹铜皮，因为它们并不是设计用来在远洋派驻地执行任务的[28]。水线和舷侧装甲带继续像"庄严"级一样合并成一个宽条，但是厚度都削减到 6 英寸，以尽量减小排水量，不过采用了德国克虏伯授权生产的渗碳表面硬化钢装甲，6 英寸厚的这种装甲拥有等同于 8 英寸厚哈维钢装甲的防弹性能。[29]此外，艏部的装甲带还延伸到艏艉部位，只不过减薄到 2 英寸。[30]很多人都觉得，这种仅仅 2 英寸厚的装甲板也就"只能"抵挡主炮炮弹的破片和副炮炮弹的轰击，所以意义不大，可实际上，缺少装甲防护的艏艉被破片划伤后会进水，进而导致航速降低，对于需要在远洋追击敌军战舰的外派主力舰来说，这将会构成一个严重的问题。[31]"老人星"级的上甲板也增加了 1 英寸厚的装甲防御，这是因为当时有情报称法国人将会给他们的新式主力舰安装榴弹炮。[①32]这层装甲上甲板可以让任何高爆药炮弹在击中它的时候就起爆。[33]设计时曾计划使用炮塔来安装 6 英寸副炮，但最后还是选择了炮廓，因为炮塔必须借助外界提供的动力才能够旋转，所以在遭受炮击时就很脆弱[34]。到了这个时候，英国海军仍然念念不忘撞击战术，结果"老人星"级那 2 英寸厚的船头水线装甲带仍然支撑着一个长长的撞角艏。[35]

"老人星"级也是英国第一次在主力舰上列装水管锅炉——法国贝勒维尔式水管锅炉，它给该级战舰又节省了一些重量。只是这种重量节约正好在船体下部，所以船宽就必须加大，这样才能获得可以让人接受的稳定性。[36]也可能是为了尽量不让上部重量太大，该级舰的两根桅杆上只各安装了一座桅盘，舰上搭载的 6 磅小炮的数量也削减到 6 门。[37]怀特向具体负责设计的邓恩及其团队指示说，前桅杆应当"尽可能轻量化"。[②]防御鱼雷艇的武器从之前"声望"号和"庄严"级的 8 门 12 磅炮增加到 12 门 12 磅炮。除了露天甲板、舰队司令住舱和军官统舱（Wardroom）之外，均不再使用木材，以减少火灾隐患[38]。

今天，我们还能从"老人星"级的战舰档案册中找到一份有趣的表格，是当年对该级战舰进行初步设计的时候，根据"声望"号的实测数据来推算的这型新战舰的船体重量。这在今天是一份难得的数据资料，值得玩味一番。

"声望"号船体重量	4640	吨
船底厚度增加带来增重	75	
舭龙骨增重	35	
船长增加 10 英尺带来增重	105	
船宽增加 2 英尺带来增重	105	
炮塔座圈直径从 29 英尺增加到 38 英尺带来增重[39]	180	
装甲"盒子"（Citadel）设计上的改进带来增重	20	
"老人星"级船体重量预计将达	5160	吨

① 法国人曾经让炮艇"龙"号（Dragonne）搭载并试射了一门 5.9 英寸的榴弹炮，但是结果不理想，没有进一步开发海军榴弹炮。榴弹炮发射的炮弹走高抛物线弹道，在空中飞行的时间很长，而且发射炮弹时，船体也免不了不停地摇晃和埋首，这样就让炮弹更不容易打准了。榴弹炮的作战效能另见第十章介绍的。"老人星"号的舰载艇甲板原计划加强其强度，以安装 6—8 门榴弹炮（见该级的存档文件）。

② 可是，1895 年 11 月 5 日发布的一份指导性文件中规定，对主力舰和一等、二等巡洋舰来说，桅杆顶端到水面的距离应当固定在 160 英尺，三等巡洋舰的这个距离固定在 140 英尺，鱼雷炮艇则固定在 120 英尺。

1902 年下水的"伦敦"级"威尔士亲王"号（Prince of Wales）。[45] 这张照片展示了该舰诸多的舰载艇及它们的排布样式。（作者收藏）

1898—1901 年间陆续开工的"可畏"级和"伦敦"级

1897—1898 年造舰计划[40]中的头 3 艘主力舰，按照怀特的说法，就是"改进型'庄严'级"，但其实这型新主力舰从各个方面来看，都更像是重装甲化的"老人星"级。怀特建议把装甲带的厚度可以削减到 8 英寸，因为现在克虏伯装甲的防弹性能比之前的哈维装甲更高了，8 英寸的克虏伯钢等同于 9 英寸厚的哈维钢装甲，削减装甲带厚度可以节省 160 吨的重量，还可以让造价降低 47000 英镑[41]。海军部委员会最后还是决定让装甲带保留 9 英寸的厚度，但设计团队提出的把副炮增加到 14 门 6 英寸速射炮，被委员会驳回了[42]。主装甲带长 218 英尺，宽 15 英尺，背后的穹甲的斜坡部分增加到 3 英寸厚，这大大增强了装甲带防御体系的防御效果。装甲带也向船头延伸出可以防御破片的薄装甲带，厚度增加到 3 英寸[①]，宽度有足足 12 英尺，船尾也增加了类似的防破片薄装甲带[43]，宽 8 英尺，厚 1.5 英寸。3 艘"可畏"级之后又建造了 5 艘准姊妹舰，但它们的防御结构设计借鉴了后来"邓肯"级的许多特点，做了不少改良，特别是上下两层装甲防御甲板的安装方式发生了变化。[44]

"可畏"级上搭载的 12 英寸主炮和 6 英寸副炮都是新式的，[46]结果又在船身高处增加了 150 吨的额外重量，这就让发动机组减重带来的重心升高和稳定

① 第一次世界大战中，轻巡洋舰上安装的类似厚度的装甲板经过实战验证，可以在任何情况下抵抗最大 4 英寸口径的穿甲弹和最大 6 英寸口径的高爆弹，让其无法击穿。

1898 年下水的"可畏"号，"可畏"级的首制舰。该舰 1915 年在波特兰岛外海被德国潜艇 U24日用鱼雷击沉。(世界船舶学会供图)

性变差问题显得更加严重了。怀特不情愿叫炮塔和炮座设计人员效仿当时外军战舰，采用直径较小的座圈，因为他认为更大型的炮座可以提升操作的可靠性，并加快开炮速度，但是"可畏"级上使用的新式装填装置要求炮塔座圈比之前的战舰更大了[47]。

　　"可畏"级的一对螺旋桨都是朝舰内方向旋转的，[48]据说这样设计可以更方便地布置蒸汽机的控制装置，从而让两台发动机靠得更近，发动机舱也就更小。埃德蒙·弗劳德的水池研究表明，采用朝舰内旋转的螺旋桨可以略微增加推进效率，可是在航速非常低或者停船时需要转向的情况，操纵性能会变差，因为这个时候需要让螺旋桨反转来帮助船身转向。[①]很多人并不明白，这种双轴双螺旋桨的船舶在停船状态让螺旋桨反转来引起船体转向，更多的是通过在船体左右两侧造成不同的侧向水压力来实现的，而不是依靠螺旋桨轴本身的推力来实现的。

1899—1900 年间陆续开工的"邓肯"级[49]

　　这一级的头 4 艘战舰是在 1898 年的补充造价预算下批准建造的，目的是对抗法国和沙俄的海军扩军计划[50]。当时英国人相信沙俄将要建造的新主力舰会比之前英国的都要快，所以要求"邓肯"级的航速比"可畏"级、"老人星"级高 1 节，达到 19 节。这就意味着"邓肯"级需要搭载马力更加强大的发动机，于是该级成了英国海军第一级搭载 4 缸三胀式蒸汽机的主力舰,而且为了达到这种高航速，船体形态也要大改，并且必须对新船型进行规模较大的水池测试。这一系列波折让 4 艘"邓肯"级迟迟不能开工建造，结果"伦敦"级的头两艘战舰反倒赶在"邓肯"级之前开工了。

① R.E. 弗劳德撰《双轴双桨船舶两具螺旋桨旋转方向的实验研究》(*Experiments on the Direction of Rotation in Twin Screw Ships*)，刊载于 1898 年在伦敦出版的《造船工程学会会刊》。注意，弗劳德的这个解释虽然有实验数据支撑，但是一般都认为这样安排螺旋桨的旋转方向是为了稍稍增加两个螺旋桨的整体推进效率。

1901 年 下 水 的"邓肯"级"阿尔比马尔"号（Albemarle），该级战舰比"可畏"级稍小、稍快，但是主装甲带只有 7 英寸厚。（世界船舶学会供图）

为了控制成本，海军部要求"邓肯"级比"伦敦"级小 1000 吨，而且航速更高、尺寸更小，这让怀特很是头疼。海军部委员会同意把装甲带削弱到 7 英寸厚的克虏伯钢装甲。舯部的水线和舷侧装甲带全部一直延伸到船头，从 7 英寸次第减薄到 5 英寸、4 英寸和 3 英寸，同时取消前主炮炮座和装甲带之间的前横隔壁。[51] 这不是为了压缩排水量而采用的权宜之计，怀特已经提倡这种设计很长一段时间了。该级舰的上甲板的装甲要比穹甲甲板中央平坦部分更厚，也就是说较厚的装甲甲板在上，较薄的装甲甲板在下，跟之前的"老人星"和"可畏"级相反，这样设计的初衷是更好地抵御在船身上部爆炸的高爆炸弹，这一点后面再进行详细探讨。穹甲甲板的中央平坦部分和倾斜部分都只有 1 英寸厚，这是对水线装甲防御的进一步削弱。这一级的船体结构减重效果非常显著。为了缩小上层建筑的可见目标，原来那种大型的甲板下通风风斗被风帆时代的简易风旗代替了。[52]

在"邓肯"级的战舰存档文件中，可以发现一份造价比较表，比较了好几级主力舰的造价。

造价（千英镑）	"老人星"	"可畏"	"邓肯"
船体	318	337	330
装甲	240	330	275
动力机组	123	135	155
主炮和副炮的炮架设备	76	80	80
总计	757	882	840

"老人星"级的数据是实际造价，而另外两级只是估算。"老人星"级使用的很多都是哈维装甲，而另外两级使用的基本都是克虏伯装甲，结果装甲造价

骤增。此外，"邓肯"级马力强劲的发动机组造价也不菲。[53]

1902—1904 年间陆续开工的"英王爱德华七世"级 [54]

　　19 世纪末、20 世纪初，美国海军的"弗吉尼亚"（Virginia）级 [55] 和意大利的"玛格丽塔王后"（Regina Margherita）级 [56] 前无畏舰，都搭载了口径很大的次级主炮，[57] 于是英国也让 1901—1902 年造舰计划中的 3 艘前无畏舰搭载 4 门 9.2 英寸次级主炮，安装在 4 座单装炮塔里面，而 6 英寸副炮的数量则削减到 10 门。这些改动增加了舰载武器和相关设备、弹药的重量，再加上又要求航速提高到 18.5 节，结果设计排水量比前一级"伦敦"级大了 1000 吨。两座桅杆上都不再装备搭载轻型小炮的桅盘了，替换成搭载光学仪器的观瞄火控平台（fire control position），[58] 这体现出时人终于开始重视火控和炮术问题了。[1]

　　当时各种舰载火炮的炮座和弹药的重量明细如下表。

表 9.2 炮座和弹药重量比较

炮塔	每门火炮备弹数量	炮塔和弹药合计重量（吨）	装甲炮廓	炮廓重量（吨）
双联装 12 英寸	105	1015	7.45 英寸	100
双联装 10 英寸	105	620	6 英寸	61
单装 9.2 英寸	105	230	4.7 英寸	45
单装 7.45 英寸	100	132		
双联装 6 英寸	100	147		

　　在"英王爱德华七世"级的设计阶段早期，怀特休了病假，于是他的首席助理 H. E. 戴德曼就暂时顶替了总设计师职务。[2] 他指派海军部设计团队中专门设计主力舰的分部，即助理设计师 J. H. 纳博斯领导的主力舰设计小组，根据"邓

1903 年下水的"英王爱德华七世"级"联邦"号（Commonwealth）。露天甲板以上的肿部上层建筑四角里的 9.2 英寸单装次级主炮炮塔，不能旋转到朝船头—船尾方向开炮，否则炮口暴风会干扰 12 英寸主炮炮塔。（世界船舶学会供图）

① 在实战中几乎不可能对三种不同口径的火炮同时进行有效的火力控制。

② J. H. 纳博斯撰《战舰建造的三个阶段》（Three Steps in Naval Construction），刊载于 1922 年在伦敦出版的《造船工程学会会刊》。这篇论文的讨论部分包含一些戴德曼对纳博斯观点的反驳，不容忽视。第十一章将谈到当时纳博斯在海军部设计团队中的具体地位是怎样的。

肯"级的设计提出一些备选方案，最后海军部委员会从中挑选出一个搭载 7.5 英寸和 6 英寸混合口径副炮的方案，一共搭载 4 座双联装 7.5 英寸副炮炮塔。怀特一返回工作岗位，就提出这 4 座副炮炮塔的威力不够大，应该替换成 4 座单装 9.2 英寸次级主炮炮塔。后来根据纳博斯的说法，怀特这样做，完全忘记了 9.2 英寸次级主炮开炮时的炮口暴风会干扰 12 英寸主炮炮塔[59]，结果在实际服役时，该级 9.2 英寸次级主炮的可用水平射界非常有限。

"英王爱德华七世"级的装甲防御基本与"伦敦"级相同，但是由于露天甲板上摆放了 9.2 英寸次级主炮的炮塔，没有位置来布置 6 英寸副炮了，于是 6 英寸副炮便只能塞进露天甲板和上甲板之间的两舷炮阵里，而没有采用"君权"级以来的装甲炮廓。6 英寸副炮炮阵在各门炮之间尽量用装甲横隔壁进行了密集划分，但怀特还是觉得这种差强人意的设计是迫不得已才用的，算是留下了一个遗憾。[1] 这些上甲板上的 6 英寸副炮距离海面太近了，当船体左右横摇达到 14° 的时候，这些 6 英寸副炮的炮管如果指向舷侧，就会插进海里。[60] 不过这些 6 英寸副炮炮阵带有 7 英寸厚的装甲带，可以很好地抵御高爆弹的轰击，同时还可以让水平的装甲甲板削弱一些。在设计这一级战舰的时候，船体重量估算得比较轻，因为前一级"邓肯"级在船体减重方面取得了很大的进步，不过这一级竟然进一步削减了船体的重量，这方面内容将在后文讨论。虽然怀特并没有对"英王爱德华七世"级的设计做多大的直接贡献，今天仍然把这一级看作是怀特从"君权"级开始的一系列设计的巅峰，这些前无畏舰组成了一支"威风堂堂"的舰队。[61]

1905 年开工的"纳尔逊勋爵"号和"阿伽门农"号[62]

这两艘战舰建成的时候，划时代的 1905 年"无畏"号战舰已经建成服役了，结果这两艘前无畏舰时代的登峰造极之作就这样黯然失色了，人们似乎忘了这两艘战舰本身也采用了很多很多的新式设计。在"纳尔逊勋爵"级上，6 英寸速射副炮被完全舍弃掉了，[2] 代之以总共多达 10 门的 9.2 英寸次级主炮。可是 12 英寸和 9.2 英寸口径的主炮发射的炮弹，在飞到很远的地方后，落入水里砸出来的水花、水柱的高度没有太大的区别，这也就意味着桅杆上的火控观瞄人员不可能通过观测来区分主炮和次级主炮炮弹的落点，也就没办法在远距离同时、分别对这两种口径的火炮进行火控。[3] 水线装甲带的厚度比前几级大大加厚，增大到 12 英寸，水线装甲带上方的舷侧装甲带厚 8 英寸。装甲带朝船头船尾方向的延伸部分也大大增加了厚度。由于 6 英寸副炮都被取消了，水线和舷侧装甲带大幅增厚，并没有让整艘船的装甲总重量增大太多。[63] 增强装甲防御和废除 6 英寸副炮这两项举措，都是时任审计长、海军上将 W. H. 梅爵士

① W. H. 怀特爵士撰《现代战舰装甲防护的原理与设计方法》(*The Principles and Methods of Armour Protection in Modern Warships*)，刊载于 1905 年伦敦出版的《布拉西海军年鉴》，详见第 5 章。
② 从该级舰的存档文件中可以发现，最开始设计的时候准备搭载 4 门 12 英寸炮、8 门 9.2 英寸炮、12 门 6 英寸炮，装备 7 英寸厚的装甲带，排水量 14000 吨。
③ 当然了，也可以让不同口径的火炮交替射击，这样也许能让落点观测更加容易实现一点。

领导的设计研究项目产生的结果，这项研究表明，大口径主炮和厚厚的装甲对于未来远程炮战具有重要意义（详见第十一章）。在后来第一次世界大战达达尼尔海峡战役中，这两艘战舰都被土耳其的岸防炮屡屡击中，但是基本没有遭受严重损伤（详见第十章）。设计时本来乐观地估计，舷侧的 9.2 英寸次级主炮炮塔不仅可以旋转到朝正前方或者正后方开炮，还可以再多旋转一些，比如左舷前 9.2 英寸双联装炮塔可以旋转到炮口指向船头偏右 5° 的方位进行射击，不过实际服役时发现这样做可能会误伤首尾的 12 英寸主炮塔，但据说次级主炮仍然可旋转到朝另一侧 2° 的方位进行射击。

海军部要求这两艘战舰必须能够进入指定的船坞[①]，这样就限定了船型和中横剖面的形态。这种对主尺寸的限定也就意味着舯部那对 9.2 英寸次级主炮塔只能是单装的。[64] 底舱中动力舱的各个横隔壁上面都没有舱门[②] 和管接头，这样就形成了许多水密隔舱，每个隔舱内都单独配备一套通风系统，这个设计极大地增强了该级战舰面对水下爆炸的生存性能。

这两舰本来是要作为 1903—1904 年造舰计划的一部分来实施的，但是两舰的那些新设计花费了比预期更长的时间去确定，直到按照事先的计划准备下建造订单的时候，船体的最大宽度仍然没有确定下来，设计者甚至不清楚按照他们设计的这个主尺寸建成后到底能不能进入之前指定的船坞。面对这种情况，审计长梅上将拍板说推迟"纳尔逊勋爵"级的建造，因为它的设计太复杂了，先简单粗暴地再建造 3 艘"英王爱德华七世"级，[③] 于是"英王爱德华七世"级达到 8 艘姊妹舰的阵容。

船体减重

尽可能减少船体自身的重量，一直是战舰设计师倾力钻研的一项关键课题。本书第二章已经介绍过里德在这方面做出的开创性工作，显然他不大可能是第一个尝试这样干的设计师。由于船体自身的重量在一艘战舰的排水量中占据着非常大的比重，哪怕船体只是按比例减少很小的一点，实际减轻的重量也会很可观，所以说看起来再不值一提的船体减重也有重要的价值。下表总结了怀特担任总设计师的这段时间里，主力舰和大型巡洋舰的船体重量相对于船体尺寸越来越轻的这一变化趋势。

我们一直默认，船体自重的减轻一定是一件只会提高战舰性能而没有任何负面影响的事情，这种观点值得仔细考察一下。船体自身的重量是排水量中占比最大的单项重量，大约能够占到 40%，所以只要船体自重在百分比上减轻一点点，便能够分配出相当多的重量用来搭载火炮和安装装甲。比如，船体自身重量如果减轻 100 吨，那它只是减轻了 2% 的船体重量，但这个重量如果加在

① 查塔姆 9 日干船坞、德文波特 5 日干船坞。
② 有电梯，但仅供军官乘坐。
③ W. H. 梅文档，现存于英国国家海事博物馆。从文档中可以感觉出来梅对于瓦茨的这种设计错误非常恼火。

舰载武器上，那就是增加了 5% 的舰载武器重量。不过这种说法容易让人产生一种错觉，以为把 100 吨的船体结构换成 100 吨的舰载武器之后，战舰的每吨造价仍然保持不变。可惜这是不可能的。实际上，船体结构重量减轻后，取而代之的装甲和火炮的每吨位价格，要比廉价的船体结构昂贵得多，尤其是火炮，结果总造价反而会攀升。尽管如此，设计师还是更推崇轻便的船体结构：船体本身偏重，就意味着需要动力更加强劲的发动机才能推着它在水中勉力前进，相应地，发动机的耗煤量也会更大。总的来说，船舶设计师不应该简单地抓住船身减重这个点不放，而应该想办法用尽量低廉的价格得到一艘火力、装甲防护和航速等等性能有较高综合打分的战舰，即想办法让战舰的性价比最高，当然了，船上所有的非必需重量都应该削减掉。

表 9.3 主力舰和装甲巡洋舰的主尺寸和船体重量

主力舰	长 （L）	最大宽 （B）	船体深度 （D）	$\dfrac{L \times B \times D}{1000}$	船体重量 （W_H）	$\dfrac{1000 \cdot W_H}{L \times B \times D}$
"声望"	380	72.0	43.3	1185	5040	4.25
"庄严"	390	75.0	41.1	1200	5650	4.70
"老人星"	390.3	74.5	43.4	1262	5310	4.20
"可畏"	400	75.0	44.75	1342	5650	4.21
"壁垒" （Bulwark）	400	75.0	43.60	1308	5625	4.30
"邓肯"	405	75.0	43.00	1306	5400	4.13
"英王爱德华 七世"	425	78.0	43.25	1434	5900	4.11
"纳尔逊勋爵"	410	79.5	40.6	1423	5720	4.01
"无畏"	527	82.0	61.3	2649	6100	3.28

装甲巡洋舰	长 （L）	最大宽 （B）	船体深度 （D）	$\dfrac{L \times B \times D}{1000}$	船体重量 （W_H）	$\dfrac{1000 \cdot W_H}{L \times B \times D}$
"布莱克"	375	65.0	41.75	1018	3502	3.44
"王冠"	500	71.6	40.00	1432	4450	3.10
"克雷西" （Cressy）	440	69.5	39.75	1216	4780	3.93
"蒙茅斯" （Monmouth）	440	68.5	38.75	1168	4030	3.45
"德文郡" （Devonshire）	450	68.5	38.75	1194	4350	3.64
"爱丁堡公爵" （Duke of Edinburgh）	430	73.5	40.25	1420	5150	3.62
"勇士"	480	73.5	40.50	1428	5190	3.63
"斯威夫彻"	436	71.0	41.7	1291	4630	3.58

当谈到"船体重量"这个问题的时候，很多人可能都没有认识到，这个概念囊括了一些本不属于船体结构的舰载设备和部件。例如，档案资料中，"英王

爱德华七世"级的船体重量是 5900 吨（占排水量的 36.1%），其中仅 3340 吨是真正的船体结构（相当于排水量的 20.4%）。剩下那相当于排水量 15.7% 的部分包括：各种舰载设备的基座和支撑台，计 510 吨；底舱弹药库里的一些设备及栖装品、弹药存放架、大炮下面的支架，计 550 吨；蒸汽机和锅炉的基座和支撑架，以及这些动力机械的进气道结构，计 600 吨；水泵、通风扇以及其他改善居住条件的辅助设备，计 480 吨；各种油漆、填充物以及其他零碎的栖装品，计 420 吨。

　　还有一些结构和设备到底应不应该算船体结构，存在争议，比如，一层厚度不小的甲板，是应该把它整个算到船身重量里面呢，还是把它上面厚厚的甲板条算作装甲重量，把甲板条下面的支撑梁架算作船身重量呢，还是把它整个算到装甲重量里呢？类似这种争议还有，一些栖装品是用来把舰载设备和机械连接在船体上的，这种部件到底应该算在船体这一项，还是算在舰载设备和机械这一项呢？其实，就连比较船舶的主尺寸时，也没法定得那么准确。比如，上文表格中的"船体深度"这一项数据，应该从底舱往上到哪一层为止算是船体深度呢？再比如，"君权"级以前的英国主力舰都只有主甲板和上甲板两层甲板，也就是所谓的"胸墙"式铁甲舰，而到了"君权"级，出现了全通的露天甲板，船体内有了 3 层甲板，那么"胸墙"式铁甲舰低矮的船体必然造成它们在船体深度这一项数据上无法和"君权"级直接相比。同样，像 1905 年的"无畏"号，从船头到后主炮这段距离上，又在前无畏舰的露天甲板高度以上添加了第四层甲板，即"艏楼甲板"，只有尾部船体内部仍然像前无畏舰一样，只有 3 层甲板，那么"无畏"号的船体深度应该怎么算呢？由于这些因素的存在，如果我们把大约同一时代、同一样式的战舰放在一起比较它们的一些参数，结果就还算准

1906 年下水的"阿伽门农"号。这艘战舰混合搭载了 12 英寸主炮和 9.2 英寸次级主炮，实际使用中发现这种组合并不成功。这艘战舰的装甲防御覆盖面积大、装甲厚度大，因此该舰在达达尼尔海峡战役中生存能力很强，虽屡被岸防炮命中，但没有遭受严重损伤。（作者收藏）

确；如果把年代上有相当大跨度的两艘战舰放在一起，一般就很难进行客观的比较了，本书最后一章列出的正是这样一种不甚准确的粗略比较，只能大致上看出来从 1860 年的"勇士"号到 1905 年的"无畏"号的一些发展趋势。

1903 年，在设计建造"黄玉"号（Topaze）三等防护巡洋舰的时候，设计者留下了一份小型作战舰艇[65]的排水量和主尺寸关系表。

	$\dfrac{1000 \cdot W_H}{L \times B \times D}$
"勇敢"号级驱逐舰（1893 年下水，下同）	2.2
"响尾蛇"号鱼雷炮艇（1886 年）	3.98
"翡翠鸟"号鱼雷炮艇（1894 年）	4.18
"罗盘"号（Pelorus）[66]三等防护巡洋舰（1896 年）	3.67
"阿波罗"号二等防护巡洋舰（1891 年）	3.91
"塔尔伯特"号（Talbot）二等防护巡洋舰（1895 年）	3.34
"迅速"号鱼雷艇驱逐舰（1896 年）	1.69
"狙击手"号鱼雷炮艇（1888 年）	3.21
"巴勒姆"号三等防护巡洋舰（1889 年）	3.80
"美狄亚"号二等防护巡洋舰（1888 年）	3.80
"圣文德"号（Bonaventure）二等防护巡洋舰（1892 年）	3.95

注："勇敢"号是用软钢（低碳钢）建造的；"迅速"号驱逐舰是用高张力钢（High Tensile Steel）建造的；"圣文德"号和"塔尔伯特"号船底包裹了铜皮。

带有艏楼甲板和艉楼甲板的战舰[67]，它们的船体深度计算公式如下：

从底舱底部到上甲板的高度＋7×（艏楼甲板长度＋艉楼甲板长度）/
船体长度

怀特前无畏舰的船体减重情况

从"庄严"级到"纳尔逊勋爵"级，$\dfrac{1000 \cdot W_H}{L \times B \times D}$ 的值从 4.7 下降到 4.0，彰显出怀特领导下的主力舰设计小组对船体减重这个问题的重视。前面表格中"无畏"号的这个比值特别低，但这跟怀特的前无畏舰是没有可比性的，因为"无畏"号船体采用了长艏楼设计，造成 D 值特别大，不过这至少说明了"无畏"号在前无畏舰的基础上成功地进一步减重。怀特的这些前无畏舰船体短粗而且重量很大，那么它们进入干船坞内，船体沉坐在龙骨墩上之后，会不会把龙骨墩压垮呢？据说"庄严"号可以在每英尺长的龙骨墩上施加超过 40 吨的压力。

巡洋舰船体减重情况

前文两个表格中的巡洋舰，$\dfrac{1000 \cdot W_H}{L \times B \times D}$ 的值平均为 3.6，远远小于同时期的主

力舰，这是由于建造巡洋舰的船体时，使用了比主力舰更纤细轻巧的船材。值得注意的是，里德的"斯威夫彻"号前无畏舰，虽然火力和防御能力相当于一艘英国的二等主力舰[68]，但怀特坚持认为该舰是从自己提出的巡洋舰概念[69]上发展出来的，而从前文的表格来看，"斯威夫彻"号的排水量与主尺寸比值确实落在装甲巡洋舰的范围内，其实"无畏"号的这一比值也落在巡洋舰的范围内。

纳博斯[①]较为详细地解释过从"庄严"级到"无畏"号是如何做到船体减重的，这里总结如下。"庄严"级设计时估算的船身重量是 5650 吨，而"庄严"号本身的船体重量实测是 5717 吨，考虑到估算和测量的误差，可以说设计时的估算值跟建成后的测量值是没有区别的。[②]作为对比，在一家民企中合同建造的姊妹舰，船身重量达到 6030 吨。后来，在建造"可畏"级的过程中，海军部费了很大的劲来确保船身不会超重——每一个船体部件都要精细核算重量，如果重量太大，那就竭力寻找重量符合要求的替代品。这说明，即便不把节省下来的船体重量用来安装昂贵的火炮和装甲，单纯使用重量更轻的结构材料，也足以让船舶造价上升。船体越轻，造价越便宜，这种想法是完全错误的；轻巧的特种配件几乎肯定会比价格便宜量又足的普通配件更加昂贵。怀特特别指出，[③]一艘战舰的造价和服役时的运行成本跟排水量没有直接关系，特别是一艘战舰的定员数量完全由舰载武器和发动机功率来决定，更多的火炮和更大马力的发动机组便意味着更多的船员和更高的总薪水支出。具体到"可畏"级和"伦敦"级来说，3 艘"可畏"级平均比前一级"庄严"级轻了 40 吨，而头 3 艘"伦敦"级平均减重 125 吨，最后的 2 艘"伦敦"级通过重新设计存放舰载艇的吊艇甲板，最终减重 630 吨。

"邓肯"级追求高航速，那么船体减重就更显得重要了。"邓肯"级施工过程中具体采用的船体减重方法被人们仔细记录下来，形成了一套可以供后续战舰继承使用的建造工艺流程，这样，后续战舰在设计时就相应地调低了对船身自重的估算值。在采用"邓肯"级的这种成体系减重措施后，"英王爱德华七世"级又成功把船体重量削减掉了 250 吨。除了"罗素"号（Russell）这个例外，一般而言，海军船厂建造的前无畏舰往往都比合同承包给民企建造的姊妹舰轻一些。动力机械的新发展也让发动机组的重量进一步减轻，这一点将在下文再做探讨。根据当时实际服役中的统计测算，一般来说，一艘战舰服役后，每年吃水会增加 0.75 英寸，因为服役中会有各种各样的配件和事项缓缓增加战舰搭载的总重量。[70]记住一条经验法则：在一艘已经服役的战舰上每再花费 150 英镑的运营维护费用，便会给战舰增添 1 吨的额外载重。

需要再次强调的是，上文的表格数据都是非常粗略的比较，战舰上很多具体的细节都没法通过这样的比较体现出来。纳博斯说，当时海军部鼓励海军船

① J. H. 纳博斯撰《战舰建造的三个阶段》，刊载于 1922 年在伦敦出版的《造船工程学会会刊》。

② 在施工过程中测量统计船体的重量，其实并不是非常准确。每个将要安装上船的部件在送到施工现场的时候都会先过秤，不过如果很多部件同时送来，就会排起长龙，有些部件就可能插空错过过秤的机会。所有过秤的结果都会登记在一张表格上，表格里还有各个部件属于船上哪一类构件以及安装到什么位置等备注信息，当然了，这些都由统计记录人员判定，然而他并非总能正确判定，因为很多部件送来工地现场的时候，它的模样不大容易辨认出来是船上的什么构件。施工过程中，那些从船上去掉的东西，比如金属件的下脚料和漆桶，如果它们不是在施工中直接抛入舷外的海里，那么就可以把这些碎料收集起来称重，从之前的统计表中扣除。按上述过程计算出来的船体重量往往都大于船体的实际重量。

③ 国家档案馆归档条目 ADM 116/878。

厂和承担建造合同的私企想方设法降低船体重量，比如"邓肯"级设计时预估的船体重量是 5400 吨。该级的头两艘船比这个预估值节省了 90 吨的重量，而帕尔默船厂合同建造的"罗素"号甚至比这个预估值减了 530 吨。实现这种减重的具体施工工艺得到了详细记录，以保证后续战舰也可以实现同样的船体减重。正是由于"邓肯"级的减重措施，"英王爱德华七世"级设计时的船体重量指标就减少了 250 吨，变成了上表中的 5900 吨。"英王爱德华七世"级还在一些细节上进行了简化，实现进一步减重：

> 桅杆上不再安装搭载轻型小炮的桅盘；
>
> 不再搭载 40 英尺长的蒸汽交通艇；
>
> 不再搭载船尾锚和中型锚（Stream anchor）；
>
> 只搭载 3 个月的补给，过去的惯例是搭载 4 个月的。

这些简化和节省，共让"船身重量"省下 75 吨。[1][71]

总设计师助理之一 W. H. 怀廷是海军部中强烈推崇船体减重的人，他宣称，所谓"战舰"，设计出来就是为了搭载大炮和其他武器设备的，不应该在战舰上搭载任何可有可无的东西（后来他甚至反对在战舰上安装测距仪，这就有点矫枉过正了）。怀廷在造船工程学会发表的一篇论文[2]中说，一艘 9000 吨级的巡洋舰，它的船体重量约 2000 吨，如果能够减重 5%，便能够节省出 100 吨，这个重量相当于巡洋舰上搭载的 700 吨武备的 14%；当然，这种估算显得太过简略了。

实际上，一艘船上各个部件和设备之间往往是紧密联系的，可以说牵一发而动全身，就算某个部件做一点简单的改动，对整艘船重量的改变也要比这个部件自身重量的增减大得多，很多时候大大超出人们的预期。譬如，19 世纪 80 年代的主力舰搭载一对 9 吨的蒸汽舰载艇，到了前无畏舰时代，换装成一对 18 吨重的蒸汽交通艇，虽然这种新舰载艇的功能更强大，但是两架这样的小艇给战舰带来的增重可不仅仅是 18 吨。为了吊放这种重量更大的舰载艇，就需要配套安装更重型的起重机，起重机配套的缆绳和卷扬机也都要更加重型化，这一番改造后，带来了约 70 吨的额外重量。如果不相应增加发动机组的输出功率，战舰的航速就会因为增加的这个重量而降低，所以发动机组必须增加输出功率，这一般就意味着换装更大、更重的动力机组，而且动力机组重量的增加也就意味着它们占据的空间更大，那么就需要用更长的装甲带来保护它们，这些改动又会让排水量增加 250—300 吨。

怀廷列出了 17 项他觉得可以减重的舰载设备：有些锚和缆绳及相关挽缆和起锚设备；冗余的设备（比如，虽然战舰上已经用电灯代替了油灯，但是仍然保留了

① 当时设计和施工中有一条约定俗成的规则："重量拿不准的构件就不要往船上塞"（If in doubt, leave it out）。因为极少能找到一个更加轻便或更加便宜的类似设备，所以不如直接不搭载这种设备。

② W. H. 怀廷撰《现代辅助机械对战舰尺寸和造价的影响》（The effect of modern accessories on the size and cost of warships），刊载于 1903 年在伦敦出版的《造船工程学会会刊》。

油灯，这样在因为战损或事故导致断电后，仍然能够借助油灯照明）；过量刷涂的油漆，要知道每平方英尺的油漆都有 2 磅重[①]；每艘船上的会计和司务长这些人喜欢把他们能够争取到的一切后勤物资都带在战舰上，这也是个不良的习惯……

前无畏舰的建造耗时

从"庄严"级到"纳尔逊勋爵"级的建造时长[72]值得研究一番。这些前无畏舰中，共有 16 艘是在民间船厂建造的，平均建造时间是 41 个月（如果不算"斯威夫彻"号这艘类似于巡洋舰的二等主力舰，这个平均值则拉长到 42.9 个月）；海军船厂建造的 25 艘前无畏舰平均耗时 36.6 个月。朴次茅斯海军船厂平均 32.6 个月就能完成前无畏舰的建造，而其他所有海军船厂平均需要 38.5 个月。为什么海军船厂的建造速度这么快呢？最主要的原因是海军船厂的船工不会总是搞罢工[73]，当然了，这种高效的建造流程也跟船厂的职业管理人员和底层的工段长高超的管理水平分不开。此外，海军船厂的造船效率高也跟率先采用新技术和新设备有关系，比如朴次茅斯船厂就是最先使用电灯照明的船厂。[②]海军船厂的造船设备可能机械化的程度也要比民间船厂高一些，所以建造效率更高。

后来担任朴次茅斯海军船厂总设计师的戴德曼，曾在 1892 年的一篇少有人知的论文中介绍过电力照明对该厂造船条件的改善。如果一艘船的建造现场离船厂的供电站比较近，就可以直接用临时电线杆架一条输电线路到现场去照明；如果这艘船在远离船厂供电站的船台或者干船坞里面建造，那么就在施工现场直接搭一个小棚子，在里面设置锅炉、蒸汽机和发电机来提供电力照明。这种照明设备的成本，如果把发电机的折旧率也计算在内的话，那么具体到"皇家阿瑟"号巡洋舰这个例子上，大概是 1200 英镑，几乎比蜡烛照明高不了多少。由于电力照明的亮度远远强于蜡烛，因此施工质量大大提升，而且建造效率也提上来了，监工还能更好地监督和检查船工的施工质量，此外，电灯不会产生废气，看得更清楚，这对船工的身体健康也有好处，给他们提供了更舒服的工作条件，所有这些好处和提升改良都让海军船厂愿意接受电力照明相对较高的成本。戴德曼在这篇论文的结论中写道："朴次茅斯船厂如此迅速、高效率又节省人力成本的施工过程，如果没有白炽灯这种新式照明系统提供的无与伦比的照明，那是根本不可能实现的。"戴德曼宣读完这篇论文后，怀特在讨论环节中说，他当年到埃尔斯维克厂监督"维多利亚"号[74]的建造时，发现该厂也已经采用电力照明，只是没有朴次茅斯海军船厂应用得这样广泛。

同一时期，12 艘法国前无畏舰的平均建造时长达到 60 个月。这一时期的一份法国政府报告还指出，这种漫长的建造周期导致法国主力舰的造价平均要比同期英国主力舰的造价高出来 20%—25%。

① 近年发现"利安德"级护卫舰的船身外面刷涂了 80 层漆皮。把这些漆皮刮掉后发现可以节省约 45 吨的重量。

② H. E. 戴德曼撰《海军船厂和战舰上电力能源的应用》(*On the Application of Electricity in the Royal Dockyards and Navy*)，刊载于 1892 年在伦敦出版的《机械工程学会会刊》。

表 9.3 法国造舰时长举例 [75]

	"查理·马特" （Charles Martel）	"查理曼大帝" （Charlemagne）	"高卢" （Gaulois）
下水时船舶的重量（吨）	3512	3511	3500
总造船工作日数 /1000	548	396	336
平均每吨所需造船工作日	158	113	95

装甲

1891—1893 年间流行的哈维渗碳钢装甲

这段时间内，装甲自身出现了至少两个突破式技术进步，其中之一便是哈维装甲，这在前面也多次提到了。19 世纪 80 年代，英国的钢面复合装甲，从基本原理上来看是非常站得住脚的：这种钢面复合装甲的前脸是一块硬度非常高的钢板，足以让任何撞上它的炮弹瞬间破碎、变形，然后这块硬钢的背衬是强度和韧性非常高的熟铁，可以保证来弹无法击穿整块复合装甲。可惜，在实际使用中，这种装甲发挥不出理论功效来。从硬钢前脸到熟铁背衬之间，缺乏一种连贯的过渡，造成复合装甲很容易在来弹击中时硬钢前脸产生的冲击波的作用下，在前脸和背衬的接合面处剥离开来，而且，背衬的熟铁材料常常无法拦下已经突破硬钢前脸的弹头、破片等等。为了克服这个技术难题，很多人尝试了各种办法，一位叫作 H. A. 哈维（Harvey）的美国工程师最先提出成功的解决方案。1891 年在马里兰州印第安角（Indian Head）测试哈维钢装甲的时候，发现它的性能比一起测试的其他所有装甲都强得多。

哈维制作钢装甲的工艺流程是所谓的"渗碳"：把钢板在高温下灼烧，同时跟木炭紧密接触，然后再用凉水喷淋渗碳的表面，让它迅速降温，形成一种质地非常坚硬的装甲前脸；接着，再让整块钢板缓缓退火到室温，让装甲形成一层韧度极高的背衬。哈维本人使用镍合金钢材来进行这种加工，不过后来英国人做测试的时候发现，如果采用之前英国工程师特莱西德尔发明的喷水式淬冷技术 [76]，只要用普通的钢材就能达到类似镍钢的硬度，[①] 只是柔韧性要稍微差一些。最开始研制出来的哈维钢装甲，抗弹因数是 1.3，相当于厚度是它的 1.3 倍的均质熟铁装甲，但很快就有了性能提升，到 1893 年的时候，测试发现哈维渗碳钢装甲的抗弹系数已经达到 2.0 了。[②]

无被帽穿甲弹对各种装甲的穿深 [③]

15 英寸厚的均质熟铁装甲等同于：

12 英寸厚的钢面复合装甲；

12 英寸厚的均质钢板；

① 1894 年 海 军 预 算 声 明（Statement on Navy Estimates 1894）。
② 当我们要比较几种不同类型的装甲的抗弹因数时，一个不能忽略的问题是用哪种穿甲弹。比方说，帕里瑟冷淬铸铁弹就绝对不可能击穿任何类型的表面渗碳钢装甲。表中炮弹的类型并不清楚，不过可以推测应该是类似奥策尔弹那样的淬冷锻钢弹。
③《1915 年炮术手册》，第 96 页。

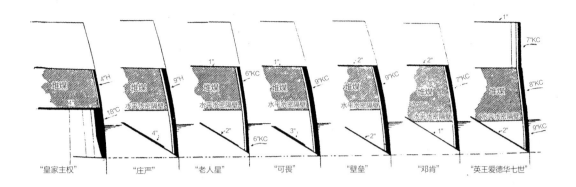

7.5 英寸厚的哈维渗碳钢装甲；

5.75 英寸厚的克虏伯表面硬化渗碳钢装甲。

1892—1893 年间，英国皇家海军对各种类型的炮弹和装甲进行了一系列测试。[①] 测试结果发现，钢制的"通常弹"，即装填了大量黑火药的爆破弹，如果把弹头改用穿甲弹的弹头，并把装药替换成大量的高爆炸药（立德），最后把引信替换成弹底引信，那么这枚炮弹在刚刚击中装甲板时就不会爆炸，而是会等到击穿装甲板后才起爆，可以击穿跟它的直径一样厚的均质钢装甲和钢面复合装甲。用"荨麻"号靶舰[77]测试了美国哈维渗碳钢装甲和英国特莱西德尔硬化钢装甲的抗弹性能，发现 6 英寸奥策尔淬冷锻钢弹无法击穿 6 英寸厚的哈维装甲和特莱西德尔装甲，弹头会在击中时破碎变形。1892 年 8 月 4 日，试射了 5 发 6 英寸奥策尔弹，全部没能击穿埃利斯·特莱西德尔的淬冷硬化钢装甲。11 月 1 日，英国维克斯厂经授权生产的哈维渗碳钢装甲，抵挡住了更多的奥策尔弹。1893 年 1 月 18 日，6 英寸厚的维克斯厂哈维渗碳钢装甲抵挡住了 4 发奥策尔弹的轰击，这 4 发炮弹使用了非常大量的发射药，穿甲动能很足，一般能够击穿 10.5 英寸厚的均质钢板。

1894 年开始建造的"庄严"级的 9 英寸装甲带，几乎可以肯定是使用不含镍合金的哈维渗碳钢来制作的，哈维钢的轻质和高抗弹性让这种厚厚的 9 英寸装甲能够同时覆盖水线和舷侧。可是，哈维渗碳法很快就被德国克虏伯厂研发出来的更优良的工艺取代，于是"庄严"级成了唯一一级使用哈维钢制作主装甲带的英国前无畏舰。"老人星"级在设计早期曾经考虑过使用哈维钢装甲，当时认为 6 英寸厚的哈维钢装甲就相当于 6.75 英寸厚的钢面复合装甲。

大约在 1896 年开发成功的克虏伯钢装甲

虽然哈维渗碳钢装甲已经对防弹性能有一个巨大提升了，但是当使用锻钢弹轰击这种装甲时，发现其背面的韧性仍然不够高。德国的克虏伯公司于是在

这一系列横剖面图总结了怀特的前无畏舰的装甲带和穹甲防御体系的布局变化。从"庄严"级开始，前无畏舰采用类似于巡洋舰的穹甲布局，而"壁垒"号上，可见上层甲板的装甲厚度比穹甲甲板更大，两者的厚度颠倒了过来。（图中 H 代表哈维钢装甲，C 代表复合钢装甲，KC 代表克虏伯钢装甲）

①《布拉西海军年鉴》，1893 年出版于伦敦。

哈维钢装甲的基础上开发出一套改良加工工艺。首先改良了钢材本身的配方，将低碳钢掺入 3.5%—4% 的镍、1.5%—2% 的铬以及微量的锰（也许还有钼）。这样得到的合金钢先在平炉里面融化成钢水，然后浇筑成每个重约 60 吨的钢锭，接着让钢锭自然降温，直到它固化到足以用机械设备吊起来。使用机械装置把钢锭吊出来以后，继续加热钢锭，使之均一地回升到较高的温度，然后趁着红热状态，把钢锭放入一座水压机中，依靠水压机巨大的锻压力把它压成扁扁的板材状，并切削掉表面材质较差的部分，这部分常常能够达到整个钢锭三分之一的量。

接着，将锻压成型的粗钢板送进辊轧机（Rolling mill）里反复辊轧，直到它的厚度稍稍大于所需的最终装甲厚度。每一轮辊轧的时候，钢板上下的辊轴都会在几具输出功率达 15000 马力的蒸汽机的驱动下，向彼此靠近 0.25—0.5 英寸。辊轧处理过的装甲粗坯将进入一座炉温较低的炉子，一边加热一边在板材上淋水，使板材逐渐软化，同时使用切削工具给装甲板材的表面找平。接着把这个粗坯板材从低温炉中取出，放在一架小车上，此时装甲粗坯向上的一面就是未来安装到战舰上时的"外面"或"前脸"，在这一面上覆盖厚达 6 英寸的动物和植物来源的炭，再把第二块装甲粗坯"面朝下"盖在炭层上面。这样，两块装甲前脸对前脸，一起固定在小车上，覆盖沙子，再被推进一座高温炉中连续不间断炙烤 3 个星期。这道渗碳工序结束后，立刻把小车从火炉里拉出来，趁热把装甲锻压弯成最终需要的形状，接着再一次加热以释放弯曲的钢板中的张力，然后把定好型的装甲钢板在油浴中淬冷，让它的前表面变得坚硬。然后把装甲板材的边缘修成能够和设计图上相邻装甲板大致对接的形状，并在装甲板的四个边缘打好孔，用黏土填上，为未来往船身上固定做好准备。

最后一道工序是把装甲板再次送入火炉中加热，但是背面用隔热材料保护起来，这样前脸就会比背面升到更高的温度，这时突然用凉水同时喷淋前后两面[78]。经过这一步淬冷处理，装甲前脸已经变得非常坚硬了，而没有经过渗碳处理，也没有在最后的热处理中加热到太高温度的背面，则能够保持相当高的韧性。接着，最后检查一下成品装甲的形状和尺寸，如果仍然有微小的误差，就只能等到装甲板几乎冷却下来之后，再把它放到锻压机上微调了。装甲表面边边角角的细微加工此时一般都只能依靠打磨技术来完成，因为装甲前脸的硬度已经非常高了，所以前脸实际上非常脆，如果再直接切削前脸，就有可能让前脸出现巨大的裂纹，不过装甲的背面仍然可以打孔，可以承受打孔钻和锤子对它的冲击力而不开裂。这套克虏伯装甲加工的工序复杂，热处理步骤中精确控制温度是加工成功的关键，这些都让克虏伯钢装甲的制作时间特别漫长，制造商都说从接单到发货，通常需要长达 9 个月的时间。克虏伯渗碳钢前脸的淬冷硬化

"老人星"级"阿尔比恩"号（Albion），该级舰是英国第一批部分采用克虏伯钢装甲的前无畏舰。（帝国战争博物馆，编号Q38101）

层的深度要大于哈维渗碳钢，而且克虏伯渗碳钢的表面硬化层的厚度也不能够根据用户需求灵活调整。另外，从前文表格中可以发现，"邓肯"级采用的克虏伯钢装甲的价格要比哈维钢装甲高得多。

　　前无畏舰的装甲材质从钢面复合装甲换成了哈维渗碳钢装甲，接着又换成了克虏伯表面硬化渗碳钢装甲，加上英国前无畏舰的建造规模比起之前的铁甲舰庞大得多，这些因素综合在一起，让装甲的供应量限制了英国主力舰和装甲巡洋舰的订购量。1898 年是装甲供应最吃紧的一年，挺过了这一年，随着新厂房和生产线陆续投入运营，1899—1900 年的装甲产量达到 28000 吨。装甲的采购价格达每吨 95 英镑，这绝对是一桩大买卖。

　　克虏伯表面硬化渗碳钢装甲的防弹因数至少是 2，但是厚度不同的克虏伯钢装甲的防弹因数往往不一样，因为只有表面硬化层和韧性背衬层的厚度比例正好合适，才能获得最佳的防弹性能，太薄和太厚的克虏伯钢装甲都会分别因为韧性背衬层过薄或过厚而防弹性能降低。哈格认为：

克虏伯钢装甲厚度	防弹因数
4 英寸	2.25
6 英寸	2.67
12 英寸	2.33

　　英国皇家海军第一艘使用克虏伯表面硬化渗碳钢装甲制作装甲带的前无畏舰，是 1896 年开工的"老人星"号，该舰的装甲带厚度只有 6 英寸。后来不知道多少人批驳"老人星"级的装甲带太薄了，可是他们却不管这种新材质的装甲实际上防弹性能提高了一大截，而且"老人星"级的装甲带覆盖了很大的

一根典型的用来把装甲固定在船壳上的装甲钉。注意钉子杆靠近钉子帽的部位有一圈缩细了，这样做是为了保证带有螺纹的部分不是钉子杆上最细的部分[80]。

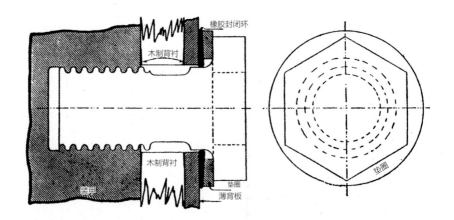

面积[79]。不仅如此，该级前无畏舰还第一次把水线装甲带朝前方一直延伸到船头。尽管船头进水并不会对战舰的稳定性和浮力造成多大破坏，但是会造成航速降低，妨害战斗力发挥。船头部分 2 英寸厚的水线装甲带已经足够抵挡那些口径不大的速射副炮的炮弹了，而主炮发射的高爆弹如果在船头附近的海面上爆炸，产生的破片也能够被这样厚度的薄装甲带拦下。

克虏伯钢装甲刚刚出现的那几年里，战舰的装甲防御力领先于战舰主炮的穿甲能力，不过很快，火炮和炮弹的制造商就忙活起来，这一"甲弹之争"又不分伯仲了。譬如，"可畏"级的主装甲带可以抵御 3000 码以外的一切老式 12 英寸主炮[81]发射的炮弹的侵彻，但是新式 12 英寸被帽（Capped）穿甲弹[82]从 5000 码开外就能击穿"可畏"级的装甲带，9.2 英寸次级主炮使用被帽穿甲弹也能在 3000—4000 码击穿这种厚度的装甲带。直到第二次世界大战，也就是装甲火炮主力舰即将退出历史舞台的时候，各国的重炮主力舰身上披挂的装甲仍然是采用基本的克虏伯工艺来制作的，可以说这是一项了不起的技术成就，当然在 20 世纪上半叶，英国和德国（而不是美国）都继续改良了克虏伯工艺，对热处理施加了更精确的控制，微调了装甲钢的合金配方，这些改良使得从表面硬化层到韧性背衬层之间的过渡更加连贯、平滑，最后让克虏伯钢装甲的防弹性能提高了 30%[83]。

前无畏舰的装甲防御布局[①84]

从"老人星"级到"无畏"号，装甲布局大同小异，每一级战舰的细微差异无不显示出设计人员的用心周到。"可畏"级的主装甲带是 9 英寸厚的克虏伯钢装甲，除了像"老人星"号一样把装甲带朝前方延伸到船头，还向船尾做了延伸。[85]"可畏"级主装甲带的上边缘与装甲上甲板齐平，足足高出装载水线 9 英尺 6 英寸来。"伦敦"级[86]的装甲设计基本上跟"可畏"级一样，只是主装

① 伯特著《英国战舰，1889—1904 年》。

甲带的覆盖范围稍稍增加，首尾主炮炮座之间的装甲甲板也增加了一点。

"邓肯"级的主装甲带是 7 英寸厚的克虏伯装甲，比较薄弱，以换取较高的航速。"邓肯"级船头部分的装甲带厚度和覆盖范围都比"可畏"级大，希望能有效抵御战损，在战斗中更好地保持高航速。"邓肯"级装甲布局改动最大的地方是水平甲板的防御，从"老人星"级到"可畏"级，都是穹甲主甲板装甲厚度大，而它上方的上甲板装甲较薄，到了"邓肯"级上，这种安排正好颠倒过来，上甲板成了装甲最厚的甲板。穹甲主甲板的中央平坦部分和两舷斜坡的厚度全都降低到只有 1 英寸。怀特[①]老早之前就一直在想办法推广这种设计，主要是因为担心那些在装甲带上方高处、无装甲的船体结构中爆炸的高爆弹。怀特还指出：当战舰横摇幅度达到 10° 时，或者船体因为某种原因而横倾达到 10° 时，在船体翘起来的那一侧，上甲板到水面高度预计将达到 13 英尺，而装甲带预计高出水面 9.5 英尺。19 世纪末的炮战距离跟 20 世纪比起来仍然显得非常近，即便如此，那些飞行弹道非常平直的炮弹如果击中装甲带以上的无装甲船体，它们正好从无装甲的甲板上擦掉过去的机会也非常大，如果它们在无装甲的甲板上爆炸，造成的毁伤就会非常严重[87]。所以，怀特认为应该给主装甲带上边缘的上甲板施加最厚的装甲，阻止炮弹击穿这层装甲，既然弹道平直的炮弹只回会擦掉过这道甲板，2 英寸厚度便足够了。尽管炮弹将无法击穿这层装甲上甲板，但炮弹会在上甲板以上的空间里引爆，爆炸的威力可能会把各种破片一起推入装甲上甲板和穹甲主甲板之间的空间里，所以穹甲主甲板仍然必须拥有 1 英寸厚的装甲，以防止上甲板和炮弹的破片飞进水下的动力机舱和弹药舱里面去。

给甲板施加装甲防御是一项非常消耗重量配额的设计。例如，让整个水平甲板增加 1 英寸的装甲防护，增加的重量几乎等于主装甲带增加 5 英寸。怀特上述设计理念大致上是正确的，但他不应该把穹甲甲板的两舷斜坡的厚度也削弱，因为这样做其实就削弱了舷侧的垂直防御[88]。当年粗略的火控和炮术水平，也许根本不可能在战舰左右横摇各达到 10° 的情况下，击中行进中的敌舰吧[89]。

"伦敦"级跟"邓肯"级的甲板装甲防御布局相似，不过主装甲带保持了"可畏"级的 9 英寸厚度。"英王爱德华七世"级跟"伦敦"级的基本装甲布局相仿，但在露天甲板和装甲上甲板之间添加了厚达 7 英寸的副炮装甲带，以保护缺少炮廓防御的 6 英寸副炮。

"纳尔逊勋爵"级的装甲防御跟之前的前无畏舰很不一样。水线装甲带和舷侧装甲带不再是厚度一样的一道主装甲带：水线装甲带厚度增加到 12 英寸；穹甲主甲板到露天甲板之间的舷侧都有装甲带，厚度为 8 英寸；船尾也有水线装甲带，厚度只有 4 英寸。主炮炮座的装甲围壁设计趋于简化，一些部位的装甲还略微削弱了。装甲甲板的厚度也略微削弱了。设计该舰时还曾进行过试验，在

① W. H. 怀特爵士撰《现代战舰装甲防护的原理与设计方法》，刊载于 1905 年伦敦出版的《布拉西海军年鉴》。

一块主装甲的前方设置一块薄钢板，用来给被帽穿甲弹"脱帽"[90]，不过测试不成功，故没有采用这种设计。

装甲防弹测试

海军部要求各个装甲制造商向军方提供装甲板样品用于防弹测试，有时候，海军部在接受一批装甲产品的时候，会自己从中挑选一些来进行质量检验。单块重量大于 160 磅的装甲板在测试的时候，不再像铁甲舰时代那样给它垫上木制背衬，而是直接在上下边缘固定好。然后，对于 160 磅和 200 磅重的装甲板[91]，一般使用通常弹对其进行轰击，但并不装填黑火药，而是装填盐粒作为配重；对于更加厚重的装甲板，则使用带有被帽的穿甲弹（APC，Armour Piercer Capped）来进行测试。比 160 磅轻的薄装甲板在接受测试的时候就需要安装非常厚的木制背衬，并且只能用通常弹来测试它的防弹效果了。测试时，炮弹击中装甲板的末端速度是一项需要特别限定下来的参数。测试前后，还要对样品装甲的机械强度和化学组成进行各种配套检验。一般来说，每英寸厚的钢装甲重达每平方英尺 40.8 磅。这样就可以用一块装甲板的重量来代表它的厚度，[92] 比如 240 磅重的装甲板实际厚度是 5.88 英寸，这就是战舰上安装的所谓"6 英寸"装甲。海军部允许制造商的成品装甲的厚度跟设计要求的厚度存在微小误差，结果制造商实际造出来的装甲，往往都比设计图纸上的尺寸略微薄一点[93]。

装甲安装和设计上的一些细节问题

到了前无畏舰时代，哈维和克虏伯钢装甲都带有硬化的前脸和高韧度的背衬层，这样便不再需要像铁甲舰时代一样，用厚厚的木制背衬来防止装甲板整体开裂变形了。这时候的装甲带背后只需 2.5 英寸厚的橡木，作用也仅仅是找平，让装甲和船壳更好地固定在一起[94]。固定装甲板用的钉子也小有改进：钉身螺纹和钉子帽之间有一个缩细的颈部，在装甲板遭到轰击从而使装甲钉承受张力的时候，颈部就会变形拉长，这样就可以防止钉体在螺纹处断裂了。

装甲甲板上往往不可避免地会有各种舱口。在平时，这些舱口只用普通的舱口盖盖住就行了；在作战的时候，这些舱口盖都要换成装甲舱口盖，厚度至少跟装甲甲板的厚度一样大，而且舱口盖的下面还要带有配重，以防止这样重的舱口盖因为重心过高而随着船体摇晃从舱口里滑脱。底舱和舷侧的煤舱的舱口盖往往都带有滑动舱门。锅炉的烟囱口和底舱的通风井口都安装了装甲隔栅，这样既能够保证气流的畅通，又可以提供一定的防御。它们穿过装甲甲板处的开口通常都比较大，一般会在这个开口里安装很多纵横短支撑梁，然后在纵横梁之间安装一块一块的装甲隔栅。例如，在烟囱穿过 2 英寸厚的装甲甲板的开

口里，所使用的装甲隔栅有 7 英寸深，使用铸钢来制作，隔栅里面的纵横条每根宽 0.5 英寸，各相隔 2.5 英寸。一些装甲隔栅可以像普通的装甲舱口盖一样打开。在蒸汽机舱里，通风井装甲隔栅下方 12 英寸处一般还会吊挂一张防破片的网，用来防止上方的破片砸到动力机械上面。

第十章将会介绍用旧式铁甲舰"贝尔岛"号（Belleisle）进行的火力和装甲防弹测试，测试结果表明，装甲隔栅防破片效果最好的时候，是隔栅的方向跟来弹的飞行方向相垂直，也就是说，如果炮弹从舷侧飞来，那么隔栅中那些沿着船头—船尾方向纵向排列的细条将会起到最大的防破片效果。[①] 可是，对于高爆炸药，比如英国的"立德"炸药，它爆炸时会把周围的东西都炸成齑粉，产生非常小的破片，装甲隔栅和破片网对这种尺寸的破片就没什么防护作用了。1913年又进行了一次测试，在装甲隔栅上方试爆了一些装满黑火药的 9.2 英寸通常弹，接受测试的装甲隔栅有的是处在常温下经受爆炸的，有的是事先加热到华氏1200° 后再经受的。结果发现，经过预热的装甲隔栅防破片性能更好，[95] 即便如此，仍有大量破片穿过隔栅的网眼，最大的破片有 8 磅重。

1893 年还在副炮炮位周围吊挂过一些绳编的防破片网进行测试，发现基本上没有任何用处。在舰载艇吊架下方张挂的防破片网也于 1892 年在岸上进行了测试，后来又在"贝尔岛"号上测试，均发现价值不大。1899 年的火炮性能测试中，分别用多个型号的 9.2 英寸次级主炮发射被帽穿甲弹和无被帽的普通穿甲弹轰击7 英寸厚的克虏伯钢装甲，结果发现，就算炮弹击中装甲板时跟装甲板的法线呈30° 夹角，不论有没有被帽，都能击穿装甲，炮弹击中装甲时的末端存速可达

① 似乎实际上并没有采用这样的设计。

每秒 1950 英尺。这次试验中，较老的 VIII 型 9.2 英寸炮可以在 2000 码击穿装甲靶，而较新的 X 型 9.2 英寸炮在 3200 码就可以击穿装甲靶。

舰载武器

12 英寸主炮

从“庄严”级到 1905 年之后的最早那批“无畏舰”，英国主力舰都是将 12 英寸炮安装在双联装主炮塔里，不过各型 12 英寸炮的性能差异很大，装填速度、炮口初速都有很大的提升，同时大炮的炮架和回旋装置的尺寸和重量也得到了很大程度的精简。[96]

从“君权”级、“百夫长”级再到“庄严”级，这些早期前无畏舰的双联装主炮都是安装在直径不足的梨形露炮台上面的，这样主炮就必须回旋到船头—船尾方向才能装填。不过，“庄严”级的最后两艘姊妹舰，即 1895 年开工的“恺撒”号（Caesar）和“光辉”号（Illustrious），换装了直径较大的圆形炮座，主炮终于可以在任意回旋角度装填了。英国海军直到这么晚才采用这种任意回旋角装填的设计，在今天看来有点让人觉得不可思议，因为阿姆斯特朗早在 1884 年开工的“翁贝托国王”（Re Umberto）级准前无畏舰[97]上，就采用这种设计了。这最后两艘“庄严”级前无畏舰首次采用了两段式弹药提升井，在主炮下方有一个换装室（Loading Chamber），里面可以存放 24 枚待发弹。这种设计可以防止主炮塔被弹后殉爆弹产生的爆炸火焰直接向下窜到弹药库里面。[98]

“老人星”级的弹药提升结构采用了 3 种不同的设计。头一批“老人星”级采用了跟“恺撒”号一样的两段式弹药提升井设计，但发现装填时间变慢、发炮间隔变长，为了加快装填速度，在中间批次的姊妹舰上摒弃了换装室，重新变成从底舱弹药库直通到露天甲板炮塔的连续弹药提升装置。最后，1898 年开工的“复仇”号（Vengeance）第一次采用了允许主炮在任意俯仰角度装填的设计。当时说，这种新设计可以让开炮间隔从 48 秒缩短到 32 秒，但似乎这种新设计存在一些可靠性方面的问题，结果后来的“可畏”级和“邓肯”级前无畏舰并没有将任意俯仰角装填作为标准化的新设计，[①]直到“英王爱德华七世”级，才开始统一列装任意俯仰和回旋角装填的主炮塔。“可畏”级的换装室比之前的设计更加合理。

和同时代的外军前无畏舰比起来，英国前无畏舰的主炮塔及其座圈的尺寸要大一些，操作起来更方便，但也大大增加了炮塔与炮座的承重结构和装甲的重量。于是，在追求减重的“邓肯”级上，炮塔座圈的直径缩减了足足 1 英尺，减小到 36.5 英尺。在“英王爱德华七世”级上，炮塔座圈的直径又缩减到 34 英尺，最后到了“纳尔逊勋爵”级和 1905 年的“无畏”号上，由于列装了新式的

① “无阻”号（Irresistible）、“可敬”号（Venerable）、“威尔士亲王”号、“阿尔比马尔”号以及“埃克斯茅斯”号（Exmouth）上搭载的 BVII 型主炮塔，理论上可以在任意俯仰角度装填，但在实际服役中总是在 5°装填，这说明这个设计不是特别令人满意。而“英王爱德华七世”级上面装备了可以真正实现任意俯仰角度装填的 BVII 型主炮塔。

"凯旋"号（Triumph）[102] 支开防鱼雷网的样子。可以看到，舷侧那些7.5英寸炮的炮管很长，如果战舰在外海的横摇比较大，炮管就会随着横摇插进海里。（帝国战争博物馆，编号 SP2458）

45倍径12英寸炮，炮塔的设计更加紧凑，炮塔座圈的直径只有27英尺。[99]下文的表格展示了前无畏舰时期主炮本身性能的逐步提升。

表9.4 各型12英寸炮的性能参数

型号	炮身倍径	炮身重量（吨）	炮弹重量（磅）	炮口初速（英尺/秒）	对装甲的穿深 *（英寸）	初次列装
III—V	25	45	714	1914		1887年，"爱丁堡"号[100]
VIII	35	46.1	850	2417	11.5	1895年，"庄严"号
IX**	40	50.8	850	2567	13	1901年，"怨仇"号（Implacable）[101]
X	45	57.7	850	2725	14	1905年，"纳尔逊勋爵"号

* 指对克虏伯钢装甲的穿深，使用被帽穿甲弹，在5000码对装甲靶进行测试所取得的数据（被帽穿甲弹大约是在1908年列装部队的）。
** "英王爱德华七世"级上的IX型主炮使用的发射药量较大，炮口初速可达每秒2612英尺。

副炮

从"庄严"级到"邓肯"和"伦敦"级，这些前无畏舰的副炮一般都是12门6英寸炮，用来摧毁敌舰上没有装甲防护的船体；此外还搭载了12磅3英寸炮和一些更轻型的火炮，用来打击鱼雷艇，防止鱼雷艇对主力舰发动鱼雷突袭。当时很多战舰军官都相信，这些前无畏舰的战术就是先用中小口径的副炮对敌舰倾泻"弹雨"，靠副炮的快速、密集射击使敌舰瘫痪，然后再用12英寸的主炮瞄准敌舰，在近距离用穿甲弹击穿对手的水线装甲带从而把敌舰击沉。这就是为什么当时靶场中测试穿甲弹的穿甲能力时，总是只测试炮弹垂直击中装甲板，因为设想中这些穿甲弹只会在近距离使用。

从"君权"级到"邓肯"和"伦敦"级，英国前无畏舰的 6 英寸副炮一般都是安装在装甲炮廓里面的，而外军同时期的前无畏舰很多都把副炮安装在炮塔里。不管采用哪一种防御方式，都会在副炮周围暂时存放相当数量的待发弹，而且从底舱弹药库到甲板上的副炮炮位之间，输送弹药的路径也往往缺少保护，这样一来，薄薄的副炮装甲没法给副炮炮位附近的待发弹提供足够的保护，如果敌舰主炮炮弹命中副炮炮位，这些待发弹就很有可能殉爆。在 1916 年的日德兰大海战中，英国的"马来亚"号（Malaya）[103] 清晰地展现了缺少装甲防御的副炮炮位在敌军炮火轰击下会变得多么危险。

炮弹

英国皇家海军列装法国奥策尔式锻钢弹的步伐非常缓慢，看起来主要是受到经费的限制。19 世纪 90 年代，主炮发射的穿甲弹一般都没有任何可以爆炸的装药，完全依靠炮弹的动能来侵彻敌舰的装甲带，[104] 后来发明了"立德"炸药等苦味酸炸药，由于这种高爆炸药不会像黑火药那样不稳定，有时不会在炮弹击中装甲的瞬间就因为猛烈的撞击而起爆，因此穿甲弹也开始装填高爆炸药了，通常的装药量约相当于炮弹重量的 2%。直到 1918 年，仍然解决不了引信的问题，无法保证穿甲弹一定能够在完全贯穿敌舰装甲后，再飞进船体内起爆。实际上，直到 1902 年，英国战舰的弹药库里面仍然列装着大量的帕里瑟弹，可是这个时候那些带有表面硬化层的克虏伯装甲几乎完全对它免疫了。英国战舰弹药库里的剩余炮弹主要是从法国采购的奥策尔锻钢弹，这种炮弹到了 20 世纪初的时候，也不大可能击穿克虏伯装甲了。

1902 年，英国的维克斯和阿姆斯特朗这两家军火巨头跟德国的克虏伯达成了协议，商定了一些产品的价格，并同意彼此分享一些专利技术。维克斯此前已经从克虏伯购了生产克虏伯装甲的专利授权，这项协议就把类似的授权拓展到了其他专利技术上面。这些技术中最有价值的可能要数克虏伯研发的"克虏伯引信"[105]① 了，从 1905—1912 年间，英国陆军、海军都广泛使用了这种引信。克虏伯和维克斯这次签订的合作协议还要求两个厂家从此以后彼此分享所有新技术进步，后来随着英德之间的矛盾日益突出，双方都不停地想方设法规避协议中的这项义务。

1878 年，英国进行了一次非常有意思的装甲防弹测试。② 用来测试的钢面复合装甲意外装反了，结果一枚淬冷铸铁弹非常轻易地就贯穿了这块钢面复合装甲，因为它先击中了装甲那柔软的熟铁背衬层。然后，实验人员把钢面复合装甲的钢面朝前，并在钢面前头又固定了一块薄薄的熟铁板，这次试射发现，炮弹仍然能够击穿复合装甲。最终，一位名叫英格利希（English）的工程兵

① K.L 麦卡勒姆（McCallum）撰《无足轻重的小毛病？论 1914—1918 年间皇家海军炮弹质量问题》（*A Little Neglect? The problem of defective shell in the RN 1914-18*），刊载于 1993 年 6 月在伦敦出版的《海军工程学杂志》。
② 哈格著《现代战舰史》，1920 年初版于伦敦，1971 年再版于伦敦。

上校突然醒悟了，他提出在炮弹的弹头上包裹一块软铁制成的帽子，这样炮弹就能够击穿坚硬的钢面了。可惜，这次测试的结果没能引起足够的重视，直到1894 年，沙俄正式测试了被帽穿甲弹之后，[①] 英国才开始着手列装这种新式炮弹。没有被帽的炮弹击中哈维装甲和克虏伯装甲表面硬化层的瞬间，装甲表面和炮弹的弹头会发生怎样的变化呢？直接被击中的装甲会被弹头压扁，同时把炮弹的冲击力向周围扩散出去；而弹头也会被装甲表面给压进弹体中，这样弹头就变形破碎了。这瞬间的猛击可能会让装甲的硬化表面碎裂，不过通常情况下，韧度极高的背衬层都会保持完好。如果带有软钢被帽的穿甲弹击中装甲时末端速度没能达到每秒 1750 英尺，同样会出现上述差强人意的毁伤效果。如果来弹的直径比装甲要大得多，也就是装甲的厚度不足，装甲被炮弹击中的那部分就会变形，最终形成一块圆锥台形的破片，然后高速向后飞进船体里面去。这个圆锥台在接近装甲表面的位置处，直径大约等于来弹的直径，在装甲的背面，直径最多达到来弹直径的三倍。

只要被帽穿甲弹击中目标时的末端速度足够（超过每秒 1750 英尺），那么它就能发挥出大约 15% 的额外穿甲能力来，当然了，被帽穿甲弹最好以垂直于装甲的方向击中装甲板，来弹方向偏离装甲板法线的角度最大不应该超过 15°（也有资料说，在 30° 以内，被帽都能够起到作用）。英国海军最开始是从1904 年左右尝试列装被帽穿甲弹的，但是这以后的许多年里，列装数量都不够，而且性能也不大令人满意。

大约 1903 年，弗斯（Firth）厂推出了一款被帽穿甲弹，他们称为"可撕裂式"（Rendable）穿甲弹，效果非常不错。军队要求维克斯、阿姆斯特朗和哈德菲尔德（Hadfield）[②] 都来尝试开发能够与该弹媲美的新式被帽穿甲弹，但是直到 1905 年的 7 月才生产出 9.2 英寸炮使用的新式被帽穿甲弹，12 英寸的产品到这时候仍然没有开发出来。第十章将介绍日俄战争中各种炮弹的毁伤效果，从中可以看出来，两国海军的穿甲弹在两场主要战斗中都没能击穿任何厚装甲，更别提击穿后在船体里面起爆了。后来，合金材质的进步让弹头可以使用非常复杂的硬化工艺，而弹体本身往往会让它自然冷却，从而具有很高的韧性。

1915 年的炮术手册中说，被帽穿甲弹如果击中装甲的角度过于倾斜，不管是装填的立德高爆炸药还是黑火药，都几乎无法击穿中等厚度的装甲。这种倾斜着击中装甲板的炮弹通常都会在穿甲过程中起爆，但爆炸似乎不是由引信正常引发的。如果装填了高爆炸药的穿甲弹垂直于装甲板击中它，那么这枚炮弹往往在穿入装甲板总厚度大约四分之三的深度时就会起爆，然后把爆炸产生的高速破片迸射进船体里。装填黑火药的穿甲弹[106] 以每秒 1960

① 看起来日俄战争期间沙俄战舰应该还没列装被帽穿甲弹。

② D. 卡内基（Carnegie）撰《穿甲弹的制造工艺和穿甲效果》(*The Manufacture and Efficiency of Armour-piercing Projectile*)，刊载于 1903 年在伦敦出版的《土木工程学会会志》第153 卷。

英尺的速度击中 12 英寸的克虏伯钢装甲，就能够击穿，然后在装甲板后面几英尺的地方起爆。而那些高爆弹的炮弹外壳和穿甲弹比起来就要薄得多了，仅仅需要相当于炮弹直径三分之一那么厚的装甲，就完全能够阻止高爆弹的侵彻了。

测试弹

海军采购的每一批炮弹都是 400 发，从每一批里随机抽选出 2 发用于测试。其中一发会装填上沙子或者盐粒，然后朝一块装甲靶射击，来测试穿甲能力；另一发对着空气直接开炮，炮弹自由飞行后落到地面，再回收检查，以确保这枚炮弹在炮管中发射时没有变形。射向装甲靶的那枚炮弹，海军要求它必须能够击穿，也就是说即便炮弹在击中装甲板时变形破碎，只要炮弹的破片能够穿过装甲板落到装甲板的背后，那么这批炮弹的穿甲能力也算是过关了。

下表数据反映的是用克虏伯表面硬化渗碳钢装甲来测试无被帽的穿甲弹的穿甲能力。6 英寸炮弹击中装甲靶时，炮弹和装甲板法线之间的夹角是 20°；9.2 英寸和 12 英寸的炮弹击中装甲板时，和装甲板法线的夹角是 30°。

火炮口径	击中时的末端速度（英尺 / 秒）	穿深（英寸）
6英寸	2020	4.5
9.2英寸	1900	7
12英寸	1850	10

如果挑选出来的第一发穿甲弹没能够达到上述测试标准，那么就再挑选出一发来，如果这枚炮弹能够成功击穿装甲靶，那么这批穿甲弹也可以算合格了。如果这第二发穿甲弹也没能击穿，那么就会再采取一套复杂的抽样程序继续测试，不过几乎等同于让炮弹制造商一直测试，直到抽出一发能够击穿装甲靶，从而通过测试。这样一来，实际上海军默认了列装部队的穿甲弹中有很大比例是根本不能有效击穿敌舰装甲带的。[①] 而且，在做上述穿甲能力测试的时候，往往还会拆除引信，而且不装填炸药，那么这些关键部件的功能在接收一批炮弹之前，其实根本没有得到检验。[107]

弹药的安全性

当时进行过不少测试，来专门检测弹药的安全性，测试方法是用炮弹轰击存放在弹药储存架上的 6 英寸和 4.7 英寸炮弹。如果弹药储存架上的装填了黑火药的炮弹被来弹命中，它便会爆炸，但是相邻的炮弹不会被引爆。如果弹药

① 马德尔（Marder）说测试中 30%—70% 的炮弹"都是"哑弹，这个我觉得可能不大对，应该说 30%—70% 的炮弹"都有可能是"哑弹才对。因为当时的测试可靠性还不高，不足以确证有那么多弹"都是"哑弹。

储存架上是装填了立德高爆炸药的炮弹，则分两种情况：如果来弹是装填了黑火药的炮弹，即便击中，储存架上的高爆弹也不会起爆；如果来弹也是高爆弹，则这枚被击中的高爆弹就会起爆，而且猛烈的爆炸会让周围几英尺范围内的炮弹都殉爆。

当时除了轰击储存起来的炮弹，还轰击过发射药，但是发射药并没有堆放在一起，而是用一枚炮弹轰击一包发射药来进行测试。[108] 结果发现，不管来弹装填了什么炸药，被击中的发射药都会剧烈燃烧，但不会爆炸。在实战中，比如 1905 年日俄战争中，曾经有几个线状无烟发射药起火的案例，比如"富士"号的后主炮塔被沙俄前无畏舰发射的一发 12 英寸炮弹击穿，引燃了 8 袋发射药，当时的发射药都是按照发射一发炮弹所需的全装药量的四分之一来分装的，[109] 这 8 袋发射药剧烈地燃烧了一阵，不过火苗没有窜到底舱弹药库，6 枚暴露在火苗面前的高爆炮弹也没有殉爆。由于来弹划断了一根液压动作管，管道里面的液压油泄漏了出来，这也助长了火势。海军部军械处处长专门研究了日俄战争，给出的结论是线状无烟火药不会在被敌弹命中时殉爆。所以比起敌舰的炮火，日常操作中的事故反而能够对弹药的安全造成更大的威胁。

从今天来看，上述测试发射药安全性的方法，显然还不足以模拟真实的情况，真实的情况往往是大量发射药堆码在一起，然后它们同时起火，而且是在底舱弹药库这样非常封闭的空间内。不过，前无畏舰时代也算是认真调查研究了弹药的安全存放这个问题，根据测试的结果来看，这似乎也不是一个严重的安全问题。[110]

炮术演练

从 1860 年到 1900 年，英国皇家海军每个季度都会举行一次炮术演练，打的是固定靶[111]，进入测试场的战舰首先以慢速呈直线航行，直到距离目标只有 1500 码的位置，这时候就可以开炮了。坊间传说，当时战舰上的官兵为了避免测试用的弹药在战舰开炮造成的船体摇晃中胡乱滚动，碰掉船身上的漆皮，就把这些测试弹药白白丢进海里。这种说法不应该当真，就算真这样做，也很可能是突发状况下的迫不得已，而不是惯例。第四章中曾经提到过，"鲁莽"号铁甲舰的后露炮台开炮的时候，很容易误伤到舰面设备，因此每年四个季度的操练中，准许其中一次使用后露炮台，海军能够接受每年一次这样的实弹射击给舰面设备造成的损伤。[112] 虽然 1500 码的开炮距离和缓慢的直线航行看起来过于理想化、公式化，对于演练实战炮术技能没什么助益，但也不能说这种炮术演练毫无价值，因为直到前无畏舰时代，由于几乎不存在任何现代火力控制措施，即便使用了测距仪，从 1500 码外准确命中目标的概率也非常低。然而，1904 年

8 月 10 日，日本和沙俄的前无畏舰都在 12000 码开了第一炮，而且准确度相当不错[113]。

到 19 世纪末的时候，人们意识到，如果舰载火炮在开炮前经过比较准确的观测和瞄准，让炮管指向比较正确的方位和俯仰角的话，那么就能够命中比铁甲舰时代的"标准"炮战距离——1000—1500 码——远得多的目标。为了提高远距离的命中率，第一步是让火炮瞄准手在人为制造的训练、考核条件下改善他们的命中率。到了前无畏舰时代，瞄准手的观瞄训练已经标准化了：进行射击的战舰以 8 节的航速缓缓直线航行，从固定靶标前面通过，在距离靶标 1600 码时开炮，到距离接近到 1400 码时停止射击，这个过程中，每一座主炮依次持续射击 6 分钟。在这种理想条件下，观瞄手一般能达到 20%—40% 的命中率，不过也有不少战舰的表现要差一些。后文会介绍"贝尔岛"号测试，在测试中，"庄严"号达到了 40% 的命中率，不过靶舰"贝尔岛"号的尺寸比平时打靶测试使用的礁岩要大得多。当时外军的打靶测试也跟英军差不多。19 世纪末的时候，美国海军按照上述英国打靶测试方法进行了一次射击训练，结果发现命中率只有英国海军的五分之一，这倒是跟当时西班牙的命中率[114]差不离。①

然而，1899 年 5 月，英国海军一直以来在炮术技艺上的这种沾沾自喜被来自英国海军内部的一则报告给打破了。当时，"斯库拉海妖"号（Scylla）在舰长珀西·斯考特（Percy Scott）上校的指挥下，70 发炮弹命中 56 发，打出了破纪录的好成绩——80% 的命中率。第二年，斯考特上校租远东派驻地指挥"强大"级巡洋舰[115]"可怕"号进行打靶训练，用舰上的 6 英寸速射副炮取得了 77% 的高命中率（而远东舰队 6 英寸副炮的平均成绩只有 28%），而且射速和命中率[116]都非常高——每一门 6 英寸速射副炮平均每分钟发射 5.3 发炮弹，其中有 4.2 发炮弹击中靶标，该舰的首尾 9.2 英寸主炮则达到了 64% 的命中率。到了 1901 年，"可怕"号的打靶成绩又上了一个台阶，不过斯考特上校的经验很快就在舰队中流传开来，别的战舰也陆续跟着学起来，等到 1902 年的时候，"可怕"号在远东舰队射击比赛中只获得了第四名。斯考特的训练方法盛行于军中，其他的中青年军官纷纷效仿，而海军高层也颇为重视；地中海舰队和远东舰队的两位舰队司令都设立了命中率特别奖赏，在射击比赛中取得名次的舰长，可以获得舰队司令颁发的盾牌奖章，同时，海军部也会给名列前茅的神射手颁发袖章。新闻媒体积极报道各个舰队年度射击大赛的战果，战舰炮术军官和舰长的升职也逐渐和年度射击比赛成绩挂上了钩。1903 年，海军部指派斯考特担任炮术训练舰的舰长，即炮术学校校长。

1904 年，报界对海军的一桩丑闻大肆披露，这起事件的起因是"百夫长"级的炮身瞄准具被人发现存在质量问题，可是海军部先前检验通过并列装了这

① 据说法国人当时命中率能稍微高点，不过也没有留下明确的历史证据。比如，1898 年，法舰"可怖"号和"迪佩雷海军上将"号在港内下锚停泊的状态下对 3000 码外的目标发射了 625 发炮弹，当时港内水面也很平静，结果取得了 23.2% 的命中率。坎贝尔提到，1914 年的时候以"赞塔"（Zenta）号当作靶舰进行了一次射击实验，命中率不理想。

种质量不达标的瞄准具。于是在 1905 年，海军部委任斯考特出任新创设的"观瞄和炮术巡视员"（Inspector of Target Practice），斯考特在这个职位上对舰队的炮术训练大加整顿，于是在这一年，英国海军的火炮平均命中率终于头一回超过了 50%——也就是说，在这之前，即便是在打靶训练中，打不到目标的炮弹一直比击中目标的炮弹多。也是在 1905 年，杰里科（Jellico）[117] 出任海军军械处处长。从 1897 年到 1907 年，命中率从 32% 提升到 79%，尽管 1904 年以后，炮战距离大幅度拉远。

1905 年开始进行所谓的"实战演练"（Battle practice），也就是让全舰所有火炮进行齐射，射击距离为 5000—7000 码，持续齐射 5 分钟。刚开始，这种实战演练也是打固定靶，不过从 1908 年开始，改成打拖曳靶，靶子用别的船缓缓拖曳着前进，而且打靶的战舰本身也要在机动中射击。实战演练中，命中率可以达到平均每门炮每分钟击中目标 0.8 炮。斯考特发明并使用了很多帮助瞄准手提高命中率的辅助训练装置，比如，发明了一个称作"点标器"（Dotter）的装填辅助作训装置，让控制炮管俯仰的瞄准员能够在左右晃动的船体上，让炮口瞄准具连续瞄准靶标；不久后，斯考特又发明出另一种类似的辅助作训装置，可以帮助瞄准手观测目标的左右横向偏差（Deflection）。尽管斯考特花了这么多心思在机械装置的设计上，他仍然拿出很多精力来和舰队官兵沟通，很快，他就得到了全军上下的支持。天才能够发挥出最大作用的时候，就是他像一根引信、一个扳机触发一堆已经达到临界质量的炸药的时候，斯考特激发了全体官兵的热情，使他们积极地把自己的作用也发挥到最大。[118]

射击速率

在 1000—1500 码这样非常近的射击距离，炮弹从飞出炮口到击中目标的时间非常短，而且基本上呈水平直线飞行，这时候就不需要进行任何精确的火力控制了。在这么理想的情况下，如果是固定不动的火炮射击固定不动的靶子，那么应该是开几炮就命中几发，即火炮的开炮速度几乎等于命中率，可是实际上，在铁甲舰时代，这么近距离，命中率仍然只有 20%，那 80% 的脱靶弹可能主要是由于开炮后船体会横摇。

下表列出了从 19 世纪 80 年代的"海军上将"级到 19 世纪 90 年代的前无畏舰的各艘战舰主炮的开炮间隔。表中的数据到底是在什么样的射击条件下取得的，已经不得而知了，不过这些数据很可能是经过长期训练的炮组成员所能达到的最高水平了，射击时的天气和海况应该非常理想，而且瞄准手也没有特别刻意去进行瞄准。

表 9.5 19 世纪 80 年代到 19 世纪 90 年代在役主力舰的射速 [1]

舰名		开炮间隔时间（分－秒）
"桑斯·帕雷尔"	3-24	
"本鲍将军"	3-0	
"特拉法尔加"和"胡德"	2-9	
"海军上将"，搭载 13.5 英寸后装主炮	3-9	
"君权"	2-11	
"巨像"	3-21	
"征服者"	3-21	
"科林伍德"	3-0	
"雷霆"，10 英寸主炮	1-13	
"蹂躏"号，10 英寸主炮	1-14	
"巴弗勒尔"	1-25	
"乔治亲王"及其姊妹舰		"庄严"和"壮丽"（Magnificent）的数据略有不同
任意角度装填	1-8	
固定角度装填	1-30	
"恺撒"	1-12	装备 BIII 型炮座，刻意任意角度装填

　　1906 年，海军军械处长杰里科将"实战演练"中能够达到的射速与理想条件下的火炮观瞄手测试中所能达到的射速，进行了比较，结果发现实战演练中的射速跟日本联合舰队在对马海战中的射速非常接近。[2]

表 9.6 射速（炮数 / 分钟）

火炮型号	炮组人员数量	实战射速
6 英寸	12	4
9.2 英寸	5	2
12 英寸	2	1

　　随着炮战距离越来越远，炮弹在空中飞行时间也越来越长，这时候就不能快速连续射击了，必须先等一发炮弹落到目标海区后，观测它的落点，修正火炮俯仰角和回旋角，然后才能射击，否则下一发炮弹很容易脱靶。正是由于远距离炮战时需要这样不断地根据炮弹落点来校正，无畏舰的多门大口径主炮才显示出无与伦比的优势。那些速射副炮虽然在中近距离可以达到很高的射速，可一旦到了远距离射击，需要观测落点再开下一炮的时候，它们就无法发挥高射速优势了，因为它们的炮弹太小，砸进海中溅起来的水柱太小，从战舰上不容易准确地观测到。

① J. 坎贝尔编纂的《1901年炮术手册》。
②《"无畏"号与"无敌"号》（*H M Ships Dreadnought and Invincible*），或矛斯文件（Tweedmouth Papers），现在收藏于 MoD 图书馆。

前无畏舰时代的炮术经过上文介绍的改进后，大大提升了战舰的战斗力，但是这种炮术的进步没有催生出战舰设计上的大幅度改变。随着命中率的提高，战舰在战斗中被弹的机会大幅度提升了，而且战舰上那些缺少装甲防御的船体和上层建筑比过去更有可能在敌舰火炮的打击下遭到完全摧毁。

1898—1904 年间的"装甲巡洋舰"

从 1893 年到 1894 年，海军部对未来的造舰计划进行了大量预研，重点放在巡洋舰上。出发点是对抗当时法国和沙俄的总共 30 艘一等和二等巡洋舰。[①] 从 1894 年到 1899 年 4 月，这 5 年间的总造舰计划罗列如下，可以看出来这个计划规模庞大、耗资巨万：

舰种和建造数量	船体和动力机组报价 （千英镑）	舰载武器报价 （千英镑）
7 艘一等主力舰	5600	1500
1 艘一等巡洋舰	800	200
6 艘"布莱克"级装甲巡洋舰[119]	290	600
1 艘"伏尔甘"号鱼雷艇母舰[120]	380	60
12 艘"日食"（Eclipse）级防护巡洋舰[121]	3000	800
6 艘"傲慢"型远洋撞击舰（Fleet Ram）[122]	1800	300
4 艘改良型"巴勒姆"号三等巡洋舰[123]	500	170
7 艘鱼雷炮艇	525	150
74 艘鱼雷艇驱逐舰	2700	570
30 艘鱼雷艇	550	170
合计	18755	4470

除了对抗法国和沙俄的巡洋舰之外，海军部后来又提出了其他建造新巡洋舰的理由。比如，每艘主力舰都"需要搭配"两艘巡洋舰，地中海舰队有 18 艘主力舰，本土舰队有 8—10 艘主力舰，则需要总共 56 艘巡洋舰来配合舰队的任务。而为了保护重要的海上贸易路线，又另外需要 18 艘巡洋舰，以及 18 艘武装商船。这些巡洋作战舰艇加在一起达到 74 艘，而舰队当时现役的巡洋舰中，有 63 艘的舰龄还不算太高，有 20 艘舰龄过高，需要淘汰了。为了顶替这些老旧过时的巡洋舰，海军部提出要建造 3 艘"布莱克"级装甲巡洋舰、4 艘"日食"级二等防护巡洋舰、1 艘"伏尔甘"号、2 艘尚未确定的新设计舰以及 5 艘"巴勒姆"级三等防护巡洋舰。1894 年 3 月，议会通过了最终的造舰计划，具体内容跟上表罗列的情况非常类似。

根据获批的新造舰计划，未来几年里，英国海军和同期外军巡洋舰的规模如下：

① 国家档案馆归档条目 ADM 116/878。

① 海军候补上校 S. 金·
霍 尔（King-Hall）撰
《巡洋舰发展史》（The
Evolution of the Cruiser），
收录于《海军总参谋部
单行本合集》（Naval Staff
Monograph），1928 年。

表 9.6 英、法和沙俄巡洋舰实力的增长预期

级别	年份	英国	法国	沙俄	合计
一等巡洋舰	1895	19	10	5	15
	1896	21	13	6	19
	1897	24	15	9	24
	1898	29	17	9	26
二等巡洋舰	1895	12	13	5	18
	1896	12	13	5	18
	1897	12	13	6	19
	1898	12	15	7	20

　　怀特对巡洋舰这个舰种的设计理念及具体的设计都有重要的个人贡献。海军总参的一位军官 ① 在许久之后曾这样写道："海军部总设计师（怀特）有时候会突然向战舰军官们发出一通简短声明，在声明中他往往会指出当前环境下我军所面临的严峻挑战和海军部高层在决策时的举棋不定……青年军官们有必要采取果决的行动，上书请愿，'好帮助海军决策层拿主意'，然后怀特便向海军部委员会提出他的新巡洋舰设计方案。"这样一来，怀特就给自己的新设计营造了在海军内有广泛意见基础的既成事实，结果海军部委员会常常就这样批准了怀特的新设计。虽然上面这段描述可能有一点夸张，但从今天这些巡洋舰的海军存档文件和国家档案馆存档文件中，也可以看出来怀特确实曾利用这种手段来促使海军部委员会做一些决定。

1898—1899 年陆续开工的"克雷西"级装甲巡洋舰 [124]

　　德国克虏伯表面硬化渗碳钢装甲的发明，使得轻质的薄装甲就能提供堪比过去厚重装甲的防弹性能，这样一来，就可以给大型巡洋舰安装水线装甲带了，同时巡洋舰的主尺寸不会因此而大幅度增加。19 世纪 90 年代后期，怀特出差访

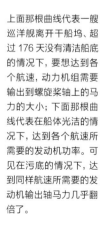

上面那根曲线代表一艘巡洋舰离开干船坞、超过 176 天没有清洁船底的情况下，要想达到各个航速，动力机组需要输出到螺旋桨轴上的马力的大小；下面那根曲线代表在船体光洁的情况下，达到各个航速所需要的发动机功率。可见在污底的情况下，达到同样航速所需要的发动机输出轴马力几乎翻倍了。

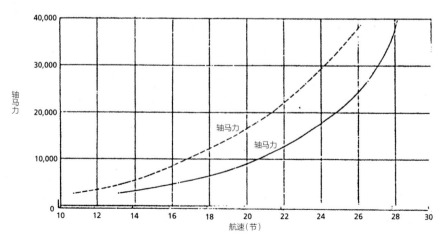

问了意大利，见识了意大利的“加里波第”（Garibaldi）级装甲巡洋舰[125]，于是怀特设计出了“克雷西”级装甲巡洋舰，以与之抗衡，同时也是为了对抗当时法国的“盖东”（Gueydon）级[126] 装甲巡洋舰。“克雷西”级装甲巡洋舰的水线装甲带厚 6 英寸，这个厚度的克虏伯钢装甲可以在当时几乎所有切合实际的交战距离上，抵挡住 6 英寸口径的火炮（当时能够真正实现速射的最大口径火炮）[127]所发射的穿甲弹，而大部分的高爆弹，即使是主炮发射的大口径高爆弹[128]，也可以被这种厚度的装甲挡在船体外面，无法在船体内部爆炸。[①] 从很大程度上来看，“克雷西”级就是给 1896 年设计建造的“王冠”级[129] 安上装甲带，“克雷西”级的装甲防御的总重量达到 2500 吨，占总排水量的 21%，而如果没有装甲带的话，该级的装甲防护结构的重量可以降低到 1809 吨，占此时总排水量的 17.1%。由于增加了装甲带，“克雷西”级的排水量比“王冠”级又增大了 1000 吨。“克雷西”级的主装甲带厚 6 英寸，总长度 230 英尺 6 英寸，从水线以下 5 英尺处一直延伸到水线以上 6 英尺 6 英寸处。[130] 装甲上甲板带有 1 英寸厚的装甲防护，它跟主装甲带的上边缘齐平，而穹甲主甲板则有 1.5 英寸厚的装甲，它在两舷附近形成斜坡，一直延伸到装甲带的下边缘。穹甲主甲板和装甲上甲板之间的空间用于布置水兵壁龛铺位，而且也跟防护巡洋舰一样，密集分舱。看得出来，实际上“克雷西”级的装甲防护布局跟“老人星”级主力舰是完全一样的，所以怀特说该级装甲巡洋舰能在决战用的单纵队编队（Line of battle）[131] 中占有一席之地。

“克雷西”级装甲巡洋舰的主炮是首尾 2 尊 9.2 英寸炮，而且是 1899 年开发的最新型号[132]，火力更强，副炮是 12 门 6 英寸速射炮[②]。[133] 该级战舰是最先在栖装时安装防火木料的。[③] 所有“克雷西”级装甲巡洋舰的船底都没有包裹传统的铜皮，因为这时候已经研发出来可以有效防止船底污损的新式涂料了，[④] 仅仅这一项，就节约造价 4 万英镑。据估计，如果船底包裹铜皮，吃水就会增加 9 英寸，排水量就会增加 550 吨，成本增加 4 万英镑，而且试航航速降低 0.5 节。当时的防污底涂料，有效期一般只有一年左右，一年之后，就需要进入干船坞重新刷涂。即便有了这样高效的新式涂料，怀特说，在英国本土海域离开干船坞连续航行 6 个月后，也会让战舰付出额外的 20%—25% 的发动机输出功率来弥补船底污损造成的航速损失，而继续航行到年底，就需要额外增加 50% 的输出功率，才能够达到船底清洁状态下的航速。要是到了热带海域里，估计得需要双倍的额外发动机输出功率，才能维持原来的航速。

“克雷西”级的稳心高在轻载状态下有 3.25 英尺，在装载状态下有 3.5 英尺，最大复原力臂要直到船体横倾达到 35° 的时候才出现。该级舰实际建成后，吃水比设计吃水还浅了 6 英寸，因为在施工过程中经历了前文谈到前无畏舰时介绍的那些严苛的船体减重步骤，最终让船身减重 300 吨。

① 1889—1893 年，一块 10.5 英寸厚的装甲板才能抵挡住飞行速度达到每秒 2000 英尺的 6 英寸奥策尔弹。到了 19 世纪末的时候，一张 6 英寸厚的装甲板就可以抵挡住这样的炮弹了，新装甲跟旧装甲相比，重量上占有 57∶100 的优势。

② 这些战舰既可以搭载 12 门 6 英寸炮，每门炮备弹 100 发；也可以搭载 10 门这种火炮，每门炮各弹 200 发。如果要搭载 12 门 6 英寸炮且每门炮备弹 200 发，那么就会让总排水量增大 300—400 吨。

③ 这种做法肯定在美西战争之前就存在了。以我们今天的后见之明，这种防火措施不是特别有效，现代军舰上都使用未经化学处理的木料，因为那些所谓的“防火木”一旦着火，就会把化学处理时吸收的物质以有毒气体的形式释放出来。当时就有军官抱怨说这种防火处理的材料容易污损他们制服上的金丝绣饰。

④ 即“霍策普菲尔”（Holtzapfel）涂料，商船“国际”号（International）从 1879 年就开始使用这种防污底涂料了，而“摩拉维亚”号（Moravia）[134] 也在差不多同一时期使用了这种涂料。这种涂料就像当时的早期防污底涂料一样，是铜、砷和汞盐的混合物，毒性非常强大，不仅可以杀死藤壶，恐怕还会杀死涂刷工。结果 1879 年之后的很多年里，英国皇家海军的战舰船底上仍然使用铜皮包裹来防污底。

"克雷西"级的首制舰"克雷西"号的舰长都铎（Tudor）认为该舰的高海况适航性还算不错，就是上浪比较严重——"海况微高的时候，一阵不太大的浪涌如果拍上该舰的舷侧，那么浪头便会在船体侧面的那些突起，比如那些炮廓上面撞碎，产生很多飞沫，同时，浪头还会带着飞沫一路涌上船帮，扑进船体里，把大量飞沫带到船身最高处的舰载艇甲板上来"。而且，上甲板上那些位置较低的舷侧副炮炮廓也会在高海况下大量上浪。

1899 年开工的"德雷克"级装甲巡洋舰 [135]

"德雷克"级从外形上看跟"克雷西"级没什么不同，不过这一级的设计做了几项重大的调整。"德雷克"级是怀特为了对抗当时法国的"圣女贞德"号（Jeanne d'Arc）[136] 而提出来的。后来，面对费恩（Fane）委员会 [①137] 的问询，怀特手下的两位首席助理介绍了"德雷克"级巡洋舰在设计时经过了怎样一个流程。首先，史密斯说道：

> 怀特总设计师首先会找到一名团队首席设计师来商讨一个设计的总体方案，在设计'德雷克'级的时候，他是跟我商讨的。他首先给我看了海军部委员会开会过程中审计长办公室的会议记录，然后，根据目前技术发展的水平，我们俩很快在脑海中构思出来一个总体设计，能够在大体上达到海军部委员会需要的战术性能标准。

另一位助理怀廷又介绍了接下来的设计流程：

> 怀特总设计师会指定该级舰的主尺寸要求，并表示"我希望某某先生"——通常是一位助理设计师——"来具体负责这个设计"。然后总设计师就会来到这位助理设计师的办公室，要求他先画出一个设计草图来，在草图上要标注清楚装甲的布局和火炮的安装位置，以及其他一些相关的细节，然后根据这个草图来进行我们所说的重量初步计算，这艘战舰的船体、装甲、火炮和动力机组等所有主要组成部分都要算，之后便可以决定各个主要部件在船头—船尾方向上应该如何分配位置，使得战舰在水中像样地漂浮起来。助理设计师还会大概计算该舰的稳定性，以保证战舰的安全性。

在这些初步设计完成后，怀特一般都会留下一份正式的总结备忘，明确地列出来接下来需要干什么。比如，在设计"日食"级二等巡洋舰的时候，怀特

① 布朗著《一个世纪的战舰设计发展历程》。

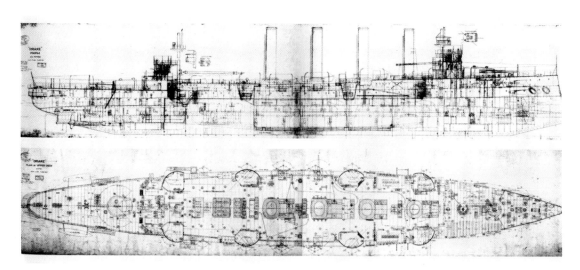

1901 年下水的"德雷克"号（Drake）的设计图纸。怀特的团队在设计这一级装甲巡洋舰的时候，竭力降低甲板以上上层建筑的高度，这样既能够减小战舰的可见目标，又可以降低被弹后起火的危险。可是低矮的上层建筑让这一级战舰的烟囱显得更加高耸了，在本书作者看来，这一级战舰是怀特设计的巡洋舰中，外形最具有视觉张力的一款了。在刚刚服役的时候，该巡洋舰的火力是数一数二的，而且它们那 6 英寸厚的克虏伯渗碳钢装甲也可以让它们在战术需要的时候，暂时加入主力舰编队，参与舰队决战。"德雷克"级靠近船头船尾的上下双层炮廓是怀特式巡洋舰的一个招牌特征，能够比当时外军的其他设计 [138] 提供强得多的装甲防护。（英国国家海事博物馆，伦敦：35011、35011B）

便留下了这样一份备忘，其中他向属下设计师询问，在确定了排水量的基础上，维持排水量限制不变，能够给该舰提供多厚的装甲甲板。

在"德雷克"级的设计中，设计者想方设法地缩小该舰的侧影。船体本身的深度是由苏伊士运河的通航能力来决定的，[①] 这样船体的总深度要容得下：锅炉舱的高度、水线上两舷堆煤舱的高度，以及上甲板上 6 英寸副炮炮廓的高度。船头干舷的高度要达到 30 英尺，这看上去是非常高的干舷了，但是船体上在上甲板高度有很多开口——副炮炮廓上的炮门以及其他各种开口，因此战舰实际的大角度稳定性远远没有 30 英尺船头干舷所代表的那样理想，而且船头干舷缺乏装甲的保护，遇到战损后，干舷将大大低于 30 英尺，此外，船身侧面那些突起和开口也会在上浪的时候造成大量飞沫。当时的设计团队还考虑过一个备选方案：船头干舷只有 24 英尺高，船头也更加平直而不那么上翘，前主炮炮管距离水面的高度只有 28 英尺。虽然这个设计可以减重 50 吨，但是降低干舷和主炮高度的这个代价似乎太沉重了，而且干舷太低就意味着恶劣天候下顶着海浪前进时的航速肯定会大大降低，[②] 所以这个备选方案被否决了。

"克雷西"级的上层建筑中的舰载艇操作甲板被直接取消了，这样既可以减重又可以降低这些位置的舰面设备中弹后起火的危险，这个举措既是之前的巡洋舰上早已开始的防火措施的自然延续，也吸取了不久之前美西战争中的教训（见第十章介绍）。"德雷克"级的主装甲带厚 6 英寸，从水线以下 9 英尺 5 英寸的地方一直延伸到海面以上 6 英尺 9 英寸处。[140]"克雷西"级船头还有一道 5 英寸厚的艏装甲横隔壁，在"德雷克"级上就取消掉了，因为"德雷克"级的装甲带减薄为 2 英寸后，一直延伸到船头。[141] 如果敌舰发射的高爆弹在船头附近的海面上炸开，那么这种薄装甲带可以为船头的船壳提供非常难得的破片防御。尽管破片对船头外壳的损伤不算什么致命伤害，却可以造成船身进水，进而让航速降低。船尾的舷侧装甲带之间仍然保留了"克雷西"级那样的 5 英寸厚的装甲横隔壁[142]。在底舱的设计中，底舱两舷煤舱中原有的纵向隔壁被大大简化了，因为这时候发现，横向的水密隔壁防御鱼雷时效果更好。[143]

"德雷克"级的 6 英寸副炮增加到 16 门[144]，这种副炮的战术作用依然是对付敌舰缺少装甲防护的船体上层结构，而船头船尾主炮塔里面的 2 门 9.2 英寸主炮在时人眼中，是用来击穿对手的装甲带和装甲甲板所必不可少的装备。[145] 为了提高副炮的射速，设计时曾考虑过要在舯部内布置小的临时待发弹弹药库，但是最后否决了这种设计，仍然需要通过缺少装甲防护的弹药运输通道，来从船头船尾的弹药库向舯部副炮运送弹药。为了避免动力机组散热对弹药库中存放的火药的质量造成负面影响，设计师尽量拉大了动力机舱和弹药库之间的距离。船头船尾的主炮最多可以备弹 150 发，但通常每门备弹 100 发。[146] 据说，该级巡洋舰的战训规定，在 6000 码左右[147] 就可以向敌舰开火了。

"德雷克"级的稳心高，轻载时只有 1.7 英尺，装载状态下也才 2.6 英尺，[148] 最大复原力臂 1.5 英尺会在船体朝一侧横摇达到 35° 时出现。设计时，对锅炉的选型下了很大的功夫；下表罗列了当时考虑的几种不同类型的锅炉，要让这些锅炉都产生该级舰所需的 28000 标定马力时，锅炉组的重量将分别达到：

锅炉类型	通风情况[149]	锅炉重量（吨）	测试时可连续工作时间（小时）
圆筒式火管锅炉	自然通风	2000	8
同上	中度强制通风	1680	4
同上	高强度强制通风	1400	3
贝勒维尔大管水管锅炉	自然通风	1250	8
同上	中度强制通风	1030	4
小管水管锅炉		1000	3—4（仅为估算）

"德雷克"级最终搭载了 43 台贝勒维尔水管锅炉[150]。

尽管"德雷克"号在试航的时候达到了 23 节的设计航速，但当时留下的一些资料称，后续试航表明，如果螺旋桨的桨叶面积更大、螺距更小，说不定航速还能更高。[1]

① W. H. 怀特《会长就职演说》，1903 年，土木工程学会。

	直径 （英尺）	螺距 （英尺－英寸）	桨叶面积 （平方英尺）	每分钟 转数	标定 马力	航速 （节）
原螺旋桨	19	24–6	76	116	30860	23.05
改进型螺旋桨	19	23–0	105	122.4	31450	24.11
	–	–	–	116	26000	23

全速前进时，改进型螺旋桨可以让航速提高整整 1 节；如果保持跟原螺旋桨同样的航速来进行试航，则发现可以节省 4860 马力的发动机功率。

1899—1901 年间陆续开工的"蒙茅斯"级装甲巡洋舰 [①]

这些战舰是专门为了对抗搭载了 8 门 6.84 英寸炮的法国"迪普莱"（Dupleix）级 [151] 装甲巡洋舰而设计的，定位是造价比较低廉、可以大量建造的经济适用型巡洋舰，用来保护海上贸易商路，10 艘"蒙茅斯"级的经费只够建造 7 艘"德雷克"级。怀特经过计算发现，这 10 艘"蒙茅斯"级 [152] 的火力加在一起，差不多就跟 7 艘"德雷克"级一样，但是这 10 艘船的续航力要比"德雷克"级差一些，装甲防护水平要差得更多，而且 10 艘"蒙茅斯"级的定员总数要多出来 550 人 [153]：可以说，质量和数量的取舍永远不是一件容易的事情。

"蒙茅斯"级的装甲带是 4 英寸厚的克虏伯非渗碳表面硬化钢装甲 [154]，总宽度 11 英尺。[155] 设计时认为，这种厚度的克虏伯装甲就足够在一般交战距离上，阻挡 6 英寸的高爆弹和各种 4 英寸的炮弹了，不过后来在"贝尔岛"号实弹测试中发现，4 发 6 英寸炮弹中有 3 发在 2450 码击穿这种装甲板。在 1914 年的福克兰群岛之战 [156] 中，"蒙茅斯"级的"肯特"号被德国无装甲轻巡洋舰"纽伦堡"号（Nürnberg）的 4.1 英寸炮弹击中了 38 次：4 发击中了装甲带，但没能击

① 曼宁著《威廉·怀特爵士生平》第 398 页。

1902 年下水的"贝里克"号（Berwick），属于"蒙茅斯"级，该级是专门用来保护海上贸易路线的小型装甲巡洋舰。（世界船舶学会）

① G. 本内特（Bennett）著《科罗内尔之战与福克兰群岛之战》（Coronel and the Falklands），1962年出版于伦敦。
② 哈格的书中引用了第一次世界大战期间"圣地亚哥"号（San Diego）触雷的战例。计算可知，底舱纵向中央隔壁造成了不对称舷进水，使得船体横倾达到 17.5°，不过，该舰下层炮门在船体横倾达到 9.5° 的时候就会没入水下，结果该舰仅仅横倾到这个角度，就迅速进水倾覆沉没了，像当时很多战舰一样。

穿；12 发击中了桅杆、缆绳以及烟囱等等无关紧要的甲板设备；21 发击中了没有装甲防护的上部船体。这场战斗中，有一发 4.1 英寸炮弹刚好击中了 A3 日炮廓[157]，引爆了炮廓中存放的至少一发待发弹[158]，而且殉爆弹产生的火焰通过副炮弹药提升井一路向下窜到底舱的两舷弹药输送通道里面。海军中士（Sergeant）梅斯（Mayes）把燃烧着的待发弹抓起来扔到远离其他待发弹的地方，还眼疾手快地关闭了水密门，并把底舱弹药库注水。[159]① 看起来，这个几乎酿成重大事故的战斗细节没有引起英国海军足够的重视；所以说，人们总是不大能够从胜利中认真吸取教训！[160]

怀特设计的巡洋舰一般都在底舱里有一道纵贯首尾的纵中线隔壁，[161] 但后来的设计中锅炉舱里都取消了这个纵隔壁，因为人们终于意识到不对称舷进水的危险了。② 巡洋舰设计小组的负责人怀廷为此写了一份措辞强硬的备忘录给小组成员，要求新设计的重心要尽量放低，整个巡洋舰设计小组都在这份材料上签了名。

"蒙茅斯"级舰首带有明显的外飘，船头的船体侧壁从水线以上朝两舷侧倾出来，这种设计在当时受到不少批评，但这种外飘船可能跟这型战舰的船体长度与设计航速比值最为搭配，[162] 尽管这种设计确实会略微加重船头的埋首情况。船头船尾的 6 英寸双联装主炮都是电力操纵的，不过可靠性不大高，因为这种炮塔内的空间非常拥挤，不方便操作，而且两炮共鞍（in a single cradle），很难准确地让两根炮管保持同步俯仰。[163] 不过在 1914 年福克兰群岛的战斗中，这型炮塔表现不错。怀特面对海军和议会对这型巡洋舰的批评质疑时，回应说这就是海军部委员会要求的战舰，而且这型巡洋舰的作战性能确实比后人通常认为的要好一些。

就跟前一级"德雷克"级一样，这一级的螺旋桨在战舰刚建成时也是问题不断，有些后续的姊妹舰干脆在试航之前就订购了替换用的新螺旋桨。

表 9.7 "蒙茅斯"级螺旋桨的问题

	直径 （英尺 - 英寸）	螺距 （英尺 - 英寸）	桨叶面积 （平方英尺）	每分钟 转数	标定 功率	航速 （节）
原螺旋桨	16-3	20-0	54	147	22500	22.7
改进后的螺旋桨	16-3	19-6	81	140	22700	23.6

在一场 30 个小时的海试中，发动机组的标定功率维持在 16500 马力，该级最开始的螺旋桨只能达到 20.5 节的航速，而改进后的螺旋桨则能达到 21.64 节的航速。出现这种问题是很不应当的，因为"德雷克"和"蒙茅斯"级的螺旋桨都是在过去各型巡洋舰的长期经验积累上进行设计的，按道理讲不应该出现这么大的性能偏差。

1901—1902 年造舰计划中的装甲巡洋舰：1902 年开工的"德文郡"（Devonshire）级 [164][①]

① K. 麦克布赖德（McBride）撰《"德文郡"级巡洋舰》（*The Devonshires*），刊载于 1988 年 7 月在伦敦出版的《战舰》第 47 期。

该级要在"蒙茅斯"级的基础上增强火力，但设计者需要严格控制这一级的尺寸，不能让它增大太多，而且要使用跟"蒙茅斯"级一样的动力机组，可以接受航速损失 0.75 节。

在 1902 年 3 月 17—18 日召开的设计会议上，对"蒙茅斯"级的提升改进考虑了四种可能：

1. 把"蒙茅斯"级的装甲带增厚到 6 英寸，这样做会让干舷降低 6 英寸，使排水量增加到 10600 吨，造价也要增加 5 万英镑。

2. 船体加长 30 英尺，这样就能维持原来的吃水深度不变，而且在 22000 标定马力的输出功率下，航速也几乎不变。这样更改将让排水量增加到 10900 吨，并增加 8 万英镑的造价。

3. 船体延长 25—30 英尺，船宽也要加大，这样就能安装 6 英寸装甲带，此外：

（a）船头船尾各安装 4 门 7.5 英寸炮，舯部上甲板上安装 8 门 6 英寸炮，这样一来，排水量为 11700 吨，航速会比设计指标再降低 0.25 节 [165]，或者额外增加 600 标定马力的输出功率；

（b）6 门 9.2 英寸主炮，其中船头船尾各一门单装主炮，舯部两舷各一座双联装主炮塔，搭配 8 门 6 英寸副炮，这样一来造价就太昂贵了。

最终采用的折中方案把船体加长了 10 英尺，船宽加了 2 英尺 6 英寸，把"蒙茅斯"号首尾的双联装 6 英寸主炮塔替换了成 2 座 7.5 英寸单装主炮塔。头 3 艘姊妹舰就按照这样的设计完工了，这时候后面 3 艘姊妹舰还在建造中，海军部突然中途决定进一步改换舰载武器，把舯部前方的双层 6 英寸炮廓替换成了一

1904 年下水的"德文郡"级"阿盖尔"号（Argyll），混合搭载了 7.5 英寸和 6 英寸炮。（作者收藏）

① K.麦克布赖德撰《"爱丁堡公爵"级和"勇士"级巡洋舰》(*The Dukes and the Warriors*)，刊载于 1990 年在托莱多出版的《世界战舰》第 4 卷第 90 期。

对单装 7.5 英寸两舷炮塔[166]。设计时经过长时间的争论，最终敲定了该级舰的反鱼雷武器采用 18 门 3 磅小炮和"砰砰"(Pom-pom)机关炮[167]，取代了既往前无畏舰和巡洋舰上的 12 磅 3 英寸炮。

"卡那封"号在 1914 年的福克兰群岛之战中用它的舰载 7.5 英寸炮[168]开了 85 炮，用 6 英寸副炮开了 60 炮，主要都是装填了"立德"炸药的高爆弹，开火距离在 11000—12000 码。

1903 年开工的 2 艘"爱丁堡公爵"级 ①，以及 1903—1904 年间 [169] 陆续开工的 4 艘"勇士"级装甲巡洋舰

上文概括介绍了"蒙茅斯"级的提升改进，这 6 艘战舰就是进一步研究后最终提出来的解决方案。今天的史学家一般认为这两级巡洋舰反映了接替威廉·怀特出任总设计师的菲利普·瓦茨的意愿，是他要求增强巡洋舰火力的，然而这种看法不太站得住脚，因为战舰的武器等主要设计指标都是海军部委员会来确定的，具体到这两级战舰，是由 W. H. 怀廷负责设计的，而 C. J. 克罗克斯福德(Croxford)担任巡洋舰设计小组负责人。[170]

为了确定这两级的设计，设计团队展开了相当多的调研工作，相关备选草案收录在麦克布赖德的论文里。备选方案 A 带有艏楼，跟最终选定的设计很相似；备选方案 B 则没有艏楼甲板，船型低矮，但是船头搭载 2 门 9.2 英寸炮；备选方案 C 搭载 4 座双联装 6 英寸炮塔作为副炮，但这个设计遭到否决，因为炮塔的可靠性赶不上舷侧炮阵。锅炉到底应该使用水管锅炉还是圆筒式火管锅炉，一直存在争议，于是有了备选方案 D——方案 C 的圆筒式锅炉版；两者的对比如下：

备选方案	锅炉	长（英尺）	排水量（吨）
C	水管锅炉	480	13275
D	圆筒式火管锅炉	526	14500

此外，还考虑把只搭载水管锅炉的备选方案 A 改成混搭水管锅炉和圆筒式火管锅炉。"爱丁堡公爵"级计划在舯部安装一道 260 英尺长、6 英寸厚的克虏伯表面硬化渗碳钢装甲作为主装甲带，主装甲带向船头延伸，同时减薄为 4 英寸，也向船尾延伸，减薄到 3 英寸。原本计划的水平装甲甲板的装甲厚度为 1.5 英寸，最后设计定型时大大减薄。底舱内锅炉舱的两侧各有从船头通到船尾的纵向弹药运送通道。虽然设计中强调必须给这种底舱两舷弹药通道安装防火门，不过后来的第一次世界大战中，这种弹药通道给许多战舰带来灾难性后果[171]。在"爱丁堡公爵"级的设计过程中，设计人员已经意识到，由于该级舰的船型比之前的"德雷克"级稍稍低矮一些，上甲板上的 6 英寸副炮距离海面太近，服役后的实

际使用效果肯定不好，所以考虑把上甲板上的 6 英寸副炮替换成露天甲板上的双联装炮塔，但这样的炮塔只能夹在舯部四角的 9.2 英寸炮塔之间，那么副炮炮塔朝向船头—船尾的射界就会非常有限了。而且，设计定型的截止日期就快要到了，为了赶时间，便没有改成露天甲板副炮炮塔这种设计。"爱丁堡公爵"级列装的 6 英寸炮属于最新的 IX 型炮[172]，炮管更长，结果限制了这种炮朝船头方向的射界[173]。也是基于同样的考虑，该舰装备的 9.2 英寸主炮身管较短[174]。

设计时认为"爱丁堡公爵"级需要总共 11 艘舰载艇，它们的总重量达到 50 吨，还需要配套各种相关的操作设备，如起重机等辅助机械。① "爱丁堡公爵"级是英国海军第一批在动力机械方面达到"零件通用"标准的战舰，也就是说战舰上搭载的所有发动机和锅炉，只要是同一型号的机组，它们的配件都可以相互替换，这就大大降低了战舰上日常需要存放的配件数量，也大大简化了日常的机械维护。令人不解的是，设计人员竟然还曾认真核算过要给该级巡洋舰的船底包裹铜皮。包铜将让战舰增重 600 吨，让造价攀升 4 万—4.5 万英镑。

科罗内尔之战（Battle of Coronel）[175]后，两艘"爱丁堡公爵"级那性能无法令人满意的上甲板 6 英寸副炮群就拆掉了，替换成安装在舯部露天甲板上的 6—8 门 6 英寸副炮，只带有轻装甲防盾。到了 1903 年，后续建造的那 4 艘准姊妹舰直接在舯部安装了 4 座 7.5 英寸单装副炮炮塔，位于露天甲板高度，这就是 4 艘"勇士"级。海军部下决心如此改动也是因为当时已经服役的"克雷西"号那些上甲板 6 英寸副炮太低，在高海况条件下根本无法使用。

1916 年的日德兰海战中，"防御"号挨了 7 发大口径和 3 发中口径炮弹，火焰顺着底舱两舷弹药输送通道烧起来。[176] "勇士"号[177]被 15 发德国大口径炮

① 怀廷认为没有用到舰载武器上的重量配额都是浪费，他当时一定很不满。

1905 年下水的"勇士"级"科克伦"号。(帝国战争博物馆，编号 Q21094)

① R. A. 伯特撰《"米诺陶"级巡洋舰》(*Minotaur*)，刊载于 1987 年 4 月在伦敦出版的《战舰》第 42 期。

弹和 6 发中口径炮弹击中，这些炮弹大都打到了上甲板高度，其中一发大口径炮弹从水线附近的 6 英寸装甲带穿进去，飞进了左舷的发动机舱，但没有起爆，又从右舷的船底穿了出去。

1905 年开工的"米诺陶"级 [①]178

　　1903 年 8 月 5 日，海军部审计长 W. H. 梅致函总设计师瓦茨，要他考虑一下 1904 年的造舰计划。这时候直接负责领导设计工作的仍然是怀廷，瓦茨指令他带领设计团队考察各种混合搭载 9.2 英寸、7.5 英寸和 6 英寸炮的设计方案。时任海军军械处处长麦克劳德（McLeod）反对把副炮布置得过密，不希望再搭载 6 英寸炮作为副炮了，也不受火炮最大口径只有 7.5 英寸的方案。在设计师们提出的备选方案中，麦克劳德最喜欢搭载 2 门 9.2 英寸主炮和多门 7.5 英寸副炮的方案，不过他个人最希望看到的是搭载 2 座 10 英寸双联装主炮塔的设计。设计师们都明白海军部委员会现在只想要性能指标最高的装甲巡洋舰，不管造价会攀升到多高。甚至有一个备选方案考虑过搭载 12 英寸炮。

1910 年下水的"米诺陶"号装甲巡洋舰，火力比前一级"勇士"级更强了，但是炮塔的布置也显得更加拥挤。（作者收藏）

火炮型号	炮口初速（英尺/秒）	装甲[179]穿深
美国 10 英寸炮	2800	
"斯威夫彻"号的阿姆斯特朗 10 英寸炮	2920	3000 码击穿 11.3 英寸
英国海军的 9.2 英寸 50 倍径炮	3030	3000 码击穿 10.1 英寸

最终的设计没有 麦克劳德希望的 10 英寸炮，因为 10 英寸炮带来的威力提升有限，而 9.2 英寸口径的巡洋舰主炮在海军中一直很受欢迎，没有必要更换成另外一种口径。最终确定副炮是 10 门 7.5 英寸炮，安装在单装炮塔内。防御鱼雷艇的武器是 12 磅 3 英寸小炮。装甲的布局跟前一级巡洋舰非常类似，但现在的副炮全部安装在露天甲板上，故露天甲板和上甲板之间就不再需要装甲带了；炮塔座圈装甲厚达 7 英寸。

锅炉全部都是水管锅炉。[180]海军部审计长建议"香农"号船体宽度增加 1 英尺，吃水减少 1 英尺，结果该舰几乎比它的姊妹舰慢 0.5 节。[①]在"爱丁堡公爵"号的设计研究过程中，审计长梅曾经要求设计团队跟弗劳德试验水池联合开展模型测试，来比较传统的水线面和船头呈内凹型的水线面（hollow waterline）[181]，哪一个的阻力更小，可能"香农"号的船体设计吸收了这组试验的经验。弗劳德对审计长的这个要求颇不认同，因为从船舶设计的角度来看，水线面的更改永远不仅仅是水线面的更改，一定会牵一发动全身地影响船体多个方面的设计，因此水线面不同的两艘船舶，它们的航行性能往往无法直接比较。传统的无外飘竖直艏可能阻力确实大一些，但是能够减少一点埋首，有利于在高海况时维持航速。

前无畏舰时代的二等、三等巡洋舰

英国遍布全球的殖民利益要求大量的二等巡洋舰来保护，所以这些二等巡洋舰首先要造价低廉，但同时火力和机动性能又不能太差，必须能够在短时间内用凶猛的火力压制住敌国的武装商船和小型巡洋舰。这种数量和质量的平衡一直都显得很矛盾，很难找到一个真正令人满意的解决方案，因此怀特设计的中小型巡洋舰在当时常常受批评。1887 年造舰计划中的"马拉松"（Marathon）级[182]二等巡洋舰可以看作怀特式轻型巡洋舰的一个发端。该级舰排水量 2800 吨，搭载 6 门 6 英寸后装线膛炮（进入 19 世纪 90 年代换成 6 英寸速射炮），设计航速为自然通风状态下 18 节，5 艘姊妹舰建成后都达到了这一航速。设计者希望它们在强制通风时航速可以达到 20 节，这个指标定得太高，无一达到。日常服役时能够维持的连续航行速度是 15.75 节。船底污损在 19 世纪后期仍然是一个让人头疼的问题，所以 5 艘中的 3 艘都在船底包裹了铜皮，好把它们派往热带服役，[②]这造成航速降低 0.25 节，排水量也增加了 150 吨。怀特似乎对这一级的设计还挺满意的，他后来说，在 1889 年大演习中，"马拉松"级"哀曲女神"号（Melpomene）能够在恶劣天候下方便地操作其 6 英寸主炮，在这种海况下，它应该能够击败一艘低干舷的炮塔式主力舰。

"马拉松"级服役后，人们很快就发现该级舰尺寸太小了，于是 1889 年的《海防法案》扩军计划中，就包括了 21 艘"阿波罗"级二等巡洋舰[183]。作为"马

① 哈什拉尔实验水池报告的索引中称编号为 PR 的模型为"正常"型，并提到编号为 PQ2 的模型是替代型。本书成书的时候这份报告的全文尚无法获取。

② 不知道什么原因，所有船底包铜的战舰，蒸汽机都是卧式的，而其他船底不包铜的战舰的蒸汽机都是竖立式的。

拉松"级的改良版，"阿波罗"级的排水量大了不少，达到3400吨，当然这是在船底没有包铜的情况下，该级的部分姊妹舰船底包裹了铜皮，结果排水量增加到3600吨，航速损失0.25节，造价多出来1万英镑。船底包铜需要每1.5—2年就进入干船坞清洁维护一次。这21艘"阿波罗"级比"马拉松"级快出来大约0.5节，因为"阿波罗"级的身形更加修长，而且安装了三胀式蒸汽机，燃煤消耗上更加经济。在"马拉松"级的档案文件中，可以找到当年怀特写给巡洋舰设计小组负责人邓恩的一份指令，可见怀特作为总工程师也直接参与到"阿波罗"级的设计工作中来了。

　　我觉得眼下这级新巡洋舰的船体形态，最好直接拿从英国往返澳大利亚的那些远洋客轮的船型作为母型，然后把它加长到265—285英尺，使排水量增加到大约3000吨，或者也可以把"马拉松"级[184]拉长到排水量达3000吨的级别，也许这个船型达到20节的航速会比上述远洋客轮更经济一些。咱们还得核算一下，41英尺的最大船宽是否足够了。造价应当控制在14.5万—15万英镑。

"日食"级二等巡洋舰的存档文件中可以发现一份记录，说明那时候初步估算战舰达到设计航速所需发动机功率时，参考的阻力数据来自弗劳德的模型水池试验结果。蒸汽机的标定马力和实际输出到螺旋桨轴上的轴马力之间的"推进系数"（ihp/shp），一般假定跟已经服役的前一级巡洋舰一样，一般来说在47%左右，这样便能够推算出新型战舰的发动机组需要达到的标定功率[185]。"日

1888年下水的"马拉松"号，属"马拉松"级二等巡洋舰。（作者收藏）

食"级巡洋舰的存档文件中还有一份说明，认为第七章介绍的"埃德加"级的动力试航结果似乎不大可靠，今天已经无从了解当时何以会下这样一个结论了。

"阿波罗"级的舰载武器是2门6英寸速射炮和6门4.7英寸速射炮，很快，人们就觉得火力实在不够强。于是，《海防法案》扩军计划中包括的最后8艘二等巡洋舰，将排水量增大了整整1000吨；船体拉长了20英尺；大大增加了干舷，以提高高海况适航性；增加了一对4.7英寸副炮，火力稍有提升。这就是"正义女神"级[186]。

接下来的9艘"日食"级[187]排水量又增加了1000吨，舰载武器刚开始是5门6英寸炮和6门4.7英寸炮，后来换成了11门6英寸炮。从"马拉松"级到"日食"级，这四级二等防护巡洋舰的船体内都有穹甲防御体系，穹甲主甲板中间平坦部位装甲厚1英寸，两舷斜坡装甲厚2—3英寸。1895—1896年造舰计划中的4艘"傲慢"级[188]，定位是所谓的"远洋撞击舰"，也就是在敌舰被我军炮火打瘫痪之后，再派出这样的巡洋舰前去送敌舰最后一程。该级舰的船头撞角能够得到船头水下甲板的强力支撑，为了增强船体的结构强度，船型也相对粗短，所以航速比之前的二等巡洋舰有所降低。由于需要在近距离内作战，装甲指挥塔带有9英寸厚的装甲围壁。"傲慢"级的排水量跟"日食"级差不多，但是船体短了30英尺，宽了4英尺，航速就低一些。"傲慢"级主尾舵的舵叶面积很大，是平衡舵，主平衡舵前方还有一面小的辅助平衡舵，同时船尾带有明显的斜削[189]，这就使得该级转向性能非常好，回转圆直径只有380码①，而跟该级船体一样长的"正义女神"级回转圆直径有650码。"傲慢"级每艘造价30万英镑。再后来的5艘"高飞"（Highflyer）级[190]几乎就是"日食"级的翻版，只是设计时便决定搭载全6英寸速射炮。除了二等巡洋舰，前无畏

---

① 参见阿特伍德著《战舰设计学》。

1896年下水的"傲慢"级"暴怒"号（Furious），它和另外3艘姊妹舰被划入二等巡洋舰，但最开始的战术定位是"远洋撞击舰"。（帝国战争博物馆，编号Q42735）

舰时代还有大约 30 艘三等巡洋舰，它们排水量只有 2000 吨左右，从技术上看基本没有什么突出的地方，所以就不再赘述了。

值得注意的是，时人一般觉得"二等主力舰"都很不成功，跟它们那相对赢弱的战斗力比起来，它们的造价显得太昂贵了，而且它们的活跃服役时间都很短。19 世纪 60 年代末、70 年代初的"大胆"级也许算是一个成功例子，不过就像前面章节已经讲过的那样，这一级战舰与其说是二等主力舰，不如说是重装甲巡洋舰。而另一方面，时人觉得二等巡洋舰是必不可少的，建造了非常多，形成了庞大的巡洋舰舰队。战舰数量和质量之间的平衡总是很难寻找到的，巡洋作战的需要往往更加强调数量而不是质量。而跟巡洋舰不同的是，主力舰必须能够击败敌军的任何战舰，所以对其单舰战斗力，也就是"质量"，有着更高的要求。

侦察巡洋舰

这型轻巡洋舰似乎是从菲茨杰拉德（Fitzgerald）中将[①]1901 年的一个提案中衍生出来的。他建议发展一型船体小、航速高而且续航力和远洋适航性都不错的巡洋舰，用来监视敌军港口[191]。他宣读完他的这篇论文后，讨论环节中，设计师和其他海军将领大多批驳了他的这个提案，因为这样的巡洋舰个头太小了，[192]运营经费反而显得很高，船上所需的操作人员的数量尤其显得过多。不过 1903 年，海军部还是向设计部门发出了指令要求设计出这种侦察巡洋舰来，尽管具体的设计指标要求都跟菲茨杰拉德中将的提案非常贴近，但是海军部给这型巡洋舰的战术定位是伴随驱逐舰作战[193]。这样，载煤量缩减了不少，但这些战舰作为远洋侦察舰的功能实际上也大打折扣了。

一共挑选了 4 所民间船厂来建造 8 艘侦察巡洋舰，每个厂家建造一对，各个厂家都可以按照自己提出的设计来建造，只要战术性能符合合同中的指标要求即可。这 4 家船厂建造出的 4 对侦察巡洋舰的主尺寸和船型如下：

> 阿姆斯特朗：船长 395 英尺，圈 M[②]=8.77[194]，无舷侧装甲带，带有穹甲防御体系，有艏楼。
>
> 费尔菲尔德：船长 379 英尺，圈 M=8.17，舯部锅炉和发动机舱两舷带有 2 英寸厚装甲带，船头船尾带有水下防御甲板，艏艉楼船型。
>
> 莱尔德：船长 379 英尺，圈 M=8.13，蒸汽机舱两舷带有 2 英寸装甲带，其他部位采用穹甲防御，有艏楼。
>
> 维克斯：船长 381 英尺，圈 M=8.19，带穹甲防御体系，龟背式艏楼，无艉楼。

① C.C.P.菲茨杰拉德撰《一种小型快速巡逻舰的设计方案》（A Design for a Fast Scout），发表于 1901 年在伦敦出版的《造船工程学会会刊》。
② 圈 M 是船体长度除以"水下船体体积的立方根"。

"贴心"号

"袭击者"号

由 4 家民间船厂按照
海军部规定的大体性
能指标各自设计出来
的 4 艘"侦察巡洋舰"。
1904 年下水的号"贴
心"号（Attentive），出
自阿姆斯特朗；1905
年下水的"袭击者"
号（Skirmisher），出
自维克斯；1904 年
下水的"探路者"号
（Pathfinder），出自莱尔
德；1904 年下水的"前
进"号（Foreward），出
自费尔菲尔德。（作者
收藏）

"前进"号

"探路者"号

　　高航速战舰的航行阻力受到圈 M 这个参数的影响最大。圈 M 值最大的阿姆斯特朗厂侦察巡洋舰在试航时航速大大超越 3 个对手，也就毫不意外了，尽管 4 个厂的战舰都达到了 25 节的设计航速。

　　这些战舰最初只搭载了 10 门 12 磅 3 英寸速射小炮，后来很快就增加到 12 门。这种水平的舰载火力显得非常羸弱，于是在 1911—1912 年的现代化改装中，置换成 9 门 4 英寸炮。在这 8 艘船刚下订单的时候，菲茨杰拉德又宣读了一篇论文[①]，宣读后的讨论阶段中，与会者大多觉得 10 门 12 磅炮已经算能让人接受的火力水平了。虽然"侦察巡洋舰"个头太小、火力太弱，算不得成功，但是阿姆斯特朗在菲利普·瓦茨的影响下设计出来的这种船型在军中受到好评，后来海军部很多自己的设计[195]都以这种船型为基础。就像很多其他"改进"设计一样，海军部改良阿姆斯特朗侦察巡洋舰的船型时，也会更严格地控制船体长度，而对排水量的限制相对宽松，[196] 导致排水量增加得比船体长度更快，使得圈 M 值下降。

动力机械的发展
锅炉选型之争[②]

　　贝勒维尔式水管锅炉最开始进行性能测试的时候表现特别出色，因而被海军部选中，前无畏舰时代英国大小各型作战舰艇几乎无一不是安装的贝勒维尔锅炉，然而等到这些战舰陆续服役之后，该型锅炉竟完全无法复现测试时的水准，当然，这其中的主要因素是服役后使用的蒸汽压高于测试用的蒸汽压，锅炉本身的设计并没有什么改变。1900 年，"高飞"级二等巡洋舰的一艘姊妹舰"赫尔墨斯"号（Hermes）仅仅在海上服役了一年就得返回本土维修；1903 年，"王冠"级一等防护巡洋舰的一艘姊妹舰"斯巴达"号（Spartiate）[197]，在试航的时候动力机组故障宕机，事故的主要原因是冷凝器出了毛病，再就是一些轴承的问题。而"王冠"级一等防护巡洋舰的另一艘姊妹舰"欧罗巴"号（Europa），从本土航行到悉尼港，花了 88 天时间，其中只有 58 天在航行，剩下 30 天都在加煤，因为冷凝器漏水，导致耗煤速率高出贝勒维尔式锅炉测试时的指标，每小时产生每标定马力需要燃烧 5 磅煤。

　　从 1900 年开始，人们就不断质疑贝勒维尔锅炉的性能：在议会中，威廉·艾伦（William Allen）爵士领衔的一批政客对这型锅炉批判一番；在社会上，《工程师》杂志也对该型锅炉口诛笔伐。于是，海军部任命了一个水管锅炉调查委员会，海军中将康普顿·多姆维尔（Compton Domville）爵士[198]任主席。这个调查委员会主要是由海军之外的第三方技术专家组成的，委员会中另外一名代表海军部的委员是机械装备总检视长（Chief Inspector of Machinery）J. A.史密斯，其余的技术专家要么来自民间的商业造船领域，要么在劳埃德船级社

① C.C.P. 菲茨杰拉德撰《再探巡逻舰的设计》（The New Scouts），发表于 1906 年在伦敦出版的《造船工程学会会刊》。
② D.K. 布朗撰《英国皇家海军船用机械工程学》，刊载于 1993—1994 年陆续出版的《海军工程学杂志》。

供职。该委员会于 1901 年提交的中期报告[①]指出，水管锅炉跟火管锅炉比起来，在设计上具有优势，比如能够更快地产生蒸汽，体积更小，在实战中被弹的概率更低，如果战损或者磨损了无法使用，替换很方便，因为水管锅炉可拆解。

另一方面，贝勒维尔式设计也存在一些明显的缺陷。委员会主要是觉得贝勒维尔式锅炉的自动给水控制系统[199]不大可靠，给水系统的压力太高，而且水管线路太长了，锅炉水和水蒸气需要行进长达 50 英尺才能最终到达蒸汽输出口，此外还有一些别的细节问题。委员会最后认为，从这往后的新战舰就不要再安装贝勒维尔式锅炉了，除开那些已经下了建造订单的，今后建造的主力舰应当采用巴布科克式或者亚罗式大管锅炉。[200][②]委员会还觉得未来的新战舰有必要混合搭载水管锅炉和旧式的圆筒式火管锅炉，后来有些战舰这么做了，效果不好，可见委员会提了一个错误的建议。史密斯对委员会报告的大部分结论都表示赞同，不过他说："贝勒维尔锅炉产生蒸汽的效率本来是不错的，只要能够得到合适的保养维护，便能够发挥出它应该有的效率来，但这需要机械师具备高业务素质并且细心。"

1904 年[③]，水管锅炉委员会提交了他们的正式报告，重申了中期报告的观点，并描述和总结了调研期间海军展开的一些动力机械实验，尝试使用其他类型的水管锅炉来代替贝勒维尔式。到这个时候，多姆维尔上将已经到地中海舰队担任舰队司令了，他的旗舰是"伦敦"级"壁垒"号前无畏舰，该舰也装备了贝勒维尔式锅炉。多姆维尔根据他的实际经验写道："我觉得地中海舰队各舰的贝勒维尔式锅炉性能非常好，我现在已经看得比较清楚了，过去说这种锅炉性能不好，主要是因为过去的质量不过关，而且机械师们还没掌握使用这种锅炉的窍门。"水管锅炉委员会还建议中小型作战舰艇全都换装亚罗式小管锅炉，但坚持要求水管必须是直行的，这在后来的第一次世界大战中造成了很多问题[201]。

英国皇家海军装备的贝勒维尔锅炉确实还存在一些问题，不过都是小问题。最主要的问题是自动给水控制系统的管接头密封材料没有使用贝勒维尔专利中指定的材料，而用一种廉价但效果更差的材料替代了，当然，船员们也没有机会接受充分的培训，来学会使用这种实际上相当复杂的机械装置，皇家海军当时甚至连一本贝勒维尔锅炉的使用手册都没有。皇家海军只能在实践中逐渐积累经验，然后贝勒维尔锅炉就变得又可靠又经济了。比如，"可怕"号 1902 年第一回部署到远东舰队驻地[202]时，全程平均航速 11.2 节，每天要烧掉 200 吨煤，可是到了 1904 年的时候，该舰再走这趟旅程的时候，平均航速达到了 12.6 节，而且每天耗煤量只有 100 吨。直到 1939 年，英国的皇家游艇"维多利亚和阿尔伯特"号（Victoria and Albert）仍然在使用贝勒维尔锅炉，几乎没出现问题。

① 《英国皇家海军的水管锅炉》（Water Tube Boiler in the Royal Navy），刊载于 1901 年 3 月 15 日在伦敦出版的《工程学》。
② 大管锅炉的额外重量和空间是非常可观的。
③ 《船用锅炉委员会报告》（Report on the Committee on Naval Boilers），刊载于 1904 年 8 月 5 日在伦敦出版的《工程学》杂志上。

表 9.8 各种型号锅炉的测试结果

试验舰	锅炉类型	锅炉重量（含锅炉舱内设备重量）（吨）	蒸汽压（磅/平方英寸）	
			标定功率（马力）/锅炉重量（吨）	
"日食"级二等防护巡洋舰"智慧女神"号（Minerva）	圆筒式火管锅炉	558	280	
"高飞"级二等防护巡洋舰"风信子"号（Haycinth）	贝勒维尔式大管水管锅炉	454	394	
"马拉松"级二等防护巡洋舰"美狄亚"号	亚罗式直管水管锅炉	330	478	
"马拉松"级二等防护巡洋舰"美杜莎"号（Medusa）	德尔（Dürr）式套管水管锅炉[203]	314	503	
"高飞"级二等巡洋舰"赫尔墨斯"号	巴布科克式直管锅炉	481	380	
"狙击手"级鱼雷炮艇"麻鸭"号	巴布科克式直管锅炉	125	351	
1900—1903年间建造的"卡德默斯"（Cadmus）级10炮小炮艇"诙谐"号（Espiegle）	巴布科克式直管锅炉	95	261	
"狙击手"级鱼雷炮艇"海鸥"号	尼克劳斯式套管水管锅炉	135	359	
"卡德默斯"级10炮小炮艇"幻影"号（Fantome）	尼克劳斯式套管水管锅炉	77	297	

　　"赫尔墨斯"号上的巴布科克式水管锅炉性能要比亚罗式和贝勒维尔式强一些，但三者都大大优于德尔式、尼克劳斯式套管锅炉以及圆筒式火管锅炉。亚罗式锅炉清洁起水管来非常方便，这是这种锅炉后来大行其道的主要原因。表中所有的水管锅炉在添煤的时候，都必须比操作旧式的圆筒式火管锅炉更加注意才行，但亚罗式锅炉在易于维护保养这方面，是时人眼中最出色的。早期水管锅炉的压力过高，达到每平方英寸300磅，后来便减小到每平方英寸210磅，不过又很快回升到每平方英寸250磅，再后来，许多年里锅炉工作蒸汽压都是这个数，可能该提一提了。

蒸汽机与冷凝器[204]

> 发动机舱里的人生：
>
> 机油滑油闷鼻息，
>
> 阀门螺杆锈锉急，
>
> 何处得寻须臾憩。[205]
>
> ——机械工程少将 G. C. 博迪（Boddie）

从三胀式蒸汽机列装海军，作为战舰的主机[206]，到它被蒸汽轮机取代，中间有整整 20 年的时间。在这期间，三胀式蒸汽机的重量和尺寸都大大缩减了，整个设计更加紧凑。工作蒸汽压从最开始的每平方英寸 135 磅，提高到每平方英寸 250 磅；活塞的往复运动速度从刚开始的每分钟 700 英尺，增加到每分钟 1000 英尺，驱逐舰的活塞运动速度增加到每分钟 1300 英尺；曲杆的转速也从每分钟 100 转提高到 140 转，驱逐舰的曲杆转速更是达到每分钟 400 转。当时英国海军马力最强大的三胀式蒸汽机是 1899 年开工的"德雷克"级上面搭载的一对 4 缸蒸汽机，标定功率达到 3 万马力。

三胀式蒸汽机各个可动部件的配重平衡也做得越来越好，相应降低了发动机组的震动，1899 年率先在驱逐舰"妖女"号（Syren）上试用了强制润滑（Forced lubrication）系统[207]，后来这个系统从大约 1903 年开始就应用到了主力舰上。大功率往复式发动机工作的时候非常吓人：噪音轰鸣；震动剧烈（尽管调整了配重并强制润滑）；蒸汽从各个管接头处泄漏；水管直接扔在发动机舱的地板上，任其中喷出的水柱带着水管四下随意甩动，因为需要喷水来给周围那些被机械摩擦到烫手的轴承降温[208]；等等。难怪费希尔把蒸汽主机舱内的情形比作一片沼泽地[209]！

由于三胀式蒸汽机经常接近满功率运作，因此一直不是特别可靠。[210]① 1906 年 11 月，英国海军第二巡洋舰分队② 从纽约向直布罗陀疾驰。尽管"德雷克"号烧的是在美国添加的品质较低劣的燃煤，分队里其他巡洋舰烧的是上好的威尔士无烟煤，但该舰仍然跑出了分队里最快的速度。在这段航程中，"德雷克"

一艘鱼雷艇，可能是"霍普敦"（Hopetown）级"女伯爵"号（Countess），正在接受发动机组震动测试。（作者收藏）

① 例子见第二次世界大战期间的护卫舰（Frigate）和轻型护卫舰（Corvette）。
② 当时分队中各艘巡洋舰使用的锅炉："德雷克""埃塞克斯"（Essex）、"贝德福德"（Bedford）以及"坎伯兰"号用的是贝勒维尔式锅炉，"皋华丽"号、"尼克苏斯"号和"贝里克"号用的是巴布科克式锅炉。

① 可能是因为该舰没有使出全部推进功率，所以其机组的可靠性看起来才比较高。

号曾经有 30 个小时只发挥出全功率的五分之四，① 但是在总共 7 天 7 小时 10 分钟的航行中，该舰平均航速竟然高达 22.5 节。"贝里克"号落后"德雷克"号仅仅 1 海里，落在"贝里克"号身后半海里的是该舰的姊妹舰、同属于"蒙茅斯"级的"坎伯兰"号，其他巡洋舰都落后了很远。由于发动机的震动太强烈了，震掉了不少铆钉，所有巡洋舰到港之后，都需要对发动机和船体进行大修。1907 年举行的另一场测试航行中，"德雷克"级装甲巡洋舰"阿尔弗雷德国王"号（King Aflred）在 1 小时内跑出了 25.1 节的平均航速，在 8 小时内维持住了 24.8 节的平均航速。据说"德雷克"级的耗煤量可以在 19 节航速时维持在每小时 11 吨。

为了提高三胀式蒸汽机的经济性能，曾经尝试过在航速较低的时候就切断部分汽缸的蒸汽供应，还在"布莱克"级一等防护巡洋舰"布伦海姆"号上试验过每个推进轴上都安装两台蒸汽机，其中一台专门用来巡航，两台同时运转时提供高速航行所需动力。不过这些计划全都没让三胀式蒸汽机的经济性能提升多少。用"王冠"级一等防护巡洋舰"舡鱼"号（Argonaut，或译为"亚古尔水手"号）进行了一次严格的比较测试，测试了蒸汽机消耗淡水的速度，发现如果保留蒸汽机汽缸外面从瓦特时代就一直存在的蒸汽护套，那么护套自身造成的水分损失比护套所能减少的汽缸水分损失还要大，[211] 终结了很长时间以来的一场争论。如果把主机的辅机中排放出来的废蒸汽用来预热锅炉的给水，发现可以提高一点整套动力机组的经济性能。

早些时候的冷凝器漏水和蒸汽泄漏都非常严重，在海军部的力促下，制造商才逐渐解决这个问题，尽管制造商通常很不愿意付出这些努力。[212] 从大约 1870 年开始，冷凝器的外壳改用黄铜或者炮铜（gunmetal）制作，不再使用铸铁。[213] 大约到 1890 年的时候，由于工作蒸汽压的提高，漏水漏气问题再次成了冷凝器需要克服的难点，漏水漏气可能发生在冷凝管道里，也可能发生在管接头（Gland）处。管接头处的泄漏后来基本克服了，主要是优化设计，把接头旋得更紧一些。可是管子本身的漏水一直没能解决，从 1890 年开始，严格控制这些铜制冷却管的材料化学配方，才减少了管道本身的泄漏，并且管道接好后，在管道内放入高压蒸汽，再用外力猛击管道，看它会不会漏气，通过了这种检验的冷凝器才算合格。从 1901 年开始，所有冷凝管都采用无缝钢管，也就是使用镗床从整根实心钢柱中镗出来。[214] 1904 年，测试冷凝器承压能力时的压力指标从每平方英寸 300 磅提升到每平方英寸 700 磅，后来进一步提升到每平方英寸 1000 磅。管路表面所有缺陷都必须处理掉，制管铜材料的化学纯度标准也提高了。下表展示了上述改进给发动机组的重量、尺寸和造价带来的优惠。

战舰	标定马力 / 动力机组重量	每小时产生每标定马力耗煤量（磅）	动力机组占据底舱面积（平方英尺）/ 标定马力	动力机组造价 / 标定马力
"君权" 号前无畏舰		8.34	2.0	0.54
"庄严" 级 "乔治亲王" 号前无畏舰		7.9	1.82	0.56
"强大" 级 "可怕" 号一等防护巡洋舰	10.76	2.0	0.42	7.6
"王冠" 号一等防护巡洋舰	10.93	1.76	0.39	9.5
"老人星" 号前无畏舰	11.17	1.72	0.42	
"德雷克" 号装甲巡洋舰	12.24	1.81	0.35	10.1
"邓肯" 级 "阿尔比马尔" 号前无畏舰	11.37	1.96		
"黄玉" 级 "紫水晶" 号三等防护巡洋舰	18.51	1.45	0.31	10.4
				蒸汽轮机
"爱丁堡公爵" 级 "黑王子" 号装甲巡洋舰	10.87	2.11	0.39	12.8
"米诺陶" 级 "香农" 号装甲巡洋舰	12.37	1.82	0.39	11.9

威廉·怀特爵士

威廉·怀特担任总设计师期间，海军部委员会换了 6 届班子，第一海务大臣换了 5 个人，海军部审计长换了 6 个人，总机械师换了 3 个人，海军军械处处长换了 6 个人，海军船厂总监换了 3 个人。不幸的是，在他供职海军部的最后那年，皇家游艇 "维多利亚和阿尔伯特" 号的设计出了毛病，让他的身心都受到沉重打击。

怀特领导英国皇家海军的战舰设计工作长达 16 年，在这 16 年间，他总共负责设计了 43 艘主力舰、26 艘装甲巡洋舰、21 艘一等防护巡洋舰、48 艘二等防护巡洋舰、33 艘三等防护巡洋舰以及 74 艘更小型的作战舰艇，这些战舰的造价合计达到 80001909 英镑。怀特任职时期，创立了英国皇家海军造船部（Royal Corps of Naval Constructors），他担任总设计师后，对海军船厂的组织结构进行了大调整，大大提高了海军船厂造船的效率。他还主持了几项理论研究工作，教学方面也颇有成绩。在作者心中，怀特是最杰出的战舰设计师，而且具有高超的管理才能。

译者注

1. 原文标题这里是一个双关语："威风堂堂"（Majestic）这个词既形容这些前无畏舰的外形，也指代 1895 年开始陆续下水的"庄严"级前无畏舰。狭义地说，第八章的"君权"级主力舰和"百夫长"级二等主力舰不算前无畏舰，不过也有很多地方从"君权"级开始算作前无畏舰，因为该级正好卡在 1890 年这个档上，正好可以把 19 世纪 90 年代的所有主力舰都叫作"前无畏舰"。

2. 注意从第八章"君权"级上继承下来的并列双烟囱，这跟后来那些习惯采用串列烟囱的战舰比起来显得非常独特，"庄严"级前无畏舰也延续了这个特色。

3. 应该是 1897 年 6 月 26 日在斯皮特黑德举行的庆祝维多利亚女王"钻玺"（Diamond jubilee）暨女王 60 大寿时举办的盛大阅舰式。这张照片很可能就拍摄于这天。

4. 此公在国内军舰爱好者圈中号称"皇家海军的掘墓人"，他的设计理念跟纳撒尼尔·巴纳比非常类似，就是要火力而不要防御，结果此公设计的 R 级战列舰和一系列战列巡洋舰的装甲防御极为薄弱，跟硕大的身躯不成比例，"胡德"号正出自此公之手。正文里这句话是此公在该舰沉没后给自己找的理由。

5. 这种 VIII 型 12 英寸炮是英国当时的一个重大技术进步，它的内膛管不再像 19 世纪 60—80 年代的主炮一样，采用一整根钢管制成，而是通过卷线工艺，用烧红的钢条缠绕而成。这是英国海军的第一型卷线主炮，它的内膛承压能力更强，能够更好地抵御新式线状无烟火药燃烧时产生的巨大压力。这种炮于 1895 年开始陆续在"庄严"级上列装，但就像第六章介绍的"海军上将"级的新式后装主炮一样，所有技术先进的主炮都不能及时、足量地满足舰队规模扩张的要求。

6. 这似乎跟 1905 年后、无畏舰时代的全大口径主炮设计理念背道而驰。为什么会这样设计？完全是因为当时技术条件的限制：几十吨重的主炮没法连续回旋和俯仰从而时刻瞄准运动中的敌舰。主炮又大又笨重，开炮速度太慢，命中率太低，不可能指望它们在交战中快速而"稳准狠"地摧毁敌人，于是费希尔推崇最轻型的主炮——能够发射大口径穿甲弹的"准"速射主炮，同时搭配最大号的（也就是 6 英寸）速射副炮，来快速搞毁敌舰上没有装甲的部位，令敌舰丧失战斗力。可见这种理念是跟当时的技术条件完全匹配的，虽然在无畏舰时代来看，显得倒退。

7. 只是装甲防盾的厚度不足，还不能抵御主炮的轰击。

8. "君权"号和"百夫长"号的只有 4 门 6 英寸副炮在装甲炮廓里。"声望"号的武器布局：首尾露天甲板上的两座炮塔里面是双联装 10 英寸主炮；舷侧在上甲板高度处安装了 6 门带有装甲炮廓的 6 英寸速射副炮，又在露天甲板高度安装了 4 门同样有装甲炮廓的同型副炮；在露天甲板 6 英寸副炮之间，两舷是 8 门只有轻装甲防盾的 3 英寸 12 磅速射小炮。

9. "声望"号的舷侧装甲带比水线装甲带要短，只有 180 英尺长，宽 6.75 英尺，从前主炮炮座的侧后方延伸到后主炮炮座的侧前方。"声望"号在正常装载条件下，宽度 7.5 英尺（约 2.3 米）的水线装甲带，大约有 1.5 米会在水线以下。

10. 这条舷侧装甲带位于主甲板和上甲板之间。

11. 穹甲和船壳上的装甲带之间是厚厚的堆煤，就像第七章和第八章介绍的巡洋舰一样，这样炮弹就必须击穿装甲带—堆煤—45°倾斜装甲，全部贯穿的难度就很大了。

12. 二战初期英国海军围堵"俾斯麦"号，是世界海战史上一次大名鼎鼎的对决。由于德国在一战中战败，魏玛共和国时期的德国没有建造主力舰的权利，所以主力舰设计跟不上节奏，到 20 世纪 30 年代设计"俾斯麦"号时，仍然效仿一战时的"马肯森"（Mackensen）级战列巡洋舰，所以保留了这种从前无畏舰到一战时期无畏舰上的"穹甲"设计。同样，"胡德"号作为 1916 年日德兰海战之前就基本确定下来的设计，也带有浓重的"前无畏"风格，也包括了这种穹甲。但日德兰海战让各国设计师反思了旧时代设计的不足：无畏舰的主炮可以在万米之外开炮，新研发出来的飞机可以从战舰头顶轰炸甚至俯冲轰炸，这些炮弹和炸弹都不会击中战舰的水线和舷侧装甲带，而是直接击中装甲甲板，这时候穹甲就没用了，应该在主甲板、上甲板和露天甲板上设置多道水平装甲防御，来预防炸弹和炮弹连续击穿多层甲板，不让它们最终落进水下的动力舱和弹药库里面。"胡德"号正是因为这种水平甲板防御的不足，被"俾斯麦"号精准的远距离炮击直接击穿了副炮弹药库，瞬间殉爆沉没，而"俾斯麦"号在被英国舰载鱼雷攻击机打坏舵机之后，最终被英国主力舰围殴至沉没。值得一提的是，"俾斯麦"号今天躺在海底，仍然是上层建筑朝上，也就是说该舰直到沉没的那一刻，船体都没有倾覆，这就体现出了"穹甲"的作用——英国战舰最后在只有数百米的距离上轰击"俾斯麦"号，该舰 30 厘米厚的水线装甲带必然会被击穿，但是水下没有出现不对称舷进水，说明穹甲把击穿水线装甲带的所有主炮炮弹都成功拦截了下来。

13. "声望"号其他部位的防御：主炮炮座的圆形装甲围壁厚 10 英寸，从炮座两侧延伸出来朝侧后方行走的"八"字形装甲隔壁连接到舷侧装甲带上，前后四道这样的装甲隔壁厚 6 英寸；主炮"炮塔"，即主炮的装甲防盾，在前脸厚 6 英寸，在两侧厚 3 英寸，顶盖厚 1 英寸，刚建成时后脸是敞开的，因为重量不好配平，后来这里也安装了装甲板——可见这时的"主炮塔"装甲厚度还是太薄了；上甲板上的 6 座副炮的装甲炮廓，前脸和两侧面都是 4 英寸厚，不过露天甲板上的 4 座装甲炮廓前脸和两侧都是 6 英寸厚，可以说比主炮装甲炮罩的防御还要全面一些。这些装甲均为美国哈维渗碳钢装甲。

14. 实际上"老人星"级也可以算作二等主力舰。

15. 见附录 7。

16. 服役后发现这套发动机组的马力超出了设计时的计划，该舰在试航时采用强制通风，航速一度达到了 18.75 节。该舰搭载燃煤 1900 多吨，10 节航速时续航力可达 6400 海里。排水量 13000 吨级，全长近 126 米，宽 22 米，满载吃水 8.3 米。

17. 风帆时代，除了大炮之外，船体、桅杆、桁材和帆布这些东西都只在船厂内制造，因为陆上日常生活中对这些东西没有庞大的市场需求。到了铁甲舰时代，大炮、装甲和发动机都是船厂之外的专业厂家供货，因为这些重要组件技术要求太高，船厂若"大包大揽"，则成本太高了，而且陆军和海岸要塞炮台对大炮和装甲也有一定的需求，民间商船对发动机也有很大的需求，这是专业的民间船厂、装甲制造商和火炮制造商得以生存的前提。到 19 世纪末，战舰上日益增多的辅助设备都是从陆上工厂以及日常生活中借用的，战舰制造水平便反映出一个国家各个工业门类是否全面发展，发展水平是否都很高。

18. 实际上一共建造了 9 艘姊妹舰，它们是"庄严""恺撒"（Caesar）、"汉尼拔""光辉"（Illustrious）、"朱庇特"（Jupiter，罗马神话中的主神，即希腊神话主神宙斯，而不是指木星）、"壮丽"（Magnificent）、"战神马尔斯"（Mars，不是指火星）、"乔治亲王"（Prince George）以及"胜利"[Victorious，采用形容词形式是为了和当时仍然"在役"的、1805 年带领英国击败法国的木体风帆战舰"胜利"号（Victory）区别开来]。从进入铁甲舰时代直到二战带搭载火炮的装甲主力舰开始退出历史舞台，"庄严"级是这段时间里姊妹舰数量最多的一级主力舰。

19. 装载状态下，水线以上 5.5 英尺（约 1.68 米），水线以下 9.5 尺（约 2.9 米）。

20. 据说前"八"字隔壁厚 14 英寸，后"八"字隔壁厚 12 英寸，这个厚度非常大，似乎是要跟主炮炮座的围壁看齐——主炮炮座围壁在穹甲主甲板以上的部分厚达 14 英寸，在主甲板以下的部分只有 7 英寸厚。穹甲只存在于舯部前后主炮炮座之间，艏艉仍然依靠水下装甲板。穹甲中间平坦部分的甲板带有 3 英寸厚的装甲，而两舷 45° 倾斜的甲板装甲则厚达 4 英寸，一直伸到装甲带的下边缘。艏艉的水下装甲甲板厚度只有 2.5 英寸。主炮外面的装甲炮罩或"炮塔"的前脸厚 10 英寸，两侧面厚 5.5 英寸，后脸厚 4 英寸，顶盖厚 2 英寸。副炮的装甲炮廓前脸厚 6 英寸，两侧面和后脸厚 2 英寸。前装甲指挥塔围壁厚 14 英寸，但其后脸减薄至 12 英寸。后装甲指挥塔（即备用指挥塔）围壁只有 3 英寸厚。

21. "庄严"级装载排水量接近 18000 吨级，长 128 米，宽 23 米，装载吃水 8.2 米。比"君权"级大出来 3000 多吨。

22. 即第八章介绍的"布伦努斯"号。

23. 从"老人星"级以后，烟囱改成前后串列式，这是外观识别的重要特征。

24. 跟第三到第五章的旧式闷罐炮塔不同。旧式闷罐炮塔在甲板下面没有跟着它一起转动的结构，而现代炮塔在甲板下面的圆筒式装甲围壁里面，还有跟着火炮一起旋转的结构，这是它们的关键区别。注意"庄严"级照片中炮塔的外形：顶盖呈斜坡形，算是一种增强防弹能力的倾斜装甲；炮座和炮塔都呈梨形，可见主炮依然只能像"君权"级一样，先要回旋到船头—船尾方向，然后在固定俯仰角装填。

25. 1885 年后受封为骑士和男爵，后担任贝尔法斯特市市长，并进入议会下院。当时重名的人不少，叫这个名字的社会有为人士也很多，从时间上可以判断是这位哈兰先生。

26. 保持船体比例不变，同时增大船宽、型深和船长，稳心高也会按比例快速升高。实际上，当时的远洋客轮就是初始稳定性不高，依靠高干舷来增强大角度横摇时的稳定性，然而战舰的船体在作战中会被敌舰打烂，故不可能依靠高高的无装甲干舷来增强稳定性，这个道理也是贯穿本书的一条线索。

27. 一共 6 艘姊妹舰，它们是"老人星""光荣"（Glory）、"阿尔比恩"（Albion）、"海洋"（Ocean）、"歌利亚"和"复仇"（Vengeance）。

28. 更有可能是在出现了防污底涂料后，为最大限度地降低排水量，减少吃水深度，才没包铜皮的。

29. 所以"老人星"级的防御性能不见得比"庄严"级差。

30. 这是英国的主力舰自"不屈"号（1876年开工）舍弃全长水线装甲带以来，第一次回归全长水线装甲带设计。该舰只有水线装甲带延伸到船头船尾，舷侧装甲带仍然只存在于前后主炮炮座之间。

31. 实际上，到了二战时期，飞机对付装甲主力舰的战术，就是先尝试让轰炸机用炸弹等价格便宜、量又足的低端武器破坏船头船尾，使主力舰航速降低，然后再组织数架鱼雷攻击机协同突防，从多个角度同时朝战舰发射鱼雷，由于战舰的航速已经降低，这些鱼雷被躲开的机会就小了很多。可见战舰首尾是否完整、能否保持连续高速机动，是关乎生死存亡的问题，只是在19世纪前无畏舰时代尚未被意识到。

32. 除了回归全长水线装甲带之外，"老人星"级对后世装甲主力舰设计最大的贡献就是上下两层装甲甲板了。该级舰的主甲板上方的"上甲板"也有了一点装甲防护，虽然是为了对抗臆想中的法国榴弹炮才安装的，但是保留到了后续的所有装甲战舰上，这个设计对于1916年以后防御万米开外的高角度下落弹和飞机投掷的炸弹都有重要意义。从19世纪60年代出现铁甲舰，直到"老人星"级，垂直和水平防御装甲终于融汇成一个装甲"盒子"：两侧为水线和舷侧装甲带，底部为穹甲，顶盖为装甲上甲板，把水线下的发动机组和弹药库完全盖住。这种装甲"盒子"将一直延续到20世纪上半叶的现代装甲战舰上。

33. 如果一发敌军高爆弹打高了，命中了舷侧装甲带以上的无装甲船壳，就会飞进船体里面，有了这层位置较高的装甲上甲板之后，高爆弹就无法击穿它，而会在这层甲板上爆炸，然后只有破片会飞进上甲板和穹甲甲板之间的堆煤层中，穹甲甲板也就不会被击穿了。

34. 也就是说敌军炮弹不需要直接击中副炮炮塔，只要击中向副炮炮塔旋转机械提供动力的蒸汽、液压或者输电线路，就有可能让炮塔无法旋转，让战舰战斗力大大降低。而炮廓重量较轻，仍然可以随着炮身依靠人力旋转，战斗力似乎更容易在敌军炮火的威胁下保存下来。

35. 介绍一下"老人星"级的其他装甲防护。上述装甲上甲板和穹甲甲板都仍然用哈维钢来制作，虽然垂直装甲已经采用了克虏伯钢；穹甲甲板中间水平部分厚2英寸。上述全长水线装甲带在船尾削减至1.5英寸厚。两舷的装甲带和前后主炮炮座之间同样有"八"字形装甲隔壁连接在一起，前隔壁厚10英寸，后隔壁厚6英寸。主炮炮座的围壁在穹甲以上厚12英寸，但前围壁后脸和后围壁前脸削减到10英寸厚，围壁在穹甲甲板以下的部分，厚度削减到6英寸。前后主炮的炮塔前脸和两侧厚8英寸，顶盖厚2英寸。主炮的这些防护装甲均为克虏伯装甲。12门副炮的炮廓仍然全部采用哈维钢来制作，前脸厚6英寸，两侧面厚2英寸。厚12英寸的前指挥塔和厚3英寸的后指挥塔围壁也仍然采用哈维装甲。

"老人星"级较为薄弱的装甲防御在建造过程中就引来了猛烈的抨击，怀特正是在为这级战舰辩护的时候，提出了前面第六、七、八章曾提到过的所谓"装甲在实战中的防御效果要优于试验靶场上的效果"这个说法。怀特的依据就是1895年中日甲午海战中的黄海海战，具体来说就是中国的"定远"号和"镇远"号铁甲舰在遭受日本巡洋舰大量速射炮轰击后，战斗力几乎没有受损，更没有沉没的危险。但显然，当时的日本没有主力舰，所以怀特的这种说法是否客观，仍有待考察。

36. "老人星"级长128.5米，最大宽22.6米，装载吃水7.9米，装载排水量14500吨级。一共安装了20台贝斯维尔式水管锅炉，它们可以比"庄严"级上的火管锅炉多输出1000多马力的标定功率，结果"老人星"级的试航航速比"庄严"级快出来接近2节。"老人星"级的螺旋桨的旋转方向跟之前的战舰不一样：英国从1876年的"不屈"号开始采用双轴推进以来，两具螺旋桨一直都是超舷外旋转的，右侧的朝右舷旋转，左侧的朝左舷旋转，在"老人星"级上，这个设计颠倒了过来，两具螺旋桨都朝舷内旋转。这样的旋转方式让螺旋桨能够以更高的转速工作，这是"老人星"级能够达到高航速的另一个原因。但在航速较低的时候，这种旋转方式产生的扰流会干扰船舵的效果，让战舰变得难以操纵，而且战舰倒进的时候也会遇到问题。尽管如此，后续的所有前无畏舰都保留了这一设计，直到1905年开始建造"无畏"号时，才回归朝舷外旋转的设计。"老人星"级控制了排水量和吃水深度，所以平时载煤量不是很多，只有不到1000吨，但在战时可以添加到2000吨。搭载2000吨燃煤的时候，该级舰10节续航力约为5320海里。平时搭载的燃煤量较少，同时水管锅炉重量较轻，容易导致战舰重心过高，因此平时只能在底舱两舷的煤舱堆煤，临战时才在穹甲甲板和上甲板之间的装甲"盒子"里堆煤，可见平时状态下其防御能力是打了折扣的。而战时把装甲"盒子"也填满堆煤，必然让吃水加深，航速下降，于是该级相比"庄严"级的航速优势就不那么明显了。

37. 从第八章的"君权"级以来就在前后两根桅杆（即"前桅杆"和"主桅杆"）上安装的圆形"桅盘"，里面搭载反人员的6磅小炮，可参考本章和第八章的照片。大部分前无畏舰都在两根桅杆上各安装上下两座桅盘，都可以搭载6磅小炮。实际上，从"歌利亚"号的照片上也能看出给每根桅杆都安装了上下桅盘。为了降低重心，"老人星"级初建成时未安装上桅盘。

38. 后来1905年日俄战争中对马海战里，沙俄前无畏舰着火的一个重要原因可能就是木制栖装品和家具太多了。

39. "老人星"级炮塔座圈呈圆形，而"庄严"级呈梨形。这就是说，从"老人星"级开始，英国前无畏舰的主炮能够在任意回旋角度装填，而不再需要转到船头—船尾方向再装填了。付出的代价就是炮塔座圈更大，炮座围壁装甲重量更大。根据第八章的介绍，意大利海军早在 19 世纪 80 年代中叶的"翁贝托国王"级上就采用了这种设计。

40. 这个计划决定建造 8 艘主力舰，其中头 3 艘算作"可畏"级，后 5 艘算作"伦敦"级。"可畏"级包括："可畏"号、"怨仇"号（Implacable）和"无阻"号（Irresistible）。"伦敦"级包括："伦敦"号、"壁垒"号（Bulwark）、"可敬"（Venerable）、"女王"号（Queen）和"威尔士亲王"号

41. 装甲这种技术先进、产能不足的物资是当时建造主力舰的瓶颈，所以造价高昂。

42. 战舰长度不大幅度增加，舯部可以安装副炮的空间便不会增长，增加副炮数量就意味着副炮需安装得更紧凑，也就增加了多门副炮同时被弹瘫痪的机会，故而决定不增加副炮数量。

43. 今天一般认为"老人星"级船体尾部已经带有这种薄装甲带。

44. "可畏"级的装甲比"老人星"级更广泛地使用了克虏伯钢装甲。相当于两层甲板高度的水线装甲带和舷侧装甲带也跟"庄严"和"老人星"级一样，可以看作是融合在一起的一道"主装甲带"，只存在于舯部、前后主炮炮座之间。这道主装甲带上边缘跟装甲上甲板齐平，正常装载状态下位于海面以上 9.5 英尺处，下边缘则位于水下 5.5 英尺处。装甲上甲板厚 1 英寸；穹甲主甲板中央水平部分厚 2 英寸，两舷倾斜部分装甲厚 3 英寸，一直延伸到主装甲带下边缘。在主装甲带和前后炮座围壁之间，也有"八"字形的横隔壁，前隔壁厚 9 英寸，后隔壁厚 9—10 英寸。主炮炮座围壁装甲厚 12 英寸，但在"无阻"号上，围壁位于装甲"盒子"里的部分，厚度削减到 10 英寸。可以说"可畏"级的主炮炮座围壁防御比之前的"声望""庄严"和"老人星"级大大增强，在装甲带后面的部位，围壁装甲也没有削弱。主炮炮塔装甲前脸和两侧都是 8 英寸厚，后脸却增加到 10 英寸厚，可能是出于两舷同时跟敌舰队交战的考虑，可这种情况是非常罕见的，基本上意味着不管怎样最后都会被对手消灭掉。该级和"君权"级以来的所有前无畏舰最大的一个区别就是，副炮防护得到了大大加强。在上甲板以上、各座副炮装甲炮廓之间的舷墙上，还安装了一道 6 英寸厚的副炮装甲带，而且各个副炮装甲炮廓之间还用 2 英寸厚的隔壁给隔开，可以很好地控制伤害的扩散。该级舰前指挥塔前脸厚 14 英寸，两侧和后脸厚 10 英寸，指挥塔下面是带 8 英寸装甲防护的人员通道；后指挥塔和下面的人员通道装甲厚度均为 3 英寸。

"可畏"级全长达 131.6 米，宽 22.9 米，装载吃水达到 9 米，装载排水量大于 16000 吨，装备 20 台贝勒维尔水管锅炉，航速达 18 节。载煤情况类似于"老人星"级，平常载煤近 1000 吨，战时可载煤 2000 吨，战时在 10 节航速下续航力可达 5100 海里。

45. "威尔士亲王"是英国王储的习惯封号。照片中，船尾白色部分是巨大的遮阳棚，船头也可以张开这样的遮阳棚。

46. 如"可畏"号照片所示，"可畏"级的武器布局基本上延续自"老人星"级，只是上甲板舯部四角的这 4 座副炮炮廓突出在船壳外面，拥有一定的前向和后向射界，联系第七章和第八章，这是借鉴了当时巡洋舰副炮的设计。"可畏"级的主炮是在"庄严"级的 VIII 型炮上加以改良产生的 IX 型 12 英寸炮，40 倍口径，炮口初速更高，达到每秒 2562—2675 英尺，在 4800 码就可以击穿 12 英寸厚的克虏伯钢装甲。这型主炮最突出的特点是炮塔座圈很大，可以在任意回旋角度装填。在主炮下方，可以看到一个所谓的"换装室"，换装室中心是一口竖井，直接通到底舱的弹药库里，炮弹和发射药通过这个竖井提升到换装室里，就可以靠人力操作头顶的吊钩，把它们装进换装室后部的装填筐里，然后通过液压缸来把装填筐提升到换装室上方的主炮尾部进行装填。主炮和它下方的换装室以及弹药提升井都固定在一起，也就是一起旋转。这样主炮就可以在任意回旋角上装填了。这个旋转炮塔的设计已经有了 20 世纪上半叶现代火炮主力舰上主炮塔的基本形态。安装在这种主炮塔里的 IX 型主炮的俯仰角范围是 -5°—13.5°。最大仰角时射程可达 14000 米。"可畏"号和"怨仇"号上的主炮塔，炮管需要扬起到 4.5° 处，以固定的俯仰角来装填，但在"无阻"号上可以实现任意俯仰角装填。每个主炮塔下面携带炮弹 80 发，其中一部分储存在大炮下面的换装室里面，大部分存放在底舱弹药库。换装室让炮弹和发射药不能一气从底舱提升到炮塔内，降低了发炮速度，但也避免了炮塔被弹后产生的火焰沿着弹药提升井直接到达底舱里。这种两段式弹药提升装置是英式设计的特色。副炮是新式 45 倍口径 6 英寸速射炮，炮口初速达每秒 2536 英尺，在 2500 码可以击穿 6 英寸厚的克虏伯钢装甲，最大仰角 14°。

47. "怨仇"号火炮能任意俯仰角度装填，就是靠进一步增大座圈直径来实现的，而且主炮安装的位置可能也会稍高，以便在扬起的炮管的后方留出足够的装填操作空间。

48. 今天一般认为从"老人星"级上就开始这样设计了。

49. 一共建造了 6 艘姊妹舰，它们是"邓肯"号、"阿尔比马尔"号（Albemarle）、"皋华丽"号（Cornwallis）、"埃克斯茅斯"号（Exmouth）、"蒙塔古"号（Montagu）和"罗素"号（Russell）。

这些基本上都是 17 世纪英国海军崛起时的一些海军将领的名字。

50. 当时沙俄建造的 3 艘"佩列斯韦特"（Peresvet）级二等主力舰参加了 1905 年的日俄战争。译者将会在第十章注释它们的详细参数。

51. 这种设计跟之前的"老人星"和"可畏"级是非常不一样的，那两级都把水线装甲带延伸到船头船尾，而在舷侧装甲带跟首尾主炮炮座之间有横隔壁相连接。

52. "邓肯"级的设计：

全长 132 米，最大宽 23 米，装载吃水 7.85 米，装载排水量 15000 吨级。舰上共有 24 台贝勒维尔式水管锅炉，产生的蒸汽驱动一对 4 缸三胀式蒸汽机，带动一对朝舷内转的螺旋桨。试航航速可达 19 节，其中许多艘的试航航速都超过了设计时的预期。10 节续航力 6070 海里。主炮炮塔的规格跟"可畏"级本来应该是一模一样的，但是为了削减重量，炮塔座圈稍稍减小，炮塔也就跟着稍稍减小。这种炮塔仍然能够实现任意回旋角装填，但主炮在装填时需要像"可畏"和"怨仇"号一样，炮管扬起到 4.5° 角的位置。炮管的俯仰范围仍然是 −5°—13.5°。副炮规格和安装方式跟"可畏"级一样。装甲防御上最显著的两个特点在正文中已经介绍了。虽然船尾没有水线装甲带，但实际上船尾水线附近的船壳也是 1 英寸厚的钢装甲。后主炮炮座和舷侧装甲带之间的横隔壁厚 7 英寸。装甲上甲板厚 2 英寸，穿甲甲板在中间平坦部分和两舷斜坡都只有 1 英寸厚。总之，"邓肯"级的装甲"盒子"防御跟"可畏"级比起来要薄弱得多。主炮炮塔前脸和两侧厚 8 英寸，后脸厚 10 英寸，顶盖厚 2—3 英寸。炮塔下的装甲炮座围壁在装甲"盒子"以上的部分，前脸厚 11 英寸，两侧和后脸削减到 10 英寸；炮座围壁位于装甲"盒子"中的部分，前脸厚 7 英寸，两侧和后脸削减到 4 英寸。副炮炮廓装甲在前脸厚 6 英寸，两侧厚 2 英寸，副炮的弹药提升井也带有 2 英寸厚的装甲防护。前装甲指挥塔前脸厚 12 英寸，两侧及后脸厚 10 英寸；后装甲指挥塔装甲厚 3 英寸。

作为"可畏"级的后续，"伦敦"级在装甲布局上完全采用了"邓肯"级的两个设计特点：一是装甲上甲板比穿甲更厚；二是取消了前装甲横隔壁，而把舷侧和水线装甲带全都延伸到船头，并呈 7—5—3—2 英寸次第减薄。该级的装甲材质像一个大杂烩，混合使用了克虏伯钢装甲、哈维钢装甲、镍合金钢装甲和软钢。其他各级在一定程度上其实也是这样，但没有该级这样混乱。

53. 结果"邓肯"级从经济性上来看，并不如"老人星"级，"邓肯"级装甲防护过于薄弱，总造价却接近"可畏"级。

54. "英王爱德华七世"级共建造 8 艘，它们是"英王爱德华七世"号、"联邦"号、"印度斯坦"号（Hindustan）、"不列颠尼亚"号（Britannia）、"自治领"号（Dominion）、"新西兰"号（New Zealand）、"非洲"号（Africa）和"希伯尼亚"号（Hibernia）。

55. 原文为"新泽西"（New Jersey）级，不过今天一般称为"弗吉尼亚"级，共有"弗吉尼亚"号、"新泽西"号、"佐治亚"号（Georgia）、"内布拉斯加"号（Nebraska）和"罗德岛"号（Rhode Island）五艘。

56. 原文为"贝内代托·布林"（Benedetto Brin）级，但今天一般按照译文中的说法来命名。一共有"玛格丽塔王后"号、"贝内代托·布林"号这两艘战舰。

57. 前无畏舰发展到最后，自然产生的一个结果就是让一部分副炮的口径变大，变得接近主炮的口径，于是它们就成了"次级主炮"。

看一看美国"弗吉尼亚"级和意大利"玛格丽塔王后"级的性能。

"弗吉尼亚"级是 1902—1907 年间建造的 5 艘前无畏舰。全长 134 米，最大宽 23 米，装载吃水深 7 米，装载排水量 16000 吨级。动力机组包括 24 台水管锅炉，驱动 2 台三胀式蒸汽机。锅炉的废气通入 3 根串列的烟囱中。航速最高可达 19 节。载煤 1900 吨，10 节续航力 3825 海里。武器布局非常奇特。主炮是 4 门 12 英寸 40 倍径炮，性能类似于当时英军的主炮，安装在首尾的主炮塔里，主炮塔座圈很大，主炮可以在任意回旋角和俯仰角装填，主炮俯仰范围比英军大，达 −7°—20°，每门主炮备弹 60 发。次级主炮为 8 门 8 英寸 45 倍径炮，其中 4 门以双联装的形式重叠堆放在首尾主炮塔的上方，也就是说首尾主炮塔是上下双层炮塔，下层为双联装主炮，上层为双联装次级主炮，但两层固定在一起，只能一起转动。主炮塔座圈宽大也是为了同时容纳主炮和次级主炮的提弹供弹设备。另外 4 门次级主炮则安装在舯部靠近船头的两舷旋转炮塔中。这种上下重叠式双层炮塔的问题，除了不方便弹药供应之外，就是目标太集中，敌舰一发炮弹就有可能打瘫全舰将近一半的主炮和次级主炮火力。此外，8 英寸次级主炮的发炮速度要比 12 英寸主炮快得多，那么在主炮装填准备的时候，次级主炮是应该利用这个间隙来充分发挥自己的高射速呢，还是等着主炮一起开火呢？这给双层炮塔的旋转调度带来不小的麻烦。该级舰的主炮和次级主炮全部位于露天甲板高度以上，而两舷的上甲板上还总共安装了 12 门 6 英寸速射副炮，使用类似英国的装甲炮廓。"弗吉尼亚"级的装甲防御布局跟英国前无畏舰比起来更加保守。其全长的水线装甲带在舯部（即前后主炮塔的炮座之间）厚 11 英寸，到船头船尾削减到 8 英寸。在水线装甲带上方是舷侧装甲带，只存在于舯部，厚度缺少记载。在舷侧装甲带以上，就是上甲板上的 6 英寸副炮炮阵，炮阵两舷也有副炮装甲带，但厚度也缺少记载。从水线到舷侧再到副炮装甲带，装甲应该是逐渐减薄的，根据建造"弗吉尼亚"级期间建造的一艘后来卖给了希腊的前无畏舰"爱达荷"号（Idaho）的数据，可以推测舷侧装甲带厚 7 到 9 英寸，副炮装甲带厚 7 英寸。前后主炮塔下方的座圈围壁厚 10 英寸。主炮塔前脸厚 12 英寸，两侧厚 8 英寸，顶盖厚 2 英寸，但顶盖上大部分面积都被重叠的次级主炮炮塔占据。次级主炮炮塔的前脸也是 12 英寸厚，两侧厚 6 英寸，带有 2 英寸顶盖。两舷独立的次级主炮炮廓前脸厚 6.5 英寸，两侧厚 6 英寸，顶盖厚 2 英寸。每座 6 英寸副炮的装甲炮廓前脸都厚达 6 英寸。装甲指挥塔围壁厚 9 英寸，顶盖厚 2 英寸。船体内部也有类似英国主力舰的穹甲防御，在水平部分厚 1.5 英寸，斜坡部分厚 3 英寸。穹甲甲板以上不再有装甲甲板，没有形成"老人星""可畏""邓肯"和"伦敦"级那样的装甲"盒子"。"弗吉尼亚"级开启了美国前无畏舰的次级主炮设计，在这一级之后，美国又建造了 6 艘"康涅狄格"（Connecticut）级前无畏舰，8 门次级主炮以更加合理的方式排列：每舷各 2 座双联装炮炮塔。舷侧甲防护包括 11 英寸厚的水线装甲带、穹甲甲板和上甲板之间 6 英寸厚的舷侧装甲带、上甲板和露天甲板之间 7 英寸厚的副炮装甲带，以及露天甲板两舷船帮的 2 英寸轻装甲；穹甲甲板的倾斜部分也达到了 4 英寸厚。可以说该级前无畏舰舷侧垂直防御发展到了极致，但是缺少水平装甲防御。

意大利"玛格丽塔王后"级是 1898 年到 1905 年间建造的混合主炮前无畏舰，全长 138.65 米，最大宽度 23.84 米，装载吃水接近 9 米，装载排水量 14000 吨级。搭载 28 台水管锅炉，两根串列烟囱，双轴双螺旋桨，航速可达 20 节，10 节续航力 10000 海里。然而，高航速和巨大的续航力是牺牲了装甲防御换来的。主炮位于露天甲板前后的双联装炮塔里面，共 4 门 12 英寸主炮。次级主炮为 8 门 8 英寸炮，安装在露天甲板以上的舯部上层建筑的四角里，带有炮廓式装甲防御。上甲板和露天甲板之间的舯部两舷炮阵里，还安装了 12 门 6 英寸副炮。该级的装甲防御相对薄弱，采用的主要是美国哈维渗碳钢装甲，带有全长的水线装甲带，舯部前后主炮塔之间还有舷侧装甲带和副炮装甲带，虽然它们覆盖面积很大，但似乎是统一的 6 英寸厚度，副炮和次级主炮的炮廓装甲厚度也是 6 英寸。主炮炮塔装甲的厚度达到 8 英寸，主炮炮塔围壁的厚度是 10 英寸。

58. 如果不从高高的桅杆上观测炮弹落点来校正主炮的瞄准，那么上仰 13.5° 可以打出 14000 米的 12 英寸主炮实际有效射程只有 4000—6000 米，因为再远就很难准确击中了。

59. 当时英国的炮塔习惯于使用不带装甲玻璃的观察窗，炮口暴风会从观察窗涌进炮塔里。

60. 炮管是 50 倍口径的，太长了，长达 7.6 米，如果指向正舷侧方向的话，也就是会有 5 米多伸在舷外。

61. 1901 年怀特设计的一艘皇家游艇在结束栖装、即将完工时差点翻船，他因此遭到议会的质询，精神接近崩溃。1901 年 4 月他提交了"英王爱德华七世"级的设计草案后，便病休了，然后在 1902 年提前退休。从 1885 年开始，怀特在海军部担任总设计师长达 16 年，这期间他负责设计建造了从主力舰到炮艇的多型作战舰艇，具体数字见本章末尾。从海军部提前退休后，怀特作为设计顾问，指导了丘纳德公司的"毛里塔尼亚"号的设计。后来他担任国王学院的校长直到 1907 年因为脑卒中去世。

"英王爱德华七世"级的装甲防护设计并不像作者说的那样，在很多方面都直接按照"邓肯"级的来，而是做了不少改良，受当时外军设计（比如上文美国的"弗吉尼亚"级）的影响也很大。"英王爱德华七世"级的水线装甲带不再像"庄严""老人星""可畏""邓肯"和"伦敦"级那样，跟上甲板和穹甲主甲板之间的舷侧装甲带保持同一个厚度，而是退回更保守的设计样式。9 英寸厚的水线装甲带只存在于舯部，也就是前后主炮塔的炮座之间；水线装甲带上方是同样只存在于前后主炮塔炮座之间的舷侧装甲带，厚 8 英寸。水线装甲带和舷侧装甲带全都像"邓肯"级一样朝前方延伸到船头，但按照 6 英寸、4 英寸、2 英寸次第削减。船尾水线也有 2 英寸厚的防破片薄装甲带。船尾舷侧装甲带和后主炮装甲炮座之间的后横隔壁厚 8—12 英寸。装甲上甲板厚 2.5 英寸，穹甲甲板厚 1 英寸。在水线装甲带和舷侧装甲带以上，如正文介绍，上甲板和露天甲板之间还有 7 英寸厚的副炮炮阵装甲带。露天甲板上的 9.2 英寸次级主炮炮塔前脸厚 9 英寸，侧面厚 5 英寸。主炮炮塔围壁厚 12 英寸。主炮炮塔前脸厚 12 英寸，侧面厚 8 英寸。底舱分成十几个水密隔舱，但是直到这一级战舰上，隔舱壁上仍然有舱门，实际上无法完全保持水密。该级战舰全长 138.3 米，最大宽 23 米，装载吃水 7.82 米，装载排水量 17500 多吨。

62. 1781 年下水的"阿伽门农"号 64 炮风帆战列舰是纳尔逊勋爵升任上校舰长后指挥的第一艘战列舰，也是他最喜欢的战舰。可以说，纳尔逊的 18 世纪末海战传奇正是从这艘战舰上开始书写的，故而这最后的两艘前无畏舰取了这样两个名字。此外，1805 年纳尔逊勋爵在西班牙特拉法尔加角外海大败法国和西班牙联合舰队，让英国从此登上海上霸主宝座，到 1905 年正好整整 100 年，故而用"纳尔逊"相关的词语来命名新战舰很有纪念意义。

63. 在露天甲板上布置了全部的火炮，而且船体上没有任何副炮炮廓，这是"纳尔逊勋爵"级跟之前的前无畏舰最大的区别。取消6英寸副炮对这个设计的成功具有重大意义。正如正文所说，利用取消副炮节约下来的重量，装甲带得以大大加厚，结果1905—1909年之间的所有无畏舰的装甲厚度和覆盖面积都赶不上"纳尔逊勋爵"级，直到1909年设计建造了采用13.5英寸新式主炮的所谓"超无畏舰""猎户座"（Orion）级，无畏舰的防御才开始超越"纳尔逊勋爵"级。"纳尔逊勋爵"级舰露天甲板首尾是2座双联装12英寸主炮塔；舯部两舷各安装了5门9.2英寸次级主炮，以前后两座双联装炮塔、中间一座单装炮塔的形式安装。显然，如果能够在每舷安装3座双联装9.2英寸炮塔，那么这个设计就更加完美了，但是海军部要求"纳尔逊勋爵"级必须比前一级（即"英王爱德华七世"级）短，这样一来便可以进入一些无法容纳早先的前无畏舰的干船坞了。结果，"纳尔逊勋爵"级变得相当短粗，而且两舷还有沉重的次级主炮炮塔和炮座。短粗的战舰稳定性比瘦长的更好些，两舷沉重的炮塔和炮座又可以缓冲稳定性过好的战舰那往往过于猛烈的横摇，因此"纳尔逊勋爵"级在服役时是性能特别优异的火炮平台，即使在大浪中，左右摇晃的幅度也比其他战舰小得多，而且摇晃很舒缓。这样短粗的船体便无法在舯部硬塞下三个双联装炮塔，因为次级主炮炮塔必须尽量和首尾的主炮塔拉开距离，否则次级主炮开炮的暴风就会严重干扰主炮塔的作业。于是便有了上述"2×2+1"的布局。露天甲板的上层建筑样式也成了后来无畏舰的样板：前后主炮紧接着前后舰桥和指挥塔，而舯部则没有上层建筑，只有跨过桅杆和烟囱的飞桥。这样既有利于降低重心，又便于把探照灯、反鱼雷艇武器和防空机枪架设在视野开阔的高处。前主炮塔的位置比后主炮塔略高，船头舷弧比较明显，可以提高抗浪性和适航性。装甲的布局可谓面面俱到。水线装甲从船头延伸到船尾，在舯部（即前后主炮塔炮座之间）厚度达到12英寸（约305毫米）。水线装甲带的上边缘跟穹甲防御体系的主装甲甲板齐平，大约在水线以上3.3尺（约1米）的位置；下边缘则延伸到水线以下约5英尺（1.5米）的位置。水线装甲带向船尾延伸的部分只有4英寸厚，向船头延伸的部分有6英寸厚。船头撞角后面还有2英寸厚的厚实装甲船壳作为支撑。在水线装甲带上方，有舷侧装甲带，位于穹甲主甲板和没有装甲的上甲板之间。舷侧装甲带在舯部的厚度是8英寸（约203毫米）。舷侧装甲带朝前方一直延伸到船头，但是厚度依次减薄到6英寸和4英寸。由于水线装甲带和舷侧装甲带全都一直延伸到船头，所以这两道装甲带和前主炮塔炮座之间，没有装甲横隔壁相连接。舷侧装甲带没有向后延伸到船尾，按道理来说应该在舷侧装甲带和后主炮塔炮座之间有装甲横隔壁，实际上有没有这道横隔壁就不得而知了。在舷侧装甲带的上方，也就是上甲板和带有薄装甲的露天甲板之间，还存在第三道装甲带，相当于"英王爱德华七世"级的6英寸舷侧炮阵的装甲带，只是现在已经没有6英寸副炮了。这个装甲带的厚度也是8英寸，只存在于前后双联装9.2英寸次级主炮炮塔之间。把这个装甲带和主炮炮座连接起来的是斜行的前后隔壁，厚度也是8英寸。这些装甲带和隔壁就构成了舯部装甲"盒子"的垂直防御，而舯部水平防御比较薄弱，而且又有了新的变化，由穹甲甲板和露天甲板组成。露天甲板带有装甲，而上甲板没有装甲，这是跟"老人星"级以来的做法都不一样的设计。穹甲甲板中央平坦部分厚1英寸，两舷斜坡厚2英寸。露天甲板由于位置太高，为了防止重心过高，只采用了不足1英寸厚的装甲板。上甲板和穹甲甲板之间的两舷空间还是用堆煤填满，底舱两舷也有煤舱。底舱两舷煤舱和船壳之间留有空舱，这是前面章节介绍的鱼雷防御结构。这样舯部就是一个三层甲板高的装甲"盒子"扣在两舷带有鱼雷防御结构的水密底舱上。船头船尾依然依靠水下装甲甲板和密集分舱。主炮塔的座圈暴露在装甲"盒子"以外的部分带有12英寸厚的装甲，被装甲"盒子"遮挡住的部分只有3英寸厚的装甲。主炮塔、次级主炮塔和次级主炮炮座装甲厚度缺少数据，可以参照"英王爱德华七世"级。这两艘"纳尔逊勋爵"级是英国最后一批仍然使用三胀式蒸汽机的主力舰，之后建造的主力舰就是第十一章介绍的"无畏"号了，采用蒸汽轮机作为主机。两舰不再采用法国贝勒维尔式大管锅炉，而改用英国本土的亚罗等厂家的产品，试航航速轻松超越了设计时的18节，一个达到18.5节，一个达到18.7节。锅炉可以混烧石油和煤炭，单纯搭载煤炭时的最大续航力是10节航速下5390多海里。

64. 船长固定下来，则舯部装甲"盒子"的长度也就按照船身总长的一定比例而限定下来。如果装甲"盒子"过长，那么装甲重量就会过大，船身就只能加大尺寸，就超出设计限定了。

65. 除主力舰、装甲巡洋舰和一等防护巡洋舰之外的战舰。

66. 原文为"Pelorous"，现在不这么拼写了。

67. 譬如1860年以前的风帆蒸汽战列舰。

68. 装载排水量13000多吨，主炮为2座双联装10英寸炮，副炮为14门7.5英寸炮，水线装甲带厚7英寸。

69. 第八章和本章后文介绍的巡洋舰。

70. 例如，在服役中换装某型新式火炮配件，结果大炮的炮座、炮架等部分增重；又如，海军部做出了新规定，要求战舰换装重量更大的新式炮弹或者增加炮弹的携带量；等等。

71. 可见这种节约是自欺欺人的。真正遇到实战的时候，一艘战舰会突然需要搭载比设计时多得多的后勤补给物资和其他方便人员长期生活和操作战舰的配套设备，结果吃水明显加深。

72. 这里仅仅指建造船体结构的时长，建造好后战舰就会举行下水仪式，但船上的装甲、大炮、炮塔下面的多层旋转结构、船体深处的动力机组，以及甲板上的各种上层建筑、桅杆和舰载小艇等等一切设备几乎都还没有安装，全要等到下水后拖到栖装岸壁施工。

73. 当时各个工厂都成立了工会，来和工厂的主人（即资本家们）讨价还价，讨价还价的主要手段就是罢工，让工厂的订单无法如期完成。

74. 见第六章。

75. 介绍一下这 3 艘前无畏舰的情况。

　　"查理·马特"号和另外 4 艘在设计上大致彼此类似的战舰，是第八章介绍的"布伦努斯"号之后建造的一批前无畏舰，用来跟当时英国的"君权"级对抗。这 5 艘"查理·马特"级"准姊妹舰"只是总体设计大致一样，在具体设计上，各个海军船厂的设计师有很大的自由发挥空间。"查理·马特"级虽然从性能上看已经是前无畏舰了，但主炮和副炮布局没有延续"布伦努斯"号上那种类似"君权"级的设计，而是采用了 19 世纪 80 年代法国主力舰的"菱形"主炮布局：首尾各有 1 座单装的主炮炮塔，安装 12 英寸（约 305 毫米）主炮；两舷舯部则安装了 2 座舷侧次级主炮炮塔，各安装 1 门 274 毫米（约 10.8 英寸）次级主炮。副炮是 8 门 138 毫米（约 5.4 英寸）炮，其中 4 门分别位于两舷次级主炮炮塔的前后，另外 4 门分别位于前主炮后方、后主炮塔前方。这样成群成簇地布置炮群，特别容易让多个炮塔一起被敌军炮弹打瘫痪，算是一个设计上的缺陷。"查理·马特"号的装甲采用法国施耐德厂制造的镍合金钢。跟同时期的英国前无畏舰比起来，该舰的装甲防御厚度很大。水线装甲带在舯部厚达 18 英寸，在船头船尾的延伸段厚度也有 12 英寸。在水线装甲带以上，还有一道 3.9 英寸厚的薄舷侧装甲带，可以控制战斗中的水线以上进水。这道薄舷侧装甲带的后面也是两舷堆煤舱。位于水线装甲带上边缘的是装甲主甲板，厚 2.8 英寸，它还没有采用穹甲式设计。主炮塔的装甲围壁厚达 15 英寸。"查理·马特"级比同时代的英国前无畏舰要小得多，长度不足 116 米，宽度不到 22 米，装载吃水线 8.4 米，装载排水量只有 13000 吨，仅相当于英国的"二等主力舰"。24 台水管锅炉和 2 座三胀式蒸汽机让航速能够达到 17 节，强制通风时可达 18 节。载煤量只有 700—1000 吨。"查理·马特"级是在 1890—1893 年这段时间内陆续开工建造的。

　　"查理曼大帝"号和"高卢"号属于 1895 年开始建造的"查理曼大帝"级前无畏舰，共 3 艘姊妹舰，还有一艘叫作"圣·路易"号（St. Louie）。"查理曼大帝"级舰首尾 2 座双联装主炮塔里面是 40 倍径 12 英寸炮，副炮是 10 门 5.4 英寸炮，其中 8 门安装在舷侧装甲炮廓里面，舯部上层建筑上据说还有露天安装的 2 门 5.4 英寸副炮，带有轻装甲防盾。整体来看，"查理曼大帝"级的船体比同时代的英国前无畏舰高出来一层，从船头到后主炮之前，是一道长长的艏楼甲板，这样的船型称为长艏楼船型，英国直到 1905 年的"无畏"号才使用这种船型。使用这种船型后，船体内部从穹甲主甲板到前主炮塔的高度，一共有 4 层甲板，按照前文注释中统一的命名，依次称为穹甲主甲板、上甲板、露天甲板和艏楼甲板。船体尾部没有艏楼甲板，则露天甲板就真的"露天"了。该级的后主炮塔并不在露天甲板上，而是比露天甲板升高半层。这样设计的目的是让主炮塔尽量远离水线和上浪，提高主炮塔的抗浪性。副炮炮廓也要比英国前无畏舰的副炮炮廓高一层甲板，位于"露天甲板"上，下面还有上甲板和主甲板，主甲板距离水线还有 1 米左右的高度。而英式前无畏舰的下层副炮炮廓位于上甲板上，比法舰整整矮一层甲板，距离海面近，容易受上浪影响。"查理曼大帝"级的装甲使用美国哈维渗碳钢来制作，带有全长的水线装甲带，这道装甲带在舯部厚达 15.7 英寸。该级的主甲板已经使用穹甲式设计，中央平坦部分厚 2.2 英寸，两舷倾斜部分又在这层装甲板上面另外覆盖了一层 1.4 英寸厚的装甲板。主炮塔装甲围壁厚 12.6 英寸，主炮塔座圈围壁装甲厚 10.6 英寸。副炮炮廓由于位置过高，装甲厚度只有 2.2 英寸。该级舰搭载了 20 台贝勒维尔水管锅炉，采用三轴三螺旋桨推进，试航时，"查理曼大帝"号航速超过 18 节。最大载煤量 1000 吨多一点，10 节续航力 4200 海里。这级前无畏舰的排水量和英国同期的"庄严"级比起来要小得多，满载排水量才 11000 吨多一点，船宽比之前的"查理·马特"级还窄，这是能够获得高航速的原因，但代价是吃水增加到 8.4 米。这一级前无畏舰防护上最大的问题就是由于干舷很高，高耸的舷侧船体大都没有防御，这也是 19 世纪 60 年代以来法式战舰上一致存在的问题，最后在日俄对马海战中，沙俄的这种法式前无畏舰因为无防御的部位太多，被速射副炮发射的高爆弹摧毁。

76. 具体工艺流程见第五章译者注释 51。

77. 这艘船本来是铁甲舰时代以前的 84 炮双层甲板木制战列舰"雷霆"号，后来改成靶舰。

78. 单纯喷淋前面就会造成前后两面的热胀冷缩程度相差过大，让板材背面开裂。

79. 包括水线和舷侧装甲带。

80. 否则钉子容易从螺纹处断裂。

81. 指 19 世纪 80 年代英国改用后装炮以来开发的一系列 12 英寸后装炮，有 I 到 VIII 型八个型号。

82. 就是在经过淬冷处理的锻钢弹头的外面包裹一层软钢的帽子。在没有被帽的时候，淬冷硬钢弹头就会直接跟克虏伯装甲的硬钢前脸来个"硬碰硬"，它俩会像玻璃一样一起碎裂，这样一来弹头便无法击穿装甲了。被帽后，软钢帽就像一块橡皮泥、泡泡糖一样，暂时把弹头"粘在"克虏伯装甲的外表面上，并通过软钢自身的变形来吸收甲弹相互撞击产生的瞬间冲击力，然后淬冷锻钢弹头再有条不紊地侵彻装甲表面的硬化层，而不至于直接被硬化层撞碎了。

83. 如正文所述，最开始的克虏伯钢装甲是没法控制表面硬化层的深度的，因为不能精确地测量装甲板材在热处理过程中温度到底升高到什么地步。不过很快，到 20 世纪初，人们就学会了使用耐高温陶瓷制作的热电偶来测量装甲的温度，也就是在装甲板上的钉子孔里插进热电偶，然后便可以在渗碳和表面硬化过程中全程监测温度，也就实现了对渗碳层和表面硬化层深度的控制。但到了 20 世纪，装甲的厚度迅速增加，比如日本在 19 世纪 30 年代后期开始建造的"大和"级，水线装甲带的厚度达到 410 毫米，这时便发现，克虏伯法的渗碳层对于这么厚的装甲而言显得很薄了，只有表面硬化层能够在精确的控温热处理工序后达到装甲总厚度的三分之一左右，而渗碳层无论如何都没法达到足够的厚度，于是便舍弃了表面渗碳层，这可以算是装甲战舰发展到巅峰时期，克虏伯装甲的状态。

84. 这一部分是对所有前无畏舰装甲防御的总结，然而正文对这些前无畏舰的装甲到底是如何布局的却没有详细讲解。

85. 所谓"主装甲带"即上甲板和穹甲主甲板之间的舷侧线装甲带和穹甲甲板以下的水线装甲带，这在前文注释中已经说得比较清晰了。今天一般认为，"老人星"级已经采用了厚度仅有 1.5 英寸的薄水线装甲带来保护船体尾部了。另外，"可畏"级船头装甲带和"老人星"级的并不一样："老人星"级只有水线装甲带向船头延伸，而"可畏"级的水线和舷侧装甲带都延伸到船头。

86. 原文这里又改称"壁垒"级，容易让读者迷惑，故仍然遵循前文命名。

87. 见第六章，可以把无装甲的甲板炸成齑粉。

88. 水线装甲带＋两舷堆煤＋穹甲斜坡一起构成了水线附近的舷侧防御，见前文各舰的横剖面图。

89. 实际上作者要说的是，水平装甲防御除了防护前文所说的擦掠击中上甲板的炮弹之外，还可以在遇到大浪的时候，船体发生大角度左右横摇的情况下，代替舷侧的主装甲带。当船体大角度横摇的时候，便会把露天甲板暴露给对方的火炮，炮弹会直接击中露天甲板，而不是舷侧的船壳和装甲带。此时，拥有装甲上甲板的战舰的生存性能就要比缺少这层甲板的战舰好得多了。但作者对时人的这种观点给予了驳斥，作者指出在当时的技术条件限制下，在这么大的海浪中，压根就不太可能击中敌舰，更别说频频击中敌舰的露天甲板了——比如敌舰在我舰左舷跟我舰并排行驶，当敌舰朝它的右舷横摇的时候，便把露天甲板暴露给我舰；而当敌舰朝它的左舷横摇的时候，便把右舷水线船体暴露给我舰。

90. 当炮弹高速撞击一块薄钢板的时候，由于冲击速度过高，最先接触钢板的软钢帽子必然变形，于是就实现了"脱帽"。

91. 一条装甲带是由许多块装甲板像砖块砌墙那样拼接成的。

92. 因为板材的长宽尺寸都是固定的。

93. 似乎可以节约成本，增加利润空间。

94. 后来美国的办法是在装甲带和船壳之间浇水泥，更省工。

95. 加热后，金属韧性提高了。

96. 从 1910 年的"猎户座"级开始，改用新式 13.5 英寸双联装主炮塔，这样的无畏舰称为"超无畏舰"。

97. 见第八章译者注释 53。

98. 详见本章前文有关"可畏"级的译者注释。

99. 这里开始按照 20 世纪战舰的习惯，把炮塔下面的圆形围壁称为"座圈"，但在英文中仍然是"Barbette"这个词，直到"君权"号上，由于现代意义的主炮塔还不存在，这个"Barbette"就仍然称为"露炮台"。但从"声望""老人星"和"庄严"级以后，主炮外面的炮罩已经构成了现代意义的炮塔，于是下面的露炮台在中文语境下便按照习惯称为"座圈"，方便读者跟介绍现代装甲战舰的其他图书衔接。

100. 见第五章。

101. 见本章前文有关"可畏"级的译者注释。

102. 这艘船是上文提到的"斯威夫彻"号的姐妹舰，都是里德和阿姆斯特朗在 1902 年给智利海军设计建造的"准"前无畏战舰，更像是重甲化的装甲巡洋舰，后来被英国海军征购，以抑制南美国家的动荡。

103. "马来亚"号属于一战前英国开始建造的"伊丽莎白女王"（Queen Elizabeth）级无畏舰。该舰在日德兰海战中遭德国战舰主炮击中 8 弹，遭受了相当大的损伤和人员伤亡。

104. 1895 年中日甲午战争中的黄海大东沟海战中，"定远"号、"镇远"号铁甲舰正是使用这种不带装药的穿甲弹轰击日本巡洋舰的。长期以来，坊间形成了一种所谓"清朝穿甲弹不能爆炸，可见清朝武器落后，官员腐败无能"的说法，经过本书前九个章节的介绍，可以知道完全是无稽之谈。当时世界第一的英国海军，照例大规模列装在 19 世纪 60 年代便已经开发出来的帕里瑟穿甲弹，甚至干脆用沙子代替黑火药，来逃避装药不可靠的问题。而直到 1916 年日德兰大海战的时候，带有装药的新式穿甲弹仍然缺乏可靠的引信，英国发射的大量穿甲弹都直接在德国无畏舰的装甲带外面起爆，没给德舰造成一点有效伤害。除了受制于技术条件，用战舰的主炮发射可以爆炸的通常弹和高爆弹，其实是一种浪费，因为这些炮弹只能摧毁敌舰没有装甲的部分，令敌舰丧失战斗力，但无法令敌舰沉没。1905 年日俄战争中，日本联合舰队大量搭载了可以发射通常弹和高爆弹的高射速 6 英寸副炮，然后用这些副炮在 4000—6000 米的中距离上对俄国前无畏舰疯狂倾泻弹雨，这才最终导致这些丧失战斗力的战舰从水线以上缓缓进水而沉没。这种沉没在很大程度上还是因为法式前无畏舰的设计有些问题。而大东沟海战中，中国两艘铁甲舰经过弹雨"洗礼"岿然不动，这正体现出在 19 世纪 90 年代，可以爆炸的炮弹并不是对战舰最具杀伤力的武器，如果当时不幸让日本拥有了可以发射大口径穿甲弹的铁甲舰，战斗的结果可能会是另外的样子。

105. 这个引信内部安装了弹簧发条，可以事先设定起爆时间。同时，这也是一个碰炸引信，引信撞击敌舰装甲后，弹体推着引信发生压缩，也会起爆。所以这是一个定时 & 碰炸双功能引信（Time & Percussion fuse）。

106. 原文此处为"高爆弹"，似乎不大正确，高爆弹没法穿透 12 英寸厚克虏伯装甲。

107. 可见当时英国战舰上使用的炮弹的质量就不大可靠，其他国家，比如日本这样的后起之秀，都会模仿英国，于是这些后发国家的检验标准应该也高不到哪里去。

108. 可能是害怕堆放在一起的发射药同时爆燃造成事故。

109. 也就是说发射一枚主炮炮弹，需要顺次装填 4 包发射药在炮弹的后面。

110. 后来在日德兰大海战中，两艘英国战列巡洋舰因为水平装甲防御不足，被德国战舰从远距离发射的高空坠落炮弹直接砸穿数层甲板或者炮塔的天盖，导致临时存放的待发弹殉爆，最终引燃底舱弹药库，造成两舰在短时间内发生大爆炸而沉没。这一幕到了"胡德"号对阵"俾斯麦"号的时候，再度上演。

111. 通常是海岸线外的高大礁岩。

112. 可见害怕损坏漆皮的说法纯属无稽之谈。

113. 一般第一炮都是经过长时间反复瞄准的，所以准确率较高。

114. 美西两国在 19 世纪末发生了冲突，见第十章。

115. 见第八章。

116. 实际火力输出跟单位时间内命中敌舰的炮弹成正比，若射速太高，命中率太低，那么也没法造成真正的伤害。

117. 后来"无畏"号的诞生也仰赖他的大力支持。1816 年,他担任"大舰队"（Grand Fleet）的舰队司令，和德国公海舰队在日德兰展开决战。

118. 斯考特究竟发明了什么提高命中率的妙法？其实就是所谓的"连续瞄准"（Continuous aiming）法。这种方法在 1905 年无畏舰时代以前，只能在最大 6 英寸的中小口径副炮上比较好地实现，因为更大型的火炮炮管太重，前无畏舰时代的液压控制那么不精密，没法一点点控制这些沉重的炮管随时对准敌舰开炮。到了无畏舰时代以后，液压斜盘伺服泵的出现让 12 英寸主炮也具有了一定的"连续瞄准"能力。关于这种连续瞄准法，第十一章还会略有介绍。

119. 见第八章介绍。原文这里命名为"布伦海姆"（Blenheim）级，跟下文和今天资料中一般的命名不同，故改动。

120. 该舰 1889 年便已下水，此后到二战时期，再没有第二艘战舰使用这个舰名，故此处只能认为是这艘船。

121. 原文这里命名为"塔尔伯特"（Talbot）级，跟今天资料中一般的命名不同，故改动。

122. 实际上是二等防护巡洋舰，见下文。

123. "巴勒姆"号三等巡洋舰是 1889 年建造的，这一级一共 2 艘。

124. 一共建造了 6 艘姊妹舰。

125. "加里波第"级在世界上首创装甲巡洋舰的概念，从 1892 年一直生产到 1903 年，一共建造了 10 艘，不仅列装了意大利海军，还卖给西班牙海军，甚至远销阿根廷和日本，可以说是当时国际军火贸易中最成功的一型战舰了。该级舰的具体性能参数在这 10 年间自然随着各种技术的进步而不断提升，10 艘"加里波第"级当中发展水平最高的，要数 1903 年下水后交付日本的"日进"（Nisshin）级装甲巡洋舰。其性能可以跟 19 世纪末、20 世纪初的英国装甲巡洋舰做一个对比。

"日进"级全长 111.73 米（合 366 英尺 7 英寸），最大宽度 18.71 米（合 61 英尺 5 英寸），满载吃水深 7.35 米（合 24 英尺 1 英寸），装载排水量 7700 吨。锅炉仍然是 8 台苏格兰式火管锅炉，驱动一对竖立式三胀式蒸汽机，航速可达 20 节，10 节续航能力可达 5500 海里。该级舰采用类似当时英国前无畏主力舰的平甲板船型，船体内有穹甲主甲板、上甲板和露天甲板三层甲板。前后主炮塔位于露天甲板上，而且是双联装，里面安装着 45 倍径 8 英寸炮。副炮是 14 门 40 倍径 6 英寸速射炮，其中有 10 门挤在首尾主炮塔之间的舯部上甲板和露天甲板之间，而同时期的英国前无畏舰和巡洋舰一般会把这 10—12 门 6 英寸炮分散在上甲板和露天甲板这两层甲板上，防止几门火炮被同一发来弹打瘫痪。上甲板和露天甲板之间这个舷侧炮阵里的 10 门 6 英寸速射副炮，都带有装甲炮廓。另外还有 4 门 6 英寸副炮安装在露天甲板四角，只有轻装甲防盾。可见，"日进"级的副炮火力极其强大，超过当时英国的巡洋舰和前无畏舰。"日进"级带有全长的水线装甲带，装甲带在前后主炮塔之间的舯部厚达 150 毫米（即 5.9 英寸），在船头船尾部分则只有 70 毫米（即 2.8 英寸）厚。在前后主炮塔的炮座之间，150 毫米的水线装甲带向上又延伸了两层甲板，也就是说，主甲板和上甲板之间、上甲板和露天甲板之间，两舷都有装甲带，装甲带在舯部从水下一直延伸到船体最高处。英国的前无畏舰直到"英王爱德华七世"级才做到了这样的完全防御。舯部装甲带和前后主炮塔座圈之间，也有呈"八"字形的前后横隔壁，隔壁装甲厚 120 毫米（即 4.7 英寸）。前主炮塔座圈厚 150 毫米，前装甲指挥塔也厚 150 毫米，而后主炮塔围壁装甲厚度削减到 100 毫米（即 3.9 英寸）。船体内也有穹甲防御体系，穹甲甲板中央平坦部分厚 20 毫米（即 0.8 英寸），两舷斜坡厚 40 毫米（即 1.6 英寸）。

126. 原文为"蒙特卡姆"（Montcalm）级，同样不符合今天的一般习惯，故改动。该级是跟英国"克雷西"级差不多同时开工建造的装甲巡洋舰，跟"克雷西"级一样，也是按照意大利"加里波第"级划定下来的标准，以 6 英寸作为装甲带的厚度。该级船体长 137.97 米（合 452 英尺 8 英寸），最大宽度 19.38 米（合 63 英尺 7 英寸），装载吃水深 7.67 米（合 25 英尺 2 英寸），装载排水量 9177 吨。锅炉为水管锅炉，发动机是三胀式蒸汽机，航速可达 21 节，10 节续航力 8500 海里。该级的船体装甲布局跟"老人星"级很类似，舯部的水线装甲带向上延伸，形成一段位于主甲板和上甲板之间的舷侧装甲带。但该级巡洋舰的全船都有四层水上甲板，也就是跟第八章介绍的英国"强大"级巡洋舰一样，属于高干舷的平甲板布局，而英国巡洋舰采用长艏楼，前无畏舰采用只有三层甲板的平甲板船型。和巨大的船身相比，"盖东"级的火力比较贫弱，首尾 2 门单装主炮只有 7.6 英寸，舷侧一共只有 8 门 6.5 英寸副炮，每舷有 4 个炮廓安装着 6.5 英寸副炮。这样设计是因为这一级的定位是在远洋进行贸易线突袭战，而不是用来跟巡洋舰甚至主力舰对决的。

127. 巡洋舰跟巡洋舰交战时，这种口径的火炮是最大的威胁，而射速缓慢的主炮则不那么成问题。

128. 按照上文的讲解，当时只需要 6 英寸的克虏伯装甲就可以抵挡住 12 英寸主炮发射的高爆弹，不让它贯穿。

129. 见第八章。

130. 这种主装甲带有上下两层甲板高，跟"老人星"级、"庄严"级、"可畏"级、"邓肯"级和"伦敦"级这些前无畏舰的装甲带布局是一样的，即水线装甲带和舷侧装甲带的厚度一样大，合起来就有上下两层甲板高。"克雷西"级跟当时的前无畏舰船体设计不同之处在于，"克雷西"级继承了第八章介绍的"王冠"级以来的长艏楼船型，也就是说前主炮塔位于海面以上四层甲板的高度，而英国前无畏舰的前主炮只位于海面以上三层甲板的高度。直到 1905 年的"无畏"号，英国主力舰才使用了这种能够大大提高抗浪性的长艏楼船型。"克雷西"级只有后主炮塔位于船尾露天甲板上，前面的船体全都高出一层艏楼甲板来。

131. 可见，从 1860 年到 1890 年，海战战术思维经过了 30 年的混乱后，到前无畏舰时代，又回归了 17、18 世纪风帆战列舰那种线式单纵队战术，到 1916 年的时候，搭载着可以 360 度旋转的主炮塔的英、德无畏舰，再次使用曾经在 18 世纪盛行的纵队战术展开决战。这是因为无畏舰的主炮群只有把炮管全都指向舷侧，才能够让最大数量的主炮一起开炮。第十章将要介绍的 1905 年日俄战争中对马海战的战场上，日俄双方也采用了单纵队舷侧对轰战术。

132. 46.7 倍径 IX 型和 X 型 9.2 英寸炮，一直用到二战结束。

133. "克雷西"级的火炮布局：首尾各 1 门 9.2 英寸主炮，前主炮塔在艏楼甲板上，后主炮塔在船尾露天甲板上，比艏头主炮低一层甲板。舷侧 12 门 6 英寸副炮的布局非常典型，从第八章介绍的"王冠"级就基本确定了下来，即舯部靠近首尾的四角上，各有一座上下双层炮廓；中间的上甲板上，两舷各有一对炮廓。双层炮廓理论上可以让 4 门副炮同时朝船头或船尾的方向射击。

"克雷西"级全长 143.9 米（合 472 英尺），最大宽 21.2 米（合 69 英尺 6 英寸），满载吃水深 8.2 米（合 26 英尺 9 英寸），装载排水量 12000 吨。搭载 30 台贝勒维尔水管锅炉，双轴双桨推进，航速 21 节，最大载煤量 1600 吨。该级装甲带、装甲甲板、主炮座圈、装甲横隔壁以及副炮炮廓的厚度都跟上文"日进"级和"盖东"级差不多，但"盖东"级使用的仍然是哈维甲，性能要次一些。而只有不足 8000 吨的"日进"级跟 12000 吨的"克雷西"级比起来，就属于小船硬塞大炮了，舯部塞入了 14 门副炮。

134. 现在查阅资料，这艘船建造于 1883 年。

135. 一共建造了 4 艘姊妹舰。

136. "圣女贞德"号装甲巡洋舰也是 1899 年开工建造的，该舰的设计从 19 世纪 90 年代初就开始了，原本准备设计成大型的防护巡洋舰，1895 年后重新设计成装甲巡洋舰。该级的设计不算太成功，火力过于贫弱，建成后没能达到设计航速。该舰全长 147 米（合 482 英尺 3 英寸），最大宽 19.42 米（合 63 英尺 9 英寸），满载吃水深 8 米（合 26 英尺 3 英寸），装载排水量 11264 吨，稳心高特别高，达到 5 英尺。该舰搭载 36 台水管锅炉，驱动 3 支螺旋桨。其设计航速的指标似乎定得太高——达 23 节，比 19 世纪 90 年代的一般英国巡洋舰的试航航速要快得多。结果，"圣女贞德"号在试航时只能达到 21.7 节的航速，比当时英国"克雷西"级装甲巡洋舰快了不足 1 节，而英国后来建成的"德雷克"级装甲巡洋舰的航速则达到了设计时要求的 23 节。"圣女贞德"号最大能够搭载 2100 吨燃煤，10 节续航力高达 13500 海里。该舰采用了长艏楼船型，船头主炮位于海面以上四层甲板的高度，艏楼甲板上的主炮和船尾露天甲板上的主炮口径都只有 7.6 英寸。副炮是 14 门 5.5 英寸速射炮，其中 8 门位于艏楼甲板以下两舷各 4 个装甲炮廓当中，舯部两个装甲炮廓特别做成了突出在船身外面的耳台式；剩下的 6 门副炮全部位于舯部艏楼甲板的露天炮位上，带有轻装甲防盾。该舰有着从船头到船尾的上下两道装甲带。下面这道水线装甲带，它从水下 1.5 米（接近 5 英尺）的地方，一直延伸到水面以上 0.7 米（即 2 英尺 4 英寸）的高度，也就是主甲板的高度。水线装甲带在舯部厚度达到 150 毫米（即 5.9 英寸），到船头减薄至 100 毫米（即 3.9 英寸），到船尾减薄至 80 毫米（即 3.1 英寸）。在水线装甲带上方，还有一条舷侧装甲带，位于主甲板和上甲板之间，宽 1.92 米（即 6 英尺 4 英寸），也就是主甲板和上甲板之间的层高。舷侧装甲带厚 80 毫米，但它的上边缘减薄至 40 毫米（即 1.6 英寸）。除了这两道装甲带，船头从上甲板到艏楼甲板的舷侧也全部包裹了装甲。船头这片装甲由三排装甲带拼成，它们的厚度都是 40 毫米。船体上的这些装甲带都是用哈维钢制作的。船体内，主甲板做成穹甲型，中部厚 1.8 英寸，两舷斜坡厚 2.2 英寸，上甲板也有 0.4 英寸厚的装甲，这些装甲甲板都是用软钢制作的。主炮炮塔和炮塔座圈的装甲厚度均大约为 160 毫米，副炮炮廓装甲为 74 毫米，这些装甲都是克虏伯钢装甲。可见，"圣女贞德"号的装甲防御似乎要比"克雷西"级全面一些，而且航速稍快。

137. 1902 年以查尔斯·乔治·费恩中将担任主席的一个海军部调查委员会，跟本书前面章节出现的那些委员会一样，由海军部任命，调查战舰设计中一个具体方面的技术问题。

138. 即法国的炮塔。

139. 原文如此，译者也不明所以。

140. 是当时的"双层"装甲带，包括了水线和舷侧装甲带，从水线下延伸到装甲上甲板的高度，但只在舯部保持着 6 英寸的厚度。水线装甲带一直延伸到船头和船尾，厚度减薄至 3 英寸；舷侧装甲带也延伸到船头，厚度也减薄至 3 英寸。这些垂直装甲带全部都是用克虏伯钢制作。

141. 但 20 世纪初的原始资料中显示为 3 英寸。"德雷克"级的水平装甲防御跟装甲带一起构成装甲"盒子"。"盒子"底是穹甲主甲板，可能在平坦的中部厚 2 英寸，两舷斜坡厚 3 英寸。"盒子"的顶盖是装甲上甲板，可能厚 1.5 到 2 英寸。

142. 据说是 8 英寸厚的美国哈维镍合金钢装甲。

143. 船体底舱从头到尾分成 20 个水密隔舱。

144. 全部布置成两舷共 8 座上下双层装甲炮廓。第八章介绍的"强大"级到了 20 世纪初接受现代化改装的时候，就改装成了这个样子。

145. "德雷克"级主炮塔的防御是 5 英寸克虏伯装甲，炮塔下面带有浅浅的座圈，座圈装甲厚 6 英寸。座圈下面是弹药提升井，其围壁的厚度也是 5 英寸。副炮双层炮廓的装甲防御比主炮还要好，是

6英寸装甲。前舰桥下面的装甲指挥塔的围壁则厚达12英寸。该舰的9.2英寸主炮可以在任意回旋角装填，用液压控制实现炮管的俯仰动作。6英寸副炮炮位配备了电动的弹药卷扬机。

146. 为了尽量让弹药远离船体中段的动力机舱。

147. 1905年日俄战争中双方的炮战距离。

148. 这些英国巡洋舰的稳心高跟主力舰比起来，就要低很多了，跟当时法国的"圣女贞德"号更无法相比。

149. 强制通风时所谓的"重量"数据似乎是没有意义的，因为根据第六章的介绍，一台锅炉组只能在几个小时内短暂地保持强制通风，而且很多战舰的机械师还拒绝使用强制通风，害怕蒸汽压过高造成事故。

150. 通常载煤量1250吨，最大载煤量2500吨。

151. 原文为"克莱贝尔"（Kléber）级，今天一般习惯命名为"迪普莱"级，故改动。该级一共3艘姊妹舰。它们的外形跟"圣女贞德"号几乎完全一样，也是19世纪末、20世纪初建造的，但排水量和尺寸压缩了不少。

   "迪普莱"级总长132.1米（合433英尺5英寸），最大宽17.9米（合58英尺9英寸），满载吃水深度7.4米（合24英尺3英寸），装载排水量7735吨，搭载24台贝勒维尔水管锅炉，提供蒸汽给3台三胀式蒸汽机驱动3根螺旋桨轴，航速只有20节，可以载煤1180吨，10节续航力7600海里。该级的武器是统一口径的8门45倍径164毫米（合6.84英寸）炮。这些炮安装在4座双联装炮塔里面，4座炮塔布置成法国战舰习惯采用的"钻石"形：首尾各一座炮塔，两舷一对翼炮塔。该舰也跟"圣女贞德"号一样，采用水线以上带有4层甲板的高干舷平甲板船型。首尾主炮塔位于露天的第四层甲板上，两舷主炮塔的位置矮一层甲板。该级的船体装甲防护使用102毫米（约4英寸）厚的装甲带。装甲带从水线以下1.2米（约4英尺）处一直延伸到水面以上2.1米（约6英尺10英寸）处，也就是大约两层甲板的高度，相当于过去战舰上的水线装甲带和舷侧装甲带合在一起，这在19世纪后期的各种主力舰和装甲巡洋舰上似乎是一个主流设计。这道装甲带朝前方一直延伸到船头，而且船头部分的装甲带进一步加高，在水面以上的高度达到2.4米，但没有像"圣女贞德"号那样船头整个干舷都带有装甲带防御。船头装甲带的厚度较薄，只有84毫米（约3.3英寸）。装甲带没有完全延伸到船尾，在距离船尾18.9米（62英尺）的地方，就没有装甲带了，这个位置设置了一道装甲横隔壁，横隔壁的装甲厚91毫米（3.6英寸）。这些垂直装甲都是哈维钢制作的。船体内有穹甲防御体系，穹甲主甲板在平坦部位和两舷斜坡分别厚41—71毫米（1.6—2.8英寸）不等。主炮炮塔厚120—160毫米（4.7—6.3英寸）。炮塔下面的炮座和弹药提升井也带有厚度从38—120毫米（1.5—4.7英寸）不等的装甲防御。

152. 这10艘战舰以10个郡的名字命名，所以又称"郡"级，但为了跟后来的"郡"级巡洋舰区分，这里就称为"蒙茅斯"级。原文此处用该级的一艘姊妹舰"肯特"号（Kent）来指代这一级，同样容易让读者误解，特别是进入20世纪后出现过更加有名的"肯特"级、"郡"级巡洋舰，故这里改回"蒙茅斯"级，这也是今天一般资料中的命名习惯。

153. 几乎是一艘二等、三等巡洋舰的定员了。

154. 之所以选非渗碳，可能是因为装甲的厚度太小了，渗碳层的厚度又不能灵活调节，过厚的渗碳层会让这种厚度不足的装甲整体上显得韧性太差，显得太硬、太脆。

155. "蒙茅斯"级全长141.3米（合463英尺6英寸），最大宽20.1米（合66英尺），吃水深7.6米（合25英尺），装载排水量1万吨，搭载31台水管锅炉，双轴双桨推进，航速23节。可见该级不仅比它要对抗的法国"迪普莱"级大2000多吨，而且航速也快出来3节，彰显了英国更高的工业技术水平。"蒙茅斯"级的排水量达到万吨大关，但武器只是14门6英寸速射炮，装甲带的厚度也只有4英寸，这个排水量刚好可以让该级跟第六章介绍的19世纪80年代初的主力舰"海军上将"级相比较，当时这款主力舰搭载4门13.5英寸主炮，可见20世纪初的万吨巡洋舰跟将近20年前的万吨主力舰相比，火力和防护仍然相差甚远，万吨巡洋舰的排水量主要用来提高航速和升高干舷了，而这正是"巡洋舰"这一舰种存在的意义。"蒙茅斯"级延续了"王冠"级以来的长艏楼设计，在艏楼甲板上和船尾露天甲板上，各安装了有1座双联装6英寸主炮塔，剩下的10门6英寸主炮安装在两舷舯部的炮廓里面。舯部靠近船身船尾的四角各有一座上下双层怀特炮廓，船体中点上有一对炮廓位于上甲板上。由于"蒙茅斯"级的排水量较小，它的长艏楼设计并不如"王冠""克雷西"和"德雷克"级这样"彻底"：艏楼甲板只延伸到前主炮塔后方、前舰桥和装甲指挥塔的两侧，再往后的整个舯部都没有艏楼甲板，这里的露天甲板其实跟船尾的露天甲板是在同一高度，只是舯部露天甲板两舷都有接近一人高的船帮板。12磅3英寸小炮就露天架设在这些船帮上。改级船体防御结构遵循了之前两级装甲巡洋舰的模式，舯部带有上下双层宽的装甲带，从水线下一直延伸到上甲板的高度。装甲带也朝前方一直延伸到船头，只是船头的双层装甲带减薄到只有2英寸。

装甲带没有延伸到船尾，所以装甲带的后缘安装了一道装甲横隔壁，厚 5 英寸。穿甲防御体系比较简陋，穿甲两舷斜坡带有 2 英寸厚的装甲。两舷的双层和单层炮廓带有 4 英寸装甲。指挥塔带有 10 英寸装甲。上述这些装甲都是克虏伯钢。前级主炮塔和下面炮座带有 5 英寸装甲，但材质是哈维镍合金钢。艏楼甲板比水线处的船体宽很多，也就是舰首带有明显的外飘。

156. 这场战斗中最著名的事件，就是英国的新锐战列巡洋舰击沉了德国的装甲巡洋舰，但具体情况不在本卷的介绍范围之内。

157. 似乎是左舷后部的双层炮廓，实际上这发炮弹并没有击中炮廓，而是击中了这个双层炮廓中下面那层炮廓后方的船壳，这里的船壳已经没有装甲，炮弹就飞进船体内起爆了。

158. 原文此处是"charge"，也就是发射药，但是 6 英寸副炮是定装式炮弹，炮弹本体和装填线状无烟火药的铜制弹壳应当连为一体。不过查阅当年留下的原始资料，发现原始资料便描述为"charge"，而不说"Shell"（炮弹）。

159. 梅斯此举避免了弹药库殉爆让战舰瞬间爆炸沉没的惨剧，他事后获得了一枚"特勇勋章"（Conspicuous Gallantry Medal），这是英国军队中颁发给士兵和士官的最高荣誉奖章。但炮廓内的殉爆弹还是导致 7 人严重烧伤，他们要么当场牺牲，要么在战斗结束不久后离世。

160. 福克兰群岛之战充分彰显了费希尔所鼓吹的战列巡洋舰的战斗价值，这些薄皮、重火力、高速、昂贵的大型战舰可以跨越大半个地球追杀德国的装甲巡洋舰，可是它们那薄弱的装甲防御了"肯特"号遇到的这种事故再次发生的机会：有两艘战列巡洋舰都在 1916 年因为类似的原因，弹药库殉爆而爆炸沉没，造成惨重的伤亡。

161. 他设计的前无畏舰也是如此。

162. 可能该级舰的设计航速太高，容易造成很强的舰首波，而这种外飘的舰首容易阻挡上浪。

163. 共鞍的火炮无法单独调节每门炮的俯仰，采用共鞍是为了减小炮塔的宽度。

164. "德文郡"级共建造了 6 艘。该级全长 473 英尺 6 英寸（约 144.3 米），最大宽 68 英尺 6 英寸（20.9 米），装载吃水深 24 英尺（7.3 米），装载排水量 10850 吨，航速 22 节，最多可搭载 1000 多吨燃煤。装甲防护的资料比较欠缺，只知道水线装甲带厚 6 英寸，带有 5 英寸厚的横隔壁，很可能是像"蒙茅斯"级那样的后隔壁；7.5 英寸炮塔的装甲厚 5 英寸，下面浅浅的座圈的装甲达 6 英寸厚；穿甲甲板的厚度在 0.75—2 英寸；装甲指挥塔厚 12 英寸。

165. 即只能达到 22 节。

166. 如"阿盖尔"号照片。

167. 这种速射机关炮在第二次世界大战中成了英国海军大名鼎鼎的防空机关炮，最早是在 20 世纪初的布尔战争中开始列装部队的，口径为 37 毫米，炮弹重 1—1.5 磅，可以在大约 3000 码距离比较精确地瞄准射击。

168. 该舰属于两舷前部也带一对 7.5 英寸单装炮塔的"德文郡"级后三艘姊妹舰之一。

169. 原文这里既提到 1903—1904，又写道"ld 1905"。事实上，这 4 艘"勇士"级都在 1904 年前开工了，故更正。

170. 介绍一下这两级巡洋舰的性能参数。这两级的火力更加强大，是英国海军第一批专门用来陪伴主力舰编队参加舰队决战的巡洋舰，而之前第八章的大型防护巡洋舰和本章前文的装甲巡洋舰，都可以看作在远洋保护贸易路线的专用战舰。

"爱丁堡公爵"级完工后的装载排水量达 12590 吨，全长 505 英尺 6 英寸（154.1 米），最大宽度 73 英尺 6 英寸（22.4 米），装载吃水平均 27 英尺 6 英寸（8.4 米）。该级比前一级"德文郡"级又加长了 30 英尺（9 米），排水量增加了 2540 吨。该级舰航速最高可达 23 节，最多载煤 2180 吨，外加 610 吨燃油，这样该级舰 10 节续航力可达 8130 海里。"爱丁堡公爵"级仍然是长艏楼船型，不过艏楼甲板就像"蒙茅斯"级一样，只延伸到前舰桥和装甲指挥塔的部位，比之前的"克雷西"级、"德雷克"级装甲巡洋舰的船型更加低矮。主炮为 6 门 IX 型 9.2 英寸炮，全部安装在单装炮塔内，艏楼甲板上安装一座，船尾露天甲板上安装一座，舯部露天甲板两舷各安装一前一后两座。该级的水上船体带有当时法国战舰招牌式的舷墙内倾，这样设计是为了增大舯部两舷 9.2 英寸炮塔朝前、朝后的射界。在露天甲板和上甲板之间的两舷舯部，布置了 10 门 6 英寸副炮，前 8 门没有采用装甲炮廓，最后 2 门采用了可以朝后方射击的装甲炮廓。"爱丁堡公爵"级的装甲防护非常完备，舯部从水线以下 4 英寸 10 英寸（1.47 米）直到水线以上 14 英尺 6 英寸（4.42 米）高的露天甲板，全都覆盖着 6 英寸厚的克虏伯表面硬化渗碳钢装甲，也就是说，舯部的主装甲带有 3 层甲板高，比之前所有的英式巡洋舰都高一层，只有当时意大利为日本建造的"日进"级才达到了这个防护标准。这道 3 层甲板高的装甲带，最上面一部分，也就是保护着上甲板和露天甲板之间的舷侧 6 英寸副炮炮阵的那段装甲带，只存在于舯部，长 260 英尺（即 79.2 米）。副炮炮阵装甲带的前后还有一道 6 英寸厚的装甲横隔壁，副炮炮阵内的每个炮位之间也设置了防破片装甲隔壁，厚度未知，可能是 2 英寸。副炮炮阵装甲带下面的那两道装甲带，即上甲板和穹甲主甲板之间的舷侧装甲带和主甲板直到水线以下的水线装甲带，都一直延伸到船头，厚度减薄到 4 英寸（即 102 毫米）。这道双层甲板装甲带也延伸到船尾，厚度减薄到 3 英寸（即 76 毫米）。可见该级的垂直装甲带防御非常完备，但水平甲板防御较为薄弱，只有穹甲主甲板带有装甲，而且厚度只有 0.75 英寸，仅仅在船尾舵机的上方，水下防御甲板的厚度增加到 1.5 英寸，在蒸汽机的上方，穹甲主甲板的厚度增加到 2 英寸。6 座 9.2 英寸单装炮塔的前脸厚 7.5 英寸，两侧面厚 5.5 英寸，顶盖厚 2 英寸。炮塔下面浅浅的座圈带有 6 英寸装甲，再下面是弹药提升井，也带有 6 英寸装甲防护，但在弹药提升井被装甲带遮住的部位，装甲厚度减薄到 3 英寸，也就是说，舯部那 4 座炮塔的弹药提升井全都只有 3 英寸厚装甲，而首尾 9.2 英寸炮塔的弹药提升井在上甲板高度以下减薄到 3 英寸。装甲指挥塔厚 10 英寸。

"勇士"级是"爱丁堡公爵"级的后续 4 艘姊妹舰，但根据前两艘服役中遇到的问题，在建造过程中进行了修改。主要问题就是舰队反映上甲板上的 6 英寸副炮距离海面太近，无法使用，于是替换成了 4 座 7.5 英寸单装副炮塔，安装在舯部两舷露天甲板上。新副炮炮塔的防御也是 6 英寸装甲。由于副炮装甲炮塔的位置非常高，船体装甲防护不得不比"爱丁堡公爵"级打一点折扣，以防止重心过高："勇士"级由于取消了上甲板和露天甲板之间的 6 英寸舷侧炮阵，炮阵装甲带也就取消了，退回到之前的英国巡洋舰的双层甲板装甲带设计。而且，这个双层甲板装甲带也没能够像"爱丁堡公爵"级那样一直延伸到船尾，船尾部分只有水线装甲带。除了这些变化之外，装甲的厚度都跟"爱丁堡公爵"级一样。建成后的 4 艘"勇士"级在主尺寸、排水量、航速、续航力方面也跟"爱丁堡公爵"级大致一样。

171. 所有前无畏舰，直到"纳尔逊勋爵"级以前，都有这种底舱两舷弹药通道，同时期的巡洋舰也都有这个通道。

172. 现代一般认为是当时刚刚研发成功的 XI 型 6 英寸炮，作者可能看错了，XI 型炮身管长 50 倍口径，之前的主流 6 英寸炮是 45 倍径的 VII 型。

173. 炮口火焰距离船体前部的 9.2 英寸舷侧炮塔太近了，会干扰到它们。

174. "爱丁堡公爵"和"勇士"级搭载了 1899 年就已经开发出来的 46.7 倍径 X 型 9.2 英寸炮。而到 1905 年的时候，身管更长的 50 倍径 XI 型才开发完成，刚好列装到这一年开工建造的下一级装甲巡洋舰（即"米诺陶"级）上面。所以也有可能是新式火炮在"爱丁堡公爵"级设计的时候还没有完成开发，所以没能搭载到这一级上面。

175. 1914 年在智利外海，德国两艘"沙恩霍斯特"（Scharnhorst）级装甲巡洋舰带领三艘轻巡洋舰击沉了英国两艘装甲巡洋舰，即"德雷克"级的"好望"号（Good Hope）和"蒙茅斯"级的"蒙茅斯"号。这让英国坐不住了，派出两艘新锐的战列巡洋舰带领数艘装甲巡洋舰满世界追捕格拉夫·施佩（Graff Spee）伯爵率领的这支德国远洋破交舰队，最后在福克兰群岛追上这支舰队，于是有了上文"肯特"号差点殉爆的事件，但这场战斗的主角是两艘新锐的战列巡洋舰，两舰各有 4 座 12 英寸的双联装主炮塔，完全碾压两艘"沙恩霍斯特"级 8.3 英寸（即 210 毫米）炮的火力。可是在 1914 年早些时候的科罗内尔之战中，火力的天平完全向德国人倾斜，两艘"沙恩霍斯特"级每艘都搭载 8 门 8.3 英寸炮，而"蒙茅斯"号只搭载了 6 英寸炮，"好望"号也只有 2 门 9.2 英寸炮。德舰的 16 门 8.3 英寸炮对英舰的 2 门 9.2 英寸炮，英舰被击沉就毫不为奇了——为了用 6 英寸炮打到德国巡洋舰，英国两艘装甲巡洋舰冒险接近到距离敌舰只有 6000 码的位置，结果 16 门德国 8.3 英寸炮的射击变得更加准确，不一会就把两艘英舰全部压制了。

如果说福克兰群岛之战主要展示了无畏舰时代"战列巡洋舰"的威力，所以放在本卷不恰当的话，那么作者不愿多谈科罗内尔之战，可能是不愿意承认 19 世纪末、20 世纪初英国装甲巡洋舰的总体性能确实落后于德国的产品。前文多次提及 19 世纪末的法国装甲巡洋舰，说英国海军是为了对抗它们而建造了"克雷西"级等装甲巡洋舰，而且"克雷西""德雷克"和"蒙茅斯"级的性能也确实高于"圣女贞德"号和"迪普莱"级装甲巡洋舰。然而，到了 19 世纪末、20 世纪初的时候，英法的工业实力其实已经不及后起之秀美国和德国，德国跟英国又只隔着一条英吉利海峡，所以德国到 19 世纪末开始了大规模的海军扩充计划，准备挑战英国的海上霸权。从 1898 年到 20 世纪头几年中，德国建造出四级装甲巡洋舰，它们在防护和航速上不弱于英国的装甲巡洋舰，火力却超过英国装甲巡洋舰。

下面简单介绍一下这些德国装甲巡洋舰的性能，跟当时英国的做一个对比。

跟"克雷西"和"德雷克"级差不多同一时期，德国于 1898 年开工建造了他们的第二艘装甲巡洋舰"海因里希亲王"号（Prinz Heinrich），排水量不到 9000 吨，航速 20 节，装甲带只有 100 毫米（4 英寸）厚，可见在个头、防御和机动性能上，都比当时英国的装甲巡洋舰次一些，但在这样的船体上，安装了 2 门 240 毫米（9.4 英寸）炮，10 门 150 毫米（5.9 英寸）副炮。这艘战舰采用了长艏楼船型，但舷侧防御的覆盖范围要比"克雷西"和"德雷克"级小得多——只有一道从船头延伸到船尾的水线装甲带，舷侧装甲带只覆盖了舯部很短一段距离。水线装甲带在舯部厚达 100 毫米，在船头船尾厚度只有 80 毫米（3.1 英寸）。舷侧装甲带和它上方的上甲板炮阵装甲带厚度据说也是 100 毫米，但不是克虏伯钢，只是普通钢板，可能还不是一层，而是多层薄钢板层叠而成，防御性能较差。10 门 6 英寸副炮分为 4＋6 的上下两层来布置，分别位于上甲板和船尾露天甲板上。主炮炮塔带有 150 毫米装甲防护。可见该舰的装甲防护水平不能和同时期的英国"克雷西""德雷克"级装甲巡洋舰相比。1900 年德国又开工建造了 2 艘"阿达尔贝特亲王"（Prinz Adalbert）级装甲巡洋舰，装载排水量达到 1 万吨，航速 20 节，船型、主炮炮塔和副炮的布局完全跟"海因里希亲王"级一样，"海因里希亲王"级可以算是试验舰。主炮从前后 2 门单装 9.2 英寸炮替换成前后 2 座双联装 8.3 英寸主炮塔。装甲防御的布局和装甲厚度也跟"海因里希亲王"级几乎完全一样。1902 年开始建造的"罗恩"（Roon）级几乎跟"海因里希亲王"级参数性能完全一样，只是航速提高了 1 节，达到 21 节。该级的船型、主炮副炮的布局以及装甲防御都基本和前两级类似。从"海因里希亲王"级到"罗恩"级，装甲防御上最明显的提高就是穿甲主甲板和上甲板之间的舷侧装甲带越来越长，在"海因里希亲王"号上，舷侧装甲带只相当于上甲板的副炮炮阵那么长，到了"罗恩"级上，舷侧装甲带几乎覆盖了前后主炮塔之间的部分。这 5 艘装甲巡洋舰的防护水平都只相当于"蒙茅斯"级，航速还要慢 3 节，却安装了更强大的武器。由于这 5 艘装甲巡洋舰的航速较慢，"蒙茅斯"级遇到它们还是有可能避免交战的，但如果"蒙茅斯"级主动迎战，比如军方在战略上需要让这些巡洋舰一战到底，那么下场可能就会跟科罗内尔之战一样了。可见，英国设计"克雷西""德雷克"和"蒙茅斯"级的时候，给它们的定位仍然是用于远洋贸易战，对手是轻巡洋舰和武装商船，但德国人给装甲巡洋舰安上 4 门口径较大的主炮后，英国这种火力不足的巡洋舰就要吃大亏了。于是才有了"德文郡"级和后来的"爱丁堡公爵"级、"勇士"级和"米诺陶"级。"沙恩霍斯特"级装甲巡洋舰于 1905 年开工建造，装载排水量 13000 吨，比前一级"罗恩"级增大的 3000 吨换来了很多很多东西：22.5 节航速；主装甲带从 4 英寸升级成 6 英寸；搭载总共 8 门 8.3 英寸炮，同时可以有 6 门这样的主炮朝一舷开火。该级的船型、火炮布局和装甲布局都跟前面 5 艘装甲巡洋舰几乎一模一样。采用了长艏楼船型，艏楼甲板和船尾露天甲板上各有一座双联装 210 毫米主炮塔。舯部按照上 4 下 6 的方式布置了剩余的中大口径火炮，但这 10 门炮不像之前的 5 艘装甲巡洋舰一样全是 6 英寸炮，上层的那 4 门炮廓炮都是 210 毫米主炮，下层的 6 门炮廓炮是 6 英寸副炮。舯部的主装甲带是 6 英寸厚的克虏伯钢装甲，大约宽 3.5 米（11.5 英尺），从水下延伸到上甲板。水线装甲带朝前方延伸到船头，减薄到 4.75 英寸，朝后方延伸到船尾，减薄到 4 英寸厚。6 英寸副炮炮阵侧面的装甲带和 210 毫米主炮炮廓的装甲也都是 6 英寸厚，但采用了克虏伯非表面硬化钢。6 英寸和 8 英寸炮廓前后的装甲横隔壁厚 5 英寸。主炮塔装甲厚 6.75 英寸，炮塔下面的座圈厚 6 英寸。可见，"爱丁堡公爵"级和"勇士"级的性能差不多跟"沙恩霍斯特"和"格奈森瑙"号（Gneisenau）持平。

176. 当时"防御"号正准备对付一艘德国轻巡洋舰，结果落入德国一艘战列巡洋舰和三艘无畏舰的射程内，德舰的轰击引起该舰后弹药库殉爆，该舰爆炸沉没。作者这里似乎刻意不提该舰沉没，仿佛是在逃避这艘英国战舰被击败的历史事实，这跟前文不多讲科罗内尔之战，似乎是出于同样的心态，这似乎不是面对历史该有的客观态度。另外，"防御"号不属于"爱丁堡公爵"级和"勇士"级，该舰属于下文的"米诺陶"级，是英国建造的最后一艘装甲巡洋舰，它的后继者就是全大口径的战列巡洋舰了，超出了本卷的范围。

177. "勇士"号是跟"防御"号差不多同时被德国战列巡洋舰和无畏舰"点名"的。"勇士"号遭受重创，上部船体火势失控，大量进水，但该舰免于当场沉没。因为"伊丽莎白女王"级超无畏舰"厌战"号舵机卡死，在德国公海舰队射程内无助地转了两整圈，及时引开了德国舰队的注意。但"勇士"号撤退后不久便弃船，北海的大浪最终吞没了它。

178. "米诺陶"级共建造了 3 艘姊妹舰。装载排水量 14800 吨，全长接近 160 米，最大宽接近 23 米，装载吃水接近 8 米，航速 23 节，10 节续航能力 8150 海里。该级继续采用"爱丁堡公爵"级的短艏楼船型，艏楼甲板和船尾露天甲板上一前一后各搭载 1 座双联装 9.2 英寸主炮塔，这种主炮是 1905 年研制出来的 XI 型 50 倍径 9.2 英寸炮，也是最后一型 9.2 英寸炮。主炮塔采用全电操纵，可以同时朝单舷射击的 9.2 英寸炮是 4 门，跟"爱丁堡公爵"号和"勇士"号上的 6 门 9.2 英寸炮布局相比，单舷主炮数量实际上是一样多的。舯部两舷各搭载 5 座单装 7.5 英寸炮塔，液压操作，炮管也是 50 倍径。主炮和副炮的开炮速度都能达到每分钟 4 发。从船头到船尾都包裹着一道两层甲板高的装甲带，在舯部的 5 座副炮炮塔这段，装甲厚 6 英寸，为克虏伯渗碳钢装甲；到船头先减薄到 4 英寸，在最前端大约 15 米的范围内，减薄到 3 英寸；船尾的装甲带只有 3 英寸厚。主炮塔前脸厚 8 英寸，侧面厚 7 英寸；副炮塔前脸也厚 8 英寸，侧面厚 6 英寸。主炮塔和副炮塔的座圈及弹药提升井的装甲围壁均厚 7 英寸。这些弹药提升井进入装甲带包围后，均减薄到 3 英寸。船体内带有穹甲主甲板，平坦部分厚 1.5 英寸，两舷斜坡厚 2 英寸，比前面的所有装甲巡洋舰都有所提升，达到了同时期前无畏舰的水准。

179. 可能是克虏伯渗碳表面硬化钢装甲。

180. 前面的"爱丁堡公爵"和"勇士"级都混合搭载了水管锅炉和圆筒式火管锅炉，其中水管锅炉占多数。

181. 即"蒙茅斯"级使用的外飘型舰首。

182. 原文为"美狄亚"（Medea）级，按照今天的命名习惯更改。该级包括 5 艘姊妹舰，舰名全都以 M 开头，其中包括"美狄亚"号。"马拉松"级采用了"艏艉楼"船型：船头大致在前桅杆往前的部分，带有艏楼甲板；船尾后桅杆往后的部分，带有艉楼甲板。舯部的上甲板直接露天。可见这种小型巡洋舰船体内只有两层水上甲板，靠近水线的是穹甲主甲板，水线以上是上甲板。6 门 6 英寸主炮成对分布在船头、舯部、船尾。船头和船尾的那两对分别位于艏楼和艉楼甲板上的两舷耳台上。船头的舷弧比较明显，可以提高这种小战舰的抗浪性。舯部那对 6 英寸炮位于上甲板高度的两舷耳台上。在三对主炮之间，上甲板上还有两对 6 磅小炮。穹甲甲板下的底舱舯部是锅炉和蒸汽机舱，蒸汽机舱前后是弹药库。两根桅杆采用简易帆装，只能挂纵帆。穹甲防御体系完备，底舱两舷有堆煤，穹甲主甲板和上甲板之间的两舷也有堆煤作为舷侧防护。"美狄亚"和"美杜莎"这两艘姊妹舰没有船底包铜，舰名都取自希腊神话。该级舰的发动机仍然是复合蒸汽机。

183. "阿波罗"级从 1889 年开始陆续建造，该级船型跟"马拉松"级一样，是艏艉楼式，船头船尾带有明显舷弧，以改善抗浪性。艏艉楼甲板上各安装 1 门 6 英寸速射炮，舯部露天的上甲板上安装 6 门 4.7 英寸速射炮，3 对 4.7 英寸速射炮之间是 2 对 6 磅速射炮。船体内带有穹甲主甲板，这层甲板在蒸汽机的位置带有第七章介绍的凸起式防御罩，因为三胀式蒸汽机刚开始都只能造成竖立式，很高，从底舱一直达到上甲板，所以在型深不够大的二等巡洋舰上，就只能在穹甲主甲板上开个大舱口，让蒸汽机的汽缸从里面伸出来，并在汽缸周围设置装甲防护罩。

184. 原文这里是摘录的 19 世纪的原始资料，资料中为"美狄亚"级。

185. 标定功率：实时测量蒸汽机汽缸内蒸汽压力随着活塞往复运动而改变的情况，再通过数学计算得出蒸汽在汽缸内膨胀做功时输出机械能的理论最大值。蒸汽做的这些机械功，一部分用来克服蒸汽机活动部件之间的摩擦，剩下的部分才能输出到螺旋桨轴上用来驱动螺旋桨转动。

186. "正义女神"级从 1893 年开始陆续建造，排水量 4360 吨，航速 18 节，总体设计跟"马拉松"和"阿波罗"级一脉相传。

187. "日食"级从 1893 年开始陆续建造，排水量 5600 吨，航速 18.5 节。由于这一级船增大，前三级上的艏艉楼船型已经没必要了。该级整个船体都在上甲板以上添加了一层露天甲板，除了舰首主炮之外的所有大小火炮，都在这层露天甲板上。舰首采用了短艏楼，艏楼甲板上安装 1 门 6 英寸炮，艏楼甲板后方两舷耳台上 1 对 6 英寸炮，尾部露天甲板 1 对 6 英寸炮，舯部 3 对 4.7 英寸炮。

188. "傲慢"级从 1895 年开始建造，排水量 5750 吨，航速 19 节，武备为 4 门 6 英寸速射炮、6 门 4.7 英寸速射炮。

189. 见第七章译者注释 76。

190. 1897 年开工建造的"高飞"级排水量 5600 吨，航速 20 节，外形和火炮布局几乎跟"日食"级完全一样，只是把舯部的 6 门 4.7 英寸炮换成了 6 英寸炮。

191. 后来为舰队进行战略侦察的轻型巡洋舰，扮演的就是这个战术角色。

192. 所以不可能达到高续航力，在大浪中也无法高速航行。

193. 相当于后来的"驱逐领舰"。

194. 这个数字越大，说明船体越修长。

195. 20 世纪初的驱逐舰。

196. 船体长度受到船坞的制约，但战舰性能的提升必然带来增重，结果必须不成比例地增加发动机功率，才能维持母型设计中的航速。

197. 该词是法语，意为"斯巴达般俭朴的"。

198. 多姆维尔 1902 年才升任上将。

199. 见第八章译者注释 92。

200. 亚罗式锅炉可以算是一款真正成功的水管锅炉，大量应用在 19 世纪末以后的战舰上。亚罗式锅炉的水管设计跟贝勒维尔式等第一批实用化水管锅炉最大的区别在于，亚罗式的水管是直管，而贝勒维尔式的水管是曲折的。第一批实用化水管锅炉的水管都是螺旋形或者曲折的，这是其工作原理决定的：水管被炉火加热之后会膨胀，越靠近火源的水管，膨胀得越多，如果不给水管留出膨胀变形的机会，水管便容易在管接头处爆裂开。工程师阿尔弗雷德·亚罗（Alfred Yarrow）对这个问题有他自己的认识。他和当时的其他工程师比起来，似乎更像搞理论研究的科学家，并从这种认识中提出了直管锅炉，并认为直管一定会比弯管性能更好，更有发展前景。早在 1877 年，亚罗便觉得，采用弯曲管主要是因为水管受热不均，各段水管的局部膨胀率不一样，而受热不均的主要原因不是离火源的远近不一，因为从近到远，受热效果会逐渐变化，不至于局部受热不均匀，他认为导致水管受热不均的最主要原因是锅炉水在水管中便会蒸发成水蒸气，蒸汽和液态水搬运热量的效率不同，导致富含蒸汽的水管容易过热而过度膨胀。解决的办法就是控制好水位，不让水在水管中沸腾。那么贝勒维尔式锅炉等首批实用化锅炉为何需要让水在水管内achieve沸腾变成蒸汽呢？水管锅炉的发明家们早已意识到，水管锅炉不像先前的火管锅炉，水管内的水必须循环流动，才不会局部过热导致水管爆裂，这就需要不断地产生蒸汽，靠水体受热和蒸汽从锅炉管道体系中不断排出来形成抽吸力，从而带动锅炉水在水管内不断流动。贝勒维尔等发明家都认为，驱使水流动的原动力是炉膛中的火，火从下面加热水，水便会向上方流动，为了让水能够朝下方返流，贝勒维尔式锅炉在水管体系的侧面安装了返流管，这是完全独立于水管的存在。发明家们认为，这根管子不受锅炉的火加热，水流和蒸汽分离之后，便能从这个管子回到水管体系的底端，再次接受加热。这个设计带来的问题就是，这根返流管很难承受蒸汽的压力，因为它里面的水流温度较低、流速较慢，管径必须比较宽大，才能暂时容纳水管中的水，而管径越大的管子，越不容易承受蒸汽压。亚罗注意到当时其他发明家的设计中普遍存在的这个问题，便做了一个实验，看能不能不要这个返流管。亚罗可能推测到，就算没有返流管，水也会自然在水管中循环流动起来，因为水没有其他地方可去，它被炉底的火焰炙烤而沿着管子上升，到达管子顶部化为蒸汽，则蒸汽压力会压迫着水体，让它不能再继续上升，那么它只能下落回去，如果没有返流管，那么便只能再次顺着水管返流到炉底了。亚罗的实验证实了这一点。只要水加得够满，那么水管顶部的蒸汽就可以压迫锅炉水返流，则底部炉火和顶部蒸汽就驱使水循环流动起来了。而且，水如果加得足够满，那么水可能就无法再在水管内蒸发成蒸汽了，这样一来，水管内永远保持满水的状态，也就不会出现受热不均的问题了。只要锅炉工作起来，整根水管的受热膨胀率只有从水管底火源到炉顶蒸汽包逐渐变化，那么水管也就不需要制作成复杂的形状了，这样的直管无疑可靠性大大提高，还可以率先应用 19 世纪 90 年代随着自行车大流行而发展起来的钻镗式无缝钢管技术。于是亚罗式锅炉的水管系统上部是一个蒸汽包，蒸汽包下面是"八"字形的两群斜排直管，每群都由多排管道组成，每群水管的底端都汇入一个锅炉水包中。"八"字之间设立炉膛。水管注满水后，炉火便会加热"八"字的两条腿，其中，靠内侧的那些水管会受热更多，从而让锅炉水循着靠内侧的水管上升到蒸汽包，在那里部分化为蒸汽，剩余的则从靠外侧的水管下降，回到水包中，形成循环流动。巴布科克式锅炉的设计跟亚罗式在原理上很接近，也是直管锅炉。

201. 亚罗式锅炉的蒸汽压很高，为了更好地承受蒸汽压，便采用了直径更小的水管，这样还能大大增加锅炉水的受热面积，而锅炉重量却不会增加。这样设计没有问题，但直径更小的水管，膨胀变形的问题就更加突出了，因此后来的亚罗锅炉都采用了弧形水管来给水管的膨胀变形留出余地。坚持采用直管，便要直面水管不能自由变形的问题，水管可能会爆裂。

202. 香港。

203. 所谓"套管"（Field tube）式水管锅炉，它的水管里面还有一个套管，水管在炉底的火焰上受热，然后锅炉水从内外管之间朝上流动，在水管上方化为蒸汽后，剩余的锅炉水再从内管返流回管底，因此这样的水管只有一端开口。

204. 蒸汽首先从锅炉中产生，然后进入蒸汽机的汽缸中膨胀做功，推动螺旋桨转动、船身前进，最后进入冷凝器中跟冷水隔着管道接触而重新凝成液态水，然后送回锅炉中循环使用。

205. 英文原文把后三句押韵，且文辞水准不高，故对应翻译。

206. 第六章曾提到，英国海军的"维多利亚"号低干舷炮塔铁甲舰在列装三胀式蒸汽机的同时，也安装了小型的蒸汽轮机作为发电原动机。

207. 强制润滑早在 19 世纪 80 年代就开始用在发电机上了。这套系统就是在蒸汽机和蒸汽轮机的活动部件，比如蒸汽机的曲轴、连杆、轴承等等零件的表面上，事先刻出许多沟槽，然后用一套细管路把这些沟槽都连接到一起，再用蒸汽机或者蒸汽轮机带动一座辅机来驱动一个油泵，往这些管路和沟槽组成的强制润滑系统中泵油，只要动力机械在工作，就会一直润滑油流过各个活动部件，这样便能够随时润滑活动部件接触面，并通过油液的蒸发及时带走摩擦产生的热量。

208. 此处原文为"hoses playing on hot bearings"，是一个缩略描述，直译则读者不易理解，故对照费希尔传记中更详细的行文后，才有了这样的译文。

209. 主要是指水管随意甩动，同时机械师们还需要穿防水油布制作的工作服，否则就会被水管喷溅出来的水打成落汤鸡。

210. 3—4 个汽缸同时高速往复运动，有把自己晃散架的趋势，需要沉重的外框架才能固定在一起，还需要复杂的润滑和配重，可以说已经把往复式机械的潜力发挥到极致了。任何机械和结构材料，在日常运行中，最好都不要把它的能力使用到接近其极限，否则都容易出问题。

211. 蒸汽护套本来是瓦特发明出来提高蒸汽机热效率的，有了它，蒸汽机的效率才达到了实用。蒸汽护套就是把汽缸整个用蒸汽包裹起来，这样汽缸缸体金属材料本身的热胀冷缩就能降到最低，不至于浪费蒸汽膨胀时释放出来的能量。由于汽缸热胀冷缩会破坏气密性，蒸汽套也就能降低汽缸的蒸汽泄漏，从而让更多的蒸汽能冷凝循环回到锅炉中去。同理，护套自身也会热胀冷缩而破坏气密性，造成蒸汽泄漏损失。

212. 因为商船通常并不买账，商船的动力机组运行起来的状况往往比战舰要差得多，因为频繁维护保养的成本实在太高了。

213. 大大改善了泄漏问题。

214. 这样便克服了管道自身泄漏的问题，原来的管子都是铜板卷起来焊接到一起的。

第十章
实战的检验

在本卷介绍的这段历史时期，基本上就没怎么发生过海战，而且真在海上发生了冲突的那几个国家中，也不包括英国。于是，这段时期里的英国海军部只能非常非常认真地研究外军作战的例子，并用战舰当靶子，进行了大量非常接近实战条件的全尺寸技术验证。[1] 还有几个毁伤与防御效果实验是在 1905 年以后进行的，但这些实验揭示了前面几个章节介绍的战舰真正有多强的战斗力和战场生存能力，所以就包括到了本章中来，同样，很多 19 世纪 90 年代的前无畏舰和巡洋舰都参加了第一次世界大战，它们的战损情况和战斗中反映出来的问题也会在本章中涉及。

中日甲午战争，1894 年 7 月到 1895 年 2 月

1894 年 7 月，中日两国不宣而战[1]，这本身对于未来的海战恐怕就是一个有用的参考。这场战争中只有一场重要的海战，那就是 1894 年 9 月 17 日在黄海的鸭绿江入海口发生的"大东沟海战"。[2] 此战中，北洋水师的主力是两艘模仿"不屈"号设计的中腰铁甲堡式铁甲舰，而日本联合舰队连铁甲舰都没有，全部由防护巡洋舰构成，其中有几艘搭载了重型火炮。[3] 这场战斗的主要交火是在 2000 到 2500 码的距离上进行的，日军战舰的命中率大约是 10%，清军战舰的命中率大约是 5%。清军的两艘铁甲舰屡屡被弹，"镇远"号被弹大约 150 发，"定远"号被弹 200 发，[2] 结果"定远"号燃起熊熊大火。里德当年对"不屈"号的批判集中在中腰铁甲堡前后的船头船尾缺少装甲防护，如果这些部位被大量炮弹击穿，战舰就会进水，进而失去稳定性，倾覆沉没，这场战斗用实例在一定程度上驳斥了里德的这种认识。

英国海军仔细研究了这场战斗，譬如，怀特在向海军部委员会提交"老人星"号的设计时[3] 说，这场战斗中，日本重炮巡洋舰的一发 12.6 英寸（320 毫米）炮弹虽然击中了清军铁甲舰舷侧的 8—14 英寸厚钢面复合装甲带，但穿深只有 3—4 英寸。在试验靶场的理想条件下，这种口径的主炮应该能从 2500 码击穿 23 英寸厚的熟铁装甲或者 18—19 英寸厚的钢面复合装甲。因此，怀特表示，在实战条件下，装甲的防弹性能将会比靶场上强很多。[4] 怀特好像忘了考虑另一种可能性：日军的穿甲弹本身质量就有问题，所以才没能击穿。[5] 这场战争

---

[1] H. W. 威尔逊著《战列舰战史》（Battleships in Action），1926 年出版于伦敦，1995 年再版。这是有关前无畏舰时期战舰的最重要的一部资料。参见本书末尾对主要参考资料的介绍。

[2] 这里罗列的战舰被弹数量令人难以置信，不过当年留下来的照片可以印证，被弹数量确实非常大。比如可以参考 H. W. 威尔逊的《铁甲舰战史》（Ironclad in Action）一书中翻印的照片资料，该书 1896 年出版于伦敦。

[3] 国家档案馆归档条目 ADM 116/878。

[4] 不管当时和后来，海军中都有不少人信奉这条"规则"，比如到了 20 世纪 30 年代研发"英王乔治五世"（King George V）级的防御时，仍然提出这条规则来，而且大家觉得这条规则仍然是可靠的。

[5] 日本在 19 世纪 90 年代中期，开始用"下濑火药"（即苦味酸炸药）作为炮弹的装药。这个史实至少能说明日本人有可能已经意识到以前的炮弹杀伤力严重不足。

中发生的其他战斗，借鉴意义就不大了，但日本人竟然无视中立国的豁免权，击沉了挂着中立国旗帜的商船，[5] 这引发了国际外交上的一些关注。

1898 年美西战争 [①]

1898 年 4 月 21 日，两国正式宣战。[6] 这场战争中一共打了两场海战，都打得一边倒，因为美国的装备水平大大高于西班牙。[7] 第一仗是 1898 年 5 月 1 日在马尼拉打响的，美国 4 艘防护巡洋舰和 2 艘炮舰组成的小舰队，完全摧毁了马尼拉港内下锚的西班牙舰队，这些西班牙战舰包括 1 艘个头很小的不适合远航的巡洋舰、5 艘炮艇、一些陈旧过时的老式舰艇。交火距离在 2000到 5000 码之间。那艘西班牙巡洋舰和它周围几艘炮艇都在沉没前剧烈燃烧。西班牙人投降后，美国人仔细检查了敌船残骸，估算了这支美国小舰队的命中率。[②]

表 10.1 1898 年 5 月 1 日马尼拉之战中美军炮术水平

口径（英寸）	发炮数	命中数	命中率（%）
8	157	14	9
6	635	7	1
5	622	22	3.5
6磅	2124	31	1.5

这场战斗中，美国这支小舰队也遭几发西班牙炮弹命中，但没有造成什么严重的损伤，人员也没有伤亡；西班牙方面 167 人战死，214 人负伤。

1898 年 7 月 3 日，美国对古巴圣迭戈港实施封锁以后，1 艘西班牙装甲巡洋舰和 3 艘西班牙防护巡洋舰试图突围出去，被 4 艘美国主力舰和 1 艘美国装甲巡洋舰组成的拦截力量摧毁了。这 3 艘西班牙巡洋舰上面的 11 英寸炮都出了点问题，而 5.5 英寸副炮则缺少弹药。西班牙装甲巡洋舰的 10 英寸主炮也还没有安装。[8] 第一艘试图逃出该港的西班牙战舰是防护巡洋舰"特雷莎"号（Teresa），该舰在美舰炮击下，熊熊燃烧，冲滩搁浅以避免船上人员落水身亡，不久后，它的姊妹舰"比斯卡亚"号（Vizcaya）也落到了同样的境地。接下来试图逃走的是那艘装甲巡洋舰"科隆"号（Colón），该舰差一点就突围成功了，可是港内劣质的燃煤让其航速突然大幅度下降，结果该舰在受损并不严重的情况下，也无奈选择了冲滩搁浅来尽量减少人员伤亡。最后突围的是"奥肯多"号（Oquendo）防护巡洋舰，跟前两艘姊妹舰一样，该舰中弹后也熊熊燃烧，最后冲滩搁浅了。美军事后再次检查了敌舰残骸，把弹痕跟发炮数进行了对照。

① 这部分是根据威尔逊的《铁甲舰战史》写成的，另外还参考了 J. R. 斯皮尔（Spears）著《美西战争中的美国舰队》（The American Navy in the War with Spain），1899 年出版于伦敦。

② 其实很难确定地说船身上每个破洞都找到了，不过这些数字至少准确地统计了那些大口径主炮炮弹造成的破洞。

表 10.2 1898 年 7 月 3 日圣迭戈之战中美国海军的炮术水平

口径（英寸）	发炮数	命中数	命中率（%）
13	47	0	0
12	39	2	5
8	219	10	5.5
6	271 }	17*	2
5	473 }		
4	251	13	5
6 磅	6553	76	1

* 5 英寸和 6 英寸炮弹打出的弹孔几乎无法区分。

美西战争中，美军炮术似乎非常差劲，尤其是马尼拉之战，对手几乎没有还手之力，而且还处在停泊状态，任由美军战舰轰击，命中率却低得惊人，这是这场战争最值得研究的一个教训了。当时，英军的珀西·斯考特上校已经琢磨出来提高英国海军炮术的具体办法了，次年他便指挥"斯库拉海妖"号进行了一次实训演练，美国海军炮术的糟糕表现让皇家海军指挥体系从上到下都更快地看清了斯考特炮术的优势，从而接纳这种新炮术。

西班牙战舰大多毁于烈火。西班牙防护巡洋舰船体内的主甲板和上甲板，全是在钢制甲板梁上面铺设木板，也就是说根本没有钢制甲板，可是木板在热带的烈日暴晒下很快就非常干燥了，一点就着。[①]英国似乎早在美西战争之前，就已经认识到预防火灾的重要性了，仔细审视了现役战舰上的火灾隐患，1897—1898 年造舰计划中的"克雷西"级装甲巡洋舰就大大减少了木制栖装品，而且舰上实际安装的木制配件也都浸泡过防火溶液了。后续的"德雷克"级装甲巡洋舰为了进一步降低火灾的风险，大大降低了甲板上上层建筑的高度。遭摧毁的西班牙战舰中，有两艘是因为已舰的鱼雷殉爆，于是美国海军决定以后不给主力舰和巡洋舰安装水上鱼雷发射管。[②]西班牙战舰上火炮的轻装甲防盾根本不能提供有效的防御，防盾后面的炮组成员死伤惨重，比如圣迭戈之战中，西班牙方 323 人战死、200 人负伤，而美方只有 1 人战死、10 人负伤。根据"抵抗"号的秘密测试，怀特坚持要在前无畏舰的副炮炮位上安装装甲炮廓，这一做法现在又得到了美西战争的实战经验的印证。

古巴外海的美军舰队还有 4 艘低干舷浅水重炮舰，它们毫无用处，完全就是累赘。

1900 年举行的"贝尔岛"号打靶实验

这次打靶实验是 1900 年夏天在塞尔西角（Selsey Bill）外海举行的，靶舰是陈旧过时的铁甲舰"贝尔岛"号[②10]。开炮打靶的是"庄严"号前无畏舰，该

① 很有可能是美国的炮弹都以黑火药作为装药，所以纵火能力比较强。
② D. K. 布朗著《攻击和防御》（*Attack and Defence*）第 5 部分，刊载于 1985 年 4 月在伦敦出版的《战舰》杂志第 34 期。

舰以 10 节的航速从靶舰旁边徐徐驶过，在靶舰左舷后方 1700 码处开始炮击，同时徐徐行驶，直到跟靶舰又拉开大约 1700 码距离时停止炮击，期间最近开炮距离仅 1000 码，炮击总共持续约 7 分钟。[①]这次打靶的命中率跟前文美军糟糕的表现形成了鲜明对比，打靶结束后统计靶舰上的弹坑和破洞，发现命中率高达约 40%，而美国舰队在马尼拉炮击西班牙舰队的时候，可以说所处情况非常类似。不过，即便这个命中率比美国人的成绩好看得多，也别忘了"贝尔岛"号铁甲舰个头很大，而且静止不动，这样看来"庄严"号取得的这个命中率也并不算特别优秀。

这次打靶测试的目标有以下几点：[②]

1. 评估战斗中舰上木制栖装品起火的危险。当然，靶舰接受炮击前已经做好了开战前必要的防火措施，一般训练有素的战舰上都会做好这些防火措施。

2. 最大限度地模拟实战条件下发射的各种炮弹给船身后造成的毁伤效果，好给海军军官们一个更加准确的感性认。[12]

3. 寻找造成最理想毁伤效果的最好战术，以备实战中遇到条件允许时能够及时发挥出来。

为了模拟实战条件，靶舰"贝尔岛"号锅炉生火，船上各种火炮和设施都配置为迎战状态，模拟军官和水兵的假人也都摆放在各自通常的战斗位置上。舰载艇和备用桁材没有扔进大海里，而是留在原处，但都做好了符合日常训练规范的防火措施；各层甲板都用水管浇水打湿。"庄严"号的炮击在靶舰上引发了 6 处小火情，都比较容易扑灭。"庄严"号的炮弹命中靶舰后，从远处可观测到巨大的爆炸云[13]，这是由于有的炮弹装填了 1000 磅黑火药，有的炮弹装填了 500 磅立德高爆炸药。虽然火情看起来不严重，但调查报告中指出，所有缺乏装甲保护的船身结构内，救火动力水泵和手动水泵全都被彻底摧毁了，所以不可

① 这里是根据《布拉西海军年鉴》(1901 年在伦敦出版)，而这个海军年鉴又是根据当时《泰晤士报》和《工程师》杂志上的文章来叙述的。
② 见《1915 年炮术手册》。

能把水从底舱运输到船头和船尾的露天甲板上来。所有舰载艇都被轰成了碎渣，但是无一起火——不论是用湿帆布盖住的，还是直接暴露的舰载艇。从桅杆上斜拉到甲板上的挂信号旗用的缆绳，全都被切断了。"贝尔岛"号到1900年已经老旧过时，也没有专门为了这次打靶实验而进行改装，这说明前无畏舰时代战舰的防火措施应该已经足够了。

表 10.3 "贝尔岛"号打靶实验：发炮和命中情况（所有炮弹均以全装药量发射）

发炮数	炮弹类型	命中*	备注
7	12英寸穿甲弹	0	在靶舰上没找到入射的炮弹，打靶时用的穿甲弹可能也没有装填火药
8	12英寸通常弹	5	
100	6英寸立德高爆弹	} 75	瞄准船头和舯部炮室
100	6英寸通常弹		瞄准船尾
400	12磅通常弹	80	
750	3磅穿甲弹	35	

* 布莱塞说各种火炮总体上命中率达到40%。如果上表数据可靠的话，那么说明"庄严"号的主炮射击精度还是不错的。

在靶舰上没有发现入射的12英寸穿甲弹，不过也有可能是这些炮弹从没有装甲的轻船壳穿了过去，把靶舰打了个对穿，落进海里面去了，而贯穿孔又被其他炮弹形成的伤痕给掩盖了。"贝尔岛"号的装甲仅仅是8英寸和12英寸厚的熟铁，很轻易地就被"庄严"号发射的2发12英寸通常弹和1发6英寸通常弹给击穿了，结果通常弹爆炸后把该舰炸沉了，好在靶舰停泊地的水很浅[14]，很轻松地就把靶舰捞起来检查战损情况。瞄准船尾打的那些装填了黑火药的6英寸通常弹，跟瞄准船头和舯部打的那些装填了立德炸药的6英寸高爆弹，两者毁伤效果差异非常大。6英寸通常弹引爆后，爆炸点周围所有东西就像"用斧子劈过"一样，而6英寸高爆弹可以把周围的东西炸得就像"干腐了的木料"一样[15]。立德高爆炸药可以在缺少装甲防护的船壳上炸开边缘很不整齐的大洞，在海上根本没法临时修补起来。如果立德高爆弹在两层甲板之间起爆，就会把甲板炸得凸起来，并把甲板条撕裂，装填了黑火药的通常弹没有这种效果。"高爆弹会对战舰造成极大的破坏，还会极大地打击官兵们的战斗意志。"到1921年《华盛顿海军裁军条约》之前，英国的战舰都坚持在船体上保留大范围的薄装甲防护，正是为了应对高爆弹，即使是较薄的装甲，也足够拦住大部分的高爆弹了。[16]虽然通常弹爆炸产生的破洞也相对比较难修补，但是好歹可以用木板暂时封堵住。

一共在靶舰上安放了130具假人，打靶后统计发现，在炮位之间设置横隔

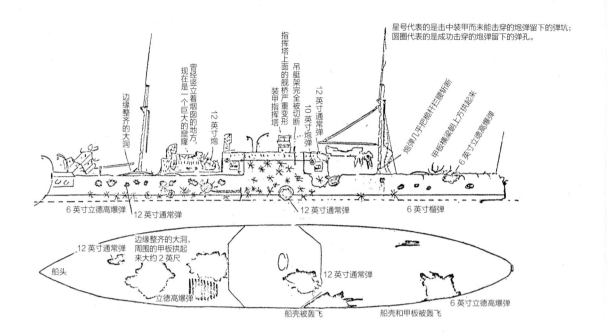

星号代表的是击中装甲而未能击穿的炮弹留下的弹坑；
圆圈代表的是成功击穿的炮弹留下的弹孔。

边缘整齐的大洞

曾经竖立着烟囱的地方，现在是一个巨大的窟窿

12英寸炮

指挥塔上面的舰桥严重变形

吊艇架完全被切断

装甲指挥塔

12英寸通常弹

10英寸炮弹

炮弹几乎把桅杆上方齐整斩断

甲板横梁朝上方拱起来

6英寸立德高爆弹

6英寸立德高爆弹　12英寸通常弹　12英寸通常弹　6英寸榴弹

边缘整齐的大洞，周围的甲板拱起来大约2英尺

12英寸通常弹

船头

立德高爆弹

12英寸通常弹

船壳被轰飞

船壳和甲板被轰飞

6英寸立德高爆弹

1900 年塞尔西角打靶实验中，"贝尔岛"号战损示意图。

壁可以有效降低"伤亡"人数。就像在"不屈"号以来的水下防御甲板和穹甲防御体系中一样，该舰上很多不同位置也填充了用一捆捆帆布制成的挡水坝，发现没有一个这样的挡水坝起火燃烧。

1902 年，制作了一个 6 英寸厚的克虏伯钢装甲靶，模仿"德雷克"号的副炮装甲炮廓。在接下来的打靶测试中，这个装甲靶承受住了 2 发 6 英寸铸钢穿甲弹的轰击，所用发射药量模拟了从 2300 码炮击的效果，不过，这座装甲靶被 2 发 9.2 英寸穿甲弹击穿了，发射时模拟了从 5800 码开炮的效果。背后堆煤的装甲板比没有堆煤的，受损更严重，但是堆煤能够吸收炮弹击中装甲时的冲击波，并拦截破片，所以堆煤舱可以从整体上减小伤害。

后来又用 4 英寸克虏伯钢装甲制作了一个装甲靶，模拟"蒙茅斯"号上的装甲炮廓。朝它发射了 4 枚 6 英寸和 2 枚 9.2 英寸炮弹，其中 6 英寸炮弹相当于从 4100 码炮击的效果，6 英寸炮弹有 3 发击穿了，9.2 英寸炮弹 2 发都击穿了。9.2 英寸炮的杀伤力一如既往地得到英国海军的赞许。像从前的测试一样，也发现不能在装甲上固定栖装件，因为栖装件可能会被炮弹击中装甲造成的冲击力震飞。

从技术角度评析日俄战争中的海战

这场战争是 1860 年到 1905 年间唯一的一次大规模海上冲突，所以当时的英国海军给予高度重视，认真做了调研，不过总体来说在英国人眼中这是一场使用过时武器打的落后于时代的战争，而且这场战争暴露出来的问题，很多都

已经得到英国海军的重视了，比如 1905 年"无畏"号的设计中就已经整合了这场战争的不少"经验教训"。海军上将费希尔把当时英国军界对这场战争的解读搅得更加混乱了，因为他到处说这场战争中的实例完全证实了他的各种建议，然而他的观点和看法一直以来都是不停变化的。尽管如此，英国海军还是从对这场战争的研读中发现了几个新问题，并迅速而有效地采取了应对措施。下面简单概括一下[1]当时英国海军学到的教训以及采取的应对措施，同时站在今天的视角，看看当时人们的认识是否合理。

下文不讨论战争中舰队应当如何部署和行动等纯粹的战术问题，[2]不过这些问题与航速、"全大口径"（All-big-gun）舰载火炮、火炮射程、鱼雷和水雷的战术价值等等一系列时人关注的热点，是密不可分、交杂融合的，这些热点话题集中在一起，就自然产生了建造"无畏"号等新型战舰的需要。除了这些跟战术相关的问题，就是纯粹的战舰设计方面的问题了，比如战舰上的装甲防御应该如何布局，水下防御结构如何设计，船体内的防火设计，等等。战舰的战术性能和战舰设计上的技术解决方案这两者是分不开的，至于原因，举例来说，主炮的尺寸和交火的距离将决定装甲的厚度、装甲能够覆盖多大范围以及装甲的具体布局。

日俄战争中一共发生了两次主要的海上战斗：第一次是 1904 年 8 月 10 日的"8 月 10 日"海战，战场在黄海；第二次就是永载史册的 1905 年 5 月 27 日对马海战。此外，还有巡洋舰之间的遭遇战和对决，而且双方都有主力舰尚未登上舰队决战的战场就遭水雷重创。英国皇家海军对这场战争中的各场海战都了解得非常清楚，因为当时英国和日本是盟友关系，日本允许多名英国海军军官伴随联合舰队行动，[3]这些军官提供了宝贵的第一手资料，同时，日本也把自己的一些秘密报告拿出来跟英国人分享。

航速的战术价值

8 月 10 日，日俄舰队相遇时，战舰航速旗鼓相当，日军舰队发现他们有点追不上想要突围的沙俄舰队，没法快速拉近距离。而在对马海战中，日本舰队的平均航速在 15 节左右，可是跨过大半个地球劳师远征的沙俄舰队只能维持 9 节的航速，因为舰队中有几艘老旧过时的铁甲舰，本身航速不高，另外，长距离航行后船底污损严重，也降低了大约 3 节航速。1902 年，英国海军也设立了战争学院（War College），梅上校担任院长，这个机构作为海军的智库，通过兵棋推演等方式为海军的战略战术出谋划策。梅领导的战争学院最开始的研究似乎表明，战舰的航速其实没什么战术价值，因为航速较慢的那个舰队永远都可以及时转向，从而一直用己舰的舷侧火力朝着航速较快的舰队射击，挫败航速

① D.K. 布朗撰《从技术角度看日俄战争》（Technical Lessons of the Russo-Japanese War），刊载于 1996 年伦敦出版的《战舰》杂志 1996 年刊。该文对这部分内容探讨得更加详尽。
② 关于这场战争的总体情况，可以参考 H.W. 威尔逊的《战列舰战史》以及 J.S. 科贝特（Corbett）的《日俄海战》（Maritime Operations in the Russo-Japanese War）。科贝特这本书 1915 年刚写出来的时候是总参谋部的内参文件，1994 年在安纳波利斯海军学院出版社公开出版。
③ 帕克南（Pakeham）海军上校是英国派往日本军舰上的首席观察员，他的观察报告现存于国防部图书馆（Ministry of Defence Library）。本书的这部分描述中大量引用了他的报告。

① J. W. 斯莱德海军上校撰
《战列舰航速的价值》
（Speed in Battleships），
刊载于战争学院内参刊
物上，1906 年 5 月 31 日。

较快的舰队抢占"T"字阵位的企图。1905 年日俄战争结束之后，梅的继任者斯莱德（Slade）上校 ① 则在模拟对马海战的战棋推演中发现，就如同当时的沙俄舰队需要突破日军封锁，进入符拉迪沃斯托克那样，如果一个舰队必须抵达一个明确的目的地，或者受到海岸线限制而不能自由机动，那么航速的作用就体现出来了。后来，时任海军军械处处长杰里科在总设计师瓦茨的鼓动下撰写了一篇论文，杰里科在文中说，战舰的航速还是高一点更好，只要不会导致造价大幅度攀升——这可以说是非常切合实际的看法了。

大炮、炮术和炮弹

日俄战争中这两场海战从战术层面上来看几乎截然不同。8 月 10 日，双方都强调远距离炮战，沙俄战舰甚至相距 15000 码左右就开始发难了，等双方接近到 12000 码的时候，沙俄的射击变得相当准确；这很了不起，因为沙俄的战舰上当时甚至连潜望镜式的瞄准具都没有安装。整场"8 月 10 日"海战中，两军交火的距离基本保持在 6500 到 9500 码这个范围内，双方的实战命中率都挺高的。帕克南在日本军舰上当观察员，由于他使用了日本的 4 英尺 6 英寸短基线测距仪，把距离给测量错了，他以为双方的距离比上述范围还要大 3000 码左右。于是他觉得，既然英国海军的炮术水准比日军更高，那么英国海军应该能够在 2 万码直接开火，1 万码就应该视作"近距离"作战了。

1904 年的这场海战中，日军舰队并不占有显著的航速优势，联合舰队司令东乡平八郎可能也不想和沙俄舰队展开近身决战，而是想保存实力，因为根据情报分析，沙俄会把波罗的海舰队派遣到太平洋来，到时候还需要跟这支舰队一战。对马海战则跟"8 月 10 日"海战大为不同，主要是在中近距上进行交火。沙俄和日本的军舰上都没有中央火控系统来指挥全舰的火炮，炮位都是各自为战，整场战争中都是如此。西姆斯（Sims）[①]强调，如果双方距离变化得非常快，命中率就会非常低了[18]。

当时，不管是英国观察员，还是日军军官，都对两场海战中日本炮弹截然不同的毁伤效果感到惊异。日俄战争开始的时候，日本战舰上大口径主炮总共有两种型号的炮弹可以使用：其一是穿甲弹，里面带有相当于弹重 5% 的装药[②]；其二是"高爆穿甲榴弹"，装填了相当于弹重 10% 的装药。不管是穿甲弹还是高爆榴弹，装药全都是下濑火药——苦味酸炸药，跟英国的立德高爆炸药非常类似。"8 月 10 日"海战中，日本前无畏舰上面的 16 门 12 英寸主炮，竟然有 3 门因为炮弹在炮管内提前引爆而炸膛，于是日本抢在对马海战开始之前，重新设计了炮弹的引信，提高了安全系数。根据帕克南的观察报告，这些新引信的灵敏度就没那么高了，后来很多学者都从帕克南的这条观察记录推论说，改进了引信的日本炮弹肯定穿甲能力更强了，但这样的推论有些勉强[19]。

在对马海战之前，日本海军又列装了第三种类型的炮弹——装填了大量黑火药的通常弹，[③]后来学者常常把这种炮弹误认为是高爆弹。在战后的统计中，各艘战舰的火炮每种炮弹到底打了几发，日本人自己也搞不大清楚，不过看起来，日本的炮弹就没能击穿过厚度超过 6 英寸的装甲，而沙俄战舰上的幸存者也说，日军击中俄舰的炮弹中有相当大一部分是装填黑火药的通常弹。"8 月 10 日"海战中，日本舰队总共发射了 279 发穿甲弹，其中至少有 10 发击中了沙俄战舰装甲，命中位置基本都在炮塔上，可是一发都没能击穿。[20]对马海战中，沙俄"博罗季诺"（Borodino）级前无畏舰"奥廖尔"号（Orel，或译为"鹰"号）被日军炮火反复击中，该舰投降后，日本人仔细检查了该舰，发现有一发类型未知的 12 英寸炮弹[21]击中了 5.75 英寸的水线装甲带[22]，留下了弹坑，但没能击穿。

沙俄炮弹装填的是酒精浸泡的硝化棉，比日本的下濑高爆炸药要迟钝一些，所以沙俄穿甲弹的穿甲能力就稍微好一些。可是沙俄炮弹中未能起爆的哑弹数量不少。有一种未证实的说法[④]称，沙俄波罗的海舰队考虑到要横跨大洋，为了对付热带的气候，就给他们的炮弹中装填了含水量更高的酒精硝化棉，因为含水量太高，这种装药几乎总是无法起爆。"8 月 10 日"海战中，沙俄舰队共有 16 发炮弹命中了日舰，其中就有 2 发没能起爆，同样，在蔚山的巡洋舰遭遇战中，沙俄巡洋舰发射的 15 发命中里有 4 发没能起爆，而在对马海战中，沙俄

① 美国海军候补上校 W. S. 西姆斯撰《高速大型战列舰》（Big Battleships of High Speed）。此文本来是写给总统西奥多·罗斯福的，后来经官方许可，把这篇文章传递给了皇家海军上将费希尔，费希尔后来对这篇文章略加修改，就在英国出版了。

② 这种装药量对于一发穿甲弹来说可以算是很大了，这也可能是这种穿甲弹穿甲能力比较差的原因。

③ 见《从海军炮术角度审视日俄战争中的战事》（A Study of the events of the Russo-Japanese War from the Point of View of Naval Gunnery）。这原本是一份内参资料，编号 CB47，很可能是英国皇家军事学院（Royal Military Academy）的海军陆战队炮兵上校哈丁（Harding）撰写的，一共印刷了 200 份。这是一份难得的技术历史材料。

④ A. 诺维科夫-普里博伊（Novikoff-Priboy）著《对马：海上坟场》（Tsushima, Grave of a Floating City），1937 年出版于伦敦。这位作者当年在"奥廖尔"号上担任司物官（Steward），虽然他的语言文学性很强，但他的记述看起来都很准确。

战舰的 24 发命中弹里有 8 发没有起爆。有一发沙俄前无畏舰发射的 12 英寸主炮炮弹确实成功击穿了"敷岛"号（Shikishima）前无畏舰的 6 英寸水线装甲带，然后在装甲带后面的船体里起爆，这恐怕就是整场战争中唯一一发正常发挥出战斗力的穿甲弹了。

装甲巡洋舰

日本在旅顺港外的雷场损失了 2 艘前无畏舰，到了对马海战的时候，东乡便迫不得已让 2 艘战斗力比较强悍的装甲巡洋舰临时客串，加入决战编队。不过在对马海战中，沙俄主力舰编队中同样有好几艘二等主力舰，甚至还有连二等主力舰也算不上的陈旧铁甲舰，所以时人和后人对装甲巡洋舰的好评恐怕有点言过其实[23]。"佩列斯韦特"（Peresvet）级二等主力舰"奥斯利亚比亚"号（Oslyabya）[24] 确实主要是被日本巡洋舰的火力给击沉的，不过该舰设计很奇特。此舰的主炮是 4 门 10 英寸炮，比当时最先进的装甲巡洋舰也强不了多少，而且此舰的航速在当时算是很快的。其水线装甲带是 9 英寸厚的哈维渗碳钢装甲，应该说挺厚的了，可是这个水线装甲带的宽度不足，船体侧影又很高大，这让它在日本巡洋舰群面前成了绝好的靶子。

有好几艘防护巡洋舰由于火炮的轻防盾只能提供非常薄弱的防护而炮组人员大量伤亡。这再次说明，怀特坚持给战舰安装重量很大的装甲炮廓是多么正确的选择，但就算是装甲炮廓，其防御力也不是总能靠得住。1904 年 8 月 14 日的蔚山之战中，日本装甲巡洋舰"岩手"号于早上 7 点遭沙俄巡洋舰发射的一枚 8 英寸炮弹击中，命中位置靠近船体前部的上层 6 英寸装甲炮廓，结果炮廓里面存放的待发弹当场殉爆。这个爆炸的火焰蔓延到双层炮廓的下层，以及上甲板上临近的其他炮廓，还让一门 12 磅小炮无法继续使用。殉爆造成 1 名军官和 31 名水兵阵亡，43 人负伤，其中 9 人重伤不治而亡。这起事故早该让英国海军警惕弹药殉爆的危险。[25]

为了尽早发现从西方远涉重洋而来的沙俄波罗的海舰队，日本海军让驱逐舰以澳大利亚东北海岸最南端的埃利奥特岛（Elliot Islands）为基地，进行战略侦察。费希尔后来据此提出，舰队在能够远洋航行的大型驱逐舰和他所钟爱的战列巡洋舰之间，不再需要任何其他舰种了。当然，执行侦察任务的日本驱逐舰都是有巡洋舰策应的。

水雷的威力

这场战争中，水雷首次向世人展示了它那巨大的不对称作战价值，给双方都造成了沉重的损失。日本在一天之内就损失了 6 艘前无畏舰中的 2 艘，即损失了三分之一的实力，而 1904 年 4 月 13 日，"彼得罗巴甫洛夫斯克"号（Petropavlovsk）前无畏舰在旅顺港（Port Arthur）外带着沙俄舰队司令马卡罗夫（Makarov）海军上将触雷，让沙俄失去了这场战争中唯一能够胜任舰队司令这个职责的指挥官。"佩列斯韦特"级二等主力舰的第三艘姊妹舰"波别达"号（Pobeda，或译为"胜利"号）[26]也在这次触雷事件中受损。

整场战争中，日本舰队因为触雷而沉没的战舰有前无畏舰"敷岛"级"初濑"号（Hatsuse）、前无畏舰"富士"级"八岛"号、铁甲舰"平远"号[27]、防护巡洋舰"高砂"号（Takasago）、无装甲巡洋舰"宫古"号（Miyako）、防护巡洋舰"济远"号[28]以及 5 艘更小的作战舰艇。沙俄方面损失了前无畏舰"彼得罗巴甫洛夫斯克"号，而"塞瓦斯托波尔"号前无畏舰触雷两回都没有沉没。据此，英国报告认为，只有当水雷爆炸引起战舰的弹药库殉爆，水雷的攻击才会致命，否则一枚水雷不足以击沉一艘主力舰。[29]

目前，几乎找不到资料来证明当时英国皇家海军在这场战争之后重视水雷战了，不过有很多证据都暗示皇家海军在日俄战争后下了大功夫发展扫雷和水雷作战舰艇，这些工作应该说是深入、广泛而有效的。到 1908 年 1 月的时候，费希尔对"大英帝国国防委员会"（Committee for Imperial Defence）[30]下面的一个子委员会陈述说，其实用专门的扫雷装备很容易就可以清除雷场，不过他不能谈得更深了，以免让英国海军"泄露了它当时最核心的一个机密"。[①]就在这一年，英国海军把 13 艘鱼雷炮舰改装成了扫雷舰，安装了新式扫雷具[31]。费希尔当时提到的扫雷具体是怎样进行的，不得而知，不过很可能是让两艘船相隔一段距离肩并肩前进，两艘船之间拉着一根拖缆，拖缆可以割断水雷的锚缆，而为了让扫雷缆没入水中，缆绳上装备了一个潜航式浮标（Kite）。到 1913 年的时候，据说英国海军已经采购了足够装备 82 艘拖网渔船的扫雷设备，而且海军有一支专门的预备队进行了扫雷特别训练，随时待命。

鱼雷

和水雷比起来，鱼雷的表现就要差太多了。整场日俄战争中，日本舰艇总共发射了多达 350 发左右的鱼雷，真正命中敌舰的却寥寥无几，而沙俄的鱼雷则无一命中。这场战争就是以日军偷袭旅顺港中的沙俄舰队[32]拉开帷幕的。这次战斗，日本发射了 19 枚鱼雷，把几乎没有准备的沙俄舰队打了个措手不及（虽然底舱的水密门全都关闭了，而且船体两舷都张开了防鱼雷网），这 19 枚鱼雷中总共有 3 枚击中了锚泊中的、静止不动的俄舰。[②]当时日本装备的是 18 英寸鱼雷，带有 198 磅重的硝化棉战斗部，如果能够击中并成功引爆，威力惊人。[③]由于旅顺港没有足够大的干船坞来接纳被偷袭的战舰，沙俄方面的工程

① R. F. 麦凯（Mackay）著《基尔维斯顿的费希尔勋爵生平》（Lord Fisher of Kilverstone），1973 年出版于牛津。
② 科贝特的《日俄海战》。
③《鱼雷学校年度总结，1903 年》（Annual Report of the Torpedo School, 1903），现存国家档案馆，归档条目 ADM 189/23。

技术人员创造性地使用围堰来把战舰舷侧附近的一部分水排干，从而对停泊在港口海水中的战舰的水下船体进行维修。这种抢修花了不少时间，前无畏舰 "列特维赞号" 号（Retvizan）直到 5 月 28 日才修好，前无畏舰 "切萨列维奇" 号（Tsesarevitch，或译为 "皇太子" 号）到 6 月 8 日才修好，防护巡洋舰 "帕拉达" 号（Pallada，或译为 "智慧女神" 号）直到 6 月 16 日才修好。"列特维赞号" 抵抗水下攻击的生存性能给英国皇家海军留下了非常深刻的印象，皇家海军分析认为，该舰船体底舱内侧纵隔壁厚度较大，应该是它提供了这种防御能力，然而几乎可以肯定，鱼雷击中船体的位置是在缺少纵隔壁的船底。皇家海军于是测试了一种类似的防鱼雷结构，并在无畏舰设计后期，把这种防鱼雷设计包括了进去（详见第十一章）。皇家海军可能误读了这场鱼雷战给他们带来的经验教训，不过还是应该看到，海军毕竟迅速提出了有效的应对方案。

围绕着旅顺港，日军后来又发动了几次鱼雷攻击，最重要的一次是 6 月 23—24 日沙俄舰队突围失败，又选择返航旅顺港的时候，日军发动了鱼雷攻击，发射了 67 条鱼雷："塞瓦斯托波尔" 号前无畏舰船头中雷，需要 6 个星期才能修复；"波别达" 号和一艘巡洋舰也被鱼雷击中而受损了。"8 月 10 日" 海战结束后，沙俄舰队再次突围失败，返回旅顺港的时候，日本出动了 17 艘驱逐舰和

"帕拉达" 号和 "波别达" 号遭受占领了旅顺港的日本陆军从陆地发起的榴弹炮轰击，时间是 1904 年 12 月。（S. A. 利利曼供图）

29 艘鱼雷艇朝着返航的沙俄舰队一共发射了 74 枚鱼雷，结果无一命中。所有这些鱼雷攻击中，日本之所以几乎毫无斩获，最主要的原因是日本指挥官让鱼雷艇和驱逐舰各自为战，而没有组织协同攻击夹逼沙俄军舰，而且这几次行动大多是在夜间缺少照明的条件下进行的，发动攻势的舰艇常常在过远的距离早早地发射了鱼雷。

1904 年 12 月，旅顺港被日本陆军攻陷，攻城炮兵从陆地上吊射港内躲藏的沙俄战舰，其中"塞瓦斯托波尔"号躲在日本榴弹炮射程之外锚泊，结果该舰成了无数次日本鱼雷攻击的首选目标。该舰张开了防鱼雷网，还有一艘炮艇伴随协助防御。日本方面总共对着该舰发射了 104 枚鱼雷，结果总共只有 1 枚鱼雷命中该舰，还有两条鱼雷虽然是在鱼雷网上爆炸的，但距离船体足够近，也造成了一点战损。[①]

对马海战是主力舰有机会使用鱼雷发射管的唯一场合——日本联合舰队旗舰"三笠"号（Mikasa）发射了 4 条鱼雷，"敷岛"号发射了 2 条，"岩手"号发射了 4 条（"岩手"号的鱼雷可能是整个日俄战争期间仅有的带陀螺稳定装置的鱼雷），结果这些鱼雷无一命中。日本的驱逐舰和鱼雷艇在对马海战的当日白天就对沙俄舰队展开了鱼雷攻势，发射了大量鱼雷，最后只有一条鱼雷击中了已经丧失机动力、无助地随波逐流的"博罗季诺"级"苏沃洛夫"号（Suvorov）前无畏舰，最终令其沉入海底。

对马海战当天的海况比较高，所以白天的时候，日军很多小型鱼雷艇都只能在港湾内躲避。这些鱼雷艇夜间出来行动，跟驱逐舰一并朝着沙俄舰队中寥寥无几的幸存战舰展开了蛮勇的突击，尽管沙俄舰队官兵此时已经基本丧失了战斗意志，不过日军突击缺乏协同，效果很差。这些日本驱逐舰和鱼雷艇在这场夜战中总共发射了多少鱼雷，并不清楚；英国海军总参谋部的历史存档[②]说，当时日军总共发射了 87 条鱼雷，不过这很可能也包括了昼间作战时发射的鱼雷的数量。装甲巡洋舰"弗拉基米尔·莫诺马赫"号（Vladimir Monomakh）中了一条鱼雷，该舰第二天打开底舱通海阀放水自沉，拒绝投降。这可能是整个日俄战争期间日军唯一一次成功地击中了战斗力没有受到多大损伤、仍然在机动中的目标。装甲巡洋舰"纳西莫夫海军上将"号（Admiral Nakhimov[33]）在白天的作战中已经受损，在夜战中船头又中了鱼雷，第二天也放水自沉了。"西索伊·瓦利基"号（Sissoi Veliky，或译为"伟大的西索伊"号）前无畏舰船尾中了鱼雷，打坏了尾舵，打烂了一个螺旋桨，结果该舰第二天沉没。"纳瓦林"号（Navarin）前无畏舰被水雷击沉，水雷是日本驱逐舰在该舰的航向上提前布设的。[③]

整个战争期间，日军总共发射了 350 条鱼雷，基本没有命中，对战场的形势也几乎没有任何影响。这种情况在一定程度上于 1916 年的日德兰海战中重

① CB 47 日内参中说一共只发射了 85 条鱼雷。
② 科贝特的《日俄海战》。
③ 这起事件似乎让杰里科印象非常深刻，让他觉得敌人在舰队前方攻势布雷能够对舰队的安全造成严重威胁。

演。[①] 鱼雷当时的航速只有目标舰航速的 1.5 到 2 倍，结果鱼雷从发射到抵达目标海区耗时过长，发射鱼雷的军舰很可能无法准确预判敌舰在这么长的一段时间内会怎样机动。似乎可以说，夜间鱼雷攻击只有在水中听音设备，比如声呐，已经发展到较高的水平后才可能成功，甚至需要雷达才能确保这样的成功。在 1905 年日俄战争的时候，英国皇家海军的鱼雷大多数都已经装备了陀螺仪，带有热动力的鱼雷[34]也开始进行测试了。1905 年开发出"无畏舰"的一个主要动因就是躲避鱼雷的攻击，因为这个时候人们认为鱼雷的有效射程很快就会增加到数千码，所以主炮必须可以从上万码之外开炮；当然，这种担忧从今天来看完全是多余的，不过这种担忧对当时海战战术的发展起到了推动作用。

日本陆军对旅顺港内沙俄战舰的大仰角吊射

1905 年 1 月 2 日旅顺港的沙俄海军正式投降之前，他们的战舰就已经沉入港内的底泥了，沙俄太平洋舰队就这样几乎全军覆没了。这些战舰是被日本陆军的 11 英寸榴弹炮击沉的。日本陆军攻陷旅顺以后，从 1904 年 12 月份开始，从陆地朝着港内残存的沙俄太平舰队的舰只开炮，其中一些沙俄战舰甚至放水自沉，以免遭受更严重的损毁。日本陆军的榴弹炮似乎总共开了 30 炮，每枚炮弹重达 480 磅，其中有 17 发击穿了沙俄战舰的数层甲板后到达了穹甲防御甲板。例如，"佩列斯维特"号二等主力舰挨了 12 发炮弹，其中 6 发都钻到了穹甲防护甲板，这其中又有 4 发成功击穿了穹甲甲板，但是没有造成什么有效伤害。沙俄海军在投降之前，把鱼雷的战斗部拆下来放到战舰的舷侧爆破，以免战舰资敌，这可能就是为什么日军后来报告说他们的榴弹炮发射的近失弹（Near miss）给俄军战舰造成了严重的破坏。[35]

舰上火灾

对马海战中，日军没能用炮火直接击沉沙俄主力舰，这些前无畏舰大多数都在出现沉没危险以前，老早就因为舰上燃起熊熊大火而丧失战斗力了。[36]观察员发现，对马海战中日军的炮弹好像具有很强的引火能力，比如谢苗诺夫（Semenov）[②]说这场战斗中日军炮弹的毁伤效果跟"8 月 10 日"海战非常明显是不一样的。几乎可以肯定，日军炮弹高强的引火能力主要得益于对马海战前换装的那些装药量很大的黑火药通常弹，这种炮弹起爆后比下濑高爆弹更容易引火。有资料曾明确提到过，连舰上的涂装漆皮都燃烧起来，结果火焰顺着漆皮表面四处蔓延，而在燃烧中脱落的漆皮也会把火苗散播到舰上其他部位去。据说红铅打底漆不会燃烧。[③]据说"奥廖尔"号为了防火，已经在来东亚的途中大量拆除了船上的木制栖装件，对马海战开始之前，还把舰载艇全都在海水中

① D. K. 布朗撰《日德兰海战中的鱼雷》（*Torpedoes at Jutland*），刊载于 1995 年在利斯克德（Liskeard）出版的《战舰世界》（*Warship World*）第 5 卷第 2 期。
② V. 谢苗诺夫著《对马海战》（*The Battle of Tsushima*），1908 年出版于伦敦。
③ 有意思的是，这里所说的涂料被引燃，指的是刚刚建成服役不久的"苏沃洛夫"号，但这艘战舰应该还没有刷涂了很多层涂料。

浸湿了，不过这些措施都没能防止该舰燃起大火。

　　如果灭火人员能够不受敌军炮火袭扰，随时都能前去灭火，那么战舰上的一两个孤立起火点便不会构成什么威胁，可是在实战中，损管人员还会面临敌军炮火的威胁，灭火就难多了。在实战中，敌军炮弹起爆后产生的大量破片不仅使损管队出现人员伤亡，还会切断喷水管道，这样损管队就不能进行有效的灭火作业，结果多个孤立的起火点越烧越旺，直到火势连成一气，变成了覆盖全舰的大火。[37] 弹药库起火似乎在日俄战争中出现过很多次，但竟然只有"博罗季诺"号前无畏舰因弹药库殉爆而爆炸沉没，当然"岩手"号离这个命运已经非常近了。这场战争暴露出，副炮炮位待发弹和底舱那缺少防护的弹药运送通道会给战舰带来多么巨大的潜在生存风险。哈丁[①] 说，之所以沙俄战舰上的大火能够烧得那么严重、那么久，都是因为这些战舰在船体上部存放了大量的燃煤[38]。就像前文曾提到过的那样，当时英国皇家海军也想了各种办法降低战舰上的火灾隐患，从"贝尔岛"号的打靶实验结果来看，似乎英国采取的防火措施也已经足够了。在第一次世界大战中，英舰几乎没有出现严重的舰上起火事件，除了科罗内尔之战中的"好望"号和"蒙茅斯"号，以及日德兰海战中的"黑王子"号。[39] 一战中这些舰上起火的原因可能也跟对马海战中的俄军一样：这些巡洋舰不断被敌军猛烈的炮火击中，舰上的损管队便像上面描述的那样无法继续灭火。当然了，也可能是舰上的线状无烟发射药起火导致了最后的大火。

船体进水

　　沙俄方面关于对马海战中最终导致主力舰沉没的一系列事件的记述，让我们看到一个共同的模式：首先，装甲指挥塔的设计存在缺陷，导致高级军官容易负伤，结果战舰的指挥链逐渐瓦解；接着，随着传声管被日军炮弹的破片切断，从指挥位置很难向船体内传递命令；随着船壳被炸开，船上逐渐燃起了熊熊大火，加之日军炮弹不断在战舰的上部船体迸射出一阵一阵的破片雨，船体上部与底舱之间的通道被完全阻断了。

　　由于这些破片造成的人员伤亡，损管队不能及时封堵水线以上的船身侧面上的破洞；如果不是在交战中，那么这样的破洞很好封堵，可是日军连绵不断的炮击让堵漏工作几乎不可能进行。当天风大浪高，两军战舰都在大浪中大角度摇晃，结果战舰从水线以上的破洞里不停进水，而穹甲防御甲板尚且完好，于是这些进水就积攒在防御甲板以上的水线面上，这就大大降低了战舰的稳定性，甚至会最终积累成足够的倾覆力量，使得战舰翻沉。同时，救火队为了救火也不停从海中泵取海水，这也加剧了水线以上进水的问题。"苏沃洛夫"号上甲板上副炮炮门的位置太低[40]，结果从这些炮门里上浪也很严重。

① 见内参 CB 47。

俄舰沉没原因

沙俄的主力舰大多是法国人设计的前无畏舰，重心一般较高，[41] 船身侧影高大，并采用了明显的舷墙内倾，如同巍峨的宝塔般耸立在海上，这些战舰的宽度一般比英国前无畏舰还宽，这样即便重心较高，也能获得满意的稳心高。[①]但是这些沙俄法式前无畏舰高大的船体侧面基本没有装甲防护，在上甲板以上是大片裸露的无装甲船壳，一旦这些船壳遭日军炮火破坏，水线以上就会大范围进水，结果水线处宽大的船体形状带来的稳定性很快就会丧失掉。动力机舱里的纵向中央隔壁加剧了船体失稳，如果一侧动力舱进水，便会导致大角度横摇，而法式战舰明显的舷墙内倾[②] 则让这些战舰在大角度横摇时不能获得有效的复原力矩，尤其是日军炮火撕开船身高处的船壳使上部船体不再水密以后。最终，沙俄的法式前无畏舰因为设计重心过高，发动机舱不对称进水，以及上部船体进水、舷墙内倾导致的复原力矩不足而翻沉，尽管"博罗季诺"级"沙皇亚历山大三世"号（Imperator Aleksandr III）和"佩列斯韦特"级"奥斯利亚比亚"号的船头船尾那些缺少装甲防护的部位大量进水，也是导致最终倾覆的重要原因。

帕克南在战后撰写的好几份报告中，都提到前无畏舰船底动力舱里面的纵中线隔壁是一个危险。可惜英国海军没能重视这个问题，而这个问题可能是这些沙俄战舰最终倾覆的首要原因[42]。当时，英国海军认为这些战舰翻沉的首要原因是采用了法式舷墙内倾设计，一战以前英国的战舰很少模仿这种法式设计[43]。帕克南再次强调战舰底舱里需要完全不带水密门和舱口的水密隔壁，只是他也觉得英国海军自从"维多利亚"号沉没以来，加强了对这方面的重视，到"纳尔逊勋爵"级和"无畏"号上，已经采用了这样的无舱口底舱水密隔壁，这些设计改良已经足够应付底舱进水了。可是，煤舱的加煤口总是一个问题，加煤口容易被碎煤给卡住导致舱门无法严丝合缝地关闭。为了应对这个问题，当时日本海军的做法是直接在锅炉前面堆放足够烧两个小时的煤，然后在战斗中紧紧关闭加煤口盖。

日俄战争结束后，各国军事专家之间的争论集中在沙俄军舰到底是被日军的主炮还是副炮给最终摧毁掉的。到底是日军的12英寸主炮打瘫了甚至击沉了沙俄主力舰呢，还是日军的6英寸速射副炮高速射击形成的"弹幕"（Hail of fire）压制并最终使沙俄战舰丧失了战斗力呢？可是，由于很多炮弹的引信都失灵了，所以最终主炮和副炮哪一个的杀伤力更大就很难确定了。杰里科在此战后不久撰写了两篇论文，宣传"全大口径主炮"新思路，[③] 文章基本上忽略了对马海战的实际情况，而把当时英国海军打靶和炮术训练中各型火炮的命中率作为他推崇12英寸全大口径主炮的主要论据。[44]

① 克拉多（Klado）和其他史学家认为，"苏沃洛夫"号施工建造中品控不佳，造成完工后稳心高不足。
② 达达尼尔海峡战役之后，法国把战列舰"高卢人"号（Gaulois）改装成了竖立式舷墙，大大增强了该舰的稳定性。
③ 这里是根据当时杰里科和瓦茨一起撰写的两篇材料，都是讲的当时英国皇家海军的造舰计划。这两篇材料——《日俄战争的经验教训以及它对英、德、法三国未来造舰计划的影响》（The Lessons of the Russo-Japanese War in their application to the Building Programmes of Britain, Germany and France）、《"无畏"与"无敌号"》（H M Ships Dreadnought and Invincible），现在收藏于 MoD 图书馆的武矛斯文件中。D. K. 布朗撰《战列舰设计》（Battleship Design）一文总结了这两份材料的主要内容，刊载于1991年在利斯克德出版的《战舰世界》第4卷第1期。

1905年5月28日对马海战之后拍摄的"奥廖尔"号，展示了该舰战损的情况。该舰向日本舰队投降后，日军仔细检视了该舰的毁伤情况。（S. A. 利利曼供图）

帕克南上校当时是日军战舰上英国观察团的领队，对于火炮的杀伤力，他留下了一段至今仍然广为引用的评论：

> "佩列斯韦特"和"波别达"号上的45倍径10英寸炮火力也算可以，射程甚至可能还比日本装甲巡洋舰上的英式同口径火炮远一点，但是这种10英寸炮的火力比起日军战舰的12英寸主炮来说，就完全不值一提了，当12英寸

炮发难的时候，沙俄战舰上的水兵们甚至会忘却 10 英寸炮的威力，虽然我不是瞧不上那些 8 英寸和 6 英寸副炮，但它们跟主炮比起来，确实就像是发射蹦豆的玩具枪，而那些 12 磅 3 英寸小炮简直不能算是有效杀伤力。当然了，我说的这些完全是指炮弹击中敌舰时给敌舰官兵心理上造成的影响。

也不知道帕克南何出此言，不过他的描述和沙俄前无畏舰上的幸存者描述的战时体验一致，"奥廖尔"号上的幸存者尤其有帕克南上面说的这种感觉。[45] 特别要注意的是，帕克南说得很清楚，他讲的完全是心理震慑效果，而不是各型炮弹对战舰的实际毁伤效果，这最后一句话时常被后世史家遗漏，结果曲解了他的意思。

"奥廖尔"号战损情况

关于该舰的战损情况，日本官方战后的检视留下了非常详尽的报告，船上一位幸存者[46]的复述也非常绘声绘色、引人入胜，而且准确。

"奥廖尔"号多处中弹，而且还有大量近失弹砸进战舰周围的大海里，掀起的水柱让我们浑身上下都被淋透了。海况很高，船头前方的大浪好像一堵墙一样，挡住了我们的去路。船体内不时喷吐出黑色和棕色的浓烟，夹杂在火舌之间，而那些差点击中我舰的敌军炮弹还会不时在战舰周围掀起一柱一柱的水花，我们仿佛置身于一场"元素风暴"之中。①

表 10.4 "奥廖尔"号被弹情况统计

火炮口径（英寸）	中弹数	炮弹重量（磅）	炮弹中火药或者炸药的装药量（磅）
12	5	4200	405
10	2	980	96
8	9	2250	207
6	39	3400	351

按照上表的数据，如果单纯从命中弹的总重量来看的话，那数量不多的几发 12 英寸炮弹占了大头，炮弹中装填的爆炸物的总重量也是这几发 12 英寸炮弹占大头，同时，"奥廖尔"号的幸存者也提到了这些主炮炮弹击中船体爆炸后给人心灵带来的巨大震慑。

日俄战争的经验教训

当时，英国皇家海军认为这是一场过时的武器打出来的过时的战争，没有多少东西值得无畏舰时代的新海军借鉴，这种看法大体上也是站得住脚的。不过，

① A. 诺维科夫 - 普里博伊著《对马：海上坟场》。

海军部对这场战争还是不敢怠慢,仔细研究并总结了一些经验教训,对照其中大多数来检查英国海军的装备,并及时采取了有效的措施来进一步提高战舰今后应对类似问题时的整备水平。英国海军愿意把这场战争看作是验证了他们之前很多看法的一个现实证据,并用这场战争中的海战来给费希尔的无畏舰革命提供支撑。可怜的涅博加托夫(Nebogatov)海军少将率领的第三分队[47]向人们充分展示出,过时的老旧战舰根本没有战斗价值,完全就是舰队的累赘,并让英国人审视航速优势,给予航速更多的重视。

日俄战争后,英国海军中的观点主要分成两派,一派是费希尔等全大口径主炮的宣扬者,另一派则是怀特等中口径速射炮"弹幕"的拥趸,两派都声称对马海战中日军的胜利证明了自己的观点是正确的。从今天来看,"8月10日"海战比较清楚地展示了从12000码开外进行远距离炮战是现实的,这种情况下,只有使用多门12英寸主炮进行齐射,才能更快地找到正确的火炮参数,保证命中率。而对马海战主要是在中、近距离交火的,证据就显得不那么清晰了。不过在仔细检查了沙俄战舰的战损之后,比如上表所列的"奥廖尔"号的战损,人们似乎认识到大口径主炮的毁伤效果。中小口径速射炮对于救火和堵漏等损害管制作业的严重干扰作用,没能被时人认识到,甚至6英寸炮的支持者也常常忽略这一点。

可能是受"贝尔岛"打靶实验的结果影响,英国皇家海军在日俄战争的时候,已经很重视大口径、大装药量的高爆弹的强大威力了。正因为这样,英国的无畏舰一直在船头船尾部位保留着较薄的水线装甲带,舯部水线装甲带上方也保留着薄薄的舷侧装甲带,而不像美国的"内华达"号(Nevada)[48]无畏舰一样,采用所谓的"全或无"装甲防御布局[49]。可能也是出于类似的考虑,英国设计师在设计"无畏"号的时候,对火力控制系统及其通信设备[50]的装甲防护以及冗余配置都非常在意。

海军部对于他们当时在战舰上采取的防火措施感到比较满意,后来一战中的实战经验也基本上验证了海军部的这种看法。海军部同样觉得战舰底舱的分舱令人满意,不过一战中的实战例子似乎说明前无畏舰的设计在这个点上问题不小。帕克南在1905年后就提醒过海军部重视动力机舱纵隔壁问题,结果这道纵隔壁在一战中让许多前无畏舰都翻沉了。即便从"纳尔逊勋爵"级开始采用完全不带舱门的水密隔壁,在船体进水后,水从通风管道漫延到各个舱室,仍旧是一个问题。[①]1904—1905年的这场日俄交战中,水雷给双方造成了严重损失,英国海军迅速意识到了这个问题的严重性,并采取了措施,但做得还不够。

从今天来看,一个比较大的遗憾是,当时英国海军没能够认识到日本海军炮弹使用的苦味酸装药(下濑火药)稳定性不高,太容易提前爆炸,结果装填了这种高爆炸药的穿甲弹会在贯穿敌舰装甲板之前就起爆,英国的立德炸药穿

① 参考贝雷斯福德的观点,见第八章。

甲弹也有这个问题。1905 年的时候，英国刚开始装备新型穿甲弹，可能当时人们对新式穿甲弹持比较乐观的态度，虽然隐约意识到穿甲弹会有提前引爆等问题，但相信未来的新式穿甲弹一定会逐渐完善的。由于英国当时在靶场测试装甲和穿甲弹的时候，总是先把引信拆掉再测试，而且总是让炮弹近乎垂直地击中装甲板，因此穿甲弹的这种缺陷对时人来说，不是那么明显。

虽然日俄战争中鱼雷表现恶劣，但是人们对鱼雷的信心还是很足，他们觉得陀螺仪和热动力的应用足以让鱼雷突破眼前的性能限制，发展成航速更快、射程更远的武器。时人对鱼雷威力的担忧同时影响了战舰的设计和战术运用思路。

海军部当然非常清楚，简单地把战舰的各种性能参数组织成表格比较一下，比如比较一下火炮尺寸和装甲带的最大厚度，意义极其有限，但是当时的评论家们似乎脑子里还没有这根弦。譬如，下表比较了日本的"三笠"号前无畏舰和沙俄的"苏沃洛夫"号前无畏舰，如果单纯看表格数据，会误以为后者还有战胜前者的机会。

	"三笠"	"苏沃洛夫"
排水量（吨）	15140	13516
舰载武器	4门12英寸，14门6英寸	4门12英寸，12门6英寸
航速（节）	18	17.8
水线装甲带厚度（英寸）	9	7.5

"三笠"号排水量更大，单纯看这个数字，可能意味着该舰装甲覆盖的面积更大，而两舰在火力和航速方面几乎没有差别。到了前无畏舰时代，战舰的设计已经是一件非常复杂的系统工程了，参考书中罗列的类似上面这种数据表格，几乎没法反映一艘战舰的实际战斗力。到了无畏舰时代，战舰实际战斗力的发挥，跟火控系统的工作效率和炮弹的质量有着密切的关系，一般的参数表格都无法表现出这两点来。[51]

1906—1913 年间的打靶实验

从 1906 年直到第一次世界大战前夕，英国还进行过几次模拟实战条件的全比例实船火力测试。1906 年用 1886 年下水的鱼雷炮艇"陆秧鸡"号（Landrail）当了靶舰，1907 年又用低干舷炮塔装甲舰"英雄"号当了靶舰，这两回实验都是为了提高火控水平。1907 年"英雄"号打靶实验中，各型火炮的命中率统计如下，其中大口径火炮的命中率值得留意。

12英寸	43%
9.2英寸	32%
6英寸	19%

1912 年打靶实验后的
"英雄"号。(作者收藏)

1913 年 11 月,"印度
女皇"号(Empress of
India)作为靶舰遭到炮
击。(作者收藏)

　　1909—1910 年间,为了明确各类炮弹的具体毁伤效果到底有什么区别,也为了明确各种装甲防御系统面对这些炮弹的时候究竟能够提供何种程度的防护,使用老旧的中腰铁甲堡式铁甲舰"爱丁堡"号① 开展了非常细致的打靶实验。其中很多项目都跟进入无畏舰时代以后的战舰设计思路直接相关,也有几个可

① D.K. 布朗著《攻击和防御》的第五部分,刊载于 1985 年在伦敦出版的《战舰》杂志第 34 期,此文是根据《1915 年炮术手册》撰写而成的。这次实验将在本丛书后续卷中详细介绍。

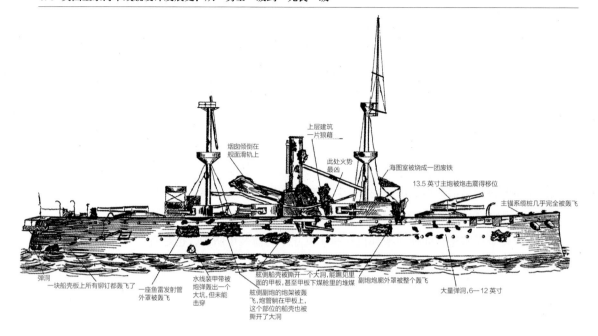

上层建筑一片狼藉

此处火势最凶

海图室被烧成一团废铁

13.5 英寸主炮被炮击震得移位

烟囱倾倒在舰面滑轨上

主锚系缆桩几乎完全被轰飞

弹洞
一块船壳板上所有铆钉都轰飞了

一座鱼雷发射管外罩被轰飞

水线装甲带被炮弹轰出一个大坑，但不能击穿

舷侧船壳被撕开一个大洞，能瞧见里面的甲板，甚至甲板下煤舱里的堆煤

舷侧副炮的炮架被轰飞，炮管躺在甲板上，这个部位的船壳也被撕开了大洞

副炮炮廓外罩被整个轰飞

大量弹洞，6—12 英寸

1913 年"印度女皇"号打靶实验结束后遭受的毁伤情况。

以放在这里讨论一下。打靶时炮弹所用的发射药比较少，模拟了相距 6000 码交火时的炮弹威力；在测试装甲甲板的防弹性能时，靶舰特意横倾了 10°，因为是把炮管放平了开炮的，靶舰横倾一下就可以模拟炮弹从远处沿着抛物线弹道从高空砸到甲板上的效果，此外，战舰在实战条件下也会在风浪中横摇，有点横倾也可以模拟实战条件；打靶使用的炮弹有新型 13.5 英寸炮弹[52]，以及 9.2 英寸和 6 英寸炮弹，3 种炮弹都有高爆装药和黑火药装药两种型号。

"爱丁堡"号打靶测试中总结出来的经验教训，适用于本书第八、九章的前无畏舰的有这样一些：

1. 大装药量的高爆弹，也就是装填了很多立德炸药的炮弹，毁伤效果极其恐怖，可以直接炸烂一小片船身结构，把甲板和隔壁都炸穿，给船体局部造成开放性的"创口"。高爆弹爆炸产生的破片通常都非常小，这些破片难以击穿哪怕是一层隔壁，但是隔壁围起来的空间里将充满这种破片，这个空间里的人员将伤亡惨重，空间内的电线都将被切断。不过高爆弹的爆炸冲击波可以被结构强度较大的船材，比如说装甲，给阻挡住，此时高爆弹的爆炸效果就会被船材局限在船体一小块部位上。所以，不能在装甲甲板下面的那个空间里布置关键的舰载设备。1916 年日德兰海战之后，所有引信在炮弹头锥上的高爆弹全部被撤，因为它们对装甲战舰的装甲没用[53]。

2. 装填了黑火药的通常弹爆炸后产生的大个破片，对船体结构的损毁要比高爆弹厉害得多，这些大个破片会沿着炮弹飞行的方向继续前进。因此为了让毁伤效果最大化，应该同时使用这两种类型的炮弹。（可将这两条视为对之前"贝尔岛"打靶实验结论的强调。）

3. 靶舰上缺乏装甲保护的部位差不多可以代表巡洋舰的船体防护结构，轰击这些部位发现，即使非常厚的装甲甲板，在高爆弹面前也显得比较脆，而就算比较薄的舷侧装甲，也能够把大部分高爆弹拦在船体外面，不让爆炸的破片进入船体。[54]①

4. 如果一发大口径的高爆炮弹正好在烟囱上引爆，可能会带来毁灭性的杀伤效果。虽然烟囱里面有装甲隔栅，几乎能把所有破片都拦截下来，不让它们飞进下面的锅炉里面，但是爆炸的冲击波仍然会把锅炉里的水和火焰全都冲出来，飞到炉前，而那里有给锅炉加煤的司炉工，他们可能会全部死亡。总之，战舰需要全面防御，即使次要部位只有 4 英寸厚的薄装甲防护，也是有存在价值的。

1906—1907 年间在舒伯里内斯举行了一次打靶实验，用的装甲靶模仿了"德文郡"级装甲巡洋舰的炮廓。这个模拟炮廓带有 6 英寸厚的克虏伯钢装甲，背衬 0.25 英寸厚的软钢，这个软钢装甲背板用来固定舰载设备。这块装甲靶能够在模拟的 6000—8000 码炮战距离上抵挡最大 7.5 英寸的通常弹的轰击，不过被帽弹很容易击穿这样的装甲。

1913 年，又用前无畏舰"印度女皇"号进行了一次打靶实验，主要是希望在快要开战的紧张气氛中，给军官们一个感性认识——以实弹对真实的战舰射击会造成什么样的毁伤效果。[55]这场打靶实验也是为了摸索多艘战舰同时朝一个目标开火时的火控方法。[56]后来还准备在更远的距离重复这次实验，但是靶舰已经被轰沉了，受损严重，无法继续了。实验中，首先由巡洋舰"利物浦"号在 4750 码使用 6 英寸和 4 英寸高爆弹射击，靶舰是一个大型静止目标，于是 16 发 6 英寸炮弹和 66 发 4 英寸炮弹中分别有 7 发和 22 发命中了目标；接着，"雷霆"号无畏舰、"猎户座"号无畏舰和"英王爱德华七世"号前无畏舰在 9800 码使用通常弹分别进行射击，40 发 13.5 英寸炮弹中有 17 发命中，16 发 12 英寸炮弹中有 5 发命中，18 发 9.2 英寸炮弹中有 7 发命中，27 发 6 英寸炮弹中有 5 发命中。

最后，"海王星"号（Neptune）无畏舰、"英王乔治五世"号无畏舰、"雷霆"号无畏舰以及"前卫"号[57]无畏舰，从 8000—10000 码用各自的主炮打了 95 发通常弹，在 2 分钟内有 22 发命中。到下午 4 点 45 分的时候，"印度女皇"号火光冲天，船尾开始进水下沉；到下午 6 点 30 分，该舰沉入海底。该舰总共遭受了超过 40 发主炮炮弹的轰击，所以像这样一艘老旧的前无畏舰被击沉也就没什么好意外的了。该舰的露天甲板也是在钢制甲板梁上直接铺设木制甲板条，所以该舰才像圣迭戈之战中的西班牙战舰一样燃起了大火。

对鱼雷艇和驱逐舰进行的毁伤测试

19 世纪末以来进行过大量炮击鱼雷艇和驱逐舰的测试，使用了各种各样的火炮和炮弹，希望找到一种高效毁伤的手段，能够在这些小型鱼雷舰艇突进中小口径火炮[58]射程内但又还没发射鱼雷的这小段时间里，击毁它们，或者至少让它们丧失战斗力。1889 年，在舒伯里内斯靶场复制了一个鱼雷艇的大号模型靶，然后用各种火炮来攻击它。结果发现，1 磅小炮杀伤力不足，3 磅炮发射的可以爆炸的通常弹杀伤力令人满意，前提是击中鱼雷艇的舷侧位置，如果鱼雷艇船头对着火炮，也就是实战中鱼雷艇高速突击时的状态，那么这种炮弹的效果就不行了，因为鱼雷艇的马达在船身后部，炮弹击中船头后，恐怕在碰到锅炉舱之前老早就引爆了，结果没能伤及鱼雷艇的要害部位。1894—1895 年间又进行了打靶测试，使用了 6 磅和 12 磅炮弹。结果发现，只有 12 磅炮可以一发就击毁一艘突上来的鱼雷艇。可能就是根据这一测试结果，1905 年的"无畏"号上决定使用 12 磅炮作为反鱼雷艇武器[59]。1895 年还进行了一些火力测试，把鱼雷艇上备用的炉排挂在锅炉舱周围的隔壁上，看能不能起到保护锅炉的作用——"效果并不理想"。

1906 年，又用旧驱逐舰"鳐鱼"号（Skate）当作靶子进行了实验，分别使用 3 磅、12 磅和发射 25 磅炮弹的 4 英寸炮对它进行了攻击。该舰分别锚泊成船头正对火炮和船头偏向炮管一侧 13° 角的姿态来接受炮击。结果发现，3 磅炮的炮弹在迎头击中驱逐舰时没有所需的杀伤力，很多炮弹撞上船壳都被反弹到旁边去了，就算在船头跟火炮的瞄准线呈 13° 角的情况下，3 磅炮造成的战损也完全不足以使这艘鱼雷艇瘫痪。

12 磅炮能够带来严重得多的战损效果，不过这次实验看得出来，12 磅炮没法保证一炮就打瘫一艘驱逐舰。[60]4 英寸炮的 25 磅炮弹可以造成严重毁伤效果。高爆弹和黑火药通常弹的毁伤效果很不一样，高爆弹在船体侧面爆炸的时候可以炸出来一个非常大的洞，而黑火药通常弹爆炸后产生的大型破片可以在船上更大的范围内造成破坏。最后的结论是，4 英寸炮和 12 磅炮发射的炮弹，不管是高爆弹还是黑火药通常弹，只要能够击中驱逐舰的发动机舱，那么就可以打瘫这艘船，如果没能击中发动机舱，那么此时使用高爆弹的话，打瘫甚至击沉这艘驱逐舰的机会大得多。

此外，还用 6 英寸和 12 英寸炮发射霰弹（Shrapnel shell）进行了很多回实验[1]。目的是寻找到霰弹中小球的最佳尺寸，好最高效地打瘫鱼雷舰艇或者杀伤其舰员。尽管实验中有几次确实用霰弹给鱼雷舰艇造成很严重的毁伤，可惜杀伤范围非常有限，而且打击鱼雷艇和驱逐舰的时候，一般都是近距离交火，在这么近的距离，霰弹上的延时引信能否可靠地发挥功能，也要打一个问号。甚

[1]《1915 年炮术手册》。

至还用老式的 12.5 英寸前装线膛炮发射了反人员破片弹（case shot），但这种炮弹可能会损坏炮管内的膛线，遂作罢。

前无畏舰时期的战舰在第一次世界大战中的战损情况

从 1905 年"无畏"号下水到 1914 年第一次世界大战爆发，这段时间里技术发展的速度又加快了，结果本书中介绍的 19 世纪 90 年代的这些前无畏舰和巡洋舰到一战时期就过时了，[61] 只能执行次要战斗任务，它们在战场上也会时常遇到设计时未曾预见到的强大武器。不过，从这些过时战舰在一战中的表现中，仍然可以总结出一些有用的东西来。

关于一战期间前无畏舰的战损情况，记录得最详细的恐怕是"纳尔逊勋爵"级"阿伽门农"号 1915 年初在达达尼尔海峡遭土耳其岸防火炮轰击这个战例。[①]1915 年 2 月 25 日，"阿伽门农"号跟土耳其岸防力量的外围炮台对垒时被弹 7 发，同时，估计共有 56 发近失弹。这些炮弹很可能是 1 日海岸炮台里面的两尊老旧过时的 9.4 英寸炮发射的，弹种是格鲁森（Gruson）铸铁弹（跟英国的帕里瑟弹比较类似）。被弹情况如下：

一枚击中了舰载起重机，接着从烟囱中穿过，杀死 9 人；

一枚击中了艏楼甲板，该舰当时正在起锚，这枚炮弹造成了一些死伤；

一枚击中右侧舯部那座单装 9.2 英寸副炮炮塔，即"S2 炮塔"[62]，击中炮塔装甲后被弹开，然后才爆炸了，击穿了露天甲板，切断了一些供电线路；

一枚击中了前烟囱，在卷扬机处爆炸，把一些 12 磅炮的无烟线状发射药炸得四处飞散；

一枚擦伤了高处的第三节桅杆；

一枚从装甲带上方大约 4 英尺处的无装甲船壳[63]钻进船体，无装甲船壳是每平方英尺重 25 磅的钢板，炮弹飞进船体后，又接连击穿了两道薄钢板制成的隔壁，这种薄钢板的规格只有每平方英尺 5 磅，最后这枚炮弹又击穿了 2 英寸厚的水下装甲防御甲板，钻进底舱里的液压机房[64]，炮弹此时已经变形，制造了一起小火情，火很快被扑灭（德纳姆说，这个液压机房正好夹在两舷两个弹药库之间，要是这枚炮弹稍稍朝一舷打偏一点，最后的结果就会非常严重）；

一枚击中了 8 英寸舷侧装甲带，没有造成战损。

2 月 25 日的战斗中，"阿伽门农"号的 9.2 英寸副炮总共朝土耳其炮台开了 123 炮，其中有 12 发是高爆弹，这其中又有好几发刚出炮膛就提前引爆了。1915 年 3 月 7 日，该舰又在达达尼尔海峡最狭窄处与海岸炮台展开战斗，该舰装甲带多次被弹，但没有受损，还有 3 发炮弹打中了装甲带前后的艏艉无装甲船壳，撕开了很大的洞，说明土耳其可能使用了中口径炮发射高爆弹，可能是 5.9

① H. M. 德纳姆（Denham）著《达达尼尔海峡战役亲历记，一名军官实习生的随军日记》（Dardenelles, a Midshipman's Diary），1981 年出版于伦敦，此外还参考了 J. 坎贝尔的一些资料。

英寸炮。此战中，"阿伽门农"号发射了 8 发 12 英寸炮弹和 145 发 9.2 英寸炮弹，它的姊妹舰"纳尔逊勋爵"号舯部的飞桥中弹，产生的破片飞进了装甲指挥塔，让在里面指挥战斗的舰长和随员受了轻伤。

3 月 18 日的战斗中，"阿伽门农"号的装甲带被弹 5 次，船头船尾无装甲船壳被弹 6 次，都是土耳其的中口径榴弹炮打出来的高爆弹。一发炮弹击中了右舷后部的双联装 9.2 英寸副炮炮塔，即 S3 炮塔，爆炸产生的火焰波及后 12 英寸主炮塔，[65] 同时，爆炸产生的破片还飞进这座主炮塔左舷那门主炮的炮管内，划伤了炮管内膛。其他炮弹击毁了起锚机，严重损坏了艏楼甲板，打烂了后烟囱，摧毁了 2 门 12 磅炮。在这三场交战中，"阿伽门农"号总共被弹 26 发，基本上都是中口径炮弹（很可能是 5.9 英寸，也可能是 8 英寸），也有一些 9.4 英寸炮弹，这些炮弹有可能全是淬冷铸铁弹，几乎没有实际杀伤力，只有飞进 12 英寸炮管内的破片真正减损了该舰的战斗力。另一方面，上文列举的 7 发命中里有一发差点导致弹药库爆炸，尽管"纳尔逊勋爵"级几乎是本卷这些前无畏舰中防御水平最高的战舰了。

水下攻击造成的战损

下表是"无畏"号之前的各种"前无畏舰"在一战中的战损沉没情况总结。

战舰	遭到何种水下武器的攻击	沉没情况
"庄严"号	鱼雷	直接翻沉
"老人星"级"海洋"号	水雷	呈 15° 倾斜状态沉没
"老人星"级"歌利亚"号	鱼雷	直接翻沉
"可畏"号	鱼雷	直接翻沉
"可畏"级"无阻"号	水雷	船体呈竖直姿态沉没
"邓肯"级"皋华丽"号	鱼雷	多次横倾，使船体越来越倾斜后沉没
"邓肯"级"罗素"号	水雷	直接翻沉
"英王爱德华七世"号	水雷	直接翻沉
"英王爱德华七世"级"不列颠尼亚"号	鱼雷	直接翻沉
"斯威夫彻"级"凯旋"号	鱼雷	
其他致命损伤		
"伦敦"级"壁垒"号	弹药库爆炸	
"邓肯"级"蒙塔古"号	搁浅	

大多数中了水雷或者鱼雷的前无畏舰都会迅速开始横倾，典型角度似乎是 8°，横倾到这个角度后，有时横倾角会逐渐增加直至翻沉，而更常见的情况是保持 8° 横倾很长时间。大多数中雷后保持小角度横倾的战舰，还会继续进水，直到某个时刻，船身猛然一晃动，接着快速横倾直至翻沉。这种现象很可能是

由于底舱的进水逐渐漫延到新的一间隔舱里面（可能与隔舱壁在水压压迫下变形破裂有关），也可能是随着底舱大水越涨越高，最后破坏了水线面的形状，使得战舰的稳定性突然丧失。一旦战舰触雷造成一侧底舱进水，可以通过快速向对称舷注水来减少横倾[66]。从上面的一些战损案例中，时人已经认识到底舱两舷弹药输送通道会方便底舱的进水从一个隔舱漫延到另一个去。

共有 10 艘前无畏舰遭遇水下攻击之后沉没，其中 7 艘直接翻沉[67]，2 艘弃船后发生了严重横倾直至翻沉，还有 1 艘以 6°—7° 角倾斜着沉入海底。我们几乎可以肯定，这些战舰的沉没就是由于动力舱中央的纵隔壁使底舱不对称舷进水；里德早在 1871 年就曾警告过不要这样设计。这 10 个沉没的案例中，唯独"无阻"号最终没有发生大角度横倾，这可以算是把上面的推测坐实了——该舰中雷后，发动机舱的中央纵隔壁受损，所以才没发生大角度横倾。

根据"老人星"号的设计，非常粗略地估算了这些前无畏舰底舱各个舱室进水会对船体造成的横倾效果：

进水的舱室	横倾角（°）
发动机舱	9.6
锅炉机舱	6.8
二者同时进水	16.6

上述估算中假设堆煤舱全部进水，但里面的煤都是满的，也就是说能够保存原来状态下八分之五的浮力。当时的资料中常常提到，在战损的战舰上进行

"老人星"级"海洋"号，1915 年被水雷击中，沉没在达达尼尔海峡中。（世界船舶学会）

战时抢修的时候用支架撑住损坏的隔壁，可见上述战舰沉没前猛然“耸动”那一下，可能就是隔壁破裂引起的。

总之，怀特设计的前无畏舰，放在它们那个时代的标准下来看，具有足够的装甲防护，装甲防御布局也比较合理。这些前无畏舰中，除了最早的那几级，火灾预防措施方面也已经比较完备了。但这些战舰底舱里都有一道纵贯艏艉的长隔壁，这道隔壁是它们设计上的致命缺陷。尽管前无畏舰时期的设计者们已经认识到了底舱进水会从通风道和管路等通道向各个水密隔舱漫延，也采取了一些应对措施，但还是不够。上甲板上的装甲炮廓是战舰上一个薄弱之处，[68]1905年日俄战争中没有暴露出来。

译者注

1. 本章介绍的这些实战案例都发生在 19 世纪 90 年代及以后，试验也是这一时期的。

2. 双方参战的主要力量，见第四章译者注释 102、103。

3. 以此来为"老人星"级薄弱的装甲带做一点辩解。

4. 甲午战争中的海战，译者了解不够深入，不妄加介绍。详细的来龙去脉以及相关技术、历史等方面背景知识，详见陈悦的一系列著作，比如《中日甲午黄海大决战》，并可到威海卫实地参观"镇远"级铁甲舰的 1∶1 复制品。就像第九章译者注释 104 已经介绍过的那样，大东沟海战从技术水平上来看，是一场不太对等的交火，所以应当谨慎对待这场战斗的结果。日本方面大量装备了 19 世纪 90 年代兴起的防护巡洋舰，它们不仅航速高，而且装备大量速射炮，但这些速射炮的口径太小，压制巡洋舰绰绰有余，却根本无法真正击穿铁甲舰的装甲，铁甲舰在它们面前基本没有沉没的危险，甚至不会丧失战斗力，因为 1894 年的时候，苦味酸炸药制成的高爆弹还没有大量装备部队。北洋水师实际有战斗力的只有"镇远"和"定远"两艘铁甲舰，以及"致远"号防护巡洋舰，再加上比"致远"号性能还差一些的"济远"号巡洋舰；其他战舰的性能大致上只相当于本书第二章介绍的铁甲舰时代头 10 年的发展水平，而且吨位和火力都只相当于第七章最后一部分提到的三等巡洋舰和炮舰。北洋水师这些落后战舰自然不是日本新锐巡洋舰的对手，不仅航速慢得多，也没有速射副炮。为了对付"镇远"和"定远"，日本斥资打造了"三景舰"——"松岛""严岛""桥立"，但出现了怀特所说的问题：实际装甲穿深不足。导致这个结果的可能原因多种多样：首先包括第七章曾经提到过的小船扛大炮问题，4000 吨级的"三景舰"不是稳定的火炮平台，大炮发射后船体剧烈摇晃，只能等到船体摇晃减弱后恢复射击，这样不仅射速慢，而且船体摇晃太剧烈也会直接干扰炮管中飞行的炮弹，破坏弹道稳定性，结果开炮次数少，而且命中率本身就不高；其次，日本穿甲弹以及弹底引信本身的质量是否可靠；第三，机缘巧合，命中"定远"舰的炮弹可能刚好在它朝日方这一侧横摇的时候击中了装甲带，炮弹入射角特别小，接近于擦掠弹。英国和日本为何能对清军战舰的战损如此清楚？两艘"镇远"级铁甲舰一艘在刘公岛自沉，一艘被日军停获。日本人仔细测量后，发现"三景舰"可以算是完全失败，那么其他巡洋舰上面的速射副炮对铁甲舰就更没有实际杀伤力了，所以这两艘铁甲舰没有被击沉，实际上并不能够完全驳倒里德对中腰铁甲堡式设计的担忧，因为"镇远"和"定远"舰并没有跟"主力舰"交手，日本舰队当时压根儿就没有主力舰。

5. 1894 年 7 月 25 日，清军租用挂着英国旗帜的商船"高升"号从本土向朝鲜调兵，日本防护巡洋舰"浪速"号选择将其击沉，宣称因为搭载的是清军士兵，不算中立。无独有偶，1904 年 6 月 15 日，日俄战争期间，第八章介绍的沙俄"留里克"号装甲巡洋舰也击沉了一艘名为"常陆丸"（Hitachi maru）的日本商船，同样造成大量陆军士兵葬身海底。不管"高升"还是"常陆丸"，从舰名上看，显然都属于参战国，只是挂出中立旗帜，并不足以让敌国放一马。

6. 美国向西班牙开战的借口是"缅因"号爆炸沉没，该舰是类似于"定远""镇远"那样的中腰铁甲堡式铁甲舰，但技术上要先进得多。

7. 1894 年甲午战争时，美国海军的实力似乎比北洋水师强不了多少，经过 10 年的大规模扩军，到 1905 年的时候，美国海军已经不甘位列英德之后了。19 世纪末，美国海军扩建初见成效，放眼全球，亚洲和非洲都已经被欧洲传统殖民国家占据，于是美国决定拿力量最弱小的老牌殖民国家西班牙开刀，在加勒比海和东南亚分别占据一块属于自己的海外基地。美国在古巴驱逐了西班牙势力，使古巴成了美国的势力范围，至今仍然在关塔那摩湾建有海军基地；同时在东南亚的菲律宾赶走了西班牙人，菲律宾从此成了受美国保护的国家，美军在关岛设一座可以干预东亚局势的关键前进基地。美西战争中指挥骑兵、表现英勇的原任海军部副部长西奥多·罗斯福后来成功竞选上总统，于 1907 年派 16 艘美国新锐前无畏舰组成"大白舰队"（Great White Fleet）环球航行，展示美国在海上的军事存在，从此美国一步步代替英国成为新的海上霸主。

8. 据说当时用一个木制模型代替。

9. 第八章和第九章介绍的前无畏舰和巡洋舰除了搭载火炮，也都搭载了水上和水下鱼雷发射管，只是作者完全没有提及。这里做一个盘点。

   各级前无畏舰："君权"级装备 7 具 14 英寸（即 356 毫米）鱼雷发射管，每舷侧各有 1 具水下发射管、2 具水上发射管，船尾还有 1 根朝正后方的水上鱼雷发射管；"百夫长"级鱼雷发射管布局同上，但鱼雷型号更大，为 18 英寸（实际上并不足 18 英寸，只是习惯命名）鱼雷；"声望"号搭载 5 具 18 英寸鱼雷发射管，船尾 1 具保持不变，两舷由 6 具减少到 4 具，为每舷 2 具水下发射管，基本避免了水上鱼雷舱被弹后殉爆的危险，"声望"级于 1893 年初开工建造；"庄严"级鱼雷型号和发射管布局同"声望"号；"老人星"级舍弃了船身难以有效施加装甲防御的水上鱼雷发射管，左右两舷共 4 具鱼雷发射管，位置似乎也从舯部分别移动到靠近前后主炮塔炮座，这样可以拉开各个鱼雷舱之间的距离，跟拉开副炮炮位距离的意义一样，分散目标，提高舰载武器的生存性；"可畏"级、"伦敦"级和"邓肯"级都同"老人星"级一样，即前后主炮炮座位置各有一对朝向两舷的水下 18 英寸鱼雷发射管（这个名义上"18 英寸"鱼雷的具体直径可能在各级上还有所不同，有的是 450 毫米，有的是 457 毫米，有的是 460 毫米）；"英王爱德华七世"级上的水下鱼雷发射管增加到 5 具，船尾增加了 1 具，仍是 18 英寸鱼雷；"纳尔逊勋爵"级同"英王爱德华七世"级。

一等防护巡洋舰："布莱克"级在两舷一共 4 具水下鱼雷发射管，跟同时期的"君权"级一样，是 14 英寸（356 毫米）鱼雷；后续的"埃德加"级和"强大"级发射管布局一样，只是直径增加到 18 英寸；最后一级一等防护巡洋舰"王冠"级则削减到 2 具 18 英寸水下发射管；"克雷西""德雷克""蒙茅斯""德文郡"级装甲巡洋舰均同"王冠"级，两舷带有一对 18 英寸水下发射管；"爱丁堡公爵"级又增加了 1 具 18 英寸船尾水下发射管；"勇士"级同"爱丁堡公爵"级；"米诺陶"级增加到 5 具 18 英寸水下发射管，1 具在船尾，两舷各 2 具。

可见，前无畏舰时代的主力舰从 1896 年"老人星"级以后，就舍弃了水上鱼雷发射管，巡洋舰则一直没装备过水上鱼雷发射管。这是因为巡洋舰刚开始没有舷侧装甲带，水上鱼雷发射管会完全处在无防护状态。

10. 该舰是 1878 年英国和沙俄因阿富汗问题而关系紧张时，英国海军慌忙中从土耳其海军购来的老式铁甲舰，虽然在英国建造，但设计师是土耳其人，采用过时的中腰炮室设计，设计排水量不足 5000 吨，主炮为 4 门 12 英寸前装炮，装甲较薄，只有 6 英寸水线装甲带和 8 英寸舷侧装甲带，航速则只能达到 12 节，续航能力极为有限。从各方面来看，这种小型铁甲舰甚至比不了 19 世纪 60 年代末里德式挂帆铁甲舰，因为它们的定位就是在东地中海局部活动，因此吃水非常浅，英国征购该舰可能也是为了方便在黑海和罗马的海使用。

11. 大致可见该舰舯部有承载火炮的中腰炮室。

12. 以锻炼军官临战时的心理素质，不至于心理崩溃。

13. 而不是着火形成的浓烟。

14. 靶舰吃水也较浅，只有不到 6.5 米。

15. 这个比喻对今人来说很不熟悉，但 1900 年的人似乎仍然对 1800 年的风帆时代有一丝抹不去的情怀。所谓"干腐的木料"，是指在 17、18 世纪风帆船舶的底舱里，有些木料即使没有直接浸泡在海水中，底舱的潮湿环境也会让其霉变，有时候湿度小于 50% 也能霉变，最后霉菌把木料蛀蚀成类似于锯末一样的东西。这里就是说高爆炸药可以把周围的东西全都炸成细碎的粉状。

16. 一战结束之后，美国的海军实力已经跟英国平起平坐，于是美国召集当时五大海军强国在华盛顿召开了旨在削减海军规模、给各国经济减轻负担的会议。会议严格限定了主力舰（即 20 世纪上半叶那些主炮装甲战舰）的排水量、主炮口径，结果设计师设计新战舰时的重量限制突然增大了很多，不得不放弃面面俱到的防御方式。

17. 原著写作"Rossiya"，按照今天一般拼写更改。

18. 这是一条常识，在 17、18 世纪的风帆战列舰时代海军就烂熟于心了。

19. 引信不那么灵敏，炮弹更有可能穿过敌舰装甲之后再在船身内爆炸，从而带来上文"贝尔岛"号打靶测试那样恐怖的毁伤效果；而过于灵敏的引信可能会在炮弹击中装甲板的瞬间就引爆，结果爆炸的冲击波全被装甲阻挡在船体外面了，对船体内要害部位的伤害几乎等于零。

20. 似乎说明日本穿甲弹的质量确实成问题，但 8 月 10 日是远距离炮战，炮弹弹道呈明显的抛物线形，炮弹击中装甲时的角度太小，穿甲能力下降。

21. 这枚炮弹已经找不到了。

22. 位于船头或者船尾部位。

23. 比如费希尔认为，既然装甲巡洋舰都可以参加决战编队，那么不如保持防御水平不变，把火力增加到跟主力舰一样强，这样便诞生了战列巡洋舰。

24. 原著写作"Osliabia"，据现代拼写改。

25. 然而没有引起警惕，待发弹还是随意存放，最后在 1916 年日德兰大海战中两艘战列巡洋舰因为弹药库殉爆而剧烈爆炸沉没。

26. 原著写作"Pobeida"，据现代拼写改。

27. 甲午战争中停获自北洋水师，这是清末洋务运动中自行设计建造的铁甲舰。

28. 甲午战争中俘获自北洋水师，原本购买自德国。

29. 水雷直到今天仍然是性价比和交换比最高的武器，一艘主力舰和一枚水雷的造价实在是霄壤之别。在当时来说，舯部的发动机舱两侧都有厚厚的堆煤层和防鱼雷空舱，舯部靠近船头船尾的底舱弹药库两舷则因为船体在这个位置变瘦而常常缺少足够的防御纵深，因此弹药库面对水雷爆炸更显得脆弱。另外，所有战舰的船底都只有双层底，不可能设置舷侧那样的防鱼雷纵深结构，如果水雷正好在战舰正下方爆炸，战舰通常都会凶多吉少。

30. 这是 20 世纪初的布尔战争后英国政府成立的一个临时机构，直到二战才解散，负责全面作战的智库和资源协调配置等工作。

31. 两个潜航式的小飞机形态的无动力拖航浮标，从船体左右两舷拖带，浮标和船体之间的缆绳具有比较锋利的边缘，可以划断水雷的定深锚缆，从而让水雷漂起来浮出水面，然后再被扫雷舰去毁。

32. 1904 年 2 月 8 日。

33. 原文为"Nakhimoff"，根据现代拼写改。

34. 之前的鱼雷都是常温储存的压缩空气直接从高压气瓶中放出来，推动机械装置转动，驱动螺旋桨。到 19 世纪末，内燃机已经出现了，并初步应用在汽车等载具上，人们自然想到要把燃油通入压缩空气发动机中，通过燃烧来提高推力和鱼雷航速。到 1908 年的时候，英国已经开发出水冷式热动力鱼雷：把内燃机外面包裹上水套，这样就可以及时带走内燃机产生的废热，使得鱼雷可以燃烧更多的油料来提高推力，同时，内燃机废热会把冷却水蒸发成蒸汽，还可以把蒸汽也通入鱼雷发动机中，这样也提高了推力，进一步增加航速。

35. 这些榴弹炮本来适用于攻击钢筋混凝土地堡，可能引信的设置不适合用来攻击战舰。

36. 以上文提到的"苏沃洛夫"号最为典型。

37. 日军用下濑高爆弹把沙俄战舰缺少装甲防护的上层船壳撕开许多大洞，再用黑火药通常弹引火，而高爆弹爆炸造成的局部瞬间高温就能让平时不易燃的东西燃烧起来，然后单个起火点再借由高爆弹在船体各个甲板之间炸开的大洞连成一气。

38. 俄军战舰远涉重洋，很多国家又迫于英国的压力，不愿意卖给沙俄燃煤，所以俄舰只能超载燃煤，连甲板上都是煤。

39. 这几个战例均见第九章译者注释 160、176、177，都是巡洋舰遭到敌军主力舰过于猛烈的火力覆盖。

40. 劳师远征的沙俄战舰大多超载，据说副炮炮管距离海水面不到 2 米。

41. 对照第九章的介绍，当时法国前无畏舰常常采用长艏楼设计，比英国前无畏舰的船体多一层甲板。

42. 水线以上的进水通过发动机舱的通风口甚至烟道上的破洞缓缓进入底舱。

43. 例如第八章、第九章介绍的前无畏主力舰和巡洋舰中，只有"爱丁堡公爵"级采用了较为明显的舷墙内倾。

44. 今天来看，基本上可以确定是副炮发挥了主要的杀伤力。战前，东乡平八郎也很明白副炮和主炮在实际运用上的这种差别。日本此时已经财力枯竭，为了产生决定性战果，逼迫沙俄和谈，东乡选择了容易发挥副炮火力的中近距离炮战。

45. 因为很多幸存者都是躲藏在底舱的穹甲甲板下面才幸免于难的，船体上部的人员不是直接被破片杀死，就是死于大火。躲在底舱里只能听到和感受到炮弹击中船体时巨大的冲击。

46. 一位年轻的俄国战舰设计师，刚从学校毕业。

47. 跟随波罗的海前无畏舰编队来到东亚的一些老旧铁甲舰，它们拖慢了整个沙俄舰队的行动速度。

48. 该舰属于无畏舰时代，超出本卷内容，不做详细介绍。

49. 无畏舰时代的英国装甲防护理念跟 1876 年"不屈"号之后的铁甲舰防御设计正好颠倒了过来。从 1876 年"不屈"号以后，英国铁甲舰就使用了所谓的"中腰铁甲堡"式集中防御，而到了第八、第九章介绍的前无畏时代，英国主力舰和巡洋舰的装甲覆盖面积就越来越大，倾向于"全面防御"。

50. 火控系统就是桅杆高处的观瞄人员观测敌舰和我方炮弹落点后，通过信号传输设备（比如电话、电报和传声筒）向下面舰桥、指挥塔和主炮塔里的人员传递火炮校正信息。20 世纪上半叶的大炮主力舰，船体深处还有一个弹道计算机在实时预测敌舰航迹，这些分散在船体各个部位的装置和人员构成了无畏舰以后战舰的"神经中枢"，必须加以保护。

51. 无畏舰在万米之外开炮，头几轮齐射用来校正火炮，命中率提起来之后，就尽量快地射击。整个炮战过程中，火控系统要时刻工作，时刻针对敌舰的规避机动来校正火炮参数，否则在万米之外没有命中率可言。日德兰海战时的命中率只有5%。光打中了并没有用，炮弹还要能够可靠地击穿装甲再爆炸，这样才能体现出杀伤力。

52. 这里可能弄错了，第六章介绍的"海军上将"级等舰搭载的13.5英寸炮叫作I—IV型13.5英寸炮，只有30倍径，而1910年开工建造的"猎户座"级"超无畏舰"上搭载所谓的"新型13.5英寸炮"，为45倍径，是在1912年才研发成功的，所以1910年时可能还不存在这种炮，所以作者最多可能指的是在研的试验火炮。

53. 会在炮弹击中装甲甲板的瞬间起爆，结果无法击穿装甲甲板。

54. 会有这种区别主要是因为人们当时衡量装甲甲板和装甲带的"厚""薄"标准不同。3英寸的装甲甲板就算是很厚的了，6英寸的装甲带仍然只配得上装甲巡洋舰，装在主力舰上就显得薄了。而高爆弹爆炸时形成一个火球，火球对装甲面的冲击力，对于装甲甲板和舷侧装甲带而言，都是一样的。前面章节已经屡次提及，动能炮弹对装甲甲板和舷侧装甲带的毁伤效果不一样，主要是因为近距离击中装甲甲板的动能炮弹只能擦掉过甲板，于是就不会造成太大的毁伤。而爆破弹起爆后形成的火球任何时候都能对任何部位的装甲起到最大杀伤作用。

55. 就是给军官一个心理准备。

56. 每艘船的弹着点很难区分开来。

57. 这些舰名和上面的舰名大多是继承舰名，在本书前面章节的铁甲舰时代多已经出现，这里不再重复其英文。

58. 大型火炮非常沉重，无法快速地回旋和俯仰，没法连续瞄准航速很快的鱼雷艇和驱逐舰。

59. 第八章和第九章的所有前无畏舰和大型巡洋舰都装备了12磅炮作为反鱼雷艇武器，具体的数量和布局不再补充介绍。

60. 因为驱逐舰又比鱼雷艇大了不少。

61. 上一次技术快速进步是19世纪70年代后期、80年代初，让19世纪60、70年代的铁甲舰迅速过时。

62. S代表"右舷"（Starboard），从前到后三座9.2英寸炮塔的编号分别为1、2、3。

63. 应当是在船体首尾部位，因为舯部直到露天甲板都有舷侧装甲带。

64. 其中的液压设备可能是弹药库中起吊弹药用的。

65. 可能因为主炮塔上的观察窗没有玻璃。

66. 这是一战以后通用的损管方法，但一战时的前无畏舰似乎还有应用这种办法。

67. 人员没来得及逃离。

68. 上甲板炮廓容易导致水线以上船体进水，特别是在战舰触雷导致底舱进水而横倾以后。

第十一章
1905年:"无畏舰"的时代
终于到来

战略导向决定战舰的总体设计，战舰的设计决定其战术运用方式，运用方式决定舰载武器的具体细节。[1]

一直到 20 世纪初，整个英国皇家海军及其中枢机构"海军部"，就像一座复杂而庞大的军事和政治机器，里面的部门和系统之间往往缺乏联系，大家沿着自己部门的发展路线各自前进。突然，到了 1904 年，这些相互独立的部门以极高的热忱整合到了一起，奋力把"全大口径主炮战舰"这个概念发展成 1905 年的"无畏"号。海军中各个部门负责的技术发展都对"无畏舰"最终化为现实做出了贡献，有些技术进步为"无畏舰"的诞生创造了前提条件，使得时人开始产生发展全大口径战舰的需求，有些技术进步是"无畏舰"从图纸化为现实所必不可少的关键技术基础，还有些进步则在降低武器成本的同时，维持甚至提升其战术性能，这样"无畏舰"的成本才不至于高得离谱。

培根[2] 认为，无畏舰诞生背后的逻辑是这样的：

鱼雷的进步对主力舰的生存能力造成了新的威胁，新鱼雷射程更远了，所以在未来的海战中，主力舰大炮的射程也必须更远；[3]

日俄战争的实战例子表明，远程炮战是现实可行的；

要在远程炮战中命中敌人，已知的唯一办法就是使用全舰火炮齐射，然后再根据弹着点来校正火炮的参数；[4]

这种远程炮战战术要求一艘战舰必须同时装备 8 门甚至更多的型号统一的大口径火炮[1]；

最大口径的主炮击中敌舰造成的毁伤效果也最大，而且大直径炮弹远距离飞行的弹道准确性最佳[2]。

同时，无畏舰的诞生也是建立在前面章节介绍的很多技术进步和管理机构改革精简上的。比如，蒸汽轮机的应用；再比如，"无畏"号的船体可以造得比前无畏舰更轻便、更便宜，而且底舱分舱的水平也高于前无畏舰上的设计；此外，

[1] J. A. 费希尔著《未来海军必需装备》（*Naval Necessities*），1904 年 10 月出版，现藏 MoD 图书馆。

[2] 培根著《基尔维斯顿的费希尔勋爵生平》（*The Life of Lord Fisher of Kilverstone*），卷 1，第 229 页。

[3] 需要说明的是，这种观点并不正确，不过当时这种观点的信众很多，而且对战舰设计方面的决策产生了很大的影响。

[4] 虽然培根一直强调全大口径主炮战舰的最核心战术就是使用所有主炮齐射，但培根作为"无畏"号的第一任舰长，指挥该舰完成处女巡航的时候，全程都没有进行过一次齐射，而是坚持过去的方法，让各门主炮依次单发射击，来校正射程。当然，培根当时的记述也多有不可靠之处。

通过让大量老旧过时的战舰退役或报废[3]，"无畏"号的建造成本才进入议会能够接受的海军预算增幅范围内。

把这些技术层面的、管理层面的、政治层面的发展全部整合到一起，最后让"无畏"号成为现实的那个人，正是当时的海军部首长、第一海务大臣"靓仔"（Jacky）[4]费希尔。费希尔在"无畏"号计划中，不断给各个相关方面施加压力，这才使这个计划以最快的速度实现，因此他在牵涉其中的人眼里，不免总是一副青面獠牙的形象。对于"主力舰到底是什么"这个问题，费希尔在组织成立"无畏"号设计委员会的时候，这样表述他这一辈子里大部分时候都坚持的观点："主力舰代表了高度集中的战斗力[5]。"本章开头引用的也是费希尔说的话，这句话至少能够说明，费希尔开始从战略战术角色出发，构思一艘未来的战舰应当怎样设计，而不再像之前的海军部委员会那样，设计新战舰仅仅是为了对抗外军，满足于新战舰仅仅在性能上"超越"外军的同类战舰。[6]费希尔花了很多年的时间，才把"战斗力高度集中"这一设计理念、设计哲学逐渐具象化，明白了什么形式的具体设计能让这一理念最充分地化为现实；费希尔刚开始是不支持"全大口径"这个新概念的，但当他后来发现这个概念跟他的"战斗力高度集中"理念非常契合之后，就成了"全大口径"概念的最后一个，也是最关键的支持者，拿出全部热情力推全大口径主炮式设计。[1]其实，费希尔好像一直到"无畏"号的具体设计工作已经开展的时候，仍然弄不懂该舰那数量众多的主炮到底采用什么样的战术才能得到有效的运用。下面先介绍推动"无畏"号从概念走向现实的各方面要素，然后再看一看这些要素的各自发展是如何整合、产生无畏舰的。

促成"无畏"号诞生的各种因素

炮术领域的新发展——"先敌开火，高效毁伤，持续打击！"（费希尔）

第九章已经介绍，珀西·斯考特发明的潜望镜式瞄准具大大提高了英国皇家海军的炮术水准，他首先针对性地训练装填手，提高了火炮射速；接着，他发明的点器器让炮手在中近距离炮战中通过"连续瞄准"（continuous aim）法大大提高命中率。于是，海军中越来越多的将领开始意识到，命中率才是关键，火炮的射速快并不代表一定就有更多的炮弹击中敌舰；当时那些纸上谈兵的战术专家，没能及时意识到这个问题。[7]直到19世纪末，舰队平时进行炮术操练，射击距离都只有1500码，而费希尔以地中海舰队司令的身份在一次讲学中提到，战舰上的重炮若安装了潜望式瞄准具，则有效射程可达3000—4000码，若没有安装，有效射程只有大约2000码。[2]

培根认为当时法国举行的一些打靶实验[3]刺激了英国人，促使皇家海军开始重视远距离打靶实验，到1898年的时候，约翰·霍普金斯爵士（Sir John

① 费希尔的这种热诚不禁让人想起那句俗话："他们跑在前面，所以我得奋力追赶，因为我有一天要做他们的领头人"（There they go, I must hurry after them for I am their leader）。

② 注意，1904年8月10日的日俄交战中，那些沙俄舰前无畏舰虽然没有装备潜望镜式观测瞄准装置，但在12000码左右就开始炮击，而且准确性可圈可点。

③ 培根这里实际上指的是法国人用"叙尔库夫"号（Surcouf）作靶舰进行的一次火力实验，可是这次实验是在1902年5月15日举行的，所以不可能是它催动英国皇家海军于1900年展开一系列测试。根据1903年《布拉西海军年鉴》上的记载，法国这次实验在2400—4300码之间总共朝"叙尔库夫"号开了340炮，只有41炮命中目标，战舰的主炮平均每3分钟发射一炮。

Hopkins）开始在地中海舰队开展这种炮术操演，开炮的距离达到了史无前例的 6000 码。后来费希尔担任地中海舰队司令时又把这个好传统保持了下去。这些炮术演练说明，在当时的技术条件下，在远距离炮战中，要想大体上估算出目标的距离，唯一现实的办法就是观测炮弹的落点。为了能够一次齐射就估计出目标的远近来，最少也需要一次发射 4 枚炮弹，这样就可能出现一发太近、一发太远、而另外的炮弹可能刚好位于目标附近这种情况。如果敌舰还在机动中，就必须连续进行两轮齐射，还要让齐射的间隔尽量短，这样才能保证敌舰来不及大幅度地改变航向，这种时候校射才是有用的，那么，为了尽量缩短两轮四发齐射的间隔，便需要装备 8 门火炮了。

　　1901 年，曾经在地中海舰队参加了上述远距离炮术操练的皇家海军陆战队炮兵（Royal Marine Artillery）上校 E. W. 哈丁先是在期刊《联合防务》（the United Services Journal）上发表了系列文章，介绍和探讨战舰的火力控制问题，接着在《工程学》杂志上发表了一系列相关文章，1903 年，他把这些文章集结成册出版。[①]1904 年，珀西·斯考特在炮术学校发表了一次重要的演讲，题为“远距离炮战中该如何命中”。此外，皇家海军于 1903 年用“庄严”级姊妹舰“胜利”号和“复仇”号，进行了为期 3 个月的非常严密的炮术实验，具体项目是以哈丁 1903 年出版的那本书作为指导来拟定的。后来，皇家海军的炮术部发表了哈丁对实验结果的报告。[②]

　　报告中肯定了之前的炮术实验已经证实的那些结论，同时这场新实验还使人们认识到，6 英寸副炮在远距离炮战中没什么用，6 英寸炮弹入水后激起的水柱反而会干扰人们观测更重要的 12 英寸主炮炮弹落点。由于在远距离炮战中，每次进行下一轮齐射之前，都必须根据上一次齐射的弹着点来修正火炮参数，在 6000 码距离，6 英寸副炮在中近距离炮战中的高射速优势就发挥不出来了；实际上，随着炮战距离增大，12 英寸炮反而能借助观测齐射弹着点的方法，更快地达到较高的命中率，这是 6 英寸炮没法做到的。而且，12 英寸炮弹的杀伤力比 6 英寸炮弹大得也不是一星半点。当时甚至准备在 1904—1905 年造舰计划中引入新式液压动作装置，从而提高 BVIII 型 12 英寸炮塔中炮管俯仰的速度，[8] 这样甚至有可能让 12 英寸炮也实现副炮那样的连续瞄准战法。

　　1902 年，在格林尼治的皇家海军学院下设的战争学院[③]担任校长的梅上校，指挥学员进行了一系列的“战棋推演”，这些推演的结果对时人如何看待未来战舰的发展起到了很强的导向作用。梅上校关于这一系列战棋推演结果的报告，有一部分保存在国家档案馆，[④]其中有一项战棋推演探究了航速的战术价值，结果是它跟火力和装甲防护比起来，并不算重要。下文还要谈到这一系列战棋推演中的另一个研究项目，展示了全大口径主炮的战术价值。

① 哈丁以笔名“莱迪恩”（Radian）撰写的文章《海军炮术运用》（The Tactical Employment of Naval Artillery），刊载于 1903 年在伦敦出版的《工程学》杂志上。

② E. W. 哈丁著《火力控制，现状综述》（Fire Control, A Summary of the Present Position of the Subject），MoD 图书馆馆藏。

③ 1973—1974 年间作者我在战争学院进修。

④ 归档条目 ADM 1/7597：《格林尼治皇家海军学院进行的战棋推演》（Exercises carried out at the RN College Greenwich），1902 年 5 月归档的材料中的第 653 号。

在设计"纳尔逊勋爵"级之前，时任海军部审计长威廉·H. 梅爵士又开展了一项调研工作，看一看未来的主力舰应当拥有什么样的火力和防护水平，[①]借此时机，新任海军部总设计师菲利普·瓦茨便提出了一系列各有侧重、各不相同的未来战舰设计预案。各个预案都绘制了设计草图，根据这些方案草图，绘制了两幅曲线图。第一张曲线图的横坐标是战舰舷侧受到装甲保护的面积在侧影总面积中所占比例，纵坐标则是全舰装甲的平均厚度（考虑了主炮塔座圈等弧形部位的装甲的厚度）。同时还在第一张曲线图的一侧绘制了第二张曲线图，横坐标的含义完全同前，但纵坐标代表的是舰上各型火炮在一定时间内能够投射出去的炮弹的总重量。于是在第二张图上就可以画出很多根横线来，每根横线都代表某一型火炮在规定时间内的火力输出能力，把这些横线延长到第一张图上去，便可找出那些平均装甲厚度不到该型火炮的炮弹侵彻深度的设计预案。这些无法防御某型火炮火力的预案，代表它们的数据点在第一张图上的区域被涂成红色，而能够阻挡这型火炮射击的那些预案，代表它们的数据点在第一张图上所区域被涂成蓝色。[9]

从这些曲线图上可以清楚地看到，6 英寸副炮对目标的杀伤范围和一定时间里能实现高效毁伤的能力要比主炮差得多，如果一艘战舰敢于只使用副炮攻击敌舰，那么有可能还没等接近到副炮的有效射程，该舰副炮炮阵就已经被敌舰的主炮完全炸毁了。为了应对主炮的远距离攻击，战舰上的重装甲防御范围应该要比既往的前无畏舰大得多。同时，还可以说，拿 6 英寸炮来作为副炮简直是挠痒痒，在远距离炮战中几乎毫无价值。因此，"纳尔逊勋爵"级的装甲更厚、装甲防御范围更大，而且舍弃了 6 英寸副炮，选择了统一规格的 9.2 英寸次级主炮来作为次要武备。在设计"纳尔逊勋爵"级的时候，其实主力舰设计小组已经提出了一个全 12 英寸大口径主炮的设计方案，但是海军部没有通过。

随着炮战距离的拉开，为了让炮弹在空中飞行一段时间后，仍然可以击中目标，就必须要测量敌我双方的距离，并估算敌我距离在未来不久的时间里将变成多大。[10②]成熟的火力控制系统刚好在 1905 年之后的几年里迅速发展起来，所以本书不做详细介绍，但其实 1905 年的"无畏"号上已经有不少机械辅助火控和瞄准装置，比史学家们通常愿意相信的要更多，这些新式火控机械使得"无畏"号距离费希尔提出的"先敌开火、高效毁伤、持续打击"（Hit first, hit hard and go on hitting）又进了一步。火控的第一要求就是炮管上的瞄准具要精确地跟火炮自身的运动连锁，在"无畏"号上，第一次装备了直接动作式瞄准具，这种瞄准具就固定在大炮的炮耳上，而既往的瞄准具都是直接跟大炮连在一起的，大炮的后坐力会传递到瞄准具跟炮身的连接部，造成很大的观测误差。

巴尔（Barr）教授发明的测距仪早在 1892 年就开始试验列装海军了。最开

① J. H. 纳博斯撰《战舰建造的三个阶段》，刊载于 1922 年在伦敦出版的《造船工程学会会刊》。（梅爵士的文章没找到全文，国家海事博物馆的梅爵士档案册中没找到。）

② 这部分主要是根据约翰·布鲁克斯（John Brooks）1994 年 2 月在国王学院（King's College）所做题为《无畏舰与火控》（Dreadnoughts and Fire Control）的演讲整理而成的。这次演讲的内容后来发表在《战争研究杂志》（War Studies Journal）上面。为此，我对约翰·布鲁克斯以及约翰·罗伯茨表示诚挚的谢意。另见苏米达所著《拱卫英伦海上霸权》。

始列装的测距仪基线长度只有 4 英尺 6 英寸，在 3000 码的最大测距范围上，可以精确到 1%。1906 年，又列装了基线长 9 英尺的测距仪，在 7000 码的最大测距范围上仍能够精确到 1%，"无畏"号属于最先装备这种长基线测距仪的一批战舰。

"无畏"号的设计师菲利普·瓦茨爵士。(皇家海军造船部档案馆藏)

　　敌我两个舰队在彼此接近的时候，可不一定做匀速直线运动，双方的航向、航速也会不一样，而且两个舰队还随时可以调头转向，在当时设想的 6000—12000 码的炮战距离上，炮弹飞到敌舰，最多需要 30 秒的时间，在这个时间内，由于敌我双方运动都很复杂，因此敌舰跟我舰的距离，以及敌舰在我舰左舷或者右舷的方位角度，都在时刻变化着。英国人便开发出"距变率盘"(Dumaresq) 这种简易的机械计算机[11]来估算敌舰相对于我舰的距离变化速率，以及敌舰相对于我舰航行方向所呈的方位角，只要把我舰的航速和通过测距仪、望远镜估计的敌舰航速、航向输入进去，就可以实时估计敌舰的距离和方位了。据此便可以得出火炮的回旋和俯仰角度应该采用的提前量，然后进行齐射，再观测炮弹落点状况，从而判断这次齐射之前估计得准确与否：首先，如果水柱升起在敌舰船头前方或者船尾后方，说明方位角估算得太大或者太小，需要修正；其次，如果水柱全部被敌舰挡住或者完全挡住了敌舰，说明距离估算得太远或太近，需要修正；最后，如果上一次齐射已经击中了敌舰，而这一次齐射却脱靶了，说明对敌我两舰之间距离变化的速率估算错误，需要修正。[12]① 由"距变率盘"估算出来的敌我距离变化速率可以输入一架"维克斯测距钟"(Vickers' clock)[13]，这台仪器可以实时预测敌我距离。在"无畏"号上，"距变率盘"和"维克斯钟"都有一席之地，构成了一套火控系统的雏形。"无畏"号完工的时候，在上甲板上配备了两座测距、观瞄和火控指令信息的中继站，一个在装甲指挥塔的下面，另一个在信号塔的下面。[14] 这两个中继站位置过于暴露，周围没有装甲保护，所以 1909 年的时候直接把它们全部挪到穹甲装甲甲板下面去了。

　　"无畏"号这种简陋的火控装置只在敌我双方的机动都不大复杂的时候管用，因为这个时候双方的距离和敌舰对我舰前进方向所呈的方位角，都不会在短时间内迅速改变。后来，随着各种液压伺服装置的进步，主炮也可以实现快速地回旋和俯仰了，这时候就必须考虑距变率和角变率过大这个很难解决的关键问题了。[15]费希尔对于全大口径主炮应当如何使用，没有什么认识，到了设计"无畏"号的时候，他还在强调远距离炮战也可以每次只开一炮来进行测距试射，而不是齐射，虽然"无畏"号的前桅杆非常坚固，是三足杆，上面支撑着一座宽敞的火控观测平台，可惜杰里科在桅杆和前烟囱的布局上犯了个错误，硬是把前

① 至少是直到 1909 年的时候，英国海军才开始通过落点观测来校正敌舰的距变率和角变率，甚至这种校准可能在更晚的时候才开始被海军实际应用。

樯杆布置在前烟囱的后面，战舰一旦高速航行，前烟囱里面冒出来的高温烟气就炙烤着这座火控平台。

这样，就在"无畏"号上初步建立了一套"中枢神经系统"，把樯杆上的火控平台跟甲板下的中继站以及各座主炮塔全都联系在了一起，这同时也意味着，仅仅摧毁各个战斗位置之间维持联系的电缆线，就足以破坏战舰的战斗力了。[16]"无畏"号的设计者们充分认识到了这个问题，给出的应对措施就是，尽可能增强防护，并且让每条电缆及其供电设备都带有冗余，从而提高整个火控系统的战场生存能力。① 设计"无畏"号的时候，基本要求所有火控电缆都在装甲的背后，而且离装甲"能有多远就有多远"[18]，尽管"无畏"号刚建成时，舰上的中继站没有任何防护。② 电缆线和炮塔的液压布线平行，一起从底舱伸进炮塔座圈底部正中央的管道，再从这里向上延伸直达炮塔。虽然整个火控系统的总电缆没有备用缆线，但是控制主电缆的配电盘有前后两个，都位于穿甲甲板以下，每个配电盘都由两台电机供电，而每台电机的供电线路又分别来自全舰供电系统的不同分段，全舰的供电系统本身也全部位于穿甲甲板以下。③ 从装甲甲板下的中继站到装甲指挥塔之间，有一个带装甲围壁的通信管，可以把通信线路从底舱向上延伸到指挥塔里；而中继站到樯杆上火控平台的线路则可以从三足樯杆里面通过，这些线路最开始没有双重备份（后来可能配备了两套互为备份），让线路在钢管樯杆内行走，至少可以给线路提供一点抵挡破片的能力，当然，像"无敌"号在福克兰群岛之战中那样，樯杆遭到敌舰炮弹直接命中，那么也无法防御。

"无畏"号刚建成服役时，进行了一次实验航行，从英国本土航行到西印度群岛，这次任务期间，樯杆上的火控平台和甲板下的中继站之间使用4根传声管（Voice pipe）和2条电话线来通信，这样一来，距离、距变率、观测落点后得出的修正信息，以及距变率盘推测出来的敌舰方位，都需要通过人的声音来传递。于是，根据这次实验巡航的结果报告，"无畏"号和其他17艘战舰一起率先安装了步进式（Step-by-step）数据传送器[19]，这样就能把测距数据从火控平台准确地传到中继站，进而传送到主炮塔了。这种步进式传送器比过去的电话和传声筒布局简单多了，线路大大简化，提高了生存力。最开始的步进式传送器问题不断，到了"无畏"号上，已经使用维克斯II型，基本上能够令人满意。

鱼雷噩梦

培根（和其他一些人）觉得鱼雷射程的增加是当时促使人们拉大炮战距离的一个原因，这种观点挺有意思。因为，到1905年设计"无畏"号的时候，沃维奇皇家造炮厂（Royal Gun Factory，简写作RGF）研制的性能最高的、不带

① 这段是根据约翰·罗伯茨的一条笔记整理出来的。由于已经查不到"无畏"号上火控系统的布线具体是怎样的了，现在只能依据这段笔记，这段笔记介绍的情况有一部分其实是后来那些安装12英寸主炮的无畏舰上的情况[17]。
② 船体后部的火控中继站似乎在时人眼里就是一个备用设备，因为当时好几份材料都提到该舰只有一个中继站，刚开始缺少装甲保护，后来挪到了装甲甲板的下面。
③ J. 罗伯茨著《"无畏"号战舰》（The Battleship Dreadnought），1992年出版于伦敦。

内燃加热的、压缩空气"冷动力"鱼雷，最大射程即使在最低航速的时候也才 3000 码左右，而在正常航速时最大射程只有 1500 码，这也是这种鱼雷通常会使用的攻击距离。尽管 1895 年后鱼雷都开始安装陀螺仪，让准头提高了不少。1905 年，阿姆斯特朗研发出第一条热动力鱼雷，通过在压缩空气里混合可以燃烧的燃料，提高鱼雷发动机的输出功率。这个 1905 年的热动力鱼雷还只是原型，并没有达到实用标准，但是人们清楚看到了它的前景，从 1907 年开始，已经被阿姆斯特朗企业收购的怀特海德鱼雷制造厂就开始生产新型热动力鱼雷了。

于是，到 1905 年的时候，不论是皇家造炮厂，还是"维农"号鱼雷学校舰，还是所有其他考虑鱼雷这个问题的有识之士，普遍认为鱼雷的射程会在不久的将来达到很远，比如 6000 码甚至更远。这种看法反过来促使海战战术专家认为应该拉开海上炮战的距离。时人对鱼雷的这种畏惧，阴差阳错地成了他们坚持进行远距离炮战的背后驱动力，可是后来第一次世界大战中的实战经验表明，这些鱼雷的实战效果要远远低于人们的预期。[1] 如果在 6000 码外发射鱼雷，则鱼雷跑到敌舰需要至少 6 分钟的时间 [20]，在此期间，敌舰的航速和航向都极有可能改变，从而避开鱼雷。一战中还发现，各艘战舰发动协调一致的鱼雷攻击，从而夹逼敌舰使其无法避开所有鱼雷，这种战法说起来容易，做起来却非常困难，人们本该早在日俄战争中就领悟到这一点的。[21]

其他驱动因素

费希尔和总设计师手下的主力舰设计小组几乎同时分别提出，统一所有火炮的口径还可以带来很大的经济节约，因为既然炮弹的尺寸都一样了，各个火炮、炮架、炮座和炮塔的配件也全都一样，可以彼此更换，那么船上存放的备用配件就可以减少，而且炮组成员都通过训练熟悉了同一种规格的火炮，那么他们就可以在各个炮塔之间来回调换了，这又减小了人员训练的压力。纳博斯[2] 的文章对英国海军从"庄严"级到"无畏"号的整个战舰设计发展历程，饶有兴致地进行了回顾。在文章中，他特别指出，外军的前无畏舰全都添加了口径相对较大的次级主炮[22]，迫使英国前无畏舰的设计者在"英王爱德华七世"级上设计了搭载 4 座双联装 7.5 英寸次级主炮炮塔，后来怀特又把这个方案进一步改成 4 座 9.2 英寸单装次级主炮炮塔。怀特病休后，暂代他行使总设计师职责的 H. E. 戴德曼提出了一型身形庞大的战舰，但没有获得通过。而在设计下一级，即"纳尔逊勋爵"级的时候，设计团队干脆直接提出了一个全 12 英寸大口径方案，只是没能获得批准。这样看来，很可能此时的设计团队已经把全大口径设计看作是带有次级主炮的前无畏舰的自然延伸了。需要指出的是，在"无畏"号横空出世之前，前无畏舰时代的标准决战距离只有 3000 码左右，6 英寸副炮和 12 英寸主炮都有很

① D. K. 布朗撰《日德兰海战中的鱼雷》，刊载于 1995 年在利斯克德出版的《战舰世界》第 5 卷第 2 期。

② J.H. 纳博斯撰《战舰建造的三个阶段》，刊载于 1922 年《造船工程学会会刊》。我们当代很多作家学者都对纳博斯的叙述照单全收，我觉得这样不大合适。首先，当代作者常常称纳博斯在设计"无畏"号的时候是总设计师助理，而实际上他到 1922 年才熬上这个级别，1905 年的时候他才刚担任助理设计师呢，比总设计师助理要低三个职级。纳博斯的叙述在很多方面都跟戴德曼的版本有不小的出入，而戴德曼当时是一个才能出众且深受同僚喜爱和敬重的设计师，他曾在怀特病休期间短暂代理过总设计师职务（作者我个人不大相信戴德曼对纳博斯的评价就单纯是上级在评价下属）。且当时 W. E. 史密斯爵士对纳博斯的介绍，也跟纳博斯自己说的情况有些出入，当然了，史密斯的话可能不大可靠，因为他离职后对纳博斯一直怀恨在心。而且纳博斯的叙述中还有些硬伤，比如他把有关"紫水晶"号的一些历史事实给弄错了，如下文介绍。当然了，我说这些不是为了诋毁纳博斯，在设计"无畏"号的时候他 38 岁，这个年纪正好是一个战舰设计师最出成果、最有创造力的时候。当时他对上级和下级都很尊敬也。比如古多尔这位后辈就对他的业务水平大加赞赏，而古多尔后来成了一位非常了不起的战舰设计师。纳博斯对他在"无畏"号设计过程中产生的一些原创思路的记述，几乎可以肯定是非常真实的，至少从他后来留在官舰档案册中的一些文件中能够得到部分佐证。只是那个时候战舰设计部门上下级管理结构的特点，决定了他这些原创性的想法总会归功于他的上级，而无法直接上达海军部审计长。纳博斯 1941 年的论文材料也在细节上颇有纰漏。总的来说，纳博斯是"无畏"号设计历程的一位重要亲历者，但他的话要仔细研判，不可轻信。

大的机会频频击中敌舰。所以，在前无畏舰时代，大家一般都认为，应首先使用大量的 6 英寸炮发射高爆弹组成弹幕洗刷敌舰，使其丧失战斗能力，然后才轮到 12 英寸主炮使用穿甲弹来击沉敌舰。[23] 在这种战法当中，6 英寸"副炮"绝不是可以舍弃的，而是不可或缺的，甚至可以说是最重要的武器，因为要依靠它来打瘫敌舰。前无畏舰上那些 12 磅以及更小型的火炮则是拿来对付鱼雷艇的。[24]

除此之外，当时一些专业技术人士还在报刊上发表了一些文章，甚至出版了一些专著，这些对未来战舰的设计可能造成了一些影响。这其中最有分量的恐怕就是意大利的杰出战舰设计师库尼贝蒂（Cuniberti），他 1903 年在《简氏防务周刊》(Jane's) 上发表了一篇文章，提倡未来的战舰应当使用全大口径火炮，航速也必须要高[25]。库尼贝蒂在这篇文章中似乎仍然设想着前无畏舰那样非常近的炮战距离，不过他也提出未来战舰应当装备杀伤威力够用的全 12 英寸大口径主炮群。他认为一艘未来的战舰应该搭载 12 门 12 英寸炮，安装在 8 座炮塔里面，全长水线装甲带且厚达 12 英寸，航速要高达 24 节，达到 21 节航速所需的发动机功率翻倍后才能达到这个航速，这也就意味着如果使用过去的往复式蒸汽机的话，发动机的重量要比实际建成的"无畏"号还大，而且主炮的数量和装甲的厚度也大于"无畏"号，可是设计排水量却限制为 17000 吨[26]！可见，他的提案本身其实可行性很差。

1905 年，就在各国海军内部都逐渐从前无畏舰时代的思维定式中走出来，向着"无畏舰"的全大口径设计一步步靠近的时候，大多数海军记者都还在鼓吹 6 英寸副炮发射的"弹幕"是海战中的决胜武器。他们误读了，甚至没有了解到日俄战争中的远距离炮战对于未来海战的重大导向意义，只看到真正击中敌舰的主炮炮弹寥寥无几，却没能意识到就是这不多的几发弹，如果成功起爆，便足以左右被弹战舰的命运，[27] 而且无畏舰时代的战舰在火控观瞄系统上的装备和训练水平更高，那么就会有更多的主炮炮弹击中敌舰。

这些就是促成"无畏舰"这个新概念在海军决策者的脑中成型的各方面因素，下文将介绍使"无畏"号在造价允许的范围内变成现实的各种技术新发展。

蒸汽轮机的出现

到了 19 世纪后期，欧美有好几个发明家都在尝试研制蒸汽轮机，其中最先达到实用标准的是英国的查尔斯·帕森斯阁下（Honourable Charles Parsons），他于 1884 年给自己的这一型实用化蒸汽轮机申请了专利保护，从 1884 年到 1905 年的"无畏"号，所有英国战舰上的船用蒸汽轮机都是帕森斯式汽轮机，所以当时其他国家的汽轮机在此就不赘述了。最开始，帕森斯的汽轮机就是用来驱动发电机的，汽轮机的高转速在这项应用中具有独到的优势，[28]1885 年，建造中的"维多利亚"号低干舷炮塔式撞击铁甲舰就在船上搭载了这样一台汽轮发电机。[①]

1894 年,帕森斯在沃尔森德(Wallsend)成立了"船用汽轮机公司"(Marine Steam Turbine Company),经过几年的缜密模型测试之后,[②] 他成功建造出第一艘用汽轮机驱动的小艇"透平尼亚"号,这艘试验小艇至今仍然保存在纽卡斯尔。该艇全长 100 英尺,最大宽度 9 英尺,这让这艘钢制汽艇的排水量达到 44.5 吨。提供蒸汽的是艇上一台水管锅炉,锅炉的工作蒸汽压达到每平方英寸 210 磅,在该艇的最初设计中,这些蒸汽直接通入一台径流式(radial-flow)[29]汽轮机中,可以让汽轮达到每分钟 2400 转的转速,从而输出 960 轴马力的功率。尽管经过好多次测试和改进,该艇航速就是没法超过 19.75 节,主要原因是单独一个大螺旋桨在高速转动的时候会产生显著的空泡问题,消耗了推进功率。

于是,1896 年的时候,帕森斯重新设计了该艇的发动机组,安装了左中右三根螺旋桨轴,每个螺旋桨轴都用串联的高压、中压和低压三台汽轮机一起带动。[③]该艇在试航中一举达到了 34.5 节的高航速,怀特和时任总机械师约翰·德斯顿爵士都观摩了这场试航,德斯顿在幕后给了帕森斯很多的鼓励和支持。第二年恰逢维多利亚女王的六十大寿,在盛大的钻玺阅兵式(Diamond Jubilee Review)上,"透平尼亚"号展示了非常出色的性能[④]——沿着战舰组成的单纵队来回巡弋,任何时刻都比纵队中正在行进的任何一艘战舰快出来大约 4 节。

海军部在这次演示之后迅速行动起来,1898 年 3 月,海军在帕森斯厂订购了"蝰蛇"号驱逐舰,其中船体的建造又被帕森斯转包给了霍索恩·莱斯利厂[⑤],这艘 370 吨的驱逐舰基本上跟"30 节"型驱逐舰一样,只是建造合同中要求试航航速必须达到 31 节。该舰的船身造价 19800 英镑,发动机组造价 32000 英镑,其他辅助机械设备造价 1200 英镑。该舰一试航,直接达到 33.38 节的航速,而且是在设计吃水深度下,后来拿掉一些搭载物,让船体达到轻载状态,则该舰能够在整整一小时的试航中维持 36.5 节的航速。"蝰蛇"号装备了 4 根螺旋桨轴,每根都驱动 2 具直径 20 英寸的螺旋桨,4 根螺旋桨轴中,靠两舷的那两根依靠 2 台高压汽轮机驱动,高压汽轮机用过的蒸汽再灌入低压汽轮机,驱动靠近船体中线的那两根螺旋桨轴。该舰航速维持在 31 节的时候,每小时产生每标定马力的耗煤量为 2.38 吨,跟当时那些使用三胀式蒸汽机的"30 节"型驱逐舰差不多,不过该舰在航速较低的时候,耗煤量会大增,经济性能不佳[31]。

表 11.1 每小时产生每标定马力耗煤磅数

航速(节)	"蝰蛇"	"30 节"型鱼雷艇驱逐舰平均耗煤量
15	2.5	1.2
20	4	2.5
22	5	3.3

① 工程兵少将 R. W. 斯凯尔顿爵士撰《船舶机械工程学进展》,刊载于 1930 年在伦敦出版的《机械工程学会会刊》。单独看这篇文章,似乎看不出跟本条注释之间的关联,需要联系怀特当时跟 H. E. 戴德曼之间的那个讨论,即《海军船厂和战舰上电力能源的应用》(On the Application of Electricity in the Royal Dockyards and Navy),刊载于 1892 年在伦敦出版的《机械工程学会会刊》。I. L. 巴克斯顿(Buxton)博士研究史料发现,帕森斯 12 千瓦汽轮发电机组(生产方编号 13)在 1885 年安装到"维多利亚"号上,不过到了 1886 年,又替换成生产方编号 25 的那台机组。也不清楚这第 13 日机组从"维多利亚"号上拆掉后用在了何处,现在也没有记录说这个发电机用到其他地方了。

② S. V. 古多尔爵士撰《查尔斯·帕森斯爵士和英国皇家海军》(Sir Charles Parsons and the RN),刊载于 1942 年出版于伦敦的《造船工程学会会刊》。"透平尼亚"号的船型至今仍然是高速船舶的最优船型之一。这篇论文几乎是古多尔先生在第二次世界大战中唯一的一次"放松"活动。

③ 在一根驱动轴上设计好几具共轴螺旋桨,并让它们良好工作,这可不是一件容易的事情。前面的螺旋桨会加速水流,第二具以及再后面的螺旋桨实际上感受到的水流速度跟第一具螺旋桨不同,所以后面每具螺旋桨的几何尺寸都要分别设计。帕森斯能够成功运用共轴多桨,作者我觉得这多半是一种幸运吧。

④ 这次技术展示很可能是在德尔斯顿的鼓励下进行的。

⑤ 当时海军部似乎从不会跟造船厂之外的任何其他企业直接签订合同。[30]

1889 至 1905 年间的海军部总机械师、海军工程兵中将 A. J. 德斯顿爵士 [《海军工程学杂志》（Journal of Naval Engineering）插图]

在实际服役中，"蝰蛇"号只需一半司炉工在岗，就可以把航速维持在 26 节，若全部司炉工在岗，航速可短暂地维持在 31.5 节，但可维持 30.5 节的航速达半个小时。如果和当时的三胀式蒸汽机对比的话，那么该舰上的汽轮机可以说没有什么震颤，该舰朝正前方行驶还是比较容易把控方向的，如果倒进的话，跑不了直线，会不住地画圈，不过倒进时的动力仍然算很强劲。该舰在服役后的第二年，也就是 1901 年，不幸撞上英吉利海峡群岛（Channel Islands）失事。

同一时期，阿姆斯特朗也自费建造了一艘类似的驱逐舰，算是一种"投资"，可以寻找时机卖给皇家海军或者外军，在皇家海军部设计团队中担任助理设计师的鲍尔（Ball）先生视察了该舰。他在提交给海军部的报告中认为，该舰有许多值得改进的船体结构细部施工问题，只有把这些细节问题都处理好了，才能达到海军部的标准，不过该舰从总体上来看算是可以了。后来海军部又派担任设计师的派因（Pine）先生进行了一轮视察，他的报告认为该舰情况有些不令人满意，并指出该舰船体缺少纵向强度的问题，在船体后部，这个问题尤其严重。1900 年 2 月 12 日，亨利·戴德曼也在他的一份笔记中引述并强调了这个隐患，作为总设计师助理，他可以说是经验非常深厚的了。1900 年，海军部照样从阿姆斯特朗收购了该舰，而且收购价格高达 7 万英镑，"蝰蛇"号才 53000 英镑，英国海军购入该舰后，将它命名为"眼镜蛇"号（Cobra），而且直接进行了船体纵向结构补强。该舰一共 4 根螺旋桨轴，每根都串列着 3 具螺旋桨，也就是说该舰一共装备了破纪录的 12 具螺旋桨。海军检视过该舰后，认为动力机组需要 48 名司炉工，再加上发动机舱里的轮机机械师，一共需要 80 名底舱机械伺服人员，可是船上空间非常拥挤，只能塞进去 70 人。1900 年 6 月，该舰试航，临时在锅炉舱里安排了很多司炉工，让航速飙升到了 35 节。1901 年 9 月，该舰在交付海军途中船体断成两截，后文会专门介绍这个问题。"蝰蛇"和"眼镜蛇"号的早夭，导致时人到 1905 年的时候仍然没有在船用蒸汽轮机的使用上积累足够的经验。[①]

类似"眼镜蛇"号，驱逐舰"弗洛斯"号（Velox）最开始也是帕森斯公司在霍索恩·莱斯利建造的一艘"风险投资"舰。1901 年，海军部收购该舰。这艘驱逐舰也安装了 4 根螺旋桨轴，上面总共安装了 8 具螺旋桨，两舷的两根各自通过一台高压蒸汽轮机驱动，内侧的两根各自通过一台低压蒸汽轮机带动，另外还有两台低功率的小型三胀式蒸汽机可以驱动内侧的两根螺旋桨轴，用来

① 当时很多人都坚信正是由于采用了汽轮机组，两舰才失事的。还有一些人同样坚定地认为是用了蛇的名字，太不吉利，才失事的。

1899 年的"眼镜蛇"号，最早的两艘汽轮机驱动的鱼雷艇驱逐舰之一，在交付海军的航行中直接断成两截，促使海军调查所有鱼雷驱逐舰的船体强度。(世界船舶协会)

进行低速巡航。该舰在设计标准吃水下，最高航速应达到 27 节，试航时航速达标了，而且在轻载情况下还达到了 34.5 节。但该舰的耗煤速度非常惊人，就算全速航行，耗煤量也很大，那两台用来达到 10 节巡航速度的小型往复式蒸汽机也不怎么经济。症结在于蒸汽轮机只有在高转速的时候效率才最高，而螺旋桨只有在低转速的时候效率才最高；化解这对矛盾的办法就是采用减速齿轮变速箱[32]。

　　也是在 1901 年，海军部要求给在建的"河"（River）级"伊登"号（Eden）驱逐舰安装蒸汽轮机。该舰有 3 根驱动轴，每轴 2 具螺旋桨，这些螺旋桨的转速比那些使用三胀式蒸汽机的同级姊妹舰要高得多，而且这些姊妹舰只有 2 根螺旋桨轴，每根上面只有 1 具螺旋桨。该舰汽轮机体系设计上的新颖之处，是左舷的驱动轴依靠高压轮机来驱动，右舷的驱动轴则依靠低压轮机来驱动。当航速低于 14 节的时候，蒸汽会顺次通过高压和低压轮机，然后再通入中间那根驱动轴上的主轮机。若航速在 14 至 19 节之间，左舷那台高压轮机停止供气，而航速超过 19 节以后，右舷那台低压轮机也切断供气，只有主轮机工作，这就是所谓巡航轮机的设计，左右两根驱动轴都用于低速巡航。

　　由于使用了这么复杂的机械布局，该舰在全速航行时，烧煤 1 吨可航行 3.39 海里，而航速为 13.5 节时，烧煤 1 吨可航行 17.33 海里（经过 12 小时连续试航测得的结果），在相同的情况下，该舰那些使用三胀式蒸汽机的姊妹舰烧煤 1 吨可航行 24—31 海里，17.33 海里真是没法与之相比。后来，还在"伊登"号和霍索恩·莱斯利厂建造的战舰"德文特"号（Derwent）之间进行了比较测试，结果如下。

表 11.2 20.5 节航速连续航行 4 小时，"伊登"比"德文特"多消耗燃煤的情况

4 小时总共多耗煤	4 吨
第 1 个小时多耗煤	1.5 吨
最后 1 个小时多耗煤	0.15 吨

① 纳博斯著《脚步》（*Pace*）。
② 培根著《基尔维斯顿的费希尔勋爵生平》。
③ 莱昂著《早期驱逐舰》。

也许海军部的决策者们感觉"伊登"号的这个测试结果还不错，因为这是最终决定给"无畏"号安装蒸汽轮机之前，最后一次测试蒸汽轮机的性能。

海军下一次测试船用蒸汽轮机性能，就是在巡洋舰"紫水晶"号上展开的，不过没等该舰服役，[1] 海军部就已经决定给"无畏"号安装蒸汽轮机了；其实，"紫水晶"号在正式海试之前的港池系泊发动机测试中，一台汽轮机的叶片就脱落了，击穿了这台汽轮机的外壳。[2] 与此同时，除了在战舰上测试汽轮机的性能，还在一些商船上进行了测试，而且往往都比较成功，可能这些商船的测试结果也增强了海军部的信心，在"无畏"号上装备汽轮机。这些商船测试中，对海军部影响最大的要数克莱德（Clyde）游船公司 1901 年用汽船"英王爱德华"号（King Edward）进行的测试，这艘船动力为 3500 轴马力，航速 20.5 节[33]。其他值得一提的商船汽轮机项目有 1901 年丘纳德游轮公司的"卡尔马尼亚"号（Carmania）、1902 年艾伦（Allen）游轮公司的"弗吉尼亚"号，此外，1903 年，丘纳德游轮公司还按照海军部的建议，给新造的游轮"卢西塔尼亚"号和"毛里塔尼亚"号（Mauritania）也安装了汽轮机。

"狼"号船体结构强度测试

1901 年，海军部在"眼镜蛇"号失事之后特别成立了"鱼雷艇驱逐舰调查委员会"（Torpedo Boat Destroyer Committee），调查"眼镜蛇"号和其他所有在役驱逐舰的船体结构在各个方面是否存在强度不足的隐患。该委员会的成员有格拉斯哥大学的拜尔斯（Biles）教授，有皇家海军造船部的总设计师助理 H. E. 戴德曼，他负责领导这些早期驱逐舰的设计工作[3]，还有两个民间的船舶制造

商 [①]——J. 英格利斯（Inglis）和 A. 丹尼（Denny），海军中将 H. 罗森（Rawson）爵士担任委员会主席。第八章已经大量引述了委员会报告中关于驱逐舰的高海况适航性能，以及迎着大浪航行时船体结构承受载荷的内容；委员会仔细研究了钢材料的结构强度以及钢制连接件的强度，[②] 又开始了他们最重要的一项工作——以驱逐舰"狼"号作为实验对象，做了全尺寸的驱逐舰船体结构载荷及应力测量。

委员会在做实验之前，首先审视了里德当年提出来的计算流程，修改了里德确定下来的一些基本假设，然后再次计算船体结构强度，看这种稍稍削弱的船体结构强度会不会让情况变得更糟糕。重新审视了经典设计方法后，委员会还是基本维持原来的计算方法和参数不变，他们提出的唯一一改变是，所有船舶在设计时，船体结构的极限载荷状态都要按照浪高为船体长度二十分之一的大浪通过船体时的极端情况来核算[34]。下表代表了"眼镜蛇""狼"和其他几艘驱逐舰在大浪通过船体时的结构载荷情况。

表 11.3 几艘驱逐舰的标准极限载荷情况

最大载荷 （每平方英寸载荷吨数）	龙骨下弯		龙骨上弯	
	露天甲板载荷	龙骨载荷	露天甲板载荷	龙骨载荷
"眼镜蛇"	11.4	7.3	4.8	4.65
"狼"	7.95	6.0	4.5	4.7
"秃鹰"（Vulture）	10.35	7.7	6.6	6.5
"勇敢"	5.55	5.3	4.4	3.8
"剑鱼"（Swordfish）	8.5	5.4	缺数据	缺数据
"雄鹿"（Stag）	8.4	7.5	缺数据	缺数据

虽然上表中的载荷数据是在很多估算参数的基础上核算出来的，但是并非没有实际价值，至少可以让我们在比较类似的船舶之间进行横向比较。有了这些理论测算基础之后，委员会便把"狼"号停进了朴次茅斯军港中的一座干船坞，然后将两对相距 26 英尺的船排布置在舯部，把该舰托举起来，接着开始排水，随着船坞中水位越来越低，船头船尾就会开始下坠，出现龙骨极端上弯的情形[35]。然后重复这个实验，不过这回把两对船排拉开到相距 120 英尺，分别放到船体首尾的船底部，随着水位下降，船体又会出现龙骨下弯的情况。在这两次实验中，都在露天甲板和龙骨上安装了很多张力计[36]，测量甲板和龙骨在张力压迫下，每单位长度会比原来伸长多少英寸，测龙骨上弯时，使用了 16 对这样的张力计，测龙骨下弯时，则增加到 30 对。测得的甲板和龙骨形变量经过换算，分别相当于甲板要承受每平方英寸 6.98 吨的载荷，龙骨要承受每平方英寸 6.4 吨的载荷。

[①] 这两家厂虽然都在建造轻型快速船舶方面积累了很多的经验，但之前都没有建造驱逐舰的经验，所以两家的设计可以看作是完全独立的设计。

[②] 该委员会报告的全文现藏于 MoD 图书馆，D. K. 布朗所撰《1903 年鱼雷艇委员会》（*The Torpedo Boat Committee 1903*）一文总结了委员会报告的主要内容，此文发表于在伦敦出版的《战舰技术》（*Warship Technology*）1987 年第 2 期和 1988 年第 3 期上。

接着把"狼"号开到海上去寻找恶劣天候，甲板和龙骨上当然都搭载了张力计。1903 年 5 月 8 日在利泽德岛（Lizard）外海遭遇了这趟海试中最严峻的天候条件，张力计测出的甲板和龙骨形变分别相当于露天甲板要承受每平方英寸 5.38 吨的载荷，龙骨则要承受每平方英寸 2.68 吨的载荷。"狼"号的舰长说，即使在这样的天候条件下，他也不担心该舰的航行安全；他甚至认为结构强度不足的"眼镜蛇"号遇到这种天气，恐怕也能生还，但他接着说了很关键的一个点，那就是遇到这样的滔天恶浪，"眼镜蛇"号的舰载艇很有可能无法幸存下来。

上图是"鱼雷艇驱逐舰调查委员会"使用"狼"号进行实验期间，该舰在干船坞里的留影，从船尾方向拍摄。下图是张力计近观。（作者收藏）

接下来，委员会又调研了当时民间船舶制造业的一些领军企业是如何计算船体结构的，以及在造船过程中有没有给予船体结构足够的重视。这些调查非常缜密，可谓事无巨细，从这些民间造船厂发现的问题可以充分说明，海军部在设计战舰时的计算方法和建造战舰时特殊的质量控制手段都是非常有必要的。只有这个委员会的主席对委员会的最终报告表示不满，他觉得这个报告好像是在批评海军部，报告似乎觉得海军部针对"眼镜蛇"号失事召开的军事法庭的结论有失公允。

"眼镜蛇"号军事法庭最终判决认为，该舰失事的原因很简单，就是船体结构强度不足。而驱逐舰委员会的调查结果却表明，该舰的结构强度确实没能达到海军部的标准，只是差距并不算大，而且该舰的舰载艇毕竟幸存了下来，说明失事当天遇到的天气状况在恶劣程度上可能还不及"狼"号海试时遭遇的。同一时期，英国皇家海军有 140 艘跟"眼镜蛇"号颇为类似的驱逐舰，而外军总共有 230 艘左右这样的战舰，也没见哪艘的船体断成两截呀，这些驱逐舰中有些甚至挺过了糟糕得多的恶劣天候。菲利普·瓦茨爵士觉得，"眼镜蛇"号可能撞到了什么半埋进海底的船只残骸，导致龙骨局部侧弯变形，进而造成底舱进水，船体载荷超出了设计时的极限条件。这个解释是巴纳比爵士的孙子 K. C. 巴纳比[①]具体落到书面上来的，尽管军事法庭认为这种推测的证据不足。作者我虽然觉得菲利普·瓦茨的这种说法非常自圆其说，但也确实缺少事实依据，因此这桩历史悬案没法下一个定论。

"无畏"号的船体结构进一步减重[37]

第九章已经介绍了威廉·怀特和他的主力舰设计小组从"庄严"级开始在每一级前无畏舰船体结构减重方面获得的进步，同时还把"无畏"号的船体重量数据也包括了进去以资比较。由于"无畏"号的总体设计跟之前的前无畏舰是非常不一样的，因此无法严格地把"无畏"号跟怀特的前无畏舰放在一起比较，不过很显然，在"无畏"号上，船体结构重量得到了进一步削减。各个结构件的尺寸和厚度都更加严格地跟预期载荷水平相契合，绝不允许结构件的强度和重量超标，可以说是用了尽量轻的结构件来建造"无畏"号。[38②]

水下防御需要加强

船体结构减重并不意味着"无畏"号的水下防御更加薄弱。自从"维多利亚"号因撞击事故沉没，英国海军的战舰设计师一直在想方设法减少底舱隔壁上的各种开口，比如水密门、通风管道以及各种管路和电缆通过的开孔。到设计"纳尔逊勋爵"级的时候，主要的底舱水密门完全不带任何开口。于是在发动机舱

① K. C. 巴纳比 著《船舶失事案例与成因分析》（*Some Ship Disasters and their Causes*）。这本书很棒。

② W. H. 怀廷撰《现代辅助机械对战舰尺寸和造价的影响》（*The effect of modern accessories on the size and cost of warship*），刊载于 1903 年伦敦出版的《造船工程学会会刊》。

里面安装了竖井式升降电梯，方便机械师和轮机长 [①] 从一个舱室转移到另一个。[40] 日俄战争的实战经验同样说明了新战舰需要这种完全无舱口的底舱水密隔壁，不过，可以说到 1905 年的时候，英国海军已经采取了足够的应对措施来改善船舶的抗沉性了。

日俄战争也说明战舰需要改良底舱的设计，提高面对水雷和鱼雷等水下爆炸物攻击时的生存能力，当时英国海军认为"皇太子"号遭到水雷攻击后仍然幸存下来，关键就在于底舱里的隔壁很厚，[②] 但这可能是个错觉。1904 年 8 月，海军部爆炸物委员会来到阿姆斯特朗公司位于锡勒斯（Silloth）和里兹代尔（Ridsdale）的试验场，皇家炮兵上校诺贝尔希望在里兹代尔试验场进行一次秘密试爆，测试 4.5 英寸厚的底舱隔壁的防爆能力，隔壁将安装在试验场内临时搭建的一座主力舰模型里面。[③] 1905—1906 年，诺贝尔的试验在一艘恰好也叫"里兹代尔"的商船上进行，这艘船的底舱里安装了一道厚厚的纵向水密隔壁，试验发现这样的隔壁足以抵挡 230 磅炸药的爆炸冲击波。[④] 这个测试是在保密条件下进行的，而且密级很高，以至于今天很难再查找到更多的细节了。这次测试对于"无畏"号设计的重要性，体现在当时第一海务大臣对议会所做的有关"无畏"号的简短陈述中，在这则简报中，他说："议会下院没有资格了解'无畏'号采用了怎样的特殊设计才给底舱弹药库提供足够的防护，因为这些特殊防护措施是在它开工建造之前，军方花了高昂的成本从机密试验中总结出来的，这些试验主要探究了日俄战争中暴露出来的战舰无法有效防御水下爆炸这个问题。""无畏"号的档案册里面还有一个文件也提到，该舰的底舱设计因为"里兹代尔"号试验而进行了修改。

费希尔的贡献 [⑤]

今天，史学家都把费希尔叫作"无畏舰之父"，我想这并非浪得虚名，正是他给这个想法不停地注入前进的动力和热情；为了决定"无畏"号的最终设计，费希尔和周围的中青年军官、技术人才不停地磋商，最后拍板的重任则完全落在他一个人的肩膀上。关于"无畏"号的各种具体参数，费希尔那闪电般迅速运转的脑瓜总是不停冒出想法来，他一时一个主意，直到 1904 年 11 月份才最后拍板决定要设计成全 12 英寸大口径火炮主力舰。其实，早在 1881 年的时候，费希尔就已经流露出对"超战舰"的迷恋，当时他正在"不屈"号中腰铁甲堡式铁甲舰上担任舰长，他跟年轻的菲利普·瓦茨说，他觉得接下来应该设计一个火力增强版"不屈"，搭载 4 座双联装炮塔安装 16 英寸前装线膛炮。多年以后，1900 年，费希尔担任地中海舰队司令，他劝说马耳他海军港的总设计师 W. H. 加德（Gard）主持研究未来战斗力更强的主力舰应该长什么样子。加德拿出

① 据说只有军官可以使用这个竖井电梯，不过其实也只有这些人需要时常从一个动力舱转移到另一个。[39]
② 这枚鱼雷更有可能击中的正是缺少水下防御结构的部位。
③ 费希尔《未来海军必需装备》。
④ D.K. 布朗撰《攻击与防御》第 3 部分，刊载于 1982 年在伦敦出版的《战舰》杂志第 24 期。至今没有找到关于这次测试的完整记录，记录中也没有明确提到靶舰就是"里兹代尔"号。
⑤ "无畏"号的设计到底有多大的贡献，今天已经很难说清楚了，首先是因为他没有准主意，他的观点时常变来变去，而且他说话和撰文都是为了对特定的人群施加影响力，所以他的说法就时常变化，以适应潜在受众的既定认识，好让他们更容易接受自己的提议。费希尔在《未来海军必需装备》中留下这样一段话，非常经典地概括了他对"事实"的看法是怎样的，他的秘书水平很高，不管什么时候我问他具体事实是怎样的，他都会先问我想拿这个事实去证明什么东西。所以，毫无疑问，所谓'事实'是最具误导性的东西了。"

来的这些构想中，虽然也有一些方案的武器是统一口径，很可能是 10 英寸，而费希尔 1901 年 6 月向海军部上书提到的未来战舰方案，则是 10 英寸和 7.5 英寸混合口径的设计。①

1902 年，费希尔和加德又在工作中相遇了，费希尔在朴次茅斯担任军港的舰队司令⁴¹，而加德在海军船厂担任经理。加德又给费希尔提出了两个未来主力舰的设计预案，一个装备 16 门 10 英寸炮②，另一个搭载 12 门 12 英寸炮。费希尔比较青睐 10 英寸炮的那个方案，已经在 1900 年辞世的阿姆斯特朗勋爵此时仍然影响着费希尔的认识，阿姆斯特朗建议采用口径较小但射速更高的新式火炮⁴²。加德虽然在海军中也属于相当受人尊敬的高阶设计师，但是他的职业生涯主要被限制在各个海军船厂当中，实际上缺乏最新的主力舰设计经验，比较难跟上海军部设计团队的步伐。③ 其实，画出一张能够搭载 16 门主炮的战舰的草图，并不算什么困难的工作，但要结合当时实际技术水平，将之转化成切实可行的设计，就离不开主力舰设计经验了，首先要考虑的问题就是各个炮塔、各门炮的炮口暴风会相互干扰⁴³。显然，加德提出的 12 英寸设计会更好一些，因为主炮口径更大，杀伤威力也就更大。④

整个 1904 年，费希尔在自己身边网罗了一批在海军内有一定影响力的中青年军官，组成一个非正式的"无畏舰智囊"，这些人包括海军上校 H. B. 杰克逊、J. R. 杰里科⁴⁴、R. H. 培根、C. E. 马登（Madden）以及海军中校 W. 亨德森（Henderson），还有就是加德和 A. 格雷西（Gracie）——费尔菲尔德厂的经理，后来，这个非正式智库又请了一个叫鲍尔（Boar）的人担任书记员，记录大家的探讨结果。刚开始，他们觉得未来主力舰的武备可以有以下几个选择：

混合搭载 12 英寸主炮和 9.2 英寸次级主炮；⑤

全部统一 10 英寸或者 9.2 英寸口径；

全大口径 12 英寸主炮。

看起来，这个智库中，培根是 12 英寸全大口径设计的坚决拥护者，他主要是受前文提及的那两位梅将军的论文影响，⑥ 等到当年 11 月份的时候，费希尔已经最终确定要给未来的主力舰安装 12 英寸全大口径主炮了，不过他发表的文章仍然清晰地表明他还对 6000 码左右的中程炮战念念不忘，在这些文章中，他还在介绍如何在 6000 码的炮战距离上，各门主炮依次射击来实现校射。前文一直在介绍"无畏"号这样的全大口径主力舰概念是如何演变和成熟起来的，这其中的各种使动因素其实也对大型巡洋舰的发展起到了助推作用，于是，到了1904 年的时候，费希尔已经在鼓吹一种新的理念了：未来，潜艇和鱼雷结合在

① 苏米达，引用《讲座和讨论》（Lecture and Discussion），国家档案馆归档条目 ADM 1/7521。就在担任地中海舰队司令期间，费希尔仍在著述中提到，在 3000~4000 码这样的"远"距离炮战中，6 英寸副炮和 12 英寸主炮比起来，杀伤力更大，因为在这个炮战距离上，6 英寸速射炮的高射速可以让它比主炮更快地通过不断校射来找准敌我双方的距离。苏米达著《拱卫英伦海上霸权》第 41 页。

② 不清楚当时为什么要提出这么一个方案，可能是准备让阿姆斯特朗厂来建造这样一种战舰吧。

③ 他最后直接参与设计的战舰是 1888 年的"伏尔甘"号和 1889 年的"埃德加"级巡洋舰。后来他就一直负责海军船厂的管理工作了。可以参考兰伯特编纂的《新版英国人物传记辞典》（New Dictionary of National Biography）中海军人员部分。当然了，那些具有丰富战舰设计经验的海军部核心设计人员在设计"王室爱德华七世"级的时候，也忽视了炮口暴风的影响，安装了 9.2 英寸次级主炮。加德也是一个广受同僚赞许的高级官员。

④ 费希尔当时认为一发炮弹的杀伤力跟这枚炮弹重量的立方成正比。这虽然在理论上站得住脚，但后来两次世界大战的实战经验表明，炮弹的杀伤力其实更可能与炮弹重量的平方成正比，不过这仍然给大口径主炮很大的优势。

⑤ 不要忘了在"无畏"号以前，通常来说，主力舰和装甲巡洋舰都是混合搭载几种口径的主炮和副炮的，譬如通常会搭载 9.2 英寸、7.5 英寸或者 6 英寸的火炮。

⑥ 培根在战争学院的时候师从 H. J. 梅，并且非常崇拜他。

一起，就会让重装甲的主力舰失去铁甲舰时代那样的生存性能，换言之，重装甲的主力舰会很快过时，水面舰艇中打头阵的将是高速装甲巡洋舰。[①] 后文会进一步探讨这种"战列巡洋舰"，不过对于1904年的费希尔来说，战列巡洋舰的概念和无畏舰的概念是紧密纠缠在一起的，尽管战列巡洋舰才是其心所向[45]。于是，费希尔出版了《未来海军必需装备》，在书中鼓吹抛弃重装甲主力舰，不过时任第一海务大臣第二世塞尔伯恩（Selborne）勋爵反对这样极端的思路，并援引美国海军战略学家马汉的理论[46]，认为时机还不成熟，只有外军也舍弃了重装甲主力舰，英国海军才能开这个口子。[②]

1904年10月接任第一海务大臣之前，费希尔出版了一本小册子，可以算是他发展未来海军的一个宣言，这就是上文所说的《未来海军必需装备》一书。这篇长文在坊间流传着好几个版本，第一版正是1904年10月份出版的，这一版的影响力也最大，费希尔把这个初版呈送给了即将卸任的第一海务大臣塞尔伯恩勋爵，在这一版中，费希尔还特别鸣谢了"智囊团"对这套未来发展计划所做的贡献。这篇文章中提出了要再次对英国海军来一个全面革新。大批裁汰过时的老旧战舰，节省出经费来给新战舰买单，还可以把大量的舰上人员转调至新造战舰上，不必扩大海军的人员规模。1904—1905财年的海军预算已经遇到一些问题，主要是因为海军在1903年临时应急征购了"斯威夫彻"和"凯旋"号，而且海军的一些基础设施建设资金也出现了赤字，议会还未能及时拨付资金到账。结果，最开始设计"无畏"号和伴随它作战的巡洋舰时，就强调不能让二者的排水量突破15900吨大关，[47]这个数字可以算是当时海军给议会量身订制的"魔法数"，好让议会的政客们觉得可以接受。

当时海军、议会以及坊间各种反对"无畏"号的声音中，最常提出来的一个反对理由就是，"无畏"号一旦服役，英国皇家海军在前无畏舰装备上的领先地位就将不复存在，因为无畏舰的诞生会让前无畏舰一夜间过时。所有世界海军强国又站到了同一条新的起跑线上，英国过去在前无畏舰上的巨额投入便付诸东流了。[48]"无畏"号的拥护者驳斥这种观点的理由似乎也很站得住脚：无畏舰时代终将随着技术的发展而到来，这不是人为因素可以阻挡的，那么就应该保证英国皇家海军站在无畏舰革命的最前列。就像后文将会探讨到的那样，美国海军同样在设计全大口径主力舰，而且已经进展到相当深入的阶段了，此外还有情报显示，日本和意大利也在沿着这条思路前进着。费希尔还提出，1905—1906年对于迈出无畏舰革命这必然的一步来说，是最好不过的历史契机了，因为曾经强大的沙俄海军刚刚基本上被日本摧毁了。[49][③] 其实，从今天来看，还有一个支撑1905年迅速上马"无畏"号项目的重要理由："无畏"号的高航速和强大战斗力都依赖蒸汽轮机这种新式主机，而英国在这项技术上不可能比

① J. T. 苏米达教授撰《约翰·费希尔爵士和"无畏"号：海军轶闻演绎之滥觞》（Sir John Fisher and the Dreadnought; The Sources of Naval Mythology），载于《军事历史杂志》1995年10月刊。
② 苏米达引用得更完整，见《拱卫英伦海上霸权》第52页。
③ 麦凯著《基尔维斯顿的费希尔勋爵生平》第321页。

其他国家领先太多年，要不了几年，其他国家的主力舰也会逐渐装备这种马力强大的新式主机，[50] 不过，时人并没有从技术角度提出这条理由。

《未来海军必需装备》第一版中，仍然没有放弃对口径略小一点的主炮的偏爱，仍然认为主力舰可以在 12 英寸和 10 英寸两种型号的主炮间做选择，要么搭载 8 门 12 英寸炮，要么搭载 16 门 10 英寸炮，而巡洋舰则可以在 10 英寸和 9.2 英寸间做选择，12 英寸主炮可能对于巡洋舰来说太沉重了。若选择搭载 16 门 10 英寸炮，费希尔声称可以通过合理的设计，让 10 门 10 英寸炮同时朝任何方向开炮，[①] 若选择 8 门 12 英寸主炮设计，只有 6 门炮能同时朝任何方向开炮。[51] 关于主炮的射速，费希尔认为 10 英寸炮能够每分钟开 3—4 炮，12 英寸"差不多"每分钟 2 发吧，至于命中率，费希尔觉得主炮可以在 6000 码的距离上达到大约 50% 的命中率[52]。考虑到当时鱼雷的有效射程，主力舰之间不敢接近到 3000 码以内，再算上战舰机动时彼此拉开的距离，那么平均交战距离为 5000 码。接着，这篇长文来了一段比较混乱的叙述，费希尔认为，交战距离将会由航速较快的那个舰队来掌控，[53] 炮击的准确性完全依赖于平时的炮术操练，但他一点也没有提及火力控制方面的问题，另外，他继续强调过去中近程炮战中的炮术：关键是使用平直弹道保证命中率，并且要避免快速、混乱的齐射，而要讲究各炮依次瞄准射击，以进行校射。[54] 每发炮弹的毁伤效果既取决于炮弹击中敌舰时的末端存速，也取决于炮弹内装药量的多少，而整艘战舰的火力输出速度则取决于大炮的装填速度、火炮的数量，当然也受到校射时间的限制。对于主力舰而言，非常有必要采用全 12 英寸主炮,但对于巡洋舰的体量来说，全 12 英寸主炮就显得过于沉重了。

费希尔引用诺贝尔的观点，认为需要列装 4 英寸炮来对付鱼雷艇，过去前无畏舰上那种 12 磅炮个头太小了，无法迅速打瘫鱼雷艇。前一章介绍的 1894—1895 年间的岸上火力测试，让 12 磅炮开始成为反鱼雷艇的制式装备。而日俄战争的实战经验告诉人们，能够有效对付鱼雷艇的最小号装备是 4.7 英寸炮，后来英国进行了"鳀鱼"号打靶实验，决定采用 4 英寸炮作为反鱼雷艇武器，不过把原来的 25 磅炮弹替换成了更重型的 31 磅炮弹。[②]

费希尔在这篇长文中提出来的所有未来战舰全是高速战舰，都比当时通常的设计要快出来 3—4 节。[③] 可是费希尔没有对何以选择这样的航速做任何分析，当然了，那个时候的人们还是不太讲究理性分析的，而且费希尔似乎也没有认识到，一旦外军也建造这种高航速战舰，那么英国高速战舰的机动优势好像就丧失掉了。[④] 费希尔在地中海舰队担任舰队司令的时候，挑选的旗舰是"声望"号二等主力舰，他认为该舰的航速足够快，完全能够包抄外军的巡洋舰编队。[⑤] 费希尔强调，他坚持的这种高航速可不是纸面上的高航速，而是能够在外海的大浪中真正维持住的航速，所以他设想的新式战舰，不论主力舰、巡洋舰，都

① 鉴于炮口暴风的影响，这种说法看起来站不住脚。

② 看起来德国人似乎还不知道英国驱逐舰搭载了火力更猛的 4 英寸炮，所以德国人一直觉得用 22 磅炮就足够了。

③ 有意思的是，没过几年，在第一次世界大战期间，英国就开始设计所谓的"快速战列舰""伊丽莎白女王"级，其航速比一般的无畏舰高出来 3—4 节，这样就能组成一个快速分队了，而到了 20 世纪 30 年代的时候，英国海军参谋部又开始计划设计航速比"伊丽莎白女王"级慢 3 节的慢速主力舰，但是并不比外军主力舰航速慢。

④ 费希尔当时完全可以正面批驳 H. J. 梅的论文的，因为梅是受费希尔提携的后生。

⑤ 麦凯著《基尔维斯顿的费希尔勋爵生平》第 268 页。

必须拥有高高的艏楼，好在高海况的时候继续维持航速。他当时仍然认为这些战舰将会依靠三胀式蒸汽机来推进，却丝毫没有提及这种发动机根本无法长时间维持高航速这个问题。

费希尔的这篇长文中还包括一段关于"不沉性"的论述，有意思的是，后世的史学家很少引用这段材料。费希尔提出，战舰底舱里那些水密隔壁不能带有任何开口，像是舱门、管道或者电缆等的开口一律废除，只保留蒸汽供气管道的开口，因为这些管道的位置一般很高。每个动力机舱都要和周围的空间完全隔离开来，拥有自己的一套供电、通风和给排水系统，只能乘坐从防御甲板通下来的竖井式电梯进入每个水密的动力机舱，这样一来，机械师不能方便地在各个动力机舱之间频繁移动，那么每个机舱里机械师的人数就可以适当增加。底舱弹药库必须远离船底结构，弹药库的两舷将配备厚度很大的纵向隔壁来对付可能遭遇的鱼雷攻击。搭载 10 英寸主炮的那个设计将装备 9 英寸厚的水线装甲带，而搭载 12 英寸主炮的那个设计将配套厚达 12 英寸的水线装甲带。在水线装甲带以上，还会在主甲板和上甲板之间安装 7 英寸厚的舷侧装甲带，不过这道装甲带再往上的舷侧船壳就没有任何装甲防护了，穹甲主甲板则将带有 2 英寸厚的装甲防护。[①] 装甲主甲板上任何必须在作战时保持开启的甲板舱口，都需要在它周围安装高度足够的挡水板，挡水板的上边沿到水线的距离要达到 5 英尺。装甲主甲板再往上是没有防护的上甲板，这层甲板将作为舰上人员起居的空间，因为那里的采光和通风会更好；费希尔不喜欢圆形的舷窗，他要方形的窗户。在后来"无畏"号的实际设计图纸中，[②] 可以看到上甲板上除了火控中继站之外，再没有什么关键的设施了，后来中继站也挪到了装甲主甲板的下面。

煤舱的舱口盖历来在战斗中都是一个隐患，对此，费希尔提出可以在作战中让锅炉烧石油，而在日常巡航的时候烧煤炭[55]。船体内不再安装任何木制甲板，露天甲板、艏楼甲板和舰桥上的地板铺上"可蒂森"（Corticene）油地毡[56]。费希尔计划把前桅杆一直朝船体内部延伸到装甲主甲板，在船体内的部分可安装 6 英寸厚的装甲防护，从而形成一条通信管道，沟通桅杆高处的火控平台跟装甲甲板下面的中继站。舰载艇将像鱼雷艇母舰"伏尔甘"号上一样，采用起重机来收放。[57] 费希尔似乎没有发现，其实他上面这些建议大部分已经用在当时最新的设计——"纳尔逊勋爵"级前无畏舰上面了。

美国海军的全大口径主炮战舰计划 [③]

在美国，全大口径主炮战舰沿着跟英国差不多的思路发展起来，发展的时间线也跟英国比较平行。海军中校 W. S. 西姆斯就像他的朋友珀西·斯考特一样，也在美国海军中开启了炮术革新。由于在役的舰载火炮逐渐能够在大约 6000 码

---

① 具体来说，费希尔建议这 2 英寸使用两层 1 英寸的"特种钢"制成。可是为什么非要弄两层 1 英寸的薄钢板呢？

② J. 罗伯茨著《"无畏"号战舰》。

③ 这部分完全是根据 N. 弗里德曼（Friedman）所著《美国战列舰》（US Battleships）（安纳波利斯海军学院出版社 1985 年出版）写成，该书讲得非常详尽，而本书篇幅所限，不能详细展开。

建造"无畏"号
（均为约翰·罗伯茨供图）

1905 年 10 月 4 日，"无畏"号正式安放龙骨两天以后，船底的大部分肋骨已经就位了，穹甲主甲板的甲板横梁也安装在底舱肋骨上方了。照片中还可以看到几架并不算大的起重机架，整艘战舰的所有结构件全要靠这几架起重机来吊放。

到 1905 年 10 月 14 日，船底的所有肋骨全部安装完毕，穹甲甲板梁上面也安装了装甲甲板，注意穹甲甲板是从两舷的斜坡开始安装甲板条的[58]。所有甲板梁、肋骨以及装甲板都是在正式安放龙骨之前就已经切割、钻孔了的。

1905 年 12 月 30 日，"无畏"号船体的外壳基本上成型了；1906 年 2 月 10 日，船体基本上可以下水了。照片中可以看到船尾周围全是密集的脚手架，当时皇家海军船厂在造船时使用的脚手架设施比民间私人船厂更完备[59]（甚至二战后也是如此），但皇家海军船厂的脚手架以现代施工安全标准来考察的话，也是不合格的，因为各层走道的外侧都没有护栏。当时皇家海军船厂限定每艘在建战舰每年最多有一名施工人员殉职。

的远距离火炮实弹演练中取得不错的命中率，同时鱼雷越来越成为主力舰的一种新威胁，鱼雷射程也达到甚至超过3000码，战术专家们开始研究大口径和中小口径火炮在远距离炮战中的性能和毁伤效果如何。1902年5月，美国海军学院（US Naval Institute）的《院刊》（Processings）上发表了一篇西格诺（Signal）少校的论文，文中对未来战舰的设想让西格诺跟美国炮术领域的顶级专家阿尔杰（Algar）教授展开了一场兴味盎然的讨论，最终得出的结论是更推崇搭载8门12英寸炮的全大口径主炮战舰。美国海军后来的研究表明，在非常远的交战距离上，那些8英寸、9英寸甚至10英寸次级主炮的炮弹都不具备有效的装甲侵彻力。[60]

1903年和1904年，美国海军总参谋部（General Board）进行了一系列的兵棋推演，推演的结果表明装备了12英寸主炮的战舰将占有巨大优势。这些推演的结果似乎还表明，如果航速优势没有超过3节，那么就没什么战术价值。当时，美国的战舰都由战舰建造和修理局（Bureau of Construction and Repair）设计，但受到议会的严格限制，排水量不得高于16000吨[①]，于是总设计师W. L.克拉普（Crapp）提出，为了节省重量，只安装4座双联装主炮塔，[61] 让其中的"B"和"X"炮塔分别跟前面的"A"炮塔和后面的"Y"炮塔呈背负式布局。背负式布局的"B"和"X"炮塔朝前后方射击时，炮口暴风会对"A""Y"炮塔有怎样的影响呢？1907年3月用旧浅水重炮铁甲舰"福罗里达"号（Florida）进行了实验，发现没什么严重的影响。此时，"南卡罗来纳"级[62]的一对姊妹舰"南卡罗来纳"号和"密歇根"号都已经批准建造了，通过议会批准的时间是1906年的3月。美国人也考虑过要给两舰安装蒸汽轮机作为推进主机，但是由于使用实例不足，怕主机可靠性不达标，遂作罢。美国无畏舰这种不紧不慢的步调，就更显示出"无畏"号能够非常快速地完工服役离不开费希尔狂飙突进的工作方式。

该级设计建造出来以后不久[63]，西姆斯[②]在上呈总统罗斯福的备忘录中，批评"南卡罗来纳"级无畏舰的排水量太小了[64]，国会卡得太死了。西姆斯指出，如果把"南卡罗来纳"级跟"无畏"号相比，前者只有4门主炮可以朝船头方向开炮，而后者有6门主炮可以朝前方开炮，前者的干舷高度也才10—18英尺，而后者的干舷高达35英尺。这些怕是西姆斯自己认定的数据，可能他参考的是"南卡罗莱纳"级早期设计预案研究中的某一个预选方案。实际上，"南卡罗来纳"级的船头干舷高度大约有22英尺9英寸，航速比"无畏"号低2—3节[65]。此外，西姆斯还在他上书总统的其他几份材料中强调，国会对无畏舰主尺寸的限制给战舰性能的提升带来了很大的困难。

西姆斯在美国海军学院院刊发表的文章[③]中认为，日俄战争给海军带来

---

① 这个吨位限制比看上去的更加严苛，因为美国战舰设计中，燃料占标准排水量的比重比英国大。
② W. S. 西姆斯1906年9月向美国总统提交备忘录《全大口径主力舰的特色：统一口径的主炮、高航速、大排水量、强大的火力》（The Inherent Tactical Qualities of All-Big-Gun, one calibre Battleships of High Speed, Large Displacement and Gunpower）。
③ 这里参考的是前一条脚注提到的备忘录的审核修改版，题目不变。

的启示就是要发展全大口径的大型主力舰，可惜他这个观点跟马汉的观点不一样，结果他的想法没有造成多大的影响，这让西姆斯不大开心。后来他在伦敦的时候给夫人写了一封信①，信里面说他跟英国皇家海军情报处处长（Director of Naval Intelligence）进行了一次会谈，准备在伦敦跟英国海军人员探讨一下他和马汉二人对日俄战争的不同解读。从后来的结果来看，很显然在英国海军中，大部分军官都赞同西姆斯的观点，于是英国海军还安排他"秘密"参观了一下"无畏"号。西姆斯在英国期间，跟斯考特和费希尔有频繁的书信来往，主要是就炮术技巧问题进行了充分的交流，对战舰的设计问题似乎没有涉及。

"无畏"号设计委员会

费希尔就任第一海务大臣后，很快就成立了一个委员会来考虑未来海军的主力舰、巡洋舰、驱逐舰和潜艇应该满足什么样的技术指标。这个委员会的成员很像之前那个非正式"智囊团"。② 委员会成立时，给它划定的权责范围非常清晰，就是一个顾问团，所以"海军部总设计师及其战舰设计团队不能把自己负责的具体设计工作分一部分给委员会处理"。到这个时候，已经确定未来的主力舰"无畏"号应当搭载统一的 12 英寸主炮，航速必须达到 21 节，装甲防护水平"足够"即可。

"无畏"号设计委员会于 1905 年的 1 月 3 日召开了第一次会议，委员会主席费希尔在会议上宣读了一份声明，他指出，过去的海军部委员会召开主力舰设计会议的时候，大家首要考虑的问题往往是保证新战舰的航行安全，也就是稳定性要足够，不能翻沉，不过战舰的科学设计经过长期发展，再在战舰设计会议上讨论这种基本的问题，是没有必要的。所以，召开"无畏"号设计会议的首要目的是让该舰未来的真正"用户"，也就是海军军官，能够直接跟工程技术人员以及专家沟通、对接，不管这些专家来自海军内还是来自民间，这样才能让设计者真正明白"用户"的需要。

会议一开始，费希尔首先发言，定下了基调："主力舰就是火力的集中体现。"换句话说，主力舰的唯一任务就是要以压倒性的火力摧毁敌军主力舰单纵队中的某一个点、某一艘战舰。第一个工作，是确定 12 英寸主炮具体搭载几门以及在船上该如何布置。菲利普·瓦茨领导的设计团队已经准备了好几个备选方案供与会诸公讨论挑选。费希尔比较看好备选方案 E 和 F，出自设计师威尔逊（Wilson）。③ 这俩备选方案就跟美国的"南卡罗来纳"级一样采用了前后背负式火炮布局，不过与会诸位军官大都反对这样的设计，他们觉得主炮塔太接近了，形成了一个过于集中的目标，容易在作战中被敌舰炮火一下全部摧毁。在反对意见中，时任海军军械处处长杰里科的观点可能最有说服力，他反对背负式炮

① 这是西姆斯于 1906 年 12 月 16 日从伦敦萨沃伊酒店（Savoy Hotel）发出的一封信，收录在美国国会图书馆馆藏西姆斯通信文件档案中。

② 委员会成员：海军情报处处长、海军少将、巴登堡的路易亲王（Prince Louis of Battenberg），海军总机械师、造船工程兵少将约翰·德斯顿爵士，鱼雷艇和潜艇队司令、海军少将 A. L. 文斯洛（Winslow），海军部审计长、海军上校 H. B. 杰克逊，海军军械处处长、海军上校 J. R. 杰里科，海军部审计长助理（NA to Controller）、海军上校 C. E. 马登，第一海务大臣海军事务助理（NA to 1SL）[64]、海军上校 R. H. S. 培根，海军部总设计师菲利普·瓦茨，开尔文勋爵（Lord Kelvin）[67]，格拉斯哥大学造船工程学教授 J. H. 拜尔斯，约翰·桑尼克罗夫特爵士[68]、亚历山大·格雷西[69]，海军部实验室（AEW）[70]R. E. 弗劳德，海军部总设计师助理[71]W. H. 加德。海军候补上校（Cdr）W. 亨德森担任委员会秘书，皇家海军造船部的 E. H. 米切尔（Mitchell）担任秘书助手。

③ 这些提案可能就是费希尔自己提出来的，他总是喜欢把那些可能受到争议的提案，署上其他人的名字。

塔布局的主要理由是超越射击的 B 炮塔，它炮口的暴风将会窜入前下方的 A 炮塔里面，在 B 炮塔的火炮朝着船头左右各30°角范围内开炮的时候，让 A 炮塔的炮组人员不能在 A 炮塔里面待机。[①] 这主要是因为英国人当时还坚持要在炮塔顶盖上安装不带玻璃的瞭望窗，[72] 而美国已经开始改成带有玻璃的潜望镜，并把这些观瞄窗口挪到炮塔侧壁上去，英国直到第一次世界大战以后才开始考虑这种新式改良观察窗。西姆斯说，美国取消这种不带窗户的观瞄窗主要是为了防止破片飞进炮塔里面来，不过带装甲玻璃的新式观察窗也能够把超越射击的 B 炮塔的炮口暴风挡在外面。

这次设计会议召开以后不久，杰里科就在听取了菲利普·瓦茨的意见后，致函海军部委员会：[②] "要是光考虑重量限额的话，似乎还可以给新主力舰塞上更多的主炮，但是如何布局才能让它们尽量不相互干扰呢？空间实际上限制了战舰主炮的数量，要想让每门主炮都发挥出最大战斗力来，要么控制主炮的数量，要么把战舰加长到很难接受的长度，这样才能有足够的空间让所有主炮炮位都拉开足够的距离，互不干扰。"从那个时候到现代，我们这些战舰设计师学习的一个基本理念就是，一艘战舰的设计瓶颈主要就是重量配额，从杰里科上面的这段话来看，这种观念可能不大正确。[73]

会议开到第二天，也就是 1905 年 2 月 4 日，决定选择备选方案 G，这个时候直接负责领导"无畏"号具体设计工作的是费希尔的朋友加德[③]，当然他仍然在总设计师瓦茨的领导下。这个备选方案 G 的设计可以说非常奇特——船头船尾露天甲板上各有 2 座主炮塔并排排列。这种布局方式在与会者看来，同样逃脱不了主炮塔之间距离太近的指摘[74]，此外该方案的船头干舷高度也太低了。备选方案 D 是之前纳博斯在设计"纳尔逊勋爵"级时就提出来的一个备选草案，这时候又得到了改良——9.2 英寸主炮统一替换成 12 英寸主炮。设计会议接着考虑了这个备选方案。首先要求设计师提高艏楼甲板的高度，以获得更好的高海况适航能力，这样 A 炮塔的高度也同时升高了，接着会议要求拉大舯部两舷两对主炮塔[75]之间的前后间距，这样做还是为了避免其炮口暴风相互干扰。讨论到最后，为了不让战舰的尺寸和造价超标，与会诸君决定让该方案做一点可以接受的牺牲：把舯部靠后的那对两舷主炮塔替换成纵中线上的一座主炮塔。这个炮塔跟船尾主炮塔之间还有一座后舰桥，而且两座炮塔的位置也是一样高的，这样这个炮塔就不能朝船尾正后方开炮了，但在其他大部分射界上，这种简化设计拥有与方案 D 同样的火力[76]。"无畏"号正是在这个简化版方案 D——方案 H 的基础上，发展出来的。

总设计师菲利普·瓦茨觉得，新设计中应该如何操作舰载艇是一个费思量的问题，于是设计委员会就让马登、杰里科和杰克逊三位海军上校组成一个子

---

① 当时认为人体能够承受的最大压力是每平方英尺 30 磅。
② 见杰里科。
③ 这个设计完全不可能实现，参考 J. 罗伯茨著《战列舰"无畏"号》的 76 到 77 页，上面有该舰最后一个炮塔的横剖面图以及过两翼并列炮塔的横剖面图。

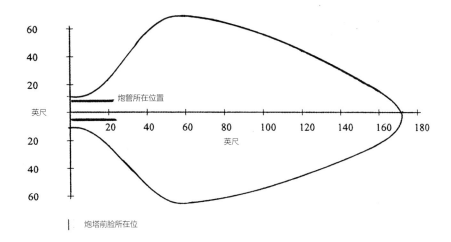

这张图是从"无畏"号的档案册中找到的，画在一片硬纸板上，图的题目是"主力舰和巡洋舰主炮开炮时，炮口暴风波及范围示意图"，这个材料上的签名是 J. H. 纳博斯，时间是 1905 年2 月。看起来，图上画出来的被炮口暴风覆盖的"危险区"是以每平方英尺 30 磅的压力作为边界线的。[77]

委员会来专门思考这个问题。最后，他们三人拿出了一个主意，把前桅杆布置在前烟囱的后面，这样就可以把前桅杆当作起重机来吊放舰载艇了[78]。可是这样布置的结果就是，当"无畏"号以一般的巡航速度航行的时候，烟囱冒出的那些浓浓的热烟就会把前桅杆顶的火控平台包个严严实实，这些黑烟不仅令人难以忍受，而且还严重干扰了观瞄员的视野。[①] 尽管"无畏"号还有后部桅杆，也可以搭载防空指挥平台和备用火炮平台，但位置太矮了，非常不好用。这样一群经验丰富而且业务素质很高的军官和设计师竟琢磨出这样一个差劲的前桅杆和前烟囱布局，真有点让人感到意外。[②][79]

　　确定下来战舰的总体布局之后，"无畏"号设计委员会的下一个重要任务就是决定采用什么样的发动机来作为推进主机。时任海军部总机械师德斯顿强烈建议委员会批准该舰使用蒸汽轮机作为主机，这样做不仅能够直接把发动机的重量降下来 300 吨，还会带来相应的支撑伺服设备以及船体、装甲、隔壁的减重，这些林林总总的减重加在一起可以达到大约 1000 吨。"无畏"号设计委员会倒是没有对前文提到的驱逐舰上那些汽轮机吞江吸海般的耗煤量提出任何异议，这是怎么回事呢？今天可以在"无畏"号的档案册里面找到帕森斯撰写的一份材料，他按照当时汽轮机的发展水平，估算了"无畏"号的燃煤消耗能力，可能是设计委员会觉得尚可接纳的数值吧。帕森斯估计的这些数值如下表所示，比那些早期战舰上的实测数据要乐观一些，可能他是根据后来的蒸汽轮机商船上的实测结果来估算的。

表 11.4 每小时产生每标定马力所需燃煤的磅数

发动机标定功率	往复式蒸汽机	汽轮机
无畏舰，27000马力		
全速	2.2	1.8
全速的五分之三	2.2	1.8

[①] J. 布鲁克斯撰《桅杆与烟囱之争：1905—1915 年间英国无畏舰火控装置的布局问题》(The Mast and Funnel Question: Fire Control Positions in British Dreadnoughts 1905-1915)，刊载于 1995 年伦敦出版的《战舰》杂志 1995 年刊。
[②] 也许杰里科等人官阶太高，离开海军一线部队的时间太长了，缺少了新近实际服役经验。

发动机标定功率	往复式蒸汽机	汽轮机
10节	3.35	3.4
战列巡洋舰，41000马力		
全速	2.2	1.8
全速的五分之三	2.2	1.8
10节	4.5	4.6

设计委员会担心，当时主力舰上列装的那种直径不大但转速很高的螺旋桨不能产生出足够的推力来。埃德蒙·弗劳德用水池试验的数据打消了委员会的疑虑，而总设计师瓦茨也热情支持德斯顿的建议，瓦茨直接对委员会说："要是采用往复式蒸汽机，那么我敢保证这艘船会在5年里过时。"现在看来，采用汽轮机是一个冒险的决定，需要不小的勇气，因为那时汽轮机用于船舶推进的时间不长，积累的经验和证据都很不充分。

然后，"无畏"号的具体设计工作就可以展开了。跟最后几级前无畏舰相比，该舰最大的设计创新点就是在船头船尾弹药库的两舷都加装了较厚的纵向隔壁来抵御可能遭遇的水下攻击，就像前文介绍的那样。[1] 为了控制战舰的排水量不要超标，水线装甲带的厚度比之前设想的12英寸薄了1英寸。"纳尔逊勋爵"级舯部那种一直延伸到露天甲板的高大舷侧装甲带，在排水量和成本限额下就不现实了，于是只在上甲板和穿甲主甲板之间保留了8英寸厚的舷侧装甲带。[80] 人们一般认为这种防御设计上的倒退是出于经济方面的考虑，不过费希尔和纳博斯在《未来海军必需装备》里面说，他们是有意这样设计的，因为这样能够改善上甲板的通风和自然光照明，正好可以把上甲板作为水兵的居住甲板。

"无畏"号的船体形态必然要和之前的前无畏舰非常不同，因为该舰的设计航速太高了，在这种航速下，一百来米长的船体总是会让船头和船尾在航行中自发兴起的首尾浪重叠在一起，使航行时的兴波阻力比以前的战舰要大得多。[2] 在0—18节的范围内，"无畏"号的航行阻力跟前面两级前无畏舰，也就是"纳尔逊勋爵"级和"英王爱德华七世"级，几乎没有什么差别，可是航速一旦超过18节，"无畏"号更加瘦长的船型就在减阻方面表现出巨大优势来了。这个船型首先由纳博斯提出一个草案，然后埃德蒙·弗劳德据此制作模型，接着在哈什拉尔试验水池进行大量的试验来优化和修改。[3] 在《未来海军必需装备》中，费希尔认为未来战舰不再需要铁甲舰上那种撞角艏了，但当他看到设计者们给"无畏"号准备的竖直艏时，他却要求改成撞角艏。后来进行模型水池测试的时候，竟然发现这种撞角艏比竖直艏稍微快一点，这是因为撞角能够像后来的球鼻艏一样降低船首兴波阻力，[82] 于是英国无畏舰又在后来的不少年里保持了这种古风盎然的舰首造型。[4]

① 这样设计的根据是前文介绍的"里兹代尔"号秘密实验。这个设计在当时属于高度机密。
② 这种情况用战舰设计师们的行话来说，就叫"钻石堆浪"（Prismatic Hump）[81]，当航速（节）恰好等于船体长度（英尺）的平方根的时候，就会出现这种情况。为了应对这种情况，船型最好是舯部肥硕而两端尖瘦，这也是G方案中没有意识到的一个问题。参见J. H. 纳博斯1941年发表在《造船工程学会会刊》上的论文《一位战舰设计师的实践经验》（A Naval Architect's Practical Experience in the Behaviour of Ships），注意此文的讨论部分包含了对纳博斯一些观点的质疑。
③ 当时试验水池所在地戈斯波特港爆发了麻疹（Meales）疫情，开展试验的人员一边工作，一边接受隔离！
④ 船头撞角对于减阻、提高航速的贡献非常小，却可以显著增加上浪，让甲板上很湿。

费希尔希望他的新战舰能够尽早加入战斗序列，因为"无畏"号越早一天到来，就给外军施加了越大的压力，他们只能顶着这种压力奋力追赶英国海军。于是在设计建造"无畏"号的时候，船体各个部分使用的船材钢板的形状尺寸都尽量做到了统一，而且在开始建造以前订购了大量的预制件。由于到1905年的时候，朴次茅斯海军船厂仍然是英国造船速度最快的船厂[①]，于是海军部决定让该船厂来负责建造"无畏"号。[②] 准备工作从1905年的5月份就开始了，等到该舰在当年10月份正式铺设龙骨的时候，已经花掉了12217英镑支付工人的薪酬，还花掉了29078英镑的材料购置费，这些资金大约相当于购买了一个人工作6000个工作周的工作量，到1905年10月份的时候，朴次茅斯船厂中分配给"无畏"号的造船人员达到了1100人。

正式铺设龙骨以后，就是把那些早已加工好的预制件组装到位，这种施工的进度就很快了，龙骨安放好后的第一个星期日，穹甲主甲板的甲板横梁就已经到位了[83]。为了加快建造进度，每天上工的时间特别长，从早上6点一直工作到下午6点，一个星期要上工6天，每天中午只有30分钟的午餐休息时间。[84] 工人们很难接受这样长的上工时间，[③] 于是船厂就缩减编制，让很多人变成临时工，这样他们在生存的压力下就不得不接受了。

1906年10月2日，"无畏"号进入初步测试环节，距离安放龙骨仅仅过去了12个月，不得不说这是非常惊人的建造进度，不过还需要3个月的时间该舰才能最终完工。于是，海军宣称英国只需要12个月便可以建造出一艘无畏舰来，结果等到几年后德意志第二帝国挑起军备竞赛、大规模上马无畏舰建造项目的时候，议会觉得英国用不着着急，不必立刻采取反制措施，因为英国的造舰速度实在是太快了，这可以算是海军自己坑了自己一把。"无畏"号真正的建造耗时至少是18个月，不过也比建造前无畏舰时快得多了。[④]

1906年12月11日，"无畏"号正式服役，首任舰长培根上校，他为"无畏"号从概念的诞生到总体方案的确定，付出了很多的努力。1907年1月，该舰展开海上巡航，跨越大西洋抵达特立尼达和多巴哥（Trinidad and Tobago）的西班牙港（Port of Spain），这趟航行的主要目的是操练新上舰的水兵和军官，让他们尽快熟悉这种新式战舰。培根此后向海军部提交了一份饱含激情的报告，可能他的一些说法显得有点言过其实，不过可以看出来，该舰各个方面的表现都比较令人满意，于是海军部决定按照这个基本设计再建造6艘准姊妹舰出来。"无畏"号两次跨越大西洋的平均航速是17节[⑤]，该舰返回英国本土后，检查了汽轮发动机的状况，发现没有明显的磨损以及其他机械问题，过去的往复式蒸汽机是不可能做到这样的。可以说，德斯顿的力荐和帕森斯汽轮机技术本身都得到了完美的确证。

① 见第八章。

② 船厂的施工经理托马斯·米切尔因为此功而受封骑士，这在当时，是像他这样社会地位的人不敢奢望的。E. J. 马吉尼斯（Maginess）是米歇尔手底下直接负责安排建造工作的人，而 J. R. 邦德（Bond）则直接负责放样间的放样作业。

③ F. 耶灵（Yearling）撰《1905—1906年朴次茅斯海军船厂建造"无畏"号纪实》（Construction of HMS Dreadnought at Portsmouth 1905/06），这是海军的一份内参材料，现存于皇家海军造船部整理的档案，收藏于国家海事博物馆。现在来看，这样长的工作时间不一定能保证工人的工作效率。

④ 有意思的是，跟"无畏"号大体相似的无畏舰"柏勒罗丰"号同样是在朴次茅斯海军船厂建造，却花了26个月，再后来在该船厂建造的同样类似"无畏"号的"圣·文森特"号则花了17个月。

⑤ 本来"无畏"号从美洲返程的时候，航速还应该能更快的，不过由于舵机受损了，增加了阻力，使得返程时航速变慢了。

① J. T. 苏米达教授撰《约翰·费希尔爵士和"无畏"号：海军轶闻演绎之滥觞》，载于《军事历史杂志》1995 年 10 月刊。
② 在战列巡洋舰出现以后，"装甲巡洋舰"这个词仍然在官方文献中使用，比如"无敌"号在下订单的时候就被称作"装甲巡洋舰"。而 1905 年 11 月份的海军预算委员会报告中，直接把无畏舰和战列巡洋舰统称为"大型装甲战舰"；到了 1906 年 10 月的时候，官方文件干脆把这两种大型战舰统称为"主力舰"（Capital Ship）。

"无畏"号刚完工时的姿态。注意，前桅杆在前烟囱后面。同样，如果舯部靠前面那对两舷主炮塔真的朝正前方、正后方开炮的话，会给己舰船体带来严重损伤，因为船体直接承受炮口暴风带来的伤害。（世界船舶学会供图）

战列巡洋舰"无敌"（Invincible）级 ①

第八、第九章介绍的威廉·怀特和菲利普·瓦茨设计的一等巡洋舰和装甲巡洋舰，其实已经直逼当时主力舰的造价了，而且跟当时的前无畏舰一样，也是采用混合口径的主炮和副炮——以 9.2 英寸炮为主炮，同时装备数量很多的 6 英寸或者 7.5 英寸副炮。19 世纪末，炮术的快速进步同样让人们逐渐意识到在巡洋舰上安装统一大口径火炮的重要性，而动力机械和船体设计方面的进步也让巡洋舰可以再往前发展一步，产生战斗力更强大的新型战舰。

虽然战列巡洋舰可以看作是装甲巡洋舰这个概念的自然延伸，但是缺少一个像无畏舰那种脉络清晰的思路演变过程，因为费希尔关于战列巡洋舰的叙述中，哪怕是同一篇文章也夹杂着彼此矛盾的观点。比如，费希尔在大约 1900 年时作为地中海舰队司令给官兵们做过一个讲座，他说："如果你认为主力舰和装甲巡洋舰不是两个作战角色截然不同的舰种，那么你可能犯了最基本的错误。"可是，在同一篇演讲稿中他又这样说道："一等装甲巡洋舰其实就是主力舰，所谓'装甲巡洋舰'只是一个名字而已。有人问我该怎样区分主力舰和大型装甲巡洋舰，有没有一个明确的划分标准。我要反问这些人，请你跟我说说到了什么时候就可以明确知道一只小猫长成年了 [85]。"第八章已经讲到，威廉·怀特曾经在一篇关于"克雷西"级装甲巡洋舰的文章中提到，这种战舰在必要的时候可以加入主力舰编队去辅助战斗，② 可见让大型巡洋舰参加主力舰决战这个想法也不是费希尔的独创，这种思路早就存在了。

早在 1902 年初的时候，费希尔写了一些论文，并跟他的同僚就其中一些思路进行了交流，这些信函和文章凝结起来，就形成了他的"快速装甲巡洋舰"提案，他在 1902 年 3 月 26 日把这个想法提交给了第一海务大臣塞尔伯恩勋爵。在这个提案中，费希尔设想的大型巡洋舰要比当时外军的类似战舰快不少，航速最

少要达到 25 节，主炮为 4 门 10 英寸炮，副炮为 12 门 7.5 英寸炮，不过主炮很快就降格回到当时广受英军好评的 9.2 英寸炮。防御水平仍然是装甲巡洋舰标准的 6 英寸厚克房伯水线装甲带，搭配 2 英寸厚的穿甲主甲板。这个提案中包括了很多费希尔式的带有浪漫色彩但着实很难实现的"梦想"。比如，直接舍弃烟囱，如果不能舍弃，那就改成可升降式烟囱；[①] 舰桥和桅杆也一并不要了，只留下一根无线电通信桅杆；[86] 各个主炮和副炮的弹药库都应该直接位于炮位的正下方，[87] 这样就可以取消弹药输送通道，还可以减少来回传递弹药的人员。

费希尔还给提案配上了加德绘制的设计草图，他要求加德在设计时尽量保证朝向船头船尾的火力输出，如果有可能的话，尽量让战舰朝各个方向同时开炮的火炮数量一样多。结果加德按照这个要求在船头船尾各设计了一对 7.5 英寸炮塔，每对炮塔都并排排列。[88][②] 这种设计很难说能够在底舱里安排足够的空间来安装炮塔的伺服装置并配备弹药库。[③] 这个提案在时间上跟海军部设计的"爱丁堡公爵"级装甲巡洋舰差不多，根据第九章的介绍，"爱丁堡公爵"级航速只有 23 节，9.2 英寸炮的数量跟这个提案一样，但只装备了数量较少的 6 英寸炮作为副炮，装甲防护水平跟这个提案也比较接近。

到 1903 年的时候，接近实用水平的潜艇所代表的巨大发展潜力，深深触动了费希尔，他甚至认为带有重装甲的主力舰已经无法在潜艇面前生存下去了，转而把航速更高的装甲巡洋舰看作未来的主力舰。[90] 在 1904 年 10 月的《未来海军必需装备》中，费希尔只是初步提出："我觉得现在已经有很充分的论据，可以动摇主力舰的统治地位了，不知道各国海军在未来还能不能依靠这些战舰获得海上霸权。现在，造价非常低廉的潜艇就能够击沉主力舰了，使用潜艇就能有效地阻止主力舰在海上行动，在这种局面下还因为外军在建造主力舰就跟风建造主力舰好去对付敌国的主力舰，这种愚蠢的决定就像是繁育不会抓老鼠但打起架来不顾死活的斗猫（Kilkenny cat），恐怕是纯粹浪费资源吧。"[91][④] 第一海务大臣塞尔伯恩伯爵并不认同费希尔这种激进的观点，他认为主力舰对于当时的舰队而言还是不可或缺的灵魂成员。在这篇 1904 年 10 月份发表的文章中，费希尔推崇的高速装甲巡洋舰搭载 16 门统一口径的 9.2 英寸炮。不久以后，费希尔身边那群中青年军官组成的"智囊团"说服他将来把装甲巡洋舰也升格成 12 英寸火力。其中，培根曾写道："这种新式巡洋舰必然非常庞大，排水量不小，这是为了搭载 12 英寸主炮而必须付出的代价，这样巨大的巡洋舰就不应该仅仅是为了在海上拿捕敌军的巡洋舰和武装商船而存在，如果有需要，它们应该像主力舰一样组成一支决战纵队，伴随主力舰出战，从而形成主力舰纵队之外的一支轻装甲机动部队，可以看准时机包抄和骚扰敌军主力舰编队首尾位置的那些无畏舰。当然啦，**这些大号的巡洋舰从来就不是为了单独跟敌军的无畏**

① 费希尔还以为，战舰烧油的话就不需要烟囱了。

② 帕克斯著《英国战舰》第 487 页。

③ 我就曾经接手过某型驱逐舰的未完成设计，这个设计中，前任设计师把 4 个燃气轮机（Gas Turbine）[※] 并排布置，我按照他的总体布置画好一个舱段的设计图后就发现，外侧那两个燃气轮机要跑到舷外去啦！

④ 苏米达的《拱卫英伦海上霸权》一书中节录得更加完整。

1907 年下水的"无敌"号。前烟囱高度太矮了，不能有效抽走锅炉排烟，必须加高。（作者收藏）

舰进行对抗而存在的；它们在舰队决战中的战术角色是无畏舰编队的辅助，可以看准时机攻击敌军无畏舰编队中某些正在跟我方无畏舰捉对炮击的主力舰，从而给敌舰带来压迫。"① （加粗部分在培根的原文中就是用斜体突出的。）培根还说这些大号巡洋舰的航速必须足够快，不能让任何敌军的武装商船逃脱被扑杀的命运[92]。

战列巡洋舰的概念可能还受到意大利海军的"埃莱娜王后"（Regina Elena）级高速前无畏舰的影响，该级共 4 艘姊妹舰，于 1901 年开始陆续建造，航速高达 21 节，搭载 2 座单装 12 英寸主炮塔和多达 12 门 8 英寸次级主炮。[93]1904年，英国海军部还获悉日本海军趁着日俄战争开始自己建造装甲巡洋舰"筑波"（Tsukuba）级[94]，该级共 2 艘姊妹舰，航速可以达到 21 节，主炮为 4 门 9.2 英寸炮，并搭载 12 门 6 英寸副炮。

"无畏"号的总体设计刚一定下来，设计委员会便把注意力集中到了的战列巡洋舰的设计上来，1905 年 1 月 12 日，设计委员会开会讨论了加德提交的一个巡洋舰设计方案：船头甲板上让 2 座双联装 12 英寸主炮塔并排安装，② 船尾也有 2 座双联装 12 英寸主炮塔，[95] 不过是背负式布局。除此之外，设计委员会还考虑了其他一些备选方案，不过都遭到了否决。后来，怀廷领导的巡洋舰设计小组提出了一个备选方案 D，纳博斯也在这个小组里，也做出了贡献。这个方案在船头船尾各安装一座 12 英寸双联装主炮塔，然后在舯部两舷各安装一对 12 英寸主炮塔，设计委员会比较看好这个方案，于是又在这个方案的基础上提出了备选方案 E，E 方案的舯部两舷炮塔不再像"无畏"号上那样左右成对，而是呈对角线布局（en echelon）[96]。这样设计的目的是万一某一舷的舷侧主炮塔战损了无法使用，另一舷的舷侧主炮塔便可以旋转炮管朝着对侧，跨越船体进行射击。在 1914 年福克兰群岛之战中，"无敌"号舯部的这两个对角线布局的炮塔就同时朝舷侧方位的一艘德国装甲巡洋舰开炮了，基本没有什么问题，但

① 培根著《基尔维斯顿的费希尔勋爵生平》。
② 这种布局参考约翰·坎贝尔著《"无敌"级战列巡洋舰》（Invincible Class）第 18—20 页的横剖面插图，1972 年在伦敦出版。这种布局似乎得到了菲利普·瓦茨的首肯，根据当时存留下来的"无敌"级档案可以知道这一点。

是在那座暴露在另一座炮塔暴风下的炮塔里，观瞄手需要频繁从战斗岗位上离开，以躲避炮口暴风的伤害。"无敌"级的头两艘姊妹舰，后定名为"无敌"号和"不朽"号（Immortalite），拟采用液压动力的炮塔，第三艘姊妹舰"罗利"号，决定安装试验性的电动炮塔[97]。

据说，海军部设计师们最开始提交到设计委员召开的会设计会议上的备选方案，竟然全都是使用三胀式蒸汽机的[98]，后来确定要采用 E 方案后，才进一步修改成能够搭载汽轮机作为主机，还把艏楼甲板朝船体延长，形成长艏楼船型，以提高抗浪性和适航性，于是舯部对角线布置的两舷主炮塔的位置也就升高了。下面的表格中比较了汽轮机和三胀式蒸汽机都产生 41000 标定马力时，整个发动机组的重量，这是在"无敌"级的档案册中发现的一组数据。在追求高航速的战舰上，节省重量是特别关键的事情。

表 11.5 使用往复式蒸汽机和汽轮机的情况下动力机组重量的比较

	往复式蒸汽机	汽轮机
驱动轴每分钟转数	110	275
往复式蒸汽机活塞的行程（英尺）	4	–
发动机的重量（吨）	1490	1080
推进轴、轴承和辅机重量（吨）	335	320
锅炉重量（吨）	1875	1600
总重量（吨）	3700	3000

设计师们最初提出来的所有备选方案都有4根烟囱，不过在确定了总体方案后进行具体细节设计的时候，把前面两个烟囱合并成了一根。"无敌"级完工的时候烟囱高度比较低矮，这可能隐隐体现了费希尔想要取消烟囱的意志；后来加高了第一根烟囱。[①]

设计委员会似乎对战列巡洋舰的装甲防御水平没有什么异议，直接延续了之前装甲巡洋舰上面标准的6英寸装甲带。[99] 威廉·怀特在"老人星"级前无畏舰上第一次采用6英寸厚的装甲带时，给出的解释是这种厚度的装甲带就足以在当时的炮战距离（他很可能指的是3000码），抵挡所有6英寸炮弹，在大部分交战距离上，抵挡大部分9.2英寸炮弹的轰击以及所有高爆弹。到了19世纪末、20世纪头几年的时候，英国皇家海军开始重视高爆弹的毁伤效果，认为过去前无畏舰上面那大片大片的无装甲防护船壳面对大口径高爆弹是非常脆弱的。应该说，这种担心并不是多余的。[②] 史学家苏米达则强调，1903年左右，海军开始采用性能更强大的新式穿甲弹，而且这些新式穿甲弹很快普及了被帽，有了被帽之后，就算是"无畏"号那11英寸厚的装甲带也会在6000码外被新式穿甲弹给击穿，不过似乎当时的人们没怎么留意炮弹的这种新发展。这个时候，海军部高层可能已经被费希尔的"速度就是装甲"给完全控制了。下文会从今天的角度对这个观点做一点评判。

3艘"无敌"级战列巡洋舰于1909年服役之后，出色地完成了设定的战术任务，费希尔的梦想可以说得以充分实现，海军对战列巡洋舰这一新舰种非常满意。很有意思的是，虽然"无畏"号横空出世以后，再也没人讨论过要设计主炮口径小于12英寸的无畏舰，但是在战列巡洋舰诞生之后，海军部的设计师们仍然研究并提出了一些巡洋舰设计方案，搭载统一9.2英寸口径主炮。其中一个代号E2的方案，造型非常利落，好似1913年下水的"伊丽莎白女王"号（Queen Elizabeth）超无畏舰的缩水版。下表把1903财年批准的"勇士"级装甲巡洋舰跟"无敌"级战列巡洋舰以及这个E2方案放在一起，做一个参数比较。

表 11.6 装甲巡洋舰跟战列巡洋舰性能比较

	"勇士"	"无敌"	E2
该级战舰 / 设计属于哪个财年	1903	1905	1913
设计排水量（吨）	13350	17300	17850
造价（百万英镑）	1.2	1.75	1.5
舰载火炮	6门9.2英寸 4门7.5英寸	8门12英寸	8门9.2英寸 8门6英寸
航速（节）	23	25	28
装甲带最大厚度（英寸）	6	6	6

[①] 看起来当时英国海军似乎刻意漏出口风说这些巡洋舰其实都是"全9.2英寸"主炮的设计，这或许就是为什么德国人后来给"布吕歇尔"（Blucher）级装甲巡洋舰设计了全8.2英寸主炮。

[②] 也可能在设计战列巡洋舰的时候，直到最后一刻才决定把主炮全部提升到12英寸，设计团队没有时间去进一步完善装甲防护的设计了，于是只能保留原本的6英寸装甲带。

重量（吨）		"勇士"	"无敌"	E2
	船体	5190	6120	6000
	武备	1585	2500	1900
	装甲	2845	3370	5070
	动力机组	2270	3140	3000

如要叫 E2 方案跟"无敌"级战列巡洋舰捉对厮杀，除非 E2 方案能够在开战不久即非常幸运地取得命中，几乎可以肯定"无敌"级最终将击败 E2 设计。[100]

后见之明

1905 年的时候，海军的设计师和军官们一致认为，重装甲主力舰的装甲防御至少要能够抵挡己舰主炮在一般交战距离上发射的炮弹。这和今天的战舰设计理念可不一样，今天设计出来的装甲不可能强到足以防御导弹高爆战斗部的爆炸威力，[101] 所以设计师能做的事情就是尽量让战舰在遭到敌方导弹或者炮弹攻击后，不至于完全、彻底丧失机动能力及战斗力。

当年设计"无敌"级的时候，设计师还没有意识到，英国海军列装的无烟线状发射药如果被敌军炮弹击中后，不是仅仅会燃烧起来，而是会直接发生大爆炸。① 前面章节已经介绍过，英国人也测试过无烟线状火药被弹时会发生什么，但是只是把少量的这种火药堆码在一起当作靶子接受炮击，少量的火药被弹后只会发生燃烧，结果英国人当时便没能意识到，在底舱弹药库这一封闭空间内存放的大量火药在引燃后很可能让周围的温度和气压都迅速攀升，引发大爆炸。从今天的角度来看，当时的战列巡洋舰需要给弹药库和弹药提升井外面施加非常厚重的装甲防御，而且最好改进发射药的化学组成，继续降低其敏感性。底舱两舷的弹药运输通道绝对是一个严重安全隐患，费希尔好像已经认识到了这个问题。

如果不允许这些战列巡洋舰的排水量来个大幅度攀升的话，那么在当时的排水量限制下，基本腾挪不出什么重量配额来加强弹药库的装甲防御了，甚至连水线装甲带也只有 6 英寸厚，根本抵挡不了 12 英寸主炮发射的穿甲弹的侵彻，只能勉强抵挡 12 英寸高爆弹爆炸后产生的破片。第一次世界大战中的实战经验表明，轻巡洋舰那只有 3 英寸厚的装甲带便足以不让任何 4 英寸和 6 英寸直径的高爆弹击穿了，也许"无敌"级的 6 英寸厚装甲带在面对 12 英寸高爆弹时尚且足够。设计"无敌"级时，设计师已经认识到了动力机舱还需要进一步细密分舱，不过他们还没有认识到要想真正提升战舰动力机组的生存能力，需要把动力组"单元化"，发动机和锅炉舱交替相间布局，对于那些装甲带只有 3 英寸厚的轻巡洋舰来说，这种发动机布局是保证生存能力所必不可少的。总

① 时下，海军史学专家中对当时的线状无烟发射药的化学稳定性，存在激烈的争论，很多人认为这种发射药如果遇上火焰，很容易直接爆炸而不是缓缓地燃烧，这个问题将在本系列图书的后续卷中深入探讨。不过二战中的一些实例研究表明，高爆弹爆炸产生的灼热破片可能比火焰更容易诱爆当时的发射药。或许日德兰海战中英国战列巡洋舰的爆炸也跟这种破片有关系，不过目前没有直接证据。

之，巡洋舰需要给底舱弹药库套上一个比较厚的装甲"盒子"，而动力舱采用单元化布局，周围只有仅能防御破片的薄装甲带，这种设计理念最终在一战结束后的"条约型巡洋舰""肯特"（Kent）级上实现了。

为战列巡洋舰正名

今天，大家几乎一致批判费希尔当年的"战列巡洋舰"这个概念，仿佛你不批判，你就跟不上潮流，不过在我看来，"无敌"号短暂而光辉的生命充分展示出费希尔其实是正确的。该舰的战场首秀是一战中的第一场海战，即1914年的黑尔戈兰湾（Heligoland Bight）之战，帮助击沉了德国轻巡洋舰"科尔恩"号（Köln），接着又长途奔袭，一直跑到南美洲东海岸的福克兰群岛，击沉了德国那两艘"沙恩霍斯特"级装甲巡洋舰。"无敌"号自己中弹22发，主要来自8.2英寸炮，但并未严重受损。在1916年的日德兰海战中，该舰首先打瘫了德国轻巡洋舰"威斯巴登"号（Wiesbaden）和"皮劳"号（Pillau），接着对"吕佐夫"号（Lutzow）和"德夫林格"号（Derfflinger）战列巡洋舰造成了几乎致命的伤害，但"无敌"号也在两艘德舰的齐射中，舯部一座舷侧主炮塔天盖被炮弹砸穿，导致全舰弹药库殉爆，瞬间爆炸沉没。在这些作战中，该舰一直发挥着费希尔提出战列巡洋舰这个概念时希望它能够发挥出来的战术效果，当然，这些大型高速巡洋舰也为此在防御能力上有一些削弱，但从发挥出来的战斗力来看，这种削弱也是可以接受的。坎贝尔给战列巡洋舰下了一个教科书式的评语：出发点不错，不过仍有很大的提升空间。[102]

无畏舰和战列巡洋舰诞生前后的那批驱逐舰[103]

进入20世纪之后，人们很快意识到那些所谓的"30节"型驱逐舰的30节试航航速缺少实质意义，因为这种航速不可能长时间维持住。之所以不能长时间维持，是因为一般驱逐舰内居住空间狭小，不能搭载足够数量的司炉工，而且这些早期驱逐舰的船头干舷太低了，就算在静水中能够获得30节的航速，跑到外洋中顶着迎头浪前进的时候，航速也会大大降低。最后，"眼镜蛇"号失事之后，英国海军开始怀疑这些早期驱逐舰的船体结构强度都不达标。1901年，英国驱逐舰编队访问了德国威廉斯港（Wilhelmshaven），德国S90级驱逐舰[104]的性能让英国军官印象深刻，英国人这才开始重新思考驱逐舰到底应该扮演什么战术角色，相应地应当具有什么样的总体设计特点。

1903年陆续开工建造的34艘"河"级驱逐舰是承包给各个民间造船厂自己设计建造的，建造合同中规定建成后必须能在连续4个小时的试航中维持住25.5节的航速，而且试航时驱逐舰必须要搭载全部舰载装备，并搭载

90吨的燃煤。"河"级的建造合同要求所有姊妹舰都在船头带有高高的艏楼，大大提高了这种新式驱逐舰在迎头大浪中破浪航行的性能，艏楼甲板下的水兵住舱环境也大为改善。这批"河"级驱逐舰在实际服役中可以维持的航速几乎一点也不比"30节"型驱逐舰慢，就算在静水中航行，"河"级似乎也有一点航速优势。"河"级的舰桥比那些早期驱逐舰上的更加靠后，舰桥上层是指挥位置，下层则是一间简易的小型海图室。由于位置更加靠后了，"河"级的舰桥在战舰破浪航行时就不会像之前的驱逐舰那样遭受那么剧烈的冲击，舰首的上浪和飞沫也更不容易影响到舰桥。现代驱逐舰的舰桥到船头最前端的距离至少是船体总长度的30%。[①]"河"级的舰载武器跟之前的驱逐舰同一个水准，即1门12磅3英寸主炮、5门6磅副炮和2具18英寸鱼雷发射管。日俄战争之后，1906年，就把那5门6磅副炮替换成了3门12磅3英寸炮。虽然艏楼已经很高了，但艏楼上那门12磅主炮还需要安装在一座稍稍高于艏楼甲板的圆台上，这样才能避免舰首上浪冲击到它。

"眼镜蛇"号的失事说明驱逐舰的船体结构都要加强；于是"河"级和后续的驱逐舰都在露天甲板和船体外壳上使用了高张力钢。尽管这种板材的强度确实更大了，可是也更容易开裂，所以建造合同中特别写明在高张力钢板上打铆钉孔的时候，必须通过钻孔工艺来完成，而不能使用冲头冲出铆钉孔，因为冲击力可能会让钢板开裂，也许建造时不会出现可见的裂痕，但已经埋下了隐患，在服役中船体受到海浪反复拍击时，裂痕就有可能越来越大。"河"级在船员居住条件方面较之前的驱逐舰略有提高。

下表把这一部分介绍的这批设计上算是步入"成熟"阶段的驱逐舰，跟19

1907年下水的"部族"（Tribal）级"莫霍克"号（Mohawk）驱逐舰。[105]该级驱逐舰也是海军部规定一个大概的性能参数，由各个民间承包商自己在参数限定范围内具体进行设计。"莫霍克"号仍然保留了龟背式艏楼甲板的一点痕迹，这种设计并不成功。[维卡里（Vicary）供图]

[①] D. K. 布朗撰写的会议论文《海上航行时可以长时间维持的巡航速度》，提交至第100届"国际船舶工程大会"，1984年于纽卡斯尔举办。

1894 年下水的"怪戾"号（Surly），后来成了英国海军第一批锅炉改烧重油的实验舰艇。（作者收藏）

世纪 80、90 年代的所谓"鱼雷炮艇"["警戒"（Alarm）级]，也就是历史上第一型专门用来对抗反鱼雷艇的舰艇，做了性能对比。"河"级服役后在军中受到广泛好评，后来各级驱逐舰大都沿袭了"河"级的总体设计。"河"级的造价达到每艘 7 万—8 万英镑，而更早期的驱逐舰造价只有约 6 万英镑。

表 11.7 一战前的各级驱逐舰和鱼雷炮艇的性能对照

	"警戒"级	"河"级"里布尔"号（Ribble）	"部族"级"莫霍克"号	"超级驱逐舰""斯威夫特"号（Swift）
开工年份	1890	1902	1907	1907
同级姊妹舰数	13	34	12[a]	1
排水量（吨）	810	660	864	2390
垂线间长（L）（英尺）	230	225	270	353
船头干舷高（F）约多少英尺	14.5	16	16.2	20
$F/\sqrt{L}$	0.96	1.07	0.98	1.06
舰桥到船头的距离 /L	0.27	0.26	0.16[b]	0.19
标定功率（马力）/航速（节）	3500/18.7[c]	7500/25.5	14000/33	30000/35
舰载武器	2门4.7英寸炮；5具鱼雷发射管	1门12磅3英寸炮；5门6磅炮	3门12磅3英寸炮；2具鱼雷发射管	4门4英寸炮；2具鱼雷发射管

注：

a. 1917 年的时候，把"祖鲁"号（Zulu）的前部船体和"努比亚"号（Nubian）的后部船体拼接在一起，构成了"祖比亚"号（Zubian）。[106]

b. "部族"级仅"莫霍克"号带有龟背艏楼，其他同级姊妹舰没有龟背艏楼，船头干舷高度大约是 17 英尺，$F/\sqrt{L}$ =1.03。

c. "警戒"级后来进行现代化改装，拆除了原来的机车头式锅炉，换装了水管锅炉，之后航速就能达到约 21 节。

费希尔成为第一海务大臣时认为，英国海军未来的巡洋舰只需要保留战列巡洋舰，这一种巡洋舰就可以兼顾舰队决战和远洋破袭、交通线保护作战，所以海军不需要发展其他更小型的巡洋舰了，那么海军对小型作战舰艇的需求就只剩下驱逐舰了，这些驱逐舰必须能够在远洋活动，所以必须要大。费希尔原本希望未来的驱逐舰能够达到以下战术性能标准：航速33节，而且必须能在"相对不太恶劣的海况"下维持8个小时；锅炉专烧重油；舰载武器为2门12磅炮、5门3磅副炮；足够在海上连续执行7天任务的后勤补给物资。这种要求太高了，几乎方方面面都不可能在当时驱逐舰的排水量范围内得到满足。比如，承包给民间船厂时，建造合同上根本不可能直接写"在中等强度的海况下"达到某种航速，[①]因为海况不能量化确定，只有在静水中的试航速度可以让双方都没有异议。对于其他标准都这么高的一艘战舰来说，舰载武器显得有点太薄弱了，需要加强。于是，费希尔上任后开始建造的第一级驱逐舰"部族"级的头5艘姊妹舰，将舰载武器增强到3门12磅炮，1909年又继续增强到5门12磅炮，剩下的姊妹舰则全部搭载2门4英寸炮，这可能是根据日俄战争中的实战经验做出的改动。费希尔想让驱逐舰全部改烧重油，这确实是正确的发展方向，但是当时石油供应的基础设施建设水平还不高，英国本土和海外的很多港口是无法供应石油的。

"部族"级也是各个承包商根据合同上的总体性能参数要求自行设计建造的，所以各个姊妹舰之间在细节上存在很大的差异[②]。比如"莫霍克"号、"鞑靼人"号（Tartar）和"维京人"号都带有龟背式艏楼甲板，后来发现这种造型破浪航行时上浪很严重，于是"莫霍克"号就在1911年进行了改装，把艏楼变成了平坦的普通样式，到1917年的时候，"鞑靼人"号也接受了类似的改装。[③]

驱逐舰试航中的失败罚金和浅水效应

海军部把驱逐舰的建造项目承包给各个民间船厂的时候，在建造合同中往往都会包含一个惩罚性的条款：如果建成后驱逐舰没能够达到设计航速，就要向制造商索取一定量的罚款。19世纪末的那些早期驱逐舰的罚款额度是，试航航

① 现在可以在建造合同中指定船舶必须能够在某种不良天候下达到一定的航速了，因为现在可以用专门的电脑程序来模拟不良天候条件下，各种形态参数的船舶可以达到的航速，不过似乎还没有人实际这样写合同。

② "维京人"号是英国皇家海军建造过的唯一一艘6根烟囱的战舰。

③ 贝克（Baker）在第二次世界大战以后给加拿大设计的"圣·劳伦斯"级驱逐舰也采用了龟背式艏楼甲板，这一级战舰性能很不错，不过后续的战舰再没采用艏楼甲板。龟背艏楼建造起来成本很高，而且龟背甲板实际上降低了两舷的干舷高度，而干舷高度对于适航性至关重要。

1909年下水的"维京人"号（Viking）"部族"级驱逐舰。这张照片是试航时拍摄的，该舰是英国海军中唯一一艘六根烟囱的战舰。（作者收藏）

速每低于设计航速 1 节，罚 1000 英镑，或者罚一艘驱逐舰造价的 2.4%。如果试航航速大大低于设计航速，那么海军根本就不会接收这艘驱逐舰；如果试航航速高于设计航速，海军部偶尔还会给制造商奖金。这个程度的罚金其实并不是非常苛刻，根据估算，当时的驱逐舰每提高 1 节试航航速，所需成本大约相当于总造价的 3%。而到 1907 年的"部族"级身上，罚金就要重多了，只要试航航速比设计航速每低 0.1 节，就要罚款 1200 英镑；如果试航航速低于设计航速 2 节，那么海军部就拒绝接收；如果试航航速能够达到 34 节，那么海军部也会按照上述罚金的计算标准给予奖励。这种罚金有点太狠了，每节航速的罚金几乎相当于总造价的 9%，为了避免遭受这种处罚，制造商要出各种花招，结果双方后来就这些驱逐舰的航速来回扯皮，为了澄清事实，海军部又展开了一系列史上留名的模型测试和实船试航，最后海军部为了保护自己的利益，进一步完善了船舶建造的合同和法律法规。

其实当时的人们早就发现，非常浅的水道对船舶的航速会产生非常显著的影响，可能加快航速，也可能减慢航速。当一艘船舶航行到浅水区，船底到水底的距离很小的时候，水体便会"感受"到船体对它的"排挤"，导致水下船体周围的水压力发生变化，由于从船头到船尾各处的水压力都跟船舶漂浮在深阔水体上的时候不一样了，船头和船尾扬起的波浪也就跟在深阔水体上的不一样，这样一来，船舶航行时的兴波阻力就直接发生了改变。不管在什么样的水体上航行，随着船舶航行速度越来越快，船头船尾兴起的波纹会跟船舶前进的方向张开越来越大的夹角，越来越接近 90°，等船舶的航速超过某一个临界值以后，这些浪头那高低起伏的波面也就不再跟船舶前进方向接近垂直了，于是这些浪头就不再能够明显地阻碍船舶前进，兴波阻力反而开始变小了。[107] 这个临界航速等于 $\sqrt{g \cdot d}$ [108]。"部族"级造好之后都到水很浅的马普林（Maplin）[109] 标准测速航道去试航，临界航速大约为 22 节。[①] 如果一艘船的航速刚好跟临界速度一样，那么它在浅水区的航速就会大大下降；如果这艘船的航速大大高于临界航速，它在浅水区航行的速度又会高于使用同样发动机功率在深水区获得的航速。比如，"鞑靼人"号在马普林航道内试航时，航速达到 35.6 节，而且发动机组还没有像之前的船舶一样"拼命"工作。"哥萨克"号（Cossack）在斯凯尔莫利（Skelmorlie）[110] 的深水航道内试航时，航速只有 33 节，而到了马普林航道，航速就达到了 34.3 节。

这下海军部和制造商之间就产生了一连串的争执，双方就罚金和奖金问题纠缠不休，而且海军部还要求制造商支付延迟交付的罚金，让这个本来由技术问题引发的争端显得更加混乱没有头绪了。为了澄清事实，海军部决定用"哥萨克"号驱逐舰在 3 个水深不同的标准测速航道各试航一次：

① D.K. 布朗撰《试航速度》，刊载于伦敦 1977 年出版的《战舰》第 3 期。

斯凯尔莫利	水深 40 英寻
切瑟尔海滩(Chesil Beach)	水深 16 英寻
马普林	水深 7 英寻

在深水的斯凯尔莫利航道测得的 33 节航速,可以视为该舰在风平浪静的外海能够达到的航速;在水不特别浅的切瑟尔海滩航道上,不管发动机输出功率是大是小,跟斯凯尔莫利航道相比,航速都有轻微损失;但在马普林航道,情况发生了非常戏剧性的变化。原本在斯凯尔莫利航道只能取得 33 节成绩的"哥萨克"号,到了这个浅水航道中,至少可以拿到 1 节的超速奖金;与此截然相反的是,如果该舰以只能在斯凯尔莫利航道维持 22 节航速的发动机输出功率来航行,航速反而下降 3 节,同时船尾下面的水流速度过快,造成船尾水压过低,整艘船呈明显的船头翘起、船尾下沉的浮态。此外,在马普林航道上,航速从 22 节增长到 26 节,发动机功率几乎不用增加。尽管海军部做了这样的实验验证,承造商们还是不能接受海军部的裁定,于是把事情闹到了议会去,其中至少有一桩这样的争端甚至被呈送到了议会上院。能够把这种争端弄到议会上院的,是哈什拉尔的一家民间造船厂,于是议会上院传唤了正在该厂担任助理造船师的斯坦利·古多尔,因为他之前参加了"哥萨克"号的试航,可以充当目击证人。不过议会上院并没有真正受理此案,因为哈什拉尔这家造船厂的董事会向议会指出,他们跟海军部签订的建造合同里可并没有指定建好的战舰要到具体哪个航道试航,也没有明确指定试航航道的水深,董事会甚至还拿出了一则证据:一封海军部致该厂家的书信,里面写着"海军部不反对该厂在马普林航道试航"。[1] 有了这个教训以后,海军部再跟民间船厂签订造船合同的时候,都要在合同里面注明必须在哪一个航道试航。

自从 19 世纪上半叶战舰纷纷开始采用蒸汽动力以来,英国海军的战舰大部分都是在斯多克湾进行测速试航,不过到了 19 世纪末、20 世纪初,由于战舰越造越大、航速越来越高,斯多克湾渐渐不能满足战舰试航的要求了。

战舰	在斯多克湾试航时损失的航速(节)
"埃德加"级一等防护巡洋舰	0.75
"阿波罗"级[111]二等防护巡洋舰	0.4

此外,19 世纪 80 年代某艘鱼雷炮艇在试航时发现,涨潮的时候顺着潮水开,航速可以达到 17.8 节,而低潮时没有潮涌的情况下,航速只有 17.2 节。[2] 许多年之后的 1935 年,波兰在英国订造的"闪电"号(Błyskawica)驱逐舰,再次利用这个潮水助力效果,在塔兰德(Talland)航道套取了 0.5 节的航速奖励。[3]

[1] 布朗著《一个世纪的战舰设计发展历程》。

[2] 第一次世界大战期间,桑尼克罗夫特厂建造的许多驱逐舰都是在圣·凯瑟琳(St. Catherine)标准航道上试航的,这里的水文条件使得这些驱逐舰的试航航速比同时代的其他驱逐舰快 1—1.5 节。不过这不是欺诈,因为海军部和桑尼克罗夫特厂都知道这个情况,该厂也不会因此获得额外的赏金,只是因为在这里试航比较节约时间,可以让战舰尽快服役,所以才这样做的。

[3] D. K. 布朗著《"闪电"号》(A & A Błyscawica),刊载于 1979 年 10 月出版于伦敦的《战舰》第 12 期。

① N. A. 兰伯特博士撰《海军上将费希尔爵士 1904 年提出的所谓"集群防御"战术》（Admiral Sir John Fisher and the concept of Flotilla Defence 1904），刊载于 1995 年 10 月在伦敦出版的《军事历史杂志》。

"斯威夫特"号超级驱逐舰

1904 年 10 月，刚刚上任的费希尔便要求海军新造一艘驱逐舰，基本设计可以跟"河"级一样，但是航速必须达到 36 节。于是海军部的设计团队和制造商莱尔德旗下的私人设计团队，都开始了各种努力，最终海军部在 1905 年 12 月批准了莱尔德提出的一个设计方案。此时，这艘高速驱逐舰的满载排水量已经飙升到 2390 吨，可是试航航速也只能达到 35 节。该舰造价高昂，服役时在高海况下却显得很脆弱，[112] 于是海军就没有继续建造这样的战舰了。

近岸防御驱逐舰

到 1905 年，费希尔又开始思考这样一个问题：随着驱逐舰、鱼雷艇和潜艇的战斗力越来越强大，其鱼雷和水雷武器可能让主力舰编队无法像过去那样在英吉利海峡这样的狭窄水域里安全活动了。[113]① 于是，费希尔放弃了把主力舰部署在英吉利海峡这种窄水域的想法，转而希望大量部署小型舰艇，而由于经费很有限，这样的小型舰艇必须很廉价才行。于是海军提出了岸防驱逐舰的概念，前前后后一共建造了多达 36 艘，排水量只有 225—255 吨，长 175 英尺，搭载 2 门 12 磅炮和 3 具 18 英寸鱼雷发射管。这些岸防驱逐舰的船体结构强度都无法耐受远洋大浪的摧残，而且为了提高适航性，都安装了龟背式艏楼甲板，干舷太低。这些岸防驱逐舰每艘造价在 41000 英镑左右，而一艘"河"级驱逐舰的造价为 75000 英镑，但是岸防驱逐舰的适航性太糟糕了，因此这种经济节约其实是假的，花钱买来一堆没用的废铁。就算这些小型舰艇的设计初衷是牺牲质

1907 年下水的"斯威夫特"号，这是在费希尔的要求下设计出来的所谓"超级驱逐舰"，造价昂贵，但不怎么成功。（作者收藏）

量来换取数量，设计的底线仍然是战舰需要具有足够的战斗力和生存性能，而这些岸防驱逐舰没能达到这个最基本的标准。

① 1973—1974 年，作者我曾在战争学院进修。
② 国家档案馆归档条目ADM 1/7597。
③ 把航速的技术价值跟战舰搭载更多的火炮、披挂更厚的装甲相比较。

海军上校 H. J. 梅和战争学院的战术研究

1900 年，格林尼治的英国皇家海军学院新成立了战争学院①，学院院长为海军上校亨利·J. 梅。在他的领导下，战争学院展开了一系列"兵棋推演"研究，这些研究的结果对时人设想未来主力舰的发展方向，产生了非常关键的影响。梅上校关于这些兵棋推演[114]研究的结果报告，至今仍有一部分能在国家档案馆中找到。② 在某次兵棋推演中③，重装甲主力舰组成 A 舰队，与之对抗的 B 舰队则由一些航速要高出来 4 节，但舰载火炮和装甲防御都要弱一些的战舰组成。

	A 舰队的战舰	B 舰队的战舰
排水量（吨）	17604	15959
舰载武器	4门12英寸主炮，8门8英寸次级主炮，12门7英寸副炮	4门10英寸主炮，16门6英寸副炮
水线装甲带最大厚度（英寸）	10	6
航速（节）	18	22

使用这两种类型的战舰模型，战争学院的研究者们首先把战舰编组成规模不大的分队，然后再让分队组成决战编队，有时让 A、B 两种战舰各自组成分队和舰队，有时则把它们混合编组，然后让这些分队和舰队彼此进行对抗。在混合编组的战棋推演模拟中，可以发现 B 型代表的"战列巡洋舰"几乎总能够给 A 型代表的"主力舰"带来有益的补充，只有当主力舰编队被对方打得只能撤退的时候，B 型才无法有效辅助 A 型[115]。产生这种结果的一个关键前提条件

4 日岸防驱逐舰，该舰刚刚造好的时候还有名字，叫作"沙蝇"号（Sandfly）。（作者收藏）

① H. J. 梅海军上校关于战棋推演的笔记。
② 海军上将 R. H. 培根爵士著《1900 年以后》，1940 年于伦敦出版。

就是，战棋推演时假设双方在 6000 码外就开始相互炮击，这时候 B 型的装甲肯定会被 A 型战舰更大口径的火炮击穿。同时这些战棋推演还表明，如果遵循过去的传统，把一支决战编队细分成几个分队，那么分队在协同上就会有问题，可能被对手抓住机会，这是人们第一次发现这个问题。[116]

在另一篇论文中，[①] 梅上校描述了这个战棋推演的流程[117] 具体是怎样的。在这些兵棋推演中，梅上校指出，战舰最关键的性能参数不是单纯的火炮射击速度，而是火炮在单位时间内有多少炮弹击中对方，即使推演中的炮击距离只有 6000 码，12 英寸炮的命中率也要比那些口径更小的火炮高得多。而且这种命中率上的优势还因为 12 英寸炮弹那非常多的炸药装药量而转化为强大的毁伤效力，可是那些口径更小的火炮，就算在 6000 码距离上能够击中敌舰，尺寸较小的炮弹也主要是对敌舰无装甲部位造成破坏，对于主装甲带和中等厚度的装甲，其侵彻能力都是不足的。这一系列兵棋推演得出的结论对当时已经呼之欲出的"全大口径主炮战舰"是一个强力的支撑，不过在今天能够找到的梅上校的这些论文中，他自己并没有明确地点出来"全大口径主炮战舰"这个提法。

直到 1902 年的战棋推演中，人们仍然不忘撞击战术，而且战棋推演的结果还说明撞击仍然是有可能实现的，[118] 此外还发现主力舰上装备的鱼雷，最有效的使用方式就是当这艘主力舰被追击的时候，从船尾那一具鱼雷发射管朝追击者发射鱼雷。兵棋推演也让战争学院的"游戏者们"开始思考当时英国巡洋舰的主炮和副炮布局是否合适，他们在这方面的思考还是比较缜密的，此外梅上校还感叹当时英国的高爆装药通常弹的性能比较落后。

这些兵棋推演研究第一次把战舰的航速、火炮的命中率等具体战术性能指标可能对战舰战斗力造成的影响加以量化，立刻就凸显出全大口径主炮战舰的优势。培根当时正好在战争学院进修，他把这些研究的价值看得很重，[②] 并认为这些研究也对"无畏"号的诞生有功。在战争学院这一系列模拟研究中，研究者的思路的发展过程也跟前文介绍的杰里科和西姆斯 1906 年发表的那些文章中体现出来的思维方式，非常一致。

译者注

1. 原文只是"Uniform armament"，代表的含义则是火炮的型号要完全统一，不仅口径一样，炮管倍径也要一样，各门炮齐射时使用的弹种也要完全一样，发射药装药量也要完全一样，发射药的化学成分也要完全一样。也就是说，要保证一艘无畏舰上所有8—10门主炮发射的炮弹的弹道性能完全一样，这样炮弹的落点才真正能提供有效的校射信息。既然只需要8门性能一样的大口径主炮进行齐射，那么两艘前无畏舰一起齐射，不就相当于一艘无畏舰了吗？然而，在实战情况下，两艘战舰上8门主炮齐射的误差要比单艘舰8门主炮齐射的误差大得多。首先，两艘战舰为了航行安全，往往拉开几十米、上百米甚至更远的距离，那么从两艘战舰上观测敌舰时，测得的方位和距离都不会完全一样，两舰如果都根据领舰的观测数据来射击，那么从属舰就肯定会出现落点偏差。其次，两艘战舰基本不可能按照同样的节奏同步前后、左右摇晃，于是两艘战舰上的主炮即使在同一时间开炮，船体摇晃造成的炮弹落点误差对于两艘战舰来说也是不一样的。由于船体的摇晃非常复杂，难以用仪器测定，也就没法消除这种误差对两艘战舰主炮弹道所造成的不同影响。第三，两艘战舰无法同一时间齐射，即使在1905年后海军纷纷列装了无线电，信息的传递还是会有一个延迟，但在一艘无畏舰上，可以从指挥中枢通过电线来统一开炮，或者让各个炮塔里的操作员都参照同一个时钟的读秒来开炮。

2. 炮弹飞行时会受到空气阻力的干扰，还会受到风的干扰，这些干扰会造成炮弹偏离目标。空气阻力和风力都跟炮弹的飞行速度和迎风面积正相关，而炮弹本身的杀伤力，即它的动能，则跟炮弹的飞行速度和重量正相关。因此，直径越大、重量越大的炮弹，在飞行时越不容易被空气阻力所撼动，飞行轨迹更稳，更容易击中目标。

3. 节省固定资产维护和人员薪酬等支出。

4. 这是当时他在英国坊间的"绰号"，舆论界对他的"爱称"。可能是因为面容俊俏。

5. 最重的火炮、最厚的装甲、大型战舰可以达到的最快航速，三者集于一身。

6. 可以说，本卷前面章节的铁甲舰和前无畏舰几乎是外军的设计理念在牵着英国的鼻子走，英国只是在模仿，并没有真的超越。铁甲舰时代模仿意大利的"中腰铁甲堡"设计就是一个典型。

7. 在1000—3000码，只要炮管放平了大致上瞄准敌舰，炮管俯仰角度的误差基本不会导致严重脱靶，这时候快速开炮便意味着快速命中，而在更远的距离上，及时观测炮弹落点和不断修正炮管角度才能提高命中率。

8. 轴向斜盘式柱塞泵，今天仍然应用非常广泛，资料在网上很容易搜集，不再赘述。

9. 原著本段后半部分对这两张图的描述非常简单含糊，翻译时稍加补充。

10. 假设两舰都在做匀速直线运动，只是相互并不平行，然后通过测量敌舰在过去不长的一段时间内的平均航行速度，就可以推测出敌舰在炮弹飞行的这段时间内将会往前继续前进多少距离，从而在开炮的时候就控制火炮的俯仰角度和回旋角度，打好"提前量"，让炮弹朝着预测中"未来"时刻的敌舰，而不是眼前的敌舰飞去，那么炮弹就有击中敌舰的可能。

11. 作者这里说"距变率盘"是一个机械计算机，其实不算特别准确：机械计算机能够进行加减乘除四则运算，还会解方程和微积分，但"距变率盘"不会做这些，它只是一套直尺和圆规的组合，可以进行"几何推算"，就像带有一定自动功能的海图。

12. 原文此处过于简略，只说了观测炮弹落点可以做三个修正，这里略加扩写，方便理解。两艘主力舰不可能在彼此炮击的时候高速回旋、急转弯，那样命中率将会非常低，所以基本不需要修正方位角变化率，可以认为方位角在匀速变化。所谓"修正"就是在原来的估算结果上加减一个固定的数，比如预测敌我两舰在炮弹落下时将相距8000码，但是齐射的炮弹全部落在敌舰外侧，说明估算的距离过远，那么观测人员直接减去200码（这个数据权作举例，加减的多少由当时的炮术习惯经验来决定）。这样做看似武断，但实际上，测距和炮弹飞行时弹道的误差完全跟这里的修正值在一个数量级上，此时按照弹着点远近来主观修正，命中率不一定就会很差。

13. 简单来说，这是一台走的速度随时可调的钟表，这个钟的走速代表距变率，它是最简单的机械式"积分器"，可以进行"积分"运算。

14. 桅杆上的测距员和落点观测员把测距和校射信息向下传递到中继站，中继站里的火控计算机把预测的距离和方位数据向上传递到桅杆观测站以供参考，与此同时，装甲指挥塔里面的舰队和本舰军官还可以随时检查观测和估算的数据，并据此调整战舰的航向、航速。在指挥官觉得可以的情况下，中继站便把上一次观测的结果加上火控计算机的预测，然后把所得火炮参数传递给主炮炮塔，然后主炮炮塔听指挥官命令开炮。

15. 简易的距变率盘和维克斯钟就不够用了，于是各国在一战前夕研制出机械式火控计算机，英国还研制出独具特色的人工读数式机械计算机，一直用到二战时的"胡德"号上。最终，在机械式计算机领域独步天下的美国在二战时基本克服了距变率和角变率过大的问题。

16. 主炮炮塔自己无法高效地进行远距离观测，因为距离海面的高度有限，而且主炮塔内的人员被炮口硝烟包裹，视野极其糟糕，根据经历了第一次世界大战的炮塔内炮手回忆，一旦战舰机动中开炮，他们全程就只能看到上浪、飞沫、硝烟，连敌方战舰都完全看不到。

17. 不一定代表"无畏"号上最初的情况。

18. 防止装甲被破坏后产生的破片划断电缆。

19. 有点类似于初中学习的画线变阻器，使用电流来编码数据。

20. 而炮弹只要十几秒。

21. 无线电在日俄战争中已经出现，这是在雷达出现以前、各舰围猎敌舰时达成协同的最有效手段。

22. 见第九章译者注释 57。

23. 1905 年对马海战其实是这种战术的最佳诠释。

24. "无畏"号上以 6 英寸炮来对付鱼雷艇和驱逐舰。

25. 跟费希尔的观念非常一致，"航速就是最好的防御"。

26. "无畏"号满载排水 21000 吨。

27. 日德兰海战和后来的"胡德"VS"俾斯麦"之战都印证了这一点。

28. 在驱动战舰时却是一个劣势，因为螺旋桨转速越低，效率越高。

29. 汽轮机还有一种设计是"轴流"（Axial-flow）式。径流式的特点是蒸汽流撞击叶轮的时候，走向比较流畅，而轴流式的蒸汽流直接冲击叶轮，所以径流式叶轮上的机械冲击力更小，但径流式的叶轮造型更加复杂，通常重量更大，在大功率汽轮机上，径流式的优势就被叶轮重量大的劣势平衡掉了。

30. 都是这些造船厂再进行转包。

31. 这就是帕森斯早期直接驱动式汽轮机的缺点。航速低的时候螺旋桨转速低，汽轮机的转速也必须降低，但汽轮机只有转速高的时候才能正常高效运转，所以 1897 年帕森斯开始尝试使用变速箱来减速，这样蒸汽轮机的经济性能终于完全超越了三胀式蒸汽机。

32. 1915 年以后，所有的英国驱逐舰都换装或列装了带变速箱的汽轮机。

33. 从发动机功率上来看，要比主力舰小得多。

34. 驱逐舰船体权限强度的计算不能再放水了。

35. 操作人员在船体内同时分别测量船头、船尾和舯部位置的底舱到下层甲板的高度变化，从而判别龙骨是下弯还是上弯。

36. 张力计是舰载艇艇头正下方船体侧面的上下两个圆形物，看起来好像是卷尺的卷盘，中间可以拉出卷尺来测量。

37. 上文对驱逐舰船体结构载荷的实验研究，也是让设计师们敢于放心大胆地给"无畏"号船体减重的一个关键实践和理论基础。

38. 这样才能让航速更高，同时有更多重量搭载武器和装甲。

39. 轮机兵只需要一直在一个舱里待着。

40. 先乘电梯上到装甲防御甲板，然后再跑到另一个舱室上方坐电梯下去，防御甲板以下各个底舱互不相通。

41. 缺少实权的荣誉职务。

42. 因为口径小就意味着炮管轻，更容易在数千码的交战距离上实现连续瞄准和高速射击。

43. 到无畏舰时代，世界上主炮炮塔数量最多的战舰出现了，这就是 1913 年加入英国皇家海军战斗序列的"阿金科特"号。如本书第一章介绍的那样，"阿金科特"这个名字从铁甲舰时代开始，就专门用于船体特别细长、大炮数量特别多的战舰，这也是 1913 年的"阿金科特"号得名的历史渊源。无畏舰"阿金科特"号在船体纵中线上从前到后安装了一共 7 座 12 英寸双联装主炮塔，主炮数量也才达到 14 门，据说它们很少进行齐射，担心船体结构承受不起。

44. 1916年日德兰海战决战时的舰队司令。

45. 费希尔此时已经把"无畏"号看成是"无敌"号的"草稿"，只有"无畏"号先开启全大口径主力舰时代，高航速且全大口径主炮的战列巡洋舰才能顺理成章地诞生，这种武器才是费希尔心目中的"完美兵器"。

46. 争夺制海权的时候需要战斗力最强的战舰，巡洋舰的防御薄弱，火力再猛也无法比重装甲主力舰的生存能力更强。

47. 实际设计中可以采用各种办法逾越这个障碍。

48. 这个论点的问题就是前无畏舰并不会在一夜间过时，就像1860年"勇士"号诞生后，旧式木体风帆螺旋桨战列舰并没有在一夜间过时一样。主要原因是，铁甲舰和无畏舰作为划时代的新装备，价格必然比老式主力舰更加昂贵，新式主力舰不可能在短时间内完全取代老式主力舰，所以一战时的达达尼尔海峡战役中仍然让前无畏舰担任了次要任务。如果全面大战在1905年便爆发，那么就会跟日俄战争一样，基本上仍然是前无畏舰之间的对抗。

49. 剩下能够跟英国海军对抗的势力只有美国和德国了，日本还在积攒实力的阶段。

50. 实际上，美国的无畏舰刚开始一直坚持使用续航力更大的三胀式蒸汽机，而不追求高航速，因为英美两国的战略思考不同，下文介绍美国无畏舰时再具体注释。

51. 跟"无畏"号最终的设计达到的效果基本一样，可见这个时候海军高层仍然揪着铁甲舰时代朝船头船尾方向的火力概念不忘，如果把全部主炮塔都沿着船体纵中线布局，则朝向船头船尾只能有2—4门炮的火力，朝舷侧将有8—10门炮的火力。

52. 估计得过于乐观。

53. 实际情况确实如此，例如1905年日俄战争。

54. 这都是对马海战中6英寸速射副炮的关键战术，已经过时。

55. 战斗前给煤舱加满煤炭还能大大提高战舰的生存性能。

56. 它们的重量比木材要轻很多，而且可以隔绝金属地板的寒意。油地毡的颜色类似木料，也是棕色。

57. 废弃传统的吊艇架。

58. 炮弹直径越大，存速能力越强。远距离飞行后，12英寸炮弹的末端动能将不成比例地大于更小尺寸的炮弹，因为飞行过程中消耗炮弹动能的空气阻力跟炮弹直径的平方成正比，而炮弹动能本身，也就是炮弹的穿甲能力，则跟炮弹直径的立方成正比。

59. 水平部分只是方便人员移动的木板。

60. 私人船厂为了盈利会尽量降低成本。

61. "无畏"号安装了10座。

62. 为了跟后文具体介绍的"无畏"号参数进行比较，这里介绍一下"南卡罗来纳"级的性能参数。该级满载排水量接近18000吨，全长接近140米，最大宽接近24.5米，装载吃水深度接近7.5米，双轴双桨推进，三胀式蒸汽机作为主机，汽轮机只作为发电机，航速只有18.5节，10节续航力达6950海里。4座炮塔从前到后分别叫作A、B、X、Y炮塔。全舰采用长艏楼船型，艏楼甲板从船头一直延伸到X炮塔的底座。A、B和X主炮塔位于艏楼甲板上，Y炮塔位于船尾露天甲板上，船尾露天甲板以下还有一层上甲板和稍稍高出水面的穹甲主甲板。除了8门12英寸主炮之外，该级舰还在舯部上层建筑中的简易炮廓和露天炮位上总共安装了多达22门的3英寸副炮，作为反鱼雷艇和驱逐舰的武器，另外，两舷带有一对水下鱼雷发射管，发射直径21英寸（533毫米）的鱼雷。该级舰装备了从船头到船尾的连续水线装甲带，在舯部（也就是A和Y炮塔之间的部分）厚度最大，但舯部水线装甲带的厚度也不一样：在A、B、X和Y炮塔下面的弹药库位置，水线装甲带最厚达到12英寸，伸向水下的部分逐渐减薄到10英寸；X炮塔和B炮塔之间的动力机舱和锅炉舱的两侧，水线装甲带最厚只有10英寸，伸入水下的部分减薄到9英寸厚。船头船尾的水线装甲带并没有大幅度地削减厚度，仍然保持在8—10英寸。从A炮塔到X炮塔之间还拥有舷侧装甲带，位于穹甲主甲板和上甲板之间，厚度10英寸。主炮塔前脸装甲厚12英寸，侧面厚8英寸。炮塔座圈前脸厚10英寸，侧面和后面厚8英寸。船体内只有穹甲主甲板这一层装甲板，在平坦部位厚度仅有1英寸，在两舷斜坡厚度只有2.5英寸。从后来的标准来看，该级的水下防鱼雷隔壁和水平装甲甲板防护都是非常不足的。舰上还有美国海军招牌式的笼式桅杆，这种桅杆像个箩筐的框架，许多根螺旋形的钢条支撑起桅杆顶端的火控平台，由于笼式桅杆的各个钢条之间距离很大，在作战中，一发炮弹直接摧毁多根钢条的机会很小，所以设计者预测这种桅杆将具有很高的生存性能，不容易倒塌，但后来实战证明，还是管径非常粗大的三足杆更加牢靠、战场生存力更高。

63. 约 1907 年。

64. 基本上跟第九章略作介绍的美国最后一级前无畏舰"康涅狄格"级一样大。

65. 美国无畏舰之所以长期坚持用往复式蒸汽机作为主机，迟迟不更换汽轮机，主要是因为美国的国家战略要求无畏舰具有超强的续航能力，于是对航速要求就处在次要地位了。比如"南卡罗来纳"级跟"无畏"号相比，最主要就是航速太慢，防御水平甚至要优于"无畏"号，于是直到第一次世界大战之后，美国主力舰的突出特点就是重甲慢速的"铁乌龟"。为了续航力而牺牲航速，是因为美国舰队需要在太平洋和大西洋两洋作战，同时对付欧洲列强和亚洲新发展起来的日本。可以说，美国无畏舰的航速主要是受到战略计划的左右。

66. 即 Naval Assistant to the First Sea Lord。

67. 威廉·汤普森，现代热力学奠基人之一，热力学温度"开尔文"以他的爵位命名。

68. 造船大亨。

69. 造船大亨，创办费尔菲尔德造船厂。

70. AEW 即 Admiralty Experimental Works。

71. 即 Assitant Director of Naval Construction，缩写为 ADNC。

72. 英国这种保守的设计被他们认为更简单、更可靠。

73. 实际上，现代那些并没有重装甲防护的导弹驱逐舰等主战舰艇，主要的设计约束就是空间：各种导弹发射架和发射竖井，雷达及观瞄装置，近防炮和导弹系统，以及直升机起降平台和机库，此外还有舰载救生艇和交通艇，这些设备把舰面挤得满满当当，而且船头还要留出一块没有任何设备的区域，以保证高海况航行时船头能够更好地应对迎头上浪。

74. 实际上由于船一般都是细长的，所有横向布置两个主炮塔的设计，永远会比纵向布置两个主炮塔存在更严重的间距过近问题，并列式主炮塔是最不成功的设计。

75. 类似"纳尔逊勋爵"级艏部两对 9.2 英寸双联装次级主炮炮塔。

76. "无畏"号火炮布局备选方案 D 跟德国实际建造出来的"拿骚"（Nassau）级无畏舰是一样的。这样看，"无畏"号的最终火力布局是不太明智的：由于担心炮口暴风干扰，船尾两座主炮塔没有采用背负式布局，造成船尾只有一座主炮塔可以朝后方射击；当然，在紧急情况下，艏部靠前面那对两舷主炮塔也可以回旋过来朝后方射击，不过炮弹要飞过整个露天甲板，这时候造成的风洞效应应该非常可怕，可能会严重损毁舰面设备。1916 年日德兰海战中，双方战至夜间，由于能见度太差，一艘英国驱逐舰在十几米的距离从德国无畏舰"拿骚"号主炮炮口前开过，"拿骚"号主炮立刻开炮，虽然炮弹根本没有击中英国驱逐舰，但巨大的炮口气浪直接把驱逐舰整个上层建筑和里面的军官全部轰飞进了海里。可见"无畏"号的主炮布局是在经费限制下达成的一个差强人意的妥协，而英国人又过于保守，因为炮塔顶观察窗这样的细节问题，就不愿意采用更节省成本的背负式布局。而两舷炮塔全朝正前方开炮的实际意义到了 20 世纪初已经不大了，因为海战战术早已回归风帆时代的舷侧齐射了。而且，早在第二章就已经介绍过，实战中真的朝船头正前方开炮，恐怕会损伤舰面设备。这样来看的话，艏部两舷这对主炮塔其实跟背负式炮塔毫无差别，还多浪费了一个主炮塔的重量。

77. 图中纵坐标所在位置代表炮塔的前脸，横坐标最左端上下向右伸出来的两根粗线代表双联装 12 英寸主炮，曲线围起来的铅锤状"危险"区域里面，开炮时的空气压力就会超过每平方英尺 30 磅，而且越靠近炮口的地方压力也就越高。

78. 舰载艇不可能放在靠近船头船尾的位置，那样会暴露在主炮的炮口暴风面前。

79. 前后彼此遮挡的船尾两座主炮塔、沐浴在前烟囱黑烟里的火控平台，是"无畏"号的两大设计缺陷。虽然前桅杆的位置容易在后来的改装中加以修正，但主炮布局无法改变。不幸的是，在"无畏"号之后，英国又接着建造了 6 艘无畏舰（"柏勒罗丰"和"圣文森特"级），全部复制了"无畏"号的布局。后烟囱和后舰桥之间纵中线上的那个炮塔，正好位于锅炉舱和发动机舱之间——两个烟囱下面全是锅炉舱，而后舰桥下面是汽轮机，这就意味着锅炉给汽轮机供气的蒸汽管道要从这座夹在中间的主炮塔下面的座圈两边绕过，而这里正好是这个炮塔的弹药库，于是这个炮塔下面的底舱弹药库的发射药长期接受蒸汽在管道中运输时必然散发出来的热量，后来发现这个炮塔的主炮弹道性能好像都跟前后主炮不一样了，很可能就是因为长期受到加热的发射药在化学成分上发生了一些分解、变化。两舷主炮塔这种布局也不大令人满意，因为两舷主炮塔下面的座圈和弹药库距离底舱两舷的船壳太近了，没有空间设置出足够多的防鱼雷隔壁，无法给两舷炮塔提供足够的水下防御能力。发射药保存和鱼雷防御这两个问题结合在一起，让后来改用 13.5 英寸主炮的"超无畏舰"终于出现了 20 世纪火炮主力舰的标准布局：前后背负式布局的主炮群，中间集中布置动力舱段。

80. 舷侧装甲带和水线装甲带都从船头延伸到船尾，在船头减薄到 6 英寸，在船尾减薄到 4 英寸。

"无畏"号的船型虽然也算长艏楼设计，但整体比美国的"南卡罗来纳"级低矮一些，因为艏楼甲板在艏部只存在于船体中间部分，两舷还是直接暴露出露天甲板来，这样只有 A 炮塔位于艏楼甲板上，而其他所有主炮塔都在露天甲板上。露天甲板以下的船体内有不带装甲的上甲板，和稍稍高出水线的穹甲主甲板，下面就是底舱。

"无畏"号的性能诸元：全长 525 英尺（160 米），最大宽 82 英尺（25 米），装载吃水深达 29.5 英尺（9 米），装载排水量 21000 吨。航速 21 节，10 节续航能力 6620 海里。"无畏"号的水下防御和装甲甲板防御体系基本跟"纳尔逊勋爵"级类似。穹甲主甲板在平坦处厚 1.75 英寸，两舷斜坡厚 2.75 英寸，而在艏楼主炮塔弹药库上方，穹甲两舷斜坡厚度增加到 3 英寸。上甲板和露天甲板厚度都不到 1 英寸，因此本书中没有把它们算作装甲甲板。水线上和水线下的两舷堆煤舱仍然是防御中的重要组成部分。炮塔前脸和侧面全都是 11 英寸装甲，材质跟装甲带一样是克虏伯表面硬化渗碳钢，而炮塔顶盖则是 3 英寸的非渗碳表面硬化钢。炮塔下座圈的厚度随着炮塔位置的不同而各异，一般来说，暴露在装甲带以上的部位都仍然带着 8—11 英寸厚的装甲围壁，而位于装甲带保护中的部分则减薄到 4 英寸。"无畏"号没有前无畏舰上的副炮，只有 27 门 50 倍径的 3 英寸 12 磅炮，安装在艏部的上层甲板和炮塔的顶盖上，没有任何防护，在主炮开炮时，这些反鱼雷艇小炮的人员必须撤离以避开炮口暴风。鱼雷发射管的布局跟"纳尔逊勋爵"级一样，也是两舷两对水下鱼雷发射管，船尾一具水下鱼雷发射管。

81. 因为若想减少这种情况，船型最好是艏部肥硕、艉艄瘦削，形如钻石。

82. 费希尔当然不明白球鼻艏的原理，他可能只是出于审美考虑，结果歪打正着。

83. 说明从船底到水线上 2 英尺的地方，所有肋骨已经安装停当了。

84. 即每天工作近 12 个小时，而且一周工作 6 天——相当残酷！

85. 其实当然是猫开始发情的时候。

86. 这显然是不可能的。随着后来火控技术的发展，桅杆和舰桥上逐渐被各种观瞄设备和探照灯占满。

87. 非常好的建议，只是船体内不一定能找到空间在每个炮位正下方布置弹药库。

88. 可见加德的设计可能是，在船头船尾 2 座双联装 9.2 英寸炮之间的艏部两舷，共安装了 3 对 6 座双联装 7.5 英寸副炮炮塔。靠近船头和船尾的一座 9.2 英寸炮塔和两座 7.5 英寸炮塔分别在平面图上呈"品"字形排列。

89. 现代船用、坦克用轻型大马力发动机。

90. 这种思想本身在逻辑上似乎就存在很大的问题，如果排水量最大、水下防御纵深最大的主力舰都无法在鱼雷攻击面前存活下来，那么巡洋舰的生存力必然更加堪忧。不过费希尔的解释是，"速度就是最好的装甲，进攻就是最好的防御"——以当时潜艇的航速来看，似乎确实在面对高速航行的战舰时，很难跟踪和占据有利阵位打出扇形鱼雷齐射来。

91. 这段论述进一步反映出当时费希尔等人对未来新武器、新战术做出了错误的预判。诚然，潜艇航速慢，鱼雷速也不快，因此航速越慢、个头越大的战舰越容易成为潜艇的猎物。由于每艘潜艇一次执行任务能够携带的鱼雷数量非常有限，为了保证命中率，发射鱼雷时往往还要呈扇形齐射，因此潜艇每次出港活动能够实施的有效攻击次数都十分有限。这样一来，潜艇的艇长就更不可能把宝贵的鱼雷浪费在像驱逐舰、商船和轻巡洋舰这样的战舰上面了，更何况它们的航速太快，潜艇既跟不上，也很难准确预测它们在潜艇射出鱼雷后会怎样机动，毕竟这些高速小型战舰能在发现鱼雷尾迹之后短时间内做出大角度回旋等极限规避机动，从而躲过鱼雷。正是由于这种技术条件的限制，所有潜艇的艇长都会选择落单的主力舰和大型巡洋舰下手。而要保护这样的大型战舰免遭潜艇暗算，所需成本也并不比装备一支潜艇部队更高，那就是让驱逐舰组成遮蔽力量，前出和围绕在主力舰编队周围，组成一个反潜封锁线，利用水声设备侦测潜艇，直接开到潜艇上方使用深水炸弹逼它下潜，潜艇甚至会最终因为氧气耗尽而不得不上浮投降。早期的柴油机 - 铅酸蓄电池潜艇在这样的打击面前可以说非常脆弱。主力舰和装甲巡洋舰的造舰成本跟潜艇比起来有巨大的差距，如果潜艇暗算成功，便是极度夸张的交换比，而同时，驱逐舰反潜又是一个成本相对不太高、效果也比较明显的反制措施。于是海军便会乐于为主力舰编队配备这样的反潜护卫力量，而且有了这种反潜力量以后，主力舰也不会像费希尔预测的那样在潜艇面前骤然失去生存能力。一战中被潜艇击沉的主力舰大都是离开舰队单独进行长距离部署的前无畏舰，它们犯了落单和没有护航的错误。护航的成本远远没有高到超过主力舰本身的建造成本，于是潜艇就没能在两次世界大战中真正成为主力舰杀手。究其根本原因，还是鱼雷的射程不够远，鱼雷的航速不够快，潜艇就不得不接近到距离主力舰只有数千码（顶多上万码）后才能发动攻击，而这个距离完全足够主力舰护航编队的驱逐舰和巡洋舰做出反应，驱逐甚至摧毁潜艇了。真正满足费希尔这种要求的新式武器其实是航母，航母的建造成本也比主力舰低廉，而且等到二战时舰载机的性能提上来以后，主力舰在航母舰载机攻击机群面前，确实失去了生存能力。如果在费希尔的时代就可以看到 20 世纪 30、40 年代的航母和舰载机能够发展到多么优异的阶段，那么费希尔恐怕会不遗余力地鼓吹让所有无畏舰退役，航母代表海战的未来。这种论调代表了未来的正确发展方向，这不是因为后来二战的史实证明了这一点，而是因为飞机跟鱼雷相比，速度更高，活动范围更大，即使作为飞机搭载平台的航母本身非常脆弱，只具有轻巡洋舰的生存能力，但它也能躲在主力舰大炮射程之外很远很远的地方发起攻击。因此航母跟主力舰比起来，拥有巨大的防御纵深：就算主力舰和航母同时发现对方，主力舰不断想要接近到主炮射程之内，航母也可以不停移动，期间不断放出舰载机进行攻击，即所谓的"放风筝"，最后主力舰的主炮可能一炮未放，就被航母舰载机骚扰得不堪再战，需要回去维修了。然而直到 20 世纪 20 年代，舰载机的载弹量太小，小小的炸弹看起来还是无法砸穿主力舰的装甲甲板，机载鱼雷个头也很小，看起来根本不可能击沉主力舰。而在动力飞机尚未诞生的 1904 年，费希尔当然没有机会看到航母这种最符合他战略眼光的未来主力舰了。从前文的介绍中不难看出，费希尔最推崇的战术哲学不是像铁甲舰、前无畏舰和无畏舰这样使用沉重的装甲来硬扛敌人的打击，而是更巧妙地想办法用机动性和攻击力在避免己舰遭受打击的情况下先行摧毁对手。可见，费希尔之所以对潜艇寄托了过高的期望，其实是因为他内心期盼着能够有一种符合他的战术哲学的新武器横空出世。费希尔一直活到 1920 年（79 岁），那时候英国第一艘改装航母"阿格斯"号（Argus）已经服役了。费希尔一生为海军服务了 60 年，他刚作为军官实习生加入海军的时候，"勇士"号挂帆铁甲舰还没诞生，加装了蒸汽螺旋桨推进系统的、搭载了 90—140 门炮的传统木体风帆战列舰还在大行其道。1914—1915 年，年逾古稀的费希尔再次担任第一海务大臣，此时的主力舰已经是蒸汽钢铁战舰，而潜艇和航母即将给海战带来新的维度。

92. 敌军装甲巡洋舰也是如此。

93. 该级装载排水量 14000 吨，全长近 145 米，最大船宽近 22.5 米，装载吃水近 8.6 米。航速最高可达 22 节，10 节巡航力 1 万海里。采用长艏楼船型，船体本身比较低矮，船头一座 12 英寸单装主炮塔在艏楼甲板上，舯部两舷一对 8 英寸双联装副炮炮塔也在艏楼甲板上，其他炮塔都在露天甲板高度，包括船尾露天甲板上的 12 英寸单装主炮塔和舯部靠近船头船尾的 4 座双联装 8 英寸副炮炮塔。防御并不像之前的意大利主力舰那样薄弱，一条很窄的水线装甲带从船头延伸到船尾，这条克虏伯水线装甲带在前后主炮塔之间的部分厚达 9.8 英寸，在前后主炮塔附近减薄至 6 英寸，在船头船尾附近进一步削减至 4 英寸。舯部搭载副炮炮塔的部分，有从水线装甲带上边缘一直延伸到露天甲板的舷侧装甲带，厚度也是 9.8 英寸。主炮炮塔的装甲厚 8 英寸，副炮炮塔的装甲厚 6 英寸。露天甲板上副炮炮塔之间的 3 英寸炮炮阵带有 3 英寸厚的装甲。

94. 原文为"Ikoma"（生驹）级，根据今天的一般习惯改。

"筑波"级的性能其实也就能赶得上 1898 年的"克雷西"级。英国如果真是因为担心这种水平的日本装甲巡洋舰可能使英国的装甲巡洋舰无法保持对外军的优势地位，所以才不得不把本国大型巡洋舰升级成战列巡洋舰，那么近在咫尺的德国海军已经在建造"沙恩霍斯特"级装甲巡洋舰，就更应该让英国人担忧了，根据第九章介绍，该级的性能显然比"筑波"级强大得多。"筑波"级排水量接近 14000 吨，全长接近 140 米，最大宽接近 23 米，吃水接近 8 米。水线装甲带很窄，从船头一直延伸到船尾，在前后主炮塔炮座之间厚度为 7 英寸，在船头船尾减薄至 4 英寸。穹甲主甲板和上甲板之间、前后主炮塔炮座之间有 5 英寸厚的舷侧装甲带，上甲板和露天甲板之间在舯部有 5 英寸厚的副炮炮阵装甲带。前后主炮塔和座圈装甲厚 7 英寸。航速为 20.5 节。

95. 仍然受到追求船头船尾火力输出的老思想的桎梏。

96. 像第四章、第五章介绍的中腰铁甲堡式铁甲舰一样。

97. 后来发现电动可靠性不高，于是又改回液压式。

98. 这样做续航力更大。

99. "无敌"级从船头到船尾拥有水线和舷侧装甲带，这两条装甲带就像第九章介绍的前无畏舰一样，厚度是一样的，在前后主炮塔之间保持 7 英寸厚，到船头船尾减薄至 4 英寸。各个主炮塔的装甲防御是 7 英寸厚，座圈的是 8 英寸。"无敌"级满载排水量也将近 21000 吨，船体特别长，全长大约 173 米，航速高达 25.5 节，但续航力有限，10 节续航力只有 3000 多海里。

100. 因为"无敌"级防御水平不高，E2 方案如果早先命中，就可能让"无敌"级不敢继续作战。

101. 实际上以现代材料科学的发展水平，如果仍然建造装甲战舰的话，那么足以建造出防御水平大大高于二战时期的重装甲主力舰来，但这样做已经完全没有意义了。因为二战时，日本两艘排水量高达好几万吨的“大和”级超级装甲战舰最终沉没，这告诉世人，即使是二战末期的活塞螺旋桨攻击机和轰炸机搭配缺少制导的炸弹和鱼雷，也能够通过饱和攻击的方式，最终完全压制火炮主力舰的防空能力，从而击沉一艘火炮主力舰。当时要对抗海量飞机的饱和攻击，最好的办法就是让航母战斗群的全部截击机组成防空机群直接从空中挫败敌攻击机群。今天，使用战斗机和防空导弹以及相控阵雷达，尽量为航母编织出一道道对付导弹饱和攻击的屏障，但实战效果如何还没有机会得到验证，但航母本身已经不具有二战时的火炮战舰那样的重装甲生存能力了。因为防空屏障都不能抵挡住的饱和攻击，装甲本身更无法抵挡住。

102. 总的来说，今天一般认为战列巡洋舰是费希尔像前文注释的那样，过分追求火力、航速，有意识忽略装甲防御而产生的一种昂贵但生存能力不太靠谱的大型战舰。单从这种生存性能缺陷上来看，这种战舰的性价比就太低了，如果一种战舰在战场上有被敌人秒杀的危险，那么它火力再猛也是白搭，斥巨资打造这样的战舰也是得不偿失的，从经济性上来看，可以说是严重失误。1916年日德兰海战中，德国战列巡洋舰编队差点误入英国人的圈套，结果德国战列巡洋舰遭到英国战列巡洋舰和无畏舰编队的轮番攻击，但最后也只有不幸的“吕佐夫”号沉没，而“德夫林格”号虽遭遇炮塔天盖被击穿的厄运，但并没有引发弹药库爆炸，而且该舰的另一次齐射还让英国“玛丽女王”号（Queen Mary）战列巡洋舰的弹药库殉爆而悲惨沉没。这是因为德国人并没有像费希尔那么极端，其战列巡洋舰的装甲防御更强一些，这才能够在英军无畏舰和战列巡洋舰持续一天的攻击中幸存下来。至少跟这样的德国战列巡洋舰相比，英国的费希尔式“要航速不要装甲”战列巡洋舰是非常失败的。

103. 原文这里只笼统地说“Later destroyers”，直译就是“晚些时候的驱逐舰”。和什么时间点比起来“晚”呢？和19世纪最后几年大力建造的第九章介绍的“30节”型驱逐舰相比，更“晚”；但在下文介绍的1903年“河”级和1907年“部族”级之后，直到一战爆发，又大量建造了7级驱逐舰，总数可能有上百艘之多，和它们比起来，“河”级和“部族”级就算是“早期驱逐舰”了，因为这两级的设计终于摆脱了大型鱼雷艇的色彩，向着能够在远洋大浪中活动的战舰发展。本卷结束的时间点是1905年，而“部族”级正好是1905年开始批准建造的，所以可以说这一章最后讲的这两级驱逐舰是无畏舰这个概念从诞生到化为现实的这段时间内，英国海军继续发展出来的两级驱逐舰。

104. 今天一般把这型战舰叫作“大型鱼雷艇”。

105. 注意图中“莫霍克”号艏楼后部的船体两舷外壳不呈直接的台阶状，而呈舒缓的弧形，这样做是防止突然的台阶使应力集中在这个尖锐的拐角处，让船壳在这里开裂。

106. 前两舰于1916年的战斗中受损严重，战时必须物尽其用，于是就把“祖鲁”号尚且能够使用的船头部分切割下来，安装到了搁浅并且船头受到严重损毁的“努比亚”号的船身上。

107. 原文这部分描述极为简略，翻译时略加补充，便于普通读者理解。

108. 注意这只是水深很浅的情况下船舶首尾兴波的传播速度，在深水区不适用这个公式。其中g是重力加速度，d是水深。

109. 泰晤士河口北岸。

110. 原著写作“Skelmorley”，按照今天拼写习惯修改。

111. 原著写作“拉托纳”（Latona）级，据今天通用名修改。

112. 可能是为了追求高航速，船体结构减重过了头，强度可能不足。

113. 这种思路非常正确，上文提到的黑尔戈兰湾之战就是英国巡洋舰编队埋伏突袭德国驱逐舰编队的一场战斗，而双方的主力舰编队都待在相对安全的位置，没有出动。直到铁甲舰的时候，英国的作战计划都是把主力舰开到敌方的军港去直接进行封锁，不过1905年日俄战争的实例告诉人们，这种时代一去不复返了。于是英国在第一次世界大战伊始，对德国的策略就是在英吉利海峡的两头进行封锁，南边最窄处是多佛尔海峡，北边最窄处是苏格兰斯卡帕湾－北海一线。英国海军在这南北两端进行攻势布雷，然后让潜艇在这些地方来回巡逻，并让巡洋舰和驱逐舰在靠近德国与荷兰海岸的位置巡逻，而所有主力舰组成的大舰队只在英吉利海峡和北海的中线上巡逻，再也不敢靠近德国海岸了。

114. 这种在一张大桌子上进行的战棋推演，即“桌游”，发展到20世纪90年代以后，对各种武器在攻击、防御和机动能力方面的模拟都达到了极其细腻的程度，而且可以在计算机的辅助下进行实时对抗：实时计算武器伤害效果，并据此实时修改各个模型的参数，然后把它跟3D建模和渲染结合在一起，就形成了2010年以后越来越精细的即时战略游戏。例如，跟20世纪火炮装甲战舰最相关的一款叫作《战舰世界》（World of Warships）。时至今日，战棋推演仍然是各个国家的战术和战略智囊必不可少的一种模拟手段。

115. 因为 B 型的生存力太差。

116. 后来日德兰海战时所有无畏舰简单排成一列单纵队，所有战列巡洋舰也是如此。

117. 参考现在的“战锤 40k”等桌游的游戏方式。在一张桌面上划定一个地图区域，再在上面摆上很多简易战舰模型，每个战舰都有上文那样的性能参数，接着由游戏者扮演的舰队指挥官指挥双方舰队呈队形接近并相互炮击，各个战舰受到的伤害按照火炮的命中率和装甲的防御效果摇骰子来随机产生，以模拟实战中伤害的偶然性，使得结果更有现实意义。

118. 可见战棋推演的主观性。因为兵棋推演只是在一堆假设的参数上进行的计算，要想让一个战术成立，只需要把假设的参数改改就行了。

第十二章
从"勇士"到"无畏"：半个世纪的
近代战舰设计所获成就

　　自 19 世纪中叶英国海军开始构思第一艘铁甲舰"勇士"号起，海军部对战舰设计工作的人事安排，就形成了一种有益的二元机制。采用这种机制不是临时起意，而是对历史上设计部人事安排中出现的问题所做的修补：19 世纪 30 年代，时任第一海务大臣格雷厄姆任命毫无专业技术背景的海军军官威廉·西蒙

"无畏"号 1906 年完工时的照片。照片上的签名有总设计师菲利普·瓦茨爵士、主力舰设计小组组长 J. H. 纳博斯、朴次茅斯海军船厂经理 T. 米切尔爵士、朴次茅斯港"无畏"号建造施工专项负责人 E. J. 马吉尼斯，以及查尔斯·帕森斯爵士、H. J. 奥拉姆（Oram）爵士、海军工程兵少将 J. T. 科纳（Corner）这三位机械工程师。此外签名中还有 H. B. 杰克逊和 R. H. S. 培根这两位给费希尔充当过智囊的海军上校。（本照片由史密斯先生提供，他是菲利普·瓦茨爵士的玄孙）

兹担任海军部总设计师，西蒙兹在这个职位上一干就是接近 20 年，期间，他过激的设计理念以及他在具体技术问题上的无知，都让海军部的设计师们对他充满敌意，而行伍出身让他得到大部分海军军官的支持，结果战舰军官和海军部设计师之间形成了一种长期不和睦的紧张局面；到设计"勇士"号时，海军部委派同样行伍出身的鲍德温·沃克接替西蒙兹，但他的职位更名为"审计长"，也不再直接负责具体的技术问题，同时海军部提拔西蒙兹时期的总设计师助理伊萨克·瓦茨出任新的总设计师，总揽一切技术事务。鲍德温在人际关系上的游刃有余，加上伊萨克在船舶设计领域的深厚功力，终于弥合了当年西蒙兹和格雷厄姆在海军设计师和战舰军官之间引发的不和睦。铁甲舰时代的头 10 年里，接替两人的分别是斯潘塞·罗宾森和爱德华·里德，他们的诚挚合作让海军对战舰的性能要求第一次跟战舰的具体设计工作紧密地结合到了一起，尽管在 1870 年前后，因为"船长"号沉没，海军高层发生了一系列震动，导致了里德辞职等人事变动，但这种二元决策模式传承到后来的铁甲舰和前无畏舰时代，期间只有短暂的中断。在这种决策模式中，海军部委员会会通过审计长向总设计师下达新战舰的总体性能指标，然后总设计师带领设计团队努力达到这些要求。不过，在战舰设计的过程中，各方所扮演的角色在时人眼中并不是一成不变的，审计长和总设计师的权责范围一直都是决策层争执的焦点。就像许多年后，另一个时代的一位杰出设计师曾讲到的那样："海军的需求和设计师的设计，这两者之间的关系就如同鸡和蛋之间的关系。"①

第九章在介绍"德雷克"级装甲巡洋舰的时候，曾经讲到总设计师威廉·怀特如何指挥他领导的设计团队，一步步把海军部委员会对战舰性能的要求转化为具体的设计。由于这些性能指标要求都是比较笼统的，因此总设计师在当时往往享有非常高的自主决定权，一艘战舰的总体设计往往是由他个人的意志决定的，他领导下的设计团队再把这个总体设计进一步细化，那个时代以后的总设计师其实仍然具有一定的自主决定权。在具体的设计中，主力舰和巡洋舰的船体重量组成明细必然是不一样的，而每一任总设计师都会在这么具体的技术问题上有他自己的理解，于是每个总设计师在这种问题上给属下做出的规定都不一样。由于存在这种情况，因此下文介绍的船舶设计流程只能算是对本书这 45 年中各个时期具体船舶设计流程的粗略概括，读者不要把下文的介绍当成是具体的历史事实，它只代表了从历史事实中总结出来的一种规律。

战舰设计流程 ②

在这 45 年中，战舰设计流程本身的进步可能是英国海军部战舰设计部门最大、最重要的一个进步。"勇士"号可以说就是伊萨克·瓦茨一个人设计出来的，

① D. K. 布朗撰《罗兰·贝克爵士传》(*Sir Rowland Baker*)，刊载于 1995 年伦敦出版的《战舰》年刊。
② 详见 D. K. 布朗撰《英国战舰设计流程》(*British Warship Design Methods*)，刊载于 1995 年在托莱多出版的《世界战舰》1995 年第 1 期。

设计的主要依据就是他在既往设计中积累下来的经验，而且设计过程中也只涉及非常少的简单计算。"勇士"号建成服役后令时人非常满意，这可以说是瓦茨和拉奇的成就，但是"勇士"号的设计实际上非常因循守旧，因为凭借当时的简易设计流程，根本无法预测大胆采用创新设计会不会造成严重设计失误。其实，在铁甲舰时代以前，设计师基本上不会在设计一艘战舰的时候留下详细的档案，来记录设计方法和设计流程，很有可能每个时期的每个设计师都有他自己的一套办法。进入铁甲舰时代以后，爱德华·里德采用了一系列标准化的流程，开始规范战舰的设计过程，于是，等进入威廉·怀特的前无畏舰时代，战舰的设计流程已经非常有章可循了。[①] 到这一时期，已经能够看出来战舰的设计大体划分为 3 个阶段：

设计阶段	大体上对应英美现代战舰设计的阶段	
	英式	美式
设计研究	概念研究	可行性验证
设计草案	可行性验证	概念研究
正式设计	具体设计	具体设计

下面就依次介绍在威廉·怀特的时代，这三个阶段内各需要完成什么工作以及怎样完成。

所谓"设计研究"，一般很短，有时候只需要一天就完成了，主要工作就是大致提出几个备选方案来，呈报给海军部审计长和海军部委员会以供挑选。而这些新战舰备选方案的根据往往是前一级性能比较类似的战舰，称之为设计母型（Type ship），[②] 有时候也叫作"既往的成功设计"（PSS–Previous Successful Ship）。新战舰的各种参数通常就直接将母型的各种参数按新旧战舰的主尺寸比例缩放估算出来。同时，设计师们还总结出来，借助比例缩放来进行估算的时候，新战舰各个子系统的参数都必须从同一艘母型上缩放得来，例如，若船体从一艘母型缩放而来，而装甲从另一艘母型缩放而来，那么就必须要注意，在这两艘母型战舰上，哪些结构重量算作船体，哪些结构重量算作装甲，这种对装甲和船体的界定在两个母型上很有可能不一样，不搞清楚就会弄出错误。另外，设计者们还发现，一般来说，把一艘体型较小的母型放大成新方案的话，估算出来的船只各个子系统重量能够比较准确地预测具体设计完成后的情况，而如果把一艘体型较大的母型压缩成新的"缩水版"方案的话，则常常会把设计的困难程度估计得不足，在后面的具体设计中往往不得不接受一些性能牺牲。[③]

对新战舰的重量估算是这样进行的，首先按照总体设计指标，将新战舰需要搭载的全部武器列一个清单，然后把所有舰载武器的重量都加起来；接着，只

① 这段记述是根据当年留存下来的战舰存档文件、设计人员上交的一些材料以及皇家海军学院保留的一些笔记材料中的蛛丝马迹推测出来的。

② 现代计算机辅助船舶设计的基本流程，也跟这里介绍的人工设计没有太大的区别，只是计算机辅助设计一般不会以单独的、具体的一艘船来作为设计母型，而是把一系列相似的船舶所代表的一类船舶总结成一条数据曲线，然后以这个数据曲线作为设计的出发点。

③ 时至今日，设计人员也说不清楚把大船缩小的时候为什么会出现这种趋势，不过大量经验告诉设计人员船舶设计往往确实就是这样。

要新战舰的舰载武器总重占战舰全重的比例跟母型战舰是一样的，便能借助母型战舰武器总重与全重之比，估算出新战舰的全重来。为此，总体设计指标当中要列出新战舰所需各类武器的型号和数量，如果是正在研发的武器，还要保证在战舰造好的时候这种新型舰载武器也能按时列装。所以，巴纳比领导"不屈"号的设计工作时，最头疼的一个问题就是海军部一直没确定下来该舰到底要搭载什么型号的主炮。通过这样的简易估算，就得到了新战舰排水量的第一个估计值。接下来的步骤要更复杂一些，就像威廉·怀特写的① 那样：

> 设计的第一步，是要确定战舰的主尺寸、船体水下型线、排水量，但是这些参数不经过具体的设计就没法精确地定下来，刚开始设计的时候只能试着估算。可是，只有在精确地知道了战舰的主尺寸、船型和排水量之后，才能精确地知道发动机必须提供多大的输出功率，战舰才能达到设计航速；同样，也只有在精确地知道了上述基本参数之后，船体结构本身的重量才能比较准确地估算出来，而且像炮塔座圈、底舱隔壁等舰上结构和设备，它们的重量也会受到这些基本参数的限定。设计的时候，我们只能先从大体估算的基本参数出发，然后在具体设计过程中逐渐明确船体、动力机组、舰载武器和设备、燃煤搭载量以及其他搭载物的重量，在最终设计出来的战舰上，这些东西加在一起的总重量必须要和最初估算的排水量没有太大的出入，只有这样才能保证战舰的实际吃水线跟刚开始估算确定的水线位置没有太大出入。可以说，设计的困难之处就在于一开始便要做许多估算，这些需要估算的参数又彼此紧密联系在一起，改变了某一个，其他的都得跟着变，要想不估算得太离谱，以致最终完成的设计出现重大失误，比如战舰吃水过深，就只能全靠经验的积累了。在既往设计经验的基础上，结合现有战舰的实测数据以及水池模型试验的结果，我们已经有比较充分的自信，可以在设计之初做到比较准确地估算了。

可见，设计过程真是一个恶性循环。[1]

在铁甲舰时代的早期，利用所谓的"海军部系数"就能够迅速地粗略估计出新战舰要达到设计航速所需的发动机功率，[2] 可是如果新战舰的船型必须跟既往的战舰都不一样，那么就要更困难一些，需要查阅埃德蒙·弗劳德的等 K 曲线数据汇编册，找出新战舰基本性能要求中规定的船体长度、排水量和航速指标所对应的最合适船型，继而估算出发动机功率。

同样，在估算新战舰重心高度的时候，也会假设新战舰的重心到船底的距

---

① W. H. 怀特著《战舰设计手册》。

离跟新战舰船体型深之间的比例，跟母型战舰是一样的，在此估算的基础上，如果已经确定新战舰将要有非常大的船型改动[3]，那么就再把这个改动造成的重心升高加上去。确定了重心高之后，凭借多年的设计经验，根据当时认为符合基本安全标准的稳心高，就可以确定新战舰的船体最大宽度了。到这个时候，就可以绘制两幅草图了，一幅是船体的侧视图，另一幅是战舰的上甲板平面图，这套设计草图还会配上一则简短的说明，强调一些未来设计中的关键点和难点。这样便提出了一个"备选方案"。

一般会提出好几个备选方案，然后提交给海军部委员会召开设计会议来进行讨论，接着海军部委员会从这些备选方案里挑出来一个最合适的，并针对这个方案提出一些更加具体的设计指标[4]，这样设计团队就可以拿着这个总体设计，进入"设计草案"阶段了。在这个阶段，为了让设计满足各个方面的限定指标，设计师将会开动脑筋、"发散思维"，想出各种办法和窍门来让设计在重量不超标的情况下达到性能指标。只要找到合理的办法让这个设计达标又不超限，那么下一个阶段的具体细化设计就能迅速开展了。一般来说，设计草案的确定最多也只需要几个星期的时间，而且要进行更加细致的计算来验证所选总体设计确实可行，并进行一些必要的修改。

设计草案阶段第一个需要确定的东西就是水下船体形态。可以通过等 K 曲线图谱来找到满足基本参数和航速指标的最佳船型草案，这个曲线是弗劳德水池试验积累出来的成果，当时别国海军都没有机会看到这个资料。一旦船型确定下来，就可以进行船体稳定性的精确计算了[5]。接着就可以通过几种不同的核算方法来具体计算船上各个部件重量的明细；再次核对初始设计时估算的舰载武器重量，并在上面加上各种已知需要添加的舰载设备的重量，若有些舰载设备的具体参数还不确定，也就只好随便猜一个数字了。[①] 各种后勤储备物资的搭载量，则要根据战舰规定的自持力和舰员规模来确定。船体自身结构的重量有一种相当准确的估算方法，那就是选出几个比较典型的船体横截面，计算这几个横截面处船体结构件的重量[6]，然后通过线性插值的办法估算出各个船体分段的船体重量，再相加，不过船体上安装了很多配件，配件的重量就不好这样简单估算了，设计师们认为这些东西只能"自行判断"。这些配件中比较典型的包括各种管道、线路，以及舱口盖、各种平台和甲板下面的支撑材，当然还有其他很多配件，这些配件的重量核算很容易弄错。不过，配件的重量估算起来也有规律可循，比如有的配件的重量可以当作只由船体长度来决定，而其他一些则跟船体的排水量成正比，虽然这种估算太过简略，但也聊胜于无。[②]

接下来，草案设计的船体结构强度将接受计算验证，这种计算就像附录 6 介绍的那样，是把整个船体看成一个可以弯曲的管子，然后计算管壁能否抵抗

① 战舰设计过程中，舰载武器以及其他方面的更改会增加战舰的吃水，可能让舷侧装甲带没入水面以下。怀特提出了所谓的"重量冗余"设计标准，在设计之初就允许战舰在设计过程中经历一些重大更改，而吃水不至于加深太多。

② 到本书作者 1953 年开始参加工作的时候，估算管线重量时还是用的类似的办法，尽管到这个时候，参考的数据资料要丰富了许多。

一定强度的挠矩，这个挠矩和结构强度全都按照设计母型的标准来，当然，如果新战舰的船型跟母型特别类似的话，那么草案设计阶段也可以不核算结构强度，默认是达标的。^① 接着，开始细化舰面的武器布局等关键设计，到了威廉·怀特的前无畏舰时代，由于主炮和次级主炮口径很大，各个炮位和炮塔上开炮时的炮口暴风就在这个阶段考虑进去，从而确定各个炮位的最佳布局方案。当然，这个时候往往不会对海军部委员会选定的总体设计中的主炮布局做太大的改动了，毕竟草案设计阶段是对当初确定下来的这个总体设计进行验证和精炼。

然后就进入了"具体设计"阶段。基本性能指标已经确定了下来，在这个框架内，通过严格的数学计算来进一步验证草案阶段粗略计算的船体结构强度、船舶稳定性以及发动机功率等等性能参数。前面章节和附录已经对这些计算的方法有所涉及，所以下文只点评一下这些计算对于保障设计成功的价值所在。在进行具体计算的同时，全船各部分的设备和武器都要确定下来，绘出各层甲板的布局图、船体纵剖面图和帆装图。除了这些图纸，一般还会附上从船头到船尾几个典型横剖面的船体结构图⁷，并配上该设计的性能参数以及各种数学计算的结果，这就算一套完整的设计了。在设计过程中，设计团队需要不断跟海军部其他相关部门进行交流，不过在设计最终完成的时候，还需要设计小组的组长查验并签字。如果各方都对这个设计没有异议了，总设计师便在这个设计上签名，从此代表他个人对这个设计负全部责任。最后，经过海军部委员会批准，这个设计便可以送去船厂招标，然后开工建造了。

整个设计流程最终成功的关键，就是刚开始估算的船体重量配额要准确。在设计的早期阶段，很多配件的重量都是直接从设计母型上按照比例估算出来，如果新旧设计非常类似，这种估算自然就会很准确。进入具体设计阶段后，很多重量计算都是把已经确定了型号和尺寸的各种配件的重量直接加在一起得出来的，譬如，一般甲板条的规格都是按照每英尺的重量来确定的，⁸然后只要测算一下一层甲板上各道甲板条的总长度，就能通过这个枯燥漫长的计算过程比较准确地知道一层甲板的甲板条总重量了。⁹甲板条的数量、长度和重量在具体设计阶段核算船体重心高度和重心到船头船尾的距离时，也是必要的信息，只有知道了船体重心的位置，才能测算出战舰的浮态和稳定性，同时，甲板上重量的分布情况也是计算船体结构强度时必须知道的信息。从铁甲舰诞生一直到 19 世纪 70 年代末，设计师们对重量的核算似乎都是比较准确的，可是进入80 年代，似乎估算出了一些问题，造成"海军上将"级等战舰普遍超重，吃水过深。这种超重主要是因为战舰在施工过程中又修改原设计，增加了额外的重量，等到 1885 年威廉·怀特担任海军部总设计师之后，他给战舰的设计增加了一项所谓的"海军部委员会冗余重量配额"，这样就可以在建造中临时修改

① 从总体设计比较类似的战舰上按照比例缩放，得到新战舰的船体结构自身重量，这样做的好处是可以保证新战舰的船体结构具有与之前的设计同等的结构强度。

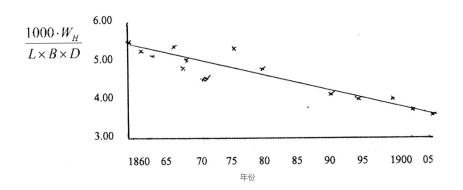

本图展示了从 1860 年到 1905 年间，战舰船体自重跟长宽深三者乘积之比是如何不断降低的。就像在前文中介绍的那样，具体到各级战舰上，哪些算船体结构，哪些算舰载设备，哪些算装甲防护，有时候判断标准是不一样的，而且船体的型深在带有艏楼和没有艏楼的战舰上也很不一样，这就是说具体的数据点可能是不准确的，但形成的总体趋势却明确反映出船体的减重。船体之所以能够减重，是因为从里德开始，设计师对船体载荷情况有了越来越深入的了解，而且他们对承重结构的设计也越来越科学。

和微调一些设计，同时避免了超重。

里德在减轻船体本身的重量方面很成功，他的继任者们也延续了这个优良的传统（如第九章所述）。上图代表了从"勇士"号到"无畏"号，各级主力舰船体结构的逐渐轻量化。需要注意的是，船体结构减重，削减的只是一些相对廉价的造船熟铁和钢板的重量，增加的则是价格昂贵得多的舰载武器和装甲板，结果战舰平均每吨的造价不降反升。

船舶稳定性

进入铁甲舰时代以后，设计师对船舶稳定性的理解有了相当大的进步。最开始是巴恩斯提出来的简易稳定性作图，也就是稳心高作图，这种曲线图可以让战舰军官对他们的战舰在不同吃水深度的稳心高有一个认识。"船长"号翻沉之后，再设计新战舰的时候，都要附带一个明确的说明，告诉战舰军官新战舰的吃水深度只能在一个确定的范围内变动，超出这个范围之后，战舰的稳定性就可能出现问题，同样，为了保证重心高度不会发生极端的变化，先用哪个煤舱里的燃煤，再用哪个煤舱里的燃煤，也必须让战舰军官了解清楚。这份说明必须由海军部总设计师签字，没有这份说明的战舰不得服役和出海航行。[1] 在"船长"号以后，再没有一艘英国战舰在船底完好的状态下翻沉。这可不是随随便便地自吹自擂，要知道，在 1935—1945 年间，美国有 4 艘驱逐舰遭遇恶劣天气而翻沉，意大利海军有 2 艘因为类似原因翻沉，俄国和日本海军也各有 1 艘这样不幸的驱逐舰。如附录 5 所述，不应该在设计战舰的时候把稳心高设计得太高，因为这样可能会导致剧烈的摇晃。稳心高必须刚刚好，不能太低，也不能太高。"船长"号失事的教训告诉了人们稳心高必须达到的最低安全标准，后来海军部又成立了委员会，对"不屈"号在船体破损状态下的稳定性展开了详细而冗长的调查，调查的结果进一步完善了战舰设计的基本安全标准。当一艘战舰的船型确定下来以后，就可以借助图纸上的数值计算来比较精确地估算出重心的位置，

[1] 时至今日，海军仍然坚持让总设计师签署这样一份声明。最近一次查阅所有在役战舰的设计声明，还是在福克兰群岛之战结束后由作者我领导进行的，我们现在对这份声明的主要改进是增加了一个有效期限。

从而绘制出复原力臂曲线了。到 1893 年的时候，阿姆斯勒（Amsler）的机械式积分计算尺 [10] 终于推广开来，这大大降低了设计师进行图纸积分计算的工作量。

怀特对前无畏舰时代的战舰的稳定性常感到有些担忧，因为随着技术进步，底舱里的动力机械越来越轻，而舰面上添加了铁甲舰时代不曾有的各种新式枪炮，如速射炮和机枪，这些都会导致战舰的重心升高，战舰一旦战损，安全性就会受到非常大的影响。战舰服役以后，一般来说还会因为添加了新的舰载设备使总排水量增加，吃水加深了，稳心高度就比原来矮了，而且新的设备往往安装在船体较高处 [11]，重心又会因此升高，其结果就是稳心到重心的距离——稳心高变小了。战舰建成服役后，每次添加舰载设备，都要通过横倾试验来测量稳心高的变化，如果有必要，就得在底舱添加压舱配重或者去掉一些舰载设备。

船型、发动机功率和螺旋桨推进器

弗劳德父子进行的船模水池试验研究，很快就在船体形态和航行阻力的相互依存关系上，积累了大量的数据，这样英国的战舰设计师在船舶设计的早期就能够选取一个比较优秀的设计母型，根据这个母型的水池试验数据，就可以比较准确地估算出战舰在全速航行和日常巡航速度下所需的发动机功率。然后，给这个初选船型制作一个模型，进行水池测试，这个模型通常用蜡制成，方便根据测试结果对模型直接进行修正，从而让船型进一步优化。一般来说，这种水池试验能够使新战舰的船型在母型的基础上，让推进功率和燃煤消耗降低3%—5%，况且母型已经是经过水池试验挑选出来的优良形态了，所以可以说这种优化是优中选优。

皇家海军在使用模型来测试船型阻力这方面可以说是独步天下的，这就给了英国战舰一个不大但是非常关键的优势。配图展示了实际设计出来的战舰的航行阻力跟水池中试验发现的最优低阻力高速船体之间的差别，[①] 可见随着时代的发展，实际建成的战舰的航行阻力在不断地降低，最后很接近试验中的理想船型。很快，船用螺旋桨的设计也通过水池试验得到了大幅度的优化，终于在 19 世纪末，差不多舍弃了 19 世纪 40 年代以来需要不停制造不同样式的螺旋桨在实船上一个一个测试和验证的老方法，这种通过试错来找到最能跟船型和动力机械机型搭配的螺旋桨的老方法，可以说是太费事、太昂贵了，当然了，在本书最后部分，也就是 19 世纪末、20 世纪初，关于驱逐舰这样的高速船的设计经验不足，所以，怎么才能够给驱逐舰设计出合用的高转速螺旋桨直到1905 年还没有解决。帕森斯已经发现高速螺旋桨的问题在于空泡现象，也就是说，当螺旋桨高速旋转的时候，水来不及填入螺旋桨转过的空间中，造成螺旋桨背面压力骤降，也就形成了一个低压区，水在里面由于压力降低而蒸发形成

① D.K. 布朗撰《R.E. 弗劳德和战舰船型的设计》（R. E. Froude and the Shape of Warships），刊载于 1987 年在伦敦出版的《海军科学杂志》第13 卷第 3 期。埃德蒙·弗劳德在水池中测试的系列船型，是以海军的鱼雷艇母舰"伏尔甘"号为母型的。

气泡。帕森斯和埃德蒙·弗劳德很快都认识到可以通过增加螺旋桨桨叶总面积来抑制空泡的形成，这就是为什么在第十一章介绍的驱逐舰上要在一个螺旋桨轴上安装多具螺旋桨——"蝰蛇"号的4根螺旋桨轴共安装了12具螺旋桨。后来在蒸汽轮机上安装了减速齿轮，螺旋桨就可以低速转动了，而且螺旋桨直径也更大了，于是空泡问题也在很大程度上得到了解决。

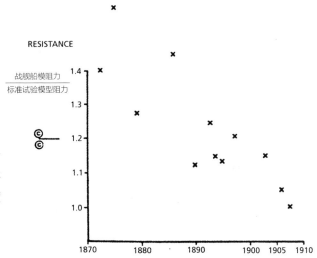

这张曲线图代表了1870—1905年间，各级主力舰的弗劳德无量纲化航行阻力"圈c"跟弗劳德水池试验中使用的标准模型的这种阻力之间的比值，可以看到随着时间的推移，这个比值越来越接近1，也就是说后来设计的战舰的航行阻力越来越接近弗劳德水池试验中最理想的高速船型的航行阻力。[12]

船体结构强度

里德早在19世纪60年代提出来的船体结构强度估算基本流程，后来证明非常符合实际需要，于是这套办法几乎原封不动地保留到了现代。在这本书涉及的时间段里，唯一一个灾难性的船体结构强度设计失误，是第十一章介绍的"眼镜蛇"号①，而这艘船还是从民间造船厂订购的，它本身建造的时候没有达到海军部的质量标准。"眼镜蛇"号断成两截后，海军部照例成立了调查委员，仔细调查了该舰失事的原因后，基本肯定了里德当时提出的船体结构设计方法，只在细节上提出了一些改进。所以英国海军可以自豪地宣称，在铁甲舰和前无畏舰时代，他们设计建造出来的战舰从没有出现过船体结构不足的设计失误；进入20世纪以后，日本海军发生了好几起船体结构强度不足导致战舰解体的恶性事件[13]，而法国大型鱼雷艇"骚动"号（Branlebas）1940年在达特茅斯断成两截，另外还有几艘德国战舰船尾断裂脱落。

船用动力机械的发展

虽然英国的战舰都是海军部的设计师设计的，其中绝大部分也都是在皇家海军船厂里建造的，但是这些军舰上安装的动力机械通常是由私人厂商设计和制造出来的，只是这些发动机的性能参数都要达到海军部设定的标准。今天已经不知道英国海军为什么不发展自己的发动机，而要完全依赖民间企业供货。其实，海军内部那些机械师，不管是军职还是文职，他们的专业素养都很高。很多在民间供职的工程师甚至还是从海军部成长起来的。各个海军船厂也都具备自建蒸汽机的能力，②偶尔也确实自己建造一下。海军部的总机械师通常都

① 时至今日，人们对"眼镜蛇"号失事的原因仍然没有一个定论。虽然该舰的结构强度没有达到海军部的标准，但是这种差别也不大，而且有一些结构强度同样不达标的战舰遇到更糟糕的海况仍幸存下来了。所以本书作者倾向于认同 K. C. 巴纳比的观点：该舰是先撞上了水下障碍物，才引发了船体结构变形损毁的。

② 当时海军船厂总共自行生产了20套完整的动力机组，其中德文波特厂造了9套，希尔内斯厂5套，朴次茅斯厂3套，查塔姆厂2套，马耳他厂1套。

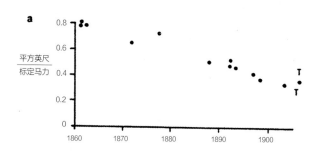

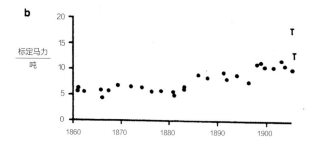

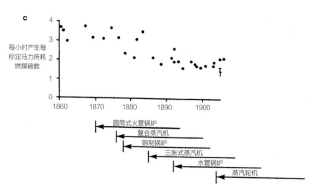

这些曲线反映了随着时代的发展，(a)动力机组占地面积跟标定马力之间的比值、(b)标定马力跟动力机组毛重之间的比值、(c)每小时产生每标定马力所耗燃煤磅数，各发生了怎样的变化。最下方列出了各种船用动力机械的新技术大体上被英国皇家海军采用的时间，可以看出来，战舰航行性能的提高不是渐进式的，而是随着新技术的采用，战舰的设计突然发生变化，结果战舰的航行性能突然就有了提升。T代表从那之后的战舰都是采用蒸汽轮机作为主机了。

会积极地推动海军采用新式动力机械装置，不过他不一定每次都第一个站出来支持让战舰换装这些新机器。

　　配图反映了各级战舰上随着动力机械从单次膨胀的简易蒸汽机变成复合蒸汽机、三胀式复合蒸汽机以及最终的蒸汽轮机，蒸汽机的重量、煤耗量以及最关键的占地面积是如何越来越小的。与此同时，锅炉和辅助机械的技术进步也使得整个动力机组的效率进一步提高。不过，动力机组整体的轻量化也给战舰设计师出了一道难题，因为这会造成战舰的重心升高。这个问题可以通过稍稍增加船体宽度而得到一定程度的解决，虽然增大船宽会增加船体航行阻力，进而需要提高发动机的输出功率，不过埃德蒙·弗劳德的水池试验可以保证这样的功率增加最小化。[①] 发动机组性能的提高，往往都离不开材料的改进，比如钢材替代熟铁，以及无缝钢管的出现，都让发动机的性能产生了很大的进步。到19世纪末的时候，发动机的可动部件已经能以非常高的速度旋转了，这要得益于发展出了可靠的润滑剂和强制润滑系统。这本书涉及的这段时期中，英国海军部先后有劳埃德、赖特、森尼特和德斯顿四位杰出的船用工程技术专家担任总机械师，这对海军可以说是一件非常幸运的事情。

火炮和炮术的发展

　　从1860年的"勇士"号到1905年的"无畏"号，恐怕最最鲜明的差别就是火炮的威力和火力控制的水平有了巨大的提升。下文的配图 [14] 反映了主炮炮弹的穿甲能力是如何逐年提升的。这种穿甲能力的进步又得益于棕色棱柱火药、线状无烟火药等新式发射药的开发，这些发射药的保存、装填和使用方法也越

① 后来，战舰设计中通过水池测试来进行船体修型的主要目的，逐渐从追求水动力学上最优形态的低阻力船体，演变成如何把水动力学之外的一些限制条件造成的船体阻力降到最低。

来越科学。此外，主炮逐渐从铸铁发展成熟铁炮，后来又发展成钢制炮管，这种材料性能的提升也最终赋予了炮弹更大的穿甲动能。皇家海军在铁甲舰时代长期坚持使用前装炮，今天看起来恐怕确实有点跟不上武器发展的节奏，不过还好，这种脱节没有造成什么严重后果——技术历史发展的实际情况是，在19世纪80年代发展出慢燃棱柱火药之前，后装炮长长的炮管无法发挥出自身优势来，而且在阿姆斯特朗公司的工程师伦道尔开发出高效的液压操作装置之前，后装炮长长的炮管也很难做到快速装填和射击。英国海军在炮管上使用钢材的步伐也有点落后。

在19世纪80年代，由于新的后装主炮迟迟不能研制成功，推迟交付，因此很多80年代初开始建造的战舰直到80年代中后期才实际服役，需要对这种推迟负主要责任的部门是战争部下属的武器局，显然武器局比较倾向于保守，以致新主炮研制的进度过于缓慢了。不过从另一个角度看，新主炮研制过于缓慢，也是由于这些主炮挑战了当时制造工艺的极限水平，所以没法随随便便就研制成功，总要经历一番周折。

19世纪90年代开始列装的速射副炮让火炮的射速达到了前所未有的水平，这同时就意味着弹药消耗比从前快得多，所以每门速射副炮配套的弹药量也就大大增加。这些副炮炮位彼此的距离都很远[15]，而且炮位的装甲也都比较薄弱，为了给这些布局分散、防御水平不高的副炮供应弹药，输送弹药的过程中也就不得不途经船体内一些缺少装甲防御的位置，这种做法是非常危险的，可是本书涉及的这段历史时期里，尤其是20世纪头几年的时候，英国海军还没能够深刻地意识到这个巨大的安全隐患，直到1914年福克兰群岛之战中"肯特"号装甲巡洋舰的副炮待发弹差点殉爆，1916年日德兰海战中"马来亚"号超无畏舰遭受德军炮火重创，这种危险才真正得到重视。到1905年的时候，"无畏"号上已经出现了简易的火力控制系统，这样，在珀西·斯考特以及英国海军上下无数支持者的共同努力之下，终于把英国海军传统上引以为傲的高射速有效转化成远距离炮战的高命中率，也就是通过高效的火力控制能力，让主炮在远距离互射中快速找准目标，在短时间内让相当多的炮弹击中对手。[16]

本书涉及的这45年的后半段，最影响英国战舰发挥战斗力的就要数炮弹本身的质量问题了。英国直到19世纪80年代才从法国买来第一批真正意义上的穿甲弹，也就是奥策尔钢制穿甲弹，可是法国历来是英国的主要假想敌。不过直到1905年，都还没有设计出可靠的穿甲弹引信来，不能保证炮弹先击穿厚厚的装甲板，再在它后面爆炸，可以说，就算已经有了日俄战争的实战经验，当时的英国海军也没有充分认识到穿甲弹的可靠性是影响战舰发挥战斗力的关键。

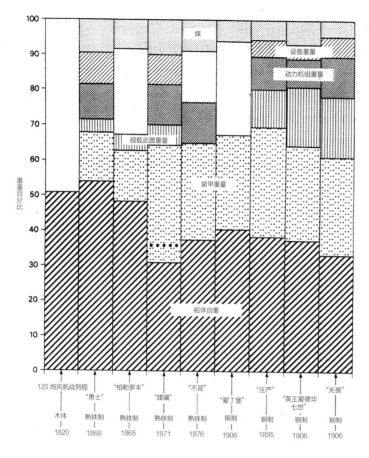

各种不同部件在船体全重中所占比例。注意：没有打阴影的部分代表这部分重量归属划分不明，至少有两个甚至更多分组，都可以包含这部分重量。譬如，第四列的"蹂躏"号的船体重量肯定是测算得太低了，虚线代表推测的船体重量，可能更接近实际情况。[17]

钢制船体

从 19 世纪 60 年代到 19 世纪 70 年代，英国建造战舰船体使用的钢材的比重稳步上升，可是当时英国工业批量产钢依赖的是不怎么可靠的贝塞麦转炉炼钢法，结果船体上最关键的承力结构部分都不敢采用钢材建造。巴纳比和怀特这两位总工程师都曾经强烈呼吁过英国要从熟铁转向钢制船体，后来法国几乎用全钢打造出的"可怖"号更是让英国人如梦方醒。不过，一旦英国的兰多尔制钢企业用法国的西门子 – 马丁平炉炼钢法批量生产出性能稳定的产品，钢制船体就很T快在英国造船业中普及，而钢材在动力机械制造中的运用也给船用推进技术带来了同步的进步。比起欧美其他国家的海军，英国一直对自己发明的钢面复合装甲情有独钟，迟迟不肯更新换代为钢制装甲，表面上看英国人的理由是火力测试证明钢面复合装甲的性能比外军的全钢装甲更高。

法国人能在钢制船体领域领先，都是因为他们在炼钢技术上取得了重大进展，这跟英国海军部守旧落后一点也扯不上关系。不过钢材革命可以说是进入工业时代以来，英国首次落后于世界上别的国家。后来，英国火炮和炮弹技术的发展表明，英国的武器制造商还是需要许多年的消化才能把钢材这种新材料的优势充分利用起来。

装甲

19 世纪 60 年代铁甲舰刚发展出来的时候，唯一可以用来制作装甲的材料就是熟铁，后来随着火炮威力越来越大，铁甲舰上只好安装越来越厚的熟铁装甲来抵御炮弹的侵彻。厚厚的熟铁装甲必然非常沉重，这样就意味着，装甲厚度越大，能够得到装甲防御的部位就会变得越来越小，到了 19 世纪 70 年代中叶的"不屈"号上，装甲的厚度登峰造极，装甲防御布局也成了所谓的"中腰铁甲堡"式，铁甲堡的长度刚好能够让船头船尾完全进水的战舰勉强在水里浮起来。该舰舷侧装甲带的熟铁厚达 24 英寸，如果算上熟铁装甲板之间的木制背衬，重量达到平方英尺 1100 磅，可是这样的装甲带只存在于舯部，而且很窄，中腰铁甲堡以外的其他部位的装甲防护都要薄弱许多。

"不屈"号的船头船尾采用了另一种防御体系，也就是在水下有一层具有一定厚度的装甲防御甲板，而这层甲板以上的空间里，密集分舱并填满煤以及其他储备物资，这样一旦船头船尾被弹，也可以尽量控制进水，让战舰的浮力和稳定性不至于损失太多。这种防御方式最开始可能是里德提出来的，从"不屈"号往后的英国战舰都在这个基本防御模式上继续发展、提升，而且很多巡洋舰没有舷侧装甲带，这种水下防御甲板就是唯一防御。后人每每喜欢批判这种水下防御甲板的性能不尽如人意，可是由于在铁甲舰和前无畏舰时代，缺少实战的例子来验证这种防御体系的效能，所以作者我在这里也没法客观地回应这些批评的声音。19 世纪，很多人觉得任何没有舷侧装甲带的战舰都是没有战场生存能力的，不过我们现代的战舰全都没有装甲，而所要面对的武器的威力则远远大于 19 世纪的大炮威力，所以站在现代的视角来看的话，也许可以对当时这种舍弃舷侧装甲带的水下甲板防御体系做出更加公正的评价，这种战舰的战场生存性可能没有时人猜想的那么糟糕。[18]

英国的主力舰从"不屈"号一直到"君权"级，船头船尾都缺少舷侧装甲带，完全依靠这种水下装甲防御体系提供防护，这也是当时批评家时常批评的一点，不过从今天来看，这种批评质疑很好驳斥。主力舰的船头船尾跟舯部比起来瘦削得多，而且埃德蒙·弗劳德的水池试验改良了船体型线之后，更突显出这种艏艉瘦削的形态，这样的战舰如果艏艉进水，那么损失的浮力就会很小。而船头船尾对于整艘船的船体稳定性贡献也很小，再加上船头船尾都做了密集分舱，里面填满了燃煤，进水造成船体倾覆的危险就几乎不存在了。黄海海战中当时中国的"定远"和"镇远"两艘铁甲舰虽然遭受猛烈炮击，但仍然浮在水上，可以说验证了这种防御思路的正确。在铁甲舰时代技术条件的限制下，如果非要给船头船尾也安装舷侧装甲带，那么装甲带不是要打薄，就是要变窄。当然了，船头船尾带一点较薄的舷侧装甲带也是很有好处的，这样如果炮弹爆炸后产生的破片划伤了船头，那里就不会大量进水，从而降低战舰的航速了，于是威廉·怀特设计的前无畏舰从"老人星"级开始，全都安装了艏艉舷侧装甲带。

上面介绍的主力舰的首尾防御体系也完全适用于当时的巡洋舰，这些巡洋舰大部分都没有舷侧装甲带，于是水下防御甲板和密集分舱成了唯一的防护。因为如果要给这些巡洋舰安装舷侧装甲带的话，那么这道装甲带就只能覆盖舯实线和实心圆点代表某年份的铁甲舰安装的装甲的实际厚度，并标出了对应的装甲材料。一般文献材料中对于后来的钢面复合装甲和钢装甲，列出的往往不是其实际厚度，而是与之抗弹性能相同的等效均质熟铁装甲的厚度，在上图中以虚线和空心点来表示。

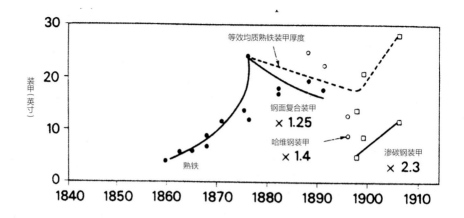

部非常短小的一片区域，防御价值不大，而同样重量的装甲防御甲板可以覆盖更长的船体，所以在巡洋舰上便选择了装甲防御甲板。美西战争中，西班牙的巡洋舰在哈瓦那港内因为甲板起火而丧失战斗力，但是这些战舰的发动机组都没有受到破坏，这说明防御甲板的价值还是值得肯定的。给炮组成员提供装甲防护也非常有必要，尽管很多外军战舰上这一点做得也很不够。威廉·怀特给主力舰和巡洋舰副炮都设计了装甲炮廓，这种防御方式的效果在"抵抗"号打靶实验中得到过验证，虽然炮廓装甲大大增加了一套副炮武器系统的全重，但是它的生存性能不错，只要这种副炮炮廓距离海面足够高，也不会阻碍火炮发挥火力，不过就像前面章节曾经提到过的，这些副炮的炮位都很分散，为此需要向各个炮位输送弹药，输送弹药的通道缺少防护，是一个极大的安全隐患。

渗碳钢装甲

19 世纪 90 年代，美国哈维最先研制出了高性能渗碳钢装甲，不过很快德国克虏伯就研制出了性能更加强大的渗碳钢装甲，这些新式装甲的性能和既往任何装甲相比都有巨大的提升，这让战舰和炮弹的设计都发生了极大的变化。人们通常用所谓的"等效均质熟铁装甲"厚度来代表各种新式装甲的防弹能力，但这种比较忽略了一些事实，那就是很多铁甲舰时代的过时弹种，比如 19 世纪末仍然在英国皇家海军中列装的帕里瑟弹，完全无法击穿渗碳钢装甲。

英国皇家海军当时已经从各种火力和防弹测试中，发现了大口径高爆弹爆炸后恐怖的毁伤效果，所以英国设计师在 19 世纪末的前无畏舰上使用这些重量更轻的新式装甲来覆盖更大面积的船体。6 英寸厚的克虏伯钢装甲就足以让任何口径的火炮发射的高爆弹都无法击穿了，甚至可以在实战中抵抗最大口径 9.2 英寸的穿甲弹的侵彻。正是由于这种 6 英寸克虏伯装甲的防弹性能非常好，而厚度又不大，重量相对很轻，于是 19 世纪末又出现了所谓的"装甲巡洋舰"这一舰种，后来这种战舰发展成了战列巡洋舰。哈维装甲钢是美国的技术工艺，克虏伯装甲钢则是德国的。可见，等到工业革命从英国拓展到世界其他强国之后，就不应该也不可能继续指望英国总能在所有工业领域都一直保持领先地位了，不过整个 19 世纪后期，英国的制铁和制钢工业发展水平确实不怎么令人满意。

水下防御

尽管英国皇家海军开展过一系列的水下防御测试，使用水雷和鱼雷攻击了好几艘底舱带有一定防护措施的靶舰，但实际上直到给"无畏"号设计水下防御而进行了"里兹代尔"号实验，水下防御结构的设计才算真正获得了一定的成功。随着水下武器携带的战斗部越来越大，战舰触雷的时候将不可避免地遇到底舱大量进水的问题，但当时各国战舰设计师都在应对这个问题上欠缺了两个关键的考虑。这也不能全怪他们，当时计算能力有限，基本上不可能计算多个主舱室同时进水导致的严重不对称舷进水的后果，这种计算必须等到现代计算机出现后才能实际进行，不过，里德早在回答 1870 年战舰设计委员会问讯的时候，就曾经清楚地表述过这个问题。里德指出，战舰底舱里大型舱室的纵中线隔壁非常危险，容易在底舱进水后导致大角度横倾，后来在第一次世界大战中，不少前无畏舰都因为这种底舱纵中线隔壁而倾覆沉没（见第十章介绍），证明了里德观点的正确性。[①] 此外，当时的战舰设计师还忘了考虑一种可能性，[②] 那就是底舱某个横隔壁恰好中雷，导致相邻两个主舱室同时进水——如果这时候两个底舱还都安装了纵中线隔壁，那么倾覆沉没的命运就几乎无法避免了。由于当时的设计师还无法准确计算出战舰在严重受损的情况下浮态会发生怎样的改变，结果没能意识到船头船尾进水使得那里的露天甲板也浸入水下会给船体稳定性带来多么大的破坏——这也是我们今天认为铁甲舰时代早期推崇的低干舷战舰存在严重缺陷的一个原因。

"维多利亚"号的沉没告诉英国皇家海军，涌进底舱的海水可以通过底舱的舱门和通风管道四处漫延，于是英国人下了大力气来减少底舱主要横隔壁上各类开口的数量，到了设计"纳尔逊勋爵"级时，动力舱的横隔壁上就没有任何开口了。尽管这已经算是一项重要的进步了，但第一次世界大战中"大胆"号的沉没[19] 说明这个提升改进还不够。

高海况适航性

本书中介绍的绝大多数战舰的干舷，以现代船舶设计的标准来看，都显得太低太低了。这些低干舷的战舰如果在恶劣海况中遭遇迎头浪的话，航速就会快速降低，而且上浪非常严重。铁甲舰时代早期，不论美式埃里克森旋转炮塔，

[①] 实际上，就算是在 19 世纪，也完全能够用船模来模拟多个大舱进水对船体稳定性造成的影响。当然了，这种测试非常不好做，也贵得令人咋舌，但即便只进行一次这种测试，也完全足够暴露出问题的严重性来，并给当时的战舰设计人员一个大体的指导思路，帮助他们找到粗略的解决办法。

[②] 这种失误很有可能是因为他们当时对概率论缺少正确的理解和认知，毕竟这门学科时至今日也常常教得很糟糕。

还是英式科尔旋转炮塔，都非常沉重，所以不得不把炮塔布置在船体上相对低矮的部位，同时低干舷设计也就意味着船体侧影低矮，不需要大面积的装甲加以保护。英国皇家海军直到 19 世纪 90 年代的"君权"级以及后继的一系列前无畏舰上，干舷才勉强算是够高了。[①] 可是这些前无畏舰和巡洋舰的船体侧面却有很多凸起，比如一些炮门、防鱼雷网以及收纳船锚的舷外突出部等等，迎头大浪撞上这些突出结构，都会碎成大片大片的飞沫。当时的法国战舰往往拥有比英国战舰更高的干舷，但是这些法舰的船身上也是遍布各种开口和突出物等等让船身侧面不光顺的东西，而且这些法舰的舷墙内倾往往特别夸张，导致法舰在大角度倾斜时自我扶正的能力很差。

19 世纪末的早期驱逐舰在适航性方面尤其差劲。为了追求外形低矮、减小可见目标以及尽可能地减轻船身重量，设计中赋予它们的干舷高度只有二战时期一艘典型驱逐舰的二分之一，结果这些驱逐舰就算碰上普通的风浪，航速都会严重降低。[②] 就算到了今天，一艘船舶的干舷高度主要也是设计师凭借经验来决定的，基本上不是单纯靠理论计算就能确定下来的，而在几乎完全凭借经验来设计战舰的维多利亚时代，设计师们理应掌握着大量的第一手设计经验。当时人几乎是在自讨苦楚地认为，海上生活就应该艰苦 [20]。

威廉·弗劳德是第一个对船舶在海浪中摇晃进行分析的人，他指出，使用舭龙骨就可以有效减小横摇的幅度，同时还找到了确定舭龙骨尺寸的经验方法。尽管如此，当时设计的战舰上舭龙骨的尺寸都太小了，而且威廉·怀特后来还在"君权"级的原始设计中直接省略掉舭龙骨，[21] 造成该型战舰横摇严重，破坏了火炮的操作性能，本来怀特应该对横摇和舭龙骨的问题理解得非常深入的。

造价

随着技术的发展进步，廉价的船体结构越造越轻巧，但是单次膨胀的简单蒸汽机也逐渐被更加复杂的机型代替，结果船体每吨造价越来越高。战舰的个头也越造越大，而且《海防法案》通过以后，每型战舰都建造许多艘姊妹舰，结果维持一支海军的开支也就迅速攀升了。费希尔在他的《未来海军必需装备》中提到，海军为了尽量压缩开支，保证新式装备处在可靠的整备状态，就需要大量裁汰老旧过时的战舰，这一步让海军经费花得更有成效。

议会一直以来都想搞清楚，海军船厂建造的战舰到底是比民间船厂更昂贵还是更便宜，不过这个问题从来都很难得到一个明确的答案。铁甲舰时代早期，海军船厂和民间船厂在成本核算方面通行的管理办法差别太大了，没法直接比较，就算是 1885 年后威廉·怀特对海军机构和制度进行了改革，这个问题还是回答不清楚。埃尔加仔细研究了《海防法案》批准建造的那批战舰的成

① D. K. 布朗撰写的会议论文《海上航行时可以长时间维持的巡航速度》，提交给第 100 届"国际船舶工程大会"，1984 年举办于纽卡斯尔。
② 见鱼雷艇驱逐舰委员会报告。

本，附录 9 对他的研究结果略做概述。从"君权"级开始，英国海军船厂就是当时世界上造船速度最快、效率最高的船厂了，而往往建造速度越快，造船成本也就越低。

1860—1905 年间，主力舰的身形几乎增大了一倍，而造价则翻到最开始的四倍，也就是说每吨造价翻了一番。各个时期的战舰造价很难进行可靠的比较；就像本书《导言》中介绍的那样，海军船厂和民间船厂对造船中产生的一些间接经费及成本的核算办法也是不一样，并且海军船厂在间接经费管理方面的计算办法至少在本书涉及的时间段内调整过不止一次。当时有些战舰的报价不包括舰载武器的采购成本。下表全是从威廉·怀特的材料中引用来的，[1]尽管他的一些数据也令人怀疑其可靠性，但至少能给我们一个从 1860—1905 年大体连贯的概念。

表 12.1 1860—1902 年间战舰造价的上涨

	造价（千英镑）	开工年份	排水量（吨）	每吨平均造价
主力舰				
"勇士"	380	1859	9137	4.2
"米诺陶"	500	1861	10600	4.7
"柏勒罗丰"	356	1863	7557	4.7
"海格力斯"	380	1866	8677	4.4
"君主"	370	1866	8322	4.5
"蹂躏"	360	1869	9330	3.9
"不屈"	812	1874	11880	6.8
"安森"	662	1883	10600	6.2
"君权"	760	1889	14150	5.4
"怨仇"	1100	1898	14500	7.6
"英王爱德华七世"	1337	1902	15585	8.6
巡洋舰				
"无常"	230	1866	5780	4.0
"鸢尾"	225	1875	3730	6.0
"酒神"	190	1876	2380	8.0
"克雷西"	750	1898	12000	6.3
"德雷克"	1000	1899	14150	7.1

上表中单个的数据可能并不那么可靠，不过所有数据放在一起展示出来的趋势是清晰无误的。大约从 19 世纪 70 年代中期的"不屈"号开始，成本突然上涨，原因可能在于从这以后各种蒸汽驱动的辅助操纵机械开始迅速增多。19 世纪末的造价攀升可能主要是由于速射炮和渗碳钢装甲的造价很高。

[1] W. H. 怀特《会长就职演说》，刊载于 1903 年的《土木工程学会会刊》。

1906 年皇家海军在全球的部署

到 1906 年的时候，费希尔主张向本土海域集中部署；可以把下表中战舰部署情况跟本书《导言》中的相互对照。

部署区域	主力舰	巡洋舰			其他作战舰艇
		装甲巡洋舰	一等巡洋舰	二等巡洋舰	
地中海	8	4		3	17
英吉利海峡	16	6		2	42
大西洋	8	6		1	3
北大西洋		3		3	
东亚		3	1	2	23
东印度				2	5
澳大利亚			1	3	6
好望角			1	2	1
太平洋					1
特别任务舰队					67
合计	32	22	3	18	165
作为辅助船	1		3	2	2
预备役	14	6	14	15	133
总和	47	28	20	35	300

战舰一年中在海上服役的时间也大大延长了，在地中海，每艘战舰每年平均出海 121—133 天，就连预备役战舰每个季度也要出海 10—14 天。

创新还是守旧？

19 世纪的英国皇家海军，甚至于说 19 世纪的英国海军部，今天都常常被批判是守旧落后的，然而，在本书介绍的各种技术的发展过程中，海军部往往都位列领军位置，当然在有的领域中，海军部并没有站在时代的最前列，不过这种情况下也往往有充分的理由不去当那第一个吃螃蟹的人，而且英国海军跟外军相比而言，落后的也不是很多。后人对当时战舰设计的批判主要集中在两个点上，一个是战舰长期保留着风帆设备，另一个就是死守前装炮不放，前面章节对这两点已经有过详细的评述了，不过对这种争议点还是需要再添几笔。

铁甲舰时代的早期，战舰使用的都是单次膨胀蒸汽机，耗煤量太大了，根本不可能单纯依赖蒸汽动力遂行长距离任务。"蹂躏"是第一艘舍弃了挂帆桅杆的主力舰，虽然它的载煤量足以单纯依赖燃煤就跨越大西洋，但完成跨越后燃煤就几乎耗尽，如果不加煤就无法直接加入部署海区的作战行动了。到了 1871 年的时候，战舰设计委员会召开的听证会上，技术人员基本上都认为战舰应该开始换装两次膨胀的复合蒸汽机，这种蒸汽机的耗煤量已经经济了很多，战舰只需要简易挂帆桅杆就可以满足需要了。然而，大英殖民帝国的疆域非常辽阔，远洋殖民地往往非常缺乏加煤站，所以当时的巡洋作战舰艇保留全套风帆也在情理之中。后来，三胀式蒸汽机从两个方面提高了战舰的续航能力：首先，这种蒸汽机耗煤量大大下降，也就直接让战舰能够单纯依赖燃煤航行更远的距离；其次，这种蒸汽机的使用使得商船原来无法通航的地方现在也开通了商路，于是加煤站也就在这些偏远地区出现了，这间接增强了战舰的续航力。在 19 世纪，海军上下似乎对操纵风帆这个训练科目有一种谜一样的钟爱，时至今日，仍然有不少误入歧途的人相信风帆训练是有必要的。此外，海军保留挂帆桅杆还有经济方面的考虑，因为海军对燃煤的消耗和燃煤的费用抠得非常死。整体来看，不能说当时的海军在刻意地反对舍弃挂帆桅杆，海军也没有反对那些能够淘汰挂帆桅杆的新技术的发展，如果非要说英国皇家海军在舍弃挂帆桅杆上有点落后的话，那也只是落后了几年而已。

本书不是舰载火炮的专著，不过从本书中的介绍也可以看出来，英国皇家海军虽然并不情愿舍弃前装炮并改用后装炮，但在慢燃火药研发出来之前，后装炮跟前装炮比起来，又贵又不大可靠。

如果让作者我来说的话，民众心目中对 19 世纪的海军将领的那种印象是不正确的，他们绝对不是一辈子在海上漂泊惯了，所以对任何新技术、新事物都很排斥的"老海狗"。实际上当时真正误导了民意和舆论的，是一些不懂得造船和武器专业技术知识的鲁莽军官，他们希望借助技术的新发展寻求低成本不对称对抗中的胜利，可惜他们研究出来的东西都是"奇技淫巧"（Wonder-weapon）。最典型的例子恐怕就是围绕"船长"号的设计产生的争议了，当时海军内外不少权威人士都觉得民间造船厂比海军自己的设计团队更懂战舰的设计。此外，当时的海军军官和一些批评家也不习惯像个技术人员那样用数据和公式说话，没有这些数据基础，这些人口中所谓的技术优势缺少坚实的事实依据，而且也不知道要真正获得这种技术优势，需要付出多少经费上的代价。这样来看，"不屈""本鲍将军"和"维多利亚"号上的那种大口径舰炮，也只能算是纸面上威力巨大、实际战斗力差强人意的"奇技淫巧"。只有斯潘塞·罗宾森以一个海军行伍出身的非技术军官身份，展露出一个战舰设计师一般的理性思维，证明行伍出身的军官能够充分理解战舰设计上的技术难题，并做出理性的决策。

结论

1860—1905 年间，英国战舰几乎总是世界上水平最高的战舰，就算有例外也只是个别的特殊情况。整个这段历史时期中，英国海军的经费都不怎么充裕，不过由于海军船厂造船的效率很高、速度很快，所以战舰的造价往往比外军的更加低廉。伊萨克·瓦茨、爱德华·里德、纳撒尼尔·巴纳比、威廉·怀特、菲利普·瓦茨，以及在他们领导下的整个海军部战舰设计团队，当然也少不了配合他们工作的列位总机械师——从托马斯·劳埃德到德斯顿，这些人对英国战舰设计所做的每一份贡献都值得我们铭记。

译者注

1. 如果刚开始估算出现了错误，那么整个设计流程走完之后，战舰就会吃水过深，导致水线装甲带没入水下。要想挽救这个设计，就必须总结这次失败的教训，并据此再进行更加准确的估算，然后重新走一遍具体设计流程。这种多次试算在没有电脑的时代是不可能完成的。如何在排水量和造舰限额内，最大限度地发挥有限设计资源，设计出刚好不超重，但是性能又最优的战舰？只有通过多次试算才能完成，因为最开始的估算无论如何都不可能把后续具体设计中的所有细节囊括在内。今天的船舶和其他复杂系统的设计无不如此，只能通过多轮试算来不断优化重要参数。

2. 同样假设新船跟旧船的海军部系数一样大。

3. 比如增加艏楼。

4. 比如装甲的布局方式、炮塔座圈的直径等等。

5. 首先对船型草图的数值积分，计算出船体每个分段的稳定性，再加在一起，就是整艘船的稳定性。

6. 同样通过对图纸的数值积分来计算。

7. 用来指导船厂施工。

8. 甲板条宽度是一个约定俗成的固定尺寸。

9. 甲板条下面还有一根根横梁。

10. 用手拉着指针沿着图上一根曲线走一遍，计算尺就能算出来这根曲线与横纵基线之间围成的扇形区域的面积。这个计算器早在19世纪中叶就发明出来了，只是售价太昂贵，英国海军部一直没有购买，从今天看来，真是算不过账来，买一具计算尺就可以少一名帮助计算的设计师助理。在没有计算器的时候，设计师只能通过手工计算来求近曲线跟坐标围成的面积，方法是所谓的"迈克劳林展开"法，把曲线上各个点到某个坐标轴的距离分别用直尺量出来，然后把这些距离加加减减，乘上一些分数，最后根据迈克劳林展开，这段曲线就被近似成很多立方函数曲线拼接起来，这样准确的近似最后就能得出来几乎没有误差的曲线下面积。这个手工计算流程非常复杂，一个人计算很容易出错，需要至少两人一起计算。

11. 底舱全是水密的，也不好到达。

12. 因为铁甲舰和前无畏舰都非常短粗，跟弗劳德水池试验中用的快速性能最高的瘦长船型相去甚远，只有1905年后的无畏舰，长宽比才达到高速船型的标准。

13. 所谓的"友鹤"事件和"第四舰队"事件。

14. 原著此图缺失。

15. 防止多门副炮被一发故障弹同时打瘫痪。

16. 1916年日德兰海战的实际情况是，英国这种原始的火控系统效果很差，但德国的火控系统更简陋，不过他们似乎凭借着更高的训练水准，取得了比英国人高一点的命中率。

17. 这几艘船是作者心中本书45年间战舰发展的各个阶段的分界线。"勇士"号是第一艘熟铁制舷侧列炮铁甲舰，"柏勒罗丰"号是第一艘熟铁制中腰炮室铁甲舰，"蹂躏"号是第一艘熟铁制无桅杆旋转炮塔式一等铁甲舰，"不屈"号是第一艘熟铁制中腰铁甲堡式铁甲舰，"爱丁堡"号是第一艘钢制铁甲舰，"庄严"号是第一艘前无畏舰，"英王爱德华七世"号属于倒数第二级前无畏舰，"无畏"号是第一艘无畏舰。

18. 实际上现代战舰是因为武器威力太大，给战舰安装再厚重的装甲都不可能完全防御这些武器的破坏，所以才舍弃了装甲防御，而以主动防御、被动欺骗以及轻型凯夫拉装甲限制武器破坏范围作为当前设计的目标。但现代战舰在遭到现在武器打击时的惨状，必然会比19世纪铁甲舰遭受19世纪火炮轰击时惨得多，舍弃装甲并不会让现代战舰的日子更好过。

19. 1914年，这艘"英王乔治五世"（King George V）级超无畏舰在苏格兰西海岸外海中了一枚德国人布下的水雷，结果英国人误判为有潜艇，不敢让其他无畏舰上前拖曳该舰，最后导致该舰在缓缓进水中失去动力而沉没。该舰触雷位置在左后部辅助动力舱附近，触雷之初，船体很快倾斜到15°，然后通过对称舷注水扶正到只有9°，战舰动力舱基本完好，但还是在缓缓进水。由于海上风大浪高，战舰在以不足10节的航速航行了二十来海里后，还是没能止住底舱进水，整个动力舱被淹没，动力舱室损害管制无法有效进行，然而离最近的浅滩还有很远，最后该舰消失在了大西洋的怒涛中。

20. 水兵居住舱在船头露天甲板下面，提高船头干舷不仅能提高战舰抗浪性，还能改善水兵居住条件，让他们的居住舱不容易进水。

21. 可能是因为新战舰太宽了，加装了舭龙骨就无法进入某些重要港口的重要干船坞。

附录

附录1：历年新造战舰预算

议会档案文件中记录了历年海军预算，从中整理出了下表中的数据。不过这些只是议会投票通过的预算，不等于跟建造新战舰的实际投入，可能会有几十万英镑的出入吧。[①] 下表中列出了：

1. 预算表决的年份。

2. 每年度第6次和第10次表决通过的海军预算的总和。因为这两轮表决习惯上都是决定用于新战舰的建造（不包括舰上火炮）费用以及一部分维修、保养费用，从1888年开始，议会每年的第8轮表决也涉及这部分费用，因此也计算在内。

3. 海军每年的总体预算。这些资金全都以百万英镑为单位。

表 A1.1 海军预算

年份	第6、第10次表决（百万英镑）	当年海军预算总额（百万英镑）	年份	第6、第10次表决（百万英镑），1888年后含第8次表决	当年海军预算总额（百万英镑）
1859	3.0	11.8	1883	3.9	11.4
1860	3.4	12.8	1884	4.0	11.6
1861	3.7	11.8	1885	5.3	11.6
1862	3.4	11.8	1886	4.9	13.0
1863	2.4	10.7	1887**	4.0	12.5
1864	2.0	10.4	1888	4.7	13.1
1865	1.9/3.0*	10.4	1889	4.6	13.7
1866	2.6	10.4	1890	4.9	13.8
1867	3.1	10.9	1891	4.8	14.2
1868	3.2	11.2	1892	4.8	14.2
1869	2.7	10.0	1893	4.7	14.2
1870	2.1	9.3	1894	7.0	17.4
1871	2.5	9.8	1895	7.9	18.7
1872	2.4	9.4	1896	9.7	21.8
1873	2.8	9.9	1897	9.2	21.8
1874	3.0	10.2	1898	10.8	23.8
1875	3.5	10.8	1899	12.8	26.6
1876	3.9	11.3	1900	13.0	27.5
1877	3.6	11.0	1901	15.3	30.9
1878	3.6	11.1	1902	19.2	31.0

[①] 一个财年的预算是从这一年的4月1日开始到第二年的这一天结束，所以1877—1878财年的预算是1877年呈报给议会，在表格中，也算作1877年预算。

年份	第6、第10次表决（百万英镑）	当年海军预算总额（百万英镑）	年份	第6、第10次表决（百万英镑），1888年后含第8次表决	当年海军预算总额（百万英镑）
1879	3.3	10.4	1903	18.8	35.7
1880	3.1	10.4	1904	16.0	35.9
1881	3.3	10.7	1905		33.2
1882	3.5	11.0			

* 第6轮表决的内容在这一年做了一些更改，以至于这一年以前的第6轮表决预算金额跟这一年以后的不能直接做比较。

** 从这一年以后，除第6和第10表决的预算金额之外，还要算上第8轮表决通过的预算金额。这一年，舰载武器的采购从战争部剥离出来，由海军部新成立的海军军械处单独筹办，于是舰载武器的预算也就从各军种武器预算中单列出，在第9轮表决中通过。上表中1888年及以后的造舰预算都是第6、第8和第10轮表决的总额。

当时政府各个部门对同一项开支的档案记录竟然各有出入。

附录2：海战法

1854年，英法准备联合对抗沙俄之际，两国政府签订了一份协议书，这份协议对海上交战国自古以来遵守的习惯法进行了重新界定。战事结束之后的1856年，这个协定正式以《巴黎宣言》(Declaration of Paris) 的形式公布，在这份宣言上签字的国家有大不列颠、法国、奥地利、德国、[1] 沙俄、意大利以及奥斯曼土耳其。这份海战协议书只适用于各签字国之间未来可能发生的海上冲突。协议的主要内容如下：

1. 现在以及未来都严禁交战国的任何私掠行径。[2]

2. 只要敌国商品在中立国商船上，就可以免遭扣留、罚没，但是战争违禁品除外。

3. 中立国的商品如果出现在敌国商船上，也可以免遭扣留、罚没，但是战争违禁品除外。

4. 所谓"封锁"，不能只是一纸对敌通告，也就是说，要有一支真正足以把敌人港口封闭起来的力量进行封锁作战。[3]

英国一度努力想让美国也在这个海战协议书上签字，但美国就是不同意，因为美国希望在欧洲陷入战争的时候，自己可以不受任何限制地跟任一国家进行贸易。而且在美国内战期间，美国北方联邦军仅仅用大约20艘船就声称实现了对南方的"有效"封锁！

如果交战国都严格遵守《巴黎宣言》的话，那么就根本没法对海上贸易路线进行破坏了，这也可能是海军部一直忽视海上贸易保护的一个原因——美国其实反对的正是这个点[4]。不过，这份协议中有很多点都非常模糊，可以任由人们解释，比如，什么才算"违禁品"？什么才算"有效的封锁"？在海上贸易战中遭遇的敌国商船应该怎样处置呢？按照这份海战法的精神，这也是一个重要但是难做的抉择。按照这份法规，交战国军舰没有直接击沉敌国商船的权利，只能把敌国商船押送到一个正式的战利品法庭上去裁决。

1899 年，各国又在荷兰海牙针对海战时应当遵守的规则进行了进一步的协商，最终于 1909 年总结为《伦敦宣言》，不过这回没有任何国家愿意在这份宣言上签字。

附录 3：海军部系数在战舰设计中的运用

19 世纪 40 年代，英国海军开始使用所谓的"海军部系数"（Ad Cft）来合理地推算新设计战舰要达到设计航速，需要装备多大马力的发动机组，这个系数很有可能是托马斯·劳埃德最先提出来的[1]，使用这个系数的前提是新战舰和设计母型的船型不能差别太大，航速也不能变化太大。后来，随着新战舰的船型越来越细长，用船舶设计的专业术语来表述，就是航速（V，节）与船身长度（L，英尺）的平方根这两者的比值（V/√L）越来越接近 1，这个系数就越来越不准确了。海军部系数的定义是 $Ad.Cft.=\dfrac{ihp}{c\cdot V^3}$，其中 c 要么是战舰舯横剖面面积（$A_0$），要么就是排水量的三分之二次幂（$\Delta^{2/3}$）。

在"鲁莽"号的存档文件中可以发现一份材料，记录了在该舰的设计过程中是如何以 1870 年的"斯威夫彻"号为母型使用海军部系数的。设计者首先把"斯威夫彻"号的参数套进上面的公式，得出该级的海军部系数，海军部系数既可以用舯横剖面面积来计算，也可以用排水量的三分之二次幂来计算，然后把"斯威夫彻"号的主尺寸和排水量按比例放大到"鲁莽"号的设计要求，但仍然搭载"斯威夫彻"号的动力机组，这时候再套用海军部系数，就会发现这样设计出的新战舰的航速只能达到 13.7 节，比预期航速低了 0.3 节。这份文件中，设计者接下来又关注了其他一些战舰的设计，计算了这些战舰船型的"瘦削系数"（coefficient of fitness），即 $\dfrac{排水量\cdot 船体长度}{舯横剖面面积}$，差不多等于今天船舶设计上的"菱形系数"（prismatic coefficient）再除以 35。

表 A3.1 根据"瘦削系数"和"菱形系数"测算出来的海军部系数

	舯横剖面面积	排水量	瘦削系数	菱形系数
"斯威夫彻"	603	185	.0205	.718
"海格力斯"	488	157	.0205	.718
"君主"	513	171	.0203	.711
"柏勒罗丰"	518.9	163.5	.02035	.712
"苏丹"	439	138.5	.02033	.711

留下这份材料的这位助理指出，"斯威夫彻"号比表中其他铁甲舰都要稍微

[1] 布朗著《铁甲舰之前》。

丰满一些（当然了，"海格力斯"号除外），此外，"斯威夫彻"号的船底还包裹了铜皮，所以新战舰若船底包铜，恐怕达不到"斯威夫彻"号那样的航速性能。于是这位助理最终选择把"海格力斯""君主"和"柏勒罗丰"号这三艘铁甲舰的海军部系数做一个平均，这三艘的平均舯横剖面面积是 506.8，平均排水量是 163.8。①利用这些数据测算出来的海军部系数，他推测，"鲁莽"号要达到 14 节的设计航速就需要至少 6060 马力的标定功率，他最后选择该舰的设计功率应该达到 6100 标定马力。然后，发动机组的重量就可以用当时能够输出类似马力的复合蒸汽机的重量来估算了。这样算下来，该舰的载煤量足够全功率燃烧 3 天。

"鸢尾"号存档文件中的记录显示，设计该舰时先以"无常"号为母型，舯横剖面面积取值 550，同时排水量取值 186.6 得出来海军部系数，预测"鸢尾"号能够达到 17.28 节的航速，而后又以"飞逝"号为母型，舯横剖面面积取值 489，同时排水量取值 162.9 得到海军部系数，预测"鸢尾"号航速可以高达 18 节。这份文件的撰写者邓恩指出，由于"鸢尾"级是双轴双桨推进的，而作为母型的两艘战舰都是单轴单桨，所以这个估算的可靠性值得商榷。邓恩觉得应该找一艘双轴双桨的战舰作为母型，计算结果可能更有参考价值。然后他比较了两艘母型和"鸢尾"号的菱形系数："无常"号的是 0.646，"飞逝"号的是 0.662，"鸢尾"号的是 0.619（不过"鸢尾"号设计出船型草案后，又通过模型水池测试，大大修改了船型，使得船体更加瘦削，菱形系数变得更小了）。

这些估算的偏差很大、不确定性很高，说明海军部系数其实是不大可靠的，就算是航速不太高、航行阻力变化不太大的船，用这个系数来预测的结果也不可靠，这更凸显出弗劳德水池测试的真正价值所在。

附录 4：船舶稳定性和翻船事故

整个 19 世纪下半叶的战舰设计中，最核心的问题就是如何保证船舶的稳定性，保证不翻船。如果读者想要理解当时关于这个问题的争论为什么那么白热化，那么就需要对船舶稳定性有一定的理论认识。其实，船舶稳定性理论本身并不复杂，但要是想计算出一艘船舶的实际稳定性，那么就需要投入大量、复杂的计算，为了减少人力计算的劳动负担，很快人们就开发出复杂的数学方法来降低计算量⁵。虽然这些复杂的数学技巧让计算变得简单、可行，但也容易让人觉得船舶稳定性的基本理论非常晦涩难懂。在 19 世纪 60 年代，船舶稳定性理论的发展非常迅速，这主要归功于里德和他那些能干的助手，不过当时也有不少舰船设计师，甚至是造诣颇深的设计师，都没能够认识到船舶稳定性理论的真正价值所在。

就连"稳定性"（Stability）这个词，在当时都包含了三个彼此不相干的意思。

① 这些数据只是非常不准确的估算数据，没想到他竟然引用到第 4 位。

"稳定性"的第一个含义，就是需要给船一个多大的力量才能让它微微摇晃起来，如果给了很大的一个力，船只是摇晃了几度，那么这个时候就可以说这艘船"很稳"（Stable）了。此外，如果一艘船能倾斜到很大的角度，但仍然不翻船，也可以说它"很稳"，虽然这严格来说也属于"稳"这个字的含义范畴之内，但具体来看，这种情况其实跟第一种"稳"不是一个"稳"。因为一艘船可能需要外界对它施加很大的力量，它才倾斜很小的角度，可是这艘船也可能在倾斜角度稍稍大于它平常这种倾斜的情况下，很容易地就翻掉。最后，作为一艘军舰，有时候"稳"指的是摇晃起来比较舒缓，不那么剧烈。就像下面附录5中将会介绍到的那样，这个用法其实是不正确的，因为要达到这第三种"稳"所需要的实际物理性质几乎跟达到前两种"稳"截然相反。

浮力和重力的相互平衡

当一艘船在静水中静止时，它只受到两个力的作用，即浮力和重力。一艘船所受的重力是确定的，重力总是等于排水量，重力作用的方向是垂直向下，并且总是通过这艘船的重心[①]，如果一艘船上的设备没有像下文将要介绍到的那样移位，那么重心的位置一般都是固定不变的。据阿基米德定律，浮力总是等于一个浮体的重量，而且浮力的作用方向是垂直朝上，并一定通过船体的"浮心"，但是浮心的位置并不是固定的。浮心其实就是船舶浸没在水中的那部分船体的几何中心，如果一艘船左右横摇的话，那么船体没入水中的部分的形状就会跟着发生明显的改变，这时候浮心的位置就会跟着移动。只有当船舶在静水中静止时，浮心才恰好位于重心的正下方或者正上方，此时浮力和重力的作用方向才恰好共线，所以也只有在这个时候，两个力才能够恰好相互抵消掉，如后文插图中最上面的受力分析小图所示。

当一艘船横倾的时候，倾倒的这一舷自然有更多的船体没入水面以下，造成这一侧水下浸没体积增加，而与此相同，另一舷必然有更多的船体从水面以下升起来，水下浸没体积减小，浮心便会朝着浸没体积大这一侧移动，正如插图中那一排受力分析小图中左边那三个所示。这种一舷浸没、一舷出水的过程，可以想象成一个"楔形"浸没体积被不断地从一舷拿到另外一舷。这样一来，虽然浮力和重力在数值上仍然是一般大的，可是两个力的作用方向不再共线，两个力的作用线之间出现了一段距离 GZ，也就是一条力臂出现了。这条力臂称为"复原力臂"（Righting Lever），把船舶重量或者排水量乘以这个力臂，就得到所谓的"复原力矩"（Righting Moment）。在小角度横倾的情况下，浮心总会比重心更加偏向倾倒的那一舷，于是复原力矩就会努力让船身回到正浮的状态（竖直状态）。

[①] 所谓"重心"，指的就是组成一艘船的所有构件受到的地心引力的合力的作用点。作用在每一个构件上的重力，可以用一个通过重心作用的总质量的力来表示。

对于造型普通的一般船舶而言，其复原力臂和复原力矩通常都会随着船身的倾斜而迅速增加，直到倾倒的那一舷的露天甲板开始没入水下，同时翘起来的那一侧的船底舯部开始露出水面，这个时候复原力臂的增长速度会逐渐放慢，直到在某个倾斜角处，复原力臂不再增加，反而开始随着倾斜角的继续增大而不断变小。可见，复原力臂有一个最大值，这个最大值出现时的倾斜角非常关键：如果船体受到一股稳定的外力，使得船舶横倾的角度超过了这个最大复原力臂倾角，那么复原力臂就会在继续横倾的过程中越来越小，越来越不能阻止船舶横倾，于是战舰很快就会倾覆。最后，复原力臂将减小到0，此时的船体横倾角就叫作"稳定性消失角"，在插图中上面那排受力分析小图从左往右数第四张，就代表了这种情况，此图中的稳定性消失角是82°，当船体倾斜角超过这个角度后，复原力臂就会变成负数，这意味着这个力臂不会阻止继续横倾，反而会促进船体继续横倾，直到船底朝天为止，第五张受力分析小图对应的就是复原力臂变成负值的情况。

复原力臂曲线图（GZ 曲线）

上述受力平衡变化过程，可以用复原力臂曲线图来形象地表示，纵坐标代表复原力臂的长度，而横坐标则代表船体横倾角，插图中各个受力分析小图下面的曲线就是这个 GZ 曲线。曲线图上最重要的就是最大复原力臂角以及稳定性消失角，有时候把从 0° 到稳定性消失角的这个角度范围称为一般船的稳定性

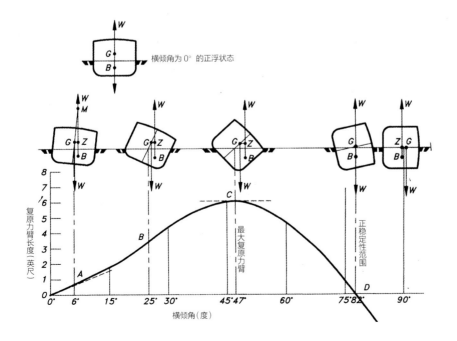

稳定性曲线。（其中 G=重心，B=浮心，M=稳心，Z=重心到浮力作用线的垂足，朝下箭头的 W=重力，朝上箭头上的 W=浮力，GZ=复原力臂）

① 各种船舶一般都要求船体横倾最大不能超过 20°，这是因为根据实际经验，当船体横倾超过 20°的时候，船员在甲板上就很难正常地走动了，更别说操作各种设备了，所以可以说这个角度是一艘船能够有效操作、避免翻沉的极限角度。

② C.R. 卡尔霍恩（Calhoun）著《台风：另一种敌人》（Typhoon: the other Enemy），1981 年出版于安纳波利斯。另见 D. K. 布朗发表在《船舶工程》（The Naval Architect）1985 年 9 月刊上的《太平洋大台风》（The Great Pacific Typhoon）一文。

③《意大利驱逐舰"枪骑兵"号失事调查》（The Loss of the Destroyer Lanciere），特别任务海军上将 G. 波拉斯特里（Amiraglio di Squadra G Pollastri）和 D. K. 布朗合撰，见 1994 年在伦敦出版的《战舰》杂志 1994 刊第 195 页。

④ D. K. 布朗撰《第二次世界大战中英国皇家海军驱逐舰的船体稳定性》（Stability of RN destroyers during World War II），发表于 1989 年在伦敦出版的《战舰技术》1989 年第 4 期上。

范围。此外，所谓的"进水角"也非常重要。这个角度就是炮门、舱口、烟囱以及通风口等开口开始没入水下的横倾角，实际上，如果一艘船已经倾斜到这些开口都开始进水了，那么这艘船就基本不可能不翻沉了。① 铁甲舰时代早期，人们过分强调稳定性范围，而不是"进水角"。实际上，稳定性的优劣，最关键的评判标准是最大复原力臂在哪个角度出现，一般资料中，一艘船舶的稳定性表格也只列到这个角度，如果倾斜到这个角度还有数据的话。

一艘船的复原力臂到底够不够用，还要看这艘船投入运营后，各种外在自然条件能够造成多大的最大倾斜角。造成横倾的因素包括下面这些，既可以各自单独作用在一艘船上，也有可能叠加在一起：侧风对船舶上层建筑、桅杆、帆缆、风帆的作用；海浪对船体的拍击；船身内各种物资临时移动位置；所有船上人员全都朝着一舷集中；船体进水。翻船事故一般都是沿着下面这样的典型道路一步一步走到不可挽回的：一艘船最危险、最容易横倾翻船的时候，是海浪和大风全都从同一舷涌来，大风推着船身朝下风倾斜到一个很大的角度，可是在这个角度上，又叠加了海浪拍击造成的船体横倾，于是倾倒的那一舷开始从船身上的各种开口缓缓进水，比如各种没有做到水密的舱门和舱口等等，这种缓慢进水会让底舱里逐渐灌满海水，造成底舱里的动力机组进水停机，船只就失去了打舵转向的能力，于是船就更难避开进一步进水，最终翻船。在 1935—1945 年间，美国总共有 4 艘驱逐舰差不多由于上述这种原因翻船失事，② 意大利海军有 2 艘驱逐舰翻沉，③ 日本 1 艘，俄罗斯 1 艘，而英国皇家海军一艘也没有④。

各个横倾角的复原力臂长度只代表一艘船的"静止"稳定性，可是风和海浪往往会持续一段不长的时间，船在这段时间内会持续地遭受这种倾覆力量的作用，此时单纯的复原力臂长度已经不能代表船舶的稳定性了，而需要将 GZ 曲线和 x 轴之间围成的面积⁶作为评判的标准，这样一来，入得了战舰设计师法眼的 GZ 曲线图通常具有以下形态特征：曲线刚开始随着倾斜角的增加而快速升高，在一个非常大的横倾角处达到最大值，曲线下的面积非常非常大。当年的设计师往往就通过这种经验，定性地评估一艘船的稳定性好不好，今天已经把评估都量化了。

GZ 曲线能否准确代表船舶的稳定性

其实从最开始提倡使用 GZ 曲线的时候，设计师们就知道这个曲线也只是船舶实际稳定性的一种简化近似，如果船舶遇到非常恶劣的风暴天气，稳定性到底撑得住撑不住，并不能单凭一张 GZ 曲线图就下结论。这是因为 GZ 曲线上的点代表的都是船舶在静水中静止地倾斜一定角度时，复原力臂的大小，而当船舶在恶浪中颠簸的时候，实际物理参数会有极大的不同。不过 GZ 曲线多少还是有用的，至少能够体现出来不同设计在大角度横倾时哪个稳定性更好一些。GZ 曲线开始用于指导船舶设计以后的一个世纪里，有着上文说的那种"好"曲线形态的船往往能安全挺过一场足以让曲线形态不那么好看的船翻沉的大风暴。1944 年 12 月 3 艘美国驱逐舰在台风中失事的事件，[①] 证明了 GZ 曲线确实可以让人们甄别出来什么样的船面临着最严重的倾覆风险，而且对这起事故的调查还让人们开始寻找量化 GZ 曲线"好与坏"的标准。当时，萨钦（Sarchin）和戈德堡（Goldberg）[②] 提出的判定值成了现代多数海军设立战舰安全标准的一个基础。

长久以来，人们都认为，当一艘船横倾之后，船体水下形态不再是四方盒子，而是非常复杂的流线型，所以浮心的位置具体会改变多少，这个计算实在太复杂了，根本没法计算出一艘船舶实际浮心位置的变化和复原力臂的长度，于是从 17 世纪开始，一些研究者逐渐想到了一种"近似"处理办法，这后来发展成了稳心理论[8]。这个近似处理的核心假设是，在横倾角较小的情况下，尽管浮心位置会随着船体横倾而改变，但就像下文插图所示，浮力作用线仍然会跟船体中垂线相交于一点 M，这个点就叫"稳心"，而且在船体横倾角度很小的时候，不管船体怎么横倾，浮力作用线始终跟船体中垂线固定不变地相交于这个点。而船体的重心总是位于船体中垂线上，于是重心和稳心之间的距离就叫作稳心高 GM。[9]

于是，当船体横倾角达到某个不太大的角度 θ 时，复原力臂 GZ 的长度就可以简单表示成 GZ=GM·sin θ 了。在实际运用中，差不多船体横倾角度在 10° 范围内[10]，都可以用这个公式对一艘船的复原能力得到比较好的近似值，当然，这艘船的船型必须是传统船型，而且干舷比较高。[11] 此外，在船上左右挪动物资和人员产生的微小横倾也可以用这个公式来推算，不算太强烈的侧风对船体的作用也可以使用这个公式，不过，当船体发生大角度横倾、有翻沉危险的时候，这个公式就派不上用场了。在一艘新船的早期设计阶段，设计师往往假设，新船的稳心高 GM 跟设计母型基本一致，那么新船的 GZ 曲线也就应该跟母型的 GZ 曲线长得差不多。只要设计师有比较丰富的设计经验，而且新船和母型确实相似度挺高，那么从这个假设出发，通常就可以设计出一艘稳定性合格的新战舰来。

实际上，现在就算面对一艘水下形态呈不规则流线型的船舶，要计算出稳心的位置也不是十分困难的事情，[12] 但船体重心的位置却很难准确计算出来，这个计算虽然原理上非常简单，可是计算过程非常冗长，如果不是经验丰富

① 卡尔霍恩《台风：另一种敌人》。另见 D.K. 布朗《太平洋大台风》一文。
② T.H. 萨钦与 L·L·戈德堡合撰《美国海军水面舰艇的稳定性和浮性标准》(Stability and Buoyancy Criteria for US Naval Surface Ships)，见 1962 年在纽约出版的《美国海军工程学会会刊》(Trans SNAME)。

注意，根据本图，有 GZ=GM·sin φ。这个角 φ 就是浮力作用线和船体中垂线 GM 之间的夹角，即船体横倾角。（LWL= 装载水线，朝下的 W= 重力 = 排水量，朝上的 W= 浮力，M= 稳心，G= 重心，Z= 重心到浮力作用线的垂足，B= 浮心，B₀= 正浮时的浮心，K= 龙骨，GZ= 复原力臂，GM= 稳心高。）

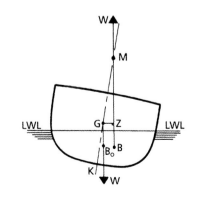

的老手，很容易算错 [13]。稳心在浮心以上的高度一般直接用 I/V 就可以计算出来，I 是船体水线面到浮心的二次矩①，V 代表水下船体体积。从这个公式可以看出来，稳心的高度主要是由船体水线处最宽的那部分来贡献的，所以船头船尾比较瘦削的部位即使进水，也不至于大大影响船舶稳定性，只是 19 世纪的设计师没怎么认识到这个问题。第一个试图通过计算船上各个零部件的重心位置来直接求得船舶总重心位置的英国人，可能是威廉·贝尔（William Bell），1859 年他对"大东方"号进行了这样的尝试，不过直到 1865 年的时候，纳撒尼尔·巴纳比还在造船工程学会发言说，直接计算重心位置的工作太烦冗了，实际设计过程中很难真的去这样做。不过后来很快增加了设计助理的人数，计算能力不足的问题也就很快得到改善，每艘船的重心位置都能够推算出来了。显然，船舶装载情况发生变化的时候，重心位置也会不大一样，一般来说，一艘船在轻载状态下，重心位置最高。

在 GZ 曲线图上，可以在 x 轴上船体横倾为 0° 的那个位置，作一条 GZ 曲线的切线，这个切线的斜率就是这艘船的稳心高。对于挂帆战舰而言，稳心高越高，这艘船就可以挂出面积越大的帆来，而且这个帆的位置也可以挂得越高，即这艘船稳心高越高，"挂帆能力"越强，用公式来表示，就是挂帆能力 $= \dfrac{W \cdot GM}{A \cdot h}$，其中 A 是挂帆面积，h 是所有帆上风作用力的合力点到水面的高度。

船体横倾实验

虽然重心位置不好计算，但可以通过横倾实验直接测量出数据，再套用稳心理论来推算出稳心高。横倾实验就是在船体甲板上某个位置摆放一块重量已知而且不变的重物，然后再把这个重物从一舷到另一舷横向移动一定距离，设重物重量为 w，移动的距离为 d，则这个重物使得整艘船发生倾斜的倾斜力矩就是 w·d。船体随着重物的移动，便也会缓缓横倾，最终会稳定在一个横倾角上，这个横倾角 θ 可以用一根长长的单摆测量出来，于是根据稳心理论，重物的横倾力矩等于船舶感受到的横倾力矩，即，其中 w·d=W·GM·sin θ，重物的重量 w、移动的距离 d、船舶的排水量 W 以及倾斜角 θ 都已经知道了，[15] 便可以根据这个算式得出稳心高 GM 来。横倾实验说起来简单，但是实际操作中需要注意很多细节，否则数据就很不准确。首先要确定船舶横倾的时候，船底不会碰到港内的水底，不然船舶就会被托底，那样根本测不出准确的稳心高来，即一定要"确保船是完全浮起来的"！如果是在装载状态下测量的稳心高，不要忘记船上燃煤、后勤物资和弹药等消耗品的重量会如何变化，从而改变重心的位置，所有这些搭载物的重量以及未来一段时间这些重量预计有什么变化，都必须记

---

① 面积的二次矩 $= \int r^2 dA$。[14]

录在册。这些细节要花费大量时间才能核对清楚，所以当年巴恩斯不到一天就完成了"船长"号的倾斜实验[16]，恐怕不甚准确。

其实，18 世纪中叶，横倾实验已经在西欧海军中为人所知了，而且到大约 1790 年的时候，皇家海军也有一些战舰进行过横倾实验了。[①] 到了 19 世纪 30 年代，英国皇家海军又对一些战舰进行过横倾实验，可是直到 1855 年"坚韧"号倾覆沉没以后，这个横倾实验才成了战舰建成交付前必须要进行的一项验收步骤。法国海军倒是在横倾实验方面稍稍领先英国，但他们似乎只是实验，直到英国已经强制要求每艘战舰必须进行横倾实验了，法国海军还没有将其常规化。刚开始的时候，横倾实验一般作为船舶设计时稳定性推算的直接验证，可是由于稳心 M 的位置很容易直接从船舶的图纸上计算出来[17]，于是到了后来，横倾实验就成了决定船舶重心位置的方法了。

单纯得到一艘船的稳心高 GM 还远远不够，必须把这个高度跟既往设计的类似船舶的稳心高进行比较，看新船的稳心高够不够，而且还要结合两艘船的 GZ 曲线特征来综合判断。附录 4 最后附了一张表格，从中可以看出来，本书涉及的时期里各型战舰的 GZ 曲线其实非常类似，不过要想计算出一条 GZ 曲线来，理论上需要把战舰横倾一个很大的角度，多次改变 GM。

GZ 曲线的计算

在 18 世纪末的时候，数学家阿特伍德发表了一篇论文，里面其实已经给出了计算各个船体横倾角的复原力臂的方法[18]，可是按照这个原理实际计算的时候，计算量太可怕，哪怕只计算一个横倾角的复原力臂，都非常耗时耗力，不要说计算一连串横倾角了，因此没能直接应用到船舶设计的实际中去。直到 1861 年，巴恩斯在造船工程学会发表了一篇论文，改进了阿特伍德的数学方法，这才让计算得到简化——阿特伍德原来使用了直角正交坐标系，巴恩斯给改成了极坐标[19]。1867 年，W. 约翰在造船工程学会宣读的一篇论文，让 GZ 曲线有了今天一般船舶设计学中常见的那般模样。不过就算经过这一番完善，所需的手工计算还是非常冗长繁杂，可至少能够实现了。[②]

1893 年，阿姆斯勒机械积分计算尺[20] 终于获得了英国皇家海军部的认可，这样一来，海军部的设计师终于不用再手工进行积分计算了。利用这种计算尺，在一张专门为计算准备的船体横截面线图上，计算一个横倾角的复原力臂，只需要 20 分钟左右的时间，这样很快就能得到 5—6 个角度处的复原力臂，就能大致上画出一幅 GZ 图来了。[③] 当时刚好赶上"维多利亚"号沉没，海军部需要组织调查事故，也就需要计算破损船体的稳定性，这种机械来得正是时候[21]。

① 似乎布盖曾经在大约 1746 年的时候，就用法国巡航舰"羚羊"号（Gazelle）进行过船体横倾实验。英国海军的早期横倾实验，大约是 1790 年进行的，记载于 1800 年在伦敦出版的《战舰设计论文集》（Collection of papers on naval architecture）中的《战舰的船型和性能评述》（Remarks on the forms and properties of ship）一文中。

② 1948 年作者上学的时候，老师曾经让我用巴恩斯的方法来计算船体稳定性，只计算一个数据点，我就花了 6—8 小时。

③ 英国海军部船舶设计系统一直有个不成文的规定：每位助理每项设计计算的时间一般安排在 20 分钟左右，一旦开始计算，那么在这 20 分钟内，任何人都不应该以任何理由去打扰他。作者我有一次竟然意外地遭到打搅，不过这回是总设计师亲自来叮嘱我，而且还深表歉意，因为事出实在是太紧急了，不得不打破成规一次。

自由液面对船体稳定性的影响

前面各个部分都假设一艘船如果没有发生装载变化，重心就是固定不变的，这个假设其实是不实用的。如果一艘船上设置了水舱或者其他液体储存舱，液体通常都不会完全装满，那么每当船体横摇的时候，里面的液体就会往低处流淌，液体的重心位置发生改变，那么整艘船的重心也就跟着起了变化。一般来说，液体随着船身摇晃和晃动，都会降低船舶的稳定性，[22] 所以必须尽可能减小液体舱里的自由液面。战舰上所有的水舱和燃油舱、机油舱都应该保持要么装满、要么空舱的状态，只有正在使用的那个舱可以是半满的。

要计算自由液面造成的稳定性改变，工作量同样烦冗，于是在小角度横摇时，继续使用稳心理论进行跟上文类似的近似处理。首先计算一个没有自由液面时的重心，这个高度肯定比实际的重心要高，然后计算船体小角度横倾时自由液面的摇晃造成的稳性损失。[①] 直到战舰烧燃油之前，这个自由液面都基本上不会对船舶稳定性造成太大的影响[23]。

燃煤舱对稳定性的影响

一座装满燃煤的煤舱，其中大约有八分之五的体积会被煤块占据，如果这个舱室进水的话，海水就只能占据八分之三的体积了，于是浮力的损失就得到了控制。更重要的是，燃煤舱进水得到控制，也就意味着燃煤舱水线面的二次矩也能保留住八分之五，这样一来也就保存了船体的稳定性。当时的战舰设计师都明白这一点，[②] 不过当时大多数批判水下防御甲板体系的人都不懂这个技术问题。

船体形态跟船舶稳定性究竟有什么关系

船体的形态比例各个方面的变化到底如何影响一艘船的稳定性参数，这是个难以明确回答的问题，因为在实际设计一艘船的时候，肯定会牵一发而动全身，不可能单独改变船型形态某一个参数，而其他参数不变。所以下面这段描述只是对大概情况的粗略介绍，不要太纠缠细节。

增大船宽可增加稳心高，可是实际设计船舶时不能大大增加船宽，因为若稳心高太高，则船舶稍微遇到一点风浪就会快速摇晃，摇晃幅度虽小但是速度太快，让人感觉摇晃非常剧烈，详见下文的附录5。当然这只对小角度横倾有效果，这种船宽的增加几乎不会在大角度摇晃的时候改善船体的复原力臂[24]。如果战舰战损而进水，那么船宽再大，稳定性也会严重损失。于是在第二次世界大战结束后的很长一段时间中，设计新战舰时，都要求战舰要在内部严重进水的情况下仍然保持足够的稳定性。

① 很多人搞不清船舶初始稳定性理论中这种近似处理的含义，导致他们对此产生了误解，结果就有人声称：汽车滚装船的汽车滚装甲板上只要进水深度达到几个毫米，这艘船就有可能翻沉。这么浅的一层积水虽然也确实会破坏船体的稳定性，但只要船身稍稍横倾很小很小的角度，积水就会全跑到舷侧一角，然后它们就不会再造成任何麻烦了。当然了，如果船体破损，不断进水的话，那么这艘滚装船就要出大事了。
② 见阿特伍德著《战舰设计学》第214页。

　　如果升高干舷的话，那么战舰的稳定性将得到显著改善，战舰需要横倾到更大的角度，才会出现最大复原力臂，而且这个最大复原力臂的长度也会比干舷更低的时候长得多，但在实际设计时，干舷升高必然意味着船体结构加高，重心也就跟着升高，从而抵消一部分干舷升高带来的稳定性提升效果。插图基于 1871 年巴纳比发表的一份论文，显示了加高干舷既可以增加最大复原力臂的长度，同时也可以让这个最大力臂在更大的横倾角处才出现。而设计船舶时实际允许增加的船宽，基本上对复原力臂长度的增加只有非常微弱的作用，更完全无法增大最大复原力臂角。这张图代表了巴纳比的设计团队所理解的干舷和船宽如何去影响一艘典型战舰的稳定性。这张图中假定重心不随着横倾而变化。

　　简单来看，增加干舷后，小角度稳定性会变差，大角度横倾时的稳定性却会变好。19 世纪后期的越洋客轮几乎都采用这种高干舷但初始稳定性不那么好的设计，因为初始稳定性不好也就意味着稳心高不高，这样当游轮遇到风浪的时候，它的摇晃更加舒缓，尽管摇晃的角度较大，而同时高干舷还能让这些游轮的 GZ 曲线不至于太糟糕，保证航行安全性。在战舰上，实际有效的干舷高度只能从水面算到船身上炮门的位置，而炮门往往位置都不高。战舰上那些没有装甲的舷墙就更加不能算作有效干舷高度了，因为战损会让舷墙不再水密，只有船体密集分舱才能改善无装甲舷墙的这个缺陷。

　　如果舷墙是竖立的，让船体横截面呈矩形，此时的 GZ 曲线会随着横倾角增大而迅速升高，而船头船尾的瘦削船型，往往让 GZ 曲线无法随着横倾角增加而快速升高。若像当时法国和沙俄战舰上采用的显著舷墙内倾设计，则会适得其反，会在大角度倾斜时破坏战舰的稳定性。[1]

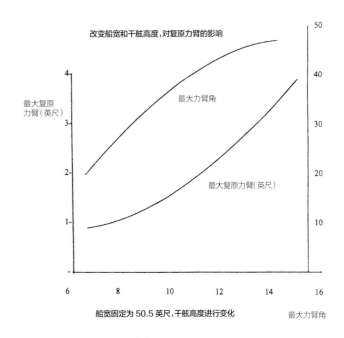

改变船宽和干舷高度，对复原力臂的影响

最大复原力臂（英尺）

最大力臂角

最大复原力臂（英尺）

船宽固定为 50.5 英尺，干舷高度进行变化　　　　最大力臂角

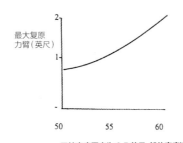

最大复原力臂（英尺）

干舷高度固定为 6.5 英尺，船体宽度进行变化
根据巴纳比 1871 年在《造船工程学会会刊》上发表的一篇文论中的图表

改变船宽和干舷高度，对于复原力臂的影响。

[1] P. J. 西姆斯与 J. S. 韦伯斯特（Webster）合撰的《战舰舷墙内倾》（Tumblehome Warships）一文，即将发表于 1996 年的《美国船舶工程学会会刊》。

战损情况下的稳定性

本来战舰处在完好状态时，稳定性的计算就已经相当烦冗复杂了，若船体破损，这种计算就更加烦冗复杂，更加难以实现了。战损的战舰随着船体进水，不仅仅吃水会增加，而且船头船尾的浮态也会改变，并朝一侧横倾——这种情况下的水线不再是船体完好时的规则形态，要想计算出战损水线的形状，首先就是一个复杂的问题，而且随着水线形态的变化，一些水静力学参数也跟着变化，进而导致稳心位置和复原力臂长度都要重新计算。直到第二次世界大战以后许多年，随着电子计算机的普及，设计师才能真正计算战损状态下的稳定性。[①]

在本书涉及的历史时期内，设计师只能简单估算底舱中一个大舱进水对稳定性造成的影响，计算办法就是把大舱中的水当成是一个重物，然后看这个重物加在船舶未进水时的重心处，会对稳定性造成怎样的破坏。[25] 然后计算出新稳心高的数值，再考虑船体浮态和倾角变化对整个数值的影响，做一点有限的修正。[②] 当时的设计师虽然没有明确说过，但大体上假定两个底舱大隔舱都进水的效果可能就跟它们单独进水的效果加起来是一样。于是当时设计师设计战舰时，只是简单计算船体完好状态时的稳定性，然后稍稍增加船宽，希望这样就能克服严重进水时稳定性的损失。

可以说，当时设计师对于大舱进水问题有一个还算不错的整体认识，但他们对这种进水到底能在多大程度上破坏稳定性，缺少量化认知，结果他们的估计都过于乐观了，特别是他们忽视了在进水导致战舰稳定性损失的同时，底舱里纵中线隔壁造成的不对称进水还会让态势更加严峻。至少在“维多利亚”号和“坎伯当”号撞击事故发生以前，人们都还没有认识到进水可以通过底舱各个隔壁上的舱门和通风管道四处漫延，而且撞击时船体结构的扭曲，会让那些所谓的“水密门”关不上或者漏水。

表 A4.1 本书中各种战舰的典型稳心高 GM[③]

战舰类别	稳心高（英尺）
英国“王夫”号、法国“光荣”号[26]	6—7
英国“勇士”“米诺陶”号和法国“佛兰德”号[27]	4—4.75
英国“柏勒罗丰”“海格力斯”“亚历山德拉”号和法国“阿尔玛”号（Alma）[28]	2.5—3.5
法国“海洋”号[29]	1.75—2.5
英国“蹂躏”“无畏”“特拉法尔加”号[30]	3.5—4.5
“海军上将”号主力舰和“厌战”号装甲巡洋舰[31]	4.75—6
英法各种露炮台铁甲舰，最晚的有1900年仍然在服役的[32]	2.75—3.75
英国“不屈”“阿贾克斯”号[33]	5.5—8.25
英国“格拉顿”号、法国“贝利耶”号（Belier）[34]	6—8
美国“莫尼特”号浅水重炮舰	大约14
带蒸汽螺旋桨推进系统的旧式风帆战列舰	4.5—6.5

[①] 大约1955年的时候，作者我当时作为最基层的助理，就曾经手工计算过“部族”级护卫舰的稳定性。这型战舰的设计非常简易，没有任何纵向分舱结构，即便如此，还是花了整整3个月才完成了那些枯燥的数学运算。不过这通计算也不算白费，因为确实暴露出来一些问题，比如过去设计中一些简单的假设已经不再适用了，于是最终给这型战舰增加了一道底舱隔壁，并把船尾的干舷升高了一些。

[②] 由于船体里的大舱往往都位于舯部，于是浮态的改变对于船体稳定性的影响就不会特别明显。不过如果浮态改变得太大，比如船头或者船尾的露天甲板都已经没入水下了，那么就不能再简单假设浮态对于稳定性的影响很小了。

[③] W. H. 怀特著《战舰设计手册》。

战舰类别	稳心高（英尺）
带蒸汽螺旋桨推进系统的旧式风帆巡航舰和大型炮舰	4—5
木制或者铁肋木壳的旧式大、小型炮艇	2.25—3
英国"无常""活跃"号和法国"图维尔"号（Tourville）、"塞涅莱"号（Seignelay）[35]	2.5—3
"鸢尾"号[36]	2.75—3
"鸢尾"级之后的各级轻型和小型巡洋舰，如"默西河""美狄亚""阿波罗"和"弓箭手"	1.75—2.5
19世纪70、80年代后的其他小型炮舰、鱼雷炮艇和小型巡洋作战舰艇	2—2.5
各式海岸和内河炮艇	7—12

鱼雷艇		稳心高（英尺）
	早期一等鱼雷艇	0.8—1.25
	后来的一等鱼雷艇	1.25—2
	早期二等鱼雷艇	0.4—0.8
	后来的二等鱼雷艇	0.8—1.0

19世纪80年代以后的新式主力舰	装载状态下的稳心高	最大复原力臂角（°）	稳性消失角（°）
"坎伯当"	4.4	36	67
"维多利亚"	5.05	35	68
"君权"*	3.6	37	63
"胡德"	4.1	34	57
"百夫长"	4.35	42	78
"声望"	3.65	42	70
"庄严"	3.4	38	62
"老人星"	3.84	39	65.5
"可畏"	4.1	37	65
"邓肯"	4.1	38	65
"英王爱德华七世"	5.2	39	68
"斯威夫彻"	3.44		
"纳尔逊勋爵"	3.43	32	58
"无畏"	5.0	38	63

* 注意，"君权"号的高干舷让该型战舰拥有了很长的复原力臂，不过稳心高比过去的战舰低一些，而"君权"号的准姊妹舰"胡德"号仍然是传统铁甲舰的低干舷，结果稳心高虽然高，但是复原力臂不怎么好。

附录5：船体横摇

　　人类的平衡觉器官不是特别擅长感知船舶摇晃的角度。当我们站在一艘横摇着的船的甲板上时，内耳的平衡觉器官根本就不能正常工作，于是我们的感觉就往往很不准确，不知道甲板到底是倾斜还是水平的。平衡觉器官的这种错觉能错到多么离谱的程度，主要取决于人在甲板上感受到的横向加速度的大小，所以人们只用平衡觉器官和双眼，是很难把船体横摇时的角度变化跟伴随着横摇的船身整体侧向耸动区分开来的。如果在甲板上架设一座单摆，它也会遇到类似的问题，在甲板上看，单摆摆锤随着船体横摇而摆过的角度出奇地大，远远大于实际横摇角度。所以当时的设计师只能通过一些经验规律，修正实验的观测，这些经验规律有些根本就是错误的，当然有些还是代表了一些客观事实的，后面的介绍也会涉及一点这种经验规律。

本书涉及的这段历史时期中，船体横摇主要影响的是船上的一些人力作业，比如人力装填火炮，然后再人力操作炮管进行回旋和俯仰动作。这些人力作业能否顺畅、快速地完成，主要是看船体有没有受到很大的横向加速度，因为横向加速度会让大炮在甲板上一直左右晃动，而不像单纯横摇时那样，只会在摇晃到最大角度的时候，大炮才猛然耸动一下。船舶横摇的速度一般会在船体刚好摇晃到竖直位置的时候达到最大，这时候舷侧大炮的炮口看起来刚好指向海平线，如果此时开炮，其实会给炮弹发射时的实际俯仰角度带来最大的误差。如果一尊大炮是指向船头或者船尾的，同时炮管又高高扬起，那么这个时候船体的横摇就会同时改变炮管的水平回旋角度和垂直俯仰角度，不过本书中大部分战舰的有效交战距离都不远，这种误差还不明显。大家一般都以为横摇会造成人晕船，实际上横摇不是晕船的主要原因，晕船主要是船体整体在海中升沉、纵摇和垂荡产生的竖直方向上的加速度导致的。① 一个人如果非常疲惫，则更容易晕船，而反复横摇容易让他更加疲倦，结果更容易晕船。

横摇周期

海浪中，船舶摇晃起来，先朝一舷摇晃到最大角度，然后再朝另外一舷摇晃到最大角度，船舶朝两舷摇晃的时间是一样长的，就像一个单摆。② 下表是一些典型实测横摇周期数据。

表 A5.1 典型横摇周期 ③

船名	横摇周期（秒）	注
"不屈"	10.5	稳心高很高，达8英尺
"君权"	16	稳心高一般，3.5英尺，由于两舷装甲很厚，一旦横摇起来，惯性很大，不容易停下
"庄严"	16	
"强大"	14	
"傲慢"	12	只有水下防御甲板的防护巡洋舰，两舷侧没有装甲带
"罗盘"	11	
各种驱逐舰	4—8	

横摇周期可以近似地表示为 $\dfrac{2\pi \cdot k}{\sqrt{g \cdot GM}}$，其中 k 是战舰的"横摇半径"，④ 也就是船体各个部分到横摇运动的旋转轴的一个平均距离 [38]，GM 是稳心高。对于一般现代船舶来说，常用的经验公式是横摇周期等于 $0.42 \cdot \dfrac{船宽}{\sqrt{稳心高}}$，注意单

① 如果一艘船的船体很宽的话，那么就会在船体两舷最靠外侧的地方，感受到非常强烈的垂直加速度。

② 今天，我们一般教科书中所谓的摇摆"周期"都是指从一个起始位置开始，摇晃到另一个位置，然后再回来，整个过程所消耗的时间。而在19世纪的时候，所谓"周期"是指船体从这一舷最大角度横摇到另一舷最大角度，所需要的时间。显然现代"周期"是19世纪"周期"的两倍。

③ E.L.阿特伍德著《战舰》（*Warships*），1904年在伦敦出版。

④ 真正的"惯性矩"是把船上随着横摇而摇摆的所有部件——甚至包括上船体两舷那些跟着船身一起晃动的海水——的重量，各自乘以到船体摇晃的转轴的距离的平方，然后再加起来。而船体横摇的惯性半径就是把惯性矩开平方，然后再除以上述所有组成部分的总重量。[37]

位都是英尺。作者我发现，上表中那些战舰竟然也能比较好地契合这个现代船舶的经验参数。如果舷侧有厚重的装甲板，那么横摇的惯性就会增大不少，造成缓慢和长周期的横摇。横摇周期越长的话，横向加速度也就越少，让摇晃更加舒缓。

横摇的理论研究

　　威廉·弗劳德在 1861 年最早提出了关于船体在海浪中横摇行为的理论解释，后来的几十年中，又有很多后继者为这个理论添砖加瓦。尽管弗劳德的理论是正确的，却不实用，因为计算量太大，只有等到电子计算机开发出来之后才能实现。弗劳德也明白当时的条件限制，所以他转而依靠模型水池试验来预测实际船舶建成后的横摇行为，尽管他建立了一套这样的办法，但是仍然非常耗时耗力，而且理论上仍然显得晦涩难懂，结果还是没有得到广泛的运用。1872 年的时候，弗劳德向议会的一个调查委员会讲道，他的宝贵研究成果在战舰设计中没能得到充分运用。

　　威廉·弗劳德的研究结果表明，不同的战舰如果拥有近似的横摇周期，那么在遇到类似的海况时，会产生类似的横摇行为，而且横摇最为剧烈的时候，就是战舰固有横摇周期恰好跟海浪的周期一样的时候。弗劳德还发现，稳心最低、固有横摇周期最长的战舰，一般来说在海上最不容易发生剧烈的横摇[39]。这个说法从今天来看，基本上正确，不过还需要在后文专门辟出一个部分，详细解释。比如，第二章提到里德设计出来的"大胆"号铁甲舰建成后稳定性太糟糕，需要添加底舱压舱物，这都是因为里德对弗劳德的这个理论太过于盲从了！

　　后来，皇家海军用两艘炮舰做了实船测试，证明了弗劳德研究成果的正确性，后来又在"不屈"和"蹂躏"号上做了实验。那两艘炮舰是做了一个对照实验，这是两艘姊妹舰，其中一艘安装了舭龙骨，横摇减小到 6°，另一艘没有舭龙骨，横摇角度最大达到 11°。

横摇的"共振"现象

　　如果一艘战舰遇上一波海浪，这波海浪的周期恰好跟战舰横摇的固有周期一样，那么浪头就总是拍击船帮的同一个位置，于是海浪的拍击就会不断增大战舰本身的横摇，于是战舰就感受到最严重的横摇。这种情况就叫作"共振"，由于每一艘战舰的固有横摇周期都不一样，于是组成一支舰队的各艘战舰可能也有不同的固有周期，结果面对同一种海况，可能舰队中有的战舰就像完全感觉不到海浪推搡一样岿然不动，而有的战舰已经被海浪冲击得严重横摇了，所以，一些 19 世纪编队航行时观测并记录下来的所谓的"各战舰横摇情况比较表"，其实也就没有什么意义了。

1871 年战舰设计委员会下面专门成立了一个子委员会，来调研这种共振横摇的危险性，特别是"蹂躏"号这样的低干舷铁甲舰在遇到这种情况时有没有翻船的危险。这个子委员会发现，船体发生最严重共振的时候，也就是海浪恰好从舷侧方向涌来的时候。不过，一旦等到海浪涌上低干舷战舰那低矮的露天甲板，这艘战舰的固有横摇周期便会发生改变，[40] 这样战舰的横摇也就不再跟海浪形成共振了。

横摇角度的准确测量

19 世纪留下的一些文献资料中的横摇角度，是用简易单摆测量出来的，由于单摆会受到横向加速的极大干扰，就像人的平衡觉器官一样，所以这种测量不准确，舰桥上架设的单摆有时候甚至能出现两倍于实际横摇角度的巨大表观横摇角。想准确地测量横摇角，一定要准确地判断海平线的方向，但遇到横摇很剧烈的恶劣天候海况，海上波涛汹涌，可能连海平线在哪都看不见了。弗劳德于是研发出一款特种测量装置，使用一个摇晃周期特别长的单摆来准确测量横摇角度，不过这个仪器巨大而笨重，并且需要仔细维护，所以也用得很少。[①]

如果一艘小船遇到一排大浪，那么这艘小船极有可能被大浪胁迫，按照大浪的周期来横摇，小船自身的固有横摇就体现不出来，不过这种受迫横摇通常也不会十分剧烈。实际海况往往都是许多浪高和周期不一样的大小波浪叠加在一起，那么一艘船往往就只会对最接近它固有横摇周期的那种海浪，做出最明显的反应。由于这种海浪的周期通常都很长，在一大阵海浪中，只有寥寥几波，于是人们就会经常看到这样一种费解的情况：一艘船横摇的方向看起来跟海面上正盛行的那些波浪的涌动方向截然相反。

当一波海浪通过船底的时候，由于海面起伏不定，海浪的波峰和波谷处的水面高度和静水压也就不同，因此船舶此时的稳定性也就会跟处在静水中时不一样。一般来说，如果一排波浪的波峰通过舯部时，船舶的稳定性最糟糕。那些高速船舶最容易受到这种情况的影响，当时的早期驱逐舰和今天的快速巡逻艇都在这方面遇到麻烦。

稳心高

威廉·弗劳德 1861 年的研究表明，稳心高越低矮，就越不容易剧烈横摇，不过实际上，这种效果是很复杂的。[②] 稳心高如果很高，横摇的角度通常不会很大，但是横摇的速度会快很多，导致横摇时的加速度太高，横摇的力量很猛。

① 这个装置现陈列在南肯辛顿的科学博物馆。
② 对于舰载艇和小型船舶，最好让稳心高很高，从而避免与海浪发生共振。

理论计算和实践经验都表明，对于通常形态的船舶而言，如果稳心高比较低矮，那么它遇到从船尾两侧后方涌来的海浪时，最容易出现共振加强横摇的情况；而如果这艘船的稳心高比较高，遭遇从船头两侧前方来的浪时更容易出现这种情况。稳心高越低矮，横摇周期越长，由于海上的波浪很少有周期很长、波面非常陡峭的大浪，因此越不容易出现共振，横摇也就不会那么剧烈了。小型舰艇往往不敢采用太低的稳心高[41]，这时候如果想要避免跟海浪发生共振，可以走向另一个极端——让稳心高特别高，这样也只有很少的海浪能跟这样的高频横摇共振。

所以，战舰设计师选择的稳心高应该刚刚好，既需要保证战舰即使在严重战损的情况下仍然不会翻船，也不能够让稳心高太高，导致船体横摇加速度过大，横摇太剧烈。这不是个容易达到的目标，有很多时候可能根本做不到。19 世纪后期的许多游轮都设计成稳心高很低矮，完全依靠高干舷来在大角度横摇时给予游轮足够的复原力矩。对于这样的船舶来说，在船体没有战损的时候，那便具有很好的稳定性，可是如果船体被打出破洞，因进水而损失了一些稳定性，那么情况就不容乐观了，因为高高的舷侧可能已经没有水密性了。

减摇措施

光滑的船底对船体横摇的阻力是很小的，不过可以通过安装舭龙骨来大大增加船体对抗横摇的阻力。弗劳德的研究工作证明了舭龙骨对于减小横摇的作用，不过在此之前，人们已经开始给战舰安装个头比较小的舭龙骨了。弗劳德还发现，安装舭龙骨虽然会增加航行阻力，不过这个阻力很小，几乎对战舰的航速和续航力没有明显影响。不过即便有了弗劳德的研究，很多人还是不愿给战舰安装大型舭龙骨，时至今日仍然是如此；整个 20 世纪，有太多的船在投入运营后才发现需要返回干船坞去换装更大的舭龙骨。[①] 不过，最好不要让大型舭龙骨伸到船体两舷最宽处以外去，因为那样可能会让船舶无法进入宽度有限的干船坞。

在"不屈"号和后续 4 艘缩水版准姊妹舰上，还安装了底舱两舷减摇水柜，这是当时还很年轻的菲利普·瓦茨在埃德蒙·弗劳德的协助下琢磨出来的一种新装置。水柜中的水可以在水泵动力下运动，水的流动速度跟水柜中水量的多少有关。调节水柜中水的运动速度和运动方向，就能产生刚好把船体横摇抵消掉的力量。从原理上来看是行得通的，现代船舶也用这套设备获得了一定的成功，不过当时安装在主力舰上的减摇水柜尺寸太小了，基本上没法起到什么可见的效果，而且这些水体撞击水柜时发出的噪音在船体内四处回荡，非常恼人，于是很快就把水柜淘汰了。

① K. A. 蒙克（Monk）撰《战舰横摇标准》（*Warship Roll Criterion*），发表于 1987 年在伦敦出版的《皇家造船工程学会会刊》。

船体横摇造成的其他一些问题

到 19 世纪 80 年代，随着后装炮的普及，炮管变得越来越长，这样炮管就有可能随着船体的横摇而直接插进海水里面。

如果你觉得你的数学达到了一定水准，那么我推荐你去阅读 A. R. J. M. 劳埃德博士所著《恶劣海况下的船舶性能——高海况适航能力》（*Seakeeping, Ship Behaviour in Rough Weather*）这本书，1989 年在齐切斯特（Chichester）出版。关于船舶高海况下的性能，作者我主要都是从劳埃德博士那儿学到的，这里感谢他亲自修改这篇附录。

附录 6：船体结构的载荷和结构强度

早在 18 世纪，法国的布盖（1746 年）和德国地区的欧拉（1759 年）就曾经通过分析发现，船体结构的载荷情况跟这艘船从船头到船尾各个分段承载的重量有关，同时也跟这艘船在静水和在波浪中从船头到船尾各个分段所受到的浮力大小有关系，各个分段的浮力跟它承载的重量之间的差别越大，这种结构载荷也越大；虽然从今天来看，布盖和欧拉的分析并不完善。后来，19 世纪初英国的瑟宾斯对这种载荷问题给出了正确的描述，然后他据此给自己的设计都增加了对角线内肋骨。[42] 1866 年，朗肯 [43] 写了一本书——《造船工程学的理论与实践》（*Shipbuilding–Theoretical and Practical*），总结了各方的研究成果，伊萨克·瓦茨、巴恩斯以及纳皮尔的经验积累与研究成果都收录在这本书中。朗肯给出了一种计算船体载荷的曲线图，也就是把船体各个分段承载的重量和受到的浮力都用图示代表，然后通过积分曲线下的面积，就能对船体侧壁受到的剪切应力给出相应的数值分析来，最后把这些应力合并，就能得到整艘船的船体所受到挠矩（Bending Moment）的大小。朗肯第一次把一个材料的受迫形变量（Strain）跟材料在这种形变的情况下会感受到的应力（Stress）[①] 给区分开来，形变量、应力和挠矩三者合在一起，就可以科学地设计出不容易受迫变形的结构了。里德指导他的新助理威廉·怀特把这种计算方法发展成了一套完整的船体结构力学设计流程，1871 年里德在皇家学会宣读了这个成果。[②]

船体结构载荷

就算是在静水中，船体从头到尾的各个分段承载的重量和受到的浮力，也不见得相同（具体情况已在第二章中怀特的图文描述里详细介绍过了）。因此，一艘船身上各个分段难免会因为这种浮力和重力的不同，而感受到垂直向上或者向下的合力。这股力量会拉着相邻的分段上下错位，于是把这种力称为剪切力（Shearing Force）。可以把一艘船从船头到船尾各个部位的浮力和重力

① "应力"指的是受力结构的单位横截面积上感受到的载荷的大小，即压强。"受迫形变量"则指的是一个承受载荷的结构件每单位长度发生的形变量的大小。

② E. J. 里德撰写《船体在静水、波涛以及极端条件下重量和浮力分布不均匀的情况及其产生的效果》（*On the unequal distribution of weight and support in ships and its effects in still water, waves and exceptional positions*），发表在 1871 年在伦敦出版的《皇家学会哲学通讯》上。

的差别画在一张图上，然后对得到的曲线的线下面积进行积分，也就得到了剪切力从船头到船尾的变化情况[44]。这样就得到了剪切力曲线，再计算这根曲线的线下面积，就得到了整艘船受到的挠矩的大小，正是挠矩使得甲板和龙骨感受到了应力。

当波浪经过船身时，浮力从船头到船尾会发生一系列变化，而当一排波浪的波长刚好跟船体的长度一样时，往往造成最严重的载荷负担。这种极端条件还包含两种情况：一种是波峰位于舯部，船头船尾下方刚好是波谷，于是首尾缺少浮力支撑，龙骨容易上弯变形；另一种是船头船尾遇到波峰，舯部遇到波谷，这时舯部缺少浮力支撑，龙骨容易下弯变形。① 两种情况下，载荷、剪切力和挠矩曲线见第二章。

计算方法

里德这篇论文介绍了当时海军部的设计部门已经在使用的载荷和结构强度的标准计算方法。首先计算整艘船从船头到船尾的重量分布情况，这个计算虽然枯燥，但还不算太困难。然后假设船漂浮在水中，遇到一道波浪恰好从船头正前方涌来，而且这道波浪的波长跟船身长度正好一样，再分别计算波峰和波谷经过舯部时，船舶的受力情况。尽管 19 世纪末有一些简易机械计算机的帮助，这种计算仍然冗长，而且工作量大得可怕。刚开始做这种计算的时候，选定的波高，是假定战舰能够遭遇到的最极端情况下那种波长很长的波浪的波高，不过后来逐渐把这种计算的标准确定了下来，一般都选择波高是波长的二十分之一，而波长等于船体长度，在第十一章介绍的"狼"号实验之后，这个比例被正式确定下来了。② 后来，又对计算中的一些细节进行了优化，船上弹药、燃料和后勤物资的存放位置都做了改进，好保证模拟的大浪经过船身时，船身总是遭到最大载荷的压迫，后来甚至尝试计算过真实的波浪经过船身时，波面上各个位置的压力变化的情况。

当时的设计师们也很清楚，这种计算只是一个理论模型，它本来就不能完完全全地代表一艘战舰在实际服役过程中，在大海上遇到八方来浪所遭遇到的极端载荷情况，不过从今天的视角来看，这种计算跟实际情况其实也相差不远。波长能够达到波高二十倍的大浪在正常自然条件下也是相当罕见的，而且一般在设计船身非常细长的船舶时，设计师往往都会不自觉地把船体强度加强一些。

船体的整体结构可以看成一个截面为箱形的大梁（Box Girder），就是这个大梁承担了上述载荷，大梁的底板和顶板（Flange）分别是船底和露天甲板，而舷侧外壳则是箱形梁的侧板（Web）。这个大梁抵抗弯曲变形的能力，用大梁的横截面积的二次矩来表示，有时候也把这个二次矩不严格地称为它的惯性矩。整艘

① 偶尔会计算其他形态的波浪对船体造成的载荷情况，看一看会不会让船体承受的载荷更高，不过一般来说，上文介绍的这两种波浪就是所有普通船舶能够遇到的最严峻的形势了。

② 今天计算的流程其实跟那个时候非常类似，只不过现在要求不管船体和海浪的波长有多长，浪高一律按照 8 米计算。

船作为一个箱形大梁，它的二次矩就是将船上所有对纵向强度有贡献的结构件的横截面积，各自乘以它们到弯曲形变的"中性轴"的距离的平方。这个简单估算也存在两个问题。首先，计算之前并不知道弯曲形变的"中性轴"在哪里。当然这很好处理，先随便假定一个位置就是中性轴所在位置，然后经过上述二次矩的计算之后，中性轴的真正位置就可以表示成跟最开始假定的这个位置之间的距离，于是只需要简单修正一下就可以了。中性轴位置的推算并不困难，只需半天，但计算的时候要时刻脑子清楚，不然容易出错。

第二个问题就困难多了：到底哪些船体构件对纵向强度真正起了作用，哪些就是摆设呢？很显然，甲板舱盖之间那些短加强筋就无法对整艘船的纵向强度有实质贡献。各个构件之间连接用的铆钉会在板材上留下铆钉孔，铆钉孔是一个结构上的薄弱环节，所以在计算结构强度的时候，如果遇到有铆钉孔的部位受到应力，那么它的有效截面积通常按照实际截面积的七分之六来算。[①] 如果两块构件被铆钉连接起来的部位恰好受到强大的应力，那么这个连接部应该设计成什么样，就是个很复杂的问题了，[②] 必须最大限度地降低铆钉孔对板材局部结构强度的破坏。木制甲板条和船底的包铜则可以补强船体的整体纵向强度，它们的结构强度按照跟它们截面积一样的钢材的结构强度的十六分之一来计算。舷侧装甲板一般都认为可以帮助船体抵抗压迫应力，但是基本上无法帮助船体抵抗拉力，因为各块装甲板之间的接缝没有彼此连接在一起[45]，装甲防御甲板一般都按照结构甲板来施工，计算中也会算作船体强度结构的一部分。

明确了上述问题后，强度的计算其实有一个非常简单的估算公式 $P = \dfrac{M \cdot y}{I}$，其中 p 是应力，M 是整艘船的挠矩，I 是整艘船的惯性矩，y 是所计算的应力 p 跟弯曲形变的中性轴之间的距离。在设计早期阶段，这个估算中使用的挠矩是根据设计母型等比例换算出来的。挠矩一般取 $\dfrac{W(\text{排水量}) \cdot L(\text{船体长度})}{\text{常数}}$，下表是一些典型挠矩值。

表 A6.1 典型挠矩值 [③][46]

船型	最大挠矩 = 排水量乘以船身长度除以常数				
	海浪		静水	波峰在舯部	波谷在舯部
	波长 × 浪高（英尺）	波长 / 浪高（英尺）			
"君权"	380 × 24	16	297	39	51
"柏勒罗丰"	300 × 20	15	176	49	53
"无敌"	280 × 18	16	227	70	38
"米诺陶"			88	28	38
"鲁伯特"	256 × 17	15	263	43	41
"香农"	270 × 18	15	121	33	67

① 拜尔斯对于"狼"号的实例分析表明，没有必要为板材接缝处的铆钉孔在结构强度计算上做文中这样一种修正，不过当时已经形成了一种习惯，于是在计算结构强度时继续按照这个标准来进行。
② E.L. 阿特伍德，《战舰设计学》。
③ W. H. 怀特，《战舰设计手册》。

船型	最大挠矩 = 排水量乘以船身长度除以常数				
	海浪		静水	波峰在舯部	波谷在舯部
	波长 × 浪高（英尺）	波长 / 浪高（英尺）			
"阿贾克斯"	300×18	17	79	146	30
"布莱克"	375×24	16	109	32	65
"鸢尾"	300×15	20	58	29	–
鱼雷炮艇	230×11.5	20	87	23	34
驱逐舰	180×9.5	19	166	30	21

船材承受应力的能力

受到张力作用的材料，有两个性能参数可以代表它承受这种应力的能力：一是材料的极限抗张强度，强度比这个更大的张力将会让这个材料直接断掉；二是弹性形变的极限强度，超过这个强度的张力将会把材料拉得变形，让它在应力撤去后再没法回到原来的形状。材料在最终被撕裂之前伸长的长度也很重要，这个可以表达成一个百分数。下表是一些典型的数值：

材料	弹性形变极限强度（吨 / 平方英寸）	极限抗张强度（吨 / 平方英寸）	撕裂前被拉长的百分比
熟铁 *	12	20	沿着材料长度方向拉长：10；跟材料纹理相垂直的方向拉长：3
软钢	15.5	26—30	20
巡洋舰用高张力钢	20	34—38	20
驱逐舰用高张力钢	37—43		"较少"

* 熟铁这种材料性能非常不稳定，表中只是代表性的数值。

船身上任何突然的拐角和形状上缺乏过渡的位置，应力都容易集中在那里，为了避免出现意外，船体材料在船舶实际运营过程中遇到的最大应力应该远远低于这种材料弹性形变的极限应力强度；一般来说，设计船舶时计划需要抵抗的最大应力不能超过极限应力的三分之一。直到第二次世界大战之后，人们才认识到金属会在低温下突然变脆，这样会造成裂缝迅速地大范围扩张。保存至今的"大不列颠"号，它的熟铁板材在50°C左右就会变脆，保存至今的"勇士"号，它的熟铁板材在20°C左右也会变脆；沉没的"泰坦尼克"号，它的钢板在28°C左右就会变脆，钢板之间使用的熟铁铆钉在20°C就会变脆。

使用钢材替换熟铁之后，只用更薄的钢板和角材就能达到同样的结构强度，不过结构材料越薄，就越容易在压力作用下翘曲变形（Buckling）。到19世纪70年代末，设计"爱丁堡"和"巨像"号的时候，第一次开始计算材料能否抵抗压力而不发生翘曲形变。

局部结构强度

船上有很多结构件，它的强度要达到什么标准，需要由它所在的船体局部承受载荷的情况来决定，而不是由整艘船的船体弯曲变形情况来决定。这种需要达到足够局部强度的结构件，典型的有需要承受炮口暴风和撞角撞击的部件，装甲、桅杆、动力机组和旋转炮塔的承重基座，等等。由于存在这些构件，因此不能简单认为船体自重肯定就跟这艘船纵向载荷强度的大小成正比。

附录 7：干舷高度

增加了战舰的干舷高度，战舰在顶着迎头浪航行的时候，就不那么容易上浪，但战舰露天甲板上的一切设备，比如那些炮塔，也全都跟着抬高了，而且战舰的侧影更加高大，意味着需要更多的舷侧装甲来保护这艘战舰。升高干舷还会带来其他诸多方面的问题，不过最关键就是高海况适航性与装甲面积的平衡问题：一方面干舷不能太低，否则高海况时上浪太严重；另一方面干舷又不能太高，否则舷侧装甲的面积太大，重量太大。19 世纪下半叶关于铁甲舰和前无畏舰设计上应该采用什么样的干舷，各方争论不休，其核心正是这个问题。就像战舰设计的其他方面一样，干舷高度讲究的也是"刚刚好"。

最小干舷高度

19 世纪 60 年代末，设计"船长"号的时候，就连当时海军部的总设计师里德也觉得，干舷高度不是一个战舰设计上的技术问题，而应该交给有海上服役经验的战舰军官来决定。造船工程学会推荐的商船安全干舷高度是船舶最大宽度的五分之一（如果一艘船的长宽比不足 5∶1，则参见下文附录 8）。1871 年战舰设计委员会征集到的大多数建议，都赞同干舷不要太高，足够让海员在静水中到船头船尾操作船锚就可以了。不过这么低的干舷会让战舰在遭遇恶劣天候时航速大大下降，时人虽然明白这一点，但对于这个问题的严重程度似乎认识不足。1870 年的时候，还有很多技术人士和军官都希望把整艘船的舷侧船壳全都包裹上装甲，如果硬要达到这一点的话，显然干舷越高，舷侧总面积也就越大，装甲的厚度也就只能越薄了。

当时人们甚至还相信，如果海浪涌上低矮的船头，那么这些海水跟着船身一起晃动就可以减少战舰埋首，同样，里德给低干舷炮塔铁甲舰设计的装甲胸墙并不延伸到战舰的两舷，而是在两舷最外侧留下低干舷，这样设计的目的就是希望两舷上浪能够减小船舶的横摇。这个观点在一定程度上代表了一些事实，不过这些上浪只能稍微减小战舰的摇晃，而为了这点减摇效果，付出的代价似乎太高了。船壳板铆接的接缝总是会有一点渗水的，低干舷就意味着常常上浪，而上浪会通过铆接接缝漏进船身里来，水兵的居住条件就不那么令人满意了。低干舷船体的通风也不好解决，[47] 特别是船体底舱里那些通风道构成了一个安全隐患，如果船身破损，船头一直通到船尾的通风道容易成为底舱进水四处漫延的通道。

船体稳定性

附录 4 已经讲道，增加干舷高度可以增加大角度横摇时战舰的复原力臂 GZ 的长度，当然由于重心会同时升高，这种效果会稍稍打一点折扣。不过这里说的干舷高度，特别要注意，指的一定是水密干舷的高度。像船体侧壁上的那些炮门，有时候会给它们蒙上防止上浪和飞沫的布，这种防水布或许能完全阻止上浪，也可能阻止不了，但如果战舰不是左右摇晃，而是已经侧倾，使得一舷的炮门位于水线以下，那么这种防水布就肯定无法阻止海水持续地进入船体里面了，结果让战舰的横倾更加严重。不少 19 世纪后期的战舰都在船体侧面较低处开有炮门，这是一种非常糟糕的设计。像法国战舰上那种高高的无装甲防护的干舷，在交战后，很快就会被打得千疮百孔，这样一来，也没法继续给战舰提供足够的稳定性。而英国战舰都在水下防御甲板以上的船头和船尾区域进行了密集分舱，这种优良的特色设计可以有效抵挡无装甲干舷战损后的进水和稳定性损失。

干舷高度与炮位的保护等问题

早期铁甲舰上安装的科尔式和埃里克森式旋转炮塔，重量都太大，所以都只能安装在较低位置，也就强迫搭载这种炮塔的战舰几乎必须采用低干舷的设计。即使里德给低干舷炮塔舰设计了装甲胸墙，胸墙顶部的高度其实还是很低矮的。后来从法国引进的露炮台式设计大大减轻了整个炮位的重量，于是露炮台可以安装在较高的位置上，但是由于露炮台下方的船体侧壁往往都缺少装甲，炮弹一旦击穿无装甲的船体侧壁，再在露炮台正下方爆炸，那么由于这些露炮台的底板都没有装甲防护，露炮台也就很容易被摧毁。后来，在"君权"级上，借调到海军部工作的阿姆斯特朗工程师伦道尔，提出给露炮台的底板加装厚厚的装甲甲板。再后来，怀特设计前无畏舰时，直接把露炮台的装甲围壁向下一直延伸到水下防御甲板处。

19 世纪末，速射副炮的发明极大增加了副炮的战术价值，不过同时也让战舰更难抵御敌舰上类似火力的打击。威廉·怀特的装甲炮廓算是对付速射副炮的一种有效防御手段，但是当时的设计师和将领仍然觉得很有必要尽量拉开各个副炮炮位，既要在一层甲板上分散布置各个炮位，也要尽量把炮位分散到多层甲板上去。[48] 这样一来，不少战舰的上甲板上都搭载了副炮，这样的副炮炮位距离海面太近了，只要战舰稍稍左右横摇，这些副炮炮管就会插进海里去，还会导致上浪从而加剧船体横倾，而且这些副炮炮位的视野也很差。

表 A7.1 上甲板副炮炮位距离静止水线的高度 [①]

战舰	英尺
"埃德加"	10
"可怕"	15.5
"德雷克"	11
"蒙茅斯"	12
"爱丁堡公爵"	10.5

干舷到底应该多高

第二次世界大战快结束的时候，英国皇家海军开展了一场调研，研究战舰的干舷到底应该有多高。调查发现，如果一艘战舰的干舷高度差不多等于 $1.1 \cdot \sqrt{船体长度(英尺)}$ ，那么海军部就很少收到来自战舰上的关于干舷不足的抱怨声。这个经验公式没有什么太多的理论基础，只是代表了当时海军中大家比较认可的干舷高度，并且本书将这个公式作为评判干舷高低的标准。现代船舶追求高海况下的高航速，于是干舷更高了，船头干舷高度要差不多达到 $1.3 \cdot \sqrt{船体长度(英尺)}$ 。

一艘二战时期的战舰，如果长度达到 200 英尺，船头干舷也达到上述标准的话，那么它就可以在浪高 10 英尺时维持 20 节的航速，在浪高 20 英尺时维持住 10 节的航速。而本书中介绍的 19 世纪末的那些早期驱逐舰，由于干舷高度不足，在 10 英尺浪中只能维持住 10 节航速，遇到 20 英尺大浪，航速刚刚能够让船舵正常工作。

早期驱逐舰

早期驱逐舰的干舷高度特别低，只有大约 $0.5 \cdot \sqrt{船体长度(英尺)}$ ，这些船上浪严重，根本没法顶着迎头浪前进。当时采用这么低矮的干舷，主要是希望尽量降低可见目标，特别是在黑夜中；另外，干舷降低让船体结构重量大大减轻，于是这些战舰能够在静水试航的时候跑出来非常高的航速，满足建造合同中的要求。后来直到第二次世界大战的时候，降低驱逐舰的侧影从而更不容易被发现，仍然是人们设计这种战舰时追求的一种目标。

很多早期驱逐舰都带有龟背式艏楼甲板——反正总要上浪，这种龟背式艏楼能够让海水更快地从甲板上流走。贝克在第二次世界大战以后给加拿大设计

① 如果今天我不得不设计一艘船体上带炮门的战舰，那么我要说炮门距离静止水线的高度至少该达到 12 英尺，不能再矮了，尽管有人说"可怕"号的 15 英尺都不够高。

的“圣·劳伦斯”（St Laurent）级驱逐舰也采用了龟背式艏楼甲板，这一级战舰性能很成功，不过后续的战舰就没再采用艏楼甲板了。龟背艏楼建造起来成本很高，它下面的空间很难充分利用起来，而且龟背甲板中间高、两舷低，实际上就降低了两舷的干舷高度。19 世纪末、20 世纪初的“部族”级驱逐舰中，就有一两艘后来把龟背式艏楼甲板改回了传统艏楼甲板。

1901—1903 年造舰计划中的“河”级驱逐舰就采用了传统的艏楼甲板，而且艏楼干舷的高度差不多达到了 $1.1\cdot\sqrt{\text{船体长度(英尺)}}$ 的标准。“河”级驱逐舰的试航速度虽然要比那些早期驱逐舰慢 5 节，但是“河”级驱逐舰在大浪中能够更好地维持住航速，这是早期驱逐舰完全做不到的。

舰首形状

舰首的形态可以影响船头上浪的多少，不过这跟船头干舷高度比起来，可以算是一个次要因素了。对于控制上浪而言，最关键的舰首形态因素是艏柱朝前方倾斜的角度，而本书涉及的铁甲舰和前无畏舰，基本上都是竖直艏，船头并不朝前方探出去——甚至不少主力舰为了支撑水下的撞角，艏柱都是倒着朝后方倾斜一点的。此外，船头舷墙外飘也能压住海浪不涌上甲板，不过很容易做过了头。本书涉及的这些战舰的船头也缺少外飘，跟现代设计师的作品完全没法相提并论。[①]

附录 8：商船底舱的分舱和隔壁

早期的熟铁造商船个头都不大，底舱里分成三个大舱：船头有一个艏隔舱；中间是一个主底舱；船尾是一个艉隔舱。艏隔舱和主底舱之间的隔壁叫作“防撞隔壁”（Collision Bulkhead），防止撞船后船头的进水漫延到主底舱里；艉隔舱和主底舱之间的隔壁则能够防止船尾轴隧盖中的渗水漫进主底舱里来。[②] 后来，在议会通过的法令的强迫下，又给主底舱中动力机组一前一后各安装了一道横隔壁。这样，主底舱也被划分成了几乎差不多大的三个空间，对于一艘小型船舶来说，这种分舱也算是非常合适的了。[③] 后来，铁造货船个头越来越大，船身越来越长，同时发动机组的改良又让发动机舱的长度越来越短，这样一来，主底舱中只有中间一个短短的发动机舱和前后两个很长的主货舱，这种三分法分舱就有点显得不那么安全了，因为每个主货舱的长度都几乎是发动机舱的两倍了。

《海商法》（*Merchant Shipping Act*）没能够赋予政府的贸易部巡检员足够的权威，来向各个船东要求给商船安装更多的底舱水密横隔壁，后来到了 1862 年的时候，《海商法》中关于这个问题的规定直接作废了，时人认为应该

① 直至今日，船体侧壁上的外飘结构以及各种可能让海浪撞击在上面破碎成飞沫的凸起物，都会在设计师中间引发激烈的争论，因为目前关于这些结构的设计仍然缺乏明确的事实证据可供参考。作者我对这个设计要素的认识，充分体现在今天“城堡”（Castle）级远洋巡逻舰（OPV）[49] 那明显的船头外飘和折角造型上，当然我在这一点上也可能做得稍微有点过头。

② D. K. 布朗撰《商船底舱隔壁发展史》（*The Development of Subdivision in Merchant Ships*），会议论文，提交给 1996 年在伦敦举行的“英国造船工程学会船体水密性会议”（RINA Symposium on Watertight Integrity）。

③ J. 邓恩撰《水密隔壁》（*Bulkhead*），发表于 1883 年伦敦出版的《造船工程学会会刊》上。

让商业航运的业主自己去制定他们认为合适的自治法规。那些负责任的船东一般都会要求他们旗下的货船符合政府的一般规定或规格更高的底舱水密隔壁，而且这样的船东也觉得政府进一步提高要求是对正常运营的一种干扰。比如，阿尔弗雷德·霍尔特（Alfred Holt）1877 年发表了一篇经典的文章[①]，其中有一个很长很长的段落是在指责当时政府监管的："以安全的名义，政府对我们的运营可以横加干扰。"霍特和其他负责任的船东都没有注意到，当时其他很多船东的安全标准是多么的偷工减料、敷衍了事。

商船失事通常都惨绝人寰，于是造船工程学会 1860 年刚一成立，做的第一件事情就是由学会理事会来调研和制定商船安全航行的新标准。学会建议，至少要让游轮在底舱里有两个水密舱室都进水的情况下仍然不至于沉没，而且所有民间船舶都至少要保证底舱里有一个水密舱进水时也不至于沉没。直到 1890 年[50] 的时候，这个标准才最终得到业界的接受。

1870 年，利物浦船东协会（Liverpool Underwriter's Association）的朗德尔（Rundell）致函造船工程学会，报告了利物浦的船东判断船舶安全干舷高度的各种经验规则。朗德尔所属协会认为，底舱深度每增加 1 英尺，干舷高度就要相应增加 3 英寸，而造船工程学会建议干舷高度要达到最大船宽的八分之一，还有的船东要求干舷高度必须让船舶拥有相当于正常排水量的三分之一的储备浮力[51]。令人颇感意外的是，当时人们根据上文提到的委员会报告，决定不再给船舶干舷划定任何硬性标准。战舰设计师、商船建造商还有船东都认为，干舷高度最好由各方自行决定，不需要一个统一的标准。

1875 年，海军部考虑要把商船作为战时的辅助巡洋舰来使用。海军部最后挑选出来适合作为辅助巡洋舰的商船，都是即便底舱里有一个舱室进水仍然能够保持浮力不沉没的那些。1875 年的时候，达到这个最低单舱室安全标准的英国商船竟然也只有 30 艘，全英国剩下的 4000 艘登记吨位达到 100 吨以上的商船都不达标——也就是说这些商船的船头隔壁和船尾隔壁之间的漫长船体上只要有一个小洞，进水就会失控，最终让它们沉没。邓恩[②] 的分析表明，上得了海军部备选名册的商船和那些上不了名册的商船在安全性能上确实存在不可忽视的差别。从 1875 年到 1882 年的这 6 年间，连海军部名册上的这些商船每年也有八十六分之一的概率会因为各种事故而沉没，而那些进不了名册的商船因事故沉没的机会则高达二十五分之一。商业航运界对邓恩的这篇文章接受度还不错，没有表现出那种惯常的敌视态度来，例如，威廉·丹尼甚至说："海军部，特别是巴纳比先生，可以说是用他们大力倡导的底舱水密分舱给商业航运的安全带来了革命性的飞跃。"

① A. 霍尔特撰《19 世纪最后 25 年蒸汽航运业发展进程回顾》（Review of the Progress of Steam Shipping during the last Quarter-Century），发表在 1877 年伦敦出版的《土木工程学会会刊》。
② J. 邓恩《水密隔壁》。

什么样的隔壁才算真正的水密隔壁

商船上很多隔壁其实都对保存水密性基本上毫无作用；比如说，邓恩的报告就指出，很多商船上的隔壁还不如不安装它们来得好呢，有的隔壁甚至会让商船受损后更快沉没。这些所谓的"水密隔壁"最常犯的一个错误就是不够高，只是从船底延伸到正常水线以上不太高的一道甲板处，这样一来，即使底舱中只有一个水密舱进水，进的水也能够漫过靠近船头或者船尾的这种水密隔壁去，继续漫进相邻的水密隔舱里[52]。

有些隔壁虽然能够一直延伸到水线以上相当高的位置，可是结构强度成问题。隔壁的结构强度需要达到多高呢？至少要能保证，隔壁一侧的舱室进水到船舶已经接近沉没的时候，这种进水量造成的静水压仍然不足以压坏隔壁。一旦隔壁安装到位，就很难去检验结构强度是否达标了，因为很难在船上模拟这种极端水压的情况，所以直到第二次世界大战的时候，都仍然会出现隔壁结构强度不足而损坏的事故。不过随着商业航运的发展，像劳埃德（Lloyd）船级社和英国商船联合会（British Corporation）这样的分级协会，逐渐制定出一系列水密隔壁施工标准，于是这种恶性事故也就大大减少了。隔壁和船底相接处容易被底舱的污水腐蚀，而且这些部位人也很难到达，这个问题加剧了隔壁结构强度不足的问题，而且在撞船和搁浅事故中，随着船体外壳变形，隔壁边缘和船壳相接处也容易出问题。

塞缪尔·普利姆索尔

19世纪中叶的时候，蒸汽商船失事成了家常便饭，这引起船东、设计师以及那些代表英国社会良心的公益人士的担忧。1866年，一位名叫詹姆斯·霍尔（Hall）的东北船东开始呼吁制定相关法律法规，来规范商船的设计和运营，提高商船的安全运输标准。后来，来自德比（Derby）的议员塞缪·普雷姆索（Smuel Plimsoll）扛起了这杆大旗，开始为提高商船的安全标准而在议会中活动。不过这场呼吁提高商船标准的运动受到了船东的抵制，斗争非常激烈，因为那些有责任心的船东被舆论不分青红皂白地贴上了爱财不要命的黑标签，所有商船在民众眼中都是超载的活棺材。这场风波中，人们提出的很多提高安全标准的建议，不是不够实际，就是没有什么价值。

最终，议会指定了一个专门的调查委员会，来调查当时哪些商船达不到海上安全航行的标准。1874年，委员会提交了结果报告；第二年，议会通过了基于委员会调查结果制定的《海商法》。《海商法》首先要求每艘商船都要在船体侧面刷涂一个最高水线标志，用来表明商船载荷不得超过这个最高警戒水线，这个标志当时就叫作"普雷姆索标志"。不过，1875年的时候，商业航运界还没有建立统一的行业标准，来厘定商船船体进水后应该如何计算进水量和警戒水线的位置，所以《海商法》的原文中只能让商船主自己决定应该在船身上多高的位置画上警戒水线。

到 1882 年的时候，劳埃德船级社已经建立了一套商船安全干舷高度的计算办法和标准，于是在标准出台后的一年之内，就有大约 2000 艘船自愿接受这个标准的打分，并获得了安全资质证明。劳埃德船级社不断完善改良他们的干舷高度标准，在 1885 年终于形成一套明确的安全规则。后来，贸易部组织了一个专家委员会，专门调研商船满载水线的安全标准，委员会调研了劳埃德船级社的标准后，就鼓动议会于 1890 年通过了一系列法规，要求商船必须划定一条满载吃水线，这个吃水线要么必须经过像劳埃德船级社这样的少数几家具有资质的分级机构的鉴定，要么必须向贸易部提交证明自己达到了类似的安全标准。1881—1883 年之间的 21 个月里，一共有 120 艘铁造蒸汽商船因为这样那样的原因失事。这些船中，没有一条可以在底舱中一个隔舱进水后，仍然不会沉没的。

1887 年，海军部指定一个以查尔斯·贝雷斯福德勋爵任主席的特别委员会，调研当时商船上救生设备和救生艇是否配备齐全。这个委员会的成员包括很多著名的商业航运大亨，委员会后来给出了两条建议：首先，设立一个专家组来制定商船上救生设备的新标准；其次，底舱分舱的程度是船舶遇险后生存的关键，船舶能在遇险后长时间保持漂浮，是救生行动成功的关键，而这又完全取决于底舱分舱的程度是否足够高。这第二点建议显然超出了这个特别委员会的职权范围。

很快，白星游轮公司的老板托马斯·伊斯梅爵士就牵头成立了制定新救生规则的专家组，组中其他成员也都是航运大亨。1889 年，这个专家组提交了一份报告，建议大大增加商船上日常搭载的舰载艇，1890 年，这个建议通过立法程序获得了法律效力。讽刺的是，后来伊斯梅的"泰坦尼克"号失事沉没，凸显出这些安全标准其实远远不够。

同时，"泰坦尼克"号的制造商爱德华·哈兰（Edward Harland）爵士也牵头成立了一个专家组，讨论商船底舱分舱和施工标准的问题。这个专家组后来也提出了一套大大改良的行业标准。按照新标准，几乎所有的游轮都要能够抵抗两个分舱进水而不沉没，所有的货船都要能够抵抗一个分舱进水而不沉没。不过新标准也允许那些达到了底舱充分分舱标准的游轮削减一点救生艇搭载量，不过"泰坦尼克"号并没有减少自己的救生艇数量，这艘客轮的救生艇数量其实大大超出当时的硬性规定。

附录 9 :《海防法案》批准建造的战舰的造价

1894 年 3 月，政府财务部的审计长（Auditor General）向议会汇报了[1]，《海防法案》批准建造的那批战舰在海军船厂建造及在民间船厂合同建造的成本核算情况，这份报告被后来成为海军船厂总监的埃尔加整理总结成一篇文章。[2] 这篇文章成了我们今天比较当时海军船厂和民间船厂造船成本时最好的一份参考材料，当时海军船厂能把造价压得那样低，离不开威廉·怀特早先进行的机构重组和改革。

造价说明

表中的造价的单位是千英镑；每一级战舰都有上下两行，上面那行代表海军船厂的平均造价，下面那行代表民间船厂合同建造的情况。

即使这些数据经过了仔细记录和整理分析，看起来也不好随便比较，随便下结论。很多数据看起来都似乎存在较大偏差；[3] 比如，为什么船体包了铜皮的巡洋舰的动力机组就一定会比那些没有包铜皮的巡洋舰，在成本上高出来 3% 呢？没有留下任何相关解释。这些数据中最可靠、最有用的恐怕就是单纯的船体造价了，而且可以肯定的是，海军船厂建造主力舰的时候，船体造价总是比民间船厂更低廉，因为海军船厂几乎总是比民间船厂设备更加齐全，而且在战舰建造方面积累了更加深厚的经验。不过埃尔加也注意到，等到建造"庄严"级的时候，民间船厂合同建造大型战舰的经验已经比较丰富，民间船厂和海军船厂之间造船成本的差距在缩小。反过来，民间船厂在建造那些小型舰艇的时候，就会比海军船厂更经济实惠。埃尔加还解释了一些看起来异常的情况背后的原因；例如，德文波特海军船厂当时基础设施水平还不行，而希尔内斯船厂当时还没建造过大型战舰，结果在这两个船厂建造的那两艘船底包铜的二等巡洋舰，都比民间船厂还要贵。

埃尔加指出，各个造船厂家的船材采购成本几乎是没有差别的，海军船厂建造的战舰上，动力机组的成本似乎要高一些。他还指出，民间船厂的工人工资似乎要更高一些，但是工资和工人付出的劳动量是成正比的，所以总体来看，劳动力成本在海军船厂和民间船厂之间也没有什么显著的差异。

在怀特改革之后，海军船厂采用了新的簿记和核算方法，这就无法拿 19 世纪最后 10 年的这些战舰的建造成本跟更早时候的战舰进行比较了。但埃尔加还是列出来"君权"级的每吨船体（不含装甲重量）的人工成本，结果如下文第二个表格，但埃尔加也提醒读者注意，这样的比较非常粗略。

尽管这些数据看起来偏差很大，不那么可靠，但还是清楚地显示出一个总体趋势，那就是战舰船体本身的每吨造价在逐年下降。早期船体造价居高不下

[1] 财务大臣兼审计长查尔斯·L.莱恩（Ryan）的报告（Report of the Comptroller and Auditor General），1894 年 3 月 31 日归档。

[2] F.埃尔加撰《战舰造价》（The Cost of Warships），刊载于 1895 年在伦敦出版的《造船工程学会会刊》。

[3] 埃尔加记录了每艘战舰的造价。

① 注意，埃尔加和怀特关系不好，结果《战舰造价》一问没有提及怀特所做的重大贡献。

的主要原因是，战舰搭载的舰载武器甚至直到战舰开工建造的时候，都还没有确定下来，在建造过程中，甚至主武器都可能发生变动[53]。由于这种情况的存在，海军部便不会想着加快战舰的建造进度。而固定的设计和快速的建造才能压低造价。威廉·怀特 1885 年后进行的船厂机构调整提高了管理水平，进一步压低了造价，① 同时，船厂基础设施水平的提高也加快了造船的速度。

虽然船体本身的造价以及发动机组的成本都变得越来越低廉，装甲的成本却越来越高，以至于"君权"级的装甲的成本已经相当于船体本身造价的一半了。埃尔加的这份报告最后讨论了间接经费，并指出在海军船厂中，就算不建造新的战舰，这块花销也免不了。议会本来希望海军船厂的间接经费能够控制在跟民间船厂一样的水平，不过始终也没法实现。

当时各种各样的调研活动最终都没能回答，到底是海军船厂还是民间船厂建造成本更低廉，不过我们可以肯定的是，一般来说海军船厂的建造速度都更快，而造得越快，往往成本就越低。

表 A9.1《海防法案》批准建造的战舰的成本

舰种		建造数量	船体造价	发动机组耗资	舰载武器耗资 [a]	直接成本 [b]	总成本 [c]
主力舰		5	593	102	86	783	844
		5	683	97	84	873	883
一等巡洋舰	船底包铜	2	232	97	35	363	397
		2	234	97	34	369	374
	船体未包铜	2	224	103	37	364	402
		3	224	95	34	356	361
二等巡洋舰	船底包铜	2	118	60	12	190	214
		8	107	66	10	184	187
	船体未包铜	2	98	67	10	175	190
		9	97	65	10	173	175
三等巡洋舰		4	77	55	8	140	157
		5	64	46	11	123	123
鱼雷炮艇		5	28	24	6	58	66
		5	26	20	5	52	52

a. 舰载武器包括火炮和鱼雷管的成本，以及舰载汽艇的成本。
b. 这一列的数据其实是前面各列相加的和，但对于民间船厂，这个数字却和前面各列的和略有出入，这是因为民间船厂还要负担海军部外派到船厂的巡检人员的一些开支，这些也算在民间船厂的直接费用里。
c. 所谓总造价就是直接费用加上间接费用。海军船厂的间接费用总是要比民间船厂的高，例如建造主力舰时，海军船厂的间接经费开支是 6.1 万英镑，而民间船厂的只有 1 万英镑。

表 A9.2 船体本身每吨的人工成本

主力舰	建造年份	每吨成本（英镑）	巡洋舰	建造年份	每吨成本（英镑）
"阿贾克斯"	1876—1885	46.5	"鸢尾"	1875—1879	44.2
"阿伽门农"	1876—1885	46.2	"加拿大"	1879—1883	44.0
"爱丁堡"	1879—1885	53.9	"厌战"	1881—1888	48.0
"巨像"	1879—1886	57.4	"默西河"	1883—1887	41.9
"科林伍德"	1880—1887	49.7	"美狄亚"	1887—1890	31.4
"安森"	1883—1889	42.8	"布兰奇"	1888—1891	38.5
"英雄"	1884—1888	44.4	"帕拉斯"	1888—1891	32.1
"特拉法尔加"	1886—1890	36.3	"皇家阿瑟"	1890—1893	36.7
"君权"	1889—1892	32.0			

译者注

1. 当时还没有现代意义上的德国，也没有奥地利；奥地利大约相当于当时的奥匈帝国，德国大约相当于当时的普鲁士。

2. 也就是不允许交战国政府准许本国商船和私人武装力量抢劫敌国商船。

3. 这恐怕是针对交战国之间的一些外交冲突。比如根据这条规定，交战国就不可以再仅凭一纸电文，就声称对敌国进行了封锁，敌国商船继续随意出入"遭到封锁"的港口时，交战国就不能以此为借口，策动新的作战活动。另外，这份协议让中立国有了指称敌国"封锁无效"的权利，这样中立国就可以鼓动本国商船继续跟本国所支持的那个交战国进行贸易，让战事朝着对中立国有利的方向发展。

4. 当时美国海军根本不能与英法相提并论，一旦正式交战，只能通过海上贸易战来袭扰英国的海上生命线。

5. 指用迈克劳林展开法来手工计算任意曲线围成的面积。

6. 即倾覆力量所做的功。

7. SNAME=Society of Naval Architects and Marine Engineers。

8. 把这个理论发展成熟的是18世纪的法国人布盖，所以本书作者又不提到底这个理论是谁提出来的。

9. 也就是把一艘船看作一个单摆，摆心是稳心，摆锤是重心。

10. 今天一般推荐在5°范围内。

11. 像本书第四章的低干舷浅水重炮舰，以及双体船等特殊船型，不能简单套用公式。

12. 前文作者说了，早在19世纪，就提出了复杂数学方法来计算复杂曲线下的面积。

13. 一艘战舰上搭载的物资和船体本身的各种结构件，形状都太复杂了，不好计算，而且这些东西的数量非常多，在没有计算机的时代很难准确统计。

14. 面积的二次矩即惯性矩，等于水线面面积乘以这个面到浮心的距离再乘以这个距离。作者在脚注中给出的式子代表船上某个部件到船体"中性轴"那个高度的垂直高度，而不是到中性轴的直线距离，而且"面积的二次矩"，顾名思义，一定是一个面积积分，也就是要连续积分两次，可见作者这里写错了，应该写成 $I = \iint y^2 dx dy$，代表船上某个部件所占的面积"dx·dy"，乘以这个面积到中性轴的垂直高度"y"，然后再乘以这个高度y。可见作者数学修养一般。

15. 排水量W通过船舶在实验时的水线位置和船舶的图纸，手工数值积分算出来，准确度相当高。

16. 肯定不止测量了一个横倾角度下的情况，而是测量了很多个角度。

17. 还是手工计算图纸上的排水量，再通过稳心理论计算出来。

18. 今天任何船舶设计的基础教材都会把这个方法和它的复杂受力分析情况重复一遍。

19. 极坐标就是一个圆，而不是我们初高中学的xy坐标系。船体横倾，本来就像单摆和钟表表盘上的指针一样运动，用极坐标，数学公式的形式一下就得到了大大简化，计算起来就方便多了，达到了实用的标准。

20. 这个计算尺也基于巴恩斯所采用的极坐标计算系统，计算尺的原理就是让一个小轮子沿着图纸上的曲线滚动，同时轮子的轴就在极坐标中扫过一个不规则扇形，转轴另一端带动一个可以朝各个方向任意旋转的小球，小球再带动一个齿轮，最后齿轮的转动就代表了这个不规则扇形的面积。

21. 实际上早就开发出来了，太贵，海军部不舍得买。

22. 比如船体朝左舷倾斜，底舱左舷的液体也朝左舷倾斜，于是液体就在船体里推着船更加朝左舷倾斜，可见降低了稳定性。

23. 当时普通大众不明白自由液面的危险性，酿成过悲剧：随着蒸汽推进系统的普及，商船船型设计越来越科学，很多渔船都装备了大功率发动机和高高的风帆，这样就可以把刚捕捞上来的鱼快速运回陆地上，生鲜海鱼第一次走上了上流社会的餐桌，不久后，有些渔船开始追求"活鱼"，在船上安装了大尺寸的海水缸，结果翻沉。

24. 大角度稳定性主要靠干舷高度高。

25. 这个计算本身也就假定了船底这个进水的大舱必须左右舷对称进水，而当时的设计师还习惯于把动力舱中间弄一个纵中线隔壁，可以说缺少必要的科学思维训练，分不清前提、假设和结论，忘记了他们的计算结果不能直接应用于带有底舱纵中线隔壁、会造成不对称舷进水的情况。

26. 欧洲第一批铁甲舰。

27. "佛兰德"号属于"普罗旺斯"（Provence）级。这些英舰和法舰是欧洲第一批远洋大型铁甲舰。

28. 这些是英法发展成熟的中腰炮室挂帆铁甲舰，但注意"阿尔玛"号露天甲板有露炮台，而且"阿尔玛"号比英国这些铁甲舰小得多。

29. 属第一型采用露炮台搭载主炮的远洋挂帆铁甲舰。

30. 英国的低干舷旋转炮塔无桅杆主力铁甲舰。

31. 19 世纪 80 年代中早期的大型战舰，带有现代战舰的某些特征。

32. 如英国 19 世纪 70 年代的"鲁莽"号，以及法国从 19 世纪 60 年代末一直发展到 80 年代末的各型主力铁甲舰。

33. 英国 19 世纪 70 年代中期到 80 年代初典型的中腰铁甲堡设计。

34. 带旋转炮塔的小型铁甲舰，用于撞击战。

35. 铁甲舰时代早期的无装甲巡洋舰。

36. 英国第一型"现代"巡洋舰。

37. 即横摇惯性半径是一个加权平均数。

38. 例如一块舷侧装甲板重 2 吨，到横摇旋转轴的距离是 6 米，还有一个烟囱基座，重 0.2 吨，距离横摇的旋转轴距离只有 2 米，那么这两个部件到旋转轴的平均距离就等于（2 吨 × 6 米 ＋ 0.2 吨 × 2 米）/（2 吨 ＋ 0.2 吨）=5.63 米。

39. 因为海浪越恶劣、越凶猛，浪高就越大，波长就越长，周期也就越长。

40. 因为涌上甲板的浪也会跟着战舰一起横摇。

41. 小船干舷低，更容易上浪翻船，稳定性主要靠稳心高来维持。

42. 作者这段描述是不符合客观历史的。作者过分拔高了缺少数理背景的瑟宾斯，他只是一个高年资木工，真正指导今天各种材料力学设计的基本原理，还是来自欧拉等人的理论推导。这也是工程实践工作的局限性所在，工程实践往往需要解决过于复杂的实际问题，于是工程技术人员就不容易看清楚背后简单的原理，然而只有简单的原理才具有最高的通用性。

43. 他提出的热机模型第一次把蒸汽机的工程实践和热力学的理论推导合二为一，他是数理理论和工程实践的集大成者，从此数理方法成了多数工程学深入发展的不二法门。

44. 剪切力是这种载荷对相邻船体上下错位的效果。

45. 防止炮弹的打击力从一块传到另一块上去。

46. 注意，这张表格最后三列的数据并不是挠矩的大小，而是船舶的排水量乘以长度之后，应该除以的数字，做完除法后得出来的才是挠矩，所以波浪经过船体的情况，在表中最后两行的数字比静水的小，这样最后算出来波浪经过船体时的挠矩就会比静水时大两三倍。

47. 因为海面附近的空气和海浪搅在一起，多乱流。

48. 换句话说，人们仍然觉得装甲炮廓无法保证副炮不被摧毁，接受了副炮肯定会在交战中战损的既成事实，那么就尽量分散下目标，不要让几门副炮同时被一发敌弹打瘫痪。

49. OPV=Off-Shore Patrol Vessel，1500 吨级轻型护卫舰。

50. 原著此处为 1990 年，明显有误。

51. 即船体进水、吃水加深后，水上船没入水下后增加的浮力相当于原来排水量的三分之一。

52. "泰坦尼克"号正是这样沉没的：船头撞击冰山进水后，一个舱室的进水就让船头吃水加深，结果靠近船头的几个水密隔舱壁的顶端都到了靠近水线的位置，然后造成船头一系列隔舱全部进水。

53. "不屈"号最典型。

主要参考资料评述

　　要写出像这样的一本书来，肯定要参考很多前人和今人的文献材料，这些材料有的完成度较高，有的数据可靠性很高，还有一些质量则比较一般。这里从个人视角对我参考的主要资料做一些点评。那些只涉及某一个话题的参考资料，都已经在前面各个章节的对应位置做了脚注，脚注中列出了那些参考资料的详情。

《英国战舰》，奥斯卡·帕克斯著，1956 年出版于伦敦

　　不管谁来研究铁甲舰和前无畏舰时代的战舰，起点往往都是帕克斯这部鸿篇巨制。然而，这部书的内容也有不少问题。比如在他写作这本书的时候，很多战舰的官方数据资料都还没有对公众开放，结果虽然帕克斯可以看到以各艘战舰的存档文件为主的一些保密资料，但是他的研究完整度依然不太高。而且，这本书里面对资料来源缺少标注，结果他当时讲的很多东西现在都不好查证、辨别真伪了。最后还要指出的是，他对战舰设计的技术细节的理解非常有限，结果书中不少部分得出的结论有失客观公正，尤其是他对"船长"号的设计和失事的介绍实属误导读者。

议会档案

　　对战舰设计历史中各方面问题进行研究，议会档案都可以说是一个无价的宝库。像 1871 年战舰设计委员会这样的重要调研活动，调查报告都全文收录在议会的档案中。这些委员会往往还收集了来自各方的意见和建议，这些都是颇有价值的史料：比如那些战舰军官回答委员会质询的时候，通常都能够用实际服役经验来佐证某个技术方面的问题。而每年海军预算的封面部分，都会介绍上一年海军进行过哪些操练和演习，甚至会提到演习中暴露出来的问题。当然，历年海军预算本身也是重要的基本史料。然而，像其他官方文件一样，这些文件的内容都是政府中的海军大臣以及海军中的军官——不论是军职的还是文职的——想让议会看到的内容，结果尽管常常"完全是事实，也仅仅都是事实"，但很少能涵盖"全部的事实"。

国家档案馆文件

　　目前国家档案馆里保存了很多 19 世纪留下来的战舰设计相关的材料，尤其是从威廉·怀特的前无畏舰时代以来的材料，这些也是无价之宝，但是在时间线上必然存在一些空白缺少资料的地方。前面各个章节引用国家档案的地方都做了注释。曼宁所著《威廉·怀特爵士生平》中，大量引用了国家档案馆的存档，但是很多他

提到的文件现在根本找不到了，只能认为这些文件在这本书完成后被销毁了。

战舰存档文件

本书涉及的时期内的战舰存档文件，质量都非常令人失望，基本上对于一艘战舰的设计背景谈得很少，而且在时间上还有一些空缺的地方。我翻阅了这个时期大量战舰的存档文件，但其中只有少数几份有价值。

主要参考的公开出版资料

《造船工程学会会刊》[*Transactions of the Institution of Naval Architects (Trans INA)*]

这份杂志中刊登了大量当时战舰设计师发表的论文，也包括一些海军将领的论文，这些军人往往以"干事"（Associate）的身份加入学会。杂志还时常刊载本领域一些人的讣告，这对于了解这些人的为人、品行很有参考价值。但是今天的作者很少关注这份资料，我觉得有点意外。

E. J. 里德著《我国铁甲舰》（*Our Ironclad Ships*），1868 年出版于伦敦

这本书介绍了从"勇士"号到"君主"和"船长"号的所有铁甲舰，行文简洁明快，容易阅读，涉及的技术细节不多[1]。虽然这本书是里德写出来彪炳他自己的成就的，但是总体来看这本书内容准确、翔实，而且评论非常公正公允。

E. J. 里德著《钢铁造船技术》（*Shipbuilding in Iron and Steel*），1868 年出版于伦敦

这本书的技术性就要强很多了[2]，解释了当时的铁甲舰为什么保留了一些今天看起来没那么有必要的设计特色。作者我在撰写本书《从"勇士"级到"无畏"级》的时候，虽然没有具体引用他书里的知识点[3]，但里德这本书作为一种背景参考，而且里面的插图也很棒[4]。

N. 巴纳比著《19 世纪战舰设计发展史》（*Naval Development of the Century*），1904 年出版于伦敦

这本书是巴纳比退休多年后才完成的，所以依据的都是一些不大可靠的回忆，基本上就是巴纳比早年的一些论文摘抄节录，再添补一些不甚准确的数据，然后乱七八糟地组合在一起。这本书第一章是谈一个造船工程师的职业道德和操守的，现代读者读来恐怕会不禁莞尔一笑。

K. C. 巴纳比著《船舶失事案例与成因分析》（*Some Ship Disasters and their Causes*），1868 年出版于伦敦

记录了当时一些著名的商船和战舰失事事件。巴纳比对这些事故有他自己的分析，往往跟当时主流观点不大一样，对于将来如何避免这种悲剧重演，他也给出了自己独到的建议。

W. H. 怀特著《战舰设计手册》（*A Manual of Naval Architecture*），1900 年版（内容经过了 W. E. 史密斯的大量修改提高）

这本书是给海军的战舰设计人员撰写的基础教材。不过，这本书阅读起来非常流畅易懂，里面包含了大量有关船体稳定性和结构强度的数据表格。

F. 曼宁著《威廉·怀特爵士生平》（*The Life of Sir William White*），1923 年伦敦出版

该书是怀特去世后，在他的遗孀的要求下写成的。书中引用了大量怀特撰写的官方材料，其中不少材料今天都已经不复存在了。这本书对于怀特的介绍和评价稍稍有一点偏离史实，但是偏离得不多。不过书里对一些重要事件似乎存在疏漏，比如怀特曾造访过法舰"可怖"号这件事，就几乎没有提及。

E. L. 阿特伍德著《战舰设计学》（*Warships, a Text-Book*），1910 年伦敦出版

这本书撰文清晰，配图翔实，是对当时战舰设计和建造工艺的一个全景式记录。阿特伍德特别擅长解释当时的具体施工工艺何以按照书中的描述来进行。

G. A. 巴拉德著《一身黑漆的舰队》[5]（*The Black Battle Fleet*），1980 年伦敦出版

这本书本来是在《航海人之镜》上发表的系列文章，后来于 1980 年合集成书。书中介绍了"维多利亚中期"海军上将巴拉德曾经服役过以及目击过的许多战舰上的服役情况。他对当时海上操作战舰的纪实介绍是非常宝贵的资料。

J. 苏米达著《拱卫英伦海上霸权》（*In Defence of Naval Supremacy*），1989 年出版于波士顿

这本书第一章详细介绍了 1889 年通过《海防法案》时英国的财政情况。

W. 哈格著《现代战舰史》（*Modern History of Warships*），1920 年初版于伦敦，

1971 年再版于伦敦

　　这本书对当时各国海军各型战舰的技术细节做了准确的介绍，不过对于各型战舰何以采用所述的设计，缺少分析。

　　R. A. 伯特著《英国战舰，1889—1905 年》（ *British Battleships, 1889–1905* ），1989 年出版于伦敦

　　该书对标题中历史时期内的战舰 [6] 做了细致入微且准确的记载，记载了设计和服役历程。书中发动机组和炮塔的图纸非常棒。

　　R. 加德纳（ Gardiner ）编《康威世界战舰名录，1860—1905 年》（ *Conway 's All the World's Fighting Ships, 1860–1905* ），1979 年伦敦出版。

　　该时期内各国所有战舰数据资料表格汇编。

译者注

1. 还是需要对船舶设计稍有了解才容易看懂，比如，里面就包含了本书屡次介绍的船舶稳定性理论。

2. 里面具体讲了每个结构件上的铆钉孔该怎么开，开多少个，铆钉怎么固定进去，船头撞角内部的结构该怎么设计才能抵挡住冲击力，等等施工工艺方面的问题。

3. 这本书太烦琐，作者恐怕没有精力具体看。

4. 第二章的船体结构剖面图就是照搬自这本书。

5. 这本书的内容最初是 1929 年出版的，所谓"一身黑漆的舰队"，指的是 19 世纪 70—90 年代维多利亚式涂装的铁甲舰和前无畏舰：船身黑色，上层建筑白色，桅杆黄色。

6. 即前无畏舰。

大卫·霍布斯
（David Hobbes）著

The British Pacific Fleet: The Royal Navy's Most Powerful Strike Force

英国太平洋舰队

- 在英国皇家海军服役 33 年、舰队空军博物馆馆长笔下真实、细腻的英国太平洋舰队。
- 作者大卫·霍布斯在英国皇家海军服役了 33 年，并担任舰队空军博物馆馆长，后来成为一名海军航空记者和作家。

　　1944 年 8 月，英国太平洋舰队尚不存在，而 6 个月后，它已强大到能对日本发动空袭。二战结束前，它成为皇家海军历史上不容忽视的力量，并作为专业化的队伍与美国海军一同作战。一个在反法西斯战争后接近枯竭的国家，竟能够实现这般的壮举，其创造力、外交手腕和坚持精神都发挥了重要作用。本书描述了英国太平洋舰队的诞生、扩张以及对战后世界的影响。

布鲁斯·泰勒
（Bruce Taylor）著

The Battlecruiser HMS Hood: An Illustrated Biography, 1916–1941

英国皇家海军战列巡洋舰"胡德"号图传：1916—1941

- 250 幅历史照片，20 幅 3D 结构绘图，另附巨幅双面海报。
- 详实操作及结构资料，从外到内剖析"胡德"全貌。它是舰船历史的丰碑，但既有辉煌，亦有不堪。深度揭示舰上生活和舰员状况，还原真实历史。

　　这本大开本图册讲述了所有关于"胡德"号的故事——从搭建龙骨到被"俾斯麦"号摧毁，为读者提供进一步探索和欣赏她的机会，并以数据形式勾勒出船舶外部和内部的形象。推荐给海战爱好者、模型爱好者和历史学研究者。

保罗·S. 达尔
（Paul S. Dull）著

A Battle History of the Imperial Japanese Navy, 1941-1945

日本帝国海军战争史：1941—1945 年

- 一部由真军人——美退役海军军官保罗·达尔写就的太平洋战争史。
- 资料来源日本官修战史和微缩胶卷档案，更加客观准确地还原战争经过。

　　本书从 1941 年 12 月日本联合舰队偷袭珍珠港开始，以时间顺序详细记叙了太平洋战争中的历次重大海战，如珊瑚海海战、中途岛海战、瓜岛战役等。本书的写作基于美日双方的一手资料，如日本官修战史《战史丛书》，以及美国海军历史部收集的日本海军档案缩微胶卷，辅以各参战海军编制表图、海战示意图进行深入解读，既有完整的战事进程脉络和重大战役再现，也反映出各参战海军的胜败兴衰、战术变化，以及不同将领各自的战争思想和指挥艺术。

尼克拉斯·泽特林
（Niklas Zetterling）著

Bismarck: The Final Days of Germany's Greatest Battleship

德国战列舰"俾斯麦"号覆灭记

- 以新鲜的视角审视二战德国强大战列舰的诞生与毁灭……非常好的读物。——《战略学刊》
- 战列舰"俾斯麦"号的沉没是二战中富有戏剧性的事件之一……这是一份详细的记述。——战争博物馆

　　本书从二战期间德国海军的巡洋作战入手，讲述了德国海军战略，"俾斯麦"号的建造、服役、训练、出征过程，并详细描述了"俾斯麦"号躲避英国海军搜索，在丹麦海峡击沉"胡德"号，多次遭受英国海军追击和袭击，在外海被击沉的经过。

约翰·B.伦德斯特罗姆
（John B.Lundstrom）著

Black Shoe Carrier Admiral:Frank Jack Fletcher At Coral Sea, Midway & Guadalcanal

航母舰队司令：弗兰克·杰克·弗莱彻、美国海军与太平洋战争

○战争史三十年潜心力作，争议人物弗莱彻的平反书。
○还原太平洋战场"珊瑚海"、"中途岛"、"瓜达尔卡纳尔岛"三次大规模海战全过程，梳理太平洋战争前期美国海军领导层的内幕。
○作者约翰·B.伦德斯特罗姆自1967年起在密尔沃基公共博物馆担任历史名誉馆长。

　　本书是美国太平洋战争史研究专家约翰·B.伦德斯特罗姆经三十年潜心研究后的力作，为读者细致而生动地展现出太平洋战争前期战场的腥风血雨，且以大量翔实的资料和精到的分析为弗莱彻这个在美国饱受争议的历史人物平了反。同时细致梳理了太平洋战争前期美国海军高层的内幕，三次大规模海战的全过程，一些知名将帅的功过得失，以及美国海军在二战中的航母运用。

马丁·米德尔布鲁克
（Martin Middlebrook）著

Argentine Fight for the Falklands

马岛战争：阿根廷为福克兰群岛而战

○从阿根廷军队的视角，生动记录了被誉为"现代各国海军发展启示录"的马岛战争全程。
○作者马丁·米德尔布鲁克是少数几位获准采访曾参与马岛行动的阿根廷人员的英国历史学家。
○对阿根廷军队的作战组织方式、指挥层所制订的作战规划和反击行动提出了全新的见解。

　　本书从阿根廷视角出发，介绍了阿根廷从作出占领马岛的决策到战败的一系列有趣又惊险的事件。其内容集中在福克兰地区的重要军事活动，比如"贝尔格拉诺将军"号巡洋舰被英国核潜艇"征服者"号击沉、阿根廷"超军旗"攻击机击沉英舰"谢菲尔德"号。一方是满怀热情希望"收复"马岛的阿根廷军，另一方是军事实力和作战经验处于碾压优势的英国军队，运气对双方都起了作用，但这场博弈毫无悬念地以阿根廷的惨败落下了帷幕。

米凯莱·科森蒂诺（Michele Cosentino）、鲁杰洛·斯坦格里尼（Ruggero Stanglini）著

British and German Battlecruisers: Their Development and Operations

英国和德国战列巡洋舰：技术发展与作战运用

○全景展示战列巡洋舰技术发展黄金时期的两面旗帜——英国战列巡洋舰和德国战列巡洋舰，在发展、设计、建造、维护、实战等方面的细节。
○对战列巡洋舰这种独特类型的舰种进行整体的分析、评估与描述。

　　本书是一本关于英国和德国战列巡洋舰的"全景式"著作，它囊括了历史、政治、战略、经济、工业生产以及技术与实战使用等多个角度和层面，并将之整合，对战列巡洋舰这种独特类型的舰种进行整体的分析、评估与描述，明晰其发展脉络、技术特点与作战使用情况，既面面俱到又详略有度。同时附以俄国、日本、美国、法国和奥匈帝国等国的战列巡洋舰的发展情况，展示了战列巡洋舰这一舰种的发展情况与其重要性。
　　除了翔实的文字内容以外，书中还有附有大量相关资料照片，以及英德两国海军所有级别战列巡洋舰的大比例侧视图与俯视图与为数不少的海战示意图等。

诺曼·弗里德曼 著（Norman Friedman）A. D. 贝克三世绘图（A. D.BAKER Ⅲ）

British Destroyers: From Earliest Days to the Second World War

英国驱逐舰：从起步到第二次世界大战

○海军战略家诺曼·弗里德曼与海军插画家A.D.贝克三世联合打造
○解读早期驱逐舰的开山之作，追寻英国驱逐舰的壮丽航程
○200余张高清历史照片、近百幅舰艇线图，动人细节纤毫毕现

　　诺曼·弗里德曼的《英国驱逐舰：从起步到第二次世界大战》把早期水面作战舰艇的发展讲得清晰透彻，尽管头绪繁多、事件纷繁复杂，作者还是能深入浅出、言简意赅，不仅深得专业人士的青睐，就是普通的爱好者也能比较轻松地领会。本书不仅可读性强，而且深具启发性，它有助于了解水面舰艇是如何演进成现在这个样子的，也让我们更深刻地理解了为战而生的舰艇应该如何设计。总之，这本书值得认真研读。

——澳大利亚海军学会

Maritime Operations in the Russo - Japanese War, 1904-1905

日俄海战 1904—1905（共两卷）

○战略学家科贝特参考多方提供的丰富资料，对参战舰队进行了全新的审视，并着重研究了海上作战涉及的联合作战问题。

○以时间为主轴，深刻分析了战争各环节的相互作用，内容翔实。

○译者根据本书参考的主要原始资料《极密·明治三十七八年海战史》以及现代的俄方资料，补齐了本书再版时未能纳入的地图和态势图。

朱利安·S. 科贝（Julian S.Corbett）著

朱利安·S. 科贝特爵士，20 世纪初伟大的海军历史学家之一，他的作品被海军历史学界奉为经典。然而，在他的著作中，有一本却从来没有面世的机会，这就是《日俄海战 1904—1905》。1914 年 1 月，英国海军部作战参谋部的情报局（the Intelligence Division of the Admiralty War Staff）发行了该书的第一卷（仅 6 本），其中包含了来自日本官方报告的机密信息。1915 年 10 月，海军部作战参谋部又出版了第二卷，其总印数则慷慨地超过了 400 册。虽然被归为机密，但在役的海军高级军官却可以阅览该书。然而其原始版本只有几套幸存，直到今天，公众却难以接触这部著作。学习科贝特海权理论不仅可以促使我们了解强大海权国家的战略思维，而且可以辨清海权理论的基本主题，使中国的海权理论研究有可借鉴的学术基础。虽然英国的海上霸权已经被美国取而代之，但美国海权从很多方面继承和发展了科贝特的海权思想。如果我们检视一下今天的美国海权和海军战略，可以看到科贝特理论依然具有生命力，仍然是分析美国海权的有用工具和方法。

Warship Design and Development

英国皇家海军战舰设计发展史（共五卷）

○英国皇家海军建造兵团的副总建造师大卫·K. 布朗所著，囊括了大量原始资料及矢量设计图。

○大卫·K. 布朗是一位杰出的海军舰船建造师，发表了大量军舰设计方面的文章，为英国皇家海军舰艇的设计、发展倾注了毕生心血。

这套《英国皇家海军战舰设计发展史》有五卷，分别是《铁甲舰之前，战舰设计与演变，1815—1860 年》《从"勇士"级到"无畏"级，战舰设计与演变，1860—1905 年》《大舰队，战舰设计与演变，1906—1922 年》《从"纳尔逊"级到"前卫"级，战舰设计与演变，1923—1945 年》《重建皇家海军，战舰设计，1945 年后》。该系列从 1815 年的风帆战舰说起，囊括了皇家海军历史上有代表性的舰船设计，并附有大量数据图表和设计图纸，是研究舰船发展史不可错过的经典。

大卫·K. 布朗
（David K.Brown）著

From the Dreadnought to Scapa Flow

英国皇家海军：从无畏舰到斯卡帕湾（共五卷）

○现在已没有人如此优雅地书写历史，这非常令人遗憾，因为是马德尔在记录人类文明方面的天赋使他有能力完成如此宏大的主题。——巴里·高夫

○他书写的海军史具有独特的魅力。他具有把握资源的能力，又兼以简洁地运用文字的天赋……他已无需赞美，也无需苛求。——A. J. P. 泰勒

这套《英国皇家海军：从无畏舰到斯卡帕湾》有五卷，分别是《通往战争之路，1904—1914》《战争年代，战争爆发到日德兰海战，1914—1916》《日德兰及其后，1916.5—12》《1917，危机的一年》《胜利与胜利之后：1918—1919》。它们从费希尔及其主导的海军改制入手，介绍了 1904 年至 1919 年费舍尔时代英国海军建设、改革、作战的历史，及其相关的政治、经济和国际背景。

亚瑟·雅各布·马德尔
（Arthur J. Marder）、
巴里·高夫（Barry Gough）著

大卫·霍布斯
（David Hobbes）著

The British Carrier Strike Fleet: After 1945

决不，决不，决不放弃：英国航母折腾史：1945 年以后

○英国舰队航空兵博物馆馆长代表作，入选华盛顿陆军＆海军俱乐部月度书单
○有设计细节、有技术数据、有作战经历，讲述战后英国航母"屡败屡战"的发展之路
○揭开英国海军的"黑历史"，爆料人仰马翻的部门大乱斗和糟点满满的决策大犯浑

英国海军中校大卫·霍布斯写了一本超过 600 页的大部头作品，其中包含了重要的技术细节、作战行动和参考资料，这是现代海军领域的杰作。霍布斯推翻了 1945 年以来很多关于航母的神话，他没给出所有问题的答案，一些内容还会引起巨大的争议，但本书提出了一系列的专业观点，并且论述得有理有据。此外，本书还是海军专业人员和国防采购人士的必修书。

H.P. 威尔莫特
（H. P. Willmott）著

The Battle of Leyte Gulf：The Last Fleet Action

莱特湾海战：史上最大规模海战，最后的巨舰对决

○原英国桑赫斯特军事学院主任讲师 H.P. 威尔莫特扛鼎之作
○荣获美国军事历史学会 2006 年度"杰出图书"奖
○复盘巨舰大炮的绝唱、航母对决的终曲、日本帝国海军的垂死一搏

为了叙事方便，以往关于莱特湾海战的著作，通常将萨马岛海战和恩加诺角海战这两场发生在同一个白天的战斗，作为两个相对独立的事件分开叙述，这不利于总览莱特湾海战的全局。本书摒弃了这种"取巧"的叙事线索，以时间顺序来回顾发生在 1944 年 10 月 25 日的战斗，揭示了莱特湾海战各个分战场之间牵一发而动全身的紧密联系，提供了一种前所罕见的全局视角。

除了具有宏大的格局之外，本书还不遗余力地从个人视角出发挖掘对战争的新知。作者对美日双方主要参战将领的性格特点、行为动机和心理活动进行了细致的分析和刻画。刚愎自用、骄傲自大的哈尔西，言过其实、热衷炒作的麦克阿瑟，生无可恋、从容赴死的西村祥治，谨小慎微、畏首畏尾的栗田健男，一个个生动鲜活的形象跃然纸上、呼之欲出，为这段已经定格成档案资料的历史平添了不少烟火气。

查尔斯·A. 洛克伍德
（Charles A. Lockwood）著

Sink 'em All: Submarine Warfare in the Pacific

击沉一切：太平洋舰队潜艇部队司令对日作战回忆录

○太平洋舰队潜艇部队司令亲笔书写太平洋潜艇战中这支"沉默的舰队"经历的种种惊心动魄
○作为部队指挥官，他了解艇长和艇员，也掌握着丰富的原始资料，记叙充满了亲切感和真实感
○他用生动的文字将我们带入了狭窄的起居室和控制室，并将艰苦冲突中的主要角色展现在读者面前

本书完整且详尽地描述了太平洋战争和潜艇战的故事。从"独狼战术"到与水面舰队的大规模联合行动，这支"沉默的舰队"战绩斐然。作者洛克伍德在书中讲述了很多潜艇指挥官在执行运输补给、人员搜救、侦察敌占岛屿、秘密渗透等任务过程中的真人真事，这些故事来自海上巡逻期间，或是艇长们自己的起居室。大量生动的细节为书中的文字加上了真实的注脚，字里行间流露出的人性和善意也令人畅快、愉悦。除此之外，作者还详细描述了当时新一代潜艇的缺陷、在作战中遭受的挫折及鱼雷的改进过程。

约翰·基根
（John Keegan）著

Battle At Sea: From Man-Of-War To Submarine

海战论：影响战争方式的战略经典

○跟随史学巨匠令人眼花缭乱的驾驭技巧，直面战争核心
○特拉法加、日德兰、中途岛、大西洋……海上战争如何层层进化

当代军事史学家约翰·基根作品。从海盗劫掠到海陆空立体协同作战，约翰·基根除了将海战的由来娓娓道出之外，还集中描写了四场关键的海上冲突:特拉法加、日德兰、中途岛和大西洋之战。他带我们进入这些战斗的核心，并且梳理了从木质战舰的海上对决到潜艇的水下角逐期间长达数个世纪的战争历史。不过，作者在文中没有谈及太过具体的战争细节，而是将更多的精力放在了讲述指挥官的抉择、战时的判断、战争思维，以及战术、部署和新武器带来的改变等问题上，强调了它们为战争演变带来的影响，呈现出一个层次丰富的海洋战争世界。